チャート式® 解法と演習 数学III

チャート研究所　編著

はじめに

CHART（チャート）とは何？

C.O.D.(*The Concise Oxford Dictionary*) には，CHART――Navigator's sea map, with coast outlines, rocks, shoals, *etc.* と説明してある。

海図――浪風荒き問題の海に船出する若き船人に捧げられた海図――問題海の全面をことごとく一眸の中に収め，もっとも安らかな航路を示し，あわせて乗り上げやすい暗礁や浅瀬を一目瞭然たらしめるCHART！

――昭和初年チャート式代数学巻頭言

本書では，このCHARTの意義に則り，下に示したチャート式編集方針で

問題の急所がどこにあるか，その解法をいかにして思いつくか

をわかりやすく示すことを主眼としています。

チャート式編集方針

1

基本となる事項を，定義や公式・定理という形で覚えるだけではなく，問題を解くうえで直接に役に立つ形でとらえるようにする。

▶

2

問題と基本となる事項の間につながりをつけることを考える――問題の条件を分析して既知の基本事項を結びつけて結論を導き出す。

▶

3

問題と基本となる事項を端的にわかりやすく示したものが CHART である。

CHART によって基本となる事項を問題に活かす。

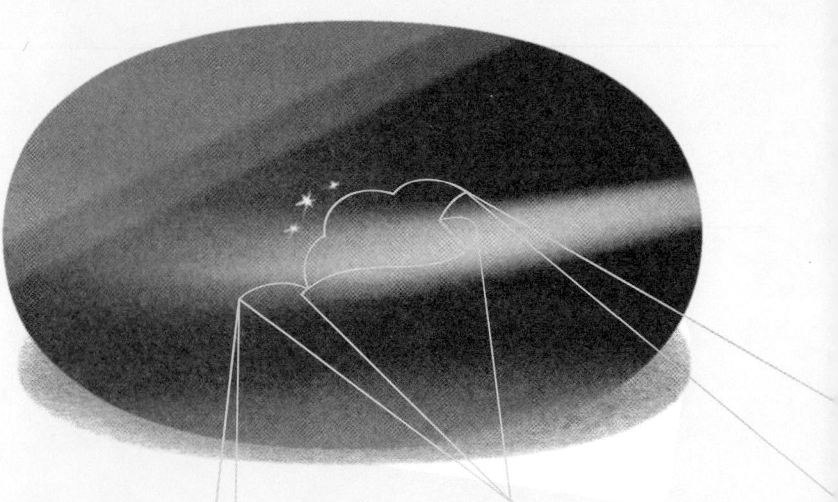

問.

「なりたい自分」から、逆算しよう。

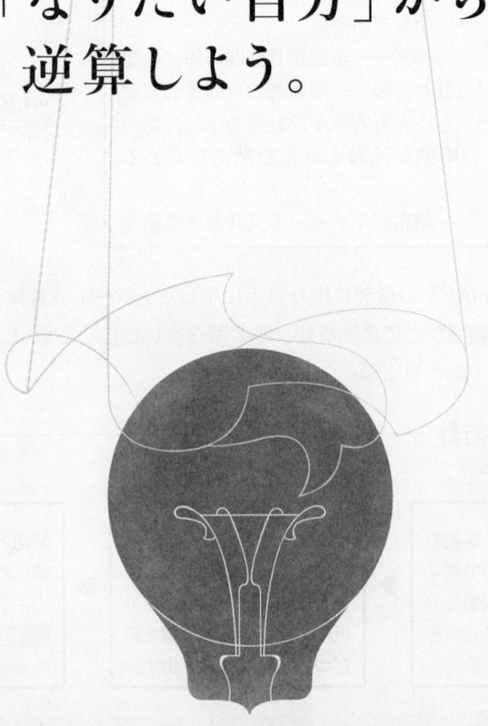

数字で表せない成長がある。

チャート式との学びの旅も、いよいよ最終章です。
これまでの旅路を振り返ってみよう。
大きな難題につまづいたり、思い通りの結果が出なかったり、
出口がなかなか見えず焦ることも、たくさんあったはず。
そんな長い学びの旅路の中で、君が得たものは何だろう。
それはきっと、たくさんの公式や正しい解法だけじゃない。
納得いくまで、自分の頭で考え抜く力。
自分の考えを、言葉と数字で表現する力。
難題を恐れず、挑み続ける力。
いまの君には、数学を通して大きな力が身についているはず。

磨いているのは「未来の問題」を解く力。

数年後、君はどんな大人になっていたいのだろう？
そのためには、どんな力が必要だろう？
チャート式との学びの先に待っているのは、君が主役の人生。
この先、知識や公式だけでは解けない問題にも直面するだろう。
だからいま、数学を一生懸命学んでほしい。
チャート式と身につけた君の力。
その力こそ、これから訪れる身の回りの小さな問題も、
社会に訪れる大きな難題も乗り越えて、
君が目指すゴールに向かって進み続ける助けになるから。

その答えが、
君の未来を前進させる解になる。

本書の構成

章トビラのページ

各章の始めに SELECTSTUDY と例題一覧を掲載。SELECTSTUDY は目的に応じて例題を選択しながら学習する際に使用。例題一覧は，各章で掲載している例題の全体像をつかむのに役立つ。問題ごとの難易度の比較などにも使用できる。

基本事項のページ

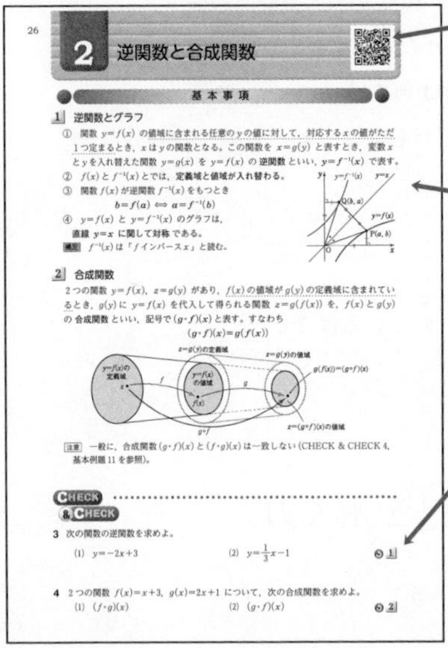
26

2 逆関数と合成関数

基本事項

1 逆関数とグラフ

① 関数 $y=f(x)$ の値域に含まれる任意の y の値に対して，対応する x の値がただ1つ定まるとき，x は y の関数となる。この関数を $x=g(y)$ と表すとき，変数 x と y を入れ替えた関数 $y=g(x)$ を $y=f(x)$ の逆関数といい，$y=f^{-1}(x)$ で表す。

② $f(x)$ と $f^{-1}(x)$ とでは，定義域と値域が入れ替わる。

③ 関数 $f(x)$ が逆関数 $f^{-1}(x)$ をもつとき $b=f(a) \iff a=f^{-1}(b)$

④ $y=f(x)$ と $y=f^{-1}(x)$ のグラフは，直線 $y=x$ に関して対称である。

補足 $f^{-1}(x)$ は「f インバース x」と読む。

2 合成関数

2つの関数 $y=f(x)$，$z=g(y)$ があり，$f(x)$ の値域が $g(y)$ の定義域に含まれているとき，$g(y)$ に $y=f(x)$ を代入して得られる関数 $z=g(f(x))$ を，$f(x)$ と $g(y)$ の合成関数といい，記号で $(g\circ f)(x)$ と表す。すなわち

$(g\circ f)(x)=g(f(x))$

注意 一般に，合成関数 $(g\circ f)(x)$ と $(f\circ g)(x)$ は一致しない（CHECK & CHECK 4，基本例題 11 を参照）。

CHECK & CHECK

3 次の関数の逆関数を求めよ。

(1) $y=-2x+3$ (2) $y=\frac{1}{3}x-1$

4 2つの関数 $f(x)=x+3$，$g(x)=2x+1$ について，次の合成関数を求めよ。

(1) $(f\circ g)(x)$ (2) $(g\circ f)(x)$

デジタルコンテンツ

各節の例題解説動画や，学習を補助するコンテンツにアクセスできる（詳細は，$p.8$ を参照）。

基本事項

教科書の内容を中心に，定理・公式や重要な定義などをわかりやすくまとめた。

また，教科書で扱われていない内容に関しては解説・証明などを示した。

CHECK & CHECK

基本事項で得た知識をチェックしよう。

わからないときは ⊙ に従って，基本事項を確認。答は巻末に掲載している。

例題のページ

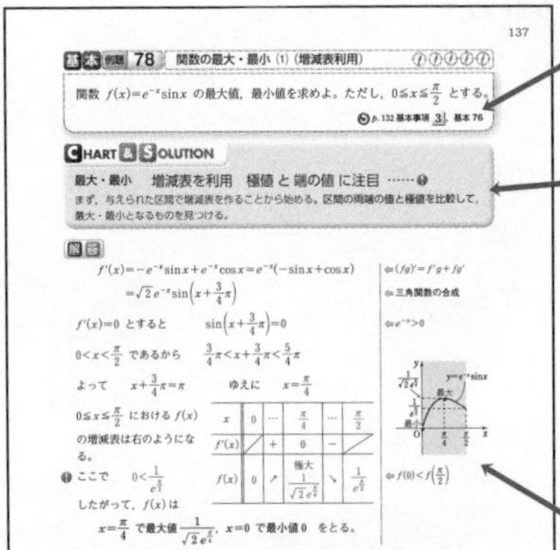
137

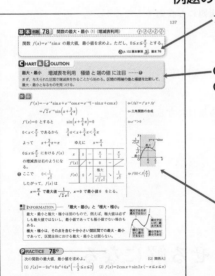

基本例題 78 関数の最大・最小 (1)（増減表利用）

関数 $f(x)=e^{-x}\sin x$ の最大値，最小値を求めよ。ただし，$0\leqq x\leqq\frac{\pi}{2}$ とする。

⊙ $p.132$ 基本事項 3，基本 76

CHART & SOLUTION

最大・最小 増減表を利用 極値 と 端の値 に注目 ……❶

まず，与えられた区間で増減表を作ることから始める。区間の両端の値と極値を比較して，最大・最小となるものを見つける。

解答

$f'(x)=-e^{-x}\sin x+e^{-x}\cos x=e^{-x}(-\sin x+\cos x)$

$=\sqrt{2}e^{-x}\sin\left(x+\frac{3}{4}\pi\right)$

$f'(x)=0$ とすると $\sin\left(x+\frac{3}{4}\pi\right)=0$

$0<x<\frac{\pi}{2}$ であるから $\frac{3}{4}\pi<x+\frac{3}{4}\pi<\frac{5}{4}\pi$

よって $x+\frac{3}{4}\pi=\pi$ ゆえに $x=\frac{\pi}{4}$

$0\leqq x\leqq\frac{\pi}{2}$ における $f(x)$ の増減表は右のようになる。

x	0	…	$\frac{\pi}{4}$	…	$\frac{\pi}{2}$
$f'(x)$		+	0	−	
$f(x)$	0	↗	極大 $\frac{1}{\sqrt{2}e^{\frac{\pi}{4}}}$	↘	$\frac{1}{e^{\frac{\pi}{2}}}$

❶ ここで $0<\frac{1}{e^{\frac{\pi}{2}}}$

したがって，$f(x)$ は

$x=\frac{\pi}{4}$ で最大値 $\frac{1}{\sqrt{2}e^{\frac{\pi}{4}}}$，$x=0$ で最小値 0 をとる。

⇐ $(fg)'=f'g+fg'$

⇐ 三角関数の合成

⇐ $e^{-x}>0$

⇐ $f(0)<f\left(\frac{\pi}{2}\right)$

INFORMATION 「最大・最小」と「極大・極小」

最大・最小と極大・極小は別のもので，例えば，極大値は必ずしも最大値ではないし，最小値であっても極小値でない場合もある。

極大・極小は，その点を含む十分小さい開区間での最大・最小であって，区間全体における最大・最小とは限らない。

PRACTICE 78

次の関数の最大値，最小値を求めよ。 [(2) 関西大]

(1) $f(x)=-9x^4+8x^3+6x^2\left(-\frac{1}{3}\leqq x\leqq 2\right)$ (2) $f(x)=2\cos x+\sin 2x\ (-\pi\leqq x\leqq\pi)$

フィードバック・フォワード

関連する例題番号や基本事項を示した。

CHART & SOLUTION,
CHART & THINKING

問題の重点や急所はどこか，問題解法の方針の立て方，解法上のポイントとなる式は何かを示した。特に，CHART & THINKING では，考え方の糸口を示し，何に着目して方針を立てるかを説明した。

解答 自学自習できるようていねいな解答。

解説図も豊富に取り入れた。

解答の左側に ❶ がついている部分は解答の中でも特に重要な箇所である。CHART & SOLUTION，CHART & THINKING の対応する ❶ の説明を振り返っておきたい。

基本 例題　基礎力を固めるための例題。教科書で扱われているタイプの問題が中心。
重要 例題　教科書ではあまり扱いのないタイプの問題や，代表的な入試問題が中心。
補充 例題　他科目の範囲など，教科書では扱いのない問題や，入試準備には不可欠な問題。

難易度　例題はタイトルの右に，PRACTICE，EXERCISES は問題番号の肩に示した。
①①①①①，① … 教科書の例レベル
①①①①①，② … 教科書の例題レベル
①①①①①，③ … 教科書の節末，章末レベル
①①①①①，④ … 入試の基本～標準レベル
①①①①①，⑤ … 入試の標準～やや難レベル

POINT　定理や公式，重要な性質をまとめた。
INFORMATION　注意事項や参考事項をまとめた。
ピンポイント解説　つまずきやすい事柄について，かみ砕いてていねいに解説した。
PRACTICE　例題の反復練習問題が中心。例題が理解できたかチェックしよう。

コラムのページ

ズーム UP　考える力を特に必要とする例題について，更に詳しく解説。重要な内容の理解を深めるとともに，**思考力**，**判断力**，**表現力**を高めるのに有効なものを扱った。
振り返り　複数の例題で学んだ解法の特徴を横断的に解説した。解法を判断するときのポイントについて，理解を深められる。
まとめ　いろいろな場所で学んできた事柄を読みやすくまとめた。定理や公式をどのように使い分けるかなども扱った。
STEP UP　教科書で扱われていない内容のうち，特に注意すべき事柄を扱った。

EXERCISES のページ

各項目に，例題に関連する問題を取り上げた。難易度により，A 問題，B 問題の 2 レベルに分けているので，目的に合わせて取り組む問題を選ぶことができる。
A 問題　その項目で学習した内容の反復練習問題が中心。わからないときは ❗ に従って，例題を確認しよう。
B 問題　応用的な問題。中にはやや難しい問題もある。HINT を参考に挑戦してみよう。
HINT　主に B 問題の指針となるものを示した。

Research＆Work のページ

各分野の学習内容に関連する重要なテーマを取り上げた。各テーマについて，例題や基本事項を振り返りながら解説した。また，基本的な問題として **確認**，やや発展的な問題として **やってみよう** を掲載した。これらの問題に取り組みながら理解を深めることができる。デジタルコンテンツと連動する内容を扱ったテーマもある。更に，各テーマの最後に，仕上げ問題として **問題に挑戦** を掲載した (詳細は，$p.287$ を参照)。

CONTENTS

1 関　数

① 分数関数・無理関数 ……12
② 逆関数と合成関数 ……26

2 極　限

③ 数列の極限 ……32
④ 無限級数 ……53
⑤ 関数の極限 ……69

3 微分法

⑥ 微分係数と導関数の計算 ……88
⑦ 三角，対数，指数関数の導関数……99
⑧ 関数のいろいろな表し方と導関数 ……108

4 微分法の応用

⑨ 接線と法線，平均値の定理 ……116
⑩ 関数の値の変化，最大と最小 ……131
⑪ 方程式・不等式への応用 ……158
⑫ 速度と近似式 ……170

5 積分法

⑬ 不定積分 ……180
⑭ 定積分とその基本性質 ……203
⑮ 定積分の置換積分法，部分積分法 ……208
⑯ 定積分で表された関数 ……221
⑰ 定積分と和の極限，不等式 ……230

6 積分法の応用

⑱ 面　積 ……242
⑲ 体　積 ……260
⑳ 種々の量の計算 ……278
㉑ 発展 微分方程式 ……284

Research & Work ……287
CHECK & CHECK の解答 ……296
PRACTICE，EXERCISES の解答 ……304
Research & Work の解答 ……320
INDEX ……322

問題数
① **例題 181** （基本 123，重要 56，補充 2）
② **CHECK & CHECK 39**
③ **PR 181，EX 148**（A問題 70，B 問題 78）
④ **Research & Work 6**
（①，②，③，④の合計 **555** 題）

※ Research & Work の問題数は，確認 (Q)，やってみよう (問)，問題に挑戦 の問題の合計。

コラムの一覧

まとめ　三角関数のいろいろな公式（数学Ⅱ） …… 10
ズーム UP　同値関係を考えた無理方程式・不等式の解法 …… 23
ズーム UP　数列の極限 …… 43
STEP UP　極限や無限級数の話題 …… 60
ズーム UP　極限値が存在するための条件 …… 73
まとめ　関数の極限の求め方 …… 79
STEP UP　数 e について …… 106
STEP UP　いろいろな曲線上の点における接線の方程式 …… 121
STEP UP　平均値の定理の証明 …… 127
STEP UP　ロピタルの定理 …… 129
ズーム UP　グラフの凹凸，グラフのかき方 …… 143
STEP UP　漸近線の求め方 …… 145
まとめ　グラフのかき方 …… 152
まとめ　代表的な関数のグラフ …… 153
まとめ　無限大に発散するスピードの違い …… 162
ズーム UP　置換積分法 ── 丸ごと置換 ── …… 185
振り返り　不定積分の求め方 …… 200
ズーム UP　定積分の置換積分法 …… 211
ズーム UP　非回転体の体積の求め方 …… 263
STEP UP　バウムクーヘン分割による体積の計算 …… 268
STEP UP　パップス-ギュルダンの定理 …… 269
まとめ　体積の求め方 …… 271

デジタルコンテンツの活用方法

本書では，QR コード*からアクセスできるデジタルコンテンツを豊富に用意しています。これらを活用することで，わかりにくいところの理解を補ったり，学習したことを更に深めたりすることができます。

■ 解説動画

本書に掲載しているすべての例題（基本例題，重要例題，補充例題）の解説動画を配信しています。

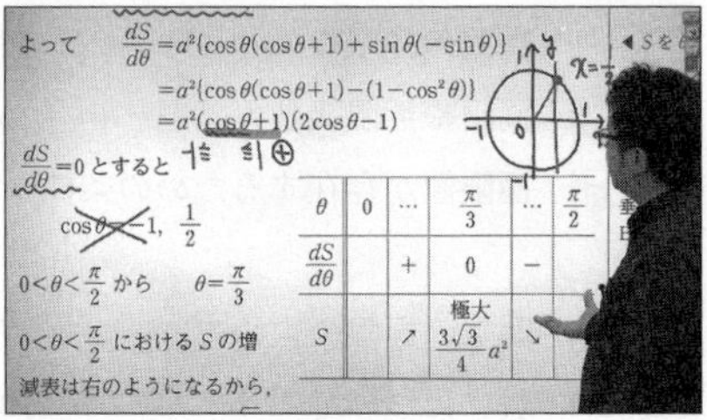

数学講師が丁寧に解説 しているので，本書と解説動画をあわせて学習することで，例題のポイントを確実に理解することができます。
例えば，

- 例題を解いたあとに，その例題の理解を確認したいとき
- 例題が解けなかったときや，解説を読んでも理解できなかったとき

といった場面で活用できます。
数学講師による解説を **いつでも，どこでも，何度でも** 視聴することができます。解説動画も活用しながら，チャート式とともに数学力を高めていってください。

■ サポートコンテンツ

本書に掲載した問題や解説の理解を深めるための補助的なコンテンツも用意しています。
例えば，関数のグラフや図形の動きを考察する例題において，画面上で実際にグラフや図形を動かしてみることで，視覚的なイメージと数式を結びつけて学習できるなど，より深い理解につなげることができます。

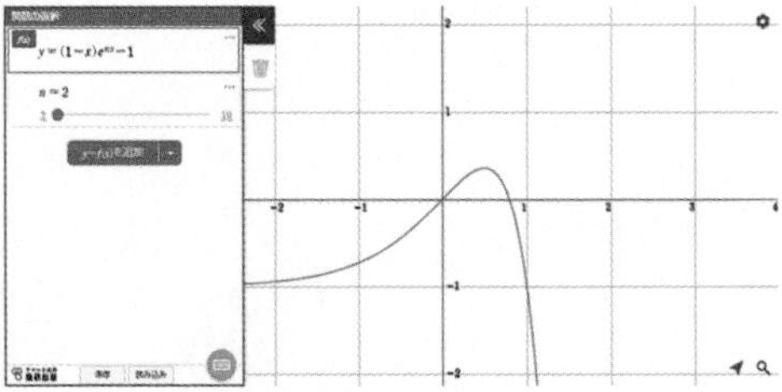

<デジタルコンテンツのご利用について>
デジタルコンテンツはインターネットに接続できるコンピュータやスマートフォン等でご利用いただけます。下記の URL，右の QR コード，もしくは「基本事項」のページにある QR コードからアクセスできます。
https://cds.chart.co.jp/books/lzcz4zaf97
※追加費用なしにご利用いただけますが，通信料はお客様のご負担となります。
Wi-Fi 環境でのご利用をおすすめいたします。学校や公共の場では，マナーを守ってスマートフォンなどをご利用ください。

---

*　QR コードは，(株) デンソーウェーブの登録商標です。
※　上記コンテンツは，順次配信予定です。また，画像は製作中のものです。

本書の活用方法

■ 方法1「自学自習のため」の活用例

週末・長期休暇などの時間のあるときや受験勉強などで，本書の各ページに順々に取り組む場合は，次のようにして学習を進めるとよいでしょう。

第1ステップ ……**基本事項のページを読み，重要事項を確認。**
問題を解くうえでは，知識を整理しておくことが大切である。
CHECK & CHECK の問題を解いて，知識が身についたか確認するとよい。

↓

第2ステップ ……**例題に取り組み解法を習得，PRACTICE を解いて理解の確認。**

① まず，**例題を自分で解いてみよう。**

➡ 何もわからなかったら，CHART & SOLUTION，CHART & THINKING を読んで糸口をつかもう。

↓

② CHART & SOLUTION，CHART & THINKING を読んで，**解法やポイントを確認**し，自分の解答と見比べよう。

⟨$+\alpha$⟩ **INFORMATION** や **POINT** などの解説も読んで，応用力を身につけよう。

➡ ポイントを見抜く力をつけるために，CHART & SOLUTION，CHART & THINKING は必ず読もう。また，解答の右の ⇦ も理解の助けになる。

↓

③ **PRACTICE** に取り組んで，そのページで学習したことを**再確認**しよう。

➡ わからなかったら，CHART & SOLUTION，CHART & THINKING をもう一度読み返そう。

↓

第3ステップ …… **EXERCISES のページで腕試し。**
例題のページの勉強がひと通り終わったら取り組もう。

■ 方法2「解法を調べるため」の活用例 (解法の辞書としての使い方)

どうやって解いたらいいかわからない問題が出てきたときは，同じ (似た) タイプの例題があるページを本書で探し，**解法をまねる** ことを考えてみましょう。

同じ (似た) タイプの例題があるページを見つけるには
目次 (*p.* 6) や **例題一覧** (各章の始め) を利用するとよいでしょう。

大切なこと 解法を調べる際，解答を読むだけでは実力は定着しません。
CHART & SOLUTION，CHART & THINKING もしっかり読んで，その問題の急所やポイントをつかんでおく ことを意識すると，実力の定着につながります。

■ 方法3「目的に応じた学習のため」の活用例

短期間で取り組みたいときや，順々に取り組む時間がとれないときは，**目的に応じた例題を選んで学習する** ことも1つの方法です。例題の種類 (基本，重要，補充) や各章の始めの SELECT STUDY を参考に，目的に応じた問題に取り組むとよいでしょう。

まとめ　三角関数のいろいろな公式（数学Ⅱ）

数学Ⅱの「三角関数」で学んださまざまな公式は，数学Ⅲを学ぶうえでよく利用されるため，ここに掲載しておく。公式の再確認のためのページとして活用して欲しい。
（符号が紛らわしいものも多いので注意！）

1　半径が r，中心角が θ（ラジアン）である扇形の

弧の長さは　$l=r\theta$，面積は　$S=\dfrac{1}{2}r^2\theta=\dfrac{1}{2}rl$

2　**相互関係**　$\tan\theta=\dfrac{\sin\theta}{\cos\theta}$　$\sin^2\theta+\cos^2\theta=1$　$1+\tan^2\theta=\dfrac{1}{\cos^2\theta}$

$-1\leqq\sin\theta\leqq1$　$-1\leqq\cos\theta\leqq1$

3　**三角関数の性質**　複号同順とする。

$\sin(-\theta)=-\sin\theta$　$\cos(-\theta)=\cos\theta$　$\tan(-\theta)=-\tan\theta$

$\sin(\pi\pm\theta)=\mp\sin\theta$　$\cos(\pi\pm\theta)=-\cos\theta$　$\tan(\pi\pm\theta)=\pm\tan\theta$

$\sin\left(\dfrac{\pi}{2}\pm\theta\right)=\cos\theta$　$\cos\left(\dfrac{\pi}{2}\pm\theta\right)=\mp\sin\theta$　$\tan\left(\dfrac{\pi}{2}\pm\theta\right)=\mp\dfrac{1}{\tan\theta}$

4　**加法定理**　複号同順とする。

$\sin(\alpha\pm\beta)=\sin\alpha\cos\beta\pm\cos\alpha\sin\beta$

$\cos(\alpha\pm\beta)=\cos\alpha\cos\beta\mp\sin\alpha\sin\beta$

$\tan(\alpha\pm\beta)=\dfrac{\tan\alpha\pm\tan\beta}{1\mp\tan\alpha\tan\beta}$

5　**2倍角の公式**　導き方　加法定理の式で，$\beta=\alpha$ とおく。

$\sin2\alpha=2\sin\alpha\cos\alpha$

$\cos2\alpha=\cos^2\alpha-\sin^2\alpha=1-2\sin^2\alpha=2\cos^2\alpha-1$

$\tan2\alpha=\dfrac{2\tan\alpha}{1-\tan^2\alpha}$

6　**半角の公式**　導き方　cos の2倍角の公式を変形して，α を $\dfrac{\alpha}{2}$ とおく。

$\sin^2\dfrac{\alpha}{2}=\dfrac{1-\cos\alpha}{2}$　$\cos^2\dfrac{\alpha}{2}=\dfrac{1+\cos\alpha}{2}$　$\tan^2\dfrac{\alpha}{2}=\dfrac{1-\cos\alpha}{1+\cos\alpha}$

7　**3倍角の公式**　導き方　$3\alpha=2\alpha+\alpha$ として，加法定理と2倍角の公式を利用。

$\sin3\alpha=3\sin\alpha-4\sin^3\alpha$　$\cos3\alpha=-3\cos\alpha+4\cos^3\alpha$

8　**積 ⟶ 和の公式**

$\sin\alpha\cos\beta=\dfrac{1}{2}\{\sin(\alpha+\beta)+\sin(\alpha-\beta)\}$

$\cos\alpha\sin\beta=\dfrac{1}{2}\{\sin(\alpha+\beta)-\sin(\alpha-\beta)\}$

$\cos\alpha\cos\beta=\dfrac{1}{2}\{\cos(\alpha+\beta)+\cos(\alpha-\beta)\}$

$\sin\alpha\sin\beta=-\dfrac{1}{2}\{\cos(\alpha+\beta)-\cos(\alpha-\beta)\}$

9　**和 ⟶ 積の公式**

$\sin A+\sin B=2\sin\dfrac{A+B}{2}\cos\dfrac{A-B}{2}$

$\sin A-\sin B=2\cos\dfrac{A+B}{2}\sin\dfrac{A-B}{2}$

$\cos A+\cos B=2\cos\dfrac{A+B}{2}\cos\dfrac{A-B}{2}$

$\cos A-\cos B=-2\sin\dfrac{A+B}{2}\sin\dfrac{A-B}{2}$

10　**三角関数の合成**

$a\sin\theta+b\cos\theta=\sqrt{a^2+b^2}\sin(\theta+\alpha)$　ただし　$\sin\alpha=\dfrac{b}{\sqrt{a^2+b^2}}$，$\cos\alpha=\dfrac{a}{\sqrt{a^2+b^2}}$

数学Ⅲ

第 1 章 関　数

1　分数関数・無理関数

2　逆関数と合成関数

Select Study

― スタンダードコース：教科書の例題をカンペキにしたいきみに
― パーフェクトコース：教科書を完全にマスターしたいきみに
― 受験直前チェックコース：入試頻出&重要問題　※番号…例題の番号

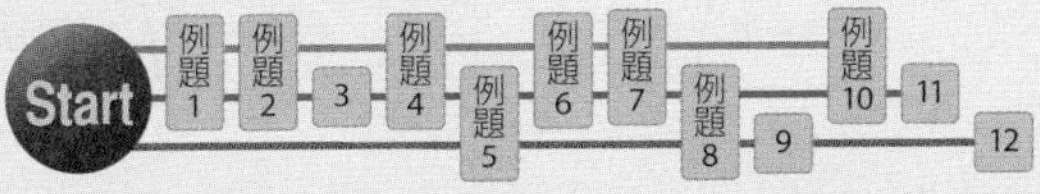

■ 例題一覧

	種類	番号	例題タイトル	難易度
1	基本	1	分数関数のグラフ	❷
	基本	2	分数関数の値域	❷
	基本	3	分数関数の決定	❸
	基本	4	分数方程式・不等式 (1)	❷
	基本	5	分数方程式・不等式 (2)	❸
	基本	6	無理関数のグラフと値域	❷
	基本	7	無理方程式・不等式 (1)	❷
	基本	8	無理方程式・不等式 (2)	❸
	重要	9	無理方程式の解の個数	❸
2	基本	10	逆関数の求め方とそのグラフ	❷
	基本	11	合成関数	❸
	重要	12	逆関数がもとの関数と一致する条件 $f^{-1}(x)=f(x)$	❸

1 分数関数・無理関数

基本事項

1 分数関数とそのグラフ（k は 0 でない定数）

x の分数式で表される関数を，x の **分数関数** という。特に断りがない場合，分数関数の定義域は，分母を 0 にする x の値を除く実数 x 全体である。

① $\boldsymbol{y=\dfrac{k}{x}}$ のグラフ

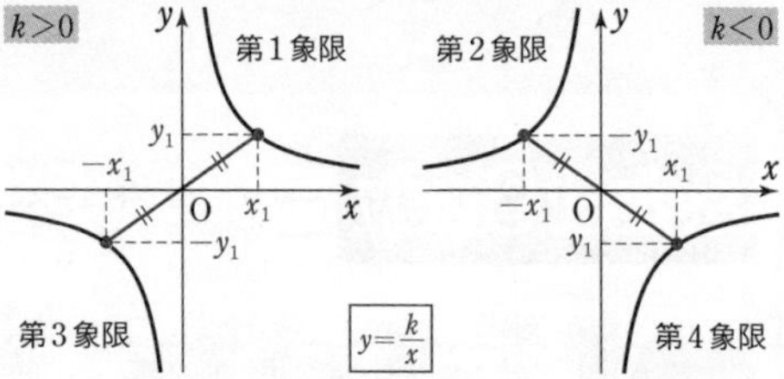

[1] **x 軸，y 軸** を漸近線とする **直角双曲線**

[2] **$k>0$ ならば 第 1，3 象限**
　　$k<0$ ならば 第 2，4 象限
　に，それぞれ存在する。

[3] **原点に関して対称**

[4] 定義域は **$x \neq 0$**，値域は **$y \neq 0$**

補足　直交する 2 つの漸近線をもつ双曲線を **直角双曲線** という。

② $\boldsymbol{y=\dfrac{k}{x-p}+q}$ のグラフ

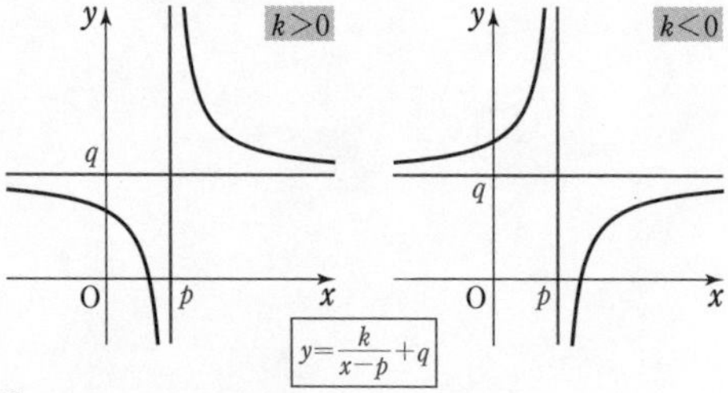

[1] $y=\dfrac{k}{x}$ のグラフを
　　x 軸方向に p，
　　y 軸方向に q
　だけ平行移動した直角双曲線

[2] 漸近線は 2 直線　**$x=p$，$y=q$**

[3] 定義域は **$x \neq p$**，値域は **$y \neq q$**

③ $\boldsymbol{y=\dfrac{ax+b}{cx+d}}$ （$\boldsymbol{c \neq 0,\ ad-bc \neq 0}$）のグラフ

基本形 $\boldsymbol{y=\dfrac{k}{x-p}+q}$ （②）の形に変形する。

例　**変形の方法**

[1] 分子に分母と同じものを作り，分数を切り離す。

$$\frac{6x+5}{2x-1}=\frac{3(2x-1)+8}{2x-1}=\frac{3(2x-1)}{2x-1}+\frac{8}{2x-1}=3+\frac{8}{2x-1}=\frac{4}{x-\frac{1}{2}}+3$$

[2] 筆算により，分子を分母で割った商と余りを求める。

$$\frac{6x+5}{2x-1}=3+\frac{8}{2x-1}=\frac{4}{x-\frac{1}{2}}+3$$

```
          3       …商
2x−1 ) 6x+5
       6x−3
          8       …余り
```

注意　本書では，分数関数について $y=\dfrac{k}{x-p}+q$ を **基本形** と表現する。

2 無理関数とそのグラフ（a は 0 でない定数）

根号 $\sqrt{\quad}$ の中に文字を含む式を **無理式** といい，x についての無理式で表された関数を，x の **無理関数** という。特に断りがない場合，無理関数の定義域は，根号の中が 0 以上となる実数 x 全体である。

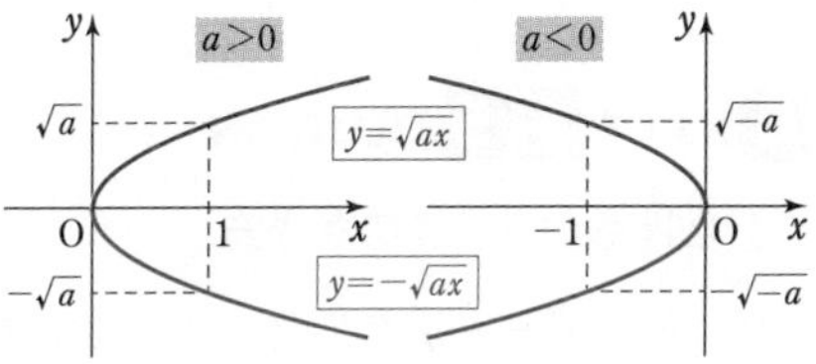

① **$y=\sqrt{ax}$ のグラフ**

[1] 頂点が **原点**，軸が **x 軸** の **放物線 $y^2=ax$ の x 軸より上側の部分。ただし，原点を含む**（$y \geqq 0$ の部分）。

[2] $a>0$ のとき　　　$a<0$ のとき
定義域は　$x \geqq 0$　　定義域は　$x \leqq 0$
値域は　　$y \geqq 0$　　値域は　　$y \geqq 0$
増加関数である　　　減少関数である

② **$y=-\sqrt{ax}$ のグラフ**　$y=\sqrt{ax}$ のグラフと **x 軸に関して対称**

補足　$y=\sqrt{ax}$ の両辺を 2 乗すると　$y^2=ax$ すなわち $x=\dfrac{y^2}{a}$ ……①

これは軸が x 軸，頂点が原点である放物線を表すから $y=\sqrt{ax}$ のグラフは，放物線①の $y \geqq 0$ の部分，すなわち，x 軸より上側の部分である。同様に，$y=-\sqrt{ax}$ のグラフは，放物線①の $y \leqq 0$ の部分，すなわち，x 軸より下側の部分である。（x 軸を軸とする放物線は数学C「式と曲線」で学習する。）

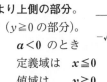

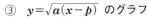

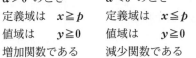

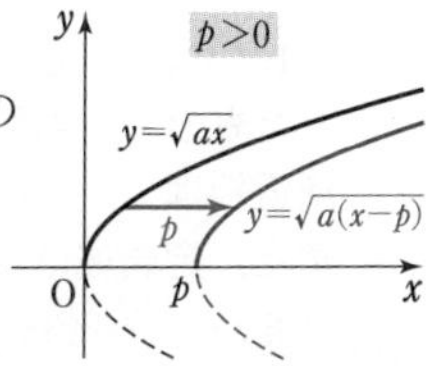

③ **$y=\sqrt{a(x-p)}$ のグラフ**

[1] $y=\sqrt{ax}$ のグラフを **x 軸方向に p** だけ平行移動したもの

[2] $a>0$ のとき　　　$a<0$ のとき
定義域は　$x \geqq p$　　定義域は　$x \leqq p$
値域は　　$y \geqq 0$　　値域は　　$y \geqq 0$
増加関数である　　　減少関数である

④ **$y=\sqrt{ax+b}$ のグラフ**　**$y=\sqrt{a(x-p)}$**（③）の形に変形する。$\left(p=-\dfrac{b}{a}\right)$

例　$y=\sqrt{2x-6}$ は $y=\sqrt{2(x-3)}$ と変形することによって，$y=\sqrt{2x}$ を x 軸方向に 3 だけ平行移動した曲線であることが読みとれる。

CHECK & CHECK

1 次の関数のグラフをかけ。

(1) $y=\dfrac{3}{x}$　(2) $y=\dfrac{3}{x-2}$　(3) $y=\dfrac{3}{x}-1$　(4) $y=\dfrac{3}{x-2}-1$

→ 1

2 次の関数のグラフをかけ。

(1) $y=\sqrt{\dfrac{x}{2}}$　(2) $y=-\sqrt{\dfrac{x}{2}}$　(3) $y=\sqrt{-\dfrac{x}{2}}$　(4) $y=-\sqrt{-\dfrac{x}{2}}$

→ 2

基本 例題 1 分数関数のグラフ

次の関数のグラフをかけ。また，その定義域と値域を求めよ。

(1) $y=\dfrac{3x+2}{x+1}$　　(2) $y=\dfrac{6x+7}{3x-1}$

p.12 基本事項 1

CHART & SOLUTION

分数関数のグラフのかき方

① $y=\dfrac{k}{x-p}+q$ の形（基本形）に変形する。

② 漸近線 $x=p$，$y=q$ をかく。

③ 漸近線の交点 $(p,\ q)$ を原点とみて，$y=\dfrac{k}{x}$ のグラフをかく。

$y=\dfrac{k}{x}$

↓ 平行移動（x 軸方向に p，y 軸方向に q）

$y=\dfrac{k}{x-p}+q$

解答

(1) $\dfrac{3x+2}{x+1}=\dfrac{3(x+1)-1}{x+1}=-\dfrac{1}{x+1}+3$

よって，この関数のグラフは，$y=-\dfrac{1}{x}$ のグラフを x 軸方向に -1，y 軸方向に 3 だけ平行移動したもので，**右図** のようになる。

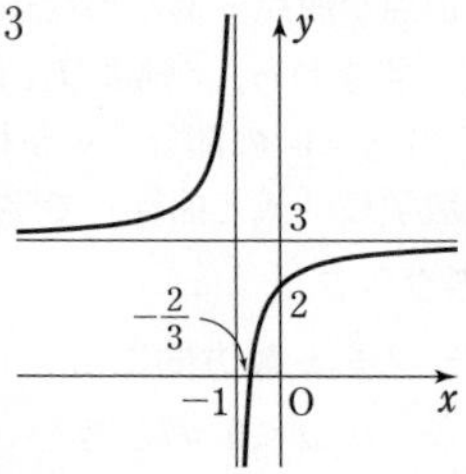

漸近線は　2 直線 $x=-1$，$y=3$

また，**定義域は $x \neq -1$，値域は $y \neq 3$** である。

(2) $\dfrac{6x+7}{3x-1}=\dfrac{2(3x-1)+9}{3x-1}=\dfrac{9}{3x-1}+2$

$=\dfrac{3}{x-\dfrac{1}{3}}+2$

よって，この関数のグラフは，$y=\dfrac{3}{x}$ のグラフを x 軸方向に $\dfrac{1}{3}$，y 軸方向に 2 だけ平行移動したもので，**右図** のようになる。

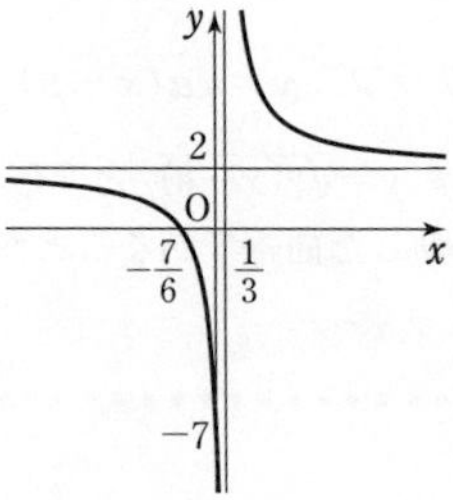

漸近線は　2 直線 $x=\dfrac{1}{3}$，$y=2$

また，**定義域は $x \neq \dfrac{1}{3}$，値域は $y \neq 2$** である。

⇐ $y=0$ のとき　$x=-\dfrac{2}{3}$
$x=0$ のとき　$y=2$
ゆえに，軸との交点は
$\left(-\dfrac{2}{3},\ 0\right)$，$(0,\ 2)$

⇐ 点 $(-1,\ 3)$ を原点とみて，$y=-\dfrac{1}{x}$ のグラフをかく。

⇐ $y=0$ のとき　$x=-\dfrac{7}{6}$
$x=0$ のとき　$y=-7$
ゆえに，軸との交点は
$\left(-\dfrac{7}{6},\ 0\right)$，$(0,\ -7)$

⇐ 点 $\left(\dfrac{1}{3},\ 2\right)$ を原点とみて，$y=\dfrac{3}{x}$ のグラフをかく。

inf. (2) $y=\dfrac{9}{3x-1}+2$ の形までの変形だけでも，漸近線の方程式は
$3x-1=0$，$y=2$
として求められる。

PRACTICE 1②

次の関数のグラフをかけ。また，その定義域と値域を求めよ。

(1) $y=\dfrac{2x-1}{x-2}$　　(2) $y=\dfrac{-2x-7}{x+3}$　　(3) $y=\dfrac{3x+1}{2x-4}$

基本 例題 2 分数関数の値域

関数 $y=\dfrac{2x-1}{x-1}$ $(-1\leqq x\leqq 2)$ のグラフをかき，その値域を求めよ。

基本 1

CHART & SOLUTION

変域に制限がある分数関数の値域

グラフから読みとる

① まず，基本形に変形し，漸近線を読みとる。
② 変域の端の x の値における y の値を求める。
③ 変域に対応した部分のグラフをかき，値域を読みとる。……❗

解答

$$\frac{2x-1}{x-1}=\frac{2(x-1)+1}{x-1}$$
$$=\frac{1}{x-1}+2$$

よって，漸近線は　2 直線 $x=1$，$y=2$

$x=-1$ のとき　$y=\dfrac{2(-1)-1}{-1-1}=\dfrac{3}{2}$

$x=2$ のとき　$y=\dfrac{2\cdot2-1}{2-1}=3$

❗ ゆえに，求めるグラフは **右図の太線部分** のようになる。
したがって，求める値域は，グラフから

$$y\leqq\frac{3}{2},\ 3\leqq y$$

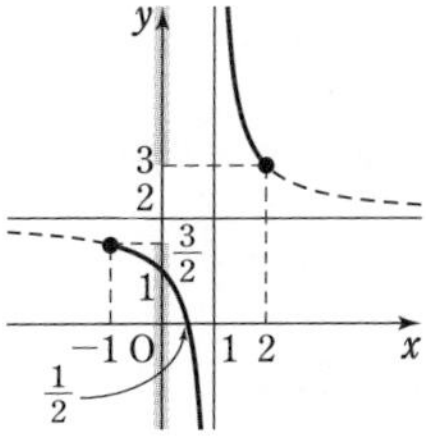

⇦ 実際に割り算をして変形してもよい。

$$\begin{array}{r} 2 \\ x-1\,\overline{)\,2x-1} \\ 2x-2 \\ \hline 1 \end{array}$$

⇦ グラフの端点の座標を求める。

PRACTICE 2❷

次の関数のグラフをかき，その値域を求めよ。

(1) $y=\dfrac{-2x+7}{x-3}$ $(1\leqq x\leqq 4)$　(2) $y=\dfrac{x}{x-2}$ $(-1\leqq x\leqq 1)$

(3) $y=\dfrac{3x-2}{x+1}$ $(-2<x<1)$　(4) $y=\dfrac{-3x+8}{x+2}$ $(-3<x<0)$

基本 例題 3 分数関数の決定

関数 $y=\dfrac{ax+b}{x+c}$ のグラフが 2 直線 $x=3$, $y=1$ を漸近線とし，更に点 $(2,\ 2)$ を通るとき，定数 a, b, c の値を求めよ。 〔類 防衛大〕

p.12 基本事項 1 ，基本 1

CHART & SOLUTION

分数関数の決定　基本形 $y=\dfrac{k}{x-p}+q$ の利用

漸近線の条件から，この関数は $y=\dfrac{k}{x-3}+1$ と表すことができる。
通る点の条件から k の値を求める。

別解　まず，基本形 $y=\dfrac{k}{x-p}+q$ に変形する。

解答

漸近線の条件から，求める関数は $y=\dfrac{k}{x-3}+1$ $(k\neq 0)$ と表される。このグラフが点 $(2,\ 2)$ を通ることから

$$2=\frac{k}{2-3}+1 \qquad ゆえに \qquad k=-1$$

よって　$y=\dfrac{-1}{x-3}+1=\dfrac{x-4}{x-3}$

これと $y=\dfrac{ax+b}{x+c}$ を比較して　$\boldsymbol{a=1,\ b=-4,\ c=-3}$

別解　$\dfrac{ax+b}{x+c}=\dfrac{a(x+c)-ac+b}{x+c}=\dfrac{b-ac}{x+c}+a$

と変形できるから，漸近線は　2 直線 $x=-c$, $y=a$
よって，条件から　$-c=3$, $a=1$
すなわち　$\boldsymbol{a=1,\ c=-3}$
このとき，与えられた関数は　$y=\dfrac{x+b}{x-3}$
このグラフが点 $(2,\ 2)$ を通ることから　$2=\dfrac{2+b}{2-3}$
ゆえに　$\boldsymbol{b=-4}$

⇐ **2 直線 $x=p$, $y=q$ を漸近線にもつ双曲線は $y=\dfrac{k}{x-p}+q$**

⇐ $2=-k+1$

⇐ $\dfrac{-1+(x-3)}{x-3}$

⇐ 分子に $x+c$ を作る要領で変形する。
$ax+b$
$=a(x+c)-ac+b$

⇐ $2=-2-b$

POINT

グラフの通過点と関数の値の関係
$y=f(x)$ のグラフが点 $(s,\ t)$ を通る $\Longleftrightarrow$ $t=f(s)$

PRACTICE 3③

$y=\dfrac{ax+b}{2x+c}$ のグラフが点 $(1,\ 2)$ を通り，2 直線 $x=2$, $y=1$ を漸近線とするとき，定数 a, b, c の値を求めよ。 〔奈良大〕

基本 例題 4 分数方程式・不等式 (1)

(1) 関数 $y=\dfrac{1}{x-2}$ のグラフと直線 $y=x$ の共有点の x 座標を求めよ。

(2) 不等式 (ア) $\dfrac{1}{x-2}>x$，(イ) $\dfrac{1}{x-2}\leqq x$ を解け。

基本1

CHART & SOLUTION

グラフ利用の分数方程式・不等式の解法

共有点 ⟺ 実数解　　上下関係 ⟺ 不等式

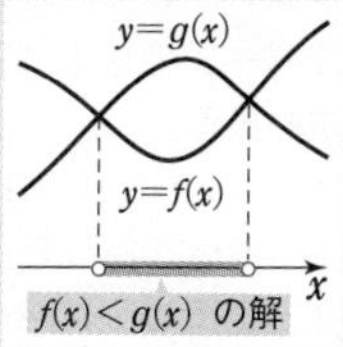

(1) 分数方程式 $\dfrac{1}{x-2}=x$ の実数解が共有点の x 座標である。

(2) グラフの上下関係に着目して求める。……❗

(1)，(2) ともに，**(分母)≠0** すなわち $x\neq2$ に注意する。

解答

$y=\dfrac{1}{x-2}$ ……①，$y=x$ ……② とする。

(1) ①，② から　$\dfrac{1}{x-2}=x$　分母を払うと　$1=x(x-2)$

整理して　$x^2-2x-1=0$　これを解いて　$\boldsymbol{x=1\pm\sqrt{2}}$

これらは，$x-2\neq0$ を満たす。

❗ (2) (ア) $\dfrac{1}{x-2}>x$ の解は，① のグラフが ② のグラフより上側にある x の値の範囲である。よって，図から求める x の値の範囲は　$\boldsymbol{x<1-\sqrt{2},\ 2<x<1+\sqrt{2}}$

❗ (イ) $\dfrac{1}{x-2}\leqq x$ の解は，① のグラフが ② のグラフより下側にある，または共有点をもつ x の値の範囲である。
よって，図から求める x の値の範囲は

$$\boldsymbol{1-\sqrt{2}\leqq x<2,\ 1+\sqrt{2}\leqq x}$$

inf. 分数式を含む方程式・不等式をそれぞれ **分数方程式・分数不等式** といい，その解を求めることを **解く** という。

⇐ 分母を 0 にしないか確認。

⇐ $x\neq2$ に注意！
$x=2$ は，関数 ① の定義域に含まれない（つまり，グラフが存在しない）。

(1)

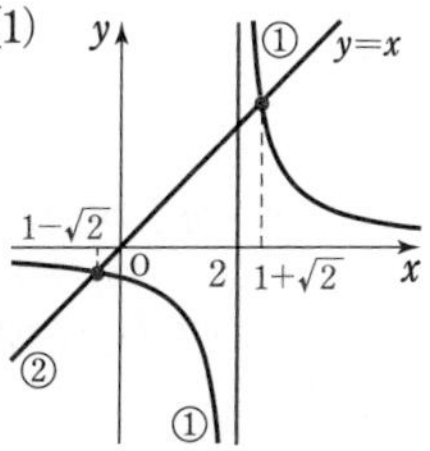

(2)(ア)

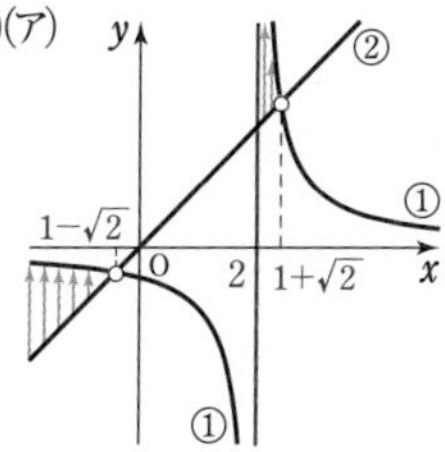

(2)(イ)

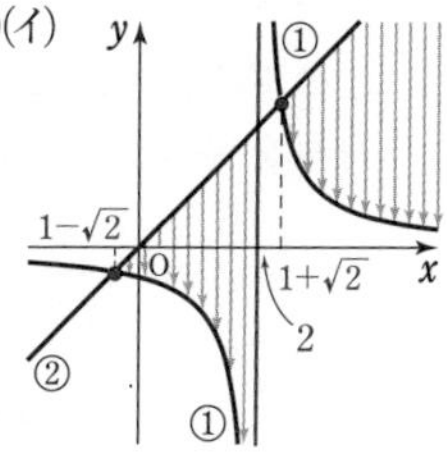

PRACTICE 4❷

関数 $f(x)=\dfrac{3-2x}{x-4}$ がある。方程式 $f(x)=x$ の解を求めよ。
また，不等式 $f(x)\leqq x$ を解け。　〔南山大〕

基本 例題 5　分数方程式・不等式 (2)

次の方程式，不等式を解け。

(1) $\dfrac{2}{x(x+2)}-\dfrac{x}{2(x+2)}=0$　　(2) $x<\dfrac{2}{x-1}$

基本 4

CHART & SOLUTION

分数方程式・不等式の解法　(分母)$\neq 0$ に注意

前ページの基本例題 4 ではグラフを利用する解法を学んだが，この例題ではそれ以外の解法も扱う。

(分母)$\neq 0$ から　(1)　$x\neq 0$，$x+2\neq 0$　　(2)　$x-1\neq 0$　であることに注意。

(1)　分母を払って多項式の方程式を導き，(分母)$=0$ の解を除く。

(2)　両辺に $x-1$ を掛け，$x(x-1)<2$ として，そのまま解答を進めてはいけない。$x-1$ の正負により，不等号の向きが変わるからである。

　⟶ 分母を払わず，$\dfrac{A}{B}<0$ の形に整理して，A，B の因数の符号から決定。

別解 1　分母を払う前に，**$x-1$ の正負で場合分け** をして，2 次不等式を解く。

別解 2　場合分けを避けるために，(分母)^2　すなわち **$(x-1)^2$** (>0) **を両辺に掛けて**，3 次不等式を解く。

別解 3　**グラフを利用** し，**上下関係** に注目 (基本例題 4 と同様の方針)。

解答

(1)　$\dfrac{2}{x(x+2)}-\dfrac{x}{2(x+2)}=0$ の両辺に $2x(x+2)$ を掛けて分母を払うと　　$4-x^2=0$　すなわち　$(x+2)(x-2)=0$

これを解いて　　$x=-2,\ 2$

$x=-2$ は，もとの方程式の分母を 0 にするから適さない。

よって　　$\boldsymbol{x=2}$

(2)　$x-\dfrac{2}{x-1}<0$ から　　$\dfrac{x(x-1)-2}{x-1}<0$

ゆえに　　$\dfrac{(x+1)(x-2)}{x-1}<0$

この不等式の左辺を P とおき，$x+1$，$x-1$，$x-2$ と P の符号を調べると，下の表のようになる。

x	$\cdots$	-1	$\cdots$	1	$\cdots$	2	$\cdots$
$x+1$	$-$	0	$+$	$+$	$+$	$+$	$+$
$x-1$	$-$	$-$	$-$	0	$+$	$+$	$+$
$x-2$	$-$	$-$	$-$	$-$	$-$	0	$+$
P	$-$	0	$+$	／	$-$	0	$+$

←(分母)$\neq 0$

よって，求める解は　　$\boldsymbol{x<-1,\ 1<x<2}$

⇐ この確認が重要。

⇐ (分子)$=x^2-x-2$
$=(x+1)(x-2)$

⇐ 分母・分子の因数 $x+1$，$x-1$，$x-2$ の符号をもとに，P の符号を判断する。

⇐ (分母)$\neq 0$ であるから，P の $x=1$ の欄は斜線。

別解 1　[1]　$x-1>0$ すなわち $x>1$ のとき

$$x(x-1)<2$$

これを整理して　$x^2-x-2<0$

よって　$(x+1)(x-2)<0$

これを解いて　$-1<x<2$

$x>1$ との共通範囲を求めて　$1<x<2$

⇐ (1) と同じ方針。$x-1$ の正負によって不等号の向きが変わることに注意。

[2]　$x-1<0$ すなわち $x<1$ のとき

$$x(x-1)>2$$

これを整理して　$x^2-x-2>0$

よって　$(x+1)(x-2)>0$

これを解いて　$x<-1,\ 2<x$

$x<1$ との共通範囲を求めて　$x<-1$

⇐ 不等号の向きが変わる。

[1], [2] から　$\boldsymbol{x<-1,\ 1<x<2}$

別解 2　不等式の両辺に $(x-1)^2\ (>0)$ を掛けて

$$x(x-1)^2<2(x-1)$$

よって　$(x-1)\{x(x-1)-2\}<0$

ゆえに　$(x-1)(x+1)(x-2)<0$

よって　$\boldsymbol{x<-1,\ 1<x<2}$

これらは，$x \neq 1$ を満たす。

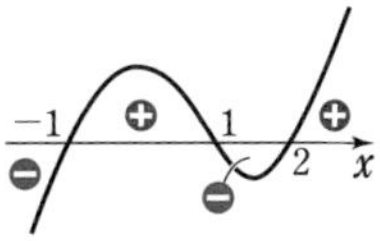

⇐ $x \neq 1$ から　$(x-1)^2>0$
よって，不等号の向きは変わらない。

⇐ 展開せず，まず共通因数でくくる。

⇐ x^3 の係数が正で，x 軸と異なる 3 点で交わる 3 次曲線をイメージして解を判断。

別解 3　$y=x$ ……①，$y=\dfrac{2}{x-1}$ ……② とする。

$x=\dfrac{2}{x-1}$ とおいて，分母を払うと

$$x(x-1)=2$$

整理して　$x^2-x-2=0$

因数分解して　$(x+1)(x-2)=0$

これを解いて　$x=-1,\ 2$

これらは，$x-1 \neq 0$ を満たす。

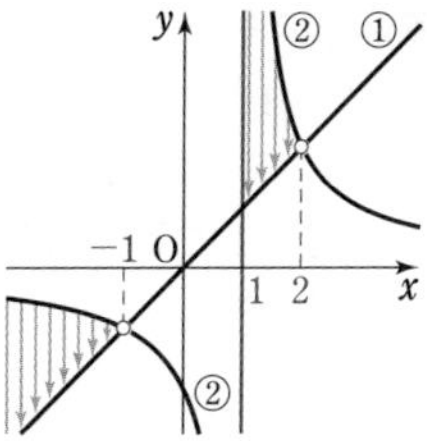

⇐ ① と ② の共有点の x 座標を求める。

⇐ 分母を 0 にしないか確認。

$x<\dfrac{2}{x-1}$ の解は，① のグラフが ② のグラフの下側にある x の値の範囲である。

よって，図から求める x の値の範囲は

$$\boldsymbol{x<-1,\ 1<x<2}$$

⇐ $x \neq 1$ に注意！
$x=1$ は関数 ② の定義域に含まれない（つまり，グラフが存在しない）。

PRACTICE 5❸

次の方程式，不等式を解け。

(1)　$2-\dfrac{6}{x^2-9}=\dfrac{1}{x+3}$　　(2)　$\dfrac{5x-8}{x-2} \leqq x+2$

基本 例題 6 無理関数のグラフと値域

(1) 関数 $y=\sqrt{3-x}$ のグラフをかけ。また，その定義域と値域を求めよ。

(2) 関数 $y=\sqrt{2x+4}+1$ $(-1<x\leqq 1)$ のグラフをかき，その値域を求めよ。

p.13 基本事項 2

CHART & SOLUTION

無理関数の値域

グラフから読みとる

まずは $y=\sqrt{a(x-p)}+q$ の形に変形する。

(1) 定義域は $(\sqrt{\quad}$ の中$)\geqq 0$ となる x の値全体 である。

(2) $y=\sqrt{a(x-p)}+q$ のグラフは，$y=\sqrt{ax}$ のグラフを x 軸方向に p，y 軸方向に q だけ平行移動したもの。

解法の手順は，p.15 基本例題 2 と同様。

解答

(1) $\sqrt{3-x}=\sqrt{-(x-3)}$

よって，$y=\sqrt{3-x}$ のグラフは，$y=\sqrt{-x}$ のグラフを x 軸方向に 3 だけ平行移動したもので，**右図**のようになる。

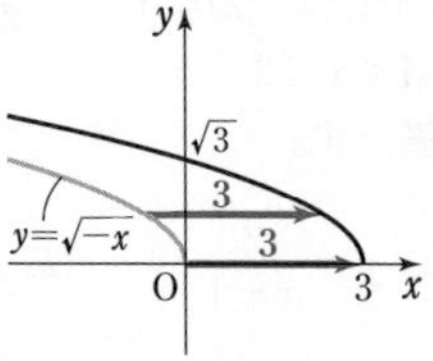

定義域は $x\leqq 3$，値域は $y\geqq 0$

← 無理関数 $y=\sqrt{3-x}$ の定義域は，$3-x\geqq 0$ から $x\leqq 3$

(2) $\sqrt{2x+4}+1=\sqrt{2(x+2)}+1$

よって，$y=\sqrt{2x+4}+1$ のグラフは，$y=\sqrt{2x}$ のグラフを x 軸方向に -2，y 軸方向に 1 だけ平行移動したものである。

← 無理関数 $y=\sqrt{2x+4}+1$ の定義域は，$2x+4\geqq 0$ から $x\geqq -2$

$x=-1$ のとき

$y=\sqrt{2\cdot(-1)+4}+1=\sqrt{2}+1$

$x=1$ のとき

$y=\sqrt{2\cdot 1+4}+1=\sqrt{6}+1$

← グラフの端点の座標を求める。

ゆえに，求めるグラフは **右図の実線部分** である。

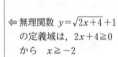

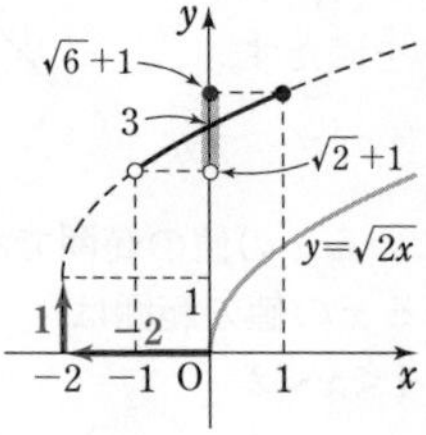

よって，求める値域は，グラフから

$$\sqrt{2}+1<y\leqq\sqrt{6}+1$$

PRACTICE 6❷

(1) 次の関数のグラフをかけ。また，その定義域と値域を求めよ。

(ア) $y=-\sqrt{2(x+1)}$　　(イ) $y=\sqrt{3x+6}$

(2) 関数 $y=\sqrt{4-2x}+1$ $(-1\leqq x<1)$ のグラフをかき，その値域を求めよ。

基本 例題 7 無理方程式・不等式 (1)

(1) 関数 $y=\sqrt{x+6}$ のグラフと直線 $y=x$ の共有点の x 座標を求めよ。

(2) 不等式 $\sqrt{x+6}>x$ を解け。

基本 4, 6

CHART & SOLUTION

グラフ利用の無理方程式・不等式の解法

共有点 $\Longleftrightarrow$ 実数解　上下関係 $\Longleftrightarrow$ 不等式

基本例題 4 (分数方程式・不等式) と同様の方針により，グラフを利用する。

(1) 無理方程式 $\sqrt{x+6}=x$ の実数解が共有点の x 座標である。$\sqrt{\ }$ をなくすために両辺を 2 乗する。このとき，**$A=B \Longrightarrow A^2=B^2$ は成り立つが，逆は成り立たない** ($A=B$ と $A^2=B^2$ は同値ではない) ことに注意。⟶ 不適なものがあれば，除外する。

(2) (1)のグラフの上下関係に着目して求める。

解答

$y=\sqrt{x+6}$ …… ①,

$y=x$ …… ②

のグラフは，右図の実線部分のようになる。

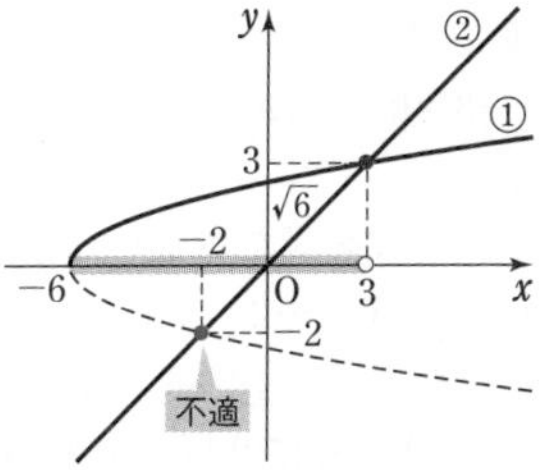

(1) ①, ② から

$\sqrt{x+6}=x$ …… ③

両辺を 2 乗すると

$x+6=x^2$

整理して　$x^2-x-6=0$

ゆえに　$(x+2)(x-3)=0$

これを解いて　$x=-2,\ 3$

図から，$x=3$ が ③ の解である。

よって　$\boldsymbol{x=3}$

(2) $\sqrt{x+6}>x$ の解は，① のグラフが ② のグラフより上側にある x の値の範囲である。

よって，図から求める x の値の範囲は

$\boldsymbol{-6 \leqq x<3}$

⇐ $y=\sqrt{x+6}$ のグラフは，$y=\sqrt{x}$ のグラフを x 軸方向に -6 だけ平行移動したもの。

inf. 無理式を含む方程式・不等式をそれぞれ **無理方程式・無理不等式** といい，その解を求めることを **解く** という。

⇐ $x=-2$ は不適であるから，除外する。これは $-\sqrt{x+6}=x$ の解。

⇐ 等号の有無に注意する。

PRACTICE 7❷

(1) 関数 $y=\sqrt{4-x}$ のグラフと直線 $y=x-2$ の共有点の x 座標を求めよ。

(2) 不等式 $\sqrt{4-x}>x-2$ を解け。

基本 例題 8　無理方程式・不等式 (2)

次の方程式，不等式を解け。

(1) $\sqrt{10-x^2}=x+2$　　(2) $\sqrt{x+2}\leqq x$　　(3) $\sqrt{2x+6}>x+1$

基本 7

CHART & SOLUTION

グラフを用いない無理方程式・不等式の解法

2 乗して $\sqrt{\ }$ をはずす　$\sqrt{A}\geqq 0$，$A\geqq 0$ に注意 ……!

方程式の場合　(1)　$A=B \Longrightarrow A^2=B^2$ は成り立つが，逆は成り立たない。前ページの基本例題 7 と同様に，$\sqrt{\ }$ をはずして得た解が最初の方程式を満たすかどうか確認する。

不等式の場合　(2), (3)　$A\geqq 0$，$B\geqq 0$ ならば $A>B \iff A^2>B^2$ が成り立つ。両辺を 2 乗する前に条件を確認する。必要に応じて場合分け。

解答

! (1)　方程式の両辺を 2 乗して　$10-x^2=(x+2)^2$

整理すると　$x^2+2x-3=0$　ゆえに　$(x-1)(x+3)=0$

⇐ $2x^2+4x-6=0$

よって　$x=1,\ -3$

$x=-3$ は与えられた方程式を満たさないから　$\boldsymbol{x=1}$

⇐ $x=-3$ を代入すると (左辺)$=1$，(右辺)$=-1$

(2)　$x+2\geqq 0$ であるから　$x\geqq -2$ …… ①

また，$x\geqq\sqrt{x+2}\geqq 0$ から　$x\geqq 0$ …… ②

このとき，不等式の両辺はともに 0 以上であるから，両辺を 2 乗して　$x+2\leqq x^2$　ゆえに　$(x+1)(x-2)\geqq 0$!

よって　$x\leqq -1,\ 2\leqq x$ …… ③

求める解は，①，②，③ の共通範囲であるから　$\boldsymbol{x\geqq 2}$

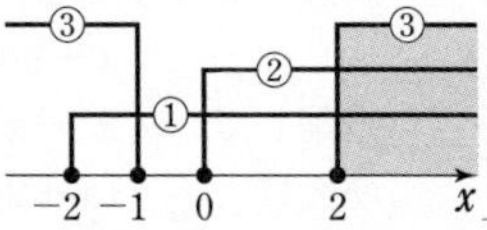

(3)　$2x+6\geqq 0$ であるから　$x\geqq -3$ …… ①

[1]　$x+1\geqq 0$ すなわち $x\geqq -1$ …… ② のとき

不等式の両辺はともに 0 以上であるから，両辺を 2 乗して

! $2x+6>(x+1)^2$　整理すると　$x^2<5$

これを解いて　$-\sqrt{5}<x<\sqrt{5}$ …… ③

①，②，③ の共通範囲を求めて　$-1\leqq x<\sqrt{5}$ … ④

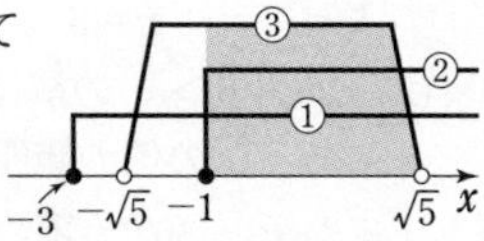

[2]　$x+1<0$ すなわち $x<-1$ のとき

$\sqrt{2x+6}\geqq 0$，$x+1<0$ であるから，不等式は常に成り立つ。このとき，① との共通範囲は　$-3\leqq x<-1$ … ⑤

求める解は，④，⑤ を合わせた範囲であるから

$\boldsymbol{-3\leqq x<\sqrt{5}}$

⇐ [1] または [2] を満たす範囲。

PRACTICE 8③

次の方程式，不等式を解け。　[(2) 千葉工大]

(1) $2-x=\sqrt{16-x^2}$　　(2) $\sqrt{x+3}=|2x|$　　(3) $\sqrt{x}\leqq 6-x$　　(4) $\sqrt{10-x^2}>x+2$

ズーム UP 同値関係を考えた無理方程式・不等式の解法

命題「$A=B \Longrightarrow A^2=B^2$」は真ですが，その逆命題「$A^2=B^2 \Longrightarrow A=B$」は偽です。同じように，無理方程式 $\sqrt{A}=B$ と無理不等式 $\sqrt{A}<B$ は，それぞれの両辺を 2 乗した $A=B^2$，$A<B^2$ とは同値ではありません。では，更にどのような条件を付け加えれば同値な命題に書き換えることができるかをここで考えてみましょう。

$\sqrt{A}=B \iff A=B^2,\ B \geqq 0$

『$\sqrt{A}=B$』が成り立つとき　($\sqrt{\quad}$ 内)$\geqq 0$ から　$A \geqq 0$

$\sqrt{\quad} \geqq 0$ から　$B \geqq 0$

一方，『$A=B^2$』が成り立つとき　$B^2 \geqq 0$ から　$A \geqq 0$

よって，『$\sqrt{A}=B$』と『$A=B^2$』が同値となるためには，『$A=B^2$』に $B \geqq 0$ の条件を付け加えればよい。

例　$\sqrt{10-x^2}=x+2 \iff 10-x^2=(x+2)^2$ ……①　かつ　$x+2 \geqq 0$ ……②

①を整理して　$(x-1)(x+3)=0$

②から $x \geqq -2$ に適する解は　$\boldsymbol{x=1}$

$\sqrt{A}<B \iff A<B^2,\ A \geqq 0,\ B>0$

『$\sqrt{A}<B$』が成り立つとき　($\sqrt{\quad}$ 内)$\geqq 0$ から　$A \geqq 0$

$0 \leqq \sqrt{A}<B$ から　$B>0$

よって，『$\sqrt{A}<B$』と『$A<B^2$』が同値となるためには，『$A<B^2$』に $A \geqq 0$，$B>0$ の条件を付け加えればよい。

例　$\sqrt{x+2} \leqq x \iff x+2 \leqq x^2$ ……①　かつ　$x+2 \geqq 0$ ……②　かつ　$x \geqq 0$ ……③

①を整理して　$(x+1)(x-2) \geqq 0$　これを解いて　$x \leqq -1,\ 2 \leqq x$

②から　$x \geqq -2$

①，②，③の共通範囲を求めて　$\boldsymbol{x \geqq 2}$

$\sqrt{A}>B \iff$ [1] $B \geqq 0,\ A>B^2$ または [2] $B<0,\ A \geqq 0$

[1]　$B \geqq 0$ のとき　$A \geqq 0$，$B \geqq 0$ から，『$\sqrt{A}>B$』と『$A>B^2$』は同値

[2]　$B<0$ のとき　$A \geqq 0$ であれば $\sqrt{A} \geqq 0$，$B<0$ となり『$\sqrt{A}>B$』は常に成り立つ。

例　$\sqrt{2x+6}>x+1 \iff \begin{cases} [1]\ x+1 \geqq 0,\ 2x+6>(x+1)^2 \\ [2]\ x+1<0,\ 2x+6 \geqq 0 \end{cases}$

[1] を整理して　$x \geqq -1$　かつ　$x^2<5$　すなわち

$x \geqq -1$　かつ　$-\sqrt{5}<x<\sqrt{5}$

共通範囲を求めて　$-1 \leqq x<\sqrt{5}$

[2] を整理して　$x<-1$ かつ $x \geqq -3$　共通範囲を求めて　$-3 \leqq x<-1$

よって，[1]，[2] の範囲を合わせて　$\boldsymbol{-3 \leqq x<\sqrt{5}}$

重要 例題 9　無理方程式の解の個数

方程式 $2\sqrt{x-1}=\frac{1}{2}x+k$ が異なる2つの実数解をもつように，実数 k の値の範囲を定めよ。　〔広島修道大〕 基本 7

CHART & SOLUTION

無理方程式の解の個数　グラフ利用

異なる2つの実数解 ⟺ 共有点が2個 を利用

① $y=2\sqrt{x-1}$ のグラフをかく。
$\longrightarrow y=2\sqrt{x}$ のグラフを x 軸方向に1だけ平行移動したもの。

② 直線 $y=\frac{1}{2}x+k$ の傾きは $\frac{1}{2}$ で一定である。y 切片 k の値に応じて平行移動し，$y=2\sqrt{x-1}$ のグラフとの**共有点が2個**となるように，実数 k の値の範囲を定める。

特に，直線②が①のグラフに接するときや，①のグラフの端点を通るときの k の値に注目。……❗

解答

$y=2\sqrt{x-1}$ ……①，$y=\frac{1}{2}x+k$ ……② とし，曲線①と直線②の共有点が2個である条件を求める。

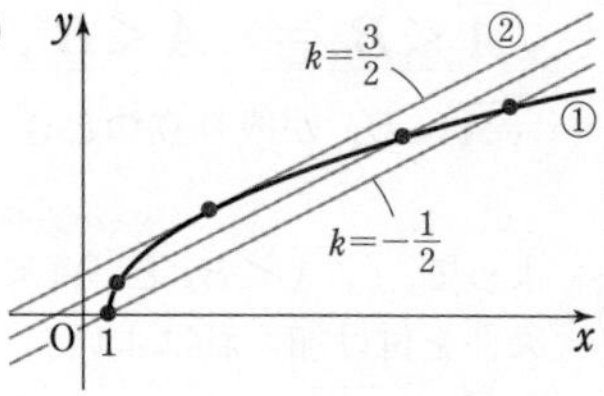

方程式から　$4\sqrt{x-1}=x+2k$

両辺を2乗すると　$16(x-1)=x^2+4kx+4k^2$

整理すると　$x^2+2(2k-8)x+4k^2+16=0$

この2次方程式の判別式を D とすると

$$\frac{D}{4}=(2k-8)^2-(4k^2+16)=-16(2k-3)$$

❗ 曲線①と直線②が接するとき，$D=0$ から　$k=\frac{3}{2}$

❗ また，直線②が曲線①の端点 $(1,\ 0)$ を通るとき

$$0=\frac{1}{2}\cdot 1+k \qquad ゆえに \qquad k=-\frac{1}{2}$$

したがって，求める k の値の範囲は　$\boldsymbol{-\frac{1}{2}\leqq k<\frac{3}{2}}$

inf. 直線②が点 $(1,\ 0)$ を通るときの y 切片を k_1，直線②が曲線①と接するときの y 切片を k_2 とすると，$k_1\leqq k<k_2$ のとき，①と②のグラフは2つの共有点をもつ。

PRACTICE 9❸

方程式 $\sqrt{x+1}-x-k=0$ を満たす実数解の個数が最も多くなるように，実数 k の値の範囲を定めよ。

EXERCISES　　1 分数関数・無理関数

A

1❷ 次の関数の定義域を求めよ。

(1) $y=\dfrac{-2x+1}{x+1}$ $(-5\leqq y\leqq -3)$　　(2) $y=\dfrac{x+1}{2x+3}$ $(y\leqq 0,\ 1<y)$　➲2

2❸ (1) 関数 $y=\dfrac{2x+c}{ax+b}$ のグラフが点 $\left(-2,\ \dfrac{9}{5}\right)$ を通り，2 直線 $x=-\dfrac{1}{3}$，$y=\dfrac{2}{3}$ を漸近線にもつとき，定数 a，b，c の値を求めよ。

(2) 直線 $x=-3$ を漸近線とし，2 点 $(-2,\ 3)$，$(1,\ 6)$ を通る直角双曲線をグラフにもつ関数を $y=\dfrac{ax+b}{cx+d}$ の形で表せ。　➲3

3❸ $-4\leqq x\leqq 0$ のとき，$y=\sqrt{a-4x}+b$ の最大値が 5，最小値が 3 であるとき，$a=$ ア□，$b=$ イ□ となる。ただし，$a>0$ とする。　〔久留米大〕　➲6

4❸ 次の方程式，不等式を解け。　〔(1) 横浜市大，(2) 学習院大〕

(1) $\sqrt{\dfrac{1+x}{2}}=1-2x^2$　　(2) $\sqrt{2x^2+x-6}<x+2$　➲8

B

5❸ 次の不等式を解け。　〔(2) 武蔵工大〕

(1) $\dfrac{1}{x+3}\geqq\dfrac{1}{3-x}$　　(2) $\dfrac{3}{1+\dfrac{2}{x}}\geqq x^2$　➲4, 5

6❹ (1) 実数 x に関する方程式 $\sqrt{x-1}-1=k(x-k)$ が解をもたないような負の数 k の値の範囲を求めよ。

(2) 方程式 $\sqrt{x+3}=-\dfrac{k}{x}$ がただ 1 つの実数解をもつように正の数 k の値を定めよ。　〔防衛医大〕　➲9

7❹ $y=\dfrac{1}{x-1}$ と $y=-|x|+k$ のグラフが 2 個以上の点を共有する k の値の範囲を求めよ。　〔法政大〕　➲9

HINT

5　2 つのグラフの交点の x 座標を求め，図をかいてみる。上下関係 ⟺ 不等式

6　共有点 ⟺ 実数解 から，2 つのグラフの共有点の個数で考える。

(1) 曲線 $y=\sqrt{x-1}-1$ の端点が，直線 $y=k(x-k)$ の上側にある。

(2) 2 曲線 $y=\sqrt{x+3}$，$y=-\dfrac{k}{x}$ が 1 点で接する。

7　2 つのグラフが接する（重解利用）場合が境目。

2 逆関数と合成関数

基本事項

1 逆関数とグラフ

① 関数 $y=f(x)$ の値域に含まれる任意の y の値に対して，対応する x の値がただ1つ定まるとき，x は y の関数となる。この関数を $x=g(y)$ と表すとき，変数 x と y を入れ替えた関数 $y=g(x)$ を $y=f(x)$ の **逆関数** といい，$\boldsymbol{y=f^{-1}(x)}$ で表す。

② $f(x)$ と $f^{-1}(x)$ とでは，**定義域と値域が入れ替わる**。

③ 関数 $f(x)$ が逆関数 $f^{-1}(x)$ をもつとき

$$\boldsymbol{b=f(a) \iff a=f^{-1}(b)}$$

④ $y=f(x)$ と $y=f^{-1}(x)$ のグラフは，**直線 $\boldsymbol{y=x}$ に関して対称** である。

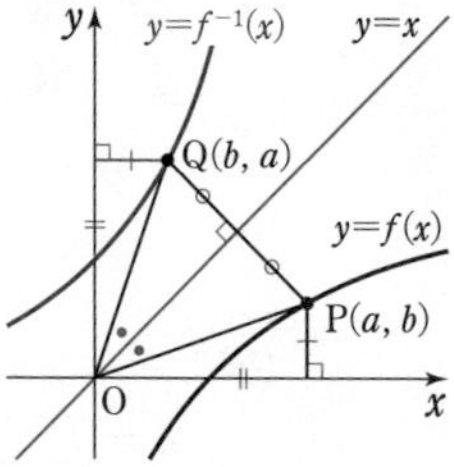

補足 $f^{-1}(x)$ は「f インバース x」と読む。

2 合成関数

2つの関数 $y=f(x)$，$z=g(y)$ があり，$f(x)$ の値域が $g(y)$ の定義域に含まれているとき，$g(y)$ に $y=f(x)$ を代入して得られる関数 $z=g(f(x))$ を，$f(x)$ と $g(y)$ の **合成関数** といい，記号で $\boldsymbol{(g\circ f)(x)}$ と表す。すなわち

$$\boldsymbol{(g\circ f)(x)=g(f(x))}$$

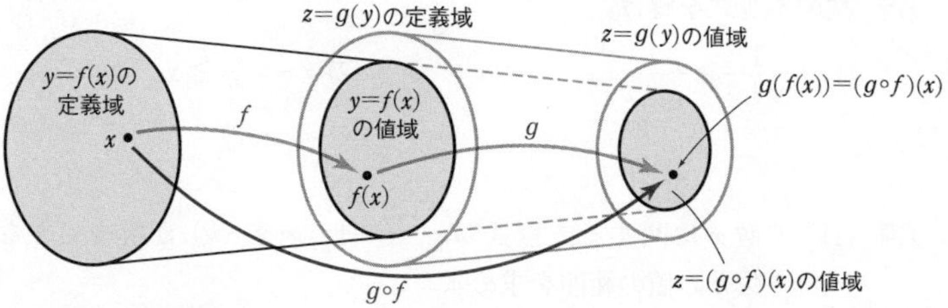

注意 一般に，合成関数 $(g\circ f)(x)$ と $(f\circ g)(x)$ は一致しない (CHECK & CHECK 4，基本例題 11 を参照)。

CHECK & CHECK

3 次の関数の逆関数を求めよ。

(1) $y=-2x+3$　　(2) $y=\frac{1}{3}x-1$　　1

4 2つの関数 $f(x)=x+3$，$g(x)=2x+1$ について，次の合成関数を求めよ。

(1) $(f\circ g)(x)$　　(2) $(g\circ f)(x)$　　2

基本 例題 10 逆関数の求め方とそのグラフ

次の関数の逆関数を求めよ。また，そのグラフをかけ。

(1) $y=\log_3 x$　　(2) $y=\dfrac{2x-1}{x+1}$ $(x\geqq 0)$

p.26 基本事項 1

CHART & SOLUTION

逆関数　x について解いて，x と y の交換

1 定義域と値域に着目

2 グラフは直線 $y=x$ に関して対称

逆関数の求め方　① 関係式 $y=f(x)$ を $x=g(y)$ の形に変形。……❗

② x と y を入れ替えて，$y=g(x)$ とする。

③ $g(x)$ の定義域は，$f(x)$ の値域と同じにとる。

(2) 定義域に注意。⟶ まず，与えられた関数の値域を調べる。

解答

(1) $y=\log_3 x$ を x について解くと

❗ $x=3^y$

x と y を入れ替えて　$\boldsymbol{y=3^x}$

グラフは **右図の太線部分**。

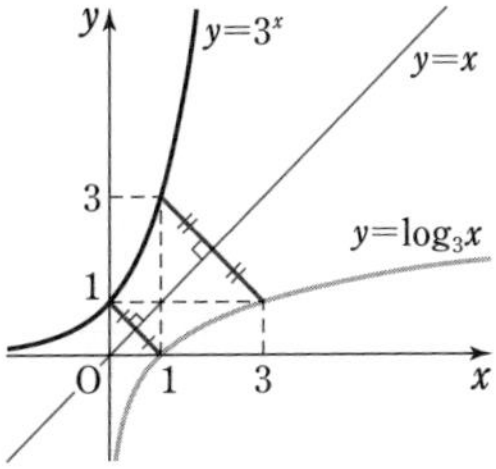

⇦ 数学Ⅱの復習
$a>0$，$a\neq 1$ のとき
$y=\log_a x \iff x=a^y$
指数関数 $y=a^x$ は
対数関数 $y=\log_a x$
の逆関数。

(2) $y=\dfrac{2x-1}{x+1}$ $(x\geqq 0)$ …… ① を

変形して　$y=-\dfrac{3}{x+1}+2$

⇦ $\dfrac{2x-1}{x+1}=\dfrac{2(x+1)-3}{x+1}=-\dfrac{3}{x+1}+2$

① の値域は　$-1\leqq y<2$

⇦ $x=0$ のとき $y=-1$

① から　$(y-2)x=-y-1$

⇦ ① の分母を払って
$y(x+1)=2x-1$ から
$xy-2x=-y-1$

$y\neq 2$ であるから

❗ $x=-\dfrac{y+1}{y-2}$ $(-1\leqq y<2)$

x と y を入れ替えて

$\boldsymbol{y=-\dfrac{x+1}{x-2}}$ $\boldsymbol{(-1\leqq x<2)}$

⇦ $-\dfrac{x+1}{x-2}=\dfrac{-(x-2)-3}{x-2}=-\dfrac{3}{x-2}-1$

グラフは **右図の太線部分**。

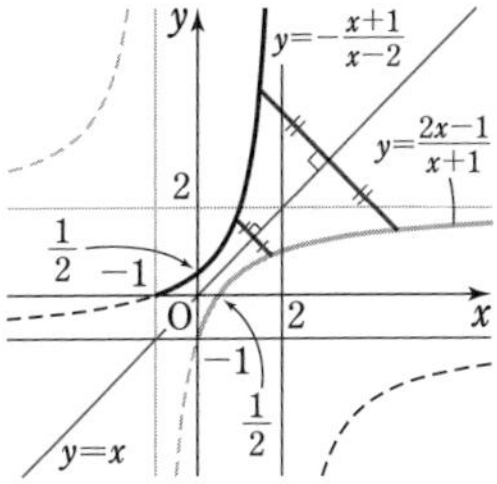

PRACTICE 10②

次の関数の逆関数を求め，そのグラフをかけ。　〔(3) 湘南工科大〕

(1) $y=2^{x+1}$　　(2) $y=\dfrac{x-2}{x+2}$ $(x\geqq 0)$

(3) $y=-\dfrac{1}{4}x+1$ $(0\leqq x\leqq 4)$　　(4) $y=x^2-2$ $(x\geqq 0)$

基本 例題 11　合成関数

関数 $f(x)=2x+3$, $g(x)=-x^2+1$, $h(x)=\dfrac{1}{x-1}$ について，次の合成関数を求めよ。

(1) $(f\circ g)(x)$　(2) $(g\circ f)(x)$　(3) $((f\circ g)\circ h)(x)$　(4) $(f\circ(g\circ h))(x)$

p. 26 基本事項 2

CHART & SOLUTION

合成関数 $(g\circ f)(x)$

$(g\circ f)(x)=g(f(x))$　f, g の順序がポイント

(1) 合成関数 $(f\circ g)(x) \longrightarrow (f\circ g)(x)=f(g(x))$

$g(f(x))$ と間違えないように。　$f(g(x))$ は $f(x)$ の x に $g(x)$ を代入。

$f(x)$, $g(x)$ の定義域は実数全体，$f(x)$ の値域は実数全体，$g(x)$ の値域は 1 以下の実数全体，$h(x)$ の値域は 0 以外の実数全体であるから，(1)～(4) のいずれの合成関数も存在する。

解答

(1) $(\boldsymbol{f}\circ\boldsymbol{g})(\boldsymbol{x})=f(g(x))=2(-x^2+1)+3=\boldsymbol{-2x^2+5}$

(2) $(\boldsymbol{g}\circ\boldsymbol{f})(\boldsymbol{x})=g(f(x))=-(2x+3)^2+1=\boldsymbol{-4x^2-12x-8}$

(3) $((\boldsymbol{f}\circ\boldsymbol{g})\circ\boldsymbol{h})(\boldsymbol{x})=(f\circ g)(h(x))=(f\circ g)\left(\dfrac{1}{x-1}\right)$

$$=-2\left(\frac{1}{x-1}\right)^2+5=\boldsymbol{-\frac{2}{(x-1)^2}+5}$$

(4) $(g\circ h)(x)=g(h(x))=-\left(\dfrac{1}{x-1}\right)^2+1=-\dfrac{1}{(x-1)^2}+1$

よって

$$(\boldsymbol{f}\circ(\boldsymbol{g}\circ\boldsymbol{h}))(\boldsymbol{x})=f((g\circ h)(x))=f\left(-\frac{1}{(x-1)^2}+1\right)$$

$$=2\left\{-\frac{1}{(x-1)^2}+1\right\}+3$$

$$=\boldsymbol{-\frac{2}{(x-1)^2}+5}$$

inf. (1), (2) から
$\boldsymbol{f\circ g \neq g\circ f}$
一般には，交換法則は成り立たない。

⇐ (1) から
$(f\circ g)(x)=-2x^2+5$

⇐ まず $(g\circ h)(x)$ を求める。

inf.
$\boldsymbol{(f\circ g)\circ h=f\circ(g\circ h)}$
結合法則は常に成り立つ。
また，これを単に
$\boldsymbol{f\circ g\circ h}$ と書く。

inf. 上の例題において，$(h\circ f)(x)$ を考えてみよう。$h(x)$ の定義域は $x\neq 1$ であるから，$f(x)=1$ のとき，$(h\circ f)(x)$ は定義できない。しかし，$f(x)$ の定義域を $x\neq -1$ に制限し，$f(x)$ の値域を $x\neq 1$ とすると，$(h\circ f)(x)$ を定義できる。このとき，

$(h\circ f)(x)=h(2x+3)=\dfrac{1}{2x+2}$ $(x\neq -1)$ である。

PRACTICE 11③

関数 $f(x)=1-2x$, $g(x)=\dfrac{1}{1-x}$, $h(x)=x(1-x)$ について，次の合成関数を求めよ。

(1) $(f\circ g)(x)$　(2) $(g\circ h)(x)$　(3) $(f\circ h\circ g)(x)$

重要 例題 12　逆関数がもとの関数と一致する条件 $f^{-1}(x)=f(x)$

関数 $y=\dfrac{x+4}{2x+p}$ $(p \neq 8)$ の逆関数がもとの関数と一致するとき，定数 p の値を求めよ。

基本 10

CHART & THINKING

関数 $f(x)$，$f^{-1}(x)$ が一致　$f(x)=f^{-1}(x)$ が恒等式

まず，逆関数 $f^{-1}(x)$ を求める。求め方は，基本例題 10 を参照。
2 つの関数 $f(x)$，$g(x)$ が一致する (等しい) とは，次の条件が成り立つことである。
[1] **定義域が一致する**　[2] **定義域のすべての x の値に対して　$f(x)=g(x)$**
よって，$f(x)=f^{-1}(x)$ が **定義域で恒等式** となるための条件を求めよう。このとき，どのようなことに注意すればよいだろうか？ ⟶ [1] の条件を忘れないこと。…… ❗

解答

$y=\dfrac{x+4}{2x+p}$ …… ① とする。　$y=\dfrac{x+4}{2x+p}=\dfrac{4-\dfrac{p}{2}}{2x+p}+\dfrac{1}{2}$

よって，関数 ① の値域は　$y \neq \dfrac{1}{2}$

① の分母を払うと　$y(2x+p)=x+4$

整理して　$(2y-1)x=-py+4$

$2y-1 \neq 0$ であるから　$x=\dfrac{-py+4}{2y-1}$

よって，関数 ① の逆関数は　$y=\dfrac{-px+4}{2x-1}$ $\left(x \neq \dfrac{1}{2}\right)$ …… ②

ゆえに　$\dfrac{x+4}{2x+p}=\dfrac{-px+4}{2x-1}$

これが x についての恒等式となればよい。

分母を払って　$(x+4)(2x-1)=(-px+4)(2x+p)$

展開して　$2x^2+7x-4=-2px^2+(8-p^2)x+4p$

両辺の同じ次数の項の係数を比較して

$2=-2p$，$7=8-p^2$，$-4=4p$

これを解いて　$\boldsymbol{p=-1}$

❗ このとき，① と ② の定義域はともに $x \neq \dfrac{1}{2}$ となり一致する。

⇐ $x+4=\dfrac{1}{2}(2x+p)-\dfrac{p}{2}+4$

inf. $p=8$ のとき
$y=\dfrac{x+4}{2x+8}=\dfrac{x+4}{2(x+4)}=\dfrac{1}{2}$
(ただし，$x \neq -4$)
となり，定数関数であるから，逆関数は存在しない。

⇐ x と y を入れ替える。

inf. $x=0$ を代入して
$\dfrac{4}{p}=-4$ すなわち
$p=-1$ (必要条件) とし，十分条件であることを示してもよい (数値代入法)。

⇐ $p \neq 8$ に適する。

⇐ **この確認を忘れずに！**

inf. 定義域が一致すること (必要条件) に着目し，必要条件から考えてもよい (解答編 PRACTICE 12 inf. 参照)。

PRACTICE 12❸

関数 $y=\dfrac{ax-a+3}{x+2}$ $(a \neq 1)$ の逆関数がもとの関数と一致するとき，定数 a の値を求めよ。

EXERCISES　2 逆関数と合成関数

A

8❷ (1) 関数 $f(x)=\dfrac{ax+1}{2x+b}$ の逆関数を $g(x)$ とする。$f(2)=9$, $g(1)=-2$ のとき，定数 a, b の値を求めよ。

(2) $f(x)=a+\dfrac{b}{2x-1}$ の逆関数が $g(x)=c+\dfrac{2}{x-1}$ であるとき，定数 a, b, c の値を定めよ。 〔広島文教女子大〕

→ p.26 1

9❸ $g(x)=\sqrt{x+1}$ のとき，不等式 $g^{-1}(x)\geqq g(x)$ を満たす x の値の範囲を求めよ。 〔類 芝浦工大〕

→ p.26 1, 7

10❸ 関数 $f(x)=\dfrac{x+1}{-2x+3}$, $g(x)=\dfrac{ax-1}{bx+c}$ の合成関数 $(g\circ f)(x)=g(f(x))$ が $(g\circ f)(x)=x$ を満たすとき，定数 a, b, c の値を求めよ。

B

11❸ xy 座標平面上において，直線 $y=x$ に関して，曲線 $y=\dfrac{2}{x+1}$ と対称な曲線を C_1 とし，直線 $y=-1$ に関して，曲線 $y=\dfrac{2}{x+1}$ と対称な曲線を C_2 とする。曲線 C_2 の漸近線と曲線 C_1 との交点の座標をすべて求めると，□ である。 〔関西大〕 → 10

12❹ $f(x)=\begin{cases} 2x+1 & (-1\leqq x\leqq 0) \\ -2x+1 & (0\leqq x\leqq 1) \end{cases}$ のように定義された関数 $f(x)$ について

(1) $y=(f\circ f)(x)$ のグラフをかけ。

(2) $(f\circ f)(a)=f(a)$ となる a の値を求めよ。 〔武蔵工大〕 → 11

13❹ 実数 a, b, c, d が $ad-bc\neq 0$ を満たすとき，関数 $f(x)=\dfrac{ax+b}{cx+d}$ について，次の問いに答えよ。

(1) $f(x)$ の逆関数 $f^{-1}(x)$ を求めよ。

(2) $f^{-1}(x)=f(x)$ を満たし，$f(x)\neq x$ となる a, b, c, d の関係式を求めよ。 〔東北大〕 → 12

HINT

11　$y=f(x)$ のグラフと逆関数 $y=f^{-1}(x)$ のグラフは，直線 $y=x$ に関して対称。

12 (1) 定義から，$-1\leqq f(x)\leqq 0$ のとき $(f\circ f)(x)=2f(x)+1$,
$0\leqq f(x)\leqq 1$ のとき $(f\circ f)(x)=-2f(x)+1$

(2) (1)のグラフと $y=f(x)$ のグラフの交点の x 座標が a

13 (2) $f^{-1}(x)=f(x)$ を多項式の形に変形する。

第2章

数学Ⅲ

極　限

3　数列の極限

4　無限級数

5　関数の極限

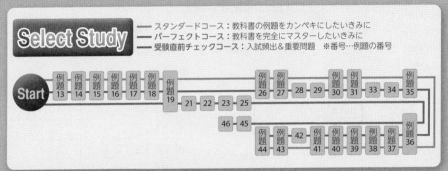

Select Study

スタンダードコース：教科書の例題をカンペキにしたいきみに
パーフェクトコース：教科書を完全にマスターしたいきみに
受験直前チェックコース：入試頻出＆重要問題　※番号…例題の番号

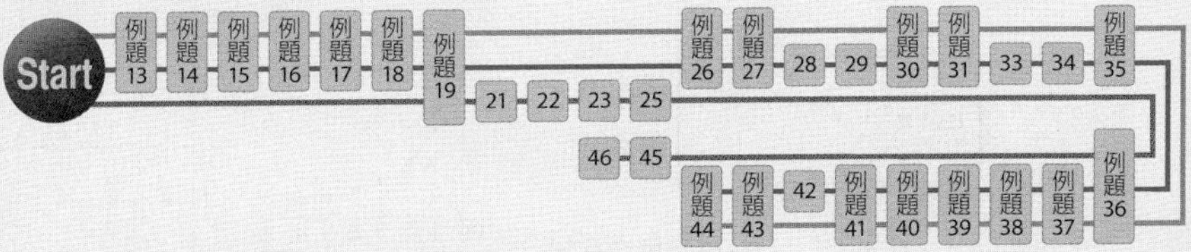

■ 例題一覧

	種類	番号	例題タイトル	難易度
3	基本	13	数列の極限（多項式・分数式）	❶
	基本	14	数列の極限（無理式）	❷
	基本	15	数列の極限（不等式の利用）(1)	❷
	基本	16	r^n を含む不定形の極限	❷
	基本	17	無限等比数列の収束条件	❷
	基本	18	$\{r^n\}$ の極限（r の値で場合分け）	❷
	基本	19	漸化式（隣接２項間）と極限	❷
	重要	20	数列の極限（不等式の利用）(2)	❸
	重要	21	漸化式（分数型）と極限	❹
	重要	22	漸化式と極限（はさみうち）	❹
	重要	23	漸化式（隣接３項間）と極限	❸
	重要	24	図形に関する漸化式と極限	❹
	重要	25	確率に関する漸化式と極限	❹
4	基本	26	無限級数の収束・発散	❷
	基本	27	無限等比級数の収束条件	❷
	基本	28	無限等比級数の応用 (1)	❸
	基本	29	無限等比級数の応用 (2)	❸
	基本	30	無限級数が発散することの証明	❷
	基本	31	２つの無限等比級数の和	❷
	重要	32	部分和 S_{2n-1}, S_{2n} を考える	❸
	重要	33	無限等比級数の応用 (3)	❹
	重要	34	無限級数 Σnr^n	❹
5	基本	35	関数の極限 (1)　$x \to a$	❷
	基本	36	極限値から関数の係数決定	❷
	基本	37	片側からの極限	❷
	基本	38	関数の極限 (2)　$x \to \pm\infty$　その１	❷
	基本	39	関数の極限 (3)　$x \to \pm\infty$　その２	❷
	基本	40	関数の極限 (4)　はさみうちの原理	❷
	基本	41	三角関数の極限	❷
	基本	42	関数の極限の応用問題	❸
	基本	43	関数の連続・不連続	❷
	基本	44	中間値の定理	❷
	重要	45	級数で表された関数のグラフと連続性	❸
	重要	46	連続関数になるように係数決定	❹

3 数列の極限

基本事項

1 数列の極限

数列 $\{a_n\}$ $(n=1,\ 2,\ 3,\ \cdots\cdots)$ は無限数列とする。

収束	値 α に収束	$\displaystyle\lim_{n\to\infty} a_n=\alpha$ **(極限値)**	極限がある
発散（収束しない）	正の無限大に発散	$\displaystyle\lim_{n\to\infty} a_n=\infty$	極限がある
	負の無限大に発散	$\displaystyle\lim_{n\to\infty} a_n=-\infty$	極限がある
	振動		**極限がない**

注意　数列の極限が ∞，または $-\infty$ の場合には，これを極限値とはいわない。

例

① 収束　$\displaystyle\lim_{n\to\infty}\frac{1}{n}=0$　(極限値)

② 発散　$\displaystyle\lim_{n\to\infty} n^2=\infty$，$\displaystyle\lim_{n\to\infty}(-n^3)=-\infty$　（以上，極限がある）

　　$\{(-1)^n\}$，$\{(-2)^n\}$ は極限がない

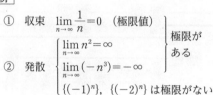

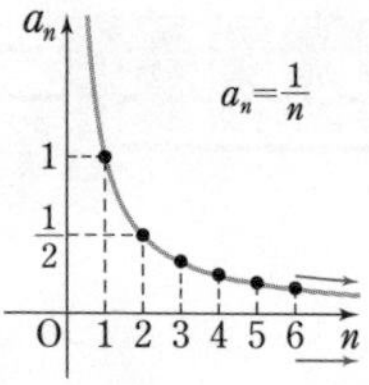

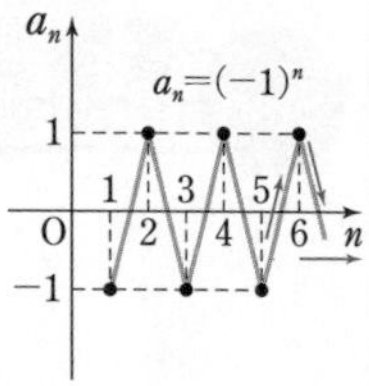

2 数列の極限の性質

数列 $\{a_n\}$，$\{b_n\}$ が収束して，$\displaystyle\lim_{n\to\infty} a_n=\alpha$，$\displaystyle\lim_{n\to\infty} b_n=\beta$ とする。

1　**定数倍**　$\displaystyle\lim_{n\to\infty} ka_n=k\alpha$　（ただし，k は定数）

2　**和**　$\displaystyle\lim_{n\to\infty}(a_n+b_n)=\alpha+\beta$，　**差**　$\displaystyle\lim_{n\to\infty}(a_n-b_n)=\alpha-\beta$

3　$\displaystyle\lim_{n\to\infty}(ka_n+lb_n)=k\alpha+l\beta$　（ただし，k，l は定数）

4　**積**　$\displaystyle\lim_{n\to\infty} a_nb_n=\alpha\beta$

5　**商**　$\displaystyle\lim_{n\to\infty}\frac{a_n}{b_n}=\frac{\alpha}{\beta}$　（ただし，$\beta\neq 0$）

注意　上の性質 1 ～ 5 は，数列 $\{a_n\}$，$\{b_n\}$ が収束するという条件がないと成立しない場合がある。$\displaystyle\lim_{n\to\infty} a_n=\infty$，$\displaystyle\lim_{n\to\infty} b_n=\infty$ とすると，

和：$\displaystyle\lim_{n\to\infty}(a_n+b_n)=\infty$，積：$\displaystyle\lim_{n\to\infty} a_nb_n=\infty$，$k$ を定数として $\displaystyle\lim_{n\to\infty}\frac{k}{a_n}=0$

は成り立つが，差：$\displaystyle\lim_{n\to\infty}(a_n-b_n)$ や商 $\displaystyle\lim_{n\to\infty}\frac{a_n}{b_n}$ についてはすぐには判断できない。

差：$\displaystyle\lim_{n\to\infty}(a_n-b_n)=\infty-\infty=0$，商：$\displaystyle\lim_{n\to\infty}\frac{a_n}{b_n}=\frac{\infty}{\infty}=1$ は誤り！

形式的に $\infty-\infty$，$0\times\infty$，$\dfrac{\infty}{\infty}$，$\dfrac{0}{0}$ の形になる極限を **不定形の極限** といい，このままでは極限を判断することができない。

上の性質 1 ～ 5 は数列 $\{a_n\}$，$\{b_n\}$ が収束する条件のもとで成り立つことに注意。

3 数列の大小関係と極限

6 すべての n について $a_n \leqq b_n$ のとき

$$\lim_{n \to \infty} a_n = \alpha, \ \lim_{n \to \infty} b_n = \beta \quad \text{ならば} \quad \alpha \leqq \beta$$

7 すべての n について $a_n \leqq b_n$ のとき

$$\lim_{n \to \infty} a_n = \infty \quad \text{ならば} \quad \lim_{n \to \infty} b_n = \infty$$

8 すべての n について $a_n \leqq c_n \leqq b_n$ のとき

⇐ はさみうちの原理 という。

$$\lim_{n \to \infty} a_n = \lim_{n \to \infty} b_n = \alpha \quad \text{ならば} \quad \lim_{n \to \infty} c_n = \alpha$$

注意 1. 条件の不等式が「すべての n」で成り立たなくても，ある自然数 n_0 以上の n で常に成り立てば，上のことは成り立つ。

2. 条件の不等式の不等号が $\leqq$ でなく $<$（例えば 8 の条件が「$a_n < c_n < b_n$」）でも，上のことは成り立つ。なお，6 において，常に $a_n < b_n$ であっても $\alpha < \beta$ とは限らず，$\alpha = \beta$ となることもありうる。$\left(\text{例．} \ a_n = \dfrac{1}{n+1}, \ b_n = \dfrac{1}{n}\right)$

4 $\{n^k\}$ の極限（$k > 0$ のとき） $\quad \lim_{n \to \infty} n^k = \infty \qquad \lim_{n \to \infty} \dfrac{1}{n^k} = 0$

5 無限等比数列 $\{r^n\}$ の極限

$$\{r^n\} \text{ の極限} \begin{cases} r > 1 & \text{のとき} & \lim_{n \to \infty} r^n = \infty \\ r = 1 & \text{のとき} & \lim_{n \to \infty} r^n = 1 \\ |r| < 1 & \text{のとき} & \lim_{n \to \infty} r^n = 0 \\ r \leqq -1 & \text{のとき} & \text{極限はない（振動）} \end{cases} \left.\vphantom{\begin{cases}\\\\\end{cases}}\right\} \ -1 < r \leqq 1 \ \text{のとき収束}$$

注意 数列 $\{ar^{n-1}\}$ の収束条件は $a = 0$ または $-1 < r \leqq 1$

CHECK & CHECK

5 次の数列の極限を調べよ。

(1) $1, \ \dfrac{1}{2^2}, \ \dfrac{1}{3^2}, \ \dfrac{1}{4^2}, \ \cdots\cdots$

(2) $2, \ 2 \cdot 2^3, \ 2 \cdot 3^3, \ 2 \cdot 4^3, \ \cdots\cdots$

(3) $1 + 2, \ \dfrac{1}{2} + \dfrac{2}{2^3}, \ \dfrac{1}{3} + \dfrac{2}{3^3}, \ \cdots\cdots$

(4) $1, \ -2, \ 3, \ -4, \ 5, \ \cdots\cdots$

(5) $-1, \ \dfrac{1}{\sqrt{2}}, \ -\dfrac{1}{\sqrt{3}}, \ \dfrac{1}{\sqrt{4}}, \ \cdots\cdots$

◉ **1**, **2**

6 第 n 項が次の式で表される数列の極限を調べよ。

(1) 2^n 　　(2) $\left(\dfrac{1}{3}\right)^n$ 　　(3) $\left(-\dfrac{1}{4}\right)^n$ 　　(4) $(-3)^n$ 　◉ **5**

7 次の数列の極限を調べよ。

(1) $1, \ 4, \ 16, \ 64, \ \cdots\cdots$

(2) $\dfrac{1}{2}, \ \dfrac{1}{4}, \ \dfrac{1}{8}, \ \dfrac{1}{16},\ \cdots\cdots$

(3) $-\dfrac{1}{5}, \ \dfrac{1}{25}, \ -\dfrac{1}{125}, \ \dfrac{1}{625},\ \cdots\cdots$ 　◉ **5**

基本 例題 13　数列の極限（多項式・分数式）

第 n 項が次の式で表される数列の極限を求めよ。

(1) n^2-n　　(2) $\dfrac{n+1}{3n^2-2}$　　(3) $\dfrac{5n^2}{-2n^2+1}$

p. 32 基本事項 2

CHART & SOLUTION

数列の極限　極限が求められる形に変形

そのまま $n\longrightarrow\infty$ とすると，(1) $\infty-\infty$，(2)，(3) $\dfrac{\infty}{\infty}$ の **不定形の極限**。このままでは，極限を判断することはできないので，次のように変形し，極限を調べる。

(1)　n の多項式 …… n の **最高次の項をくくり出す。**

(2)，(3)　n の分数式 …… **分母の最高次の項で，分母・分子を割る。**

解答

(1) $\displaystyle\lim_{n\to\infty}(n^2-n)=\lim_{n\to\infty}n^2\left(1-\frac{1}{n}\right)=\infty$

⇦ $n^2\longrightarrow\infty$，$\dfrac{1}{n}\longrightarrow 0$

(2) $\displaystyle\lim_{n\to\infty}\frac{n+1}{3n^2-2}=\lim_{n\to\infty}\frac{\dfrac{1}{n}+\dfrac{1}{n^2}}{3-\dfrac{2}{n^2}}=\mathbf{0}$

⇦ $\dfrac{1}{n}+\dfrac{1}{n^2}\longrightarrow 0$

⇦ $3-\dfrac{2}{n^2}\longrightarrow 3$

別解 $\displaystyle\lim_{n\to\infty}\frac{n+1}{3n^2-2}=\lim_{n\to\infty}\frac{n\left(1+\dfrac{1}{n}\right)}{n^2\left(3-\dfrac{2}{n^2}\right)}$

$\displaystyle=\lim_{n\to\infty}\frac{1}{n}\cdot\frac{1+\dfrac{1}{n}}{3-\dfrac{2}{n^2}}=\mathbf{0}$

⇦ 分母・分子それぞれの **最高次の項をくくり出す。**

(3) $\displaystyle\lim_{n\to\infty}\frac{5n^2}{-2n^2+1}=\lim_{n\to\infty}\frac{5}{-2+\dfrac{1}{n^2}}=\mathbf{-\frac{5}{2}}$

注意　∞ どうしの，あるいは ∞ と他の数の和・差・積・商（$\infty+\infty$，$\infty-\infty$，$\infty\times 0$ 等）は定義されていないので，答案にはこのような式を書いてはいけない。

補足　$\displaystyle\lim_{n\to\infty}a_n=\alpha$ を **$n\longrightarrow\infty$ のとき $a_n\longrightarrow\alpha$** と書くこともある。

PRACTICE 13❶

第 n 項が次の式で表される数列の極限を求めよ。

(1) n^2-3n^3　　(2) $\dfrac{-2n+3}{4n-1}$　　(3) $\dfrac{n^2-1}{n+1}$　　(4) $\dfrac{4n^2+1}{3-4n^3}$

基本 例題 14 数列の極限（無理式）

第 n 項が次の式で表される数列の極限を求めよ。

(1) $\dfrac{\sqrt{3n^2+1}}{\sqrt{n^2+1}+\sqrt{n}}$　(2) $\dfrac{1}{n-\sqrt{n^2+n}}$　(3) $\sqrt{n-3}-\sqrt{n}$

基本 13

CHART & SOLUTION

無理式の極限　極限が求められる形に変形

そのまま $n\longrightarrow\infty$ とすると，(1) $\dfrac{\infty}{\infty}$，(2) $\dfrac{1}{\infty-\infty}$，(3) $\infty-\infty$ の **不定形の極限**。

多項式や分数式と同じように，極限が求められる形に変形する。

(1) **分母の最高次の項** とみなされる $\sqrt{n^2+1}$ の $\sqrt{n^2}$，すなわち n で **分母・分子を割る**。

(2), (3) $\infty-\infty$ の形を避けるため，**有理化** を利用する。

(2) **分母を有理化** すると，$\dfrac{1}{\infty-\infty}$ の形から $\dfrac{\infty+\infty}{-\infty}$ の形に変形できる。あとは，**分母の最高次の項で，分母・分子を割る**。

(3) $\dfrac{\sqrt{n-3}-\sqrt{n}}{1}$ と考えて **分子を有理化** すると，$\infty-\infty$ の形から $\dfrac{-3}{\infty+\infty}$ の形に変形できる。

解答

(1) $\displaystyle\lim_{n\to\infty}\frac{\sqrt{3n^2+1}}{\sqrt{n^2+1}+\sqrt{n}}=\lim_{n\to\infty}\frac{\sqrt{3+\frac{1}{n^2}}}{\sqrt{1+\frac{1}{n^2}}+\sqrt{\frac{1}{n}}}=\boldsymbol{\sqrt{3}}$

⇐ $\dfrac{\sqrt{3+0}}{\sqrt{1+0}+\sqrt{0}}$

(2) $\displaystyle\lim_{n\to\infty}\frac{1}{n-\sqrt{n^2+n}}=\lim_{n\to\infty}\frac{n+\sqrt{n^2+n}}{(n-\sqrt{n^2+n})(n+\sqrt{n^2+n})}$

⇐ 分母を有理化。

$\displaystyle=\lim_{n\to\infty}\frac{n+\sqrt{n^2+n}}{n^2-(n^2+n)}=\lim_{n\to\infty}\frac{n+\sqrt{n^2+n}}{-n}=\lim_{n\to\infty}\frac{1+\sqrt{1+\frac{1}{n}}}{-1}$

$=\boldsymbol{-2}$

⇐ 分母・分子を分母の最高次の項 n で割る。

(3) $\displaystyle\lim_{n\to\infty}(\sqrt{n-3}-\sqrt{n})=\lim_{n\to\infty}\frac{(\sqrt{n-3}-\sqrt{n})(\sqrt{n-3}+\sqrt{n})}{\sqrt{n-3}+\sqrt{n}}$

⇐ 分子を有理化。

$\displaystyle=\lim_{n\to\infty}\frac{(n-3)-n}{\sqrt{n-3}+\sqrt{n}}=\lim_{n\to\infty}\frac{-3}{\sqrt{n-3}+\sqrt{n}}=\boldsymbol{0}$

⇐ 分子が定数で，(分母) $\longrightarrow\infty$

PRACTICE 14❷

第 n 項が次の式で表される数列の極限を求めよ。

(1) $\dfrac{4n-1}{2\sqrt{n}-1}$　(2) $\dfrac{1}{\sqrt{n^2+2n}-\sqrt{n^2-2n}}$　(3) $\sqrt{n}(\sqrt{n-3}-\sqrt{n})$

(4) $\dfrac{\sqrt{n+2}-\sqrt{n-2}}{\sqrt{n+1}-\sqrt{n-1}}$　(5) $\sqrt{n^2+2n+2}-\sqrt{n^2-n}$　(6) $n\left(\sqrt{4+\dfrac{1}{n}}-2\right)$

[(2) 東京電機大　(5) 京都産大　(6) 名古屋市大]

ピンポイント解説　不定形の極限の扱い方

基本例題 13，14 で取り上げた数列は，いずれも不定形であった。不定形は，そのままでは極限を判断することができない。例えば，例題 13(1) n^2-n を，$n^2 \longrightarrow \infty$，$n \longrightarrow \infty$ から $n^2-n \longrightarrow 0$ としてはいけない。$\infty-\infty$ は不定形であるから，不定形でない形にもち込む必要がある。その方法について基本例題 13，14 で学んだが，今後，極限を学んでいくうえで基本となるから，ここで一度まとめておこう。なお，以下では k，l は定数とする。

⇦ 不定形については，$p.32$ 基本事項 2 も参照。

⇦ $\infty-\infty \longrightarrow 0$ としてはいけない。∞ は，数値や文字式のように扱うことはできない。

● 多項式や分数式で表される数列（基本例題 13）

① $\dfrac{\infty}{\infty}$ … **分母の最高次の項で分母・分子を割り，**

　　$\dfrac{k}{\infty}$，$\dfrac{\infty}{k}$ **または** $\dfrac{l}{k}$ **の形をつくる。**

② $\infty-\infty$ … **最高次の項でくくり出し，$\infty\times k$ の形をつくる。**

● $\sqrt{\quad}$ を含む数列（基本例題 14）

③ $\dfrac{\infty}{\infty}$ … **分母の最高次の項で分母・分子を割る。**（① と同じ）

④ $\infty-\infty$ **を含む** … 数列の一般項の ●－■ の部分について，

[1] ●と■の次数が異なれば最高次の項でくくり出す。（② と同じ）

[2] ●と■の次数が同じなら，**分母や分子の有理化をして，**

$\dfrac{\infty}{\infty}$ の形を導き出す。あとは，③ と同じ。

不定形かどうか迷いやすい例	
$\infty+\infty$	は ∞
$\infty-\infty$	は 不定形
$\infty\times\infty$	は ∞
$\dfrac{\infty}{\infty}$	は 不定形
$0\times\infty$	は 不定形
$\dfrac{0}{\infty}$	は 0
$\dfrac{\infty}{0}$	は ∞
$\dfrac{0}{0}$	は 不定形
∞^0	は 不定形

[1] の例　$\displaystyle\lim_{n\to\infty}(\sqrt{2n-1}-n)=\lim_{n\to\infty}n\left(\sqrt{\frac{2}{n}-\frac{1}{n^2}}-1\right)=-\infty$

⇦ $\sqrt{2n-1}$ より n の方が次数が大きい。

[2] の例　$\displaystyle\lim_{n\to\infty}(\sqrt{n^2+2n-1}-n)=\lim_{n\to\infty}\frac{(\sqrt{n^2+2n-1}-n)(\sqrt{n^2+2n-1}+n)}{\sqrt{n^2+2n-1}+n}$

$$=\lim_{n\to\infty}\frac{2n-1}{\sqrt{n^2+2n-1}+n}=\lim_{n\to\infty}\frac{2-\dfrac{1}{n}}{\sqrt{1+\dfrac{2}{n}-\dfrac{1}{n^2}}+1}=1$$

⇦ $\infty-\infty$ の形がなくなった。

上の 2 つの例はどちらも形式的には $\infty-\infty$ の形だが，[2] の例について n でくくり出すと $\displaystyle\lim_{n\to\infty}n\left(\sqrt{1+\frac{2}{n}-\frac{1}{n^2}}-1\right)$ となり，$\infty\times0$ の不定形となってしまう。

INFORMATION　発散するスピードの違いについて

$n \longrightarrow \infty$ のとき，$\sqrt{n}$，n，n^2，n^3 はどれも正の無限大に発散する。しかし，無限大に発散するスピードには違いがあり，右図からわかるように，$\sqrt{n}$ より n の方が速く，n より n^2 の方が速く，n^2 より n^3 の方が速く，正の無限大に発散する（$p.162$ でも詳しく学習する）。一般に，正の無限大に発散する $n^●$ は，●の次数が大きいほど速く発散する。このことを背景に，式の形から極限を事前に予想してもよい。

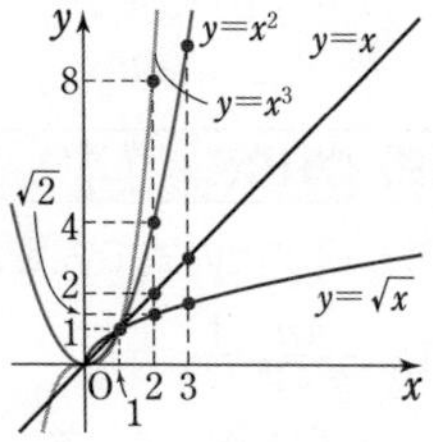

基本例題 13(1)　n^2-n：n より n^2 の方が速く正の無限大に発散するから全体として正の無限大に発散。

基本 例題 15 数列の極限 (不等式の利用) (1)

(1) 極限 $\displaystyle\lim_{n\to\infty}\frac{1}{n}\sin\frac{n\pi}{4}$ を求めよ。

(2) (ア) $h\geqq 0$ とする。n が正の整数のとき，二項定理を用いて不等式 $(1+h)^n\geqq 1+nh$ を証明せよ。

(イ) (ア)で示した不等式を用いて，$\displaystyle\lim_{n\to\infty}(1.001)^n=\infty$ を証明せよ。

p.33 基本事項 3，重要 20

CHART & SOLUTION

求めにくい極限 1 はさみうちの原理を利用

2 $a_n\leqq b_n$ で $a_n\longrightarrow\infty$ ならば $b_n\longrightarrow\infty$ ……❗

(1) $a_n\leqq\dfrac{1}{n}\sin\dfrac{n\pi}{4}\leqq b_n$ の形に変形して，はさみうちの原理を利用。その際，**かくれた条件 $-1\leqq\sin\theta\leqq 1$** を利用。

(2) 二項定理 $(a+b)^n={}_n\mathrm{C}_0a^n+{}_n\mathrm{C}_1a^{n-1}b+{}_n\mathrm{C}_2a^{n-2}b^2+\cdots\cdots+{}_n\mathrm{C}_nb^n$ において，$a=1$，$b=h$ を代入。

解答

❗ (1) $-1\leqq\sin\dfrac{n\pi}{4}\leqq 1$ より $\quad -\dfrac{1}{n}\leqq\dfrac{1}{n}\sin\dfrac{n\pi}{4}\leqq\dfrac{1}{n}$

⇐ 各辺に $\dfrac{1}{n}\ (>0)$ を掛ける。

ここで，$\displaystyle\lim_{n\to\infty}\left(-\frac{1}{n}\right)=0$，$\displaystyle\lim_{n\to\infty}\frac{1}{n}=0$ であるから

$$\lim_{n\to\infty}\frac{1}{n}\sin\frac{n\pi}{4}=\mathbf{0}$$

⇐ **はさみうちの原理**
$a_n\longrightarrow\alpha$，$b_n\longrightarrow\alpha$ のとき
$a_n\leqq c_n\leqq b_n$ ならば
$c_n\longrightarrow\alpha$

(2) (ア) 二項定理により

$$(1+h)^n=1+nh+\underline{\frac{n(n-1)}{2}h^2+\cdots\cdots+h^n}$$

⇐ ＿＿ は 0 以上である。

$h\geqq 0$ であるから $\quad (1+h)^n\geqq 1+nh$

(イ) (ア)の結果において，$h=0.001$ とすると

$$(1+0.001)^n\geqq 1+0.001n$$

❗ $\displaystyle\lim_{n\to\infty}(1+0.001n)=\infty$ であるから $\quad\displaystyle\lim_{n\to\infty}(1.001)^n=\infty$

⇐ 2 の解法

POINT

$h\geqq 0$ のとき $\quad (1+h)^n\geqq 1+nh$

$$\boldsymbol{(1+h)^n\geqq 1+nh+\frac{n(n-1)}{2}h^2}$$

PRACTICE 15❷

(1) 極限 $\displaystyle\lim_{n\to\infty}\frac{1}{n+1}\cos\frac{n\pi}{3}$ を求めよ。

(2) 二項定理を用いて，$\displaystyle\lim_{n\to\infty}\frac{(1+h)^n}{n}=\infty$ を証明せよ。ただし，h は正の定数とする。

基本 例題 16　r^n を含む不定形の極限

第 n 項が次の式で表される数列の極限を求めよ。　[(1) 湘南工科大]

(1) $\dfrac{3^{n+1}-2^{n+1}}{3^n}$　(2) $\dfrac{4+2^{2n}}{3^n-2^n}$　(3) 2^n-3^n　(4) $\dfrac{3^n}{(-2)^n+1}$

p.33 基本事項 5

CHART & SOLUTION

不定形の極限　極限が求められる形に変形

これまでに学習した n の多項式・分数式の不定形の極限の式変形と同様に，

分数式の不定形 …… 分母の底の絶対値が最も大きい項で **分母・分子を割る**

多項式の不定形 …… 底の絶対値が最も大きい項を **くくり出す**

●^{n}：底は●

の方針でいく。その際，変形のポイントは

$|r|<1$ のとき，$\lim\limits_{n\to\infty} r^n=0$

$r>1$ のとき $\lim\limits_{n\to\infty} r^n=\infty$ であるが，$\lim\limits_{n\to\infty}\dfrac{1}{r^n}=0$

$r<-1$ のとき $\{r^n\}$ の極限はないが，$\lim\limits_{n\to\infty}\dfrac{1}{r^n}=0$

ともに，$|(\text{分母})|\longrightarrow\infty$

(1) 分子が $\infty-\infty$ の不定形。分母の 3^n で分母・分子を割る。

(2) 分母が $\infty-\infty$ の不定形。分母の底の絶対値が大きい 3^n で分母・分子を割る。

(3) $\infty-\infty$ の不定形。底の絶対値が大きい 3^n をくくり出す。

(4) 分母が振動。分母・分子を $(-2)^n$ で割る。

解答

(1) $\dfrac{3^{n+1}-2^{n+1}}{3^n}=3-2\left(\dfrac{2}{3}\right)^n$

⇐ $\dfrac{3^{n+1}}{3^n}-\dfrac{2^{n+1}}{3^n}$

ここで，$\lim\limits_{n\to\infty}3=3$，$\lim\limits_{n\to\infty}\left(\dfrac{2}{3}\right)^n=0$ であるから

⇐ $\left|\dfrac{2}{3}\right|<1$

$$\lim_{n\to\infty}\frac{3^{n+1}-2^{n+1}}{3^n}=3-2\cdot0=\mathbf{3}$$

(2) $\lim\limits_{n\to\infty}\dfrac{4+2^{2n}}{3^n-2^n}=\lim\limits_{n\to\infty}\dfrac{4\left(\dfrac{1}{3}\right)^n+\left(\dfrac{4}{3}\right)^n}{1-\left(\dfrac{2}{3}\right)^n}=\boldsymbol{\infty}$

⇐ $\lim\limits_{n\to\infty}\left(\dfrac{1}{3}\right)^n=\lim\limits_{n\to\infty}\left(\dfrac{2}{3}\right)^n=0$
$\lim\limits_{n\to\infty}\left(\dfrac{4}{3}\right)^n=\infty$

(3) $\lim\limits_{n\to\infty}(2^n-3^n)=\lim\limits_{n\to\infty}3^n\left\{\left(\dfrac{2}{3}\right)^n-1\right\}=\boldsymbol{-\infty}$

⇐ $\lim\limits_{n\to\infty}3^n=\infty$
$\lim\limits_{n\to\infty}\left(\dfrac{2}{3}\right)^n=0$

(4) $\lim\limits_{n\to\infty}\dfrac{3^n}{(-2)^n+1}=\lim\limits_{n\to\infty}\dfrac{\left(-\dfrac{3}{2}\right)^n}{1+\left(-\dfrac{1}{2}\right)^n}$

$n\longrightarrow\infty$ のとき，$\left(-\dfrac{1}{2}\right)^n\longrightarrow0$ であり，数列 $\left\{\left(-\dfrac{3}{2}\right)^n\right\}$ は振動する。よって，数列 $\left\{\dfrac{3^n}{(-2)^n+1}\right\}$ は $n\longrightarrow\infty$ のとき振動するから **極限はない。**

⇐ $\left|-\dfrac{1}{2}\right|<1$，$-\dfrac{3}{2}<-1$

ピンポイント解説　無限等比数列について

無限等比数列 $\{r^n\}$ の極限について，r の値に応じて系統的に調べてみよう。

[1]　$r>1$ のとき

$r=1+h$ とおくと

$$h>0,\ r^n=(1+h)^n$$

基本例題 15 (2) (ア) と同様に　　$(1+h)^n \geqq 1+nh$

$\lim_{n\to\infty}(1+nh)=\infty$ であるから　　$\lim_{n\to\infty} r^n=\infty$

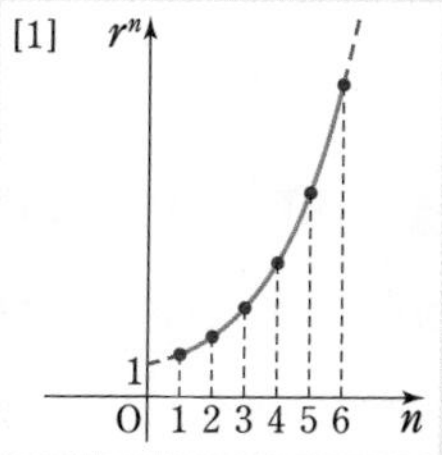

[2]　$r=1$ のとき

常に $r^n=1$ であるから　　$\lim_{n\to\infty} r^n=1$

[3]　$0<r<1$ のとき

$r=\dfrac{1}{s}$ とおくと　　$s>1,\ r^n=\dfrac{1}{s^n}$

[1] により，$\lim_{n\to\infty} s^n=\infty$ であるから　　$\lim_{n\to\infty} r^n=\lim_{n\to\infty}\dfrac{1}{s^n}=0$

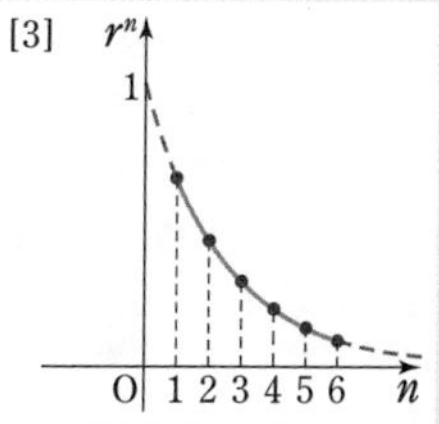

[4]　$r=0$ のとき

常に $r^n=0$ であるから　　$\lim_{n\to\infty} r^n=0$

[5]　$-1<r<0$ のとき

$r=-s$ とおくと　　$0<s<1,\ r^n=(-s)^n$

[3] から　　$\lim_{n\to\infty} s^n=0$

よって　　$\lim_{n\to\infty} r^n=\lim_{n\to\infty}(-s)^n=\lim_{n\to\infty}(-1)^n s^n=0$

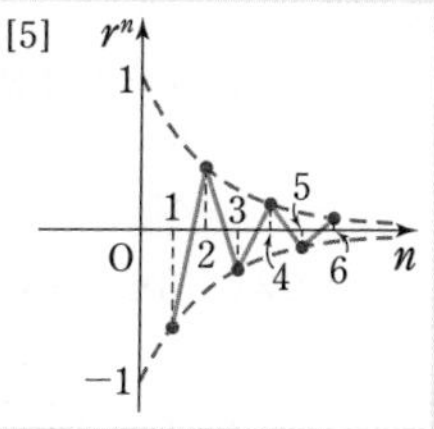

[6]　$r=-1$ のとき

$r^n=(-1)^n$ から，数列 $\{r^n\}$ は振動する。

すなわち，極限はない。

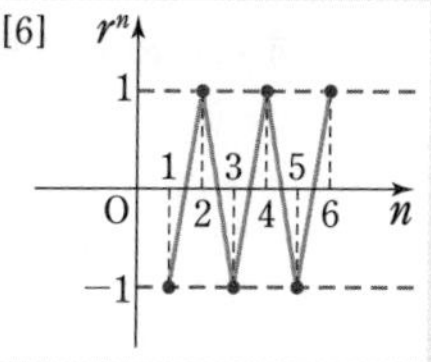

[7]　$r<-1$ のとき

$r=-s$ とおくと

$$s>1,\ r^n=(-s)^n=(-1)^n s^n$$

よって，r^n の符号は交互に変わり，[1] により，

$\lim_{n\to\infty} s^n=\infty$ であるから，数列 $\{r^n\}$ は振動する。

すなわち，極限はない。

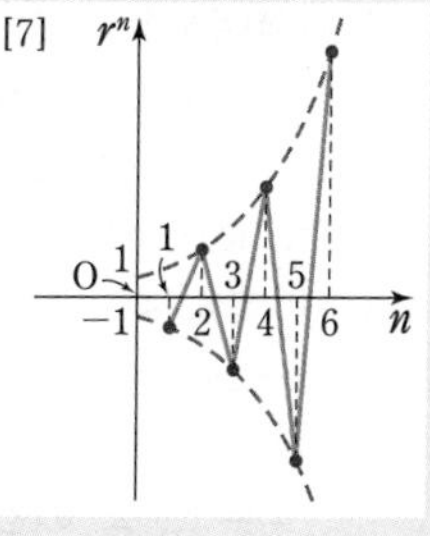

以上は，次のように 4 つの場合にまとめることができる。

数列 $\{r^n\}$ の極限

$r>1$	のとき	$\lim_{n\to\infty} r^n=\infty$	
$r=1$	のとき	$\lim_{n\to\infty} r^n=1$	$-1<r\leqq 1$ のとき収束する
$\lvert r\rvert<1$	のとき	$\lim_{n\to\infty} r^n=0$	
$r\leqq -1$	のとき	振動する（極限はない）	

PRACTICE 16❷

第 n 項が次の式で表される数列の極限を求めよ。

(1) $\dfrac{5^n-10^n}{3^{2n}}$　　(2) $\dfrac{3^{n-1}+4^{n+1}}{3^n-4^n}$　　(3) $\dfrac{3^{n+1}+5^{n+1}+7^{n+1}}{3^n+5^n+7^n}$　　(4) $\dfrac{4^n-(-3)^n}{2^n+(-3)^n}$

基本 例題 17 無限等比数列の収束条件

次の数列が収束するような実数 x の値の範囲を求めよ。また，そのときの極限値を求めよ。

(1) $\{(2x-3)^n\}$ (2) $\{x(3-x^2)^{n-1}\}$

p.33 基本事項 5

CHART & SOLUTION

無限等比数列 $\{r^n\}$ が収束 $\Longleftrightarrow$ $-1<r\leqq 1$

極限値は場合分けが必要 …… $\begin{cases} -1<r<1 \text{ のとき } r^n \longrightarrow 0 \\ r=1 \text{ のとき } r^n \longrightarrow 1 \end{cases}$

注意 初項 a，公比 r である無限等比数列 $\{ar^{n-1}\}$ の収束条件は，

$a=0$ または $-1<r\leqq 1$ である。

(初項が 0 のとき，数列は 0，0，…… となり，0 に収束する。)

(1) 公比を求め，不等式 $-1<$(公比)$\leqq 1$ を解く。

(2) 初項 x，公比 $3-x^2$ の無限等比数列である。初項の条件に注意。

解答

(1) 数列 $\{(2x-3)^n\}$ が収束するための必要十分条件は

$-1<2x-3\leqq 1$ すなわち $\boldsymbol{1<x\leqq 2}$

また，極限値は

$-1<2x-3<1$ すなわち $\boldsymbol{1<x<2}$ **のとき 0**

$2x-3=1$ すなわち $\boldsymbol{x=2}$ **のとき 1**

(2) この数列は，初項 x，公比 $3-x^2$ の等比数列であるから，収束するための必要十分条件は

$x=0$ …… ① または $-1<3-x^2\leqq 1$ …… ②

② について

$-1<3-x^2$ から $-2<x<2$

$3-x^2\leqq 1$ から $x\leqq -\sqrt{2}$，$\sqrt{2}\leqq x$

共通範囲をとって $-2<x\leqq -\sqrt{2}$，$\sqrt{2}\leqq x<2$

よって，求める x の値の範囲は，① との和集合で

$\boldsymbol{-2<x\leqq -\sqrt{2}，x=0，\sqrt{2}\leqq x<2}$

また，極限値は

$x=0$ または $-1<3-x^2<1$ すなわち

$\boldsymbol{-2<x<-\sqrt{2}，x=0，\sqrt{2}<x<2}$ **のとき 0**

$3-x^2=1$ すなわち

$\boldsymbol{x=\pm\sqrt{2}}$ **のとき $\boldsymbol{\pm\sqrt{2}}$ (複号同順)**

⇐ 公比は $2x-3$

⇐ $2<2x\leqq 4$ 右の不等号 ≦ に注意。

⇐ $-1<$(公比)<1

⇐ (公比)$=1$

⇐ $A<B\leqq C \Longleftrightarrow \begin{cases} A<B \\ B\leqq C \end{cases}$

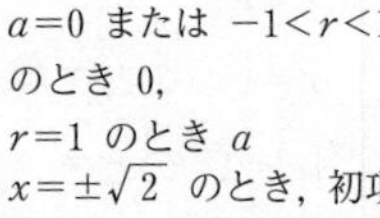

⇐ 数列 $\{ar^{n-1}\}$ の極限値は $a=0$ または $-1<r<1$ のとき 0，$r=1$ のとき a

⇐ $x=\pm\sqrt{2}$ のとき，初項 $\pm\sqrt{2}$，公比 1 の等比数列。

PRACTICE 17②

次の数列が収束するような実数 x の値の範囲を求めよ。また，そのときの極限値を求めよ。

(1) (ア) $\{(5-2x)^n\}$ (イ) $\{(x^2+x-1)^n\}$ (2) $\{x(x^2-2x)^{n-1}\}$

基本 例題 18　$\{r^n\}$ の極限（r の値で場合分け）

$r \neq -1$ のとき，極限 $\displaystyle\lim_{n\to\infty}\frac{r^n-1}{r^n+1}$ を求めよ。

p.33 基本事項 5，基本 16

CHART & SOLUTION

r^n を含む数列の極限　$r=\pm1$ が場合の分かれ目

r^n の極限は，r の値により異なるから **場合分け** して考える。
$\{r^n\}$ が収束する，すなわち，$|r|<1$ や $r=1$ のときは，与式のまま極限を考えることができる。
$|r|>1$ のとき，$\{r^n\}$ は収束しないが，$\left|\dfrac{1}{r}\right|<1$ から $\left\{\left(\dfrac{1}{r}\right)^n\right\}$ が収束することを利用する。基本例題 16 と同様に，**分母・分子を r^n で割って** から極限を考える。

解答

$|r|<1$ のとき　$\displaystyle\lim_{n\to\infty}r^n=0$

よって　$\displaystyle\lim_{n\to\infty}\frac{r^n-1}{r^n+1}=\frac{0-1}{0+1}=\mathbf{-1}$

$r=1$ のとき　$r^n=1$　よって　$\displaystyle\lim_{n\to\infty}\frac{r^n-1}{r^n+1}=\frac{1-1}{1+1}=\mathbf{0}$

$|r|>1$ のとき　$\left|\dfrac{1}{r}\right|<1$　ゆえに　$\displaystyle\lim_{n\to\infty}\left(\frac{1}{r}\right)^n=0$

よって　$\displaystyle\lim_{n\to\infty}\frac{r^n-1}{r^n+1}=\lim_{n\to\infty}\frac{1-\left(\frac{1}{r}\right)^n}{1+\left(\frac{1}{r}\right)^n}=\frac{1-0}{1+0}=\mathbf{1}$

inf. $r=-1$ のとき，n が奇数ならば $r^n=-1$ であるから，(分母)$=0$ となり $\dfrac{r^n-1}{r^n+1}$ が定義されない。

⇦ 分母・分子を r^n で割る。

INFORMATION　r^n の極限

この例題からわかるように，r^n を含む式の極限は，$r=\pm1$ を場合の分かれ目として場合分けして考えるのがポイントである。また，$|r|>1$ のとき，$\{r^n\}$ は収束しないが，$\left\{\left(\dfrac{1}{r}\right)^n\right\}$ が収束することは重要である。式変形の方法とともに覚えておこう。

なお，この例題では考える必要がなかったが，$r=-1$ のときは，$\{(-1)^n\}$，$\left\{\left(\dfrac{1}{-1}\right)^n\right\}$ はいずれも収束しない$\left(r=-1 \text{ のとき，} \dfrac{1}{r}=\dfrac{1}{-1}=-1 \text{ である}\right)$。ただし，$\{(-1)^{2n}\}$ は，$(-1)^{2n}=\{(-1)^2\}^n=1^n=1$ から，1 に収束する（PRACTICE 18 (2) 参照）。

PRACTICE 18❷

(1)　$r>-1$ のとき，極限 $\displaystyle\lim_{n\to\infty}\frac{r^n}{2+r^{n+1}}$ を求めよ。

(2)　r は実数とするとき，極限 $\displaystyle\lim_{n\to\infty}\frac{r^{2n+1}}{2+r^{2n}}$ を求めよ。

基本 例題 19 漸化式（隣接2項間）と極限

次の条件によって定められる数列 $\{a_n\}$ の極限を求めよ。

$$a_1=1,\ a_{n+1}=\frac{2}{3}a_n+1$$

p.33 基本事項 5，数学B基本30，重要21，23

CHART & SOLUTION

漸化式と数列の極限　一般項 a_n を n で表し，その極限を求める

数列が漸化式で定められているので，一般項を求めてからその極限を求める。

隣接2項間の漸化式であるから，a_{n+1}，a_n を α とおいた特性方程式 $\alpha=\frac{2}{3}\alpha+1$ の解を利用して，漸化式を $a_{n+1}-\alpha=\frac{2}{3}(a_n-\alpha)$ と変形する。このとき，数列 $\{a_n-\alpha\}$ は公比 $\frac{2}{3}$ の等比数列である。

解答

与えられた漸化式を変形すると　$a_{n+1}-3=\frac{2}{3}(a_n-3)$

⇐ 特性方程式 $\alpha=\frac{2}{3}\alpha+1$ から $\alpha=3$

また　$a_1-3=1-3=-2$

よって，数列 $\{a_n-3\}$ は，初項 -2，公比 $\frac{2}{3}$ の等比数列であるから　$a_n-3=(-2)\cdot\left(\frac{2}{3}\right)^{n-1}$

ゆえに　$a_n=3-2\left(\frac{2}{3}\right)^{n-1}$

ここで，$\lim_{n\to\infty}\left(\frac{2}{3}\right)^{n-1}=0$ であるから

⇐ $\left|\frac{2}{3}\right|<1$

$$\lim_{n\to\infty}a_n=\lim_{n\to\infty}\left\{3-2\left(\frac{2}{3}\right)^{n-1}\right\}=\mathbf{3}$$

inf. 2項間漸化式 $a_{n+1}=pa_n+q$ $(p\neq1,\ q\neq0)$ …… ① から一般項を求める方法に，次のように階差数列の考えを利用する方法もある。

⇐ 詳しくは，新課程チャート式解法と演習数学B基本例題30の 別解 参照。

① で n の代わりに $n+1$ とおくと　$a_{n+2}=pa_{n+1}+q$ …… ②

②−① から　$a_{n+2}-a_{n+1}=p(a_{n+1}-a_n)$

ここで，$a_{n+1}-a_n=b_n$ とおくと，数列 $\{b_n\}$ は数列 $\{a_n\}$ の階差数列で，$b_{n+1}=pb_n$，$b_1=a_2-a_1$ から　$b_n=b_1\cdot p^{n-1}=(a_2-a_1)p^{n-1}$

よって，$n\geqq2$ のとき　$a_n=a_1+\sum_{k=1}^{n-1}b_k=a_1+(a_2-a_1)\sum_{k=1}^{n-1}p^{k-1}$

PRACTICE 19②

次の条件によって定められる数列 $\{a_n\}$ の極限を求めよ。

(1)　$a_1=1,\ a_{n+1}=-\frac{4}{5}a_n-\frac{18}{5}$　　(2)　$a_1=1,\ a_{n+1}=\frac{3}{2}a_n+\frac{1}{2}$

ズームUP 数列の極限

数列の極限について，これまで学んだ解法のポイントをまとめましょう。

数列の極限の求め方

[1] **極限が求められる形に変形** ← 基本例題 13，14 など

[2] **はさみうちの原理を利用** ← 基本例題 15

[1] は，**不定形** $\left(\infty-\infty,\ \dfrac{\infty}{\infty}\text{ など}\right)$ **を解消する** ために利用した。

[2] は，上記以外で **極限を直接求めにくい場合** に利用した。

基本例題 19 のように，数列が漸化式で定められている場合でも，一般項を求めてから同じように考えればよい。また，後で学ぶ重要例題 22 のように，一般項を n の式で表すことが難しいときでも，[2] の「はさみうちの原理」を利用して極限を求められる場合もある。

漸化式で極限をとると？

数列 $\{a_n\}$ が極限値 α に収束する，すなわち $\displaystyle\lim_{n\to\infty}a_n=\alpha$ のとき，$\displaystyle\lim_{n\to\infty}a_{n+1}=\alpha$ も成り立つ。したがって，基本例題 19 の漸化式において両辺，$n\longrightarrow\infty$ とした極限をとると

$$\lim_{n\to\infty}a_{n+1}=\lim_{n\to\infty}\left(\frac{2}{3}a_n+1\right)\ \text{から}\quad \alpha=\frac{2}{3}\alpha+1\quad(\leftarrow\text{特性方程式})$$

これを解くと，$\alpha=3$ となり，極限値と一致する。しかし，これは「極限値が存在するならば，その値は 3」ということであり，それが極限値として確かに存在することは保証されていないので，解答のように数列 $\{a_n\}$ の収束を調べることが必要になる。

PRACTICE 19 (2) の漸化式 $a_{n+1}=\dfrac{3}{2}a_n+\dfrac{1}{2}$ で，形式的に $n\longrightarrow\infty$ のとき $a_n\longrightarrow\alpha$ とすると，$\alpha=\dfrac{3}{2}\alpha+\dfrac{1}{2}$ から，$\alpha=-1$ となります。ところが，$a_1=1$ と漸化式から $a_n>0$ は明らかであり，極限が負の値であることは誤りであることがわかります。

極限をグラフで考える

基本例題 19 において，点 $(a_n,\ a_{n+1})$ は直線 $y=\dfrac{2}{3}x+1$ …① 上にある。更に，直線 $y=x$ …② を考えて，まず点 $(a_1,\ a_1)$ からそのまま真上に移動すると直線 ① 上の最初の点 $(a_1,\ a_2)$ に到達する。そこから矢印に従って右へ移動すると直線 ② 上の点 $(a_2,\ a_2)$ へ，更に，そのまま真上に移動すると直線 ① 上の次の点 $(a_2,\ a_3)$ へ到達する。これを繰り返すと，右図のように，点 $(a_n,\ a_{n+1})$ はある点に近づいていくことがわかる。この点は直線 ① と直線 ② の交点 (3，3) である。これは，数列 $\{a_n\}$ の極限が 3 であることを示している。

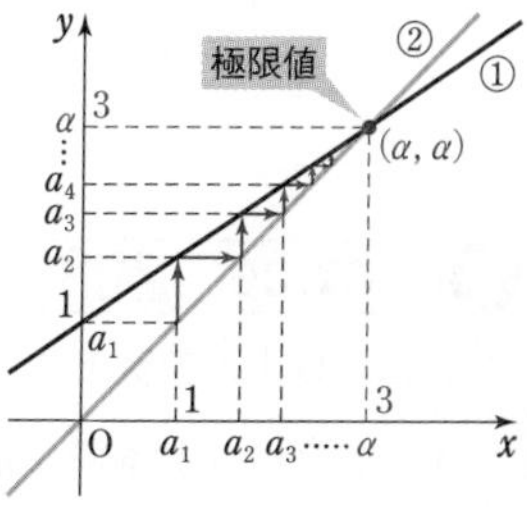

重要 例題 20 数列の極限（不等式の利用）(2)

n を正の整数とする。また，$x \geqq 0$ とする。〔類 京都産大〕

(1) 不等式 $(1+x)^n \geqq 1+nx+\dfrac{n(n-1)}{2}x^2$ を用いて，$1+\sqrt{\dfrac{2}{n}}>n^{\frac{1}{n}}$ が成り立つことを証明せよ。

(2) $\displaystyle\lim_{n\to\infty} n^{\frac{1}{n}}$ の値を求めよ。

基本 15

CHART & THINKING

求めにくい極限　はさみうちの原理を利用 ……❗

(1) 与えられた不等式において $x=\sqrt{\dfrac{2}{n}}$ とおき

$\boldsymbol{a>0,\ b>0,\ n>0}$ のとき　$\boldsymbol{a^n>b^n \iff a>b}$　を利用。

(2) $n \longrightarrow \infty$ のとき，$n^{\frac{1}{n}}$ は ∞^0 の不定形となる（∞^0 も不定形の 1 つである）。

$n^{\frac{1}{n}}$ の極限は，直接は求めにくいから，はさみうちの原理を利用する。

そのために，$n^{\frac{1}{n}}$ をはさむ不等式をどのようにつくればよいか考えよう。(1)の結果から右側の不等式はつくれそうである。左側はどのようにすればよいだろうか？　不等式の左側の式，右側の式の極限が同じ極限値になるようにはさむことがポイントである。

解答

(1) $(1+x)^n \geqq 1+nx+\dfrac{n(n-1)}{2}x^2$ において $x=\sqrt{\dfrac{2}{n}}$ とおくと　$\left(1+\sqrt{\dfrac{2}{n}}\right)^n \geqq 1+\sqrt{2n}+(n-1)=n+\sqrt{2n}>n$

$1+\sqrt{\dfrac{2}{n}}>0$，$n>0$ であるから　$1+\sqrt{\dfrac{2}{n}}>n^{\frac{1}{n}}$

(2) $n \geqq 1$ であるから　$n^{\frac{1}{n}} \geqq 1^{\frac{1}{n}}=1$

❗ これと，(1)から　$1 \leqq n^{\frac{1}{n}}<1+\sqrt{\dfrac{2}{n}}$

ここで，$\displaystyle\lim_{n\to\infty}\left(1+\sqrt{\dfrac{2}{n}}\right)=1$ であるから

$\displaystyle\lim_{n\to\infty} n^{\frac{1}{n}}=\boldsymbol{1}$

inf. 与えられた不等式は二項定理から得られる。（$p.37$ 参照）

⇐ $\boldsymbol{a>0,\ b>0,\ n>0}$ のとき $\boldsymbol{a^n>b^n \iff a>b}$

⇐ $a_n \leqq c_n < b_n$ でも，はさみうちの原理は使える。

⇐ $\displaystyle\lim_{n\to\infty}\sqrt{\dfrac{2}{n}}=0$

PRACTICE 20③

n は 4 以上の整数とする。

不等式 $(1+h)^n>1+nh+\dfrac{n(n-1)}{2}h^2+\dfrac{n(n-1)(n-2)}{6}h^3$ $(h>0)$ を用いて，次の極限を求めよ。

(1) $\displaystyle\lim_{n\to\infty}\dfrac{2^n}{n}$　　(2) $\displaystyle\lim_{n\to\infty}\dfrac{n^2}{2^n}$

重要 例題 21 漸化式（分数型）と極限

$a_1=3,\ a_{n+1}=\dfrac{3a_n-4}{a_n-1}\ (n\geqq 1)$ で定められる数列 $\{a_n\}$ について

(1) $b_n=a_n-2$ とおくとき，b_{n+1} を b_n で表せ。

(2) 第 n 項 a_n を n の式で表せ。

(3) $\{a_n\}$ の極限を求めよ。　〔類 東京女子大〕

基本 19

CHART & SOLUTION

分数式で表される漸化式　逆数を利用 ……❶

(1)の誘導に従うと $b_{n+1}=\dfrac{b_n}{pb_n+q}$ の形の漸化式が導かれる。このタイプの漸化式は，$b_n\neq 0$ のとき，両辺の逆数をとると，$\dfrac{1}{b_{n+1}}=q\cdot\dfrac{1}{b_n}+p$ となる。更に，$\dfrac{1}{b_n}=c_n$ とおき換えれば，$c_{n+1}=qc_n+p$ の形になり，一般項を求めることができる。

解答

(1) $b_n=a_n-2$ とおくと　$a_n=b_n+2$

$a_{n+1}=\dfrac{3a_n-4}{a_n-1}$ に代入すると

$$b_{n+1}+2=\frac{3(b_n+2)-4}{(b_n+2)-1}=\frac{3b_n+2}{b_n+1}$$

よって　$\boldsymbol{b_{n+1}}=\dfrac{3b_n+2}{b_n+1}-2=\boldsymbol{\dfrac{b_n}{b_n+1}}$ ……①

(2) $b_1=a_1-2=1>0$ であるから，① より　$b_n>0\ (n\geqq 1)$

❶ よって，① の両辺の逆数をとると　$\dfrac{1}{b_{n+1}}=\dfrac{1}{b_n}+1$

ここで，$\dfrac{1}{b_n}=c_n$ とおくと　$c_{n+1}=c_n+1,\ c_1=\dfrac{1}{b_1}=1$

ゆえに，数列 $\{c_n\}$ は，初項 1，公差 1 の等差数列であるから　$c_n=1+(n-1)\cdot 1=n$　よって　$b_n=\dfrac{1}{c_n}=\dfrac{1}{n}$

したがって　$a_n-2=\dfrac{1}{n}$　すなわち　$\boldsymbol{a_n=\dfrac{1}{n}+2}$

(3) (2) から　$\displaystyle\lim_{n\to\infty}a_n=\lim_{n\to\infty}\left(\frac{1}{n}+2\right)=\boldsymbol{2}$

別解 (1)　$a_{n+1}-2$

$=\dfrac{3a_n-4}{a_n-1}-2$

$=\dfrac{3a_n-4-2(a_n-1)}{a_n-1}$

$=\dfrac{a_n-2}{(a_n-2)+1}$

よって　$\boldsymbol{b_{n+1}=\dfrac{b_n}{b_n+1}}$

inf. $\displaystyle\lim_{n\to\infty}a_n=\alpha$ と仮定すると，$\displaystyle\lim_{n\to\infty}a_{n+1}=\alpha$ であるから，漸化式の両辺で $n\longrightarrow\infty$ とすると

$\alpha=\dfrac{3\alpha-4}{\alpha-1}$

これから　$\alpha^2-4\alpha+4=0$

$(\alpha-2)^2=0$　ゆえに　$\alpha=2$

これが，(1) の $b_n=a_n-2$ とおく根拠となっている。

PRACTICE 21❹

$a_1=2,\ a_{n+1}=\dfrac{5a_n-6}{2a_n-3}\ (n=1,\ 2,\ 3,\ \cdots\cdots)$ で定められる数列 $\{a_n\}$ について

(1) $b_n=\dfrac{a_n-1}{a_n-3}$ とおくとき，数列 $\{b_n\}$ の一般項を求めよ。

(2) 一般項 a_n と極限 $\displaystyle\lim_{n\to\infty}a_n$ を求めよ。

重要 例題 22 漸化式と極限（はさみうち）

$0<a_1<3$, $a_{n+1}=1+\sqrt{1+a_n}$ $(n=1, 2, 3, \cdots\cdots)$ によって定められる数列 $\{a_n\}$ について，次の (1), (2), (3) を示せ。 〔類 神戸大〕

(1) $0<a_n<3$　(2) $3-a_{n+1}<\frac{1}{3}(3-a_n)$　(3) $\lim_{n\to\infty} a_n=3$

p.33 基本事項 3，基本 15

CHART & THINKING

求めにくい極限　はさみうちの原理を利用 ……❶

漸化式を変形して，一般項 a_n を n の式で表すのは難しい。小問ごとに，どのような方針をとればよいのか考えてみよう。

(1) すべての自然数 n についての成立を示すから，**数学的帰納法** を利用。そのために，何を仮定すればよいだろうか？

(2) (1) の結果を利用。与えられた漸化式をどのように使えばよいか考えてみよう。

(3) (1), (2) で示した不等式を利用し，**はさみうちの原理** を用いる。数列 $\{3-a_n\}$ の極限を求めればよい。

はさみうちの原理　すべての自然数 n について $a_n \leqq c_n \leqq b_n$ のとき
$\lim_{n\to\infty} a_n=\lim_{n\to\infty} b_n=\alpha$ ならば $\lim_{n\to\infty} c_n=\alpha$

(2) の不等式は繰り返し用いる。どのように利用すればよいか考えてみよう。

解答

(1) $0<a_n<3$ ……① とする。

[1] $n=1$ のとき，条件から $0<a_1<3$ が成り立つ。

[2] $n=k$ のとき，① が成り立つと仮定すると

$$0<a_k<3$$

$n=k+1$ のとき

$$3-a_{k+1}=3-(1+\sqrt{1+a_k})=2-\sqrt{1+a_k}$$

ここで，$0<a_k<3$ の仮定から　$1<1+a_k<4$

ゆえに　$1<\sqrt{1+a_k}<2$

よって，$2-\sqrt{1+a_k}>0$ であるから

$3-a_{k+1}>0$　すなわち　$a_{k+1}<3$

また，漸化式の形から明らかに　$0<a_{k+1}$

ゆえに，$0<a_{k+1}<3$ となり，$n=k+1$ のときにも ① は成り立つ。

[1], [2] から，すべての自然数 n に対して ① が成り立つ。

(2)
$$3-a_{n+1}=3-(1+\sqrt{1+a_n})=2-\sqrt{1+a_n}$$
$$=\frac{(2-\sqrt{1+a_n})(2+\sqrt{1+a_n})}{2+\sqrt{1+a_n}}=\frac{4-(1+a_n)}{2+\sqrt{1+a_n}}$$
$$=\frac{1}{2+\sqrt{1+a_n}}(3-a_n) \quad \cdots\cdots ②$$

⇐ 数学的帰納法で示す。

⇐ $n=k+1$ のときも $0<a_{k+1}<3$ すなわち $0<a_{k+1}$ かつ $a_{k+1}<3$ が成り立つことを示す。

⇐ 漸化式から。

⇐ 分子を有理化。

⇐ $3-a_{n+1}$ と同形の $3-a_n$ が現れる。

ここで，(1) の結果より，$2+\sqrt{1+a_n}>3$ であるから

$$\frac{1}{2+\sqrt{1+a_n}}<\frac{1}{3} \quad \cdots\cdots ③$$

②，③ から　　$3-a_{n+1}<\frac{1}{3}(3-a_n)$

(3)　(1)，(2) の結果から，$n \geqq 2$ のとき

$$0<3-a_n<\frac{1}{3}(3-a_{n-1})<\left(\frac{1}{3}\right)^2(3-a_{n-2})<\cdots\cdots$$

$$<\left(\frac{1}{3}\right)^{n-1}(3-a_1)$$

❗ よって　　$0<3-a_n<\left(\frac{1}{3}\right)^{n-1}(3-a_1)$

ここで，$\displaystyle\lim_{n\to\infty}\left(\frac{1}{3}\right)^{n-1}(3-a_1)=0$ であるから

$$\lim_{n\to\infty}(3-a_n)=0$$

したがって　　$\displaystyle\lim_{n\to\infty}a_n=3$

⇐ $a_n>0$ から　$\sqrt{1+a_n}>1$

⇐ $a>b>0$ のとき $\frac{1}{a}<\frac{1}{b}$

⇐ $3-a_{n-1}<\frac{1}{3}(3-a_{n-2})$
$3-a_{n-2}<\frac{1}{3}(3-a_{n-3})$
………
$3-a_2<\frac{1}{3}(3-a_1)$
を順に代入していく。

⇐ **はさみうちの原理**

2章　3　数列の極限

INFORMATION ―― 複雑な漸化式で定められた数列の極限

$a_{n+1}=1+\sqrt{1+a_n}$，$0<a_1<3$ で定義される数列 $\{a_n\}$ について，$\displaystyle\lim_{n\to\infty}a_n=\alpha$ であると仮定すると，$\displaystyle\lim_{n\to\infty}a_{n+1}=\alpha$ であることから，$\alpha=1+\sqrt{1+\alpha}$ が成り立つ。

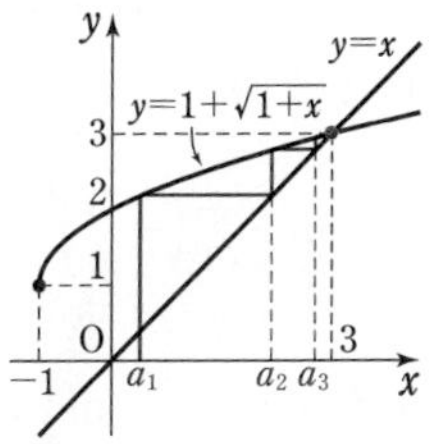

これから，$\alpha-1=\sqrt{1+\alpha}$ であり，この式の両辺を 2 乗して整理すると　　$\alpha^2-3\alpha=0$
ゆえに，$\alpha(\alpha-3)=0$，$\alpha>0$ から，$\alpha=3$ であると予想できる。
これを $p.43$ のズーム UP のようにグラフで確認してみると，右の図のように極限値が 3 となることが確かめられる。
なお，この無理式で与えられた漸化式から一般項 a_n を求め，直接 $\displaystyle\lim_{n\to\infty}a_n=3$ であることを示すことは難しいので，$\displaystyle\lim_{n\to\infty}(3-a_n)=0$ を示そうとして (2) の誘導の不等式が与えられているのである。

PRACTICE 22[4]

$a_1=a$ $(0<a<1)$，$a_{n+1}=-\frac{1}{2}a_n{}^3+\frac{3}{2}a_n$ $(n=1,\ 2,\ 3,\ \cdots\cdots)$ によって定められる数列 $\{a_n\}$ について，次の (1)，(2) を示せ。また，(3) を求めよ。

(1)　$0<a_n<1$

(2)　$r=\dfrac{1-a_2}{1-a_1}$ のとき　$1-a_{n+1} \leqq r(1-a_n)$ $(n=1,\ 2,\ 3,\ \cdots\cdots)$

(3)　$\displaystyle\lim_{n\to\infty}a_n$　　〔鳥取大〕

重要 例題 23 漸化式（隣接 3 項間）と極限

次の条件によって定められる数列 $\{a_n\}$ の極限を求めよ。

$$a_1=0,\ a_2=1,\ a_{n+2}=\frac{1}{4}(a_{n+1}+3a_n)\quad (n=1,\ 2,\ 3,\ \cdots\cdots)$$

基本 19，数学 B 重要 41

CHART & THINKING

隣接 3 項間の漸化式であるから，一般項 a_n を求められないか考えてみよう。
隣接 3 項間の漸化式は，どのように解けばよかっただろうか？
⟶ a_{n+2} を x^2，a_{n+1} を x，a_n を 1 におき換えた x の 2 次方程式（特性方程式）の 2 解を α，β とすると　$\boldsymbol{a_{n+2}-\alpha a_{n+1}=\beta(a_{n+1}-\alpha a_n)}$
これを利用しよう。一般項 a_n を n で表したら，その極限を求めればよい。……❗

解答

漸化式は $a_{n+2}-a_{n+1}=-\dfrac{3}{4}(a_{n+1}-a_n)$ と変形できる。

また　$a_2-a_1=1-0=1$

よって，数列 $\{a_{n+1}-a_n\}$ は初項 1，公比 $-\dfrac{3}{4}$ の等比数列であるから　$a_{n+1}-a_n=\left(-\dfrac{3}{4}\right)^{n-1}$

ゆえに，$n\geqq 2$ のとき

$$a_n=a_1+\sum_{k=1}^{n-1}\left(-\frac{3}{4}\right)^{k-1}=0+\frac{1-\left(-\frac{3}{4}\right)^{n-1}}{1-\left(-\frac{3}{4}\right)}=\frac{4}{7}\left\{1-\left(-\frac{3}{4}\right)^{n-1}\right\}$$

❗ したがって　$\displaystyle\lim_{n\to\infty}a_n=\lim_{n\to\infty}\frac{4}{7}\left\{1-\left(-\frac{3}{4}\right)^{n-1}\right\}=\boldsymbol{\frac{4}{7}}$

注意　この問題のように，単に数列 $\{a_n\}$ の極限を求めるときは，$n\geqq 2$ のときだけを考えてかまわない。つまり，$n=1$ のときの確認は必要ない。

別解　与えられた漸化式を変形して

$$a_{n+2}-a_{n+1}=-\frac{3}{4}(a_{n+1}-a_n),\quad a_{n+2}+\frac{3}{4}a_{n+1}=a_{n+1}+\frac{3}{4}a_n$$

ゆえに　$a_{n+1}-a_n=\left(-\dfrac{3}{4}\right)^{n-1}$，$a_{n+1}+\dfrac{3}{4}a_n=a_2+\dfrac{3}{4}a_1=1$

辺々引いて　$-\dfrac{7}{4}a_n=\left(-\dfrac{3}{4}\right)^{n-1}-1$

よって　$a_n=\dfrac{4}{7}\left\{1-\left(-\dfrac{3}{4}\right)^{n-1}\right\}$　ゆえに　$\displaystyle\lim_{n\to\infty}a_n=\boldsymbol{\frac{4}{7}}$

⇐ $x^2=\dfrac{1}{4}(x+3)$ を解くと
$4x^2=x+3$
$4x^2-x-3=0$
$(x-1)(4x+3)=0$
よって　$x=1,\ -\dfrac{3}{4}$
$\alpha=1,\ \beta=-\dfrac{3}{4}$ として変形。

⇐ 数列 $\{a_n\}$ の階差数列 $\{b_n\}$ がわかれば，$n\geqq 2$ のとき　$a_n=a_1+\displaystyle\sum_{k=1}^{n-1}b_k$

⇐「極限を求める」とは，$n\longrightarrow\infty$ の場合を考えることである。

⇐ 2 番目の式は，上の CHART & THINKING の式に $\alpha=-\dfrac{3}{4}$，$\beta=1$ を代入して得られる。

⇐ a_{n+1} を消去。

PRACTICE 23 ❸

次の条件によって定められる数列 $\{a_n\}$ の極限を求めよ。

$$a_1=1,\ a_2=3,\ 4a_{n+2}=5a_{n+1}-a_n\quad (n=1,\ 2,\ 3,\ \cdots\cdots)$$

重要例題 24 図形に関する漸化式と極限 ④

図のような1辺の長さ a の正三角形 ABC において，頂点 A から辺 BC に下ろした垂線の足を P_1 とする。P_1 から辺 AB に下ろした垂線の足を Q_1，Q_1 から辺 CA への垂線の足を R_1，R_1 から辺 BC への垂線の足を P_2 とする。このような操作を繰り返すと，辺 BC 上に点 P_1，P_2，……，P_n，…… が定まる。このとき，P_n が近づいていく点を求めよ。

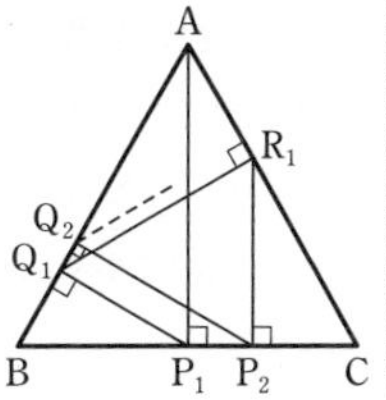

基本 19，数学B基本 36

CHART & SOLUTION

図形と極限　n 番目と $(n+1)$ 番目の関係を調べて漸化式を作る

$BP_n=x_n$ として，BP_{n+1}（すなわち x_{n+1}）を x_n で表す。直角三角形の辺の比を利用して進める。

解答

$BP_n=x_n$ とする。

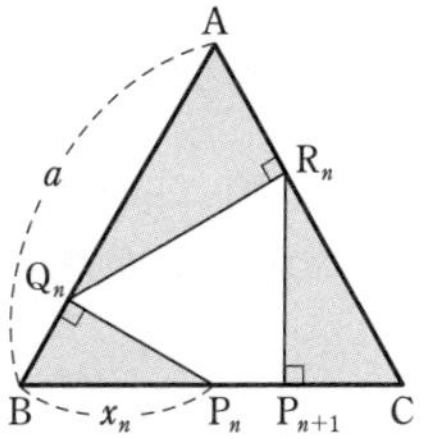

$$BQ_n=\frac{1}{2}BP_n=\frac{1}{2}x_n,\quad AR_n=\frac{1}{2}AQ_n=\frac{1}{2}\left(a-\frac{1}{2}x_n\right),$$

$$CR_n=CA-AR_n=a-\frac{1}{2}\left(a-\frac{1}{2}x_n\right)=\frac{a}{2}+\frac{1}{4}x_n,$$

$$CP_{n+1}=\frac{1}{2}CR_n=\frac{1}{2}\left(\frac{a}{2}+\frac{1}{4}x_n\right)=\frac{a}{4}+\frac{1}{8}x_n,$$

$$BP_{n+1}=BC-CP_{n+1}=a-\left(\frac{a}{4}+\frac{1}{8}x_n\right)=\frac{3}{4}a-\frac{1}{8}x_n$$

ゆえに　$x_{n+1}=-\frac{1}{8}x_n+\frac{3}{4}a$　　変形すると　$x_{n+1}-\frac{2}{3}a=-\frac{1}{8}\left(x_n-\frac{2}{3}a\right)$

← $\alpha=-\frac{1}{8}\alpha+\frac{3}{4}a$ の解は $\alpha=\frac{2}{3}a$

よって，数列 $\left\{x_n-\frac{2}{3}a\right\}$ は初項 $x_1-\frac{2}{3}a$，

公比 $-\frac{1}{8}$ の等比数列であり　$x_n-\frac{2}{3}a=\left(-\frac{1}{8}\right)^{n-1}\left(x_1-\frac{2}{3}a\right)$

ゆえに　$x_n=\left(-\frac{1}{8}\right)^{n-1}\left(x_1-\frac{2}{3}a\right)+\frac{2}{3}a$　　よって　$\lim_{n\to\infty}x_n=\frac{2}{3}a$

したがって，P_n が近づいていく点は **辺 BC を 2：1 に内分する点** である。

PRACTICE 24④

1辺の長さが1である正三角形 ABC の辺 BC 上に点 A_1 をとる。A_1 から辺 AB に垂線 A_1C_1 を引き，点 C_1 から辺 AC に垂線 C_1B_1 を引き，更に点 B_1 から辺 BC に垂線 B_1A_2 を引く。これを繰り返し，辺 BC 上に点 A_1，A_2，……，A_n，……，辺 AB 上に点 C_1，C_2，……，C_n，……，辺 AC 上に点 B_1，B_2，……，B_n，…… をとる。このとき，$BA_n=x_n$ とする。

(1)　x_n，x_{n+1} が満たす漸化式を求めよ。　　(2)　極限 $\lim_{n\to\infty}x_n$ を求めよ。

重要 例題 25 確率に関する漸化式と極限

Aの袋には赤球1個と黒球3個が，Bの袋には黒球だけが5個入っている。それぞれの袋から同時に1個ずつ球を取り出して入れ替える操作を繰り返す。この操作を n 回繰り返した後にAの袋に赤球が入っている確率を a_n とする。

(1) a_n を求めよ。 (2) $\lim_{n\to\infty} a_n$ を求めよ。 〔類 名城大〕

基本 19，重要 24，数学B基本 37

CHART & SOLUTION

確率の極限　n 回後と $(n+1)$ 回後から漸化式を作る ……!

n 回後に，どちらに赤球があるかで場合分けして考える(右図参照)。n 回後に赤球がAの袋にある確率は a_n であるから，Bの袋にある確率は $1-a_n$ であることに注意し，a_{n+1} と a_n の漸化式を作る。

(赤球が)　n 回後　$(n+1)$ 回後

Aにある　a_n $\xrightarrow{\times\frac{3}{4}}$ a_{n+1}

Bにある　$1-a_n$ $\nearrow\times\frac{1}{5}$

解答

(1) $(n+1)$ 回繰り返した後にAの袋に赤球が入っているのは

[1]　n 回後にAの袋に赤球があり，$(n+1)$ 回目にAの袋から黒球が出る

[2]　n 回後にBの袋に赤球があり，$(n+1)$ 回目にBの袋から赤球が出る

のいずれかであり，[1]，[2] は互いに排反であるから

! $$a_{n+1}=a_n\cdot\frac{3}{4}+(1-a_n)\cdot\frac{1}{5}=\frac{11}{20}a_n+\frac{1}{5}$$

$a_{n+1}=\frac{11}{20}a_n+\frac{1}{5}$ を変形すると　$a_{n+1}-\frac{4}{9}=\frac{11}{20}\left(a_n-\frac{4}{9}\right)$

⇐ 特性方程式 $\alpha=\frac{11}{20}\alpha+\frac{1}{5}$ の解は $\alpha=\frac{4}{9}$

数列 $\left\{a_n-\frac{4}{9}\right\}$ は，初項 $a_1-\frac{4}{9}=\frac{3}{4}-\frac{4}{9}=\frac{11}{36}$，公比 $\frac{11}{20}$ の等比数列であるから　$a_n-\frac{4}{9}=\frac{11}{36}\left(\frac{11}{20}\right)^{n-1}$

よって　$\boldsymbol{a_n=\frac{11}{36}\left(\frac{11}{20}\right)^{n-1}+\frac{4}{9}}$

(2) $\lim_{n\to\infty} a_n=\lim_{n\to\infty}\left\{\frac{11}{36}\left(\frac{11}{20}\right)^{n-1}+\frac{4}{9}\right\}=\boldsymbol{\frac{4}{9}}$

⇐ $\lim_{n\to\infty}\left(\frac{11}{20}\right)^{n-1}=0$

PRACTICE 25④

三角形ABCの頂点を移動する動点Pがある。移動の向きについては，A ⟶ B，B ⟶ C，C ⟶ A を正の向き，A ⟶ C，C ⟶ B，B ⟶ A を負の向きと呼ぶことにする。硬貨を投げて，表が出たらPはそのときの位置にとどまり，裏が出たときはもう1度硬貨を投げ，表なら正の向きに，裏なら負の向きに隣の頂点に移動する。この操作を1回のステップとする。動点Pは初め頂点Aにあるものとする。n 回目のステップの後にPがAにある確率を a_n とするとき，$\lim_{n\to\infty} a_n$ を求めよ。

EXERCISES　　3 数列の極限

A

14❷ 次の極限を求めよ。

(1) $\displaystyle\lim_{n\to\infty}\frac{1\cdot2+2\cdot3+3\cdot4+\cdots\cdots+n\cdot(n+1)}{n^3}$

(2) $\displaystyle\lim_{n\to\infty}\frac{(n+1)^2+(n+2)^2+\cdots\cdots+(2n)^2}{1^2+2^2+\cdots\cdots+n^2}$

➡13

15❷ 次の極限を求めよ。

(1) $\displaystyle\lim_{n\to\infty}(\sqrt{n^2+n}-\sqrt{n^2-n})$

(2) $\displaystyle\lim_{n\to\infty}n\left(\sqrt{n^2+an+b}-n-\frac{a}{2}\right)$　ただし，a，b は定数

➡14

16❸ 数列 $\{a_n\}$，$\{b_n\}$ について，次の事柄は正しいか。正しいものは証明し，正しくないものは，その反例をあげよ。ただし，α，β は定数とする。

(1) すべての n に対して $a_n\neq0$ とする。このとき，$\displaystyle\lim_{n\to\infty}\frac{1}{a_n}=0$ ならば，$\displaystyle\lim_{n\to\infty}a_n=\infty$ である。

(2) すべての n に対して $a_n\neq0$ とする。このとき，数列 $\{a_n\}$，$\{b_n\}$ がそれぞれ収束するならば，数列 $\left\{\dfrac{b_n}{a_n}\right\}$ は収束する。

(3) $\displaystyle\lim_{n\to\infty}a_n=\infty$，$\displaystyle\lim_{n\to\infty}b_n=\infty$ ならば，$\displaystyle\lim_{n\to\infty}(a_n-b_n)=0$ である。

(4) $\displaystyle\lim_{n\to\infty}a_n=\alpha$，$\displaystyle\lim_{n\to\infty}(a_n-b_n)=0$ ならば，$\displaystyle\lim_{n\to\infty}b_n=\alpha$ である。

➡ p.32 2

17❸ 数列 $\left\{\left(\dfrac{x^2-3x-1}{x^2+x+1}\right)^n\right\}$ が収束するような実数 x の値の範囲を求めよ。また，そのときの極限値を求めよ。

➡17

18❸ p を実数の定数とし，次の式で定められる数列 $\{a_n\}$ を考える。

$$a_1=2,\ a_{n+1}=pa_n+2\ (n=1,\ 2,\ 3,\ \cdots\cdots)$$

数列 $\{a_n\}$ の一般項を求めよ。更に，この数列が収束するような p の値の範囲を求めよ。

〔愛媛大〕 ➡18, 19

B

19❹ 座標平面上の点であって，x 座標，y 座標とも整数であるものを格子点と呼ぶ。0 以上の整数 n に対して，不等式 $|x|+|y|\leqq n$ を満たす格子点 $(x,\ y)$ の個数を a_n とおく。更に，$b_n=\displaystyle\sum_{k=0}^{n}a_k$ とおく。次のものを求めよ。

(1) a_n　　(2) b_n　　(3) $\displaystyle\lim_{n\to\infty}\frac{b_n}{n^3}$

〔会津大〕 ➡13

HINT

18 一般項を求めるときも，収束を調べるときも，p の値で場合分け。

19 (1) 不等式を表す領域は x 軸，y 軸に関して対称であるから，まず，$x>0$，$y>0$ の範囲の格子点の個数を考える。直線 $x=k$ 上に $(n-k)$ 個の格子点があるから，$x>0$，$y>0$ の範囲の格子点の個数は $\displaystyle\sum_{k=1}^{n-1}(n-k)$ である。後は軸上，原点を忘れないように。

B

20❸ $[x]$ は，実数 x に対して，$m \leqq x < m+1$ を満たす整数 m とする。このとき $\displaystyle\lim_{n\to\infty}\frac{[10^n\pi]}{10^n}$ を求めよ。 →15

21❹ 数列 $\{a_n\}$ は，$a_1=2$，$a_{n+1}=\sqrt{4a_n-3}$ $(n=1,\ 2,\ 3,\ \cdots\cdots)$ で定義されている。

(1) すべての自然数 n について，不等式 $2\leqq a_n\leqq 3$ が成り立つことを証明せよ。

(2) すべての自然数 n について，不等式 $|a_{n+1}-3|\leqq\dfrac{4}{5}|a_n-3|$ が成り立つことを証明せよ。

(3) 極限 $\displaystyle\lim_{n\to\infty}a_n$ を求めよ。 〔信州大〕 →22

22❹ p，q を実数とし，数列 $\{a_n\}$，$\{b_n\}$ $(n=1,\ 2,\ 3,\ \cdots\cdots)$ を次のように定める。

$$\begin{cases} a_1=p,\ b_1=q \\ a_{n+1}=pa_n+qb_n \\ b_{n+1}=qa_n+pb_n \end{cases}$$

〔近畿大〕

(1) $p=3$，$q=-2$ とする。このとき，$a_n+b_n=$ア□，$a_n-b_n=$イ□ となり $a_n=$ウ□，$b_n=$エ□ となる。

(2) $p+q=1$ とする。このとき，a_n は p を用いて，$a_n=$オ□ と表される。数列 $\{a_n\}$ が収束するための必要十分条件は カ□$<p\leqq$キ□ である。その極限値は カ□$<p<$キ□ のとき $\displaystyle\lim_{n\to\infty}a_n=$ク□

$p=$キ□ のとき $\displaystyle\lim_{n\to\infty}a_n=$ケ□ である。

23❸ 1回の試行で事象 A の起こる確率が $p\ (0<p<1)$ であるとする。この試行を n 回行うときに奇数回 A が起こる確率を a_n とする。

(1) a_1，a_2，a_3 を p で表せ。　(2) $n\geqq 2$ のとき，a_n を a_{n-1} と p で表せ。

(3) a_n を n と p で表せ。　(4) $\displaystyle\lim_{n\to\infty}a_n$ を求めよ。 〔佐賀大〕 →25

24❹ 数列 $\{a_n\}$ が $a_n>0$ $(n=1,\ 2,\ \cdots\cdots)$，$\displaystyle\lim_{n\to\infty}\frac{-5a_n+3}{2a_n+1}=-1$ を満たすとき $\displaystyle\lim_{n\to\infty}a_n$ を求めよ。

HINT

20 $[x]\leqq x<[x]+1$ から　$x-1<[x]\leqq x$　**はさみうちの原理** を利用する。

21 (1) 数学的帰納法を利用する。　(2) 漸化式を用いて式変形し，(1)の結果から，不等式を示す。　(3) (2)の結果を繰り返し用いて **はさみうちの原理を利用**。

22 (1) 2つの漸化式の辺々を加えると数列 $\{a_n+b_n\}$ の漸化式，辺々を引くと数列 $\{a_n-b_n\}$ の漸化式が得られる。(2)も同様。

23 (1) 反復試行の確率（数学A）

24 $\dfrac{-5a_n+3}{2a_n+1}=b_n$ とおいて，a_n を b_n で表す。

4 無限級数

基本事項

1 無限級数の収束・発散

無限数列　$a_1,\ a_2,\ a_3,\ \cdots\cdots,\ a_n,\ \cdots\cdots$

の各項を順に＋の記号で結んだ式

$$a_1+a_2+a_3+\cdots\cdots+a_n+\cdots\cdots$$

を **無限級数** という。無限級数の式を，$\displaystyle\sum_{n=1}^{\infty}\boldsymbol{a_n}$ と書き表すこともある。

無限級数の収束，発散は，**部分和** を $S_n=a_1+a_2+\cdots\cdots+a_n$ とするとき，数列 $\{S_n\}$ の収束，発散から次のように定義する。

[1]　数列 $\{S_n\}$ **が収束して，**$\displaystyle\lim_{n\to\infty}S_n=\lim_{n\to\infty}\sum_{k=1}^{n}a_k=S$ **のとき，**$\displaystyle\sum_{n=1}^{\infty}a_n$ **は収束し，和は** S **である。この和** S **も** $\displaystyle\sum_{n=1}^{\infty}a_n$ **と書き表す。**

[2]　数列 $\{S_n\}$ **が発散するとき，**$\displaystyle\sum_{n=1}^{\infty}a_n$ **は発散する。**

2 無限等比級数

無限等比級数 $\displaystyle\sum_{n=1}^{\infty}ar^{n-1}=a+ar+ar^2+\cdots\cdots+ar^{n-1}+\cdots\cdots$ の収束，発散は，次のようになる。

[1]　$a\neq0$ **のとき**

　$|r|<1$ **ならば　収束し，その和は** $\dfrac{a}{1-r}$　　**すなわち**　$\displaystyle\sum_{n=1}^{\infty}ar^{n-1}=\frac{a}{1-r}$

　$|r|\geqq1$ **ならば　発散する。**

[2]　$a=0$ **のとき　収束し，その和は** 0

注意　無限等比級数 $\displaystyle\sum_{n=1}^{\infty}ar^{n-1}$ の収束条件は　　**$a=0$ または $-1<r<1$**

　無限等比数列 $\{ar^{n-1}\}$ の収束条件 $a=0$ または $-1<r\leqq1$ と混同しないこと。

3 循環小数を分数で表す

循環小数を分数で表す方法は数学Ⅰで学習したが，数学Ⅲでは次のように無限等比級数の考えを利用する。

例　$0.\dot{3}\dot{4}=0.343434\cdots\cdots$

$$=0.34+0.0034+0.000034+\cdots\cdots$$

$$=\frac{34}{10^2}+\frac{34}{10^4}+\frac{34}{10^6}+\cdots\cdots$$

　これは，初項 $\dfrac{34}{10^2}$，公比 $\dfrac{1}{10^2}$ の無限等比級数で，$\left|\dfrac{1}{10^2}\right|<1$ であるから収束して

$$0.\dot{3}\dot{4}=\frac{\frac{34}{10^2}}{1-\frac{1}{10^2}}=\frac{34}{10^2-1}=\frac{34}{99}$$

4 無限級数の性質

無限級数 $\sum_{n=1}^{\infty} a_n$ と $\sum_{n=1}^{\infty} b_n$ が収束して，$\sum_{n=1}^{\infty} a_n = S$，$\sum_{n=1}^{\infty} b_n = T$ とする。

1 **定数倍** $\boldsymbol{\sum_{n=1}^{\infty} ka_n = kS}$ （ただし，k は定数）

2 **和** $\boldsymbol{\sum_{n=1}^{\infty} (a_n + b_n) = S + T}$,

差 $\boldsymbol{\sum_{n=1}^{\infty} (a_n - b_n) = S - T}$

3 $\boldsymbol{\sum_{n=1}^{\infty} (ka_n + lb_n) = kS + lT}$ （ただし，k，l は定数）

5 無限級数の収束・発散条件

1 **無限級数** $\boldsymbol{\sum_{n=1}^{\infty} a_n}$ **が収束する** $\Longrightarrow$ $\boldsymbol{\lim_{n\to\infty} a_n = 0}$

2 **数列** $\boldsymbol{\{a_n\}}$ **が 0 に収束しない** $\Longrightarrow$ **無限級数** $\boldsymbol{\sum_{n=1}^{\infty} a_n}$ **は発散する**

補足 **2 は 1 の対偶である。また, 1, 2 とも逆は成り立たない。**

解説 a_n を部分和 S_n と結びつけるには，数学Bで学んだ次の関係式を利用する。

$$S_n \text{ と } a_n \qquad a_n = S_n - S_{n-1} \quad (n \geqq 2)$$

証明 1 無限級数 $\sum_{n=1}^{\infty} a_n$ が収束するとき，その和を S，第 n 項までの部分和を S_n とすると，数列 $\{S_n\}$ は S に収束する。$n \geqq 2$ のとき，$a_n = S_n - S_{n-1}$ であるから

$$\lim_{n\to\infty} a_n = \lim_{n\to\infty} (S_n - S_{n-1}) = \lim_{n\to\infty} S_n - \lim_{n\to\infty} S_{n-1}$$
$$= S - S = 0$$

2 2 は 1 の対偶であるから，成り立つ。終

例 数列 $\left\{\dfrac{1}{n}\right\}$ について，$\lim_{n\to\infty} \dfrac{1}{n} = 0$ であるが無限級数 $\sum_{n=1}^{\infty} \dfrac{1}{n}$ は正の無限大に発散する。

（p.68 EXERCISES 33 参照）

CHECK & CHECK

8 次のような無限等比級数の収束，発散を調べ，収束すればその和を求めよ。

(1) 初項 1，公比 $-\dfrac{\sqrt{2}}{2}$

(2) 初項 $\sqrt{3}$，公比 $\sqrt{3}$

(3) $1-2+4-8+\cdots\cdots$

(4) $12-6\sqrt{2}+6-3\sqrt{2}+\cdots\cdots$

→ 2

9 次の循環小数を分数で表せ。

(1) $0.\dot{3}7\dot{0}$

(2) $0.0\dot{5}6\dot{7}$

(3) $6.2\dot{3}$

→ 3

基本 例題 26 無限級数の収束・発散

次の無限級数の収束，発散を調べ，収束するときはその和を求めよ。

(1) $\dfrac{1}{1\cdot4}+\dfrac{1}{4\cdot7}+\cdots\cdots+\dfrac{1}{(3n-2)(3n+1)}+\cdots\cdots$

(2) $\dfrac{1}{\sqrt{1}+\sqrt{3}}+\dfrac{1}{\sqrt{3}+\sqrt{5}}+\cdots\cdots+\dfrac{1}{\sqrt{2n-1}+\sqrt{2n+1}}+\cdots\cdots$

p.53 基本事項 1

CHART & SOLUTION

無限級数の収束・発散　まず，部分和 S_n を求める

$\displaystyle\sum_{n=1}^{\infty} a_n$ が収束 $\iff$ $\{S_n\}$ が収束　　$\displaystyle\sum_{n=1}^{\infty} a_n$ が発散 $\iff$ $\{S_n\}$ が発散

(1) 部分分数に分解する。　(2) 分母を有理化する。

解答

第 n 項までの部分和を S_n とする。

(1) 第 n 項は　$\dfrac{1}{(3n-2)(3n+1)}=\dfrac{1}{3}\left(\dfrac{1}{3n-2}-\dfrac{1}{3n+1}\right)$

よって　$S_n=\dfrac{1}{3}\left\{\left(1-\dfrac{1}{4}\right)+\left(\dfrac{1}{4}-\dfrac{1}{7}\right)+\cdots\cdots+\left(\dfrac{1}{3n-5}-\dfrac{1}{3n-2}\right)+\left(\dfrac{1}{3n-2}-\dfrac{1}{3n+1}\right)\right\}$

$=\dfrac{1}{3}\left(1-\dfrac{1}{3n+1}\right)$

ゆえに　$\displaystyle\lim_{n\to\infty}S_n=\lim_{n\to\infty}\dfrac{1}{3}\left(1-\dfrac{1}{3n+1}\right)=\dfrac{1}{3}$

したがって，この無限級数は **収束し，その和は $\dfrac{1}{3}$** である。

(2) 第 n 項は　$\dfrac{1}{\sqrt{2n-1}+\sqrt{2n+1}}=\dfrac{\sqrt{2n+1}-\sqrt{2n-1}}{2}$

よって　$S_n=\dfrac{\sqrt{3}-1}{2}+\dfrac{\sqrt{5}-\sqrt{3}}{2}+\cdots\cdots+\dfrac{\sqrt{2n+1}-\sqrt{2n-1}}{2}=\dfrac{\sqrt{2n+1}-1}{2}$

ゆえに　$\displaystyle\lim_{n\to\infty}S_n=\lim_{n\to\infty}\dfrac{\sqrt{2n+1}-1}{2}=\infty$

したがって，この無限級数は **発散する**。

⇦ 部分分数に分解する。
$a\neq b$ のとき
$\dfrac{1}{(x+a)(x+b)}=\dfrac{1}{b-a}\left(\dfrac{1}{x+a}-\dfrac{1}{x+b}\right)$

⇦ $\dfrac{1}{3n+1}\longrightarrow 0\ (n\longrightarrow\infty)$

⇦ 分母を有理化。

⇦ $\sqrt{2n+1}\longrightarrow\infty$ $(n\longrightarrow\infty)$

PRACTICE 26②

次の無限級数の収束，発散を調べ，収束するときはその和を求めよ。

(1) $\dfrac{1}{3\cdot5}+\dfrac{1}{5\cdot7}+\cdots\cdots+\dfrac{1}{(2n+1)(2n+3)}+\cdots\cdots$

(2) $\dfrac{1}{\sqrt{1}+\sqrt{4}}+\dfrac{1}{\sqrt{4}+\sqrt{7}}+\cdots\cdots+\dfrac{1}{\sqrt{3n-2}+\sqrt{3n+1}}+\cdots\cdots$

基本 例題 27　無限等比級数の収束条件

無限級数 $(x-4)+\dfrac{x(x-4)}{2x-4}+\dfrac{x^2(x-4)}{(2x-4)^2}+\cdots\cdots$ $(x \neq 2)$ について

(1)　無限級数が収束するときの実数 x の値の範囲を求めよ。

(2)　無限級数の和 $f(x)$ を求めよ。

p.53 基本事項 2，重要 45

CHART & SOLUTION

無限等比級数 $\sum_{n=1}^{\infty} ar^{n-1}$ の収束条件

[1]　$a \neq 0$，$|r|<1$ のとき　収束し，和は $\dfrac{a}{1-r}$

[2]　$a=0$ のとき　収束し，和は 0

(1)　与えられた無限級数は，初項 $x-4$，公比 $\dfrac{x}{2x-4}$ の無限等比級数である。

その収束条件は，上の [1]，[2] から　**|公比|<1 または（初項）=0**

(2)　上の [1] と [2] で和は異なるから，場合分けをして和を求める。

解答

(1)　与えられた無限級数は，初項 $x-4$，公比 $\dfrac{x}{2x-4}$ の無限等比級数であるから，収束するための必要十分条件は

$$\left|\frac{x}{2x-4}\right|<1 \quad \text{または} \quad x-4=0$$

$\left|\dfrac{x}{2x-4}\right|<1$ から　$|x|<|2x-4|$

よって　$|x|^2<|2x-4|^2$　　ゆえに　$x^2<(2x-4)^2$

整理して　$(3x-4)(x-4)>0$　　⇐ $\{(2x-4)+x\}\{(2x-4)-x\}>0$

これを解いて　$x<\dfrac{4}{3}$，$4<x$　……①

$x-4=0$ から　$x=4$　……②

よって，①，② から　$\boldsymbol{x<\dfrac{4}{3}}$，$\boldsymbol{4 \leqq x}$　　⇐ ① または ② を満たす範囲。

(2)　$\boldsymbol{x=4}$ **のとき**　$\boldsymbol{f(x)=0}$　　⇐ 初項 0 のとき和は 0

$\boldsymbol{x<\dfrac{4}{3}}$，$\boldsymbol{4<x}$ **のとき**　$f(x)=\dfrac{x-4}{1-\dfrac{x}{2x-4}}=\boldsymbol{2x-4}$　　⇐ |公比|<1 のとき，和は $\dfrac{(初項)}{1-(公比)}$

PRACTICE 27②

無限級数 $x+\dfrac{x}{1+x}+\dfrac{x}{(1+x)^2}+\dfrac{x}{(1+x)^3}+\cdots\cdots$ $(x \neq -1)$ について

(1)　無限級数が収束するような実数 x の値の範囲を求めよ。

(2)　無限級数の和を $f(x)$ として，関数 $y=f(x)$ のグラフをかけ。　〔岡山理科大〕

ピンポイント解説　無限等比級数の収束条件について

● 無限等比数列と無限等比級数の収束条件の違い

無限等比数列　$a,\ ar,\ ar^2,\ ar^3,\ \cdots\cdots,\ ar^{n-1},\ \cdots\cdots$

$a=0$ のとき　0 に収束

$-1<r<1$ のとき　0 に収束

$r=1$ のとき　a に収束

以上から，収束条件は　**$a=0$ または $-1<r\leqq 1$**

無限等比級数　$a+ar+ar^2+ar^3+\cdots\cdots+ar^{n-1}+\cdots\cdots$

$a=0$ のとき　0 に収束

$-1<r<1$ のとき　$\dfrac{a}{1-r}$ に収束

以上から，収束条件は　**$a=0$ または $-1<r<1$**　⇐ $r=1$ は含まない。

無限等比数列と無限等比級数の収束条件は，よく似ているが，公比の条件で $r=1$ を含むか含まないかという点が異なる。混同しないように注意しよう。

● 無限等比級数を考える流れ

無限級数の収束，発散については，次のように部分和 S_n から考える。

・数列 $\{S_n\}$ が収束するならば，無限級数も収束し，その和 S は部分和の極限値 $\lim\limits_{n\to\infty} S_n$ である。

・数列 $\{S_n\}$ が発散するならば，無限級数も発散する。

無限等比級数の収束，発散についても，これをもとにして考えればよい。

[Ⅰ]　まず，部分和を考える

無限等比級数 $a+ar+ar^2+ar^3+\cdots\cdots+ar^{n-1}+\cdots\cdots$（これを Ⓐ とする）の第 n 項までの部分和を S_n とすると，$S_n=a+ar+ar^2+ar^3+\cdots\cdots+ar^{n-1}$ であるから

$r\neq 1$ のとき　$S_n=\dfrac{a(1-r^n)}{1-r}$　$\cdots\cdots$ ①　⇐ 数学B「数列」で学習した等比数列の和

$r=1$ のとき　$S_n=na$　$\cdots\cdots$ ②

[Ⅱ]　部分和から無限等比級数を考える

まずは，初項 a で場合分けすると

$a=0$ の場合，$S_n=0$ であるから，無限等比級数 Ⓐ は **収束し，$S=0$** である。

$a\neq 0$ の場合は，公比 r で更に場合分けすると

[1]　$-1<r<1$ $(|r|<1)$ ならば，① において，$\lim\limits_{n\to\infty} r^n=0$ であるから

$$\lim_{n\to\infty} S_n=\frac{a}{1-r}$$

よって，無限等比級数 Ⓐ は **収束し**　$\boldsymbol{S=\dfrac{a}{1-r}}$

[2]　$r\leqq -1,\ 1<r$ ならば，数列 $\{r^n\}$ は発散するから，① において，数列 $\{S_n\}$ も発散する。よって，無限等比級数 Ⓐ は **発散する**。

[3]　$r=1$ ならば，② から，数列 $\{S_n\}$ は発散する。よって，無限等比級数 Ⓐ は **発散する**。　⇐ $r=1$ のとき，無限等比数列は a に収束するが，無限等比級数は発散する。

無限等比級数の収束条件や和は混乱しやすいから，無理に暗記するのではなく，等比数列の和に戻って考えられるようにしておこう。

基本例題 28 無限等比級数の応用 (1)

定数 a, r は $a>0$, $0<r<1$ とする。xy 平面上で原点Oから x 軸の正の向きに a だけ進んだ点を A_1, A_1 で左に直角に曲がり ar だけ進んだ点を A_2, A_2 で右に直角に曲がり ar^2 だけ進んだ点を A_3 とする。このように OA_1, A_1A_2, A_2A_3, …… と方向を変えるたびに長さが r 倍となるように点 A_n を定めるとき，点 A_n が近づいていく点の座標を求めよ。

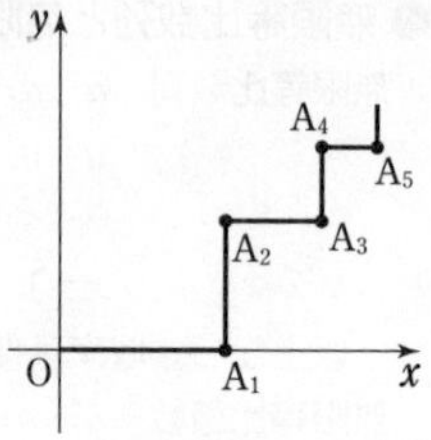

p.53 基本事項 2

CHART & SOLUTION

点 A_n が近づいていく点の座標を (α, β) とすると，α は x 軸方向の移動距離の総和，β は y 軸方向の移動距離の総和である。
α, β はそれぞれ **無限等比級数** で表されるから，公式を用いて和を求める。

無限等比級数の和は $\dfrac{(\text{初項})}{1-(\text{公比})}$

解答

求める座標を (α, β) とすると

$$\alpha = OA_1 + A_2A_3 + A_4A_5 + \cdots\cdots = a + ar^2 + ar^4 + \cdots\cdots$$

$$\beta = A_1A_2 + A_3A_4 + A_5A_6 + \cdots\cdots = ar + ar^3 + ar^5 + \cdots\cdots$$

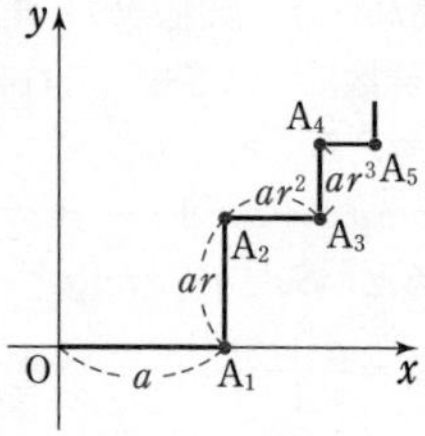

α, β はそれぞれ初項が，a, ar で，ともに公比 r^2 の無限等比級数で表される。

$0<r<1$ より $0<r^2<1$ であるから，これらの無限等比級数はともに収束して

$$\alpha = \frac{a}{1-r^2}, \qquad \beta = \frac{ar}{1-r^2}$$

よって，点 A_n は，点 $\left(\boldsymbol{\dfrac{a}{1-r^2}, \dfrac{ar}{1-r^2}}\right)$ に近づいていく。

⇐ベクトルを用いると，次のように考えることができる。
(α, β)
$=\overrightarrow{OA_1}+\overrightarrow{A_1A_2}+\overrightarrow{A_2A_3}+\overrightarrow{A_3A_4}+\cdots\cdots$
$=(a, 0)+(0, ar)+(ar^2, 0)+(0, ar^3)+\cdots\cdots$
$=(a+ar^2+ar^4+\cdots\cdots, ar+ar^3+ar^5+\cdots\cdots)$
これより，α と β を a と r で表すことができる。

PRACTICE 28③

k を $0<k<1$ なる定数とする。xy 平面上で動点Pは原点Oを出発して，x 軸の正の向きに1だけ進み，次に y 軸の正の向きに k だけ進む。更に，x 軸の負の向きに k^2 だけ進み，次に y 軸の負の向きに k^3 だけ進む。以下このように方向を変え，方向を変えるたびに進む距離が k 倍される運動を限りなく続けるときの，点Pが近づいていく点の座標は □ である。

〔東北学院大〕

基本 例題 29 無限等比級数の応用 (2)

∠XOY [=60°] の 2 辺 OX，OY に接する半径 1 の円の中心を O_1 とする。線分 OO_1 と円 O_1 との交点を中心とし，2 辺 OX，OY に接する円を O_2 とする。以下，同じようにして，順に円 O_3，……，O_n，…… を作る。このとき，円 O_1，O_2，…… の面積の総和を求めよ。

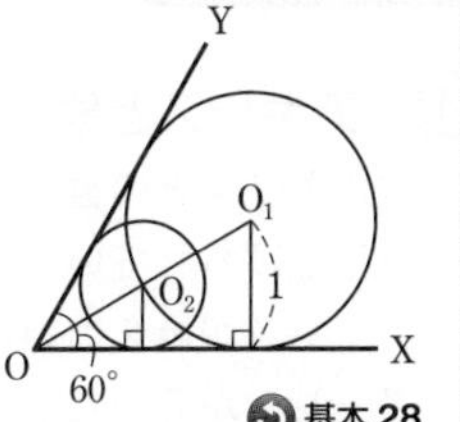

基本 28

CHART & SOLUTION

図形と極限

n 番目と $(n+1)$ 番目の関係を調べて漸化式を作る ……!

円 O_n，O_{n+1} の半径をそれぞれ r_n，r_{n+1} として，r_n と r_{n+1} の関係式 (漸化式) を導く。直角三角形に注目するとよい。そして，数列 $\{r_n\}$ の一般項を求め，面積の総和を無限等比級数の和として求める。

解答

円 O_n の半径，面積を，それぞれ r_n，S_n とする。円 O_n は 2 辺 OX，OY に接しているので，円 O_n の中心 O_n は，2 辺 OX，OY から等距離にある。

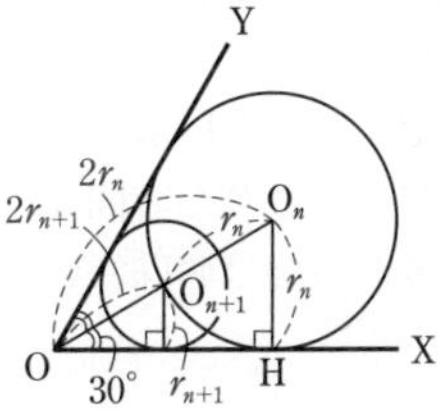

よって，点 O_n は ∠XOY の二等分線上にある。

ゆえに，$\angle XOO_n=60°\div2=30°$ であるから　$OO_n=2r_n$

これと $O_nO_{n+1}=OO_n-OO_{n+1}$ から

$$r_n=2r_n-2r_{n+1}$$

! ゆえに　$r_{n+1}=\dfrac{1}{2}r_n$　また　$r_1=1$

よって　$r_n=\left(\dfrac{1}{2}\right)^{n-1}$　したがって　$S_n=\pi r_n{}^2=\pi\left(\dfrac{1}{4}\right)^{n-1}$

ゆえに，円 O_1，O_2，…… の面積の総和 $\displaystyle\sum_{n=1}^{\infty}S_n$ は，初項 π，公比 $\dfrac{1}{4}$ の無限等比級数である。$\left|\dfrac{1}{4}\right|<1$ であるから，無限等比級数は収束し，その和は　$\dfrac{\pi}{1-\dfrac{1}{4}}=\boldsymbol{\dfrac{4}{3}\pi}$

⇐ 円 O_n と OX との接点を H とすると，$\triangle O_nOH$ は 3 辺が $2:1:\sqrt{3}$ の比の直角三角形。これに着目して，r_{n+1} と r_n の関係を調べる。

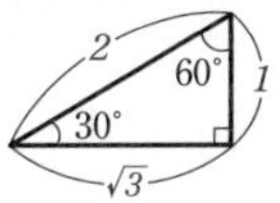

⇐ $\dfrac{(初項)}{1-(公比)}$

PRACTICE 29 ③

正方形 S_n，円 C_n $(n=1,\ 2,\ \cdots\cdots)$ を次のように定める。C_n は S_n に内接し，S_{n+1} は C_n に内接する。S_1 の 1 辺の長さを a とするとき，円周の総和は ☐ である。

〔工学院大〕

STEP UP 極限や無限級数の話題

1 アキレスと亀

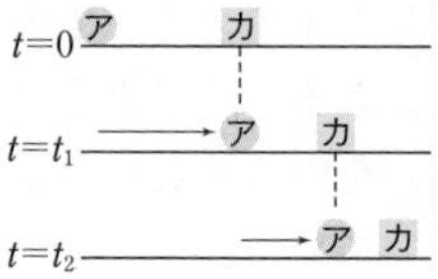

古代ギリシャの哲学者アリストテレスの「自然学」の中で取り上げられている話題を紹介しよう。俊足で有名な英雄アキレスが亀を追いかけるとする。亀が最初にいた地点にアキレスが着いたときには，亀は少し先に進んでいる。更に，その地点にアキレスが着いたときには，亀はまたその少し先に進んでいる。

このように考えると，アキレスは亀に追いつくことはできないことになる。……本当だろうか？

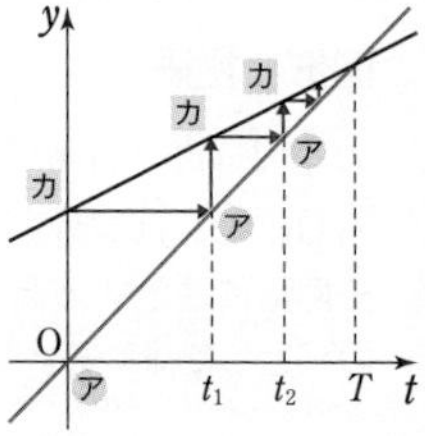

右図は，横軸を時間，縦軸をアキレスと亀それぞれがいる地点の座標としたグラフである。なお，アキレスも亀もそれぞれ一定の速さで動くと仮定している。

最初に亀がいた地点にアキレスが着く時間が t_1 である。

t_1 の時間に亀がいる地点にアキレスが着く時間は t_2 である。

このように時間を区切って考える操作を繰り返すと，アキレスと亀の距離は縮まっていく。この操作を無限回繰り返すと追いつくわけであるが，現実的に無限回繰り返すことはできないので，追いつけないように感じられるかもしれない。

しかし，実際にはグラフに示された時間 T の地点でアキレスは亀に追いつくのである。

考え方によって状況が変わるのは興味深いところである。

2 正方形の3等分

定規やコンパスを使わず正方形の折り紙を3等分する方法について考えてみよう。

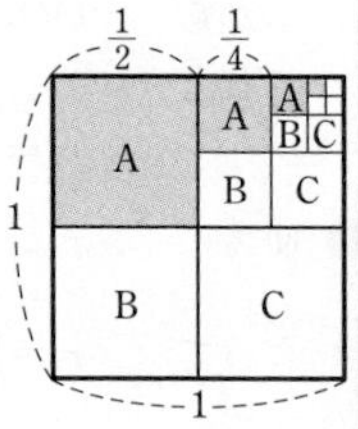

まず，面積が1の正方形の折り紙を田の字に4等分して，そのうち3枚をA，B，Cの3人に1枚ずつ配る。残りの1枚を同様に4等分して，A，B，Cに1枚ずつ配る。この作業を限りなく繰り返していくと，A，B，Cそれぞれが受け取る折り紙の面積の総和は

$$\left(\frac{1}{2}\right)^2+\left(\frac{1}{2^2}\right)^2+\left(\frac{1}{2^3}\right)^2+\cdots\cdots=\sum_{n=1}^{\infty}\left(\frac{1}{2^n}\right)^2=\sum_{n=1}^{\infty}\left(\frac{1}{2^2}\right)^n=\frac{\frac{1}{4}}{1-\frac{1}{4}}=\frac{1}{3}$$

この面積は，最初の折り紙の面積1を3等分したものと等しい。実際には，このような無限回の操作を行うことはできないが，数学的にはこのような3等分の方法も考えられるというのは面白いところである。

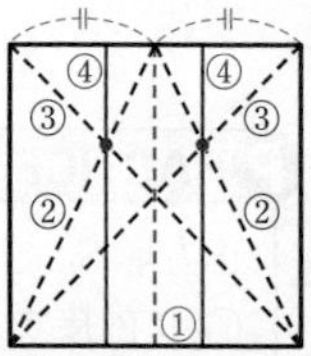

参考 実際に折り紙を3等分する折り方を紹介しておく。右図のように，折り目①，②，③をつける。折り目②と③の交点を通り，①に平行になるようにつけた折り目④は折り紙を3等分する。この方法では，三角形の重心が中線を2：1に内分する性質を利用している。

基本 例題 30 無限級数が発散することの証明

次の無限級数は発散することを示せ。

(1) $\frac{3}{2}+\frac{5}{4}+\frac{7}{6}+\frac{9}{8}+\cdots\cdots$　　(2) $\cos\pi+\cos2\pi+\cos3\pi+\cdots\cdots$

p.54 基本事項 5

CHART & SOLUTION

無限級数

1 $\lim_{n\to\infty}a_n\neq0$ なら無限級数は発散

2 部分和 S_n を求めて $n\longrightarrow\infty$

数列 $\{a_n\}$ が 0 に収束しない $\Longrightarrow$ 無限級数 $\sum_{n=1}^{\infty}a_n$ は発散する

これを利用して，与えられた無限級数が発散することを示す。すなわち，**数列 $\{a_n\}$ が 0 以外の値に収束するか，発散（∞，$-\infty$，振動）することを示す。**

解答

(1) 第 n 項 a_n は　$a_n=\frac{2n+1}{2n}$

よって　$\lim_{n\to\infty}a_n=\lim_{n\to\infty}\frac{2n+1}{2n}=\lim_{n\to\infty}\left(1+\frac{1}{2n}\right)=1\neq0$

ゆえに，数列 $\{a_n\}$ が 0 に収束しないから，与えられた無限級数は発散する。

別解 第 n 項までの部分和を S_n とすると

$$S_n=\frac{3}{2}+\frac{5}{4}+\frac{7}{6}+\cdots\cdots+\frac{2n+1}{2n}$$
$$>1+1+1+\cdots\cdots+1=n$$

$\lim_{n\to\infty}n=\infty$ であるから　$\lim_{n\to\infty}S_n=\infty$

よって，与えられた無限級数は発散する。

(2) 第 n 項 a_n は　$a_n=\cos n\pi$

ここで　n が奇数のとき　$\cos n\pi=-1$

　　　　n が偶数のとき　$\cos n\pi=1$

であるから，数列 $\{a_n\}$ は振動する。

すなわち，数列 $\{a_n\}$ が 0 に収束しないから，与えられた無限級数は発散する。

⇦ 1 の方針。

⇦ 2 の方針。

⇦ $n\geqq1$ のとき $\frac{2n+1}{2n}=1+\frac{1}{2n}>1$

inf. (2) で以下のように（ ）でくくるのは誤り。
$1-1+1-1+\cdots$
$=(1-1)+(1-1)+\cdots$
$=0+0+\cdots=0$ ← 誤り
無限級数の式は勝手に（ ）でくくったりしてはいけない（PRACTICE 32 の inf. を参照）。

PRACTICE 30❷

次の無限級数は発散することを示せ。

(1) $1+\frac{2}{3}+\frac{3}{5}+\frac{4}{7}+\cdots\cdots$　　(2) $\sin\frac{\pi}{2}+\sin\frac{3}{2}\pi+\sin\frac{5}{2}\pi+\cdots\cdots$

基本 例題 36 極限値から関数の係数決定

次の等式が成り立つように，定数 a，b の値を定めよ。〔青山学院大〕

$$\lim_{x\to3}\frac{\sqrt{3x+a}-b}{x-3}=\frac{3}{8}$$

基本 35

CHART & SOLUTION

極限値から係数決定

(分母) ⟶ 0 ならば (分子) ⟶ 0 (必要条件) ……❗

$\lim_{x\to3}(x-3)=0$ であるから　$\lim_{x\to3}(\sqrt{3x+a}-b)=\lim_{x\to3}\frac{\sqrt{3x+a}-b}{x-3}\cdot(x-3)=\frac{3}{8}\cdot0=0$

よって，$\lim_{x\to3}(\sqrt{3x+a}-b)=0$ であることが **必要条件**。これから，例えば b を a で表し，等式を満たす a，b の値を求めると，これは **必要十分条件**。

解答

$$\lim_{x\to3}\frac{\sqrt{3x+a}-b}{x-3}=\frac{3}{8}\ \cdots\cdots ①$$

が成り立つとする。$\lim_{x\to3}(x-3)=0$ であるから

$$\lim_{x\to3}(\sqrt{3x+a}-b)=0$$

❗ よって，$\sqrt{9+a}-b=0$ となり　$b=\sqrt{9+a}$ ……②

このとき $\lim_{x\to3}\frac{\sqrt{3x+a}-b}{x-3}=\lim_{x\to3}\frac{\sqrt{3x+a}-\sqrt{9+a}}{x-3}$

$$=\lim_{x\to3}\frac{(3x+a)-(9+a)}{(x-3)(\sqrt{3x+a}+\sqrt{9+a})}$$

$$=\lim_{x\to3}\frac{3}{\sqrt{3x+a}+\sqrt{9+a}}=\frac{3}{2\sqrt{9+a}}$$

$\frac{3}{2\sqrt{9+a}}=\frac{3}{8}$ のとき ① が成り立つから　$\boldsymbol{a=7}$

このとき，② から　$\boldsymbol{b=4}$

⇦ **必要条件**
$\lim_{x\to3}(\sqrt{3x+a}-b)\neq0$ とすると，極限値が存在しない。

⇦ 分子を有理化。

⇦ $2\sqrt{9+a}=8$ から $9+a=16$

POINT

$$\lim_{x\to a}\frac{f(x)}{g(x)}=\alpha \text{ かつ } \lim_{x\to a}g(x)=0 \text{ ならば } \lim_{x\to a}f(x)=0$$

証明　$\lim_{x\to a}\frac{f(x)}{g(x)}=\alpha$ かつ $\lim_{x\to a}g(x)=0$ から

$$\lim_{x\to a}f(x)=\lim_{x\to a}\frac{f(x)}{g(x)}\cdot g(x)=\lim_{x\to a}\frac{f(x)}{g(x)}\cdot\lim_{x\to a}g(x)=\alpha\cdot0=0$$

PRACTICE 36②

次の等式が成り立つように，定数 a，b の値を定めよ。

(1) $\lim_{x\to2}\frac{x^2+ax+12}{x^2-5x+6}=b$　〔日本女子大〕　(2) $\lim_{x\to1}\frac{a\sqrt{x+5}-b}{x-1}=4$　〔関東学院大〕

ズームUP 極限値が存在するための条件

なぜ分子について，極限 $\lim_{x\to3}(\sqrt{3x+a}-b)=0$ を考えるのでしょうか？

極限値の式から条件を取り出す

これまで極限を求めるときには，不定形を解消するように変形をしていたが，逆に，分母が 0 に収束するような式の極限値が存在するためには，$\dfrac{0}{0}$ **の形の不定形である必要がある。**

$\lim_{x\to3}\dfrac{\sqrt{3x+a}-b}{x-3}=\dfrac{3}{8}$
(分母) ⟶ 0 のときは，
(分子) ⟶ 0 でないと，
発散してしまいます！

必要条件と十分条件について詳しく見てみよう

(分子) ⟶ 0 として得られた関係式 $b=\sqrt{9+a}$ は等式 ① が成り立つための必要条件であり，十分条件ではない。これは，次のように考えることができる。
(分子) ⟶ 0 となることを示した式を改めて見てみよう。

$$\lim_{x\to3}(\sqrt{3x+a}-b)=\lim_{x\to3}\frac{\sqrt{3x+a}-b}{x-3}\cdot(x-3)=\frac{3}{8}\cdot0=0$$

つまり，(分子) ⟶ 0 は $\dfrac{\sqrt{3x+a}-b}{x-3}$ が $x\longrightarrow3$ のとき **極限値をもつ（有限な値に収束する）ための条件** であり，その値が $\dfrac{3}{8}$ であることには関係なく成り立つ。

（0 を掛けているから，$\dfrac{3}{8}$ の部分が $\dfrac{3}{8}$ 以外の値でも成り立つ。）

そのため，(分子) ⟶ 0 として得られた $b=\sqrt{9+a}$ が成り立っていても，
$\lim_{x\to3}\dfrac{\sqrt{3x+a}-b}{x-3}=\dfrac{3}{8}$ が成り立つとは限らない。

解答の後半では，$b=\sqrt{9+a}$ を用いて $\lim_{x\to3}\dfrac{\sqrt{3x+a}-b}{x-3}$ が実際に $\dfrac{3}{8}$ となる a，b を求めている。これは十分条件であり，$b=\sqrt{9+a}$ も満たす。
したがって，必要十分条件であり，求める値となる。

極限における式変形のポイント

この例題において，a と b の関係式を求めるときに，

$$\lim_{x\to3}(\sqrt{3x+a}-b)=\lim_{x\to3}\frac{\sqrt{3x+a}-b}{x-3}\cdot(x-3)=\frac{3}{8}\cdot0=0$$

のように変形を行った。このように，極限における式変形のポイントは，
収束する部分が現れるように変形をする ことである。

今後よく用いる変形の方法なので，必ず覚えておきましょう。

基本 例題 37 片側からの極限

次の場合の極限を調べよ。

(1) $x \longrightarrow 2$ のときの $\dfrac{x-3}{x-2}$　　(2) $x \longrightarrow 0$ のときの $\dfrac{x}{|x|}$

p.69 基本事項 1

CHART & SOLUTION

右側・左側の極限に分ける

$\lim\limits_{x\to a+0} f(x) = \lim\limits_{x\to a-0} f(x) = \alpha \iff \lim\limits_{x\to a} f(x) = \alpha$

$\lim\limits_{x\to a+0} f(x) \neq \lim\limits_{x\to a-0} f(x) \iff x \longrightarrow a$ **のときの** $f(x)$ **の極限はない**

(2) 絶対値は場合に分けて，絶対値記号をはずして考える。

$a \geqq 0$ のとき $|a| = a$，$a < 0$ のとき $|a| = -a$

解答

(1) $x > 2$ のとき　$x-2 > 0$

$x \longrightarrow 2+0$ のとき　$x-3 \longrightarrow -1$

よって　$\lim\limits_{x\to 2+0} \dfrac{x-3}{x-2} = -\infty$

$x < 2$ のとき　$x-2 < 0$

$x \longrightarrow 2-0$ のとき　$x-3 \longrightarrow -1$

よって　$\lim\limits_{x\to 2-0} \dfrac{x-3}{x-2} = \infty$

ゆえに，$x \longrightarrow 2$ のときの $\dfrac{x-3}{x-2}$ の **極限はない。**

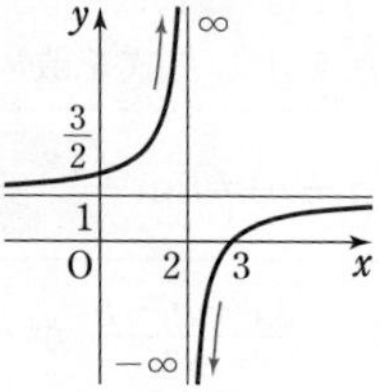

(2) $x > 0$ のとき

$\lim\limits_{x\to +0} \dfrac{x}{|x|} = \lim\limits_{x\to +0} \dfrac{x}{x} = \lim\limits_{x\to +0} 1 = 1$

$x < 0$ のとき

$\lim\limits_{x\to -0} \dfrac{x}{|x|} = \lim\limits_{x\to -0} \dfrac{x}{-x} = \lim\limits_{x\to -0} (-1) = -1$

ゆえに，$x \longrightarrow 0$ のときの $\dfrac{x}{|x|}$ の **極限はない。**

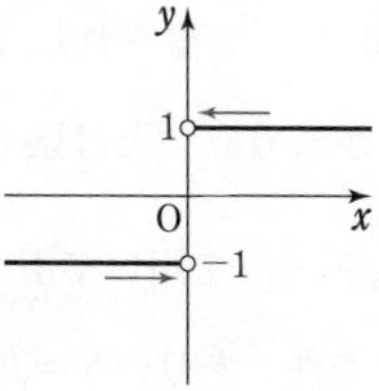

(1) $y = \dfrac{x-3}{x-2} = -\dfrac{1}{x-2} + 1$

inf. 解答には書けないが $\dfrac{x-3}{x-2}$ は，$x \longrightarrow 2+0$ のとき $\dfrac{-1}{+0} = -\infty$，$x \longrightarrow 2-0$ のとき $\dfrac{-1}{-0} = \infty$ と考えることもできる。

(2) $y = \dfrac{x}{|x|} = \begin{cases} 1 & (x > 0) \\ -1 & (x < 0) \end{cases}$

PRACTICE 37❷

次の関数について $x \longrightarrow 1-0$，$x \longrightarrow 1+0$，$x \longrightarrow 1$ のときの極限をそれぞれ調べよ。

(1) $\dfrac{x^2}{x-1}$　　(2) $\dfrac{x}{(x-1)^2}$　　(3) $\dfrac{|x-1|}{x^3-1}$

基本 例題 38 関数の極限 (2) $x \longrightarrow \pm\infty$ その1

次の極限を求めよ。

(1) $\displaystyle\lim_{x\to\infty}(x^3-3x^2+5)$　　(2) $\displaystyle\lim_{x\to-\infty}\frac{x^2+3x}{x-2}$

(3) $\displaystyle\lim_{x\to-\infty}\frac{2^{-x}}{3^x+3^{-x}}$　　(4) $\displaystyle\lim_{x\to\infty}\{\log_3(9x^2+4)-\log_3(x^2+2x)\}$

p.69 基本事項 1, 2, 基本 13, 16, 35

CHART & SOLUTION

関数の極限 ($x \longrightarrow \pm\infty$)　極限が求められる形に変形

(1), (4) $\infty-\infty$, (2), (3) $\dfrac{\infty}{\infty}$ の **不定形** であるから，極限が求められる形に変形。

(1) 最高次の項 x^3 を **くくり出す。**

(2) 分母の最高次の項 x で分母・分子を **割る。**

(3) $x \longrightarrow -\infty$ は，$x=-t$ とおいて，$t \longrightarrow \infty$ の極限におき換えると考えやすい。

(4) $\log_a M-\log_a N=\log_a\dfrac{M}{N}$ を利用して，$\log_3 f(x)$ の形にまとめてから，$f(x)$ の極限を考える。

解答

(1) $\displaystyle\lim_{x\to\infty}(x^3-3x^2+5)=\lim_{x\to\infty}x^3\left(1-\frac{3}{x}+\frac{5}{x^3}\right)=\infty$

(2) $\displaystyle\lim_{x\to-\infty}\frac{x^2+3x}{x-2}=\lim_{x\to-\infty}\frac{x+3}{1-\dfrac{2}{x}}=-\infty$

⇦ 分母・分子を分母の最高次の項 x で割る。

(3) $x=-t$ とおくと，$x \longrightarrow -\infty$ のとき $t \longrightarrow \infty$ であるから

$$\lim_{x\to-\infty}\frac{2^{-x}}{3^x+3^{-x}}=\lim_{t\to\infty}\frac{2^t}{3^{-t}+3^t}=\lim_{t\to\infty}\frac{\left(\dfrac{2}{3}\right)^t}{\left(\dfrac{1}{3}\right)^{2t}+1}=\frac{0}{0+1}=\mathbf{0}$$

⇦ 分母・分子を 3^t で割る。
$x \longrightarrow \infty$ のとき
$a>1$ ならば　$a^x \longrightarrow \infty$
$0<a<1$ ならば
$a^x \longrightarrow 0$

(4) $\displaystyle\lim_{x\to\infty}\{\log_3(9x^2+4)-\log_3(x^2+2x)\}$

$$=\lim_{x\to\infty}\log_3\frac{9x^2+4}{x^2+2x}=\lim_{x\to\infty}\log_3\frac{9+\dfrac{4}{x^2}}{1+\dfrac{2}{x}}$$

$=\log_3 9=\mathbf{2}$

⇦ 真数の分母・分子を x^2 で割る。

⇦ $\log_3 9=\log_3 3^2$

PRACTICE 38❷

次の極限を求めよ。

(1) $\displaystyle\lim_{x\to-\infty}(x^3-2x)$　　(2) $\displaystyle\lim_{x\to\infty}\frac{5-2x^3}{3x+x^3}$

(3) $\displaystyle\lim_{x\to-\infty}\frac{4^x-3^x}{4^x+3^x}$　　(4) $\displaystyle\lim_{x\to\infty}\{\log_2(x^2+5x)-\log_2(4x^2+1)\}$

基本 例題 39　関数の極限 (3)　$x \longrightarrow \pm\infty$ その 2

次の極限を求めよ。 ［(2) 愛媛大］

(1) $\displaystyle\lim_{x\to\infty}(\sqrt{x^2-2x}-x)$　　(2) $\displaystyle\lim_{x\to-\infty}(\sqrt{9x^2+x}+3x)$

基本 14, 38

CHART & SOLUTION

無理式の不定形の極限　有理化して極限が求められる形に変形

(1), (2) はともに $\infty-\infty$ の **不定形** の無理式であるから，まず分子の **有理化** を行い，分母・分子を x で割れば極限が求められる形に変形できる。

(2) は，$x=-t$ のおき換えによって，$t\longrightarrow\infty$ を考えるのが安全。

別解　おき換えを行わない解法。変形の際，$\boldsymbol{x<0}$ **のとき** $\boldsymbol{\sqrt{x^2}=|x|=-x}$ に注意して変形する必要がある。$\longrightarrow$ おき換えによる解法が安全，としているのはこのため。

解答

(1) $\displaystyle\lim_{x\to\infty}(\sqrt{x^2-2x}-x)=\lim_{x\to\infty}\frac{(x^2-2x)-x^2}{\sqrt{x^2-2x}+x}$

$\displaystyle=\lim_{x\to\infty}\frac{-2x}{\sqrt{x^2-2x}+x}=\lim_{x\to\infty}\frac{-2}{\sqrt{1-\frac{2}{x}}+1}=\frac{-2}{1+1}=\boldsymbol{-1}$

⇐ 分母・分子に $\sqrt{x^2-2x}+x$ を掛ける。

⇐ 分母・分子を x で割る。$x\longrightarrow\infty$ のとき $x>0$ から $\dfrac{\sqrt{x^2-2x}}{x}=\dfrac{\sqrt{x^2-2x}}{\sqrt{x^2}}$

(2) $x=-t$ とおくと，$x\longrightarrow-\infty$ のとき　$t\longrightarrow\infty$ $(t>0)$

よって　$\displaystyle\lim_{x\to-\infty}(\sqrt{9x^2+x}+3x)=\lim_{t\to\infty}(\sqrt{9t^2-t}-3t)$

$\displaystyle=\lim_{t\to\infty}\frac{(9t^2-t)-9t^2}{\sqrt{9t^2-t}+3t}=\lim_{t\to\infty}\frac{-t}{\sqrt{9t^2-t}+3t}$

$\displaystyle=\lim_{t\to\infty}\frac{-1}{\sqrt{9-\frac{1}{t}}+3}=\frac{-1}{3+3}=\boldsymbol{-\frac{1}{6}}$

⇐ 分母・分子を t で割る。

別解　$x<0$ のとき，$\sqrt{x^2}=-x$ であるから

$\displaystyle\lim_{x\to-\infty}(\sqrt{9x^2+x}+3x)=\lim_{x\to-\infty}\frac{(9x^2+x)-9x^2}{\sqrt{9x^2+x}-3x}$

$\displaystyle=\lim_{x\to-\infty}\frac{x}{\sqrt{9x^2+x}-3x}=\lim_{x\to-\infty}\frac{1}{-\sqrt{9+\frac{1}{x}}-3}$

$\displaystyle=\frac{1}{-3-3}=\boldsymbol{-\frac{1}{6}}$

⇐ $x<0$ のとき $\sqrt{x^2}=|x|=-x$

⇐ $\sqrt{9x^2+x}=\sqrt{x^2\left(9+\frac{1}{x}\right)}$ $=|x|\sqrt{9+\frac{1}{x}}$ $=-x\sqrt{9+\frac{1}{x}}$ として，分母・分子を x で割る。

PRACTICE 39②

次の極限を求めよ。 ［(2) 宮崎大］

(1) $\displaystyle\lim_{x\to\infty}(\sqrt{x^2+2x}-\sqrt{x^2-1})$　　(2) $\displaystyle\lim_{x\to-\infty}(\sqrt{x^2+x+1}-\sqrt{x^2+1})$

基本 例題 40 関数の極限 (4) はさみうちの原理

次の極限を求めよ。ただし，$[x]$ は実数 x を超えない最大の整数を表す。

(1) $\displaystyle\lim_{x\to 0} x^3 \sin\frac{1}{x}$　　(2) $\displaystyle\lim_{x\to\infty}\frac{[x]}{x}$

p.69 基本事項 4，基本 15

CHART & SOLUTION

求めにくい極限　はさみうちの原理を利用 ……❗

(1) $0\leqq\left|\sin\frac{1}{x}\right|\leqq 1$ であるから，$x\neq 0$ より　$0\leqq\left|x^3\sin\frac{1}{x}\right|\leqq|x^3|$

これに，**はさみうちの原理** を適用。

(2) 記号［ ］は **ガウス記号** といい，式で表すと，次のようになる。

$n\leqq x<n+1$（n は整数）のとき　$[x]=n$

よって　**$[x]\leqq x<[x]+1$**　　ゆえに　$x-1<[x]\leqq x$

解答

(1) $0\leqq\left|\sin\frac{1}{x}\right|\leqq 1$ であるから，$x\neq 0$ より

❗ $0\leqq|x^3|\left|\sin\frac{1}{x}\right|\leqq|x^3|$　　よって　$0\leqq\left|x^3\sin\frac{1}{x}\right|\leqq|x^3|$

$\displaystyle\lim_{x\to 0}|x^3|=0$ であるから　$\displaystyle\lim_{x\to 0}\left|x^3\sin\frac{1}{x}\right|=0$

よって　$\displaystyle\lim_{x\to 0}x^3\sin\frac{1}{x}=\mathbf{0}$

(2) $[x]\leqq x<[x]+1$ から　$x-1<[x]\leqq x$

❗ よって，$x>0$ のとき　$\dfrac{x-1}{x}<\dfrac{[x]}{x}\leqq 1$

$\displaystyle\lim_{x\to\infty}\frac{x-1}{x}=\lim_{x\to\infty}\left(1-\frac{1}{x}\right)=1$ であるから　$\displaystyle\lim_{x\to\infty}\frac{[x]}{x}=\mathbf{1}$

⇐ $x\longrightarrow 0$ であるから，$x\neq 0$ としてよい。

⇐ $|x^3|>0$

⇐ **はさみうちの原理**

⇐ $|A|=0 \Longleftrightarrow A=0$ と同様に $\displaystyle\lim_{x\to a}|f(x)|=0 \Longleftrightarrow \lim_{x\to a}f(x)=0$

⇐ **はさみうちの原理**

参考　$n\leqq x<n+1$（n は整数）のとき　$[x]=n$ であるから，$y=\dfrac{[x]}{x}$ は

$0<x<1$ のとき　$y=\dfrac{0}{x}=0$，$1\leqq x<2$ のとき　$y=\dfrac{1}{x}$，

$2\leqq x<3$ のとき　$y=\dfrac{2}{x}$，………

となることから，右の図のようなグラフになる。

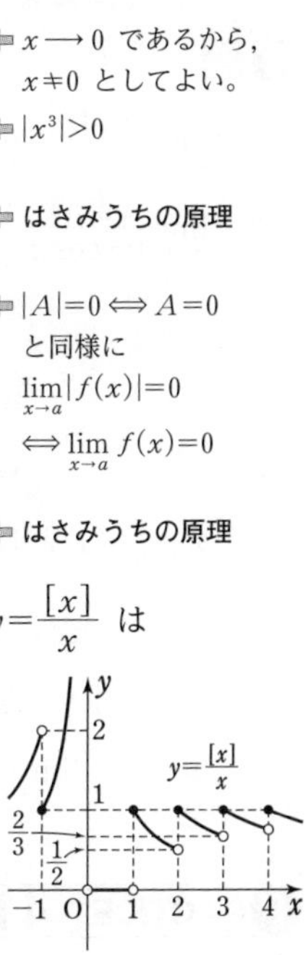

PRACTICE 40❷

次の極限を求めよ。ただし，$[x]$ は実数 x を超えない最大の整数を表す。

(1) $\displaystyle\lim_{x\to\infty}\frac{\cos x}{x}$　　(2) $\displaystyle\lim_{x\to\infty}\frac{x+[x]}{x+1}$

基本 例題 41 三角関数の極限

次の極限を求めよ。

(1) $\displaystyle\lim_{x\to 0}\frac{\sin 3x}{2x}$　(2) $\displaystyle\lim_{x\to 0}\frac{x\sin x}{1-\cos x}$　(3) $\displaystyle\lim_{x\to \frac{\pi}{2}}\frac{\cos x}{2x-\pi}$

p.70 基本事項 5

CHART & SOLUTION

三角関数の極限 $\displaystyle\lim_{x\to 0}\frac{\sin x}{x}=1$ が使える形に変形

いずれも $\frac{0}{0}$ の不定形。$\displaystyle\lim_{x\to 0}\frac{\sin■}{■}=1$ ($x\longrightarrow 0$ のとき ■$\longrightarrow 0$) の形を作る。

(1) $x\longrightarrow 0$ のとき $\frac{\sin 3x}{x}\longrightarrow 1$ ではなく $\boldsymbol{\frac{\sin 3x}{3x}\longrightarrow 1}$ であることに注意。

(2) 分母・分子に $1+\cos x$ を掛ける。$\longrightarrow$ **$1-\cos x$ と $1+\cos x$ はペアで扱う。**

(3) $x\longrightarrow\frac{\pi}{2}$ は $x-\frac{\pi}{2}\longrightarrow 0$ と考え，$\boldsymbol{x-\frac{\pi}{2}=t}$ とおき換える。

解答

(1) $\displaystyle\lim_{x\to 0}\frac{\sin 3x}{2x}=\lim_{x\to 0}\frac{3}{2}\cdot\frac{\sin 3x}{3x}=\frac{3}{2}\cdot 1=\boldsymbol{\frac{3}{2}}$

(2) $\displaystyle\lim_{x\to 0}\frac{x\sin x}{1-\cos x}=\lim_{x\to 0}\frac{x\sin x(1+\cos x)}{(1-\cos x)(1+\cos x)}$

$\displaystyle=\lim_{x\to 0}\frac{x\sin x(1+\cos x)}{\sin^2 x}$

$\displaystyle=\lim_{x\to 0}\frac{x}{\sin x}\cdot(1+\cos x)$

$=1\cdot(1+1)=\boldsymbol{2}$

(3) $x-\frac{\pi}{2}=t$ とおくと　$x\longrightarrow\frac{\pi}{2}$ のとき　$t\longrightarrow 0$

また　$\cos x=\cos\left(t+\frac{\pi}{2}\right)=-\sin t$，$2x-\pi=2t$

よって，求める極限は

$$\lim_{t\to 0}\frac{-\sin t}{2t}=\lim_{t\to 0}\left(-\frac{1}{2}\right)\cdot\frac{\sin t}{t}=-\frac{1}{2}\cdot 1=\boldsymbol{-\frac{1}{2}}$$

inf. $\frac{\sin\boxed{3x}}{\boxed{2x}}$ において □ の部分が異なるから，**(与式)=1 とするのは誤り！**

⇐ $\displaystyle\lim_{x\to 0}\frac{x}{\sin x}=1$

⇐ $\displaystyle\lim_{t\to 0}\frac{\sin t}{t}=1$

PRACTICE 41②

次の極限を求めよ。　[(3) 摂南大　(4) 静岡理工科大　(5) 成蹊大]

(1) $\displaystyle\lim_{x\to 0}\frac{1}{4x}\sin\frac{x}{5}$　(2) $\displaystyle\lim_{x\to 0}\frac{x\sin 3x}{\sin^2 5x}$　(3) $\displaystyle\lim_{x\to 0}\frac{\sin(x^2)}{1-\cos x}$

(4) $\displaystyle\lim_{x\to \pi}\frac{\sin(\sin x)}{\sin x}$　(5) $\displaystyle\lim_{x\to \frac{\pi}{4}}\frac{\sin x-\cos x}{x-\frac{\pi}{4}}$　(6) $\displaystyle\lim_{x\to 0}\frac{\sin x^\circ}{x}$

まとめ 関数の極限の求め方

ここまで，不定形の極限を求めるためにいろいろな式変形の方法を学んだが，基本的な解法の手順についてまとめてみよう。

1 **$\dfrac{0}{0}$ の不定形** …… 分母・分子を因数分解して，0 になる共通因数を約分する
無理式は分母または分子を有理化して約分する

$p.71$ 基本例題 35 (1)　$\displaystyle\lim_{x\to-1}\frac{x^2-x-2}{x^3+1}=\lim_{x\to-1}\frac{\cancel{(x+1)}(x-2)}{\cancel{(x+1)}(x^2-x+1)}$

$\displaystyle=\lim_{x\to-1}\frac{x-2}{x^2-x+1}=-1$

$p.71$ 基本例題 35 (3)　$\displaystyle\lim_{x\to0}\frac{\sqrt{1+x}-\sqrt{1-x}}{x}=\lim_{x\to0}\frac{(1+x)-(1-x)}{x(\sqrt{1+x}+\sqrt{1-x})}$

$\displaystyle=\lim_{x\to0}\frac{2\cancel{x}}{\cancel{x}(\sqrt{1+x}+\sqrt{1-x})}=\lim_{x\to0}\frac{2}{\sqrt{1+x}+\sqrt{1-x}}=1$

2 **$\infty-\infty$，$\dfrac{\infty}{\infty}$ の不定形** …… 最高次の項をくくり出す
分母の最高次の項で分母・分子を割る

$p.75$ 基本例題 38 (1)　$\displaystyle\lim_{x\to\infty}(x^3-3x^2+5)=\lim_{x\to\infty}x^3\left(1-\frac{3}{x}+\frac{5}{x^3}\right)=\infty$

$p.75$ 基本例題 38 (2)　$\displaystyle\lim_{x\to-\infty}\frac{x^2+3x}{x-2}=\lim_{x\to-\infty}\frac{x+3}{1-\frac{2}{x}}=-\infty$

3 **$\displaystyle\lim_{x\to0}\frac{\sin\blacksquare}{\blacksquare}=1$ $\left(\text{三角関数の }\dfrac{0}{0}\text{ の不定形}\right)$** …… ■の部分をそろえる式変形

$p.78$ 基本例題 41 (1)　$\displaystyle\lim_{x\to0}\frac{\sin3x}{2x}=\lim_{x\to0}\frac{3}{2}\cdot\frac{\sin3x}{3x}=\frac{3}{2}\cdot1=\frac{3}{2}$

4 **おき換え** …… $x=-t$，$x-\alpha=t$ などのおき換えにより，考えやすい極限に式変形
$x\longrightarrow-\infty$ のとき，$x=-t$ とおくと　$t\longrightarrow\infty$ であることを利用。

$p.76$ 基本例題 39 (2)　$\displaystyle\lim_{x\to-\infty}(\sqrt{9x^2+x}+3x)=\lim_{t\to\infty}(\sqrt{9t^2-t}-3t)=\lim_{t\to\infty}\frac{-t}{\sqrt{9t^2-t}+3t}$

$\displaystyle=\lim_{t\to\infty}\frac{-1}{\sqrt{9-\frac{1}{t}}+3}=\frac{-1}{3+3}=-\frac{1}{6}$

5 **はさみうちの原理** …… 求めにくい極限を，極限が等しい関数ではさむ

$p.77$ 基本例題 40 (1)　$0\leqq\left|\sin\dfrac{1}{x}\right|\leqq1$，$|x^3|>0$ から　$0\leqq\left|x^3\sin\dfrac{1}{x}\right|\leqq|x^3|$

$\displaystyle\lim_{x\to0}|x^3|=0$ から　$\displaystyle\lim_{x\to0}\left|x^3\sin\frac{1}{x}\right|=0$

すなわち　$\displaystyle\lim_{x\to0}x^3\sin\frac{1}{x}=0$

基本 例題 42　関数の極限の応用問題

Oを原点とする座標平面上に2点A(2, 0), B(0, 1)がある。線分AB上に点Pをとり，$\angle \mathrm{AOP}=\theta\left(0<\theta<\dfrac{\pi}{2}\right)$とするとき，極限値$\displaystyle\lim_{\theta\to+0}\frac{\mathrm{AP}}{\theta}$を求めよ。

〔類　福島県立医大〕

基本 41

CHART & THINKING

三角関数の極限 $\displaystyle\lim_{x\to0}\frac{\sin x}{x}=1$ が使える形に変形

問題文を式で表す。$\theta\longrightarrow+0$ の極限を求めるのであるから，APをθで表すことを考える。その際 $\dfrac{\sin\theta}{\theta}\longrightarrow1$ を利用するためには，APがどのような式で表せると都合がよいだろうか？

$\longrightarrow$ $\mathrm{AP}=\sin\theta\times$● の形になると，$\dfrac{\mathrm{AP}}{\theta}=\dfrac{\sin\theta}{\theta}\times$● となり，$\dfrac{\sin\theta}{\theta}$を含むことができる。

また，$\sin\theta$に関する式であるから，正弦定理の利用を考えよう。

解答

△OAPにおいて，正弦定理により

$$\frac{\mathrm{AP}}{\sin\theta}=\frac{2}{\sin\angle\mathrm{OPA}}\quad\cdots\cdots①$$

$\angle\mathrm{OAP}=\alpha$ とすると

$$\sin\angle\mathrm{OPA}=\sin\{\pi-(\theta+\alpha)\}=\sin(\theta+\alpha)$$

よって，①から

$$\mathrm{AP}=\frac{2\sin\theta}{\sin(\theta+\alpha)}$$

ゆえに　$$\lim_{\theta\to+0}\frac{\mathrm{AP}}{\theta}=\lim_{\theta\to+0}\frac{\sin\theta}{\theta}\cdot\frac{2}{\sin(\theta+\alpha)}=1\cdot\frac{2}{\sin\alpha}=\frac{2}{\frac{1}{\sqrt{5}}}=2\sqrt{5}$$

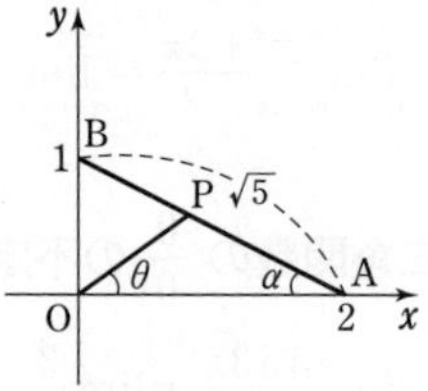

inf. 正弦定理

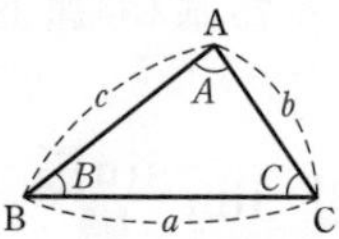

$$\frac{a}{\sin A}=\frac{b}{\sin B}=\frac{c}{\sin C}$$

⇐ $\sin\alpha=\dfrac{\mathrm{BO}}{\mathrm{AB}}=\dfrac{1}{\sqrt{5}}$

PRACTICE 42③

点Oを中心とし，長さ$2r$の線分ABを直径とする円の周上を動く点Pがある。△ABPの面積をS_1，扇形OPBの面積をS_2とするとき，次の問いに答えよ。

(1) $\angle\mathrm{PAB}=\theta\left(0<\theta<\dfrac{\pi}{2}\right)$とするとき，$S_1$と$S_2$を求めよ。

(2) PがBに限りなく近づくとき，$\dfrac{S_1}{S_2}$の極限値を求めよ。　〔日本女子大〕

基本 例題 43　関数の連続・不連続

次の関数 $f(x)$ が，$x=0$ で連続であるか不連続であるかを調べよ。ただし，$[x]$ (ガウス記号) は実数 x を超えない最大の整数を表す。

(1)　$f(x)=x^3$　　(2)　$f(x)=x^2\ (x\neq 0),\ f(0)=1$

(3)　$f(x)=[\cos x]$

p. 70 基本事項 6

CHART & SOLUTION

$f(x)$ が $x=a$ で連続　⟺ $\lim_{x\to a} f(x)=f(a)$

$f(x)$ が $x=a$ で不連続 ⟺ $x\longrightarrow a$ のときの $f(x)$ の極限値がない
または　$\lim_{x\to a} f(x)\neq f(a)$

$\lim_{x\to a} f(x)$，$f(a)$ を別々に計算して一致するかどうかをみる。

解答

(1)　$\lim_{x\to 0} f(x)=0$，$f(0)=0$ から　$\lim_{x\to 0} f(x)=f(0)$

よって，関数 $f(x)$ は $x=0$ で **連続** である。

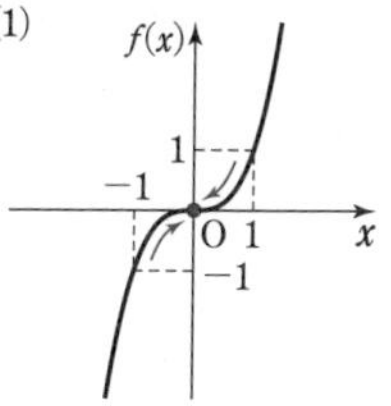

⇦ グラフでは，$x=0$ でつながっているかどうかをみる。

(2)　$\lim_{x\to 0} f(x)=0$，$f(0)=1$ から

$\lim_{x\to 0} f(x)\neq f(0)$

よって，関数 $f(x)$ は $x=0$ で **不連続** である。

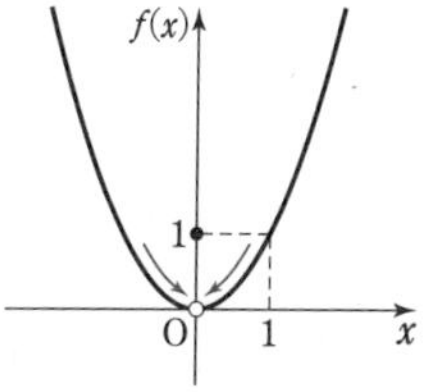

(3)　$-\dfrac{\pi}{2}\leqq x\leqq \dfrac{\pi}{2}$，$x\neq 0$ とすると　$0\leqq \cos x<1$

よって　　$[\cos x]=0$

ゆえに　　$\lim_{x\to 0}[\cos x]=0$

また　　$f(0)=[1]=1$

よって　　$\lim_{x\to 0} f(x)\neq f(0)$

したがって，関数 $f(x)$ は $x=0$ で **不連続** である。

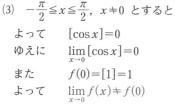

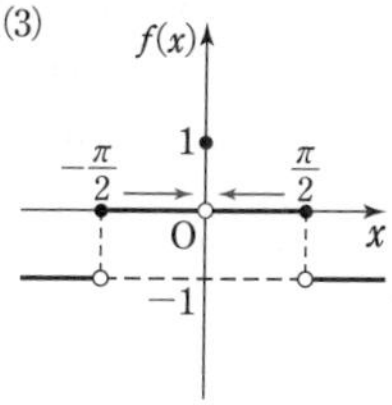

PRACTICE 43②

次の関数 $f(x)$ が，連続であるか不連続であるかを調べよ。ただし，$[x]$ は実数 x を超えない最大の整数を表す。

(1)　$f(x)=\dfrac{x+1}{x^2-1}$　　(2)　$f(x)=\log_2|x|$　　(3)　$f(x)=[\sin x]$　$(0\leqq x\leqq 2\pi)$

基本 例題 44 中間値の定理

(1) 方程式 $x^4-5x+2=0$ は，少なくとも1つの実数解をもつことを示せ。

(2) 方程式 $x-6\cos x=0$ は，$-\dfrac{2}{3}\pi<x<-\dfrac{\pi}{3}$，$-\dfrac{\pi}{3}<x<\pi$ の範囲に，それぞれ実数解をもつことを示せ。

p.70 基本事項 7

CHART & SOLUTION

実数解の存在

異符号になる2数を見つける　連続が条件 ……❶

中間値の定理 p.70 基本事項 7 ③ を利用。

(1) $f(x)=x^4-5x+2$ とすると，$f(x)$ は x の多項式で表された関数であるから連続関数(4次関数)。よって，$f(a)f(b)<0$ となる適当な閉区間 $[a,\ b]$ を見つければ，方程式 $f(x)=0$ は $a<x<b$ の範囲に少なくとも1つの実数解をもつ。

(2) 関数 $y=x$，$y=\cos x$ は連続関数であるから，関数 $f(x)=x-6\cos x$ も連続関数である。⟵ 連続関数の差は連続関数。

解答

(1) $f(x)=x^4-5x+2$ とすると，$f(x)$ は閉区間 $[0,\ 1]$ で連続で　$f(0)=0-0+2=2>0$，$f(1)=1-5+2=-2<0$ ❶
よって，方程式 $f(x)=0$ は $0<x<1$ の範囲に少なくとも1つの実数解をもつ。

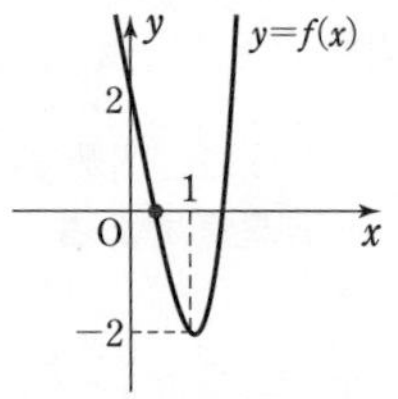

inf. 閉区間 $[1,\ 2]$ で連続，$f(1)=-2<0$，$f(2)=8>0$ から，$1<x<2$ の範囲に少なくとも1つの実数解をもつ，と示してもよい。

(2) $f(x)=x-6\cos x$ とすると，$f(x)$ は閉区間 $\left[-\dfrac{2}{3}\pi,\ -\dfrac{\pi}{3}\right]$，$\left[-\dfrac{\pi}{3},\ \pi\right]$ で連続で

$$f\left(-\frac{2}{3}\pi\right)=\frac{9-2\pi}{3}>0,\quad f\left(-\frac{\pi}{3}\right)=-\left(\frac{\pi}{3}+3\right)<0,$$ ❶
$$f(\pi)=\pi+6>0$$

よって，方程式 $f(x)=0$ は $-\dfrac{2}{3}\pi<x<-\dfrac{\pi}{3}$，$-\dfrac{\pi}{3}<x<\pi$ の範囲に，それぞれ実数解をもつ。

⇐ $y=x$，$y=\cos x$ が区間 $\left[-\dfrac{2}{3}\pi,\ -\dfrac{\pi}{3}\right]$，$\left[-\dfrac{\pi}{3},\ \pi\right]$ で連続であることから (p.70 基本事項 6 ③ 参照)。

PRACTICE 44❷

(1) 方程式 $x^5-2x^4+3x^3-4x+5=0$ は実数解をもつことを示せ。

(2) 次の方程式は，与えられた区間に実数解をもつことを示せ。

(ア) $\sin x=x-1$　$(0,\ \pi)$　　(イ) $20\log_{10}x-x=0$　$(1,\ 10)$，$(10,\ 100)$

重要例題 45　級数で表された関数のグラフと連続性

x は実数とする。無限級数

$$x^2+x+\frac{x^2+x}{x^2+x+1}+\frac{x^2+x}{(x^2+x+1)^2}+\cdots\cdots+\frac{x^2+x}{(x^2+x+1)^{n-1}}+\cdots\cdots$$

について，次の問いに答えよ。　〔類　東北学院大〕

(1)　この無限級数が収束するような x の値の範囲を求めよ。

(2)　x が (1) の範囲にあるとき，この無限級数の和を $f(x)$ とする。関数 $y=f(x)$ のグラフをかき，その連続性について調べよ。

基本 27, 43

CHART & SOLUTION

(1)　無限等比級数 $\sum_{n=1}^{\infty} ar^{n-1}$ の **収束条件** は **$a=0$ または $-1<r<1$**

和は **$a=0$ のとき 0，$-1<r<1$ のとき $\dfrac{a}{1-r}$**

(2)　和 $f(x)$ を求めてグラフをかき，連続性を調べる。なお，関数 $f(x)$ の定義域は，$f(x)$ の値が定まるような x の値の範囲であり，これは (1) で求めている。

解答

(1)　この無限級数は，初項 x^2+x，公比 $\dfrac{1}{x^2+x+1}$ の無限等比級数である。収束するための条件は

$$x^2+x=0 \quad \text{または} \quad -1<\frac{1}{x^2+x+1}<1$$

⇐ 初項が 0 または $-1<$(公比)<1

$x^2+x=0$　すなわち　$x(x+1)=0$ から　$x=-1,\ 0$

また，$x^2+x+1=\left(x+\dfrac{1}{2}\right)^2+\dfrac{3}{4}>0$ であるから

$-1<\dfrac{1}{x^2+x+1}$ は常に成り立つ。$\dfrac{1}{x^2+x+1}<1$ から　$1<x^2+x+1$

よって　$x^2+x>0$　ゆえに　$x<-1,\ 0<x$

以上により，求める x の値の範囲は　**$x\leqq-1,\ 0\leqq x$**

(2)　$x=-1,\ 0$ のとき　$f(x)=0$

$x<-1,\ 0<x$ のとき　$f(x)=\dfrac{x^2+x}{1-\dfrac{1}{x^2+x+1}}=x^2+x+1$

ゆえに，グラフは **右の図** のようになる。

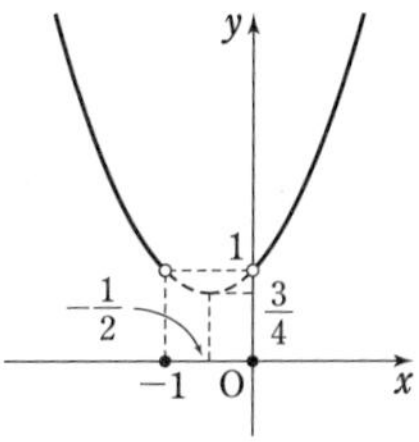

よって　**$x<-1,\ 0<x$ で連続；$x=-1,\ 0$ で不連続**

PRACTICE 45❸

x は実数とする。次の無限級数が収束するとき，その和を $f(x)$ とする。関数 $y=f(x)$ のグラフをかき，その連続性について調べよ。

(1)　$x+\dfrac{x}{1+x}+\dfrac{x}{(1+x)^2}+\cdots\cdots+\dfrac{x}{(1+x)^{n-1}}+\cdots\cdots$

(2)　$x^2+\dfrac{x^2}{1+2x^2}+\dfrac{x^2}{(1+2x^2)^2}+\cdots\cdots+\dfrac{x^2}{(1+2x^2)^{n-1}}+\cdots\cdots$

重要 例題 46 連続関数になるように係数決定 ④

(1) a は 0 でない定数とする。$x \geqq 0$ のとき，

$f(x)=\lim_{n \to \infty} \dfrac{x^{2n+1}+(a-1)x^n-1}{x^{2n}-ax^n-1}$ を求めよ。

(2) 関数 $f(x)$ が $x \geqq 0$ において連続になるように，a の値を定めよ。

〔東北工大〕 基本 18, 43

CHART & SOLUTION

(1) **x^n の極限　$x=\pm 1$ が場合の分かれ目**

$x \geqq 0$ であるから，$x=1$ で場合分けをする。

(2) 連続かどうかが不明な $x=1$ で連続になるような条件を考える。

$x=c$ で連続 $\Longleftrightarrow$ $\lim_{x \to c-0} f(x)=\lim_{x \to c+0} f(x)=f(c)$

解答

(1) **$x>1$ のとき**

$$f(x)=\lim_{n \to \infty} \frac{x+\dfrac{a-1}{x^n}-\dfrac{1}{x^{2n}}}{1-\dfrac{a}{x^n}-\dfrac{1}{x^{2n}}}=\frac{x+0-0}{1-0-0}=x$$

⇦ $\dfrac{\infty}{\infty}$ の不定形。分母の最高次の項 x^{2n} で分母・分子を割る。

$x=1$ のとき

$$f(1)=\lim_{n \to \infty} \frac{1^{2n+1}+(a-1)\cdot 1^n-1}{1^{2n}-a\cdot 1^n-1}=\frac{1-a}{a}$$

$0 \leqq x<1$ のとき

$$f(x)=\frac{0+0-1}{0-0-1}=1$$

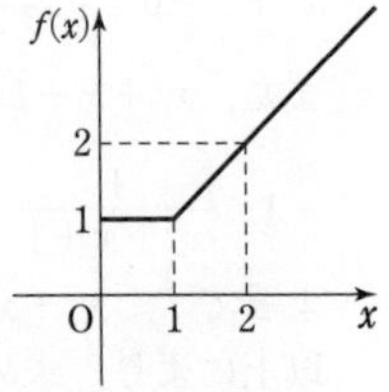

(2) $f(x)$ は $0 \leqq x<1$, $1<x$ において，それぞれ連続である。

ゆえに，$x \geqq 0$ において連続となるためには，$x=1$ で連続であることが必要十分条件である。ここで

$$\lim_{x \to 1-0} f(x)=\lim_{x \to 1-0} 1=1,$$

$$\lim_{x \to 1+0} f(x)=\lim_{x \to 1+0} x=1$$

⇦ $x \longrightarrow 1-0$ のとき $0 \leqq x<1$ であるから $f(x)=1$
$x \longrightarrow 1+0$ のとき $x>1$ であるから $f(x)=x$

$x=1$ で連続である条件は

$$\lim_{x \to 1-0} f(x)=\lim_{x \to 1+0} f(x)=f(1)$$

よって　$1=\dfrac{1-a}{a}$　　　これを解いて　$a=\dfrac{1}{2}$

PRACTICE 46④

(1) $f(x)=\lim_{n \to \infty} \dfrac{x^{2n}-x^{2n-1}+ax^2+bx}{x^{2n}+1}$ を求めよ。

(2) 上で定めた関数 $f(x)$ がすべての x について連続であるように，定数 a, b の値を定めよ。

〔公立はこだて未来大〕

EXERCISES　5 関数の極限

A

35❷ 次の極限を求めよ。〔(1) 京都産大，(2) 東京電機大〕

(1) $\displaystyle\lim_{x\to1}\frac{\sqrt[3]{x}-1}{x-1}$　(2) $\displaystyle\lim_{x\to0}\frac{\sqrt{x^2-x+1}-1}{\sqrt{1+x}-\sqrt{1-x}}$

➲35

36❸ (1) $\displaystyle\lim_{x\to0}\frac{\sqrt{1+x}-(a+bx)}{x^2}$ が有限な値となるように定数 a，b の値を定め，極限値を求めよ。

(2) $\displaystyle\lim_{x\to0}\frac{x\sin x}{a+b\cos x}=1$ が成り立つように定数 a，b の値を定めよ。

➲36

37❷ 次の極限を求めよ。〔(1) 愛媛大，(2) 職能開発大〕

(1) $\displaystyle\lim_{x\to3+0}\frac{9-x^2}{\sqrt{(3-x)^2}}$　(2) $\displaystyle\lim_{x\to\infty}\left\{\frac{1}{2}\log_3 x+\log_3(\sqrt{3x+1}-\sqrt{3x-1})\right\}$

➲37, 38

38❷ 次の極限を求めよ。

(1) $\displaystyle\lim_{t\to2\pi}\frac{\sin t}{t^2-4\pi^2}$〔東京電機大〕　(2) $\displaystyle\lim_{x\to0}\frac{1-\cos 2x}{x\tan\frac{x}{2}}$〔大阪工大〕

(3) $\displaystyle\lim_{x\to0}\frac{\sin\left(\sin\frac{x}{\pi}\right)}{x}$〔関西大〕　(4) $\displaystyle\lim_{x\to-0}\frac{\sqrt{1-\cos x}}{x}$

➲41

39❷ $f(0)=-\frac{1}{2}$，$f\left(\frac{1}{3}\right)=\frac{1}{2}$，$f\left(\frac{1}{2}\right)=\frac{1}{3}$，$f\left(\frac{2}{3}\right)=\frac{3}{4}$，$f\left(\frac{3}{4}\right)=\frac{4}{5}$，$f(1)=\frac{5}{6}$ で，$f(x)$ が連続のとき，$f(x)-x=0$ は $0\leqq x\leqq1$ に少なくとも何個の実数解をもつか。〔東北学院大〕

➲44

B

40❸ 次の 2 つの性質をもつ多項式 $f(x)$ を定めよ。

$$\lim_{x\to\infty}\frac{f(x)}{x^2-1}=1\qquad\lim_{x\to1}\frac{f(x)}{x^2-1}=1$$

〔法政大〕

➲36

41❹ 定数 a，b に対して，$\displaystyle\lim_{x\to\infty}\{\sqrt{4x^2+5x+6}-(ax+b)\}=0$ が成り立つとき，$(a,\ b)=$ □ である。〔関西大〕

➲36

H!NT

40　極限値 $\displaystyle\lim_{x\to\infty}\frac{f(x)}{x^2-1}$ が存在するから，$f(x)$ は 2 次以下の多項式。

41　a の値について，与式が不定形でない場合と不定形となる場合に分ける。不定形となる場合は，極限が求められる形に変形して考える。

B

42❸ (1) 極限 $\lim_{x\to\infty}(2^x+3^x)^{\frac{1}{x}}$ を求めよ。

(2) 極限 $\lim_{x\to\infty}\log_x(x^a+x^b)$ を求めよ。　〔(2) 類 早稲田大〕

40

43❹ xy 平面上の 3 点 O(0, 0), A(1, 0), B(0, 1) を頂点とする △OAB を点O の周りに θ ラジアン回転させ，得られる三角形を △OA′B′ とする。ただし，$0<\theta<\dfrac{\pi}{2}$ とし，回転の向きは時計の針の回る向きと反対とする。

△OA′B′ の $x\geqq 0$, $y\geqq 0$ の部分の面積を $S(\theta)$ とするとき，次の問いに答えよ。　〔武蔵工大〕

(1) $S(\theta)$ を θ で表せ。　(2) $\displaystyle\lim_{\theta\to\frac{\pi}{2}}\frac{S(\theta)}{\frac{\pi}{2}-\theta}$ を求めよ。

42

44❹ Oを原点とする xy 平面の第 1 象限に $OP_1=1$ を満たす点 $P_1(x_1,\ y_1)$ をとる。このとき，線分 OP_1 と x 軸とのなす角を $\theta\left(0<\theta<\dfrac{\pi}{2}\right)$ とする。

点 $(0,\ x_1)$ を中心とする半径 x_1 の円と，線分 OP_1 との交点を $P_2(x_2,\ y_2)$ $(x_2>0)$ とする。次に，点 $(0,\ x_2)$ を中心とする半径 x_2 の円と，線分 OP_1 との交点を $P_3(x_3,\ y_3)$ $(x_3>0)$ とする。以下同様にして，点 $P_n(x_n,\ y_n)$ $(x_n>0)$, $(n=1,\ 2,\ \cdots\cdots)$ を定める。　〔東京農工大〕

(1) x_2 を θ を用いて表せ。　(2) x_n を θ を用いて表せ。

(3) $\theta\neq\dfrac{\pi}{4}$ のとき，極限値 $\displaystyle\lim_{n\to\infty}\sum_{k=1}^{n}x_k$ を求めよ。

(4) (3)で得られた値を $f(\theta)$ とおく。$\displaystyle\lim_{\theta\to\frac{\pi}{4}+0}f(\theta)$ および $\displaystyle\lim_{\theta\to\frac{\pi}{2}-0}f(\theta)$ を求め，$f(\theta)=1$ を満たす θ が区間 $\dfrac{\pi}{4}<\theta<\dfrac{\pi}{2}$ の中に少なくとも 1 つあることを示せ。

33,44

45❹ k を自然数とする。級数 $\displaystyle\sum_{n=1}^{\infty}\{(\cos x)^{n-1}-(\cos x)^{n+k-1}\}$ がすべての実数 x に対して収束するとき，級数の和を $f(x)$ とする。　〔東京学芸大〕

(1) k の条件を求めよ。

(2) 関数 $f(x)$ は $x=0$ で連続でないことを示せ。

43,46

HINT

42 (1) 3^x でくくって $\left(\dfrac{2}{3}\right)^x$ を作る。**求めにくい極限 ⟶ はさみうち**

43 (2) $\dfrac{\pi}{2}-\theta=t$ とおき換える。

44 (3) 無限等比級数の和。 (4) 中間値の定理を利用。

45 (1) 与えられた級数が無限等比級数となることを導く。

(2) $x=0$ で連続でない ⟶ $\displaystyle\lim_{x\to 0}f(x)\neq f(0)$ を示す。

第 **3** 章

数学Ⅲ

微分法

- **6** 微分係数と導関数の計算
- **7** 三角，対数，指数関数の導関数
- **8** 関数のいろいろな表し方と導関数

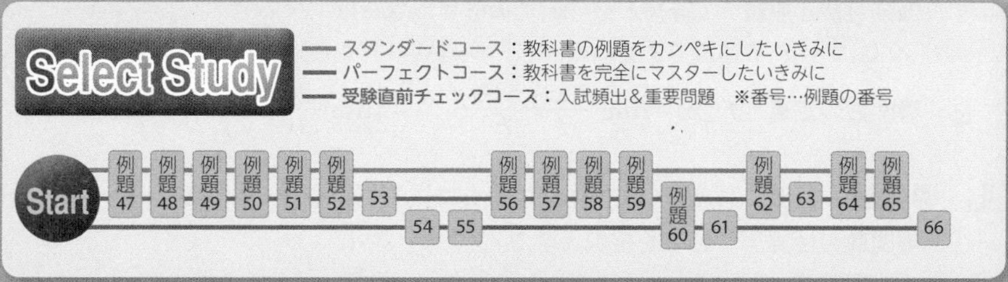

■ 例題一覧

	種類	番号	例題タイトル	難易度
6	基本	47	関数の連続性と微分可能性	❷
	基本	48	定義による導関数の計算	❷
	基本	49	積・商の導関数	❷
	基本	50	合成関数の微分法	❷
	基本	51	逆関数の微分法	❷
	基本	52	x^p（p は有理数）の導関数	❷
	基本	53	導関数と恒等式	❸
	重要	54	微分係数の定義を利用した極限(1)	❸
	重要	55	微分可能であるための条件	❹
7	基本	56	三角関数の導関数	❷
	基本	57	対数関数の導関数	❷
	基本	58	対数微分法	❷
	基本	59	指数関数の導関数	❷
	基本	60	e の定義を利用した極限	❸
	重要	61	微分係数の定義を利用した極限(2)	❸
8	基本	62	第2次導関数と等式	❷
	基本	63	第 n 次導関数	❸
	基本	64	$F(x,\ y)=0$ と導関数	❷
	基本	65	媒介変数表示と導関数	❷
	重要	66	種々の関数の導関数，第2次導関数	❸

6 微分係数と導関数の計算

基本事項

1 微分係数と導関数

① **微分係数**　関数 $f(x)$ の $\boldsymbol{x=a}$ における微分係数 $\boldsymbol{f'(a)}$ は

$$\boldsymbol{f'(a)=\lim_{h\to 0}\frac{f(a+h)-f(a)}{h}=\lim_{x\to a}\frac{f(x)-f(a)}{x-a}}$$

$f'(a)$ が存在するとき，$f(x)$ は $x=a$ で **微分可能** であるという。

② **微分可能と連続**　$\boldsymbol{f(x)}$ **が** $\boldsymbol{x=a}$ **で微分可能ならば，**
$\boldsymbol{f(x)}$ **は** $\boldsymbol{x=a}$ **で連続である。**ただし，逆は成り立たない。

③ **導関数の定義**　$\boldsymbol{f'(x)=\lim_{h\to 0}\frac{f(x+h)-f(x)}{h}=\lim_{\Delta x\to 0}\frac{\Delta y}{\Delta x}}$

2 導関数の公式　関数 $f(x)$，$g(x)$ はともに微分可能であるとする。

① **導関数の性質**　　k，l を定数とする。

1　**定数倍**　$\boldsymbol{\{kf(x)\}'=kf'(x)}$

2　**和・差**　$\boldsymbol{\{f(x)+g(x)\}'=f'(x)+g'(x)}$，$\boldsymbol{\{f(x)-g(x)\}'=f'(x)-g'(x)}$

3　$\boldsymbol{\{kf(x)+lg(x)\}'=kf'(x)+lg'(x)}$

② **積の導関数**　$\boldsymbol{\{f(x)g(x)\}'=f'(x)g(x)+f(x)g'(x)}$

③ **商の導関数**　$\boldsymbol{\left\{\frac{f(x)}{g(x)}\right\}'=\frac{f'(x)g(x)-f(x)g'(x)}{\{g(x)\}^2}}$　特に　$\boldsymbol{\left\{\frac{1}{g(x)}\right\}'=-\frac{g'(x)}{\{g(x)\}^2}}$

④ **合成関数の導関数**　$y=f(u)$ が u の関数として微分可能，$u=g(x)$ が x の関数として微分可能であるとする。このとき，合成関数 $y=f(g(x))$ は x の関数として微分可能で　$\boldsymbol{\frac{dy}{dx}=\frac{dy}{du}\cdot\frac{du}{dx}}$　すなわち　$\boldsymbol{\{f(g(x))\}'=f'(g(x))g'(x)}$

特に　$\boldsymbol{\{f(ax+b)\}'=af'(ax+b)}$，$\boldsymbol{[\{f(x)\}^n]'=n\{f(x)\}^{n-1}f'(x)}$

(a，b は定数，n は整数)

⑤ **逆関数の導関数**　$\boldsymbol{\frac{dy}{dx}=\frac{1}{\frac{dx}{dy}}}$

⑥ $\boldsymbol{x^p}$ **の導関数**　p が有理数のとき　$\boldsymbol{(x^p)'=px^{p-1}}$

注意　p が実数のときも $\boldsymbol{(x^p)'=px^{p-1}}$ が成り立つ(p.99 基本事項 3 参照)。

CHECK & CHECK

13　次の関数を微分せよ。ただし，(2) については積の導関数の公式，(4) については合成関数の導関数の公式を用いよ。

(1)　$y=3x^4+2x^3-x-2$　　(2)　$y=(2x-1)(4x+1)$

(3)　$y=\frac{1}{5x+3}$　　(4)　$y=(2x+3)^2$

↻ 2

基本 例題 47 関数の連続性と微分可能性

関数 $f(x)=|x|(x+2)$ は $x=0$ で連続であるか。また，$x=0$ で微分可能であるか。

p.88 基本事項 1

CHART & SOLUTION

関数 $f(x)$ の連続性・微分可能性

$x=0$ で連続 $\iff \lim_{x\to 0} f(x)=f(0)$

$x=0$ で微分可能 $\iff f'(0)$ が存在 ……❶

よって，後半は $f'(0)=\lim_{h\to 0}\dfrac{f(0+h)-f(0)}{h}$ **が存在するかどうか** を調べればよい。

$h\longrightarrow +0$，$h\longrightarrow -0$ の場合で，関数の式が異なることに注意して極限を調べる。

解答

$$f(x)=\begin{cases} x(x+2) & (x\geqq 0 \text{ のとき}) \\ -x(x+2) & (x<0 \text{ のとき}) \end{cases}$$

ゆえに　$\lim_{x\to +0} f(x)=\lim_{x\to +0} x(x+2)=0$

$\lim_{x\to -0} f(x)=\lim_{x\to -0} \{-x(x+2)\}=0$

よって　$\lim_{x\to 0} f(x)=0$

また　$f(0)=0$

ゆえに　$\lim_{x\to 0} f(x)=f(0)$

したがって，$f(x)$ は **$x=0$ で連続である。**

次に，$h\neq 0$ のとき

$$\lim_{h\to +0}\frac{f(0+h)-f(0)}{h}=\lim_{h\to +0}\frac{h(h+2)-0}{h}=2$$

$$\lim_{h\to -0}\frac{f(0+h)-f(0)}{h}=\lim_{h\to -0}\frac{-h(h+2)-0}{h}=-2$$

❶ $\lim_{h\to +0}\dfrac{f(0+h)-f(0)}{h}\neq\lim_{h\to -0}\dfrac{f(0+h)-f(0)}{h}$ であるから，

$f'(0)$ は存在しない。

よって，$f(x)$ は **$x=0$ で微分可能でない。**

⇐ $|x|=\begin{cases} x & (x\geqq 0) \\ -x & (x<0) \end{cases}$ を用いて，まず絶対値記号をはずす。

⇐ $f(0)=|0|(0+2)=0$

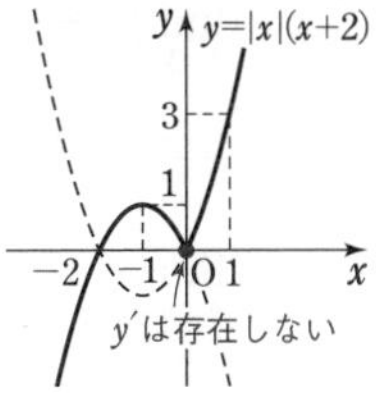

⇐ 右側極限と左側極限が異なる。

PRACTICE 47❷

次の関数は $x=0$ で連続であるか。また，$x=0$ で微分可能であるか。

(1) $f(x)=\begin{cases} x^3+7 & (x\geqq 0) \\ x+7 & (x<0) \end{cases}$

(2) $f(x)=\begin{cases} \sin x & (x\geqq 0) \\ \dfrac{1}{2}x^2+x & (x<0) \end{cases}$

基本 例題 48 定義による導関数の計算

次の関数の導関数を，定義に従って求めよ。

(1) $y=\dfrac{x}{x-1}$　　　(2) $y=\sqrt{6x+5}$

p.88 基本事項 1

CHART & SOLUTION

定義による導関数の計算

$$f'(x)=\lim_{h\to 0}\frac{f(x+h)-f(x)}{h}$$

「定義に従って」導関数を求める場合は，上の式を用いた極限の計算を行う。不定形の極限になるので，0 になる因数が約分できるように **因数分解** や **有理化** の式変形を考える。

解答

(1) $y'=\displaystyle\lim_{h\to 0}\frac{1}{h}\left\{\frac{x+h}{(x+h)-1}-\frac{x}{x-1}\right\}$

$=\displaystyle\lim_{h\to 0}\frac{1}{h}\cdot\frac{(x+h)(x-1)-x(x+h-1)}{(x+h-1)(x-1)}$

$=\displaystyle\lim_{h\to 0}\frac{1}{h}\cdot\frac{-h}{(x+h-1)(x-1)}$

$=\displaystyle\lim_{h\to 0}\left\{-\frac{1}{(x+h-1)(x-1)}\right\}=-\frac{\mathbf{1}}{\mathbf{(x-1)^2}}$

(2) $y'=\displaystyle\lim_{h\to 0}\frac{\sqrt{6(x+h)+5}-\sqrt{6x+5}}{h}$

$=\displaystyle\lim_{h\to 0}\frac{\{6(x+h)+5\}-(6x+5)}{h\{\sqrt{6(x+h)+5}+\sqrt{6x+5}\}}$

$=\displaystyle\lim_{h\to 0}\frac{6h}{h\{\sqrt{6(x+h)+5}+\sqrt{6x+5}\}}$

$=\displaystyle\lim_{h\to 0}\frac{6}{\sqrt{6(x+h)+5}+\sqrt{6x+5}}=\frac{\mathbf{3}}{\mathbf{\sqrt{6x+5}}}$

⇦ $y'=\displaystyle\lim_{h\to 0}\frac{1}{h}\{f(x+h)-f(x)\}$

⇦ 通分して計算。

⇦ h を約分。

⇦ 分母・分子に $\sqrt{6(x+h)+5}+\sqrt{6x+5}$ を掛けて分子の有理化。

⇦ h を約分。

INFORMATION

与えられた関数の導関数を求めることは，後で学ぶ公式を利用するのが普通である。しかし，重要例題 54，55 のように，極限値の計算や微分係数を求める際に，導関数の定義を用いることがあるので，しっかり覚えておこう。

PRACTICE 48❷

次の関数の導関数を，定義に従って求めよ。

(1) $y=\dfrac{1}{x^2}$　　　(2) $y=\sqrt{x^2+1}$

基本 例題 49 積・商の導関数

次の関数を微分せよ。

(1) $y=2x^4-7x^3+5x+3$　　(2) $y=(x^2+3x-1)(x^2+x+2)$

(3) $y=\dfrac{1+x^2}{1-x^2}$　　(4) $y=\dfrac{5x^3+2x^2-3x+1}{x^2}$

p.88 基本事項 2

CHART & SOLUTION

積の導関数　$\{f(x)g(x)\}'=f'(x)g(x)+f(x)g'(x)$

商の導関数　$\left\{\dfrac{f(x)}{g(x)}\right\}'=\dfrac{f'(x)g(x)-f(x)g'(x)}{\{g(x)\}^2}$

特に　$\left\{\dfrac{1}{g(x)}\right\}'=-\dfrac{g'(x)}{\{g(x)\}^2}$

$(x^n)'=nx^{n-1}$ と上記の公式を利用して計算する。

解答

(1) $y'=2\cdot 4x^3-7\cdot 3x^2+5\cdot 1=\boldsymbol{8x^3-21x^2+5}$

(2) $y'=(x^2+3x-1)'(x^2+x+2)+(x^2+3x-1)(x^2+x+2)'$

$=(2x+3)(x^2+x+2)+(x^2+3x-1)(2x+1)$

$=(2x^3+5x^2+7x+6)+(2x^3+7x^2+x-1)$

$=\boldsymbol{4x^3+12x^2+8x+5}$

(3) $y'=\dfrac{(1+x^2)'(1-x^2)-(1+x^2)(1-x^2)'}{(1-x^2)^2}$

$=\dfrac{2x(1-x^2)-(1+x^2)(-2x)}{(1-x^2)^2}$

$=\dfrac{2x(1-x^2+1+x^2)}{(1-x^2)^2}=\boldsymbol{\dfrac{4x}{(1-x^2)^2}}$

別解　$y=\dfrac{-(1-x^2)+2}{1-x^2}=-1+\dfrac{2}{1-x^2}$ であるから

$y'=-\dfrac{2(1-x^2)'}{(1-x^2)^2}=-\dfrac{2(-2x)}{(1-x^2)^2}=\boldsymbol{\dfrac{4x}{(1-x^2)^2}}$

(4) $y'=\left(5x+2-\dfrac{3}{x}+\dfrac{1}{x^2}\right)'=5+\dfrac{3}{x^2}-\dfrac{2}{x^3}=\boldsymbol{\dfrac{5x^3+3x-2}{x^3}}$

別解　$y'=\dfrac{(15x^2+4x-3)\cdot x^2-(5x^3+2x^2-3x+1)\cdot 2x}{(x^2)^2}$

$=\dfrac{5x^4+3x^2-2x}{x^4}=\boldsymbol{\dfrac{5x^3+3x-2}{x^3}}$

⇐ $(x^n)'=nx^{n-1}$
(定数)$'=0$

inf. ●の符号に注意！
$(fg)'=f'g+fg'$
$\left(\dfrac{f}{g}\right)'=\dfrac{f'g-fg'}{g^2}$

⇐ $\left(\dfrac{f}{g}\right)'=\dfrac{f'g-fg'}{g^2}$

⇐ 分子の次数を下げる。

⇐ $\left(\dfrac{1}{g}\right)'=-\dfrac{g'}{g^2}$

⇐ いきなり商の導関数の公式を用いるよりも，計算量が少ない。

PRACTICE 49②

次の関数を微分せよ。

(1) $y=3x^5-2x^3+1$　　(2) $y=(x^2-x+1)(2x^3-3)$　　(3) $y=\dfrac{x+1}{x-1}$

(4) $y=\dfrac{1-x^3}{1+x^6}$　　(5) $y=\dfrac{x+2}{x^3+8}$　　(6) $y=\dfrac{5x^3-4x^2+1}{x^3}$

基本 例題 50 合成関数の微分法

次の関数を微分せよ。

(1) $y=(x^2+3x+1)^3$ (2) $y=\left(\dfrac{x^2}{2x-3}\right)^4$

p.88 基本事項 2

CHART & SOLUTION

合成関数の微分

1 $\dfrac{dy}{dx}=\dfrac{dy}{du}\cdot\dfrac{du}{dx}$

2 $\{f(g(x))\}'=f'(g(x))\cdot g'(x)$ $g'(x)$ を落とさない

(1) $u=x^2+3x+1$ とすると $y=u^3$

まず，y を u で微分。次に，u を x で微分したものを掛ける。慣れてきたら，(1)の inf. や(2)の解答のように（ ）の中を u とせずに微分してよい。

$y=\square^n$ のとき $y'=n\square^{n-1}\cdot(\square)'$

解答

(1) $u=x^2+3x+1$ とすると $y=u^3$ である。

このとき $\dfrac{dy}{du}=3u^2$, $\dfrac{du}{dx}=2x+3$

よって $\dfrac{dy}{dx}=\dfrac{dy}{du}\cdot\dfrac{du}{dx}=3u^2(2x+3)$

すなわち $y'=\boldsymbol{3(2x+3)(x^2+3x+1)^2}$

← （ ）の中を u とする。$y'=3(x^2+3x+1)^{3-1}$ としては誤り。

← u を x^2+3x+1 に戻す。

inf. $y'=3(x^2+3x+1)^2(x^2+3x+1)'$

$=\boldsymbol{3(2x+3)(x^2+3x+1)^2}$ と解答してよい。

(2) $y'=4\left(\dfrac{x^2}{2x-3}\right)^3\left(\dfrac{x^2}{2x-3}\right)'$

$=4\left(\dfrac{x^2}{2x-3}\right)^3\cdot\dfrac{2x(2x-3)-x^2\cdot 2}{(2x-3)^2}=\boldsymbol{\dfrac{8x^7(x-3)}{(2x-3)^5}}$

← $y=\square^4$ の形であるから $y'=4\square^3\cdot(\square)'$

別解 $y=\{x^2(2x-3)^{-1}\}^4=x^8(2x-3)^{-4}$ と変形できるから

$y'=(x^8)'(2x-3)^{-4}+x^8\{(2x-3)^{-4}\}'$

$=8x^7\cdot(2x-3)^{-4}+x^8\cdot(-4)(2x-3)^{-5}\cdot 2$

$=8x^7(2x-3)^{-5}\{(2x-3)-x\}$

$=8x^7(2x-3)^{-5}(x-3)=\boldsymbol{\dfrac{8x^7(x-3)}{(2x-3)^5}}$

← $(ab)^n=a^nb^n$

← $(fg)'=f'g+fg'$

← $8x^7(2x-3)^{-5}$ でくくる。

← 分数式に変形する。

PRACTICE 50②

次の関数を微分せよ。

(1) $y=(x^2-2x-4)^3$ (2) $y=\{(x-1)(x^2+2)\}^4$ (3) $y=\dfrac{1}{(x^2+1)^3}$

(4) $y=\dfrac{(x+1)(x-3)}{(x-5)^3}$ (5) $y=\left(\dfrac{x}{x^2+1}\right)^4$

基本 例題 51 逆関数の微分法

関数 $x=y^2+2y+1$ $(y<-1)$ について，$\dfrac{dy}{dx}$ を x の関数で表せ。

p.88 基本事項 2

CHART & SOLUTION

逆関数の微分　$x=f(y)$ **のとき**　$\dfrac{dy}{dx}=\dfrac{1}{\dfrac{dx}{dy}}$

$x=y^2+2y+1$ $(y<-1)$ を y について微分して，上の公式を適用。

$\dfrac{dy}{dx}$ は y の式であるから，y を x で表して代入すれば，$\dfrac{dy}{dx}$ を x で表すことができる。

⟶ $x=y^2+2y+1$ を y の 2 次方程式と考えて解く。

別解 1　y を x で表してから x で微分してもよい（基本例題 52 を参照）。

別解 2　関数の式を x について微分する解法。詳しくは基本例題 64 を参照。

解答

$x=y^2+2y+1$ を y について微分すると　$\dfrac{dx}{dy}=2y+2$

よって，$y+1\neq0$ から　$\dfrac{dy}{dx}=\dfrac{1}{\dfrac{dx}{dy}}=\dfrac{1}{2(y+1)}$ ……①

一方，$x=(y+1)^2$，$y+1<0$ であるから　$y+1=-\sqrt{x}$

① に代入して　$\boldsymbol{\dfrac{dy}{dx}}=\dfrac{1}{2(-\sqrt{x})}\boldsymbol{=-\dfrac{1}{2\sqrt{x}}}$

別解 1　$y<-1$ であるから　$y=-\sqrt{x}-1$

したがって　$\boldsymbol{\dfrac{dy}{dx}}=(-\sqrt{x}-1)'=(-x^{\frac{1}{2}}-1)'$

$=-\dfrac{1}{2}\cdot x^{\frac{1}{2}-1}=-\dfrac{1}{2}x^{-\frac{1}{2}}\boldsymbol{=-\dfrac{1}{2\sqrt{x}}}$

別解 2　$x=y^2+2y+1$ $(y<-1)$ の両辺を x について微分すると　$1=2y\dfrac{dy}{dx}+2\dfrac{dy}{dx}$

すなわち　$2(y+1)\dfrac{dy}{dx}=1$

よって，$y\neq-1$ から　$\dfrac{dy}{dx}=\dfrac{1}{2(y+1)}$　以下，同様。

⇦ $y<-1$ より $y+1\neq0$

⇦ $y+1=\pm\sqrt{x}$

inf. 問題文が単に「$\dfrac{dy}{dx}$ を求めよ。」であれば $\dfrac{1}{2(y+1)}$ のままでもよい。

⇦ $x^{\frac{1}{2}}$ の微分は基本例題 52 を参照。

⇦ 右辺も x で微分するから，合成関数の微分より $\dfrac{d}{dx}y^2=\dfrac{d}{dy}y^2\cdot\dfrac{dy}{dx}$ などとなる。この解法は基本例題 64 で詳しく学ぶ。

PRACTICE 51②

関数 $x=y^2-y+1$ $\left(y>\dfrac{1}{2}\right)$ について，$\dfrac{dy}{dx}$ を x の関数で表せ。

基本 例題 52　x^p（p は有理数）の導関数

次の関数を微分せよ。

(1)　$y=x^{\frac{3}{5}}$　　(2)　$y=\dfrac{1}{\sqrt[3]{x^2+1}}$　　(3)　$y=\sqrt[4]{2x+1}$

p.88 基本事項 2

CHART & SOLUTION

x^p（p は有理数）の微分　p が有理数のとき　$(x^p)'=px^{p-1}$

(2)　$\sqrt[m]{x^n}=x^{\frac{n}{m}}$（$m$, n は正の整数, $m\geqq 2$）

(2), (3)　合成関数の微分 を利用。

解答

(1)　$y'=(x^{\frac{3}{5}})'=\dfrac{3}{5}x^{\frac{3}{5}-1}=\boldsymbol{\dfrac{3}{5}x^{-\frac{2}{5}}}$ $\left(\boldsymbol{\dfrac{3}{5\sqrt[5]{x^2}}}\text{ でもよい}\right)$

← 計算結果は原則, 与えられた式の形に合わせて表す。

(2)　$y'=\left(\dfrac{1}{\sqrt[3]{x^2+1}}\right)'=\{(x^2+1)^{-\frac{1}{3}}\}'$

$=-\dfrac{1}{3}(x^2+1)^{-\frac{1}{3}-1}(x^2+1)'$

$=-\dfrac{1}{3}(x^2+1)^{-\frac{4}{3}}\cdot 2x$

$=-\dfrac{2x}{3\sqrt[3]{(x^2+1)^4}}=\boldsymbol{-\dfrac{2x}{3(x^2+1)\sqrt[3]{x^2+1}}}$

← $u=x^2+1$ とすると $y=u^{-\frac{1}{3}}$ よって $y'=-\dfrac{1}{3}u^{-\frac{4}{3}}\cdot\dfrac{du}{dx}$

← $\sqrt[3]{A^4}=\sqrt[3]{A^3\cdot A}=A\sqrt[3]{A}$

(3)　$y'=(\sqrt[4]{2x+1})'=\{(2x+1)^{\frac{1}{4}}\}'$

$=\dfrac{1}{4}(2x+1)^{\frac{1}{4}-1}(2x+1)'=\dfrac{1}{4}(2x+1)^{-\frac{3}{4}}\cdot 2$

$=\boldsymbol{\dfrac{1}{2\sqrt[4]{(2x+1)^3}}}$

← $u=2x+1$ とすると $y=u^{\frac{1}{4}}$ よって $y'=\dfrac{1}{4}u^{\frac{1}{4}-1}\cdot\dfrac{du}{dx}$

別解　$y=\sqrt[4]{2x+1}$ の両辺を 4 乗すると　$y^4=2x+1$

両辺を x について微分すると

$4y^3\cdot\dfrac{dy}{dx}=2$　　よって　$\dfrac{dy}{dx}=\dfrac{1}{2y^3}$

$y=\sqrt[4]{2x+1}$ を代入して　$\dfrac{dy}{dx}=\boldsymbol{\dfrac{1}{2\sqrt[4]{(2x+1)^3}}}$

← 基本例題 64 参照。

← 左辺は合成関数の微分を利用。$\dfrac{d}{dx}y^4=\dfrac{d}{dy}y^4\cdot\dfrac{dy}{dx}$

INFORMATION　x^p の導関数

p が無理数のときも $(x^p)'=px^{p-1}$ が成り立つ。（p.99 基本事項 3 参照）

PRACTICE 52②

次の関数を微分せよ。　　〔(3) 信州大〕

(1)　$y=x^2\sqrt{x}$　　(2)　$y=\dfrac{1}{\sqrt[3]{x^2}}$ $(x>0)$　　(3)　$y=x^3\sqrt{1+x^2}$

基本 例題 53　導関数と恒等式

$f(x)$ を 2 次以上の多項式とする。

(1) $f(x)$ を $(x-a)^2$ で割ったときの余りを a, $f(a)$, $f'(a)$ を用いて表せ。

(2) $f(x)$ が $(x-a)^2$ で割り切れるための条件を求めよ。 p.88 基本事項 2

CHART & SOLUTION

多項式 $f(x)$ を 2 次式 $(x-a)^2$ で割った余りは **1 次式または定数** であるから

$$f(x)=(x-a)^2Q(x)+px+q \quad (Q(x) \text{ は商}, \ p, \ q \text{ は定数})$$

と表される。ただし，これだけでは条件式が足りない（文字 p, q に対し式は 1 つ）。問題文に「$f'(a)$」とあるから，この式の両辺を x で微分し $f'(x)=\cdots\cdots$ の式を作ると，もう 1 つ式が得られる。……❗

なお，右辺の $(x-a)^2Q(x)$ の微分は積の微分を用いる。

(2) 割り切れる $\Longleftrightarrow$ 余りが 0

解答

(1) 多項式 $f(x)$ を 2 次式 $(x-a)^2$ で割った商を $Q(x)$，余りを $px+q$ とすると

$$f(x)=(x-a)^2Q(x)+px+q \quad \cdots\cdots ①$$

両辺を x で微分して

❗ $$f'(x)=2(x-a)Q(x)+(x-a)^2Q'(x)+p \quad \cdots\cdots ②$$

①，② に $x=a$ を代入して

$$f(a)=pa+q, \quad f'(a)=p$$

これから　$p=f'(a)$, $q=f(a)-af'(a)$

よって，求める余りは　$\boldsymbol{f'(a)x+f(a)-af'(a)}$

(2) (1) の結果から，割り切れるためには常に

$$f'(a)x+f(a)-af'(a)=0$$

が成り立てばよいから

$$f'(a)=0 \quad \text{かつ} \quad f(a)-af'(a)=0$$

よって，求める条件は　$\boldsymbol{f(a)=f'(a)=0}$

⇐ 2 次式で割った余りは 1 次式または定数。

⇐ $\{(x-a)^2Q(x)\}'$
$=\{(x-a)^2\}'Q(x)+(x-a)^2Q'(x)$

⇐ $\boldsymbol{f'(a)(x-a)+f(a)}$ でもよい。

⇐ $Ax+B=0$ が x についての恒等式 $\Longleftrightarrow A=B=0$

INFORMATION　$(x-a)^2$ で割り切れるための条件

この例題から，2 次以上の多項式 $f(x)$ を $(x-a)^2$ で割ったときの余りは

$$\boldsymbol{f'(a)(x-a)+f(a)}$$

$(x-a)^2$ で割り切れるための必要十分条件は

$$\boldsymbol{f(a)=f'(a)=0}$$

であることがわかる。この事実は重要なので記憶しておこう。

PRACTICE 53③

$f(x)=ax^{n+1}+bx^n+1$（n は自然数）が $(x-1)^2$ で割り切れるように，定数 a, b を n で表せ。

〔類 岡山理科大〕

重要例題 54　微分係数の定義を利用した極限 (1)

a は定数とし，関数 $f(x)$ は $x=a$ で微分可能とする。このとき，次の極限を a, $f'(a)$ などを用いて表せ。

(1) $\displaystyle\lim_{h\to 0}\frac{f(a+2h)-f(a)}{h}$　　(2) $\displaystyle\lim_{x\to a}\frac{af(x)-xf(a)}{x-a}$

p.88 基本事項 1，基本 48

CHART & THINKING

微分係数の定義

$$\boldsymbol{f'(a)=\lim_{h\to 0}\frac{f(a+h)-f(a)}{h}}\ \cdots\cdots ①,\quad \boldsymbol{f'(a)=\lim_{x\to a}\frac{f(x)-f(a)}{x-a}}\ \cdots\cdots ②$$

(1), (2) はともに $\dfrac{0}{0}$ の形の不定形である。微分係数の定義式に似ているが，そのまま利用はできない。どのように式変形をすれば微分係数の定義式を利用できるだろうか？

(1)　① の定義式を利用するには，問題の分母がどうなればよいのだろうか？

→ $\displaystyle\lim_{h\to 0}\frac{f(a+●)-f(a)}{●}$ の●が同じ式になるように変形する。

(2)　② の定義式を利用するために，与式を $\displaystyle\lim_{x\to a}\frac{f(x)-f(a)}{x-a}$ を含む形に変形する。

→ 分子において，$af(a)$ を引いて加える。

解答

(1) $\displaystyle\lim_{h\to 0}\frac{f(a+2h)-f(a)}{h}=\lim_{h\to 0}2\cdot\frac{f(a+2h)-f(a)}{2h}$

$\displaystyle=2\lim_{h\to 0}\frac{f(a+2h)-f(a)}{2h}=\boldsymbol{2f'(a)}$

別解　$2h=t$ とおくと，$h\longrightarrow 0$ のとき $t\longrightarrow 0$ であるから

$\displaystyle(与式)=\lim_{t\to 0}\frac{f(a+t)-f(a)}{\frac{t}{2}}=2\lim_{t\to 0}\frac{f(a+t)-f(a)}{t}$

$=\boldsymbol{2f'(a)}$

(2) $\displaystyle\lim_{x\to a}\frac{af(x)-xf(a)}{x-a}=\lim_{x\to a}\frac{a\{f(x)-f(a)\}+af(a)-xf(a)}{x-a}$

$\displaystyle=\lim_{x\to a}\frac{a\{f(x)-f(a)\}-(x-a)f(a)}{x-a}$

$\displaystyle=\lim_{x\to a}\left\{a\cdot\frac{f(x)-f(a)}{x-a}-f(a)\right\}=\boldsymbol{af'(a)-f(a)}$

inf. $\dfrac{f(a+\boxed{2h})-f(a)}{\boxed{h}}$ において $\boxed{}$ の部分が異なるから，**(与式)$=f'(a)$ とするのは誤り！**

⇐ $\displaystyle\lim_{■\to□}\frac{f(■)-f(□)}{■-□}$ の形を作るように式変形。

PRACTICE 54③

a は定数とし，関数 $f(x)$ は $x=a$ で微分可能とする。このとき，次の極限を a, $f'(a)$ などを用いて表せ。

(1) $\displaystyle\lim_{h\to 0}\frac{f(a+3h)-f(a+h)}{h}$　　(2) $\displaystyle\lim_{x\to a}\frac{a^2f(x)-x^2f(a)}{x-a}$

重要 例題 55 微分可能であるための条件

関数 $f(x)=\begin{cases} ax^2+bx-2 & (x\geqq 1) \\ x^3+(1-a)x^2 & (x<1) \end{cases}$ が $x=1$ で微分可能となるように定数 a, b の値を定めよ。 〔芝浦工大〕 基本 47

CHART & SOLUTION

$f(x)$ が $x=1$ で微分可能 $\iff$ $f'(1)=\lim_{h\to 0}\dfrac{f(1+h)-f(1)}{h}$ が存在

まず, **微分可能 $\Longrightarrow$ 連続** であるから, 関数 $f(x)$ が $x=1$ で連続である条件より, a と b の関係式が導かれる (**必要条件**)。
続いて, 微分可能性について考えると, $x\geqq 1$, $x<1$ で $f(x)$ を表す式が異なるから, $\lim_{h\to +0}\dfrac{f(1+h)-f(1)}{h}$ (右側微分係数), $\lim_{h\to -0}\dfrac{f(1+h)-f(1)}{h}$ (左側微分係数)が ともに存在して, この 2 つの値が一致 すればよい。…… ❗

解答

関数 $f(x)$ が $x=1$ で微分可能であるとき, $f(x)$ は $x=1$ で連続であるから

$$\lim_{x\to 1+0}(ax^2+bx-2)=\lim_{x\to 1-0}\{x^3+(1-a)x^2\}=f(1)$$

よって　$a+b-2=2-a$

ゆえに　$2a+b=4$ …… ①

また

$$\lim_{h\to +0}\frac{f(1+h)-f(1)}{h}$$
$$=\lim_{h\to +0}\frac{a(1+h)^2+b(1+h)-2-(a+b-2)}{h}$$
$$=\lim_{h\to +0}(2a+b+ah)=2a+b=4$$

$$\lim_{h\to -0}\frac{f(1+h)-f(1)}{h}$$
$$=\lim_{h\to -0}\frac{\{(1+h)^3+(1-a)(1+h)^2\}-(a+b-2)}{h}$$
$$=\lim_{h\to -0}\left\{h^2+(4-a)h+5-2a+\frac{4-2a-b}{h}\right\}$$
$$=\lim_{h\to -0}\{h^2+(4-a)h+5-2a\}=5-2a$$

❗ したがって, $f'(1)$ が存在する条件は　$4=5-2a$

ゆえに　$a=\dfrac{1}{2}$　このとき, ① から　$b=3$

⇐ 微分可能 $\Longrightarrow$ 連続
逆は 成り立たない。
$x=1$ で連続であることから, a と b の関係式を導く。

⇐ 必要条件

⇐ 右側微分係数

⇐ (分子)$=(2a+ah+b)h$

⇐ ① から。

⇐ 左側微分係数

⇐ (分子)
$=h^3+(4-a)h^2+(5-2a)h+4-2a-b$

⇐ 必要十分条件

PRACTICE 55❹

$x>1$ のとき $f(x)=\dfrac{ax+b}{x+1}$, $x\leqq 1$ のとき $f(x)=x^2+1$ である関数 $f(x)$ が, $x=1$ で微分係数をもつとき, 定数 a, b の値を求めよ。 〔防衛大〕

EXERCISES　6 微分係数と導関数の計算

A

46❷ $x \neq 0$ のとき $f(x)=\dfrac{x}{1+2^{\frac{1}{x}}}$，$x=0$ のとき $f(x)=0$ である関数は，$x=0$ で連続であるが微分可能ではないことを証明せよ。 →47

47❸ (1) u，v，w が x の関数で微分可能であるとき，次の公式を証明せよ。

$$(uvw)'=u'vw+uv'w+uvw'$$

(2) 上の公式を用いて，次の関数を微分せよ。

(ア) $y=(x+1)(x-2)(x-3)$　(イ) $y=(x^2-1)(x^2+2)(x-2)$ →49

48❷ 次の関数を微分せよ。

(1) $y=(x^2-2)^3$　(2) $y=(1+x)^3(3-2x)^4$

(3) $y=\sqrt{\dfrac{x+1}{x-3}}$　(4) $y=\dfrac{\sqrt{x+1}-\sqrt{x-1}}{\sqrt{x+1}+\sqrt{x-1}}$ →49, 50, 52

B

49❸ 次の関数は $x=0$ で連続であるが微分可能ではないことを示せ。

$$f(x)=\begin{cases} 0 & (x=0) \\ x\sin\dfrac{1}{x} & (x \neq 0) \end{cases}$$

→47

50❸ $f(x)=\dfrac{1}{1+x^2}$ のとき，$\displaystyle\lim_{x\to 0}\frac{f(3x)-f(\sin x)}{x}=$ ア□ $f'(0)=$ イ□ である。 →54

51❸ (1) $x \neq 1$ のとき，和 $1+x+x^2+\cdots\cdots+x^n$ を求めよ。

(2) (1)で求めた結果を x の関数とみて微分することにより，$x \neq 1$ のとき，和 $1+2x+3x^2+\cdots\cdots+nx^{n-1}$ を求めよ。　〔類 東北学院大〕 →p.88 2

52❹ すべての実数 x の値において微分可能な関数 $f(x)$ は次の 2 つの条件を満たすものとする。

(A) すべての実数 x，y に対して $f(x+y)=f(x)+f(y)+8xy$

(B) $f'(0)=3$

ここで，$f'(a)$ は関数 $f(x)$ の $x=a$ における微分係数である。

(1) $f(0)=$ ア□　(2) $\displaystyle\lim_{y\to 0}\frac{f(y)}{y}=$ イ□

(3) $f'(1)=$ ウ□　(4) $f'(-1)=-$ エ□

〔類 東京理科大〕 →54

HINT

49 $x=0$ で連続 $\iff \displaystyle\lim_{x\to 0}f(x)=f(0)$　求めにくい極限は，はさみうちの原理を用いる。

50 $f'(\square)=\displaystyle\lim_{■\to\square}\frac{f(■)-f(\square)}{■-\square}$ が使える形に式変形する。

51 (1) 等比数列の和を考える。

52 (2)～(4) $\displaystyle\lim_{y\to\square}\frac{f(\square+y)-f(\square)}{y}=f'(\square)$ を利用する。

7 三角，対数，指数関数の導関数

基本事項

1 三角関数の導関数

$$(\sin x)'=\cos x \qquad (\cos x)'=-\sin x \qquad (\tan x)'=\frac{1}{\cos^2 x}$$

注意　角の単位は弧度法によるものとする。

2 対数関数の導関数

① **自然対数の底 e の定義**　$e=\lim_{h\to 0}(1+h)^{\frac{1}{h}}$ $(e=2.71828182845\cdots\cdots)$

② **対数関数の導関数**　$a>0$，$a\neq 1$ とする。

$$(\log x)'=\frac{1}{x} \qquad (\log_a x)'=\frac{1}{x\log a}$$

$$(\log|x|)'=\frac{1}{x} \qquad (\log_a|x|)'=\frac{1}{x\log a}$$

注意　微分法や積分法では，自然対数の場合に底 e を省略して，単に $\log x$ と書く。

3 x^α の導関数

$x>0$，α が実数のとき　$(x^\alpha)'=\alpha x^{\alpha-1}$

証明　（対数微分法による証明。基本例題 58 参照。）

$y=x^\alpha$ の両辺の自然対数をとると　$\log y=\alpha\log x$

両辺を x で微分すると　$\dfrac{y'}{y}=\alpha\cdot\dfrac{1}{x}$

よって　$y'=\alpha\cdot\dfrac{1}{x}\cdot x^\alpha=\alpha x^{\alpha-1}$

4 指数関数の導関数

$$(e^x)'=e^x \qquad (a^x)'=a^x\log a\ (a>0,\ a\neq 1)$$

CHECK & CHECK

14　次の関数を微分せよ。

(1) $y=5\sin x$　(2) $y=\dfrac{\cos x}{2}$　(3) $y=2\tan x$　⇒ 1

15　次の関数を微分せよ。

(1) $y=2\log x$　(2) $y=\log_3 x$

(3) $y=3e^x$　(4) $y=2^x$　⇒ 2，4

基本 例題 56 三角関数の導関数

次の関数を微分せよ。

(1) $y=\sin(3x+2)$　　(2) $y=\dfrac{\tan x}{x}$　　(3) $y=\sin x\cos^2 x$

p.99 基本事項 1

CHART & SOLUTION

三角関数の微分

$$(\sin x)'=\cos x,\ (\cos x)'=-\sin x,\ (\tan x)'=\frac{1}{\cos^2 x}$$

これらの導関数の公式を用いて計算する。

(1) 合成関数の微分。 $\{f(ax+b)\}'=af'(ax+b)$

(2) 商の微分。 (3) 積の微分で，合成関数を含む。

解答

(1) $y'=\{\cos(3x+2)\}\cdot(3x+2)'=\mathbf{3\cos(3x+2)}$

⇐ $\{\sin(\square)\}'\cdot(\square)'$

(2) $y'=\dfrac{(\tan x)'\cdot x-\tan x\cdot(x)'}{x^2}=\dfrac{\frac{1}{\cos^2 x}\cdot x-\tan x\cdot 1}{x^2}$

$=\mathbf{\dfrac{1}{x\cos^2 x}-\dfrac{\tan x}{x^2}}$

⇐ $\left(\dfrac{f}{g}\right)'=\dfrac{f'g-fg'}{g^2}$

(3) $y'=(\sin x)'\cos^2 x+\sin x\cdot(\cos^2 x)'$

$=\cos x\cdot\cos^2 x+\sin x\cdot 2\cos x(-\sin x)$

$=\mathbf{\cos^3 x-2\sin^2 x\cos x}$ ❶

⇐ $(fg)'=f'g+fg'$

⇐ $\cos^2 x=(\cos x)^2$, $(u^2)'=2u\cdot u'$

INFORMATION ― 三角関数を微分した結果の式に関する注意

$\sin^2 x$ や $\cos^2 x$ の微分では，**三角関数の相互関係** や **2 倍角・半角の公式** を用いて変形してから微分することもある。

例えば，上の (3) では $y=\sin x(1-\sin^2 x)=\sin x-\sin^3 x$ であるから

$y'=(\sin x-\sin^3 x)'=\cos x-3\sin^2 x\cos x$ ❷

❶，❷ は異なるように見えるが，$\sin^2 x=1-\cos^2 x$ を用いて変形すると，ともに $3\cos^3 x-2\cos x$ となる。このように，三角関数を微分すると，導関数がいろいろな形で表されることがある。上の例では，❶，❷ のどちらを答としてもよい。ただし，$\sin^2 x+\cos^2 x=1$ が現れているなど，更に簡単にできる場合は変形しておく。

PRACTICE 56❷

次の関数を微分せよ。ただし，a は定数とする。

(1) $y=2x-\cos x$　　(2) $y=\sin x^2-\tan x$　　(3) $y=x^2\sin(3x+5)$

(4) $y=\sin^3(2x+1)$　　(5) $y=\dfrac{1}{\sqrt{\tan x}}$　　(6) $y=\sin ax\cdot\cos ax$

[(3) 琉球大 (4) 北見工大 (5) 東京電機大 (6) 富山大]

基本 例題 57 対数関数の導関数

次の関数を微分せよ。

(1) $y=\log(1-3x)$　　(2) $y=\log_2(2x+1)$

(3) $y=\log\left|\dfrac{x}{1+\cos x}\right|$　　(4) $y=\log\dfrac{1}{\cos x}$

p.99 基本事項 2

CHART & SOLUTION

対数関数の微分　$(\log x)'=\dfrac{1}{x}$,　$(\log_a x)'=\dfrac{1}{x\log a}$,

$(\log|x|)'=\dfrac{1}{x}$,　$(\log_a|x|)'=\dfrac{1}{x\log a}$

上の公式と合成関数の微分を組み合わせて計算。

特に，$\{f(ax+b)\}'=af'(ax+b)$ を利用。

解答

(1) $y'=\dfrac{1}{1-3x}\cdot(1-3x)'=\dfrac{3}{3x-1}$

⇦ $(\log x)'=\dfrac{1}{x}$

(2) $y'=\dfrac{1}{(2x+1)\log 2}\cdot(2x+1)'=\dfrac{2}{(2x+1)\log 2}$

⇦ $(\log_a x)'=\dfrac{1}{x\log a}$

(3) $y'=\{\log|x|-\log|1+\cos x|\}'$

$=\dfrac{1}{x}-\dfrac{-\sin x}{1+\cos x}=\dfrac{1+\cos x+x\sin x}{x(1+\cos x)}$

⇦ $\{\log|1+\cos x|\}'=\dfrac{1}{1+\cos x}\cdot(1+\cos x)'$

別解　$y'=\dfrac{1+\cos x}{x}\left(\dfrac{x}{1+\cos x}\right)'$

$=\dfrac{1+\cos x}{x}\cdot\dfrac{1\cdot(1+\cos x)-x(-\sin x)}{(1+\cos x)^2}$

$=\dfrac{1+\cos x+x\sin x}{x(1+\cos x)}$

⇦ $u=\dfrac{x}{1+\cos x}$ とすると $y=\log|u|$

よって　$y'=\dfrac{1}{u}\cdot\dfrac{du}{dx}$

(4) $y'=(-\log\cos x)'=-\dfrac{-\sin x}{\cos x}=\tan x$

⇦ $\log\dfrac{1}{p}=-\log p$

POINT

$\{\log f(x)\}'=\dfrac{f'(x)}{f(x)}$　特に　$\{\log(ax+b)\}'=\dfrac{a}{ax+b}$

PRACTICE 57②

次の関数を微分せよ。　［(2) 類 信州大］

(1) $y=\log(x^3+1)$　　(2) $y=\sqrt[3]{x+1}\log_{10}x$

(3) $y=\log|\tan x|$　　(4) $y=\log\dfrac{1+\sin x}{1-\sin x}$

基本 例題 58　対数微分法

次の関数を微分せよ。　[(2) 山形大]

(1)　$y=\sqrt[5]{\dfrac{x+3}{(x+1)^3}}$　　(2)　$y=x^{x+1}$　$(x>0)$

基本 57

CHART & SOLUTION

対数微分法　両辺の対数をとって微分する

両辺の絶対値の自然対数をとると，積 ⟶ 和，商 ⟶ 差，p 乗 ⟶ p 倍 となるから微分の計算がスムーズにできる。その際，y は x の関数であるから，合成関数の微分法（基本例題 50 参照）から

$$(\log|y|)'=\frac{d}{dx}\log|y|=\frac{d}{dy}\log|y|\cdot\frac{dy}{dx}=\frac{1}{y}\cdot y'=\frac{y'}{y}$$

であることに注意する。このような微分法を **対数微分法** という。

(1)　真数は正でなければならないから，**絶対値の自然対数をとる。**

(2)　$(x^{x+1})'=(x+1)x^x$ は **誤り！**　$y=f(x)^{g(x)}$ $(f(x)>0)$ の形なので，両辺の自然対数をとると　$\log y=g(x)\log f(x)$　この式の両辺を x で微分する。

解答

(1)　両辺の絶対値の自然対数をとると

$$\log|y|=\frac{1}{5}(\log|x+3|-3\log|x+1|)$$

⇦ $\log\left|\sqrt[5]{\dfrac{x+3}{(x+1)^3}}\right|=\log\left(\dfrac{|x+3|}{|x+1|^3}\right)^{\frac{1}{5}}$

両辺を x で微分すると

$$\frac{y'}{y}=\frac{1}{5}\left(\frac{1}{x+3}-\frac{3}{x+1}\right)=\frac{1}{5}\cdot\frac{x+1-3(x+3)}{(x+3)(x+1)}$$
$$=-\frac{2(x+4)}{5(x+1)(x+3)}$$

⇦ 両辺に y を掛ける前に，右辺を整理しておくとよい。

よって　$y'=\sqrt[5]{\dfrac{x+3}{(x+1)^3}}\left\{-\dfrac{2(x+4)}{5(x+1)(x+3)}\right\}$

$$=-\frac{\boldsymbol{2(x+4)}}{\boldsymbol{5(x+1)\sqrt[5]{(x+1)^3(x+3)^4}}}$$

⇦ $y'=-\dfrac{2}{5}\cdot\dfrac{(x+3)^{\frac{1}{5}}}{(x+1)^{\frac{3}{5}}}\times\dfrac{x+4}{(x+1)(x+3)}=-\dfrac{2}{5}\cdot\dfrac{x+4}{(x+1)^{\frac{8}{5}}(x+3)^{\frac{4}{5}}}$

(2)　$x>0$ であるから　$y>0$

よって，両辺の自然対数をとると

$$\log y=(x+1)\log x$$

両辺を x で微分すると

$$\frac{y'}{y}=1\cdot\log x+(x+1)\cdot\frac{1}{x}=\log x+1+\frac{1}{x}$$

⇦ $(fg)'=f'g+fg'$

ゆえに　$y'=\left(\boldsymbol{\log x+\dfrac{1}{x}+1}\right)\boldsymbol{x^{x+1}}$

PRACTICE 58 ②

次の関数を微分せよ。

(1)　$y=\sqrt[3]{x^2(x+1)}$　　(2)　$y=x^{\log x}$　$(x>0)$

基本 例題 59 指数関数の導関数

次の関数を微分せよ。

(1) $y=e^{5x}$　(2) $y=2^{-x}$　(3) $y=x\cdot 3^x$

(4) $y=e^x\cos x$　(5) $y=\dfrac{e^{3x}}{1+\log x}$

p.99 基本事項 4

CHART & SOLUTION

指数関数の微分　$(e^x)'=e^x,\ (a^x)'=a^x\log a$

上の公式を用いて計算する。

(1), (2) 合成関数の微分。(3), (4) 積の微分。(5) 商の微分。

解答

(1) $y'=e^{5x}\cdot(5x)'$
$=\boldsymbol{5e^{5x}}$

⇐ $u=5x$ とすると $y=e^u$　よって　$y'=e^u\cdot\dfrac{du}{dx}$

(2) $y'=2^{-x}(\log 2)\cdot(-x)'$
$=\boldsymbol{-2^{-x}\log 2}$

⇐ $u=-x$ とすると $y=2^u$　よって　$y'=2^u\log 2\cdot\dfrac{du}{dx}$

(3) $y'=(x)'3^x+x(3^x)'$
$=3^x+x\cdot 3^x\log 3$
$=\boldsymbol{3^x(x\log 3+1)}$

⇐ $(fg)'=f'g+fg'$

(4) $y'=(e^x)'\cos x+e^x(\cos x)'$
$=e^x\cos x+e^x(-\sin x)$
$=\boldsymbol{e^x(\cos x-\sin x)}$

⇐ $(fg)'=f'g+fg'$
⇐ $(\cos x)'=-\sin x$

(5) $y'=\dfrac{(e^{3x})'(1+\log x)-e^{3x}(1+\log x)'}{(1+\log x)^2}$

$=\dfrac{3e^{3x}(1+\log x)-e^{3x}\cdot\dfrac{1}{x}}{(1+\log x)^2}$

$=\boldsymbol{\dfrac{e^{3x}(3x+3x\log x-1)}{x(1+\log x)^2}}$

⇐ $\left(\dfrac{f}{g}\right)'=\dfrac{f'g-fg'}{g^2}$
⇐ $(\log x)'=\dfrac{1}{x}$

POINT

$\{e^{f(x)}\}'=e^{f(x)}\cdot f'(x)$　特に　$(e^{ax+b})'=ae^{ax+b}$

PRACTICE 59❷

次の関数を微分せよ。

(1) $y=x^3e^{-x}$　(2) $y=2^{\sin x}$　〔北見工大〕

(3) $y=e^{3x}\sin 2x$　〔近畿大〕　(4) $y=e^{\frac{1}{x}}$　〔関西大〕

基本 例題 60 eの定義を利用した極限

$\lim_{h\to 0}(1+h)^{\frac{1}{h}}=e$ であることを用いて，次の極限を求めよ。

(1) $\lim_{x\to 0}(1+2x)^{\frac{1}{x}}$　　(2) $\lim_{x\to 0}(1-2x)^{\frac{1}{x}}$　　(3) $\lim_{x\to \infty}\left(1+\frac{4}{x}\right)^{x}$

p. 99 基本事項 2

CHART & SOLUTION

eの定義 $\lim_{h\to 0}(1+h)^{\frac{1}{h}}=e$ の利用

おき換えを利用して，$\lim_{h\to 0}(1+h)^{\frac{1}{h}}$ の形を作る

(1) $2x=h$　(2) $-2x=h$　(3) $\frac{4}{x}=h$　とおく。

注意　(1)で $x\longrightarrow 0$ のとき $2x\longrightarrow 0$ から $\lim_{x\to 0}(1+2x)^{\frac{1}{x}}=e$ とするのは **誤り！**

$(1+●)^{\frac{1}{●}}$ $(●\longrightarrow 0)$ の●は同じものでなければならない。

解答

(1) $2x=h$ とおくと　$\frac{1}{x}=\frac{2}{h}$

また，$x\longrightarrow 0$ のとき $h\longrightarrow 0$ であるから

$$\lim_{x\to 0}(1+2x)^{\frac{1}{x}}=\lim_{h\to 0}(1+h)^{\frac{2}{h}}=\lim_{h\to 0}\{(1+h)^{\frac{1}{h}}\}^2=\boldsymbol{e^2}$$

(2) $-2x=h$ とおくと　$\frac{1}{x}=-\frac{2}{h}$

また，$x\longrightarrow 0$ のとき $h\longrightarrow 0$ であるから

$$\lim_{x\to 0}(1-2x)^{\frac{1}{x}}=\lim_{h\to 0}(1+h)^{-\frac{2}{h}}=\lim_{h\to 0}\{(1+h)^{\frac{1}{h}}\}^{-2}=\boldsymbol{e^{-2}}$$

(3) $\frac{4}{x}=h$ とおくと　$x=\frac{4}{h}$

また，$x\longrightarrow \infty$ のとき $h\longrightarrow +0$ であるから

$$\lim_{x\to \infty}\left(1+\frac{4}{x}\right)^{x}=\lim_{h\to +0}(1+h)^{\frac{4}{h}}=\lim_{h\to +0}\{(1+h)^{\frac{1}{h}}\}^4=\boldsymbol{e^4}$$

別解　(1) $\lim_{x\to 0}(1+2x)^{\frac{1}{x}}=\lim_{x\to 0}\{(1+2x)^{\frac{1}{2x}}\}^2=e^2$

(2) $\lim_{x\to 0}(1-2x)^{\frac{1}{x}}=\lim_{x\to 0}[\{1+(-2x)\}^{\frac{1}{-2x}}]^{-2}=e^{-2}$

⇐ おき換え

⇐ $(1+●)^{\frac{1}{●}}$ $(●\longrightarrow 0)$ が出てくる形に変形。

⇐ $\frac{1}{e^2}$ でもよい。

別解 はおき換えずに求める解法。▭ の部分が同じものになるように変形する。

PRACTICE 60③

$\lim_{h\to 0}(1+h)^{\frac{1}{h}}=e$ であることを用いて，次の極限を求めよ。

(1) $\lim_{x\to \infty}\left(1-\frac{3}{x}\right)^{x}$　　(2) $\lim_{x\to 0}\frac{\log_2(1+x)}{x}$　〔会津大〕

(3) $\lim_{x\to \infty}\left(\frac{x}{x+1}\right)^{x}$　　(4) $\lim_{x\to \infty}x\{\log(2x+1)-\log 2x\}$

重要 例題 61 微分係数の定義を利用した極限 (2)

次の極限を求めよ。

(1) $\displaystyle\lim_{x\to 0}\frac{e^x-1}{x}$ (2) $\displaystyle\lim_{x\to 0}\frac{\log\cos x}{x}$ 〔防衛医大〕

p.99 基本事項 1, 2, 4, 重要 54

CHART & SOLUTION

求めにくい極限

微分係数の定義 $f'(a)=\displaystyle\lim_{x\to a}\frac{f(x)-f(a)}{x-a}$ を利用

$x\longrightarrow 0$ のときの極限を考えるから，分子が $f(x)-f(0)$ の形になるように，$f(x)$ を定めるのがカギ。……❶

(1) $f(x)=e^x$ とすると　$f(0)=1$

(2) $f(x)=\log\cos x$ とすると　$f(0)=0$

解答

❶ (1) $f(x)=e^x$ とすると

$$\lim_{x\to 0}\frac{e^x-1}{x}=\lim_{x\to 0}\frac{f(x)-f(0)}{x-0}=f'(0)$$

$f'(x)=e^x$ であるから　$f'(0)=e^0=1$

よって　$\displaystyle\lim_{x\to 0}\frac{e^x-1}{x}=\mathbf{1}$

別解 $e^x-1=y$ とおくと　$x=\log(1+y)$

$x\longrightarrow 0$ のとき $y\longrightarrow 0$ であるから

$$\lim_{x\to 0}\frac{e^x-1}{x}=\lim_{y\to 0}\frac{y}{\log(1+y)}=\lim_{y\to 0}\frac{1}{\frac{1}{y}\log(1+y)}$$

$$=\lim_{y\to 0}\frac{1}{\log(1+y)^{\frac{1}{y}}}=\frac{1}{\log e}=\mathbf{1}$$

❶ (2) $f(x)=\log\cos x$ とすると

$$\lim_{x\to 0}\frac{\log\cos x}{x}=\lim_{x\to 0}\frac{f(x)-f(0)}{x-0}=f'(0)$$

$f'(x)=\dfrac{1}{\cos x}\cdot(\cos x)'=-\dfrac{\sin x}{\cos x}$ であるから　$f'(0)=0$

よって　$\displaystyle\lim_{x\to 0}\frac{\log\cos x}{x}=\mathbf{0}$

⇐ $1=e^0=f(0)$

⇐ $(e^x)'=e^x$

inf. $\displaystyle\lim_{x\to 0}\frac{e^x-1}{x}=1$ は，極限を計算するときに，公式として用いてよい。

⇐ $0=\log 1=f(0)$

⇐ $(\log x)'=\dfrac{1}{x}$
$(\cos x)'=-\sin x$

PRACTICE 61③

次の極限を求めよ。 〔(2) 京都産大 (3) 東京理科大〕

(1) $\displaystyle\lim_{x\to 0}\frac{2^x-1}{x}$ (2) $\displaystyle\lim_{x\to 2}\frac{1}{x-2}\log\frac{x}{2}$ (3) $\displaystyle\lim_{x\to 0}\frac{e^x-e^{-x}}{x}$ (4) $\displaystyle\lim_{x\to 0}\frac{e^{x^2}-1}{1-\cos x}$

STEP UP 数 e について

$p.99$ において **自然対数の底 e** を $\boldsymbol{e=\lim_{h\to 0}(1+h)^{\frac{1}{h}}}$ ……① と定義した。実際にこの極限の存在を示すことや，e の値を計算することは高校数学の範囲ではできないが，**$e=2.71828182845\cdots\cdots$ に収束** し，π と同様に **無理数である** ことが知られていて，**ネイピアの数** とも呼ばれている。e を含む関数の微分については $(e^x)'=e^x$，$(\log x)'=\dfrac{1}{x}$ という，簡単な (覚えやすい) 結果になる。

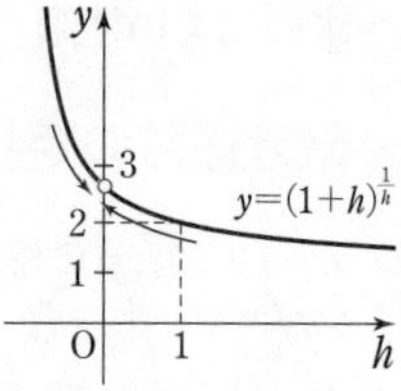

参考　$y=(1+h)^{\frac{1}{h}}$ のグラフをコンピュータを用いてかくと右図のようになる。$h=0$ では関数の値が存在しないが，$h\longrightarrow +0$，$h\longrightarrow -0$ の極限はともにグラフの○の点に近づくことがわかる。

1　e についてのいろいろな極限

定義から，$e=\lim_{h\to +0}(1+h)^{\frac{1}{h}}=\lim_{h\to -0}(1+h)^{\frac{1}{h}}$ が成り立つ。ここで，$\dfrac{1}{h}=x$ とおくと $h\longrightarrow +0$ のとき $x\longrightarrow\infty$，$h\longrightarrow -0$ のとき $x\longrightarrow -\infty$ であることから

$\boldsymbol{e=\lim_{x\to +\infty}\left(1+\frac{1}{x}\right)^x=\lim_{x\to -\infty}\left(1+\frac{1}{x}\right)^x}$ ……② となる。また，数列 $\left\{\left(1+\dfrac{1}{n}\right)^n\right\}$ についても，その極限は e であることがわかる $\left(h=\dfrac{1}{n}\text{ とおくと ① の形になる}\right)$。

このように，e についてはいろいろな表現があり，重要例題 61 (1) で示した $\lim_{x\to 0}\dfrac{e^x-1}{x}=1$ といった性質もある。ここで，これまで学んだ内容をまとめておこう。

e の性質のまとめ

① $\boldsymbol{\lim_{h\to 0}(1+h)^{\frac{1}{h}}=e}$　(e の定義)　　② $\boldsymbol{\lim_{x\to\infty}\left(1+\frac{1}{x}\right)^x=e,\ \lim_{x\to -\infty}\left(1+\frac{1}{x}\right)^x=e}$

③ $\boldsymbol{\lim_{n\to\infty}\left(1+\frac{1}{n}\right)^n=e}$　(数列の収束)　　④ $\boldsymbol{\lim_{x\to 0}\frac{e^x-1}{x}=1}$　(重要例題 61 (1))

2　e と接線の傾き

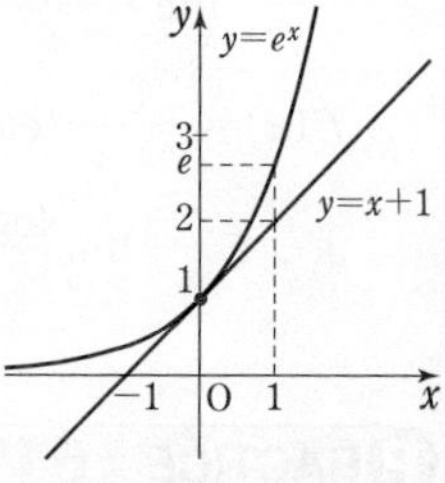

指数関数 $f(x)=a^x$ $(a>0)$ の導関数は，定義により

$$f'(x)=\lim_{h\to 0}\frac{f(x+h)-f(x)}{h}=\lim_{h\to 0}\frac{a^{x+h}-a^x}{h}$$
$$=a^x\lim_{h\to 0}\frac{a^h-1}{h}=a^x\lim_{h\to 0}\frac{a^{0+h}-a^0}{h}=a^x f'(0)$$

次章で詳しく学ぶが，$f'(0)$ は $y=a^x$ のグラフ上の $x=0$ の点における接線の傾きを表し，「$f'(0)=1$ すなわち 傾きが 1」となるような a の値を e と定めれば，$\boldsymbol{\lim_{h\to 0}\frac{e^h-1}{h}=1}$ が成り立つ。

このように，接線の傾きを利用した e の導入の仕方もある。

EXERCISES　　7 三角，対数，指数関数の導関数

A

53❷ 次の関数を微分せよ。

(1) $y=e^{-x}\cos x$　　(2) $y=\log(x+\sqrt{x^2+1})$

(3) $y=\log\dfrac{1+\sin x}{\cos x}$　〔大阪工大〕　(4) $y=e^{\sin 2x}\tan x$　〔岡山理科大〕

(5) $y=\dfrac{(x+1)^2}{(x+2)^3(x+3)^4}$　　(6) $y=x^{\sin x}$ $(x>0)$　〔信州大〕

→ 56〜59

54❸ 定数 a，b，c に対して $f(x)=(ax^2+bx+c)e^{-x}$ とする。すべての実数 x に対して $f'(x)=f(x)+xe^{-x}$ を満たすとき，a，b，c を求めよ。

〔横浜市大〕 → 59

55❸ $\sqrt{1+e^x}=t$ とおいて，$y=\log\dfrac{\sqrt{1+e^x}-1}{\sqrt{1+e^x}+1}$ を微分せよ。 → 57, 59

B

56❹ 次の極限を求めよ。ただし，$a>0$ とする。

(1) $\displaystyle\lim_{x\to 0}\frac{1-\cos 2x}{x\log(1+x)}$　　(2) $\displaystyle\lim_{x\to\frac{1}{4}}\frac{\tan(\pi x)-1}{4x-1}$　〔立教大〕

(3) $\displaystyle\lim_{x\to a}\frac{a^2\sin^2 x-x^2\sin^2 a}{x-a}$　〔立教大〕　(4) $\displaystyle\lim_{h\to 0}\frac{e^{(h+1)^2}-e^{h^2+1}}{h}$　〔法政大〕

→ 60, 61

57❺ 関数 $f(x)$ はすべての実数 s，t に対して $f(s+t)=f(s)e^t+f(t)e^s$ を満たし，更に $x=0$ で微分可能で $f'(0)=1$ とする。

(1) $f(0)$ を求めよ。　　(2) $\displaystyle\lim_{h\to 0}\frac{f(h)}{h}$ を求めよ。

(3) 関数 $f(x)$ はすべての x で微分可能であることを，微分の定義に従って示せ。更に $f'(x)$ を $f(x)$ を用いて表せ。

(4) 関数 $g(x)$ を $g(x)=f(x)e^{-x}$ で定める。$g'(x)$ を計算して，関数 $f(x)$ を求めよ。

〔東京理科大〕 → 61

HINT

56 (1) $\displaystyle\lim_{x\to 0}\frac{\sin x}{x}=1$，$\displaystyle\lim_{x\to 0}(1+x)^{\frac{1}{x}}=e$

(2)〜(4) $\displaystyle\lim_{x\to a}\frac{f(x)-f(a)}{x-a}=\lim_{h\to 0}\frac{f(a+h)-f(a)}{h}=f'(a)$ が使える形に式変形する。

57 (3) $\displaystyle\lim_{h\to 0}\frac{e^h-1}{h}=1$ と (2) の結果を利用する。

8 関数のいろいろな表し方と導関数

基本事項

1 高次導関数

① $f'(x)$ の導関数を **第 2 次導関数** といい，$\boldsymbol{y''}$，$\boldsymbol{f''(x)}$，$\boldsymbol{\dfrac{d^2y}{dx^2}}$，$\boldsymbol{\dfrac{d^2}{dx^2}f(x)}$ などの記号で表す。

$f''(x)$ の導関数を **第 3 次導関数** といい，$\boldsymbol{y'''}$，$\boldsymbol{f'''(x)}$，$\boldsymbol{\dfrac{d^3y}{dx^3}}$，$\boldsymbol{\dfrac{d^3}{dx^3}f(x)}$ などの記号で表す。

② $f(x)$ が n 回微分可能であるとき，$f(x)$ を n 回微分して得られる関数を $f(x)$ の **第 n 次導関数** といい，$\boldsymbol{y^{(n)}}$，$\boldsymbol{f^{(n)}(x)}$，$\boldsymbol{\dfrac{d^ny}{dx^n}}$，$\boldsymbol{\dfrac{d^n}{dx^n}f(x)}$ などの記号で表す。

注意　$y^{(1)}$，$y^{(2)}$，$y^{(3)}$ は，それぞれ y'，y''，y''' を表す。

2 方程式 $F(x,\ y)=0$ で表された関数の導関数

[1] y が x の関数のとき　$\dfrac{d}{dx}f(y)=\dfrac{d}{dy}f(y)\cdot\dfrac{dy}{dx}$

[2] $F(x,\ y)=0$ で表された x の関数 y の導関数を求めるには $F(x,\ y)=0$ の両辺を x で微分する。このとき，[1] を利用する。

解説　$\dfrac{dy}{dx}$ を求めるのに，$y=f(x)$ の形にしてから微分することは，一般にやさしくない (変形が難しかったり，できない場合がある)。そこで，$F(x,\ y)=0$ の両辺を x で微分して，これから y' を求める。

3 媒介変数で表された関数の導関数

曲線が変数 t によって $x=f(t)$，$y=g(t)$ の形に表されるとき，これをその曲線の **媒介変数表示** といい，t を **媒介変数** または **パラメータ** という。

$x=f(t)$，$y=g(t)$ のとき　$\boldsymbol{\dfrac{dy}{dx}=\dfrac{\frac{dy}{dt}}{\frac{dx}{dt}}=\dfrac{g'(t)}{f'(t)}}$　$\left(\dfrac{dx}{dt}\neq0\right)$

CHECK & CHECK

16　次の関数の第 3 次導関数を求めよ。

(1) $y=\sin 2x$　(2) $y=\sqrt{x}$　(3) $y=e^{3x}$　→ 1

17　$x=t+1$，$y=t^2-2t$ のとき，$\dfrac{dy}{dx}$ を t を用いて表せ。　→ 3

基本 例題 62 第2次導関数と等式

$f(x)=e^{2x}\sin x$ に対して $f''(x)=af(x)+bf'(x)$ となるような定数 a，b の値を求めよ。 〔駒澤大〕 p.108 基本事項 1

CHART & SOLUTION

第2次導関数 $f(x) \xrightarrow{\text{微分}} f'(x) \xrightarrow{\text{微分}} f''(x)$

$f(x)$ を微分して $f'(x)$，その $f'(x)$ を更に微分して $f''(x)$ を求める。これらを与えられた等式に代入したものが **x の恒等式** になるので，数値代入法で解決。

解答

$f(x)=e^{2x}\sin x$

よって $f'(x)=2e^{2x}\sin x+e^{2x}\cos x$

$=e^{2x}(2\sin x+\cos x)$

⇐ $(e^{2x})'\sin x+e^{2x}(\sin x)'$

また $f''(x)=2e^{2x}(2\sin x+\cos x)+e^{2x}(2\cos x-\sin x)$

$=e^{2x}(3\sin x+4\cos x)$

⇐ $(e^{2x})'(2\sin x+\cos x)+e^{2x}(2\sin x+\cos x)'$

これらを $f''(x)=af(x)+bf'(x)$ に代入すると

$e^{2x}(3\sin x+4\cos x)$

$=ae^{2x}\sin x+be^{2x}(2\sin x+\cos x)$

$e^{2x}\neq 0$ であるから

$3\sin x+4\cos x=a\sin x+b(2\sin x+\cos x)$ …… ①

① が x の恒等式であるから，$x=0$ を代入して $4=b$

また，$x=\dfrac{\pi}{2}$ を代入して $3=a+2b$

⇐ 数値代入法
① が恒等式 ⟹ ① に $x=0$，$\dfrac{\pi}{2}$ を代入しても成り立つ。

これを解いて $a=-5$，$b=4$

このとき (① の右辺)$=-5\sin x+4(2\sin x+\cos x)$

$=$(① の左辺)

⇐ 逆の確認。

したがって $\boldsymbol{a=-5,\ b=4}$

別解 $f'(x)=2e^{2x}\sin x+e^{2x}\cos x=2f(x)+e^{2x}\cos x$

であるから

$f''(x)=2f'(x)+2e^{2x}\cos x-e^{2x}\sin x$ …… ①

⇐ $f''(x)$ を $f(x)$，$f'(x)$ で表す方針。

① に，$e^{2x}\cos x=f'(x)-2f(x)$，$e^{2x}\sin x=f(x)$ を代入して

$f''(x)=2f'(x)+2\{f'(x)-2f(x)\}-f(x)$

$=-5f(x)+4f'(x)$

$f''(x)=af(x)+bf'(x)$ と比較すると，求める a，b の値は

$\boldsymbol{a=-5,\ b=4}$

inf. $f''(x)=-5f(x)+4f'(x)$ のように，関数 $f(x)$ の導関数を含む等式を **微分方程式** という（$p.284$ 参照）。

PRACTICE 62❷

$y=e^{-x}\sin x$ のとき，$y''+$ ア $\boxed{}$ $y'+$ イ $\boxed{}$ $y=0$ である。 〔法政大〕

基本 例題 63 第 n 次導関数

$y=\cos x$ のとき，$y^{(n)}=\cos\left(x+\dfrac{n\pi}{2}\right)$ であることを証明せよ。

p.108 基本事項 1

CHART & SOLUTION

自然数 n の問題　数学的帰納法で証明

自然数 n に関する命題であるから，数学的帰納法で証明すればよい。
$y^{(k+1)}=\{y^{(k)}\}'$ である。……❗

解答

$y^{(n)}=\cos\left(x+\dfrac{n\pi}{2}\right)$ ……① とする。

[1]　$n=1$ のとき

$$y^{(1)}=y'=-\sin x=\cos\left(x+\frac{\pi}{2}\right)$$

よって，① は成り立つ。

[2]　$n=k$ のとき ① が成り立つと仮定すると

$$\underline{y^{(k)}}=\underline{\cos\left(x+\frac{k\pi}{2}\right)}$$

$n=k+1$ のとき

❗ $$y^{(k+1)}=\{\underline{y^{(k)}}\}'=\underline{\left\{\cos\left(x+\frac{k\pi}{2}\right)\right\}}'=-\sin\left(x+\frac{k\pi}{2}\right)$$

$$=\cos\left\{\left(x+\frac{k\pi}{2}\right)+\frac{\pi}{2}\right\}=\cos\left\{x+\frac{(k+1)\pi}{2}\right\}$$

よって，$n=k+1$ のときにも ① は成り立つ。

[1]，[2] から，すべての自然数 n について ① は成り立つ。

参考

$y^{(1)}=-\sin x=\cos\left(x+\dfrac{\pi}{2}\right)$

$y^{(2)}=-\cos x=\cos(x+\pi)$

$y^{(3)}=\sin x=\cos\left(x+\dfrac{3\pi}{2}\right)$

$y^{(4)}=\cos x=\cos(x+2\pi)$

……

から $y^{(n)}=\cos\left(x+\dfrac{n\pi}{2}\right)$ が推測できる。

⇐ $(\cos u)'=(-\sin u)\cdot u'$

⇐ $-\sin\theta=\cos\left(\theta+\dfrac{\pi}{2}\right)$

INFORMATION　第 n 次導関数

上の例題と同様に，次のことが成り立つことが証明できる。

・$y=x^{\alpha}$ のとき　$\boldsymbol{y^{(n)}=\alpha(\alpha-1)(\alpha-2)\cdots\cdots(\alpha-n+1)x^{\alpha-n}}$

　特に $\alpha=n$（自然数）なら　$y=x^n$ のとき　$\boldsymbol{y^{(n)}=n!}$

・$y=e^x$ のとき　$\boldsymbol{y^{(n)}=e^x}$

・$y=\sin x$ のとき　$\boldsymbol{y^{(n)}=\sin\left(x+\dfrac{n\pi}{2}\right)}$

・$y=\cos x$ のとき　$\boldsymbol{y^{(n)}=\cos\left(x+\dfrac{n\pi}{2}\right)}$

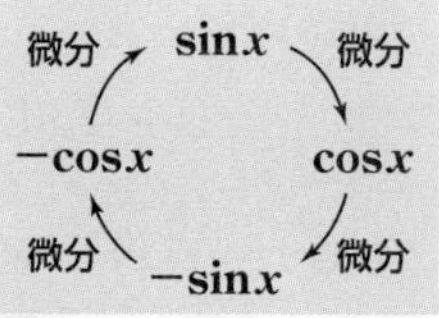

PRACTICE 63[3]

次の関数の第 n 次導関数を求めよ。ただし，a は定数とする。

(1)　$y=xe^{ax}$　　(2)　$y=\sin ax$

基本 例題 64　$F(x,\ y)=0$ と導関数

次の方程式で定められる x の関数 y について，$\dfrac{dy}{dx}$ を求めよ。

(1)　$x^2+y^2=9$　　(2)　$xy=a$（a は 0 でない定数）

p.108 基本事項 2

CHART & SOLUTION

関数 $F(x,\ y)=0$ の微分

y を x の関数と考え，両辺を x で微分する

$\dfrac{d}{dx}f(y)=\dfrac{d}{dy}f(y)\cdot\dfrac{dy}{dx}$ を利用して，両辺を x で微分し，$\dfrac{dy}{dx}$ について解く。

解答

(1)　$x^2+y^2=9$ の両辺を x で微分すると　$2x+2y\cdot\dfrac{dy}{dx}=0$

よって，$y\neq0$ のとき　$\boldsymbol{\dfrac{dy}{dx}=-\dfrac{x}{y}}$

(2)　$xy=a$ の両辺を x で微分すると　$1\cdot y+x\cdot\dfrac{dy}{dx}=0$

よって　$\boldsymbol{\dfrac{dy}{dx}=-\dfrac{y}{x}}$

(1)

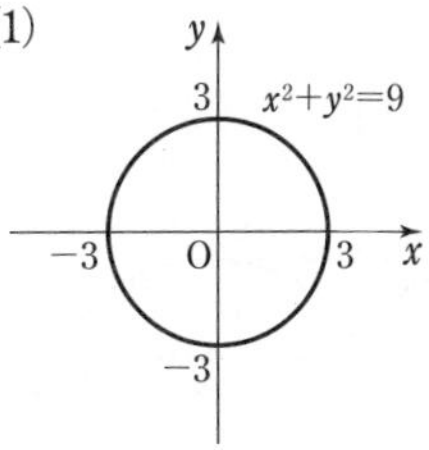

(2)

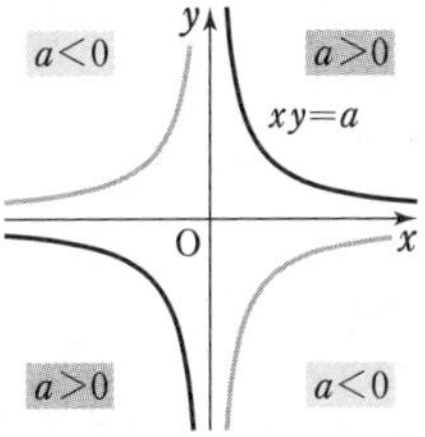

⇦ どの変数について微分するかを明記する。
$\dfrac{d}{dx}y^2=\dfrac{d}{dy}y^2\cdot\dfrac{dy}{dx}$

(1)　$y=0$ すなわち $x=\pm3$ のとき $\dfrac{dy}{dx}$ は存在しない。

(2)　$a\neq0$ から $x\neq0$，$y\neq0$
よって，$\dfrac{dy}{dx}$ はこの場合，常に存在する。

INFORMATION　陽関数と陰関数

$F(x,\ y)=0$ の形の式において，y を x の関数と考えたとき，これを **陰関数** ということがある。これに対して，$y=f(x)$ の形で与えられた関数を **陽関数** という。

陰関数 y の導関数 $\dfrac{dy}{dx}$ を x だけの式で表すには

(1)　$y^2=9-x^2$ から　$y=\pm\sqrt{9-x^2}$　　(2)　$xy=a$ から　$y=\dfrac{a}{x}$

を結果に代入するか，この形に変形してから x で微分すればよい。

PRACTICE 64❷

次の方程式で定められる x の関数 y について，$\dfrac{dy}{dx}$ を求めよ。

(1)　$y^2=2x$　　(2)　$4x^2-y^2-4x+5=0$　　(3)　$\sqrt{x}+\sqrt{y}=1$

基本 例題 65 媒介変数表示と導関数 ①①①①①

(1) $x=\sqrt{1-t^2}$, $y=t^2+2$ のとき，$\dfrac{dy}{dx}$ を t の関数として表せ。

(2) $a>0$ とする。$x=a(\theta-\sin\theta)$, $y=a(1-\cos\theta)$ のとき，$\dfrac{dy}{dx}$ を θ の関数として表せ。

p.108 基本事項 3

CHART & SOLUTION

媒介変数で表された関数の微分

$$x=f(t),\ y=g(t)\ \text{のとき}\qquad \frac{dy}{dx}=\frac{\frac{dy}{dt}}{\frac{dx}{dt}}=\frac{g'(t)}{f'(t)}$$

まず，(1) は $\dfrac{dx}{dt}$, $\dfrac{dy}{dt}$, (2) は $\dfrac{dx}{d\theta}$, $\dfrac{dy}{d\theta}$ を，それぞれ求める。

解答

(1) $t\neq\pm1$ のとき $\dfrac{dx}{dt}=\dfrac{-2t}{2\sqrt{1-t^2}}=-\dfrac{t}{\sqrt{1-t^2}}$, $\dfrac{dy}{dt}=2t$

よって，$t\neq0$, $t\neq\pm1$ のとき $\boldsymbol{\dfrac{dy}{dx}}=\dfrac{2t}{-\dfrac{t}{\sqrt{1-t^2}}}=\boldsymbol{-2\sqrt{1-t^2}}$

(2) $\dfrac{dx}{d\theta}=a(1-\cos\theta)$, $\dfrac{dy}{d\theta}=a\sin\theta$

よって，$\cos\theta\neq1$ のとき

$$\boldsymbol{\frac{dy}{dx}}=\frac{a\sin\theta}{a(1-\cos\theta)}=\boldsymbol{\frac{\sin\theta}{1-\cos\theta}}$$

(2)

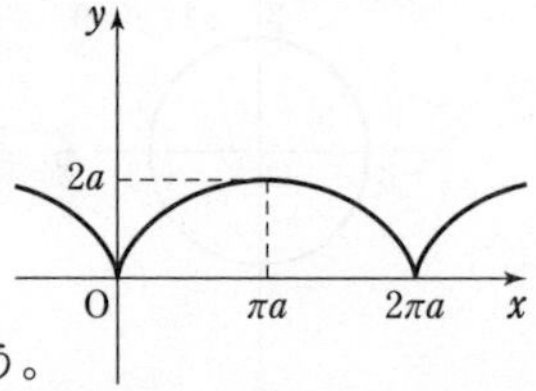

inf. (2) の媒介変数表示が表す曲線を **サイクロイド** という。

INFORMATION 媒介変数の消去

上の例題 (1) において，媒介変数 t を消去した上で $\dfrac{dy}{dx}$ を求めることができる。

2 式から t を消去すると $y=-x^2+3$ この式を x で微分すると $\dfrac{dy}{dx}=-2x$

t の関数として表すと $\dfrac{dy}{dx}=-2\sqrt{1-t^2}$ と求められる。ただし，媒介変数で表された関数の中には上の例題 (2) のように，媒介変数を消去して直接 x と y の関係式を導くのが困難なものもあるため，上記の解法を身につけておく必要がある。

PRACTICE 65❷

次の関数について，$\dfrac{dy}{dx}$ を求めよ。ただし，(1) は θ の関数，(2) は t の関数として表せ。

(1) $x=a\cos^3\theta$, $y=a\sin^3\theta$ $(a>0)$　　(2) $x=\dfrac{1+t^2}{1-t^2}$, $y=\dfrac{2t}{1-t^2}$

重要 例題 66 種々の関数の導関数，第 2 次導関数

(1) $y=\tan x$ $\left(0<x<\dfrac{\pi}{2}\right)$ の逆関数を $y=g(x)$ とするとき，$g'(x)$ を x の式で表せ。

(2) $x=3t^3$，$y=9t+1$ のとき，$\dfrac{d^2y}{dx^2}$ を t の式で表せ。

基本 51, 65

CHART & THINKING

(1) 高校数学の範囲では，$y=\tan x$ の逆関数は求められない。
逆関数の性質 $\boldsymbol{y=f^{-1}(x) \iff x=f(y)}$ を利用して求めることを考えてみよう。

(2) まず，$\dfrac{dy}{dx}$ を $\dfrac{dx}{dt}$，$\dfrac{dy}{dt}$ から求めてみよう。$\dfrac{dy}{dx}$ は t の関数になるから，合成関数の微分法を利用して $\boldsymbol{\dfrac{d^2y}{dx^2}=\dfrac{d}{dx}\left(\dfrac{dy}{dx}\right)=\dfrac{d}{dt}\left(\dfrac{dy}{dx}\right)\cdot\dfrac{dt}{dx}}$ として計算する。

注意 $\dfrac{d^2y}{dx^2}$ は $\dfrac{d^2y}{dt^2}\Big/\dfrac{d^2x}{dt^2}$ ではない。

解答

(1) $0<x<\dfrac{\pi}{2}$ のとき　$\tan x>0$

よって，$y=g(x)$ において，$x>0$，$0<y<\dfrac{\pi}{2}$ であり，

$x=\tan y$ が成り立つ。

ゆえに　$\boldsymbol{g'(x)}=\dfrac{dy}{dx}=\dfrac{1}{\dfrac{dx}{dy}}=\dfrac{1}{\dfrac{1}{\cos^2 y}}$

$=\cos^2 y=\dfrac{1}{1+\tan^2 y}=\boldsymbol{\dfrac{1}{1+x^2}}$

⇐ $f(x)=\tan x$ とすると
$g^{-1}(x)=f(x)$
$y=g(x)$ において
$x=g^{-1}(y)=f(y)$
$=\tan y$

(2) $\dfrac{dx}{dt}=9t^2$，$\dfrac{dy}{dt}=9$

よって，$t\neq 0$ のとき　$\dfrac{dy}{dx}=\dfrac{9}{9t^2}=\dfrac{1}{t^2}$

ゆえに　$\boldsymbol{\dfrac{d^2y}{dx^2}}=\dfrac{d}{dx}\left(\dfrac{dy}{dx}\right)=\dfrac{d}{dx}\left(\dfrac{1}{t^2}\right)$

$=\dfrac{d}{dt}\left(\dfrac{1}{t^2}\right)\cdot\dfrac{dt}{dx}$

$=-\dfrac{2}{t^3}\cdot\dfrac{1}{9t^2}=\boldsymbol{-\dfrac{2}{9t^5}}$

(2) $\dfrac{d^2y}{dx^2}$ は $\dfrac{d}{dt}\left(\dfrac{1}{t^2}\right)$ ではないことに注意する。

⇐ $\dfrac{dy}{dx}$ を x で微分。

⇐ 合成関数の微分。

⇐ $\dfrac{dt}{dx}=\dfrac{1}{\dfrac{dx}{dt}}$

PRACTICE 66③

(1) $y=\sin x$ $\left(0<x<\dfrac{\pi}{2}\right)$ の逆関数を $y=g(x)$ とするとき，$g'(x)$ を x の式で表せ。

(2) $x=1-\sin t$，$y=t-\cos t$ のとき，$\dfrac{d^2y}{dx^2}$ を t の式で表せ。

A

58❷ 関数 $y=xe^{ax}$ が $y''+4y'+4y=0$ を満たすとき，定数 a の値を求めよ。

→62

59❷ $y=\log x$ のとき，$y^{(n)}=(-1)^{n-1}\cdot\dfrac{(n-1)!}{x^n}$ であることを証明せよ。 →63

60❷ 次の関数について，$\dfrac{dy}{dx}$ を求めよ。

(1) $x^{\frac{1}{3}}+y^{\frac{1}{3}}=a^{\frac{1}{3}}$ $(a>0)$　(2) $x=\dfrac{e^t+e^{-t}}{2}$，$y=\dfrac{e^t-e^{-t}}{2}$

(3) $\begin{cases}x=a(\cos t+t\sin t)\\y=a(\sin t-t\cos t)\end{cases}$ (a は0でない定数) →64, 65

61❸ $x^2-y^2=a^2$ のとき，$\dfrac{d^2y}{dx^2}$ を x と y を用いて表せ。ただし，a は定数とする。

→64, 66

B

62❹ x の多項式 $f(x)$ が $xf''(x)+(1-x)f'(x)+3f(x)=0$，$f(0)=1$ を満たすとき，$f(x)$ を求めよ。 〔類 神戸大〕

63❹ 関数 $f(x)$ の逆関数を $g(x)$ とし，$f(x)$，$g(x)$ は2回微分可能とする。$f(1)=2$，$f'(1)=2$，$f''(1)=3$ のとき，$g''(2)$ の値を求めよ。 〔防衛医大〕

→51, 66

64❺ $f(x)=x^3e^x$ とする。

(1) $f'(x)$ を求めよ。

(2) 定数 a_n，b_n，c_n により

$$f^{(n)}(x)=(x^3+a_nx^2+b_nx+c_n)e^x\ (n=1,\ 2,\ 3,\ \cdots\cdots)$$

と表すとき，a_{n+1} を a_n で，また，b_{n+1} を a_n および b_n で表せ。

(3) (2)で定めた数列 $\{a_n\}$，$\{b_n\}$ の一般項を求めよ。 〔大同工大〕

HINT

61 $\dfrac{d^2y}{dx^2}=\dfrac{d}{dx}\left(\dfrac{dy}{dx}\right)$ を利用。まず，$x^2-y^2=a^2$ の両辺を x で微分する。

62 $f(x)$ の最高次の項を ax^n $(a\neq0)$ とおいて，第1式の左辺の次数に注目。

63 $y=g(x)$ とすると，条件から $x=f(y)$ である。$g'(x)$ と $g''(x)$ を，それぞれ $f'(y)$，$f''(y)$ で表すことを考える。

64 (2) $f^{(n)}(x)$ を微分して得られる $f^{(n+1)}(x)$ の式と，$f^{(n)}(x)$ の n を $n+1$ におき換えた式を比較して，数列 $\{a_n\}$，$\{b_n\}$ の漸化式を作る。

第4章 数学Ⅲ 微分法の応用

9　接線と法線，平均値の定理
10　関数の値の変化，最大と最小
11　方程式・不等式への応用
12　速度と近似式

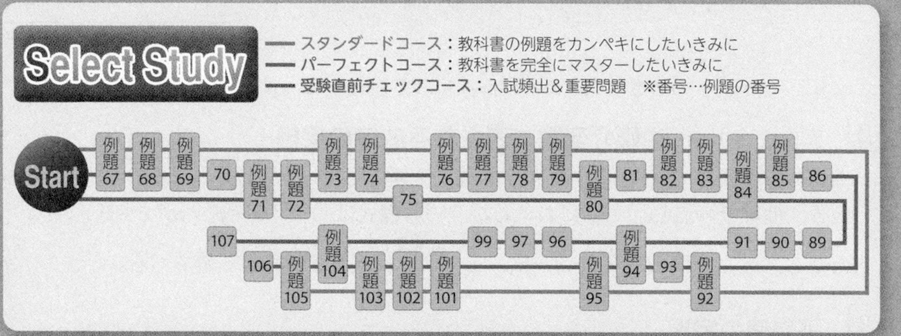

■ 例題一覧

	種類	番号	例題タイトル	難易度
9	基本	67	曲線上の点における接線と法線	2
	基本	68	曲線外の点から引いた接線	2
	基本	69	$F(x,\ y)=0$ で表された曲線の接線	2
	基本	70	媒介変数で表された曲線の接線	3
	基本	71	共通接線(1)	3
	基本	72	共通接線(2)	3
	基本	73	平均値の定理	1
	基本	74	平均値の定理と不等式	2
	重要	75	平均値の定理と極限	4
10	基本	76	関数の極値(1)	2
	基本	77	極値から係数決定	2
	基本	78	関数の最大・最小(1)	2
	基本	79	関数の最大・最小(2)	2
	基本	80	最大値・最小値から係数決定	3
	基本	81	平面図形に関する最大・最小	3
	基本	82	曲線の凹凸，変曲点	2
	基本	83	関数のグラフ(1)	2
	基本	84	関数のグラフ(2)	2
	基本	85	関数の極値(2)	2
	基本	86	変曲点とグラフの対称性	3
	重要	87	関数のグラフ(3)	3
	重要	88	陰関数のグラフ	4
	重要	89	媒介変数で表された関数のグラフ	4
	重要	90	極値をもつための条件	4
	重要	91	空間図形に関する最大・最小	4
11	基本	92	不等式の証明(1)	2
	基本	93	不等式の証明(2)	3
	基本	94	不等式の証明と極限	3
	基本	95	方程式の実数解	2
	重要	96	2変数の不等式の証明	4
	重要	97	不等式が常に成り立つための条件	4
	重要	98	曲線外から曲線に引ける接線の本数	3
	重要	99	関数の増減を利用した大小比較	4
	重要	100	不等式の証明と数学的帰納法	5
12	基本	101	直線上の点の運動	2
	基本	102	平面上の点の運動	2
	基本	103	等速円運動	2
	基本	104	速度の応用問題	3
	基本	105	近似式と近似値の計算	2
	基本	106	微小変化に対応する変化	3
	重要	107	いろいろな量の変化率	3

9 接線と法線，平均値の定理

基本事項

1 接線と法線の方程式

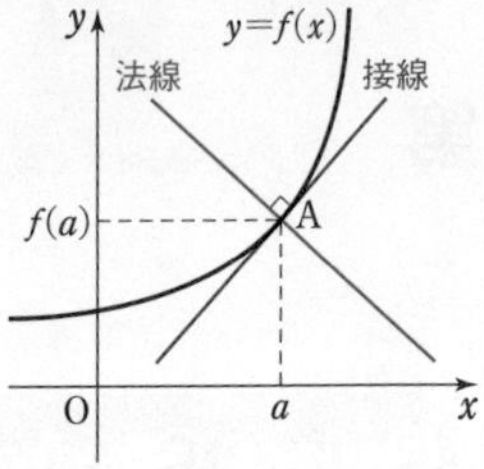

曲線 $y=f(x)$ 上の点 $\mathrm{A}(a,\ f(a))$ における

① **接線の方程式**

$$\boldsymbol{y-f(a)=f'(a)(x-a)}$$

② **法線の方程式**

$$\boldsymbol{y-f(a)=-\frac{1}{f'(a)}(x-a)}$$

ただし　$f'(a)\neq 0$

注意　$f'(a)=0$ のとき，点Aにおける法線の方程式は $\boldsymbol{x=a}$ である。

2 $F(x,\ y)=0$ や媒介変数で表される曲線の接線

曲線の方程式が，$F(x,\ y)=0$ や t を媒介変数として $x=f(t)$，$y=g(t)$ で表されるとき，曲線上の点 $(x_1,\ y_1)$ における接線の方程式は　　$\boldsymbol{y-y_1=m(x-x_1)}$

ただし，m は導関数 $\dfrac{dy}{dx}$ に $x=x_1$，$y=y_1$ を代入して得られる値である。

3 平均値の定理

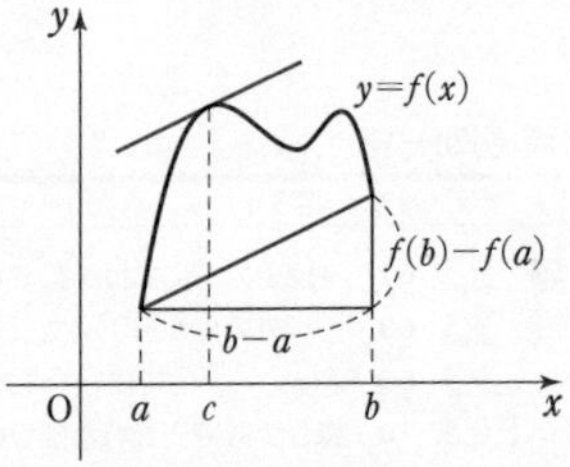

① 関数 $f(x)$ が区間 $[a,\ b]$ で連続で，区間 $(a,\ b)$ で微分可能ならば，

$$\boldsymbol{\frac{f(b)-f(a)}{b-a}=f'(c),\ a<c<b}$$

を満たす実数 c が存在する。

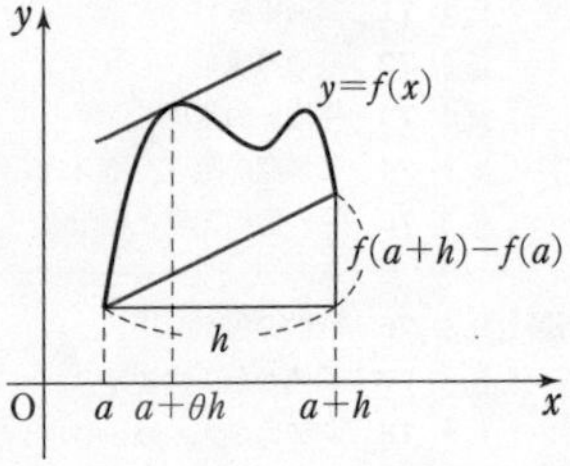

② 関数 $f(x)$ が区間 $[a,\ a+h]$ で連続，区間 $(a,\ a+h)$ で微分可能ならば，

$$\boldsymbol{f(a+h)=f(a)+hf'(a+\theta h),\ 0<\theta<1}$$

を満たす実数 θ が存在する。

解説　①で $b-a=h$，$\dfrac{c-a}{b-a}=\theta$ とおくと，$0<\theta<1$，$c=a+\theta h$ となり，②が得られる。

CHECK & CHECK

18 次の曲線上の，与えられた点における接線と法線の方程式を求めよ。

(1) $y=x^3-3x^2$，$(1,\ -2)$　　(2) $y=\cos x$，$\left(\dfrac{\pi}{3},\ \dfrac{1}{2}\right)$

(3) $y=\log x$，$(2,\ \log 2)$　　(4) $y=e^x$，$(3,\ e^3)$

1

基本 例題 67 曲線上の点における接線と法線 ②②②②②

(1) 曲線 $y=\frac{1}{x}$ 上の点 $\left(\frac{1}{3},\ 3\right)$ における接線と法線の方程式を求めよ。

(2) 曲線 $y=\log(x+e)$ に接し，傾きが e である直線の方程式を求めよ。

p.116 基本事項 1

CHART & SOLUTION

接線の傾き＝微分係数

(1) 曲線 $y=f(x)$ 上の点 $(a,\ f(a))$ における

接線 の方程式は　$\boldsymbol{y-f(a)=f'(a)(x-a)}$

法線 の方程式は　$\boldsymbol{y-f(a)=-\frac{1}{f'(a)}(x-a)}$　ただし $f'(a)\neq 0$

まず，$y=f(x)$ として導関数 $f'(x)$ を求めることから始める。

(2) この問題では接点の座標が与えられていない。まず，接線の傾きから接点の x 座標を求める。すなわち，接点の x 座標を a として ($x=a$ における微分係数)=(接線の傾き) の方程式を解く。

解答

(1) $f(x)=\frac{1}{x}$ とすると $f'(x)=-\frac{1}{x^2}$ であるから　$f'\left(\frac{1}{3}\right)=-9$

接線の方程式は　$y-3=-9\left(x-\frac{1}{3}\right)$　すなわち　$\boldsymbol{y=-9x+6}$

法線の方程式は　$y-3=-\frac{1}{-9}\left(x-\frac{1}{3}\right)$　すなわち　$\boldsymbol{y=\frac{1}{9}x+\frac{80}{27}}$

(2) $y=\log(x+e)$ を微分すると　$y'=\frac{1}{x+e}$

ここで，接点の x 座標を a とすると，接線の傾きが e であるから　$\frac{1}{a+e}=e$　すなわち　$a=\frac{1}{e}-e$

ゆえに，求める接線の方程式は

$$y-\log\frac{1}{e}=e\left\{x-\left(\frac{1}{e}-e\right)\right\}$$

⇐ $y-f(a)=f'(a)(x-a)$

整理して　$\boldsymbol{y=ex+e^2-2}$

⇐ $\log\frac{1}{e}=-1$

PRACTICE 67②

(1) 次の曲線上の点Aにおける接線と法線の方程式を求めよ。

(ア) $y=e^{-x}-1$，A$(-1,\ e-1)$　　(イ) $y=\frac{x}{2x+1}$，A$\left(1,\ \frac{1}{3}\right)$

(2) 曲線 $y=\tan x$ $\left(0\leqq x<\frac{\pi}{2}\right)$ に接し，傾きが 4 である直線の方程式を求めよ。

［(1) (ア) 類 神奈川工科大　(イ) 東京電機大　(2) 類 東京電機大］

基本 例題 68 曲線外の点から引いた接線

曲線 $y=\log x+1$ に，原点から引いた接線の方程式と接点の座標を求めよ。

基本 67

CHART & SOLUTION

曲線外の点Cから引いた接線

曲線上の接線が点Cを通る と考える

原点は与えられた曲線上の点ではない。よって，曲線 $y=f(x)$ 上の点 $(a,\ f(a))$ における接線 $\boldsymbol{y-f(a)=f'(a)(x-a)}$ が原点を通ると考えて，a の値を求めればよい。

解答

$f(x)=\log x+1$ とすると

$$f'(x)=\frac{1}{x}$$

ここで，接点の座標を $(a,\ \log a+1)$ とすると，接線の方程式は

$$y-(\log a+1)=\frac{1}{a}(x-a)$$

← 接点の x 座標を a とすると y 座標は $f(a)=\log a+1$

← 接線の方程式 $y-f(a)=f'(a)(x-a)$

すなわち　$y=\dfrac{1}{a}x+\log a$　…… ①

この直線が原点 $(0,\ 0)$ を通るから

$$0=\frac{1}{a}\cdot 0+\log a$$

よって　$\log a=0$　　ゆえに　$a=1$

← $a=e^0$ から。

したがって，求める **接線の方程式は**，① から　$\boldsymbol{y=x}$

← $a=1$ を ① に代入。

また，**接点の座標は**　$(\mathbf{1,\ 1})$

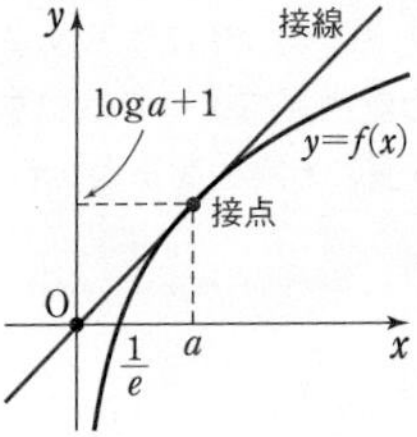

ピンポイント解説 接線の解法における注意点

次のように，問題文の表現で状況が異なるから十分注意しよう（数学Ⅱでも学習した）。

点A における 接線 …… **Aは接点**　←この接線は1本

点B を通る／から引いた 接線 …… **Bは接点であるとは限らない**

└接線は1本とは限らない

PRACTICE 68❷

次の曲線に，与えられた点から引いた接線の方程式と接点の座標を求めよ。

(1) $y=\sqrt{x}$，$(-2,\ 0)$　　(2) $y=\dfrac{1}{x}+2$，$(1,\ -1)$

基本 例題 69 $F(x,\ y)=0$ で表された曲線の接線 ①①①①①

楕円 $\dfrac{x^2}{9}+\dfrac{y^2}{4}=1$ 上の点 $\mathrm{A}\left(-\sqrt{5},\ \dfrac{4}{3}\right)$ における接線の方程式を求めよ。

$p.116$ 基本事項 2，基本 64, 67

CHART & SOLUTION

接線の傾き ＝ 微分係数

まず，楕円の方程式の **両辺を x で微分** して，y' を求める。

解答

$\dfrac{x^2}{9}+\dfrac{y^2}{4}=1$ の両辺を x で微分すると

$$\frac{2x}{9}+\frac{2y}{4}\cdot y'=0$$

よって，$y\neq 0$ のとき　$y'=-\dfrac{4x}{9y}$

ゆえに，点Aにおける接線の傾きは

$$-\frac{4\cdot(-\sqrt{5})}{9\cdot\dfrac{4}{3}}=\frac{\sqrt{5}}{3}$$

したがって，求める接線の方程式は

$$y-\frac{4}{3}=\frac{\sqrt{5}}{3}(x+\sqrt{5})\quad すなわち\quad \boldsymbol{y=\frac{\sqrt{5}}{3}x+3}$$

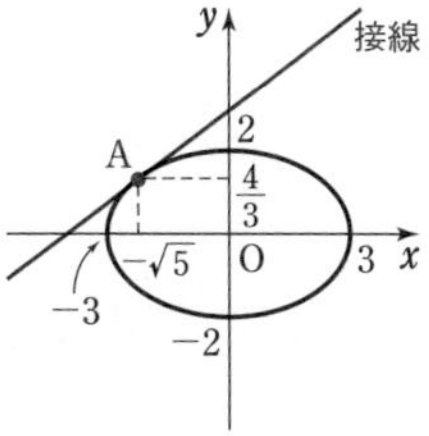

⇐ $\dfrac{d}{dx}y^2=\dfrac{d}{dy}y^2\cdot\dfrac{dy}{dx}$

⇐ $y=0$ のとき y' は存在しないが，接線は存在する（直線 $x=\pm3$）。

⇐ y' の式に $x=-\sqrt{5}$，$y=\dfrac{4}{3}$ を代入。

⇐ 点 $(x_1,\ y_1)$ を通り，傾き m の直線の方程式は $y-y_1=m(x-x_1)$

INFORMATION　楕円の接線の方程式

楕円 $\dfrac{x^2}{a^2}+\dfrac{y^2}{b^2}=1$ 上の点 $(x_1,\ y_1)$ における接線の方程式は，$\dfrac{x_1x}{a^2}+\dfrac{y_1y}{b^2}=1$ で表される。

この公式を利用すると　$\dfrac{-\sqrt{5}\,x}{9}+\dfrac{\frac{4}{3}y}{4}=1$　すなわち　$-\sqrt{5}\,x+3y=9$

したがって　$y=\dfrac{\sqrt{5}}{3}x+3$

曲線の接線の方程式は，上の解答のように導関数 y' から接線の傾き（微分係数）を求める方法以外に，公式を利用して求められる場合がある。しかし，数学Cの内容であるので，詳細は $p.121$ STEP UP を参照。

PRACTICE 69②

次の曲線上の点Aにおける接線の方程式を求めよ。　〔(1) 類 近畿大〕

(1) $\dfrac{x^2}{16}+\dfrac{y^2}{25}=1,\ \mathrm{A}\left(\sqrt{7},\ \dfrac{15}{4}\right)$　　(2) $2x^2-y^2=1,\ \mathrm{A}(1,\ 1)$

(3) $3y^2=4x,\ \mathrm{A}(6,\ -2\sqrt{2})$

基本 例題 70　媒介変数で表された曲線の接線　①①①①①

$x=\sqrt{3}\cos\theta$, $y=4\sin\theta$ で表された楕円がある。この楕円上の $\theta=-\dfrac{\pi}{6}$ に対応する点における接線の方程式を求めよ。　〔類 自治医大〕

p.116 基本事項 2, 基本 65, 67

CHART & SOLUTION

接線の傾き ＝ 微分係数

$\dfrac{dy}{dx}=\dfrac{dy}{d\theta}\Big/\dfrac{dx}{d\theta}$ により，まず，接線の傾きを求める。

解答

$$\frac{dx}{d\theta}=-\sqrt{3}\sin\theta,\quad \frac{dy}{d\theta}=4\cos\theta$$

よって　$\dfrac{dy}{dx}=\dfrac{4\cos\theta}{-\sqrt{3}\sin\theta}=-\dfrac{4}{\sqrt{3}}\cdot\dfrac{\cos\theta}{\sin\theta}$

⇐ $\dfrac{dy}{dx}=\dfrac{\frac{dy}{d\theta}}{\frac{dx}{d\theta}}$

ゆえに，接線の傾きは　$-\dfrac{4}{\sqrt{3}}\cdot\dfrac{\cos\left(-\frac{\pi}{6}\right)}{\sin\left(-\frac{\pi}{6}\right)}=4$

⇐ $\theta=-\dfrac{\pi}{6}$ に対応する点における接線の傾き。

また，$\theta=-\dfrac{\pi}{6}$ のとき

$$x=\sqrt{3}\cos\left(-\frac{\pi}{6}\right)=\frac{3}{2},\quad y=4\sin\left(-\frac{\pi}{6}\right)=-2$$

⇐ 接点の x 座標，y 座標を求める。

したがって，求める接線の方程式は　$y+2=4\left(x-\dfrac{3}{2}\right)$

⇐ 点 $(x_1,\ y_1)$ を通り，傾き m の直線の方程式は $y-y_1=m(x-x_1)$

すなわち　$\boldsymbol{y=4x-8}$

INFORMATION ── 媒介変数 θ の消去

$\cos\theta=\dfrac{x}{\sqrt{3}}$, $\sin\theta=\dfrac{y}{4}$ を $\sin^2\theta+\cos^2\theta=1$ に代入して　$\dfrac{x^2}{3}+\dfrac{y^2}{16}=1$

$\theta=-\dfrac{\pi}{6}$ のとき　$x=\dfrac{3}{2}$, $y=-2$

楕円の接線の方程式の公式（右ページ参照）を利用すると，点 $\left(\dfrac{3}{2},\ -2\right)$ における接線の方程式は　$\dfrac{\frac{3}{2}x}{3}+\dfrac{-2y}{16}=1$　すなわち　$4x-y=8$

PRACTICE 70③

次の曲線について，（　）に指定された t の値に対応する点における接線の方程式を求めよ。

(1) $\begin{cases}x=2t\\ y=3t^2+1\end{cases}$　$(t=1)$

(2) $\begin{cases}x=\cos 2t\\ y=\sin t+1\end{cases}$　$\left(t=-\dfrac{\pi}{6}\right)$

STEP UP いろいろな曲線上の点における接線の方程式

いろいろな曲線上の点 $(x_1,\ y_1)$ における接線の方程式は，次の表のようになる。(詳しくは数学Cで学習する)

	標準形	接線の方程式
放物線	$y^2=4px$	$y_1y=2p(x+x_1)$
	$x^2=4py$	$x_1x=2p(y+y_1)$
楕円	$\dfrac{x^2}{a^2}+\dfrac{y^2}{b^2}=1$	$\dfrac{x_1x}{a^2}+\dfrac{y_1y}{b^2}=1$
双曲線	$\dfrac{x^2}{a^2}-\dfrac{y^2}{b^2}=\pm1$	$\dfrac{x_1x}{a^2}-\dfrac{y_1y}{b^2}=\pm1$ (複号同順)

証明▶ [1]　放物線 $y^2=4px$ ……① の両辺を x で微分して

$$2yy'=4p$$

$y\neq0$ のとき，$y'=\dfrac{2p}{y}$ であるから，点 $(x_1,\ y_1)$ における接線の方程式は，$y_1\neq0$ のとき　$y-y_1=\dfrac{2p}{y_1}(x-x_1)$

すなわち　$y_1y=2p(x-x_1)+y_1{}^2$ ……②

点 $(x_1,\ y_1)$ は ① 上の点であるから　$y_1{}^2=4px_1$

これを ② に代入して　$y_1y=2p(x-x_1)+4px_1$

すなわち　$\boldsymbol{y_1y=2p(x+x_1)}$ ……③

$y_1=0$ のとき，$x_1=0$ で接線の方程式は　$x=0$

これは，③ で $x_1=0$，$y_1=0$ とすると得られる。

放物線の方程式が $x^2=4py$ の場合も同様に示すことができる。

[2]　楕円，双曲線の標準形の方程式はいずれも

$Ax^2+By^2=1$ ……①　と表される。

両辺を x で微分して　$2Ax+2Byy'=0$

$y\neq0$ のとき，$y'=-\dfrac{Ax}{By}$ であるから，点 $(x_1,\ y_1)$ における接線の方程式は，$y_1\neq0$ のとき

$$y-y_1=-\frac{Ax_1}{By_1}(x-x_1)$$

すなわち　$Ax_1x+By_1y=Ax_1{}^2+By_1{}^2$ ……②

点 $(x_1,\ y_1)$ は ① 上の点であるから　$Ax_1{}^2+By_1{}^2=1$

これを ② に代入して　$\boldsymbol{Ax_1x+By_1y=1}$ ……③

$y_1=0$ のとき，① から　$Ax_1{}^2=1$

ゆえに　$x_1=\pm\dfrac{1}{\sqrt{A}}$ $(A>0)$

点 $\left(\pm\dfrac{1}{\sqrt{A}},\ 0\right)$ における接線の方程式は　$x=\pm\dfrac{1}{\sqrt{A}}$ (複号同順)

これは，③ で $x_1=\pm\dfrac{1}{\sqrt{A}}$，$y_1=0$ とすると得られる。

⇐ $\dfrac{d}{dx}y^2=\dfrac{d}{dy}y^2\cdot\dfrac{dy}{dx}$

⇐ $y^2=4px$ の y^2 を y_1y，$2x$ を x_1+x におき換えたもの。

⇐ [2]　楕円は $A=\dfrac{1}{a^2}$，$B=\dfrac{1}{b^2}$
双曲線は $A=\dfrac{1}{a^2}$，$B=-\dfrac{1}{b^2}$ または $A=-\dfrac{1}{a^2}$，$B=\dfrac{1}{b^2}$

⇐ $Ax^2+By^2=1$ の x^2 を x_1x，y^2 を y_1y におき換えたもの。

注意　$A<0$，$B>0$ のときは，常に $y_1\neq0$ である。

基本 例題 71 共通接線 (1)（2 曲線が接する）

2 つの曲線 $y=kx^3-1$, $y=\log x$ が共有点Pをもち，点Pにおいて共通の接線をもつとき，定数 k の値とその接線の方程式を求めよ。〔類 北里大〕

基本 67，基本 72

CHART & SOLUTION

2曲線 $y=f(x)$, $y=g(x)$ が $x=p$ の点で接する条件

$f(p)=g(p)$ かつ $f'(p)=g'(p)$

2 つの曲線 $y=f(x)$ と $y=g(x)$ が共有点で共通の接線をもつためには，共有点の x 座標を p とすると

接点を共有する $\iff$ $f(p)=g(p)$

接線の傾きが一致する $\iff$ $f'(p)=g'(p)$

の 2 つの条件が成り立てばよい。

なお，1 つの直線が 2 つの曲線に同時に接するとき，この直線を 2 つの曲線の **共通接線** という。

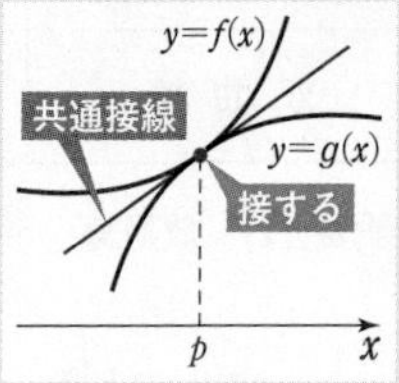

解答

$f(x)=kx^3-1$, $g(x)=\log x$ とすると

$$f'(x)=3kx^2,\ g'(x)=\frac{1}{x}$$

共有点Pの x 座標を p とすると，点Pにおいて共通の接線をもつための条件は

⇐ $g(x)=\log x$ の定義域は $x>0$ ゆえに $p>0$

$$f(p)=g(p)\quad かつ\quad f'(p)=g'(p)$$

よって $kp^3-1=\log p$ ……①　⇐ $f(p)=g(p)$

$3kp^2=\dfrac{1}{p}$ ……②　⇐ $f'(p)=g'(p)$

② から $kp^3=\dfrac{1}{3}$ ……③

③ を ① に代入して $-\dfrac{2}{3}=\log p$　⇐ $\dfrac{1}{3}-1=\log p$

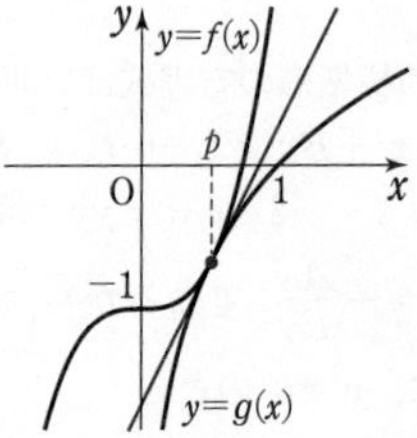

よって $p=e^{-\frac{2}{3}}$　⇐ $p>0$ を満たす。

ゆえに，③ から $\boldsymbol{k}=\dfrac{1}{3(e^{-\frac{2}{3}})^3}=\boldsymbol{\dfrac{e^2}{3}}$

また，共通の接線の方程式は $y-\log e^{-\frac{2}{3}}=e^{\frac{2}{3}}(x-e^{-\frac{2}{3}})$

すなわち $\boldsymbol{y=e^{\frac{2}{3}}x-\dfrac{5}{3}}$

⇐ $y-g(p)=g'(p)(x-p)$
$y-f(p)=f'(p)(x-p)$
から求めてもよい。

PRACTICE 71③

ある直線が 2 つの曲線 $y=ax^2$ と $y=\log x$ に同じ点で接するとき，定数 a の値とその接線の方程式を求めよ。〔類 東京電機大〕

基本 例題 72 共通接線 (2) (2 曲線に接する直線)

2 つの曲線 $y=e^x$, $y=\log(x+2)$ の両方に接する直線の方程式を求めよ。

基本 67, 71

CHART & SOLUTION

2 曲線 $y=f(x)$, $y=g(x)$ の両方に接する直線

$y=f(x)$ 上の点 $(s,\ f(s))$ における接線の方程式と, $y=g(x)$ 上の点 $(t,\ g(t))$ における接線の方程式をそれぞれ求め, これらが一致すると考える。

→ 2 直線 $y=mx+n$ と $y=m'x+n'$ が一致
　$\iff m=m'$ かつ $n=n'$

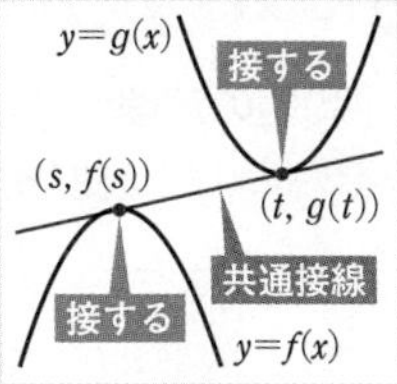

解答

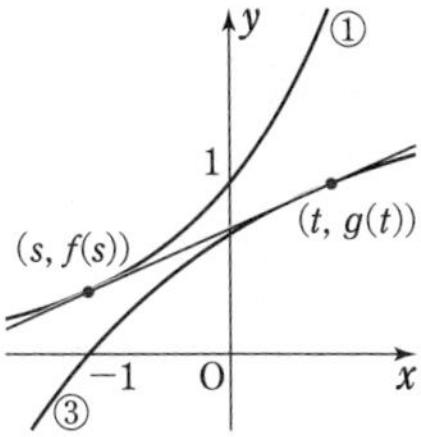

$y=e^x$ …… ① から　$y'=e^x$

よって, 曲線 ① 上の点 $(s,\ e^s)$ における接線の方程式は

$$y-e^s=e^s(x-s)$$

すなわち　$y=e^sx-e^s(s-1)$ …… ②

また, $y=\log(x+2)$ …… ③ から　$y'=\dfrac{1}{x+2}$

よって, 曲線 ③ 上の点 $(t,\ \log(t+2))$ における接線の方程式は　$y-\log(t+2)=\dfrac{1}{t+2}(x-t)$

すなわち　$y=\dfrac{1}{t+2}x-\dfrac{t}{t+2}+\log(t+2)$ …… ④

⇐ ②, ④ の接線の方程式は $y=●x+■$ の形にしておく (傾きと y 切片に注目するため)。

直線 ②, ④ が一致するための条件は

$$e^s=\frac{1}{t+2} \quad \cdots\cdots ⑤,$$

$$e^s(s-1)=\frac{t}{t+2}-\log(t+2) \quad \cdots\cdots ⑥$$

⇐ ②, ④ の傾きと y 切片がそれぞれ一致。

⑤ から　$t+2=\dfrac{1}{e^s}$　　よって　$t=\dfrac{1}{e^s}-2$

⑥ に代入して　$e^s(s-1)=e^s\left(\dfrac{1}{e^s}-2\right)-\log\dfrac{1}{e^s}$

よって　$e^s(s-1)=(1-2e^s)+s$

ゆえに　$(e^s-1)(s+1)=0$

⇐ $se^s+e^s-1-s=0$
$e^s(s+1)-(s+1)=0$

これを解いて　$e^s=1$ または $s=-1$　すなわち　$s=0,\ -1$

これらを ② に代入して, 求める直線の方程式は

$s=0$ のとき　$\boldsymbol{y=x+1}$,　$s=-1$ のとき　$\boldsymbol{y=\dfrac{x}{e}+\dfrac{2}{e}}$

PRACTICE 72③

2 つの曲線 $y=-x^2$, $y=\dfrac{1}{x}$ の両方に接する直線の方程式を求めよ。

基本 例題 73 平均値の定理 ⊘⊘⊘⊘⊘

次の関数 $f(x)$ と区間について，平均値の定理の条件を満たす c の値を求めよ。

(1) $f(x)=\log x \quad [1,\ e]$ (2) $f(x)=x^3+3x \quad [1,\ 4]$

➲ p.116 基本事項 3

CHART & SOLUTION

平均値の定理

関数 $f(x)$ が **区間 $[a,\ b]$ で連続，区間 $(a,\ b)$ で微分可能** ならば

$$\frac{f(b)-f(a)}{b-a}=f'(c),\quad a<c<b$$

を満たす実数 c が少なくとも 1 つ存在する。

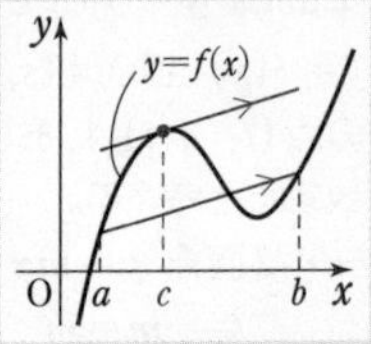

(1) $f'(x)$ を求め，定理の式に $a=1$，$b=e$ を代入し c を求める。

(2) (1) と同様だが，c が 2 つ以上のときは **$a<c<b$ を確認する。**

解答

(1) $f(x)=\log x$ は，区間 $[1,\ e]$ で連続，区間 $(1,\ e)$ で微分可能であり $f'(x)=\dfrac{1}{x}$

$$\frac{f(e)-f(1)}{e-1}=f'(c),\quad 1<c<e$$

を満たす c の値は，$\dfrac{1-0}{e-1}=\dfrac{1}{c}$ から $\boldsymbol{c=e-1}$

(2) $f(x)=x^3+3x$ は，区間 $[1,\ 4]$ で連続，区間 $(1,\ 4)$ で微分可能であり $f'(x)=3x^2+3$

$$\frac{f(4)-f(1)}{4-1}=f'(c),\quad 1<c<4$$

を満たす c の値は，$\dfrac{76-4}{3}=3c^2+3$ から $c^2=7$

これを解いて $c=\pm\sqrt{7}$

$1<c<4$ であるから $\boldsymbol{c=\sqrt{7}}$

⇐ 平均値の定理が適用できるための **条件を忘れずに述べる。**

⇐ $1<c<e$ を満たす。

⇐ $24=3c^2+3$

INFORMATION ― $a<c<b$ の確認について

平均値の定理より，$a<c<b$ を満たす c は少なくとも 1 つ存在するから，(1) のように **c の値がただ 1 つ得られる場合は，$a<c<b$ を確認する必要はない。**

PRACTICE 73[1]

次の関数 $f(x)$ と区間について，平均値の定理の条件を満たす c の値を求めよ。

(1) $f(x)=2x^2-3 \quad [a,\ b]$ (2) $f(x)=e^{-x} \quad [0,\ 1]$

(3) $f(x)=\dfrac{1}{x} \quad [2,\ 4]$ (4) $f(x)=\sin x \quad [0,\ 2\pi]$

基本 例題 74 平均値の定理と不等式

平均値の定理を用いて，次のことを証明せよ。

$e^{-2}<a<b<1$ のとき　$a-b<b\log b-a\log a<b-a$

基本 73

CHART & SOLUTION

差 $f(b)-f(a)$ を含む不等式　平均値の定理を利用

① 連続，微分可能　② $a<c<b$　を忘れずに

証明すべき不等式の各辺を $b-a\ (>0)$ で割ると，$-1<\dfrac{b\log b-a\log a}{b-a}<1$ となる。

$f(x)=x\log x$ とすると，……部分は $\dfrac{f(b)-f(a)}{b-a}$ の形をしているから，平均値の定理を適用すると，$-1<f'(c)<1$ を示せばよいことがわかる。

解答

$f(x)=x\log x$ とすると，$f(x)$ は $x>0$ で微分可能であり

$$f'(x)=1\cdot\log x+x\cdot\frac{1}{x}=\log x+1$$

区間 $[a,\ b]$ において，平均値の定理を用いると

$$\frac{b\log b-a\log a}{b-a}=\log c+1 \quad \cdots\cdots ①$$

$$a<c<b \quad \cdots\cdots ②$$

を満たす実数 c が存在する。

② と条件 $e^{-2}<a<b<1$ から　$e^{-2}<c<1$

ゆえに　$-2<\log c<0$

よって　$-1<\log c+1<1$

これに ① を代入して　$-1<\dfrac{b\log b-a\log a}{b-a}<1$

$b-a>0$ であるから

$$-(b-a)<b\log b-a\log a<b-a$$

すなわち　$a-b<b\log b-a\log a<b-a$

⇐ 条件の確認。なお **微分可能ならば連続** であるから，連続については言及しなくてもよい。本問は $x>0$ で微分可能であるから，$x>0$ で連続。

⇐ $\log e^{-2}=-2$，$\log 1=0$

⇐ 各辺に $b-a\ (>0)$ を掛けた。

PRACTICE 74②

平均値の定理を用いて，次のことを証明せよ。

(1) $a<b$ のとき　$e^a(b-a)<e^b-e^a<e^b(b-a)$

(2) $0<a<b$ のとき　$1-\dfrac{a}{b}<\log\dfrac{b}{a}<\dfrac{b}{a}-1$　〔類 群馬大〕

(3) $a>0$ のとき　$\dfrac{1}{a+1}<\dfrac{\log(a+1)}{a}<1$

重要 例題 75 平均値の定理と極限

平均値の定理を用いて，極限 $\displaystyle\lim_{x\to 0}\frac{\cos x-\cos x^2}{x-x^2}$ を求めよ。

基本 73, 74

CHART & SOLUTION

差 $f(b)-f(a)$ には 平均値の定理を利用

$f(x)=\cos x$ とすると，分子は 差 $f(x)-f(x^2)$ の形になっている。よって，前ページ同様，平均値の定理を利用する方針で進める。なお，平均値の定理を適用する区間は $x\longrightarrow +0$ と $x\longrightarrow -0$ のときで異なるから注意が必要である。

解答

$f(x)=\cos x$ とすると，$f(x)$ はすべての実数 x で微分可能であり　　$f'(x)=-\sin x$

⇐ 平均値の定理が適用できるための条件。

[1]　$x\longrightarrow +0$ のとき，$x^2<x$ であるから，区間 $[x^2,\ x]$ において平均値の定理を用いると

⇐ $0<x<1$ のとき $x^2-x=x(x-1)<0$　$x\longrightarrow +0$ のときを考えるから，$0<x<1$ としてよい。

$$\frac{\cos x-\cos x^2}{x-x^2}=-\sin c,\quad x^2<c<x$$

を満たす実数 c が存在する。

$\displaystyle\lim_{x\to+0}x^2=0,\ \lim_{x\to+0}x=0$ であるから　　$\displaystyle\lim_{x\to+0}c=0$

⇐ **はさみうちの原理**

よって　　$\displaystyle\lim_{x\to+0}\frac{\cos x-\cos x^2}{x-x^2}=\lim_{x\to+0}(-\sin c)=-\sin 0=0$

[2]　$x\longrightarrow -0$ のとき，$x<x^2$ であるから，区間 $[x,\ x^2]$ において平均値の定理を用いると

⇐ $x<0$ のとき，$x^2>0$ であるから　$x<x^2$

$$\frac{\cos x^2-\cos x}{x^2-x}=-\sin c,\quad x<c<x^2$$

を満たす実数 c が存在する。

$\displaystyle\lim_{x\to-0}x=0,\ \lim_{x\to-0}x^2=0$ であるから　　$\displaystyle\lim_{x\to-0}c=0$

⇐ **はさみうちの原理**

よって　　$\displaystyle\lim_{x\to-0}\frac{\cos x-\cos x^2}{x-x^2}=\lim_{x\to-0}\frac{\cos x^2-\cos x}{x^2-x}$

$\displaystyle=\lim_{x\to-0}(-\sin c)=-\sin 0=0$

[1]，[2] から　　$\displaystyle\lim_{x\to 0}\frac{\cos x-\cos x^2}{x-x^2}=\mathbf{0}$

⇐ 左側極限と右側極限が一致。

PRACTICE 75④

平均値の定理を用いて，次の極限を求めよ。

(1) $\displaystyle\lim_{x\to\infty}x\{\log(2x+1)-\log 2x\}$　　(2) $\displaystyle\lim_{x\to 0}\frac{e^{\sin x}-e^x}{\sin x-x}$

STEP UP 平均値の定理の証明

平均値の定理の図形的な意味は

連続かつ微分可能な関数のグラフ上に 2 点 A，B をとるとき，
直線 AB と平行な接線を，A，B 間の曲線上のある 1 点において引くことができる

ということである。
これが成り立つことは，図から直感的には明らかであるが，厳密には次に示す「ロルの定理」を用いて証明される。

① ロルの定理
関数 $f(x)$ が区間 $[a,\ b]$ で連続，区間 $(a,\ b)$ で微分可能なとき
$f(a)=f(b)$ ならば $f'(c)=0$，$a<c<b$ を満たす実数 c が存在する。

証明▶ [1] $f(a)=f(b)=0$ である場合

(ア) 区間 $[a,\ b]$ で常に $f(x)=0$ のとき
常に $f'(x)=0$ となり，定理は成り立つ。

(イ) $f(x)>0$ となる x の値があるとき
$f(x)$ は区間 $[a,\ b]$ で連続であるから，この区間の点 $x=c$ で最大値をとる。
$f(c)>0$，$f(a)=f(b)=0$ であるから，c は a，b のどちらでもない。
したがって　$a<c<b$
$f(c)$ は最大値であるから，$|\Delta x|$ が十分小さいとき　$f(c+\Delta x)\leqq f(c)$
よって　$\Delta y=f(c+\Delta x)-f(c)\leqq 0$

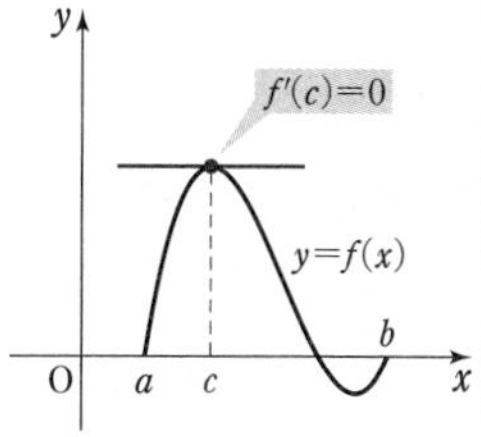

ゆえに　$\Delta x>0$ ならば $\dfrac{\Delta y}{\Delta x}\leqq 0$　よって　$\displaystyle\lim_{\Delta x\to +0}\frac{\Delta y}{\Delta x}\leqq 0$

$\Delta x<0$ ならば $\dfrac{\Delta y}{\Delta x}\geqq 0$　よって　$\displaystyle\lim_{\Delta x\to -0}\frac{\Delta y}{\Delta x}\geqq 0$

$f(x)$ は区間 $(a,\ b)$ で微分可能であるから

$$\lim_{\Delta x\to +0}\frac{\Delta y}{\Delta x}=\lim_{\Delta x\to -0}\frac{\Delta y}{\Delta x}=\lim_{\Delta x\to 0}\frac{\Delta y}{\Delta x}=0$$

すなわち $f'(c)=0$ である。

(ウ) $f(x)<0$ となる x の値があるとき
$f(x)$ が最小値をとるときの x の値 c について，(イ) と同様に考えると，$a<c<b$，$f'(c)=0$ である。

[2] 一般に $f(a)=f(b)$ である場合
$g(x)=f(x)-f(a)$ とすると，$f(a)=f(b)$ から　$g(a)=g(b)=0$
よって，[1] と同様にして $g'(c)=0$，$a<c<b$ であるような実数 c が存在する。
$f'(c)=g'(c)=0$ であるから，ロルの定理が成り立つ。

② **平均値の定理 (1)**

関数 $f(x)$ が区間 $[a,\ b]$ で連続，区間 $(a,\ b)$ で微分可能ならば

$\dfrac{f(b)-f(a)}{b-a}=f'(c)$，$a<c<b$ を満たす実数 c が存在する。

証明▶ $\dfrac{f(b)-f(a)}{b-a}=k$ …… ① とおき

$F(x)=f(x)-f(a)-k(x-a)$ を考えると

$F(a)=f(a)-f(a)-k(a-a)=0$

また，① から

$F(b)=f(b)-f(a)-k(b-a)=0$

よって，ロルの定理により

$F'(c)=0$，$a<c<b$ を満たす実数 c

が存在する。

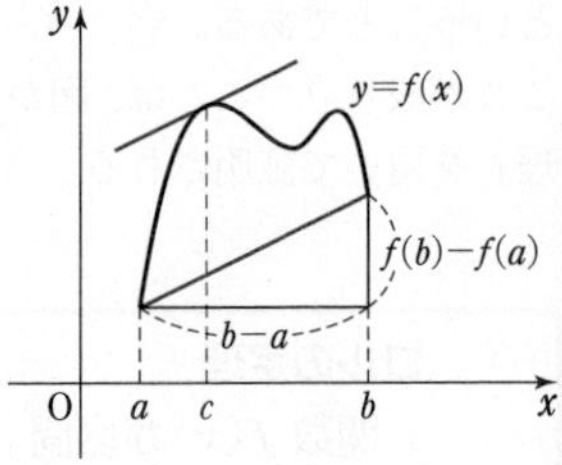

$F'(x)=f'(x)-k$ であるから

$F'(c)=f'(c)-k=0$

よって　$f'(c)=k$

これを ① に代入して，平均値の定理 (1) が成り立つ。

注意　ロルの定理は，平均値の定理 (1) の特別な場合である。

平均値の定理 (1) において，c は a と b の間にあるから，$b-a=h$，$\dfrac{c-a}{b-a}=\theta$ とおくと $b=a+h$，$c=a+\theta h$ となる。

よって　$\dfrac{f(a+h)-f(a)}{h}=f'(a+\theta h)$，$a<a+\theta h<a+h$

ゆえに，平均値の定理 (1) は次のようにも表される。

③ **平均値の定理 (2)**

関数 $f(x)$ が区間 $[a,\ a+h]$ で連続，区間 $(a,\ a+h)$ で微分可能ならば

$f(a+h)=f(a)+hf'(a+\theta h)$，$0<\theta<1$ を満たす実数 θ が存在する。

例　$f(x)=\sqrt{x}$，$a=1$，$h=3$ とすると　$f'(x)=\dfrac{1}{2\sqrt{x}}$

$f(1+3)=f(1)+3f'(1+3\theta)$ から

$2=1+\dfrac{3}{2\sqrt{1+3\theta}}$

よって　$\sqrt{1+3\theta}=\dfrac{3}{2}$

両辺を 2 乗して　$1+3\theta=\dfrac{9}{4}$

これを解いて　$\theta=\dfrac{5}{12}$　($0<\theta<1$ を満たす)

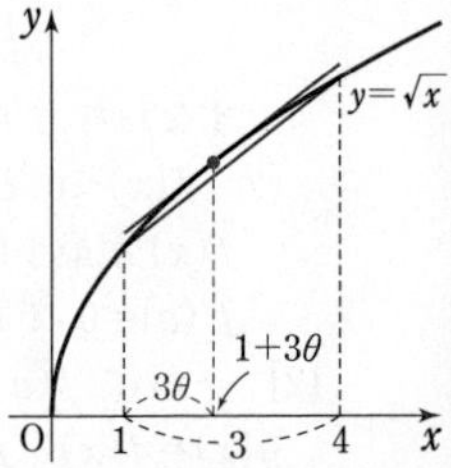

STEP UP ロピタルの定理

ここでは，$\dfrac{0}{0}$ や $\dfrac{\infty}{\infty}$ などの不定形の極限の計算に役立つ定理を紹介しておこう。

ロピタルの定理

関数 $f(x)$，$g(x)$ が $x=a$ を含む区間で連続，a 以外では微分可能で
$\displaystyle\lim_{x\to a}f(x)=\lim_{x\to a}g(x)=0$，$g'(x)\neq 0$　のとき

$$\lim_{x\to a}\frac{f'(x)}{g'(x)}=l\ \text{（有限確定値）　ならば}\quad \lim_{x\to a}\frac{f(x)}{g(x)}=l$$

注意　$\displaystyle\lim_{x\to a}f(x)=0$，$\displaystyle\lim_{x\to a}g(x)=0$ の代わりに $\displaystyle\lim_{x\to a}|f(x)|=\infty$，$\displaystyle\lim_{x\to a}|g(x)|=\infty$ としても，上の関係は成り立つ。また，$x=a$ で微分可能であっても，もちろん成り立つ。

解説　平均値の定理の一般化である次の定理を利用する。

$f(x)$，$g(x)$ が $a\leqq x\leqq b$ で連続，$a<x<b$ で微分可能かつ，$g(a)\neq g(b)$ ならば
$\dfrac{f(b)-f(a)}{g(b)-g(a)}=\dfrac{f'(c)}{g'(c)}$，$a<c<b$ を満たす定数 c が存在する。

（この証明は $F(x)=f(x)-f(a)-k\{g(x)-g(a)\}$，$k=\dfrac{f(b)-f(a)}{g(b)-g(a)}$ とおくと $F(a)=F(b)=0$ で，ロルの定理により $F'(c)=0$ を満たす c が存在することから得られる。）

この定理を用いると，$\displaystyle\lim_{x\to a}f(x)=\lim_{x\to a}g(x)=0$ のとき $f(a)=g(a)=0$ であるから

$$\frac{f(x)}{g(x)}=\frac{f(x)-f(a)}{g(x)-g(a)}=\frac{f'(c)}{g'(c)}\quad a<c<x\quad \text{または}\quad x<c<a$$

$x\longrightarrow a$ のとき $c\longrightarrow a$ となるから　$\displaystyle\lim_{x\to a}\frac{f(x)}{g(x)}=\lim_{c\to a}\frac{f'(c)}{g'(c)}$

よって　$\displaystyle\lim_{x\to a}\frac{f(x)}{g(x)}=\lim_{x\to a}\frac{f'(x)}{g'(x)}=l$

例　$\displaystyle\lim_{x\to 0}(e^x-1)=0$，$\displaystyle\lim_{x\to 0}\sin 3x=0$ であるから

$$\lim_{x\to 0}\frac{e^x-1}{\sin 3x}=\lim_{x\to 0}\frac{(e^x-1)'}{(\sin 3x)'}=\lim_{x\to 0}\frac{e^x}{3\cos 3x}=\frac{e^0}{3\cos 0}=\frac{1}{3}$$

INFORMATION　ロピタルの定理の注意点

1. $x\longrightarrow a+0$，$x\longrightarrow a-0$ の場合も $f(x)$，$g(x)$ の微分可能な範囲を適当に変更して同様なことが成り立つ。
2. ロピタルの定理は利用価値が高い定理であるが，高校で学習する内容に含まれていないので，答案としてではなく **検算** として役立てるとよい。

問題　ロピタルの定理を用いて，次の極限を求めよ。

(1) $\displaystyle\lim_{x\to 1}\frac{x^3-1}{2x^2-3x+1}$　(2) $\displaystyle\lim_{x\to 1}\frac{\sin\pi x}{x-1}$　(3) $\displaystyle\lim_{x\to 0}\frac{x-\tan x}{x^3}$

(4) $\displaystyle\lim_{x\to\infty}x(1-e^{\frac{1}{x}})$　(5) $\displaystyle\lim_{x\to +0}x\log x$

（問題の解答は解答編 $p.115$ にある）

EXERCISES　9 接線と法線，平均値の定理

A

65❷ (1) 曲線 $y=\log(\log x)$ の $x=e^2$ における接線の方程式を求めよ。

(2) 曲線 $2x^2-2xy+y^2=5$ 上の点 $(1,\ 3)$ における接線の方程式を求めよ。

(3) t を媒介変数として，$\begin{cases} x=e^t \\ y=e^{-t^2} \end{cases}$ で表される曲線を C とする。

曲線 C 上の $t=1$ に対応する点における接線の方程式を求めよ。

〔(2) 東京理科大　(3) 類 東京理科大〕 ➡ 67, 69, 70

66❷ 2つの曲線 $y=x^2+ax+b$，$y=\dfrac{c}{x}+2$ は，点 $(2,\ 3)$ で交わり，この点における接線は互いに直交するという。定数 a，b，c の値を求めよ。

➡ 67, 71

B

67❸ (1) 曲線 $y=\dfrac{1}{2}(e^x+e^{-x})$ 上の点Pにおける接線の傾きが1になるとき，点Pの y 座標を求めよ。〔法政大〕

(2) 曲線 $y=x\cos x$ の接線で，原点を通るものをすべて求めよ。

〔武蔵工大〕 ➡ 67, 68

68❹ 原点を P_1，曲線 $y=e^x$ 上の点 $(0,\ 1)$ を Q_1 とし，以下順に，この曲線上の点 Q_{n-1} における接線と x 軸との交点 $(x_n,\ 0)$ を P_n，曲線上の点 $(x_n,\ e^{x_n})$ を Q_n とする $(n=2,\ 3,\ 4,\ \cdots\cdots)$。$x_n=$ ア□ であり，三角形 $P_nQ_nP_{n+1}$ の面積を S_n とすると $\displaystyle\sum_{n=1}^{\infty}S_n=$ イ□ である。〔中央大〕 ➡ 29, 67

69❹ 曲線 $\sqrt[3]{x}+\sqrt[3]{y}=1$ $(x\geqq 0,\ y\geqq 0)$ の概形は右図のようになる。この曲線上の点で座標軸上にはない点Pにおける接線が x 軸，y 軸と交わる点をそれぞれA，Bとするとき，OA+OB の最小値を求めよ。ただし，Oは原点とする。〔類 筑波大〕 ➡ 69

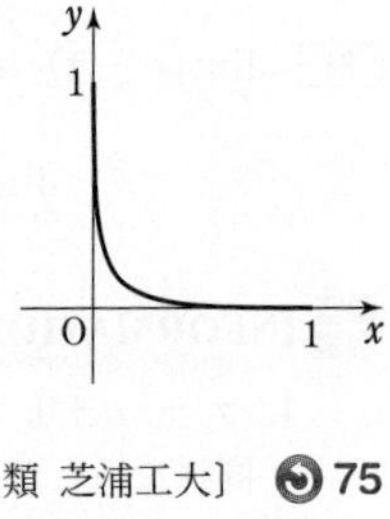

70❹ 極限 $\displaystyle\lim_{x\to 0}\frac{\sin x-\sin(\sin x)}{\sin x-x}$ を求めよ。〔類 芝浦工大〕 ➡ 75

HINT

67 (1) $y'=1$ となる x の値は，$\dfrac{1}{2}\left(e^x-\dfrac{1}{e^x}\right)=1$ の解。$e^x>0$ に注意。

(2) 曲線上の点 $(a,\ a\cos a)$ における接線のうち，原点を通るものを求める。

68 $Q_n(x_n,\ e^{x_n})$ における接線の方程式を求めることにより，x_{n+1} と x_n の漸化式を作る。

69 まず，$\sqrt[3]{x}+\sqrt[3]{y}=1$ の両辺を x で微分。次に，$P(x_1,\ y_1)$ $(0<x_1<1,\ 0<y_1<1)$ として，点Pにおける接線の方程式を求める。

OA+OB の最小値は，**2次関数の最小値の問題** に帰着 ⟶ 2次式を平方完成する。

70 平均値の定理を用いる。

10 関数の値の変化，最大と最小

基本事項

1 関数の増減

関数 $f(x)$ が区間 $[a,\ b]$ で連続で，区間 $(a,\ b)$ で微分可能であるとする。

1　区間 $(a,\ b)$ で常に $\boldsymbol{f'(x)>0}$ ならば，$f(x)$ は区間 $[a,\ b]$ で **増加** する。
2　区間 $(a,\ b)$ で常に $\boldsymbol{f'(x)<0}$ ならば，$f(x)$ は区間 $[a,\ b]$ で **減少** する。
3　区間 $(a,\ b)$ で常に $\boldsymbol{f'(x)=0}$ ならば，$f(x)$ は区間 $[a,\ b]$ で **定数** である。

上の 3 を用いると，更に次のことが導かれる。

関数 $f(x)$，$g(x)$ がともに区間 $[a,\ b]$ で連続で，区間 $(a,\ b)$ で微分可能であるとき，区間 $(a,\ b)$ で常に $g'(x)=f'(x)$ ならば，次のことが成り立つ。

区間 $[a,\ b]$ で　$g(x)=f(x)+C$　　ただし，C は定数

注意　1，2 については，**逆は成り立たない**。すなわち，$f(x)$ がある区間で増加するからといって，その区間で常に $f'(x)>0$ とは限らない。減少するときも同様。
例えば，$f(x)=x^3$ は区間 $[-1,\ 1]$ で増加するが，$f'(0)=0$ である。

2 関数の極大と極小

① **定義**

関数 $f(x)$ が連続で，$x=a$ を含む十分小さい開区間において

「$x \neq a$ ならば $f(x)<f(a)$」であるとき

$f(x)$ は $x=a$ で **極大**，$f(a)$ を **極大値**

「$x \neq a$ ならば $f(x)>f(a)$」であるとき

$f(x)$ は $x=a$ で **極小**，$f(a)$ を **極小値**

という。

極大値と極小値をまとめて **極値** という。

② 関数 $f(x)$ が $x=a$ を境目として
増加から減少に移ると $f(a)$ は極大値
減少から増加に移ると $f(a)$ は極小値

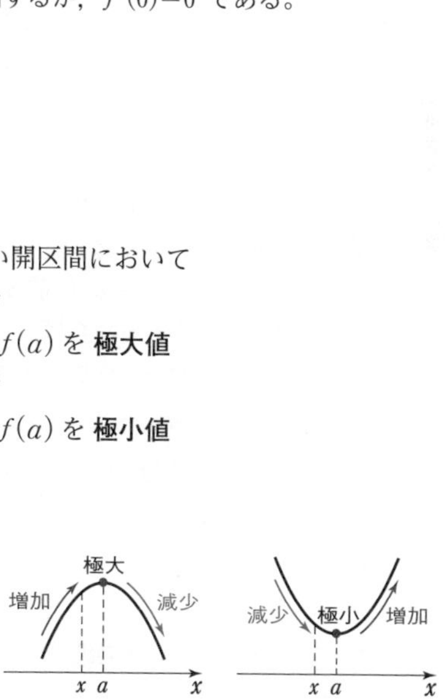

③ **極値をとるための必要条件**

関数 $f(x)$ が $x=a$ で微分可能であるとき

$\boldsymbol{f(x)}$ **が** $\boldsymbol{x=a}$ **で極値をとるならば**　　$\boldsymbol{f'(a)=0}$

ただし，逆は成り立たない。すなわち，$f'(a)=0$ であっても，$f(x)$ が $x=a$ で極値をとるとは限らない。例えば，$f(x)=x^3$ については $f'(0)=0$ であるが，$x=0$ の前後で $f'(x)=3x^2>0$ であるから $x=0$ で極値をとらない。

注意　微分不可能な点で極値をとることもある（基本例題 76 (3) 参照）。

3 関数の最大と最小

区間 $[a,\ b]$ で連続な関数 $f(x)$ の最大値・最小値は

[1]　$a \leqq x \leqq b$ における $f(x)$ の極大値・極小値

[2]　区間の両端の値 $f(a)$, $f(b)$

を比較して求める。

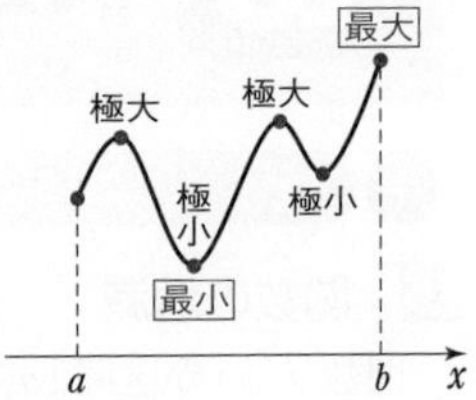

注意　区間 $(a,\ b)$ における $f(x)$ の最大値，最小値を求めるには，$f(x)$ の極値と $\lim_{x\to a+0} f(x)$, $\lim_{x\to b-0} f(x)$ の値を比較する必要がある。また，区間 $(a,\ \infty)$ の場合は，$\lim_{x\to\infty} f(x)$ とも比較する。

なお，開区間においては，最大値や最小値が存在しない場合もある。

4 曲線の凹凸・変曲点

関数 $f(x)$ は第 2 次導関数 $f''(x)$ をもつとする。

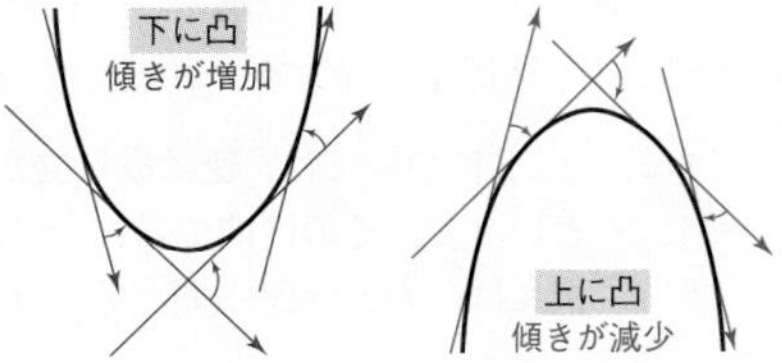

① **曲線の凹凸**

曲線 $y=f(x)$ は

$f''(x)>0$ である区間では **下に凸**,

$f''(x)<0$ である区間では **上に凸**

である。

② **変曲点**

曲線の凹凸が入れ替わる境目の点を **変曲点** という。

$f''(a)=0$ のとき，$x=a$ の前後で $f''(x)$ の符号が変わるならば，点 $(a,\ f(a))$ は曲線の変曲点である。

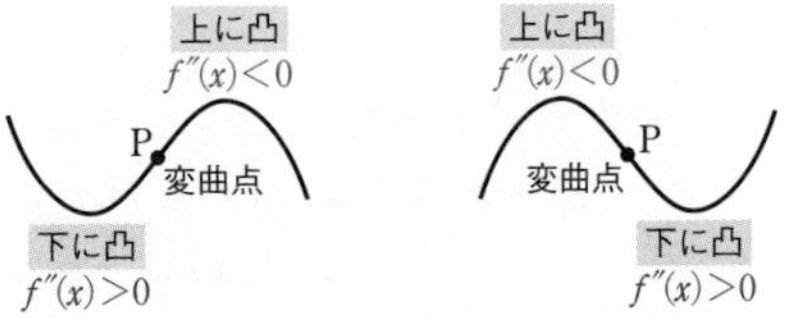

③ **変曲点であるための必要条件**

点 $(a,\ f(a))$ が曲線 $y=f(x)$ の変曲点ならば　　**$f''(a)=0$**

ただし，逆は成り立たない。すなわち，$f''(a)=0$ であっても，点 $(a,\ f(a))$ が変曲点であるとは限らない (PRACTICE 82 (1) 参照)。

5 いろいろなグラフの概形をかく手順

[1]　**定義域**　x, y の変域に気をつけて，まず，グラフの存在範囲を求める。

[2]　**対称性**　x 軸，y 軸，原点に関して対称ではないか？
そのほか，点・直線に関して対称ではないか？　を調べる。

[3]　**増減・極値**　y' の符号の変化を調べる。

[4]　**凹凸・変曲点**　y'' の符号の変化を調べる。

[5]　**漸近線**　$x \longrightarrow \pm\infty$ のときの y や，$y \longrightarrow \pm\infty$ となる x を調べる。

[6]　**座標軸との交点**　$x=0$ のときの y の値，$y=0$ のときの x の値を求める。

6 漸近線

関数 $y=f(x)$ のグラフの漸近線についてまとめると次の表のようになる。
詳しい解説は，$p.145$ の STEP UP を参照。

極　限 （いずれかが成り立つとき）	$\lim_{x\to\infty} f(x)=b$ $\lim_{x\to-\infty} f(x)=b$	$\lim_{x\to a+0} f(x)=\infty$ $\lim_{x\to a-0} f(x)=\infty$ $\lim_{x\to a+0} f(x)=-\infty$ $\lim_{x\to a-0} f(x)=-\infty$	$\lim_{x\to\infty}\{f(x)-(ax+b)\}=0$ $\lim_{x\to-\infty}\{f(x)-(ax+b)\}=0$
漸近線	$\boldsymbol{y=b}$	$\boldsymbol{x=a}$	$\boldsymbol{y=ax+b}$
グラフの例	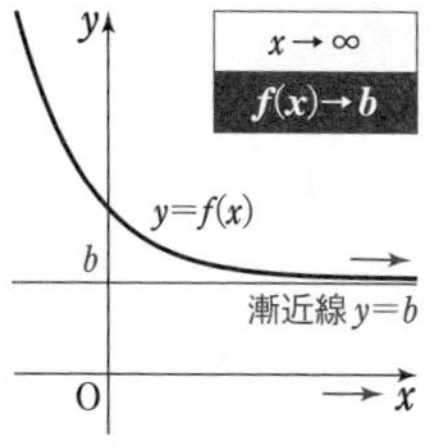	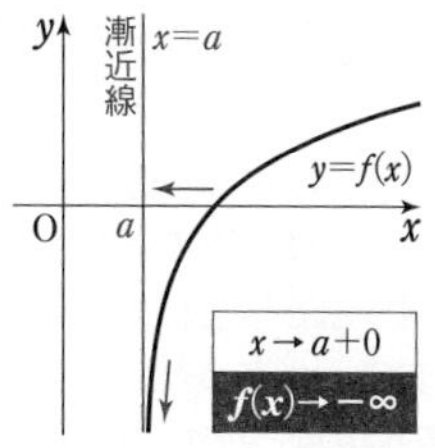	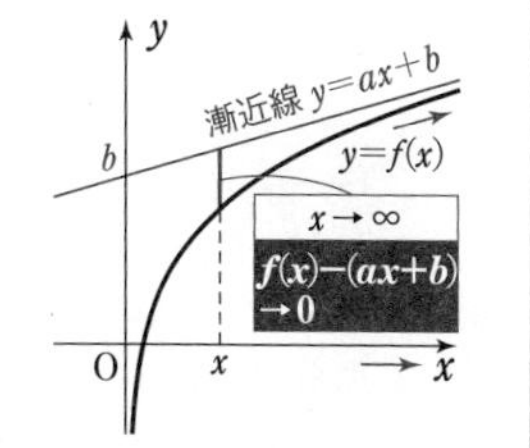

7 第 2 次導関数と極値

$x=a$ を含むある区間で $f''(x)$ は連続であるとする。

1 **$f'(a)=0$ かつ $f''(a)<0$**
　ならば，$f(a)$ は **極大値**

2 **$f'(a)=0$ かつ $f''(a)>0$**
　ならば，$f(a)$ は **極小値**

x	$\cdots$	a	$\cdots$
$f''(x)$	$-$	$-$	$-$
$f'(x)$	$+$	0	$-$
$f(x)$	↗	極大	↘

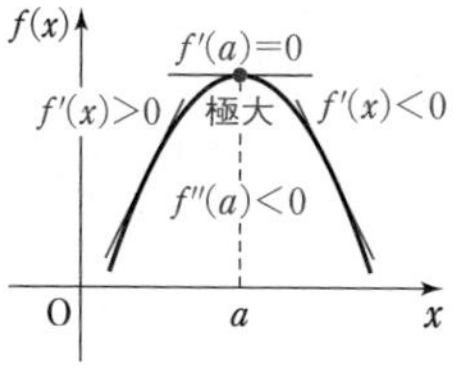

$x=a$ で極大となる場合の増減表とグラフ

CHECK & CHECK

19 次の関数の増減を調べよ。

(1) $y=3^x+x$　　(2) $y=\dfrac{1}{x}-\sqrt{x}$

(3) $y=2\sin x-3x$ $(0\leqq x\leqq 2\pi)$　⊙ 1

20 次の関数の極値を求めよ。

(1) $y=x^4-2x^2+1$　　(2) $y=xe^x$　⊙ 2

21 関数 $y=\dfrac{1}{x-2}-x$ のグラフの漸近線を求めよ。　⊙ 6

22 第 2 次導関数を利用して，関数 $y=x^3-3x+1$ の極値を求めよ。　⊙ 7

基本 例題 76 関数の極値 (1) (基本)

次の関数の極値を求めよ。

(1) $y=\dfrac{x^2+4}{2x}$　　(2) $y=\dfrac{\log x}{x^2}$　　(3) $y=|x|\sqrt{x+3}$

p.131 基本事項 1, 2

CHART & SOLUTION

関数の極値の求め方

① $f'(x)=0$ となる x の値を求める

② $f'(x)$ の符号の変化を調べ，増減表を作る

まず，関数の定義域を確認する。

(1) (分母)$\neq 0$　　(2) (分母)$\neq 0$ かつ (真数)>0　　(3) ($\sqrt{\ }$ の中)$\geqq 0$

そして，関数を微分して増減表を作り，極値を求める。

注意 解法の手順は数学IIの微分法で学習した手順と同様であるが，扱う関数が増えたり，微分可能でない点を含むことがあったりすることに注意。例えば，(3) は $x=0$ で微分可能ではないが，その点の前後での y' の符号の変化を調べて極値かどうか判断する必要がある。

解答

(1) 関数 y の定義域は $x\neq 0$ である。

$y=\dfrac{x^2+4}{2x}=\dfrac{1}{2}x+\dfrac{2}{x}$ であるから

$$y'=\frac{1}{2}+2\cdot\left(-\frac{1}{x^2}\right)=\frac{x^2-4}{2x^2}=\frac{(x+2)(x-2)}{2x^2}$$

$y'=0$ とすると　$x=-2,\ 2$

y の増減表は次のようになる。

x	$\cdots$	-2	$\cdots$	0	$\cdots$	2	$\cdots$
y'	$+$	0	$-$	／	$-$	0	$+$
y	↗	極大 -2	↘	／	↘	極小 2	↗

よって，y は

$x=-2$ で極大値 -2，$x=2$ で極小値 2

をとる。

(2) 関数 y の定義域は $x>0$ である。

$$y'=\frac{\frac{1}{x}\cdot x^2-(\log x)\cdot 2x}{(x^2)^2}=\frac{1-2\log x}{x^3}$$

$y'=0$ とすると　$\log x=\dfrac{1}{2}$

ゆえに　$x=\sqrt{e}$

⇐ (分子の次数)＜(分母の次数)の形に変形する。
y' の計算は，商の微分法から
$y'=\dfrac{2x\cdot 2x-(x^2+4)\cdot 2}{(2x)^2}=\dfrac{2x^2-8}{4x^2}=\dfrac{x^2-4}{2x^2}$
としてもよい。

⇐ 極値を与える x の値も書くようにする。

⇐ $y=\dfrac{1}{x^2}\cdot\log x$ とみて，
$y'=-\dfrac{2}{x^3}\log x+\dfrac{1}{x^2}\cdot\dfrac{1}{x}=\dfrac{1-2\log x}{x^3}$
としてもよい。

y の増減表は次のようになる。

x	0	$\cdots$	$\sqrt{e}$	$\cdots$
y'	／	$+$	0	$-$
y	／	↗	極大 $\frac{1}{2e}$	↘

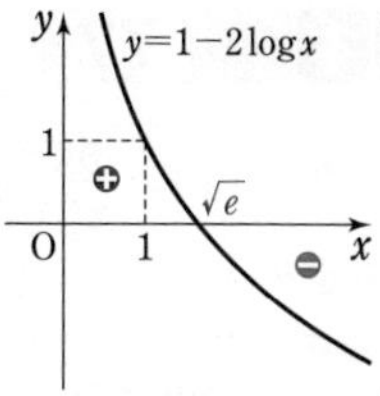

よって，y は $\boldsymbol{x=\sqrt{e}}$ で**極大値** $\boldsymbol{\frac{1}{2e}}$ をとる。

⇦ 極小値はなし。

(3) 関数 y の定義域は $x+3\geqq 0$ から $x\geqq -3$ である。

$x\geqq 0$ のとき　$y=x\sqrt{x+3}$

$x>0$ において　$y'=\sqrt{x+3}+\frac{x}{2\sqrt{x+3}}=\frac{3(x+2)}{2\sqrt{x+3}}$

⇦ $y'=\frac{\sqrt{x+3}\cdot 2\sqrt{x+3}+x}{2\sqrt{x+3}}$
$=\frac{2(x+3)+x}{2\sqrt{x+3}}$

よって，$x>0$ では，常に　$y'>0$

$-3\leqq x<0$ のとき　$y=-x\sqrt{x+3}$

$-3<x<0$ において　$y'=-\frac{3(x+2)}{2\sqrt{x+3}}$

$y'=0$ とすると　$x=-2$

以上から，y の増減表は次のようになる。

x	-3	$\cdots$	-2	$\cdots$	0	$\cdots$
y'	／	$+$	0	$-$	／	$+$
y	0	↗	極大 2	↘	極小 0	↗

(3) $f(x)=|x|\sqrt{x+3}$ とすると
$\lim_{x\to+0}\frac{f(x)-0}{x-0}=\sqrt{3}$
$\lim_{x\to-0}\frac{f(x)-0}{x-0}=-\sqrt{3}$
から，$f(x)$ は $x=0$ で微分可能ではない。

よって，y は

$\boldsymbol{x=-2}$ で**極大値** $\boldsymbol{2}$，$\boldsymbol{x=0}$ で**極小値** $\boldsymbol{0}$ をとる。

参考　グラフの概形はそれぞれ次のようになる。

(1) $y=\frac{x^2+4}{2x}$　　(2) $y=\frac{\log x}{x^2}$　　(3) $y=|x|\sqrt{x+3}$

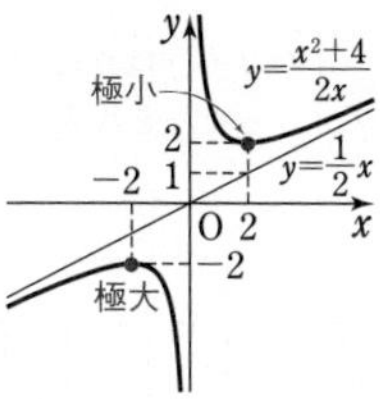

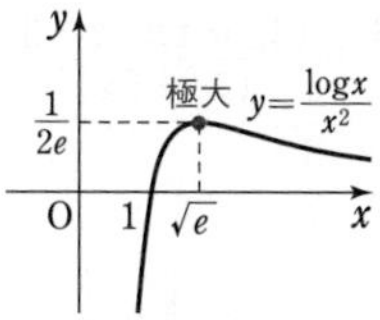

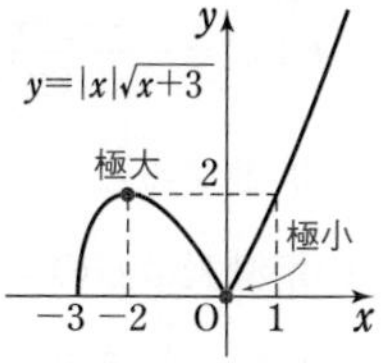

(3)のように，**微分可能でない点でも極値をとることがある** ので注意しよう。

PRACTICE 76❷

次の関数の極値を求めよ。

(1) $y=\frac{1}{x^2+x+1}$　　(2) $y=\frac{3x-1}{x^3+1}$　　(3) $y=xe^{-x^2}$

(4) $y=|x-1|e^x$　　(5) $y=(1-\sin x)\cos x$ $(0\leqq x\leqq 2\pi)$

基本 例題 77 極値から係数決定

関数 $f(x)=\dfrac{px+q}{x^2+3x}$ が $x=-\dfrac{1}{3}$ で極値 -9 をとるように，定数 p, q の値を定めよ。 〔室蘭工大〕

➲ p.131 基本事項 2，基本 76

CHART & SOLUTION

$f(x)$ が $x=\alpha$ で極値をとる $\Longrightarrow$ $f'(\alpha)=0$ （逆は成り立たない）

$f(x)$ が $x=-\dfrac{1}{3}$ で極値 -9 をとる $\longrightarrow$ $f'\left(-\dfrac{1}{3}\right)=0$, $f\left(-\dfrac{1}{3}\right)=-9$

ただし，$f'\left(-\dfrac{1}{3}\right)=0$ であるからといって，$x=-\dfrac{1}{3}$ で極値をとるとは限らない（**必要条件**）。

解答の「逆に」以下で **十分条件であることを確認** する。…… ❗

解答

$x^2+3x=x(x+3)$ から，$f(x)$ の定義域は　$x\neq-3$, $x\neq0$

$$f'(x)=\frac{p(x^2+3x)-(px+q)(2x+3)}{(x^2+3x)^2}=-\frac{px^2+2qx+3q}{(x^2+3x)^2}{}^{*}$$

$f(x)$ は $x=-\dfrac{1}{3}$ で微分可能であるから，$f(x)$ が $x=-\dfrac{1}{3}$ で極値 -9 をとるならば　$f'\left(-\dfrac{1}{3}\right)=0$, $f\left(-\dfrac{1}{3}\right)=-9$

$f'\left(-\dfrac{1}{3}\right)=0$ から　$p+21q=0$ …… ①

$f\left(-\dfrac{1}{3}\right)=-9$ から　$p-3q=-24$ …… ②

①, ② を解いて　$p=-21$, $q=1$

❗ 逆に，$p=-21$, $q=1$ のとき

$$f(x)=\frac{-21x+1}{x^2+3x},$$

$$f'(x)=-\frac{-21x^2+2x+3}{(x^2+3x)^2}=\frac{(3x+1)(7x-3)}{(x^2+3x)^2}$$

$f'(x)=0$ とすると　$x=-\dfrac{1}{3}$, $\dfrac{3}{7}$

$f(x)$ の増減表は右のようになり，確かに $x=-\dfrac{1}{3}$ で極大値 -9 をとる。

したがって　**$p=-21$, $q=1$**

x	…	-3	…	$-\frac{1}{3}$	…	0	…	$\frac{3}{7}$	…
$f'(x)$	+	／	+	0	−	／	−	0	+
$f(x)$	↗	／	↗	極大 -9	↘	／	↘	極小	↗

⇦ (分母)$\neq0$

⇦ $\left(\dfrac{f}{g}\right)'=\dfrac{f'g-fg'}{g^2}$

⇦ **必要条件**

⇦ $p\left(-\dfrac{1}{3}\right)^2+2q\left(-\dfrac{1}{3}\right)+3q=0$

⇦ $\dfrac{p\left(-\frac{1}{3}\right)+q}{\left(-\frac{1}{3}\right)^2+3\cdot\left(-\frac{1}{3}\right)}=-9$

⇦ 求めた p, q が **十分条件であることを確認。**

⇦ $f'(x)$ は＊に $p=-21$, $q=1$ を代入するとよい。

PRACTICE 77❷

関数 $f(x)=\dfrac{ax+b}{x^2+1}$ が $x=\sqrt{3}$ で極大値 $\dfrac{1}{2}$ をとるように，定数 a, b の値を定めよ。

基本 例題 78　関数の最大・最小 (1)（増減表利用）

関数 $f(x)=e^{-x}\sin x$ の最大値，最小値を求めよ。ただし，$0\leqq x\leqq\dfrac{\pi}{2}$ とする。

p.132 基本事項 3，基本 76

CHART & SOLUTION

最大・最小　増減表を利用　極値 と 端の値 に注目 ……!

まず，与えられた区間で増減表を作ることから始める。**区間の両端の値と極値を比較して，最大・最小となるものを見つける。**

解答

$$f'(x)=-e^{-x}\sin x+e^{-x}\cos x=e^{-x}(-\sin x+\cos x)$$

$$=\sqrt{2}\,e^{-x}\sin\left(x+\frac{3}{4}\pi\right)$$

⇦ $(fg)'=f'g+fg'$

⇦ 三角関数の合成

$f'(x)=0$ とすると　$\sin\left(x+\dfrac{3}{4}\pi\right)=0$

⇦ $e^{-x}>0$

$0<x<\dfrac{\pi}{2}$ であるから　$\dfrac{3}{4}\pi<x+\dfrac{3}{4}\pi<\dfrac{5}{4}\pi$

よって　$x+\dfrac{3}{4}\pi=\pi$　　ゆえに　$x=\dfrac{\pi}{4}$

$0\leqq x\leqq\dfrac{\pi}{2}$ における $f(x)$ の増減表は右のようになる。

x	0	$\cdots$	$\dfrac{\pi}{4}$	$\cdots$	$\dfrac{\pi}{2}$
$f'(x)$	／	$+$	0	$-$	／
$f(x)$	0	↗	極大 $\dfrac{1}{\sqrt{2}\,e^{\frac{\pi}{4}}}$	↘	$\dfrac{1}{e^{\frac{\pi}{2}}}$

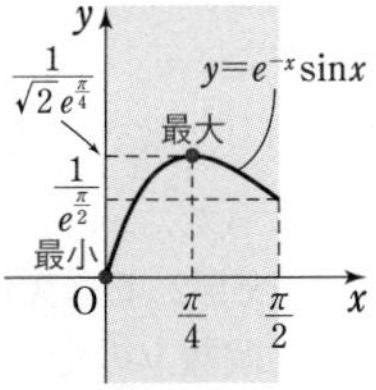

! ここで　$0<\dfrac{1}{e^{\frac{\pi}{2}}}$

⇦ $f(0)<f\left(\dfrac{\pi}{2}\right)$

したがって，$f(x)$ は

$x=\dfrac{\pi}{4}$ で最大値 $\dfrac{1}{\sqrt{2}\,e^{\frac{\pi}{4}}}$，$x=0$ で最小値 0　をとる。

INFORMATION　「最大・最小」と「極大・極小」

最大・最小と極大・極小は別のもので，例えば，極大値は必ずしも最大値ではないし，最小値であっても極小値でない場合もある。

極大・極小は，その点を含む十分小さい開区間での最大・最小であって，区間全体における最大・最小とは限らない。

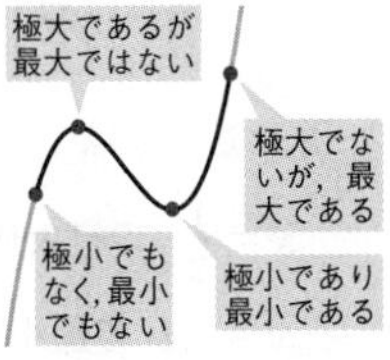

PRACTICE 78 ❷

次の関数の最大値，最小値を求めよ。　〔(2) 関西大〕

(1) $f(x)=-9x^4+8x^3+6x^2\left(-\dfrac{1}{3}\leqq x\leqq 2\right)$　(2) $f(x)=2\cos x+\sin 2x\ (-\pi\leqq x\leqq\pi)$

基本 例題 79　関数の最大・最小 (2)（端点なども検討）

次の関数の最大値，最小値とそのときの x の値を求めよ。

(1) $y=\dfrac{2(x-1)}{x^2-2x+2}$　〔東京女子医大〕　(2) $y=(x+1)\sqrt{1-x^2}$　〔類 長岡技科大〕

基本 78

CHART & SOLUTION

最大・最小　増減表を利用　極値 と 端の値 に注目

(1) $x^2-2x+2=(x-1)^2+1>0$ から，定義域は実数全体 $(-\infty<x<\infty)$。
よって，端の値 としては $\displaystyle\lim_{x\to\pm\infty} y$ にも注目。

解答

(1) $y'=\dfrac{2(x^2-2x+2)-2(x-1)(2x-2)}{(x^2-2x+2)^2}=-\dfrac{2x(x-2)}{(x^2-2x+2)^2}$

⇐ 分母は常に正。

$y'=0$ とすると　$x=0,\ 2$

⇐ $2x(x-2)=0$

y の増減表は右のようになる。

x	$\cdots$	0	$\cdots$	2	$\cdots$
y'	$-$	0	$+$	0	$-$
y	↘	極小 -1	↗	極大 1	↘

また

$\displaystyle\lim_{x\to-\infty} y=0,\ \lim_{x\to\infty} y=0$

⇐ $y=\dfrac{2\left(\frac{1}{x}-\frac{1}{x^2}\right)}{1-\frac{2}{x}+\frac{2}{x^2}}$ から。

よって，y は

$x=2$ で最大値 1，$x=0$ で最小値 -1 をとる。

(1)

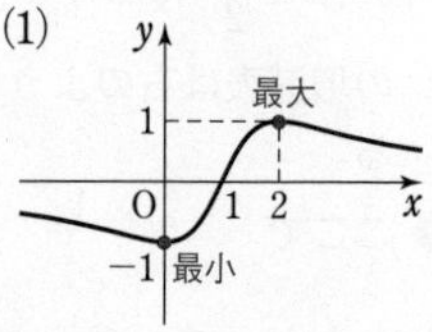

(2) 関数 y の定義域は，$1-x^2\geqq 0$ から　$-1\leqq x\leqq 1$

$-1<x<1$ のとき

$$y'=1\cdot\sqrt{1-x^2}+(x+1)\cdot\frac{-2x}{2\sqrt{1-x^2}}$$

$$=-\frac{2x^2+x-1}{\sqrt{1-x^2}}=-\frac{(x+1)(2x-1)}{\sqrt{1-x^2}}$$

$y'=0$ とすると　$x=\dfrac{1}{2}$

y の増減表は右のようになる。

x	-1	$\cdots$	$\frac{1}{2}$	$\cdots$	1
y'	／	$+$	0	$-$	／
y	0	↗	極大 $\frac{3\sqrt{3}}{4}$	↘	0

よって，y は

$x=\dfrac{1}{2}$ で最大値 $\dfrac{3\sqrt{3}}{4}$，

$x=\pm1$ で最小値 0

をとる。

(2)

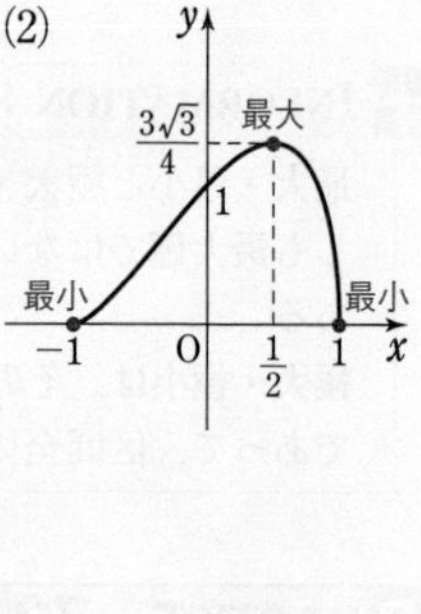

PRACTICE 79②

次の関数の最大値，最小値を求めよ。

(1) $y=\sqrt{x-1}+\sqrt{2-x}$　〔東京電機大〕　(2) $y=x\log x-2x$　〔類 京都産大〕

基本 例題 80 最大値・最小値から係数決定

関数 $y=e^x\{2x^2-(p+4)x+p+4\}$ $(-1\leqq x\leqq 1)$ の最大値が 7 であるとき，正の定数 p の値を求めよ。

基本 78

CHART & SOLUTION

最大・最小　増減表を利用　極値 と 端の値 に注目

$y'=0$ を満たす x の値に注意して，**場合分け** をして増減表を作る。

解答

$y'=e^x\{2x^2-(p+4)x+p+4\}+e^x\{4x-(p+4)\}$
$=x(2x-p)e^x$

⇐ $(fg)'=f'g+fg'$

$y'=0$ とすると　$x=0,\ \dfrac{p}{2}$

⇐ $x=0$ は定義域内にある。**$x=\dfrac{p}{2}(>0)$ が $0<x<1$ にあるか，$x\geqq 1$ にあるかで場合分け** して増減表を作る。

[1] $\dfrac{p}{2}\geqq 1$ すなわち $p\geqq 2$ のとき

$-1\leqq x\leqq 1$ における y の増減表は右のようになり，$x=0$ で極大かつ最大となる。

x	-1	$\cdots$	0	$\cdots$	1
y'	／	$+$	0	$-$	／
y		↗	極大 $p+4$	↘	

よって　$p+4=7$

⇐ (最大値)$=7$

ゆえに　$p=3$

これは $p\geqq 2$ を満たす。

[2] $0<\dfrac{p}{2}<1$ すなわち $0<p<2$ のとき

$-1\leqq x\leqq 1$ における y の増減表は次のようになる。

x	-1	$\cdots$	0	$\cdots$	$\dfrac{p}{2}$	$\cdots$	1
y'	／	$+$	0	$-$	0	$+$	／
y		↗	極大 $p+4$	↘	極小	↗	$2e$

$x=0$ で $y=p+4<6$,　$x=1$ で $y=2e<6$

よって，最大値が 7 になることはない。

⇐ 最大になりうるのは $x=0$ (極大) または $x=1$ (端点) のとき。$e=2.718\cdots\cdots$ から $e<3$

[1]，[2] から　$\boldsymbol{p=3}$

PRACTICE 80[3]

関数 $f(x)=\dfrac{a\sin x}{\cos x+2}$ $(0\leqq x\leqq \pi)$ の最大値が $\sqrt{3}$ となるように定数 a の値を定めよ。

〔信州大〕

基本 例題 81 平面図形に関する最大・最小

a を正の定数とする。台形 ABCD が AD∥BC, AB＝AD＝CD＝a, BC＞a を満たしているとき，台形 ABCD の面積 S の最大値を求めよ。

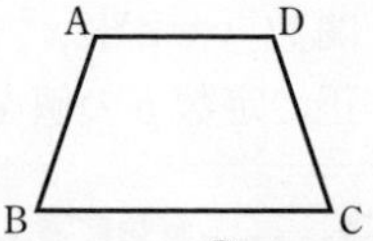

〔類 日本女子大〕

基本 78

CHART & THINKING

文章題の解法

最大・最小を求めたい量を式で表しやすいように変数を選ぶ

与えられた図形は，AB＝DC の等脚台形である。何を変数としたらよいだろうか？

⟶ **∠ABC＝∠DCB＝θ** として，面積 S を a と θ で表す。変数 θ のとりうる範囲を求めておくこと。

解答

∠ABC＝∠DCB＝θ とすると

$$0<\theta<\frac{\pi}{2}$$

このとき

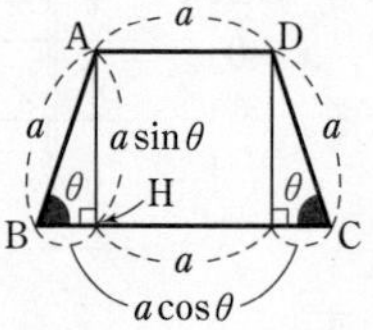

$$S=\frac{1}{2}\{a+(2a\cos\theta+a)\}\cdot a\sin\theta$$
$$=a^2\sin\theta(\cos\theta+1)$$
$$\frac{dS}{d\theta}=a^2\{\cos\theta(\cos\theta+1)+\sin\theta(-\sin\theta)\}$$
$$=a^2\{\cos\theta(\cos\theta+1)-(1-\cos^2\theta)\}$$
$$=a^2(\cos\theta+1)(2\cos\theta-1)$$

$\frac{dS}{d\theta}=0$ とすると　$\cos\theta=-1,\ \frac{1}{2}$

$0<\theta<\frac{\pi}{2}$ から　$\theta=\frac{\pi}{3}$

$0<\theta<\frac{\pi}{2}$ における S の増減表は右のようになるから，S は $\theta=\frac{\pi}{3}$ で最大値 $\boldsymbol{\frac{3\sqrt{3}}{4}a^2}$ をとる。

θ	0	…	$\frac{\pi}{3}$	…	$\frac{\pi}{2}$
$\frac{dS}{d\theta}$	／	＋	0	－	／
S	／	↗	極大 $\frac{3\sqrt{3}}{4}a^2$	↘	／

⇐ BC＞AB＝AD＝CD から　$0<\theta<\frac{\pi}{2}$

⇐ $\frac{1}{2}$×(上底＋下底)×高さ

inf. 次のような方針でも解ける。
頂点Aから辺 BC に垂線 AH を下ろして，BH＝x とすると

$$S=\frac{1}{2}\{a+(2x+a)\}\times\sqrt{a^2-x^2}$$
$$=(x+a)\sqrt{a^2-x^2}$$

これを x の関数と考え，

$$S'=-\frac{(2x-a)(x+a)}{\sqrt{a^2-x^2}}$$

から，$0<x<a$ の範囲で増減を調べる。

PRACTICE 81 ❸

AB＝AC＝1 である二等辺三角形 ABC に内接する円の面積を最大にする底辺の長さを求めよ。

〔類 東京理科大〕

基本 例題 82 曲線の凹凸，変曲点

次の曲線の凹凸を調べ，変曲点を求めよ。

(1) $y=x^4-2x^3+2x-1$　　(2) $y=x+\sin 2x$ $(0<x<\pi)$

p.132 基本事項 4

CHART & SOLUTION

曲線の凹凸と変曲点　y'' の符号を利用

$y''>0$ である区間では　下に凸，　$y''<0$ である区間では　上に凸

変曲点（曲線の凹凸が入れ替わる境目の点）の候補は $y''=0$ となる点。

解答

(1) $y'=4x^3-6x^2+2$

$y''=12x^2-12x=12x(x-1)$

$y''=0$ とすると　$x=0,\ 1$

y'' の符号と曲線の凹凸は次の表のようになる。

x	$\cdots$	0	$\cdots$	1	$\cdots$
y''	+	0	−	0	+
y	下に凸	変曲点	上に凸	変曲点	下に凸

よって　**$x<0,\ 1<x$ で下に凸；$0<x<1$ で上に凸**

変曲点は　点 $(0,\ -1),\ (1,\ 0)$

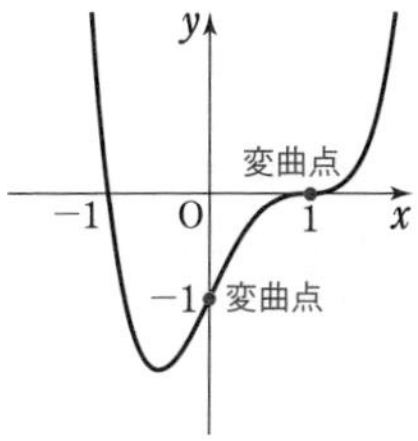

(2) $y'=1+2\cos 2x$

$y''=2(-2\sin 2x)=-4\sin 2x$

$y''=0$ とすると　$\sin 2x=0$

$0<x<\pi$ から　$x=\dfrac{\pi}{2}$

y'' の符号と曲線の凹凸は次の表のようになる。

x	0	$\cdots$	$\frac{\pi}{2}$	$\cdots$	π
y''	／	−	0	+	／
y	／	上に凸	変曲点	下に凸	／

よって　**$0<x<\dfrac{\pi}{2}$ で上に凸，$\dfrac{\pi}{2}<x<\pi$ で下に凸**

変曲点は　点 $\left(\dfrac{\pi}{2},\ \dfrac{\pi}{2}\right)$

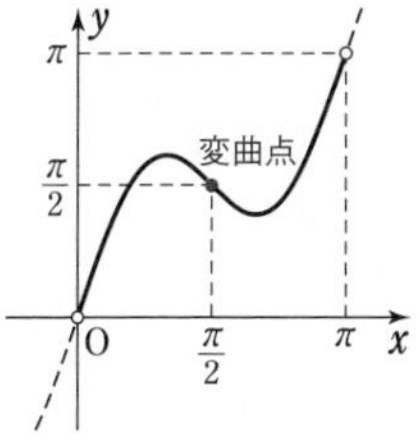

inf. **変曲点 $\Longrightarrow$ $y''=0$** は成り立つが，**逆は成り立たない。すなわち，$y''=0$ を満たす点が変曲点とは限らない。**
(PRACTICE 82 (1) 参照)

PRACTICE 82❷

次の曲線の凹凸を調べ，変曲点があれば求めよ。

(1) $y=3x^5-5x^4-5x+3$　　(2) $y=\log(1+x^2)$　　(3) $y=xe^x$

基本 例題 83　関数のグラフ (1)

$0 \leqq x \leqq 2\pi$ のとき，関数 $y=x-\sqrt{2}\sin x$ の増減，グラフの凹凸を調べてグラフの概形をかけ。

p.132 基本事項 5，基本 82

CHART & SOLUTION

グラフのかき方　増減表を作る

定義域，対称性，増減・極値（y' の符号），凹凸・変曲点（y'' の符号），漸近線（詳しくは，p.145 の STEP UP を参照），座標軸との交点（$y=0$，$x=0$ の解）などを調べてかく。

解答

$y'=1-\sqrt{2}\cos x$，$y''=\sqrt{2}\sin x$

⇐ まず，y'，y'' を求める。

$y'=0$ とすると　$\cos x=\dfrac{1}{\sqrt{2}}$

⇐ $0<x<2\pi$ の範囲で $y'=0$，$y''=0$ を解く。

$0<x<2\pi$ の範囲でこれを解くと　$x=\dfrac{\pi}{4}$，$\dfrac{7}{4}\pi$

$y''=0$ とすると　$\sin x=0$

$0<x<2\pi$ の範囲でこれを解くと　$x=\pi$

y'，y'' の符号を調べて，y の増減，グラフの凹凸を表にすると，次のようになる。

x	0	…	$\frac{\pi}{4}$	…	π	…	$\frac{7}{4}\pi$	…	2π
y'		−	0	+	+	+	0	−	
y''		+	+	+	0	−	−	−	
y	0	↘	極小	↗	変曲点 π	↗	極大	↘	2π

ゆえに，y は

$x=\dfrac{\pi}{4}$ で極小値 $\dfrac{\pi}{4}-1$，$x=\dfrac{7}{4}\pi$ で極大値 $\dfrac{7}{4}\pi+1$

をとる。

以上から，グラフの概形は **右図** のようになる。

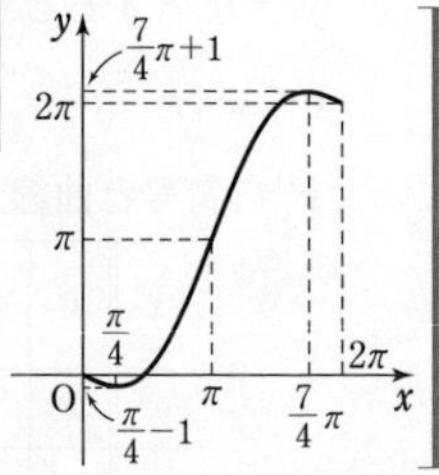

INFORMATION

上の表で，↗ は **下に凸で増加**，↘ は **下に凸で減少**，↗ は **上に凸で増加**，↘ は **上に凸で減少** を表す。

PRACTICE 83②

次の関数の増減，グラフの凹凸を調べてグラフの概形をかけ。

(1) $y=\dfrac{1}{4}x^4+\dfrac{1}{3}x^3-8x^2-16x$　　(2) $y=x-\sqrt{x-1}$ $(x \geqq 1)$

ズーム UP グラフの凹凸，グラフのかき方

関数のグラフは，その関数の特徴を一目で捉えることができるものなので，グラフの概形をかく場合は，その特徴がわかるようにかく必要があります。ここでは，数学Ⅱでは取り扱わなかった変曲点や漸近線を考えながらグラフをかくときの注意点について考えてみましょう。

$f''(x)$ の符号とグラフの凹凸

関数 $f(x)$ の増減は，その導関数 $f'(x)$ の符号変化によって調べることができた。
これと同様に，導関数 $f'(x)$ の増減は，第 2 次導関数 $f''(x)$ の符号変化によって調べることができる。これを利用すると，ある区間で

$\boldsymbol{f''(x)>0} \Longrightarrow f'(x)$ が増加 $\Longrightarrow$ 接線の傾きが増加 $\Longrightarrow$ グラフは **下に凸**

$\boldsymbol{f''(x)<0} \Longrightarrow f'(x)$ が減少 $\Longrightarrow$ 接線の傾きが減少 $\Longrightarrow$ グラフは **上に凸**

となることがわかる。$f'(x)$ と $f''(x)$ の符号の組み合わせを考えると，次の 4 通りあり，それぞれの場合で関数の増減およびグラフの凹凸が区別できる。

x	$\cdots$	p	$\cdots$
$f'(x)$	$-$	0	$+$
$f''(x)$	$+$	$+$	$+$
$f(x)$	⤷		⤴

x	$\cdots$	p	$\cdots$
$f'(x)$	$+$	0	$-$
$f''(x)$	$-$	$-$	$-$
$f(x)$	⤻		⤵

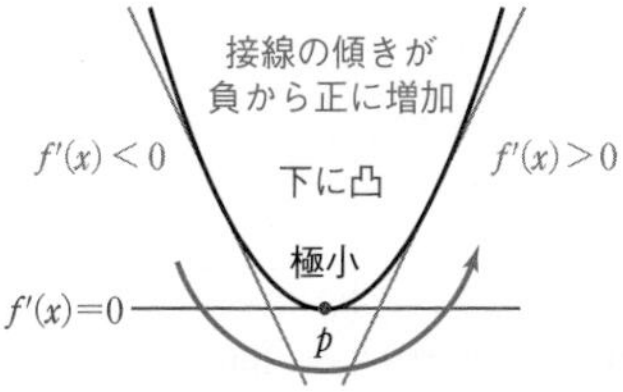

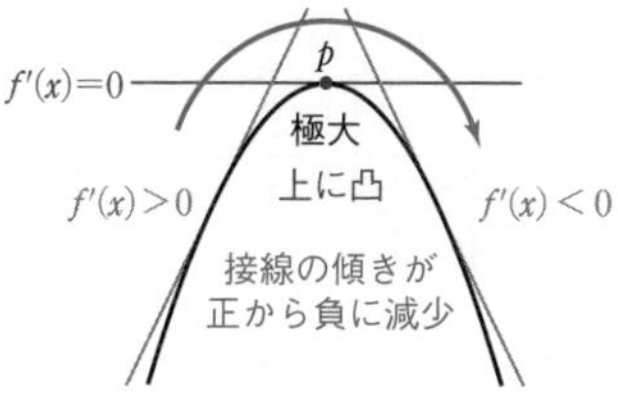

増減や凹凸を表にまとめる

関数の増減やグラフの凹凸を表にまとめるときは，まず定義域の端点，定義域から除かれる x の値，定義域内で $f'(x)=0$，$f''(x)=0$ となる x の値，これらすべての値をもとに表の x の欄を区切る。
次に，区切られた表内の $f'(x)$ と $f''(x)$ の欄に $+$，$-$ および 0 の値を記入し，$f(x)$ の増減を上の 4 通りの組み合わせにしたがって，⤷，⤴，⤻，⤵ を記入する。

グラフを手際よくかくには

作った表をもとに，まず x 軸，y 軸と原点をとり，その座標平面上に極値を与える点や変曲点，軸との交点，漸近線などを先にかいておく。そして，それらの点や線を目標に，凹凸を意識しながら，滑らかになるように曲線をかくとよいだろう。
左ページのグラフでは，漸近線や対称性を利用しなかったが，それらの知識は例題 84，88，89 などを通じて身に付けてほしい。

基本 例題 84 関数のグラフ (2)

関数 $y=\dfrac{x^2-x+2}{x+1}$ の増減，グラフの凹凸，漸近線を調べて，グラフの概形をかけ。

p.132, 133 基本事項 5, 6, 基本 83

CHART & SOLUTION

漸近線の求め方　分母 ⟶ 0, x ⟶ ±∞ の極限を考える

$\lim_{x\to a+0} f(x)=\pm\infty$ または $\lim_{x\to a-0} f(x)=\pm\infty$ …… 直線 $x=a$ が漸近線

$\lim_{x\to\pm\infty}\{f(x)-(ax+b)\}=0$ …… 直線 $y=ax+b$ が漸近線 ……❗

解答

関数 y の定義域は $x\neq-1$ である。

$y=\dfrac{(x+1)(x-2)+4}{x+1}=x-2+\dfrac{4}{x+1}$ であるから

$$y'=1-\frac{4}{(x+1)^2}=\frac{(x+3)(x-1)}{(x+1)^2},\quad y''=\frac{8}{(x+1)^3}$$

$y'=0$ とすると　$x=-3,\ 1$

よって，y の増減とグラフの凹凸は，次の表のようになる。

x	…	-3	…	-1	…	1	…
y'	$+$	0	$-$		$-$	0	$+$
y''	$-$	$-$	$-$		$+$	$+$	$+$
y	↗	極大 -7	↘		↘	極小 1	↗

また　$\lim_{x\to-1+0} y=\lim_{x\to-1+0}\left(x-2+\dfrac{4}{x+1}\right)=\infty$，$\lim_{x\to-1-0} y=-\infty$

ゆえに，**直線 $x=-1$** はこの曲線の漸近線である。

❗ 更に　$\lim_{x\to\infty}\{y-(x-2)\}=\lim_{x\to\infty}\dfrac{4}{x+1}=0$

同様に　$\lim_{x\to-\infty}\{y-(x-2)\}=0$

よって，**直線 $y=x-2$** もこの曲線の漸近線である。

以上から，グラフの概形は **右図** のようになる。

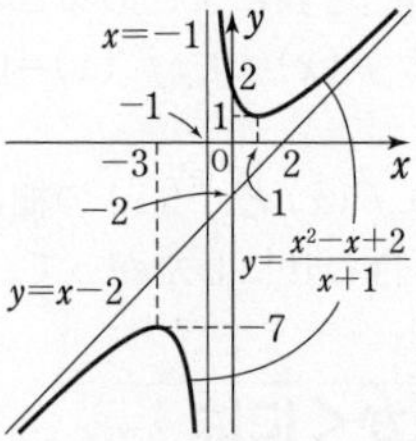

⇐ (分母)≠0

⇐ (分子の次数)<(分母の次数) の形に。この変形は，漸近線を求めるときにも役立つ。

⇐ y'' は $\left\{1-\dfrac{4}{(x+1)^2}\right\}'$ と考える。

⇐ $\lim_{x\to-1+0}\dfrac{4}{x+1}=\infty$

$\lim_{x\to-1-0}\dfrac{4}{x+1}=-\infty$

⇐ $y=x-2+\dfrac{4}{x+1}$ から。

$\lim_{x\to\pm\infty}\dfrac{y}{x}=1$ と

$\lim_{x\to\pm\infty}(y-1\cdot x)=-2$

から漸近線の傾きと y 切片を求めてもよい。(右ページ参照)

PRACTICE 84❷

次の関数の増減，グラフの凹凸，漸近線を調べて，グラフの概形をかけ。

(1) $y=x-\dfrac{1}{x}$　(2) $y=\dfrac{x}{x^2+1}$　(3) $y=e^{-\frac{x^2}{4}}$

STEP UP 漸近線の求め方

曲線上の点が限りなく遠ざかるにつれて，曲線がある一定の直線に限りなく近づくとき，この直線を曲線の **漸近線** という。$p.133$ 基本事項 6 にまとめられているが，ここでは，もう少し深く考えてみよう。

1 x 軸に平行な漸近線 $(y=b)$ …… $x \longrightarrow \pm\infty$ の極限を調べる

例　曲線 $y=\dfrac{2x^2}{x^2+1}$ について

$$\lim_{x\to\infty} y=\lim_{x\to\infty}\frac{2}{1+\dfrac{1}{x^2}}=\frac{2}{1+0}=2 \text{ から，}$$

直線 $y=2$ は漸近線である。同様に，$\displaystyle\lim_{x\to-\infty} y=2$ でもあるから，$x<0$ の部分でも $y=2$ が漸近線である。

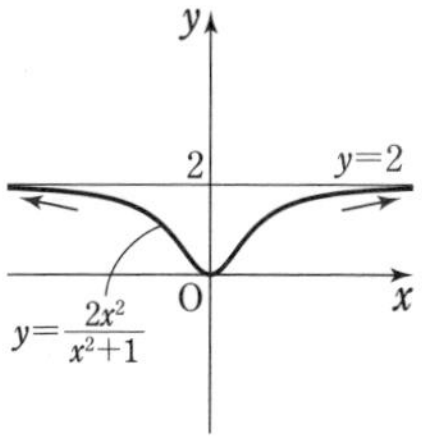

一般に，b が定数のとき

$$\lim_{x\to\infty} f(x)=b \text{ または } \lim_{x\to-\infty} f(x)=b \Longrightarrow \text{直線 } y=b \text{ は漸近線。}$$

2 y 軸に平行な漸近線 $(x=a)$ …… $x \longrightarrow a\pm0$ の極限を調べる

a の値は，分数関数などのように分母を 0 とする x の値（定義域から除かれる点）をとることが多い。

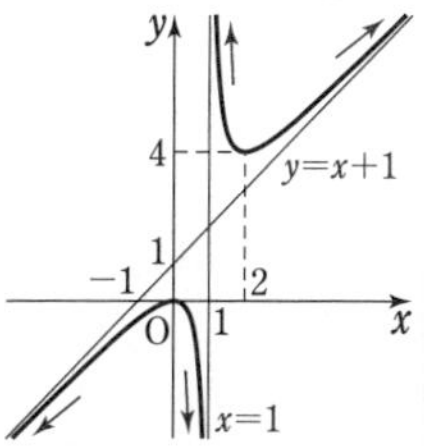

例　曲線 $y=\dfrac{x^2}{x-1}$ について，定義域は $x\neq1$ であるから

$$\lim_{x\to1+0} y=\lim_{x\to1+0}\frac{x^2}{x-1}=\infty,\quad \lim_{x\to1-0} y=\lim_{x\to1-0}\frac{x^2}{x-1}=-\infty$$

ゆえに，直線 $x=1$ は漸近線である。

一般に，a が定数のとき

$$\lim_{x\to a\pm0} f(x)=\pm\infty \text{ の複号任意でいずれかが成り立つ} \Longrightarrow \text{直線 } x=a \text{ は漸近線。}$$

3 両軸に平行ではない漸近線 $(y=ax+b)$

(1) $f(x)=g(x)+ax+b$，$\displaystyle\lim_{x\to\pm\infty} g(x)=0$ の形に式変形

例　2 の 例 の曲線について，$y=\dfrac{1}{x-1}+x+1$ と変形できるから

$$\lim_{x\to\pm\infty}\{y-(x+1)\}=\lim_{x\to\pm\infty}\frac{1}{x-1}=0$$　よって，直線 $y=x+1$ は漸近線である。

(2) 漸近線が $y=ax+b$ ならば $\displaystyle\lim_{x\to\pm\infty}\frac{f(x)}{x}=a$，$\displaystyle\lim_{x\to\pm\infty}\{f(x)-ax\}=b$

証明　$\displaystyle\lim_{x\to\infty}\{f(x)-(ax+b)\}=0$ ならば　$\displaystyle\lim_{x\to\infty}\{f(x)-ax\}=b$

したがって，$\displaystyle\lim_{x\to\infty}\left\{\frac{f(x)}{x}-a\right\}=\lim_{x\to\infty}\frac{1}{x}\cdot\{f(x)-ax\}=0$ から　$\displaystyle\lim_{x\to\infty}\frac{f(x)}{x}=a$

$\displaystyle\lim_{x\to-\infty}\{f(x)-(ax+b)\}=0$ のときも上と同様に示すことができる。

（具体例は EXERCISES 74 (4) の解答（解答編 $p.157$）を参照。）

基本 例題 85 関数の極値 (2) (第 2 次導関数の利用)

第 2 次導関数を利用して，関数 $f(x)=e^x\cos x$ $(0 \leqq x \leqq 2\pi)$ の極値を求めよ。

p.133 基本事項 7

CHART & SOLUTION

1 $f'(a)=0$ かつ $f''(a)<0 \Longrightarrow f(a)$ は極大値

2 $f'(a)=0$ かつ $f''(a)>0 \Longrightarrow f(a)$ は極小値

$f'(x)=0$ を満たす x の値を $f''(x)$ に代入して $f''(x)$ の符号を調べる。本問では，方程式 $f'(x)=0$ は三角関数の合成を利用して解くとよい。

解答

$f(x)=e^x\cos x$ とする。

$$f'(x)=e^x\cos x-e^x\sin x=e^x(\cos x-\sin x)$$

$$f''(x)=e^x(\cos x-\sin x)+e^x(-\sin x-\cos x)=-2e^x\sin x$$

$f'(x)=0$ とすると　$\sin x-\cos x=0$

すなわち　$\sqrt{2}\sin\left(x-\dfrac{\pi}{4}\right)=0$

$0<x<2\pi$ において，$-\dfrac{\pi}{4}<x-\dfrac{\pi}{4}<\dfrac{7}{4}\pi$ であるから

$$x-\frac{\pi}{4}=0,\ \pi \quad すなわち \quad x=\frac{\pi}{4},\ \frac{5}{4}\pi$$

$f''\left(\dfrac{\pi}{4}\right)=-\sqrt{2}\,e^{\frac{\pi}{4}}<0$，$f''\left(\dfrac{5}{4}\pi\right)=\sqrt{2}\,e^{\frac{5}{4}\pi}>0$ であるから

$\boldsymbol{x=\dfrac{\pi}{4}}$ **で極大値** $f\left(\dfrac{\pi}{4}\right)=e^{\frac{\pi}{4}}\cos\dfrac{\pi}{4}=\boldsymbol{\dfrac{1}{\sqrt{2}}e^{\frac{\pi}{4}}}$，

$\boldsymbol{x=\dfrac{5}{4}\pi}$ **で極小値** $f\left(\dfrac{5}{4}\pi\right)=e^{\frac{5}{4}\pi}\cos\dfrac{5}{4}\pi=\boldsymbol{-\dfrac{1}{\sqrt{2}}e^{\frac{5}{4}\pi}}$

をとる。

⇐ $(uv)'=u'v+uv'$

⇐ $f''(x)=-2e^x\sin x$ は，連続関数である。明らかな場合，答案では省略してもよいが，このチェックは忘れずに。

⇐ $f''(x)$ の符号を調べるだけならば，**増減表を作らなくてもすむ。**

INFORMATION ―― $f''(x)$ を利用した極値の判定

$p.133$ の基本事項 7 を利用すると，$f'(a)=0$ となる a の値に対して，増減表を作らずに $f''(a)$ の符号を調べるだけで，$f(a)$ の値が極大値か極小値かを判定できる。
しかし，$f'(a)=0$ かつ $f''(a)=0$ のときは判定できない。

例　$f(x)=x^4$ のとき，$f'(0)=f''(0)=0$ だが $f(0)$ は極小値である。
　　$f(x)=x^3$ のとき，$f'(0)=f''(0)=0$ だが $f(0)$ は極値ではない。

このようなときや，$f''(x)$ を求める計算が煩雑になる場合は，増減表を用いた方法で極値を求めればよい。

PRACTICE 85②

第 2 次導関数を利用して，次の関数の極値を求めよ。

(1) $y=(\log x)^2$　　(2) $y=xe^{-\frac{x^2}{2}}$　　(3) $y=x-2+\sqrt{4-x^2}$

基本 例題 86 変曲点とグラフの対称性

e は自然対数の底とし，$f(x)=e^{x+a}-e^{-x+b}+c$（a，b，c は定数）とするとき，曲線 $y=f(x)$ はその変曲点に関して対称であることを示せ。 基本 82

CHART & THINKING

まず，変曲点 $(p,\ q)$ を求める。次に証明であるが，点 $(p,\ q)$ のままでは計算が面倒。どのように示したらよいだろうか？

⟶ 曲線 $y=f(x)$ が点 $(p,\ q)$ に関して対称であることを，曲線 $y=f(x)$ を x 軸方向に $-p$，y 軸方向に $-q$ だけ平行移動した曲線 $y=f(x+p)-q$ が原点に関して対称であることで示す。

$g(x)$ は奇関数

曲線 $y=g(x)$ が原点に関して対称 $\iff g(-x)=-g(x)$

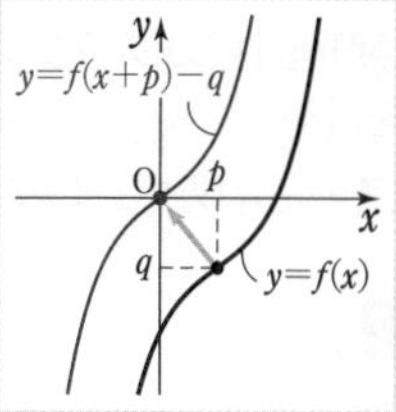

解答

$y'=e^{x+a}+e^{-x+b}$，　$y''=e^{x+a}-e^{-x+b}$

$y''=0$ とすると　$e^{x+a}=e^{-x+b}$

ゆえに　$x+a=-x+b$　　よって　$x=\dfrac{b-a}{2}$

⇐ $e^{\alpha}=e^{\beta} \iff \alpha=\beta$

ここで，$p=\dfrac{b-a}{2}$ とする。

$x>p$ のとき，$2x>2p=b-a$ から　$x+a>-x+b$

⇐ このとき　$y''>0$

$x<p$ のとき，$2x<2p=b-a$ から　$x+a<-x+b$

⇐ このとき　$y''<0$

y'' の符号の変化は右の表のようになる。

x	$\cdots$	p	$\cdots$
y''	$-$	0	$+$
y	上に凸	c	下に凸

$f(p)=e^{p+a}-e^{-p+b}+c=c$

⇐ $x=p$ は $e^{x+a}-e^{-x+b}=0$ の解であるから $e^{p+a}-e^{-p+b}=0$

変曲点は　点 $(p,\ c)$

曲線 $y=f(x)$ を x 軸方向に $-p$，y 軸方向に $-c$ だけ平行移動すると

$$y=f(x+p)-c=e^{x+p+a}-e^{-(x+p)+b}+c-c$$
$$=e^{x+\frac{a+b}{2}}-e^{-x+\frac{a+b}{2}}$$

⇐ 曲線 $y=f(x)$ を x 軸方向に s，y 軸方向に t だけ平行移動した曲線の方程式は
$$y-t=f(x-s)$$

この曲線の方程式を $y=g(x)$ とすると

$$g(-x)=e^{-x+\frac{a+b}{2}}-e^{x+\frac{a+b}{2}}=-\left(e^{x+\frac{a+b}{2}}-e^{-x+\frac{a+b}{2}}\right)$$

よって，$g(-x)=-g(x)$ が成り立つから，曲線 $y=g(x)$ は原点に関して対称である。

ゆえに，曲線 $y=f(x)$ はその変曲点 $(p,\ c)$ に関して対称である。

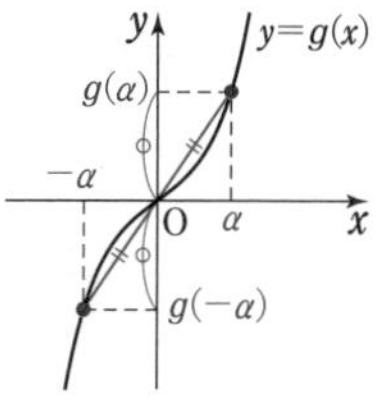

PRACTICE 86③

$f(x)=\log\dfrac{x+a}{3a-x}$ $(a>0)$ とする。$y=f(x)$ のグラフはその変曲点に関して対称であることを示せ。

4章 10 関数の値の変化，最大と最小

重要 例題 87 関数のグラフ (3)

関数 $y=x+\sqrt{1-x^2}$ の増減，極値を調べて，そのグラフの概形をかけ (凹凸は調べなくてよい)。

p.132 基本事項 5，基本 83

CHART & SOLUTION

無理関数のグラフ　定義域をまず調べる

無理関数や対数関数が与えられた場合，最初に定義域を確認する。
その定義域内で導関数を求め，関数の増減や極値を求める。

解答

定義域は $1-x^2\geqq 0$ から　$-1\leqq x\leqq 1$

⇐ ($\sqrt{\quad}$ の中)$\geqq 0$

$-1<x<1$ のとき　$y'=1-\dfrac{x}{\sqrt{1-x^2}}=\dfrac{\sqrt{1-x^2}-x}{\sqrt{1-x^2}}$

⇐ $(\sqrt{f(x)})'=\dfrac{f'(x)}{2\sqrt{f(x)}}$

$y'=0$ とすると，$\sqrt{1-x^2}-x=0$

から　$\sqrt{1-x^2}=x$　……①

⇐ ① の左辺は 0 以上であるから右辺の x も 0 以上。

両辺を 2 乗して　$1-x^2=x^2$

すなわち　$x^2=\dfrac{1}{2}$

① より $x\geqq 0$ であるから

$x=\dfrac{1}{\sqrt{2}}$

x	-1	$\cdots$	$\dfrac{1}{\sqrt{2}}$	$\cdots$	1
y'	／	$+$	0	$-$	／
y	-1	↗	極大 $\sqrt{2}$	↘	1

y の増減表は右上のようになり，

$x=\dfrac{1}{\sqrt{2}}$ で極大値 $\sqrt{2}$ をとる。

以上から，グラフの概形は **右図** のようになる。

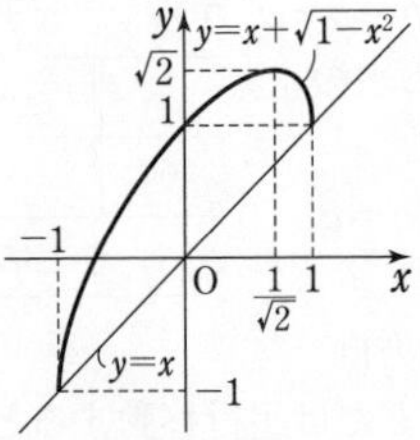

⇐ $\displaystyle\lim_{x\to 1-0} y'=-\infty$

$\displaystyle\lim_{x\to -1+0} y'=\infty$

から，端点では直線 $x=1$，$x=-1$ にそれぞれ接するようにかく。

INFORMATION　2 つのグラフの和

$y=f(x)+g(x)$ のグラフは，2 つのグラフ $y=f(x)$ と $y=g(x)$ を xy 平面上で加えたものと考えることができる。
上の例題の関数については，式を

$y=x+\sqrt{1-x^2}$　←関数 $y=x$（線分）と $y=\sqrt{1-x^2}$（半円）の和

とみることにより，グラフの概形は右図の赤い実線のようになるであろうと予想できる。

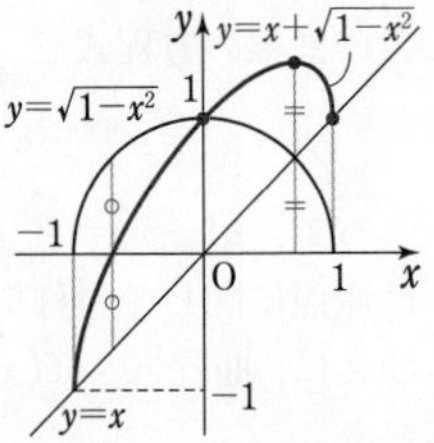

PRACTICE 87 ❸

関数 $y=x-\sqrt{10-x^2}$ の増減，極値を調べて，そのグラフの概形をかけ (凹凸は調べなくてよい)。

重要 例題 88 陰関数のグラフ

方程式 $y^2=x^2(x+1)$ が定める x の関数 y のグラフの概形をかけ（凹凸は調べなくてよい）。

p.132 基本事項 5，基本 76

CHART & SOLUTION

対称性に注目してグラフをかく

陰関数（p.111 参照）の形のままではグラフがかけないから，まず $y=f(x)$ の形にする。
$y=\pm\sqrt{x^2(x+1)}$ であるから，$\boldsymbol{y=x\sqrt{x+1}}$ **のグラフをかき，対称性を利用して** 求めるグラフをかく。……❗

解答

$y^2\geqq 0$ であるから　$x^2(x+1)\geqq 0$　よって　$x\geqq -1$

❗ また，y を $-y$ におき換えても $y^2=x^2(x+1)$ は成り立つから，グラフは x 軸に関して対称である。

$y=\pm\sqrt{x^2(x+1)}$ であるから，グラフは，$y=x\sqrt{x+1}$ と $y=-x\sqrt{x+1}$ のグラフを合わせたものである。

まず，$y=x\sqrt{x+1}$ ……① のグラフを考える。

$y=0$ のとき　$x=-1,\ 0$

ゆえに，原点 (0, 0) と点 (−1, 0) を通る。

$x>-1$ のとき　$y'=1\cdot(x+1)^{\frac{1}{2}}+x\cdot\dfrac{1}{2}(x+1)^{-\frac{1}{2}}$

$$=\sqrt{x+1}+\frac{x}{2\sqrt{x+1}}=\frac{3x+2}{2\sqrt{x+1}}$$

$y'=0$ とすると　$x=-\dfrac{2}{3}$

よって，関数 ① の増減表は右のようになる。更に，

$\displaystyle\lim_{x\to\infty}y=\infty$，$\displaystyle\lim_{x\to -1+0}y'=-\infty$

であるから，$y=x\sqrt{x+1}$ のグラフの概形は〔図 1〕のようになる。

ゆえに，求めるグラフの概形は〔**図 2**〕のようになる。

x	-1	…	$-\frac{2}{3}$	…
y'	／	−	0	+
y	0	↘	極小 $-\frac{2\sqrt{3}}{9}$	↗

⇐ $x^2\geqq 0$ から　$x+1\geqq 0$

inf. $y''=\dfrac{3x+4}{4(x+1)\sqrt{x+1}}$
$x>-1$ のとき　$y''>0$
よって，y のグラフは下に凸である。

〔図1〕

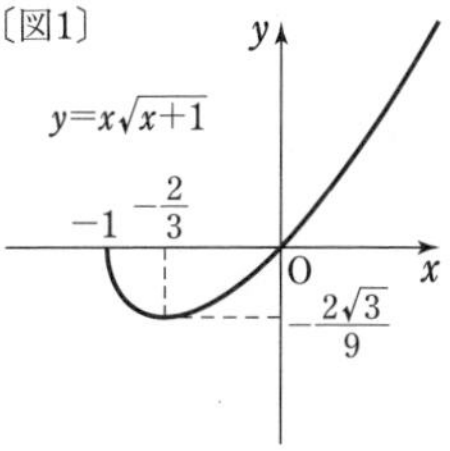

〔図2〕

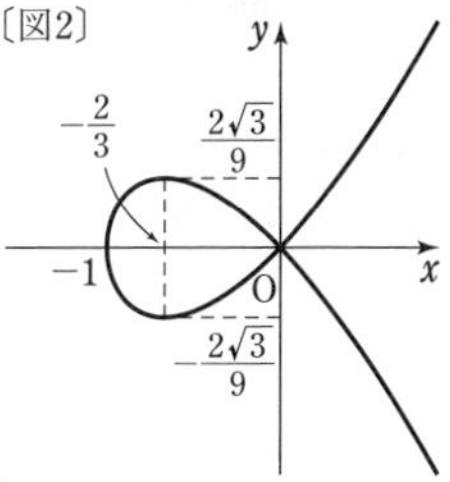

inf. $\displaystyle\lim_{x\to -1+0}y'=-\infty$ であるから，$x\longrightarrow -1+0$ のときのグラフは x 軸に垂直に入るようにかく（詳しくは解答編 p.130 PRACTICE 88 (1) の inf. 参照）。

PRACTICE 88④

次の方程式が定める x の関数 y のグラフの概形をかけ（凹凸も調べよ）。

(1)　$4x^2-y^2=x^4$　　(2)　$\sqrt[3]{x^2}+\sqrt[3]{y^2}=1$

重要 例題 89 媒介変数で表された関数のグラフ

曲線 $\begin{cases} x=2\cos\theta \\ y=2\sin 2\theta \end{cases}$ $(-\pi \leqq \theta \leqq \pi)$ の概形をかけ（凹凸は調べなくてよい）。

基本 83

CHART & SOLUTION

媒介変数で表された関数のグラフ

$\dfrac{dx}{d\theta}$，$\dfrac{dy}{d\theta}$ から点 $(x,\ y)$ の動きを追う

θ が消去できる場合は，前ページの重要例題 88 のように概形をかくことができるが，いつも媒介変数が消去できるとは限らない。
このような場合，**媒介変数 θ の値に対する x，y の値の増減を調べて**，点 $(x,\ y)$ の動きを追えばよい。

x が増加するとき $\left(\dfrac{dx}{d\theta}>0\ \text{のとき}\right)$「→」，　x が減少するとき $\left(\dfrac{dx}{d\theta}<0\ \text{のとき}\right)$「←」

y が増加するとき $\left(\dfrac{dy}{d\theta}>0\ \text{のとき}\right)$「↑」，　y が減少するとき $\left(\dfrac{dy}{d\theta}<0\ \text{のとき}\right)$「↓」

の矢印で表すことにすると，点 $(x,\ y)$ の動きは，x，y の増減の組み合わせによって，右下の表のような 4 通りが考えられる。
例えば ↗ は，θ が増加するとき点 $(x,\ y)$ が右上の方向に動くことを示している。
同様に，θ が増加するとき
　↖ は，点 $(x,\ y)$ が左上の方向に，
　↘ は，点 $(x,\ y)$ が右下の方向に，
　↙ は，点 $(x,\ y)$ が左下の方向に，
それぞれ動くことを示している。

x	→	←	→	←
y	↑	↑	↓	↓
点 $(x,\ y)$	↗	↖	↘	↙

また，曲線の **対称性** も調べ，利用する。

解答

$\theta=\alpha\ (0\leqq\alpha\leqq\pi)$ に対応する点の座標を $(x,\ y)$ とすると

$$x=2\cos\alpha,\ y=2\sin 2\alpha$$

ここで，$\theta=-\alpha\ (-\pi\leqq-\alpha\leqq 0)$ に対応する点 $(x',\ y')$ は

$$x'=2\cos(-\alpha)=2\cos\alpha=x$$
$$y'=2\sin(-2\alpha)=-2\sin 2\alpha=-y$$

点 $(x,\ y)$ と点 $(x,\ -y)$ は x 軸に関して対称な点であるから，曲線の $0\leqq\theta\leqq\pi$ に対応する部分と $-\pi\leqq\theta\leqq 0$ に対応する部分は，x 軸に関して対称であることがわかる。
したがって，まずは $0\leqq\theta\leqq\pi$ ……① の範囲で考える。

$$\frac{dx}{d\theta}=-2\sin\theta,$$
$$\frac{dy}{d\theta}=4\cos 2\theta$$

⇐ まず，対称性について考察する。

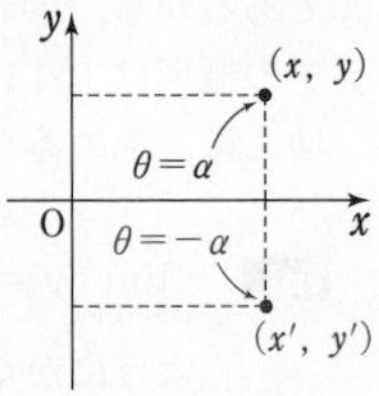

⇐ 更に，y 軸対称でもあることを調べて，$0\leqq\theta\leqq\dfrac{\pi}{2}$ の範囲で考えることもできる（右ページの 参考 [2] 参照）。

① の範囲で，$\dfrac{dx}{d\theta}=0$ を満たす θ の値は　　$\theta=0,\ \pi$

$\dfrac{dy}{d\theta}=0$ を満たす θ の値は　　$\theta=\dfrac{\pi}{4},\ \dfrac{3}{4}\pi$

よって，① の範囲における点 $(x,\ y)$ の動きは次の表のようになる。

θ	0	$\cdots$	$\frac{\pi}{4}$	$\cdots$	$\frac{3}{4}\pi$	$\cdots$	π
$\frac{dx}{d\theta}$	0	$-$	$-$	$-$	$-$	$-$	0
x	2	$\leftarrow$	$\sqrt{2}$	$\leftarrow$	$-\sqrt{2}$	$\leftarrow$	-2
$\frac{dy}{d\theta}$	$+$	$+$	0	$-$	0	$+$	$+$
y	0	$\uparrow$	2	$\downarrow$	-2	$\uparrow$	0
グラフ		$\nwarrow$		$\swarrow$		$\nwarrow$	

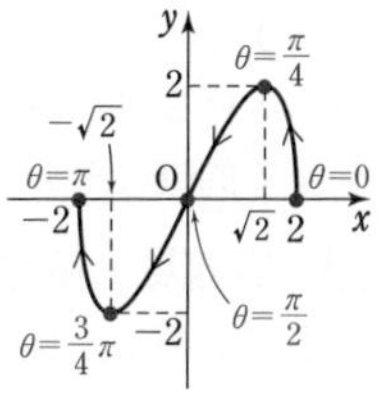

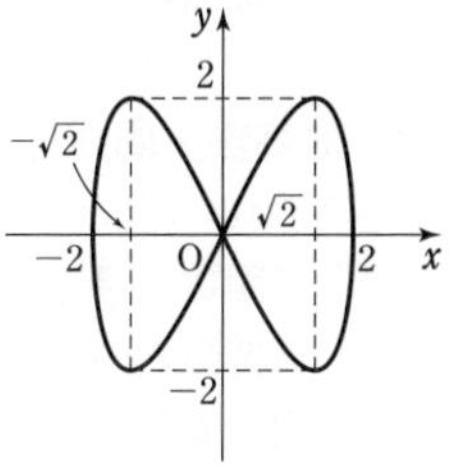

ゆえに，対称性を考えると，曲線の概形は **右図** のようになる。

参考　[1]　$x=2\cos\theta,\ y=2\sin 2\theta$ から θ を消去すると

$$y^2=4\sin^2 2\theta=16\sin^2\theta\cos^2\theta=16(1-\cos^2\theta)\cos^2\theta$$

$$=16\left(1-\frac{x^2}{4}\right)\cdot\frac{x^2}{4}=x^2(4-x^2)$$

すなわち，$4x^2-y^2=x^4$ より，PRACTICE 88 (1) と同じ曲線であることがわかる。

[2]　$\theta=\alpha-\pi\ \left(0\leqq\alpha\leqq\dfrac{\pi}{2}\right)$ に対応する点の座標を $(x'',\ y'')$ とすると

$$x''=2\cos(\alpha-\pi)=-2\cos\alpha=-x,$$
$$y''=2\sin(2\alpha-2\pi)=2\sin 2\alpha=y$$

より，点 $(x,\ y)$ と点 $(x'',\ y'')$ は y 軸に関して対称であるから，例題の曲線は，その曲線の $0\leqq\theta\leqq\dfrac{\pi}{2}$ に対応する部分を x 軸，y 軸，原点に関して対称に折り返したものと考えてもよい。

[3]　$\dfrac{dy}{dx}=\dfrac{\frac{dy}{d\theta}}{\frac{dx}{d\theta}}$ から，次のことがわかる。

$\dfrac{dy}{d\theta}\neq 0,\ \dfrac{dx}{d\theta}=0$ のとき，すなわち，$\theta=0,\ \pm\pi$ の点では，接線の傾きは存在しないから，曲線は直線 $x=\pm 2$ に接する。

$\dfrac{dy}{d\theta}=0,\ \dfrac{dx}{d\theta}\neq 0$ のとき，すなわち，$\theta=\pm\dfrac{\pi}{4},\ \pm\dfrac{3}{4}\pi$ の点では，接線の傾きは 0 であるから，曲線は直線 $y=\pm 2$ に接する。

PRACTICE 89④

曲線 $\begin{cases} x=\sin\theta \\ y=\cos 3\theta \end{cases}$ $(-\pi\leqq\theta\leqq\pi)$ の概形をかけ (凹凸は調べなくてよい)。

まとめ グラフのかき方

ここまで，いろいろな関数のグラフをかくことを学習してきたが，どのようなことに注意して何を調べればよいのかをまとめる。もちろん，これらすべてを調べる必要はなく，素早く的確にそのグラフの特徴を示すものを調べられるようにすればよい。

1 定義域・値域

まず最初に，与えられた関数の定義域を調べることが大切である。特に，

分数関数は (分母)$\neq 0$，無理関数は ($\sqrt{\quad}$ の中)$\geqq 0$，対数関数は (真数)>0

などから **定義域が制限される** 場合が多いので注意が必要である。

2 対称性・周期性

与えられた関数が

偶関数 ($\iff f(-x)=f(x)$) ならば，y 軸対称

奇関数 ($\iff f(-x)=-f(x)$) ならば，原点対称

周期 p の周期関数 ($\iff f(x+p)=f(x)$) ならば，同じパターンの繰り返し

のグラフになる。これを利用すると x の範囲を絞ることができるので，手際よく増減表が作成できる。また，線対称となる対称軸や，点対称の中心となる点が存在するかどうかも調べるとよい。

3 増減と極値

第 1 次導関数 $f'(x)$ を計算し，$f'(x)=0$ を満たす x の値や定義域から除かれる x の値で区切った増減表を作る。その際，問題で与えられた定義域や関数から制限される定義域に限定した範囲の増減表でよい。

また，$x=f(\theta)$，$y=g(\theta)$ などのように媒介変数で表されている場合は，$\dfrac{dx}{d\theta}$，$\dfrac{dy}{d\theta}$ の符号変化を表にして点 $(x,\ y)$ の動きを調べる (重要例題 89 参照)。

4 凹凸と変曲点

第 2 次導関数 $f''(x)$ を計算し，増減表と同じ要領で凹凸についても表にまとめる。凹凸も調べることで，より細かくグラフの特徴をとらえることができる。

5 漸近線の有無

分数関数には漸近線が存在する場合が多い。x 軸に平行な漸近線は $\lim\limits_{x\to\pm\infty} f(x)$ の極限から求める。また，y 軸に平行な漸近線は，例えば定義域から除かれている値 $x=a$ の前後における $\lim\limits_{x\to a\pm 0} f(x)$ の極限から求める。

なお，**グラフより漸近線を先にかく** ようにすると，正確なグラフをかく目安になる。

6 座標軸との共有点や不連続となる点

y 軸との共有点の座標は，$f(0)$ の値から簡単に求められるが，x 軸との共有点の座標は $y=0$ とおいた方程式 $f(x)=0$ を解く必要がある。その方程式が簡単に解ける場合は調べるようにし，座標の値をグラフに書き入れるようにする。

問題 関数 $y=\dfrac{(x+1)^3}{x^2}$ の増減，グラフの凹凸，漸近線を調べて，グラフの概形をかけ。

(問題の解答は解答編 $p.132$ にある)

まとめ　代表的な関数のグラフ

1　媒介変数で表示される有名な曲線 （詳しくは数学Cで学習する）

$a>0$ とする。

曲線名	媒介変数表示	その他の表し方	関連例題
① アステロイド	$\begin{cases} x=a\cos^3\theta \\ y=a\sin^3\theta \end{cases}$	$\sqrt[3]{x^2}+\sqrt[3]{y^2}=\sqrt[3]{a^2}$ または $(a^2-x^2-y^2)^3=27a^2x^2y^2$	PRACTICE 88 (2)
② サイクロイド	$\begin{cases} x=a(\theta-\sin\theta) \\ y=a(1-\cos\theta) \end{cases}$		例題 65 (2)，176
③ カージオイド	$\begin{cases} x=a(2\cos\theta-\cos 2\theta) \\ y=a(2\sin\theta-\sin 2\theta) \end{cases}$	極方程式 $r=a(1+\cos\theta)$	例題 160，163

①
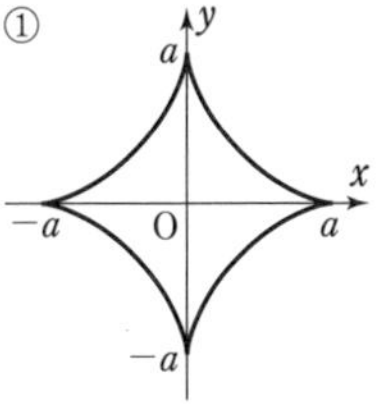

②
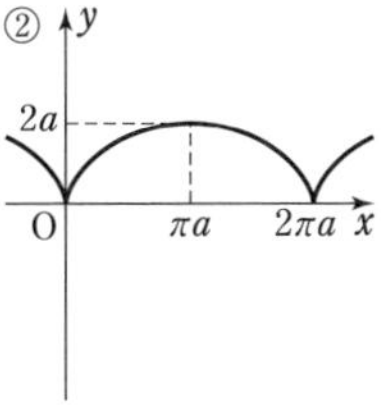

③
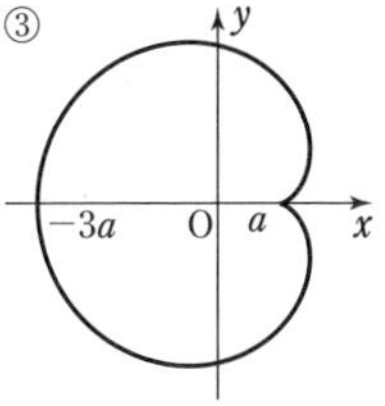

③′
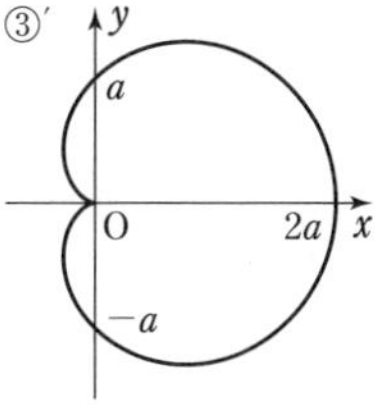

注意　③ のカージオイドは，媒介変数表示 (図 ③) と極方程式 (図 ③′) で，曲線の向きや位置が異なる。

2　有名な極限と関連した曲線　⟵ $p.162$ も参照。

関数	有名な極限	関連する関数の増加の度合い	関連例題
④ $y=\dfrac{\log x}{x}$	$\displaystyle\lim_{x\to\infty}\frac{\log x}{x}=0$	x は $\log x$ よりも増加の仕方が急激	例題 94，99
⑤ $y=xe^x$	$\displaystyle\lim_{x\to-\infty}xe^x=0$	e^x は x よりも増加の仕方が急激	例題 98
⑥ $y=xe^{-x}$	$\displaystyle\lim_{x\to\infty}xe^{-x}=0$	e^x は x よりも増加の仕方が急激	

④
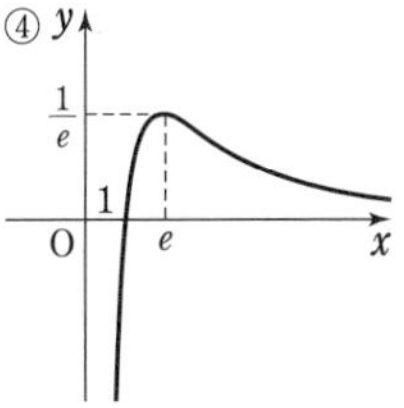

⑤
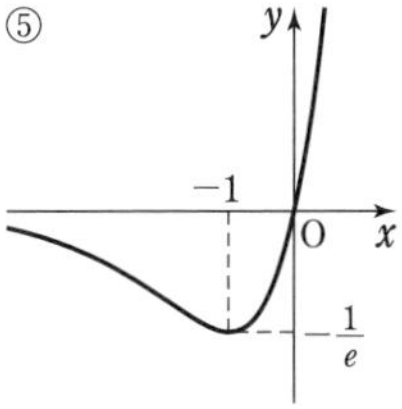

⑥
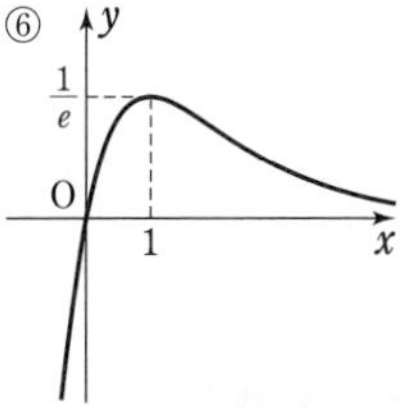

重要例題 90 極値をもつための条件

$0<x<\pi$ の範囲で定義された関数 $y=\dfrac{a+\cos x}{\sin x}$ が極値をもつように，実数 a の値の範囲を定めよ。　〔高知女子大〕

p.131 基本事項 2，基本 76，77

CHART & SOLUTION

微分可能な関数 $f(x)$ が極値をもつ

$\iff \begin{cases} [1] & f'(x)=0 \text{ を満たす } x \text{ が存在する} \\ [2] & \text{その前後で } f'(x) \text{ の符号が変わる} \end{cases}$

そこで，まず $f'(x)=0$ が $0<x<\pi$ で解をもつための条件を求め（**必要条件**），その解の前後で $f'(x)$ の符号を調べる（**十分条件**）。……❗

解答

$$y'=\frac{-\sin x\cdot\sin x-(a+\cos x)\cos x}{\sin^2 x}=-\frac{a\cos x+1}{\sin^2 x}$$

⇦ $\left(\dfrac{f}{g}\right)'=\dfrac{f'g-fg'}{g^2}$

$a=0$ のとき $y'<0$ であるから y は単調に減少し，極値は存在しない。

よって　$a\neq 0$

$y'=0$ とすると　$\cos x=-\dfrac{1}{a}$　……①

⇦ $0<x<\pi$ のとき $\cos x$ は単調に減少するから，① の解が存在するならば1つだけである。

$0<x<\pi$ のとき $|\cos x|<1$ であるから，① の解が存在する条件は　$\left|-\dfrac{1}{a}\right|<1$　ゆえに　$|a|>1$

したがって　$a<-1,\ 1<a$

⇦ **必要条件**。

❗ 逆に，このとき，① を満たす x の値を α $(0<\alpha<\pi)$ として，y の増減表を作ると次のようになる。

$a>1$ のとき

x	0	…	α	…	π
y'	／	−	0	+	／
y	／	↘	極小	↗	／

$a<-1$ のとき

x	0	…	α	…	π
y'	／	+	0	−	／
y	／	↗	極大	↘	／

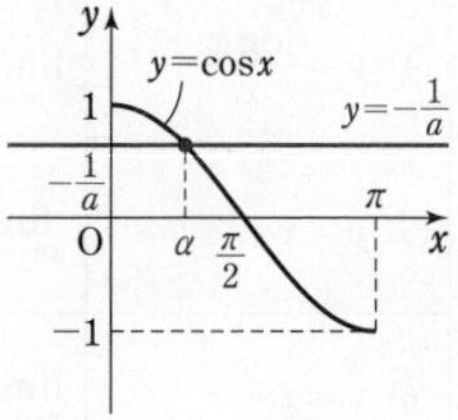

ゆえに，確かに y は極値をもつ。

よって，求める a の値の範囲は　$\boldsymbol{a<-1,\ 1<a}$

⇦ **十分条件の確認**。

PRACTICE 90④

関数 $f(x)=a\sin x+b\cos x+x$ が極値をもつように，定数 a，b の条件を定めよ。

重要 例題 91 空間図形に関する最大・最小

半径1の球に外接する直円錐について

(1) 直円錐の底面の半径を x とするとき，その高さを x を用いて表せ。

(2) このような直円錐の体積の最小値を求めよ。〔類 東京学芸大〕 基本 81

CHART & SOLUTION

文章題の解法　変数を適当に選び，関係式を作って解く
変数のとりうる値の範囲に注意

立体の問題は，断面で考える。この問題では，直円錐の頂点と底面の円の中心を通る平面で切った **断面図** をかく。

解答

(1) 直円錐の高さを h とする。

球の中心をOとして，直円錐をその頂点と底面の円の中心を通る平面で切ったとき，切り口の △ABC，および球と △ABC との接点 D，E を右の図のように定める。

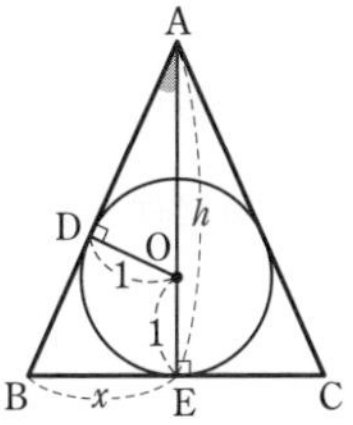

△ABE∽△AOD であるから

$$\mathrm{AE}:\mathrm{AD}=\mathrm{BE}:\mathrm{OD}$$

ここで　$\mathrm{AD}=\sqrt{\mathrm{AO}^2-\mathrm{OD}^2}=\sqrt{(h-1)^2-1^2}=\sqrt{h^2-2h}$

よって　$h:\sqrt{h^2-2h}=x:1$

$x>1$ であるから　$h=\boldsymbol{\dfrac{2x^2}{x^2-1}}$

(2) 体積を V とすると　$V=\dfrac{\pi}{3}x^2h=\dfrac{2\pi}{3}\cdot\dfrac{x^4}{x^2-1}\ (x>1)$

$$V'=\frac{2\pi}{3}\cdot\frac{4x^3(x^2-1)-x^4\cdot 2x}{(x^2-1)^2}=\frac{4\pi}{3}\cdot\frac{x^3(x^2-2)}{(x^2-1)^2}$$

$$=\frac{4\pi}{3}\cdot\frac{x^3(x-\sqrt{2})(x+\sqrt{2})}{(x^2-1)^2}$$

$V'=0$ とすると　$x=\sqrt{2}$

よって，V は右の増減表から

$x=\sqrt{2}$ で最小値 $\dfrac{8}{3}\pi$ をとる。

x	1	$\cdots$	$\sqrt{2}$	$\cdots$
V'	／	$-$	0	$+$
V	／	↘	$\dfrac{8}{3}\pi$	↗

inf. 最初から体積を1文字の変数で表すことは難しい。体積を求めるのに必要な値を複数の文字を使って表し，相似や合同などの条件から文字を減らす。

⇐ △ABE と △AOD で
$\angle\mathrm{AEB}=\angle\mathrm{ADO}=\dfrac{\pi}{2}$
$\angle\mathrm{BAE}=\angle\mathrm{OAD}$（共通）

⇐ $h^2=x^2(h^2-2h)$
$h\neq 0$ から $h=x^2(h-2)$
よって　$(x^2-1)h=2x^2$

⇐ 円錐の体積は $\dfrac{1}{3}\times\pi x^2\times h$
x（1変数）の式に直す。

PRACTICE 91④

体積が $\dfrac{\sqrt{2}}{3}\pi$ の直円錐において，直円錐の側面積の最小値を求めよ。ただし直円錐とは，底面の円の中心と頂点とを結ぶ直線が，底面に垂直である円錐のことである。

〔札幌医大〕

EXERCISES　10 関数の値の変化，最大と最小

A

71❷ 次の関数の極値を求めよ。　〔(1),(3) 日本女子大〕

(1) $y=\dfrac{2x+1}{x^2+2}$　(2) $y=|x|e^{-x}$　(3) $y=\sin^3 x+\cos^3 x$

➡ 76

72❷ 次の関数の最大値，最小値を求めよ。

(1) $f(x)=\dfrac{x}{4}+\dfrac{1}{x+1}$ $(0\leqq x\leqq 4)$

(2) $f(\theta)=(1-\cos\theta)\sin\theta$ $(0\leqq\theta\leqq\pi)$　〔武蔵工大〕

(3) $f(x)=\dfrac{\log x}{x^n}$　ただし，n は正の整数

➡ 78, 79

73❸ 曲線 $y=\dfrac{1}{x}$ 上の第1象限の点 $\left(p,\ \dfrac{1}{p}\right)$ における接線を ℓ，$y=-\dfrac{1}{x}$ 上の点 $(-1,\ 1)$ における接線を m とする。ℓ と x 軸との交点をA，m と x 軸との交点をB，ℓ と m との交点をCとする。

(1) ℓ と m の方程式をそれぞれ求めよ。

(2) A，B，C の座標をそれぞれ求めよ。

(3) 三角形 ABC の面積の最大値を求めよ。　〔東京電機大〕

➡ 81

74❸ 次の関数の増減，グラフの凹凸，漸近線を調べて，グラフの概形をかけ。

(1) $y=(x-1)\sqrt{x+2}$　(2) $y=x+\cos x$ $(0\leqq x\leqq 2\pi)$

(3) $y=\dfrac{x-1}{x^2}$　〔弘前大〕　(4) $y=3x-\sqrt{x^2-1}$

➡ 83, 84

75❸ 関数 $f(x)=\dfrac{2x^2+x-2}{x^2+x-2}$ について，次のものを求めよ。

(1) 関数 $f(x)$ の極値

(2) 曲線 $y=f(x)$ の漸近線

(3) 曲線 $y=f(x)$ と直線 $y=k$ が1点だけを共有するときの k の値

〔福島大〕

➡ 76, 84

B

76❹ $x>1$ で定義される2つの関数 $f(x)=(\log x)\cdot\log(\log x)$ と $g(x)=(\log x)^{\log x}$ を考える。導関数 $f'(x)$ と $g'(x)$ を求めると，$f'(x)=$ ア□，$g'(x)=$ イ□ である。また，$g(x)$ の最小値は ウ□ である。

〔南山大〕

➡ 58, 78

EXERCISES　10 関数の値の変化，最大と最小

B

77❸ $1 \leqq x \leqq 2$ の範囲で，x の関数 $f(x)=ax^2+(2a-1)x-\log x$ $(a>0)$ の最小値を求めよ。〔芝浦工大〕 ➡78

78❹ a，b は定数で，$a>0$ とする。関数 $f(x)=\dfrac{x-b}{x^2+a}$ の最大値が $\dfrac{1}{6}$，最小値が $-\dfrac{1}{2}$ であるとき，a，b のそれぞれの値を求めよ。〔弘前大〕 ➡80

79❹ 1辺の長さが1の正三角形OABの2辺OA，OB上にそれぞれ点P，Qがある。三角形OPQの面積が三角形OABの面積のちょうど半分になるとき，長さPQのとりうる値の範囲を求めよ。〔東京都立大〕 ➡81

80❸ (1) 関数 $f(x)=\dfrac{e^{kx}}{x^2+1}$ $(k>0)$ が極値をもつとき，k のとりうる値の範囲を求めよ。〔名城大〕

(2) 曲線 $y=(x^2+ax+3)e^x$ が変曲点をもつように，定数 a の値の範囲を定めよ。また，そのときの変曲点は何個できるか。

(3) a を実数とする。関数 $f(x)=ax+\cos x+\dfrac{1}{2}\sin 2x$ が極値をもたないように，a の値の範囲を定めよ。〔神戸大〕 ➡82, 90

81❺ 空間の3点を $\mathrm{A}(-1,\ 0,\ 1)$，$\mathrm{P}(\cos\theta,\ \sin\theta,\ 0)$，$\mathrm{Q}(-\cos\theta,\ -\sin\theta,\ 0)$ $(0 \leqq \theta \leqq 2\pi)$ とし，点Aから直線PQへ下ろした垂線の足をHとする。

(1) θ が $0 \leqq \theta \leqq 2\pi$ の範囲で動くとき，Hの軌跡の方程式を求めよ。

(2) θ が $0 \leqq \theta \leqq 2\pi$ の範囲で動くとき，△APQの周の長さ l の最大値を求めよ。〔中央大〕 ➡91

HINT

76 (イ) $\log g(x)$ を考えて，対数微分法を利用。

77 $f'(x)=0$ となる x の値が $1 \leqq x \leqq 2$ の区間内にあるかどうかで a の値による場合分け。

78 $f'(x)=0$ の異なる2つの実数解を α，β $(\alpha<\beta)$ として増減表を作る。2次方程式の解と係数の関係を利用。

79 三角形の面積の公式，余弦定理を利用。

80 (1) $f'(x)=0$ を満たす x が存在し，その前後で $f'(x)$ の符号が変わる条件を考える。

(2) $y''=0$ を満たす x が存在し，その前後で y'' の符号が変わる条件を考える。

(3) すべての x について，$f'(x) \geqq 0$ または $f''(x) \leqq 0$ が成り立つことが条件。

81 (1) Hの座標は θ で表される。

(2) $l=\mathrm{AP}+\mathrm{AQ}+\mathrm{PQ}$　l は1つの三角関数だけで表される。

11 方程式・不等式への応用

基本事項

1 不等式 $f(x)>g(x)$ の証明

$F(x)=f(x)-g(x)$ とし，**$F(x)$ の増減を調べて**，$F(x)>0$ を証明する。

① **{$F(x)$ の最小値}>0** を示す。

② $x>a$ において，$F(x)$ が **常に増加** かつ **$F(a)\geqq 0$** ならば　$F(x)>0$

注意　証明する不等式が $f(x)\geqq g(x)$ である場合は，不等号が $>$ の代わりに $\geqq$ となるなど，種々変わってくるので，細かいところ (特に $=$ の成立するところ) に十分注意する。

例　① $x\geqq 0$ において
{$F(x)$ の最小値}>0
よって，$x\geqq 0$ のとき
$F(x)>0$

② $x>a$ において
$F'(x)>0$ かつ $F(a)=0$ のとき
$x>a$ において　$F(x)>0$

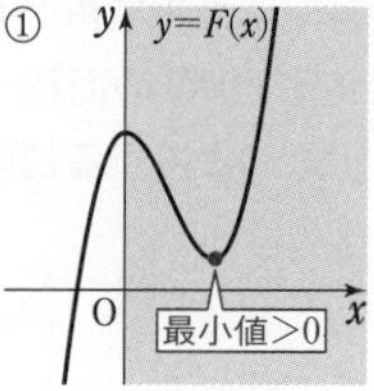

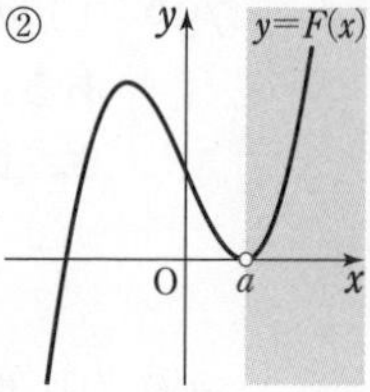

2 方程式の実数解とグラフ

① $f(x)=0$ の実数解 $\iff$ 曲線 $y=f(x)$ と直線 $y=0$ (x 軸) の共有点の x 座標

② $f(x)=a$ の実数解 $\iff$ 曲線 $y=f(x)$ と直線 $y=a$ の共有点の x 座標

③ $f(x)=g(x)$ の実数解 $\iff$ 2 曲線 $y=f(x)$，$y=g(x)$ の共有点の x 座標
$\iff$ $F(x)=f(x)-g(x)$ とするとき，曲線 $y=F(x)$ と x 軸の共有点の x 座標

3 方程式の実数解の個数

① $f(x)$ が区間 $[a,\ b]$ で連続であって，かつ，
$f(a)f(b)<0$ ならば，方程式 $f(x)=0$ は $a<x<b$ の範囲に少なくとも 1 つの実数解をもつ。

② ① において，$f(x)$ が常に増加するか，または常に減少するならば実数解はただ 1 つである。

注意　いずれも逆は成り立たない。

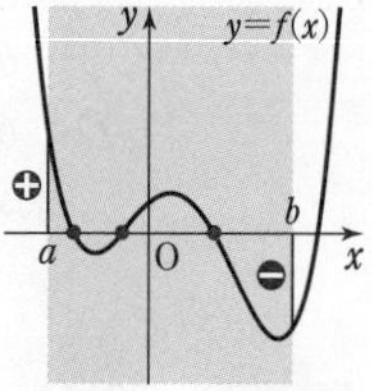

CHECK & CHECK

23 (1) 方程式 $2x^4+6x^2-1=0$ の実数解の個数を求めよ。

(2) 方程式 $x+\sin x+1=0$ が，区間 $\left(-\dfrac{\pi}{2},\ 0\right)$ にただ 1 つの実数解をもつことを示せ。

→ 2, 3

基本 例題 92 不等式の証明 (1)

(1) $x>0$ のとき，$\log x \leqq \dfrac{x}{e}$ が成り立つことを証明せよ。〔大阪工大〕

(2) $x>0$ のとき，$\log(1+x)<x-\dfrac{x^2}{2}+\dfrac{x^3}{3}$ が成り立つことを証明せよ。

〔昭和大〕 p.158 基本事項 1

CHART & SOLUTION

大小比較　差を作る

1 $\{f(x)-g(x)$ の最小値$\}>0$ を示す

2 常に増加ならば出発点で >0

$f(x)=$(右辺)$-$(左辺) とし，$x>0$ における $f(x)$ の増減を調べ，$f(x)\geqq 0$ などを示す。
(2) では常に $f'(x)>0$ であるから，2 の方針で示す。

解答

(1) $f(x)=\dfrac{x}{e}-\log x$ とすると　$f'(x)=\dfrac{1}{e}-\dfrac{1}{x}=\dfrac{x-e}{ex}$

$x>0$ のとき，$f'(x)=0$ とすると　$x=e$

$f(x)$ の増減表は右のようになり，$x=e$ で最小値 0 をとる。

x	0	$\cdots$	e	$\cdots$
$f'(x)$		$-$	0	$+$
$f(x)$		↘	極小 0	↗

よって，$x>0$ のとき

$f(x)\geqq 0$　すなわち　$\log x \leqq \dfrac{x}{e}$

⇐ $f(x)=$(右辺)$-$(左辺) とする。

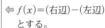

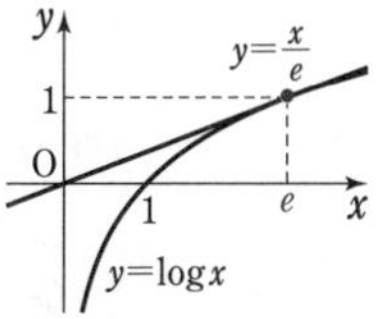

⇐ (最小値)$\geqq 0$

(2) $f(x)=\left(x-\dfrac{x^2}{2}+\dfrac{x^3}{3}\right)-\log(1+x)$ とすると

$$f'(x)=1-x+x^2-\frac{1}{1+x}=\frac{(1+x)(1-x+x^2)-1}{1+x}$$

$$=\frac{x^3}{1+x}$$

⇐ $f'(x)=\dfrac{1+x^3-1}{1+x}$

$x>0$ のとき　$f'(x)>0$

よって，$f(x)$ は $x\geqq 0$ で増加する。

ゆえに，$x>0$ のとき　$f(x)>f(0)=0$

したがって，$x>0$ のとき　$\log(1+x)<x-\dfrac{x^2}{2}+\dfrac{x^3}{3}$

⇐ $x>0$ から $x^3>0$，$1+x>0$

注意 $x>0$ で考えているが，$f(x)$ は $x=0$ でも定義されるから，$f(0)=0$ を用いてよい。

PRACTICE 92❷

(1) $x>0$ のとき，$2x-x^2<\log(1+x)^2<2x$ が成り立つことを示せ。

(2) $x>a$ (a は定数) のとき，$x-a>\sin^2 x-\sin^2 a$ が成り立つことを示せ。

基本 例題 93 不等式の証明 (2)

$x>0$ のとき，$\sqrt{1+x}>1+\frac{1}{2}x-\frac{1}{8}x^2$ が成り立つことを示せ。

基本 92

CHART & SOLUTION

大小比較　差を作る

1 $\{f(x)-g(x)$ の最小値$\}>0$ を示す

2 常に増加ならば出発点で >0

3 $f'(x)$ でわからなければ $f''(x)$ を調べる

$f(x)=\sqrt{1+x}-\left(1+\frac{1}{2}x-\frac{1}{8}x^2\right)$ として $f'(x)$ を求めても，$f'(x)$ の符号の変化を調べるのは難しい（inf. を参照）。このような場合は **$f''(x)$ を求めて $f'(x)$ の値の変化を調べる** とよい。→ 3 の方針

解答

$f(x)=\sqrt{1+x}-\left(1+\frac{1}{2}x-\frac{1}{8}x^2\right)$ とすると

$$f'(x)=\frac{1}{2\sqrt{1+x}}-\left(\frac{1}{2}-\frac{1}{4}x\right)$$

$$f''(x)=-\frac{1}{4(\sqrt{1+x})^3}+\frac{1}{4}=\frac{(\sqrt{1+x})^3-1}{4(\sqrt{1+x})^3}$$

よって，$x>0$ のとき $f''(x)>0$ であるから，$f'(x)$ は $x\geqq0$ で増加し　$f'(x)>f'(0)$

$f'(0)=0$ であるから，$x>0$ のとき　$f'(x)>0$

ゆえに，$f(x)$ は $x\geqq0$ で増加し

$f(x)>f(0)$

$f(0)=0$ であるから，$x>0$ のとき　$f(x)>0$

したがって　$\sqrt{1+x}>1+\frac{1}{2}x-\frac{1}{8}x^2$

inf. $f'(x)=0$ とすると $\frac{1}{2\sqrt{1+x}}=\frac{1}{2}-\frac{1}{4}x$ から

$2=(2-x)\sqrt{1+x}$ ……①

両辺を2乗して整理すると

$x^2(x-3)=0$

$x>0$ とすると　$x=3$

これは①を満たさない。

ゆえに，$x>0$ のとき $f'(x)=0$ を満たす x は存在しない。

したがって，$f'(x)$ は $x>0$ において，連続であるから，常に正または負の値をとることになる。ここで，$f'(3)=\frac{1}{2}>0$ であることから，$x>0$ のとき常に $f'(x)>0$ である。

PRACTICE 93③

$x>0$ のとき，$e^x>x^2$ が成り立つことを示せ。

基本 例題 94 不等式の証明と極限

(1) $x>0$ のとき，$\sqrt{x}>\log x$ であることを示せ。

(2) (1) を利用して，$\displaystyle\lim_{x\to\infty}\frac{\log x}{x}=0$ を示せ。

基本 92

CHART & SOLUTION

求めにくい極限　はさみうちの原理を利用

(1) $f(x)=$(左辺)$-$(右辺) とし，$f(x)>0$ を示せばよい。$f(x)$ の増減表を作り，(最小値)>0 を示す。

(2) (1) の不等式を利用して，$\dfrac{\log x}{x}$ を不等式ではさむ。

解答

(1) $f(x)=\sqrt{x}-\log x$ $(x>0)$ とすると

$$f'(x)=\frac{1}{2\sqrt{x}}-\frac{1}{x}=\frac{\sqrt{x}-2}{2x}$$

$f'(x)=0$ とすると

$\sqrt{x}=2$

これを解いて　$x=4$

$x>0$ における $f(x)$ の増減表は右のようになる。

x	0	$\cdots$	4	$\cdots$
$f'(x)$	/	$-$	0	$+$
$f(x)$	/	↘	極小 $2-\log 4$	↗

$x>0$ のとき　$f(x)\geqq f(4)=2-\log 4=\log e^2-\log 4>0$

よって，$x>0$ のとき　$\sqrt{x}>\log x$

(2) $x\longrightarrow\infty$ について考えるから，$x>1$ としてよい。

このとき，(1) から　$0<\log x<\sqrt{x}$

各辺を $x\,(>0)$ で割ると　$0<\dfrac{\log x}{x}<\dfrac{1}{\sqrt{x}}$

$\displaystyle\lim_{x\to\infty}\frac{1}{\sqrt{x}}=0$ であるから　$\displaystyle\lim_{x\to\infty}\frac{\log x}{x}=0$

CHART 大小比較　差を作る

⇐ $2=2\log e=\log e^2$
また，$2<e<3$ であるから　$4<e^2<9$

⇐ はさみうちの原理

INFORMATION

例題で証明した $\displaystyle\lim_{x\to\infty}\frac{\log x}{x}=0$ において，$\log x=t$ とおくと $x=e^t$ であり，

$x\longrightarrow\infty$ のとき $t\longrightarrow\infty$ であるから，$\displaystyle\lim_{t\to\infty}\frac{t}{e^t}=0$ すなわち $\displaystyle\lim_{x\to\infty}\frac{x}{e^x}=0$ も成り立つ。

この 2 つの極限はよく使われるので覚えておくとよい。次ページも参照。

PRACTICE 94③

(1) $0<x<\pi$ のとき，不等式 $x\cos x<\sin x$ が成り立つことを示せ。

(2) (1) の結果を用いて $\displaystyle\lim_{x\to+0}\frac{x-\sin x}{x^2}$ を求めよ。　〔類 岐阜薬大〕

まとめ　無限大に発散するスピードの違い

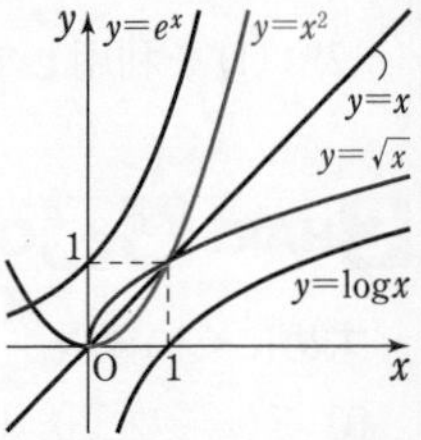

5つの関数 $\log x$, $\sqrt{x}$, x, x^2, e^x は，どれも $x \longrightarrow \infty$ のとき正の無限大に発散する。しかし，右のグラフを見てもわかるように，関数の値が大きくなっていくスピードには差がある。
例えば，$x=10$ のとき，$\log 10 \fallingdotseq 2.3$, $\sqrt{10} \fallingdotseq 3.2$ であるのに対して，$10^2=100$, $e^{10} \fallingdotseq 22000$ でかなりの開きがある。
そこで，本書では，2つの関数 $f(x)$, $g(x)$ について，

$\lim\limits_{x\to\infty} f(x)=\infty$, $\lim\limits_{x\to\infty} g(x)=\infty$ のとき，$\boldsymbol{\lim\limits_{x\to\infty}\dfrac{f(x)}{g(x)}=\infty}$ **ならば**，$g(x)$ より $f(x)$ の方が無限大に発散するスピードが速いとして，$\boldsymbol{f(x) \gg g(x)}$ **と表す** ことにする。

[1]　$x>0$ のとき，$e^x>x^2$ が成り立つ (PRACTICE 93 参照)。

よって，$\dfrac{e^x}{x}>x$ であり，$\lim\limits_{x\to\infty} x=\infty$ であるから

$$\lim_{x\to\infty}\frac{e^x}{x}=\infty \quad \cdots\cdots ①$$

したがって，e^x と $x^p\ (p>0)$ のスピードを比較すると，① から

$$\lim_{x\to\infty}\frac{e^x}{x^p}=\lim_{x\to\infty}\left(\frac{e^{\frac{x}{p}}}{x}\right)^p=\lim_{x\to\infty}\left(\frac{e^{\frac{x}{p}}}{\frac{x}{p}\cdot p}\right)^p=\lim_{x\to\infty}\left(\frac{e^{\frac{x}{p}}}{\frac{x}{p}}\right)^p\cdot\frac{1}{p^p}=\infty$$

$\Leftarrow \lim\limits_{■\to\infty}\dfrac{e^■}{■}=\infty$

ゆえに　　$\boldsymbol{e^x \gg x^p}$

[2]　x^p と $x^q\ (0<q<p)$ のスピードを比較すると，$p-q>0$ から

$$\lim_{x\to\infty}\frac{x^p}{x^q}=\lim_{x\to\infty} x^{p-q}=\infty$$

ゆえに　　$\boldsymbol{x^p \gg x^q}$

[3]　$\sqrt{x}$ と $\log x$ のスピードを比較すると，$\log x=t$ とおくとき $x=e^t$ であり，$x \longrightarrow \infty$ のとき $t \longrightarrow \infty$ である。

したがって，① から

$$\lim_{x\to\infty}\frac{\sqrt{x}}{\log x}=\lim_{t\to\infty}\frac{\sqrt{e^t}}{t}=\lim_{t\to\infty}\frac{e^{\frac{t}{2}}}{\frac{t}{2}}\cdot\frac{1}{2}=\infty$$

$\Leftarrow \lim\limits_{■\to\infty}\dfrac{e^■}{■}=\infty$

ゆえに　　$\boldsymbol{\sqrt{x} \gg \log x}$

[1]，[2]，[3] の結果から，5つの関数の間には

$$\boldsymbol{e^x \gg x^2 \gg x \gg \sqrt{x} \gg \log x}$$

の関係が成り立つことがわかる。
なお，一般に $x \longrightarrow \infty$ のとき ∞ に発散する関数について

指数関数 ≫ 関数 $\boldsymbol{x^\alpha}$ $(\alpha>0)$ ≫ 対数関数

の関係があることが知られている。

基本 例題 95 方程式の実数解

x に関する方程式 $(x^2+2x-2)e^{-x}+a=0$ の異なる実数解の個数を求めよ。

ただし，a は定数であり，$\lim_{x\to\infty}\frac{x^2}{e^x}=0$ とする。〔福島大〕

p.158 基本事項 2

CHART & SOLUTION

方程式 $f(x)=a$ の実数解の個数

曲線 $y=f(x)$ と直線 $y=a$ の共有点の個数を調べる ……❶

方程式を $f(x)=a$ の形にして，動く部分と固定部分を分離すると考えやすい。つまり，曲線 $y=f(x)$ は固定し，直線 $y=a$（x 軸に平行な直線）を動かすと考える。

解答

方程式を変形すると　$-(x^2+2x-2)e^{-x}=a$

$f(x)=-(x^2+2x-2)e^{-x}$ とすると

$$f'(x)=-(2x+2)e^{-x}+(x^2+2x-2)e^{-x}$$
$$=(x+2)(x-2)e^{-x}$$

$f'(x)=0$ とすると　$x=-2,\ 2$

よって，$f(x)$ の増減表は次のようになる。

x	$\cdots$	-2	$\cdots$	2	$\cdots$
$f'(x)$	$+$	0	$-$	0	$+$
$f(x)$	↗	極大 $2e^2$	↘	極小 $-\frac{6}{e^2}$	↗

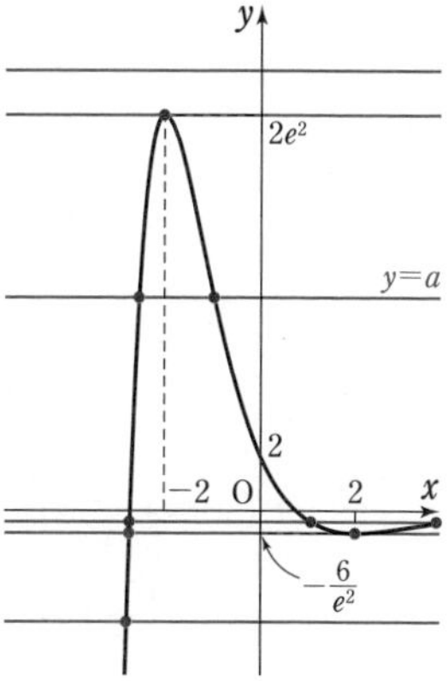

ここで　$\lim_{x\to\infty}f(x)=\lim_{x\to\infty}\frac{x^2}{e^x}\left(-1-\frac{2}{x}+\frac{2}{x^2}\right)=0$

また，$x=-t$ とおくと

$$\lim_{x\to-\infty}f(x)=\lim_{t\to\infty}t^2e^t\left(-1+\frac{2}{t}+\frac{2}{t^2}\right)=-\infty$$

よって，$y=f(x)$ のグラフは右上の図のようになる。

❶ このグラフと直線 $y=a$ の共有点の個数が，方程式の異なる実数解の個数と一致するから

$a>2e^2$ のとき　0個；$a<-\frac{6}{e^2}$，$a=2e^2$ のとき　1個；

$a=-\frac{6}{e^2}$，$0\leqq a<2e^2$ のとき　2個；

$-\frac{6}{e^2}<a<0$ のとき　3個

⇦ $x\longrightarrow-\infty$ のとき $-(x^2+2x-2)\longrightarrow-\infty$，$e^{-x}\longrightarrow\infty$ から，$f(x)\longrightarrow-\infty$ と考えてもよい。

⇦ 直線 $y=a$ を上下に動かしながら，共有点の個数を調べる。$f(x)$ が極大・極小となる点を直線 $y=a$ が通るときの a の値と $a=0$（漸近線）が，実数解の個数の境目。

PRACTICE 95❷

3次方程式 $x^3-kx+2=0$（k は定数）の異なる実数解の個数を求めよ。〔類 山口大〕

重要 例題 96　2変数の不等式の証明

$0<a<b<2\pi$ のとき，不等式 $b\sin\dfrac{a}{2}>a\sin\dfrac{b}{2}$ が成り立つことを証明せよ。

基本 92, 93

CHART & SOLUTION

2変数 a，b の不等式の証明問題であるが，本問では左右にそれぞれある変数 a，b を，左辺には a のみ，右辺には b のみが集まるように変形して，同じ関数で表せないかを考える。
不等式の両辺を $ab\ (>0)$ で割ると

$$b\sin\frac{a}{2}>a\sin\frac{b}{2} \quad \xrightarrow{\text{変形}} \quad \frac{1}{a}\sin\frac{a}{2}>\frac{1}{b}\sin\frac{b}{2}$$

$F(a,\ b)>F(b,\ a)$ の形　　　**$f(a)>f(b)$ の形**

よって，$f(x)=\dfrac{1}{x}\sin\dfrac{x}{2}$ とすると，示すべき不等式は　$f(a)>f(b)$ $(0<a<b<2\pi)$
つまり，$0<x<2\pi$ のとき $f(x)$ が単調減少となることを示せばよい。

解答

$0<a<b<2\pi$ のとき，不等式の両辺を $ab\ (>0)$ で割ると

$$\frac{1}{a}\sin\frac{a}{2}>\frac{1}{b}\sin\frac{b}{2}$$

⇐ この不等式が成り立つことを証明する。

ここで，$f(x)=\dfrac{1}{x}\sin\dfrac{x}{2}$ とすると

$$f'(x)=-\frac{1}{x^2}\sin\frac{x}{2}+\frac{1}{2x}\cos\frac{x}{2}$$

⇐ $(uv)'=u'v+uv'$

$$=\frac{1}{2x^2}\left(x\cos\frac{x}{2}-2\sin\frac{x}{2}\right)$$

$g(x)=x\cos\dfrac{x}{2}-2\sin\dfrac{x}{2}$ とすると

⇐ $f'(x)$ の式の____は符号が調べにくいから，$g(x)=$____ として $g'(x)$ の符号を調べる。

$$g'(x)=\cos\frac{x}{2}-\frac{x}{2}\sin\frac{x}{2}-\cos\frac{x}{2}=-\frac{x}{2}\sin\frac{x}{2}$$

$0<x<2\pi$ のとき，$0<\dfrac{x}{2}<\pi$ であるから　$g'(x)<0$

⇐ $0<\dfrac{x}{2}<\pi$ のとき $-\dfrac{x}{2}<0$，$\sin\dfrac{x}{2}>0$

よって，$g(x)$ は $0\leqq x\leqq 2\pi$ で単調に減少する。
また，$g(0)=0$ であるから，$0<x<2\pi$ において
　$g(x)<0$　すなわち　$f'(x)<0$
よって，$f(x)$ は $0<x<2\pi$ で単調に減少する。

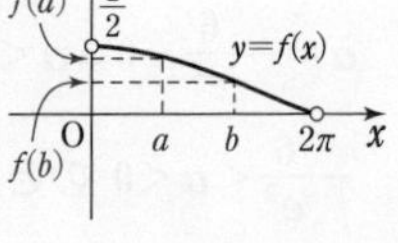

ゆえに，$0<a<b<2\pi$ のとき　$\dfrac{1}{a}\sin\dfrac{a}{2}>\dfrac{1}{b}\sin\dfrac{b}{2}$

すなわち　$b\sin\dfrac{a}{2}>a\sin\dfrac{b}{2}$

PRACTICE 96④

$e<a<b$ のとき，不等式 $a^b>b^a$ が成り立つことを証明せよ。　〔類 長崎大〕

重要例題 97 不等式が常に成り立つための条件 ④

すべての正の数 x について不等式 $kx^3 \geqq \log x$ が成り立つような定数 k の値の範囲を求めよ。 〔類 岡山理科大〕 基本 92, 95

CHART & SOLUTION

常に成り立つ不等式

常に $f(x) \leqq k \iff \{f(x)$ の最大値$\} \leqq k$

方程式の場合（基本例題 95）と同様に **k を分離** すると

$x>0$ のとき　$kx^3 \geqq \log x \iff k \geqq \dfrac{\log x}{x^3}$

よって，$\left(\dfrac{\log x}{x^3}\right.$ の **最大値**$\left.\right) \leqq k$ となるような k の値の範囲を求める。

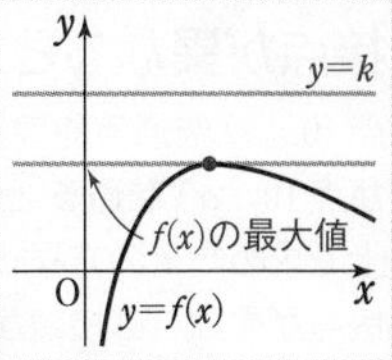

解答

$x>0$ のとき，不等式 $kx^3 \geqq \log x$ は $k \geqq \dfrac{\log x}{x^3}$ と同値である。

⇐ 不等式の両辺を $x^3\ (>0)$ で割る。

$f(x)=\dfrac{\log x}{x^3}$ とすると

$$f'(x)=\frac{\frac{1}{x}\cdot x^3-(\log x)\cdot 3x^2}{x^6}=\frac{1-3\log x}{x^4}$$

⇐ $\left(\dfrac{f}{g}\right)'=\dfrac{f'g-fg'}{g^2}$

$f'(x)=0$ とすると　　$\log x=\dfrac{1}{3}$

⇐ $x=e^{\frac{1}{3}}$

ゆえに　　$x=\sqrt[3]{e}$

$x>0$ における $f(x)$ の増減表は右のようになる。

x	0	$\cdots$	$\sqrt[3]{e}$	$\cdots$
$f'(x)$	／	$+$	0	$-$
$f(x)$	／	↗	極大	↘

⇐ $0<x<\sqrt[3]{e}$ のとき $\log x<\dfrac{1}{3}$，$x>\sqrt[3]{e}$ のとき $\log x>\dfrac{1}{3}$ に注意して増減表を作る。

よって，$f(x)$ は $x=\sqrt[3]{e}$ で極大かつ最大となり，最大値は

$$f(\sqrt[3]{e})=\frac{\log\sqrt[3]{e}}{(\sqrt[3]{e})^3}=\frac{1}{3e}$$

すべての正の数 x について不等式が成り立つための必要十分条件は，k の値が $f(x)$ の最大値と等しいか，または最大値より大きいことであるから

$$k \geqq \frac{1}{3e}$$

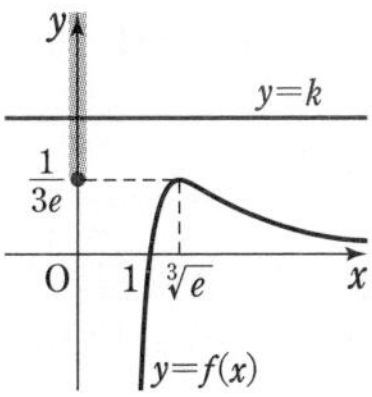

PRACTICE 97④

a を正の定数とする。不等式 $a^x \geqq x$ が任意の正の実数 x に対して成り立つような a の値の範囲を求めよ。 〔神戸大〕

重要 例題 98 曲線外から曲線に引ける接線の本数

$f(x)=-e^x$ とする。実数 a に対して，点 $(0,\ a)$ を通る曲線 $y=f(x)$ の接線の本数を求めよ。ただし，$\displaystyle\lim_{x\to-\infty} xe^x=0$ を用いてもよい。〔類 東京電機大〕

基本 95

CHART & SOLUTION

接点が異なると，接線が異なる

点 $(0,\ a)$ を通る曲線 $y=f(x)$ の接線 ⟹ **曲線 $y=f(x)$ 上の点 $(t,\ f(t))$ における接線が点 $(0,\ a)$ を通る** と考えて，t の方程式を導く。

上で求めた t の方程式の実数解の個数を調べる。この問題の場合，$y=-e^x$ のグラフから，接点が異なれば接線が異なることがわかる。よって，t の方程式の実数解の個数が接線の本数に一致する。実数解の個数は，**定数 a を分離** して $a=g(t)$ の形にして，$y=g(t)$ のグラフを利用する。

解答

$f(x)=-e^x$ から　　$f'(x)=-e^x$

よって，曲線上の点 $(t,\ f(t))$ における接線 ℓ の方程式は

$y-(-e^t)=-e^t(x-t)$　すなわち　$y=-e^tx+(t-1)e^t$

この接線 ℓ が点 $(0,\ a)$ を通るとき　　$a=(t-1)e^t$

ここで，$g(t)=(t-1)e^t$ とすると　　$g'(t)=e^t+(t-1)e^t=te^t$

$g'(t)=0$ とすると　　$t=0$

$g(t)$ の増減表は右のようになる。

t	$\cdots$	0	$\cdots$
$g'(t)$	$-$	0	$+$
$g(t)$	↘	-1	↗

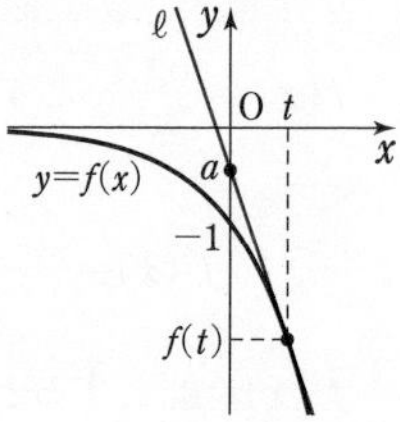

また　$\displaystyle\lim_{t\to\infty} g(t)=\lim_{t\to\infty}(t-1)e^t=\infty$，

$\displaystyle\lim_{t\to-\infty} g(t)=\lim_{t\to-\infty}(t-1)e^t=\lim_{t\to-\infty}(te^t-e^t)=0$

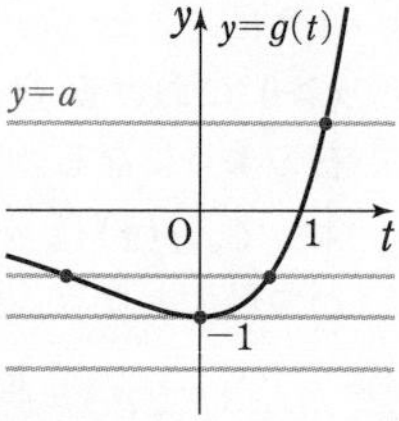

ゆえに，$y=g(t)$ のグラフの概形は右図のようになる。

$y=-e^x$ のグラフから，接点が異なれば接線も異なる。

よって，$a=g(t)$ を満たす実数解の個数が，接線の本数に一致するから，求める接線の本数は

$a<-1$ のとき 0 本；　$a=-1$，$0\leqq a$ のとき 1 本；　$-1<a<0$ のとき 2 本

INFORMATION

曲線によっては，1 本の直線が 2 個以上の点で接する場合がある。
このような場合，(接線の本数)=(接点の個数) は成り立たない。

PRACTICE 98③

$f(x)=-\log x$ とする。実数 a に対して，点 $(a,\ 0)$ を通る曲線 $y=f(x)$ の接線の本数を求めよ。ただし，$\displaystyle\lim_{x\to+0} x\log x=0$ を用いてもよい。

重要 例題 99 関数の増減を利用した大小比較

(1) 関数 $f(x)=\dfrac{\log x}{x}$ $(x>0)$ の極値を求めよ。

(2) e^{π} と π^{e} の大小を比較せよ。 〔類 鳥取大〕 基本 92

CHART & SOLUTION

大小比較　関数の増減を利用

(1) $f'(x)$ から増減表を作り，極値を求める。

(2) このままでは大小の比較ができない。(1) が利用できないか考える（**(1) は (2) のヒント**）。
2 つの数の自然対数を考えると，e^{π} と π^{e} の大小は $\pi\log e$ と $e\log\pi$ の大小と一致する。また，これらをそれぞれ $e\pi\ (>0)$ で割った $\dfrac{\log e}{e}$ と $\dfrac{\log\pi}{\pi}$ の大小とも一致する。
$\dfrac{\log e}{e}=f(e)$，$\dfrac{\log\pi}{\pi}=f(\pi)$ であるから，(1) を利用して大小を比較すればよい。

解答

(1) $f'(x)=\dfrac{\frac{1}{x}\cdot x-\log x\cdot 1}{x^2}=\dfrac{1-\log x}{x^2}$

$f'(x)=0$ とすると，$1-\log x=0$
から　$x=e$
$f(x)$ の増減表は右のようになる。
したがって，$f(x)$ は

$x=e$ で極大値 $\dfrac{1}{e}$ をとる。

x	0	$\cdots$	e	$\cdots$
$f'(x)$	／	$+$	0	$-$
$f(x)$	／	↗	$\dfrac{1}{e}$	↘

inf. $y=f(x)$ のグラフは下のようになる。
なお　$\displaystyle\lim_{x\to+0}\frac{\log x}{x}=-\infty$，
$\displaystyle\lim_{x\to\infty}\frac{\log x}{x}=0$
（基本例題 94 参照）

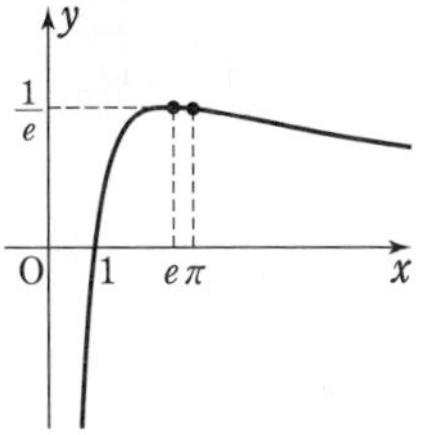

(2) (1) から，関数 $f(x)$ は $x\geqq e$ で減少する。

$e<\pi$ であるから　$f(e)>f(\pi)$

したがって　$\dfrac{\log e}{e}>\dfrac{\log\pi}{\pi}$

$e>0$，$\pi>0$ より　$\pi\log e>e\log\pi$

すなわち　$\log e^{\pi}>\log\pi^{e}$

よって　$\boldsymbol{e^{\pi}>\pi^{e}}$

⇦ 底 e は 1 より大きい。

INFORMATION

この例題のポイントは，比較する 2 つの数（e^{π} と π^{e}）を，これらと **大小関係が変わらない** 関数 $f(x)$ の 2 つの値（$f(e)$ と $f(\pi)$）で大小比較を行ったことである。
なお，コンピュータを用いて計算すると　$e^{\pi}=23.14069\cdots\cdots$，$\pi^{e}=22.45915\cdots\cdots$

PRACTICE 99④

(1) 関数 $f(x)=x^{\frac{1}{x}}$ $(x>0)$ の極値を求めよ。 (2) $e^{3}>3^{e}$ であることを証明せよ。

重要 例題 100 不等式の証明と数学的帰納法

n は自然数とする。数学的帰納法によって，次の不等式を証明せよ。

$$e^x>1+x+\frac{x^2}{2!}+\frac{x^3}{3!}+\cdots\cdots+\frac{x^n}{n!}\quad (x>0)$$

基本 92

CHART & SOLUTION

大小比較　差を作る　常に増加ならば出発点で >0

$n=1$，$n=k+1$ の場合の証明において微分法を活用し，上の方針で解決。

解答

$$f_n(x)=e^x-\left(1+\frac{x}{1!}+\frac{x^2}{2!}+\cdots\cdots+\frac{x^n}{n!}\right)$$

とすると，$f_n(x)$ は連続関数である。

不等式 $f_n(x)>0$ ……① を示せばよい。

[1]　$n=1$ のとき　　$f_1(x)=e^x-(1+x)$，$f_1'(x)=e^x-1$

$x>0$ のとき，$e^x>1$ であるから　　$f_1'(x)>0$

よって，$f_1(x)$ は $x\geqq 0$ で増加する。

$f_1(0)=0$ であるから，$x>0$ のとき　　$f_1(x)>0$

ゆえに，$n=1$ のとき不等式 ① は成り立つ。

[2]　$n=k$ のとき，不等式 ① が成り立つと仮定すると

$$f_k(x)=e^x-\left(1+\frac{x}{1!}+\frac{x^2}{2!}+\cdots\cdots+\frac{x^k}{k!}\right)>0\quad \cdots\cdots ②$$

$n=k+1$ のとき

$$f_{k+1}(x)=e^x-\left\{1+\frac{x}{1!}+\frac{x^2}{2!}+\frac{x^3}{3!}+\cdots\cdots+\frac{x^{k+1}}{(k+1)!}\right\}$$

ゆえに

$$f_{k+1}'(x)=e^x-\left\{0+1+\frac{2x}{2!}+\frac{3x^2}{3!}+\cdots\cdots+\frac{(k+1)x^k}{(k+1)!}\right\}$$

$$=e^x-\left(1+\frac{x}{1!}+\frac{x^2}{2!}+\cdots\cdots+\frac{x^k}{k!}\right)=f_k(x)$$

② から，$x>0$ のとき　　$f_{k+1}'(x)=f_k(x)>0$

よって，$f_{k+1}(x)$ は $x\geqq 0$ で増加する。

$f_{k+1}(0)=0$ であるから，$x>0$ のとき　　$f_{k+1}(x)>0$

ゆえに，$n=k+1$ のときも不等式 ① は成り立つ。

[1]，[2] から，すべての自然数 n について，不等式 ① は成り立つ。

⇐ $x>a$ のとき $f'(x)>0$ ならば　$f(x)>f(a)$

inf. この例題の結果から

$$e^x>\frac{x^{n+1}}{(n+1)!}$$

ゆえに　$\dfrac{e^x}{x^n}>\dfrac{x}{(n+1)!}$

$\displaystyle\lim_{x\to\infty}\frac{x}{(n+1)!}=\infty$ から

$$\lim_{x\to\infty}\frac{e^x}{x^n}=\infty$$

PRACTICE 100⑤

(1)　$x\geqq 1$ のとき，$x\log x\geqq (x-1)\log(x+1)$ が成り立つことを示せ。

(2)　自然数 n に対して，$(n!)^2\geqq n^n$ が成り立つことを示せ。　〔名古屋市大〕

EXERCISES　11 方程式・不等式への応用

A

82❸ $0 \leqq x \leqq \dfrac{\pi}{3}$ において，不等式 $\dfrac{x^2}{2} \leqq \log\dfrac{1}{\cos x} \leqq x^2$ を証明せよ。 →93

83❸ (1) $x \geqq 0$ のとき，不等式 $x-\dfrac{x^3}{6} \leqq \sin x \leqq x$ を証明せよ。

(2) k を定数とする。(1)の結果を用いて $\displaystyle\lim_{x\to+0}\left(\frac{1}{\sin x}-\frac{1}{x+kx^2}\right)$ を求めよ。

→94

84❸ 関数 $f(x)=\dfrac{x^3}{x^2-2}$ について，次の問いに答えよ。

(1) 導関数 $f'(x)$ を求めよ。

(2) 関数 $y=f(x)$ のグラフの概形をかけ。

(3) k を定数とするとき，x についての方程式 $x^3-kx^2+2k=0$ の異なる実数解の個数を調べよ。 〔名城大〕 →95

B

85❹ 次の不等式が成り立つことを証明せよ。 〔学習院大〕

(1) $x>0$ のとき $\dfrac{1}{x}\log(1+x)>1+\log\dfrac{2}{x+2}$

(2) n が正の整数のとき $e-\left(1+\dfrac{1}{n}\right)^n<\dfrac{e}{2n+1}$ →93

86❹ k を実数の定数とする。方程式 $4\cos^2 x+3\sin x-k\cos x-3=0$ の $-\pi<x\leqq\pi$ における解の個数を求めよ。 〔静岡大〕 →95

87❹ $(\sqrt{5})^{\sqrt{7}}$ と $(\sqrt{7})^{\sqrt{5}}$ の大小を比較せよ。必要ならば $2.7<e$ を用いてもよい。 〔類 京都府医大〕 →96, 99

88❸ (1) 関数 $f(x)=\dfrac{1}{x}\log(1+x)$ を微分せよ。

(2) $0<x<y$ のとき $\dfrac{1}{x}\log(1+x)>\dfrac{1}{y}\log(1+y)$ が成り立つことを示せ。

(3) $\left(\dfrac{1}{11}\right)^{\frac{1}{10}}$，$\left(\dfrac{1}{13}\right)^{\frac{1}{12}}$，$\left(\dfrac{1}{15}\right)^{\frac{1}{14}}$ を大きい方から順に並べよ。〔愛媛大〕 →99

HINT

85 (1) そのまま $f(x)=$(左辺)$-$(右辺) としたのでは証明しにくい。
$x>0$ から，不等式は両辺に x を掛けても同値であることを利用する。
(2) (1)で $x=\dfrac{1}{n}$ とおく。

86 方程式を $f(x)=k$ の形に変形し，曲線 $y=f(x)$ と直線 $y=k$ の共有点の個数を調べる。場合分けに注意。

87 2数をそれぞれ $\dfrac{1}{\sqrt{5}\sqrt{7}}$ 乗し，更に自然対数をとって比較する。

88 (3) (2)を利用して $-f(10)$，$-f(12)$，$-f(14)$ の大小を比較する。

12 速度と近似式

基本事項

1 直線上の点の運動

数直線上を運動する点Pの時刻 t における座標 x が $x=f(t)$ で表されるとき

① 速度 $v=\dfrac{dx}{dt}=f'(t)$　加速度 $\alpha=\dfrac{dv}{dt}=\dfrac{d^2x}{dt^2}=f''(t)$

② 速さ $|v|$　加速度の大きさ $|\alpha|$

2 平面上の点の運動

座標平面上を運動する点 $\mathrm{P}(x,\ y)$ の時刻 t における x 座標，y 座標が t の関数であるとき

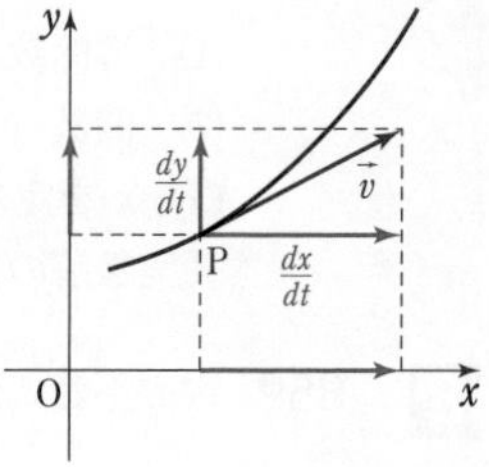

① 速度 $\vec{v}=\left(\dfrac{dx}{dt},\ \dfrac{dy}{dt}\right)$　加速度 $\vec{\alpha}=\left(\dfrac{d^2x}{dt^2},\ \dfrac{d^2y}{dt^2}\right)$

② 速さ $|\vec{v}|=\sqrt{\left(\dfrac{dx}{dt}\right)^2+\left(\dfrac{dy}{dt}\right)^2}$

加速度の大きさ $|\vec{\alpha}|=\sqrt{\left(\dfrac{d^2x}{dt^2}\right)^2+\left(\dfrac{d^2y}{dt^2}\right)^2}$

注意 速度，加速度はベクトルである。一方，速さ，加速度の大きさはベクトルの大きさ，すなわち0以上の値である。

3 近似式

① 1 $h\fallingdotseq 0$ のとき　$f(a+h)\fallingdotseq f(a)+f'(a)h$
　2 $x\fallingdotseq 0$ のとき　$f(x)\fallingdotseq f(0)+f'(0)x$　｝1次の近似式

② $y=f(x)$ において，x の増分 $\varDelta x$ に対する y の増分を $\varDelta y$ とすると
$\varDelta x\fallingdotseq 0$ のとき　$\varDelta y\fallingdotseq y'\varDelta x$

解説 ② 詳しくは $p.176$ INFORMATION 参照。

CHECK & CHECK

24 数直線上を運動する点Pの座標 x が時刻 t の関数として，次の式で表されるとき，$t=2$ における速度，加速度をそれぞれ求めよ。

(1) $x=t^3-3$　(2) $x=3\cos\left(\pi t-\dfrac{\pi}{2}\right)$　→ 1

25 座標平面上を運動する点Pの座標が時刻 t の関数として，次の式で表されるとき，$t=1$ における速さ，加速度の大きさをそれぞれ求めよ。

(1) $x=t^2,\ y=2t$　(2) $x=t,\ y=e^{-2t}$　→ 2

26 (1) $h\fallingdotseq 0$ のとき，$\log|a+h|$ について，1次の近似式を作れ。

(2) $x\fallingdotseq 0$ のとき，e^{-x} について，1次の近似式を作れ。　→ 3

基本 例題 101 直線上の点の運動

数直線上を運動する点Pの時刻 t における座標が $x=t^3-6t^2-15t$ $(t\geqq 0)$ で表されるとき，次のものを求めよ。

(1) $t=3$ におけるPの速度，速さ，加速度

(2) Pが運動の向きを変えるときの，Pの座標

p.170 基本事項 1

CHART & SOLUTION

直線上を動く点の速度・加速度

$$x=f(t) \xrightarrow{t\text{で微分}} v=\frac{dx}{dt}=f'(t) \xrightarrow{t\text{で微分}} \alpha=\frac{d^2x}{dt^2}=f''(t)$$

位置　　速度　　加速度

(2) 運動の向きが変わる ⟶ 速度 v の符号が変わる。

解答

(1) 時刻 t におけるPの速度を v，加速度を α とすると

$$v=\frac{dx}{dt}=3t^2-12t-15=3(t+1)(t-5)$$

$$\alpha=\frac{dv}{dt}=6t-12=6(t-2)$$

⇦ $\frac{dv}{dt}=\frac{d^2x}{dt^2}$

よって，$t=3$ のとき

速度 $v=-24$，　速さ $|v|=24$，　加速度 $\alpha=6$

⇦ (速さ)$=|v|$
速さを **速度の大きさ** ということもある。

(2) Pが運動の向きを変えるのは，v の符号が変わるときであるから，$v=0$ とすると　$(t+1)(t-5)=0$

$t\geqq 0$ であるから　$t=5$

$0\leqq t<5$ のとき　$v<0$，　$t>5$ のとき　$v>0$

よって，Pが運動の向きを変える t の値は　$t=5$

このときのPの座標は　$\boldsymbol{x=5^3-6\cdot 5^2-15\cdot 5=-100}$

INFORMATION

上の例題の点Pは，時刻 t の経過にともない，次のように運動している。

$0<t<5$ のとき …… $v<0$ ⟶ x が減少する方向
すなわち，負の方向に動く。

$t>5$ のとき …… $v>0$ ⟶ x が増加する方向
すなわち，正の方向に動く。

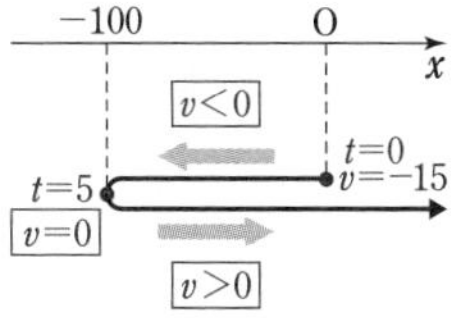

PRACTICE 101❷

数直線上を運動する点Pの時刻 t における位置 x が $x=-2t^3+3t^2+8$ $(t\geqq 0)$ で与えられている。Pが原点Oから正の方向に最も離れるときの速度と加速度を求めよ。

基本 例題 102　平面上の点の運動

座標平面上を運動する点Pの座標 $(x,\ y)$ が，時刻 t の関数として $x=\sin t$, $y=\dfrac{1}{2}\cos 2t$ で表されるとき，Pの速度ベクトル $\vec{v}$，加速度ベクトル $\vec{\alpha}$，$|\vec{v}|$ の最大値を求めよ。

p.170 基本事項 2

CHART & SOLUTION

平面上を動く点の速度・加速度

1　時刻 t の関数 x，y の関係式 ⟶ そのまま t で微分

2　位置 $(x,\ y)$ —微分→ 速度 $(x',\ y')$ —微分→ 加速度 $(x'',\ y'')$

$|\vec{v}|$ の最大値は，$|\vec{v}|\geqq 0$ から，$|\vec{v}|^2$ の最大値を考えるとよい。

解答

$$\frac{dx}{dt}=\cos t,\quad \frac{dy}{dt}=-\sin 2t$$

よって　$\boldsymbol{\vec{v}=(\cos t,\ -\sin 2t)}$　…… ①

⇦ $\vec{v}=\left(\dfrac{dx}{dt},\ \dfrac{dy}{dt}\right)$

また　$\dfrac{d^2x}{dt^2}=\dfrac{d}{dt}\left(\dfrac{dx}{dt}\right)=(\cos t)'=-\sin t$,

$\dfrac{d^2y}{dt^2}=\dfrac{d}{dt}\left(\dfrac{dy}{dt}\right)=(-\sin 2t)'=-2\cos 2t$

ゆえに　$\boldsymbol{\vec{\alpha}=(-\sin t,\ -2\cos 2t)}$

⇦ $\vec{\alpha}=\left(\dfrac{d^2x}{dt^2},\ \dfrac{d^2y}{dt^2}\right)$

次に，① から

$$\begin{aligned}|\vec{v}|^2&=(\cos t)^2+(-\sin 2t)^2=\cos^2 t+\sin^2 2t\\&=\cos^2 t+(2\sin t\cos t)^2=\cos^2 t(1+4\sin^2 t)\\&=(1-\sin^2 t)(1+4\sin^2 t)\end{aligned}$$

⇦ $|\vec{v}|=\sqrt{\left(\dfrac{dx}{dt}\right)^2+\left(\dfrac{dy}{dt}\right)^2}$

ここで，$\sin^2 t=s$ とおくと

$$|\vec{v}|^2=(1-s)(1+4s)=-4s^2+3s+1=-4\left(s-\frac{3}{8}\right)^2+\frac{25}{16}$$

$0\leqq s\leqq 1$ であるから，$s=\dfrac{3}{8}$ のとき $|\vec{v}|^2$ は最大値 $\dfrac{25}{16}$ をとる。

$|\vec{v}|\geqq 0$ であるから，このとき $|\vec{v}|$ も最大となる。

したがって，$|\vec{v}|$ の最大値は　$\sqrt{\dfrac{25}{16}}=\boldsymbol{\dfrac{5}{4}}$

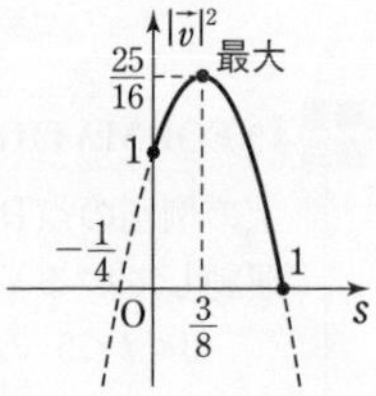

PRACTICE 102②

座標平面上を運動する点Pの座標 $(x,\ y)$ が，時刻 t の関数として $x=\dfrac{1}{2}\sin 2t$, $y=\sqrt{2}\cos t$ で表されるとき，Pの速度ベクトル $\vec{v}$，加速度ベクトル $\vec{\alpha}$，$|\vec{v}|$ の最小値を求めよ。

基本 例題 103 等速円運動

動点Pが，原点Oを中心とする半径 r の円周上を，点 $A(r,\ 0)$ から出発して，OPが1秒間に角 ω の割合で回転するように等速円運動をしている。出発してから t 秒後の点Pの座標を $P(x,\ y)$ とするとき，次の問いに答えよ。

(1) 点Pの速度 $\vec{v}$ と速さを求めよ。

(2) 速度 $\vec{v}$ と $\overrightarrow{OP}$ は垂直であることを示せ。

基本 102

CHART & SOLUTION

$(x,\ y) \xrightarrow{t\text{ で微分}} \left(\dfrac{dx}{dt},\ \dfrac{dy}{dt}\right) \xrightarrow{t\text{ で微分}} \left(\dfrac{d^2x}{dt^2},\ \dfrac{d^2y}{dt^2}\right)$

位置　　　速度　　　加速度

(2) $\vec{v} \neq \vec{0}$，$\overrightarrow{OP} \neq \vec{0}$ のとき　$\vec{v} \perp \overrightarrow{OP} \iff \vec{v} \cdot \overrightarrow{OP} = 0$

解答

(1) t 秒後において，動径OPと x 軸の正の部分とのなす角は ωt であるから，$x = r\cos\omega t$，$y = r\sin\omega t$ と表される。

$\dfrac{dx}{dt} = -r\omega\sin\omega t$，$\dfrac{dy}{dt} = r\omega\cos\omega t$ であるから

$$\boldsymbol{\vec{v} = (-r\omega\sin\omega t,\ r\omega\cos\omega t)} \quad \cdots\cdots ①$$

また　$|\vec{v}| = \sqrt{(-r\omega\sin\omega t)^2 + (r\omega\cos\omega t)^2}$

$= \sqrt{r^2\omega^2(\sin^2\omega t + \cos^2\omega t)} = \boldsymbol{r|\omega|}$

(2) $x = r\cos\omega t$，$y = r\sin\omega t$ から　$\overrightarrow{OP} = (x,\ y)$

また，① から　$\vec{v} = (-\omega y,\ \omega x)$

ゆえに　$\vec{v} \cdot \overrightarrow{OP} = -\omega y \cdot x + \omega x \cdot y = 0$

$\vec{v} \neq \vec{0}$，$\overrightarrow{OP} \neq \vec{0}$ であるから　$\vec{v} \perp \overrightarrow{OP}$

⇦ 動径OPの回転角の速さ ω を **角速度** という。

⇦ $\vec{v} = \left(\dfrac{dx}{dt},\ \dfrac{dy}{dt}\right)$

⇦ $|\vec{v}| = \sqrt{\left(\dfrac{dx}{dt}\right)^2 + \left(\dfrac{dy}{dt}\right)^2}$

⇦ $\vec{a} = (a_1,\ a_2)$，$\vec{b} = (b_1,\ b_2)$ のとき $\vec{a} \cdot \vec{b} = a_1b_1 + a_2b_2$

INFORMATION ― 等速円運動

(2) で示した $\vec{v} \perp \overrightarrow{OP}$ から，$\vec{v}$ の向きは円の接線方向である。

また　$\dfrac{d^2x}{dt^2} = (-r\omega\sin\omega t)' = -r\omega^2\cos\omega t = -\omega^2 x$

$\dfrac{d^2y}{dt^2} = (r\omega\cos\omega t)' = -r\omega^2\sin\omega t = -\omega^2 y$

であるから，点Pの加速度ベクトル $\vec{\alpha}$ は

$\vec{\alpha} = -\omega^2(x,\ y) = -\omega^2\overrightarrow{OP} = \omega^2\overrightarrow{PO}$

よって，$\vec{\alpha}$ の向きは円の中心に向かっている。

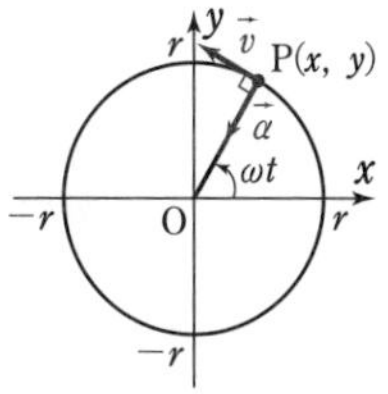

PRACTICE 103❷

座標平面上を運動する点Pの座標 $(x,\ y)$ が，時刻 t の関数として $x = \omega t - \sin\omega t$，$y = 1 - \cos\omega t$ で表されるとき，点Pの速さを求めよ。また，点Pが最も速く動くときの速さを求めよ。

基本 例題 104 速度の応用問題

平地に垂直に立っている壁に長さ 10 m のはしごが立てかけてある。いま，はしごの下端Aが 3 m/s の速さで地面を滑って壁から離れていくとする。点Aが壁から 6 m 離れた瞬間における，このはしごの上端Bが壁に沿って滑り下りる速さを求めよ。

p.170 基本事項 1

CHART & SOLUTION

位置 $\xrightarrow[\text{微分}]{}$ 速度

点Bから平地へ垂線 BO を引く。**三平方の定理**により，OA の長さ x と，OB の長さ y（x, y は時刻 t の関数）の関係式を作り，この式の両辺を t で微分すると $\dfrac{dy}{dt}$ が出てくる。……❗

解答

点Bから壁に沿って平地へ引いた垂線を BO とする。
OA$=x$ (m)，OB$=y$ (m) とすると，これらは時刻 t (秒) の関数で，次の関係式が成り立つ。

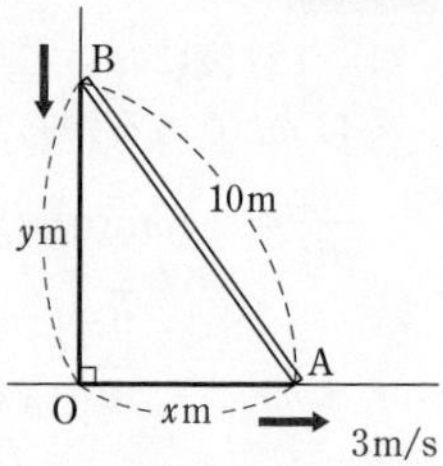

$$x^2+y^2=100 \quad \cdots\cdots ①$$

この両辺を t で微分すると

❗ $$2x\cdot\frac{dx}{dt}+2y\cdot\frac{dy}{dt}=0$$

よって $$\frac{dy}{dt}=-\frac{x}{y}\cdot\frac{dx}{dt}$$

$x=6$ のとき，① から $\quad y^2=100-x^2=100-36=64$

$y>0$ であるから $\quad y=8$

条件から $$\frac{dx}{dt}=3$$

⇐ Aの速さが 3 m/s であり，$\dfrac{dx}{dt}>0$ である。

ゆえに，Bが滑り下りる速度は

$$\frac{dy}{dt}=-\frac{6}{8}\cdot 3=-\frac{9}{4}$$

よって，求める速さは

$$\left|\frac{dy}{dt}\right|=\frac{9}{4}\ \text{(m/s)}$$

⇐ (Bの速さ)=|Bの速度|

PRACTICE 104❸

水面から 30 m の高さで水面に垂直な岸壁の上から，長さ 58 m の綱で船を引き寄せる。4 m/s の速さで綱をたぐるとき，2 秒後の船の速さを求めよ。

基本 例題 105 近似式と近似値の計算

(1) $x \fallingdotseq 0$ のとき，次の関数について，1次の近似式を作れ。

(ア) $(1+2x)^p$ （p は有理数）　(イ) $\log(e+x)$

(2) $\sin 59^\circ$ の近似値を，1次の近似式を用いて，小数第3位まで求めよ。ただし，$\sqrt{3}=1.732$，$\pi=3.142$ とする。

p.170 基本事項 3

CHART & SOLUTION

近似式　1　$h \fallingdotseq 0$ のとき　$f(a+h) \fallingdotseq f(a)+f'(a)h$

　　　　2　$x \fallingdotseq 0$ のとき　$f(x) \fallingdotseq f(0)+f'(0)x$

1と2は，どちらを用いてもよい。与えられた関数を $f(a+x)$ と見れば1，$f(x)$ と見れば2の形になる（解答は1の方針）。

解答

(1) (ア) $f(x)=x^p$ とすると　$f'(x)=px^{p-1}$

よって　$f(1)=1$，$f'(1)=p$

$x \fallingdotseq 0$ のとき，$2x \fallingdotseq 0$ であるから

$$(1+2x)^p \fallingdotseq f(1)+f'(1)\cdot 2x=\mathbf{1+2px}$$

(イ) $f(x)=\log x$ とすると　$f'(x)=\dfrac{1}{x}$

よって　$f(e)=1$，$f'(e)=\dfrac{1}{e}$

ゆえに，$x \fallingdotseq 0$ のとき

$$\log(e+x) \fallingdotseq f(e)+f'(e)x=\mathbf{1+\frac{x}{e}}$$

(2) $\sin 59^\circ=\sin(60^\circ-1^\circ)=\sin\left(\dfrac{\pi}{3}-\dfrac{\pi}{180}\right)$

$f(x)=\sin x$ とすると　$f'(x)=\cos x$

よって　$f\left(\dfrac{\pi}{3}\right)=\dfrac{\sqrt{3}}{2}$，$f'\left(\dfrac{\pi}{3}\right)=\dfrac{1}{2}$　ゆえに

$$\sin 59^\circ=\sin\left(\frac{\pi}{3}-\frac{\pi}{180}\right) \fallingdotseq f\left(\frac{\pi}{3}\right)+f'\left(\frac{\pi}{3}\right)\cdot\left(-\frac{\pi}{180}\right)$$

$$=\frac{\sqrt{3}}{2}-\frac{1}{2}\cdot\frac{\pi}{180} \fallingdotseq \frac{1.732}{2}-\frac{3.142}{360}$$

$$\fallingdotseq 0.8660-0.0087=0.8573 \fallingdotseq \mathbf{0.857}$$

(1) 別解 2の方針

(ア) $f(x)=(1+2x)^p$ とすると

$f'(x)=2p(1+2x)^{p-1}$

よって

$f(0)=1$，$f'(0)=2p$

ゆえに　$f(x) \fallingdotseq \mathbf{1+2px}$

(イ) $f(x)=\log(e+x)$ とすると

$f'(x)=\dfrac{1}{e+x}$

よって

$f(0)=1$，$f'(0)=\dfrac{1}{e}$

ゆえに　$f(x) \fallingdotseq \mathbf{1+\dfrac{x}{e}}$

注意 (2) 1行目
度数法のままでは，導関数の公式を使うことができないから，まず弧度法に直す。

PRACTICE 105②

(1) $x \fallingdotseq 0$ のとき，次の関数について，1次の近似式を作れ。

(ア) $\dfrac{1}{2+x}$　(イ) $\sqrt{1-x}$　(ウ) $\sin x$　(エ) $\tan\left(\dfrac{x}{2}-\dfrac{\pi}{4}\right)$

(2) 次の値の近似値を，1次の近似式を用いて，小数第3位まで求めよ。ただし，$\sqrt{3}=1.732$，$\pi=3.142$ とする。

(ア) $\cos 61^\circ$　(イ) $\tan 29^\circ$　(ウ) $\sqrt{50}$　(エ) $\sqrt[3]{997}$

基本 例題 106 微小変化に対応する変化

半径 10 cm の球の半径が 0.03 cm 増加するとき，この球の表面積および体積はそれぞれ，どれだけ増加するか。$\pi=3.14$ として小数第 2 位まで求めよ。

p.170 基本事項 3

CHART & SOLUTION

Δx に対応する Δy の近似値

$\Delta x \fallingdotseq 0$ のとき　$\Delta y \fallingdotseq y'\Delta x$

(y の変化)≒(微分係数)×(x の微小変化)

半径を x cm として，球の表面積 S，体積 V を x で表し，近似式 $\Delta S \fallingdotseq S'\Delta x$，$\Delta V \fallingdotseq V'\Delta x$ を適用。

解答

半径が x cm の球の表面積を $S\,\mathrm{cm}^2$，体積を $V\,\mathrm{cm}^3$ とすると

$$S=4\pi x^2,\quad V=\frac{4}{3}\pi x^3$$

よって　$S'=8\pi x,\quad V'=4\pi x^2$

$\Delta x \fallingdotseq 0$ のとき

$$\Delta S \fallingdotseq S'\Delta x=8\pi x\cdot\Delta x$$

$$\Delta V \fallingdotseq V'\Delta x=4\pi x^2\cdot\Delta x$$

$\pi=3.14$，$x=10$，$\Delta x=0.03$ とすると

$$\Delta S \fallingdotseq 8\times3.14\times10\times0.03=7.536$$

$$\Delta V \fallingdotseq 4\times3.14\times10^2\times0.03=37.68$$

ゆえに，**表面積は約 7.54 cm^2，体積は約 37.68 cm^3** 増加する。

inf. 半径が r である球の表面積を S，体積を V とすると

$$S=4\pi r^2,\quad V=\frac{4}{3}\pi r^3$$

⇐ 10 cm に対して，0.03 cm は十分小さいと考えてよい。

INFORMATION

近似式 $f(a+h)\fallingdotseq f(a)+f'(a)h$ を変形すると

$$f(a+h)-f(a)\fallingdotseq f'(a)h$$

つまり，関数 $y=f(x)$ において，x が a から微小な量 h だけ変化すると，y の変化量 $f(a+h)-f(a)$ は，ほぼ $f'(a)h$ に等しいことがいえる。

よって，$h=\Delta x$，$f(a+h)-f(a)=\Delta y$ とおくと

$\Delta x \fallingdotseq 0$ のとき　$\Delta y \fallingdotseq y'\Delta x$

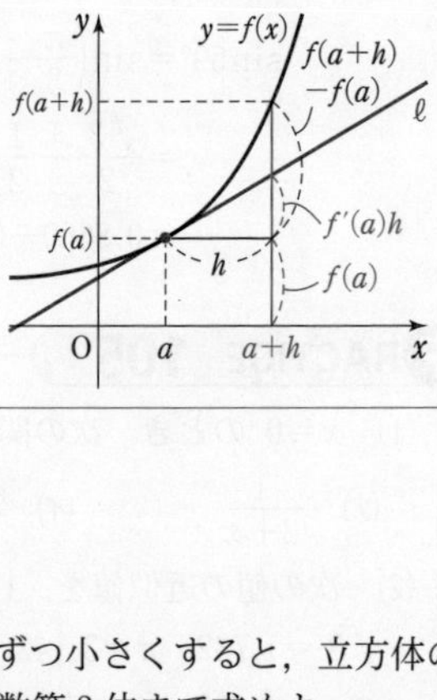

PRACTICE 106③

1 辺が 5 cm の立方体の各辺の長さを，すべて 0.02 cm ずつ小さくすると，立方体の表面積および体積はそれぞれ，どれだけ減少するか。小数第 2 位まで求めよ。

重要 例題 107 いろいろな量の変化率

右の図のような四角錐を逆さまにした容器がある。深さ 4 cm のところでの水平断面は 1 辺 3 cm の正方形である。この容器に $9\,\text{cm}^3/\text{s}$ で静かに水を入れるとき，水の深さが 2 cm になる瞬間の水面が上昇する速さは何 cm/s か。 〔類 自治医大〕 基本 106

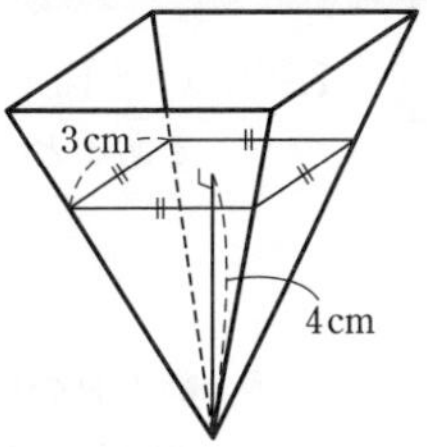

CHART & THINKING

いろいろな量の変化率

時間によって変化する量の変化率は，時刻 t で微分して表される。本問では水の体積 V が増加する割合（速度）が $\dfrac{dV}{dt}=9$ で与えられている。

求めたいものは，水の深さ $h=2$ のときの水の深さ h が増加する速度，すなわち $\dfrac{dh}{dt}$ であるが，h はどのような式で表されるだろうか？

⟶ h を t で表すよりも，V と h の関係式を作り，時刻 t で微分する（**合成関数の微分**）方法が有効である。

解答

水を入れ始めてから t 秒後における水の体積を $V\,\text{cm}^3$，深さを $h\,\text{cm}$，水面の正方形の 1 辺の長さを $a\,\text{cm}$ とする。

$9\,\text{cm}^3/\text{s}$ で体積が増加するから　$\dfrac{dV}{dt}=9$ ……①

$a:3=h:4$ であるから　$a=\dfrac{3}{4}h$

よって　$V=\dfrac{1}{3}a^2h=\dfrac{3}{16}h^3$ ……②

両辺を t で微分して　$\dfrac{dV}{dt}=\dfrac{9}{16}h^2\cdot\dfrac{dh}{dt}$

① を代入して　$9=\dfrac{9}{16}h^2\cdot\dfrac{dh}{dt}$　ゆえに　$\dfrac{dh}{dt}=\dfrac{16}{h^2}$

よって，$h=2$ のときに水面が上昇する速さは

$$\left|\frac{dh}{dt}\right|=\left|\frac{16}{2^2}\right|=\mathbf{4\,(cm/s)}$$

別解　$V=9t$ であるから ② に代入して整理すると
$t=\dfrac{1}{48}h^3$
両辺を t で微分して
$1=\dfrac{1}{16}h^2\cdot\dfrac{dh}{dt}$
$h=2$ のとき
$\dfrac{dh}{dt}=4$

注意　② を h で微分して $h=2$ を代入するのは誤り。「1 秒あたりの変化率」を求めるのであるから，**時刻 t で微分する。**

PRACTICE 107③

表面積が $4\pi\,\text{cm}^2/\text{s}$ の一定の割合で増加している球がある。半径が 10 cm になった瞬間において，以下のものを求めよ。

(1)　半径の増加する速度　　(2)　体積の増加する速度　〔工学院大〕

EXERCISES　　12 速度と近似式

A

89❷ xy 平面上の動点 $\mathrm{P}(x,\ y)$ の時刻 t における位置が $x=2\sin t$，$y=\cos 2t$ であるとき，点Pの速度の大きさの最大値はいくらか。〔防衛医大〕

→102

90❸ 動点Pの座標 $(x,\ y)$ が時刻 t の関数として，$x=e^t\cos t$，$y=e^t\sin t$ で表されるとき，速度 $\vec{v}$ の大きさと加速度 $\vec{\alpha}$ の大きさを求めよ。また，速度ベクトル $\vec{v}$ と位置ベクトル $\overrightarrow{\mathrm{OP}}$ とのなす角 $\theta\ (0\leqq\theta\leqq\pi)$ を求めよ。

〔類 武蔵工大〕 →103

91❸ (1) $\displaystyle\lim_{x\to 0}\frac{1+ax-\sqrt{1+x}}{x^2}=\frac{1}{8}$ が成り立つように定数 a の値を定めよ。

(2) (1)の結果を用いて，$x\fallingdotseq 0$ のとき，$\sqrt{1+x}$ の近似式を作れ。また，その近似式を利用して $\sqrt{102}$ の近似値を求めよ。 →36, 105

B

92❸ x 軸上の点 $\mathrm{P}(\alpha,\ 0)$ に点Qを次のように対応させる。

曲線 $y=\sin x$ 上のPと同じ x 座標をもつ点 $(\alpha,\ \sin\alpha)$ におけるこの曲線の法線と x 軸との交点をQとする。

(1) 点Qの座標を求めよ。

(2) 点Pが x 軸上を原点 $(0,\ 0)$ から点 $(\pi,\ 0)$ に向かって毎秒 π の速さで移動するとき，点Qの t 秒後の速さ $v(t)$ を求めよ。

(3) $\displaystyle\lim_{t\to\frac{1}{2}}\frac{v(t)}{\left(t-\frac{1}{2}\right)^2}$ を求めよ。〔東京学芸大〕 →102

93❹ xy 平面上を動く点 $\mathrm{P}(x,\ y)$ の時刻 t における座標を $x=5\cos t$，$y=4\sin t$ とし，速度を $\vec{v}$ とする。2点 $\mathrm{A}(3,\ 0)$，$\mathrm{B}(-3,\ 0)$ をとるとき，$\angle\mathrm{APB}$ の2等分線は $\vec{v}$ に垂直であることを証明せよ。〔類 山形大〕

→102

HINT

90 ベクトルのなす角は内積 $\vec{a}\cdot\vec{b}=|\vec{a}||\vec{b}|\cos\theta$ を利用。

91 (1) $\dfrac{1+ax-\sqrt{1+x}}{x^2}$ の **分子を有理化** する。

(2) (後半) $\sqrt{102}$ を近似式が使えるように $p\sqrt{1+q}$ の形にする。

92 (1) $\cos\alpha=0$，$\cos\alpha\neq 0$ で場合分けして考える。

(2) t 秒後の点Pの座標は，$(\pi t,\ 0)$ と表される。(1)の結果を利用。

(3) $t-\dfrac{1}{2}=\theta$ とおくと $t\longrightarrow\dfrac{1}{2}$ のとき $\theta\longrightarrow 0$

93 $\angle\mathrm{APB}$ の2等分線に平行なベクトルは $\dfrac{\overrightarrow{\mathrm{PA}}}{|\overrightarrow{\mathrm{PA}}|}+\dfrac{\overrightarrow{\mathrm{PB}}}{|\overrightarrow{\mathrm{PB}}|}$ で表される。

第 5 章

数学Ⅲ

積分法

13 不定積分

14 定積分とその基本性質

15 定積分の置換積分法，部分積分法

16 定積分で表された関数

17 定積分と和の極限，不等式

Select Study

― スタンダードコース：教科書の例題をカンペキにしたいきみに
― パーフェクトコース：教科書を完全にマスターしたいきみに
― 受験直前チェックコース：入試頻出＆重要問題　※番号…例題の番号

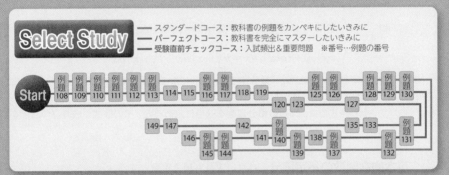

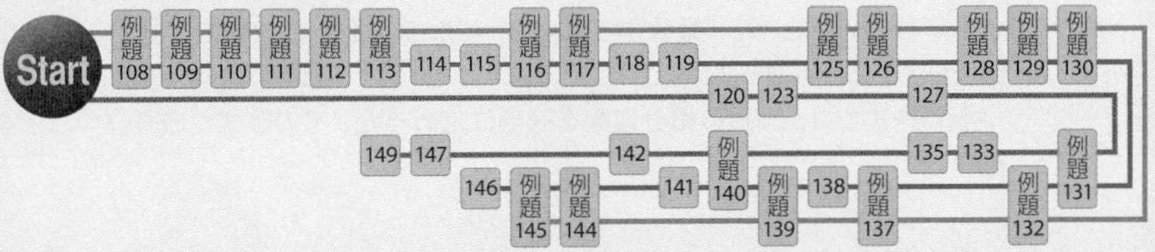

■ 例題一覧

	種類	番号	例題タイトル	難易度
13	基本	108	不定積分の基本計算	❶
	基本	109	$f(ax+b)$ の不定積分	❶
	基本	110	不定積分の置換積分法 (1)	❷
	基本	111	不定積分の置換積分法 (2)	❷
	基本	112	不定積分の部分積分法 (1)	❷
	基本	113	不定積分の部分積分法 (2)	❸
	基本	114	分数関数の不定積分	❷
	基本	115	無理関数の不定積分 (1)	❸
	基本	116	三角関数の不定積分 (1)	❷
	基本	117	三角関数の不定積分 (2)	❷
	基本	118	指数，対数関数の不定積分 (置換積分法)	❸
	基本	119	導関数から関数の決定	❷
	重要	120	三角関数の不定積分 (3)	❸
	重要	121	不定積分の部分積分法 (3)	❸
	重要	122	不定積分と漸化式	❹
	重要	123	無理関数の不定積分 (2)	❹
	重要	124	三角関数の不定積分 (4)	❹
14	基本	125	定積分の基本計算	❶
	基本	126	絶対値を含む関数の定積分	❷
	重要	127	文字を含む三角関数の定積分	❸
15	基本	128	定積分の置換積分法 (1)	❷
	基本	129	定積分の置換積分法 (2)	❷
	基本	130	定積分の置換積分法 (3)	❷
	基本	131	偶関数・奇関数の定積分	❶
	基本	132	定積分の部分積分法 (1)	❷
	重要	133	定積分の部分積分法 (2)	❸
	重要	134	定積分の計算 (等式利用)	❹
	重要	135	三角関数の定積分 (特殊な置換積分)	❹
	重要	136	定積分と漸化式	❹
16	基本	137	定積分で表された関数の微分	❷
	基本	138	定積分で表された関数の極値	❸
	基本	139	定積分を含む関数 (1)	❷
	基本	140	定積分を含む関数 (2)	❸
	基本	141	定積分で表された関数の最大・最小 (1)	❸
	重要	142	定積分で表された関数の最大・最小 (2)	❹
	重要	143	定積分と極限	❹
17	基本	144	定積分と和の極限 (1)	❷
	基本	145	定積分と不等式の証明 (1)	❷
	基本	146	定積分と不等式の証明 (2)	❸
	重要	147	定積分と和の極限 (2)	❸
	重要	148	シュワルツの不等式	❹
	重要	149	数列の和の極限と定積分	❹
	重要	150	定積分の漸化式と極限	❺

13 不定積分

基本事項

1 不定積分とその基本性質

① **定義** $F'(x)=f(x)$ のとき

$$\int f(x)\,dx=F(x)+C \quad (C\text{は積分定数})$$

② **基本性質** k, l を定数とする。

1 **定数倍** $\int kf(x)\,dx=k\int f(x)\,dx$

2 **和** $\int \{f(x)+g(x)\}\,dx=\int f(x)\,dx+\int g(x)\,dx$

3 $\int \{kf(x)+lg(x)\}\,dx=k\int f(x)\,dx+l\int g(x)\,dx$

注意 ① 不定積分のことを，「微分すると $f(x)$ になる関数」の意味で $f(x)$ の **原始関数** ということもある。

② 上の等式では，両辺の積分定数を適当に定めると，その等式が成り立つことを意味している。

2 基本的な関数の不定積分　Cはいずれも積分定数とする。

① **x^{α} の関数** $\alpha \neq -1$ のとき $\int x^{\alpha}dx=\frac{1}{\alpha+1}x^{\alpha+1}+C$

$\alpha=-1$ のとき $\int \frac{1}{x}\,dx=\log|x|+C$

② **三角関数** $\int \sin x\,dx=-\cos x+C$　　$\int \cos x\,dx=\sin x+C$

$\int \frac{dx}{\cos^2 x}=\tan x+C$　　$\int \frac{dx}{\sin^2 x}=-\frac{1}{\tan x}+C$

③ **指数関数** $\int e^x dx=e^x+C$　　$\int a^x dx=\frac{a^x}{\log a}+C$ $(a>0,\ a\neq 1)$

3 置換積分法　Cはいずれも積分定数とする。

① **$f(ax+b)$ の不定積分**

$F'(x)=f(x)$, $a\neq 0$ とするとき　$\int f(ax+b)\,dx=\frac{1}{a}F(ax+b)+C$

② **置換積分法**

1 $\int f(x)\,dx=\int f(g(t))g'(t)\,dt$　　ただし $x=g(t)$

2 $\int f(g(x))g'(x)\,dx=\int f(u)\,du$　　ただし $g(x)=u$

3 $\int \frac{g'(x)}{g(x)}\,dx=\log|g(x)|+C$

解説　②　1　$x=g(t)$ とすると　$\dfrac{dx}{dt}=g'(t)$

これを，形式的に $dx=g'(t)dt$ と書くことがある。そこで，左辺において，$f(x)=f(g(t))$，$dx=g'(t)dt$ とおき換える。

2　被積分関数が $f(g(x))g'(x)$ の形のとき，$g(x)=u$ とすると　$g'(x)=\dfrac{du}{dx}$

そこで，1 と同様に，$f(g(x))=f(u)$，$g'(x)dx=du$ とおき換える。

特に $g(x)=ax+b$ のとき，$u=ax+b$ とすると $\dfrac{du}{dx}=a$ から　$dx=\dfrac{1}{a}du$

よって，$\displaystyle\int f(ax+b)\,dx=\int f(u)\cdot\frac{1}{a}du$ から ① が得られる。

3　2 において，$f(u)=\dfrac{1}{u}$ の場合である。

例　$\displaystyle\int \tan x\,dx=\int\frac{\sin x}{\cos x}dx=\int\frac{-(\cos x)'}{\cos x}dx=-\log|\cos x|+C$　（C は積分定数）

4　部分積分法

①　$\displaystyle\int f(x)g'(x)\,dx=f(x)g(x)-\int f'(x)g(x)\,dx$

②　$\displaystyle\int f(x)\,dx=xf(x)-\int xf'(x)\,dx$

解説　②　① で $g(x)=x$ とすると，$g'(x)=1$ であるから ② が得られる。

例　$\displaystyle\int \log x\,dx=\int 1\cdot\log x\,dx=x\log x-\int x\cdot\frac{1}{x}dx=x\log x-x+C$　（C は積分定数）

注意　不定積分における C は積分定数を表すが，本書では今後はその断りを省略する。実際の答案では必ず書くようにしよう。

CHECK & CHECK

27　次の不定積分を求めよ。

(1)　$\displaystyle\int\frac{1}{x+1}dx+\int\frac{x}{x+1}dx$　　(2)　$\displaystyle\int(x^3-e^x)\,dx+\int(-x^3+2x+e^x)\,dx$

(3)　$\displaystyle 3\int(x^2+\sin x)\,dx-2\int(x^2+2\cos x)\,dx+\int(4\cos x-3\sin x)\,dx$　　➲ 1

28　次の不定積分を求めよ。

(1)　$\displaystyle\int\frac{dx}{x^2}$　　(2)　$\displaystyle\int 3x\sqrt{x}\,dx$　　(3)　$\displaystyle\int\frac{2}{x}dx$

(4)　$\displaystyle\int 3\sin x\,dx$　　(5)　$\displaystyle\int\frac{dx}{1-\sin^2 x}$　　(6)　$\displaystyle\int 3^x dx$　　➲ 2

基本 例題 108 不定積分の基本計算

次の不定積分を求めよ。

(1) $\int(2x^4-3x^2+4)\,dx$　　(2) $\int\dfrac{x^2-4x+2}{x^2}\,dx$

(3) $\int(4\sin x-5\cos x)\,dx$　　(4) $\int(e^x+2^{x+1})\,dx$

p.180 基本事項 1，2

CHART & SOLUTION

不定積分の計算　被積分関数を変形して，公式が使える形にする

(1)，(3)，(4)　そのままの形で，次の公式を適用。

$$\int\{kf(x)+lg(x)\}\,dx=k\int f(x)\,dx+l\int g(x)\,dx \quad (k,\ l \text{ は定数})$$

(2)　商の形で表されているものは，和・差の形に変形する。

$$\frac{x^2-4x+2}{x^2}=1-\frac{4}{x}+2x^{-2} \qquad \longleftarrow \frac{1}{x^p}=x^{-p}$$

解答

(1) $\int(2x^4-3x^2+4)\,dx=2\int x^4dx-3\int x^2dx+4\int dx$

$=2\cdot\dfrac{x^5}{5}-3\cdot\dfrac{x^3}{3}+4\cdot x+C=\boldsymbol{\dfrac{2}{5}x^5-x^3+4x+C}$

(2) $\int\dfrac{x^2-4x+2}{x^2}\,dx=\int\left(1-\dfrac{4}{x}+\dfrac{2}{x^2}\right)dx$

$=\int dx-4\int\dfrac{dx}{x}+2\int x^{-2}dx=\boldsymbol{x-4\log|x|-\dfrac{2}{x}+C}$

(3) $\int(4\sin x-5\cos x)\,dx=4\int\sin x\,dx-5\int\cos x\,dx$

$=\boldsymbol{-4\cos x-5\sin x+C}$

(4) $\int(e^x+2^{x+1})\,dx=\int(e^x+2\cdot2^x)\,dx=\int e^xdx+2\int 2^xdx$

$=e^x+2\cdot\dfrac{2^x}{\log 2}+C=\boldsymbol{e^x+\dfrac{2^{x+1}}{\log 2}+C}$

inf. x^α の不定積分
次数は $+1 \longrightarrow \alpha+1$
係数は $\dfrac{1}{\alpha+1}$
$\alpha=-1$ すなわち $\dfrac{1}{x}$ は
特別扱い で $\log|x|+C$

⇐ $\int x^{-2}dx=\dfrac{x^{-2+1}}{-2+1}+C$

(4)　$(2^{x+1})'=2^{x+1}\log 2$ から
$\int 2^{x+1}dx=\int\dfrac{(2^{x+1})'}{\log 2}dx$
$=\dfrac{2^{x+1}}{\log 2}+C$
と求めてもよい。

inf. 積分は微分の逆の計算であるから，求めた不定積分を微分して検算 することができる。

積　分（$f(x)$ → $F(x)+C$）

$$\int \boxed{f(x)}\,dx=\boxed{F(x)+C}$$

微　分（$F(x)+C$ → $f(x)$）
(検算)

PRACTICE 108①

次の不定積分を求めよ。

(1) $\int\dfrac{x^4-x^3+x-1}{x^2}\,dx$　　(2) $\int\dfrac{(\sqrt[3]{x}-1)^2}{\sqrt{x}}\,dx$　　(3) $\int\dfrac{3+\cos^3x}{\cos^2x}\,dx$

(4) $\int\dfrac{1}{\tan^2x}\,dx$　　(5) $\int\left(2e^x-\dfrac{3}{x}\right)dx$

基本 例題 109 $f(ax+b)$ の不定積分

次の不定積分を求めよ。

(1) $\displaystyle\int\sqrt{(2x+1)^3}\,dx$　　(2) $\displaystyle\int\sin(3x+2)\,dx$

(3) $\displaystyle\int\frac{1}{1-3x}\,dx$　　(4) $\displaystyle\int 2^{4x-1}dx$

p.180 基本事項 3

CHART & SOLUTION

この例題の関数は，すべて $f(ax+b)$ の形。a に注意して積分する。

$F'(x)=f(x)$，$a\neq 0$ とするとき

$$\int f(ax+b)\,dx=\frac{1}{a}F(ax+b)+C$$ ← $\dfrac{1}{a}$ を忘れずに！

(1) $f(x)=x^{\frac{3}{2}}$ とすると $f(2x+1)$ の不定積分を考える。(2)～(4) も同様。

解答

(1) $\displaystyle\int\sqrt{(2x+1)^3}\,dx=\int(2x+1)^{\frac{3}{2}}dx=\frac{1}{2}\cdot\frac{2}{5}(2x+1)^{\frac{5}{2}}+C$

$\displaystyle=\boldsymbol{\frac{1}{5}(2x+1)^2\sqrt{2x+1}+C}$

(2) $\displaystyle\int\sin(3x+2)\,dx=\frac{1}{3}\{-\cos(3x+2)\}+C$

$\displaystyle=\boldsymbol{-\frac{1}{3}\cos(3x+2)+C}$

(3) $\displaystyle\int\frac{1}{1-3x}\,dx=\frac{1}{-3}\cdot\log|1-3x|+C=\boldsymbol{-\frac{1}{3}\log|1-3x|+C}$

(4) $\displaystyle\int 2^{4x-1}dx=\frac{1}{4}\cdot\frac{2^{4x-1}}{\log 2}+C=\boldsymbol{\frac{2^{4x-3}}{\log 2}+C}$

⇐ $\dfrac{1}{2}$ を忘れずに掛ける。

⇐ $(2x+1)^{\frac{5}{2}}$
$=(2x+1)^2\cdot(2x+1)^{\frac{1}{2}}$

⇐ $f(x)=\sin x$ とすると $f(3x+2)$ の積分。x の係数 3 に注意。

⇐ $f(x)=\dfrac{1}{x}$，$a=-3$

⇐ $f(x)=2^x$，$a=4$
$\dfrac{2^{4x-1}}{4}=\dfrac{2^{4x-1}}{2^2}=2^{4x-3}$

INFORMATION

本書では，明らかな場合は，不定積分に付加する積分定数を「(Cは積分定数)」と断らずに，単にCとだけ書く。また，何個も出てくる場合は，C，C_1，C_2，…… のように表し，この場合も明らかであれば，積分定数と断らないことがある。しかし，実際の答案では，必ず，忘れずに断り書きをつけること。

本書では略すが，答案では C は積分定数 と必ず断ること。

PRACTICE 109❶

次の不定積分を求めよ。

(1) $\displaystyle\int\frac{1}{(2x+3)^3}\,dx$　　(2) $\displaystyle\int\sqrt[4]{(2-3x)^3}\,dx$

(3) $\displaystyle\int\frac{1}{e^{3x-1}}\,dx$　　(4) $\displaystyle\int\frac{1}{\cos^2(2-4x)}\,dx$

5章 13 不定積分

基本 例題 110　不定積分の置換積分法 (1) (丸ごと置換)

次の不定積分を求めよ。

(1) $\displaystyle\int\frac{x}{(3x-1)^2}dx$　　(2) $\displaystyle\int\frac{x}{\sqrt{2x+1}}dx$

p.180 基本事項 3

CHART & SOLUTION

置換積分法 の公式 $\displaystyle\int f(x)\,dx=\int f(g(t))g'(t)\,dt$ $(x=g(t))$ ……(∗) を用いる。

一般に $(\square)^\alpha$ の形は $\square=t$ とおいて積分することが多いが，特に $\sqrt{\triangle}$ の形は $\sqrt{\triangle}=t$ (丸ごと置換) **とおく** 方が計算しやすいことが多い。

解答

(1) $3x-1=t$ とおくと　$x=\dfrac{t+1}{3}$, $dx=\dfrac{1}{3}dt$　　⇐ $\dfrac{dx}{dt}=\dfrac{1}{3}$ から。

よって　$\displaystyle\int\frac{x}{(3x-1)^2}dx=\int\frac{\frac{t+1}{3}}{t^2}\cdot\frac{1}{3}dt=\frac{1}{9}\int\frac{t+1}{t^2}dt$

$\displaystyle=\frac{1}{9}\int\left(\frac{1}{t}+\frac{1}{t^2}\right)dt=\frac{1}{9}\left(\log|t|-\frac{1}{t}\right)+C$　　⇐ 積分できる形に変形。

$\displaystyle=\boldsymbol{\frac{1}{9}\left(\log|3x-1|-\frac{1}{3x-1}\right)+C}$　　⇐ t を x の式に戻す。

(2) $\sqrt{2x+1}=t$ とおくと　$2x+1=t^2$　　⇐ 丸ごと置換

よって　$x=\dfrac{t^2-1}{2}$, $dx=t\,dt$　　⇐ $\dfrac{dx}{dt}=t$ から。

ゆえに　$\displaystyle\int\frac{x}{\sqrt{2x+1}}dx=\int\frac{\frac{t^2-1}{2}}{t}\cdot t\,dt=\frac{1}{2}\int(t^2-1)\,dt$　　⇐ t の多項式。

$\displaystyle=\frac{1}{2}\left(\frac{t^3}{3}-t\right)+C=\frac{1}{6}t(t^2-3)+C$

$\displaystyle=\frac{1}{6}\sqrt{2x+1}(2x+1-3)+C=\boldsymbol{\frac{1}{3}(x-1)\sqrt{2x+1}+C}$

丸ごと置換せず，$2x+1=t$ とおくと無理関数の積分となり，計算が煩雑。右ページのズームUPも参照。

INFORMATION　置換積分の記法について

$x=g(t)$ のとき $\dfrac{dx}{dt}=g'(t)$ である。$\dfrac{dx}{dt}$ を形式的に分数のように扱って分母を払うと $dx=g'(t)\,dt$ となる。この記法を用いると上の公式 (∗) において，**形式的に x を $g(t)$ に，dx を $g'(t)\,dt$ におき換えてよい** ことを表している。

PRACTICE 110②

次の不定積分を求めよ。

(1) $\displaystyle\int\frac{x-1}{(2x+1)^2}dx$　　(2) $\displaystyle\int\frac{9x}{\sqrt{3x-1}}dx$　　(3) $\displaystyle\int x\sqrt{x-2}\,dx$

ズームUP 置換積分法 ―丸ごと置換―

どの部分を置換したらよいかがわかりません。

p.180 の基本事項の基本的な関数の不定積分のほかに，工夫すると積分の計算がらくにできる方法の 1 つとして，置換積分法がある。

どの部分を置換するか？

基本例題 110 (2) では，$\sqrt{2x+1}=t$ と，$\sqrt{}$ の式を **丸ごと置換** したが，$\sqrt{}$ の中を置換して計算することもできる。

(2) の 別解　$2x+1=t$ とおくと　　$x=\dfrac{t-1}{2}$，$dx=\dfrac{1}{2}dt$　　← $\dfrac{dx}{dt}=\dfrac{1}{2}$

よって

$$\int\frac{x}{\sqrt{2x+1}}dx=\int\frac{\frac{t-1}{2}}{\sqrt{t}}\cdot\frac{1}{2}dt=\frac{1}{4}\int\frac{t-1}{\sqrt{t}}dt$$

$$=\frac{1}{4}\int(t^{\frac{1}{2}}-t^{-\frac{1}{2}})dt$$

$$=\frac{1}{4}\left(\frac{2}{3}t^{\frac{3}{2}}-2t^{\frac{1}{2}}\right)+C$$

$$=\frac{1}{4}\cdot\frac{2}{3}t^{\frac{1}{2}}(t-3)+C$$　← $\dfrac{2}{3}t^{\frac{1}{2}}$ でくくる。

$$=\frac{1}{6}\sqrt{2x+1}\{(2x+1)-3\}+C$$　← x の式に戻す。

$$=\boldsymbol{\frac{1}{3}(x-1)\sqrt{2x+1}+C}$$

このようにしても計算できる。しかし，$\sqrt{}$ を含む式（無理関数）の積分の計算が必要になり，煩雑さを感じるのではないだろうか。

2 つの解法を比較すると，丸ごと置換による解法がスムーズに計算ができることがわかりますね。

dx，dt の記法について

$\dfrac{dx}{dt}$ は本来分数を表すものではないが，形式的に分数のように扱うことができる。
すなわち，分母を払って，(dx を含む式)=(dt を含む式) の形に表すことで，積分の式に代入するように扱うことができる。便利な記法であるから，このような記法とともに置換積分の計算方法を身に付けよう。

5章 13 不定積分

基本 例題 111 不定積分の置換積分法 (2) ($f(g(x))g'(x)$ の不定積分)

次の不定積分を求めよ。

(1) $\int \sin^2 x \cos x\,dx$　　(2) $\int x(x^2+1)^3 dx$　　(3) $\int \frac{2x+4}{x^2+4x+1}dx$

p.180 基本事項 3

CHART & SOLUTION

置換積分法　$g(x)$ と $g'(x)$ を発見する

被積分関数が $f(g(x))g'(x)$ の形であることを発見すれば，$g(x)=u$ とおき換えて，公式 $\int f(g(x))g'(x)dx=\int f(u)du$ が利用できる。

(1) $\sin^2 x\cos x=(\sin x)^2(\sin x)'$ から　$g(x)=\sin x$

(2) $x(x^2+1)^3=\frac{1}{2}(x^2+1)^3(x^2+1)'$ から　$g(x)=x^2+1$

(3) $(x^2+4x+1)'=2x+4$ であるから $\frac{g'(x)}{g(x)}$ の形。

$\longrightarrow \int \frac{g'(x)}{g(x)}dx=\log|g(x)|+C$ を利用。

$f(■)■'$ なら ■$=u$ とおく

解答

(1) $\sin x=u$ とおくと，$\cos x\,dx=du$ であるから

$$\int \sin^2 x\cos x\,dx=\int u^2 du=\frac{1}{3}u^3+C$$
$$=\boldsymbol{\frac{1}{3}\sin^3 x+C}$$

⇐ $\frac{du}{dx}=(\sin x)'=\cos x$ から　$du=\cos x\,dx$

(2) $x^2+1=u$ とおくと，$2x\,dx=du$ であるから

$$\int x(x^2+1)^3dx=\frac{1}{2}\int (x^2+1)^3\cdot 2x\,dx$$
$$=\frac{1}{2}\int u^3 du=\frac{1}{2}\cdot\frac{1}{4}u^4+C$$
$$=\boldsymbol{\frac{1}{8}(x^2+1)^4+C}$$

(3) $$\int \frac{2x+4}{x^2+4x+1}dx=\int \frac{(x^2+4x+1)'}{x^2+4x+1}dx$$
$$=\boldsymbol{\log|x^2+4x+1|+C}$$

別解 (3)
$x^2+4x+1=u$ とおくと
$(2x+4)dx=du$
であるから
$\int \frac{2x+4}{x^2+4x+1}dx$
$=\int \frac{1}{u}du=\log|u|+C$
$=\boldsymbol{\log|x^2+4x+1|+C}$

PRACTICE 111②

次の不定積分を求めよ。　[(4) 信州大　(6) 東京電機大]

(1) $\int (2x+1)(x^2+x-2)^3 dx$　　(2) $\int \frac{2x+3}{\sqrt{x^2+3x-4}}dx$　　(3) $\int x\cos(1+x^2)dx$

(4) $\int e^x(e^x+1)^2 dx$　　(5) $\int \frac{\tan x}{\cos x}dx$　　(6) $\int \frac{1-\tan x}{1+\tan x}dx$

基本 例題 112　不定積分の部分積分法 (1)（基本）

次の不定積分を求めよ。

(1) $\int x\cos 3x\,dx$　　(2) $\int \log(x+2)\,dx$

p.181 基本事項 4

CHART & SOLUTION

部分積分法　関数を積 fg' に分解，$f'g$ が積分できる形に

公式 $\int \boldsymbol{f(x)g'(x)dx} = \boldsymbol{f(x)g(x)} - \int \boldsymbol{f'(x)g(x)dx}$ を利用。

（$f(x)$：そのまま→$f(x)$，$g'(x)$：積分→$g(x)$，$f(x)$：微分→$f'(x)$，$g(x)$：そのまま→$g(x)$）

このとき，微分して簡単になるものを $f(x)$，積分しやすいものを $g'(x)$ とするとよい。

(1) x と $\cos 3x$ のうち，微分して簡単になるのは x
⟶ $f(x)=x$，$g'(x)=\cos 3x$ とする。

(2) $\log(x+2)\times 1$ と見ると，$\log(x+2)$ と 1 のうち，積分しやすいのは 1
⟶ $f(x)=\log(x+2)$，$g'(x)=1$ とする。

解答

(1) $\int x\cos 3x\,dx = \int x\left(\frac{1}{3}\sin 3x\right)'dx$

$= x\cdot\frac{1}{3}\sin 3x - \int 1\cdot\frac{1}{3}\sin 3x\,dx$

$= \frac{x}{3}\sin 3x - \frac{1}{3}\cdot\frac{1}{3}(-\cos 3x) + C$

$= \boldsymbol{\frac{x}{3}\sin 3x + \frac{1}{9}\cos 3x + C}$

⇐ $f=x$，$g'=\cos 3x$ とすると $f'=1$，$g=\frac{1}{3}\sin 3x$

⇐ ＿＿ は $f(ax+b)$ の形の積分。

(2) $\int \log(x+2)\,dx = \int\{\log(x+2)\}(x+2)'dx$

$= \{\log(x+2)\}(x+2) - \int \frac{1}{x+2}\cdot(x+2)\,dx$

$= \boldsymbol{(x+2)\log(x+2) - x + C}$

⇐ $f=\log(x+2)$，$g'=1$ とすると $f'=\frac{1}{x+2}$，$g=x+2$

POINT　部分積分法では，**$f(x)$，$g(x)$ の定め方** がポイントとなる。一般には，
(多項式)×(三角・指数関数) の場合 … 微分して次数が下がる多項式を $f(x)$
(多項式)×(対数関数) の場合 … 微分して分数関数になる対数関数を $f(x)$
とするとよい。

PRACTICE 112❷

次の不定積分を求めよ。

(1) $\int x\sin 2x\,dx$　　(2) $\int \frac{x}{\cos^2 x}dx$　　(3) $\int \frac{1}{2\sqrt{x}}\log x\,dx$　　(4) $\int (2x+1)e^{-x}dx$

基本 例題 113　不定積分の部分積分法 (2)（2回利用）

次の不定積分を求めよ。

(1) $\int x^2\cos x\,dx$　　(2) $\int x^2e^{-x}dx$

基本 112，重要 121

CHART & SOLUTION

式の変形や置換積分法ではうまく計算できない積の形の積分では，

部分積分法　関数を積 fg' に分解，$f'g$ が積分できる形に

この例題では，**部分積分法を2回適用** する。

(1) x^2 と $\cos x$ のうち，微分して簡単になるのは x^2

$\longrightarrow$ $f(x)=x^2$，$g'(x)=\cos x$ とし，$f(x)$ の次数を下げる。

(2) x^2 と e^{-x} のうち，微分して簡単になるのは x^2

$\longrightarrow$ $f(x)=x^2$，$g'(x)=e^{-x}$ とし，$f(x)$ の次数を下げる。

解答

(1) $\int x^2\cos x\,dx=\int x^2(\sin x)'\,dx$

$=x^2\sin x-\int 2x\sin x\,dx$

$=x^2\sin x-2\int x(-\cos x)'dx$

$=x^2\sin x-2\left\{-x\cos x-\int 1\cdot(-\cos x)\,dx\right\}$

$=x^2\sin x-2(-x\cos x+\sin x)+C$

$=\boldsymbol{x^2\sin x+2x\cos x-2\sin x+C}$

⇐ $f=x^2$，$g'=\cos x$

⇐ $f=x$，$g'=\sin x$ ……f の次数を下げる。

(2) $\int x^2e^{-x}dx=\int x^2(-e^{-x})'\,dx$

$=x^2(-e^{-x})-\int 2x(-e^{-x})\,dx$

$=-x^2e^{-x}+2\int xe^{-x}dx$

$=-x^2e^{-x}+2\int x(-e^{-x})'dx$

$=-x^2e^{-x}+2\left\{-xe^{-x}-\int 1\cdot(-e^{-x})\,dx\right\}$

$=-x^2e^{-x}-2xe^{-x}-2e^{-x}+C$

$=\boldsymbol{-(x^2+2x+2)e^{-x}+C}$

⇐ $f=x^2$，$g'=e^{-x}$

⇐ $f=x$，$g'=e^{-x}$ ……f の次数を下げる。

inf. 途中に出てくる積分定数は省略して最後にまとめて C としている。

PRACTICE 113③

次の不定積分を求めよ。

(1) $\int x^2\sin x\,dx$　　(2) $\int x^2e^{2x}dx$　　(3) $\int(\log x)^2dx$

基本 例題 114 分数関数の不定積分

次の不定積分を求めよ。

(1) $\displaystyle\int\frac{x^2+1}{x+1}dx$　　(2) $\displaystyle\int\frac{-x+5}{x^2-x-2}dx$

数学Ⅱ基本 19

CHART & SOLUTION

分数関数の積分

1 分子の次数を下げる　2 部分分数に分解する

(1) 分数式は（**分子の次数**）<（**分母の次数**）の形にする。

$\dfrac{x^2+1}{x+1}=\dfrac{(x^2-1)+2}{x+1}=x-1+\dfrac{2}{x+1}$ ← 積分できる

(2) 分母が因数分解できるから，**部分分数に分解する**。……❗

$\dfrac{-x+5}{x^2-x-2}=\dfrac{a}{x-2}+\dfrac{b}{x+1}$ とおき，これを x の恒等式とみて，定数 a，b の値を決める。

解答

(1) $\displaystyle\int\frac{x^2+1}{x+1}dx=\int\frac{(x+1)(x-1)+2}{x+1}dx=\int\left(x-1+\frac{2}{x+1}\right)dx$

$\displaystyle=\boldsymbol{\frac{x^2}{2}-x+2\log|x+1|+C}$

⇐ 1 **分子の次数を下げる**
分子 x^2+1 を分母 $x+1$ で割ると商 $x-1$，余り 2

(2) 分母を因数分解し

❗ $\dfrac{-x+5}{(x-2)(x+1)}=\dfrac{a}{x-2}+\dfrac{b}{x+1}$

⇐ 2 **部分分数に分解する**
詳しくは「チャート式解法と演習数学Ⅱ」の $p.32$，38 を参照。

とおいて，両辺に $(x-2)(x+1)$ を掛けると

$-x+5=a(x+1)+b(x-2)$

整理して　$-x+5=(a+b)x+a-2b$

これが x についての恒等式である条件は

$a+b=-1$，$a-2b=5$

⇐ 係数比較法。数値代入法により求めてもよい。

これを解いて　$a=1$，$b=-2$

よって　$\displaystyle\int\frac{-x+5}{x^2-x-2}dx=\int\left(\frac{1}{x-2}-\frac{2}{x+1}\right)dx$

$=\log|x-2|-2\log|x+1|+C$

$=\log|x-2|-\log(x+1)^2+C$

⇐ $(x+1)^2>0$ であるから，絶対値は不要。

$\displaystyle=\boldsymbol{\log\frac{|x-2|}{(x+1)^2}+C}$

PRACTICE 114❷

次の不定積分を求めよ。

(1) $\displaystyle\int\frac{x^2+x}{x-1}dx$　　(2) $\displaystyle\int\frac{x}{x^2+x-6}dx$

基本 例題 115 無理関数の不定積分 (1)

次の不定積分を求めよ。

(1) $\displaystyle\int\frac{x}{\sqrt{x+1}+1}dx$　　(2) $\displaystyle\int\frac{1}{x\sqrt{x+1}}dx$

➲ 基本 110

CHART & SOLUTION

無理関数の積分

1 無理式 ⟶ まず有理化

2 無理式は丸ごと置換

(1) 分母を **有理化** して，積分できる形にする。

(2) $x+1=t$ とおいて積分することもできるが，$\sqrt{x+1}=t$ **(丸ごと置換) とおく** 方がスムーズ。(基本例題 110 (2) を参照。)

解答

(1) $\displaystyle\int\frac{x}{\sqrt{x+1}+1}dx=\int\frac{x(\sqrt{x+1}-1)}{(x+1)-1}dx$

$\displaystyle=\int(\sqrt{x+1}-1)dx$

$\displaystyle=\boldsymbol{\frac{2}{3}(x+1)\sqrt{x+1}-x+C}$

⇐ 分母を有理化

⇐ $\sqrt{x+1}=(x+1)^{\frac{1}{2}}$ から $\displaystyle\int\sqrt{x+1}\,dx=\frac{2}{3}(x+1)^{\frac{3}{2}}+C$

(2) $\sqrt{x+1}=t$ とおくと　$x=t^2-1$，$dx=2t\,dt$

よって $\displaystyle\int\frac{dx}{x\sqrt{x+1}}=\int\frac{2t}{(t^2-1)t}dt$

$\displaystyle=\int\frac{2}{t^2-1}dt$

$\displaystyle=\int\left(\frac{1}{t-1}-\frac{1}{t+1}\right)dt$

$=\log|t-1|-\log|t+1|+C$

$\displaystyle=\log\left|\frac{t-1}{t+1}\right|+C$

$\displaystyle=\boldsymbol{\log\frac{|\sqrt{x+1}-1|}{\sqrt{x+1}+1}+C}$

⇐ **丸ごと置換**
$x+1=t$ とおくと
$\displaystyle\int\frac{dx}{x\sqrt{x+1}}=\int\frac{dt}{(t-1)\sqrt{t}}$
となり，計算が煩雑。

⇐ $\displaystyle\frac{2}{t^2-1}=\frac{2}{(t+1)(t-1)}=\frac{(t+1)-(t-1)}{(t+1)(t-1)}=\frac{1}{t-1}-\frac{1}{t+1}$

⇐ $\sqrt{x+1}+1>0$ であるから，分母の絶対値は不要。

PRACTICE 115③

次の不定積分を求めよ。

(1) $\displaystyle\int\frac{x}{\sqrt{x+2}-\sqrt{2}}dx$　　(2) $\displaystyle\int\frac{x+1}{x\sqrt{2x+1}}dx$　　(3) $\displaystyle\int\frac{2x}{\sqrt{x^2+1}-x}dx$

基本 例題 116 三角関数の不定積分 (1)(次数を下げる)

次の不定積分を求めよ。

(1) $\int\cos^2 x\,dx$　　(2) $\int\sin^3 x\,dx$　　(3) $\int\sin 3x\cos 2x\,dx$

数学II p.224 まとめ，重要127

CHART & SOLUTION

三角関数の積分　次数を下げて，1次の形にする

(1) **2倍角の公式**　(2) **3倍角の公式**　(3) **積 ⟶ 和の公式**

を用いて式変形すると，sin や cos の1次式の和になり積分できる。

解答

(1) $\int\cos^2 x\,dx=\int\frac{1}{2}(1+\cos 2x)\,dx=\boldsymbol{\frac{1}{2}x+\frac{1}{4}\sin 2x+C}$

(2) $\sin 3x=3\sin x-4\sin^3 x$ から

$$\sin^3 x=\frac{1}{4}(3\sin x-\sin 3x)$$

よって　$\int\sin^3 x\,dx=\frac{1}{4}\int(3\sin x-\sin 3x)\,dx$

$$=\boldsymbol{-\frac{3}{4}\cos x+\frac{1}{12}\cos 3x+C}$$

(3) $\int\sin 3x\cos 2x\,dx=\frac{1}{2}\int(\sin 5x+\sin x)\,dx$

$$=\boldsymbol{-\frac{1}{10}\cos 5x-\frac{1}{2}\cos x+C}$$

⇐ **2倍角の公式**
$\cos 2x=2\cos^2 x-1$
から $\cos^2 x=\frac{1+\cos 2x}{2}$

⇐ **3倍角の公式** から。

⇐ **積 ⟶ 和の公式**
$\sin 3x\cos 2x$
$=\frac{1}{2}\{\sin(3x+2x)$
$+\sin(3x-2x)\}$

inf. (2)は，置換積分法によって次のように計算する方法もある。

(p.192 基本例題117，p.195 重要例題120 参照)

$\cos x=t$ とおくと　$-\sin x\,dx=dt$

よって　$\int\sin^3 x\,dx=\int\sin^2 x\cdot\sin x\,dx=\int(1-\cos^2 x)\sin x\,dx=\int(1-t^2)\cdot(-1)\,dt$

$$=\frac{t^3}{3}-t+C=\boldsymbol{\frac{1}{3}\cos^3 x-\cos x+C}$$

(2)の結果と違うように見えるが，3倍角の公式 $\cos 3x=-3\cos x+4\cos^3 x$ を用いて計算すると，これらは同じ関数であることがわかる。

PRACTICE 116②

次の不定積分を求めよ。

(1) $\int\frac{\sin^2 x}{1+\cos x}\,dx$　　(2) $\int\cos 4x\cos 2x\,dx$　　(3) $\int\sin 3x\sin 2x\,dx$

(4) $\int\cos^4 x\,dx$　　(5) $\int\sin^3 x\cos^3 x\,dx$　　(6) $\int\left(\tan x+\frac{1}{\tan x}\right)^2 dx$

5章 13 不定積分

基本 例題 117 三角関数の不定積分 (2)（置換積分法）

次の不定積分を求めよ。

(1) $\displaystyle\int\frac{1}{\cos x}dx$　　(2) $\displaystyle\int\frac{\sin x-\sin^3 x}{1+\cos x}dx$

基本 111

CHART & SOLUTION

三角関数の積分　$f(■)■'$ の形に直して，■$=t$ と置換

(1) $\dfrac{1}{\cos x}=\dfrac{\cos x}{\cos^2 x}=\dfrac{1}{1-\sin^2 x}\cdot\cos x$

$\boldsymbol{f(\sin x)\cos x}$ **の形 ⟶ $\boldsymbol{\sin x=t}$** とおく。

(2) $\dfrac{\sin x-\sin^3 x}{1+\cos x}=\dfrac{(1-\sin^2 x)\sin x}{1+\cos x}=\dfrac{\cos^2 x}{1+\cos x}\cdot\sin x$

$\boldsymbol{f(\cos x)\sin x}$ **の形 ⟶ $\boldsymbol{\cos x=t}$** とおく。

解答

(1) $\sin x=t$ とおくと　$\cos x\,dx=dt$

よって　$\displaystyle\int\frac{1}{\cos x}dx=\int\frac{\cos x}{\cos^2 x}dx=\int\frac{\cos x}{1-\sin^2 x}dx$

$\displaystyle=\int\frac{1}{1-t^2}dt=\frac{1}{2}\int\left(\frac{1}{1+t}+\frac{1}{1-t}\right)dt$　　⇐ $\dfrac{1}{2}\cdot\dfrac{(1-t)+(1+t)}{(1+t)(1-t)}$

$=\dfrac{1}{2}(\log|1+t|-\log|1-t|)+C$　　⇐ $\dfrac{1}{2}\log\left|\dfrac{1+t}{1-t}\right|+C$

$=\boldsymbol{\dfrac{1}{2}\log\dfrac{1+\sin x}{1-\sin x}+C}$　　⇐ $\cos x\neq0$ から $1+\sin x>0$, $1-\sin x>0$ よって，真数は正。

(2) $\cos x=t$ とおくと　$-\sin x\,dx=dt$

よって　$\displaystyle\int\frac{\sin x-\sin^3 x}{1+\cos x}dx=\int\frac{\cos^2 x}{1+\cos x}\cdot\sin x\,dx$

$\displaystyle=-\int\frac{t^2}{1+t}dt=-\int\left(t-1+\frac{1}{1+t}\right)dt$　　⇐ 分子の次数を下げる。

$=-\dfrac{1}{2}t^2+t-\log|1+t|+C$

$=\boldsymbol{-\dfrac{1}{2}\cos^2 x+\cos x-\log(1+\cos x)+C}$　　⇐ $1+\cos x\neq0$ から $1+\cos x>0$ よって，真数は正。

PRACTICE 117②

次の不定積分を求めよ。　〔(2) 関西学院大〕

(1) $\displaystyle\int\sin x\cos^5 x\,dx$　　(2) $\displaystyle\int\frac{\sin x\cos x}{2+\cos x}dx$　　(3) $\displaystyle\int\cos^3 2x\,dx$

(4) $\displaystyle\int(\cos x+\sin^2 x)\sin x\,dx$　　(5) $\displaystyle\int\frac{\tan^2 x}{\cos^2 x}dx$

基本 例題 118 指数，対数関数の不定積分（置換積分法）

次の不定積分を求めよ。

(1) $\displaystyle\int\frac{\log x}{x(\log x+1)^2}dx$　　(2) $\displaystyle\int\frac{e^{3x}}{(e^x+1)^2}dx$

p.180 基本事項 3

CHART & SOLUTION

指数，対数関数の積分　丸ごとの置換あり

$(e^x)'=e^x$，$(\log x)'=\dfrac{1}{x}$ を利用して置換積分できないかと考える。

(1) $\boldsymbol{\log x+1=t}$（丸ごと置換）とおくと　$\dfrac{1}{x}dx=dt$

(2) $e^x=t$ とおいてもよいが，$\boldsymbol{e^x+1=t}$ とおく方が計算がらく。

解答

(1) $\log x+1=t$ とおくと　$\log x=t-1$，$\dfrac{1}{x}dx=dt$　　⇐ $\dfrac{1}{x}=\dfrac{dt}{dx}$

よって

$$\int\frac{\log x}{x(\log x+1)^2}dx=\int\frac{t-1}{t^2}dt$$
$$=\int\left(\frac{1}{t}-\frac{1}{t^2}\right)dt$$
$$=\log|t|+\frac{1}{t}+C$$
$$=\boldsymbol{\log|\log x+1|+\frac{1}{\log x+1}+C}$$

(2) $e^x+1=t$ とおくと　$e^x=t-1$，$e^xdx=dt$　　⇐ $e^x=\dfrac{dt}{dx}$

よって

$$\int\frac{e^{3x}}{(e^x+1)^2}dx=\int\frac{(t-1)^2}{t^2}dt$$

⇐ $e^{3x}dx=e^{2x}\cdot e^xdx=(t-1)^2dt$

$$=\int\left(1-\frac{2}{t}+\frac{1}{t^2}\right)dt$$
$$=t-2\log|t|-\frac{1}{t}+C_1$$
$$=e^x+1-2\log(e^x+1)-\frac{1}{e^x+1}+C_1$$

⇐ $e^x+1>0$

$$=\boldsymbol{e^x-2\log(e^x+1)-\frac{1}{e^x+1}+C}$$

⇐ $1+C_1$ を改めて C とおく。

PRACTICE 118③

次の不定積分を求めよ。　［(1) 信州大　(3) 愛知工大］

(1) $\displaystyle\int\frac{1}{x(\log x)^2}dx$　(2) $\displaystyle\int\frac{\sqrt{\log x}}{x}dx$　(3) $\displaystyle\int\frac{1}{e^x+2}dx$　(4) $\displaystyle\int\frac{e^{3x}}{\sqrt{e^x+1}}dx$

基本 例題 119 導関数から関数の決定

(1) $f'(x)=xe^x$, $f(1)=2$ を満たす関数 $f(x)$ を求めよ。

(2) $f(x)$ は $x>0$ で定義された微分可能な関数とする。

曲線 $y=f(x)$ 上の点 $(x,\ y)$ における接線の傾きが $\dfrac{1}{x}$ で表される曲線のうちで，点 $(e,\ 2)$ を通るものを求めよ。

p.180 基本事項 1

CHART & SOLUTION

導関数から関数の決定　積分は微分の逆演算

$$F'(x)=f(x) \underset{\text{微分}}{\overset{\text{積分}}{\rightleftarrows}} \int f(x)\,dx=F(x)+C$$

(1) $f(x)=\displaystyle\int xe^x\,dx$

なお，右辺の積分定数 C は，$f(1)=2$ (これを **初期条件** という) で決まる。

(2) **(接線の傾き)=(微分係数)**　　よって　$f'(x)=\dfrac{1}{x}$

点 $(e,\ 2)$ を通る $\Longleftrightarrow$ $f(e)=2$ **(初期条件)** $\longrightarrow$ 積分定数 C が決まる。

解答

(1) $f(x)=\displaystyle\int xe^x\,dx=\int x(e^x)'\,dx=xe^x-\int (x)'e^x\,dx$　　⇦ **部分積分法**

$\displaystyle=xe^x-\int e^x dx=(x-1)e^x+C$　(C は積分定数)　　⇦ $\int e^x dx=e^x+C$

$f(1)=2$ であるから　　$C=2$

ゆえに　　$\boldsymbol{f(x)=(x-1)e^x+2}$

(2) 曲線 $y=f(x)$ 上の点 $(x,\ y)$ における接線の傾きは

$f'(x)$ であるから　　$f'(x)=\dfrac{1}{x}$　$(x>0)$

よって　　$f(x)=\displaystyle\int \frac{dx}{x}=\log x+C$　(C は積分定数)　　⇦ $x>0$ であるから $|x|=x$

この曲線が点 $(e,\ 2)$ を通るから

$2=\log e+C$　　ゆえに　　$C=1$　　⇦ $f(e)=2$, $\log e=1$

したがって，求める曲線の方程式は　　$\boldsymbol{y=\log x+1}$

PRACTICE 119②

(1) $x>0$ で定義された関数 $f(x)$ は $f'(x)=ax-\dfrac{1}{x}$ (a は定数)，$f(1)=a$, $f(e)=0$ を満たすとする。$f(x)$ を求めよ。　〔名城大〕

(2) 曲線 $y=f(x)$ 上の点 $(x,\ y)$ における接線の傾きが 2^x であり，かつ，この曲線が原点を通るとき，$f(x)$ を求めよ。ただし，$f(x)$ は微分可能とする。

重要 例題 120 三角関数の不定積分 (3) (n 乗)

次の不定積分を求めよ。

(1) $\displaystyle\int\cos^5 x\,dx$　　(2) $\displaystyle\int\sin^6 x\,dx$

基本 111, 116, 117, 重要 122

CHART & SOLUTION

sin, cos の n 乗の積分

n が奇数 ⟶ $f(■)■'$ の形へ
n が偶数 ⟶ 次数を下げる ……❗

(1) $\cos^5 x=\cos^4 x\cos x=(1-\sin^2 x)^2\cos x$ と変形すると **$f(\sin x)(\sin x)'$ の形** になる。
⟶ **$\sin x=t$** とおく。

(2) n が偶数のときは，(1) のようにはいかない。
2 倍角の公式，3 倍角の公式，積 ⟶ 和の公式 などを利用して次数を下げる。

解答

(1) $\sin x=t$ とおくと，$\cos x\,dx=dt$ であるから

❗ $$\int\cos^5 x\,dx=\int(1-\sin^2 x)^2\cos x\,dx=\int(1-t^2)^2dt$$
$$=\int(1-2t^2+t^4)\,dt=t-\frac{2}{3}t^3+\frac{t^5}{5}+C$$
$$=\boldsymbol{\sin x-\frac{2}{3}\sin^3 x+\frac{1}{5}\sin^5 x+C}$$

(2) $$\sin^6 x=(\sin^3 x)^2=\left\{\frac{1}{4}(3\sin x-\sin 3x)\right\}^2$$
$$=\frac{1}{16}(9\sin^2 x-6\sin x\sin 3x+\sin^2 3x)$$
$$=\frac{9}{32}(1-\cos 2x)+\frac{3}{16}(\cos 4x-\cos 2x)$$
$$+\frac{1}{32}(1-\cos 6x)$$

よって

❗ $$\int\sin^6 x\,dx=\frac{1}{32}\int(10-15\cos 2x+6\cos 4x-\cos 6x)\,dx$$
$$=\boldsymbol{\frac{5}{16}x-\frac{15}{64}\sin 2x+\frac{3}{64}\sin 4x-\frac{1}{192}\sin 6x+C}$$

inf. (1) は基本例題 117，(2) は基本例題 116 も合わせて参照してほしい。

⇐ 3 倍角の公式
$\sin 3x=3\sin x-4\sin^3 x$

⇐ 2 倍角の公式
$\cos 2x=1-2\sin^2 x$
積 ⟶ 和の公式
$\sin\alpha\sin\beta$
$=-\frac{1}{2}\{\cos(\alpha+\beta)-\cos(\alpha-\beta)\}$

PRACTICE 120❸

次の不定積分を求めよ。

(1) $\displaystyle\int\sin^5 x\,dx$　　(2) $\displaystyle\int\tan^3 x\,dx$　　(3) $\displaystyle\int\cos^6 x\,dx$

重要 例題 121　不定積分の部分積分法 (3)（同形出現）

$I=\int e^x\sin x\,dx$，$J=\int e^x\cos x\,dx$ であるとき

(1)　$I=e^x\sin x-J$，$J=e^x\cos x+I$ が成り立つことを証明せよ。

(2)　I，J を求めよ。

基本 112, 113

CHART & SOLUTION

積の積分 ⟶ 部分積分　sin，cos はペアで考える

(1)　$e^x\sin x=(e^x)'\sin x$，$e^x\cos x=(e^x)'\cos x$ と考えて **部分積分法** を利用。

(2)　(1) の I，J についての連立方程式を解く。

解答

(1)　$\int e^x\sin x\,dx=\int (e^x)'\sin x\,dx=e^x\sin x-\int e^x\cos x\,dx$　⇐ 部分積分法

$\int e^x\cos x\,dx=\int (e^x)'\cos x\,dx=e^x\cos x-\int e^x(-\sin x)\,dx$　⇐ 部分積分法

すなわち　$I=e^x\sin x-J$　…… ①

$J=e^x\cos x+I$　…… ②

(2)　①，② から J を消去して　$I=e^x\sin x-e^x\cos x-I$

①，② から I を消去して　$J=e^x\cos x+e^x\sin x-J$

ゆえに，積分定数も考えて

$$\boldsymbol{I=\frac{1}{2}e^x(\sin x-\cos x)+C_1}$$

$$\boldsymbol{J=\frac{1}{2}e^x(\sin x+\cos x)+C_2}$$

別解 (1)　$(e^x\sin x)'$
$=e^x\sin x+e^x\cos x$，
$(e^x\cos x)'$
$=e^x\cos x-e^x\sin x$
これらの両辺を x で積分すると　$e^x\sin x=I+J$
$e^x\cos x=-I+J$
ゆえに，与式が成り立つ。

INFORMATION　同形出現の部分積分

例えば I のみを求める場合は，部分積分法を 2 回用いて，同じ形を作るよう工夫する。

$$\int e^x\sin x\,dx=e^x\sin x-\int e^x\cos x\,dx=e^x\sin x-\left\{e^x\cos x-\int e^x(-\sin x)\,dx\right\}$$

$$=e^x\sin x-e^x\cos x-\int e^x\sin x\,dx$$　⇐ 同形出現

積分定数も考えて　$\int e^x\sin x\,dx=\frac{1}{2}e^x(\sin x-\cos x)+C$

のように計算してもよい（J についても同様）。

PRACTICE 121[3]

$I=\int (e^x+e^{-x})\sin x\,dx$，$J=\int (e^x-e^{-x})\cos x\,dx$ であるとき，等式

$I=(e^x-e^{-x})\sin x-J$，$J=(e^x+e^{-x})\cos x+I$ が成り立つことを証明し，I，J を求めよ。

重要 例題 122 不定積分と漸化式

$I_n=\int \sin^n x\,dx$ とする。次の等式が成り立つことを証明せよ。ただし，n は 2 以上の整数とし，$\sin^0 x=1$ とする。

$$I_n=\frac{1}{n}\{-\sin^{n-1}x\cos x+(n-1)I_{n-2}\}$$

重要 120，重要 136

CHART & SOLUTION

積の積分 ⟶ 部分積分　　sin，cos はペアで考える

$I_n=(\sin^n x$ の積分$)$ であるから　　$I_{n-2}=(\sin^{n-2}x$ の積分$)$
$\sin^n x=\sin x\cdot\sin^{n-1}x=(-\cos x)'\sin^{n-1}x$ と変形し，**部分積分法** を利用すると
$\sin^{n-2}x$ と $\sin^n x$ の積分が現れ，I_{n-2} と I_n が結びつく。

解答

$I_n=\int \sin^n x\,dx=\int \sin x\cdot\sin^{n-1}x\,dx$

$=\int(-\cos x)'\sin^{n-1}x\,dx$　　⇐ 部分積分法

$=(-\cos x)\sin^{n-1}x-\int(-\cos x)(n-1)\sin^{n-2}x\cos x\,dx$　　⇐ $(\sin^{n-1}x)'=(n-1)\sin^{n-2}x(\sin x)'$

$=-\sin^{n-1}x\cos x+(n-1)\int\sin^{n-2}x\cos^2 x\,dx$

$=-\sin^{n-1}x\cos x+(n-1)\int\sin^{n-2}x(1-\sin^2 x)\,dx$　　⇐ $\cos^2 x=1-\sin^2 x$

$=-\sin^{n-1}x\cos x+(n-1)\left(\int\sin^{n-2}x\,dx-\int\sin^n x\,dx\right)$　　⇐ 同形出現

$=-\sin^{n-1}x\cos x+(n-1)I_{n-2}-(n-1)I_n$

よって　　$nI_n=-\sin^{n-1}x\cos x+(n-1)I_{n-2}$

したがって　　$I_n=\dfrac{1}{n}\{-\sin^{n-1}x\cos x+(n-1)I_{n-2}\}$

PRACTICE 122④

n は 2 以上の整数とする。次の等式が成り立つことを証明せよ。ただし，$\cos^0 x=1$，$\tan^0 x=1$ とする。

(1) $\displaystyle\int\cos^n x\,dx=\frac{1}{n}\left\{\sin x\cos^{n-1}x+(n-1)\int\cos^{n-2}x\,dx\right\}$

(2) $\displaystyle\int\tan^n x\,dx=\frac{1}{n-1}\tan^{n-1}x-\int\tan^{n-2}x\,dx$

重要 例題 123 無理関数の不定積分 (2)（特殊な置換積分）

(1) 不定積分 $\displaystyle\int\frac{1}{\sqrt{x^2+1}}dx$ を $\sqrt{x^2+1}+x=t$ の置換により求めよ。

(2) (1)の結果を利用して，不定積分 $\displaystyle\int\sqrt{x^2+1}\,dx$ を求めよ。

基本 115

CHART & SOLUTION

おき換えが指定された不定積分　指定された文字で総入れ替え

(1) 無理関数 $\sqrt{x^2+a}$ の形を含む（ここでは $a=1$）不定積分は $x=\tan t$ と置換しても求められるが，計算が煩雑。与えられた置換に従って計算しよう。
（なお，tan で置換する解法は基本例題 130 で学習する。）

(2) $\sqrt{x^2+1}=(x)'\sqrt{x^2+1}$ として部分積分法を利用。⟶ **同形出現**

解答

(1) $\sqrt{x^2+1}+x=t$ とおくと　$\displaystyle\left(\frac{x}{\sqrt{x^2+1}}+1\right)dx=dt$

よって，$\displaystyle\frac{x+\sqrt{x^2+1}}{\sqrt{x^2+1}}dx=dt$ から　$\displaystyle\frac{1}{\sqrt{x^2+1}}dx=\frac{1}{t}dt$

⇐ $x+\sqrt{x^2+1}=t$ から $\displaystyle\frac{t}{\sqrt{x^2+1}}dx=dt$

したがって

$$\int\frac{1}{\sqrt{x^2+1}}dx=\int\frac{1}{t}dt=\log t+C=\boldsymbol{\log(\sqrt{x^2+1}+x)+C}$$

⇐ $\sqrt{x^2+1}>|x|$ から $t>0$

(2) $\displaystyle\int\sqrt{x^2+1}\,dx=\int(x)'\sqrt{x^2+1}\,dx=x\sqrt{x^2+1}-\int\frac{x^2}{\sqrt{x^2+1}}dx$

⇐ **部分積分法**

また　$\displaystyle\int\frac{x^2}{\sqrt{x^2+1}}dx=\int\frac{(x^2+1)-1}{\sqrt{x^2+1}}dx$

$$=\int\sqrt{x^2+1}\,dx-\int\frac{1}{\sqrt{x^2+1}}dx$$

⇐ **同形出現**

よって

$$\int\sqrt{x^2+1}\,dx=x\sqrt{x^2+1}-\left(\int\sqrt{x^2+1}\,dx-\int\frac{1}{\sqrt{x^2+1}}dx\right)$$

(1)から　$\displaystyle 2\int\sqrt{x^2+1}\,dx=x\sqrt{x^2+1}+\log(\sqrt{x^2+1}+x)+C_1$

ゆえに

$$\int\sqrt{x^2+1}\,dx=\boldsymbol{\frac{1}{2}\{x\sqrt{x^2+1}+\log(\sqrt{x^2+1}+x)\}+C}$$

⇐ $\displaystyle\frac{C_1}{2}=C$ とおく。

PRACTICE 123④

(1) 不定積分 $\displaystyle\int\frac{1}{\sqrt{x^2+2x+2}}dx$ を $\sqrt{x^2+a}+x=t$（a は定数）の置換により求めよ。

(2) (1)の結果を利用して，不定積分 $\displaystyle\int\sqrt{x^2+2x+2}\,dx$ を求めよ。

重要 例題 124 三角関数の不定積分 (4)（特殊な置換積分）

(1) $\tan\dfrac{x}{2}=t$ とおくとき，$\sin x$，$\dfrac{dx}{dt}$ を t で表せ。

(2) (1) を利用して，不定積分 $\displaystyle\int\frac{dx}{\sin x+1}$ を求めよ。

基本 117

CHART & SOLUTION

おき換えが指定された不定積分　指定された文字で総入れ替え

(1) の誘導に従い，$\sin x$，$\dfrac{dx}{dt}$ を t で表し，$\displaystyle\int\frac{dx}{\sin x+1}$ を t で置換積分する。

$\sin x$ を t で表すには，$\sin\theta\cos\theta=\tan\theta\cos^2\theta=\dfrac{\tan\theta}{1+\tan^2\theta}$ の変形を利用する。

解答

(1) $\boldsymbol{\sin x}=2\sin\dfrac{x}{2}\cos\dfrac{x}{2}=2\tan\dfrac{x}{2}\cos^2\dfrac{x}{2}$

$$=2\tan\frac{x}{2}\cdot\frac{1}{1+\tan^2\dfrac{x}{2}}=\boldsymbol{\frac{2t}{1+t^2}}$$

⇐ $\sin 2\theta=2\sin\theta\cos\theta$
$\sin\theta=\tan\theta\cos\theta$
$1+\tan^2\theta=\dfrac{1}{\cos^2\theta}$

また，$t=\tan\dfrac{x}{2}$ の両辺を x で微分すると

$$\frac{dt}{dx}=\frac{1}{\cos^2\dfrac{x}{2}}\cdot\frac{1}{2}=\frac{1}{2}\left(1+\tan^2\frac{x}{2}\right)=\frac{1+t^2}{2}$$

⇐ $\{\tan f(x)\}'=\dfrac{1}{\cos^2 f(x)}\cdot f'(x)$

よって　$\boldsymbol{\dfrac{dx}{dt}=\dfrac{2}{1+t^2}}$

⇐ $\dfrac{dx}{dt}=\dfrac{1}{\dfrac{dt}{dx}}$

(2) (1) から　$\displaystyle\int\frac{dx}{\sin x+1}=\int\frac{1}{\dfrac{2t}{1+t^2}+1}\cdot\frac{2}{1+t^2}dt$

$$=\int\frac{2}{(1+t)^2}dt=-\frac{2}{1+t}+C=\boldsymbol{-\frac{2}{1+\tan\dfrac{x}{2}}+C}$$

⇐ $\dfrac{1}{\dfrac{2t}{1+t^2}+1}\cdot\dfrac{2}{1+t^2}=\dfrac{2}{2t+1+t^2}=\dfrac{2}{(1+t)^2}$

INFORMATION　三角関数の積分の置換積分

一般に，x の三角関数の積分は，$\boldsymbol{\tan\dfrac{x}{2}=t}$ **と置換** すると

$$\boldsymbol{\sin x=\frac{2t}{1+t^2},\ \cos x=\frac{1-t^2}{1+t^2},\ \tan x=\frac{2t}{1-t^2},\ dx=\frac{2}{1+t^2}dt}$$

により，t の分数関数の積分で表すことができる。（解答編 $p.191$ 補足 参照。）

PRACTICE 124④

$\tan\dfrac{x}{2}=t$ とおくことにより，不定積分 $\displaystyle\int\frac{5}{3\sin x+4\cos x}dx$ を求めよ。〔類 埼玉大〕

振り返り　不定積分の求め方

微分法では積・商の公式があったのに，積分法では積 $\int fg\,dx$，商 $\int \frac{f}{g}\,dx$ のすべての場合に使えるような公式はないのでしょうか？

積分法には積・商の公式はありません。また，すべての関数が積分できるとは限りません。したがって，それぞれの関数の特長を利用して積分するということになります。積分の計算方法のポイントを確認しましょう。

● 不定積分の計算の基本

不定積分の求め方のポイントについて，これまでに学習した内容をまとめておこう。
なお，a，b は定数，n は自然数，C は積分定数を表し，$F'(x)=f(x)$ とする。

1 不定積分の定義　$\int f(x)\,dx=F(x)+C$

2 基本的な関数の不定積分 …… 必ず覚えよう！

$\alpha \neq -1$ のとき $\int x^{\alpha}dx=\frac{1}{\alpha+1}x^{\alpha+1}+C$，　$\int \frac{1}{x}\,dx=\log|x|+C$

$\int \sin x\,dx=-\cos x+C$，　$\int \cos x\,dx=\sin x+C$，　$\int \frac{dx}{\cos^2 x}=\tan x+C$

$\int e^x dx=e^x+C$，　$\int a^x dx=\frac{a^x}{\log a}+C$ $(a>0,\ a\neq 1)$

3 置換積分法・部分積分法 …… 必ず利用できるようにしよう！

$\int f(ax+b)\,dx=\frac{1}{a}F(ax+b)+C$ $(a\neq 0)$

⟶ 基本 109

$x=g(t) \Longrightarrow \int f(x)\,dx=\int f(g(t))g'(t)\,dt$

⟶ 基本 110

$g(x)=u \Longrightarrow \int f(g(x))g'(x)\,dx=\int f(u)\,du$

⟶ 基本 111 (1), (2)

$\int \frac{f'(x)}{f(x)}\,dx=\log|f(x)|+C$

⟶ 基本 111 (3)

$\int f(x)g'(x)\,dx=f(x)g(x)-\int f'(x)g(x)\,dx$

⟶ 基本 112 (1), 113

$\int f(x)\,dx=xf(x)-\int xf'(x)\,dx$

⟶ 基本 112 (2)

● いろいろな関数の不定積分

積分できる形への変形の方法や，置換積分にもち込む ためのポイントをまとめておく。

1 分数関数

(1) 分子の次数が分母の次数以上の場合は，割り算により商と余りを求め，**(分子の次数)＜(分母の次数)** となるように変形する。 ⟶ 基本 114 (1)

(2) 分母が複数の因数の積の形のときは，**部分分数に分解** する。 ⟶ 基本 114 (2)

例　(1) $\frac{3x^2-x+2}{x+1}=3x-4+\frac{6}{x+1}$　　(2) $\frac{4x+5}{(x+2)(x-1)}=\frac{1}{x+2}+\frac{3}{x-1}$

2 無理関数

(1) 分母が無理式のときは，**分母を有理化** する。 ⟶ 基本 115 (1)

(2) $\sqrt{ax+b}$ を含む形は，$\boldsymbol{\sqrt{ax+b}=t}$ **とおいて置換積分** する。 ⟶ 基本 115 (2)

この場合，$x=\dfrac{t^2-b}{a}$，$dx=\dfrac{2t}{a}dt$ から，t についての多項式または分数式で表される関数の積分になる。

例 (1) $\dfrac{x}{\sqrt{x+1}+1}=\dfrac{x(\sqrt{x+1}-1)}{(\sqrt{x+1})^2-1^2}=\sqrt{x+1}-1$

(2) $I=\displaystyle\int\frac{1}{x\sqrt{x+1}}dx$，$\sqrt{x+1}=t$ とおくと，$x=t^2-1$，$dx=2tdt$ であるから

$$I=\int\frac{2t}{(t^2-1)t}dt=\int\frac{2}{(t+1)(t-1)}dt=\cdots\cdots$$

3 三角関数

(1) **次数を下げて 1 次式に変形** する。 ⟶ 基本 116

その際，次の公式がよく利用される。

半角，2 倍角，3 倍角の公式

$$\sin^2x=\frac{1-\cos 2x}{2},\quad \cos^2x=\frac{1+\cos 2x}{2},\quad \sin x\cos x=\frac{1}{2}\sin 2x$$

$$\sin^3x=\frac{1}{4}(3\sin x-\sin 3x),\quad \cos^3x=\frac{1}{4}(3\cos x+\cos 3x)$$

積 ⟶ 和の公式

$$\sin\alpha\cos\beta=\frac{1}{2}\{\sin(\alpha+\beta)+\sin(\alpha-\beta)\}$$

$$\cos\alpha\cos\beta=\frac{1}{2}\{\cos(\alpha+\beta)+\cos(\alpha-\beta)\}$$

$$\sin\alpha\sin\beta=-\frac{1}{2}\{\cos(\alpha+\beta)-\cos(\alpha-\beta)\}$$

(2) $f(\sin x)\cos x$，$f(\cos x)\sin x$，$\dfrac{f(\tan x)}{\cos^2x}$ の形は，それぞれ

$\boldsymbol{\sin x=t}$，$\boldsymbol{\cos x=t}$，$\boldsymbol{\tan x=t}$ **とおいて置換積分** する。 ⟶ 基本 117

例 (1) $\sin 3x\cos 2x=\dfrac{1}{2}\{\sin(3x+2x)+\sin(3x-2x)\}=\dfrac{1}{2}(\sin 5x+\sin x)$

(2) $I=\displaystyle\int\frac{1}{\cos x}dx$，$\sin x=t$ とおくと，$\cos x\,dx=dt$ であるから

$$I=\int\frac{1}{\cos x}\cdot\frac{\cos x\,dx}{\cos x}=\int\frac{\cos x\,dx}{1-\sin^2x}=\int\frac{dt}{1-t^2}=\cdots\cdots$$

4 指数関数・対数関数

(1) $\boldsymbol{e^x=t}$ **または** $\boldsymbol{\log x=t}$ **とおいて置換積分** する。 ⟶ 基本 118

なお，$e^x+c=t$，$\log x+c=t$ のように，定数まで含めて **丸ごと置換** した方がスムーズに計算できることも多い。

(2) 積の形は **部分積分** する。 ⟶ 基本 112 (2), 基本 113 (2)

$e^xf(x)$ の形は $(e^x)'\cdot f(x)$，$f(x)\log x$ の形は $F'(x)\cdot\log x$ と見て部分積分するのが基本。$\log f(x)$ の形は $(x)'\cdot\log f(x)$ と見れば部分積分できる。

EXERCISES　　13 不定積分

A

94❸ 次の不定積分を求めよ。

(1) $\displaystyle\int\frac{x}{(1+x^2)^3}dx$　　(2) $\displaystyle\int\frac{2x+1}{x^2(x+1)}dx$

(3) $\displaystyle\int(x+1)^2\log x\,dx$ 〔日本女子大〕　(4) $\displaystyle\int\frac{1}{e^x-e^{-x}}dx$ 〔信州大〕

(5) $\displaystyle\int e^{\sin x}\sin 2x\,dx$　　(6) $\displaystyle\int e^{\sqrt{x}}dx$ 〔広島市大〕

➡110～118

B

95❸ 次の不定積分を求めよ。

(1) $\displaystyle\int\frac{1}{\cos^4 x}dx$　(2) $\displaystyle\int\tan^4 x\,dx$　(3) $\displaystyle\int\frac{\cos^2 x}{1-\cos x}dx$ ➡117, 120

96❸ 不定積分 $\displaystyle\int(\cos x)e^{ax}dx$ を求めよ。 〔信州大〕 ➡121

97❹ n を自然数とする。

(1) $t=\tan x$ と置換することで，不定積分 $\displaystyle\int\frac{dx}{\sin x\cos x}$ を求めよ。

(2) 関数 $\dfrac{1}{\sin x\cos^{n+1}x}$ の導関数を求めよ。

(3) 部分積分法を用いて

$$\int\frac{dx}{\sin x\cos^n x}=-\frac{1}{(n+1)\cos^{n+1}x}+\int\frac{dx}{\sin x\cos^{n+2}x}$$

が成り立つことを証明せよ。 〔類 横浜市大〕 ➡124

98❺ 実数全体で定義された微分可能な関数 $f(x)$ が，次の 2 つの条件 (A), (B) を満たしている。

(A) すべての x について，$f(x)>0$ である。

(B) すべての x，y について，$f(x+y)=f(x)f(y)e^{-xy}$ が成り立つ。

(1) $f(0)=1$ を示せ。

(2) $g(x)=\log f(x)$ とする。このとき，$g'(x)=f'(0)-x$ が成り立つことを示せ。

(3) $f'(0)=2$ となるような $f(x)$ を求めよ。 〔筑波大〕

HINT

94 (1), (4), (5), (6) は置換積分，(2), (4) は部分分数に分解して積分，(3), (5), (6) は部分積分。

95 (1) $\dfrac{1}{\cos^4 x}=(\tan^2 x+1)\cdot\dfrac{1}{\cos^2 x}$　(2) $\tan^4 x=\tan^2 x\left(\dfrac{1}{\cos^2 x}-1\right)$

(3) **(分子の次数)<(分母の次数)** の形に変形。

96 部分積分法を 2 回適用すると，同形が出現する。

97 (3) (2) の結果と $(\tan x)'=\dfrac{1}{\cos^2 x}$ を利用して部分積分する。

98 (1) (B) で x，y に適当な数を代入。

(2) $g'(x)$ の定義の式を利用。

14 定積分とその基本性質

基本事項

1 定積分とその基本性質

① **定義**　ある区間で連続な関数 $f(x)$ の原始関数の1つを $F(x)$ とし，a，b をその区間に含まれる任意の値とするとき

$$\int_a^b f(x)\,dx=\Big[F(x)\Big]_a^b=F(b)-F(a)$$

② **基本性質**　k，l を定数とする。

$$\int_a^b f(x)\,dx=\int_a^b f(t)\,dt$$　**定積分の値は積分変数の文字に無関係**

1　**定数倍**　$\int_a^b kf(x)\,dx=k\int_a^b f(x)\,dx$

2　**和**　$\int_a^b \{f(x)+g(x)\}\,dx=\int_a^b f(x)\,dx+\int_a^b g(x)\,dx$

3　$\int_a^b \{kf(x)+lg(x)\}\,dx=k\int_a^b f(x)\,dx+l\int_a^b g(x)\,dx$

4　$\int_a^a f(x)\,dx=0$　　5　$\int_b^a f(x)\,dx=-\int_a^b f(x)\,dx$

6　$\int_a^b f(x)\,dx=\int_a^c f(x)\,dx+\int_c^b f(x)\,dx$

2 絶対値のついた関数の定積分

$a\leqq x\leqq c$ のとき　$f(x)\geqq 0$，$c\leqq x\leqq b$ のとき　$f(x)\leqq 0$

ならば　$\int_a^b |f(x)|\,dx=\int_a^c f(x)\,dx+\int_c^b \{-f(x)\}\,dx$

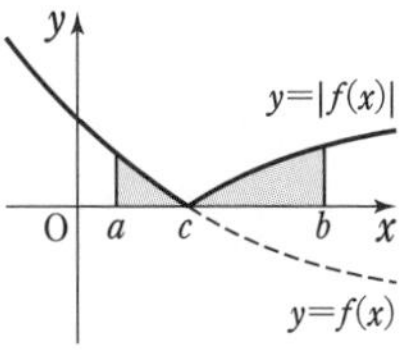

CHECK & CHECK

29　次の定積分を求めよ。

(1) $\int_2^4 \sqrt{x}\,dx$　(2) $\int_{-1}^1 e^x dx$　(3) $\int_1^3 \frac{dx}{x}$

(4) $\int_0^\pi \cos t\,dt$　(5) $\int_0^{2\pi} \sin 2x\,dx$

➡ 1

30　次の定積分を求めよ。

(1) $\int_1^2 \frac{xe^x}{x-3}dx-\int_1^2 \frac{3e^x}{x-3}dx$　(2) $\int_2^2 \frac{\sin 2x}{x^4}dx$

(3) $\int_{-2}^1 e^x dx+\int_1^3 e^x dx$

➡ 1

基本 例題 125 定積分の基本計算

次の定積分を求めよ。

(1) $\displaystyle\int_1^4 \frac{(x+1)^2}{\sqrt{x}}dx$ (2) $\displaystyle\int_0^1 \frac{1}{(x-2)(x-3)}dx$ (3) $\displaystyle\int_0^{\pi} \sin x\cos 2x\,dx$

p. 203 基本事項 1

CHART & SOLUTION

定積分の計算

① $f(x)$ の原始関数 $F(x)$ を求める

② $\Big[F(x)\Big]_a^b=F(b)-F(a)$ を計算する

(2) 部分分数に分解する。 (3) 積 ⟶ 和の公式を利用。

解答

(1) $\displaystyle\int_1^4 \frac{(x+1)^2}{\sqrt{x}}dx=\int_1^4 (x^{\frac{3}{2}}+2x^{\frac{1}{2}}+x^{-\frac{1}{2}})dx$

$\displaystyle=\left[\frac{2}{5}x^2\sqrt{x}+\frac{4}{3}x\sqrt{x}+2\sqrt{x}\right]_1^4$

$\displaystyle=\left(\frac{64}{5}+\frac{32}{3}+4\right)-\left(\frac{2}{5}+\frac{4}{3}+2\right)=\boldsymbol{\frac{356}{15}}$

(2) $\displaystyle\int_0^1 \frac{1}{(x-2)(x-3)}dx=\int_0^1\left(\frac{1}{x-3}-\frac{1}{x-2}\right)dx$

$\displaystyle=\Big[\log|x-3|-\log|x-2|\Big]_0^1=\left[\log\left|\frac{x-3}{x-2}\right|\right]_0^1=\log 2-\log\frac{3}{2}$

$\displaystyle=\log\left(2\cdot\frac{2}{3}\right)=\boldsymbol{\log\frac{4}{3}}$

(3) $\displaystyle\int_0^{\pi}\sin x\cos 2x\,dx=\frac{1}{2}\int_0^{\pi}(\sin 3x-\sin x)\,dx$

$\displaystyle=\frac{1}{2}\left(-\frac{1}{3}\Big[\cos 3x\Big]_0^{\pi}+\Big[\cos x\Big]_0^{\pi}\right)$

$\displaystyle=\frac{1}{2}\left\{-\frac{1}{3}(-1-1)+(-1-1)\right\}=\frac{1}{2}\left(-\frac{4}{3}\right)=\boldsymbol{-\frac{2}{3}}$

⇐ $\displaystyle\frac{x^2+2x+1}{x^{\frac{1}{2}}}=x^{\frac{3}{2}}+2x^{\frac{1}{2}}+x^{-\frac{1}{2}}$

⇐ この場合，$x^2\sqrt{x}$，$x\sqrt{x}$，$\sqrt{x}$ の各項ごとに $F(4)-F(1)$ の計算をしてもよい。

⇐ 部分分数に分解する。

⇐ $\sin\alpha\cos\beta$
$\displaystyle=\frac{1}{2}\{\sin(\alpha+\beta)+\sin(\alpha-\beta)\}$
$\sin(-x)=-\sin x$

PRACTICE 125❶

次の定積分を求めよ。

(1) $\displaystyle\int_1^3 \frac{(x^2-1)^2}{x^4}dx$ (2) $\displaystyle\int_1^3 \frac{dx}{x^2-4x}$ (3) $\displaystyle\int_0^1 \frac{x^2+2}{x+2}dx$ 〔信州大〕

(4) $\displaystyle\int_0^1 (e^{2x}-e^{-x})^2dx$ (5) $\displaystyle\int_0^{2\pi}\cos^4 x\,dx$ (6) $\displaystyle\int_{\frac{\pi}{6}}^{\frac{\pi}{2}}\sin x\sin 3x\,dx$ 〔中央大〕

基本 例題 126 絶対値を含む関数の定積分

次の定積分を求めよ。

(1) $\int_0^2 |e^x-2|dx$　　(2) $\int_0^{\pi} |\sin x\cos x|dx$

p.203 基本事項 2

CHART & SOLUTION

絶対値　場合に分ける

$\int_a^b |f(x)|dx$ の絶対値記号をはずす **場合の分かれ目** は，積分区間 $[a,\ b]$ 内で $f(x)=0$ を満たす x の値。絶対値記号をはずしたら，**$f(x)$ の正・負の境目で積分区間を分割** して定積分を計算する。……❶

解答

(1) $e^x-2=0$ とすると，$e^x=2$ から　$x=\log 2$

$0\leqq x\leqq \log 2$ のとき，$e^x-2\leqq 0$ から　$|e^x-2|=-(e^x-2)$

$\log 2\leqq x\leqq 2$ のとき，$e^x-2\geqq 0$ から　$|e^x-2|=e^x-2$

❶ よって　$\int_0^2|e^x-2|dx=\int_0^{\log 2}\{-(e^x-2)\}dx+\int_{\log 2}^2(e^x-2)dx$

$=-\Big[e^x-2x\Big]_0^{\log 2}+\Big[e^x-2x\Big]_{\log 2}^2$

$=-\{(2-2\log 2)-1\}+\{(e^2-4)-(2-2\log 2)\}$

$=\boldsymbol{e^2+4\log 2-7}$

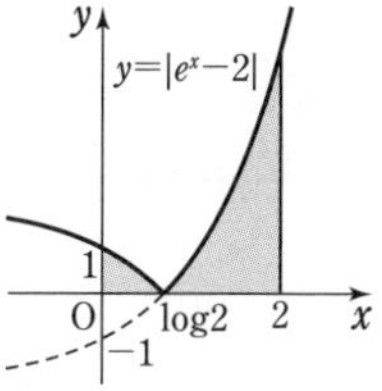

⇦ $e^{\log M}=M$

(2) $\int_0^{\pi}|\sin x\cos x|dx=\frac{1}{2}\int_0^{\pi}|\sin 2x|dx$

$\sin 2x=0$ とすると，$0\leqq x\leqq \pi$ から　$x=0,\ \frac{\pi}{2},\ \pi$

$0\leqq x\leqq \frac{\pi}{2}$ のとき，$\sin 2x\geqq 0$ から　$|\sin 2x|=\sin 2x$

$\frac{\pi}{2}\leqq x\leqq \pi$ のとき，$\sin 2x\leqq 0$ から　$|\sin 2x|=-\sin 2x$

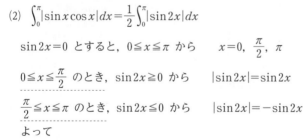

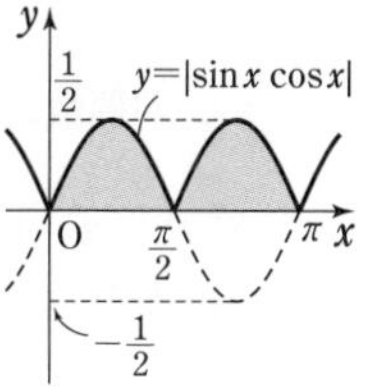

よって

❶ $\int_0^{\pi}|\sin x\cos x|dx=\frac{1}{2}\left\{\int_0^{\frac{\pi}{2}}\sin 2x\,dx+\int_{\frac{\pi}{2}}^{\pi}(-\sin 2x)dx\right\}$

⇦ $\int\sin x\,dx=-\cos x+C$

$=\frac{1}{2}\left\{\left[-\frac{\cos 2x}{2}\right]_0^{\frac{\pi}{2}}+\left[\frac{\cos 2x}{2}\right]_{\frac{\pi}{2}}^{\pi}\right\}=\frac{1}{2}\left\{\left(\frac{1}{2}+\frac{1}{2}\right)+\left(\frac{1}{2}+\frac{1}{2}\right)\right\}$

$=\boldsymbol{1}$

PRACTICE 126❷

次の定積分を求めよ。

(1) $\int_{\frac{1}{e}}^{e}|\log x|dx$　　(2) $\int_{-2}^{3}\sqrt{|x-2|}\,dx$

重要 例題 127 文字を含む三角関数の定積分

次のことを証明せよ。ただし，m，n は自然数とする。

$$\int_0^{\pi}\sin mx\cos nx\,dx=\begin{cases}0 & (m+n\ が偶数)\\ \dfrac{2m}{m^2-n^2} & (m+n\ が奇数)\end{cases}$$

基本 116

CHART & SOLUTION

三角関数の積分　次数を下げて，1次の形にする

積 ⟶ 和の公式 から　$\sin mx\cos nx=\dfrac{1}{2}\{\sin(m+n)x+\sin(m-n)x\}$

……の部分に文字が含まれていることに注意！

m，n は自然数であるから　$m+n\neq 0$

そこで，まずは $m-n\neq 0$ の場合と $m-n=0$ の場合に分ける。…… ❗

解答

$I=\displaystyle\int_0^{\pi}\sin mx\cos nx\,dx$ とする。

$$\sin mx\cos nx=\frac{1}{2}\{\sin(m+n)x+\sin(m-n)x\}$$

⇦ 積 ⟶ 和の公式

❗ [1]　$m-n\neq 0$ すなわち $m\neq n$ のとき

$$I=-\frac{1}{2}\left[\frac{\cos(m+n)x}{m+n}+\frac{\cos(m-n)x}{m-n}\right]_0^{\pi}$$

$$=-\frac{1}{2}\left\{\frac{\cos(m+n)\pi}{m+n}+\frac{\cos(m-n)\pi}{m-n}-\frac{2m}{m^2-n^2}\right\}$$

⇦ $\cos\{(偶数)\cdot\pi\}=1$
$\cos\{(奇数)\cdot\pi\}=-1$

$m+n$ が偶数のとき，$m-n$ も偶数で

$$I=-\frac{1}{2}\left(\frac{1}{m+n}+\frac{1}{m-n}-\frac{2m}{m^2-n^2}\right)=0$$

$m+n$ が奇数のとき，$m-n$ も奇数で

$$I=-\frac{1}{2}\left(-\frac{1}{m+n}-\frac{1}{m-n}-\frac{2m}{m^2-n^2}\right)=\frac{2m}{m^2-n^2}$$

⇦ $m+n$ が偶数
⟺ m，n はともに偶数またはともに奇数
⟺ $m-n$ が偶数
$m+n$ が奇数
⟺ m と n の一方が偶数でもう一方が奇数
⟺ $m-n$ が奇数
このようなとき，「$m+n$ と $m-n$ の偶奇は一致する。」という。

❗ [2]　$m-n=0$ すなわち $m=n$ のとき

$$I=\frac{1}{2}\int_0^{\pi}\sin 2nx\,dx=\left[-\frac{\cos 2nx}{4n}\right]_0^{\pi}=0$$

このとき，$m+n$ は偶数である。

以上により，$m+n$ が偶数のとき　$I=0$

$m+n$ が奇数のとき　$I=\dfrac{2m}{m^2-n^2}$

PRACTICE 127③

m，n が自然数のとき，定積分 $I=\displaystyle\int_0^{2\pi}\cos mx\cos nx\,dx$ を求めよ。　［類 北海道大］

EXERCISES　14 定積分とその基本性質

A

99❷ 次の定積分を求めよ。〔(3) 信州大〕

(1) $\int_0^1 \sqrt{e^{1-t}}\,dt$　(2) $\int_{-\frac{\pi}{3}}^{\frac{\pi}{3}} \tan^2 x\,dx$　(3) $\int_0^{\pi} \sqrt{1-\cos x}\,dx$ → 125

100❸ (1) 定積分 $\int_0^1 \frac{2x+1}{(x+1)^2(x-2)}dx$ を求めよ。〔中央大〕

(2) $\frac{d}{dx}\left\{\frac{(Ax+B)e^x}{x^2+4x+6}\right\}=\frac{x^3e^x}{(x^2+4x+6)^2}$ が成り立つような定数 A と B が存在することを示し，定積分 $\int_0^3 \frac{x^3e^x}{(x^2+4x+6)^2}dx$ を求めよ。〔姫路工大〕

→ 114, 125

101❸ (1) 定積分 $\int_0^{\frac{\pi}{2}}\left|\cos x-\frac{1}{2}\right|dx$ を求めよ。〔琉球大〕

(2) 定積分 $\int_0^{\pi}|\sin x-\sqrt{3}\cos x|dx$ を求めよ。

(3) $0<x<\pi$ において，$\sin x+\sin 2x=0$ を満たす x を求めよ。また，定積分 $\int_0^{\pi}|\sin x+\sin 2x|dx$ を求めよ。 → 126

102❸ $I=\int_0^{\frac{\pi}{6}}\frac{\cos x}{\sqrt{3}\cos x+\sin x}dx$，$J=\int_0^{\frac{\pi}{6}}\frac{\sin x}{\sqrt{3}\cos x+\sin x}dx$ とするとき，

$\sqrt{3}I+J=$ ア□ である。

また，$I-\sqrt{3}J=\left[\log\text{イ}\square\right]_0^{\frac{\pi}{6}}=$ ウ□ となる。

ゆえに，$I=$ エ□ である。〔類 玉川大〕

B

103❹ N を自然数とし，関数 $f(x)$ を $f(x)=\sum_{k=1}^{N}\cos(2k\pi x)$ と定める。

(1) m，n を整数とするとき，$\int_0^{2\pi}\cos(mx)\cos(nx)dx$ を求めよ。

(2) $\int_0^1 \cos(4\pi x)f(x)dx$ を求めよ。〔類 滋賀大〕 → 127

HINT

99 (3) 半角の公式を用いると $\sqrt{1-\cos x}=\sqrt{2\cdot\frac{1-\cos x}{2}}=\sqrt{2\sin^2\frac{x}{2}}$

102 $I-\sqrt{3}J$ は $\int_0^{\frac{\pi}{6}}\frac{f'(x)}{f(x)}dx$ の形。

103 (1) 積 ⟶ 和の公式を用いて式変形する。$m+n$，$m-n$ が 0，0 以外の場合で積分の値を求める。

(2) 積分範囲が (1) と同じになるようそろえ，(1) の結果を利用する。

15 定積分の置換積分法，部分積分法

基本事項

1 定積分の置換積分法

関数 $f(x)$ は区間 $[a,\ b]$ で連続であるとし，x が微分可能な関数 $g(t)$ を用いて $x=g(t)$ と表され，$a=g(\alpha)$，$b=g(\beta)$ であるとする。このとき，次の公式が成り立つ。

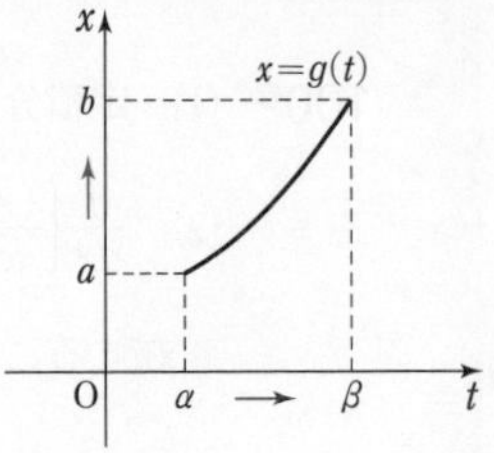

[1] $\displaystyle\int_a^b \boldsymbol{f(x)\,dx}=\int_\alpha^\beta \boldsymbol{f(g(t))g'(t)\,dt}$

x	$a \longrightarrow b$
t	$\alpha \longrightarrow \beta$

上式で，x と t を入れ替えると

[2] $\displaystyle\int_a^b \boldsymbol{f(g(x))g'(x)\,dx}=\int_\alpha^\beta \boldsymbol{f(t)\,dt}$

解説 $f(x)$ の原始関数を $F(x)$ とすると，$\dfrac{d}{dt}F(g(t))=f(g(t))g'(t)$ から

$$\int_\alpha^\beta f(g(t))g'(t)\,dt=\Big[F(g(t))\Big]_\alpha^\beta=F(g(\beta))-F(g(\alpha))=F(b)-F(a)=\Big[F(x)\Big]_a^b$$
$$=\int_a^b f(x)\,dx$$

2 偶関数・奇関数の定積分

1 **偶関数** $f(-x)=f(x)$ のとき

$$\int_{-a}^a \boldsymbol{f(x)\,dx}=2\int_0^a \boldsymbol{f(x)\,dx}$$

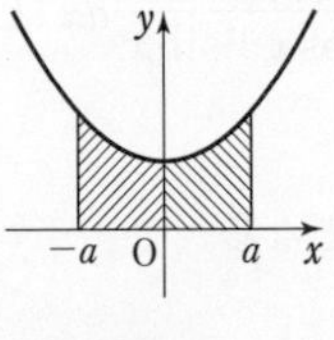

2 **奇関数** $f(-x)=-f(x)$ のとき

$$\int_{-a}^a \boldsymbol{f(x)\,dx}=0$$

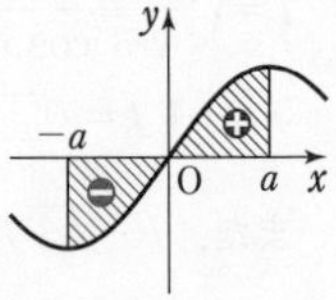

3 定積分の部分積分法

① $\displaystyle\int_a^b \boldsymbol{f(x)g'(x)\,dx}=\Big[\boldsymbol{f(x)g(x)}\Big]_a^b-\int_a^b \boldsymbol{f'(x)g(x)\,dx}$

② $\displaystyle\int_a^b \boldsymbol{f(x)\,dx}=\Big[\boldsymbol{xf(x)}\Big]_a^b-\int_a^b \boldsymbol{xf'(x)\,dx}$

解説 ② ①で $g(x)=x$ とすると，$g'(x)=1$ であるから②が得られる。

CHECK & CHECK

31 次の定積分を求めよ。

(1) $\displaystyle\int_{-\frac{\pi}{6}}^{\frac{\pi}{6}}\cos 2x\,dx$　　(2) $\displaystyle\int_{-\frac{\pi}{4}}^{\frac{\pi}{4}}\tan x\,dx$

(3) $\displaystyle\int_{-\sqrt{2}}^{\sqrt{2}}(x^5-4x^3+3x^2-x+2)\,dx$

↻ 2

基本 例題 128　定積分の置換積分法 (1) (丸ごと置換)

次の定積分を求めよ。

(1) $\int_0^1 x\sqrt{1-x^2}\,dx$　(2) $\int_1^2 \frac{x-1}{x^2-2x+2}\,dx$　(3) $\int_1^e \frac{\log x}{x}\,dx$

p.208 基本事項 1

CHART & SOLUTION

定積分の置換積分法　おき換えたまま計算　積分区間の対応に注意

① **x の式の一部を t とおき，** $\frac{dx}{dt}$ を求める (または $dx=●dt$ の形に書き表す)。

② x の積分区間に対応した **t の積分区間** を求める。

③ 与式を **t の定積分** で表し，t のままで計算する。

別解 (2) 公式 $\int \frac{g'(x)}{g(x)}dx=\log|g(x)|+C$ を用いて計算してもよい。

解答

(1) $\sqrt{1-x^2}=t$ とおくと，$1-x^2=t^2$ から
$-2x\,dx=2t\,dt$　よって　$x\,dx=-t\,dt$
x と t の対応は右のようになる。

x	$0 \longrightarrow 1$
t	$1 \longrightarrow 0$

ゆえに　$\int_0^1 x\sqrt{1-x^2}\,dx=\int_1^0 t\cdot(-t)\,dt=\int_0^1 t^2dt=\left[\frac{t^3}{3}\right]_0^1=\mathbf{\frac{1}{3}}$

⇐ $1-x^2=t$ とおいても計算できるが，丸ごとおき換える方がスムーズ。

⇐ $\int_b^a f(x)\,dx=-\int_a^b f(x)\,dx$

(2) $x^2-2x+2=t$ とおくと　$2(x-1)\,dx=dt$

よって　$(x-1)\,dx=\frac{1}{2}dt$

x と t の対応は右のようになる。

x	$1 \longrightarrow 2$
t	$1 \longrightarrow 2$

ゆえに　$\int_1^2 \frac{x-1}{x^2-2x+2}\,dx=\int_1^2 \frac{1}{t}\cdot\frac{1}{2}\,dt=\frac{1}{2}\Big[\log t\Big]_1^2$

$=\frac{1}{2}(\log 2-\log 1)=\mathbf{\frac{1}{2}\log 2}$

別解 (2) (与式)
$=\frac{1}{2}\int_1^2 \frac{(x^2-2x+2)'}{x^2-2x+2}\,dx$
$=\frac{1}{2}\Big[\log(x^2-2x+2)\Big]_1^2$
$=\mathbf{\frac{1}{2}\log 2}$

(3) $\log x=t$ とおくと　$\frac{1}{x}dx=dt$

x と t の対応は右のようになる。

x	$1 \longrightarrow e$
t	$0 \longrightarrow 1$

よって　$\int_1^e \frac{\log x}{x}\,dx=\int_0^1 t\,dt=\left[\frac{t^2}{2}\right]_0^1=\mathbf{\frac{1}{2}}$

inf. 定積分の置換積分は不定積分とは異なり，変数を元に戻す必要はない。(p.211 ズーム UP 参照)

PRACTICE 128❷

次の定積分を求めよ。

(1) $\int_0^1 \frac{x}{\sqrt{2-x^2}}\,dx$　(2) $\int_1^e 5^{\log x}dx$　〔横浜国大〕

(3) $\int_0^{\frac{\pi}{2}} \frac{\sin 2x}{3+\cos^2 x}\,dx$　〔青山学院大〕　(4) $\int_0^{\frac{\pi}{2}} \sin^2 x\cos^3 x\,dx$　〔青山学院大〕

基本 例題 129　定積分の置換積分法 (2) ($x=a\sin\theta$)

次の定積分を求めよ。

(1) $\displaystyle\int_0^1 \sqrt{4-x^2}\,dx$　　(2) $\displaystyle\int_0^1 \frac{dx}{\sqrt{4-x^2}}$

基本 128

CHART & SOLUTION

定積分の置換積分法　$\sqrt{a^2-x^2}$ には $x=a\sin\theta$ とおく ……!

(1), (2) の不定積分は，いずれも高校の教科書に出てくる関数では表せない。
しかし，定積分は上の置換によって計算することができる。

解答

! $x=2\sin\theta$ とおくと　$dx=2\cos\theta\,d\theta$

x と θ の対応は右のようにとれる。

x	$0\longrightarrow 1$
θ	$0\longrightarrow \frac{\pi}{6}$

inf. x の区間に対応する θ の区間は 1 通りではないが，**最も簡単な区間をとる**。右ページのズーム UP も参照。

$0\leqq\theta\leqq\dfrac{\pi}{6}$ のとき，$\cos\theta>0$ であるから

$$\sqrt{4-x^2}=\sqrt{4(1-\sin^2\theta)}=\sqrt{4\cos^2\theta}=2\cos\theta$$

(1) $$\int_0^1\sqrt{4-x^2}\,dx=\int_0^{\frac{\pi}{6}}(2\cos\theta)\cdot 2\cos\theta\,d\theta=4\int_0^{\frac{\pi}{6}}\cos^2\theta\,d\theta$$
$$=4\int_0^{\frac{\pi}{6}}\frac{1+\cos 2\theta}{2}\,d\theta=2\left[\theta+\frac{1}{2}\sin 2\theta\right]_0^{\frac{\pi}{6}}$$
$$=\boldsymbol{\frac{\pi}{3}+\frac{\sqrt{3}}{2}}$$

⇐ 三角関数の次数を下げる。

(2) $$\int_0^1\frac{dx}{\sqrt{4-x^2}}=\int_0^{\frac{\pi}{6}}\frac{1}{2\cos\theta}\cdot 2\cos\theta\,d\theta=\int_0^{\frac{\pi}{6}}d\theta=\Big[\theta\Big]_0^{\frac{\pi}{6}}=\boldsymbol{\frac{\pi}{6}}$$

INFORMATION　定積分と図形の面積

(1) で $y=\sqrt{4-x^2}$ のグラフは半径 2 の半円である。
よって，(1) の定積分は右の図の色を塗った部分の面積を表すから，その値は

(扇形 OAB)＋(直角三角形 OBC)

$$=\frac{1}{2}\cdot 2^2\cdot\frac{\pi}{6}+\frac{1}{2}\cdot 1\cdot\sqrt{3}=\frac{\pi}{3}+\frac{\sqrt{3}}{2}$$

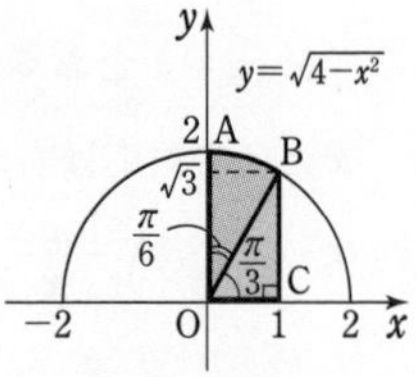

PRACTICE 129②

次の定積分を求めよ。

(1) $\displaystyle\int_{-1}^{\frac{\sqrt{3}}{2}}\sqrt{1-x^2}\,dx$　　(2) $\displaystyle\int_0^2\frac{dx}{\sqrt{16-x^2}}$　　(3) $\displaystyle\int_0^{\frac{1}{2}}\frac{x^2}{\sqrt{1-x^2}}\,dx$

ズーム UP 定積分の置換積分法

ここでは，定積分における置換積分法について，不定積分の場合との違いに着目しながら考えてみましょう。

定積分では積分区間の変化に注意！

定積分の置換積分法では次の ①，② の点が不定積分の場合と異なる。

① 定積分では，**おき換えによって積分区間も変化する** ことに注意が必要である。x の式を t でおき換えたら，右のような積分区間の **対応表を作成** し，積分区間を変えて計算する。

x	$a \longrightarrow b$
t	$\alpha \longrightarrow \beta$

② 不定積分では，積分計算の後におき換えた文字を元の文字に戻す必要があったが，定積分ではその必要はない。

$\Big[F(g(t))\Big]_{\alpha}^{\beta}=\cdots\cdots$ の計算で，積分変数 t に α，β を代入するためである。

対応区間のとり方

おき換える関数が sin などの周期関数である場合，x の区間に対応する区間は 1 通りとは限らない。

例えば，基本例題 129 の $x=2\sin\theta$ のおき換えで $0\leqq x\leqq 1$ に対応する区間は

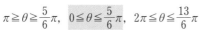

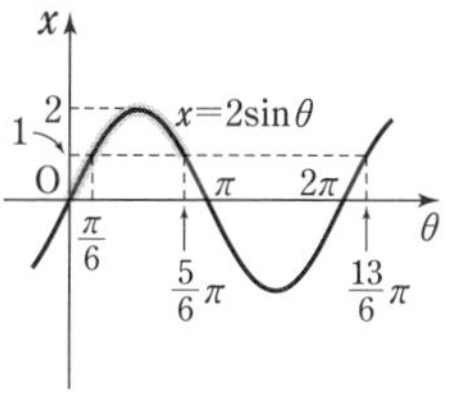

$$\pi\geqq\theta\geqq\frac{5}{6}\pi,\quad 0\leqq\theta\leqq\frac{5}{6}\pi,\quad 2\pi\leqq\theta\leqq\frac{13}{6}\pi$$

などのいずれでもよいが，対応区間を 広くとる と計算が煩雑になってしまう場合がある。例として対応区間を $0\leqq\theta\leqq\frac{5}{6}\pi$ ととると，次のように場合分けが生じる。

$$\int_0^1\sqrt{4-x^2}\,dx=4\int_0^{\frac{\pi}{2}}\cos^2\theta\,d\theta+4\int_{\frac{\pi}{2}}^{\frac{5}{6}\pi}(-\cos^2\theta)\,d\theta=\cdots\cdots$$

したがって，**簡潔に計算できるような対応区間をとる** とよい。

定積分におけるおき換えの方法について

不定積分で学習した置換積分のおき換えの方法は定積分でも有用であるが，定積分でよく用いるおき換えの方法がある。特に，

$\sqrt{a^2-x^2}$ **には** $x=a\sin\theta$ **とおく** ⬅ 左ページの基本例題 129 で学習。

$\dfrac{1}{x^2+a^2}$ **には** $x=a\tan\theta$ **とおく** ⬅ 次ページの基本例題 130 で学習。

は，必ず記憶しておかなければならないおき換えの方法である。

しかし，これらのおき換えを行うと，$\sqrt{\quad}$ が消えて式がきれいな形になる，あるいは，約分される項がうまい具合に出てくる，といったことがわかると思う。

基本例題 129，130 などを通じて，定積分の計算方法を身に付けてほしい。

基本 例題 130 定積分の置換積分法 (3) ($x=a\tan\theta$)

次の定積分を求めよ。

(1) $\displaystyle\int_0^1 \frac{dx}{x^2+3}$　　(2) $\displaystyle\int_1^2 \frac{dx}{x^2-2x+2}$

基本 129

CHART & SOLUTION

定積分の置換積分法　$\dfrac{1}{x^2+a^2}$ には $x=a\tan\theta$ とおく ……❶

$p.210$ 基本例題 129 と同様，これらの関数の不定積分は高校の教科書に出てくる関数では表せないが，上の置換によって定積分の計算はできる。

(2) $x^2-2x+2=(x-1)^2+1$ から，$x-1=\tan\theta$ とおく。

解答

❶ (1) $x=\sqrt{3}\tan\theta$ とおくと　$dx=\dfrac{\sqrt{3}}{\cos^2\theta}d\theta$

x と θ の対応は右のようにとれる。

x	$0 \longrightarrow 1$
θ	$0 \longrightarrow \dfrac{\pi}{6}$

よって　$\displaystyle\int_0^1 \frac{dx}{x^2+3}$

$$=\int_0^{\frac{\pi}{6}} \frac{1}{3(\tan^2\theta+1)}\cdot\frac{\sqrt{3}}{\cos^2\theta}d\theta=\int_0^{\frac{\pi}{6}}\frac{\sqrt{3}}{3}d\theta=\boldsymbol{\frac{\sqrt{3}}{18}\pi}$$

(2) $x^2-2x+2=(x-1)^2+1$ と変形できるから，

❶ $x-1=\tan\theta$ とおくと　$dx=\dfrac{1}{\cos^2\theta}d\theta$

x と θ の対応は右のようにとれる。

x	$1 \longrightarrow 2$
θ	$0 \longrightarrow \dfrac{\pi}{4}$

よって　$\displaystyle\int_1^2 \frac{dx}{x^2-2x+2}=\int_1^2\frac{dx}{(x-1)^2+1}$

$$=\int_0^{\frac{\pi}{4}}\frac{1}{\tan^2\theta+1}\cdot\frac{1}{\cos^2\theta}d\theta=\int_0^{\frac{\pi}{4}}d\theta=\boldsymbol{\frac{\pi}{4}}$$

inf. 例えば，(1) で x の区間に対応する θ を $0\longrightarrow\dfrac{7}{6}\pi$ とした場合，左の計算と異なる結果になるが，これは誤りである。
区間 $\left[0,\ \dfrac{7}{6}\pi\right]$ において，**$\theta=\dfrac{\pi}{2}$ で $\tan\theta$ が定義されない** ことが誤りの原因。
$x=a\tan\theta$ では，原則，$-\dfrac{\pi}{2}<\theta<\dfrac{\pi}{2}$ で考える。

INFORMATION　$\dfrac{1}{ax^2+bx+c}$ $(a\neq 0)$ の定積分

$D=b^2-4ac$ とおくと

[1] $D>0$ のとき，分母$=a(x-\alpha)(x-\beta)$ となる $\longrightarrow$ 部分分数に分解する

[2] $D=0$ のとき，分母$=a(x-\alpha)^2$ となる $\longrightarrow$ $(x-\alpha)^{-2}$ の積分

[3] $D<0$ のとき，分母$=a\{(x-p)^2+q^2\}$ となる $\longrightarrow$ $x-p=q\tan\theta$ に置換

PRACTICE 130❷

次の定積分を求めよ。

(1) $\displaystyle\int_{-1}^{\sqrt{3}} \frac{dx}{x^2+1}$　　(2) $\displaystyle\int_0^1 \frac{dx}{x^2+x+1}$

基本 例題 131 偶関数・奇関数の定積分

次の定積分を求めよ。

(1) $\displaystyle\int_{-\frac{\pi}{2}}^{\frac{\pi}{2}}\cos^3 x\,dx$　　(2) $\displaystyle\int_{-e}^{e} xe^{x^2}dx$

p.208 基本事項 2

CHART & SOLUTION

$\displaystyle\int_{-a}^{a}$ の定積分　偶関数は $2\displaystyle\int_0^a$，奇関数は 0

偶関数　$f(-x)=f(x)$　：グラフは y 軸対称

奇関数　$f(-x)=-f(x)$：グラフは原点対称

解答

(1) $f(x)=\cos^3 x$ とすると

$$f(-x)=\cos^3(-x)=\cos^3 x=f(x)$$

よって，$f(x)$ は偶関数である。$I=\displaystyle\int_{-\frac{\pi}{2}}^{\frac{\pi}{2}}\cos^3 x\,dx$ とすると

$$I=2\int_0^{\frac{\pi}{2}}\cos^3 x\,dx=2\int_0^{\frac{\pi}{2}}(1-\sin^2 x)\cos x\,dx$$

$\sin x=t$ とおくと　$\cos x\,dx=dt$

x と t の対応は右のようになる。

x	$0\longrightarrow\frac{\pi}{2}$
t	$0\longrightarrow 1$

ゆえに　$I=2\displaystyle\int_0^1(1-t^2)\,dt=2\left[t-\frac{t^3}{3}\right]_0^1$

$$=2\left(1-\frac{1}{3}\right)=\mathbf{\frac{4}{3}}$$

別解 （解答の 3 行目までは同じ。）3 倍角の公式から

$$I=2\int_0^{\frac{\pi}{2}}\cos^3 x\,dx=2\int_0^{\frac{\pi}{2}}\frac{\cos 3x+3\cos x}{4}dx$$

$$=\frac{1}{2}\left[\frac{1}{3}\sin 3x+3\sin x\right]_0^{\frac{\pi}{2}}=\frac{1}{2}\left(-\frac{1}{3}+3\right)=\mathbf{\frac{4}{3}}$$

(2) $f(x)=xe^{x^2}$ とすると

$$f(-x)=(-x)e^{(-x)^2}=-xe^{x^2}=-f(x)$$

よって，$f(x)$ は奇関数であるから　$\displaystyle\int_{-e}^{e}xe^{x^2}dx=\mathbf{0}$

(1) $y=\cos^3 x$ のグラフは y 軸対称。

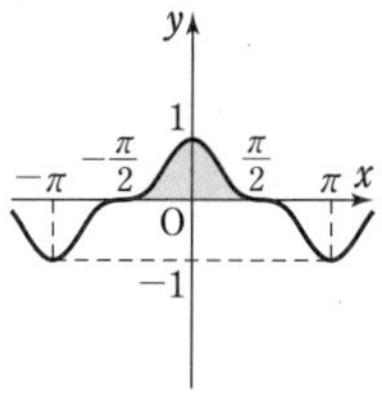

(2) $y=xe^{x^2}$ のグラフは原点対称。

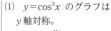

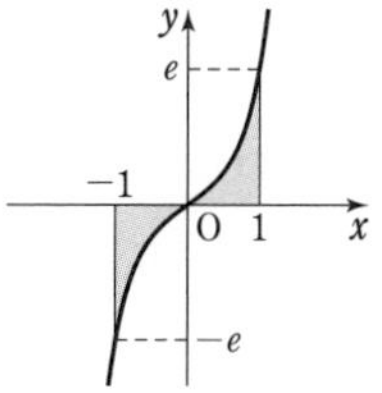

PRACTICE 131

次の定積分を求めよ。

(1) $\displaystyle\int_{-a}^{a}x^3\sqrt{a^2-x^2}\,dx$　　(2) $\displaystyle\int_{-\pi}^{\pi}\cos x\sin^3 x\,dx$

(3) $\displaystyle\int_{-\frac{\pi}{4}}^{\frac{\pi}{4}}\sin^4 x\cos x\,dx$　　(4) $\displaystyle\int_{-1}^{1}(e^x-e^{-x}-1)\,dx$

基本 例題 132 定積分の部分積分法 (1)(基本)

次の定積分を求めよ。

(1) $\int_0^{\frac{\pi}{3}} x\sin 2x\,dx$ 〔大阪工大〕　(2) $\int_1^e \log x\,dx$

p.208 基本事項 3

CHART & SOLUTION

部分積分法　関数を積 fg' に分解，$f'g$ が積分できる形に

$$\int_a^b f(x)g'(x)\,dx=\Big[f(x)g(x)\Big]_a^b-\int_a^b f'(x)g(x)\,dx$$

微分して簡単になるものを $f(x)$，積分しやすいものを $g'(x)$ とする。

(1) 微分して簡単になるのは x ⟶ $f(x)=x$，$g'(x)=\sin 2x$ とする。

(2) $\log x=(\log x)\times 1$ と見る。⟶ $f(x)=\log x$，$g'(x)=1$ とする。

解答

(1)
$$\int_0^{\frac{\pi}{3}} x\sin 2x\,dx=\int_0^{\frac{\pi}{3}} x\left(-\frac{1}{2}\cos 2x\right)'dx$$
$$=\left[x\left(-\frac{1}{2}\cos 2x\right)\right]_0^{\frac{\pi}{3}}-\int_0^{\frac{\pi}{3}} 1\cdot\left(-\frac{1}{2}\cos 2x\right)dx$$
$$=\frac{\pi}{3}\left(-\frac{1}{2}\right)\left(-\frac{1}{2}\right)+\frac{1}{2}\int_0^{\frac{\pi}{3}}\cos 2x\,dx$$
$$=\frac{\pi}{12}+\frac{1}{2}\left[\frac{1}{2}\sin 2x\right]_0^{\frac{\pi}{3}}=\frac{\pi}{12}+\frac{1}{2}\cdot\frac{1}{2}\cdot\frac{\sqrt{3}}{2}$$
$$=\boldsymbol{\frac{\pi}{12}+\frac{\sqrt{3}}{8}}$$

⇦ $f=x$，$g'=\sin 2x$ とすると $f'=1$，$g=-\frac{1}{2}\cos 2x$

(2)
$$\int_1^e \log x\,dx=\int_1^e (\log x)(x)'\,dx=\Big[x\log x\Big]_1^e-\int_1^e \frac{1}{x}\cdot x\,dx$$
$$=e-\int_1^e dx=e-\Big[x\Big]_1^e=e-(e-1)=\mathbf{1}$$

⇦ $f=\log x$，$g'=1$ とすると $f'=\frac{1}{x}$，$g=x$

INFORMATION

(2) は，$\int \log x\,dx=x\log x-x+C$ を公式として用いてもよい。

$$\int_1^e \log x\,dx=\Big[x\log x-x\Big]_1^e=(e-e)-(0-1)=\mathbf{1}$$

PRACTICE 132②

次の定積分を求めよ。

(1) $\int_0^1 (1-x)e^x\,dx$ 〔摂南大〕　(2) $\int_1^e (x-1)\log x\,dx$ 〔東京電機大〕

(3) $\int_0^1 xe^{-2x}\,dx$ 〔横浜国大〕　(4) $\int_0^{\pi} x\cos\frac{x+\pi}{4}\,dx$ 〔愛媛大〕

重要 例題 133 定積分の部分積分法 (2)（2回利用，同形出現）

次の定積分を求めよ。

(1) $\int_2^3 (x^2+5)e^x dx$ 〔東京電機大〕 (2) $\int_0^\pi e^x \sin x\, dx$ 〔福島大〕

基本 113，重要 121，基本 132

CHART & SOLUTION

部分積分の2回利用　次数下げ または 同形出現

(1) 2次式は2回微分すると定数になるから，$(e^x)'=e^x$ として2回部分積分。

(2) 2回部分積分すると同形が出現する。$e^x\sin x=(e^x)'\sin x$ と考えて部分積分。

別解では，$e^x\sin x=e^x(-\cos x)'$ と考えて部分積分しているが，どちらの解法でもよい。

解答

(1) $\int_2^3 (x^2+5)e^x dx=\int_2^3 (x^2+5)(e^x)' dx$

$=\left[(x^2+5)e^x\right]_2^3-\int_2^3 2xe^x dx=14e^3-9e^2-2\int_2^3 x(e^x)' dx$

$=14e^3-9e^2-2\left\{\left[xe^x\right]_2^3-\int_2^3 e^x dx\right\}$

$=14e^3-9e^2-2(3e^3-2e^2)+2\left[e^x\right]_2^3$

$=\mathbf{10e^3-7e^2}$

inf. 定積分の部分積分は，不定積分を求めてから上端・下端の値を代入してもよいが，解答のように順次値を代入して式を簡単にして計算してもよい。

(2) $I=\int_0^\pi e^x \sin x\, dx$ とすると

$I=\int_0^\pi e^x \sin x\, dx=\int_0^\pi (e^x)'\sin x\, dx$ ⇐ 部分積分法

$=\left[e^x\sin x\right]_0^\pi-\int_0^\pi e^x\cos x\, dx=0-\int_0^\pi (e^x)'\cos x\, dx$

$=-\left[e^x\cos x\right]_0^\pi-\int_0^\pi e^x\sin x\, dx=e^\pi+1-I$ ⇐ 同形出現

よって　$I=\dfrac{\mathbf{e^\pi+1}}{\mathbf{2}}$

別解　$I=\int_0^\pi e^x \sin x\, dx=\int_0^\pi e^x(-\cos x)' dx=\left[e^x(-\cos x)\right]_0^\pi-\int_0^\pi e^x(-\cos x)\, dx$

$=e^\pi+1+\int_0^\pi e^x(\sin x)' dx=e^\pi+1+\left[e^x\sin x\right]_0^\pi-\int_0^\pi e^x\sin x\, dx=e^\pi+1-I$

よって　$I=\dfrac{\mathbf{e^\pi+1}}{\mathbf{2}}$

PRACTICE 133③

次の定積分を求めよ。

(1) $\int_{-1}^1 (1-x^2)e^{-2x} dx$ 〔横浜国大〕 (2) $\int_0^\pi e^{-x}\cos x\, dx$

重要 例題 134 定積分の計算（等式利用）

x の関数 $f(x)$ が閉区間 $[0,\ 1]$ で連続である。

(1) $x=\pi-t$ とおくことによって，次の等式が成立することを示せ。

$$\int_{\frac{\pi}{2}}^{\pi} xf(\sin x)\,dx=\int_0^{\frac{\pi}{2}}(\pi-x)f(\sin x)\,dx$$

(2) 等式 $\displaystyle\int_0^{\pi} xf(\sin x)\,dx=\pi\int_0^{\frac{\pi}{2}} f(\sin x)\,dx$ が成立することを示せ。

(3) $\displaystyle\int_0^{\pi} x\sin^2 x\,dx$ の値を求めよ。 〔神戸商船大〕

基本 128

CHART & SOLUTION

(1) おき換えが指定されているから，それに従って置換積分する。
また，**定積分の値は，積分変数の文字に無関係。**

(3) (2) を利用して，$xf(\sin x)$ の定積分を $f(\sin x)$ の定積分に変形する。

解答

(1) $x=\pi-t$ とおくと　$dx=-dt$
x と t の対応は右のようになる。

x	$\frac{\pi}{2}\longrightarrow\pi$
t	$\frac{\pi}{2}\longrightarrow 0$

よって　$\displaystyle\int_{\frac{\pi}{2}}^{\pi} xf(\sin x)\,dx$

$$=\int_{\frac{\pi}{2}}^{0}(\pi-t)f(\sin(\pi-t))\cdot(-1)\,dt$$

$$=\int_0^{\frac{\pi}{2}}(\pi-t)f(\sin t)\,dt=\int_0^{\frac{\pi}{2}}(\pi-x)f(\sin x)\,dx$$

(2) $$\int_0^{\pi} xf(\sin x)\,dx=\int_0^{\frac{\pi}{2}} xf(\sin x)\,dx+\int_{\frac{\pi}{2}}^{\pi} xf(\sin x)\,dx$$

$$=\int_0^{\frac{\pi}{2}} xf(\sin x)\,dx+\int_0^{\frac{\pi}{2}}(\pi-x)f(\sin x)\,dx$$

$$=\int_0^{\frac{\pi}{2}} xf(\sin x)\,dx+\int_0^{\frac{\pi}{2}}\pi f(\sin x)\,dx-\int_0^{\frac{\pi}{2}} xf(\sin x)\,dx=\pi\int_0^{\frac{\pi}{2}} f(\sin x)\,dx$$

(3) $$\int_0^{\pi} x\sin^2 x\,dx=\pi\int_0^{\frac{\pi}{2}}\sin^2 x\,dx=\frac{\pi}{2}\int_0^{\frac{\pi}{2}}(1-\cos 2x)\,dx$$

$$=\frac{\pi}{2}\left[x-\frac{1}{2}\sin 2x\right]_0^{\frac{\pi}{2}}=\boldsymbol{\frac{\pi^2}{4}}$$

inf. (1) **定積分の値は，積分変数の文字に無関係**であるから，最後に t を x におき換えてよい。

⇐ $\sin(\pi-t)=\sin t$

⇐ $\displaystyle\int_0^{\pi}=\int_0^{\frac{\pi}{2}}+\int_{\frac{\pi}{2}}^{\pi}$

⇐ (1) を利用。

⇐ (2) を利用。$f(x)=x^2$ すなわち $f(\sin x)=\sin^2 x$ とする。
$\sin^2 x$ は **次数を下げる**。

PRACTICE 134④

$f(x)$ が $0\leqq x\leqq 1$ で連続な関数であるとき $\displaystyle\int_0^{\pi} xf(\sin x)\,dx=\frac{\pi}{2}\int_0^{\pi} f(\sin x)\,dx$ が成立することを示し，これを用いて定積分 $\displaystyle\int_0^{\pi}\frac{x\sin x}{3+\sin^2 x}\,dx$ を求めよ。 〔信州大〕

重要 例題 135 三角関数の定積分（特殊な置換積分）

$x=\frac{\pi}{2}-t$ とおいて，定積分 $I=\int_0^{\frac{\pi}{2}}\frac{\sin x}{\sin x+\cos x}dx$ を求めよ。 〔山梨医大〕

重要 134

CHART & SOLUTION

三角関数の定積分　sin と cos はペアで考える

$\sin\left(\frac{\pi}{2}-t\right)=\cos t$，$\cos\left(\frac{\pi}{2}-t\right)=\sin t$ となるから，おき換えにより I のペアとなる定積分

$J=\int_0^{\frac{\pi}{2}}\frac{\cos x}{\cos x+\sin x}dx$ が得られる。

I と J を加えたり引いたりして，簡単な定積分にならないかと考える。

解答

$x=\frac{\pi}{2}-t$ とおくと　$dx=(-1)dt$

x と t の対応は右のようになる。

x	$0\longrightarrow\frac{\pi}{2}$
t	$\frac{\pi}{2}\longrightarrow 0$

$\sin\left(\frac{\pi}{2}-t\right)=\cos t$，$\cos\left(\frac{\pi}{2}-t\right)=\sin t$ であるから

$$I=\int_{\frac{\pi}{2}}^{0}\frac{\sin\left(\frac{\pi}{2}-t\right)}{\sin\left(\frac{\pi}{2}-t\right)+\cos\left(\frac{\pi}{2}-t\right)}\cdot(-1)dt$$

$$=-\int_{\frac{\pi}{2}}^{0}\frac{\cos t}{\cos t+\sin t}dt=\int_0^{\frac{\pi}{2}}\frac{\cos x}{\cos x+\sin x}dx$$

$J=\int_0^{\frac{\pi}{2}}\frac{\cos x}{\sin x+\cos x}dx$ とすると

$$I+J=\int_0^{\frac{\pi}{2}}\frac{\sin x+\cos x}{\sin x+\cos x}dx=\int_0^{\frac{\pi}{2}}dx=\frac{\pi}{2}$$

$I=J$ であるから　$2I=\frac{\pi}{2}$　　よって　$\boldsymbol{I=\frac{\pi}{4}}$

別解 おき換えの指示がなければ，最初に

$J=\int_0^{\frac{\pi}{2}}\frac{\cos x}{\sin x+\cos x}dx$

とおいて

$I+J=\int_0^{\frac{\pi}{2}}dx=\frac{\pi}{2}$ と

$J-I$

$=\int_0^{\frac{\pi}{2}}\frac{\cos x-\sin x}{\sin x+\cos x}dx$

$=\int_0^{\frac{\pi}{2}}\frac{(\sin x+\cos x)'}{\sin x+\cos x}dx$

$=\Big[\log(\sin x+\cos x)\Big]_0^{\frac{\pi}{2}}$

$=0$

を連立させて解いてもよい。

INFORMATION

一般に，定積分 $\int_0^a f(x)dx$ において，$x=a-t$ とおくと

$dx=(-1)dt$ から

$$\int_0^a f(x)dx=\int_a^0 f(a-t)\cdot(-1)dt=\int_0^a f(a-x)dx$$

x	$0\longrightarrow a$
t	$a\longrightarrow 0$

PRACTICE 135❹

$\frac{\pi}{2}-x=t$ とおいて，$\int_0^{\frac{\pi}{2}}\left(\frac{x\sin x}{1+\cos x}+\frac{x\cos x}{1+\sin x}\right)dx$ を求めよ。

重要 例題 136 定積分と漸化式

$I_n=\int_0^{\frac{\pi}{2}}\sin^n x\,dx$，$J_n=\int_0^{\frac{\pi}{2}}\cos^n x\,dx$（$n$ は 0 以上の整数）とする。

(1) $\sin^0 x=1$，$\cos^0 x=1$ とするとき，次の等式が成り立つことを証明せよ。

[1] $I_n=J_n$ $(n\geqq 0)$

[2] $I_0=\dfrac{\pi}{2}$，$n\geqq 1$ のとき $I_{2n}=\dfrac{2n-1}{2n}\cdot\dfrac{2n-3}{2n-2}\cdot\cdots\cdots\cdot\dfrac{3}{4}\cdot\dfrac{1}{2}\cdot\dfrac{\pi}{2}$

(2) (1)の結果を利用して，定積分 $\int_0^{\frac{\pi}{2}}\cos^6 x\,dx$ を求めよ。

重要 122, 135

CHART & SOLUTION

定積分と漸化式　部分積分を利用して漸化式を作る ……❶

(1) [1] $\sin\left(\dfrac{\pi}{2}-\theta\right)=\cos\theta$ を利用して置換積分。sin と cos を入れ替える。

[2] $\sin^n x=\sin^{n-1}x(-\cos x)'$ として部分積分し，I_{2n} と I_{2n-2} の関係式を求める（重要例題 122 参照）。

解答

(1) [1] $n=0$ のとき，$I_0=J_0=\int_0^{\frac{\pi}{2}}dx$ であるから成り立つ。

$n\geqq 1$ のとき，$x=\dfrac{\pi}{2}-t$ とおくと

$dx=(-1)\cdot dt$

x と t の対応は右のようになる。

x	$0\longrightarrow\dfrac{\pi}{2}$
t	$\dfrac{\pi}{2}\longrightarrow 0$

⇐ 置換積分法

したがって

$$I_n=\int_0^{\frac{\pi}{2}}\sin^n x\,dx=\int_{\frac{\pi}{2}}^0\sin^n\left(\frac{\pi}{2}-t\right)(-1)\,dt$$

$$=-\int_{\frac{\pi}{2}}^0\cos^n t\,dt=\int_0^{\frac{\pi}{2}}\cos^n t\,dt=\int_0^{\frac{\pi}{2}}\cos^n x\,dx=J_n$$

⇐ $\sin\left(\dfrac{\pi}{2}-t\right)=\cos t$，$-\int_b^a f(t)\,dt=\int_a^b f(t)\,dt$

⇐ 定積分の値は，積分変数の文字に無関係。

よって　$I_n=J_n$　$(n\geqq 0)$

[2] $n=0$ のとき，$I_0=\int_0^{\frac{\pi}{2}}dx=\Big[x\Big]_0^{\frac{\pi}{2}}=\dfrac{\pi}{2}$ から成り立つ。

$n\geqq 1$ のとき　$I_{2n}=\int_0^{\frac{\pi}{2}}\sin^{2n}x\,dx=\int_0^{\frac{\pi}{2}}\sin^{2n-1}x\sin x\,dx$

$$=\int_0^{\frac{\pi}{2}}\sin^{2n-1}x(-\cos x)'dx$$

⇐ 部分積分法

$$=\Big[\sin^{2n-1}x(-\cos x)\Big]_0^{\frac{\pi}{2}}$$

$$-\int_0^{\frac{\pi}{2}}(2n-1)\sin^{2n-2}x\cos x\cdot(-\cos x)\,dx$$

$$=0+(2n-1)\int_0^{\frac{\pi}{2}}\sin^{2n-2}x(1-\sin^2 x)\,dx$$

⇐ $\cos^2 x=1-\sin^2 x$

$$=(2n-1)\left(\int_0^{\frac{\pi}{2}}\sin^{2n-2}x\,dx-\int_0^{\frac{\pi}{2}}\sin^{2n}x\,dx\right)$$

⇐ **同形出現**

$$=(2n-1)(I_{2n-2}-I_{2n})$$

よって　$2nI_{2n}=(2n-1)I_{2n-2}$

⇐ I_{2n} と I_{2n-2} の関係式が求められた。

これから

$$I_{2n}=\frac{2n-1}{2n}I_{2n-2}=\frac{2n-1}{2n}\cdot\frac{2n-3}{2n-2}I_{2n-4}=\cdots\cdots$$

$$=\frac{2n-1}{2n}\cdot\frac{2n-3}{2n-2}\cdot\cdots\cdots\cdot\frac{3}{4}\cdot\frac{1}{2}\cdot I_0$$

$$=\frac{2n-1}{2n}\cdot\frac{2n-3}{2n-2}\cdot\cdots\cdots\cdot\frac{3}{4}\cdot\frac{1}{2}\cdot\frac{\pi}{2}\quad(n\geqq 1)$$

⇐ $I_{2n-2}=\frac{2n-3}{2n-2}I_{2n-4}$, ……, $I_2=\frac{1}{2}I_0$ を順々に代入する。

以上から，[2] は成り立つ。

(2) (1) の結果から

$$\int_0^{\frac{\pi}{2}}\cos^6 x\,dx=J_6=I_6=\frac{5}{6}\cdot\frac{3}{4}\cdot\frac{1}{2}\cdot\frac{\pi}{2}=\boldsymbol{\frac{5}{32}\pi}$$

INFORMATION　三角関数の n 乗の定積分

n を 0 以上の整数とする。また，$\sin^0 x=\cos^0 x=1$ とする。

定積分 $I_n=\int_0^{\frac{\pi}{2}}\sin^n x\,dx$, $J_n=\int_0^{\frac{\pi}{2}}\cos^n x\,dx$ について，重要例題 136，PRACTICE 136 で示したことをまとめると次のようになる。

1　$I_n=J_n$　すなわち　$\int_0^{\frac{\pi}{2}}\sin^n x\,dx=\int_0^{\frac{\pi}{2}}\cos^n x\,dx$

2　$I_0=\int_0^{\frac{\pi}{2}}\sin^0 x\,dx=\frac{\pi}{2}$, $I_1=\int_0^{\frac{\pi}{2}}\sin x\,dx=1$

3　$n\geqq 2$ のとき　$I_n=\frac{n-1}{n}I_{n-2}$

n が偶数のとき　$I_n=\frac{n-1}{n}\cdot\frac{n-3}{n-2}\cdot\cdots\cdots\cdot\frac{3}{4}\cdot\frac{1}{2}\cdot\frac{\pi}{2}$

n が奇数のとき　$I_n=\frac{n-1}{n}\cdot\frac{n-3}{n-2}\cdot\cdots\cdots\cdot\frac{4}{5}\cdot\frac{2}{3}\cdot 1$

PRACTICE 136④

$I_n=\int_0^{\frac{\pi}{2}}\sin^n x\,dx$ (n は 1 以上の整数) とする。

(1) 次の等式が成り立つことを証明せよ。

$$I_1=1,\ n\geqq 2 \text{ のとき }\ I_{2n-1}=\frac{2n-2}{2n-1}\cdot\frac{2n-4}{2n-3}\cdot\cdots\cdots\cdot\frac{4}{5}\cdot\frac{2}{3}\cdot 1$$

(2) (1) を利用して，次の定積分を求めよ。

(ア) $\int_0^{\frac{\pi}{2}}\sin^7 x\,dx$　　(イ) $\int_0^{\frac{\pi}{2}}\sin^3 x\cos^2 x\,dx$

EXERCISES　15 定積分の置換積分法，部分積分法

A

104❷ 次の定積分を求めよ。［(1) 横浜国大　(2) 慶応大　(3) 東京理科大］

(1) $\displaystyle\int_1^4 \frac{dx}{\sqrt{3-\sqrt{x}}}$　(2) $\displaystyle\int_e^{e^e} \frac{\log(\log x)}{x\log x}dx$　(3) $\displaystyle\int_0^1 \frac{dx}{2+3e^x+e^{2x}}$　➲128

105❸ 次の定積分を求めよ。［(1), (2) 横浜国大　(3) 立教大］

(1) $\displaystyle\int_0^1 \frac{x+1}{(x^2+1)^2}dx$　(2) $\displaystyle\int_0^{\frac{1}{2}} x^2\sqrt{1-x^2}\,dx$　(3) $\displaystyle\int_0^{\frac{\pi}{2}} x^2\cos^2 x\,dx$

➲129, 130, 132

B

106❹ 定積分 $\displaystyle\int_0^1 \frac{dx}{x^3+8}$ を求めよ。➲114, 130

107❹ (1) 等式 $\displaystyle\int_{-1}^0 \frac{x^2}{1+e^x}dx=\int_0^1 \frac{x^2}{1+e^{-x}}dx$ を示せ。

(2) 定積分 $\displaystyle\int_{-1}^1 \frac{x^2}{1+e^x}dx$ を求めよ。➲134

108❹ (1) $X=\cos\left(\dfrac{x}{2}-\dfrac{\pi}{4}\right)$ とおくとき，$1+\sin x$ を X を用いて表せ。

(2) 不定積分 $\displaystyle\int\frac{dx}{1+\sin x}$ を求めよ。

(3) 定積分 $\displaystyle\int_0^{\frac{\pi}{2}} \frac{x}{1+\sin x}dx$ を求めよ。［類　横浜市大］➲135

109❹ a, b は定数，m, n は 0 以上の整数とし，$I(m,\ n)=\displaystyle\int_a^b (x-a)^m(x-b)^n dx$ とする。

(1) $I(m,\ 0)$, $I(1,\ 1)$ の値を求めよ。

(2) $I(m,\ n)$ を $I(m+1,\ n-1)$, m, n で表せ。ただし，n は自然数とする。

(3) $I(5,\ 5)$ の値を求めよ。［類　群馬大］

110❺ $I_{m,n}=\displaystyle\int_0^{\frac{\pi}{2}} \sin^m x\cos^n x\,dx$ (m, n は 0 以上の整数) とする。

(1) $\sin^0 x=1$, $\cos^0 x=1$ とするとき，次の等式が成り立つことを証明せよ。

[1] $I_{m,n}=I_{n,m}$ $(m\geqq 0,\ n\geqq 0)$　[2] $I_{m,n}=\dfrac{n-1}{m+n}I_{m,n-2}$ $(n\geqq 2)$

(2) (1) の結果を利用して，定積分 $\displaystyle\int_0^{\frac{\pi}{2}} \sin^3 x\cos^6 x\,dx$ の値を求めよ。➲136

HINT

106 まず (分母)$=(x+2)(x^2-2x+4)$ として部分分数に分解する。

107 (1) $x=-t$ とおき，置換積分を利用。(2) (1) の結果を利用。

108 (1) 半角の公式 $\cos^2\theta=\dfrac{1+\cos 2\theta}{2}$ を利用。

(3) (2) の結果から，$\dfrac{x}{1+\sin x}=x\cdot\dfrac{1}{1+\sin x}$ として，部分積分法を利用。

109 (2) 部分積分を利用する。(3) (1), (2) の結果を利用する。

110 (1) [1] $x=\dfrac{\pi}{2}-t$ とおく置換積分。sin と cos を入れ替える。

[2] $\sin^m x\cos^n x=(\sin^m x\cos x)\cos^{n-1}x=\left(\dfrac{\sin^{m+1}x}{m+1}\right)'\cos^{n-1}x$ として部分積分。

16 定積分で表された関数

基本事項

1 定積分で表された関数

x は t に無関係な変数，また a，b は定数とする。

① $\displaystyle\int_a^b f(x,\ t)\,dt$，$\displaystyle\int_a^x f(t)\,dt$ **などは積分変数 t に無関係で，x の関数である。**

② $\displaystyle\frac{d}{dx}\int_a^x f(t)\,dt=f(x)$

$\displaystyle\frac{d}{dx}\int_{h(x)}^{g(x)} f(t)\,dt=f(g(x))g'(x)-f(h(x))h'(x)$

解説 ① $\displaystyle\int_a^b f(t)\,dt$ は，積分変数 t には無関係な定数である。つまり，定積分を計算すると t は消えてなくなる。また，定積分 $\displaystyle\int_a^b f(x,\ t)\,dt$ では，定積分を計算すると積分変数 t は消えるが，x は残って x の関数となる。

② の証明

$f(t)$ の原始関数の 1 つを $F(t)$，すなわち $f(t)=F'(t)$ とすると

$$\frac{d}{dx}\int_{h(x)}^{g(x)} f(t)\,dt=\frac{d}{dx}\{F(g(x))-F(h(x))\}$$ ← 合成関数の微分

$$=F'(g(x))g'(x)-F'(h(x))h'(x)$$

$=$(右辺) 終

この式で $g(x)=x$，$h(x)=a$ (定数) の場合が，$\displaystyle\frac{d}{dx}\int_a^x f(t)\,dt=f(x)$ である。

例 $g(x)=x$，$h(x)=-x$ の場合

$$\frac{d}{dx}\int_{-x}^{x} f(t)\,dt=f(x)\cdot(x)'-f(-x)\cdot(-x)'=f(x)+f(-x)$$

$g(x)=x^2$，$h(x)=3x$ の場合

$$\frac{d}{dx}\int_{3x}^{x^2} f(t)\,dt=f(x^2)\cdot(x^2)'-f(3x)\cdot(3x)'=2xf(x^2)-3f(3x)$$

CHECK & CHECK

32 次の関数を x で微分せよ。ただし，a は定数とする。

(1) $\displaystyle\int_1^x \frac{1}{t+1}\,dt$ $(x>-1)$

(2) $\displaystyle\int_3^x e^{3t}\,dt$

(3) $\displaystyle\int_x^a \sin 2t\,dt$

(4) $\displaystyle\int_2^3 \frac{\cos 3t}{2t^2+1}\,dt$

→ 1

基本 例題 137 定積分で表された関数の微分

次の関数を x で微分せよ。

(1) $f(x)=\int_0^x (x+t)e^t dt$　　(2) $f(x)=\int_x^{x^2} t\log t\,dt$ $(x>0)$

p. 221 基本事項 1

CHART & SOLUTION

定積分で表された関数の導関数

1 $\dfrac{d}{dx}\int_a^x f(t)dt=f(x)$ （a は定数）……❶

2 $\dfrac{d}{dx}\int_{h(x)}^{g(x)} f(t)dt=f(g(x))g'(x)-f(h(x))h'(x)$

(1) まずは，積分変数 t 以外の **変数 x は定数扱い** にして $\int$ の前に出す。

(2) 上の公式 2 を直接用いて計算してもよいが，ここでは基本的な考え方を確認しながら少し詳しく解いてみよう。

解答

(1) $\int_0^x (x+t)e^t dt=x\int_0^x e^t dt+\int_0^x te^t dt$ であるから

❶ $f'(x)=(x)'\int_0^x e^t dt+x\left(\dfrac{d}{dx}\int_0^x e^t dt\right)+\dfrac{d}{dx}\int_0^x te^t dt$

$=\int_0^x e^t dt+x\cdot e^x+xe^x=\Big[e^t\Big]_0^x+2xe^x$

$=e^x-1+2xe^x=\boldsymbol{(2x+1)e^x-1}$

(2) $F'(t)=t\log t$ とすると

$f(x)=\int_x^{x^2} t\log t\,dt=\Big[F(t)\Big]_x^{x^2}$

$=F(x^2)-F(x)$

よって　$f'(x)=\dfrac{d}{dx}\int_x^{x^2} t\log t\,dt$

$=\{F(x^2)-F(x)\}'=F'(x^2)\cdot(x^2)'-F'(x)$

$=(x^2\log x^2)\cdot 2x-x\log x$

$=2x^3\cdot 2\log x-x\log x$

$=\boldsymbol{x(4x^2-1)\log x}$

⇦ x は定数とみて，定積分の前に出す。

⇦ $x\int_0^x e^t dt$ の微分は，積の導関数の公式を利用。

inf. 定積分を計算し，$f(x)=(2x-1)e^x-x+1$ を求めてから $f'(x)$ を求めてもよいが，回り道。

⇦ 合成関数の微分

⇦ 上の公式 2 を直接用いると，下から 3 行目の式が得られる。

PRACTICE 137❷

次の関数を x で微分せよ。

(1) $\int_0^x x\sqrt{t}\,dt$ $(x>0)$　　(2) $\int_x^{2x+1} \dfrac{1}{t^2+1}dt$　〔類 筑波大〕

(3) $\int_{-x}^{\sqrt{x}} t\cos t\,dt$　〔明星大〕　(4) $\int_0^x (x-t)^2\sin t\,dt$　〔類 東京女子大〕

基本 例題 138　定積分で表された関数の極値

関数 $f(x)=\int_0^x (1-t^2)e^t dt$ の極値を求めよ。　〔東京商船大〕

基本 137

CHART & SOLUTION

定積分で表された関数の導関数

$$\frac{d}{dx}\int_a^x g(t)dt=g(x)\quad (a\text{ は定数})$$

上の公式を用いて $f'(x)$ を求め，その符号を調べて，増減表を作る。
右辺の定積分は，部分積分法を用いて計算できる。

解答

$$f'(x)=\frac{d}{dx}\int_0^x (1-t^2)e^t dt=(1-x^2)e^x$$

$f'(x)=0$ とすると，
$1-x^2=0$ から
$x=\pm 1$
よって，$f(x)$ の増減表は右のようになる。

x	$\cdots$	-1	$\cdots$	1	$\cdots$
$f'(x)$	$-$	0	$+$	0	$-$
$f(x)$	↘	極小	↗	極大	↘

⇦ $e^x>0$ であるから，$f'(x)$ の符号は $1-x^2$ の符号と一致する。

また　$f(x)=\int_0^x (1-t^2)(e^t)'dt$

⇦ 部分積分法

$$=\Big[(1-t^2)e^t\Big]_0^x+2\int_0^x te^t dt$$
$$=(1-x^2)e^x-1+2\left(\Big[te^t\Big]_0^x-\int_0^x e^t dt\right)$$

⇦ 部分積分を繰り返す。

$$=(1-x^2)e^x-1+2xe^x-2(e^x-1)$$
$$=(-x^2+2x-1)e^x+1$$
$$=-(x-1)^2e^x+1$$

inf. $f(x)$ を求めてから，その導関数 $f'(x)$ を求めてもよい。

よって　$f(1)=1$，$f(-1)=1-\dfrac{4}{e}$

ゆえに，**$x=1$ で極大値 1，$x=-1$ で極小値 $1-\dfrac{4}{e}$** をとる。

INFORMATION

関数が下の PRACTICE 138 のような形で与えられたときは，積分変数以外の文字 x を積分の外に出してから $f'(x)$ を求める（基本例題 137 (1) 参照）。なお，関数 $f(x)$ を求める際，問題で与えられた定積分を計算するよりも，最初に求めた $f'(x)$ の不定積分を考える方が計算しやすくなっている場合もある（PRACTICE 138 参照）。

PRACTICE 138❸

関数 $f(x)=\int_{\frac{\pi}{3}}^x (t-x)\sin t\,dt\ \left(-\dfrac{\pi}{2}<x<\dfrac{\pi}{2}\right)$ の極値を求めよ。

基本 例題 139 定積分を含む関数 (1) (定数型)

$f(x)=\cos x+\int_0^{\frac{\pi}{3}} f(t)\tan t\,dt$ を満たす関数 $f(x)$ を求めよ。 〔東北学院大〕

p. 221 基本事項 1

CHART & SOLUTION

定積分の扱い $\int_a^b f(t)\,dt$ は定数 ⟶ 文字でおき換え

$\int_0^{\frac{\pi}{3}} f(t)\tan t\,dt$ はこれから求めようとしている関数 $f(t)$ を含んでいるから，直接計算できない。しかし，$\int_0^{\frac{\pi}{3}} f(t)\tan t\,dt$ は定数（x には無関係）であるから

$\int_0^{\frac{\pi}{3}} f(t)\tan t\,dt=a$（定数）とおけて，$f(x)=\cos x+a$ と表される。

したがって，$\int_0^{\frac{\pi}{3}}(\cos t+a)\tan t\,dt=a$ から a の値を求めることができる。

解答

$\int_0^{\frac{\pi}{3}} f(t)\tan t\,dt=a$ とおくと　$f(x)=\cos x+a$

よって
$$\int_0^{\frac{\pi}{3}} f(t)\tan t\,dt=\int_0^{\frac{\pi}{3}}(\cos t+a)\tan t\,dt$$
$$=\int_0^{\frac{\pi}{3}}(\sin t+a\tan t)\,dt$$
$$=\Big[-\cos t-a\log(\cos t)\Big]_0^{\frac{\pi}{3}}$$
$$=\left(-\frac{1}{2}-a\log\frac{1}{2}\right)-(-1)$$
$$=\frac{1}{2}+a\log 2$$

ゆえに　$\frac{1}{2}+a\log 2=a$　すなわち　$a=\frac{1}{2(1-\log 2)}$

したがって　$\boldsymbol{f(x)=\cos x+\frac{1}{2(1-\log 2)}}$

⇐ $\int_0^{\frac{\pi}{3}} f(t)\tan t\,dt$ は定数。

⇐ $f(t)=\cos t+a$

⇐ $\cos t\tan t=\sin t$

⇐ $\tan t=-\frac{(\cos t)'}{\cos t}$ から
$\int\tan t\,dt=-\log|\cos t|+C$
$0\leqq t\leqq\frac{\pi}{3}$ で $\cos t>0$

⇐ $(1-\log 2)a=\frac{1}{2}$ から。

PRACTICE 139❷

次の等式を満たす関数 $f(x)$ を求めよ。

(1) $f(x)=x^2+\int_0^1 f(t)e^t\,dt$　(2) $f(x)=\sin x-\int_0^{\frac{\pi}{3}}\left\{f(t)-\frac{\pi}{3}\right\}\sin t\,dt$

(3) $f(x)=e^x\int_0^1\{f(t)\}^2\,dt$

〔(1)，(3) 武蔵工大　(2) 愛媛大〕

基本 例題 140　定積分を含む関数 (2) (変数型)

関数 $f(x)$ は微分可能で $f(x)=x^2e^{-x}+\int_0^x e^{t-x}f(t)\,dt$ を満たすものとする。

(1)　$f(0)$，$f'(0)$ を求めよ。　　(2)　$f'(x)$ を求めよ。

(3)　$f(x)$ を求めよ。　〔埼玉大〕

p. 221 基本事項 1，基本 137

CHART & SOLUTION

定積分の扱い　$\dfrac{d}{dx}\int_a^x f(t)\,dt=f(x)$

$\int_a^x f(t)\,dt$ を含む等式では，両辺を x について微分するとよい。

(1)　与式で $x=0$ とすると，$f(0)$ の値を求められる。また，与式の両辺を x で微分すると，左辺は $f'(x)$ になるから，$x=0$ を代入すると $f'(0)$ の値を求められる。いずれの場合も，$\int_a^a f(x)\,dx=0$ であることを利用する。

解答

$f(x)=x^2e^{-x}+e^{-x}\int_0^x e^tf(t)\,dt$ …… ①　とする。　⇦ $e^{t-x}=e^{-x}e^t$

(1)　① に $x=0$ を代入して　$f(0)=0$　⇦ $\int_a^a f(x)\,dx=0$

① の両辺を x で微分して

$$f'(x)=(x^2)'e^{-x}+x^2(e^{-x})'+(e^{-x})'\int_0^x e^tf(t)\,dt+e^{-x}\left(\int_0^x e^tf(t)\,dt\right)'$$

⇦ 積の微分法

$$=2xe^{-x}-x^2e^{-x}-e^{-x}\int_0^x e^tf(t)\,dt+f(x)\quad\cdots\cdots②$$

⇦ $\left(\int_0^x e^tf(t)\,dt\right)'=e^xf(x)$

② に $x=0$ を代入して　$f'(0)=f(0)=0$

(2)　② から　$f'(x)=2xe^{-x}-\left(x^2e^{-x}+e^{-x}\int_0^x e^tf(t)\,dt\right)+f(x)$

よって，① から　$f'(x)=2xe^{-x}-f(x)+f(x)=2xe^{-x}$

(3)　(2) から　$f(x)=\int 2xe^{-x}dx=2\int x(-e^{-x})'dx$　⇦ 不定積分の部分積分

$$=2\left(-xe^{-x}+\int e^{-x}dx\right)=-2(x+1)e^{-x}+C$$

⇦ C は積分定数

(1) より，$f(0)=0$ であるから　$C=2$

したがって　$f(x)=-2(x+1)e^{-x}+2$

PRACTICE 140③

連続な関数 $f(x)$ が $\int_a^x (x-t)f(t)\,dt=2\sin x-x+b$ $\left(a,\ b\text{ は定数で，}0\leqq a\leqq\dfrac{\pi}{2}\right)$ を満たすとする。次のものを求めよ。

(1)　$\int_a^x f(t)\,dt$　　(2)　$f(x)$　　(3)　定数 a，b の値　〔類 岩手大〕

基本 例題 141 定積分で表された関数の最大・最小 (1)

積分 $\int_0^{\frac{\pi}{2}}(\sin x-kx)^2dx$ の値を最小にする実数 k の値と，そのときの積分値を求めよ。〔関西学院大〕

基本 125

CHART & SOLUTION

まずは，定積分の計算を行う。積分変数は x であるから，**k は定数** として扱う。定積分の計算を行い得られた式は，k の **2 次式** になる。

⟶ **平方完成** して **基本形 $r(k-p)^2+q$ に変形** し，最小値を調べる。

解答

$I=\int_0^{\frac{\pi}{2}}(\sin x-kx)^2dx$ とすると

$$I=\int_0^{\frac{\pi}{2}}(\sin^2x-2kx\sin x+k^2x^2)\,dx$$

$$=\int_0^{\frac{\pi}{2}}\sin^2x\,dx-2k\int_0^{\frac{\pi}{2}}x\sin x\,dx+k^2\int_0^{\frac{\pi}{2}}x^2dx$$

ここで

$$\int_0^{\frac{\pi}{2}}\sin^2x\,dx=\int_0^{\frac{\pi}{2}}\frac{1-\cos 2x}{2}dx=\left[\frac{1}{2}x-\frac{\sin 2x}{4}\right]_0^{\frac{\pi}{2}}=\frac{\pi}{4}$$

$$\int_0^{\frac{\pi}{2}}x\sin x\,dx=\int_0^{\frac{\pi}{2}}x(-\cos x)'dx$$

$$=\Big[x(-\cos x)\Big]_0^{\frac{\pi}{2}}-\int_0^{\frac{\pi}{2}}1\cdot(-\cos x)\,dx$$

$$=\Big[\sin x\Big]_0^{\frac{\pi}{2}}=1$$

$$\int_0^{\frac{\pi}{2}}x^2dx=\left[\frac{x^3}{3}\right]_0^{\frac{\pi}{2}}=\frac{\pi^3}{24}$$

ゆえに　$I=\frac{\pi}{4}-2k\cdot1+k^2\cdot\frac{\pi^3}{24}=\frac{\pi^3}{24}\left(k-\frac{24}{\pi^3}\right)^2+\frac{\pi}{4}-\frac{24}{\pi^3}$

よって，$\boldsymbol{k=\frac{24}{\pi^3}}$ で最小値 $\boldsymbol{\frac{\pi}{4}-\frac{24}{\pi^3}}$ をとる。

inf. 計算式が長くなるときは，別々に抜き出して計算するとよい。

⇐ **半角の公式** を用いて次数を下げる。

⇐ **部分積分法**

⇐ k の 2 次式を **平方完成** する。

INFORMATION

本問では定積分の値が k の **2 次式** になるから，**平方完成** して **基本形に変形** したが，一般には **2 次式以外の形** になることもありうる。その場合は **微分して増減を調べる** ことになる（次ページの重要例題 142 参照)。

PRACTICE 141③

定積分 $\int_0^1(\sqrt{1-x}-ax+1)^2dx$（$a$ は定数）を最小とする a の値を求めよ。〔神奈川大〕

重要 例題 142 定積分で表された関数の最大・最小 (2)

実数 t が $1 \leqq t \leqq e$ の範囲を動くとき，$S(t)=\int_0^1 |e^x-t|dx$ の最大値と最小値を求めよ。　〔類 首都大東京〕

基本 126，141

CHART & THINKING

場合の分かれ目はどこか？

⟶ 場合の分かれ目は（| |内の式）=0 から　$e^x-t=0$

よって　$x=\log t$

求めた $x=\log t$ は，積分区間内にあるか？

⟶ 条件 $1 \leqq t \leqq e$ より $0 \leqq \log t \leqq 1$ であるから，$\log t$ は積分区間 $0 \leqq x \leqq 1$ の内部にある。

よって，積分区間 $0 \leqq x \leqq 1$ を分割して定積分を計算する。

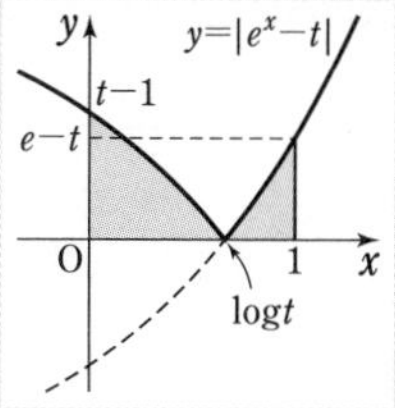

解答

$e^x-t=0$ とすると　$x=\log t$

$1 \leqq t \leqq e$ であるから　$0 \leqq \log t \leqq 1$

ゆえに，$0 \leqq x \leqq \log t$ のとき　$|e^x-t|=-(e^x-t)$,

$\log t \leqq x \leqq 1$ のとき　$|e^x-t|=e^x-t$

⇦ 場合の分かれ目は，積分区間内にある。

よって　$S(t)=\int_0^{\log t}\{-(e^x-t)\}dx+\int_{\log t}^1 (e^x-t)dx$

$=-\left[e^x-tx\right]_0^{\log t}+\left[e^x-tx\right]_{\log t}^1$

$=-2(e^{\log t}-t\log t)+1+e-t$

$=2t\log t-3t+e+1$

⇦ $-\left[F(x)\right]_a^c+\left[F(x)\right]_c^b=-2F(c)+F(a)+F(b)$

⇦ $e^{\log p}=p$

ゆえに　$S'(t)=2\log t+2t\cdot\dfrac{1}{t}-3=2\log t-1$

$S'(t)=0$ とすると　$\log t=\dfrac{1}{2}$

よって　$t=e^{\frac{1}{2}}=\sqrt{e}$

$1 \leqq t \leqq e$ における $S(t)$ の増減表は右のようになる。

t	1	…	$\sqrt{e}$	…	e
$S'(t)$		−	0	+	
$S(t)$	$e-2$	↘	極小	↗	1

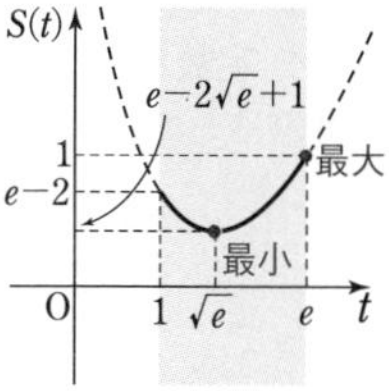

ここで　$e-2<1$,

$S(\sqrt{e})=2\sqrt{e}\log\sqrt{e}-3\sqrt{e}+e+1=e-2\sqrt{e}+1$

⇦ $e=2.718\cdots\cdots$

⇦ $\log\sqrt{e}=\dfrac{1}{2}$

よって，$S(t)$ は

$t=e$ のとき最大値 1,

$t=\sqrt{e}$ のとき最小値 $e-2\sqrt{e}+1$　をとる。

PRACTICE 142④

実数 $a>0$ について，$I(a)=\int_1^e |\log ax|dx$ とする。$I(a)$ の最小値，およびそのときの a の値を求めよ。　〔類 北海道大〕

重要 例題 143 定積分と極限

$f(x)=\int_{\frac{\pi}{4}}^{x}(\sin t+\cos t)^4 dt$ とするとき，$\displaystyle\lim_{x\to\frac{\pi}{4}}\frac{f(x)}{x-\frac{\pi}{4}}$ を求めよ。

〔類　名古屋工大〕 p. 88 基本事項 1，基本 137

CHART & SOLUTION

定積分と極限　$\displaystyle\lim_{x\to a}\frac{f(x)-f(a)}{x-a}=f'(a)$ **の利用**

$f\left(\frac{\pi}{4}\right)=0$ であるから，極限は $\frac{0}{0}$ の不定形であるが，式の形から **微分係数の定義** が利用できる。また，$\frac{d}{dx}\int_a^x g(t)\,dt=g(x)$ も利用。

解答

$f(x)=\int_{\frac{\pi}{4}}^{x}(\sin t+\cos t)^4 dt$ から　　$f'(x)=(\sin x+\cos x)^4$

⇐ $\frac{d}{dx}\int_a^x g(t)\,dt=g(x)$

また，$f\left(\frac{\pi}{4}\right)=0$ であるから

⇐ $\int_a^a f(t)\,dt=0$

$$\lim_{x\to\frac{\pi}{4}}\frac{f(x)}{x-\frac{\pi}{4}}=\lim_{x\to\frac{\pi}{4}}\frac{f(x)-f\left(\frac{\pi}{4}\right)}{x-\frac{\pi}{4}}=f'\left(\frac{\pi}{4}\right)=(\sqrt{2})^4=\mathbf{4}$$

⇐ $\displaystyle\lim_{x\to a}\frac{f(x)-f(a)}{x-a}=f'(a)$

INFORMATION　定積分を計算すると……

x を **定数と思ってまず積分** すると，$f(x)$ が求められる。

実際に　$(\sin t+\cos t)^4=(\sin^2 t+2\sin t\cos t+\cos^2 t)^2=(1+\sin 2t)^2$

$$=1+2\sin 2t+\sin^2 2t=1+2\sin 2t+\frac{1-\cos 4t}{2}$$

よって　$f(x)=\int_{\frac{\pi}{4}}^{x}\left(\frac{3}{2}+2\sin 2t-\frac{\cos 4t}{2}\right)dt=\left[\frac{3}{2}t-\cos 2t-\frac{1}{8}\sin 4t\right]_{\frac{\pi}{4}}^{x}$

$$=\frac{3}{2}\left(x-\frac{\pi}{4}\right)-\cos 2x-\frac{1}{8}\sin 4x$$

しかし，lim の計算が解答と比べ大変である。

PRACTICE 143❹

次の極限を求めよ。

(1) $\displaystyle\lim_{x\to 0}\frac{1}{x}\int_0^x 2te^{t^2}dt$　　〔類　香川大〕

(2) $\displaystyle\lim_{x\to 1}\frac{1}{x-1}\int_1^x\frac{1}{\sqrt{t^2+1}}dt$　　〔東京電機大〕

EXERCISES　16 定積分で表された関数

A

111❸ (1) $f(x)=\int_0^x (x-y)\cos y\,dy$ に対して，$f'\left(\dfrac{\pi}{2}\right)=\boxed{}$ である。

〔大阪電通大〕

(2) $f(x)=\int_{-x}^{x} \dfrac{\cos t}{1+e^t}\,dt$ とするとき

[1] 導関数 $f'(x)$ を求めよ。　[2] 関数 $f(x)$ を求めよ。〔琉球大〕

137

112❸ 連続な関数 $f(x)$ が関係式 $f(x)=e^x\int_0^1 \dfrac{1}{e^t+1}\,dt+\int_0^1 \dfrac{f(t)}{e^t+1}\,dt$ を満たすとき，$f(x)$ を求めよ。〔京都工繊大〕 139

113❸ $a_n=\int_n^{n+1} \dfrac{1}{x}\,dx$ とおくとき $\lim_{n\to\infty} e^{na_n}=\boxed{}$ である。〔立教大〕

B

114❸ $F(x)=\int_0^x tf(x-t)\,dt$ ならば，$F''(x)=f(x)$ となることを証明せよ。

〔富山医薬大〕 137

115❸ 等式 $f(x)=(2x-k)e^x+e^{-x}\int_0^x f(t)e^t\,dt$ が成り立つような連続関数 $f(x)$ を求めよ。ただし，k は定数である。〔類 島根医大〕 140

116❸ 定積分 $\int_0^1 (\cos \pi x-ax-b)^2\,dx$ の値を最小にする定数 a，b の値，およびその最小の値を求めよ。〔弘前大〕 141

117❹ α，β は $0\leqq\alpha<\beta\leqq\dfrac{\pi}{2}$ を満たす実数とする。$\alpha\leqq t\leqq\beta$ となる t に対して，$S(t)=\int_\alpha^\beta |\sin x-\sin t|\,dx$ とする。$S(t)$ を最小にする t の値を求めよ。

〔琉球大〕 142

HINT

114 $\dfrac{d}{dx}\int_0^x tf(x-t)\,dt$ は，そのままでは計算できない。まずは $x-t=u$ と置換する。

115 両辺を x で微分した式ともとの式から $f'(x)$ が求まる。

116 まず，$(\cos \pi x-ax-b)^2$ を展開して積分。a，b について平方完成。

117 **絶対値 場合に分ける** 積分区間を $\alpha\leqq x\leqq t$ と $t\leqq x\leqq\beta$ に分けて絶対値をはずす。

17 定積分と和の極限，不等式

基本事項

1 定積分と和の極限（区分求積法）

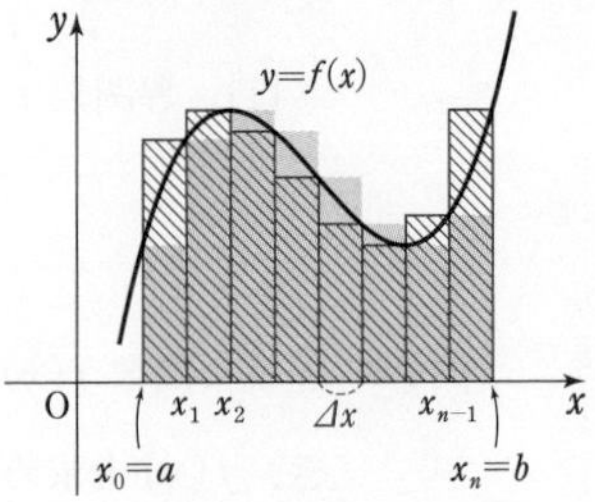

関数 $f(x)$ が区間 $[a,\ b]$ で連続であるとき，この区間を n 等分して両端と分点を順に $a=x_0$，x_1，x_2，……，$x_n=b$ とし，$\dfrac{b-a}{n}=\Delta x$ とすると，

$x_k=a+k\Delta x$ で

$$\lim_{n\to\infty}\sum_{k=0}^{n-1}f(x_k)\Delta x=\lim_{n\to\infty}\sum_{k=1}^{n}f(x_k)\Delta x=\int_a^b f(x)\,dx$$

特に，$a=0$，$b=1$ とすると $\Delta x=\dfrac{1}{n}$，$x_k=\dfrac{k}{n}$ となり

$$\lim_{n\to\infty}\frac{1}{n}\sum_{k=0}^{n-1}f\left(\frac{k}{n}\right)=\lim_{n\to\infty}\frac{1}{n}\sum_{k=1}^{n}f\left(\frac{k}{n}\right)=\int_0^1 f(x)\,dx$$

が成り立つ。

補足　区間 $[a,\ b]$ を $2n$ 等分した場合も，上と同じように

$a=x_0$，x_1，x_2，……，$x_{2n}=b$ とし，$\dfrac{b-a}{2n}=\Delta x$，$x_k=a+k\Delta x$ で

$$\lim_{n\to\infty}\sum_{k=0}^{2n-1}f(x_k)\Delta x=\lim_{n\to\infty}\sum_{k=1}^{2n}f(x_k)\Delta x=\int_a^b f(x)\,dx$$

区間 $[a,\ b]$ を $3n$ 等分，$4n$ 等分，…… とした場合も同様に考える。

2 定積分と不等式

① 区間 $[a,\ b]$ で連続な関数 $f(x)$ について

$$f(x)\geqq 0 \quad ならば \quad \int_a^b f(x)\,dx\geqq 0$$

等号は，常に $f(x)=0$ のときに成り立つ。

② 区間 $[a,\ b]$ で連続な関数 $f(x)$，$g(x)$ について

$$f(x)\geqq g(x) \quad ならば \quad \int_a^b f(x)\,dx\geqq\int_a^b g(x)\,dx$$

等号は，常に $f(x)=g(x)$ のときに成り立つ。

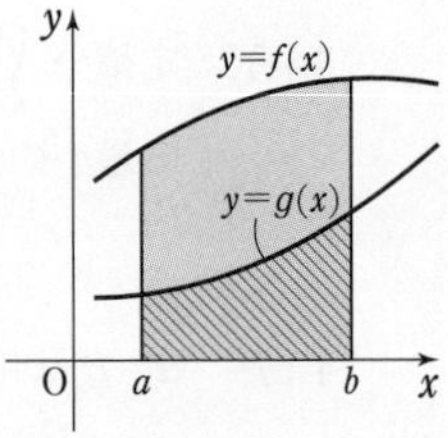

CHECK & CHECK

33 区間 $[1,\ 2]$ で $\dfrac{1}{x^2}\leqq\dfrac{1}{x}$ が成り立つことを利用して，不等式 $\dfrac{1}{2}<\log 2$ を証明せよ。

➡ 2

基本 例題 144 定積分と和の極限 (1)

次の極限値を求めよ。 〔(2) 類 摂南大〕

(1) $\displaystyle\lim_{n\to\infty}\left(\frac{1}{2n+1}+\frac{1}{2n+2}+\cdots\cdots+\frac{1}{3n}\right)$　　(2) $\displaystyle\lim_{n\to\infty}\frac{\pi}{n^2}\sum_{k=1}^{n}k\sin\frac{3k}{n}\pi$

p.230 基本事項 1

CHART & SOLUTION

定積分を利用した和の極限

$\displaystyle\lim_{n\to\infty}\frac{1}{n}\sum_{k=1}^{n}f\left(\frac{k}{n}\right)=\int_0^1 f(x)\,dx$ **が利用できるように式を変形**

与式を $\displaystyle\frac{1}{n}\sum_{k=1}^{n}f\left(\frac{k}{n}\right)$ の形にするために，$\dfrac{1}{n}$ をくくり出し，和の部分の第 k 項が $f\left(\dfrac{k}{n}\right)$ の形となるような関数 $f(x)$ を見つける。

解答

(1) (与式) $\displaystyle=\lim_{n\to\infty}\sum_{k=1}^{n}\frac{1}{2n+k}$

$\displaystyle=\lim_{n\to\infty}\frac{1}{n}\sum_{k=1}^{n}\frac{1}{2+\frac{k}{n}}$

$\displaystyle=\int_0^1\frac{1}{2+x}\,dx=\Big[\log(2+x)\Big]_0^1$

$\displaystyle=\log 3-\log 2=\mathbf{\log\frac{3}{2}}$

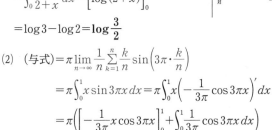

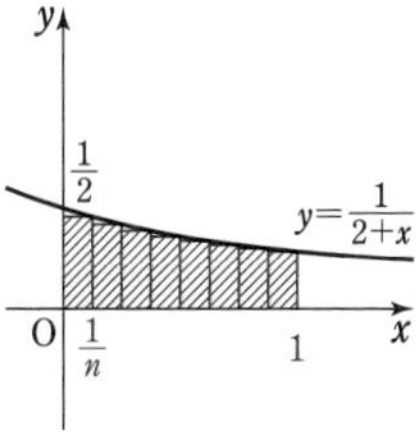

⇦ $\dfrac{1}{n}$ をくくり出す。

$f(x)=\dfrac{1}{2+x}$

対応	$\int_0^1$	$f(x)$	dx
	↕	↕	↕
	$\sum_{k=1}^{n}$	$f\left(\frac{k}{n}\right)$	$\frac{1}{n}$

(2) (与式) $\displaystyle=\pi\lim_{n\to\infty}\frac{1}{n}\sum_{k=1}^{n}\frac{k}{n}\sin\left(3\pi\cdot\frac{k}{n}\right)$

$\displaystyle=\pi\int_0^1 x\sin 3\pi x\,dx=\pi\int_0^1 x\left(-\frac{1}{3\pi}\cos 3\pi x\right)'dx$

$\displaystyle=\pi\left(\left[-\frac{1}{3\pi}x\cos 3\pi x\right]_0^1+\int_0^1\frac{1}{3\pi}\cos 3\pi x\,dx\right)$

$\displaystyle=\pi\left(\frac{1}{3\pi}+\frac{1}{3\pi}\left[\frac{1}{3\pi}\sin 3\pi x\right]_0^1\right)=\mathbf{\frac{1}{3}}$

⇦ $\dfrac{1}{n}$ をくくり出す。

$f(x)=x\sin 3\pi x$

⇦ **部分積分法**

⇦ $\Big[x\cos 3\pi x\Big]_0^1=-1$

⇦ $\Big[\sin 3\pi x\Big]_0^1=0$

PRACTICE 144❷

次の極限値を求めよ。

(1) $\displaystyle\lim_{n\to\infty}\frac{1}{n\sqrt{n}}(\sqrt{2}+\sqrt{4}+\cdots\cdots+\sqrt{2n})$ 〔芝浦工大〕　　(2) $\displaystyle\lim_{n\to\infty}\frac{\pi}{n}\sum_{k=1}^{n}\cos\frac{k\pi}{2n}$

(3) $\displaystyle\lim_{n\to\infty}\left(\frac{1}{n^2+1^2}+\frac{2}{n^2+2^2}+\frac{3}{n^2+3^2}+\cdots\cdots+\frac{n}{n^2+n^2}\right)$ 〔日本女子大〕

(4) $\displaystyle\lim_{n\to\infty}\left(\frac{n+1}{n^2}\log\frac{n+1}{n}+\frac{n+2}{n^2}\log\frac{n+2}{n}+\cdots\cdots+\frac{n+n}{n^2}\log\frac{n+n}{n}\right)$ 〔日本女子大〕

基本 例題 145 定積分と不等式の証明 (1)

(1) $0 \leqq x \leqq 1$ のとき，不等式 $\dfrac{1}{1+x^2} \leqq \dfrac{1}{1+x^4}$ が成り立つことを示せ。

(2) 不等式 $\dfrac{\pi}{4} < \displaystyle\int_0^1 \frac{dx}{1+x^4} < 1$ を示せ。 〔類 静岡大〕

p.230 基本事項 2

CHART & SOLUTION

(2) これまで学んできた知識では $\displaystyle\int_0^1 \frac{1}{1+x^4}dx$ の計算ができない。そこで

$$f(x) \geqq g(x) \text{ ならば } \int_a^b f(x)\,dx \geqq \int_a^b g(x)\,dx$$

（等号は，常に $f(x)=g(x)$ のときに成り立つ）

を (1) の結果に適用する。

解答

(1) $0 \leqq x \leqq 1$ のとき　$(1+x^2)-(1+x^4)=x^2(1-x^2) \geqq 0$

よって　$1+x^2 \geqq 1+x^4 > 0$　ゆえに　$\dfrac{1}{1+x^2} \leqq \dfrac{1}{1+x^4}$

(2) (1) から，$0 \leqq x \leqq 1$ のとき　$\dfrac{1}{1+x^2} \leqq \dfrac{1}{1+x^4} \leqq 1$ ……①

ただし，$0<x<1$ のとき ① の等号は成り立たない。

よって　$\displaystyle\int_0^1 \frac{dx}{1+x^2} < \int_0^1 \frac{dx}{1+x^4} < \int_0^1 dx$ ……②

$I=\displaystyle\int_0^1 \frac{dx}{1+x^2}$ において，$x=\tan\theta$ とおくと

$\dfrac{1}{1+x^2}=\dfrac{1}{1+\tan^2\theta}=\cos^2\theta$, $dx=\dfrac{1}{\cos^2\theta}d\theta$

x と θ の対応は右のようにとれる。

x	$0 \longrightarrow 1$
θ	$0 \longrightarrow \frac{\pi}{4}$

ゆえに　$I=\displaystyle\int_0^{\frac{\pi}{4}} \cos^2\theta \cdot \frac{1}{\cos^2\theta}d\theta = \int_0^{\frac{\pi}{4}} d\theta = \Big[\theta\Big]_0^{\frac{\pi}{4}} = \frac{\pi}{4}$

また　$\displaystyle\int_0^1 dx = \Big[x\Big]_0^1 = 1$

これらを ② に代入すると　$\dfrac{\pi}{4} < \displaystyle\int_0^1 \frac{dx}{1+x^4} < 1$

⇐ $x^2 \geqq 0$, $1-x^2 \geqq 0$

⇐ $a \geqq b > 0$ のとき $\dfrac{1}{a} \leqq \dfrac{1}{b}$

⇐ $\int$小$<\int$大
等号は成り立たない。

⇐ $\dfrac{1}{x^2+a^2}$ には $x=a\tan\theta$

inf. 本問では，(1) が (2) のヒントになっている。(2) のみが出題された場合は $f(x) \leqq \dfrac{1}{1+x^4} \leqq g(x)$ かつ $\displaystyle\int_0^1 f(x)\,dx=\frac{\pi}{4}$, $\displaystyle\int_0^1 g(x)\,dx=1$ を満たす $f(x)$, $g(x)$ を見つける必要がある。

PRACTICE 145②

(1) 定積分 $\displaystyle\int_0^{\frac{1}{\sqrt{2}}} \frac{1}{\sqrt{1-x^2}}dx$ の値を求めよ。

(2) n を 2 以上の自然数とするとき，次の不等式が成り立つことを示せ。

$$\frac{1}{\sqrt{2}} \leqq \int_0^{\frac{1}{\sqrt{2}}} \frac{1}{\sqrt{1-x^n}}dx \leqq \frac{\pi}{4}$$

基本 例題 146 定積分と不等式の証明 (2)

$n \geqq 2$ とする。定積分を利用して，次の不等式を証明せよ。

$$\frac{1}{1^2}+\frac{1}{2^2}+\frac{1}{3^2}+\cdots\cdots+\frac{1}{n^2}<2-\frac{1}{n}$$

〔類 京都産大〕

基本 145

CHART & THINKING

定積分と不等式

数列の和 $\frac{1}{1^2}+\frac{1}{2^2}+\frac{1}{3^2}+\cdots\cdots+\boxed{\frac{1}{n^2}}$ は簡単な式で表されない。

⟶ 定積分の助けを借りてみよう。右の図の **曲線 $y=\frac{1}{x^2}$ の下側の面積** と **階段状の面積を比較** して，不等式を証明できないだろうか？

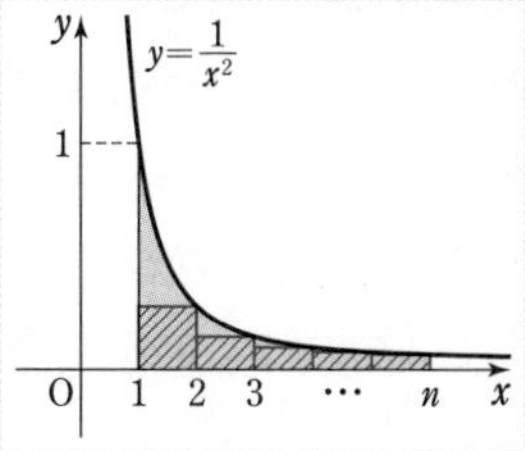

解答

自然数 k に対して，$k \leqq x \leqq k+1$ のとき　$\frac{1}{(k+1)^2} \leqq \frac{1}{x^2}$

常には $\frac{1}{(k+1)^2}=\frac{1}{x^2}$ でないから

$$\int_k^{k+1}\frac{dx}{(k+1)^2}<\int_k^{k+1}\frac{dx}{x^2}$$

ゆえに　$\frac{1}{(k+1)^2}<\int_k^{k+1}\frac{dx}{x^2}$

$k=1,\ 2,\ 3,\ \cdots\cdots,\ n-1$ として辺々を加えると，$n \geqq 2$ のとき

$$\sum_{k=1}^{n-1}\frac{1}{(k+1)^2}<\sum_{k=1}^{n-1}\int_k^{k+1}\frac{dx}{x^2}$$

ここで　$\sum_{k=1}^{n-1}\int_k^{k+1}\frac{dx}{x^2}=\int_1^n\frac{dx}{x^2}{}^{*}=\left[-\frac{1}{x}\right]_1^n=1-\frac{1}{n}$

ゆえに　$\sum_{k=1}^{n-1}\frac{1}{(k+1)^2}<1-\frac{1}{n}$

よって　$\frac{1}{2^2}+\frac{1}{3^2}+\frac{1}{4^2}+\cdots\cdots+\frac{1}{n^2}<1-\frac{1}{n}$

両辺に 1 を加えて

$$1+\frac{1}{2^2}+\frac{1}{3^2}+\cdots\cdots+\frac{1}{n^2}<2-\frac{1}{n}$$

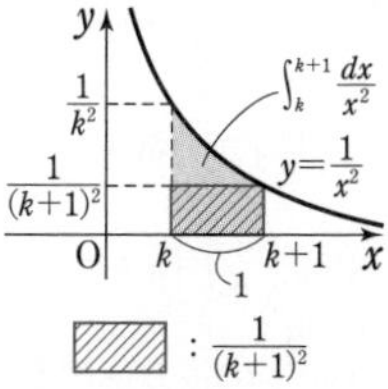

inf. 数学的帰納法でも証明できる。

$*\int_1^2+\int_2^3+\cdots\cdots+\int_{n-1}^n=\int_1^n$

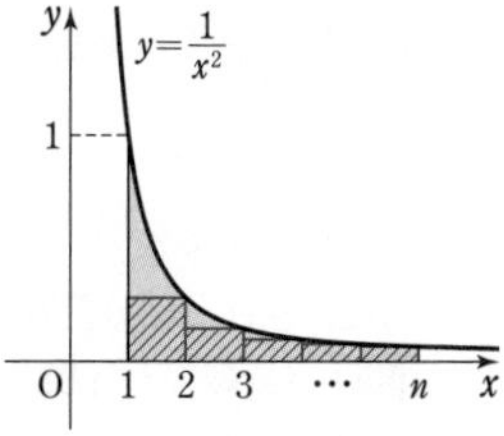

PRACTICE 146③

不等式 $\frac{1}{n}+\log n \leqq \sum_{k=1}^{n}\frac{1}{k} \leqq 1+\log n$ を証明せよ。

重要 例題 147 定積分と和の極限 (2)

極限値 $S=\lim_{n\to\infty}\sum_{k=n+1}^{3n}\frac{1}{2n+k}$ を求めよ。

基本 144

CHART & SOLUTION

定積分と和の極限

基本例題 144 と同様に，まず，$\frac{1}{n}$ をくくり出して，$\frac{1}{n}\sum_{k=l}^{m}f\left(\frac{k}{n}\right)$ の形になるように $f(x)$ を決める。

積分区間は，$y=f(x)$ のグラフをかいて，$\frac{1}{n}\sum_{k=l}^{m}f\left(\frac{k}{n}\right)$ がどのような長方形の面積の和を表しているか考えて定める必要がある。

$S_n=\sum_{k=n+1}^{3n}\frac{1}{2n+k}$ としたとき，S_n の変形の仕方により $f(x)$ や積分区間が異なるので，いくつか解法を見てみよう。

解法1　$S_n=\frac{1}{n}\sum_{k=n+1}^{3n}\frac{1}{2+\frac{k}{n}}$ と変形すると，

S_n は右の図のように，$f(x)=\frac{1}{2+x}$ に対して

縦 $f\left(\frac{k}{n}\right)$ $(k=n+1,\ n+2,\ \cdots\cdots,\ 3n)$,

横 $\frac{1}{n}$ の長方形の面積の和を表す。

また，図から積分区間は [1, 3] となる。

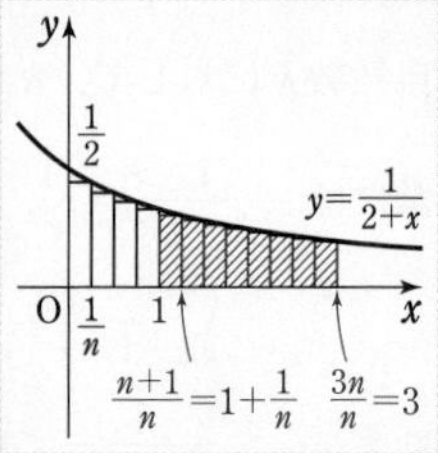

解法2　和が 1 から始まるように変数をおき換える。

$$S_n=\sum_{k=1}^{2n}\frac{1}{3n+k}=\frac{1}{n}\sum_{k=1}^{2n}\frac{1}{3+\frac{k}{n}}$$

と変形できるから，S_n は右の図のように，

$f(x)=\frac{1}{3+x}$ に対して

縦 $f\left(\frac{k}{n}\right)$ $(k=1,\ 2,\ \cdots\cdots,\ 2n)$，横 $\frac{1}{n}$ の長方形の面積の和を表す。

また，図から積分区間は [0, 2] となる。

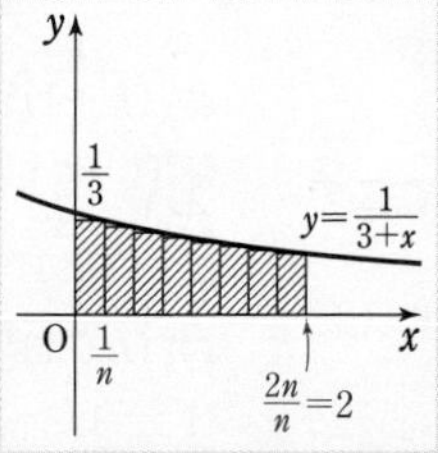

補足 (変数のおき換えの計算)

$i=k-n$ とおくと，$k=n+1$ のとき $i=1$，$k=3n$ のとき $i=2n$ であるから

$$S_n=\sum_{i=1}^{2n}\frac{1}{2n+(n+i)}=\sum_{i=1}^{2n}\frac{1}{3n+i}$$

この式の i を改めて k とおくと得られる。

解答のように，具体的に項を書き出して考えてもよい。

解法3　解法1 において，$\sum_{k=n+1}^{3n}=\sum_{k=1}^{3n}-\sum_{k=1}^{n}$ であることを利用する。

解答

$S_n=\displaystyle\sum_{k=n+1}^{3n}\frac{1}{2n+k}$ とする。

解法 1　$S_n=\dfrac{1}{n}\displaystyle\sum_{k=n+1}^{3n}\frac{1}{2+\frac{k}{n}}$

⇦ $\dfrac{1}{n}$ をくくり出す。

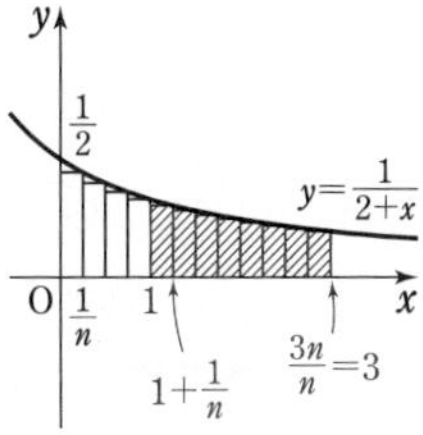

S_n は右の図の斜線部分の長方形の面積の和を表すから

$$S=\lim_{n\to\infty}S_n$$
$$=\lim_{n\to\infty}\frac{1}{n}\sum_{k=n+1}^{3n}\frac{1}{2+\frac{k}{n}}$$
$$=\int_1^3\frac{1}{2+x}dx=\Big[\log(2+x)\Big]_1^3=\log5-\log3=\mathbf{\log\frac{5}{3}}$$

⇦ $f(x)=\dfrac{1}{2+x}$ とすると縦 $f\left(\dfrac{k}{n}\right)$ $(k=n+1,\ n+2,\ \cdots\cdots,\ 3n)$，横 $\dfrac{1}{n}$ の長方形の面積の和。

⇦ $\log M-\log N=\log\dfrac{M}{N}$

解法 2　$S_n=\dfrac{1}{2n+(n+1)}+\dfrac{1}{2n+(n+2)}+\cdots\cdots+\dfrac{1}{2n+3n}$

$$=\frac{1}{3n+1}+\frac{1}{3n+2}+\cdots\cdots+\frac{1}{3n+2n}$$
$$=\sum_{k=1}^{2n}\frac{1}{3n+k}=\frac{1}{n}\sum_{k=1}^{2n}\frac{1}{3+\frac{k}{n}}$$

inf. 解法 2 について，CHART&SOLUTION の **補足** のように変数をおき換えて考えてもよい。

⇦ $\dfrac{1}{n}$ をくくり出す。

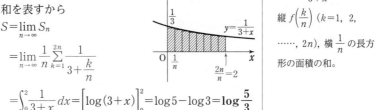

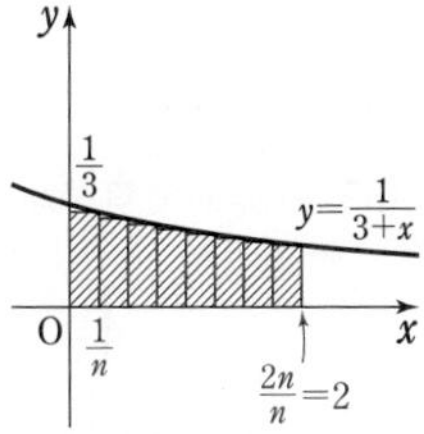

S_n は右の図の斜線部分の長方形の面積の和を表すから

$$S=\lim_{n\to\infty}S_n$$
$$=\lim_{n\to\infty}\frac{1}{n}\sum_{k=1}^{2n}\frac{1}{3+\frac{k}{n}}$$
$$=\int_0^2\frac{1}{3+x}dx=\Big[\log(3+x)\Big]_0^2=\log5-\log3=\mathbf{\log\frac{5}{3}}$$

⇦ $f(x)=\dfrac{1}{3+x}$ とすると縦 $f\left(\dfrac{k}{n}\right)$ $(k=1,\ 2,\ \cdots\cdots,\ 2n)$，横 $\dfrac{1}{n}$ の長方形の面積の和。

解法 3　$S_n=\dfrac{1}{n}\displaystyle\sum_{k=1}^{3n}\frac{1}{2+\frac{k}{n}}-\frac{1}{n}\sum_{k=1}^{n}\frac{1}{2+\frac{k}{n}}$ であるから

⇦ S_n を $k=1$ からの和で表す。

$$S=\lim_{n\to\infty}\left(\frac{1}{n}\sum_{k=1}^{3n}\frac{1}{2+\frac{k}{n}}-\frac{1}{n}\sum_{k=1}^{n}\frac{1}{2+\frac{k}{n}}\right)$$
$$=\int_0^3\frac{dx}{2+x}-\int_0^1\frac{dx}{2+x}=\Big[\log(2+x)\Big]_0^3-\Big[\log(2+x)\Big]_0^1$$
$$=(\log5-\log2)-(\log3-\log2)=\mathbf{\log\frac{5}{3}}$$

PRACTICE 147③

次の極限値を求めよ。　〔(1) 摂南大　(2) 類 東京理科大〕

(1) $\displaystyle\lim_{n\to\infty}\frac{1}{n}\left\{\left(\frac{1}{n}\right)^2+\left(\frac{2}{n}\right)^2+\left(\frac{3}{n}\right)^2+\cdots\cdots+\left(\frac{3n}{n}\right)^2\right\}$　(2) $\displaystyle\lim_{n\to\infty}\frac{1}{n}\sum_{k=n+1}^{2n}\frac{n+1}{n+k}$

重要 例題 148 シュワルツの不等式

(1) $f(x)$, $g(x)$ はともに区間 $a \leqq x \leqq b$ $(a<b)$ で定義された連続な関数とする。このとき，t を任意の実数として $\int_a^b \{f(x)+tg(x)\}^2 dx$ を考えることにより，次の不等式が成立することを示せ。

$$\left\{\int_a^b f(x)g(x)\,dx\right\}^2 \leqq \left(\int_a^b \{f(x)\}^2 dx\right)\left(\int_a^b \{g(x)\}^2 dx\right) \quad \cdots\cdots Ⓐ$$

また，等号はどのようなときに成立するかを述べよ。

(2) $f(x)$ は区間 $0 \leqq x \leqq \pi$ で定義された連続関数で

$$\left\{\int_0^\pi (\sin x+\cos x) f(x)\,dx\right\}^2 = \pi \int_0^\pi \{f(x)\}^2 dx, \text{ および } f(0)=1$$

を満たしている。このとき，$f(x)$ を求めよ。 〔類 防衛医大〕

p.230 基本事項 2

CHART & SOLUTION

(1) 不等式 Ⓐ を **シュワルツの不等式** という。

$\{f(x)+tg(x)\}^2 \geqq 0$ から　$\int_a^b \{f(x)+tg(x)\}^2 dx \geqq 0$

左辺は t の 2 次式で表されるから，次の関係を利用。

$$pt^2+2qt+r \geqq 0 \ (t \text{ は任意の実数}) \iff p>0,\ \frac{D}{4} \leqq 0 \quad \text{または} \quad p=q=0,\ r \geqq 0$$

(2) (1) において $g(x)=\sin x+\cos x$ で等号が成り立つ場合。

解答

(1) $p=\int_a^b \{g(x)\}^2 dx$, $q=\int_a^b f(x)g(x)\,dx$, $r=\int_a^b \{f(x)\}^2 dx$ とおく。

⇐ $q^2 \leqq rp$ を証明する。

[1] 常に $f(x)=0$ または $g(x)=0$ のとき
　不等式 Ⓐ の両辺はともに 0 となり，Ⓐ が成り立つ。

⇐ $\int_a^b 0\,dx=0$

[2] [1] の場合以外のとき

⇐ $p \neq 0$, $r \neq 0$

　t を任意の実数とすると

$$\int_a^b \{f(x)+tg(x)\}^2 dx = \int_a^b [\{f(x)\}^2+2tf(x)g(x)+t^2\{g(x)\}^2]\,dx$$
$$= t^2\int_a^b \{g(x)\}^2 dx + 2t\int_a^b f(x)g(x)\,dx + \int_a^b \{f(x)\}^2 dx$$
$$= pt^2+2qt+r$$

$\{f(x)+tg(x)\}^2 \geqq 0$ であるから　$\int_a^b \{f(x)+tg(x)\}^2 dx \geqq 0$

すなわち，任意の実数 t に対して $pt^2+2qt+r \geqq 0$ ……① が成り立つ。

ここで $p>0$ から，t の 2 次方程式 $pt^2+2qt+r=0$ の判別式を D とすると，不等式 ① が常に成り立つ条件は

$$D \leqq 0$$

⇐ $\{g(x)\}^2 \geqq 0$ から
$p=\int_a^b \{g(x)\}^2 dx \geqq 0$
$p \neq 0$ から　$p>0$

$\dfrac{D}{4}=q^2-pr$ であるから　　$q^2-pr \leqq 0$

ゆえに　　$q^2 \leqq pr$

[1], [2] から　　$q^2 \leqq pr$

すなわち，不等式 Ⓐ が成り立つ。

また，[2] において，不等式 Ⓐ で等号が成り立つとすると，$\dfrac{D}{4}=0$ から，2 次方程式 $pt^2+2qt+r=0$ が重解 $t=\alpha$ をもつ。

⇐ 等号が成り立つ条件。

よって，$p\alpha^2+2q\alpha+r=0$ から

$$\int_a^b \{f(x)+\alpha g(x)\}^2 dx=0 \quad \cdots\cdots Ⓑ$$

$f(x)$，$g(x)$ はともに連続関数であるから $f(x)+\alpha g(x)$ も連続関数であり，Ⓑ から，区間 $a \leqq x \leqq b$ で常に 0，すなわちこの区間で，常に $f(x)=-\alpha g(x)$ である。

⇐ $\{f(x)+\alpha g(x)\}^2 \geqq 0$ であるから，Ⓑ が成り立つのは常に $\{f(x)+\alpha g(x)\}^2=0$ のとき。

これと [1] から，不等式 Ⓐ において **等号が成り立つのは，区間 $a \leqq x \leqq b$ で常に $f(x)=0$ または常に $g(x)=0$ または $f(x)=kg(x)$ となる定数 k が存在するとき** に限る。

⇐ $-\alpha=k$ とおく。

(2) $g(x)=\sin x+\cos x$ とすると

$$\int_0^\pi \{g(x)\}^2 dx=\int_0^\pi (1+\sin 2x)\, dx=\left[x-\frac{1}{2}\cos 2x\right]_0^\pi=\pi$$

⇐ $(\sin x+\cos x)^2$
$=1+2\sin x\cos x$
$=1+\sin 2x$,
$\left[x-\frac{1}{2}\cos 2x\right]_0^\pi$
$=\left(\pi-\frac{1}{2}\right)-\left(0-\frac{1}{2}\right)$

よって，$\left\{\int_0^\pi (\sin x+\cos x) f(x)\, dx\right\}^2=\pi\int_0^\pi \{f(x)\}^2 dx$ から

$$\left\{\int_0^\pi f(x)g(x)\, dx\right\}^2=\left(\int_0^\pi \{f(x)\}^2 dx\right)\left(\int_0^\pi \{g(x)\}^2 dx\right)$$

これは，(1) の不等式で等号が成り立つ場合であり，区間 $0 \leqq x \leqq \pi$ で $f(x)$，$g(x)$ が常には 0 でないから

⇐ $f(0)=1$ から。

$$f(x)=kg(x)=k(\sin x+\cos x) \quad (k \text{ は定数})$$

⇐ (1) の等号成立条件から。

と表される。

$f(0)=1$ から　　$k=1$

ゆえに　　$\boldsymbol{f(x)=\sin x+\cos x}$

PRACTICE 148④

(1) $f(t)$ と $g(t)$ を t の関数とする。x と p を実数とするとき，$\int_{-1}^x \{f(t)+pg(t)\}^2 dt$ の性質を用いて，次の不等式を導け。

$$\left\{\int_{-1}^x f(t)g(t)\, dt\right\}^2 \leqq \left(\int_{-1}^x \{f(t)\}^2 dt\right)\left(\int_{-1}^x \{g(t)\}^2 dt\right)$$

(2) (1) を利用して，

$$\left\{-\frac{1}{\pi}(x+1)\cos \pi x+\frac{1}{\pi^2}\sin \pi x\right\}^2 \leqq \frac{1}{3}(x+1)^3\left(\frac{x+1}{2}-\frac{1}{4\pi}\sin 2\pi x\right) \text{ を示せ。}$$

重要例題 149 数列の和の極限と定積分

Oを中心とする半径1の円 C の内部に中心と異なる定点Aがある。半直線OAと C との交点を P_0 とし，P_0 を起点として C の周を n 等分する点を反時計回りに順に P_0, P_1, P_2, ……, $P_n=P_0$ とする。

Aと P_k の距離を $\overline{AP_k}$ とするとき，$\displaystyle\lim_{n\to\infty}\frac{1}{n}\sum_{k=1}^{n}\overline{AP_k}^2$ を求めよ。

ただし，$\overline{OA}=a$ とする。〔群馬大〕 基本 144

CHART & SOLUTION

定積分を利用した和の極限 $\displaystyle\lim_{n\to\infty}\frac{1}{n}\sum_{k=1}^{n}f\left(\frac{k}{n}\right)=\int_0^1 f(x)\,dx$

求められているのは $\displaystyle\lim_{n\to\infty}\frac{1}{n}\sum_{k=1}^{n}\square$ の形の極限であるから，$\overline{AP_k}^2$ を $f\left(\dfrac{k}{n}\right)$ の形の式で表すことを，まず考える。

解答

Oを原点，直線OAを x 軸とし，定点Aの座標を $A(a,\ 0)$ とする。反時計方向に P_0 から P_k まで測った角は $\angle P_0OP_k=\dfrac{2k\pi}{n}$

であるから，P_k の座標は $\left(\cos\dfrac{2k\pi}{n},\ \sin\dfrac{2k\pi}{n}\right)$

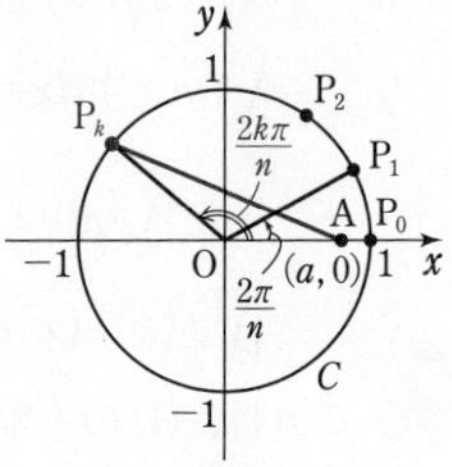

よって $\displaystyle\overline{AP_k}^2=\left(\cos\frac{2k\pi}{n}-a\right)^2+\left(\sin\frac{2k\pi}{n}\right)^2$

$\displaystyle=a^2-2a\cos\frac{2k\pi}{n}+\cos^2\frac{2k\pi}{n}+\sin^2\frac{2k\pi}{n}$

$\displaystyle=a^2+1-2a\cos\frac{2k\pi}{n}$

ゆえに $\displaystyle\lim_{n\to\infty}\frac{1}{n}\sum_{k=1}^{n}\overline{AP_k}^2=\lim_{n\to\infty}\frac{1}{n}\sum_{k=1}^{n}\left(a^2+1-2a\cos\frac{2k\pi}{n}\right)$

$\displaystyle=a^2+1-2a\lim_{n\to\infty}\frac{1}{n}\sum_{k=1}^{n}\cos\left(2\pi\cdot\frac{k}{n}\right)$

$\displaystyle=a^2+1-2a\int_0^1\cos 2\pi x\,dx$

$\displaystyle=a^2+1-2a\left[\frac{1}{2\pi}\sin 2\pi x\right]_0^1=\boldsymbol{a^2+1}$

⇐ $\displaystyle\frac{1}{n}\sum_{k=1}^{n}(a^2+1)$
$\displaystyle=\frac{1}{n}\cdot n(a^2+1)$
$=a^2+1$

PRACTICE 149 ④

曲線 $y=\sqrt{4-x}$ を C とする。$t\ (2\leqq t\leqq 3)$ に対して，曲線 C 上の点 $(t,\ \sqrt{4-t})$ と原点，点 $(t,\ 0)$ の3点を頂点とする三角形の面積を $S(t)$ とする。区間 $[2,\ 3]$ を n 等分し，その端点と分点を小さい方から順に $t_0=2$, t_1, t_2, ……, t_{n-1}, $t_n=3$ とするとき，極限値 $\displaystyle\lim_{n\to\infty}\frac{1}{n}\sum_{k=1}^{n}S(t_k)$ を求めよ。〔類 茨城大〕

重要 例題 150 定積分の漸化式と極限

自然数 n に対して，$I(n)=\int_0^1 x^n e^{-x^2}dx$ とする。

(1) 等式 $I(n+2)=-\dfrac{1}{2}e^{-1}+\dfrac{n+1}{2}I(n)$ が成り立つことを示せ。

(2) 不等式 $0\leqq I(n)\leqq \dfrac{1}{n+1}$ が成り立つことを示せ。

(3) $\lim\limits_{n\to\infty} nI(n)$ を求めよ。 〔お茶の水大〕

基本 145

CHART & SOLUTION

求めにくい極限　はさみうちの原理を利用

(3) $nI(n)$ を n の式で表すことは難しい。しかし，(1) を利用して $nI(n)$ を $I(n+2)$ と n とで表すことができる。更に (2) から，はさみうちの原理によって $\lim\limits_{n\to\infty} I(n)$ が求められる。

解答

(1) $I(n+2)=\int_0^1 x^{n+2}e^{-x^2}dx=\int_0^1 x^{n+1}\cdot xe^{-x^2}dx$

$=\left[x^{n+1}\cdot\left(-\dfrac{1}{2}e^{-x^2}\right)\right]_0^1-\int_0^1(n+1)x^n\cdot\left(-\dfrac{1}{2}e^{-x^2}\right)dx$

$=-\dfrac{1}{2}e^{-1}+\dfrac{n+1}{2}I(n)$

⇐ **部分積分法**
$xe^{-x^2}=\left(-\dfrac{1}{2}e^{-x^2}\right)'$

(2) 区間 $[0,\ 1]$ において，$0\leqq x^n e^{-x^2}\leqq x^n$ であるから

$0\leqq\int_0^1 x^n e^{-x^2}dx\leqq\int_0^1 x^n dx$　　よって　$0\leqq I(n)\leqq\dfrac{1}{n+1}$

⇐ $0\leqq x\leqq 1$ のとき
$0<e^{-1}\leqq e^{-x^2}\leqq 1$,
$x^n\geqq 0$

(3) (2) において，$\lim\limits_{n\to\infty}\dfrac{1}{n+1}=0$ から　$\lim\limits_{n\to\infty} I(n)=0$

⇐ **はさみうちの原理**

また，(1) から　$I(n)=\dfrac{2}{n+1}\left\{I(n+2)+\dfrac{1}{2e}\right\}$

よって　$\lim\limits_{n\to\infty} nI(n)=\lim\limits_{n\to\infty}\dfrac{2}{1+\dfrac{1}{n}}\left\{I(n+2)+\dfrac{1}{2e}\right\}=\boldsymbol{\dfrac{1}{e}}$

⇐ $\lim\limits_{n\to\infty} I(n+2)=\lim\limits_{n\to\infty} I(n)=0$

PRACTICE 150 ⑤

自然数 $n=1,\ 2,\ 3,\ \cdots\cdots$ に対して，$I_n=\int_0^1\dfrac{x^n}{1+x}dx$ とする。

(1) I_1 を求めよ。更に，すべての自然数 n に対して，$I_n+I_{n+1}=\dfrac{1}{n+1}$ が成り立つことを示せ。

(2) 不等式 $\dfrac{1}{2(n+1)}\leqq I_n\leqq\dfrac{1}{n+1}$ が成り立つことを示せ。

(3) これらの結果を使って，$\log 2=\lim\limits_{n\to\infty}\sum\limits_{k=1}^{n}\dfrac{(-1)^{k-1}}{k}$ が成り立つことを示せ。〔琉球大〕

A

118❸ 次の極限値を求めよ。　〔(1), (3) 岐阜大　(2) 近畿大　(4) 電通大〕

(1) $\displaystyle\lim_{n\to\infty}\sum_{k=1}^{n}\frac{n}{k^2+n^2}$　　(2) $\displaystyle\lim_{n\to\infty}\frac{\pi}{n}\sum_{k=1}^{n}\cos^2\frac{k\pi}{6n}$

(3) $\displaystyle\lim_{n\to\infty}\sum_{k=1}^{n}\frac{n^2}{(k+n)^2(k+2n)}$　　(4) $\displaystyle\lim_{n\to\infty}\sum_{k=n+1}^{2n}\frac{n}{k^2+3kn+2n^2}$

➲ 144, 147

119❸ (1) 不定積分 $\displaystyle\int\log\frac{1}{1+x}dx$ を求めよ。

(2) 極限 $\displaystyle\lim_{n\to\infty}\sum_{k=1}^{n}\log\left(1-\frac{k}{n+k}\right)^{\frac{1}{n}}$ を求めよ。　〔類 京都教育大〕 ➲ 144

120❸ 自然数 n に対して，$2\sqrt{n+1}-2<1+\dfrac{1}{\sqrt{2}}+\dfrac{1}{\sqrt{3}}+\cdots\cdots+\dfrac{1}{\sqrt{n}}\leqq 2\sqrt{n}-1$

が成り立つことを示せ。　〔お茶の水大〕 ➲ 146

B

121❹ (1) $0<x<\dfrac{\pi}{2}$ のとき，$\dfrac{2}{\pi}x<\sin x$ が成り立つことを示せ。

(2) $\displaystyle\lim_{r\to\infty}r\int_0^{\frac{\pi}{2}}e^{-r^2\sin x}dx$ を求めよ。　〔琉球大〕 ➲ 145

122❹ (1) $\displaystyle\lim_{n\to\infty}\frac{1}{n}\left(\sum_{k=n+1}^{2n}\log k-n\log n\right)=\int_1^2\log x\,dx$ を示せ。

(2) $\displaystyle\lim_{n\to\infty}\left\{\frac{(2n)!}{n!\,n^n}\right\}^{\frac{1}{n}}$ を求めよ。　〔北海道大〕 ➲ 147

123❺ 半径1の円に内接する正 n 角形が xy 平面上にある。1つの辺ABが x 軸に含まれている状態から始めて，正 n 角形を図のように x 軸上をすべらないように転がし，再び点Aが x 軸に含まれる状態まで続ける。点Aが描く軌跡の長さを $L(n)$ とする。

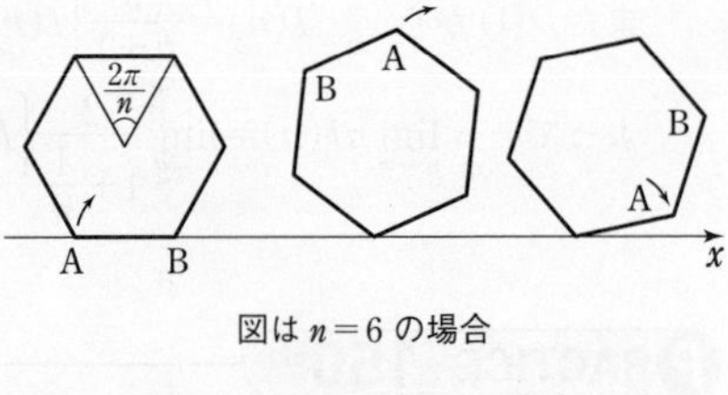

図は $n=6$ の場合

(1) $L(6)$ を求めよ。　　(2) $\displaystyle\lim_{n\to\infty}L(n)$ を求めよ。

〔北海道大〕 ➲ 149

HINT

121 (1) $f(x)=\sin x-\dfrac{2}{\pi}x$ の増減を調べる。　(2) **はさみうちの原理** を利用。

122 (1) $\displaystyle\sum_{k=n+1}^{2n}\log k-n\log n=\sum_{k=1}^{n}\{\log(n+k)-\log n\}$　(2) 自然対数をとる。

123 (1) 点Aの軌跡は，点A以外の頂点を中心とした円弧をつなげたものである。

第6章

数学Ⅲ

積分法の応用

18 面積

19 体積

20 種々の量の計算

21 発展 微分方程式

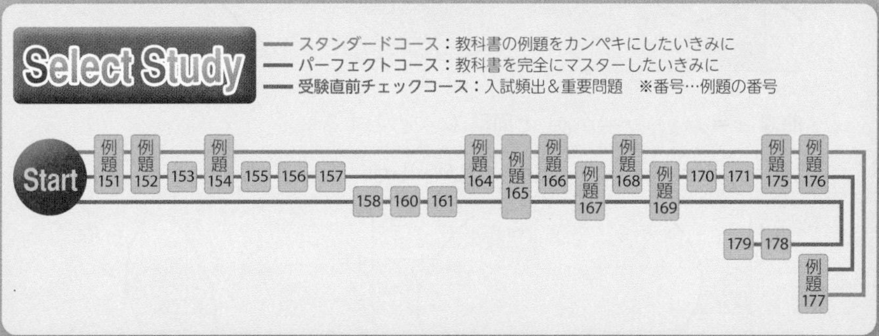

■ 例題一覧

	種類	番号	例題タイトル	難易度
18	基本	151	曲線と x 軸の間の面積	2
	基本	152	2つの曲線の間の面積	2
	基本	153	接線と曲線の間の面積	3
	基本	154	曲線 $x=f(y)$ と面積	2
	基本	155	曲線 $F(x,\ y)=0$ と面積	3
	基本	156	媒介変数表示の曲線と面積 (1)	2
	基本	157	面積から関数の係数決定	3
	重要	158	面積の等分 (係数決定)	3
	重要	159	面積の最大・最小	3
	重要	160	媒介変数表示の曲線と面積 (2)	4
	重要	161	面積と数列の和の極限	4
	重要	162	回転移動を利用して面積を求める	4
	重要	163	極方程式で表された曲線と面積	4
19	基本	164	断面積と立体の体積 (1)	2
	基本	165	断面積と立体の体積 (2)	2
	基本	166	x 軸の周りの回転体の体積 (1)	2
	基本	167	x 軸の周りの回転体の体積 (2)	3
	基本	168	y 軸の周りの回転体の体積 (1)	2
	基本	169	y 軸の周りの回転体の体積 (2)	3
	基本	170	回転体の体積 (媒介変数)	3
	基本	171	容器からこぼれ出た水の量	3
	重要	172	直線の周りの回転体の体積	5
	重要	173	連立不等式で表される立体の体積	5
	重要	174	空間の直線を回転してできる立体の体積	5
20	基本	175	数直線上を運動する点と道のり	2
	基本	176	座標平面上を運動する点と道のり	2
	基本	177	曲線の長さ (1)	2
	重要	178	曲線の長さ (2)	5
	重要	179	量と積分	4
21	補充	180	微分方程式の解法の基本	3
	補充	181	条件を満たす曲線群	3

18 面　積

基本事項

1 面積

① **曲線 $y=f(x)$, $y=g(x)$ と面積**（$a<b$ とする）

$$S=\int_a^b f(x)\,dx \qquad S=\int_a^b\{-f(x)\}\,dx \qquad S=\int_a^b\{f(x)-g(x)\}\,dx$$

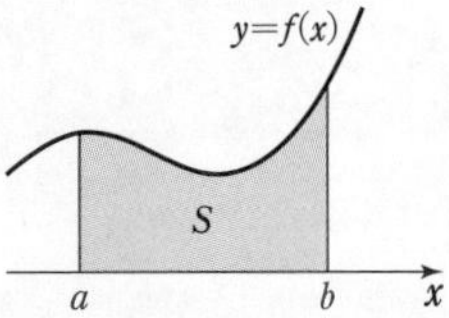

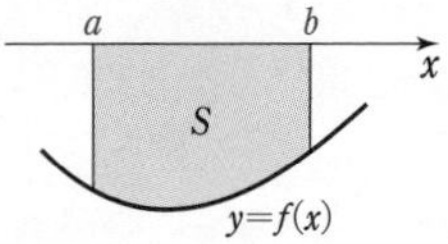

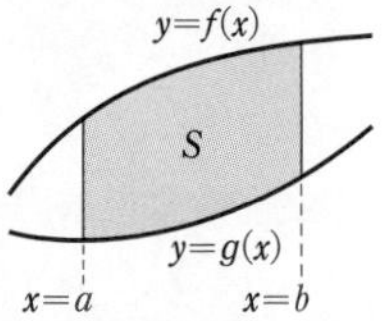

② **曲線 $x=f(y)$, $x=g(y)$ と面積**（$c<d$ とする）

$$S=\int_c^d f(y)\,dy \qquad S=\int_c^d\{-f(y)\}\,dy \qquad S=\int_c^d\{f(y)-g(y)\}\,dy$$

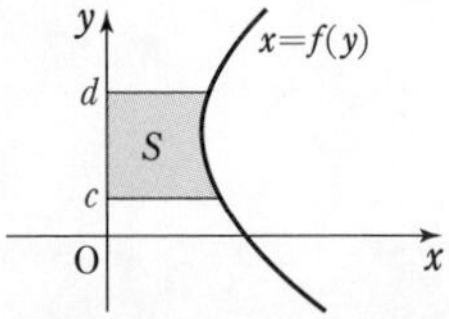

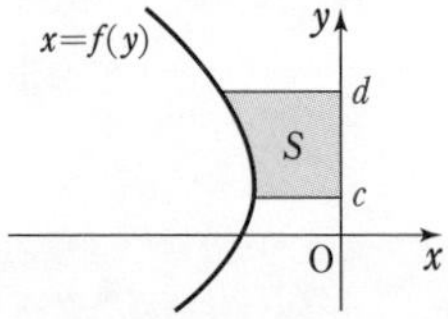

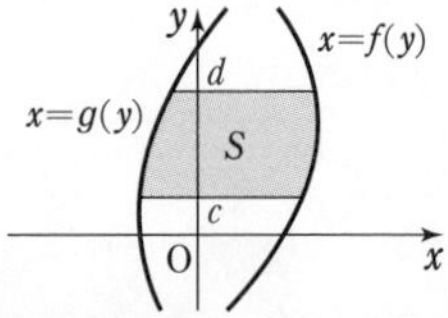

注意　面積の求め方は，基本的には数学Ⅱで学んだ方法と同じであるが，扱う曲線の種類が増えている。

2 媒介変数で表された曲線と面積

曲線の方程式が媒介変数 t によって $x=f(t)$, $y=g(t)$ で表されるとき，**曲線と x 軸と2直線 $x=a$, $x=b$ $(a<b)$ で囲まれた部分の面積 S は**，常に $y\geqq 0$ なら

$$S=\int_a^b y\,dx=\int_\alpha^\beta g(t)f'(t)\,dt \qquad a=f(\alpha),\ b=f(\beta)$$

解説　面積をまず $S=\int_a^b y\,dx$ の形に表し，この積分を $y=g(t)$, $dx=f'(t)dt$, $a=f(\alpha)$, $b=f(\beta)$［置換積分法の要領］として計算する。

CHECK & CHECK

34　次の曲線と直線で囲まれた部分の面積 S を求めよ。

(1)　$y=\sqrt{x}$，x 軸，$x=1$，$x=2$　　(2)　$y=\sqrt{x}$，y 軸，$y=2$

→ 1

35　2つの曲線 $y=e^x$，$y=\dfrac{1}{x+1}$ と直線 $x=1$ で囲まれた部分の面積 S を求めよ。

→ 1

基本 例題 151 曲線と x 軸の間の面積

曲線 $y=(3-x)e^x$ と x 軸，直線 $x=0$，$x=2$ で囲まれた部分の面積 S を求めよ。

p.242 基本事項 1

CHART & SOLUTION

面積の計算　まず，グラフをかく

① 積分区間の決定　② 上下関係を調べる

曲線と x 軸の共有点と **上下関係** を調べ，**積分区間** と被積分関数を決定する。
定積分を計算して面積を求める。

解答

曲線 $y=(3-x)e^x$ と x 軸の共有点の x 座標は，方程式
$(3-x)e^x=0$ を解いて　$x=3$

⇐ $e^x>0$ から　$3-x=0$

$y=(3-x)e^x$ を微分すると

$$y'=-e^x+(3-x)e^x=(2-x)e^x$$

$y'=0$ とすると　$x=2$
y の増減表は右のようになる。

x	$\cdots$	2	$\cdots$
y'	$+$	0	$-$
y	↗	極大	↘

$0\leqq x\leqq 2$ のとき $y>0$ であるから

⇐ $0<x<2$ のとき，$y'>0$ で $x=0$ のとき　$y=3$
よって，$0\leqq x\leqq 2$ のとき　$y>0$

$$S=\int_0^2(3-x)e^x dx$$
$$=\int_0^2(3-x)(e^x)'dx$$

⇐ **部分積分法**

$$=\Big[(3-x)e^x\Big]_0^2-\int_0^2(-1)e^x dx$$
$$=e^2-3+\int_0^2 e^x dx$$
$$=e^2-3+\Big[e^x\Big]_0^2$$
$$=e^2-3+e^2-1$$
$$=\boldsymbol{2e^2-4}$$

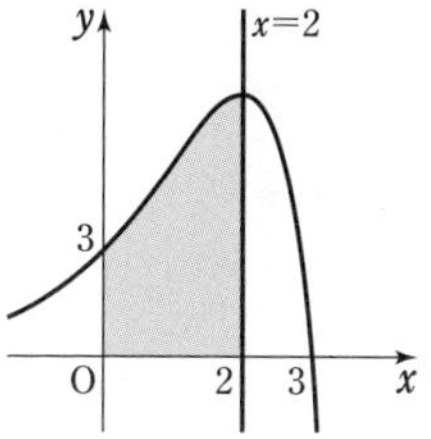

INFORMATION

面積の計算は積分区間と曲線の上下関係がわかればできるので，実際の答案にグラフをかくときは，厳密でなくてもよい。例えば上の例題では「$0\leqq x\leqq 2$ のとき常に $y>0$」と断って，すぐに面積 S の計算を始めてもよい。

PRACTICE 151 ❷

次の曲線と x 軸で囲まれた部分の面積 S を求めよ。
(1)　$y=2\sin x-\sin 2x$ $(0\leqq x\leqq 2\pi)$　　(2)　$y=10-9e^{-x}-e^x$

基本 例題 152　2 つの曲線の間の面積

次の 2 つの曲線で囲まれた部分の面積 S を求めよ。

$y=\sin x,\ y=\cos 2x\ (0\leqq x\leqq \pi)$ 〔関東学院大〕

p. 242 基本事項 1，基本 151

CHART & SOLUTION

面積の計算　まず，グラフをかく

① 積分区間の決定　② 上下関係を調べる

本問では，2 つの曲線の共有点と上下関係を調べる。

$\int_\alpha^\beta$ {(上の曲線)−(下の曲線)} dx を計算して，面積を求める。

なお，グラフの **対称性** に着目すると計算がスムーズになることもある（inf. 参照）。

解答

2 つの曲線の共有点の x 座標は，方程式 $\sin x=\cos 2x$ の解である。

方程式を変形して　$\sin x=1-2\sin^2 x$

よって　$2\sin^2 x+\sin x-1=0$

ゆえに　$(\sin x+1)(2\sin x-1)=0$

$0\leqq x\leqq \pi$ から　$\sin x=\dfrac{1}{2}$

これを解いて　$x=\dfrac{\pi}{6},\ \dfrac{5}{6}\pi$

よって，2 つの曲線の位置関係は，右の図のようになり，

$\dfrac{\pi}{6}\leqq x\leqq \dfrac{5}{6}\pi$ のとき

$\sin x\geqq \cos 2x$

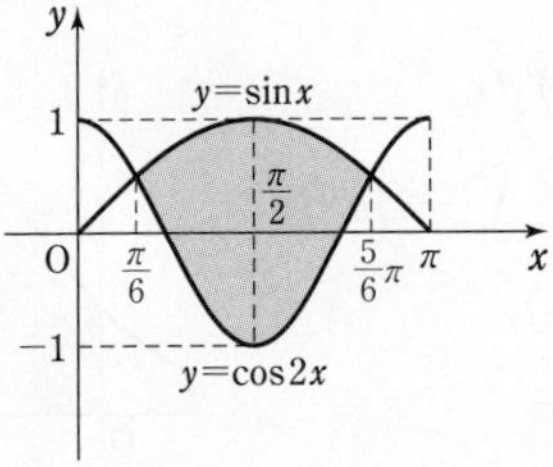

したがって，求める面積 S は

$$S=\int_{\frac{\pi}{6}}^{\frac{5}{6}\pi}(\sin x-\cos 2x)\,dx=\left[-\cos x-\frac{1}{2}\sin 2x\right]_{\frac{\pi}{6}}^{\frac{5}{6}\pi}$$

$$=\left(\frac{\sqrt{3}}{2}+\frac{\sqrt{3}}{4}\right)-\left(-\frac{\sqrt{3}}{2}-\frac{\sqrt{3}}{4}\right)=\boldsymbol{\frac{3\sqrt{3}}{2}}$$

⇐ 2 倍角の公式を利用して，$\sin x$ で表す。

⇐ $0\leqq x\leqq \pi$ のとき $\sin x+1\neq 0$

inf. 面積 S は，直線 $x=\dfrac{\pi}{2}$ に関して **対称** であるから $S=2\int_{\frac{\pi}{6}}^{\frac{\pi}{2}}(\sin x-\cos 2x)\,dx$ としてもよい。

PRACTICE 152②

次の曲線や直線によって囲まれた部分の面積 S を求めよ。

(1) $y=\sin x,\ y=\sin 3x\ (0\leqq x\leqq \pi)$ 〔日本女子大〕

(2) $y=xe^x,\ y=e^x$，y 軸

基本 例題 153 接線と曲線の間の面積 ②②②②②

$a>0$ とし，座標平面上の点 A$(a,\ 0)$ から曲線 $C: y=\dfrac{1}{x}$ に引いた接線 ℓ の方程式を求めよ。また，曲線 C と接線 ℓ，および直線 $x=a$ で囲まれた部分の面積 S を求めよ。

〔類 香川大〕 基本 68, 152

CHART & SOLUTION

接線と曲線の間の面積の計算　接線を求め，グラフをかく

① 積分区間の決定，② 上下関係を調べる という手順はこれまでと同様。曲線上にない点Aから引いた接線は，曲線上の点における接線が点Aを通ると考える。

解答

接点の座標を $\left(t,\ \dfrac{1}{t}\right)$ とする。

$y'=-\dfrac{1}{x^2}$ から，接線の方程式は　$y-\dfrac{1}{t}=-\dfrac{1}{t^2}(x-t)$

すなわち　$y=-\dfrac{1}{t^2}x+\dfrac{2}{t}$　……①

これが点 A$(a,\ 0)$ を通るから　$0=-\dfrac{1}{t^2}a+\dfrac{2}{t}$

両辺に t^2 を掛けて　$0=-a+2t$　よって　$t=\dfrac{a}{2}$

ゆえに，接線 ℓ の方程式は，① から　$\boldsymbol{y=-\dfrac{4}{a^2}x+\dfrac{4}{a}}$

C と ℓ の位置関係は，右の図のようになり，$\dfrac{a}{2}\leqq x\leqq a$ のとき

$$-\frac{4}{a^2}x+\frac{4}{a}\leqq\frac{1}{x}$$

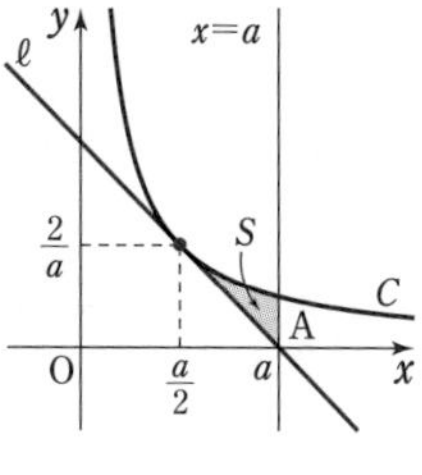

よって，求める面積 S は

$$S=\int_{\frac{a}{2}}^{a}\frac{1}{x}dx-\frac{1}{2}\left(a-\frac{a}{2}\right)\cdot\frac{2}{a}$$

$$=\Big[\log x\Big]_{\frac{a}{2}}^{a}-\frac{1}{2}=\log a-\log\frac{a}{2}-\frac{1}{2}$$

$$=\log a-(\log a-\log 2)-\frac{1}{2}=\boldsymbol{\log 2-\frac{1}{2}}$$

⇐ 曲線 $y=f(x)$ 上の $x=t$ の点における接線の方程式は
$y-f(t)=f'(t)(x-t)$

inf. 面積を求めるために解答にグラフをかくときは，曲線と接線との上下関係と，共有点の x 座標がわかる程度でよい。

⇐ $a>0$ から　$\dfrac{a}{2}<a$

⇐ $S=$ 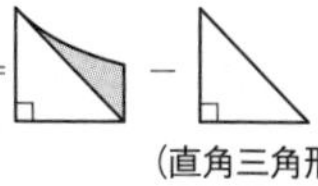

(直角三角形)

inf. 点Aの位置によらず，面積 S は一定となる。

PRACTICE 153③

点 $(0,\ 1)$ から曲線 $C: y=e^{ax}+1$ に引いた接線を ℓ とする。ただし，$a>0$ とする。

(1) 接線 ℓ の方程式を求めよ。

(2) 曲線 C と接線 ℓ，および y 軸とで囲まれる部分の面積を求めよ。　〔類 久留米大〕

基本 例題 154　曲線 $x=f(y)$ と面積

曲線 $x=y^2-1$ と直線 $x-y-1=0$ で囲まれた部分の面積 S を求めよ。

p. 242 基本事項 1

CHART & SOLUTION

面積の計算　まず，グラフをかく

$x=y^2-1$ であるから **y 軸方向の積分** を考える。

2 曲線 $x=f(y)$，$x=g(y)$ が $y=c$，$y=d$ $(c<d)$ で交わり，

　　区間 $c \leqq y \leqq d$ で常に $f(y) \geqq g(y)$

のとき，2 曲線で囲まれた部分の面積 S は

$$S=\int_c^d \{f(y)-g(y)\}dy$$

解答

曲線 $x=y^2-1$ と直線 $x-y-1=0$ すなわち $x=y+1$ の共有点の y 座標は，方程式 $y^2-1=y+1$ の解である。

よって　　$y^2-y-2=0$

これを解いて　　$y=-1,\ 2$

グラフは右の図のようになり，

$-1 \leqq y \leqq 2$ のとき

　　$y+1 \geqq y^2-1$

ゆえに，求める面積 S は

$$S=\int_{-1}^2 \{(y+1)-(y^2-1)\}dy$$

$$=\int_{-1}^2 (-y^2+y+2)dy$$

$$=\left[-\frac{y^3}{3}+\frac{y^2}{2}+2y\right]_{-1}^2$$

$$=\left(-\frac{8}{3}+2+4\right)-\left(\frac{1}{3}+\frac{1}{2}-2\right)=\frac{9}{2}$$

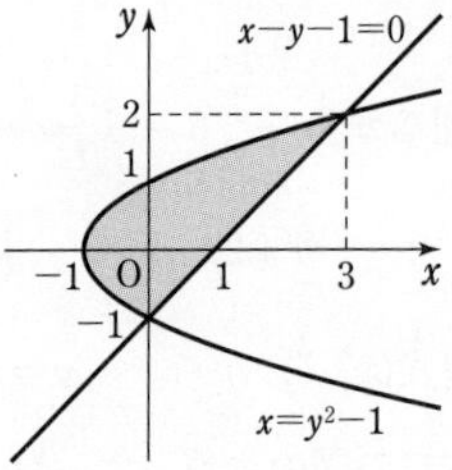

別解　公式 $\int_\alpha^\beta (x-\alpha)(x-\beta)dx=-\frac{1}{6}(\beta-\alpha)^3$ を用いて

$$S=-\int_{-1}^2 (y+1)(y-2)dy=-\left(-\frac{1}{6}\right)\{2-(-1)\}^3=\frac{9}{2}$$

⇐ $(y+1)(y-2)=0$

inf.

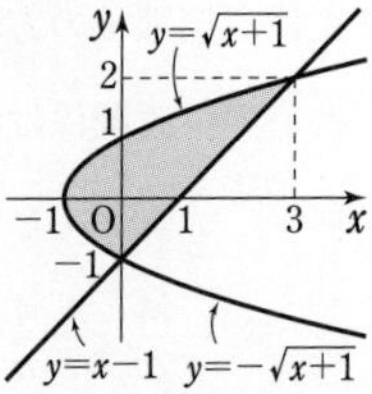

x 軸方向の積分で考えると

$S=2\int_{-1}^0 \sqrt{x+1}\,dx$

$\quad +\int_0^3 \{\sqrt{x+1}-(x-1)\}dx$

となり，計算がやや煩雑。

PRACTICE 154②

次の曲線と直線で囲まれた部分の面積 S を求めよ。

(1)　$x=-1-y^2$，$y=-1$，$y=2$，y 軸

(2)　$y^2=x$，$x+y-6=0$

(3)　$y=\log(1-x)$，$y=-1$，y 軸

基本 例題 155 曲線 $F(x, y)=0$ と面積

曲線 $2x^2+2xy+y^2=1$ によって囲まれた部分の面積 S を求めよ。

重要 88，基本 152

CHART & SOLUTION

曲線 $F(x, y)=0$ と面積

$y=$(x の式) と変形したグラフを考える

与えられた曲線の方程式を $y=f(x)$ の形に変形し，定義域や増減を調べてグラフをかく。
対称性 も利用する。

注意　x 軸対称：$f(x, -y)=f(x, y)$　　y 軸対称：$f(-x, y)=f(x, y)$
原点対称：$f(-x, -y)=f(x, y)$

解答

$2x^2+2xy+y^2=1$ から　$y^2+2xy+2x^2-1=0$

y について解くと　$y=-x\pm\sqrt{x^2-(2x^2-1)}$
$=-x\pm\sqrt{1-x^2}$

⇐ y について整理し，解の公式を用いて解く。

$f(x)=-x+\sqrt{1-x^2}$，$g(x)=-x-\sqrt{1-x^2}$ とする。

$1-x^2\geqq 0$ であるから，$f(x)$ と $g(x)$ の定義域は　$-1\leqq x\leqq 1$

$$f'(x)=-1+\frac{-2x}{2\sqrt{1-x^2}}=-\frac{\sqrt{1-x^2}+x}{\sqrt{1-x^2}}$$

⇐ $(\sqrt{1-x^2})'=\{(1-x^2)^{\frac{1}{2}}\}'$
$=\frac{1}{2}(1-x^2)^{-\frac{1}{2}}\cdot(1-x^2)'$

$f'(x)=0$ とすると　$\sqrt{1-x^2}=-x$　……①

両辺を 2 乗して　$1-x^2=x^2$　　よって　$x=\pm\frac{1}{\sqrt{2}}$

① を満たすものは　$x=-\frac{1}{\sqrt{2}}$

$f(x)$ の増減表は右のようになる。

x	-1	$\cdots$	$-\frac{1}{\sqrt{2}}$	$\cdots$	1
$f'(x)$	／	$+$	0	$-$	／
$f(x)$	1	↗	極大 $\sqrt{2}$	↘	-1

また　$g(-x)=-(-x)-\sqrt{1-(-x)^2}$
$=x-\sqrt{1-x^2}=-f(x)$

よって，$y=f(x)$ のグラフと $y=g(x)$ のグラフは原点に関して対称であるから，曲線の概形は，図のようになる。

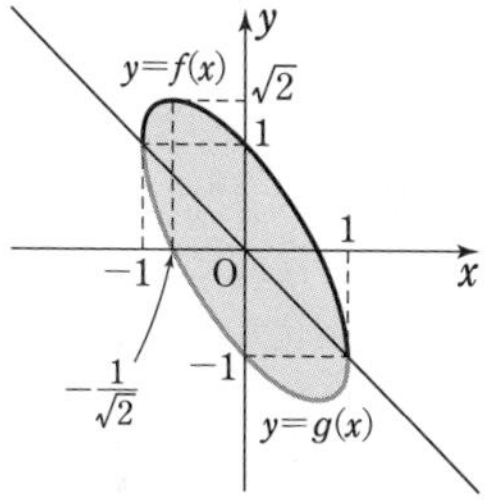

定義域内では，$f(x)\geqq g(x)$ であるから，求める面積 S は

$$S=\int_{-1}^{1}\{f(x)-g(x)\}dx=2\int_{-1}^{1}\sqrt{1-x^2}\,dx$$

$\int_{-1}^{1}\sqrt{1-x^2}dx$ は，半径 1 の円の面積の $\frac{1}{2}$ を表すから

$$S=2\cdot\pi\cdot1^2\cdot\frac{1}{2}=\boldsymbol{\pi}$$

PRACTICE 155③

曲線 $(x^2-2)^2+y^2=4$ で囲まれた部分の面積 S を求めよ。

基本 例題 156 媒介変数表示の曲線と面積 (1)

曲線 $x=a(t+\sin t)$, $y=a(1-\cos t)$ $(0\leqq t\leqq 2\pi)$ と x 軸で囲まれた部分の面積 S を求めよ。ただし, $a>0$ とする。 重要 89, p.242 基本事項 2

CHART & SOLUTION

$x=f(t)$, $y=g(t)$ で表された曲線と面積

① 曲線と x 軸の共有点の x 座標 ($y=0$ となる t の値) を求める。

② t の値の変化に伴う x の変化や y の符号を調べる。

③ 面積を定積分で表す。計算の際は, 次の **置換積分法** を用いる。

$$S=\int_a^b y\,dx=\int_\alpha^\beta g(t)f'(t)\,dt \quad a=f(\alpha),\ b=f(\beta)$$

解答

$0\leqq t\leqq 2\pi$ ……① の範囲で $y=0$ となる t の値は,

$1-\cos t=0$ から $t=0,\ 2\pi$

$t=0$ のとき $x=0$, $t=2\pi$ のとき $x=2\pi a$

$x=a(t+\sin t)$ から $\dfrac{dx}{dt}=a(1+\cos t)$ ……②

$y=a(1-\cos t)$ から $\dfrac{dy}{dt}=a\sin t$

t	0	…	π	…	2π
$\frac{dx}{dt}$		$+$	0	$+$	
x	0	→	πa	→	$2\pi a$
$\frac{dy}{dt}$		$+$	0	$-$	
y	0	↑	$2a$	↓	0

$0<t<2\pi$ の範囲で $\dfrac{dy}{dt}=0$ とすると $t=\pi$

よって, x, y の値の変化は右上のようになり,

$0<t<2\pi$ のとき $\dfrac{dx}{dt}\geqq 0$, ① のとき $y\geqq 0$ である。

ゆえに, この曲線の概形は右の図のようになる。

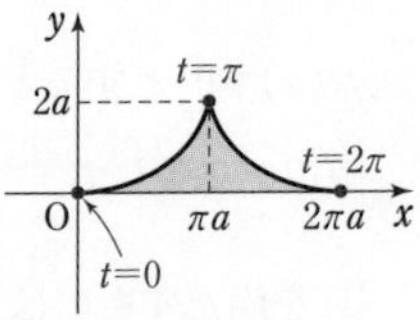

② より, $dx=a(1+\cos t)dt$ であるから, 求める面積 S は

$$S=\int_0^{2\pi a} y\,dx=\int_0^{2\pi} a(1-\cos t)\cdot a(1+\cos t)\,dt$$

$$=a^2\int_0^{2\pi}(1-\cos^2 t)\,dt=a^2\int_0^{2\pi}\sin^2 t\,dt$$

$$=a^2\int_0^{2\pi}\frac{1-\cos 2t}{2}\,dt=\frac{a^2}{2}\left[t-\frac{1}{2}\sin 2t\right]_0^{2\pi}=\boldsymbol{\pi a^2}$$

⇦ 置換積分により, t の積分に直す。x と t の対応は次のようになる。

x	$0\longrightarrow 2\pi a$
t	$0\longrightarrow 2\pi$

inf. $0\leqq t\leqq 2\pi$ では $y\geqq 0$ であり, 曲線は x 軸の上側にあるから, グラフをかかずに, 積分区間と上下関係から面積を計算してもよい。ただし, 重要例題 160 のように, x の変化が単調でないこともあるので注意が必要である。

PRACTICE 156❷

次の曲線や直線によって囲まれた部分の面積 S を求めよ。

(1) $\begin{cases} x=3t^2 \\ y=3t-t^3 \end{cases}$ $(t\geqq 0)$, x 軸 〔類 宇都宮大〕

(2) $\begin{cases} x=t-\sin t \\ y=1-\cos t \end{cases}$ $(0\leqq t\leqq \pi)$, x 軸, $x=\pi$ 〔筑波大〕

基本 例題 157 面積から関数の係数決定

r を正の定数とする。2 曲線 $y=r\sin x$, $y=\cos x$ $\left(0\leqq x\leqq\dfrac{\pi}{2}\right)$ の共有点の x 座標を α とし，この 2 曲線と y 軸で囲まれた図形の面積を S とする。

(1) S を α と r の式で表せ。 (2) $\sin^2\alpha$ を α を用いずに r の式で表せ。

(3) $S=\dfrac{1}{2}$ となるような r の値を求めよ。 〔類 大阪工大〕

基本 152

CHART & SOLUTION

(1) グラフをかき，2 曲線の上下関係を調べ，面積を求める。
(2) α は 2 曲線の共有点の x 座標であるから $r\sin\alpha=\cos\alpha$
(3) (2) の結果を利用し S を r の式で表すことによって，r の値を求める。

解答

(1) 右の図から

$$S=\int_0^{\alpha}(\cos x-r\sin x)\,dx$$
$$=\Big[\sin x+r\cos x\Big]_0^{\alpha}$$
$$=\boldsymbol{\sin\alpha+r\cos\alpha-r}$$

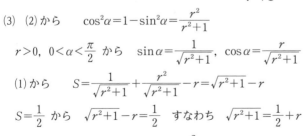

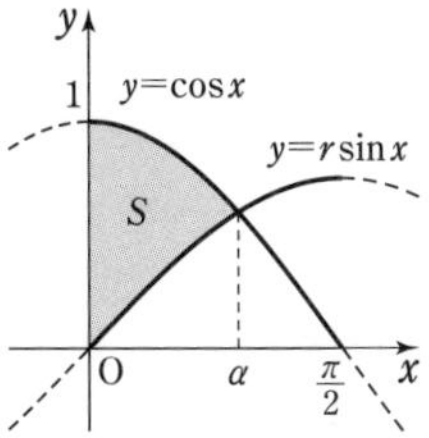

⇐ $0\leqq x\leqq\alpha\left(<\dfrac{\pi}{2}\right)$ のとき $r\sin x\leqq\cos x$

(2) α は 2 曲線 $y=r\sin x$ と $y=\cos x$ の共有点の x 座標であるから

$$r\sin\alpha=\cos\alpha \quad\cdots\cdots ①$$

① の両辺を 2 乗すると $r^2\sin^2\alpha=\cos^2\alpha$

よって，$r^2\sin^2\alpha=1-\sin^2\alpha$ から $\boldsymbol{\sin^2\alpha=\dfrac{1}{r^2+1}}$

⇐ $\cos^2\alpha=1-\sin^2\alpha$ を用いて，r と $\sin^2\alpha$ の式に変形する。

(3) (2) から $\cos^2\alpha=1-\sin^2\alpha=\dfrac{r^2}{r^2+1}$

$r>0$, $0<\alpha<\dfrac{\pi}{2}$ から $\sin\alpha=\dfrac{1}{\sqrt{r^2+1}}$, $\cos\alpha=\dfrac{r}{\sqrt{r^2+1}}$

(1) から $S=\dfrac{1}{\sqrt{r^2+1}}+\dfrac{r^2}{\sqrt{r^2+1}}-r=\sqrt{r^2+1}-r$

⇐ S は $\sin\alpha$, $\cos\alpha$ と r で表されているから，$\sin\alpha$, $\cos\alpha$ を r で表して，S の式に代入する。

$S=\dfrac{1}{2}$ から $\sqrt{r^2+1}-r=\dfrac{1}{2}$ すなわち $\sqrt{r^2+1}=\dfrac{1}{2}+r$

両辺を 2 乗して整理すると $\boldsymbol{r=\dfrac{3}{4}}$ （$r>0$ を満たす。）

⇐ $r^2+1=\dfrac{1}{4}+r+r^2$

PRACTICE 157 ❸

$0\leqq x\leqq\dfrac{\pi}{2}$ の範囲で，2 曲線 $y=\tan x$, $y=a\sin 2x$ と x 軸で囲まれた図形の面積が 1 となるように，正の実数 a の値を定めよ。 〔群馬大〕

重要 例題 158 面積の等分（係数決定）

曲線 $y=\log x$ 上の点 $(a,\ \log a)$ において接線 ℓ_a を引く。
(1) ℓ_a と平行な直線で，点 $(1,\ 0)$ を通るものを求めよ。
(2) 曲線 $y=\log x$ および2直線 $x=3$, $y=0$ で囲まれた部分の面積が，(1)で求めた直線によって，2等分されるときの a の値を求めよ。〔室蘭工大〕

基本 151, 157

CHART & THINKING

面積の等分

右の図のように，全体の面積を S，各部分の面積を S_1, S_2 とすると，問題の条件は $S_1=S_2$ であるが，S_2 を求めるのが少し煩雑。$S_1=S_2$ となる条件を，計算がらくになるように別の表現にできないだろうか？
→ $S=2S_1$ と考えるとよい。

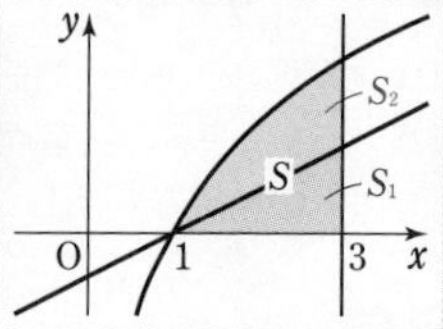

解答

(1) $y'=\dfrac{1}{x}$ であるから，接線 ℓ_a の傾きは $\dfrac{1}{a}\ (a>0)$

よって，求める直線の方程式は $\boldsymbol{y=\dfrac{1}{a}(x-1)}$

⇦ 点 $(1,\ 0)$ を通るから $y-0=\dfrac{1}{a}(x-1)$

(2) 曲線 $y=\log x$ および2直線 $x=3$, $y=0$ で囲まれた部分の面積を S とすると

$$S=\int_1^3 \log x\,dx=\Big[x\log x-x\Big]_1^3$$
$$=3\log 3-3-(\log 1-1)=3\log 3-2$$

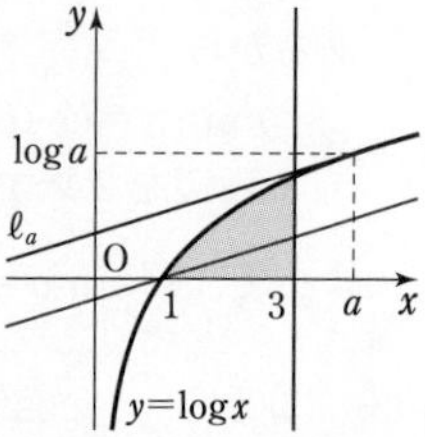

(1)で求めた直線 $y=\dfrac{1}{a}(x-1)\ (a>0)$ と2直線 $x=3$, $y=0$ で囲まれた部分の面積を S_1 とすると

$$S_1=\frac{1}{2}\cdot(3-1)\cdot\frac{1}{a}(3-1)=\frac{2}{a}$$

⇦ 直角三角形の面積

よって，$S=2S_1$ とすると，$3\log 3-2=\dfrac{4}{a}$ から

$$\boldsymbol{a=\frac{4}{3\log 3-2}}$$

⇦ $S_1+S_2=S$, $S_1=S_2$ から $S=2S_1$

PRACTICE 158③

a は $0<a<2$ を満たす定数とする。$0\leqq x\leqq\dfrac{\pi}{2}$ のとき，曲線 $y=\sin 2x$ と x 軸で囲まれた部分の面積を，曲線 $y=a\sin x$ が2等分するように a の値を定めよ。

重要 例題 159 面積の最大・最小

曲線 $C: y=\sin x\ \left(0 \leqq x \leqq \frac{\pi}{2}\right)$ 上に点 $(a,\ \sin a)$ $\left(0<a<\frac{\pi}{2}\right)$ をとる。
$0 \leqq x \leqq a$ の範囲で，2つの直線 $x=0$，$y=\sin a$ と曲線 C で囲まれた部分の面積を S_1 とする。また，$a \leqq x \leqq \frac{\pi}{2}$ の範囲で，2つの直線 $x=\frac{\pi}{2}$，$y=\sin a$ と曲線 C で囲まれた部分の面積を S_2 とする。
(1) S_1，S_2 を a の式で表せ。
(2) a が $0<a<\frac{\pi}{2}$ の範囲を動くとき，S_1+S_2 の最小値を求めよ。

〔京都産大〕 基本 81, 152

CHART & SOLUTION

(1) $0 \leqq x \leqq a$ のとき $\sin a \geqq \sin x$，$a \leqq x \leqq \frac{\pi}{2}$ のとき $\sin x \geqq \sin a$
(2) S_1+S_2 を a の関数と考え，微分して増減表を作り，極値を求める。

解答

(1) 曲線 C は右の図のようになるから

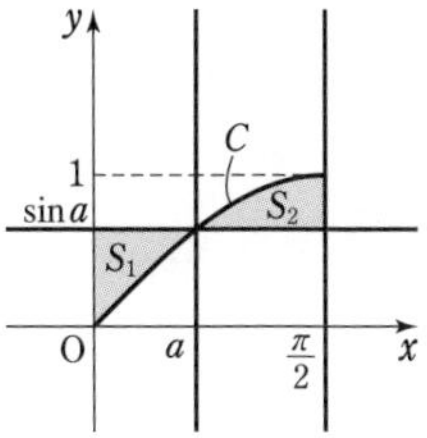

$$\boldsymbol{S_1}=\int_0^a(\sin a-\sin x)\,dx=\Big[x\sin a+\cos x\Big]_0^a$$
$$=\boldsymbol{a\sin a+\cos a-1}$$
$$\boldsymbol{S_2}=\int_a^{\frac{\pi}{2}}(\sin x-\sin a)\,dx=\Big[-\cos x-x\sin a\Big]_a^{\frac{\pi}{2}}$$
$$=\boldsymbol{\cos a+\left(a-\frac{\pi}{2}\right)\sin a}$$

(2) $S_1+S_2=2\cos a+\left(2a-\frac{\pi}{2}\right)\sin a-1$　　$f(a)=S_1+S_2$ とすると

$$f'(a)=-2\sin a+2\sin a+\left(2a-\frac{\pi}{2}\right)\cos a=\left(2a-\frac{\pi}{2}\right)\cos a$$

$0<a<\frac{\pi}{2}$ において $\cos a>0$ であるから，$f'(a)=0$ とすると　$a=\frac{\pi}{4}$

$0<a<\frac{\pi}{2}$ における増減表は右のようになるから，

$f(a)$ は $\boldsymbol{a=\frac{\pi}{4}}$ **で最小値** $f\left(\frac{\pi}{4}\right)=\boldsymbol{\sqrt{2}-1}$ をとる。

a	0	…	$\frac{\pi}{4}$	…	$\frac{\pi}{2}$
$f'(a)$	／	−	0	+	／
$f(a)$	／	↘	極小	↗	／

PRACTICE 159③

曲線 $C: y=xe^{-x}$ 上の点Pにおいて接線 ℓ を引く。Pの x 座標 t が $0 \leqq t \leqq 1$ にあるとき，曲線 C と3つの直線 ℓ，$x=0$，$x=1$ で囲まれた2つの部分の面積の和の最小値を求めよ。
〔類 岐阜大〕

重要 例題 160　媒介変数表示の曲線と面積 (2)

媒介変数 t によって，$x=2\cos t-\cos 2t$,
$y=2\sin t-\sin 2t$ $(0\leqq t\leqq \pi)$ と表される右図の曲線と，
x 軸で囲まれた図形の面積 S を求めよ。

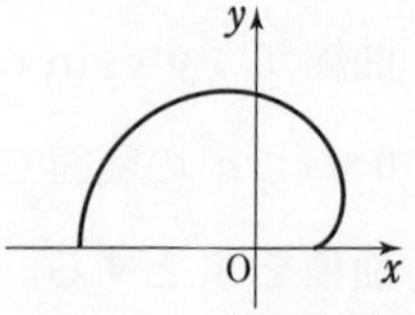

基本 156

CHART & SOLUTION

基本例題 156 では，t の変化に伴って x は常に増加したが，この問題では x の変化が単調でないところがある。
右の図のように，$t=0$ のときの点を A，x 座標が最大となる点を B ($t=t_0$ で x 座標が最大値 $x=x_0$ になるとする)，$t=\pi$ のときの点を C とする。
この問題では点 B を境目として x が増加から減少に変わり，x 軸方向について見たときに曲線が往復する区間がある。
したがって，曲線 AB を y_1，曲線 BC を y_2 とすると，求める面積 S は

$$S=\int_{-3}^{x_0} y_2\,dx-\int_{1}^{x_0} y_1\,dx \quad \cdots\cdots❗$$

と表される。

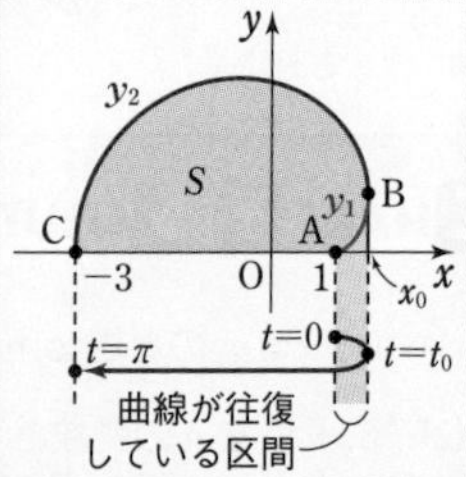

よって，x の値の増減を調べ，x 座標が最大となるときの t の値を求めて S の式を立てる。
また，定積分の計算は，置換積分法により x の積分から t の積分に直して計算するとよい。

解答

図から，$0\leqq t\leqq \pi$ では常に　$y\geqq 0$
また　$y=2\sin t-\sin 2t=2\sin t-2\sin t\cos t$
$=2\sin t(1-\cos t)$
よって，$y=0$ とすると
$\sin t=0$　または　$\cos t=1$
$0\leqq t\leqq \pi$ から　$t=0,\ \pi$
次に，$x=2\cos t-\cos 2t$ から

$$\frac{dx}{dt}=-2\sin t+2\sin 2t$$
$$=-2\sin t+2(2\sin t\cos t)$$
$$=2\sin t(2\cos t-1)$$

$0<t<\pi$ において $\dfrac{dx}{dt}=0$ とすると，$\sin t>0$ であるから

$\cos t=\dfrac{1}{2}$　ゆえに　$t=\dfrac{\pi}{3}$

よって，x の値の増減は右の表のようになる。

t	0	$\cdots$	$\dfrac{\pi}{3}$	$\cdots$	π
$\dfrac{dx}{dt}$	／	$+$	0	$-$	／
x	1	→	$\dfrac{3}{2}$	←	-3

inf. $0\leqq t\leqq \pi$ のとき $\sin t\geqq 0$，$\cos t\leqq 1$ から
$y=2\sin t(1-\cos t)\geqq 0$
としても，$y\geqq 0$ がわかる。

ゆえに，$0\leqq t\leqq\dfrac{\pi}{3}$ における y を $\boldsymbol{y_1}$，$\dfrac{\pi}{3}\leqq t\leqq\pi$ における y を $\boldsymbol{y_2}$ とすると，求める面積 S は

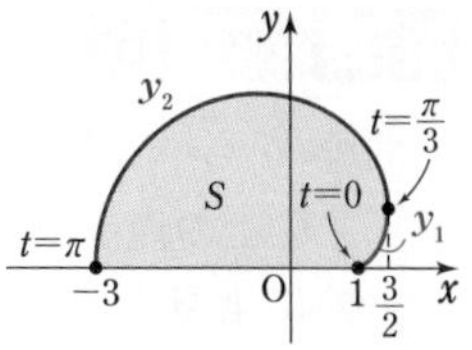

❗ $$S=\int_{-3}^{\frac{3}{2}}y_2\,dx-\int_{1}^{\frac{3}{2}}y_1\,dx$$

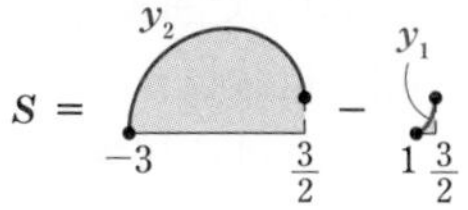

ここで，$0\leqq t\leqq\dfrac{\pi}{3}$ において，

$x=1$ のとき　$t=0$，　$x=\dfrac{3}{2}$ のとき　$t=\dfrac{\pi}{3}$

であるから　$\displaystyle\int_{1}^{\frac{3}{2}}y_1\,dx=\int_{0}^{\frac{\pi}{3}}y\frac{dx}{dt}\,dt$

また，$\dfrac{\pi}{3}\leqq t\leqq\pi$ において，

$x=\dfrac{3}{2}$ のとき　$t=\dfrac{\pi}{3}$，　$x=-3$ のとき　$t=\pi$

であるから　$\displaystyle\int_{-3}^{\frac{3}{2}}y_2\,dx=\int_{\pi}^{\frac{\pi}{3}}y\frac{dx}{dt}\,dt$

注意　y_1 と y_2 は，x の式としては異なるから，
$\displaystyle\int_{-3}^{\frac{3}{2}}y_2dx-\int_{1}^{\frac{3}{2}}y_1dx=\int_{-3}^{1}y\,dx$
としてはいけない。
一方，t の式としては同じ $y\,(=2\sin t-\sin 2t)$ で表される。

よって

$$S=\int_{-3}^{\frac{3}{2}}y_2\,dx-\int_{1}^{\frac{3}{2}}y_1\,dx=\int_{\pi}^{\frac{\pi}{3}}y\frac{dx}{dt}\,dt-\int_{0}^{\frac{\pi}{3}}y\frac{dx}{dt}\,dt$$
$$=\int_{\pi}^{\frac{\pi}{3}}y\frac{dx}{dt}\,dt+\int_{\frac{\pi}{3}}^{0}y\frac{dx}{dt}\,dt=\int_{\pi}^{0}y\frac{dx}{dt}\,dt$$

⇐ $\displaystyle\int_a^b f(x)dx=-\int_b^a f(x)dx$
$\displaystyle\int_a^c f(x)\,dx+\int_c^b f(x)\,dx=\int_a^b f(x)\,dx$

$$=\int_{\pi}^{0}(2\sin t-\sin 2t)(-2\sin t+2\sin 2t)\,dt$$
$$=\int_{\pi}^{0}(-2\sin^2 2t+6\sin 2t\sin t-4\sin^2 t)\,dt$$
$$=2\int_{0}^{\pi}(\sin^2 2t-3\sin 2t\sin t+2\sin^2 t)\,dt$$

⇐ $\displaystyle\int_a^b f(x)dx=-\int_b^a f(x)dx$

ここで

$$\int_0^{\pi}\sin^2 2t\,dt=\int_0^{\pi}\frac{1-\cos 4t}{2}\,dt=\frac{1}{2}\left[t-\frac{1}{4}\sin 4t\right]_0^{\pi}=\frac{\pi}{2}$$

⇐ $\sin^2\theta=\dfrac{1-\cos 2\theta}{2}$

$$\int_0^{\pi}3\sin 2t\sin t\,dt=3\int_0^{\pi}2\sin t\cos t\cdot\sin t\,dt$$
$$=6\int_0^{\pi}\sin^2 t\cos t\,dt=6\int_0^{\pi}\sin^2 t(\sin t)'\,dt=6\left[\frac{1}{3}\sin^3 t\right]_0^{\pi}=0$$
$$\int_0^{\pi}2\sin^2 t\,dt=2\int_0^{\pi}\frac{1-\cos 2t}{2}\,dt=\left[t-\frac{1}{2}\sin 2t\right]_0^{\pi}=\pi$$

inf.　積 ⟶ 和の公式から
$\displaystyle\int_0^{\pi}3\sin 2t\sin t\,dt$
$\displaystyle=-\frac{3}{2}\int_0^{\pi}(\cos 3t-\cos t)\,dt$
$\displaystyle=-\frac{3}{2}\left[\frac{1}{3}\sin 3t-\sin t\right]_0^{\pi}$
$=0$
としてもよい。

したがって　　$S=2\left(\dfrac{\pi}{2}-0+\pi\right)=\boldsymbol{3\pi}$

inf.　この例題の曲線は，**カージオイド** の一部分である（p.153 まとめ参照）。

PRACTICE 160❹

媒介変数 t によって，$x=2t+t^2$，$y=t+2t^2$ $(-2\leqq t\leqq 0)$ と表される曲線と，y 軸で囲まれた図形の面積 S を求めよ。

重要 例題 161 面積と数列の和の極限

曲線 $y=e^{-x}$ を C とする。

(1) C 上の点 $P_1(0,\ 1)$ における接線と x 軸との交点を Q_1 とし，Q_1 を通り x 軸に垂直な直線と C との交点を P_2 とする。C および 2 つの線分 P_1Q_1，Q_1P_2 で囲まれる部分の面積 S_1 を求めよ。

(2) 自然数 n に対して，P_n から Q_n，P_{n+1} を次のように定める。C 上の点 P_n における接線と x 軸との交点を Q_n とし，Q_n を通り x 軸に垂直な直線と C との交点を P_{n+1} とする。C および 2 つの線分 P_nQ_n，Q_nP_{n+1} で囲まれる部分の面積 S_n を求めよ。

(3) 無限級数 $\sum_{n=1}^{\infty} S_n$ の和を求めよ。 〔類 長岡技科大〕

基本 153

CHART & SOLUTION

(1) 曲線 $y=f(x)$ 上の $x=a$ の点における接線の方程式は

$$\boldsymbol{y-f(a)=f'(a)(x-a)}$$

面積 S_1 は，O を原点として

(C および 3 つの線分 P_1O，OQ_1，Q_1P_2 で囲まれる部分)$-$($\triangle OP_1Q_1$)

と考えると求めやすい。

(2) $P_n(a_n,\ e^{-a_n})$ とすると，点 P_n における接線と x 軸との交点の x 座標，すなわち，点 Q_n の x 座標が，点 P_{n+1} の x 座標 a_{n+1} と等しいことから，数列 $\{a_n\}$ の 2 項間漸化式を作ることができる。

これから一般項 a_n が求まり，(1) と同様に定積分を計算することで，面積 S_n を求めることができる。

(3) 数列 $\{S_n\}$ は等比数列となるから，無限等比級数の和を考えることになる。

解答

(1) $y=e^{-x}$ から $y'=-e^{-x}$

よって，点 $P_1(0,\ 1)$ における接線の方程式は

$$y-1=-(x-0)$$

すなわち $y=-x+1$

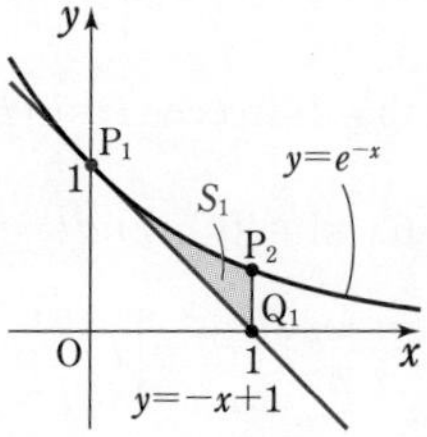

⇐ $y-f(a)=f'(a)(x-a)$

$y=-x+1$ で $y=0$ とすると

$$x=1$$

ゆえに，点 Q_1 の座標は $Q_1(1,\ 0)$

よって，求める面積 S_1 は，右上の図より

$$S_1=\int_0^1 e^{-x}dx-\frac{1}{2}\cdot1\cdot1$$

$$=\Big[-e^{-x}\Big]_0^1-\frac{1}{2}=-e^{-1}+1-\frac{1}{2}$$

$$=\boldsymbol{\frac{e-2}{2e}}$$

inf. S_1 の計算は

$$S_1=\int_0^1\{e^{-x}-(-x+1)\}dx$$

$$=\Big[-e^{-x}+\frac{1}{2}x^2-x\Big]_0^1$$

$$=\frac{e-2}{2e}$$

としてもよい。

(2) $P_n(a_n,\ e^{-a_n})$ とすると，点 P_n における接線の方程式は

$$y-e^{-a_n}=-e^{-a_n}(x-a_n)$$

⇐ $y-f(a)=f'(a)(x-a)$

$y=0$ とすると

$$-e^{-a_n}=-e^{-a_n}(x-a_n)$$

$e^{-a_n}\neq 0$ であるから

$$1=x-a_n$$

よって　$x=a_n+1$

ゆえに，点 Q_n の座標は

$$Q_n(a_n+1,\ 0)$$

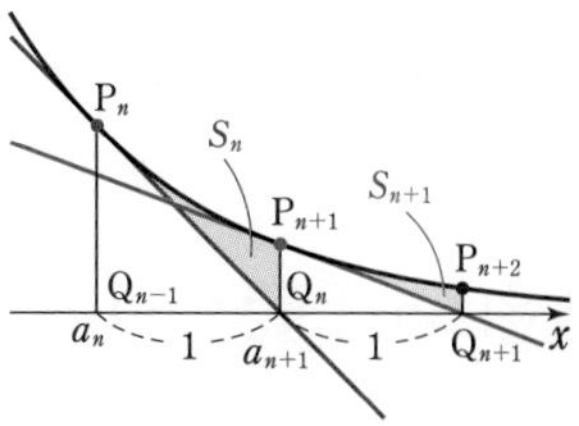

Q_n と P_{n+1} の x 座標は等しいから

$$a_{n+1}=a_n+1$$

⇐ $P_{n+1}(a_{n+1},\ e^{-a_{n+1}})$ である。

数列 $\{a_n\}$ は，初項 $a_1=0$，公差 1 の等差数列であるから

$$a_n=0+(n-1)\cdot 1=n-1$$

⇐ 初項 a，公差 d の等差数列の一般項は
$a_n=a+(n-1)d$

よって

$$\begin{aligned}S_n&=\int_{n-1}^{n}e^{-x}dx-\frac{1}{2}\cdot\{n-(n-1)\}\cdot e^{-(n-1)}\\&=\Big[-e^{-x}\Big]_{n-1}^{n}-\frac{1}{2}e^{-n+1}\\&=-e^{-n}+e^{-n+1}-\frac{1}{2}e^{-n+1}\\&=-e^{-n}+\frac{1}{2}e^{-n+1}\\&=e^{-n}\left(-1+\frac{1}{2}e\right)\\&=\boldsymbol{\frac{e-2}{2}e^{-n}}\end{aligned}$$

(3) (1), (2) から，無限級数 $\displaystyle\sum_{n=1}^{\infty}S_n$ は，初項 $\dfrac{e-2}{2e}$，公比 $\dfrac{1}{e}$ の無限等比級数である。

公比について，$\left|\dfrac{1}{e}\right|<1$ であるから収束して，その和は

$$\sum_{n=1}^{\infty}S_n=\frac{\frac{e-2}{2e}}{1-\frac{1}{e}}=\boldsymbol{\frac{e-2}{2(e-1)}}$$

⇐ 初項 a，公比 r の無限等比級数は，$|r|<1$ のとき収束し，その和 S は
$S=\dfrac{a}{1-r}$

PRACTICE 161④

n は自然数とする。$(n-1)\pi\leqq x\leqq n\pi$ の範囲で，曲線 $y=x\sin x$ と x 軸によって囲まれた部分の面積を S_n とする。

(1) S_n を n の式で表せ。　　(2) 無限級数 $\displaystyle\sum_{n=1}^{\infty}\frac{1}{S_nS_{n+1}}$ の和を求めよ。

重要 例題 162 回転移動を利用して面積を求める

方程式 $\sqrt{2}(x-y)=(x+y)^2$ で表される曲線 A について，次のものを求めよ。

(1) 曲線 A を原点Oを中心として $\dfrac{\pi}{4}$ だけ回転させてできる曲線の方程式

(2) 曲線 A と直線 $x=\sqrt{2}$ で囲まれる図形の面積 S

基本 154，数学C重要 124

CHART & SOLUTION

(1) 曲線 A 上の点 $(X,\ Y)$ を原点を中心として $\dfrac{\pi}{4}$ だけ回転した点 $(x,\ y)$ に対し，**X，Y をそれぞれ x，y で表す**。それには，複素数平面上の点の回転を利用 するとよい（「チャート式解法と演習数学C」重要例題 124 参照）。

$$(X,\ Y)\ \underset{-\frac{\pi}{4}\text{ 回転}}{\overset{\frac{\pi}{4}\text{ 回転}}{\rightleftarrows}}\ (x,\ y)$$

(2) **図形の回転で図形の面積は変わらない** ことに注目。曲線 A，直線 $x=\sqrt{2}$ ともに原点を中心として $\dfrac{\pi}{4}$ だけ回転した図形の面積を考える。……❗

解答

(1) 曲線 A 上の点 $(X,\ Y)$ を原点を中心として $\dfrac{\pi}{4}$ だけ回転した点の座標を $(x,\ y)$ とする。
複素数平面上で，$\mathrm{P}(X+Yi)$，$\mathrm{Q}(x+yi)$ とすると，点Qを原点を中心として $-\dfrac{\pi}{4}$ だけ回転した点がPであるから

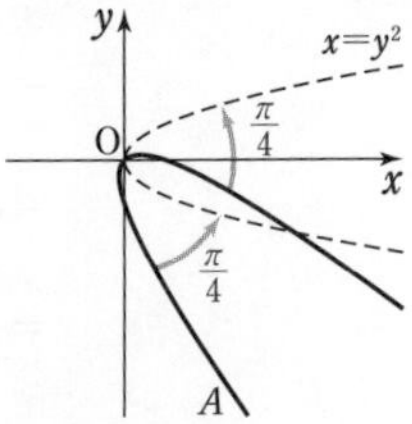

$$X+Yi=\left\{\cos\left(-\frac{\pi}{4}\right)+i\sin\left(-\frac{\pi}{4}\right)\right\}(x+yi)$$

これから　$X=\dfrac{1}{\sqrt{2}}(x+y)$ ……①，$Y=\dfrac{1}{\sqrt{2}}(-x+y)$

これらを $\sqrt{2}(X-Y)=(X+Y)^2$ に代入すると　$2x=(\sqrt{2}\,y)^2$

⇐ $X-Y=\sqrt{2}\,x$，$X+Y=\sqrt{2}\,y$

すなわち　$\boldsymbol{x=y^2}$　これが求める曲線の方程式である。

❗ (2) ① を $X=\sqrt{2}$ に代入して整理すると　$x=-y+2$
これは，直線 $x=\sqrt{2}$ を原点を中心として $\dfrac{\pi}{4}$ だけ回転した直線の方程式である。
直線 $x=-y+2$ と曲線 $x=y^2$ の交点の y 座標は，方程式 $-y+2=y^2$ を解いて　$y=-2,\ 1$

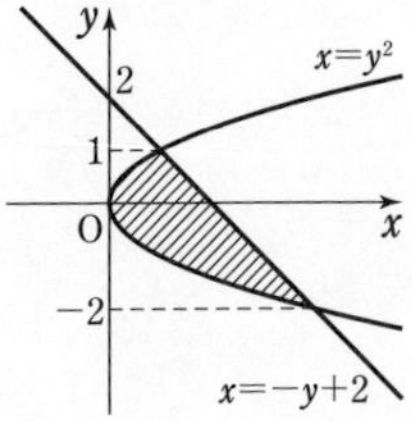

よって　$S=\displaystyle\int_{-2}^{1}(-y+2-y^2)\,dy=-\int_{-2}^{1}(y+2)(y-1)\,dy$

$$=-\left(-\frac{1}{6}\right)\{1-(-2)\}^3=\boldsymbol{\frac{9}{2}}$$

⇐ $\displaystyle\int_{\alpha}^{\beta}(y-\alpha)(y-\beta)\,dy=-\frac{(\beta-\alpha)^3}{6}$

PRACTICE 162④

a は1より大きい定数とする。曲線 $x^2-y^2=2$ と直線 $x=\sqrt{2}\,a$ で囲まれた図形の面積 S を，原点を中心とする $\dfrac{\pi}{4}$ の回転移動を考えることにより求めよ。〔類 早稲田大〕

重要 例題 163 極方程式で表された曲線と面積

極方程式 $r=f(\theta)$ $(\alpha \leqq \theta \leqq \beta)$ で表される曲線上の点と極Oを結んだ線分が通過する領域の面積は $S=\dfrac{1}{2}\displaystyle\int_\alpha^\beta r^2 d\theta$ と表される。これを用いて，極方程式 $r=2(1+\cos\theta)$ $\left(0 \leqq \theta \leqq \dfrac{\pi}{2}\right)$ で表される曲線上の点と極Oを結んだ線分が通過する領域の面積を求めよ。

CHART & SOLUTION

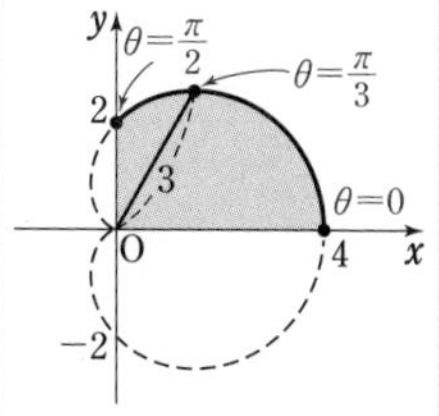

$r=2(1+\cos\theta)$ で表された曲線は **カージオイド** である (p.153 まとめ参照)。
$r=2(1+\cos\theta)$ において
$\theta=0$ のとき $r=4$，$\theta=\dfrac{\pi}{3}$ のとき $r=3$，$\theta=\dfrac{\pi}{2}$ のとき $r=2$
よって，求める図形の面積は右の図の赤い部分の面積である。

解答

曲線の極方程式は $r=2(1+\cos\theta)$ であるから，求める面積は

$$\frac{1}{2}\int_0^{\frac{\pi}{2}} r^2 d\theta=\frac{1}{2}\int_0^{\frac{\pi}{2}} 4(1+2\cos\theta+\cos^2\theta)\,d\theta$$
$$=\int_0^{\frac{\pi}{2}}(2+4\cos\theta+2\cos^2\theta)\,d\theta$$
$$=\int_0^{\frac{\pi}{2}}(2+4\cos\theta+1+\cos 2\theta)\,d\theta$$
$$=\left[3\theta+4\sin\theta+\frac{1}{2}\sin 2\theta\right]_0^{\frac{\pi}{2}}=\boldsymbol{\frac{3}{2}\pi+4}$$

⇐ $\cos^2\theta=\dfrac{1+\cos 2\theta}{2}$

INFORMATION　上の例題の面積公式 $S=\dfrac{1}{2}\displaystyle\int_\alpha^\beta r^2 d\theta$ について

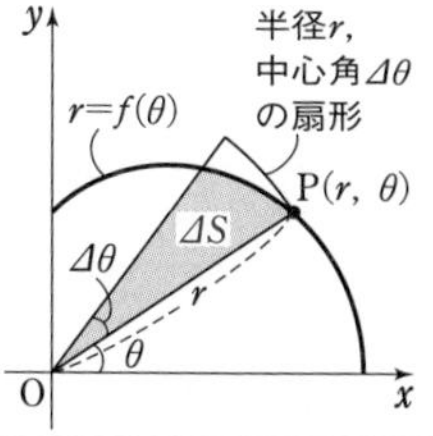

以下 (厳密な証明ではない) のようにすると，公式が直観的に理解できる。$\alpha \leqq \theta \leqq \beta$ に対し $f(\theta)>0$ であるとき，右の図のように θ の増分 $\Delta\theta$，S の増分 ΔS をとらえると

$\Delta S \fallingdotseq \dfrac{1}{2}r^2(\Delta\theta)$ ← 半径 r，中心角 $\Delta\theta$ の扇形の面積で近似

よって　$S=\displaystyle\int_\alpha^\beta \frac{1}{2}r^2 d\theta=\boldsymbol{\frac{1}{2}\int_\alpha^\beta r^2 d\theta}$ ← $\dfrac{\Delta S}{\Delta\theta} \fallingdotseq \dfrac{1}{2}r^2$

PRACTICE 163④

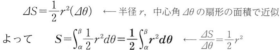

例題で与えられた面積公式を利用して，極方程式 $r=1+\sin\dfrac{\theta}{2}$ $(0 \leqq \theta \leqq \pi)$ で表される曲線 C と x 軸で囲まれる領域の面積を求めよ。

A

124❷ 2つの曲線

$C_1 : y=2\sin x-\tan x \left(0 \leqq x<\frac{\pi}{2}\right)$, $C_2 : y=2\cos x-1 \left(0 \leqq x<\frac{\pi}{2}\right)$

について

(1) C_1 と C_2 の共有点の座標を求めよ。

(2) C_1 と C_2 で囲まれた図形の面積を求めよ。　〔類 青山学院大〕 ➡152

125❸ (1) xy 平面上の $y=\frac{1}{x}$, $y=ax$, $y=bx$ のグラフで囲まれた部分の面積 S を求めよ。ただし，$x>0$，$a>b>0$ とする。　〔信州大〕

(2) 曲線 $\sqrt[3]{x}+\sqrt[3]{y}=1$ $(x \geqq 0,\ y \geqq 0)$ と x 軸，y 軸で囲まれた部分の面積 S を求めよ。 ➡152, 155

126❸ (1) 関数 $f(x)=xe^{-2x}$ の極値と曲線 $y=f(x)$ の変曲点の座標を求めよ。

(2) 曲線 $y=f(x)$ 上の変曲点における接線，曲線 $y=f(x)$ および直線 $x=3$ で囲まれた部分の面積 S を求めよ。　〔類 日本女子大〕 ➡153

127❸ 媒介変数 t によって表される座標平面上の次の曲線を考える。

$$x=t-\sin t,\ y=\cos t$$

ここで，t は $0 \leqq t \leqq 2\pi$ という範囲を動くものとする。これは，右図のような曲線である。

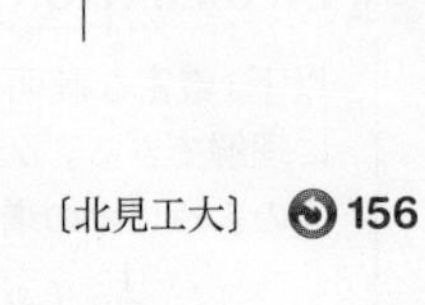

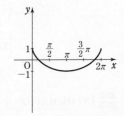

(1) この曲線と x 軸との交点の x 座標の値を求めよ。

(2) この曲線と x 軸および2直線 $x=0$, $x=2\pi$ で囲まれた3つの部分の面積の和を求めよ。　〔北見工大〕 ➡156

128❸ $0 \leqq x \leqq 2\pi$ における $y=\sin x$ のグラフを C_1，$y=2\cos x$ のグラフを C_2 とする。

(1) C_1 と C_2 の概形を同じ座標平面上にかけ（C_1 と C_2 の交点の座標は求めなくてよい）。

(2) C_1 と C_2 のすべての交点の y 座標を求めよ（x 座標は求めなくてよい）。

(3) $0 \leqq x \leqq 2\pi$ において，C_1，C_2，2直線 $x=0$，$x=2\pi$ で囲まれた3つの部分の面積の和を求めよ。 ➡152, 157

EXERCISES　18 面　積

B

129❸ 2つの楕円 $x^2+\frac{y^2}{3}=1$, $\frac{x^2}{3}+y^2=1$ で囲まれる共通部分の面積を求めよ。

〔山口大〕 ➔155

130❹ 座標平面上で，t を媒介変数として表される曲線

$$C: x=a\cos t,\ y=b\sin t\ (a>0,\ b>0,\ 0\leqq t\leqq 2\pi)$$

について，次の各問いに答えよ。

(1) x, y の満たす関係式を求めよ。

(2) $0\leqq x\leqq a\cos\theta \left(0<\theta<\frac{\pi}{2}\right)$ において，曲線 C, y 軸および直線 $x=a\cos\theta$ によって囲まれる部分の面積 $S(\theta)$ を求めよ。

(3) 極限値 $\displaystyle\lim_{\theta\to\frac{\pi}{2}-0}\frac{S(\theta)}{\frac{\pi}{2}-\theta}$ を求めよ。 〔宮崎大〕 ➔156

131❸ k を正の数とする。2つの曲線 $C_1: y=k\cos x$, $C_2: y=\sin x$ を考える。C_1 と C_2 は $0\leqq x\leqq 2\pi$ の範囲に交点が2つあり，それらの x 座標をそれぞれ α, $\beta\,(\alpha<\beta)$ とする。区間 $\alpha\leqq x\leqq\beta$ において，2つの曲線 C_1, C_2 で囲まれた図形を D とし，その面積を S とする。更に D のうち，$y\geqq 0$ の部分の面積を S_1, $y\leqq 0$ の部分の面積を S_2 とする。

(1) $\cos\alpha$, $\sin\alpha$, $\cos\beta$, $\sin\beta$ をそれぞれ k を用いて表せ。

(2) S を k を用いて表せ。

(3) $3S_1=S_2$ となるように k の値を定めよ。 〔類 茨城大〕 ➔157, 158

132❺ 次の問いに答えよ。

(1) 不定積分 $\int e^{-x}\sin x\,dx$ を求めよ。

(2) $n=0$, 1, 2, …… に対し，$2n\pi\leqq x\leqq(2n+1)\pi$ の範囲で，x 軸と曲線 $y=e^{-x}\sin x$ で囲まれる図形の面積を S_n とする。S_n を n で表せ。

(3) (2)で求めた S_n について，$\displaystyle\sum_{n=0}^{\infty}S_n$ を求めよ。 ➔121, 161

6章 18 面積

HINT

129 求める部分は x 軸，y 軸および直線 $y=x$ に関して対称である。

130 (3) $\displaystyle\lim_{u\to+0}\frac{\sin u}{u}=1$ が使える形に変形する。

131 (1) C_1 と C_2 の交点の x 座標 α, β は，方程式 $k\cos x=\sin x$ の解であり，これを三角関数の合成を利用して解く。

132 (1) 部分積分法を2回適用する。

(2) $2n\pi\leqq x\leqq(2n+1)\pi$ において $y\geqq 0$

19 体　積

基本事項

1 立体の体積

ある立体の，$x=a$，$x=b$ $(a<b)$ における x 軸に垂直な 2 つの平面の間に挟まれた部分の体積を V とする。
このとき $a \leqq x \leqq b$ として，x 軸に垂直で，x 軸との交点の座標が x である平面でこの立体を切ったときの断面積を $S(x)$ とすると

$$V=\int_a^b S(x)\,dx \quad (a<b)$$

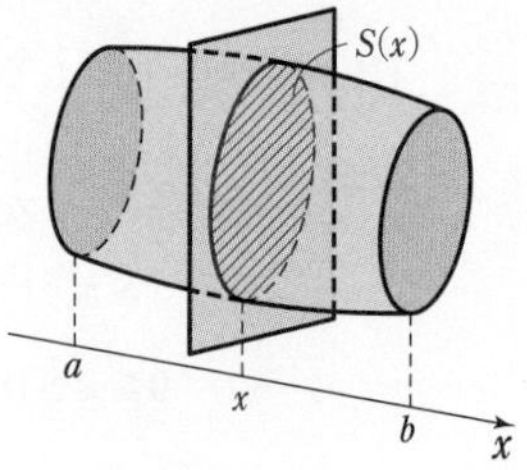

2 回転体の体積（x 軸の周り）

曲線 $y=f(x)$ と x 軸と 2 直線 $x=a$，$x=b$ $(a<b)$ で囲まれた部分を，x 軸の周りに 1 回転してできる回転体の体積 V は

$$V=\pi\int_a^b \{f(x)\}^2 dx=\pi\int_a^b y^2 dx \quad (a<b)$$

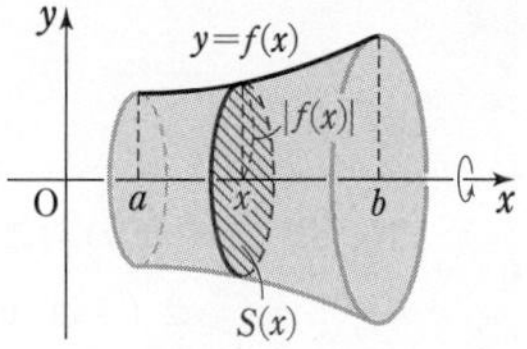

3 回転体の体積（y 軸の周り）

曲線 $x=g(y)$ と y 軸と 2 直線 $y=c$，$y=d$ $(c<d)$ で囲まれた部分を，y 軸の周りに 1 回転してできる回転体の体積 V は

$$V=\pi\int_c^d \{g(y)\}^2 dy=\pi\int_c^d x^2 dy \quad (c<d)$$

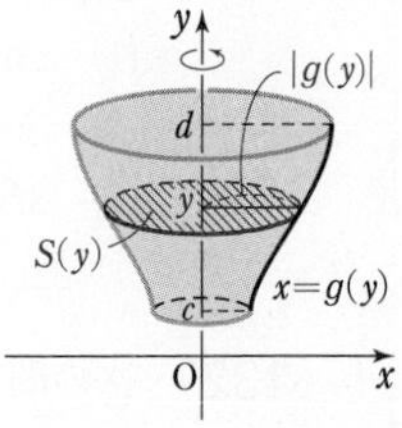

CHECK & CHECK

36 次の曲線と直線に囲まれた部分を，x 軸の周りに 1 回転してできる立体の体積 V を求めよ。

(1) $y=e^x$，x 軸，$x=0$，$x=1$　　(2) $y=x^2-x$，x 軸　　→ 2

37 次の曲線と直線に囲まれた部分を，y 軸の周りに 1 回転してできる立体の体積 V を求めよ。

(1) $x=y^2-1$，y 軸　　(2) $x=\sqrt{y+1}$，y 軸，$y=2$　　→ 3

基本 例題 164 断面積と立体の体積 (1)

x 軸上に点 $P(x,\ 0)$ $(-1 \leqq x \leqq 1)$ をとる。Pを通り x 軸に垂直な直線と曲線 $y=4-x^2$ との交点をQとし，線分 PQ を1辺とする正三角形 PQR を x 軸に垂直な平面内に作る。Pが点 $(-1,\ 0)$ から点 $(1,\ 0)$ まで移動するとき，正三角形 PQR が通過してできる立体の体積 V を求めよ。 p.260 基本事項 1

CHART & SOLUTION

立体の体積　まず，断面積をつかむ

① 簡単な図をかいて，立体のようすをつかむ。
② 立体の **断面積 $S(x)$** を求める。…… 本問の場合，断面は正三角形。
③ **積分区間** を定め，$V=\int_a^b S(x)\,dx$ により，体積を求める。

解答

点 $P(x,\ 0)$ に対する正三角形 PQR の面積を $S(x)$ とすると

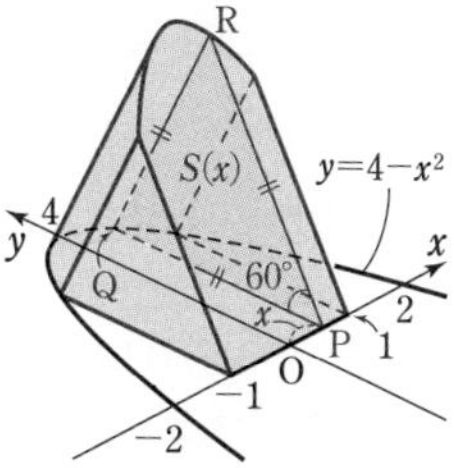

$$S(x)=\frac{\sqrt{3}}{4}PQ^2$$

$$=\frac{\sqrt{3}}{4}(4-x^2)^2$$

⇐ $S(x)=\frac{1}{2}PQ^2\sin 60°$
$=\frac{1}{2}PQ^2\cdot\frac{\sqrt{3}}{2}$

したがって，求める体積 V は

$$V=\int_{-1}^{1} S(x)\,dx$$

$$=2\int_0^1 \frac{\sqrt{3}}{4}(16-8x^2+x^4)\,dx=\frac{\sqrt{3}}{2}\left[16x-\frac{8}{3}x^3+\frac{x^5}{5}\right]_0^1$$

$$=\frac{\sqrt{3}}{2}\left(16-\frac{8}{3}+\frac{1}{5}\right)=\mathbf{\frac{203\sqrt{3}}{30}}$$

⇐ $S(-x)=S(x)$ から $S(x)$ は偶関数。

INFORMATION ―― 積分とその記号 $\int$ の意味

積分は英語で integral といい，その動詞である integrate は「積み上げる・集める」という意味である。上の例題で $S(x)\,dx$ は，右の図のような薄い正三角柱の体積を表し，これを $x=-1$ の部分から $x=1$ の部分まで積み上げる［積分記号 $\int$ は和 (sum) を表している］と考えるとよい。

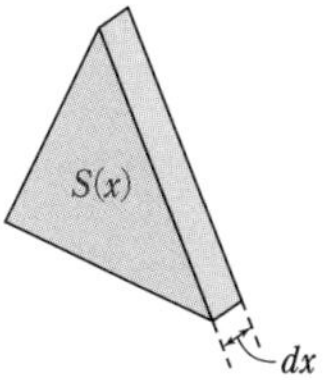

PRACTICE 164②

関数 $y=\sin x$ $(0 \leqq x \leqq \pi)$ の表す曲線上に点Pがある。点Pを通り y 軸に平行な直線が x 軸と交わる点をQとする。線分 PQ を1辺とする正方形を xy 平面の一方の側に垂直に作る。点Pの x 座標が0から π まで変わるとき，この正方形が通過してできる立体の体積 V を求めよ。

基本 例題 165 断面積と立体の体積 (2)

底面の半径が a で高さも a である直円柱がある。
この底面の直径 AB を含み底面と $30°$ の傾きをなす平面で，直円柱を 2 つの立体に分けるとき，小さい方の立体の体積 V を求めよ。 基本 164

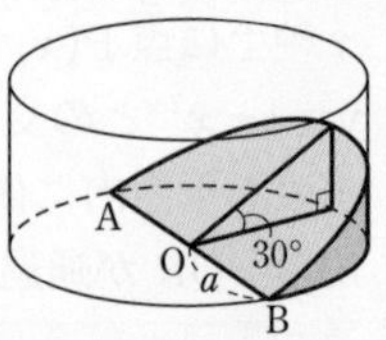

CHART & THINKING

立体の体積　まず，断面積をつかむ

基本例題 164 と同様に，断面積 $S(x)$ を求めて積分する方針で進める。右の図のように座標軸を定めると，それぞれの軸に対して垂直な平面で切ったときの断面は，

x 軸のとき直角三角形，y 軸のとき長方形，z 軸のとき弓形

となる。どのような平面で立体を切ると断面積が計算しやすいだろうか？

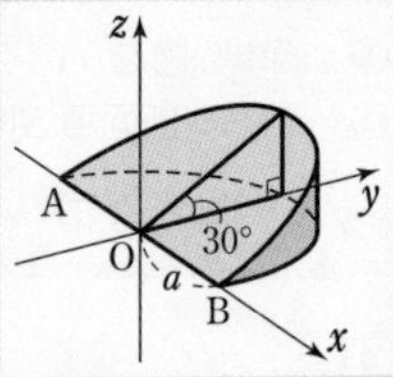

解答

右の図のように，底面の中心 O を原点，直線 AB を x 軸にとり，線分 AB 上に点 P をとる。
P を通り x 軸に垂直な平面による切り口は，$\angle P=30°$，$\angle Q=90°$ の直角三角形 PQR となる。
点 P の x 座標を x とすると

$$PQ=\sqrt{a^2-x^2},\quad QR=PQ\tan 30°=\frac{1}{\sqrt{3}}\cdot\sqrt{a^2-x^2}$$

よって，$\triangle PQR$ の面積を $S(x)$ とすると

$$S(x)=\frac{1}{2}PQ\cdot QR=\frac{1}{2\sqrt{3}}(a^2-x^2)$$

したがって，求める体積 V は

$$V=\int_{-a}^{a}\frac{1}{2\sqrt{3}}(a^2-x^2)\,dx=\int_0^a\frac{1}{\sqrt{3}}(a^2-x^2)\,dx$$

$$=\frac{1}{\sqrt{3}}\left[a^2x-\frac{x^3}{3}\right]_0^a=\boldsymbol{\frac{2\sqrt{3}}{9}a^3}$$

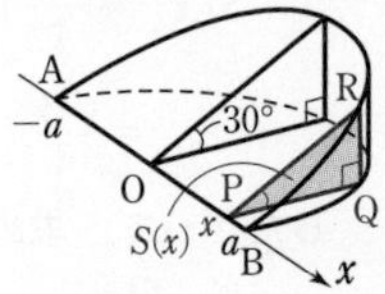

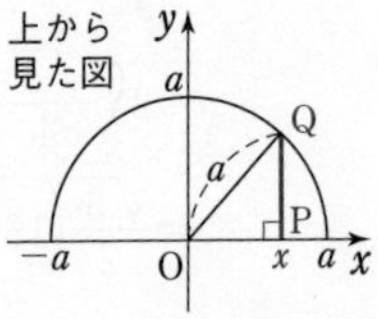

⇐ $f(x)$ が偶関数のとき
$$\int_{-a}^{a}f(x)\,dx=2\int_0^a f(x)\,dx$$

PRACTICE 165 ❷

底面の半径 a，高さ $2a$ の直円柱を底面の直径を含み底面に垂直な平面で切って得られる半円柱がある。底面の直径を AB，上面の半円の弧の中点を C として，3 点 A, B, C を通る平面でこの半円柱を 2 つに分けるとき，その下側の立体の体積 V を求めよ。

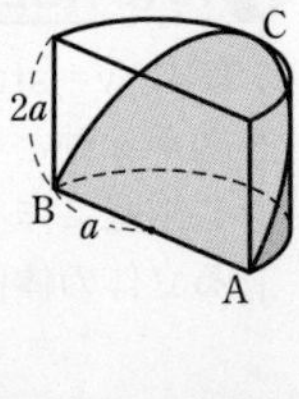

ズーム UP 非回転体の体積の求め方

立体の体積を求める基本的な考え方

基本例題 164, 165 で体積を求めたような立体を非回転体という。次のページ以降では回転体の体積の求め方を学習するが，どちらの場合も基本的な考え方は同じである。直観的に，面積は **線分を積み上げる**（**積分**）ことによって求められ，体積は **面積を積み上げる** ことによって求められると考えてよい。

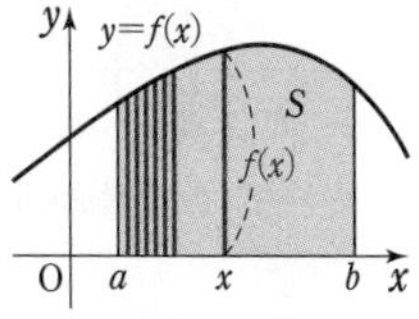

$S=\int_a^b f(x)\,dx$

線分の長さ $f(x)$ を積分する

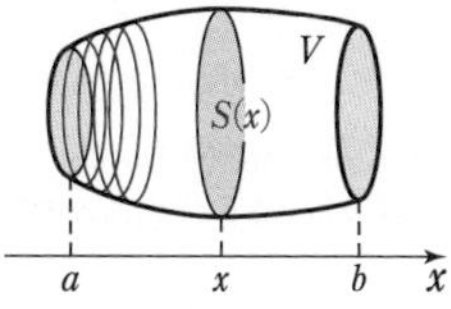

$V=\int_a^b S(x)\,dx$

断面積 $S(x)$ を積分する

このように，体積は **断面積を積分する** ことで求めることができるから，定積分が簡単に計算できるような断面積のとり方がポイントとなる。

他の断面を考える

基本例題 164 は正三角形を積み上げてできる立体を考えたから，その正三角形を断面とみるのが自然であるが，基本例題 165 は解答の方法以外にもいくつかの切断の方法が考えられる。下の図のように，y 軸に垂直な平面による断面は長方形となり，z 軸に垂直な平面による断面は弓形（扇形の一部）になる。

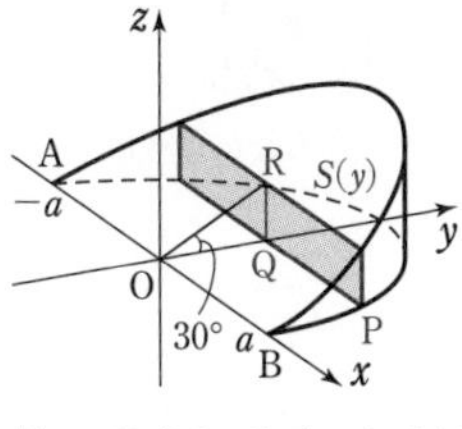

y 軸に垂直な平面で切る
→断面は長方形

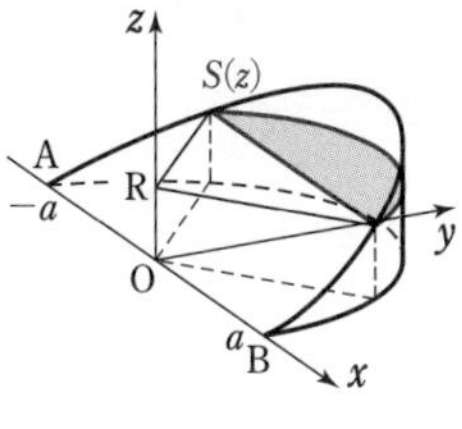

z 軸に垂直な平面で切る
→断面は弓形

y 軸に垂直な平面で切断する方法で体積を求めてみよう。
y 軸上に点Qをとり，$\mathrm{OQ}=y$，断面積を $S(y)$ とすると

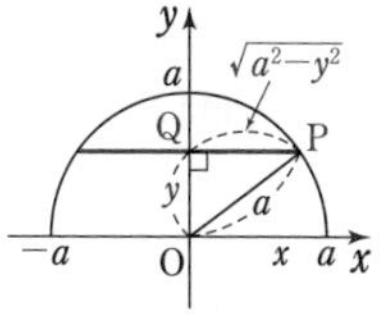

$$S(y)=2\mathrm{PQ}\cdot\mathrm{QR}=2\sqrt{a^2-y^2}\cdot\frac{1}{\sqrt{3}}y$$

$$=\frac{2}{\sqrt{3}}y\sqrt{a^2-y^2}$$

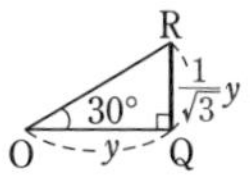

よって　$V=\int_0^a S(y)\,dy=\int_0^a \frac{2}{\sqrt{3}}y\sqrt{a^2-y^2}\,dy$

$$=-\frac{1}{\sqrt{3}}\int_0^a \sqrt{a^2-y^2}\,(a^2-y^2)'\,dy$$

$$=-\frac{1}{\sqrt{3}}\left[\frac{2}{3}(a^2-y^2)^{\frac{3}{2}}\right]_0^a=\boldsymbol{\frac{2\sqrt{3}}{9}a^3}$$

このように，別の切り方でも体積が求められる。しかし，切り方によっては定積分の計算が難しくなる（計算できない場合もある）ので注意が必要である。

z 軸に垂直な平面で切断する方法は解答編 $p.256$ 補足 を参照。

基本 例題 166　x 軸の周りの回転体の体積 (1)

放物線 $y=-x^2+4x$ と直線 $y=x$ で囲まれた部分を，x 軸の周りに 1 回転してできる立体の体積 V を求めよ。

p.260 基本事項 2

CHART & SOLUTION

回転体の体積　まず，グラフをかく

① 積分区間の決定　② 断面積をつかむ

まず，グラフをかく。2 曲線の交点の x 座標を求め，積分区間を決定する。この問題では **断面積** が

$S(x)=$(外側の円の面積)−(内側の円の面積)

となることに注意。

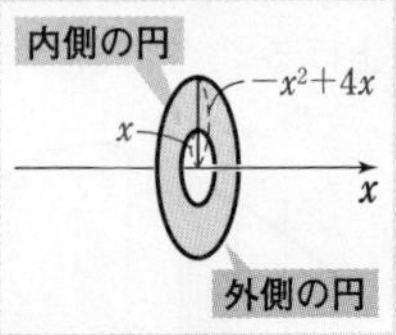

解答

$-x^2+4x=x$ とすると，$x(x-3)=0$

から　$x=0,\ 3$

$0\leqq x\leqq 3$ では $-x^2+4x\geqq x\geqq 0$ であるから

$$V=\pi\int_0^3\{(-x^2+4x)^2-x^2\}\,dx$$
$$=\pi\int_0^3(x^4-8x^3+15x^2)\,dx$$
$$=\pi\left[\frac{x^5}{5}-2x^4+5x^3\right]_0^3$$
$$=\pi\left(\frac{243}{5}-162+135\right)=\frac{108}{5}\pi$$

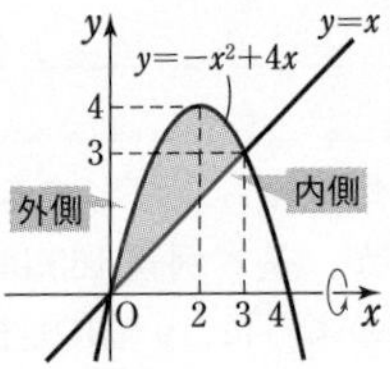

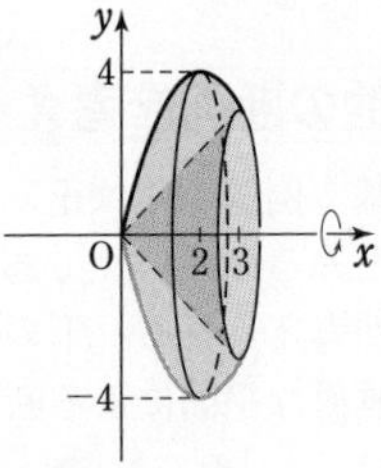

$V=\pi\int_0^3\{(-x^2+4x)-x\}^2dx$

としないように！

INFORMATION　2 曲線間の図形の回転体

区間 $[a,\ b]$ において，$f(x)\geqq g(x)\geqq 0$ のとき，2 曲線 $y=f(x)$ と $y=g(x)$ と 2 直線 $x=a,\ x=b$ で囲まれた部分を x 軸の周りに 1 回転してできる回転体の体積 V は

$$V=\pi\int_a^b[\{f(x)\}^2-\{g(x)\}^2]\,dx$$

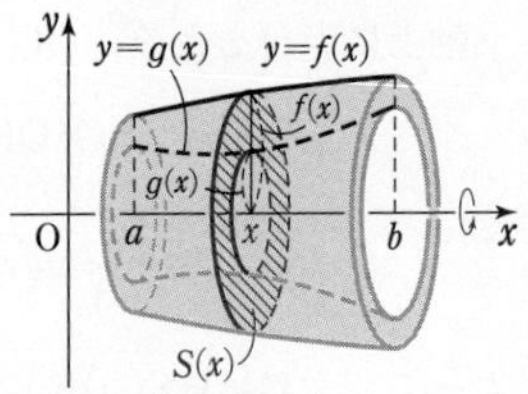

PRACTICE 166②

次の曲線や直線で囲まれた部分を，x 軸の周りに 1 回転してできる立体の体積 V を求めよ。

(1) $y=2\sin 2x,\ y=\tan x\ \left(0\leqq x<\frac{\pi}{2}\right)$　(2) $y=\cos x\ \left(0\leqq x\leqq\frac{\pi}{2}\right),\ y=-\frac{2}{\pi}x+1$

基本 例題 167 x 軸の周りの回転体の体積 (2)

放物線 $y=x^2-2x$ と直線 $y=-x+2$ で囲まれた部分を x 軸の周りに 1 回転してできる立体の体積 V を求めよ。

基本 166

CHART & SOLUTION

回転体の体積　回転体では図形を回転軸の一方に集結

まず，放物線 $y=x^2-2x$ と直線 $y=-x+2$ をかくと〔図 1〕のようになる。ここで，放物線と直線で囲まれた部分は **x 軸をまたいでおり，** これを x 軸の周りに 1 回転してできる立体は，〔図 2〕の赤色または青色の部分を x 軸の周りに 1 回転してできる立体と同じものになる。
基本例題 166 と異なり，この場合は x 軸の下側（または上側）の部分を x 軸に関して対称に折り返した図形 を合わせて考える必要があることに注意！

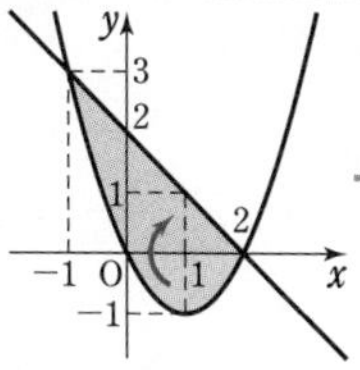

〔図1〕

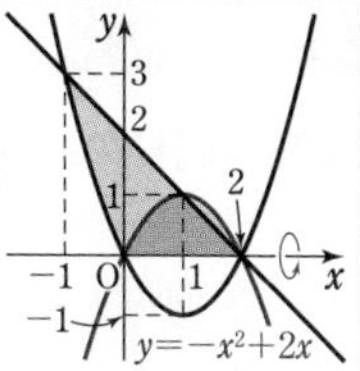

〔図2〕

解答

$x^2-2x=-x+2$ とすると，$x^2-x-2=0$ から　$x=-1,\ 2$
放物線 $y=x^2-2x$ の x 軸より下側の部分を，x 軸に関して対称に折り返すと右の図のようになり，題意の回転体の体積は，図の赤い部分を x 軸の周りに 1 回転すると得られる。このとき，折り返してできる放物線 $y=-x^2+2x$ と直線 $y=-x+2$ の交点の x 座標は，$-x^2+2x=-x+2$ を解いて　$x=1,\ 2$
よって

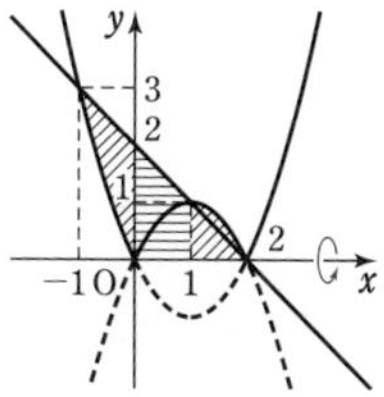

$$V=\pi\int_{-1}^{0}\{(-x+2)^2-(x^2-2x)^2\}\,dx+\pi\int_0^1(-x+2)^2dx$$
$$+\pi\int_1^2(-x^2+2x)^2dx$$
$$=\pi\int_{-1}^{0}(-x^4+4x^3-3x^2-4x+4)\,dx+\pi\int_0^1(x-2)^2dx$$
$$+\pi\int_1^2(x^4-4x^3+4x^2)\,dx$$
$$=\pi\left[-\frac{x^5}{5}+x^4-x^3-2x^2+4x\right]_{-1}^{0}+\pi\left[\frac{(x-2)^3}{3}\right]_0^1$$
$$+\pi\left[\frac{x^5}{5}-x^4+\frac{4}{3}x^3\right]_1^2$$
$$=\frac{19}{5}\pi+\frac{7}{3}\pi+\frac{8}{15}\pi=\frac{100}{15}\pi=\boldsymbol{\frac{20}{3}\pi}$$

⇦ 次の 3 つの図形に分けて体積を計算する。

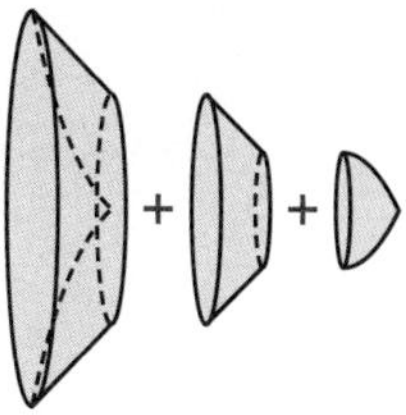

PRACTICE 167③

不等式 $-\sin x \leqq y \leqq \cos 2x$，$0 \leqq x \leqq \dfrac{\pi}{2}$ で定められる領域を x 軸の周りに 1 回転してできる立体の体積 V を求めよ。

〔類 神戸大〕

基本 例題 168　y 軸の周りの回転体の体積 (1)

次の回転体の体積 V を求めよ。

(1)　楕円 $\dfrac{x^2}{9}+\dfrac{y^2}{4}=1$ を y 軸の周りに 1 回転してできる回転体

(2)　2 曲線 $y=x^2$, $y=\sqrt{x}$ で囲まれた部分を y 軸の周りに 1 回転してできる回転体

p. 260 基本事項 3

CHART & SOLUTION

y 軸の周りの回転体の体積　まず，グラフをかく

y 軸の周りの回転体であるから，断面は円で断面積は πx^2

よって，曲線の方程式を $x=g(y)$ の形（または，直接 $x^2=$ の形）に変形して

$\boldsymbol{V=\pi\int_c^d x^2dy=\pi\int_c^d \{g(y)\}^2dy}$ $(\boldsymbol{c<d})$ を計算する。

解答

(1)　$x=0$ とすると　　$y=\pm 2$

$\dfrac{x^2}{9}+\dfrac{y^2}{4}=1$ から　　$x^2=9-\dfrac{9}{4}y^2$

よって　　$V=\pi\int_{-2}^{2}x^2dy=2\pi\int_0^2\left(9-\dfrac{9}{4}y^2\right)dy$

$=2\pi\left[9y-\dfrac{3}{4}y^3\right]_0^2=\boldsymbol{24\pi}$

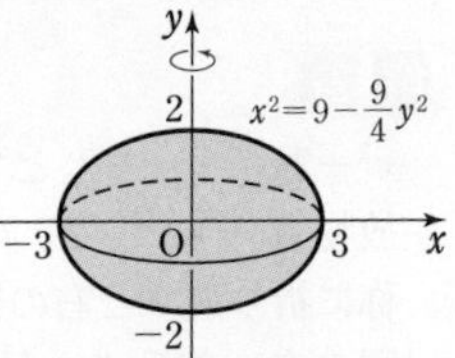

(2)　$y=\sqrt{x}$ から　　$x=y^2$

$y=x^2$ に代入して　　$y=y^4$

よって　　$y(y^3-1)=0$

y は実数であるから

$y=0,\ 1$

ゆえに

$V=\pi\int_0^1(\sqrt{y})^2dy-\pi\int_0^1(y^2)^2dy$

$=\pi\int_0^1(y-y^4)dy$

$=\pi\left[\dfrac{y^2}{2}-\dfrac{y^5}{5}\right]_0^1=\pi\left(\dfrac{1}{2}-\dfrac{1}{5}\right)=\boldsymbol{\dfrac{3}{10}\pi}$

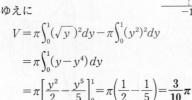

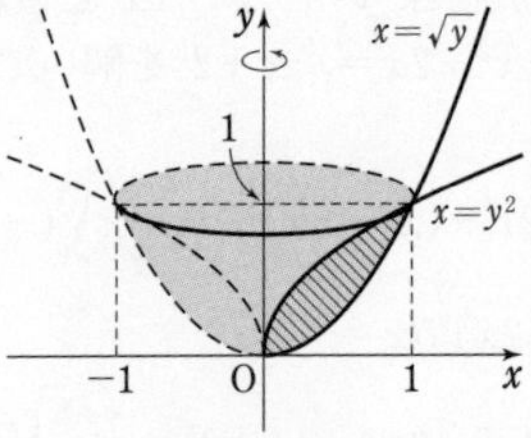

⇐ 交点の y 座標を求める。

PRACTICE 168②

次の曲線や直線で囲まれた部分を y 軸の周りに 1 回転してできる回転体の体積 V を求めよ。　〔(2) 類 早稲田大〕

(1)　$y=\log(x^2+1)$ $(0\leqq x\leqq 1)$, $y=\log 2$, y 軸　　(2)　$y=e^x$, $y=e$, y 軸

基本 例題 169 y 軸の周りの回転体の体積 (2)

曲線 $y=\cos x$ $(0 \leqq x \leqq \pi)$, $y=-1$, y 軸で囲まれた部分を y 軸の周りに 1 回転してできる立体の体積 V を求めよ。

基本 168

CHART & SOLUTION

y 軸の周りの回転体の体積　$x=g(y)$ のとき　$V=\pi\int_c^d x^2 dy$ $(c<d)$

高校数学の範囲では，$y=\cos x$ を x について解くことができない。
$x=g(y)$ が求められない，あるいは求めにくいときは **置換積分法** を利用して，積分変数を x に変更することにより体積を求める。…… ❗

解答

右の図から，体積は

$$V=\pi\int_{-1}^{1} x^2 dy$$

$y=\cos x$ から　　$dy=-\sin x\,dx$

y と x の対応は次のようにとれる。

y	$-1 \longrightarrow 1$
x	$\pi \longrightarrow 0$

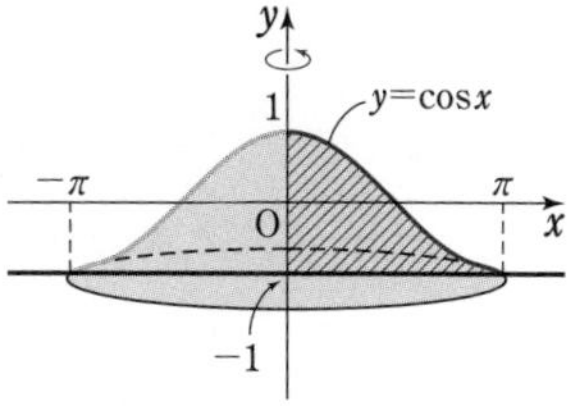

❗ よって　$V=\pi\int_{\pi}^{0} x^2(-\sin x)\,dx=\pi\int_0^{\pi} x^2 \sin x\,dx$

$$=\pi\left\{\Big[x^2(-\cos x)\Big]_0^{\pi}+\int_0^{\pi} 2x\cos x\,dx\right\}$$

$$=\pi\left(\pi^2+\Big[2x\sin x\Big]_0^{\pi}-\int_0^{\pi} 2\sin x\,dx\right)$$

$$=\pi\left(\pi^2+\Big[2\cos x\Big]_0^{\pi}\right)=\boldsymbol{\pi^3-4\pi}$$

⇐ 置換積分法
⇐ 部分積分法
⇐ 更に 部分積分法

inf. 区間 $[a,\ b]$ において，$y=f(x)$ が増加または減少関数のとき

$$\int_c^d x^2 dy=\int_a^b x^2 f'(x)\,dx$$

y	$c \longrightarrow d$
x	$a \longrightarrow b$

$x=g(y)$ が求められないときは，上の公式を利用して求めるとよい。

PRACTICE 169 ❸

(1) 曲線 $y=x^3-2x^2+3$ と x 軸，y 軸で囲まれた部分を y 軸の周りに 1 回転してできる立体の体積 V を求めよ。

(2) 関数 $f(x)=xe^x+\dfrac{e}{2}$ について，曲線 $y=f(x)$ と y 軸および直線 $y=f(1)$ で囲まれた図形を y 軸の周りに 1 回転してできる立体の体積 V を求めよ。

[(2) 類 東京理科大]

6章 19 体積

STEP UP バウムクーヘン分割による体積の計算

y 軸の周りの回転体の体積に関して，一般に次のことが成り立つ。

区間 $[a,\ b]$ $(0 \leqq a < b)$ において $f(x) \geqq 0$ であるとき，曲線 $y=f(x)$，x 軸，直線 $x=a$，$x=b$ で囲まれた部分を y 軸の周りに 1 回転してできる立体の体積 V は

$$V = 2\pi\int_a^b xf(x)\,dx \quad \cdots\cdots \text{Ⓐ}$$

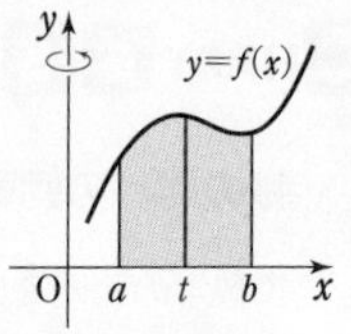

証明▶ $a \leqq t \leqq b$ とし，曲線 $y=f(x)$ と 2 直線 $x=a$，$x=t$，x 軸で囲まれた部分を，y 軸の周りに 1 回転してできる立体の体積を $V(t)$ とする。$\Delta t>0$ のとき，$\Delta V = V(t+\Delta t) - V(t)$ とすると，Δt が十分小さいときは

$$\Delta V \fallingdotseq 2\pi t\cdot f(t)\cdot\Delta t$$ ⬅ 右下の板状の直方体の体積。

よって $\dfrac{\Delta V}{\Delta t} \fallingdotseq 2\pi tf(t)$ …… ① （$\Delta t<0$ のときも ① は成立。）

$\Delta t \longrightarrow 0$ のとき，① の両辺の差は 0 に近づくから

$$V'(t) = \lim_{\Delta t\to 0}\frac{\Delta V}{\Delta t} = 2\pi tf(t)$$

よって $\displaystyle\int_a^b 2\pi tf(t)\,dt = \Big[V(t)\Big]_a^b = V(b) - V(a) = V - 0 = V$

↑円筒の側面積を積分。

ゆえに，Ⓐ が成り立つ。

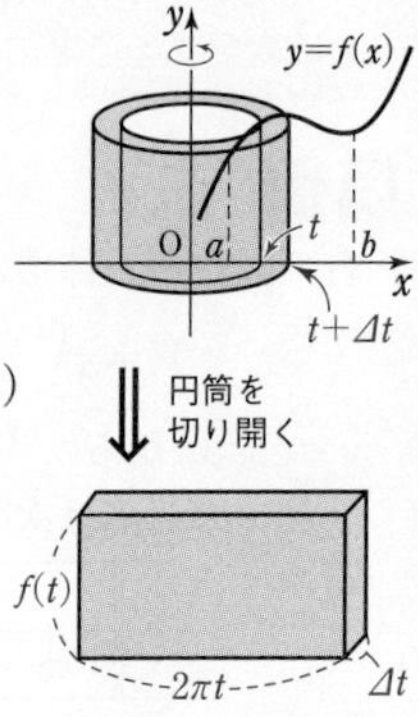

注意　$p.260$ 基本事項 3 で扱った公式 $\boldsymbol{\pi\int_c^d x^2 dy}$ は，回転体を y 軸に垂直な平面による円板で分割して積分にもち込むことで導かれる（[図 1]参照)。これに対して，上の証明では，回転体を（幅 Δt の）円筒で分割して積分にもち込む，という考え方で公式 Ⓐ を導いている（[図 2]参照)。

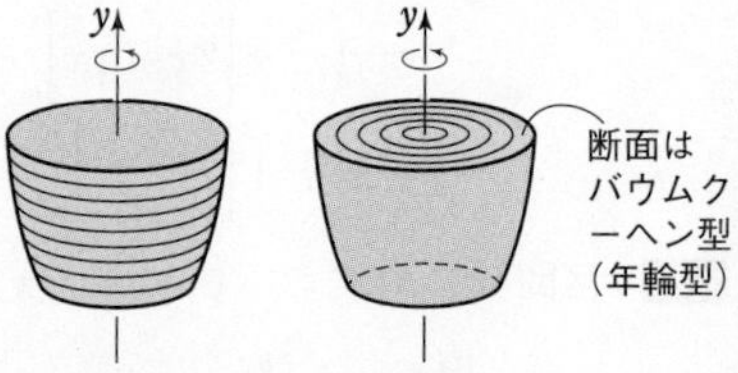

〔図1〕　〔図2〕

例　$p.267$ の基本例題 169 について，公式 Ⓐ を利用すると次のようになる。

$f(x) = \cos x - (-1) = \cos x + 1$ として

$$V = 2\pi\int_0^\pi x(\cos x + 1)\,dx = 2\pi\int_0^\pi x\cos x\,dx + 2\pi\int_0^\pi x\,dx$$

$$= 2\pi\Big[x\sin x\Big]_0^\pi - 2\pi\int_0^\pi \sin x\,dx + \pi\Big[x^2\Big]_0^\pi$$

$$= 2\pi\Big[\cos x\Big]_0^\pi + \pi^3 = \boldsymbol{\pi^3 - 4\pi}$$

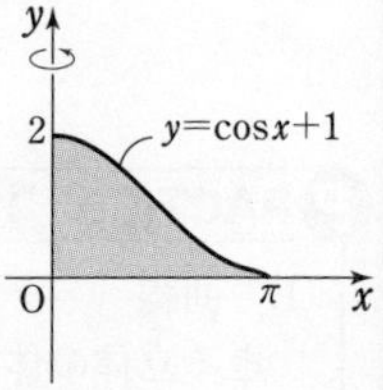

問題　$y=\sin x$ $(0 \leqq x \leqq \pi)$ と x 軸で囲まれた部分を y 軸の周りに 1 回転してできる立体の体積 V を公式 Ⓐ を利用しない方法と，利用する方法の 2 通りで求めよ。

（問題 の解答は解答編 $p.261$ にある）

STEP UP パップス-ギュルダンの定理

ここでは，回転体の体積の計算に役立つ定理を紹介しておこう。

平面上の曲線で囲まれた図形 A が，この平面上にあって A と交わらない1つの直線を軸として1回転してできる立体の体積は，A の重心が描く円周の長さと A の面積との積に等しい。

〔応用例〕1. 円 $x^2+(y-2)^2=1$ を x 軸の周りに1回転してできる回転体（円環体）の体積 V は，定理から

$$V=(2\pi\cdot 2)\cdot(\pi\cdot 1^2)=\boldsymbol{4\pi^2}$$

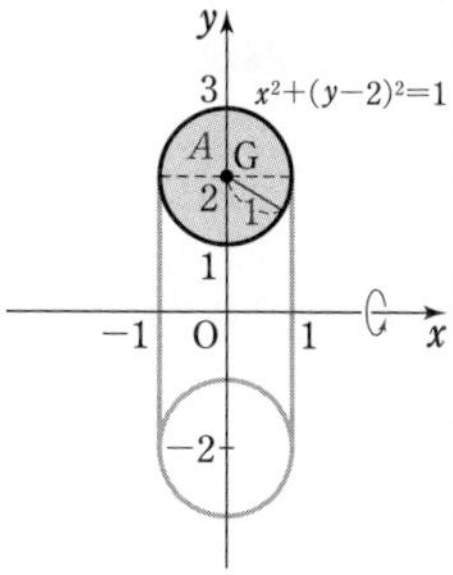

別解　定理を使わないで，体積を計算すると

$$V=2\pi\int_0^1\{(2+\sqrt{1-x^2})^2-(2-\sqrt{1-x^2})^2\}\,dx$$

$$=16\pi\int_0^1\sqrt{1-x^2}\,dx=16\pi\cdot\frac{1}{4}\pi\cdot 1^2=\boldsymbol{4\pi^2}$$

〔応用例〕2. 曲線 $y=\sin x$ $(0\leqq x\leqq\pi)$ と x 軸で囲まれた図形 A を y 軸の周りに1回転してできる回転体の体積を V とする。
図形 A の面積 S は

$$S=\int_0^{\pi}\sin x\,dx=\Big[-\cos x\Big]_0^{\pi}=2$$

A の重心Gの x 座標は $x=\dfrac{\pi}{2}$ であるから　⬅ 図形 A は直線 $x=\dfrac{\pi}{2}$ に関して左右対称。

$$V=\left(2\pi\cdot\frac{\pi}{2}\right)\cdot 2=\boldsymbol{2\pi^2}$$

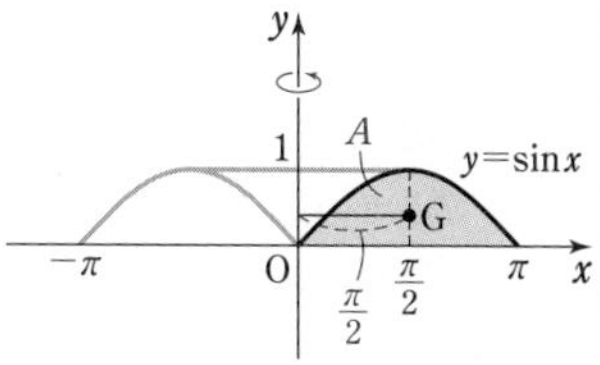

INFORMATION

上に示した **パップス-ギュルダンの定理**（証明略）を使うと，回転体の体積が簡単に求められる場合がある。
答案には使えないが，覚えておくと **検算** に役立つことがある。

問題　右図の斜線部分は，$0\leqq x\leqq\dfrac{\pi}{2}$ において，曲線 $y=\sin x$ と曲線 $y=1-\cos x$ で囲まれた図形である。

(1)　この図形の面積 S を求めよ。

(2)　この図形を x 軸の周りに1回転させたときにできる立体の体積 V を求めよ。

(3)　(1)と(2)で求めた S, V について，

$$V=S\times\left\{\text{図形の点対称の中心}\left(\frac{\pi}{4},\ \frac{1}{2}\right)\text{が1回転の間に動いた距離}\right\}$$

という関係が成り立つことを示せ。　〔類 図書館情報大〕

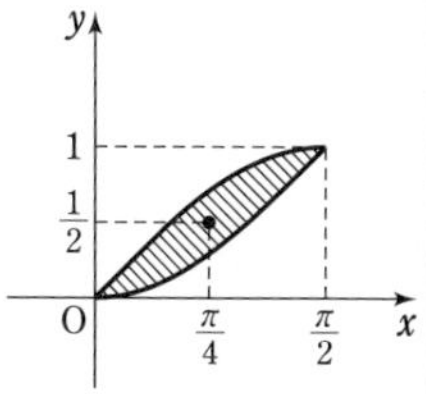

（問題の解答は解答編 p.261 にある）

基本 例題 170　回転体の体積（媒介変数）

曲線　$x=\tan\theta$，$y=\cos 2\theta$ $\left(-\dfrac{\pi}{2}<\theta<\dfrac{\pi}{2}\right)$ と x 軸で囲まれる部分を，x 軸の周りに1回転してできる立体の体積 V を求めよ。　〔類　東京都立大〕

基本 156, 166

CHART & SOLUTION

媒介変数 $x=f(\theta)$，$y=g(\theta)$ で表された曲線と体積 V

$$V=\pi\int_a^b y^2dx=\pi\int_\alpha^\beta\{g(\theta)\}^2f'(\theta)\,d\theta \qquad a=f(\alpha),\ b=f(\beta)$$

曲線と x 軸の交点の座標を求め，θ の値の変化に伴う x，y の値の変化を調べる。
置換積分法を利用 すると，媒介変数 θ のままで計算できる。

解答

$y=0$ とすると　$\cos 2\theta=0$ $(-\pi<2\theta<\pi)$

ゆえに　$2\theta=\pm\dfrac{\pi}{2}$　すなわち　$\theta=\pm\dfrac{\pi}{4}$

このとき　$x=\pm 1$（複号同順）

$$\frac{dx}{d\theta}=\frac{1}{\cos^2\theta},\quad \frac{dy}{d\theta}=-2\sin 2\theta$$

θ	$-\frac{\pi}{2}$	…	$-\frac{\pi}{4}$	…	0	…	$\frac{\pi}{4}$	…	$\frac{\pi}{2}$
$\frac{dx}{d\theta}$	／	+	+	+	+	+	+	+	／
x	／	→	−1	→	0	→	1	→	／
$\frac{dy}{d\theta}$	／	+	+	+	0	−	−	−	／
y	／	↑	0	↑	1	↓	0	↓	／

θ の値に対応した x，y の値の変化は右の表のようになり，曲線と x 軸で囲まれるのは　$-\dfrac{\pi}{4}\leqq\theta\leqq\dfrac{\pi}{4}$　のときである。

x	$-1\longrightarrow 1$
θ	$-\frac{\pi}{4}\longrightarrow\frac{\pi}{4}$

また　$dx=\dfrac{1}{\cos^2\theta}d\theta$

よって，求める体積 V は

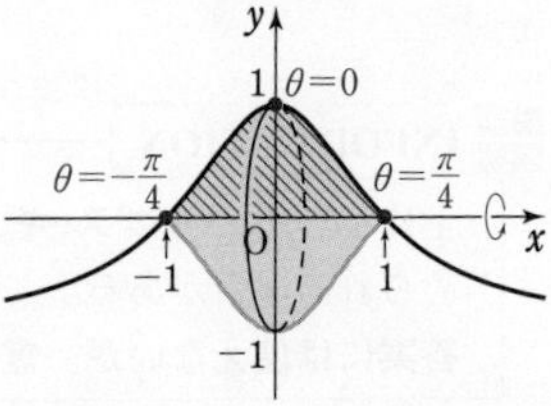

$$V=\pi\int_{-1}^1 y^2dx=\pi\int_{-\frac{\pi}{4}}^{\frac{\pi}{4}}\cos^2 2\theta\cdot\frac{1}{\cos^2\theta}d\theta$$

$$=\pi\int_{-\frac{\pi}{4}}^{\frac{\pi}{4}}(2\cos^2\theta-1)^2\cdot\frac{1}{\cos^2\theta}d\theta=2\pi\int_0^{\frac{\pi}{4}}\left(4\cos^2\theta-4+\frac{1}{\cos^2\theta}\right)d\theta$$

⇦ 曲線は y 軸に関して対称。

$$=2\pi\int_0^{\frac{\pi}{4}}\left(2\cos 2\theta-2+\frac{1}{\cos^2\theta}\right)d\theta=2\pi\Big[\sin 2\theta-2\theta+\tan\theta\Big]_0^{\frac{\pi}{4}}$$

⇦ $\cos^2\theta=\dfrac{1+\cos 2\theta}{2}$

$$=2\pi\left(1-\frac{\pi}{2}+1\right)=\boldsymbol{\pi(4-\pi)}$$

PRACTICE 170③

曲線 C：$x=\cos t$，$y=2\sin^3 t$ $\left(0\leqq t\leqq\dfrac{\pi}{2}\right)$ がある。　〔大阪工大〕

(1)　曲線 C と x 軸および y 軸で囲まれる図形の面積を求めよ。

(2)　(1)で考えた図形を y 軸の周りに1回転させて得られる回転体の体積を求めよ。

まとめ　体積の求め方

これまで学んだ体積の求め方について，まとめておこう。

1　基本 …… 断面積をつかむ

x 軸に垂直な平面で切ったときの断面積が，x についての関数 $S(x)$ で表されるとき，2つの平面 $x=a$，$x=b$ $(a<b)$ の間にある立体の体積 V は

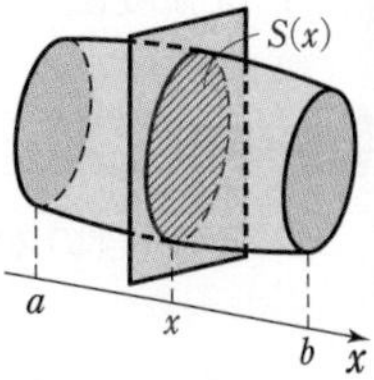

$$V=\int_a^b S(x)\,dx$$

→ 基本 164, 165

2　x 軸の周りの回転体

$S(x)=\pi y^2$
$=\pi\{f(x)\}^2$

から

$$V=\pi\int_a^b y^2dx$$
$$=\pi\int_a^b \{f(x)\}^2dx$$

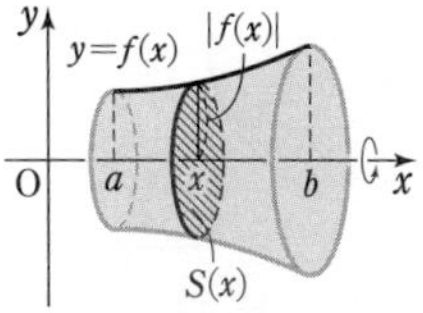

→ CHECK&CHECK 36

3　y 軸の周りの回転体

$S(y)=\pi x^2$
$=\pi\{g(y)\}^2$

から

$$V=\pi\int_c^d x^2dy$$
$$=\pi\int_c^d \{g(y)\}^2dy$$

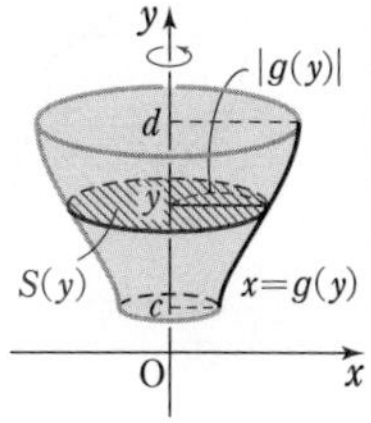

→ CHECK&CHECK 37，基本 168 (1)

注意　y 軸の周りの回転体で，曲線の方程式が $y=f(x)$ の形で与えられている場合

(1)　x について解いて $x=g(y)$ とし，3 の解法を利用する。

(2)　$dy=f'(x)dx$ から $V=\pi\int_\alpha^\beta x^2f'(x)\,dx$ の置換積分法を利用する。　→ 基本 169

4　2曲線で囲まれる部分の回転体

$a\leqq x\leqq b$ において，$f(x)\geqq g(x)\geqq 0$ のとき，2曲線 $y=f(x)$ と $y=g(x)$，および2直線 $x=a$ と $x=b$ で囲まれた図形を x 軸の周りに1回転してできる回転体の体積 V は

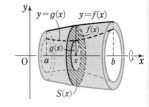

$$V=\pi\int_a^b \{f(x)\}^2dx-\pi\int_a^b \{g(x)\}^2dx$$
$$=\pi\int_a^b [\{f(x)\}^2-\{g(x)\}^2]\,dx$$

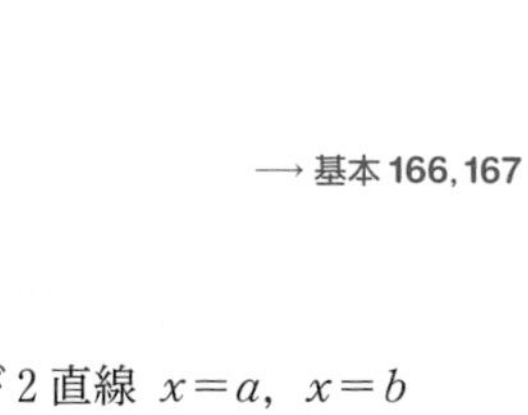

注意　$V=\pi\int_a^b \{f(x)-g(x)\}^2dx$ ではないことに注意！　→ 基本 166, 167

5　媒介変数で表された場合

媒介変数で表された曲線 $x=f(\theta)$，$y=g(\theta)$ と x 軸および2直線 $x=a$，$x=b$ $(a<b)$ とで囲まれた図形を x 軸の周りに1回転してできる回転体の体積 V は

x	$a \longrightarrow b$
θ	$\alpha \longrightarrow \beta$

$$V=\pi\int_a^b y^2dx=\pi\int_\alpha^\beta y^2\frac{dx}{d\theta}\,d\theta=\pi\int_\alpha^\beta \{g(\theta)\}^2f'(\theta)\,d\theta$$

(ただし，$a=f(\alpha)$，$b=f(\beta)$)

→ 基本 170

基本 例題 171 容器からこぼれ出た水の量

水を満たした半径 r の半球形の容器がある。これを静かに角 α だけ傾けたとき，こぼれ出た水の量を r，α で表せ。（α は弧度法で表された角とする。）

基本 166

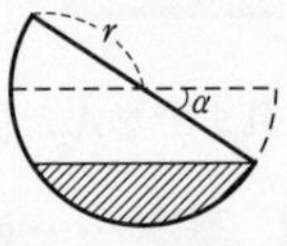

CHART & SOLUTION

球やその一部の体積を求めるには，円の回転体の体積を利用 する。…… ❗

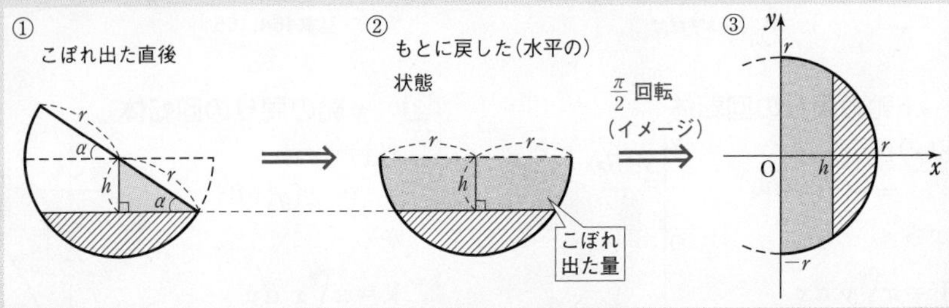

③ の図のようにして，座標を利用する と，求める水の量を定積分で計算できる。
↑計算がしやすいように x 軸，y 軸を定める。

また，① の図に注目すると，水面の下がった量 h は r，α で表される（三角関数を利用）。

解答

図のように座標軸をとる。

水がこぼれ出た後，水面が h だけ下がったとすると　　$h=r\sin\alpha$

流れ出た水の量は，右図の赤い部分を x 軸の周りに 1 回転してできる回転体の体積に等しい。

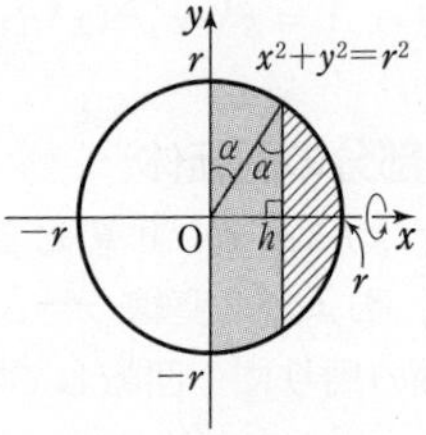

⇦ CHART&SOLUTION の ① の図で，灰色に塗った直角三角形に注目。

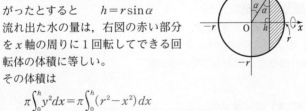

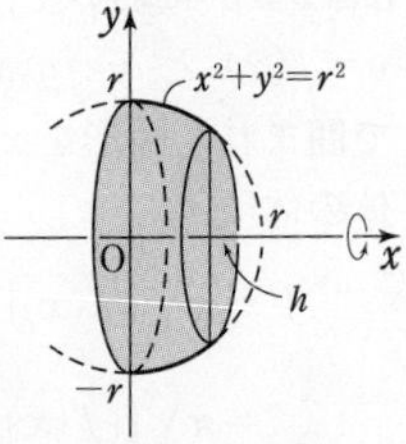

その体積は

❗ $$\pi\int_0^h y^2dx=\pi\int_0^h(r^2-x^2)\,dx$$

$$=\pi\left[r^2x-\frac{x^3}{3}\right]_0^h=\pi\left(r^2h-\frac{h^3}{3}\right)$$

$$=\frac{\pi}{3}h(3r^2-h^2)=\frac{\pi}{3}r\sin\alpha(3r^2-r^2\sin^2\alpha)$$

$$=\boldsymbol{\frac{\pi}{3}r^3\sin\alpha(3-\sin^2\alpha)}$$

⇦ $h=r\sin\alpha$ を代入。

PRACTICE 171 ③

水を満たした半径 2 の半球形の容器がある。これを静かに角 α 傾けたとき，水面が h だけ下がり，こぼれ出た水の量と容器に残った水の量の比が 11：5 になった。h と α の値を求めよ。ただし，α は弧度法で答えよ。　　〔類 筑波大〕

重要 例題 172 直線の周りの回転体の体積

曲線 $y=-\sqrt{2}x^2+x$ ……① と直線 $y=-x$ ……② とで囲まれる部分を，直線②の周りに1回転してできる立体の体積 V を求めよ。〔類 大阪電通大〕

基本 165, 166

CHART & THINKING

回転体の体積　断面積をつかむ

回転軸は直線②であるから，今までのように座標軸に対して垂直な平面で立体を切った断面ではだめ。どのような平面で立体を切ると断面積の計算がしやすいだろうか？

⟶ 直線②を新しく t 軸として，t 軸に垂直な平面で切断したときの断面積を考えるとよい。

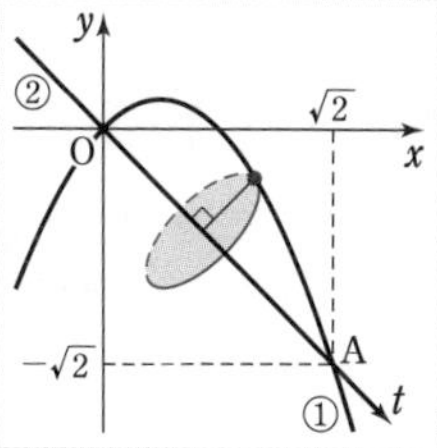

解答

曲線①と直線②の交点の x 座標は，

$-\sqrt{2}x^2+x=-x$ の解であるから，

これを解いて　　$x=0,\ \sqrt{2}$

①上に点 $P(x,\ -\sqrt{2}x^2+x)$

$(0\leqq x\leqq\sqrt{2})$ をとり，P から直線②に垂線 PH を引く。

PH$=h$，OH$=t$ とする。

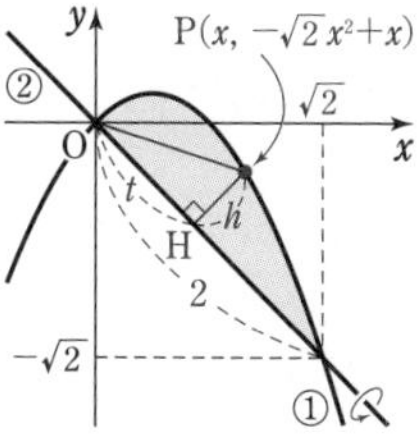

このとき　$h=\dfrac{|x+(-\sqrt{2}x^2+x)|}{\sqrt{1^2+1^2}}=|-x^2+\sqrt{2}x|$

また，△OPH は直角三角形であるから，$OH^2=OP^2-PH^2$

より　　$t^2=\{x^2+(-\sqrt{2}x^2+x)^2\}-(x^4-2\sqrt{2}x^3+2x^2)$

$=x^4$

$t\geqq0$ であるから　　$t=x^2$

よって　　$dt=2x\,dx$

t と x の対応は右のようになるから

t	$0\longrightarrow2$
x	$0\longrightarrow\sqrt{2}$

$$V=\pi\int_0^2h^2dt=\pi\int_0^{\sqrt{2}}(-x^2+\sqrt{2}x)^2\cdot2x\,dx$$

$$=2\pi\int_0^{\sqrt{2}}(x^5-2\sqrt{2}x^4+2x^3)\,dx$$

$$=2\pi\left[\frac{x^6}{6}-\frac{2\sqrt{2}}{5}x^5+\frac{x^4}{2}\right]_0^{\sqrt{2}}=2\pi\left(\frac{4}{3}-\frac{16}{5}+2\right)=\boldsymbol{\frac{4}{15}\pi}$$

inf. 体積を求める手順

図より $\pi\int_a^b h^2dt$ が体積であるから，直線②上の積分区間 $[a,\ b]$ を求め，次に h，dt を x で表すことを考える。

⇐ 点 $(x_1,\ y_1)$ と直線 $ax+by+c=0$ との距離 d は

$$d=\frac{|ax_1+by_1+c|}{\sqrt{a^2+b^2}}$$

⇐ $A(\sqrt{2},\ -\sqrt{2})$ とすると OA$=2$ から，t 軸の積分区間は $[0,\ 2]$，断面積は πh^2 である。

このtについての積分を，置換積分の要領で x の積分に直して計算する。

PRACTICE 172⑤

曲線 $C: y=x^3$ 上に2点 O(0, 0)，A(1, 1) をとる。曲線 C と線分 OA で囲まれた部分を，直線 OA の周りに1回転してできる回転体の体積 V を求めよ。

重要 例題 173　連立不等式で表される立体の体積

xyz 空間において，次の連立不等式が表す立体を考える。

$$0 \leqq x \leqq 1,\ 0 \leqq y \leqq 1,\ 0 \leqq z \leqq 1,\ x^2+y^2+z^2-2xy-1 \geqq 0$$

(1) この立体を平面 $z=t$ で切ったときの断面を xy 平面に図示し，この断面の面積 $S(t)$ を求めよ。

(2) この立体の体積 V を求めよ。　〔北海道大〕　基本 165

CHART & SOLUTION

この問題では，連立不等式から立体のようすがイメージできない。
そのような場合も **断面積** を求め，**積分** すればよい。
この問題では，(1) で指定されているように，z 軸に垂直な平面 $z=t$ で切ったときの切断面を考える。

解答

(1) $0 \leqq z \leqq 1$ であるから　$0 \leqq t \leqq 1$

$x^2+y^2+z^2-2xy-1 \geqq 0$ において，$z=t$ とすると

$$x^2+y^2+t^2-2xy-1 \geqq 0$$

よって　$(y-x)^2 \geqq 1-t^2$

すなわち　$y-x \leqq -\sqrt{1-t^2}$ または $\sqrt{1-t^2} \leqq y-x$

ゆえに　$y \leqq x-\sqrt{1-t^2}$　または　$y \geqq x+\sqrt{1-t^2}$

よって，平面 $z=t$ で切ったときの断面は，**右図の斜線部分** である。
ただし，**境界線を含む**。

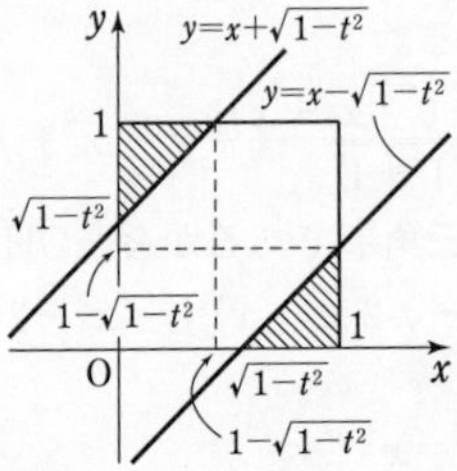

また　$S(t)=2\cdot\dfrac{1}{2}(1-\sqrt{1-t^2})^2$

$$=\boldsymbol{(1-\sqrt{1-t^2})^2}$$

(2) $V=\displaystyle\int_0^1 S(t)\,dt=\int_0^1 (1-\sqrt{1-t^2})^2 dt$

$$=\int_0^1 (2-t^2-2\sqrt{1-t^2})\,dt=\left[2t-\frac{t^3}{3}\right]_0^1-2\int_0^1\sqrt{1-t^2}\,dt$$

$\displaystyle\int_0^1\sqrt{1-t^2}\,dt$ は半径が 1 の四分円の面積を表すから

$$V=2-\frac{1}{3}-2\cdot\frac{1}{4}\cdot\pi\cdot 1^2=\boldsymbol{\frac{5}{3}-\frac{\pi}{2}}$$

⇐ $z=t$ を代入すれば，断面の関係式（xy 平面に平行な平面上）がわかる。

⇐ $X^2 \geqq A^2$ $(A \geqq 0)$ $\iff X \leqq -A,\ A \leqq X$

⇐ $T=\sqrt{1-t^2}$ とおくと，断面は直線 $y=x+T$ の上側，$y=x-T$ の下側で，$0 \leqq x \leqq 1$, $0 \leqq y \leqq 1$, $0 \leqq T \leqq 1$ である。

⇐ 2 つの合同な直角二等辺三角形の面積の合計。

⇐ 積分区間は $0 \leqq t \leqq 1$

⇐ $t=\sin\theta$ の置換積分法より，図形的意味を考えた方が早い。

PRACTICE 173[5]

r を正の実数とする。xyz 空間において，連立不等式

$$x^2+y^2 \leqq r^2,\ y^2+z^2 \geqq r^2,\ z^2+x^2 \leqq r^2$$

を満たす点全体からなる立体の体積を，平面 $x=t$ $(0 \leqq t \leqq r)$ による切り口を考えることにより求めよ。

重要 例題 174 空間の直線を回転してできる立体の体積

座標空間内の2点A(0, 1, 0), B(1, 0, 2)を通る直線をℓとし，直線ℓをx軸の周りに1回転して得られる図形をMとする。

(1) x座標の値がtであるような直線ℓ上の点Pの座標を求めよ。

(2) 図形Mと2つの平面 $x=0$ と $x=1$ で囲まれた立体の体積を求めよ。

〔類 北海道大〕 基本 165, 166

CHART & SOLUTION

回転体の体積　断面積をつかむ

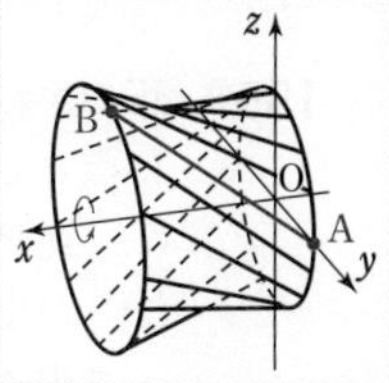

(1) 直線ℓと平面 $x=t$ の交点の座標を求めるには，直線ℓのベクトル方程式（「チャート式解法と演習数学C」第2章参照）を利用する。2点A($\vec{a}$), B($\vec{b}$)を通る直線のベクトル方程式は

$\vec{p}=\vec{a}+s(\vec{b}-\vec{a})$ (sは実数)

(2) 図形Mを点Pを通りx軸に垂直な平面 $x=t$ で切ると，断面は点Pとx軸の距離を半径とする円である。……❗

解答

(1) 直線ℓ上の点Cは，Oを原点，sを実数として，

$\overrightarrow{OC}=\overrightarrow{OA}+s\overrightarrow{AB}$ と表され

$\overrightarrow{OC}=(0,\ 1,\ 0)+s(1,\ -1,\ 2)$

$=(s,\ 1-s,\ 2s)$

よって，x座標がtである点Pの座標は，$s=t$ として

P(t, $1-t$, $2t$)

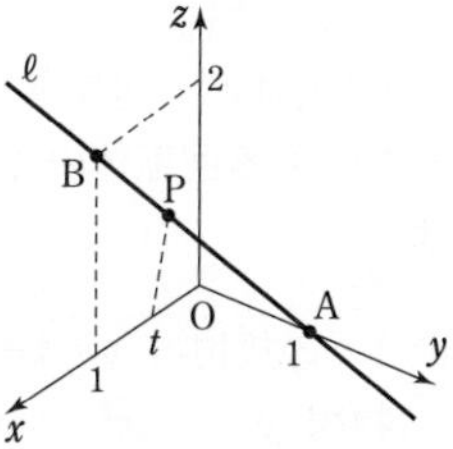

(1) 左では丁寧に示したが，
$\overrightarrow{OA}=(0,\ 1,\ 0)$
$\overrightarrow{AB}=(1,\ -1,\ 2)$
から，$\overrightarrow{OA}+t\overrightarrow{AB}$ のx成分がtとなることに着目し，最初から
$\overrightarrow{OP}=\overrightarrow{OA}+t\overrightarrow{AB}$
としてもよい。

❗ (2) 図形Mを平面 $x=t$ で切ったときの断面は，

中心が点$(t,\ 0,\ 0)$，半径 $\sqrt{(1-t)^2+(2t)^2}$ の円である。ゆえに，その断面積を$S(t)$とすると

$$S(t)=\pi(5t^2-2t+1)$$

よって，求める体積Vは

$$V=\int_0^1 S(t)\,dt=\pi\int_0^1(5t^2-2t+1)\,dt$$

$$=\pi\left[\frac{5}{3}t^3-t^2+t\right]_0^1=\frac{5}{3}\pi$$

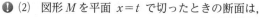

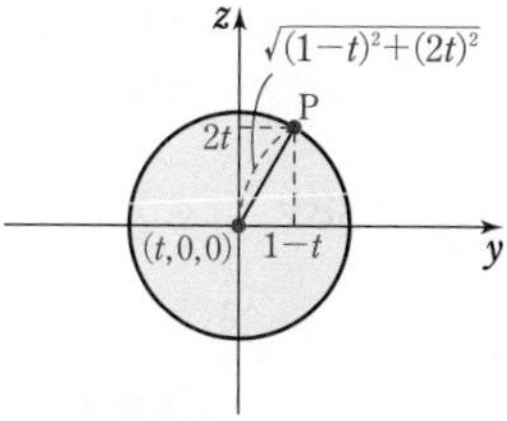

⇧ 平面 $x=t$ で切ったときの断面

PRACTICE 174⑤

xyz空間において，2点P(1, 0, 1), Q(−1, 1, 0)を考える。線分PQをx軸の周りに1回転して得られる立体をSとする。立体Sと，2つの平面 $x=1$ および $x=-1$ で囲まれる立体の体積を求めよ。

〔類 早稲田大〕

EXERCISES　　19 体積

A

133② 座標空間において，2つの不等式 $x^2+y^2\leqq 1$，$0\leqq z\leqq 3$ を同時に満たす円柱がある。y 軸を含み xy 平面と $\dfrac{\pi}{4}$ の角度をなし，点 $(1,\ 0,\ 1)$ を通る平面でこの円柱を2つの立体に分けるとき，点 $(1,\ 0,\ 0)$ を含む立体の体積 V を求めよ。　〔類 立命館大〕 164, 165

134③ $\alpha>0$ とする。2つの曲線 $y=x^{\alpha}$ と $y=x^{2\alpha}$ $(x\geqq 0)$ で囲まれる図形を D とする。α を $\alpha>0$ の範囲で動かすとき，D を x 軸の周りに1回転させてできる立体の体積 V の最大値を求めよ。　〔類 名古屋市大〕 166

135③ 正の実数 a に対し，曲線 $y=e^{ax}$ を C とする。原点を通る直線 ℓ が曲線 C に点Pで接している。C，ℓ および y 軸で囲まれた図形を D とする。

(1)　点Pの座標を a を用いて表せ。

(2)　D を y 軸の周りに1回転してできる回転体の体積が 2π のとき，a の値を求めよ。　〔類 東京電機大〕 168

136② a，b は正の実数とする。放物線 $C : y=ax^2$，y 軸，直線 $y=ab^2$ で囲まれる領域 A，および放物線 C，x 軸，直線 $x=b$ で囲まれる領域 B がある。領域 A を y 軸の周りに1回転させてできる回転体と領域 B を x 軸の周りに1回転させてできる回転体の体積が等しいとき，a と b の間に成り立つ関係を求めよ。 168

137③ 座標平面上の2つの放物線 $y=4-x^2$ と $y=ax^2$ $(a>0)$ について

(1)　2つの放物線 $y=4-x^2$ と $y=ax^2$ および x 軸で囲まれた図形を y 軸の周りに1回転してできる回転体の体積 V_1 を求めよ。

(2)　2つの放物線 $y=4-x^2$ と $y=ax^2$ で囲まれた図形を y 軸の周りに1回転してできる回転体の体積を V_2 とする。$V_1=V_2$ のとき，a の値を求めよ。　〔類 信州大〕 168

B

138④ 正の定数 t について，xy 平面上の曲線 $y=\log x$ と x 軸および2直線 $x=t$，$x=t+\dfrac{3}{2}$ で囲まれた図形を，x 軸の周りに1回転してできる立体の体積を $V(t)$ とする。

(1)　$t>0$ において $V(t)$ が最小になる t の値を求めよ。

(2)　$t>0$ における $V(t)$ の最小値を求めよ。 166

HINT

133　y 軸に垂直な平面で切ったときの断面は直角二等辺三角形である。

137　(2)　放物線 $y=4-x^2$ と x 軸で囲まれた図形を y 軸の周りに1回転してできる回転体の体積を V とすると，$V_1=V_2$ のとき $V=V_1+V_2=2V_1$ となる。V_2 を計算する必要がない。

138　(1)　$\dfrac{d}{dt}\displaystyle\int_{h(t)}^{g(t)} f(x)\,dx=f(g(t))g'(t)-f(h(t))h'(t)$ （$p.221$ 参照）を利用。

EXERCISES　19 体　積

B

139❹ $0 \leqq x \leqq \pi$ において，2 曲線 $y=\sin\left|x-\dfrac{\pi}{2}\right|$，$y=\cos 2x$ で囲まれた図形を D とする。

(1) D の面積を求めよ。

(2) D を x 軸の周りに 1 回転させてできる回転体の体積 V を求めよ。

〔名古屋工大〕 ➲167

140❹ 座標平面上の曲線 C を，媒介変数 $0 \leqq t \leqq 1$ を用いて $\begin{cases} x=1-t^2 \\ y=t-t^3 \end{cases}$ と定める。

(1) 曲線 C の概形をかけ。

(2) 曲線 C と x 軸で囲まれた部分が，y 軸の周りに 1 回転してできる回転体の体積を求めよ。

〔神戸大〕 ➲168, 170

141❺ xy 平面上の $x \geqq 0$ の範囲で，直線 $y=x$ と曲線 $y=x^n$ ($n=2,\ 3,\ 4,\ \cdots\cdots$) により囲まれる部分を D とする。D を直線 $y=x$ の周りに回転してできる回転体の体積を V_n とするとき

(1) V_n を求めよ。　　(2) $\displaystyle\lim_{n\to\infty} V_n$ を求めよ。

〔横浜国大〕 ➲172

142❺ (1) 平面で，辺の長さが 4 の正方形の辺に沿って，半径 r $(r \leqq 1)$ の円の中心が 1 周するとき，この円が通過する部分の面積 $S(r)$ を求めよ。

(2) 空間で，辺の長さが 4 の正方形の辺に沿って，半径 1 の球の中心が 1 周するとき，この球が通過する部分の体積 V を求めよ。

〔滋賀医大〕

143❺ xyz 空間内に 2 点 $\mathrm{P}(u,\ u,\ 0)$，$\mathrm{Q}(u,\ 0,\ \sqrt{1-u^2})$ を考える。u が 0 から 1 まで動くとき，線分 PQ が通過してできる曲面を S とする。

(1) 点 $(u,\ 0,\ 0)$ $(0 \leqq u \leqq 1)$ と線分 PQ の距離を求めよ。

(2) 曲面 S を x 軸の周りに 1 回転させて得られる立体の体積 V を求めよ。

〔東北大〕 ➲174

HINT

139 (2) **回転体では図形を一方に集結**　x 軸より下側の部分を対称移動して考える。

140 (1) $\dfrac{dx}{dt}$，$\dfrac{dy}{dt}$ を求め，t の値に対する x，y それぞれの増減を調べる。

141 (1) 曲線 $y=x^n$ 上の点 $\mathrm{P}(x,\ x^n)$ から直線 $y=x$ に垂線 PH を引く。
$\mathrm{PH}=h$，$\mathrm{OH}=t$ $(0 \leqq t \leqq \sqrt{2})$ とすると，$V=\pi\displaystyle\int_0^{\sqrt{2}} h^2 dt$ と表せる。

142 (2) 正方形を xy 平面上に置き，立体の平面 $z=t$ $(-1 \leqq t \leqq 1)$ による切断面の面積を t の式で表せばよい。切断面は，円が通過してできる立体である。(1) の結果を利用する。

143 (2) 平面 $x=u$ による断面を考える。線分 PQ を点 $\mathrm{O}'(u,\ 0,\ 0)$ の周りに回転させた断面はドーナツ状になる。断面積を求めるには内側の半径と外側の半径が必要であり，内側の半径は (1) の点 O′ と線分 PQ の距離である。外側の半径は O′P と O′Q の長い方である。

20 種々の量の計算

基本事項

1 速度と位置，道のり

① **数直線上を運動する点と道のり**

数直線上を運動する点Pの時刻 t における座標を $x=f(t)$，速度を v とすると

[1] Pの $t=t_1$ から $t=t_2$ までの位置の変化量は　$\boldsymbol{f(t_2)-f(t_1)=\int_{t_1}^{t_2}v\,dt}$

[2] 時刻 $t=t_2$ におけるPの座標は　$\boldsymbol{x=f(t_2)=f(t_1)+\int_{t_1}^{t_2}v\,dt}$

[3] 時刻 t_1 から t_2 までにPが通過する道のり s は　$\boldsymbol{s=\int_{t_1}^{t_2}|v|\,dt}$

② **座標平面上を運動する点と道のり**

座標平面上を運動する点Pの時刻 t における座標を $(x,\ y)$，速度を $\vec{v}$ とすると，時刻 t_1 から t_2 までにPが通過する道のり s は

$$\boldsymbol{s=\int_{t_1}^{t_2}\sqrt{\left(\frac{dx}{dt}\right)^2+\left(\frac{dy}{dt}\right)^2}\,dt=\int_{t_1}^{t_2}|\vec{v}|\,dt}$$

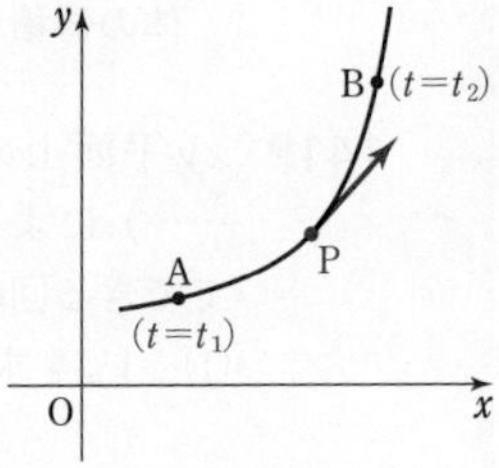

2 曲線の長さ

① **媒介変数表示された曲線の長さ**

曲線 $x=f(t)$，$y=g(t)$ $(a\leqq t\leqq b)$ の長さ L は

$$\boldsymbol{L=\int_a^b\sqrt{\left(\frac{dx}{dt}\right)^2+\left(\frac{dy}{dt}\right)^2}\,dt=\int_a^b\sqrt{\{f'(t)\}^2+\{g'(t)\}^2}\,dt}$$

② **曲線 $y=f(x)$ の長さ**

曲線 $y=f(x)$ $(a\leqq x\leqq b)$ の長さ L は

$$\boldsymbol{L=\int_a^b\sqrt{1+\{f'(x)\}^2}\,dx=\int_a^b\sqrt{1+y'^2}\,dx}$$

CHECK & CHECK

38 数直線上を運動する点Pの時刻 t における速度 v が $v=t^3$ で与えられ，$t=0$ のときPは原点にいる。

(1) $t=2$ のときのPの座標 x を求めよ。

(2) $t=0$ から $t=2$ までのPの道のり s を求めよ。　1

39 (1) 曲線 $x=t^2$，$y=t^3$ $(0\leqq t\leqq\sqrt{5})$ の弧の長さ L を求めよ。

(2) 曲線 $y=\sqrt{x^3}$ $(0\leqq x\leqq 5)$ の弧の長さ L を求めよ。　2

基本 例題 175 数直線上を運動する点と道のり

原点を出発して x 軸上を運動する点Pの時刻 t における速度 v が $v=\sqrt{3}\sin\pi t+\cos\pi t$ で与えられ，$t=0$ のときPは原点にいる。

(1) 点Pが出発後初めて停止する瞬間の点Pの座標を求めよ。

(2) 出発後 $t=2$ までに，点Pの動いた道のりを求めよ。 p.278 基本事項 1

CHART & SOLUTION

点Pの位置 $\longrightarrow$ $x_0+\int_0^t v\,dt$ $\left(\begin{array}{l}\text{例題では}\\ x_0=0,\ t\geqq 0\end{array}\right)$　　**道のり** $\longrightarrow$ $\int_0^t |v|\,dt$

v の正負と，時刻 t との関係をつかむ。それには，与えられた v の式は，このままでは扱いにくい。よって，**三角関数の合成** により v を変形し，v のグラフをかいてみるとわかりやすい。

解答

(1) $v=\sqrt{3}\sin\pi t+\cos\pi t=2\sin\pi\left(t+\dfrac{1}{6}\right)$

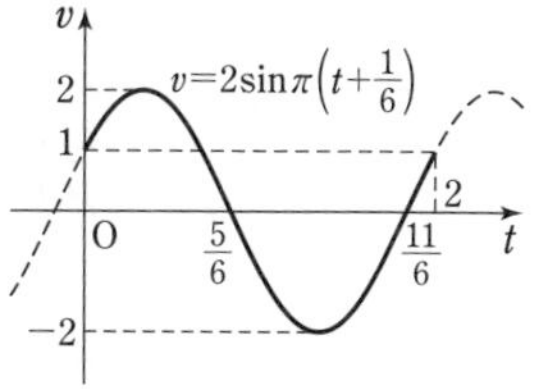

この関数のグラフは右の図のようになる。

点Pが出発後初めて停止する時刻は $v=0$ となる t の最小値（$t\geqq 0$）であり，$\pi\left(t+\dfrac{1}{6}\right)=\pi$ から　$t=\dfrac{5}{6}$

よって，そのときの点Pの座標 x は

$$x=0+\int_0^{\frac{5}{6}}v\,dt=2\int_0^{\frac{5}{6}}\sin\pi\left(t+\frac{1}{6}\right)dt=2\int_{\frac{\pi}{6}}^{\pi}\frac{1}{\pi}\sin\theta\,d\theta$$

$$=\frac{2}{\pi}\Big[-\cos\theta\Big]_{\frac{\pi}{6}}^{\pi}=\frac{2}{\pi}\left(1+\frac{\sqrt{3}}{2}\right)=\boldsymbol{\frac{2+\sqrt{3}}{\pi}}$$

⇐ $\pi\left(t+\dfrac{1}{6}\right)=\theta$ とおくと

$\pi\,dt=d\theta$

t	$0\longrightarrow\dfrac{5}{6}$
θ	$\dfrac{\pi}{6}\longrightarrow\pi$

(2) 求める道のりを s とすると

$$s=\int_0^2|v|\,dt=\int_0^2\left|2\sin\pi\left(t+\frac{1}{6}\right)\right|dt=2\int_{\frac{\pi}{6}}^{\frac{13}{6}\pi}\frac{1}{\pi}|\sin\theta|\,d\theta$$

$$=\frac{2}{\pi}\left(\int_{\frac{\pi}{6}}^{\pi}\sin\theta\,d\theta-\int_{\pi}^{2\pi}\sin\theta\,d\theta+\int_{2\pi}^{\frac{13}{6}\pi}\sin\theta\,d\theta\right)$$

$$=\frac{2}{\pi}\left(\Big[-\cos\theta\Big]_{\frac{\pi}{6}}^{\pi}+\Big[\cos\theta\Big]_{\pi}^{2\pi}+\Big[-\cos\theta\Big]_{2\pi}^{\frac{13}{6}\pi}\right)=\frac{2}{\pi}\cdot 4=\boldsymbol{\frac{8}{\pi}}$$

⇐ $\dfrac{\pi}{6}\leqq\theta\leqq\pi$，$2\pi\leqq\theta\leqq\dfrac{13}{6}\pi$ のとき $\sin\theta\geqq 0$

$\pi\leqq\theta\leqq 2\pi$ のとき $\sin\theta\leqq 0$

PRACTICE 175②

x 軸上を動く 2 点P，Qが同時に原点を出発して，t 秒後の速度はそれぞれ $\sin\pi t$，$2\sin 2\pi t$ (cm/s) である。

(1) 出発してから 2 点が重なるのは何秒後か。

(2) 出発してから初めて 2 点が重なるまでにQが動いた道のりを求めよ。

基本 例題 176 座標平面上を運動する点と道のり

xy 平面上を運動する点Pの時刻 t における座標が $x=t-\sin t$, $y=1-\cos t$ で表されている。$t=0$ から $t=\pi$ までに点Pが動く道のり s を求めよ。

p.278 基本事項 1, 基本 175

CHART & SOLUTION

道のり は |速度| の定積分

位置 $\underset{積分}{\overset{微分}{\rightleftarrows}}$ 速度 $\underset{積分}{\overset{微分}{\rightleftarrows}}$ 加速度 の関係に注意。

解答

$$\frac{dx}{dt}=1-\cos t,\ \frac{dy}{dt}=\sin t$$

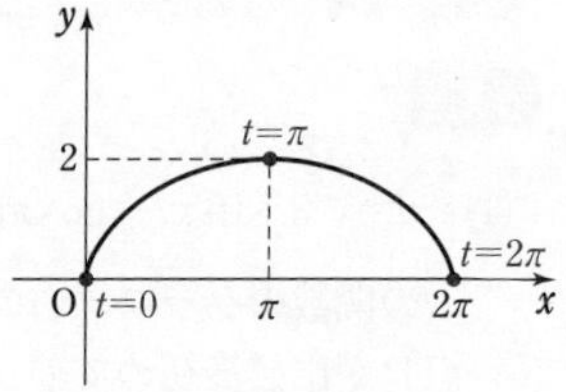

よって $\quad s=\displaystyle\int_0^{\pi}\sqrt{\left(\frac{dx}{dt}\right)^2+\left(\frac{dy}{dt}\right)^2}\,dt$

ここで

$$\sqrt{\left(\frac{dx}{dt}\right)^2+\left(\frac{dy}{dt}\right)^2}=\sqrt{(1-\cos t)^2+\sin^2 t}$$
$$=\sqrt{1-2\cos t+\cos^2 t+\sin^2 t}$$
$$=\sqrt{2(1-\cos t)}$$
$$=\sqrt{2\cdot 2\sin^2\frac{t}{2}}$$
$$=\sqrt{\left(2\sin\frac{t}{2}\right)^2}$$
$$=\left|2\sin\frac{t}{2}\right|$$

⇐ $\sin^2 t+\cos^2 t=1$

⇐ 半角の公式

$0\leqq t\leqq\pi$ のとき, $\sin\dfrac{t}{2}\geqq 0$ であるから

$$s=\int_0^{\pi}2\sin\frac{t}{2}\,dt=2\left[-2\cos\frac{t}{2}\right]_0^{\pi}=4$$

inf. 点 $\mathrm{P}(x,\ y)$ の描く曲線は, **サイクロイド** (p.153 参照) である。

PRACTICE 176②

xy 平面上を運動する点Pの時刻 t における座標が $x=\dfrac{1}{2}t^2-4t$, $y=-\dfrac{1}{3}t^3+4t^2-16t$ であるとする。このとき, 加速度の大きさが最小となる時刻 T を求めよ。また, この T に対して $t=0$ から $t=T$ までの間に点Pが動く道のり s を求めよ。

基本 例題 177 曲線の長さ (1)

次の曲線の長さ L を求めよ。

(1) $x=a(t-\sin t)$, $y=a(1-\cos t)$ $(a>0,\ 0\leqq t\leqq 2\pi)$

(2) $y=\dfrac{3}{2}(e^{\frac{x}{3}}+e^{-\frac{x}{3}})$ $(-6\leqq x\leqq 6)$

p.278 基本事項 2, 基本 176

CHART & SOLUTION

曲線の長さ

(1) $\boldsymbol{L=\int_a^b\sqrt{\left(\dfrac{dx}{dt}\right)^2+\left(\dfrac{dy}{dt}\right)^2}\,dt}$ を利用。t の範囲に注意。

(2) $\boldsymbol{L=\int_a^b\sqrt{1+y'^2}\,dx}$ を利用。

解答

(1) $\dfrac{dx}{dt}=a(1-\cos t)$, $\dfrac{dy}{dt}=a\sin t$

よって $\left(\dfrac{dx}{dt}\right)^2+\left(\dfrac{dy}{dt}\right)^2=a^2\{(1-\cos t)^2+\sin^2 t\}$

$$=2a^2(1-\cos t)=4a^2\sin^2\frac{t}{2}\ *$$

$0\leqq t\leqq 2\pi$ のとき, $\sin\dfrac{t}{2}\geqq 0$ であるから

$$L=\int_0^{2\pi}\sqrt{4a^2\sin^2\frac{t}{2}}\,dt=2a\int_0^{2\pi}\sin\frac{t}{2}\,dt$$

$$=2a\left[-2\cos\frac{t}{2}\right]_0^{2\pi}=\boldsymbol{8a}$$

(2) $y'=\dfrac{3}{2}\left(\dfrac{1}{3}e^{\frac{x}{3}}-\dfrac{1}{3}e^{-\frac{x}{3}}\right)=\dfrac{1}{2}(e^{\frac{x}{3}}-e^{-\frac{x}{3}})$

よって $1+y'^2=1+\left\{\dfrac{1}{2}(e^{\frac{x}{3}}-e^{-\frac{x}{3}})\right\}^2=\dfrac{1}{4}(e^{\frac{x}{3}}+e^{-\frac{x}{3}})^2$

ゆえに $L=\displaystyle\int_{-6}^{6}\frac{1}{2}(e^{\frac{x}{3}}+e^{-\frac{x}{3}})\,dx$

$$=\frac{1}{2}\cdot 2\int_0^6(e^{\frac{x}{3}}+e^{-\frac{x}{3}})\,dx$$

$$=\left[3(e^{\frac{x}{3}}-e^{-\frac{x}{3}})\right]_0^6=\boldsymbol{3\left(e^2-\frac{1}{e^2}\right)}$$

＊後で $\sqrt{\ }$ が出てくるので $(\ \ )^2$ の形に変形しておく。p.280 基本例題 176 と同様の式変形。

inf. (1)の曲線は **サイクロイド** である (p.153 参照)。
(2)の曲線の一般形

$y=\dfrac{a}{2}(e^{\frac{x}{a}}+e^{-\frac{x}{a}})$ $(a>0)$

これを **カテナリー** (**懸垂線**(けんすいせん)) といい, ロープを, 両端を持ってつり下げたときにできる曲線であり, y 軸に関して対称 (偶関数) である。

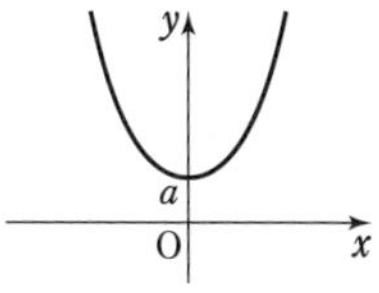

カテナリー (懸垂線)

PRACTICE 177❷

次の曲線の長さ L を求めよ。

(1) $\begin{cases}x=e^t\cos t\\ y=e^t\sin t\end{cases}$ $\left(0\leqq t\leqq\dfrac{\pi}{2}\right)$ 〔類 横浜国大〕 (2) $y=\dfrac{x^3}{3}+\dfrac{1}{4x}$ $(1\leqq x\leqq 3)$

重要 例題 178 曲線の長さ (2)

円 $C: x^2+y^2=9$ の内側を半径1の円Dが滑らずに転がる。時刻 t において，Dは点$(3\cos t,\ 3\sin t)$でCに接している。

(1) 時刻 $t=0$ において，点$(3,\ 0)$にあったD上の点Pの時刻 t における座標 $(x(t),\ y(t))$ を求めよ。ただし，$0 \leqq t \leqq \dfrac{2}{3}\pi$ とする。

(2) (1)の範囲で点Pの描く曲線の長さを求めよ。 〔類 早稲田大〕 基本 177

CHART & SOLUTION

(1) **ベクトル** を利用。円Dの中心をQとすると $\overrightarrow{OP}=\overrightarrow{OQ}+\overrightarrow{QP}$（Oは原点），更に円$D$と円$C$の接点をTとすると，$\overrightarrow{QP}$ とx軸の正の向きとのなす角は　$t-\angle PQT$

(2) 求める長さは　$\displaystyle\int_0^{\frac{2}{3}\pi}\sqrt{\{x'(t)\}^2+\{y'(t)\}^2}\,dt$

解答

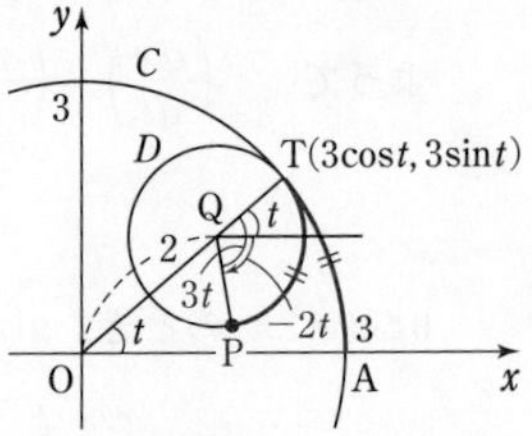

(1) A(3, 0), $T(3\cos t,\ 3\sin t)$ とする。
DとCが Tで接しているとき，Dの中心Qの座標は$(2\cos t,\ 2\sin t)$である。また，$\overset{\frown}{TP}=\overset{\frown}{TA}=3t$ より$\angle PQT=3t$ であるから，$\overrightarrow{QP}$ がx軸の正の向きとなす角は　$t-3t=-2t$　　Oを原点とすると

$$\begin{aligned}\overrightarrow{OP}&=\overrightarrow{OQ}+\overrightarrow{QP}\\&=(2\cos t,\ 2\sin t)+(\cos(-2t),\ \sin(-2t))\\&=\boldsymbol{(2\cos t+\cos 2t,\ 2\sin t-\sin 2t)}\end{aligned}$$

(2) $x'(t)=-2\sin t-2\sin 2t$, $y'(t)=2\cos t-2\cos 2t$ から

$$\begin{aligned}\{x'(t)\}^2+\{y'(t)\}^2&=4(\sin^2 t+2\sin t\sin 2t+\sin^2 2t)\\&\quad+4(\cos^2 t-2\cos t\cos 2t+\cos^2 2t)\\&=4(2-2\cos 3t)=16\sin^2\frac{3}{2}t\end{aligned}$$

$0 \leqq t \leqq \dfrac{2}{3}\pi$ であるから　　$\sin\dfrac{3}{2}t \geqq 0$

よって，求める曲線の長さは

$$\int_0^{\frac{2}{3}\pi}\sqrt{16\sin^2\frac{3}{2}t}\,dt=\int_0^{\frac{2}{3}\pi}4\sin\frac{3}{2}t\,dt$$
$$=4\cdot\frac{2}{3}\left[-\cos\frac{3}{2}t\right]_0^{\frac{2}{3}\pi}=\boldsymbol{\frac{16}{3}}$$

inf. 半径r，中心角θの弧の長さは$r\theta$

⇐ $\sin^2\theta+\cos^2\theta=1$
$\cos t\cos 2t-\sin t\sin 2t$
$=\cos(t+2t)$

inf. $x'(t)$
$=-2\sin t(1+2\cos t)<0$
$\left(0<t<\dfrac{2}{3}\pi\right)$ より，$x(t)$は積分区間で単調に減少するから，Pは曲線上の同じ部分を2度通ることはない。

PRACTICE 178⑤

Cを，原点を中心とする単位円とする。長さ 2π のひもの一端を点A(1, 0)に固定し，他の一端Pは初め $P_0(1,\ 2\pi)$ に置く。この状態から，ひもをぴんと伸ばしたままPを反時計回りに動かしてCに巻きつけるとき，PがP_0から出発してAに到達するまでに描く曲線の長さを求めよ。 〔東京電機大〕

重要 例題 179 量と積分

(1) 曲線 $y=e^{x^2}$ を y 軸の周りに1回転してできる容器に深さが h になるまで水を注いだときの，水の体積を V とする。V を h の式で表せ。

(2) (1)の容器に単位時間あたり2の割合で水を注ぐとき，水の体積が π となった瞬間の水面の上昇する速さを求めよ。

重要107，基本168,176

CHART & SOLUTION

(1) V は回転体の体積。

深さ h ⟶ 座標では $h+1$ であることに注意。

(2) 水面の上昇する速さ ⟶ $\dfrac{dh}{dt}$

h を t で表すのは難しそうなので，$\dfrac{dV}{dt}=\dfrac{dV}{dh}\cdot\dfrac{dh}{dt}$ を利用して求める。

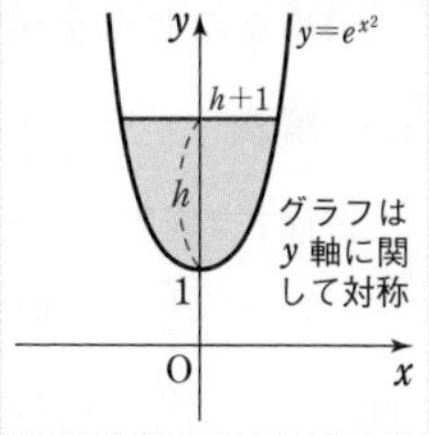

解答

(1) $y=e^{x^2}$ から　$x^2=\log y$

よって　$V=\pi\displaystyle\int_1^{h+1}x^2dy=\pi\int_1^{h+1}\log y\,dy$

$=\pi\Big[y\log y-y\Big]_1^{h+1}$

$=\pi\{(h+1)\log(h+1)-(h+1)-(\log 1-1)\}$

$=\boldsymbol{\pi\{(h+1)\log(h+1)-h\}}$

⇐ $\displaystyle\int\log x\,dx=x\log x-x+C$

(2) $V=\pi$ のとき，(1)から　$(h+1)\log(h+1)-h=1$

$h+1>0$ であるから　$\log(h+1)=1$

よって　$\dfrac{dV}{dh}=\pi\left(\dfrac{d}{dh}\displaystyle\int_1^{h+1}\log y\,dy\right)$

$=\pi\log(h+1)=\pi$

$\dfrac{dV}{dt}=\dfrac{dV}{dh}\cdot\dfrac{dh}{dt}=2$ から　$\dfrac{dh}{dt}=\boldsymbol{\dfrac{2}{\pi}}$

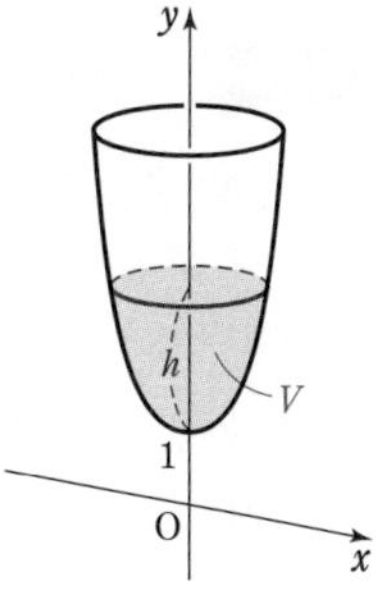

PRACTICE 179④

関数 $f(x)$ を $f(x)=\begin{cases}0 & (0\leqq x<1)\\ \log x & (1\leqq x)\end{cases}$ と定める。曲線 $y=f(x)$ を y 軸の周りに1回転して容器を作る。この容器に単位時間あたり a の割合で水を静かに注ぐ。水を注ぎ始めてから時間 t だけ経過したときに，水面の高さが h，水面の半径が r，水面の面積が S，水の体積が V になったとする。〔香川大〕

(1) V を h を用いて表せ。

(2) h，r，S の時間 t に関する変化率 $\dfrac{dh}{dt}$，$\dfrac{dr}{dt}$，$\dfrac{dS}{dt}$ をそれぞれ a，h を用いて表せ。

21 発展 微分方程式

補充事項

1 微分方程式の解法

① **定義** x の未知の関数 y について，x と y および y の導関数を含む等式を関数 y に関する **微分方程式**，微分方程式を満たす関数 y を **微分方程式の解**，すべての解を求めることを **微分方程式を解く** という。

② **解法** $\boldsymbol{f(y)\dfrac{dy}{dx}=g(x)}$ の形 $\left[(y\text{ の式})\dfrac{dy}{dx}=(x\text{ の式})\text{ の形}\right]$ に式変形できる微分方程式（**変数分離形** という）は，その両辺を x で積分して解くことができる。

$$f(y)\frac{dy}{dx}=g(x) \Longrightarrow \int f(y)\,dy=\int g(x)\,dx \qquad \text{特に}\quad y'=g(x) \Longrightarrow y=\int g(x)\,dx$$

解説 $f(y)\dfrac{dy}{dx}=g(x)$ の両辺を x で積分すると $\displaystyle\int f(y)\frac{dy}{dx}dx=\int g(x)\,dx$

置換積分法の公式により，左辺は $\displaystyle\int f(y)\,dy$ となる。

補充 例題 180 微分方程式の解法の基本

次の微分方程式を解け。

(1) $xy'=2$ (2) $y'=2y$

p.284 補充事項 1

解答

(1) $x\neq0$ であるから $y'=\dfrac{2}{x}$

⇐ $x=0$ とすると方程式が成り立たない。

両辺を x で積分して $\displaystyle \boldsymbol{y}=\int\frac{2}{x}dx=2\log|x|+C=\boldsymbol{\log x^2+C}$，**$C$ は任意の定数**

(2) [1] 定数関数 $y=0$ は明らかに解である。

⇐ $y=0$ ならば $y'=0$

[2] $y\neq0$ のとき，方程式を変形して $\dfrac{1}{y}\cdot\dfrac{dy}{dx}=2$

両辺を x で積分して $\displaystyle\int\frac{1}{y}\cdot\frac{dy}{dx}dx=\int2\,dx$ すなわち $\displaystyle\int\frac{dy}{y}=2\int dx$

よって $\log|y|=2x+C_1$，C_1 は任意の定数

ゆえに $y=\pm e^{2x+C_1}=\pm e^{C_1}e^{2x}$

ここで，$\pm e^{C_1}=C$ とおくと，$C\neq0$ であるから

$y=Ce^{2x}$，C は 0 以外の任意の定数

[2] において $C=0$ とすると，[1] の解 $y=0$ が得られる。

以上により，求める解は $\boldsymbol{y=Ce^{2x}}$，**C は任意の定数**

inf. 一般に，k を定数とするとき，微分方程式 $y'=ky$ の解は $y=Ce^{kx}$，C は任意の定数である。

PRACTICE 180③

次の微分方程式を解け。

(1) $x^2y'=1$ (2) $y'=4xy^2$ (3) $y'=y\cos x$

補充 例題 181 条件を満たす曲線群

第1象限にある曲線 $y=f(x)$ 上の点 $\mathrm{P}(x_1,\ f(x_1))$ における接線と，x 軸，y 軸との交点をそれぞれ A，B とすると，点Pは常に線分 AB の中点になるという。このような曲線のうちで，点 $(1,\ 2)$ を通るものの方程式を求めよ。

p. 284 補充事項 1

CHART & SOLUTION

初期条件が与えられた微分方程式

曲線 $y=f(x)$ が点 $(a,\ b)$ を通る $\Longleftrightarrow$ $b=f(a)$

与えられた条件から，関数 $y=f(x)$ に関する微分方程式を作成して解く。

$f(y)y'=g(x) \Longrightarrow \int f(y)\,dy=\int g(x)\,dx$ の計算で出てくる定数 C を，与えられた条件（初期条件）によって決定する。

解答

点Pにおける接線の方程式 $y-f(x_1)=f'(x_1)(x-x_1)$ において $f'(x_1)\neq 0$ であるから

$$\mathrm{A}\left(x_1-\frac{f(x_1)}{f'(x_1)},\ 0\right),\ \mathrm{B}(0,\ f(x_1)-x_1f'(x_1))$$

点 $\mathrm{P}(x_1,\ f(x_1))$ が線分 AB の中点であるから

$$x_1=\frac{1}{2}\left\{x_1-\frac{f(x_1)}{f'(x_1)}\right\},\ f(x_1)=\frac{f(x_1)-x_1f'(x_1)}{2}$$

整理すると，いずれも $x_1f'(x_1)=-f(x_1)$ となる。

これが任意の x_1 について成り立つから，関数 $y=f(x)$ は微分方程式 $xy'=-y$ を満たす。

$x>0,\ y>0$ であるから $\dfrac{y'}{y}=-\dfrac{1}{x}$

ゆえに，$\displaystyle\int\frac{dy}{y}=-\int\frac{dx}{x}$ から

$$\log y=-\log x+C,\ C \text{ は任意の定数}$$

$x=1$ のとき $y=2$ であるから　$\log 2=C$

よって，$\log y=-\log x+\log 2=\log\dfrac{2}{x}$ から　$\boldsymbol{y=\dfrac{2}{x}\ (x>0)}$

⇦ x 軸と点Aで交わるから。

⇦ $y=0$ を代入してA，$x=0$ を代入してBの座標を求める。

⇦ 曲線は第1象限にある。

⇦ $x>0,\ y>0$

⇦ 初期条件から C を決定。

PRACTICE 181 ❸

点 $(1,\ 1)$ を通る曲線 C 上の点をPとする。点Pにおける曲線 C の接線と，点Pを通り x 軸に垂直な直線，および x 軸で囲まれる三角形の面積が，点Pの位置にかかわらず常に $\dfrac{1}{2}$ となるとき，曲線 C の方程式を求めよ。

EXERCISES　20 種々の量の計算，21 発展 微分方程式

A

144❸ 座標平面上を動く点Pの座標 $(x,\ y)$ が時刻 t (t はすべての実数値をとる) を用いて $x=6e^t,\ y=e^{3t}+3e^{-t}$ で与えられている。

(1) 与えられた式から t を消去して，x と y の満たす方程式 $y=f(x)$ を導け。

(2) 点Pの軌跡を図示せよ。　(3) 時刻 t での点Pの速度 $\vec{v}$ を求めよ。

(4) 時刻 $t=0$ から $t=3$ までに点Pの動く道のりを求めよ。 →176

145❸ 次の微分方程式を解け。

(1) $y^2-y-y'=0$　(2) $3xy'=(3-x)y$ →180

B

146❺ xy 平面上に原点Oを中心とする半径1の円 C がある。半径 $\dfrac{1}{n}$ (n は自然数) の円 C_n が，C に外接しながら滑ることなく反時計回りに転がるとき，C_n 上の点Pの軌跡を考える。ただし，最初Pは点 $\mathrm{A}(1,\ 0)$ に一致していたとする。

(1) Oを端点とし C_n の中心を通る半直線が，x 軸の正の向きとなす角が θ となるときのPの座標を n と θ で表せ。

(2) Pが初めてAに戻るまでのPの軌跡の長さ l_n を求めよ。

(3) (2) で求めた l_n に対し，$\displaystyle\lim_{n\to\infty} l_n$ を求めよ。 〔横浜国大〕 →178

147❹ xy 平面を水平にとり，xz 平面において関数 $z=f(x)$ を

$$f(x)=\begin{cases}0 & (0\leqq x\leqq 1)\\ x^2-1 & (1\leqq x\leqq 3)\end{cases}$$

で定義する。曲線 $z=f(x)$ を z 軸の周りに回転してできる容器について考える。ただし，この容器に関する長さの単位は cm である。この容器に毎秒 $\pi\ \mathrm{cm}^3$ の割合で水を注ぐとき，次の問いに答えよ。

(1) 注水し始めてからこの容器がいっぱいになるまでの時間は ア□ 秒である。

(2) 注水し始めてから4秒後の水面が上昇する速さは イ□ cm/秒である。

(3) 注水し始めてから4秒後の水面の半径が増大する速さは ウ□ cm/秒である。 →179

148❺ $f'(x)=g(x),\ g'(x)=f(x),\ f(0)=1,\ g(0)=0$ を満たす関数 $f(x),\ g(x)$ を求めよ。 → p.284 1

HINT

146 (1) 円 C_n の中心をBとすると，$\angle\mathrm{AOB}=\theta$ のとき

$$\overrightarrow{\mathrm{OP}}=\overrightarrow{\mathrm{OB}}+\overrightarrow{\mathrm{BP}}=\left(1+\frac{1}{n}\right)(\cos\theta,\ \sin\theta)-\frac{1}{n}(\cos(n+1)\theta,\ \sin(n+1)\theta)$$

147 (1) 底面から水面までの高さが h cm のときの水の体積 V を h を用いて表す。

(2) (4秒後の水面が上昇する速さ) $=\left(t=4\ \text{のときの}\ \left|\dfrac{dh}{dt}\right|\right)$

(3) 底面から水面までの高さが h cm のときの水面の半径を r とすると　$h=r^2-1$

148 $f(x)+g(x)=u,\ f(x)-g(x)=v$ とおいて，関数 $u,\ v$ の満たす微分方程式を求める。

Research&Work

● ここで扱うテーマについて

各分野の学習内容に関連する重要なテーマを取り上げました。各分野の学習をひと通り終えた後に取り組み，学習内容の理解を深めましょう。

■テーマ一覧

① 微分法と極限の応用
② 立体の体積（断面積をつかむ）

● 各テーマの構成について

各テーマは，解説（前半2ページ）と 問題に挑戦（後半2ページ）の計4ページで構成されています。

[1] 解説　各テーマについて，これまでに学んだことを振り返りながら，解説しています。また，基本的な問題として **確認**，やや発展的な問題として **やってみよう** を掲載しています。説明されている内容の確認を終えたら，これらの問題に取り組み，きちんと理解できているかどうかを確かめましょう。わからないときは，➲ で示された箇所に戻って復習することも大切です。

[2] 問題に挑戦　そのテーマの総仕上げとなる問題を掲載しています。前半の 解説 で学んだことも活用しながらチャレンジしましょう。

※ デジタルコンテンツについて

問題と関連するデジタルコンテンツを用意したテーマもあります。関数のグラフを動かすことにより，問題で取り上げた内容を確認することができます。該当箇所に掲載したQRコードから，コンテンツに直接アクセスできます。

なお，下記のURL，または，右のQRコードから，Research & Work で用意したデジタルコンテンツの一覧にアクセスできます。

https://cds.chart.co.jp/books/lzcz4zaf97/sublist/9000000000

Research & Work 1 数学Ⅲ 微分法と極限の応用

1 微分法と不等式

数学Ⅲ「微分法の応用」では，方程式や不等式に関するさまざまな解法を学んだ。どの解法においても，関数を導入して増減やグラフを考えることが重要になる。例えば，不等式 $f(x)>g(x)$ の証明問題では，次のことがポイントとなる。

大小比較　差を作る　➲数学Ⅲ例題 92
1 $\{f(x)-g(x)$ の最小値$\}>0$ を示す　**2** 常に増加ならば出発点で >0

関数 $F(x)=f(x)-g(x)$ を導入し，$F(x)$ の増減を調べる。グラフを用いると，関数 $F(x)$ のグラフと直線 $y=0$（x 軸）の上下関係について考えることになる。このポイントをふまえて，次の「確認」に取り組んでみよう。

確認

Q1 $x\geqq 0$ のとき，$x-\dfrac{x^3}{6}\leqq\sin x\leqq x-\dfrac{x^3}{6}+\dfrac{x^5}{120}$ が成り立つことを示せ。

inf. 関数 $f(x)$ を次のような無限級数の形（すなわち多項式）に表すことを考えよう。

$$f(x)=c_0+c_1x+c_2x^2+c_3x^3+\cdots\cdots+c_kx^k+\cdots\cdots \quad \cdots\cdots①$$

このように表すことができるとき　$f(0)=c_0$

また　$f'(x)=c_1+2c_2x+3c_3x^2+\cdots\cdots+kc_kx^{k-1}+\cdots\cdots$

$f''(x)=2c_2+3\cdot 2c_3x+\cdots\cdots+k(k-1)c_kx^{k-2}+\cdots\cdots$

$f'''(x)=3\cdot 2c_3+\cdots\cdots+k(k-1)(k-2)c_kx^{k-3}+\cdots\cdots$

$\cdots\cdots$

であるから，① の両辺を k 回（$k=1,\ 2,\ \cdots\cdots$）微分したものにおいて，$x=0$ とすると

$f^{(k)}(0)=k!\,c_k$　　よって　$c_k=\dfrac{f^{(k)}(0)}{k!}$ （$k=1,\ 2,\ \cdots\cdots$）

ゆえに　$f(x)=f(0)+\dfrac{f'(0)}{1!}x+\dfrac{f''(0)}{2!}x^2+\cdots\cdots+\dfrac{f^{(k)}(0)}{k!}x^k+\cdots\cdots \quad \cdots\cdots②$

例 $f(x)=\sin x$ を ② の形に表してみよう。まず　$f(0)=0$

また，$f'(x)=\cos x$，$f''(x)=-\sin x$，$f'''(x)=-\cos x$，$f^{(4)}(x)=\sin x$，$f^{(5)}(x)=\cos x$

であるから　$f'(0)=1$，$f''(0)=0$，$f'''(0)=-1$，$f^{(4)}(0)=0$，$f^{(5)}(0)=1$

よって　$\sin x=0+\dfrac{1}{1!}x+\dfrac{0}{2!}x^2+\dfrac{-1}{3!}x^3+\dfrac{0}{4!}x^4+\dfrac{1}{5!}x^5+\cdots\cdots$

ゆえに　$\sin x=x-\dfrac{x^3}{6}+\dfrac{x^5}{120}+\cdots\cdots$

←　上の「確認」は，この無限級数の形の式をもとに出題されている。

右図は $y=x-\dfrac{x^3}{6}$，$y=x-\dfrac{x^3}{6}+\dfrac{x^5}{120}$，$y=\sin x$ のグラフを示したものであり，$y=x-\dfrac{x^3}{6}+\dfrac{x^5}{120}$ のグラフの方が $y=\sin x$ に近いことがわかる。

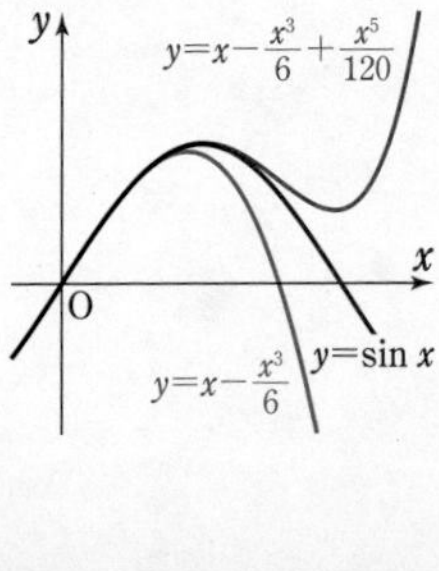

注意 ② の第2項までをとったものが1次の近似式となっている。　➲$p.170$ 基本事項

2 微分法と方程式，極限の応用

続いて，方程式への応用について考えてみよう。

【例】 自然数 n に対し，方程式 $\dfrac{1}{x^n}-\log x-\dfrac{1}{e}=0$ を考える。ただし，対数は自然対数であり，e はその底とする。

(1) この方程式は，$1<x<e^{\frac{1}{n}}$ においてただ 1 つの実数解をもつことを示せ。

(2) (1) の実数解を x_n とする。このとき，$\lim_{n\to\infty} x_n=1$ を示せ。

(1) $f(x)=\dfrac{1}{x^n}-\log x-\dfrac{1}{e}$ として，$f(x)$ の増減を調べると，$x\geqq 1$ で減少することがわかる。よって，$1<x<e^{\frac{1}{n}}$ においてただ 1 つの実数解をもつとき，$f(x)$ のグラフは右図のようになるから，$f(1)>0$，$f(e^{\frac{1}{n}})<0$ を示せばよい。

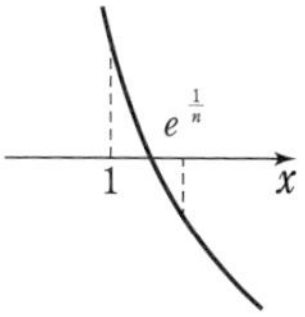

(2) 方程式を解くことは困難なので，$\lim_{n\to\infty} x_n$ を直接求めることはできそうにない。このようなときは，次のことを考える。

求めにくい極限　はさみうちの原理を利用　数学Ⅲ例題 15，40

つまり，「● ⟶ 1」かつ「■ ⟶ 1」となるような ●，■ を見つけて，● $\leqq x_n \leqq$ ■ の不等式を作ればよい。→(1) の結果が利用できそうである。

【例】の解答 (1) $f(x)=\dfrac{1}{x^n}-\log x-\dfrac{1}{e}$ とすると　$f'(x)=-\dfrac{n}{x^{n+1}}-\dfrac{1}{x}$

よって，$x\geqq 1$ のとき　$f'(x)<0$　⟵ $-\dfrac{n}{x^{n+1}}<0$，$-\dfrac{1}{x}<0$

ゆえに，$f(x)$ は $x\geqq 1$ で減少する。

$2<e<3$ であるから　$f(1)=1-\dfrac{1}{e}=\dfrac{e-1}{e}>0$

また，n は自然数であるから　$f(e^{\frac{1}{n}})=\dfrac{1}{e}-\dfrac{1}{n}-\dfrac{1}{e}=-\dfrac{1}{n}<0$

よって，方程式は $1<x<e^{\frac{1}{n}}$ においてただ 1 つの実数解をもつ。

(2) (1) から　$1<x_n<e^{\frac{1}{n}}$

$\lim_{n\to\infty} e^{\frac{1}{n}}=1$ であるから　$\lim_{n\to\infty} x_n=1$　⟵ はさみうちの原理

(2) から，$n \longrightarrow \infty$ のとき，方程式の実数解は 1 に限りなく近づくことがわかる。

関数グラフソフト

上の【例】について，$f(x)$ のグラフの様子をグラフソフトにより確認できます。n の値を変化させたとき，グラフと x 軸の共有点の位置がどのようになるか確かめましょう。なお，n は自然数以外の値もとりながら変化するようになっています。また，次の「やってみよう」もソフトを用意しているので，解答した後に使ってみましょう。

やってみよう

問1 n を 2 以上の自然数とするとき，方程式 $(1-x)e^{nx}-1=0$ について考える。ただし，e は自然対数の底とする。

(1) この方程式は，$0<x<1$ においてただ 1 つの実数解をもつことを示せ。

(2) (1) の実数解を x_n とする。$\lim_{n\to\infty} x_n$ を求めよ。

● 問題に挑戦 ●

1　a を $0<a<\dfrac{\pi}{2}$ を満たす定数とし，方程式

$$x(1-\cos x)=\sin(x+a) \quad \cdots\cdots ①$$

について考える。

(1)　n を自然数とし，$f(x)=x(1-\cos x)-\sin(x+a)$ とする。

このとき，$2n\pi<x<2n\pi+\dfrac{\pi}{2}$ における，関数 $f(x)$ のグラフの概形は［ア］である。

よって，方程式 ① は $2n\pi<x<2n\pi+\dfrac{\pi}{2}$ においてただ1つの実数解をもつ。

［ア］に当てはまる最も適当なものを，次の⓪～③のうちから1つ選べ。

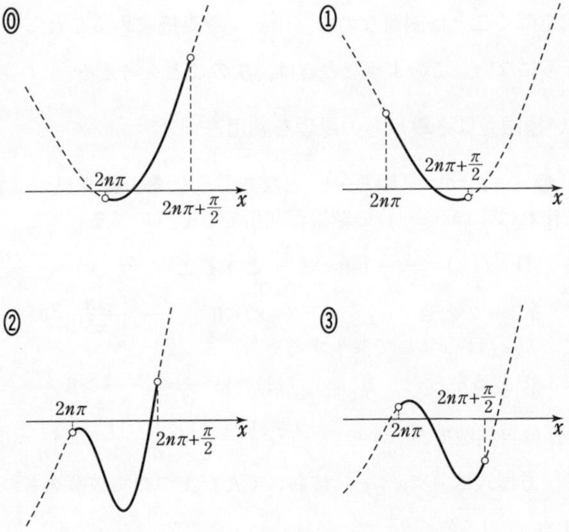

(2) (1)の実数解を x_n とするとき，極限 $\lim_{n\to\infty}(x_n-2n\pi)$ を求めよう。

$y_n=x_n-2n\pi$ とすると　　$x_n=y_n+2n\pi$

x_n は ① の解であるから　　$x_n(1-\cos x_n)=\sin(x_n+a)$

よって　　$(y_n+2n\pi)(1-\cos y_n)=\sin(y_n+a)$　…… ②

② において，$\sin(y_n+a)\leqq 1$，$2n\pi<y_n+2n\pi$ を用いることにより

$$\lim_{n\to\infty}(1-\cos y_n)=\boxed{\text{イ}}$$

ゆえに　　$\lim_{n\to\infty}(x_n-2n\pi)=\boxed{\text{ウ}}$

(3) 次に，極限 $\lim_{n\to\infty}n(x_n-2n\pi)^2$ を求めよう。

② の両辺を $1-\cos y_n$ で割ると

$$y_n+2n\pi=\frac{\sin(y_n+a)}{1-\cos y_n}$$

ゆえに　　$n=\dfrac{\sin(y_n+a)}{2\pi(1-\cos y_n)}-\dfrac{y_n}{2\pi}$

よって　　$\lim_{n\to\infty}ny_n{}^2=\boxed{\text{エ}}$　すなわち　$\lim_{n\to\infty}n(x_n-2n\pi)^2=\boxed{\text{エ}}$

$\boxed{\text{エ}}$ の解答群

⓪ $\dfrac{\sin a}{2\pi}$　　① $\dfrac{\sin a}{\pi}$　　② $\dfrac{2\sin a}{\pi}$

③ $\dfrac{\cos a}{2\pi}$　　④ $\dfrac{\cos a}{\pi}$　　⑤ $\dfrac{2\cos a}{\pi}$

⑥ $\dfrac{1}{2\pi}$　　⑦ $\dfrac{1}{\pi}$　　⑧ $\dfrac{2}{\pi}$

Research & Work 2 数学Ⅲ 立体の体積（断面積をつかむ）

積分を用いて立体の体積を求めるときの解法のポイントは，次の通りである。

立体の体積　断面積をつかむ p.271 まとめ

これは，回転体や非回転体を問わず，どのような立体においても共通することであるからしっかり押さえておきたい。ここでは，やや複雑な立体の問題に取り組みながら，断面積のつかみ方について理解を深めていこう。

1 非回転体の体積

［問題］ 切り口が半径 a の直円柱が2つあり，これらの直円柱の中心軸が互いに垂直になるように交わっているとする。交わっている部分（共通部分）の体積を求めよ。

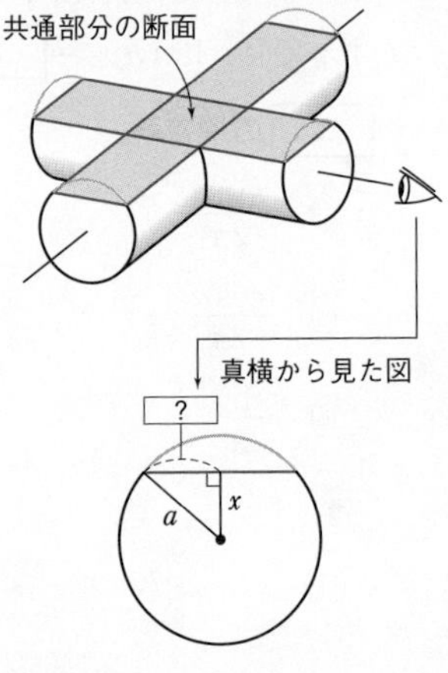

共通部分のようすをイメージすることは難しい。このようなときは，断面積をつかんで，積分の計算により立体の体積を求めればよい。
共通部分の体積であるから，まずは2つの円柱それぞれの断面をとり，断面の共通部分を考える。
各円柱の断面の共通部分は，円柱の共通部分の断面である。その断面積を積分すればよい。
ここでは，2つの中心軸が作る平面からの距離が x である平面で切った断面を考えよう。その断面は，幅が一定の帯になる。よって，帯が重なっている部分の面積を考える。

注意 立体を切る方向に注意。この問題では，2つの中心軸が作る平面に平行な平面で切るとよいが，垂直な平面で切ると，断面は円と帯の共通部分となり，断面積を求めるのが難しくなる。

確認 Q2 ［問題］を解け。

2 回転体の体積

【例】 xyz 空間に3点 P(1, 1, 0), Q(−1, 1, 0), R(−1, 1, 2) をとる。△PQR を z 軸の周りに1回転させてできる立体の体積を求めよ。

まずは，図をかいて △PQR と回転軸（z 軸）の位置関係を把握しよう。△PQR と z 軸が同じ平面上にないので，回転体のようすをイメージすることは難しい。よって，回転体の断面積をつかもう。回転体の断面積では，**回転軸に垂直な平面で切ったときの断面** を考えることがポイントである。この【例】では，z 軸が回転軸であるから，z 軸に垂直な平面 $z=t$ で切ったときの断面積を調べる。

このとき，まず回転させる前の図形（ここでは△PQR）を平面 $z=t$ で切った切り口を考える。△PQR を平面 $z=t$ で切った切り口は，右図の線分 AB のようになる。この線分を z 軸の周りに1回転させてできる図形の面積が回転体の断面積である。

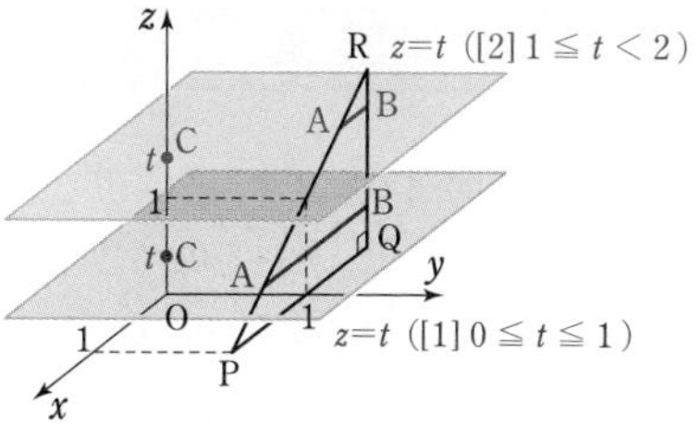

また，断面積を求めるときは，回転軸から最も遠い点と最も近い点までの距離を押さえる。断面積は

(外側の円の面積)−(内側の円の面積)　← 回転軸が断面と交わる場合は，外側の円のみ（最も遠い点のみ）を考えればよい。

となる。

更に，この**【例】**では，$t=1$ で場合分けをする必要があることに注意。

【例】の解答　平面 $z=t$ $(0\leqq t<2)$ と辺 PR，QR との交点をそれぞれ A，B とすると，辺 QR は z 軸と平行であるから　　$\mathrm{B}(-1,\ 1,\ t)$

また，$\mathrm{PQ}=\mathrm{QR}$，$\angle\mathrm{PQR}=90^\circ$ であるから

$$\mathrm{AB}=\mathrm{RB}=2-t$$　← △ABR は直角二等辺三角形。

ゆえに，点Aの x 座標は

$$-1+(2-t)=1-t$$

よって　　$\mathrm{A}(1-t,\ 1,\ t)$

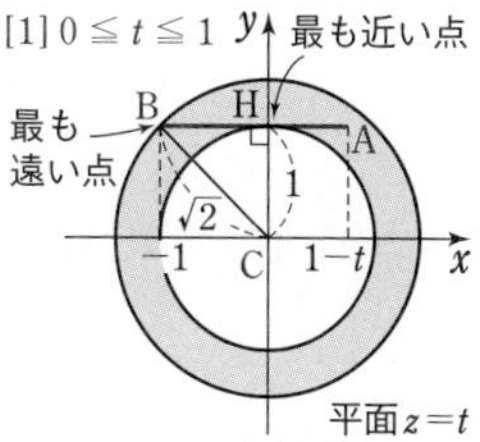

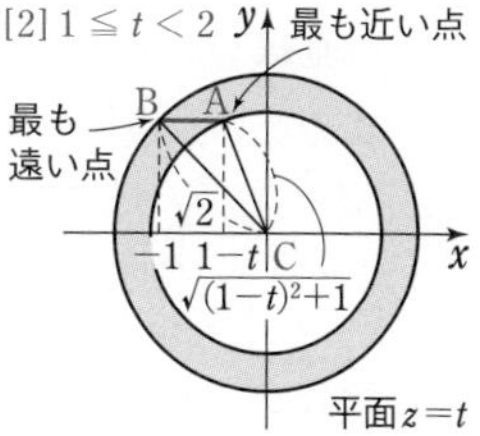

線分 AB を，平面 $z=t$ 上で z 軸の周りに1回転させてできる図形の面積を $S(t)$ とする。

$\mathrm{C}(0,\ 0,\ t)$ とすると

$$\mathrm{AC}=\sqrt{(1-t)^2+1},\ \mathrm{BC}=\sqrt{2}$$

$0\leqq t<2$ において　　$1\leqq\mathrm{AC}\leqq\sqrt{2}=\mathrm{BC}$

また，点Cから直線 AB に垂線 CH を下ろすと

$$\mathrm{CH}=1$$

点Hが線分 AB 上にあるのは，$0\leqq 1-t\leqq 1$　← $0\leqq$(点Aの x 座標)$\leqq 1$

すなわち $0\leqq t\leqq 1$ のときである。

[1]　$0\leqq t\leqq 1$ のとき　　$S(t)=\pi\cdot\mathrm{BC}^2-\pi\cdot\mathrm{CH}^2=\pi\cdot(\sqrt{2})^2-\pi\cdot 1^2$
$=\pi$

[2]　$1\leqq t<2$ のとき　　$S(t)=\pi\cdot\mathrm{BC}^2-\pi\cdot\mathrm{AC}^2=\pi\cdot(\sqrt{2})^2-\pi\cdot(\sqrt{(1-t)^2+1})^2$
$=\pi(-t^2+2t)$

$t=2$ のとき　　$S(t)=0$　　　これは [2] に含めてよい。

よって，求める体積は

$$\int_0^2 S(t)\,dt=\int_0^1\pi\,dt+\int_1^2\pi(-t^2+2t)\,dt=\pi+\pi\left[-\frac{t^3}{3}+t^2\right]_1^2=\frac{5}{3}\pi$$

やってみよう

問2　座標空間において，平面 $z=1$ 上に，点 $\mathrm{C}(0,\ 0,\ 1)$ を中心とする半径1の円板 C がある。円板 C を x 軸の周りに1回転させてできる立体の体積を求めよ。

問題に挑戦

2 座標空間内で，

O(0, 0, 0), A(1, 0, 0), B(1, 1, 0), C(0, 1, 0),

D(0, 0, 1), E(1, 0, 1), F(1, 1, 1), G(0, 1, 1)

を頂点にもつ立方体を考える。

この立方体を対角線 OF の周りに 1 回転させてできる回転体 K の体積を求めよう。

(1) 辺 OD 上の点 P(0, 0, p) ($0<p\leqq 1$) から直線 OF へ垂線 PH を下ろす。

このとき，点Hの座標は

$$\mathrm{H}\left(\frac{p}{\boxed{ア}},\ \frac{p}{\boxed{ア}},\ \frac{p}{\boxed{ア}}\right)$$

線分 PH の長さは　$\mathrm{PH}=\dfrac{\sqrt{\boxed{イ}}}{\boxed{ウ}}p$

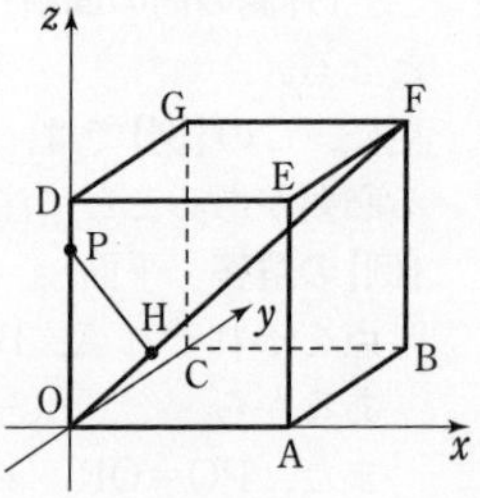

(2) 辺 DE 上の点 Q(q, 0, 1) ($0\leqq q\leqq 1$) から直線 OF へ垂線 QI を下ろす。

このとき，点 I の座標は

$$\mathrm{I}\left(\frac{q+\boxed{エ}}{\boxed{オ}},\ \frac{q+\boxed{エ}}{\boxed{オ}},\ \frac{q+\boxed{エ}}{\boxed{オ}}\right)$$

線分 QI の長さは

$$\mathrm{QI}=\frac{\sqrt{\boxed{カ}(q^2-q+\boxed{キ})}}{\boxed{ク}}$$

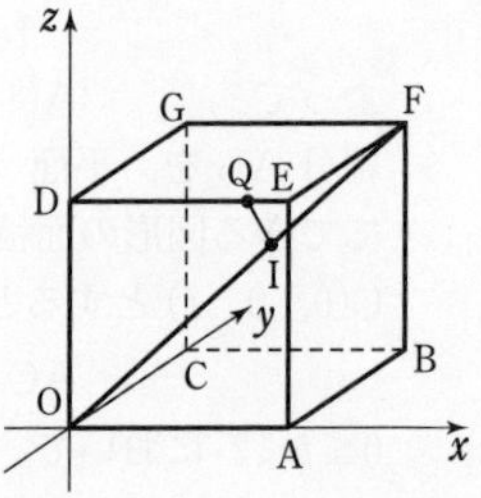

⑶　原点Oから点F方向へ線分OF上を距離$u\,(0 \leqq u \leqq \sqrt{3})$だけ進んだ点をUとする。点Uを通り直線OFに垂直な平面でKを切ったときの断面の円の半径rを，uの関数として表そう。

ここで，点D，Eから直線OFへ下ろした垂線を，それぞれDS，ETとする。

[1]　0≦OU≦OS のとき

Uを通りOFに垂直な平面で立方体を切断したときの断面上で，点Uからの距離が最大になるのは点Pであるから

$$r=\mathrm{PU}$$

よって　　$r=\sqrt{\boxed{\text{ケ}}}\,u$

[2]　OS≦OU≦OT のとき

[1]と同様に立方体を切断したときの断面上で，点Uからの距離が最大になるのは点Qであるから

$$r=\mathrm{QU}$$

よって　　$r=\sqrt{\boxed{\text{コ}}\left(u^2-\sqrt{\boxed{\text{サ}}}\,u+\boxed{\text{シ}}\right)}$

[3]　OT≦OU≦OF のとき

回転体Kが，線分OFの中点を通りOFに垂直な平面に関して対称な図形であることから，[1]の結果を利用して

$$r=\sqrt{\boxed{\text{ケ}}}\left(\sqrt{\boxed{\text{ス}}}-u\right)$$

⑷　⑶から，回転体Kの体積をVとすると

$$V=\frac{\sqrt{\boxed{\text{セ}}}}{\boxed{\text{ソ}}}\pi$$

CHECK & CHECK の解答（数学Ⅲ）

◎ CHECK & CHECK 問題の詳しい解答を示し，最終の答の数値などは太字で示した。

1 (1) 漸近線は，x 軸と y 軸。
よって，グラフは **図** のようになる。
(2) 漸近線は，2 直線 $x=2$，$y=0$
よって，グラフは **図** のようになる。
(3) 漸近線は，2 直線 $x=0$，$y=-1$
よって，グラフは **図** のようになる。
(4) 漸近線は，2 直線 $x=2$，$y=-1$
よって，グラフは **図** のようになる。

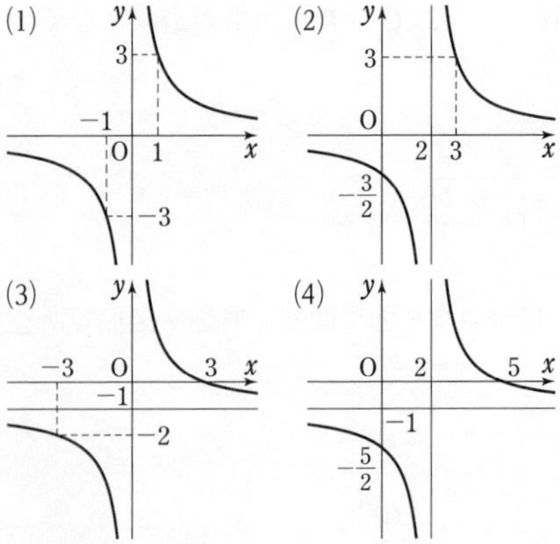

2 (1) 放物線 $x=2y^2$ の $y\geqq 0$ の部分であるから，グラフは **図** のようになる。
(2) (1)のグラフと x 軸に関して対称なグラフ〔**図**〕
(3) (1)のグラフと y 軸に関して対称なグラフ〔**図**〕
(4) (1)のグラフと原点に関して対称なグラフ〔**図**〕

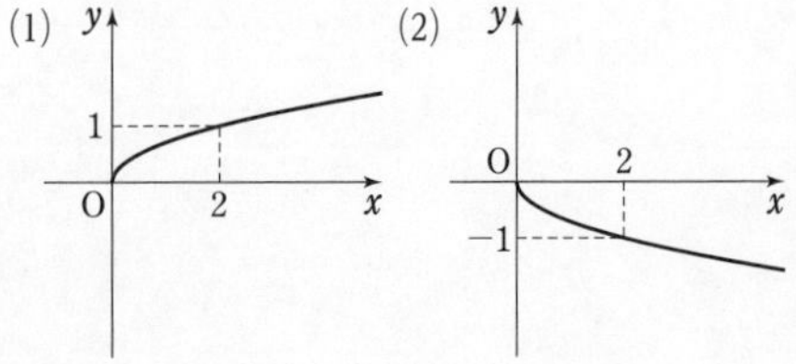

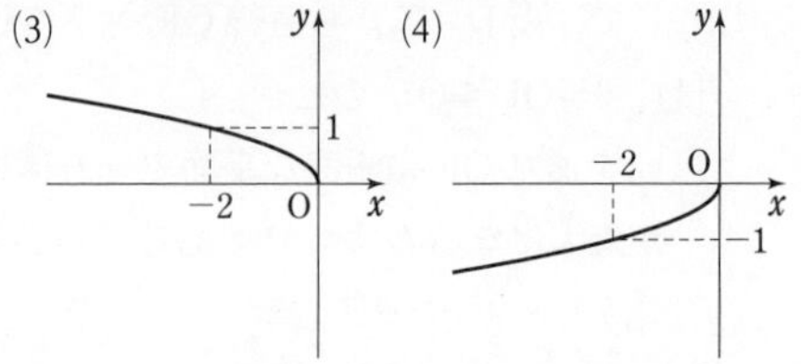

3 (1) $y=-2x+3$ を x について解くと

$$x=-\frac{1}{2}y+\frac{3}{2}$$

x と y を入れ替えて，求める逆関数は

$$\boldsymbol{y=-\frac{1}{2}x+\frac{3}{2}}$$

(2) $y=\dfrac{1}{3}x-1$ を x について解くと

$$x=3y+3$$

x と y を入れ替えて，求める逆関数は

$$\boldsymbol{y=3x+3}$$

4 (1) $(f\circ g)(x)=f(g(x))=f(2x+1)$
$=(2x+1)+3$
$=\boldsymbol{2x+4}$

(2) $(g\circ f)(x)=g(f(x))=g(x+3)$
$=2(x+3)+1$
$=\boldsymbol{2x+7}$

5 (1) 第 n 項は $\dfrac{1}{n^2}$

$\displaystyle\lim_{n\to\infty}\frac{1}{n^2}=0$ であるから **0 に収束**

(2) 第 n 項は $2n^3$
$\displaystyle\lim_{n\to\infty}2n^3=\infty$ であるから **∞ に発散**

(3) 第 n 項は $\dfrac{1}{n}+\dfrac{2}{n^3}$

$$\lim_{n\to\infty}\left(\frac{1}{n}+\frac{2}{n^3}\right)=\lim_{n\to\infty}\frac{1}{n}+\lim_{n\to\infty}\frac{2}{n^3}$$
$$=0+0=0$$

よって，**0 に収束**

(4) 第 n 項は $(-1)^{n-1}n$
よって，数列は振動し，**極限はない**。

(5) 第 n 項は $(-1)^n\dfrac{1}{\sqrt{n}}$

$\lim_{n\to\infty}\frac{1}{\sqrt{n}}=0$ であるから

$$\lim_{n\to\infty}\frac{(-1)^n}{\sqrt{n}}=0$$

よって，**0 に収束**

6 (1) $|2|>1$ であるから $\lim_{n\to\infty}2^n=\infty$

(2) $\left|\frac{1}{3}\right|<1$ であるから $\lim_{n\to\infty}\left(\frac{1}{3}\right)^n=\mathbf{0}$

(3) $\left|-\frac{1}{4}\right|<1$ であるから $\lim_{n\to\infty}\left(-\frac{1}{4}\right)^n=\mathbf{0}$

(4) $-3<-1$ であるから，数列 $\{(-3)^n\}$ は振動し，**極限はない。**

7 (1) 第 n 項は 4^{n-1}
$4>1$ であるから $\lim_{n\to\infty}4^{n-1}=\infty$

(2) 第 n 項は $\left(\frac{1}{2}\right)^n$

$\left|\frac{1}{2}\right|<1$ であるから $\lim_{n\to\infty}\left(\frac{1}{2}\right)^n=\mathbf{0}$

(3) 第 n 項は $\left(-\frac{1}{5}\right)^n$

$\left|-\frac{1}{5}\right|<1$ であるから $\lim_{n\to\infty}\left(-\frac{1}{5}\right)^n=\mathbf{0}$

8 (1) 初項が 1，公比について

$\left|-\frac{\sqrt{2}}{2}\right|<1$ であるから，**収束** して，その

和は $\frac{1}{1-\left(-\frac{\sqrt{2}}{2}\right)}=\frac{2}{2+\sqrt{2}}$

$$=\frac{2(2-\sqrt{2})}{(2+\sqrt{2})(2-\sqrt{2})}=\mathbf{2-\sqrt{2}}$$

(2) 初項が $\sqrt{3}$，公比について $|\sqrt{3}|>1$ であるから，**発散する。**

(3) 初項が 1，公比を r とすると

$$r=(-2)\div 1=-2$$

$|r|=|-2|>1$ であるから，**発散する。**

(4) 初項が 12，公比を r とすると

$$r=(-6\sqrt{2})\div 12=-\frac{\sqrt{2}}{2}$$

$|r|=\left|-\frac{\sqrt{2}}{2}\right|<1$ であるから，**収束** して，

その和は

$$\frac{12}{1-\left(-\frac{\sqrt{2}}{2}\right)}=\frac{24}{2+\sqrt{2}}$$

$$=\frac{24(2-\sqrt{2})}{(2+\sqrt{2})(2-\sqrt{2})}=\mathbf{12(2-\sqrt{2})}$$

9 (1) $0.\dot{3}7\dot{0}=0.370+0.000370+0.000000370+\cdots\cdots$

これは，初項 0.370，公比 0.001 の無限等比級数で，$|0.001|<1$ であるから収束して

$$0.\dot{3}7\dot{0}=\frac{0.370}{1-0.001}=\frac{370}{999}=\mathbf{\frac{10}{27}}$$

(2) $0.0\dot{5}6\dot{7}=0.0567+0.0000567+0.0000000567+\cdots\cdots$

これは，初項 0.0567，公比 0.001 の無限等比級数で，$|0.001|<1$ であるから収束して

$$0.0\dot{5}6\dot{7}=\frac{0.0567}{1-0.001}=\frac{567}{9990}=\mathbf{\frac{21}{370}}$$

(3) $6.2\dot{3}=6.2+0.03+0.003+0.0003+\cdots\cdots$

この右辺の第 2 項以下は，初項 0.03，公比 0.1 の無限等比級数で，$|0.1|<1$ であるから収束して

$$6.2\dot{3}=6.2+\frac{0.03}{1-0.1}=\frac{62}{10}+\frac{3}{90}$$

$$=\frac{62}{10}+\frac{1}{30}=\mathbf{\frac{187}{30}}$$

10 (1) $\lim_{x\to 2}x^2=2^2=\mathbf{4}$

(2) $\lim_{x\to 1}\frac{x^2-x+3}{x+1}=\frac{1^2-1+3}{1+1}=\mathbf{\frac{3}{2}}$

(3) $\lim_{x\to -3}(x+3)=0$，$\frac{1}{(x+3)^2}>0$ であるから

$$\lim_{x\to -3}\frac{1}{(x+3)^2}=\infty$$

(4) $\lim_{x\to -\infty}x^3=-\infty$

(3)
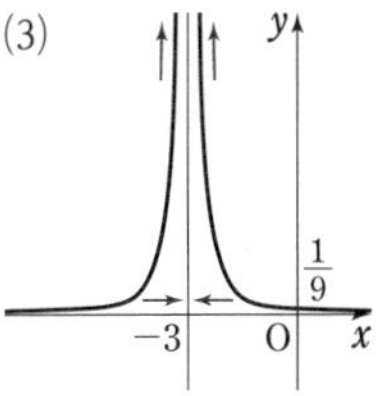

(4)
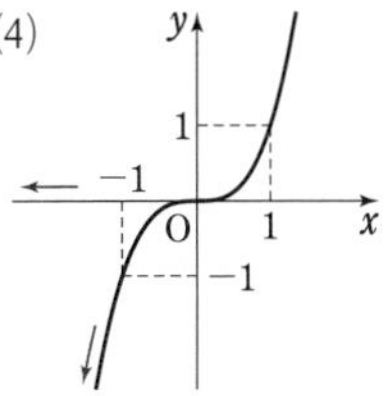

11 (1) 底について，$\sqrt{2}>1$ であるから

$$\lim_{x\to\infty}(\sqrt{2})^x=\infty$$

(2) 底について，$0<\frac{2}{3}<1$ であるから

$$\lim_{x\to\infty}\left(\frac{2}{3}\right)^x=\mathbf{0}$$

答

CHECK & CHECK

(3) 真数について

$$\lim_{x\to\infty}\frac{x^2}{x+1}=\lim_{x\to\infty}\frac{x}{1+\frac{1}{x}}=\infty$$

底について，3>1 であるから

$$\lim_{x\to\infty}\log_3\frac{x^2}{x+1}=\infty$$

12 (1) $\lim_{x\to 0}\frac{\sin x}{3x}=\lim_{x\to 0}\frac{1}{3}\cdot\frac{\sin x}{x}$

$$=\frac{1}{3}\lim_{x\to 0}\frac{\sin x}{x}=\frac{1}{3}\cdot 1=\boldsymbol{\frac{1}{3}}$$

(2) $\lim_{x\to 0}\frac{3x^2}{\sin^2 x}=\lim_{x\to 0}3\left(\frac{x}{\sin x}\right)^2$

$$=3\lim_{x\to 0}\left(\frac{x}{\sin x}\right)^2=3\cdot 1^2=\boldsymbol{3}$$

(3) $x\longrightarrow\infty$ のとき $\frac{1}{x}\longrightarrow 0$ であるから

$$\lim_{x\to\infty}\tan\frac{1}{x}=\boldsymbol{0}$$

13 (1) $y'=3\cdot 4x^3+2\cdot 3x^2-1$

$$=\boldsymbol{12x^3+6x^2-1}$$

(2) $y'=(2x-1)'(4x+1)+(2x-1)(4x+1)'$

$$=2(4x+1)+(2x-1)\cdot 4$$

$$=\boldsymbol{16x-2}$$

(3) $y'=-\frac{(5x+3)'}{(5x+3)^2}=\boldsymbol{-\frac{5}{(5x+3)^2}}$

(4) $y'=2(2x+3)\cdot(2x+3)'$

$$=2(2x+3)\cdot 2=\boldsymbol{8x+12}$$

14 (1) $y'=5(\sin x)'=\boldsymbol{5\cos x}$

(2) $y'=\frac{(\cos x)'}{2}=\boldsymbol{-\frac{\sin x}{2}}$

(3) $y'=2(\tan x)'=\boldsymbol{\frac{2}{\cos^2 x}}$

15 (1) $y'=2(\log x)'=\boldsymbol{\frac{2}{x}}$

(2) $y'=\boldsymbol{\frac{1}{x\log 3}}$

(3) $y'=3(e^x)'=\boldsymbol{3e^x}$

(4) $y'=\boldsymbol{2^x\log 2}$

16 (1) $y'=\cos 2x\cdot(2x)'=2\cos 2x$

$$y''=2(-\sin 2x)\cdot(2x)'$$

$$=-4\sin 2x$$

よって　$y'''=-4\cos 2x\cdot(2x)'$

$$=\boldsymbol{-8\cos 2x}$$

(2) $y'=(x^{\frac{1}{2}})'=\frac{1}{2}x^{-\frac{1}{2}}$

$$y''=\frac{1}{2}\left(-\frac{1}{2}\right)x^{-\frac{3}{2}}=-\frac{1}{4}x^{-\frac{3}{2}}$$

よって　$y'''=-\frac{1}{4}\left(-\frac{3}{2}\right)x^{-\frac{5}{2}}$

$$=\boldsymbol{\frac{3}{8x^2\sqrt{x}}}$$

(3) $y'=e^{3x}\cdot(3x)'=3e^{3x}$

$$y''=3e^{3x}\cdot(3x)'=9e^{3x}$$

よって　$y'''=9e^{3x}\cdot(3x)'=\boldsymbol{27e^{3x}}$

17 $\frac{dx}{dt}=1$，$\frac{dy}{dt}=2t-2$ であるから

$$\boldsymbol{\frac{dy}{dx}}=\frac{\frac{dy}{dt}}{\frac{dx}{dt}}=\frac{2t-2}{1}=\boldsymbol{2t-2}$$

18 (1) $y'=3x^2-6x$

点 $(1,\ -2)$ における接線の傾きは

$$3\cdot 1^2-6\cdot 1=-3$$

よって，接線の方程式は

$$y-(-2)=-3(x-1)$$

すなわち　$\boldsymbol{y=-3x+1}$

また，法線の方程式は

$$y-(-2)=-\frac{1}{-3}(x-1)$$

すなわち　$\boldsymbol{y=\frac{1}{3}x-\frac{7}{3}}$

(2) $y'=-\sin x$

点 $\left(\frac{\pi}{3},\ \frac{1}{2}\right)$ における接線の傾きは

$$-\sin\frac{\pi}{3}=-\frac{\sqrt{3}}{2}$$

よって，接線の方程式は

$$y-\frac{1}{2}=-\frac{\sqrt{3}}{2}\left(x-\frac{\pi}{3}\right)$$

すなわち　$\boldsymbol{y=-\frac{\sqrt{3}}{2}x+\frac{\sqrt{3}}{6}\pi+\frac{1}{2}}$

また，法線の方程式は

$$y-\frac{1}{2}=-\frac{1}{-\frac{\sqrt{3}}{2}}\left(x-\frac{\pi}{3}\right)$$

すなわち　$\boldsymbol{y=\frac{2\sqrt{3}}{3}x-\frac{2\sqrt{3}}{9}\pi+\frac{1}{2}}$

(3) $y'=\frac{1}{x}$

点$(2,\ \log 2)$における接線の傾きは　$\frac{1}{2}$

よって，接線の方程式は

$$y-\log 2=\frac{1}{2}(x-2)$$

すなわち　$\boldsymbol{y=\frac{1}{2}x+\log 2-1}$

また，法線の方程式は

$$y-\log 2=-\frac{1}{\frac{1}{2}}(x-2)$$

すなわち　$\boldsymbol{y=-2x+\log 2+4}$

(4) $y'=e^x$

点$(3,\ e^3)$における接線の傾きは　e^3

よって，接線の方程式は

$$y-e^3=e^3(x-3)$$

すなわち　$\boldsymbol{y=e^3x-2e^3}$

また，法線の方程式は

$$y-e^3=-\frac{1}{e^3}(x-3)$$

すなわち　$\boldsymbol{y=-\frac{1}{e^3}x+e^3+\frac{3}{e^3}}$

19 (1) $y'=3^x\log 3+1$

ここで，$3^x>0$，$\log 3>0$ であるから，常に

$$y'>0$$

よって，**実数全体で増加** する。

(2) $y'=-\frac{1}{x^2}-\frac{1}{2\sqrt{x}}$

ここで，関数 y の定義域 $x>0$ において

$-\frac{1}{x^2}<0$，$-\frac{1}{2\sqrt{x}}<0$ であるから，常に

$$y'<0$$

よって，$\boldsymbol{x>0}$ **で減少** する。

(3) $y'=2\cos x-3$

ここで，$-1\leqq\cos x\leqq 1\ (0\leqq x\leqq 2\pi)$ であるから，常に　$y'<0$

よって，$\boldsymbol{0\leqq x\leqq 2\pi}$ **で減少** する。

20 (1) $y'=4x^3-4x=4x(x+1)(x-1)$

$y'=0$ とすると　$x=-1,\ 0,\ 1$

ゆえに，y の増減表は次のようになる。

x	…	-1	…	0	…	1	…
y'	$-$	0	$+$	0	$-$	0	$+$
y	↘	極小 0	↗	極大 1	↘	極小 0	↗

よって，y は

$\boldsymbol{x=-1}$ **で極小値 0，**

$\boldsymbol{x=0}$ **で極大値 1，**

$\boldsymbol{x=1}$ **で極小値 0** をとる。

(2) $y'=e^x+xe^x=(x+1)e^x$

$y'=0$ とすると　$x=-1$

ゆえに，y の増減表は次のようになる。

x	…	-1	…
y'	$-$	0	$+$
y	↘	極小 $-\frac{1}{e}$	↗

よって，y は

$\boldsymbol{x=-1}$ **で極小値** $\boldsymbol{-\frac{1}{e}}$ をとる。

21 $\displaystyle\lim_{x\to 2+0}y=\lim_{x\to 2+0}\left(\frac{1}{x-2}-x\right)=\infty$，

$\displaystyle\lim_{x\to 2-0}y=\lim_{x\to 2-0}\left(\frac{1}{x-2}-x\right)=-\infty$

よって，**直線** $\boldsymbol{x=2}$ は漸近線である。

更に　$\displaystyle\lim_{x\to\pm\infty}(y+x)=\lim_{x\to\pm\infty}\frac{1}{x-2}=0$

よって，**直線** $\boldsymbol{y=-x}$ も漸近線である。

22 $f(x)=x^3-3x+1$ とする。

$$f'(x)=3x^2-3=3(x+1)(x-1)$$

$$f''(x)=6x$$

$f'(x)=0$ とすると　$x=-1,\ 1$

$f''(-1)=-6<0$，$f''(1)=6>0$ であるから

$\boldsymbol{x=-1}$ **で極大値** $\boldsymbol{f(-1)=3}$，

$\boldsymbol{x=1}$ **で極小値** $\boldsymbol{f(1)=-1}$ をとる。

23 (1) $f(x)=2x^4+6x^2-1$ とすると

$$f'(x)=8x^3+12x=4x(2x^2+3)$$

$f'(x)=0$ とすると　$x=0$

よって，$f(x)$ の増減表は次のようになる。

x	…	0	…
$f'(x)$	$-$	0	$+$
$f(x)$	↘	-1	↗

答 CHECK & CHECK

また　$\lim_{x\to-\infty} f(x)=\infty$，$\lim_{x\to\infty} f(x)=\infty$

よって，$y=f(x)$ のグラフと x 軸の共有点は　2個

ゆえに，方程式 $2x^4+6x^2-1=0$ の実数解は　**2個**

(2)　$f(x)=x+\sin x+1$ とすると，$f(x)$ は $-\frac{\pi}{2}\leqq x\leqq 0$ で連続である。

また　$f\left(-\frac{\pi}{2}\right)f(0)=-\frac{\pi}{2}\cdot 1=-\frac{\pi}{2}<0$

区間 $\left(-\frac{\pi}{2},\ 0\right)$ において

$$f'(x)=1+\cos x>0$$

であるから，$f(x)$ は常に増加する。

よって，中間値の定理から，方程式

$x+\sin x+1=0$ は区間 $\left(-\frac{\pi}{2},\ 0\right)$ にただ1つの実数解をもつ。

24　時刻 t におけるPの速度を v，加速度を α とする。

(1)　$v=\frac{dx}{dt}=3t^2$，$\alpha=\frac{dv}{dt}=6t$

よって，$t=2$ のとき

Pの **速度** は　$3\cdot 2^2=\mathbf{12}$

Pの **加速度** は　$6\cdot 2=\mathbf{12}$

(2)　$v=\frac{dx}{dt}=-3\left\{\sin\left(\pi t-\frac{\pi}{2}\right)\right\}\cdot\pi$

$=-3\pi\sin\left(\pi t-\frac{\pi}{2}\right)$

$\alpha=\frac{dv}{dt}=-3\pi\left\{\cos\left(\pi t-\frac{\pi}{2}\right)\right\}\cdot\pi$

$=-3\pi^2\cos\left(\pi t-\frac{\pi}{2}\right)$

よって，$t=2$ のとき

Pの **速度** は　$-3\pi\sin\frac{3}{2}\pi=\mathbf{3\pi}$

Pの **加速度** は　$-3\pi^2\cos\frac{3}{2}\pi=\mathbf{0}$

25　(1)　$\frac{dx}{dt}=2t$，$\frac{dy}{dt}=2$

また　$\frac{d^2x}{dt^2}=2$，$\frac{d^2y}{dt^2}=0$

よって，$t=1$ のとき

Pの **速さ** は　$\sqrt{(2\cdot 1)^2+2^2}=\mathbf{2\sqrt{2}}$

Pの **加速度の大きさ** は　$\sqrt{2^2+0^2}=\mathbf{2}$

(2)　$\frac{dx}{dt}=1$，$\frac{dy}{dt}=-2e^{-2t}$

また　$\frac{d^2x}{dt^2}=0$，$\frac{d^2y}{dt^2}=4e^{-2t}$

よって，$t=1$ のとき

Pの **速さ** は

$\sqrt{1^2+\left(-\frac{2}{e^2}\right)^2}=\sqrt{\frac{e^4+4}{e^4}}=\mathbf{\frac{\sqrt{e^4+4}}{e^2}}$

Pの **加速度の大きさ** は

$\sqrt{0^2+\left(\frac{4}{e^2}\right)^2}=\mathbf{\frac{4}{e^2}}$

26　(1)　$f(x)=\log|x|$ とすると $f'(x)=\frac{1}{x}$

よって　$f(a)=\log|a|$，$f'(a)=\frac{1}{a}$

ゆえに，$h\fallingdotseq 0$ のとき

$\mathbf{\log|a+h|}=f(a+h)\fallingdotseq f(a)+f'(a)h$

$=\mathbf{\log|a|+\frac{h}{a}}$

(2)　$f(x)=e^{-x}$ とすると　$f'(x)=-e^{-x}$

よって　$f(0)=1$，$f'(0)=-1$

ゆえに，$x\fallingdotseq 0$ のとき

$\mathbf{e^{-x}}=f(x)\fallingdotseq f(0)+f'(0)x=\mathbf{1-x}$

27　**C は積分定数とする。**

(1)　$\int\frac{1}{x+1}dx+\int\frac{x}{x+1}dx$

$=\int\frac{x+1}{x+1}dx=\int dx=\mathbf{x+C}$

(2)　$\int(x^3-e^x)dx+\int(-x^3+2x+e^x)dx$

$=\int 2x\,dx=\mathbf{x^2+C}$

(3)　(与式)

$=\int(3x^2+3\sin x)dx-\int(2x^2+4\cos x)dx$

$+\int(4\cos x-3\sin x)dx$

$=\int x^2dx=\mathbf{\frac{x^3}{3}+C}$

28　**C は積分定数とする。**

(1)　$\int\frac{dx}{x^2}=\int x^{-2}dx=\frac{x^{-1}}{-1}+C=\mathbf{-\frac{1}{x}+C}$

(2)　$\int 3x\sqrt{x}\,dx=3\int x^{\frac{3}{2}}dx=3\cdot\frac{x^{\frac{5}{2}}}{\frac{5}{2}}+C$

$=\mathbf{\frac{6}{5}x^2\sqrt{x}+C}$

(3) $\int \frac{2}{x}dx = 2\int \frac{dx}{x} = \mathbf{2\log|x|+C}$

(4) $\int 3\sin x\,dx = 3\int \sin x\,dx$

$= 3(-\cos x) + C$

$= \mathbf{-3\cos x + C}$

(5) $\int \frac{dx}{1-\sin^2 x} = \int \frac{dx}{\cos^2 x} = \mathbf{\tan x + C}$

(6) $\int 3^x dx = \mathbf{\frac{3^x}{\log 3} + C}$

29 (1) $\int_2^4 \sqrt{x}\,dx = \int_2^4 x^{\frac{1}{2}}dx = \left[\frac{2}{3}x^{\frac{3}{2}}\right]_2^4$

$= \frac{2}{3}\cdot 8 - \frac{2}{3}\cdot 2\sqrt{2}$

$= \mathbf{\frac{4}{3}(4-\sqrt{2})}$

(2) $\int_{-1}^1 e^x dx = \left[e^x\right]_{-1}^1 = e - e^{-1} = \mathbf{e - \frac{1}{e}}$

(3) $\int_1^3 \frac{dx}{x} = \left[\log x\right]_1^3 = \log 3 - 0 = \mathbf{\log 3}$

(4) $\int_0^\pi \cos t\,dt = \left[\sin t\right]_0^\pi = 0 - 0 = \mathbf{0}$

(5) $\int_0^{2\pi} \sin 2x\,dx = \left[\frac{1}{2}(-\cos 2x)\right]_0^{2\pi}$

$= -\frac{1}{2}\cos 4\pi + \frac{1}{2}\cos 0 = \mathbf{0}$

30 (1) $\int_1^2 \frac{xe^x}{x-3}dx - \int_1^2 \frac{3e^x}{x-3}dx$

$= \int_1^2 \frac{xe^x - 3e^x}{x-3}dx = \int_1^2 \frac{(x-3)e^x}{x-3}dx$

$= \int_1^2 e^x dx = \left[e^x\right]_1^2 = e^2 - e = \mathbf{e(e-1)}$

(2) 積分区間の上端と下端が等しい。

よって　$\int_2^2 \frac{\sin 2x}{x^4}dx = \mathbf{0}$

(3) $\int_{-2}^1 e^x dx + \int_1^3 e^x dx = \int_{-2}^3 e^x dx = \left[e^x\right]_{-2}^3$

$= \mathbf{e^3 - \frac{1}{e^2}}$

31 (1) $f(x) = \cos 2x$ とすると

$f(-x) = \cos(-2x) = \cos 2x = f(x)$

よって，$f(x)$ は偶関数であるから

$\int_{-\frac{\pi}{6}}^{\frac{\pi}{6}} \cos 2x\,dx = 2\int_0^{\frac{\pi}{6}} \cos 2x\,dx$

$= 2\left[\frac{1}{2}\sin 2x\right]_0^{\frac{\pi}{6}} = \mathbf{\frac{\sqrt{3}}{2}}$

(2) $f(x) = \tan x$ とすると

$f(-x) = \tan(-x) = -\tan x = -f(x)$

よって，$f(x)$ は奇関数であるから

$\int_{-\frac{\pi}{4}}^{\frac{\pi}{4}} \tan x\,dx = \mathbf{0}$

(3) $x^5 - 4x^3 + 3x^2 - x + 2$

$= (x^5 - 4x^3 - x) + (3x^2 + 2)$

$x^5 - 4x^3 - x$ は奇関数，$3x^2 + 2$ は偶関数であるから

$\int_{-\sqrt{2}}^{\sqrt{2}} (x^5 - 4x^3 + 3x^2 - x + 2)dx$

$= 2\int_0^{\sqrt{2}} (3x^2 + 2)dx$

$= 2\left[x^3 + 2x\right]_0^{\sqrt{2}}$

$= 2(2\sqrt{2} + 2\sqrt{2})$

$= \mathbf{8\sqrt{2}}$

32 (1) $\frac{d}{dx}\int_1^x \frac{1}{t+1}dt = \mathbf{\frac{1}{x+1}}$

(2) $\frac{d}{dx}\int_3^x e^{3t}dt = \mathbf{e^{3x}}$

(3) $\frac{d}{dx}\int_x^a \sin 2t\,dt = -\frac{d}{dx}\int_a^x \sin 2t\,dt$

$= \mathbf{-\sin 2x}$

(4) $\int_2^3 \frac{\cos 3t}{2t^2+1}dt$ は定数であるから

$\frac{d}{dx}\int_2^3 \frac{\cos 3t}{2t^2+1}dt = \mathbf{0}$

33 $1 \leqq x \leqq 2$ のとき，$0 < x \leqq x^2$ であるから

$\frac{1}{x^2} \leqq \frac{1}{x}$ …… ①

ただし，$1 < x < 2$ のとき ① の等号は成り立たない。

ゆえに　$\int_1^2 \frac{1}{x^2}dx < \int_1^2 \frac{1}{x}dx$

ここで　$\int_1^2 \frac{1}{x^2}dx = \left[-\frac{1}{x}\right]_1^2$

$= -\frac{1}{2} + 1 = \frac{1}{2}$

$\int_1^2 \frac{1}{x}dx = \left[\log x\right]_1^2$

$= \log 2 - \log 1 = \log 2$

よって　$\frac{1}{2} < \log 2$

34 (1) $1 \leqq x \leqq 2$ のとき $y \geqq 0$ である。

よって

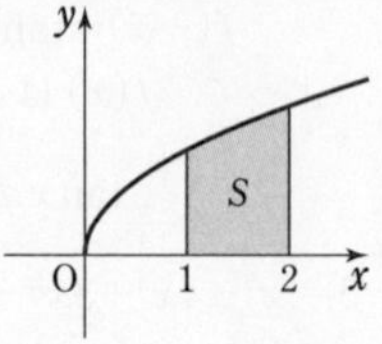

$$S=\int_1^2 \sqrt{x}\,dx$$
$$=\left[\frac{2}{3}x\sqrt{x}\right]_1^2$$
$$=\boldsymbol{\frac{2}{3}(2\sqrt{2}-1)}$$

(2) $y=\sqrt{x}$ を変形して　$x=y^2$ $(y \geqq 0)$

グラフは図のようになり，$0 \leqq y \leqq 2$ のとき $x \geqq 0$ である。

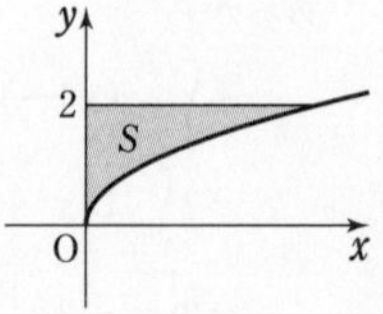

よって

$$S=\int_0^2 y^2 dy$$
$$=\left[\frac{y^3}{3}\right]_0^2=\boldsymbol{\frac{8}{3}}$$

別解　曲線 $y=\sqrt{x}$ と直線 $y=2$ で囲まれた部分の面積を考える。

2つのグラフの交点の x 座標は

$$\sqrt{x}=2$$

よって　　$x=4$

グラフは図のようになり，$0 \leqq x \leqq 4$ のとき $\sqrt{x} \leqq 2$ である。

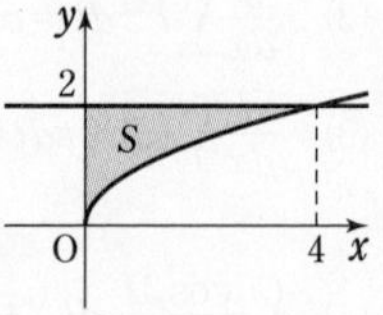

よって

$$S=\int_0^4 (2-\sqrt{x})\,dx$$
$$=\left[2x-\frac{2}{3}x\sqrt{x}\right]_0^4$$
$$=8-\frac{2}{3}\cdot 4\cdot 2=\boldsymbol{\frac{8}{3}}$$

35 2つのグラフは図のようになり，$0 \leqq x \leqq 1$ のとき

$$\frac{1}{x+1} \leqq e^x$$

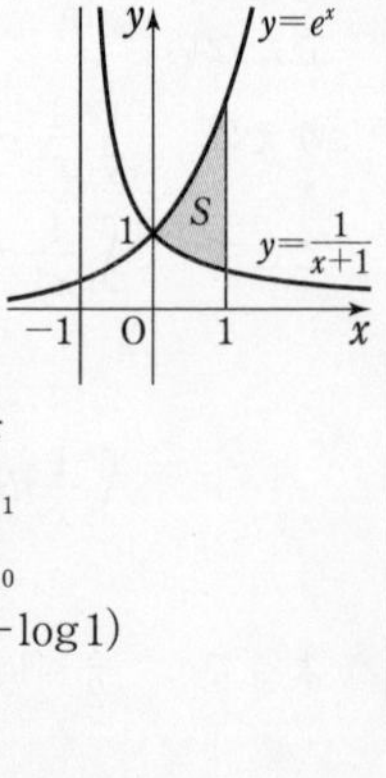

よって

$$S=\int_0^1 \left(e^x-\frac{1}{x+1}\right)dx$$
$$=\Big[e^x-\log(x+1)\Big]_0^1$$
$$=(e-\log 2)-(e^0-\log 1)$$
$$=\boldsymbol{e-\log 2-1}$$

36 (1) グラフは図のようになる。

よって

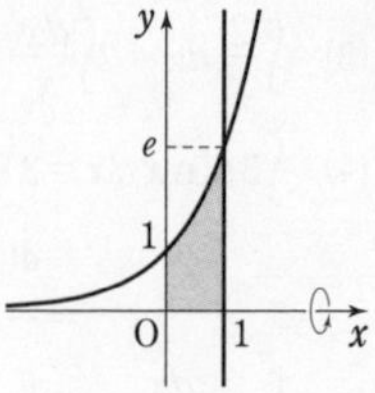

$$V=\pi\int_0^1 y^2 dx$$
$$=\pi\int_0^1 (e^x)^2 dx$$
$$=\pi\int_0^1 e^{2x} dx$$
$$=\pi\left[\frac{1}{2}e^{2x}\right]_0^1$$
$$=\pi\left(\frac{e^2}{2}-\frac{1}{2}\right)$$
$$=\boldsymbol{\frac{\pi}{2}(e^2-1)}$$

(2) $x^2-x=0$ とする

と　　$x(x-1)=0$

よって　　$x=0,\ 1$

ゆえに，グラフは図のようになる。

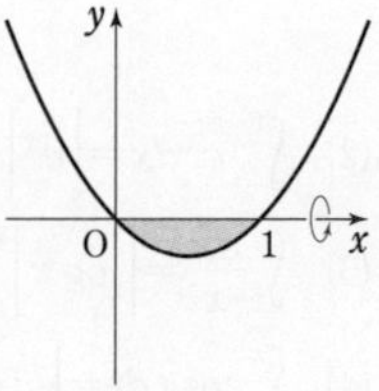

よって

$$V=\pi\int_0^1 y^2 dx=\pi\int_0^1 (x^2-x)^2 dx$$
$$=\pi\int_0^1 (x^4-2x^3+x^2)\,dx$$
$$=\pi\left[\frac{x^5}{5}-\frac{x^4}{2}+\frac{x^3}{3}\right]_0^1$$
$$=\pi\left(\frac{1}{5}-\frac{1}{2}+\frac{1}{3}\right)$$
$$=\boldsymbol{\frac{\pi}{30}}$$

37 (1) $y^2-1=0$ とする

と　$(y+1)(y-1)=0$

よって　　$y=-1,\ 1$

ゆえに，グラフは図のようになる。

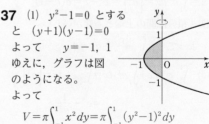

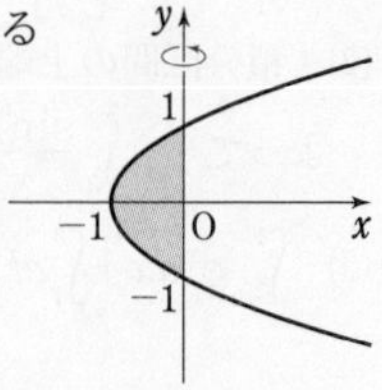

よって

$$V=\pi\int_{-1}^1 x^2 dy=\pi\int_{-1}^1 (y^2-1)^2 dy$$
$$=2\pi\int_0^1 (y^4-2y^2+1)\,dy$$
$$=2\pi\left[\frac{y^5}{5}-\frac{2}{3}y^3+y\right]_0^1$$
$$=2\pi\left(\frac{1}{5}-\frac{2}{3}+1\right)=\boldsymbol{\frac{16}{15}\pi}$$

(2) 曲線 $x=\sqrt{y+1}$ と直線 $y=2$ の交点の x 座標は

$x=\sqrt{2+1}=\sqrt{3}$

ゆえに，グラフは図のようになる。

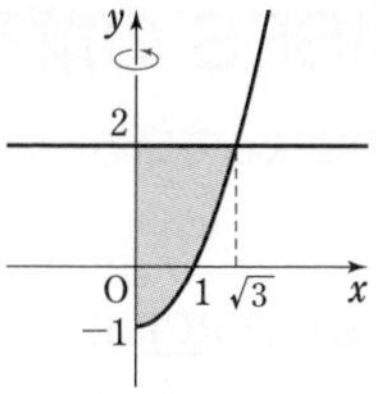

よって

$$V=\pi\int_{-1}^{2}x^2dy=\pi\int_{-1}^{2}(\sqrt{y+1})^2dy$$
$$=\pi\int_{-1}^{2}(y+1)dy=\pi\left[\frac{y^2}{2}+y\right]_{-1}^{2}$$
$$=\pi\left\{4-\left(-\frac{1}{2}\right)\right\}=\boldsymbol{\frac{9}{2}\pi}$$

38 (1) $t=0$ のときPは原点にいるから

$$x=0+\int_0^2 t^3dt=\left[\frac{t^4}{4}\right]_0^2=\mathbf{4}$$

(2) $s=\int_0^2|t^3|dt=\int_0^2 t^3dt=\left[\frac{t^4}{4}\right]_0^2=\mathbf{4}$

39 (1) $\dfrac{dx}{dt}=2t,\ \dfrac{dy}{dt}=3t^2$

よって $L=\int_0^{\sqrt{5}}\sqrt{(2t)^2+(3t^2)^2}\,dt$

$$=\int_0^{\sqrt{5}}\sqrt{4t^2+9t^4}\,dt$$
$$=\int_0^{\sqrt{5}}3t\sqrt{t^2+\frac{4}{9}}\,dt$$

$s=t^2+\dfrac{4}{9}$ とおくと

$ds=2t\,dt$

t	$0\ \to\ \sqrt{5}$
s	$\dfrac{4}{9}\ \to\ \dfrac{49}{9}$

ゆえに $L=\dfrac{3}{2}\int_{\frac{4}{9}}^{\frac{49}{9}}\sqrt{s}\,ds=\dfrac{3}{2}\left[\dfrac{2}{3}\sqrt{s^3}\right]_{\frac{4}{9}}^{\frac{49}{9}}$

$$=\sqrt{\left(\frac{49}{9}\right)^3}-\sqrt{\left(\frac{4}{9}\right)^3}$$
$$=\frac{343}{27}-\frac{8}{27}=\boldsymbol{\frac{335}{27}}$$

(2) $y'=(x^{\frac{3}{2}})'=\dfrac{3}{2}x^{\frac{1}{2}}$

ゆえに $L=\int_0^5\sqrt{1+\left(\dfrac{3}{2}x^{\frac{1}{2}}\right)^2}\,dx$

$$=\int_0^5\sqrt{1+\frac{9}{4}x}\,dx$$
$$=\frac{4}{9}\left[\frac{2}{3}\sqrt{\left(1+\frac{9}{4}x\right)^3}\right]_0^5$$
$$=\frac{8}{27}\left\{\left(\frac{49}{4}\right)^{\frac{3}{2}}-1\right\}=\frac{8}{27}\cdot\frac{343-8}{8}$$
$$=\boldsymbol{\frac{335}{27}}$$

inf. 「$x=t^2,\ y=t^3\ (0\leqq t\leqq\sqrt{5})$」

$\Longleftrightarrow$「$y=\sqrt{x^3}\ (0\leqq x\leqq 5)$」であるから，(1) と (2) は同じ弧の長さを求めている。

PRACTICE，EXERCISES の解答（数学Ⅲ）

PRACTICE，EXERCISES について，問題の要求している答の数値のみをあげ，図・証明は省略した。

第1章　関　数

●PRACTICE の解答

1　図略
(1)　定義域は $x \neq 2$，値域は $y \neq 2$
(2)　定義域は $x \neq -3$，値域は $y \neq -2$
(3)　定義域は $x \neq 2$，値域は $y \neq \frac{3}{2}$

2　図略　(1)　$y \leqq -\frac{5}{2}$，$-1 \leqq y$
(2)　$-1 \leqq y \leqq \frac{1}{3}$　(3)　$y < \frac{1}{2}$，$8 < y$
(4)　$y < -17$，$4 < y$

3　$a=2$，$b=-6$，$c=-4$

4　$x=-1$，3；$-1 \leqq x \leqq 3$，$4 < x$

5　(1)　$x=\frac{7}{2}$　(2)　$1 \leqq x < 2$，$4 \leqq x$

6　図略
(1)　(ア)　定義域は $x \geqq -1$，値域は $y \leqq 0$
　(イ)　定義域は $x \geqq -2$，値域は $y \geqq 0$
(2)　$\sqrt{2}+1 < y \leqq \sqrt{6}+1$

7　(1)　$x=3$　(2)　$x<3$

8　(1)　$x=1-\sqrt{7}$　(2)　$x=-\frac{3}{4}$，1
(3)　$0 \leqq x \leqq 4$　(4)　$-\sqrt{10} \leqq x < 1$

9　$1 \leqq k < \frac{5}{4}$

10　図略　(1)　$y=\log_2 x-1$
(2)　$y=\frac{-2x-2}{x-1}$ $(-1 \leqq x < 1)$
(3)　$y=-4x+4$ $(0 \leqq x \leqq 1)$
(4)　$y=\sqrt{x+2}$

11　(1)　$(f \circ g)(x)=\frac{x+1}{x-1}$
(2)　$(g \circ h)(x)=\frac{1}{x^2-x+1}$
(3)　$(f \circ h \circ g)(x)=\frac{x^2+1}{(x-1)^2}$

12　$a=-2$

●EXERCISES の解答

1　(1)　$-4 \leqq x \leqq -2$
(2)　$-2 < x < -\frac{3}{2}$，$-\frac{3}{2} < x \leqq -1$

2　(1)　$a=3$，$b=1$，$c=-5$
(2)　$y=\frac{7x+17}{x+3}$

3　(ア)　9　(イ)　0

4　(1)　$x=-\frac{1}{2}$，$\frac{-1+\sqrt{5}}{4}$　(2)　$\frac{3}{2} \leqq x < 5$

5　(1)　$-3 < x \leqq 0$，$3 < x$
(2)　$-3 \leqq x < -2$，$0 < x \leqq 1$

6　(1)　$k < \frac{1-\sqrt{5}}{2}$
(2)　$k=2$

7　$k \geqq 3$

8　(1)　$a=4$，$b=-3$
(2)　$a=1$，$b=4$，$c=\frac{1}{2}$

9　$x \geqq \frac{1+\sqrt{5}}{2}$

10　$a=3$，$b=2$，$c=1$

11　$(-1,\ -3)$，$(-2,\ -2)$

12　(1)　略　(2)　$a=\pm 1$，$\pm\frac{1}{3}$

13　(1)　$f^{-1}(x)=\frac{-dx+b}{cx-a}$　(2)　$a+d=0$

第2章 極 限

●PRACTICE の解答

13 (1) $-\infty$ (2) $-\dfrac{1}{2}$

(3) ∞ (4) 0

14 (1) ∞ (2) $\dfrac{1}{2}$ (3) $-\dfrac{3}{2}$

(4) 2 (5) $\dfrac{3}{2}$ (6) $\dfrac{1}{4}$

15 (1) 0 (2) 略

16 (1) $-\infty$ (2) -4 (3) 7

(4) 極限はない

17 (1) (ア) $2\leqq x<3$；$2<x<3$ のとき 0, $x=2$ のとき 1

(イ) $-2\leqq x<-1$, $0<x\leqq 1$；$-2<x<-1$, $0<x<1$ のとき 0；$x=1$, -2 のとき 1

(2) $1-\sqrt{2}\leqq x<1$, $1<x\leqq 1+\sqrt{2}$；$1-\sqrt{2}<x<1$, $1<x<1+\sqrt{2}$ のとき 0；$x=1\pm\sqrt{2}$ のとき $1\pm\sqrt{2}$ (複号同順)

18 (1) $|r|<1$ のとき 0, $r=1$ のとき $\dfrac{1}{3}$, $r>1$ のとき $\dfrac{1}{r}$

(2) $|r|<1$ のとき 0, $r=1$ のとき $\dfrac{1}{3}$, $r=-1$ のとき $-\dfrac{1}{3}$, $|r|>1$ のとき r

19 (1) -2 (2) ∞

20 (1) ∞ (2) 0

21 (1) $b_n=-(-3)^{n-1}$

(2) $a_n=\dfrac{3(-3)^{n-1}+1}{(-3)^{n-1}+1}$, $\displaystyle\lim_{n\to\infty}a_n=3$

22 (1) 略 (2) 略 (3) 1

23 $\dfrac{11}{3}$

24 (1) $x_{n+1}=-\dfrac{1}{8}x_n+\dfrac{3}{4}$ (2) $\dfrac{2}{3}$

25 $\dfrac{1}{3}$

26 (1) 収束, $\dfrac{1}{6}$ (2) 発散する

27 (1) $x<-2$, $0\leqq x$ (2) 略

28 $\left(\dfrac{1}{1+k^2},\ \dfrac{k}{1+k^2}\right)$

29 $(2+\sqrt{2})\pi a$

30 略

31 (1) $\dfrac{7}{2}$ (2) 8

32 (1) $\dfrac{3}{2}$ (2) $\dfrac{5}{2}$

33 (1) $\dfrac{4(a^2-1)}{(2+\sqrt{a^2-1})^2}$

(2) $\dfrac{a^2-1}{1+\sqrt{a^2-1}}$

34 (ア) 0 (イ) $\dfrac{1}{(1-x)^2}$

35 (1) 1 (2) -1

(3) $\sqrt{3}$ (4) $\dfrac{3}{4}$

36 (1) $a=-8$, $b=4$

(2) $a=8\sqrt{6}$, $b=48$

37 (1) $\displaystyle\lim_{x\to 1-0}\frac{x^2}{x-1}=-\infty$, $\displaystyle\lim_{x\to 1+0}\frac{x^2}{x-1}=\infty$, $x\longrightarrow 1$ のときの $\dfrac{x^2}{x-1}$ の極限はない

(2) $\displaystyle\lim_{x\to 1-0}\frac{x}{(x-1)^2}=\infty$, $\displaystyle\lim_{x\to 1+0}\frac{x}{(x-1)^2}=\infty$, $\displaystyle\lim_{x\to 1}\frac{x}{(x-1)^2}=\infty$

(3) $\displaystyle\lim_{x\to 1-0}\frac{|x-1|}{x^3-1}=-\frac{1}{3}$, $\displaystyle\lim_{x\to 1+0}\frac{|x-1|}{x^3-1}=\frac{1}{3}$, $x\longrightarrow 1$ のときの $\dfrac{|x-1|}{x^3-1}$ の極限はない

38 (1) $-\infty$ (2) -2

(3) -1 (4) -2

39 (1) 1 (2) $-\dfrac{1}{2}$

40 (1) 0 (2) 2

41 (1) $\dfrac{1}{20}$ (2) $\dfrac{3}{25}$ (3) 2

(4) 1 (5) $\sqrt{2}$ (6) $\dfrac{\pi}{180}$

42 (1) $S_1=r^2\sin 2\theta$, $S_2=r^2\theta$

(2) 2

43 (1) $x<-1$, $-1<x<1$, $1<x$ で連続

(2)　$x<0$, $0<x$ で連続

(3)　$0 \leqq x<\dfrac{\pi}{2}$, $\dfrac{\pi}{2}<x<\pi$,

$\pi<x<2\pi$ で連続；

$x=\dfrac{\pi}{2}$, π, 2π で不連続

44　略

45　(1)　$x<-2$, $0<x$ で連続；$x=0$ で不連続；図略

(2)　$x<0$, $0<x$ で連続；$x=0$ で不連続；図略

46　(1)　$x<-1$ のとき $f(x)=1-\dfrac{1}{x}$,

$x=-1$ のとき $f(-1)=\dfrac{a-b+2}{2}$,

$-1<x<1$ のとき $f(x)=ax^2+bx$,

$x=1$ のとき $f(1)=\dfrac{a+b}{2}$,

$1<x$ のとき $f(x)=1-\dfrac{1}{x}$

(2)　$a=1$, $b=-1$

●EXERCISES の解答

14　(1)　$\dfrac{1}{3}$　　(2)　7

15　(1)　1　　(2)　$\dfrac{b}{2}-\dfrac{a^2}{8}$

16　(1)　正しくない。(反例)　$a_n=-n$

(2)　正しくない。

(反例)　$a_n=\dfrac{1}{n^2}$, $b_n=\dfrac{1}{n}$

(3)　正しくない。

(反例)　$a_n=n+1$, $b_n=n$

(4)　正しい。証明略

17　$-\dfrac{1}{2} \leqq x<0$, $1<x$；

$-\dfrac{1}{2}<x<0$, $1<x$ のとき 0；

$x=-\dfrac{1}{2}$ のとき 1

18　$p=1$ のとき　$a_n=2n$,

$p \neq 1$ のとき　$a_n=\dfrac{2(p^n-1)}{p-1}$；

$-1<p<1$

19　(1)　$2n^2+2n+1$

(2)　$\dfrac{(n+1)(2n^2+4n+3)}{3}$

(3)　$\dfrac{2}{3}$

20　π

21　(1), (2)　略　　(3)　3

22　(ア)　1　　(イ)　5^n　　(ウ)　$\dfrac{5^n+1}{2}$

(エ)　$\dfrac{-5^n+1}{2}$　　(オ)　$\dfrac{(2p-1)^n+1}{2}$

(カ)　0　(キ)　1　(ク)　$\dfrac{1}{2}$　(ケ)　1

23　(1)　$a_1=p$, $a_2=2p(1-p)$,

$a_3=p(4p^2-6p+3)$

(2)　$a_n=(1-2p)a_{n-1}+p$

(3)　$a_n=\dfrac{1}{2}\{1-(1-2p)^n\}$

(4)　$\dfrac{1}{2}$

24　$\dfrac{4}{3}$

25　(1)　$\dfrac{1}{\log_{10}2}$　　(2)　$\dfrac{1}{8}$

26 (1) $\frac{3}{2}$ (2) $\frac{5}{6}$ (3) $\frac{7}{50}$

27 (1) $\frac{4}{27}$ (2) $\frac{3}{5}$

28 $0<x<\frac{\pi}{2}$, $\pi<x<\frac{3}{2}\pi$；

$\lim_{n\to\infty} S_n=\frac{\cos x-\sin x}{1-\cos x+\sin x}$

29 (1) $r=\frac{1}{\tan\theta+1}$

(2) $S_1+S_2+S_3+\cdots\cdots$

$=\frac{1}{\tan\theta(\tan\theta+2)}$

30 (1) 収束，$-\frac{1}{2}$

(2) 発散する

(3) 発散する

31 (1) $a_1=-\frac{1}{r}$，$a_2=\frac{2}{r^2}$，$a_3=-\frac{2}{r^3}$

(2) $a_n=2\left(-\frac{1}{r}\right)^n$ (3) $\frac{-r+1}{r(r+1)}$

32 (1) $\vec{r_1}=(1,\ 0)$，$\vec{r_2}=\left(0,\ \frac{1}{2}\right)$

(2) (ア) $x_{2k+1}=-\frac{1}{4}x_{2k-1}$，$x_{2k}=0$

(イ) $y_{2k+2}=-\frac{1}{4}y_{2k}$，$y_{2k-1}=0$

(3) $\left(\frac{4}{5},\ \frac{2}{5}\right)$

33 略

34 (1) $\frac{\sqrt{2}}{12}$ (2) $\frac{\sqrt{2}}{324}$ (3) $\frac{9\sqrt{2}}{104}$

35 (1) $\frac{1}{3}$ (2) $-\frac{1}{2}$

36 (1) $a=1$，$b=\frac{1}{2}$ のとき極限値 $-\frac{1}{8}$

(2) $a=2$，$b=-2$

37 (1) -6 (2) $-\frac{1}{2}$

38 (1) $\frac{1}{4\pi}$ (2) 4

(3) $\frac{1}{\pi}$ (4) $-\frac{\sqrt{2}}{2}$

39 4 個

40 $f(x)=x^2-1$

41 $(a,\ b)=\left(2,\ \frac{5}{4}\right)$

42 (1) 3

(2) $a<b$ のとき b，$a>b$ のとき a，$a=b$ のとき a

43 (1) $S(\theta)=\frac{\cos\theta}{2(\sin\theta+\cos\theta)}$

(2) $\frac{1}{2}$

44 (1) $x_2=\cos\theta\sin 2\theta$

(2) $x_n=\cos\theta\sin^{n-1}2\theta$

(3) $\frac{\cos\theta}{1-\sin 2\theta}$

(4) $\lim_{\theta\to\frac{\pi}{4}+0} f(\theta)=\infty$，$\lim_{\theta\to\frac{\pi}{2}-0} f(\theta)=0$；

証明略

45 (1) k が偶数 (2) 略

第3章　微分法

●PRACTICE の解答

47 (1) 連続である，微分可能でない
(2) 連続である，微分可能である

48 (1) $-\dfrac{2}{x^3}$　(2) $\dfrac{x}{\sqrt{x^2+1}}$

49 (1) $15x^4-6x^2$
(2) $10x^4-8x^3+6x^2-6x+3$
(3) $-\dfrac{2}{(x-1)^2}$
(4) $\dfrac{3x^2(x^6-2x^3-1)}{(1+x^6)^2}$
(5) $-\dfrac{2(x-1)}{(x^2-2x+4)^2}$
(6) $\dfrac{4}{x^2}-\dfrac{3}{x^4}$ $\left(\dfrac{4x^2-3}{x^4}\right.$ でもよい$\left.\right)$

50 (1) $6(x-1)(x^2-2x-4)^2$
(2) $4(x-1)^3(x^2+2)^3(3x^2-2x+2)$
(3) $-\dfrac{6x}{(x^2+1)^4}$
(4) $\dfrac{-x^2-6x+19}{(x-5)^4}$
(5) $-\dfrac{4x^3(x+1)(x-1)}{(x^2+1)^5}$

51 $\dfrac{dy}{dx}=\dfrac{1}{\sqrt{4x-3}}$

52 (1) $\dfrac{5}{2}x\sqrt{x}$
(2) $-\dfrac{2}{3x\sqrt[3]{x^2}}$
(3) $\dfrac{4x^4+3x^2}{\sqrt{1+x^2}}$

53 $a=n$，$b=-n-1$

54 (1) $2f'(a)$
(2) $a^2f'(a)-2af(a)$

55 $a=6$，$b=-2$

56 (1) $2+\sin x$
(2) $2x\cos x^2-\dfrac{1}{\cos^2 x}$
(3) $2x\sin(3x+5)+3x^2\cos(3x+5)$
(4) $6\sin^2(2x+1)\cos(2x+1)$
(5) $-\dfrac{1}{2\sqrt{\sin^3 x\cos x}}$
(6) $a\cos 2ax$

57 (1) $\dfrac{3x^2}{x^3+1}$
(2) $\dfrac{x\log x+3(x+1)}{3x\sqrt[3]{(x+1)^2}\log 10}$
(3) $\dfrac{1}{\sin x\cos x}$
(4) $\dfrac{2}{\cos x}$

58 (1) $\dfrac{3x+2}{3\sqrt[3]{x(x+1)^2}}$
(2) $2x^{\log x-1}\log x$

59 (1) $x^2(3-x)e^{-x}$
(2) $2^{\sin x}\cos x\log 2$
(3) $e^{3x}(3\sin 2x+2\cos 2x)$
(4) $-\dfrac{e^{\frac{1}{x}}}{x^2}$

60 (1) e^{-3} $\left(\dfrac{1}{e^3}\right.$ でもよい$\left.\right)$
(2) $\dfrac{1}{\log 2}$　(3) $\dfrac{1}{e}$　(4) $\dfrac{1}{2}$

61 (1) $\log 2$　(2) $\dfrac{1}{2}$
(3) 2　(4) 2

62 (ア) 2　(イ) 2

63 (1) $y^{(n)}=a^{n-1}(n+ax)e^{ax}$
(2) $y^{(n)}=a^n\sin\left(ax+\dfrac{n\pi}{2}\right)$

64 (1) $\dfrac{dy}{dx}=\dfrac{1}{y}$
(2) $\dfrac{dy}{dx}=\dfrac{4x-2}{y}$
(3) $\dfrac{dy}{dx}=-\sqrt{\dfrac{y}{x}}$

65 (1) $\dfrac{dy}{dx}=-\tan\theta$
(2) $\dfrac{dy}{dx}=\dfrac{1+t^2}{2t}$

66 (1) $g'(x)=\dfrac{1}{\sqrt{1-x^2}}$
(2) $\dfrac{d^2y}{dx^2}=\dfrac{1+\sin t}{\cos^3 t}$

●EXERCISES の解答

46 略

47 (1) 略

(2) (ア) $3x^2-8x+1$

(イ) $5x^4-8x^3+3x^2-4x-2$

48 (1) $6x(x^2-2)^2$

(2) $(x+1)^2(2x-3)^3(14x-1)$

(3) $-\dfrac{2}{\sqrt{(x+1)(x-3)^3}}$

(4) $1-\dfrac{x}{\sqrt{x^2-1}}$

49 略

50 (ア) 2　(イ) 0

51 (1) $\dfrac{1-x^{n+1}}{1-x}$

(2) $\dfrac{nx^{n+1}-(n+1)x^n+1}{(1-x)^2}$

52 (1) (ア) 0　(2) (イ) 3

(3) (ウ) 11　(4) (エ) 5

53 (1) $-e^{-x}(\sin x+\cos x)$

(2) $\dfrac{1}{\sqrt{x^2+1}}$

(3) $\dfrac{1}{\cos x}$

(4) $e^{\sin 2x}\left(2\cos 2x\tan x+\dfrac{1}{\cos^2 x}\right)$

(5) $-\dfrac{(x+1)(5x^2+14x+5)}{(x+2)^4(x+3)^5}$

(6) $x^{\sin x}\left(\cos x\log x+\dfrac{\sin x}{x}\right)$

54 $a=0$, $b=-\dfrac{1}{2}$, $c=-\dfrac{1}{4}$

55 $\dfrac{1}{\sqrt{1+e^x}}$

56 (1) 2

(2) $\dfrac{\pi}{2}$

(3) $2a\sin a(a\cos a-\sin a)$

(4) $2e$

57 (1) 0　(2) 1

(3) 証明略，$f'(x)=f(x)+e^x$

(4) $g'(x)=1$, $f(x)=xe^x$

58 $a=-2$

59 略

60 (1) $\dfrac{dy}{dx}=-\sqrt[3]{\left(\dfrac{y}{x}\right)^2}$

(2) $\dfrac{dy}{dx}=\dfrac{x}{y}$

(3) $\dfrac{dy}{dx}=\tan t$

61 $\dfrac{d^2y}{dx^2}=\dfrac{y^2-x^2}{y^3}$

62 $f(x)=-\dfrac{1}{6}x^3+\dfrac{3}{2}x^2-3x+1$

63 $-\dfrac{3}{8}$

64 (1) $(x^3+3x^2)e^x$

(2) $a_{n+1}=a_n+3$, $b_{n+1}=2a_n+b_n$

(3) $a_n=3n$, $b_n=3n(n-1)$

第４章　微分法の応用

●PRACTICE の解答

67 (1) (ア) 接線の方程式は
$y=-ex-1$,
法線の方程式は
$y=\dfrac{x}{e}+\dfrac{1}{e}+e-1$

(イ) 接線の方程式は
$y=\dfrac{1}{9}x+\dfrac{2}{9}$,
法線の方程式は
$y=-9x+\dfrac{28}{3}$

(2) $y=4x+\sqrt{3}-\dfrac{4}{3}\pi$

68 (1) $y=\dfrac{\sqrt{2}}{4}x+\dfrac{\sqrt{2}}{2}$, $(2,\ \sqrt{2})$

(2) $y=-x$, $(-1,\ 1)$；
$y=-9x+8$, $\left(\dfrac{1}{3},\ 5\right)$

69 (1) $y=-\dfrac{5\sqrt{7}}{12}x+\dfrac{20}{3}$

(2) $y=2x-1$

(3) $y=-\dfrac{\sqrt{2}}{6}x-\sqrt{2}$

70 (1) $y=3x-2$

(2) $y=\dfrac{1}{2}x+\dfrac{1}{4}$

71 $a=\dfrac{1}{2e}$, $y=e^{-\frac{1}{2}}x-\dfrac{1}{2}$

72 $y=-4x+4$

73 (1) $c=\dfrac{a+b}{2}$

(2) $c=1-\log(e-1)$

(3) $c=2\sqrt{2}$

(4) $c=\dfrac{\pi}{2}$, $\dfrac{3}{2}\pi$

74 略

75 (1) $\dfrac{1}{2}$　(2) 1

問題 p.129 (1) 3　(2) $-\pi$　(3) $-\dfrac{1}{3}$
(4) -1　(5) 0

76 (1) $x=-\dfrac{1}{2}$ で極大値 $\dfrac{4}{3}$

(2) $x=1$ で極大値 1

(3) $x=-\dfrac{1}{\sqrt{2}}$ で極小値 $-\dfrac{1}{\sqrt{2e}}$,
$x=\dfrac{1}{\sqrt{2}}$ で極大値 $\dfrac{1}{\sqrt{2e}}$

(4) $x=0$ で極大値 1,
$x=1$ で極小値 0

(5) $x=\dfrac{11}{6}\pi$ で極大値 $\dfrac{3\sqrt{3}}{4}$,
$x=\dfrac{7}{6}\pi$ で極小値 $-\dfrac{3\sqrt{3}}{4}$

77 $a=\sqrt{3}$, $b=-1$

78 (1) $x=1$ で最大値 5,
$x=2$ で最小値 -56

(2) $x=\dfrac{\pi}{6}$ で最大値 $\dfrac{3\sqrt{3}}{2}$,
$x=\dfrac{5}{6}\pi$ で最小値 $-\dfrac{3\sqrt{3}}{2}$

79 (1) $x=\dfrac{3}{2}$ で最大値 $\sqrt{2}$,
$x=1,\ 2$ で最小値 1

(2) $x=e$ で最小値 $-e$,
最大値はない

80 $a=3$

81 $\sqrt{5}-1$

82 (1) $x<0$, $0<x<1$ で上に凸；$1<x$ で下に凸；変曲点 $(1,\ -4)$

(2) $x<-1$, $1<x$ で上に凸；
$-1<x<1$ で下に凸；
変曲点 $(-1,\ \log 2)$, $(1,\ \log 2)$

(3) $x<-2$ で上に凸；$-2<x$ で下に凸；変曲点 $(-2,\ -2e^{-2})$

83, 84 略

85 (1) $x=1$ で極小値 0

(2) $x=1$ で極大値 $\dfrac{1}{\sqrt{e}}$,
$x=-1$ で極小値 $-\dfrac{1}{\sqrt{e}}$

(3) $x=\sqrt{2}$ で極大値 $2(\sqrt{2}-1)$

86～89 略

問題 p.152 略

90 $a^2+b^2>1$

91 $\sqrt{3}\pi$

92, 93 略

94 (1) 略　(2) 0

95 $k<3$ のとき1個，
$k=3$ のとき2個，
$k>3$ のとき3個

96 略

97 $a \geqq e^{\frac{1}{e}}$

98 $a>1$ のとき0本；
$a=1,\ a\leqq 0$ のとき1本；
$0<a<1$ のとき2本

99 (1) $x=e$ で極大値 $e^{\frac{1}{e}}$　(2) 略

100 略

101 速度は0，加速度は -6

102 $\vec{v}=(\cos 2t,\ -\sqrt{2}\sin t)$，
$\vec{\alpha}=(-2\sin 2t,\ -\sqrt{2}\cos t)$，
$|\vec{v}|$ の最小値は $\dfrac{\sqrt{3}}{2}$

103 点Pの速さは $2|\omega|\left|\sin\dfrac{\omega t}{2}\right|$，
点Pが最も速く動くときの速さは
$2|\omega|$

104 5 m/s

105 (1) (ア) $\dfrac{1}{2+x} \fallingdotseq \dfrac{1}{2}-\dfrac{x}{4}$
(イ) $\sqrt{1-x} \fallingdotseq 1-\dfrac{x}{2}$
(ウ) $\sin x \fallingdotseq x$
(エ) $\tan\left(\dfrac{x}{2}-\dfrac{\pi}{4}\right) \fallingdotseq -1+x$
(2) (ア) 0.485　(イ) 0.554
(ウ) 7.071　(エ) 9.990

106 表面積は約 1.20 cm^2，
体積は約 1.50 cm^3

107 (1) $\dfrac{1}{20}$ cm/s　(2) $20\pi\ \text{cm}^3/\text{s}$

●EXERCISES の解答

65 (1) $y=\dfrac{1}{2e^2}x-\dfrac{1}{2}+\log 2$
(2) $y=\dfrac{1}{2}x+\dfrac{5}{2}$
(3) $y=-\dfrac{2}{e^2}x+\dfrac{3}{e}$

66 $a=-2,\ b=3,\ c=2$

67 (1) $\sqrt{2}$　(2) $y=x,\ y=-x$

68 (ア) $1-n$　(イ) $\dfrac{e}{2(e-1)}$

69 $\dfrac{1}{2}$

70 -1

71 (1) $x=1$ で極大値1，
$x=-2$ で極小値 $-\dfrac{1}{2}$
(2) $x=1$ で極大値 $\dfrac{1}{e}$，
$x=0$ で極小値0
(3) $x=2n\pi,\ \dfrac{\pi}{2}+2n\pi$ で極大値1；
$x=\dfrac{5}{4}\pi+2n\pi$ で極大値 $-\dfrac{1}{\sqrt{2}}$；
$x=\dfrac{\pi}{4}+2n\pi$ で極小値 $\dfrac{1}{\sqrt{2}}$；
$x=\pi+2n\pi,\ \dfrac{3}{2}\pi+2n\pi$ で極小値
-1（n は整数）

72 (1) $x=4$ で最大値 $\dfrac{6}{5}$，
$x=1$ で最小値 $\dfrac{3}{4}$
(2) $\theta=\dfrac{2}{3}\pi$ で最大値 $\dfrac{3\sqrt{3}}{4}$，
$\theta=0,\ \pi$ で最小値0
(3) $x=e^{\frac{1}{n}}$ で最大値 $\dfrac{1}{ne}$，
最小値はない

73 (1) $\ell : y=-\dfrac{1}{p^2}x+\dfrac{2}{p}$，
$m : y=x+2$
(2) $\text{A}(2p,\ 0),\ \text{B}(-2,\ 0)$，
$\text{C}\left(\dfrac{2p(1-p)}{p^2+1},\ \dfrac{2(p+1)}{p^2+1}\right)$
(3) $p=1$ で最大値4

74 略

75 (1) $x=0$ で極大値 1,

$x=4$ で極小値 $\dfrac{17}{9}$

(2) 直線 $x=-2$, $x=1$, $y=2$

(3) $k=1$, $\dfrac{17}{9}$, 2

76 (ア) $\dfrac{\log(\log x)+1}{x}$

(イ) $\dfrac{(\log x)^{\log x}\{\log(\log x)+1\}}{x}$

(ウ) $\left(\dfrac{1}{e}\right)^{\frac{1}{e}}$

77 $0<a\leqq\dfrac{1}{4}$ のとき $x=2$ で最小値

$8a-\log 2-2$,

$\dfrac{1}{4}<a<\dfrac{1}{2}$ のとき $x=\dfrac{1}{2a}$ で最小値

$-\dfrac{1}{4a}+\log 2a+1$,

$\dfrac{1}{2}\leqq a$ のとき $x=1$ で最小値 $3a-1$

78 $a=3$, $b=1$

79 $\dfrac{\sqrt{2}}{2}\leqq \mathrm{PQ}\leqq\dfrac{\sqrt{3}}{2}$

80 (1) $0<k<1$

(2) $a<-2$, $2<a$；2 個

(3) $a\leqq-\dfrac{9}{8}$, $2\leqq a$

81 (1) $\left(x+\dfrac{1}{2}\right)^2+y^2=\dfrac{1}{4}$, $z=0$

(2) $\theta=\dfrac{\pi}{2}$, $\dfrac{3}{2}\pi$ で最大値 $2\sqrt{3}+2$

82 略

83 (1) 略

(2) k

84 (1) $f'(x)=\dfrac{x^4-6x^2}{(x^2-2)^2}$

(2) 略

(3) $k<-\dfrac{3\sqrt{6}}{2}$, $\dfrac{3\sqrt{6}}{2}<k$ のとき 3 個,

$k=\pm\dfrac{3\sqrt{6}}{2}$ のとき 2 個,

$-\dfrac{3\sqrt{6}}{2}<k<\dfrac{3\sqrt{6}}{2}$ のとき 1 個

85 略

86 $k<-\sqrt{3}$ のとき 2 個,

$k=-\sqrt{3}$ のとき 3 個,

$-\sqrt{3}<k<0$ のとき 4 個,

$k=0$ のとき 3 個,

$0<k<\sqrt{3}$ のとき 4 個,

$k=\sqrt{3}$ のとき 3 個,

$\sqrt{3}<k$ のとき 2 個

87 $(\sqrt{5})^{\sqrt{7}}<(\sqrt{7})^{\sqrt{5}}$

88 (1) $f'(x)=\dfrac{x-(1+x)\log(1+x)}{x^2(1+x)}$

(2) 略

(3) $\left(\dfrac{1}{15}\right)^{\frac{1}{14}}$, $\left(\dfrac{1}{13}\right)^{\frac{1}{12}}$, $\left(\dfrac{1}{11}\right)^{\frac{1}{10}}$

89 $\dfrac{5}{2}$

90 $|\vec{v}|=\sqrt{2}\,e^t$, $|\vec{\alpha}|=2e^t$, $\theta=\dfrac{\pi}{4}$

91 (1) $\dfrac{1}{2}$

(2) $\sqrt{1+x}\fallingdotseq 1+\dfrac{1}{2}x-\dfrac{1}{8}x^2$, 10.0995

92 (1) $\left(\alpha+\dfrac{1}{2}\sin 2\alpha,\ 0\right)$

(2) $v(t)=\pi(1+\cos 2\pi t)$

(3) $2\pi^3$

93 略

第5章　積分法

●PRACTICE の解答

注意　以下，C は積分定数とする。

108　(1)　$\dfrac{x^3}{3}-\dfrac{x^2}{2}+\log|x|+\dfrac{1}{x}+C$

(2)　$\dfrac{6}{7}x\sqrt[6]{x}-\dfrac{12}{5}\sqrt[6]{x^5}+2\sqrt{x}+C$

(3)　$3\tan x+\sin x+C$

(4)　$-\dfrac{1}{\tan x}-x+C$

(5)　$2e^x-3\log|x|+C$

109　(1)　$-\dfrac{1}{4(2x+3)^2}+C$

(2)　$-\dfrac{4}{21}(2-3x)\sqrt[4]{(2-3x)^3}+C$

(3)　$-\dfrac{1}{3}e^{-3x+1}+C$

(4)　$-\dfrac{1}{4}\tan(2-4x)+C$

110　(1)　$\dfrac{1}{4}\left(\log|2x+1|+\dfrac{3}{2x+1}\right)+C$

(2)　$\dfrac{2}{3}(3x+2)\sqrt{3x-1}+C$

(3)　$\dfrac{2}{15}(3x+4)(x-2)\sqrt{x-2}+C$

111　(1)　$\dfrac{1}{4}(x^2+x-2)^4+C$

(2)　$2\sqrt{x^2+3x-4}+C$

(3)　$\dfrac{1}{2}\sin(1+x^2)+C$

(4)　$\dfrac{1}{3}(e^x+1)^3+C$

(5)　$\dfrac{1}{\cos x}+C$

(6)　$\log|\cos x+\sin x|+C$

112　(1)　$-\dfrac{1}{2}x\cos 2x+\dfrac{1}{4}\sin 2x+C$

(2)　$x\tan x+\log|\cos x|+C$

(3)　$\sqrt{x}(\log x-2)+C$

(4)　$-(2x+3)e^{-x}+C$

113　(1)　$-x^2\cos x+2x\sin x+2\cos x+C$

(2)　$\dfrac{1}{4}(2x^2-2x+1)e^{2x}+C$

(3)　$x(\log x)^2-2x\log x+2x+C$

114　(1)　$\dfrac{1}{2}x^2+2x+2\log|x-1|+C$

(2)　$\dfrac{1}{5}\log|x+3|^3(x-2)^2+C$

115　(1)　$\dfrac{2}{3}(x+2)\sqrt{x+2}+\sqrt{2}x+C$

(2)　$\sqrt{2x+1}+\log\dfrac{|\sqrt{2x+1}-1|}{\sqrt{2x+1}+1}+C$

(3)　$\dfrac{2}{3}(x^2+1)\sqrt{x^2+1}+\dfrac{2}{3}x^3+C$

116　(1)　$x-\sin x+C$

(2)　$\dfrac{1}{12}\sin 6x+\dfrac{1}{4}\sin 2x+C$

(3)　$-\dfrac{1}{10}\sin 5x+\dfrac{1}{2}\sin x+C$

(4)　$\dfrac{3}{8}x+\dfrac{1}{4}\sin 2x+\dfrac{1}{32}\sin 4x+C$

(5)　$\dfrac{1}{192}\cos 6x-\dfrac{3}{64}\cos 2x+C$

(6)　$\tan x-\dfrac{1}{\tan x}+C$

117　(1)　$-\dfrac{1}{6}\cos^6 x+C$

(2)　$2\log(2+\cos x)-\cos x+C$

(3)　$\dfrac{1}{2}\sin 2x-\dfrac{1}{6}\sin^3 2x+C$

(4)　$\dfrac{1}{3}\cos^3 x-\dfrac{1}{2}\cos^2 x-\cos x+C$

(5)　$\dfrac{1}{3}\tan^3 x+C$

118　(1)　$-\dfrac{1}{\log x}+C$

(2)　$\dfrac{2}{3}\log x\sqrt{\log x}+C$

(3)　$\dfrac{1}{2}x-\dfrac{1}{2}\log(e^x+2)+C$

(4)　$\dfrac{2}{15}(3e^{2x}-4e^x+8)\sqrt{e^x+1}+C$

119　(1)　$f(x)=\dfrac{x^2+1}{e^2+1}-\log x$

(2)　$f(x)=\dfrac{1}{\log 2}(2^x-1)$

120　(1)　$-\dfrac{1}{5}\cos^5 x+\dfrac{2}{3}\cos^3 x-\cos x+C$

(2)　$\log|\cos x|+\dfrac{1}{2\cos^2 x}+C$

(3)　$\dfrac{5}{16}x+\dfrac{15}{64}\sin 2x+\dfrac{3}{64}\sin 4x$

$+\dfrac{1}{192}\sin 6x+C$

121 証明略，

$I=\frac{1}{2}\{e^{x}(\sin x-\cos x)$
$-e^{-x}(\sin x+\cos x)\}+C_1$,

$J=\frac{1}{2}\{e^{x}(\sin x+\cos x)$
$-e^{-x}(\sin x-\cos x)\}+C_2$

122 略

123 (1) $\log(\sqrt{x^2+2x+2}+x+1)+C$

(2) $\frac{1}{2}\{(x+1)\sqrt{x^2+2x+2}$
$+\log(\sqrt{x^2+2x+2}+x+1)\}+C$

124 $\log\left|\dfrac{2\tan\frac{x}{2}+1}{\tan\frac{x}{2}-2}\right|+C$

125 (1) $\frac{80}{81}$

(2) $-\frac{1}{2}\log 3$

(3) $-\frac{3}{2}+6\log\frac{3}{2}$

(4) $\frac{1}{4}e^4-2e-\frac{1}{2e^2}+\frac{9}{4}$

(5) $\frac{3}{4}\pi$

(6) $-\frac{\sqrt{3}}{16}$

126 (1) $2-\frac{2}{e}$　(2) 6

127 $m\neq n$ のとき 0，$m=n$ のとき π

128 (1) $\sqrt{2}-1$　(2) $\frac{5e-1}{\log 5+1}$

(3) $\log\frac{4}{3}$　(4) $\frac{2}{15}$

129 (1) $\frac{5}{12}\pi+\frac{\sqrt{3}}{8}$　(2) $\frac{\pi}{6}$

(3) $\frac{\pi}{12}-\frac{\sqrt{3}}{8}$

130 (1) $\frac{7}{12}\pi$　(2) $\frac{\sqrt{3}}{9}\pi$

131 (1) 0　(2) 0

(3) $\frac{1}{10\sqrt{2}}$　(4) -2

132 (1) $e-2$　(2) $\frac{e^2-3}{4}$

(3) $-\frac{3}{4e^2}+\frac{1}{4}$　(4) $4\pi-8\sqrt{2}$

133 (1) $\frac{1}{4}e^2+\frac{3}{4e^2}$　(2) $\frac{e^{-\pi}+1}{2}$

134 証明略，$\frac{\pi}{4}\log 3$

135 $\frac{\pi}{2}\log 2$

136 (1) 略

(2) (ア) $\frac{16}{35}$　(イ) $\frac{2}{15}$

137 (1) $\frac{5}{3}x\sqrt{x}$

(2) $-\frac{x(x+2)}{(2x^2+2x+1)(x^2+1)}$

(3) $\frac{1}{2}\cos\sqrt{x}-x\cos x$

(4) $2x-2\sin x$

138 $x=\frac{\pi}{3}$ で極大値 0，$x=-\frac{\pi}{3}$ で極小値 $\frac{\pi}{3}-\sqrt{3}$

139 (1) $f(x)=x^2-1$

(2) $f(x)=\sin x+\frac{\sqrt{3}}{12}$

(3) $f(x)=0$ または $f(x)=\frac{2}{e^2-1}e^x$

140 (1) $\int_a^x f(t)dt=2\cos x-1$

(2) $f(x)=-2\sin x$

(3) $a=\frac{\pi}{3}$，$b=\frac{\pi}{3}-\sqrt{3}$

141 $a=\frac{23}{10}$

142 $a=\frac{2}{e+1}$ のとき最小値

$(e+1)\log\frac{2}{e+1}+e$

143 (1) 0　(2) $\frac{1}{\sqrt{2}}$

144 (1) $\frac{2\sqrt{2}}{3}$　(2) 2

(3) $\frac{1}{2}\log 2$　(4) $2\log 2-\frac{3}{4}$

145 (1) $\frac{\pi}{4}$　(2) 略

146 略

147 (1) 9 (2) $\log\frac{3}{2}$

148 略

149 $\frac{28\sqrt{2}-17}{15}$

150 (1) $1-\log 2$，証明略
(2)，(3) 略

●EXERCISES の解答

94 (1) $-\frac{1}{4(1+x^2)^2}+C$

(2) $\log\left|\frac{x}{x+1}\right|-\frac{1}{x}+C$

(3) $\frac{x(x^2+3x+3)}{3}\log x-\frac{x^3}{9}-\frac{x^2}{2}-x+C$

(4) $\frac{1}{2}\log\frac{|e^x-1|}{e^x+1}+C$

(5) $2e^{\sin x}(\sin x-1)+C$

(6) $2e^{\sqrt{x}}(\sqrt{x}-1)+C$

95 (1) $\frac{1}{3}\tan^3 x+\tan x+C$

(2) $\frac{1}{3}\tan^3 x-\tan x+x+C$

(3) $-x-\sin x-\frac{1}{\tan x}-\frac{1}{\sin x}+C$

96 $\frac{1}{a^2+1}e^{ax}(\sin x+a\cos x)+C$

97 (1) $\log|\tan x|+C$

(2) $\frac{1}{\sin^2 x\cos^n x}+\frac{n+1}{\cos^{n+2}x}$

(3) 略

98 (1)，(2) 略

(3) $f(x)=e^{2x-\frac{x^2}{2}}$

99 (1) $2(\sqrt{e}-1)$

(2) $2\left(\sqrt{3}-\frac{\pi}{3}\right)$

(3) $2\sqrt{2}$

100 (1) $\frac{1}{6}-\frac{10}{9}\log 2$

(2) 証明略，$\frac{1}{2}$

101 (1) $\sqrt{3}-1-\frac{\pi}{12}$

(2) 4

(3) $x=\frac{2}{3}\pi$，定積分は $\frac{5}{2}$

102 (ア) $\frac{\pi}{6}$

(イ) $(\sqrt{3}\cos x+\sin x)$

(ウ) $\log\frac{2}{\sqrt{3}}$

(エ) $\frac{1}{4}\left(\frac{\sqrt{3}}{6}\pi+\log\frac{2}{\sqrt{3}}\right)$

103 (1) $m=n=0$ のとき 2π,
$m\neq 0$ かつ $m=-n$ のとき π,
$m=n\neq 0$ のとき π,
$m\neq \pm n$ のとき 0

(2) $\dfrac{1}{2}$

104 (1) $\dfrac{28\sqrt{2}}{3}-\dfrac{32}{3}$

(2) $\dfrac{1}{2}$

(3) $\dfrac{1}{2}\log\dfrac{4e(e+2)}{3(e+1)^2}$

105 (1) $\dfrac{1}{2}+\dfrac{\pi}{8}$

(2) $\dfrac{\pi}{48}-\dfrac{\sqrt{3}}{64}$

(3) $\dfrac{\pi^3-6\pi}{48}$

106 $\dfrac{1}{24}\log 3+\dfrac{\sqrt{3}}{72}\pi$

107 (1) 略 (2) $\dfrac{1}{3}$

108 (1) $1+\sin x=2X^2$

(2) $\tan\left(\dfrac{x}{2}-\dfrac{\pi}{4}\right)+C$

(3) $\log 2$

109 (1) $I(m,\ 0)=\dfrac{(b-a)^{m+1}}{m+1}$,

$I(1,\ 1)=-\dfrac{(b-a)^3}{6}$

(2) $I(m,\ n)=-\dfrac{n}{m+1}I(m+1,\ n-1)$

(3) $-\dfrac{(b-a)^{11}}{2772}$

110 (1) 略 (2) $\dfrac{2}{63}$

111 (1) 1
(2) [1] $f'(x)=\cos x$
[2] $f(x)=\sin x$

112 $f(x)=(e^x+1)\log\dfrac{2e}{e+1}$

113 e

114 略

115 $f(x)=2(2x-k-1)e^x+k+2$

116 $a=-\dfrac{24}{\pi^2}$, $b=\dfrac{12}{\pi^2}$ で最小値 $-\dfrac{48}{\pi^4}+\dfrac{1}{2}$

117 $t=\dfrac{\alpha+\beta}{2}$

118 (1) $\dfrac{\pi}{4}$

(2) $\dfrac{\pi}{2}+\dfrac{3\sqrt{3}}{4}$

(3) $\dfrac{1}{2}+\log\dfrac{3}{4}$

(4) $\log\dfrac{9}{8}$

119 (1) $-(1+x)\log(1+x)+x+C$
(2) $1-2\log 2$

120 略

121 (1) 略 (2) 0

122 (1) 略 (2) $\dfrac{4}{e}$

123 (1) $\dfrac{4+2\sqrt{3}}{3}\pi$ (2) 8

第6章　積分法の応用

●PRACTICE の解答

151　(1)　8　(2)　$20\log 3-16$

152　(1)　$\dfrac{4(2\sqrt{2}-1)}{3}$　(2)　$e-2$

153　(1)　$y=aex+1$　(2)　$\dfrac{e-2}{2a}$

154　(1)　6　(2)　$\dfrac{125}{6}$　(3)　$\dfrac{1}{e}$

155　$\dfrac{32}{3}$

156　(1)　$\dfrac{36\sqrt{3}}{5}$　(2)　$\dfrac{3}{2}\pi$

157　$a=\dfrac{e}{2}$

158　$a=2-\sqrt{2}$

159　$t=\dfrac{1}{2}$ のとき最小値 $\dfrac{2}{e}+\dfrac{1}{2\sqrt{e}}-1$

160　4

161　(1)　$S_n=(2n-1)\pi$　(2)　$\dfrac{1}{2\pi^2}$

162　$2a\sqrt{a^2-1}-2\log(a+\sqrt{a^2-1})$

163　$\dfrac{3}{4}\pi+2$

164　$\dfrac{\pi}{2}$

165　$\dfrac{4}{3}a^3$

166　(1)　$\pi\left(\pi-\dfrac{3\sqrt{3}}{4}\right)$　(2)　$\dfrac{\pi^2}{12}$

167　$\dfrac{\pi(2\pi+3\sqrt{3})}{16}$

168　(1)　$(1-\log 2)\pi$　(2)　$(e-2)\pi$

169　(1)　$\dfrac{8}{5}\pi$　(2)　$\pi(4-e)$

問題 *p.*268　$2\pi^2$

問題 *p.*269　(1)　$2-\dfrac{\pi}{2}$　(2)　$\pi\left(2-\dfrac{\pi}{2}\right)$
(3)　略

170　(1)　$\dfrac{3}{8}\pi$　(2)　$\dfrac{4}{5}\pi$

171　$h=1$，$\alpha=\dfrac{\pi}{6}$

172　$\dfrac{4\sqrt{2}}{105}\pi$

173　$\left(8\sqrt{2}-\dfrac{32}{3}\right)r^3$

174　$\dfrac{4}{3}\pi$

175　(1)　$\dfrac{2}{3}n$ 秒後 $(n=1,\ 2,\ \cdots\cdots)$
(2)　$\dfrac{5}{2\pi}$ cm

176　$T=4$，$s=\dfrac{17\sqrt{17}-1}{3}$

177　(1)　$\sqrt{2}\,(e^{\frac{\pi}{2}}-1)$　(2)　$\dfrac{53}{6}$

178　$2\pi^2$

179　(1)　$V=\dfrac{\pi}{2}(e^{2h}-1)$
(2)　$\dfrac{dh}{dt}=\dfrac{a}{\pi e^{2h}}$，$\dfrac{dr}{dt}=\dfrac{a}{\pi e^h}$，$\dfrac{dS}{dt}=2a$

180　(1)　$y=-\dfrac{1}{x}+C$（C は任意の定数）
(2)　$y=0$，$y=-\dfrac{1}{2x^2+C}$（C は任意の定数）
(3)　$y=Ce^{\sin x}$（C は任意の定数）

181　$y=-\dfrac{1}{x-2}$，$y=\dfrac{1}{x}$

●EXERCISES の解答

124 (1) $\left(\dfrac{\pi}{3},\ 0\right)$, $\left(\dfrac{\pi}{4},\ \sqrt{2}-1\right)$

(2) $\dfrac{\pi}{12}-\dfrac{1}{2}\log 2+2\sqrt{2}-\sqrt{3}-1$

125 (1) $\dfrac{1}{2}\log\dfrac{a}{b}$ (2) $\dfrac{1}{20}$

126 (1) $x=\dfrac{1}{2}$ で極大値 $\dfrac{1}{2e}$, $\left(1,\ \dfrac{1}{e^2}\right)$

(2) $\dfrac{3e^4-7}{4e^6}$

127 (1) $x=\dfrac{\pi}{2}-1,\ \dfrac{3}{2}\pi+1$ (2) 4

128 (1) 略 (2) $y=\pm\dfrac{2}{\sqrt{5}}$

(3) $4\sqrt{5}$

129 $\dfrac{2\sqrt{3}}{3}\pi$

130 (1) $\dfrac{x^2}{a^2}+\dfrac{y^2}{b^2}=1$

(2) $ab\left(\dfrac{\pi}{2}-\theta+\dfrac{1}{2}\sin 2\theta\right)$

(3) $2ab$

131 (1) $\cos\alpha=\dfrac{1}{\sqrt{1+k^2}}$,

$\sin\alpha=\dfrac{k}{\sqrt{1+k^2}}$,

$\cos\beta=-\dfrac{1}{\sqrt{1+k^2}}$,

$\sin\beta=-\dfrac{k}{\sqrt{1+k^2}}$

(2) $S=2\sqrt{1+k^2}$

(3) $k=\dfrac{4+\sqrt{7}}{3}$

132 (1) $-\dfrac{1}{2}e^{-x}(\sin x+\cos x)+C$

(2) $S_n=\dfrac{1}{2}\{e^{-(2n+1)\pi}+e^{-2n\pi}\}$

(3) $\dfrac{e^{\pi}}{2(e^{\pi}-1)}$

133 $\dfrac{2}{3}$

134 $(3-2\sqrt{2})\pi$

135 (1) $\left(\dfrac{1}{a},\ e\right)$ (2) $a=\sqrt{\dfrac{3-e}{3}}$

136 $ab=\dfrac{5}{2}$

137 (1) $\dfrac{8a}{a+1}\pi$ (2) $a=1$

138 (1) $t=\dfrac{1}{2}$

(2) $\pi\left\{\dfrac{3}{2}(\log 2)^2-5\log 2+3\right\}$

139 (1) 2 (2) $\dfrac{\pi}{8}(2\pi+3\sqrt{3})$

140 (1) 略 (2) $\dfrac{32}{105}\pi$

141 (1) $\dfrac{\sqrt{2}(n-1)^2}{3(n+2)(2n+1)}\pi$ (2) $\dfrac{\sqrt{2}}{6}\pi$

142 (1) $32r+(\pi-4)r^2$ (2) $\dfrac{52\pi-16}{3}$

143 (1) $u\sqrt{1-u^2}$ (2) $\left(\dfrac{1}{5}+\dfrac{\sqrt{2}}{3}\right)\pi$

144 (1) $y=\dfrac{x^3}{216}+\dfrac{18}{x}$ $(x>0)$ (2) 略

(3) $\vec{v}=(6e^t,\ 3e^{3t}-3e^{-t})$

(4) $e^9-3e^{-3}+2$

145 (1) $y=0,\ y=\dfrac{1}{1-Ce^x}$

(C は任意の定数)

(2) $y=Cxe^{-\frac{x}{3}}$ (C は任意の定数)

146 (1) $\left(\dfrac{n+1}{n}\cos\theta-\dfrac{1}{n}\cos(n+1)\theta,\right.$

$\left.\dfrac{n+1}{n}\sin\theta-\dfrac{1}{n}\sin(n+1)\theta\right)$

(2) $\dfrac{8(n+1)}{n}$ (3) 8

147 (1) (ア) 40 (2) (イ) $\dfrac{1}{3}$

(3) (ウ) $\dfrac{\sqrt{3}}{18}$

148 $f(x)=\dfrac{e^x+e^{-x}}{2},\ g(x)=\dfrac{e^x-e^{-x}}{2}$

Research & Work の解答（数学Ⅲ）

◎ **確認** と **やってみよう** は詳しい解答を示し，最終の答の数値などを太字で示した。
また，**問題に挑戦** は，最終の答の数値のみを示した。詳しい解答を別冊解答編に掲載している。

1 微分法と極限の応用

Q1 $f(x)=\sin x-\left(x-\dfrac{x^3}{6}\right)$ とすると

$f'(x)=\cos x-1+\dfrac{x^2}{2}$,

$f''(x)=-\sin x+x$,

$f'''(x)=-\cos x+1$

$f'''(x)\geqq 0$ であるから，$f''(x)$ は $x\geqq 0$ で増加し　$f''(x)\geqq f''(0)$

$f''(0)=0$ であるから，$x\geqq 0$ のとき

$f''(x)\geqq 0$

よって，$f'(x)$ は $x\geqq 0$ で増加し

$f'(x)\geqq f'(0)$

$f'(0)=0$ であるから，$x\geqq 0$ のとき

$f'(x)\geqq 0$

よって，$f(x)$ は $x\geqq 0$ で増加し

$f(x)\geqq f(0)$

$f(0)=0$ であるから，$x\geqq 0$ のとき

$f(x)\geqq 0$ ……①

ゆえに，$x\geqq 0$ のとき　$\sin x\geqq x-\dfrac{x^3}{6}$

次に，$g(x)=x-\dfrac{x^3}{6}+\dfrac{x^5}{120}-\sin x$ とすると

$g'(x)=1-\dfrac{x^2}{2}+\dfrac{x^4}{24}-\cos x$,

$g''(x)=-x+\dfrac{x^3}{6}+\sin x=f(x)$

①より，$x\geqq 0$ のとき $g''(x)\geqq 0$ であるから，$g'(x)$ は $x\geqq 0$ で増加し　$g'(x)\geqq g'(0)$

$g'(0)=0$ であるから，$x\geqq 0$ のとき

$g'(x)\geqq 0$

よって，$g(x)$ は $x\geqq 0$ で増加し

$g(x)\geqq g(0)$

$g(0)=0$ であるから，$x\geqq 0$ のとき

$g(x)\geqq 0$

ゆえに，$x\geqq 0$ のとき

$$x-\frac{x^3}{6}+\frac{x^5}{120}\geqq \sin x$$

以上から　$x-\dfrac{x^3}{6}\leqq \sin x\leqq x-\dfrac{x^3}{6}+\dfrac{x^5}{120}$

問1 (1)　$f(x)=(1-x)e^{nx}-1$ とすると

$f'(x)=-e^{nx}+(1-x)\cdot ne^{nx}$
$\quad=-\{nx-(n-1)\}e^{nx}$

$f'(x)=0$ とすると　$x=\dfrac{n-1}{n}$

$n\geqq 2$ から　$0<\dfrac{n-1}{n}<1$

よって，$0\leqq x\leqq 1$ における $f(x)$ の増減表は次のようになる。

x	0	…	$\dfrac{n-1}{n}$	…	1
$f'(x)$	／	+	0	−	／
$f(x)$	0	↗	極大	↘	−1

ここで　$f\left(\dfrac{n-1}{n}\right)>0$，$f(1)<0$

よって，$0<x<1$ において $y=f(x)$ のグラフと x 軸は，ただ1つの共有点をもつ。
ゆえに，方程式は $0<x<1$ においてただ1つの実数解をもつ。

(2)　(1) から　$\dfrac{n-1}{n}<x_n<1$

$\displaystyle\lim_{n\to\infty}\frac{n-1}{n}=\lim_{n\to\infty}\left(1-\frac{1}{n}\right)=1$ であるから

$\displaystyle\lim_{n\to\infty}x_n=\mathbf{1}$

(問題に挑戦) 1

(1)　(ア) ⓪　　(2)　(イ) 0　(ウ) 0　　(3)　(エ) ①

(1 の詳しい解答は解答編 $p.296$～ 参照)

2 立体の体積(断面積をつかむ)

Q2 2つの中心軸が作る平面からの距離がxである平面で切った断面を考える。

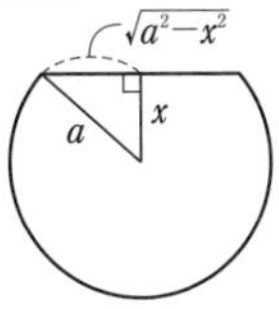

幅 $2\sqrt{a^2-x^2}$ の帯が垂直に交わっているから，

その共通部分は1辺の長さが $2\sqrt{a^2-x^2}$ の正方形である。

断面の正方形の面積は

$$(2\sqrt{a^2-x^2})^2=4(a^2-x^2)$$

よって，求める体積を V とすると，対称性から

$$V=2\int_0^a 4(a^2-x^2)\,dx=8\left[a^2x-\frac{x^3}{3}\right]_0^a$$

$$=\boldsymbol{\frac{16}{3}a^3}$$

問2 右図のように，平面 $x=t$ $(-1<t<1)$ と円板Cの周との交点をそれぞれA，Bとし，線分ABの中点をDとすると

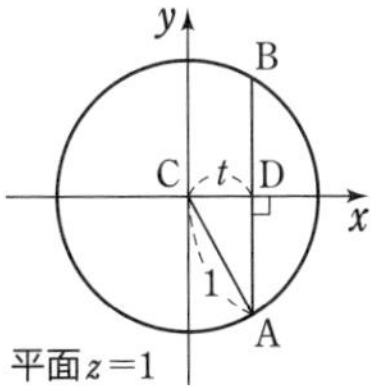

$$\mathrm{AD}^2=1-t^2$$

また，x軸上の点$(t,\ 0,\ 0)$をEとする。

Cをx軸の周りに1回転させてできる立体を，平面 $x=t$ で切った断面の図形は，線分ABを平面 $x=t$ 上でx軸の周りに1回転させてできる図形であり，右図の斜線部分である。

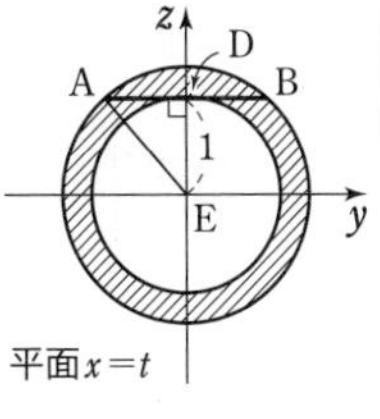

斜線部分の面積は

$$\pi(\mathrm{AE}^2-\mathrm{ED}^2)=\pi\{(\mathrm{AD}^2+\mathrm{ED}^2)-\mathrm{ED}^2\}$$

$$=\pi\cdot\mathrm{AD}^2=\pi(1-t^2)\quad\cdots①$$

$t=\pm1$ のとき，断面積は0であるから，①は成り立つ。

よって，求める体積を V とすると

$$V=\int_{-1}^1\pi(1-t^2)\,dt=2\int_0^1\pi(1-t^2)\,dt$$

$$=2\pi\left[t-\frac{t^3}{3}\right]_0^1=\boldsymbol{\frac{4}{3}\pi}$$

(問題に挑戦) 2

(1) (ア) 3 (イ) 6 (ウ) 3

(2) (エ) 1 (オ) 3 (カ) 6 (キ) 1 (ク) 3

(3) (ケ) 2 (コ) 2 (サ) 3 (シ) 1 (ス) 3

(4) (セ) 3 (ソ) 3

(2 の詳しい解答は解答編 $p.299\sim$ 参照)

INDEX

1. 用語の掲載ページ(右側の数字)を示した。
2. 主に初出のページを示した。関連するページを合わせて示したところもある。

【あ行】

1次の近似式 170
陰関数 111
上に凸 132

【か行】

回転体 260
ガウス記号 77
角速度 173
加速度 170
カテナリー 281
奇関数 208, 213
逆関数 26
逆関数の導関数 88
共通接線 122
極限 32
極限値 32
極小 131
極小値 131
曲線の長さ 278
極大 131
極大値 131
極値 131
近似式 170
偶関数 208, 213
区分求積法 230
原始関数 180
減少 131
懸垂線 281
高次導関数 108
合成関数 26
合成関数の導関数 88

【さ行】

最大値・最小値の定理 70
三角関数の極限 70
三角関数の導関数 99
指数関数の極限 69
指数関数の導関数 99
自然対数 99
下に凸 132
収束 32
収束条件(無限等比級数) 56
収束条件(無限等比数列) 40
シュワルツの不等式 236
循環小数 53
商の導関数 88
初期条件 194
振動 32
積→和の公式 201
積の導関数 88
積分定数 180
接線 116
接線の方程式 116
漸近線 133, 145
増加 131
速度 170

【た行】

第 n 次導関数 108, 110
第3次導関数 108
対数関数の極限 69
対数関数の導関数 99
対数微分法 102
体積 260
第2次導関数 108
断面積 260
置換積分法 180, 208
中間値の定理 70
直角双曲線 12
定積分 203
導関数の公式 88
導関数の定義 88
同形出現 196

【な行】

ネイピアの数 106

【は行】

媒介変数 108
媒介変数表示 108
バウムクーヘン分割 268
はさみうちの原理 33
発散 32
パップス-ギュルダンの定理 269
速さ 170
非回転体 263
微小変化 176
左側極限 69
微分可能 88
微分係数 88
微分方程式 284
微分方程式の解 284
微分方程式を解く 284
不定形の極限 32, 71
不定積分 180
部分積分法 181, 208
部分和 53
不連続 70
分数関数 12
分数関数のグラフ 12
分数不等式 17, 18
分数方程式 17, 18
平均値の定理 116, 128
変曲点 132
変数分離形 284
法線の方程式 116

【ま行】

右側極限 69
道のり 278
無限級数 53
無限数列 32
無限等比級数 53
無限等比数列 33
無理関数 13
無理関数のグラフ 13
無理式 13
無理不等式 21, 22
無理方程式 21, 22
面積 242

【や行】

陽関数 111

【ら行】

連続 70
ロピタルの定理 129
ロルの定理 127

【わ行】

和（無限級数） 53

【記号】

$f^{-1}(x)$ 26
$(g\circ f)(x)$ 26
$\lim_{n\to\infty} a_n=\alpha$ 32
$\sum_{n=1}^{\infty} a_n$ 53
$\lim_{x\to a+0} f(x)$ 69
$\lim_{x\to a-0} f(x)$ 69
$f'(x)$ 88
e 99, 106
y'', $f''(x)$, $\frac{d^2y}{dx^2}$, $\frac{d^2}{dx^2}f(x)$ 108
y''', $f'''(x)$, $\frac{d^3y}{dx^3}$, $\frac{d^3}{dx^3}f(x)$ 108
$y^{(n)}$, $f^{(n)}(x)$, $\frac{d^ny}{dx^n}$, $\frac{d^n}{dx^n}f(x)$ 108
⤷, ⤴, ↱, ⤵ 143
$\int f(x)\,dx$ 180
$\int_a^b f(x)\,dx$ 203
$\Big[F(x)\Big]_a^b$ 203

平方・立方・平方根の表

n	n^2	n^3	$\sqrt{n}$	$\sqrt{10n}$
1	1	1	1.0000	3.1623
2	4	8	1.4142	4.4721
3	9	27	1.7321	5.4772
4	16	64	2.0000	6.3246
5	25	125	2.2361	7.0711
6	36	216	2.4495	7.7460
7	49	343	2.6458	8.3666
8	64	512	2.8284	8.9443
9	81	729	3.0000	9.4868
10	100	1000	3.1623	10.0000
11	121	1331	3.3166	10.4881
12	144	1728	3.4641	10.9545
13	169	2197	3.6056	11.4018
14	196	2744	3.7417	11.8322
15	225	3375	3.8730	12.2474
16	256	4096	4.0000	12.6491
17	289	4913	4.1231	13.0384
18	324	5832	4.2426	13.4164
19	361	6859	4.3589	13.7840
20	400	8000	4.4721	14.1421
21	441	9261	4.5826	14.4914
22	484	10648	4.6904	14.8324
23	529	12167	4.7958	15.1658
24	576	13824	4.8990	15.4919
25	625	15625	5.0000	15.8114
26	676	17576	5.0990	16.1245
27	729	19683	5.1962	16.4317
28	784	21952	5.2915	16.7332
29	841	24389	5.3852	17.0294
30	900	27000	5.4772	17.3205
31	961	29791	5.5678	17.6068
32	1024	32768	5.6569	17.8885
33	1089	35937	5.7446	18.1659
34	1156	39304	5.8310	18.4391
35	1225	42875	5.9161	18.7083
36	1296	46656	6.0000	18.9737
37	1369	50653	6.0828	19.2354
38	1444	54872	6.1644	19.4936
39	1521	59319	6.2450	19.7484
40	1600	64000	6.3246	20.0000
41	1681	68921	6.4031	20.2485
42	1764	74088	6.4807	20.4939
43	1849	79507	6.5574	20.7364
44	1936	85184	6.6332	20.9762
45	2025	91125	6.7082	21.2132
46	2116	97336	6.7823	21.4476
47	2209	103823	6.8557	21.6795
48	2304	110592	6.9282	21.9089
49	2401	117649	7.0000	22.1359
50	2500	125000	7.0711	22.3607

n	n^2	n^3	$\sqrt{n}$	$\sqrt{10n}$
51	2601	132651	7.1414	22.5832
52	2704	140608	7.2111	22.8035
53	2809	148877	7.2801	23.0217
54	2916	157464	7.3485	23.2379
55	3025	166375	7.4162	23.4521
56	3136	175616	7.4833	23.6643
57	3249	185193	7.5498	23.8747
58	3364	195112	7.6158	24.0832
59	3481	205379	7.6811	24.2899
60	3600	216000	7.7460	24.4949
61	3721	226981	7.8102	24.6982
62	3844	238328	7.8740	24.8998
63	3969	250047	7.9373	25.0998
64	4096	262144	8.0000	25.2982
65	4225	274625	8.0623	25.4951
66	4356	287496	8.1240	25.6905
67	4489	300763	8.1854	25.8844
68	4624	314432	8.2462	26.0768
69	4761	328509	8.3066	26.2679
70	4900	343000	8.3666	26.4575
71	5041	357911	8.4261	26.6458
72	5184	373248	8.4853	26.8328
73	5329	389017	8.5440	27.0185
74	5476	405224	8.6023	27.2029
75	5625	421875	8.6603	27.3861
76	5776	438976	8.7178	27.5681
77	5929	456533	8.7750	27.7489
78	6084	474552	8.8318	27.9285
79	6241	493039	8.8882	28.1069
80	6400	512000	8.9443	28.2843
81	6561	531441	9.0000	28.4605
82	6724	551368	9.0554	28.6356
83	6889	571787	9.1104	28.8097
84	7056	592704	9.1652	28.9828
85	7225	614125	9.2195	29.1548
86	7396	636056	9.2736	29.3258
87	7569	658503	9.3274	29.4958
88	7744	681472	9.3808	29.6648
89	7921	704969	9.4340	29.8329
90	8100	729000	9.4868	30.0000
91	8281	753571	9.5394	30.1662
92	8464	778688	9.5917	30.3315
93	8649	804357	9.6437	30.4959
94	8836	830584	9.6954	30.6594
95	9025	857375	9.7468	30.8221
96	9216	884736	9.7980	30.9839
97	9409	912673	9.8489	31.1448
98	9604	941192	9.8995	31.3050
99	9801	970299	9.9499	31.4643
100	10000	1000000	10.0000	31.6228

三角関数の表

θ	$\sin\theta$	$\cos\theta$	$\tan\theta$
0°	0.0000	1.0000	0.0000
1°	0.0175	0.9998	0.0175
2°	0.0349	0.9994	0.0349
3°	0.0523	0.9986	0.0524
4°	0.0698	0.9976	0.0699
5°	0.0872	0.9962	0.0875
6°	0.1045	0.9945	0.1051
7°	0.1219	0.9925	0.1228
8°	0.1392	0.9903	0.1405
9°	0.1564	0.9877	0.1584
10°	0.1736	0.9848	0.1763
11°	0.1908	0.9816	0.1944
12°	0.2079	0.9781	0.2126
13°	0.2250	0.9744	0.2309
14°	0.2419	0.9703	0.2493
15°	0.2588	0.9659	0.2679
16°	0.2756	0.9613	0.2867
17°	0.2924	0.9563	0.3057
18°	0.3090	0.9511	0.3249
19°	0.3256	0.9455	0.3443
20°	0.3420	0.9397	0.3640
21°	0.3584	0.9336	0.3839
22°	0.3746	0.9272	0.4040
23°	0.3907	0.9205	0.4245
24°	0.4067	0.9135	0.4452
25°	0.4226	0.9063	0.4663
26°	0.4384	0.8988	0.4877
27°	0.4540	0.8910	0.5095
28°	0.4695	0.8829	0.5317
29°	0.4848	0.8746	0.5543
30°	0.5000	0.8660	0.5774
31°	0.5150	0.8572	0.6009
32°	0.5299	0.8480	0.6249
33°	0.5446	0.8387	0.6494
34°	0.5592	0.8290	0.6745
35°	0.5736	0.8192	0.7002
36°	0.5878	0.8090	0.7265
37°	0.6018	0.7986	0.7536
38°	0.6157	0.7880	0.7813
39°	0.6293	0.7771	0.8098
40°	0.6428	0.7660	0.8391
41°	0.6561	0.7547	0.8693
42°	0.6691	0.7431	0.9004
43°	0.6820	0.7314	0.9325
44°	0.6947	0.7193	0.9657
45°	0.7071	0.7071	1.0000

θ	$\sin\theta$	$\cos\theta$	$\tan\theta$
45°	0.7071	0.7071	1.0000
46°	0.7193	0.6947	1.0355
47°	0.7314	0.6820	1.0724
48°	0.7431	0.6691	1.1106
49°	0.7547	0.6561	1.1504
50°	0.7660	0.6428	1.1918
51°	0.7771	0.6293	1.2349
52°	0.7880	0.6157	1.2799
53°	0.7986	0.6018	1.3270
54°	0.8090	0.5878	1.3764
55°	0.8192	0.5736	1.4281
56°	0.8290	0.5592	1.4826
57°	0.8387	0.5446	1.5399
58°	0.8480	0.5299	1.6003
59°	0.8572	0.5150	1.6643
60°	0.8660	0.5000	1.7321
61°	0.8746	0.4848	1.8040
62°	0.8829	0.4695	1.8807
63°	0.8910	0.4540	1.9626
64°	0.8988	0.4384	2.0503
65°	0.9063	0.4226	2.1445
66°	0.9135	0.4067	2.2460
67°	0.9205	0.3907	2.3559
68°	0.9272	0.3746	2.4751
69°	0.9336	0.3584	2.6051
70°	0.9397	0.3420	2.7475
71°	0.9455	0.3256	2.9042
72°	0.9511	0.3090	3.0777
73°	0.9563	0.2924	3.2709
74°	0.9613	0.2756	3.4874
75°	0.9659	0.2588	3.7321
76°	0.9703	0.2419	4.0108
77°	0.9744	0.2250	4.3315
78°	0.9781	0.2079	4.7046
79°	0.9816	0.1908	5.1446
80°	0.9848	0.1736	5.6713
81°	0.9877	0.1564	6.3138
82°	0.9903	0.1392	7.1154
83°	0.9925	0.1219	8.1443
84°	0.9945	0.1045	9.5144
85°	0.9962	0.0872	11.4301
86°	0.9976	0.0698	14.3007
87°	0.9986	0.0523	19.0811
88°	0.9994	0.0349	28.6363
89°	0.9998	0.0175	57.2900
90°	1.0000	0.0000	な し

●編著者
チャート研究所

●表紙・カバーデザイン
有限会社アーク・ビジュアル・ワークス

●本文デザイン
デザイン・プラス・プロフ株式会社

●イラスト（先生，生徒）
有限会社アラカグラフィクス

編集・制作　チャート研究所
発行者　星野 泰也

初版（微分・積分）
第1刷　1984年2月1日　発行
改訂新版（微分・積分）
第1刷　1987年1月10日　発行
新制
第1刷　1996年2月1日　発行
改訂版
第1刷　1999年10月1日　発行
新課程
第1刷　2004年9月1日　発行
改訂版
第1刷　2008年9月1日　発行
新課程
第1刷　2013年9月1日　発行
改訂版
第1刷　2018年9月1日　発行
新課程
第1刷　2023年11月1日　発行
第2刷　2023年11月10日　発行
第3刷　2024年2月1日　発行
第4刷　2024年2月10日　発行

ISBN978-4-410-10784-9

※解答・解説は数研出版株式会社が作成したものです。

チャート式® 解法と演習 数学Ⅲ

発行所
数研出版株式会社

〒101-0052 東京都千代田区神田小川町2丁目3番地3
［振替］00140-4-118431
〒604-0861 京都市中京区烏丸通竹屋町上る大倉町205番地
［電話］代表（075）231-0161
ホームページ　https://www.chart.co.jp
印刷　寿印刷株式会社

② 平均値の定理

▷ロルの定理　関数 $f(x)$ が区間 $[a,\ b]$ で連続，区間 $(a,\ b)$ で微分可能で，$f(a)=f(b)$ ならば $f'(c)=0$，$a<c<b$ を満たす実数 c が存在する。

▷平均値の定理　関数 $f(x)$ が区間 $[a,\ b]$ で連続，区間 $(a,\ b)$ で微分可能ならば

$$\frac{f(b)-f(a)}{b-a}=f'(c),\ a<c<b$$

を満たす実数 c が存在する。

③ 関数の増減と極値，最大・最小

▷関数の増減　関数 $f(x)$ が，区間 $[a,\ b]$ で連続，区間 $(a,\ b)$ で微分可能であるとき，区間 $(a,\ b)$ で

常に $f'(x)>0$ ならば，区間 $[a,\ b]$ で増加
常に $f'(x)<0$ ならば，区間 $[a,\ b]$ で減少
常に $f'(x)=0$ ならば，区間 $[a,\ b]$ で定数

▷関数の極大・極小

・$x=a$ を含む十分小さい開区間において
　$x\neq a$ なら $f(x)<f(a)$ のとき
　　$f(x)$ は $x=a$ で極大
　$x\neq a$ なら $f(x)>f(a)$ のとき
　　$f(x)$ は $x=a$ で極小
といい，$f(a)$ をそれぞれ極大値，極小値という。極大値と極小値をまとめて極値という。

・$f(x)$ が $x=a$ で微分可能であるとき
　$x=a$ で極値をとる $\Longrightarrow$ $f'(a)=0$
(逆は成り立たない。)

▷関数の最大・最小　関数 $f(x)$ が，区間 $[a,\ b]$ で連続であるとき，$f(x)$ の最大値，最小値を求めるには，$f(x)$ の極大，極小を調べ，極値と区間の両端の値 $f(a)$，$f(b)$ を比較。

▷曲線 $y=f(x)$ の凹凸・変曲点

・ある区間で $f''(x)>0$ ならば，その区間で下に凸
　ある区間で $f''(x)<0$ ならば，その区間で上に凸
・変曲点　凹凸が変わる曲線上の点のこと。
　$f''(a)=0$ のとき，$x=a$ の前後で $f''(x)$ の符号が変わるならば，点 $(a,\ f(a))$ は曲線 $y=f(x)$ の変曲点である。
・点 $(a,\ f(a))$ が曲線 $y=f(x)$ の変曲点ならば
　$f''(a)=0$

▷漸近線　関数 $y=f(x)$ のグラフにおいて

① $\displaystyle\lim_{x\to a+0}f(x)$，$\displaystyle\lim_{x\to a-0}f(x)$ のうち，少なくとも1つが ∞ または $-\infty$ ならば，直線 $x=a$ が漸近線。

② $\displaystyle\lim_{x\to\infty}\{f(x)-(ax+b)\}$，$\displaystyle\lim_{x\to-\infty}\{f(x)-(ax+b)\}$ のいずれかが0ならば，直線 $y=ax+b$ が漸近線。

▷極値と第2次導関数

$x=a$ を含むある区間で $f''(x)$ は連続とする。
　$f'(a)=0$，$f''(a)<0$ ならば，$f(a)$ は極大値
　$f'(a)=0$，$f''(a)>0$ ならば，$f(a)$ は極小値

④ 方程式・不等式への応用

▷不等式 $f(x)>g(x)$ の証明

$F(x)=f(x)-g(x)$ とし，$F(x)$ の増減を調べて，$F(x)>0$ を証明する。

▷方程式 $f(x)=g(x)$ の実数解の個数

$y=f(x)$ のグラフと $y=g(x)$ のグラフの共有点の個数を調べる。

⑤ 速度・加速度，近似式

▷直線上の運動の速度・加速度

数直線上を運動する点Pの時刻 t における座標 x が $x=f(t)$ で表されるとき

速度：$v=\dfrac{dx}{dt}=f'(t)$，加速度：$\alpha=\dfrac{dv}{dt}=\dfrac{d^2x}{dt^2}=f''(t)$

速さ：$|v|$，加速度の大きさ：$|\alpha|$

▷平面上の運動の速度・加速度

座標平面上を運動する点 $\mathrm{P}(x,\ y)$ の時刻 t における x 座標，y 座標が t の関数であるとき，速度 $\vec{v}$，加速度 $\vec{\alpha}$ は

$$\vec{v}=\left(\frac{dx}{dt},\ \frac{dy}{dt}\right),\ \vec{\alpha}=\left(\frac{d^2x}{dt^2},\ \frac{d^2y}{dt^2}\right)$$

また，速さ $|\vec{v}|$，加速度 $\vec{\alpha}$ の大きさ $|\vec{\alpha}|$ は，順に

$$\sqrt{\left(\frac{dx}{dt}\right)^2+\left(\frac{dy}{dt}\right)^2},\ \sqrt{\left(\frac{d^2x}{dt^2}\right)^2+\left(\frac{d^2y}{dt^2}\right)^2}$$

▷1次の近似式

・$h\fallingdotseq 0$ のとき　$f(a+h)\fallingdotseq f(a)+f'(a)h$
・$x\fallingdotseq 0$ のとき　$f(x)\fallingdotseq f(0)+f'(0)x$
・$y=f(x)$ の x の増分 $\varDelta x$ に対する y の増分 $\varDelta y$ について，$\varDelta x\fallingdotseq 0$ のとき　$\varDelta y\fallingdotseq y'\varDelta x$

5 積分法

① 不定積分

▷基本的な関数の不定積分　C は積分定数とする。

・$\displaystyle\int x^{\alpha}dx=\frac{1}{\alpha+1}x^{\alpha+1}+C$ （α は実数，$\alpha\neq-1$）
　$\displaystyle\int\frac{dx}{x}=\log|x|+C$

・$\displaystyle\int\sin x\,dx=-\cos x+C$
　$\displaystyle\int\cos x\,dx=\sin x+C$，$\displaystyle\int\frac{dx}{\cos^2 x}=\tan x+C$

・$\displaystyle\int e^x dx=e^x+C$，$\displaystyle\int a^x dx=\frac{a^x}{\log a}+C$ $\begin{pmatrix}a>0\\ a\neq 1\end{pmatrix}$

PRACTICE, EXERCISES の解答（数学Ⅲ）

注意
- PRACTICE，EXERCISES の全問題文と解答例を掲載した。
- 必要に応じて，HINT として，解答の前に問題の解法の手がかりや方針を示した。また，inf. として，補足事項や注意事項を示したところもある。
- 主に本冊の CHART＆SOLUTION，CHART＆THINKING に対応した箇所を赤字で示した。

PR ②1

次の関数のグラフをかけ。また，その定義域と値域を求めよ。

(1) $y=\dfrac{2x-1}{x-2}$　(2) $y=\dfrac{-2x-7}{x+3}$　(3) $y=\dfrac{3x+1}{2x-4}$

(1) $\dfrac{2x-1}{x-2}=\dfrac{2(x-2)+3}{x-2}=\dfrac{3}{x-2}+2$

よって，この関数のグラフは，$y=\dfrac{3}{x}$ のグラフを x 軸方向に 2，y 軸方向に 2 だけ平行移動したもので，**右図** のようになる。

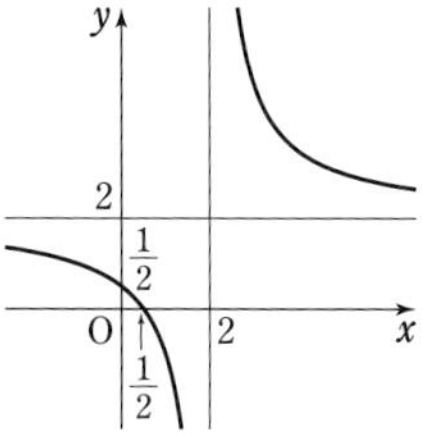

漸近線は　　2 直線 $x=2$，$y=2$

また，**定義域は $x \neq 2$，値域は $y \neq 2$** である。

⇐$y=0$ のとき　$x=\dfrac{1}{2}$

$x=0$ のとき　$y=\dfrac{1}{2}$

ゆえに，軸との交点は $\left(\dfrac{1}{2},\ 0\right)$，$\left(0,\ \dfrac{1}{2}\right)$

⇐点$(2,\ 2)$を原点とみて，$y=\dfrac{3}{x}$ のグラフをかく。

(2) $\dfrac{-2x-7}{x+3}=\dfrac{-2(x+3)-1}{x+3}$

$=-\dfrac{1}{x+3}-2$

よって，この関数のグラフは，$y=-\dfrac{1}{x}$ のグラフを x 軸方向に -3，y 軸方向に -2 だけ平行移動したもので，**右図** のようになる。

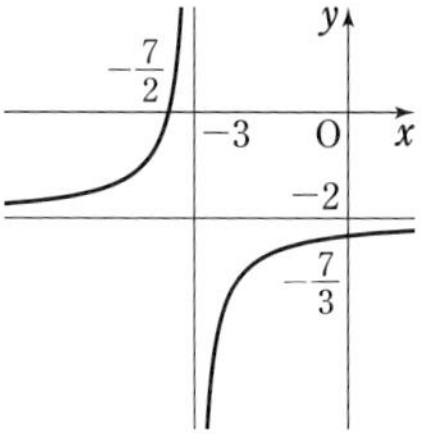

漸近線は　　2 直線 $x=-3$，$y=-2$

また，**定義域は $x \neq -3$，値域は $y \neq -2$** である。

⇐$y=0$ のとき　$x=-\dfrac{7}{2}$

$x=0$ のとき　$y=-\dfrac{7}{3}$

ゆえに，軸との交点は $\left(-\dfrac{7}{2},\ 0\right)$，$\left(0,\ -\dfrac{7}{3}\right)$

⇐点$(-3,\ -2)$を原点とみて，$y=-\dfrac{1}{x}$ のグラフをかく。

(3) $\dfrac{3x+1}{2x-4}=\dfrac{\frac{3}{2}(2x-4)+7}{2x-4}=\dfrac{7}{2x-4}+\dfrac{3}{2}=\dfrac{\frac{7}{2}}{x-2}+\dfrac{3}{2}$

よって，この関数のグラフは，$y=\dfrac{7}{2x}$ のグラフを x 軸方向に 2，y 軸方向に $\dfrac{3}{2}$ だけ平行移動したもので，**右図** のようになる。

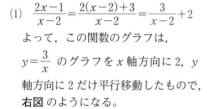

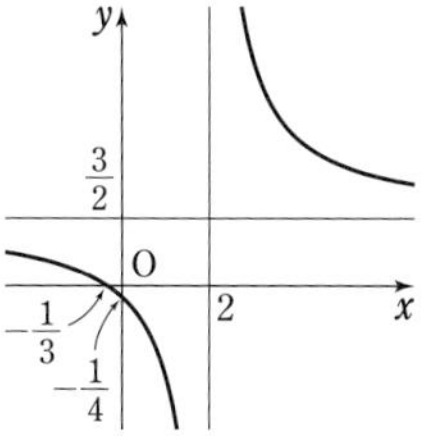

漸近線は　　2 直線 $x=2$，$y=\dfrac{3}{2}$

また，**定義域は $x \neq 2$，値域は $y \neq \dfrac{3}{2}$** である。

⇐$y=0$ のとき　$x=-\dfrac{1}{3}$

$x=0$ のとき　$y=-\dfrac{1}{4}$

ゆえに，軸との交点は $\left(-\dfrac{1}{3},\ 0\right)$，$\left(0,\ -\dfrac{1}{4}\right)$

⇐$y=\dfrac{\frac{7}{2}}{x}=\dfrac{7}{2x}$

⇐点$\left(2,\ \dfrac{3}{2}\right)$を原点とみて，$y=\dfrac{7}{2x}$ のグラフをかく。

PR ②2 次の関数のグラフをかき，その値域を求めよ。

(1) $y=\dfrac{-2x+7}{x-3}$ $(1\leqq x\leqq 4)$ (2) $y=\dfrac{x}{x-2}$ $(-1\leqq x\leqq 1)$

(3) $y=\dfrac{3x-2}{x+1}$ $(-2<x<1)$ (4) $y=\dfrac{-3x+8}{x+2}$ $(-3<x<0)$

(1) $\dfrac{-2x+7}{x-3}=\dfrac{-2(x-3)+1}{x-3}$

$=\dfrac{1}{x-3}-2$

⇦実際に割り算をして変形してもよい。

よって，漸近線は　2 直線 $x=3$，$y=-2$

$x=1$ のとき

$y=\dfrac{-2\cdot 1+7}{1-3}=-\dfrac{5}{2}$

⇦グラフの端点の座標を求める。

$x=4$ のとき

$y=\dfrac{-2\cdot 4+7}{4-3}=-1$

ゆえに，求めるグラフは **右図の太線部分** のようになる。

よって，求める値域は，グラフから

$\boldsymbol{y\leqq -\dfrac{5}{2},\ -1\leqq y}$

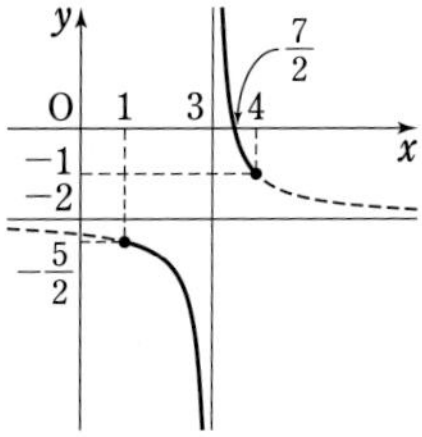

(2) $\dfrac{x}{x-2}=\dfrac{(x-2)+2}{x-2}$

$=\dfrac{2}{x-2}+1$

⇦実際に割り算をして変形してもよい。

よって，漸近線は　2 直線 $x=2$，$y=1$

$x=-1$ のとき

$y=\dfrac{-1}{-1-2}=\dfrac{1}{3}$

⇦グラフの端点の座標を求める。

$x=1$ のとき

$y=\dfrac{1}{1-2}=-1$

ゆえに，求めるグラフは **右図の太線部分** のようになる。

よって，求める値域は，グラフから

$\boldsymbol{-1\leqq y\leqq \dfrac{1}{3}}$

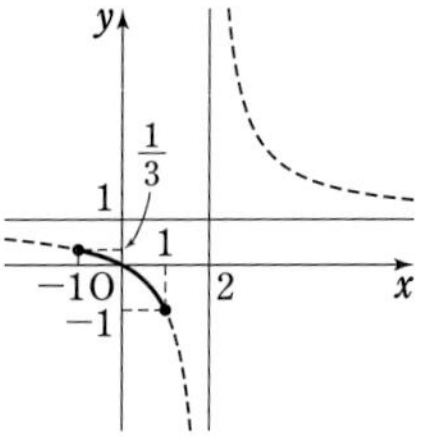

(3) $\dfrac{3x-2}{x+1}=\dfrac{3(x+1)-5}{x+1}$

$=-\dfrac{5}{x+1}+3$

⇦実際に割り算をして変形してもよい。

よって，漸近線は　2 直線 $x=-1$，$y=3$

$x=-2$ のとき

$y=\dfrac{3(-2)-2}{-2+1}=8$

⇦グラフの端点の座標を求める。

$x=1$ のとき

$$y=\frac{3\cdot1-2}{1+1}=\frac{1}{2}$$

ゆえに，求めるグラフは **右図の太線部分** のようになる。

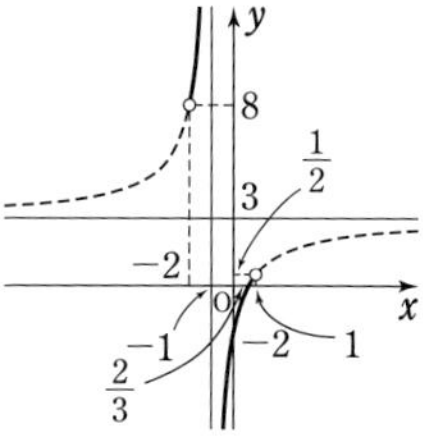

よって，求める値域は，グラフから

$$\boldsymbol{y<\frac{1}{2},\ 8<y}$$

(4)　$\dfrac{-3x+8}{x+2}=\dfrac{-3(x+2)+14}{x+2}$

$$=\frac{14}{x+2}-3$$

⇦実際に割り算をして変形してもよい。

よって，漸近線は　　2 直線 $x=-2$，$y=-3$

$x=-3$ のとき

$$y=\frac{-3(-3)+8}{-3+2}=-17$$

⇦グラフの端点の座標を求める。

$x=0$ のとき

$$y=\frac{-3\cdot0+8}{0+2}=4$$

ゆえに，求めるグラフは **右図の太線部分** のようになる。

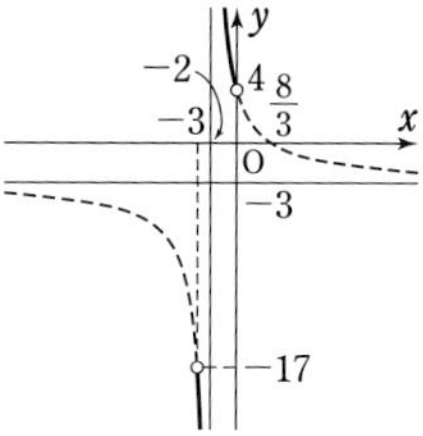

よって，求める値域は，グラフから

$$\boldsymbol{y<-17,\ 4<y}$$

PR ③3　$y=\dfrac{ax+b}{2x+c}$ のグラフが点 (1，2) を通り，2 直線 $x=2$，$y=1$ を漸近線とするとき，定数 a，b，c の値を求めよ。〔奈良大〕

漸近線の条件から，求める関数は $y=\dfrac{k}{x-2}+1$ $(k\neq0)$ と表される。このグラフが点 (1，2) を通ることから

⇦**2 直線 $x=p$，$y=q$ を漸近線にもつ双曲線は $y=\dfrac{k}{x-p}+q$**

$$2=\frac{k}{1-2}+1\qquad ゆえに\qquad k=-1$$

⇦$2=-k+1$

よって　　$y=\dfrac{-1}{x-2}+1=\dfrac{x-3}{x-2}$

⇦$\dfrac{-1+(x-2)}{x-2}$

これと $y=\dfrac{ax+b}{2x+c}$ を比較するために，$y=\dfrac{x-3}{x-2}$ の分母と分子を 2 倍すると　　$y=\dfrac{2x+(-6)}{2x+(-4)}$

よって　　$\boldsymbol{a=2,\ b=-6,\ c=-4}$

別解　$\dfrac{ax+b}{2x+c}=\dfrac{\dfrac{a}{2}(2x+c)-\dfrac{ac}{2}+b}{2x+c}$

$$=\frac{b-\dfrac{ac}{2}}{2x+c}+\frac{a}{2}$$

と変形できるから，漸近線は　2 直線 $x=-\frac{c}{2}$，$y=\frac{a}{2}$

よって，条件から　$-\frac{c}{2}=2$，$\frac{a}{2}=1$

すなわち　$\boldsymbol{a=2,\ c=-4}$

このとき，与えられた関数は　$y=\frac{2x+b}{2x-4}$

このグラフが点 (1, 2) を通ることから　$2=\frac{2\cdot1+b}{2\cdot1-4}$

ゆえに　$\boldsymbol{b=-6}$

inf.　$k\neq0$ のとき $y=\frac{ax+b}{cx+d}$ と $y=\frac{kax+kb}{kcx+kd}$ は同じ関数を表す。

よって，$\boldsymbol{\frac{ax+b}{cx+d}=\frac{a'x+b'}{c'x+d'}}$ **が恒等式**であるからといって
$a=a'$，$b=b'$，$c=c'$，$d=d'$ が成り立つとは限らない。
一般に $\boldsymbol{a'=ka,\ b'=kb,\ c'=kc,\ d'=kd\ (k\neq0)}$ である。

⇐$2=\frac{2+b}{-2}$
よって　$2+b=-4$

⇐例えば
$\frac{3x-2}{2x-1}=\frac{6x-4}{4x-2}$

PR ②4　関数 $f(x)=\frac{3-2x}{x-4}$ がある。方程式 $f(x)=x$ の解を求めよ。また，不等式 $f(x)\leqq x$ を解け。〔南山大〕

$y=f(x)$ …… ①，$y=x$ …… ② とする。

$f(x)=x$ から　$\frac{3-2x}{x-4}=x$

分母を払うと　$3-2x=x(x-4)$

整理して　$x^2-2x-3=0$

因数分解して　$(x+1)(x-3)=0$

これを解いて　$\boldsymbol{x=-1,\ 3}$

これらは，$x-4\neq0$ を満たす。

また　$f(x)=\frac{3-2x}{x-4}=-\frac{5}{x-4}-2$

不等式 $f(x)\leqq x$ の解は，① のグラフが ② のグラフより下側にある，または共有点をもつ x の値の範囲である。

よって，図から求める x の値の範囲は

$\boldsymbol{-1\leqq x\leqq3,\ 4<x}$

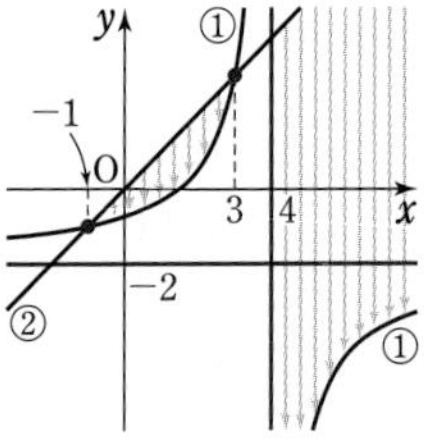

⇐分母を 0 にしないか確認。
⇐漸近線は，2 直線
$x=4$，$y=-2$
⇐$x\neq4$ に注意！
$x=4$ は関数 ① の定義域に含まれない（つまり，グラフが存在しない）。

PR ③5　次の方程式，不等式を解け。

(1) $2-\frac{6}{x^2-9}=\frac{1}{x+3}$　　(2) $\frac{5x-8}{x-2}\leqq x+2$

(1) $2-\frac{6}{(x+3)(x-3)}=\frac{1}{x+3}$ の両辺に $(x+3)(x-3)$ を掛けて分母を払うと　$2(x^2-9)-6=x-3$

これを整理して　　$2x^2-x-21=0$

すなわち　　$(x+3)(2x-7)=0$

これを解いて　　$x=-3,\ \dfrac{7}{2}$

$x=-3$ は，もとの方程式の分母を 0 にするから適さない。

よって　　$\boldsymbol{x=\dfrac{7}{2}}$

⇐ $\begin{array}{l}1 \times 3 \longrightarrow 6 \\ 2 \quad -7 \longrightarrow -7 \\ \hline 2 \quad -21 \quad -1\end{array}$

⇐この確認が重要。

(2)　$x+2-\dfrac{5x-8}{x-2} \geqq 0$ から　　$\dfrac{(x+2)(x-2)-(5x-8)}{x-2} \geqq 0$

ゆえに　　$\dfrac{(x-1)(x-4)}{x-2} \geqq 0$

⇐(分子)
$=x^2-4-5x+8$
$=x^2-5x+4$
$=(x-1)(x-4)$

この不等式の左辺を P とおき，$x-1$，$x-2$，$x-4$ と P の符号を調べると，下の表のようになる。

x	$\cdots$	1	$\cdots$	2	$\cdots$	4	$\cdots$
$x-1$	$-$	0	$+$	$+$	$+$	$+$	$+$
$x-2$	$-$	$-$	$-$	0	$+$	$+$	$+$
$x-4$	$-$	$-$	$-$	$-$	$-$	0	$+$
P	$-$	0	$+$	／	$-$	0	$+$

よって，求める解は　　$\boldsymbol{1 \leqq x < 2,\ 4 \leqq x}$

⇐(分母)$\neq 0$ であるから，P の $x=2$ の欄は斜線。

別解 1　[1]　$x-2>0$ すなわち $x>2$ のとき

$5x-8 \leqq (x+2)(x-2)$

これを整理して　　$x^2-5x+4 \geqq 0$

よって　　$(x-1)(x-4) \geqq 0$

これを解いて　　$x \leqq 1,\ 4 \leqq x$

$x>2$ との共通範囲を求めて　　$4 \leqq x$

⇐(1) と同じ方針。
$x-2$ の正負によって不等号の向きが変わることに注意。

[2]　$x-2<0$ すなわち $x<2$ のとき

$5x-8 \geqq (x+2)(x-2)$

これを整理して　　$x^2-5x+4 \leqq 0$

よって　　$(x-1)(x-4) \leqq 0$

これを解いて　　$1 \leqq x \leqq 4$

$x<2$ との共通範囲を求めて　　$1 \leqq x < 2$

[1]，[2] から　　$\boldsymbol{1 \leqq x < 2,\ 4 \leqq x}$

⇐不等号の向きが変わる。

別解 2　不等式の両辺に $(x-2)^2\ (>0)$ を掛けて

$(5x-8)(x-2) \leqq (x+2)(x-2)^2$

よって　　$(x-2)\{(x+2)(x-2)-(5x-8)\} \geqq 0$

ゆえに　　$(x-2)(x-1)(x-4) \geqq 0$

よって　　$1 \leqq x \leqq 2,\ 4 \leqq x$

$x \neq 2$ であるから，求める解は

$\boldsymbol{1 \leqq x < 2,\ 4 \leqq x}$

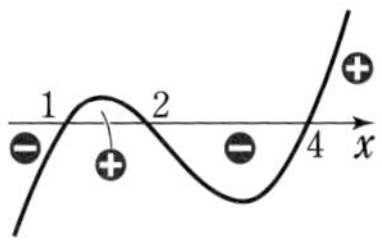

⇐$x \neq 2$ から $(x-2)^2>0$

⇐展開せず，まず共通因数でくくる。

⇐x^3 の係数が正で，x 軸と異なる 3 点で交わる 3 次曲線をイメージして，解を判断。

別解 3　$y=\dfrac{5x-8}{x-2}$ ……①，$y=x+2$ ……② とする。

$\dfrac{5x-8}{x-2}=x+2$ とおいて，分母を払うと　$5x-8=(x+2)(x-2)$

整理して　$x^2-5x+4=0$

因数分解して　$(x-1)(x-4)=0$

これを解いて　$x=1,\ 4$

これらは，$x-2\neq0$ を満たす。

また　$y=\dfrac{5x-8}{x-2}=\dfrac{5(x-2)+2}{x-2}=\dfrac{2}{x-2}+5$

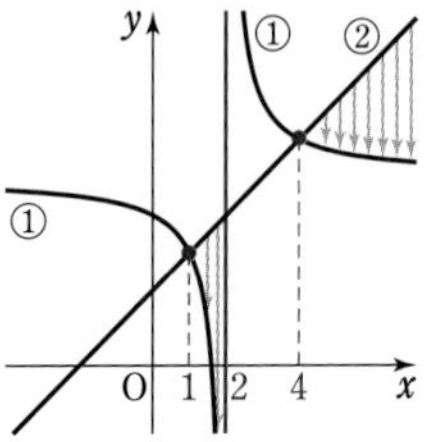

⇦① と ② の共有点の x 座標を求める。

⇦分母を 0 にしないか確認。

$\dfrac{5x-8}{x-2}\leqq x+2$ の解は，① のグラフが ② のグラフの下側にある，または共有点をもつ x の値の範囲である。

よって，図から求める x の値の範囲は

$$\boldsymbol{1\leqq x<2,\ 4\leqq x}$$

⇦$x\neq2$ に注意！
$x=2$ は関数 ① の定義域に含まれない（つまり，グラフが存在しない）。

PR ②6

(1) 次の関数のグラフをかけ。また，その定義域と値域を求めよ。
　(ア) $y=-\sqrt{2(x+1)}$　　(イ) $y=\sqrt{3x+6}$

(2) 関数 $y=\sqrt{4-2x}+1\ (-1\leqq x<1)$ のグラフをかき，その値域を求めよ。

(1) (ア) $y=-\sqrt{2(x+1)}$ のグラフは，$y=-\sqrt{2x}$ のグラフを x 軸方向に -1 だけ平行移動したもので，**右図** のようになる。

定義域は $x\geqq-1$，値域は $y\leqq0$

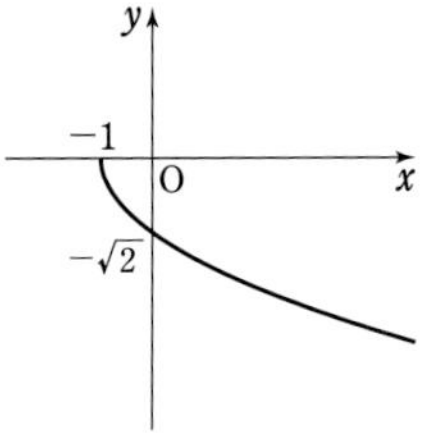

⇦無理関数
$y=-\sqrt{2(x+1)}$ の定義域は，$x+1\geqq0$ から
　$x\geqq-1$

(イ) $\sqrt{3x+6}=\sqrt{3(x+2)}$

よって，$y=\sqrt{3x+6}$ のグラフは，$y=\sqrt{3x}$ のグラフを x 軸方向に -2 だけ平行移動したもので，**右図** のようになる。

定義域は $x\geqq-2$，値域は $y\geqq0$

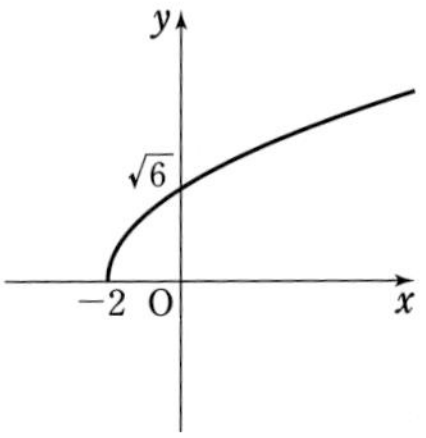

⇦無理関数 $y=\sqrt{3x+6}$ の定義域は，$3x+6\geqq0$ から　$x\geqq-2$

(2) $\sqrt{4-2x}+1=\sqrt{-2(x-2)}+1$

よって，$y=\sqrt{4-2x}+1$ のグラフは，$y=\sqrt{-2x}$ のグラフを x 軸方向に 2，y 軸方向に 1 だけ平行移動したものである。

$x=-1$ のとき
　$y=\sqrt{4-2(-1)}+1=\sqrt{6}+1$

$x=1$ のとき
　$y=\sqrt{4-2\cdot1}+1=\sqrt{2}+1$

ゆえに，求めるグラフは **右図の実線部分** である。

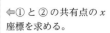

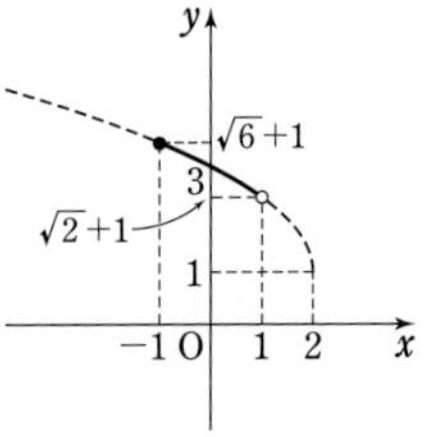

⇦無理関数
$y=\sqrt{4-2x}+1$ の定義域は，$4-2x\geqq0$ から
　$x\leqq2$

⇦グラフの端点の座標を求める。

よって，求める値域は，グラフから

$$\sqrt{2}+1<y\leqq\sqrt{6}+1$$

PR ②7

(1) 関数 $y=\sqrt{4-x}$ のグラフと直線 $y=x-2$ の共有点の x 座標を求めよ。
(2) 不等式 $\sqrt{4-x}>x-2$ を解け。

$y=\sqrt{4-x}$ ……①，$y=x-2$ ……② のグラフは，次図の実線部分のようになる。

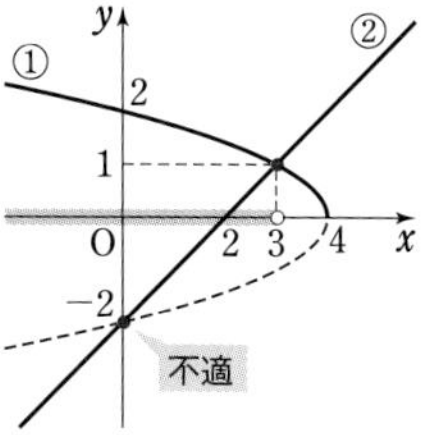

(1) ①，② から

$\sqrt{4-x}=x-2$ ……③

両辺を2乗すると　$4-x=(x-2)^2$

整理して　$x^2-3x=0$

ゆえに　$x(x-3)=0$

これを解いて　$x=0,\ 3$

図から，$x=3$ が ③ の解である。

よって　$\boldsymbol{x=3}$

(2) $\sqrt{4-x}>x-2$ の解は，① のグラフが ② のグラフより上側にある x の値の範囲である。

よって，図から求める x の値の範囲は　$\boldsymbol{x<3}$

⇦$y=\sqrt{4-x}$ のグラフは，$y=\sqrt{-x}$ のグラフを x 軸方向に4だけ平行移動したもの。

⇦$x=0$ は $-\sqrt{4-x}=x-2$ の解。

⇦等号の有無に注意する。

PR ③8

次の方程式，不等式を解け。　〔(2) 千葉工大〕

(1) $2-x=\sqrt{16-x^2}$　(2) $\sqrt{x+3}=|2x|$
(3) $\sqrt{x}\leqq 6-x$　(4) $\sqrt{10-x^2}>x+2$

(1) 方程式の両辺を2乗して　$(2-x)^2=16-x^2$

整理すると　$x^2-2x-6=0$

これを解いて　$x=1\pm\sqrt{7}$

$x=1+\sqrt{7}$ は与えられた方程式を満たさないから

$\boldsymbol{x=1-\sqrt{7}}$

⇦$2x^2-4x-12=0$

⇦$x=1+\sqrt{7}$ を代入すると (左辺)<0，(右辺)>0

(2) 方程式の両辺を2乗して　$x+3=4x^2$

整理すると　$4x^2-x-3=0$

ゆえに　$(4x+3)(x-1)=0$　よって　$x=-\dfrac{3}{4},\ 1$

これらはともに与えられた方程式を満たすから

$\boldsymbol{x=-\dfrac{3}{4},\ 1}$

⇦$|2x|^2=(2x)^2$

(3) $x\geqq 0$ ……① また，$6-x\geqq\sqrt{x}\geqq 0$ から　$x\leqq 6$ ……②

このとき，不等式の両辺はともに0以上であるから，両辺を2乗して　$(6-x)^2\geqq x$

整理すると　$x^2-13x+36\geqq 0$

ゆえに　$(x-4)(x-9)\geqq 0$

よって　$x\leqq 4,\ 9\leqq x$ ……③

求める解は，①，②，③ の共通範囲であるから　$\boldsymbol{0\leqq x\leqq 4}$

CHART
$\sqrt{A}\geqq 0$，$A\geqq 0$ に注意

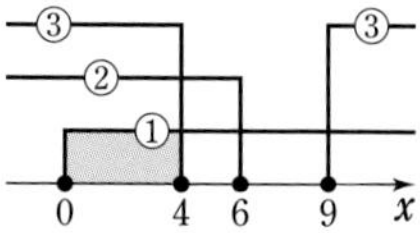

(4) $10-x^2 \geqq 0$ であるから　　$x^2-10 \leqq 0$

よって　　$-\sqrt{10} \leqq x \leqq \sqrt{10}$ …… ①

⇐ $(x+\sqrt{10})(x-\sqrt{10}) \leqq 0$

[1] $x+2 \geqq 0$ すなわち $x \geqq -2$ …… ② のとき

不等式の両辺はともに 0 以上であるから，両辺を 2 乗して

$$10-x^2>(x+2)^2$$

⇐ $2x^2+4x-6<0$

整理すると　　$x^2+2x-3<0$

ゆえに　　$(x+3)(x-1)<0$

よって　　$-3<x<1$ …… ③

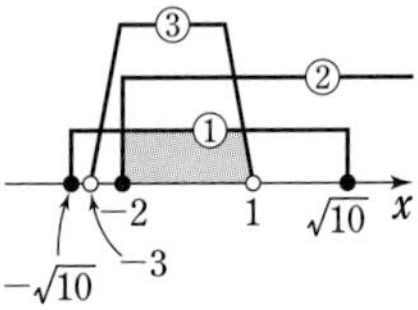

①，②，③ の共通範囲を求めて　　$-2 \leqq x<1$ …… ④

[2] $x+2<0$ すなわち $x<-2$ のとき

$\sqrt{10-x^2} \geqq 0$，$x+2<0$ であるから，不等式は常に成り立つ。

このとき，① との共通範囲は　　$-\sqrt{10} \leqq x<-2$ …… ⑤

求める解は，④，⑤ を合わせた範囲であるから

⇐ [1] または [2] を満たす範囲。

$$\boldsymbol{-\sqrt{10} \leqq x<1}$$

PR ③9

方程式 $\sqrt{x+1}-x-k=0$ を満たす実数解の個数が最も多くなるように，実数 k の値の範囲を定めよ。

$y=\sqrt{x+1}$ …… ①，$y=x+k$ …… ② とする。

方程式 $\sqrt{x+1}-x-k=0$ すなわち $\sqrt{x+1}=x+k$ の実数解の個数は，曲線 ① と直線 ② の共有点の個数と一致する。

方程式から　　$\sqrt{x+1}=x+k$

両辺を 2 乗すると　　$x+1=x^2+2kx+k^2$

整理すると　　$x^2+(2k-1)x+k^2-1=0$

この 2 次方程式の判別式をDとすると

$$D=(2k-1)^2-4(k^2-1)$$
$$=-4k+5$$

⇐ $4k^2-4k+1-4k^2+4$

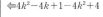

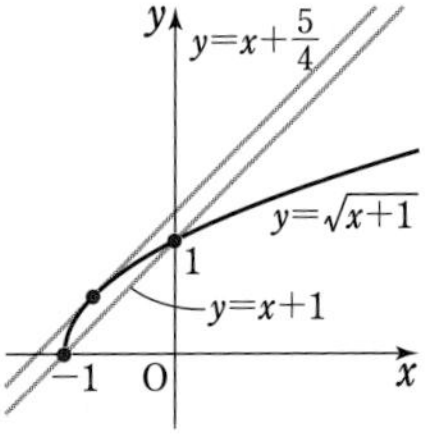

曲線 ① と直線 ② が接するとき，

$D=0$ から　　$k=\dfrac{5}{4}$

また，直線 ② が曲線 ① の端点 $(-1,\ 0)$ を通るとき

$$0=-1+k \qquad ゆえに \qquad k=1$$

図より，方程式の実数解の個数が最も多いのは 2 個のときである。

したがって，求める k の値の範囲は　　$\boldsymbol{1 \leqq k<\dfrac{5}{4}}$

PR ②10

次の関数の逆関数を求め，そのグラフをかけ。　　〔(3) 湘南工科大〕

(1) $y=2^{x+1}$　　(2) $y=\dfrac{x-2}{x+2}$ $(x \geqq 0)$

(3) $y=-\dfrac{1}{4}x+1$ $(0 \leqq x \leqq 4)$　　(4) $y=x^2-2$ $(x \geqq 0)$

(1) $y=2^{x+1}$ …… ① とする。

①を x について解くと,

$\log_2 y=x+1$ から

$x=\log_2 y-1$ $(y>0)$

x と y を入れ替えて **$y=\log_2 x-1$**

グラフは **右図の太線部分**。

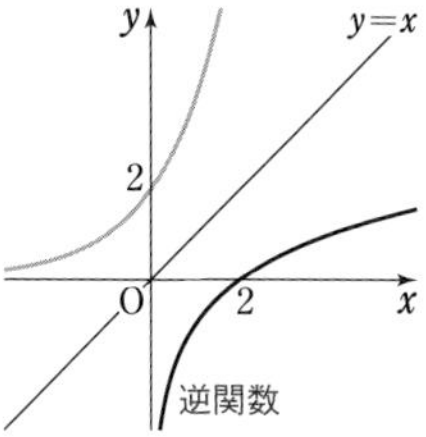

⇦ $y=a^x \iff \log_a y=x$

⇦真数は正であるから,最終の答に $x>0$ は不要。

(2) $y=\dfrac{x-2}{x+2}$ $(x\geqq 0)$ …… ①

を変形して $y=-\dfrac{4}{x+2}+1$

①の値域は $-1\leqq y<1$

①から $x(y-1)=-2y-2$

$y\neq 1$ であるから

$x=\dfrac{-2y-2}{y-1}$ $(-1\leqq y<1)$

x と y を入れ替えて

$$\boldsymbol{y=\frac{-2x-2}{x-1}\ (-1\leqq x<1)}$$

グラフは **右図の太線部分**。

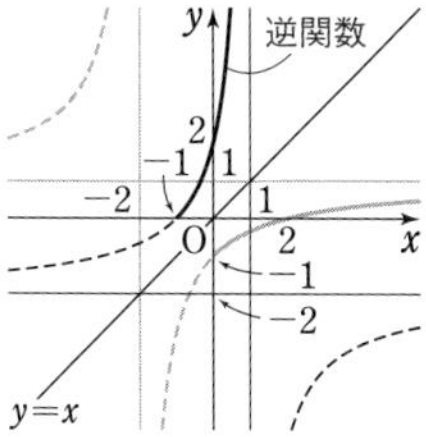

⇦ $\dfrac{x-2}{x+2}=\dfrac{(x+2)-4}{x+2}$
$=-\dfrac{4}{x+2}+1$

⇦ $x=0$ のとき $y=-1$

⇦ $(x+2)y=x-2$
よって $xy+2y=x-2$

⇦ $\dfrac{-2x-2}{x-1}$
$=\dfrac{-2(x-1)-4}{x-1}$
$=-\dfrac{4}{x-1}-2$

(3) $y=-\dfrac{1}{4}x+1\,(0\leqq x\leqq 4)$ …… ① とする。

①の値域は $0\leqq y\leqq 1$

①を x について解くと

$x=-4y+4$ $(0\leqq y\leqq 1)$

x と y を入れ替えて

$y=-4x+4\,(0\leqq x\leqq 1)$

グラフは **右図の太線部分**。

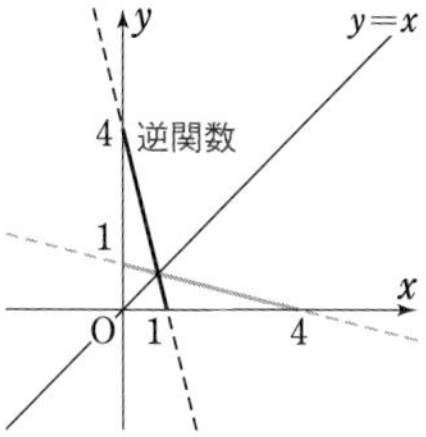

⇦①の両辺に 4 を掛けると $4y=-x+4$

(4) $y=x^2-2$ $(x\geqq 0)$ …… ① とする。

①の値域は $y\geqq -2$

①を x について解くと

$x=\sqrt{y+2}$ $(y\geqq -2)$

x と y を入れ替えて **$y=\sqrt{x+2}$**

グラフは **右図の太線部分**。

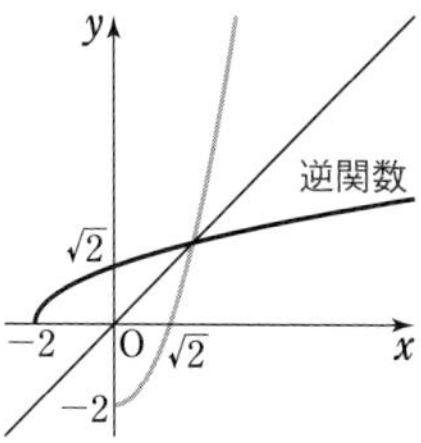

⇦根号内は正または 0 であるから,最終の答に $x\geqq -2$ は不要。

inf. $y=x^2-2$ を x について解くと,

$x=\pm\sqrt{y+2}$ となる。

この場合, y の値を定めても x の値はただ 1 つに定まらない。

よって,関数 $y=x^2-2$ は逆関数をもたない。

ただし,(4)のように定義域を制限すると,逆関数をもつ場合もある。

PR ③11

関数 $f(x)=1-2x$, $g(x)=\dfrac{1}{1-x}$, $h(x)=x(1-x)$ について，次の合成関数を求めよ。
(1) $(f\circ g)(x)$　(2) $(g\circ h)(x)$　(3) $(f\circ h\circ g)(x)$

(1) $(\boldsymbol{f}\circ\boldsymbol{g})(\boldsymbol{x})=f(g(x))=1-2\cdot\dfrac{1}{1-x}=\boldsymbol{\dfrac{x+1}{x-1}}$

(2) $(\boldsymbol{g}\circ\boldsymbol{h})(\boldsymbol{x})=g(h(x))=\dfrac{1}{1-x(1-x)}=\boldsymbol{\dfrac{1}{x^2-x+1}}$

(3) $(h\circ g)(x)=h(g(x))=\dfrac{1}{1-x}\left(1-\dfrac{1}{1-x}\right)=-\dfrac{x}{(1-x)^2}$

よって

$$(\boldsymbol{f}\circ\boldsymbol{h}\circ\boldsymbol{g})(\boldsymbol{x})=f((h\circ g)(x))=f\left(-\frac{x}{(1-x)^2}\right)$$
$$=1-2\left\{-\frac{x}{(1-x)^2}\right\}=\frac{(x-1)^2+2x}{(x-1)^2}$$
$$=\boldsymbol{\frac{x^2+1}{(x-1)^2}}$$

⇐ $\dfrac{(1-x)-2}{1-x}=\dfrac{-1-x}{1-x}$

⇐ $\dfrac{1}{1-(x-x^2)}=\dfrac{1}{1-x+x^2}$

⇐まず，$(h\circ g)(x)$ を求める。
先に $(f\circ h)(x)$ を求めて $(f\circ h)(g(x))$ を計算してもよい。

⇐ $\dfrac{x^2-2x+1+2x}{(x-1)^2}$

PR ③12

関数 $y=\dfrac{ax-a+3}{x+2}$ $(a\neq1)$ の逆関数がもとの関数と一致するとき，定数 a の値を求めよ。

$y=\dfrac{ax-a+3}{x+2}$ …… ① とする。

$$y=\frac{ax-a+3}{x+2}=\frac{-3a+3}{x+2}+a$$

よって，関数 ① の値域は　$y\neq a$
① の分母を払うと　$y(x+2)=ax-a+3$
整理して　$(y-a)x=-2y-a+3$
$y-a\neq0$ であるから　$x=\dfrac{-2y-a+3}{y-a}$
よって，関数 ① の逆関数は

$$y=\frac{-2x-a+3}{x-a}\ (x\neq a)\ \cdots\cdots ②$$

ゆえに　$\dfrac{ax-a+3}{x+2}=\dfrac{-2x-a+3}{x-a}$
これが x についての恒等式となればよい。
分母を払って　$(ax-a+3)(x-a)=(-2x-a+3)(x+2)$
展開して

$$ax^2-(a^2+a-3)x+a^2-3a=-2x^2-(a+1)x-2a+6$$

両辺の同じ次数の項の係数を比較して

$a=-2$,
$a^2+a-3=a+1$,
$a^2-3a=-2a+6$

これを解いて　$\boldsymbol{a=-2}$
このとき，① と ② の定義域はともに $x\neq-2$ となり，一致する。

⇐ $ax-a+3$
$=a(x+2)-3a+3$

inf.　$a=1$ のとき
$y=\dfrac{x+2}{x+2}=1$ (ただし，$x\neq-2$) となり，定数関数であるから，逆関数は存在しない。

⇐ x と y を入れ替える。

⇐ $a^2=4$ よって $a=\pm2$

⇐ $(a+2)(a-3)=0$

⇐ $a\neq1$ に適する。

⇐**この確認を忘れずに！**

別解　(② までは解答と同じ)

関数 ① の定義域は　$x \neq -2$，値域は　$y \neq a$

ゆえに，① の逆関数の定義域は　$x \neq a$

⇐① の値域が ① の逆関数の定義域となる。

よって，関数 ① とその逆関数が一致するためには

$$a=-2$$

⇐① と ① の逆関数の定義域が一致(必要条件)。

このとき，① の逆関数は $y=\dfrac{-2x+5}{x+2}$ となり，関数 ① に一致する。

⇐十分条件

よって，求める定数 a の値は　$\boldsymbol{a=-2}$

inf.　本冊 $p.29$ 重要例題 12 において，PRACTICE 12 別解 と同様の解法で解くと，以下のようになる。

(本冊 $p.29$ ② までは解答と同じ)

関数 ① の定義域は　$x \neq -\dfrac{p}{2}$，値域は　$y \neq \dfrac{1}{2}$

ゆえに，① の逆関数の定義域は　$x \neq \dfrac{1}{2}$

⇐① の値域が ① の逆関数の定義域となる。

よって，関数 ① とその逆関数が一致するためには

$$-\frac{p}{2}=\frac{1}{2}$$

⇐① と ① の逆関数の定義域が一致 (必要条件)。

ゆえに　$p=-1$

このとき，① の逆関数は $y=\dfrac{x+4}{2x-1}$ となり，関数 ① に一致する。

⇐十分条件

よって，求める定数 p の値は　$\boldsymbol{p=-1}$

EX ②1

次の関数の定義域を求めよ。

(1) $y=\dfrac{-2x+1}{x+1}\ (-5\leqq y\leqq -3)$　　(2) $y=\dfrac{x+1}{2x+3}\ (y\leqq 0,\ 1<y)$

(1) $\dfrac{-2x+1}{x+1}=\dfrac{-2(x+1)+3}{x+1}=\dfrac{3}{x+1}-2$

⇦漸近線は，2 直線 $x=-1,\ y=-2$

$y=-5$ のとき　$\dfrac{-2x+1}{x+1}=-5$

よって　$-2x+1=-5(x+1)$　　ゆえに　$x=-2$

⇦$3x=-6$ ゆえに　$x=-2$

$y=-3$ のとき　$\dfrac{-2x+1}{x+1}=-3$

よって　$-2x+1=-3(x+1)$

⇦$x=-3-1$

ゆえに　$x=-4$

よって，この関数のグラフは右図の実線部分である。

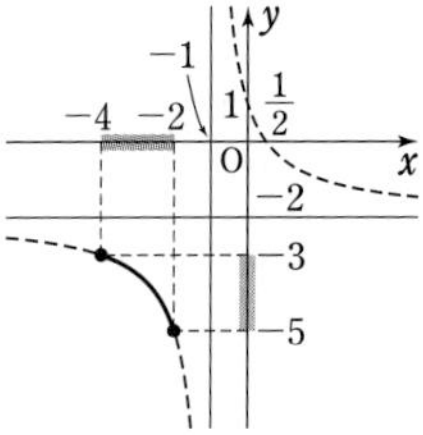

したがって，求める定義域は，グラフから

$$\boldsymbol{-4\leqq x\leqq -2}$$

(2) $\dfrac{x+1}{2x+3}=\dfrac{\frac{1}{2}x+\frac{1}{2}}{x+\frac{3}{2}}=\dfrac{\frac{1}{2}\left(x+\frac{3}{2}\right)-\frac{3}{4}+\frac{1}{2}}{x+\frac{3}{2}}$

⇦漸近線は，2 直線 $x=-\dfrac{3}{2},\ y=\dfrac{1}{2}$

$$=-\dfrac{\frac{1}{4}}{x+\frac{3}{2}}+\dfrac{1}{2}$$

$y=0$ のとき　$x+1=0$

ゆえに　$x=-1$

$y=1$ のとき　$\dfrac{x+1}{2x+3}=1$

よって　$x+1=2x+3$

⇦$x=1-3$

ゆえに　$x=-2$

よって，この関数のグラフは右図の実線部分である。

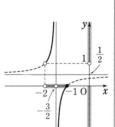

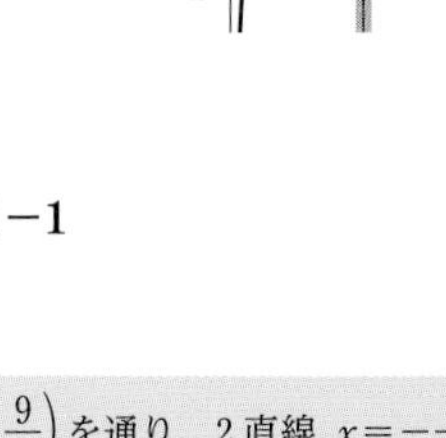

$x\neq -\dfrac{3}{2}$ であるから，求める定義域は，グラフより

$$\boldsymbol{-2<x<-\frac{3}{2},\ -\frac{3}{2}<x\leqq -1}$$

⇦(分母)$\neq$0 であるから，分母が 0 となる $x=-\dfrac{3}{2}$ は定義域から除いて考える。

EX ③2

(1) 関数 $y=\dfrac{2x+c}{ax+b}$ のグラフが点 $\left(-2,\ \dfrac{9}{5}\right)$ を通り，2 直線 $x=-\dfrac{1}{3},\ y=\dfrac{2}{3}$ を漸近線にもつとき，定数 $a,\ b,\ c$ の値を求めよ。

(2) 直線 $x=-3$ を漸近線とし，2 点 $(-2,\ 3)$，$(1,\ 6)$ を通る直角双曲線をグラフにもつ関数を $y=\dfrac{ax+b}{cx+d}$ の形で表せ。

(1) 漸近線の条件から，求める関数は

$$y=\frac{k}{x+\dfrac{1}{3}}+\frac{2}{3}\ (k\neq 0)$$

$\Leftarrow y=\dfrac{k}{x-p}+q$ のグラフの漸近線は，2直線 $x=p,\ y=q$

と表される。このグラフが点 $\left(-2,\ \dfrac{9}{5}\right)$ を通ることから

$$\frac{9}{5}=\frac{k}{-2+\dfrac{1}{3}}+\frac{2}{3}\quad \text{すなわち}\quad \frac{9}{5}=-\frac{3}{5}k+\frac{2}{3}$$

$\Leftarrow \dfrac{3}{5}k=-\dfrac{17}{15}$

これを解いて $k=-\dfrac{17}{9}$

よって $y=-\dfrac{17}{9}\cdot\dfrac{1}{x+\dfrac{1}{3}}+\dfrac{2}{3}$ すなわち $y=\dfrac{2x-5}{3x+1}$

$\Leftarrow y=-\dfrac{17}{9x+3}+\dfrac{2}{3}$
$=\dfrac{-17+2(3x+1)}{3(3x+1)}$
$=\dfrac{3(2x-5)}{3(3x+1)}$

これと $y=\dfrac{2x+c}{ax+b}$ を比較して $a=3,\ b=1,\ c=-5$

別解 $a=0$ とすると，与えられた関数は1次関数となるから不適。よって $a\neq 0$

$$\frac{2x+c}{ax+b}=\frac{c-\dfrac{2b}{a}}{ax+b}+\frac{2}{a}=\frac{ac-2b}{a(ax+b)}+\frac{2}{a}$$
$$=\frac{1}{a^2}\cdot\frac{ac-2b}{x+\dfrac{b}{a}}+\frac{2}{a}$$

$\Leftarrow$

$$\begin{array}{r}\dfrac{2}{a}\\[2pt] ax+b\,)\overline{\,2x+c}\\ 2x+\dfrac{2b}{a}\\ \hline c-\dfrac{2b}{a}\end{array}$$

と変形できるから，漸近線は 2直線 $x=-\dfrac{b}{a},\ y=\dfrac{2}{a}$

よって，条件から $-\dfrac{b}{a}=-\dfrac{1}{3},\ \dfrac{2}{a}=\dfrac{2}{3}$

すなわち $a=3,\ b=1$

このとき，与えられた関数は $y=\dfrac{2x+c}{3x+1}$

このグラフが点 $\left(-2,\ \dfrac{9}{5}\right)$ を通ることから

$$\frac{9}{5}=\frac{2\cdot(-2)+c}{3\cdot(-2)+1}$$

$\Leftarrow \dfrac{9}{5}=\dfrac{-4+c}{-5}$
よって $-9=-4+c$

ゆえに $c=-5$

(2) 漸近線の条件から，求める関数は $k,\ q$ を定数として

$$y=\frac{k}{x+3}+q\ (k\neq 0)\ \cdots\cdots①$$

$\Leftarrow$漸近線は直線 $x=-3$

と表される。このグラフが2点 $(-2,\ 3),\ (1,\ 6)$ を通ることから $3=k+q,\ 6=\dfrac{k}{4}+q$

$\Leftarrow\begin{cases}k+q=3\\ k+4q=24\end{cases}$
の連立方程式を解く。

これを解くと $k=-4,\ q=7$

これらを①に代入して

$$y=\frac{-4}{x+3}+7\quad \text{すなわち}\quad y=\frac{7x+17}{x+3}$$

$\Leftarrow\dfrac{-4+7(x+3)}{x+3}$

別解　$c=0$ とすると，与えられた関数は 1 次関数となるから不適。

よって　$c\neq0$

$$\frac{ax+b}{cx+d}=\frac{\frac{a}{c}(cx+d)-\frac{ad}{c}+b}{cx+d}=\frac{b-\frac{ad}{c}}{cx+d}+\frac{a}{c}$$

と変形できるから，漸近線は　2 直線 $x=-\frac{d}{c}$，$y=\frac{a}{c}$

よって，条件から

$$-\frac{d}{c}=-3 \quad \text{すなわち} \quad d=3c$$

このとき，与えられた関数は　$y=\frac{ax+b}{cx+3c}$

このグラフが 2 点 $(-2,\ 3)$，$(1,\ 6)$ を通ることから

$$3=\frac{-2a+b}{c},\quad 6=\frac{a+b}{4c}$$

それぞれ整理して

$2a-b=-3c$ ……①

$a+b=24c$ ……②

①，② から　$a=7c$，$b=17c$

よって，求める関数は $c\neq0$ から

$$\boldsymbol{y}=\frac{7cx+17c}{cx+3c}=\boldsymbol{\frac{7x+17}{x+3}}$$

⇐①+② から　$3a=21c$
よって　$a=7c$
② に代入して
$7c+b=24c$
よって　$b=17c$

EX ③3

$-4\leqq x\leqq0$ のとき，$y=\sqrt{a-4x}+b$ の最大値が 5，最小値が 3 であるとき，$a=$ア□，$b=$イ□ となる。ただし，$a>0$ とする。　［久留米大］

$y=\sqrt{a-4x}+b$ は減少関数であるから

$x=-4$ のとき最大となり　$\sqrt{a+16}+b=5$

$x=0$ のとき最小となり　$\sqrt{a}+b=3$

よって　$\sqrt{a+16}-5=\sqrt{a}-3$

すなわち　$\sqrt{a+16}=\sqrt{a}+2$ ……①

両辺を 2 乗すると　$a+16=a+4\sqrt{a}+4$　ゆえに　$\sqrt{a}=3$

よって　$a=$ア$\mathbf{9}$　これは ① を満たす。

ゆえに　$b=3-\sqrt{a}=3-3=$イ$\mathbf{0}$

⇐$y=\sqrt{-4\left(x-\frac{a}{4}\right)}+b$ から，グラフは次のようになる。

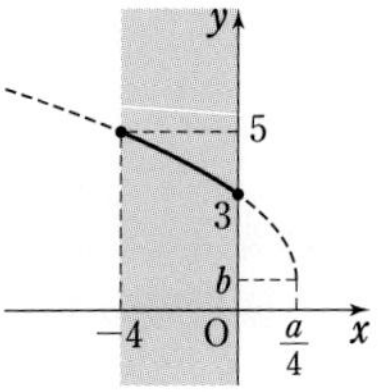

EX ③4

次の方程式，不等式を解け。　［(1) 横浜市大，(2) 学習院大］

(1) $\sqrt{\frac{1+x}{2}}=1-2x^2$　　(2) $\sqrt{2x^2+x-6}<x+2$

(1) $\sqrt{\frac{1+x}{2}}=1-2x^2$ が成り立つとき

$\frac{1+x}{2}=(1-2x^2)^2$ ……①　かつ　$1-2x^2\geqq0$ ……②

① を整理すると　$8x^4-8x^2-x+1=0$

ここで，$P(x)=8x^4-8x^2-x+1$ とおくと

$$P(1)=0,\ P\left(-\frac{1}{2}\right)=0$$

よって，$P(x)$ は $(x-1)(2x+1)$ を因数にもつから

$$(x-1)(2x+1)(4x^2+2x-1)=0$$

したがって　$x=-\dfrac{1}{2},\ 1,\ \dfrac{-1\pm\sqrt{5}}{4}$

② より $-\dfrac{\sqrt{2}}{2}\leqq x\leqq\dfrac{\sqrt{2}}{2}$ であるから

$$\boldsymbol{x=-\frac{1}{2},\ \frac{-1+\sqrt{5}}{4}}$$

⇐① の 4 つの解がもとの方程式を満たすか確かめてもよい。しかし，それは面倒なので，同値関係から ② を考えている（本冊 $p.23$ 参照）。

⇐

	8	0	−8	−1	1	1
		8	8	0	−1	
	8	8	0	−1	0	$-\frac{1}{2}$
		−4	−2	1		
2)	8	4	−2	0		
	4	2	−1			

(2)　$2x^2+x-6\geqq0$ であるから　$(x+2)(2x-3)\geqq0$

よって　$x\leqq-2,\ \dfrac{3}{2}\leqq x$ ……①

また，$x+2>\sqrt{2x^2+x-6}\geqq0$ から　$x+2>0$

よって　$x>-2$ ……②

①，② から　$x\geqq\dfrac{3}{2}$ ……③

このとき，不等式の両辺はともに 0 以上であるから，両辺を 2 乗して　$(x+2)(2x-3)<(x+2)^2$

③ より $x+2>0$ であるから　$2x-3<x+2$

ゆえに　$x<5$ ……④

求める解は，③，④ の共通範囲であるから　$\boldsymbol{\dfrac{3}{2}\leqq x<5}$

CHART
$\sqrt{A}\geqq0$，$A\geqq0$ に注意

⇐$x+2>0$ から，不等式の両辺を $x+2$ で割ることができ，不等号の向きは変わらない。

EX ③5

次の不等式を解け。

(1)　$\dfrac{1}{x+3}\geqq\dfrac{1}{3-x}$　　(2)　$\dfrac{3}{1+\dfrac{2}{x}}\geqq x^2$　　[(2) 武蔵工大]

(1)　$y=\dfrac{1}{x+3}$ ……①，$y=\dfrac{1}{3-x}=-\dfrac{1}{x-3}$ ……② とする。

$\dfrac{1}{x+3}=\dfrac{1}{3-x}$ とおいて，分母を払うと　$3-x=x+3$

これを解いて　$x=0$

これは，$x+3\neq0$，$3-x\neq0$ を満たす。

よって，① と ② のグラフは右図のようになる。

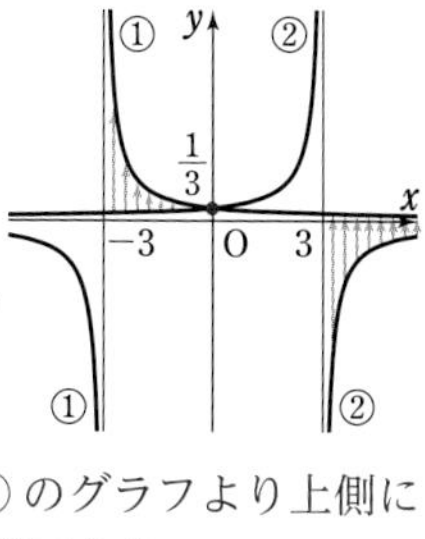

求める不等式の解は，① のグラフが ② のグラフより上側にある，または共有点をもつ x の値の範囲である。

よって，図から求める x の値の範囲は

$$\boldsymbol{-3<x\leqq0,\ 3<x}$$

⇐① と ② の共有点の x 座標を求める。

⇐分母を 0 にしないか確認。

⇐$x\neq\pm3$ に注意！
$x=-3$ は関数 ① の定義域に含まれず，$x=3$ は関数 ② の定義域に含まれない（つまり，グラフが存在しない）。

別解　不等式の両辺に $(x+3)^2(x-3)^2\ (>0)$ を掛けて

⇦$x \neq \pm 3$ から $(x+3)^2(x-3)^2>0$

$$(x+3)(x-3)^2 \geqq -(x+3)^2(x-3)$$

よって　$(x+3)(x-3)\{(x-3)+(x+3)\} \geqq 0$

⇦展開せず，まず共通因数でくくる。

ゆえに　$2x(x+3)(x-3) \geqq 0$

よって　$-3 \leqq x \leqq 0,\ 3 \leqq x$

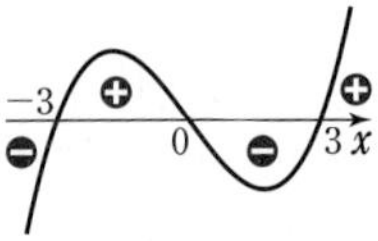

⇦x^3 の係数が正で，x 軸と異なる 3 点で交わる 3 次曲線をイメージして解を判断。

$x \neq \pm 3$ であるから，求める解は

$$\boldsymbol{-3<x \leqq 0,\ 3<x}$$

(2)　$\dfrac{3}{1+\dfrac{2}{x}}=\dfrac{3x}{x+2}=\dfrac{3(x+2)-6}{x+2}$

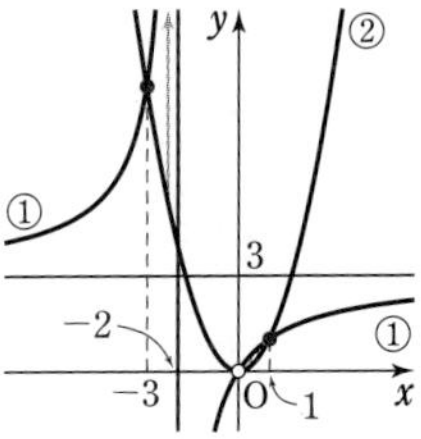

$=-\dfrac{6}{x+2}+3\ (x \neq 0,\ x \neq -2)$

⇦$x \neq 0$ を忘れないように。

$y=\dfrac{3x}{x+2}\ (x \neq 0)$ …… ①,

$y=x^2$ …… ②

とする。

$\dfrac{3x}{x+2}=x^2$ とおいて，分母を払うと

⇦① と ② の共有点の x 座標を求める。

$$3x=x^2(x+2)$$

$x \neq 0$ から　$3=x(x+2)$

整理して　$x^2+2x-3=0$

因数分解すると　$(x+3)(x-1)=0$

これを解いて　$x=-3,\ 1$

これらは，$x \neq 0,\ x \neq -2$ を満たす。

⇦分母を 0 にしないか確認。

求める不等式の解は，① のグラフが ② のグラフより上側にある，または共有点をもつ x の値の範囲である。

よって，図から求める x の値の範囲は

$$\boldsymbol{-3 \leqq x<-2,\ 0<x \leqq 1}$$

⇦$x \neq 0,\ x \neq -2$ に注意！ $x=0,\ -2$ は関数 ① の定義域に含まれない（つまり，グラフが存在しない）。

別解　不等式は $\dfrac{3x}{x+2} \geqq x^2$ と式変形できる。

不等式の両辺に $(x+2)^2\ (>0)$ を掛けて

⇦$x \neq -2$ から $(x+2)^2>0$

$$3x(x+2) \geqq x^2(x+2)^2$$

よって　$x(x+2)\{x(x+2)-3\} \leqq 0$

⇦展開せず，まず共通因数でくくる。

ゆえに　$x(x+2)(x-1)(x+3) \leqq 0$

よって　$-3 \leqq x \leqq -2,\ 0 \leqq x \leqq 1$

$x \neq 0,\ x \neq -2$ であるから，求める解は

$$\boldsymbol{-3 \leqq x<-2,\ 0<x \leqq 1}$$

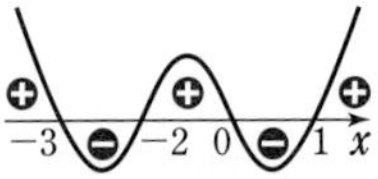

⇦x^4 の係数が正で，x 軸と異なる 4 点で交わる 4 次曲線をイメージして解を判断。

EX
④**6**

(1)　実数 x に関する方程式 $\sqrt{x-1}-1=k(x-k)$ が解をもたないような負の数 k の値の範囲を求めよ。

(2)　方程式 $\sqrt{x+3}=-\dfrac{k}{x}$ がただ1つの実数解をもつように正の数 k の値を定めよ。〔防衛医大〕

(1)　$\sqrt{x-1}-1=k(x-k)$ $(k<0)$ が解をもたない条件は，曲線 $y=\sqrt{x-1}-1$ と直線 $y=k(x-k)$ が共有点をもたないことである。

すなわち，点 $(1,\ -1)$ が直線 $y=k(x-k)$ の上側にあればよい。

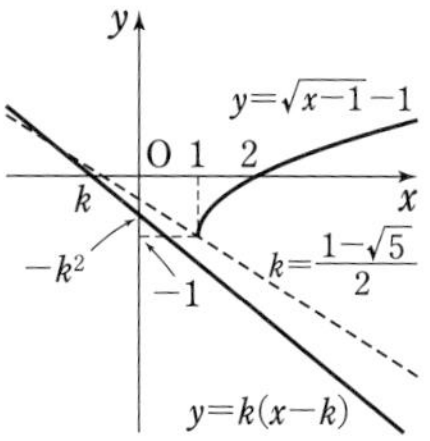

inf.　$y=\sqrt{x-1}-1$ のグラフは，点 $(1,\ -1)$ を端点として右上がり，一方 $k<0$ から，直線 $y=k(x-k)$ は右下がりである。(図)

よって　　$-1>k(1-k)$

ゆえに　　$k^2-k-1>0$

したがって　　$k<\dfrac{1-\sqrt{5}}{2},\ \dfrac{1+\sqrt{5}}{2}<k$

$k<0$ であるから　　$\boldsymbol{k<\dfrac{1-\sqrt{5}}{2}}$

(2)　$\sqrt{x+3}=-\dfrac{k}{x}$ $(k>0)$ がただ1つの実数解をもつ条件は，2曲線 $y=\sqrt{x+3}$ と $y=-\dfrac{k}{x}$ が $-3<x<0$ で接することである。

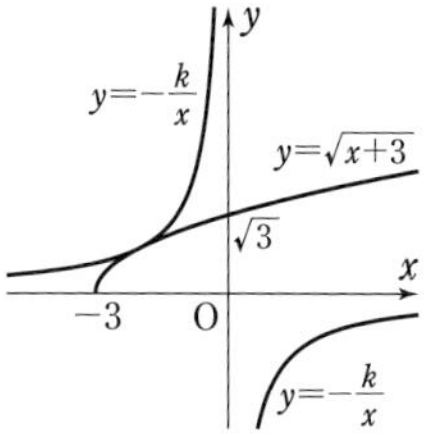

⇦$x>0$ のとき $-\dfrac{k}{x}<0,\ \sqrt{x+3}>0$ であるから，2曲線は共有点をもたない。

与えられた方程式の両辺を2乗すると　　$x+3=\left(-\dfrac{k}{x}\right)^2$

分母を払って整理すると　　$x^3+3x^2=k^2$

$y=x^3+3x^2$ とすると　　$y'=3x^2+6x=3x(x+2)$

$y'=0$ とすると　　$x=0,\ -2$

別解　2曲線が接する $\iff$ $f(p)=g(p)$ かつ $f'(p)=g'(p)$ を利用して解いてもよい。(本冊 $p.122$ 参照)

x	$\cdots$	-2	$\cdots$	0	$\cdots$
y'	$+$	0	$-$	0	$+$
y	↗	極大 4	↘	極小 0	↗

増減表から，$y=x^3+3x^2$ のグラフは右図のようになる。

このグラフと直線 $y=k^2$ との共有点が $-3<x<0$ の範囲にただ1つ存在すればよい。

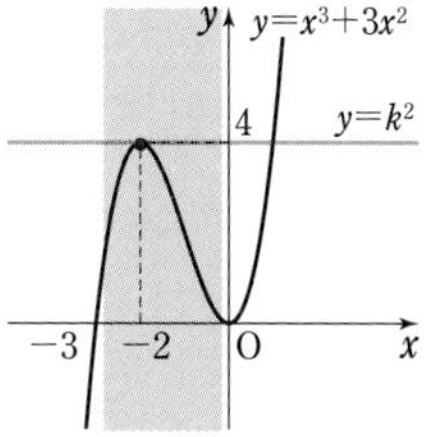

⇦$y=0$ とすると $x^2(x+3)=0$ から $x=0,\ -3$

よって　　$k^2=4$

$k>0$ であるから　　$\boldsymbol{k=2}$

EX ④7

$y=\dfrac{1}{x-1}$ と $y=-|x|+k$ のグラフが 2 個以上の点を共有する k の値の範囲を求めよ。

〔法政大〕

HINT　2 つのグラフが接する (重解利用) 場合が境目。

$$y=-|x|+k=\begin{cases}-x+k & (x\geqq 0)\\ x+k & (x<0)\end{cases}$$

$y=\dfrac{1}{x-1}$ と $y=-|x|+k$ のグラフは右図のようになる。

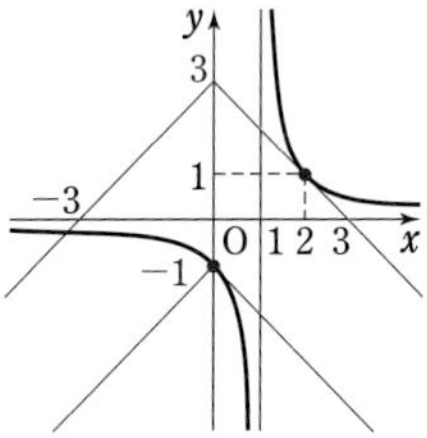

ここで，$-x+k=\dfrac{1}{x-1}$ とおいて，

分母を払うと　$(-x+k)(x-1)=1$

整理すると

$$x^2-(k+1)x+k+1=0$$

この 2 次方程式の判別式を D とすると

$$D=\{-(k+1)\}^2-4(k+1)$$
$$=(k+1)(k-3)$$

$y=\dfrac{1}{x-1}$ と $y=-x+k$ のグラフが接するとき，

$D=0$ から　$k=-1,\ 3$

$y=\dfrac{1}{x-1}$ と $y=-|x|+k$ のグラフが 2 個以上の点を共有する k の値の範囲は，グラフから　$\boldsymbol{k\geqq 3}$

⇐$y=-|x|+k$ の絶対値記号をはずす。グラフを利用し，k の値を変化させてみる。
例えば $k=-1$ のとき，直線 $y=-x-1\ (x\geqq 0)$ と曲線は点 $(0,\ -1)$ を共有点にもつから $k\leqq -1$ のとき共有点は 1 個　など。

⇐$(k+1)\{(k+1)-4\}$

EX ②8

(1)　関数 $f(x)=\dfrac{ax+1}{2x+b}$ の逆関数を $g(x)$ とする。$f(2)=9$，$g(1)=-2$ のとき，定数 a，b の値を求めよ。

〔広島工大〕

(2)　$f(x)=a+\dfrac{b}{2x-1}$ の逆関数が $g(x)=c+\dfrac{2}{x-1}$ であるとき，定数 a，b，c の値を定めよ。

〔広島文教女子大〕

HINT　(1)　$\boldsymbol{b=f(a)} \iff \boldsymbol{a=f^{-1}(b)}$ を利用すると，逆関数を求めなくても，a，b の値は求められる。
(2)　$f(x)$ と $g(x)$ では定義域と値域が入れ替わることに着目。

(1)　$f(2)=9$ から　$9=\dfrac{2a+1}{4+b}$

よって　$2a-9b=35$ ……①

また，$g(1)=-2$ から　$f(-2)=1$

ゆえに　$1=\dfrac{-2a+1}{-4+b}$

よって　$2a+b=5$ ……②

①，② から　$\boldsymbol{a=4,\ b=-3}$

⇐$f^{-1}(1)=-2 \iff f(-2)=1$

(2) 関数 $y=f(x)$ について

定義域は $x\neq\frac{1}{2}$，値域は $y\neq a$

関数 $y=g(x)$ について

定義域は $x\neq1$，値域は $y\neq c$

$g(x)$ は $f(x)$ の逆関数であるから，定義域と値域が入れ替わり，$\frac{1}{2}=c$，$a=1$ であることが必要。

このとき，$g(x)=\frac{1}{2}+\frac{2}{x-1}$ において　$g(5)=1$

よって，$f(1)=5$ であるから　$1+\frac{b}{2\cdot1-1}=5$

ゆえに　$b=4$

したがって　$\boldsymbol{a=1,\ b=4,\ c=\frac{1}{2}}$

逆に，このとき，$g(x)$ は $f(x)$ の逆関数になる。

⇦与えられた関数より，定義域と値域がわかるから，PRACTICE 12 のように解く必要はない。

inf. この解答で $g(5)=1$ から $f(1)=5$ としたが，これは $g(x)$ については，1以外の x の値なら何でもよい。分数の形が出てこない例として $x=5$ の場合を考えたのである。

EX ③9 $g(x)=\sqrt{x+1}$ のとき，不等式 $g^{-1}(x)\geqq g(x)$ を満たす x の値の範囲を求めよ。〔類 芝浦工大〕

$y=g(x)$ …… ①，$y=g^{-1}(x)$ …… ② とする。

$y=\sqrt{x+1}$ $(y\geqq0)$ の両辺を2乗すると

$y^2=x+1$

整理して　$x=y^2-1$

よって　$g^{-1}(x)=x^2-1$ $(x\geqq0)$

2曲線①，②は直線 $y=x$ に関して対称であるから，不等式の解は曲線②が直線 $y=x$ より上側にある，または共有点をもつ x の値の範囲である。

ここで，$x^2-1=x$ とおくと　$x^2-x-1=0$

これを解いて　$x=\frac{1\pm\sqrt{5}}{2}$

このうち，$x\geqq0$ を満たすものは

$x=\frac{1+\sqrt{5}}{2}$

よって，図から求める x の値の範囲は

$\boldsymbol{x\geqq\frac{1+\sqrt{5}}{2}}$

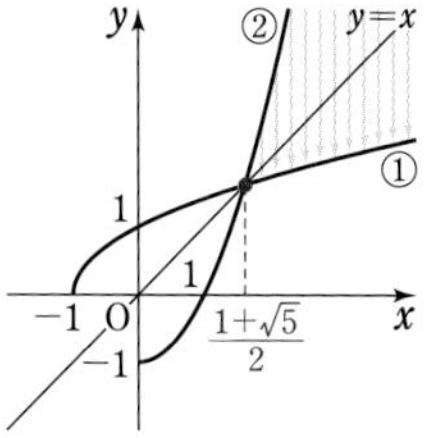

inf. $y=\sqrt{x+1}$ の逆関数は　$y=x^2-1$ $(x\geqq0)$
したがって，不等式 $x^2-1\geqq\sqrt{x+1}$ $(x\geqq0)$ を解いてもよいのだが，左のように考える方がはるかにスムーズである。

⇦①と②の共有点の x 座標を求める。

⇦曲線②の定義域は $x\geqq0$

EX ③10

関数 $f(x)=\dfrac{x+1}{-2x+3}$，$g(x)=\dfrac{ax-1}{bx+c}$ の合成関数 $(g\circ f)(x)=g(f(x))$ が $(g\circ f)(x)=x$ を満たすとき，定数 a，b，c の値を求めよ。

$$(g\circ f)(x)=\frac{a\cdot\dfrac{x+1}{-2x+3}-1}{b\cdot\dfrac{x+1}{-2x+3}+c}=\frac{a(x+1)-(-2x+3)}{b(x+1)+c(-2x+3)}$$

⇐分母・分子に $-2x+3$ を掛ける。

$$=\frac{(a+2)x+a-3}{(b-2c)x+b+3c}$$

$(g\circ f)(x)=x$ であるから，次の恒等式が成り立つ。

$$(b-2c)x^2+(b+3c)x=(a+2)x+a-3$$

よって　$b-2c=0$，$b+3c=a+2$，$a-3=0$

⇐同じ次数の項の係数を比較。

これを解いて　$\boldsymbol{a=3}$，$\boldsymbol{b=2}$，$\boldsymbol{c=1}$

EX ③11

xy 座標平面上において，直線 $y=x$ に関して，曲線 $y=\dfrac{2}{x+1}$ と対称な曲線を C_1 とし，直線 $y=-1$ に関して，曲線 $y=\dfrac{2}{x+1}$ と対称な曲線を C_2 とする。曲線 C_2 の漸近線と曲線 C_1 との交点の座標をすべて求めると，□である。〔関西大〕

曲線 C_1 は，$y=\dfrac{2}{x+1}$ の逆関数のグラフである。

⇐$y=f(x)$ のグラフと逆関数 $y=f^{-1}(x)$ のグラフは直線 $y=x$ に関して対称。

$y=\dfrac{2}{x+1}$ の値域は　$y\neq 0$

$y=\dfrac{2}{x+1}$ から　$(x+1)y=2$　よって　$yx=2-y$

$y\neq 0$ であるから　$x=\dfrac{2}{y}-1$

ゆえに，$y=\dfrac{2}{x+1}$ の逆関数は　$y=\dfrac{2}{x}-1$ …… ①

⇐$x=\dfrac{2}{y}-1$ において，x と y を入れ替える。

また，$y=\dfrac{2}{x+1}$ のグラフを y 軸方向に 1 だけ平行移動した曲線の方程式は　$y-1=\dfrac{2}{x+1}$　すなわち　$y=\dfrac{2}{x+1}+1$

⇐この平行移動により，直線 $y=-1$ は x 軸に移る。

これを x 軸に関して対称移動した曲線の方程式は

$$-y=\frac{2}{x+1}+1 \quad すなわち \quad y=-\frac{2}{x+1}-1$$

⇐y を $-y$ におき換える。

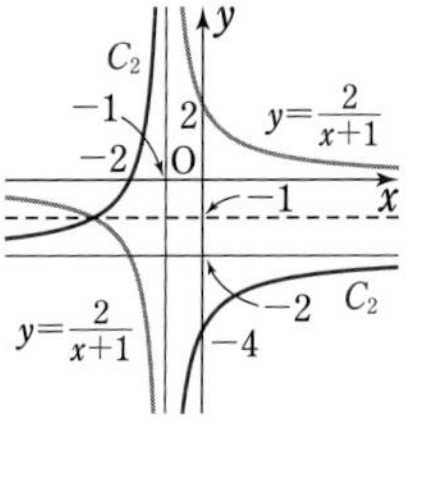

これを y 軸方向に -1 だけ平行移動した曲線 C_2 の方程式は

$$y-(-1)=-\frac{2}{x+1}-1 \quad すなわち \quad y=-\frac{2}{x+1}-2$$

よって，曲線 C_2 の漸近線は直線 $x=-1$ と直線 $y=-2$ である。

① において $x=-1$ とすると　$y=-3$

$y=-2$ とすると　$x=-2$

したがって，曲線 C_2 の漸近線と曲線 C_1 の交点の座標は

$\boldsymbol{(-1,\ -3)}$，$\boldsymbol{(-2,\ -2)}$

EX
④**12**

$f(x)=\begin{cases} 2x+1 & (-1\leqq x\leqq 0) \\ -2x+1 & (0\leqq x\leqq 1) \end{cases}$ のように定義された関数 $f(x)$ について

(1) $y=(f\circ f)(x)$ のグラフをかけ。

(2) $(f\circ f)(a)=f(a)$ となる a の値を求めよ。 〔武蔵工大〕

(1) $f(x)=\begin{cases} 2x+1 & (-1\leqq x\leqq 0) \\ -2x+1 & (0\leqq x\leqq 1) \end{cases}$

$y=f(x)$ のグラフは図 [1] のようになる。

[1]

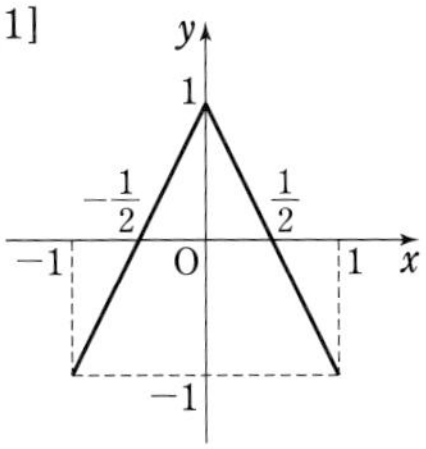

また，$f(x)$ の定義から

$-1\leqq f(x)\leqq 0$ のとき

$(f\circ f)(x)=f(f(x))$

$=2f(x)+1$

$0\leqq f(x)\leqq 1$ のとき

$(f\circ f)(x)=-2f(x)+1$

図 [1] のグラフから，関数 $y=(f\circ f)(x)$ は

$-1\leqq x\leqq -\frac{1}{2}$ のとき

$y=2(2x+1)+1=4x+3$

⇦$-1\leqq f(x)\leqq 0$ から $y=2f(x)+1$

$-\frac{1}{2}\leqq x\leqq 0$ のとき

$y=-2(2x+1)+1=-4x-1$

⇦$0\leqq f(x)\leqq 1$ から $y=-2f(x)+1$

$0\leqq x\leqq \frac{1}{2}$ のとき

$y=-2(-2x+1)+1$

$=4x-1$

⇦$0\leqq f(x)\leqq 1$

$\frac{1}{2}\leqq x\leqq 1$ のとき

$y=2(-2x+1)+1$

$=-4x+3$

⇦$-1\leqq f(x)\leqq 0$

以上から，求めるグラフは **図 [2]**

[2]

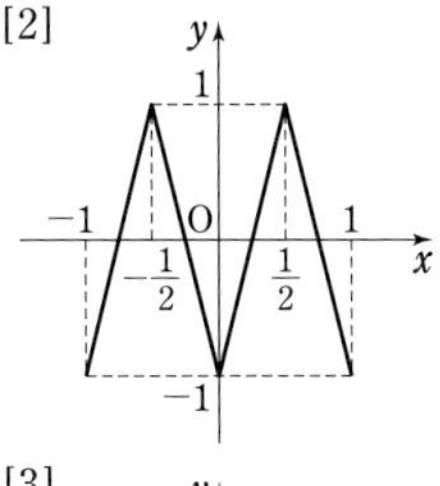

(2) (1) の図 [2] のグラフと図 [1] のグラフの交点の x 座標が求める a の値である。

図 [3] から，$\boldsymbol{a=\pm 1}$　および

$-4a-1=2a+1$ から　$\boldsymbol{a=-\frac{1}{3}}$，

$4a-1=-2a+1$ から　$\boldsymbol{a=\frac{1}{3}}$

[3]

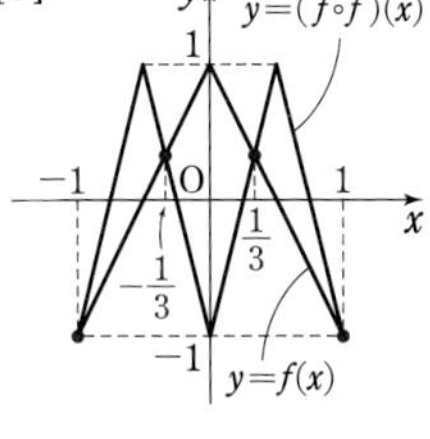

EX ④13

実数 a, b, c, d が $ad-bc \neq 0$ を満たすとき，関数 $f(x)=\dfrac{ax+b}{cx+d}$ について，次の問いに答えよ。

(1) $f(x)$ の逆関数 $f^{-1}(x)$ を求めよ。

(2) $f^{-1}(x)=f(x)$ を満たし，$f(x) \neq x$ となる a, b, c, d の関係式を求めよ。〔東北大〕

(1) $y=\dfrac{ax+b}{cx+d}$ とする。

分母を払うと　$(cx+d)y=ax+b$

整理すると　$(cy-a)x=-dy+b$ …… ①

⇐ x について整理。

ここで　$cy-a=\dfrac{c(ax+b)}{cx+d}-a$

$=\dfrac{c(ax+b)-a(cx+d)}{cx+d}$

$=\dfrac{bc-ad}{cx+d}$

$ad-bc \neq 0$ であるから

⇐問題文の条件から。

$\dfrac{bc-ad}{cx+d} \neq 0$　すなわち　$cy-a \neq 0$

よって，① から　$x=\dfrac{-dy+b}{cy-a}$

⇐① の両辺を $cy-a\ (\neq 0)$ で割る。

x と y を入れ替えて　$y=\dfrac{-dx+b}{cx-a}$

したがって，求める逆関数は　$\boldsymbol{f^{-1}(x)=\dfrac{-dx+b}{cx-a}}$

(2) $f^{-1}(x)=f(x)$ から　$\dfrac{-dx+b}{cx-a}=\dfrac{ax+b}{cx+d}$

分母を払うと　$(cx+d)(-dx+b)=(ax+b)(cx-a)$

よって　$(ax+b)(cx-a)+(cx+d)(dx-b)=0$

ゆえに

$acx^2-a^2x+bcx-ab+cdx^2-bcx+d^2x-bd=0$

x について整理すると

$(ac+cd)x^2-(a^2-d^2)x-ab-bd=0$

よって　$(a+d)\{cx^2-(a-d)x-b\}=0$ …… ②

ここで　$f(x) \neq x$ すなわち $\dfrac{ax+b}{cx+d} \neq x$ から

⇐ $ax+b \neq x(cx+d)$

$cx^2-(a-d)x-b \neq 0$

したがって，② から求める関係式は　$\boldsymbol{a+d=0}$

PR ①13 第 n 項が次の式で表される数列の極限を求めよ。

(1) n^2-3n^3 (2) $\dfrac{-2n+3}{4n-1}$ (3) $\dfrac{n^2-1}{n+1}$ (4) $\dfrac{4n^2+1}{3-4n^3}$

(1) $\displaystyle\lim_{n\to\infty}(n^2-3n^3)=\lim_{n\to\infty}n^3\left(\frac{1}{n}-3\right)=-\infty$

(2) $\displaystyle\lim_{n\to\infty}\frac{-2n+3}{4n-1}=\lim_{n\to\infty}\frac{-2+\frac{3}{n}}{4-\frac{1}{n}}=-\frac{2}{4}=-\boldsymbol{\frac{1}{2}}$

(3) $\displaystyle\lim_{n\to\infty}\frac{n^2-1}{n+1}=\lim_{n\to\infty}\frac{(n+1)(n-1)}{n+1}=\lim_{n\to\infty}(n-1)=\infty$

(4) $\displaystyle\lim_{n\to\infty}\frac{4n^2+1}{3-4n^3}=\lim_{n\to\infty}\frac{\frac{4}{n}+\frac{1}{n^3}}{\frac{3}{n^3}-4}=\boldsymbol{0}$

⇐ $n^3\longrightarrow\infty$
$\frac{1}{n}-3\longrightarrow-3$

⇐**分母の最高次の項 n で，分母・分子を割る。**

別解 (3) $\dfrac{n-\frac{1}{n}}{1+\frac{1}{n}}\longrightarrow\infty$ $(n\longrightarrow\infty)$ としてもよい。

⇐ $\dfrac{0+0}{0-4}$

PR ②14 第 n 項が次の式で表される数列の極限を求めよ。

(1) $\dfrac{4n-1}{2\sqrt{n}-1}$ (2) $\dfrac{1}{\sqrt{n^2+2n}-\sqrt{n^2-2n}}$ (3) $\sqrt{n}(\sqrt{n-3}-\sqrt{n})$

(4) $\dfrac{\sqrt{n+2}-\sqrt{n-2}}{\sqrt{n+1}-\sqrt{n-1}}$ (5) $\sqrt{n^2+2n+2}-\sqrt{n^2-n}$ (6) $n\left(\sqrt{4+\dfrac{1}{n}}-2\right)$

[(2) 東京電機大 (5) 京都産大 (6) 名古屋市大]

(1) $\displaystyle\lim_{n\to\infty}\frac{4n-1}{2\sqrt{n}-1}=\lim_{n\to\infty}\frac{(2\sqrt{n}+1)(2\sqrt{n}-1)}{2\sqrt{n}-1}$

$\displaystyle=\lim_{n\to\infty}(2\sqrt{n}+1)=\infty$

(2) $\displaystyle\lim_{n\to\infty}\frac{1}{\sqrt{n^2+2n}-\sqrt{n^2-2n}}$

$\displaystyle=\lim_{n\to\infty}\frac{\sqrt{n^2+2n}+\sqrt{n^2-2n}}{(\sqrt{n^2+2n}-\sqrt{n^2-2n})(\sqrt{n^2+2n}+\sqrt{n^2-2n})}$

$\displaystyle=\lim_{n\to\infty}\frac{\sqrt{n^2+2n}+\sqrt{n^2-2n}}{(n^2+2n)-(n^2-2n)}=\lim_{n\to\infty}\frac{\sqrt{n^2+2n}+\sqrt{n^2-2n}}{4n}$

$\displaystyle=\lim_{n\to\infty}\frac{1}{4}\left(\sqrt{1+\frac{2}{n}}+\sqrt{1-\frac{2}{n}}\right)=\boldsymbol{\frac{1}{2}}$

(3) $\displaystyle\lim_{n\to\infty}\sqrt{n}(\sqrt{n-3}-\sqrt{n})$

$\displaystyle=\lim_{n\to\infty}\frac{\sqrt{n}(\sqrt{n-3}-\sqrt{n})(\sqrt{n-3}+\sqrt{n})}{\sqrt{n-3}+\sqrt{n}}$

$\displaystyle=\lim_{n\to\infty}\frac{\sqrt{n}\{(n-3)-n\}}{\sqrt{n-3}+\sqrt{n}}=\lim_{n\to\infty}\frac{-3\sqrt{n}}{\sqrt{n-3}+\sqrt{n}}$

$\displaystyle=\lim_{n\to\infty}\frac{-3}{\sqrt{1-\frac{3}{n}}+1}=-\boldsymbol{\frac{3}{2}}$

(4) $\displaystyle\lim_{n\to\infty}\frac{\sqrt{n+2}-\sqrt{n-2}}{\sqrt{n+1}-\sqrt{n-1}}$

$\displaystyle=\lim_{n\to\infty}\frac{(\sqrt{n+2}-\sqrt{n-2})(\sqrt{n+2}+\sqrt{n-2})(\sqrt{n+1}+\sqrt{n-1})}{(\sqrt{n+1}-\sqrt{n-1})(\sqrt{n+1}+\sqrt{n-1})(\sqrt{n+2}+\sqrt{n-2})}$

⇐分子を因数分解。

別解 分母の最高次の項とみなされる $\sqrt{n}$ で，分母・分子を割る。

$\displaystyle\lim_{n\to\infty}\frac{4n-1}{2\sqrt{n}-1}=\lim_{n\to\infty}\frac{4\sqrt{n}-\frac{1}{\sqrt{n}}}{2-\frac{1}{\sqrt{n}}}=\infty$

⇐**分母を有理化。**

⇐ $\frac{1}{4}(\sqrt{1+0}+\sqrt{1-0})$

⇐ $\dfrac{\sqrt{n-3}-\sqrt{n}}{1}$ と考えて，**分子の $\sqrt{n-3}-\sqrt{n}$ を有理化。**

⇐ $\dfrac{-3}{\sqrt{1-0}+1}$

⇐ $\sqrt{n+2}-\sqrt{n-2}$ および $\sqrt{n+1}-\sqrt{n-1}$ を有理化。

$$=\lim_{n\to\infty}\frac{\{(n+2)-(n-2)\}(\sqrt{n+1}+\sqrt{n-1})}{\{(n+1)-(n-1)\}(\sqrt{n+2}+\sqrt{n-2})}$$

$$=\lim_{n\to\infty}\frac{4(\sqrt{n+1}+\sqrt{n-1})}{2(\sqrt{n+2}+\sqrt{n-2})}$$

$$=\lim_{n\to\infty}\frac{2\left(\sqrt{1+\frac{1}{n}}+\sqrt{1-\frac{1}{n}}\right)}{\sqrt{1+\frac{2}{n}}+\sqrt{1-\frac{2}{n}}}=\mathbf{2}$$

⇐ $\frac{2(\sqrt{1+0}+\sqrt{1-0})}{\sqrt{1+0}+\sqrt{1-0}}$

(5) $\lim_{n\to\infty}(\sqrt{n^2+2n+2}-\sqrt{n^2-n})$

$$=\lim_{n\to\infty}\frac{(\sqrt{n^2+2n+2}-\sqrt{n^2-n})(\sqrt{n^2+2n+2}+\sqrt{n^2-n})}{\sqrt{n^2+2n+2}+\sqrt{n^2-n}}$$

$$=\lim_{n\to\infty}\frac{(n^2+2n+2)-(n^2-n)}{\sqrt{n^2+2n+2}+\sqrt{n^2-n}}$$

$$=\lim_{n\to\infty}\frac{3n+2}{\sqrt{n^2+2n+2}+\sqrt{n^2-n}}$$

$$=\lim_{n\to\infty}\frac{3+\frac{2}{n}}{\sqrt{1+\frac{2}{n}+\frac{2}{n^2}}+\sqrt{1-\frac{1}{n}}}=\mathbf{\frac{3}{2}}$$

⇐ $\frac{\sqrt{n^2+2n+2}-\sqrt{n^2-n}}{1}$ と考えて，**分子** の $\sqrt{n^2+2n+2}-\sqrt{n^2-n}$ **を有理化**。

⇐ $\frac{3+0}{\sqrt{1+0+0}+\sqrt{1-0}}$

(6) $\lim_{n\to\infty}n\left(\sqrt{4+\frac{1}{n}}-2\right)=\lim_{n\to\infty}\frac{n\left(\sqrt{4+\frac{1}{n}}-2\right)\left(\sqrt{4+\frac{1}{n}}+2\right)}{\sqrt{4+\frac{1}{n}}+2}$

$$=\lim_{n\to\infty}\frac{n\left\{\left(4+\frac{1}{n}\right)-4\right\}}{\sqrt{4+\frac{1}{n}}+2}$$

$$=\lim_{n\to\infty}\frac{1}{\sqrt{4+\frac{1}{n}}+2}=\mathbf{\frac{1}{4}}$$

⇐ $\frac{n\left(\sqrt{4+\frac{1}{n}}-2\right)}{1}$ と考えて，**分子** の $\sqrt{4+\frac{1}{n}}-2$ **を有理化**。

inf. $n\left(\sqrt{4+\frac{1}{n}}-2\right)$
$=\sqrt{4n^2+n}-2n$
$=\frac{n}{\sqrt{4n^2+n}+2n}$
としてもよい。

PR ②15

(1) 極限 $\lim_{n\to\infty}\frac{1}{n+1}\cos\frac{n\pi}{3}$ を求めよ。

(2) 二項定理を用いて，$\lim_{n\to\infty}\frac{(1+h)^n}{n}=\infty$ を証明せよ。ただし，h は正の定数とする。

(1) $-1\leqq\cos\frac{n\pi}{3}\leqq 1$ より

$$-\frac{1}{n+1}\leqq\frac{1}{n+1}\cos\frac{n\pi}{3}\leqq\frac{1}{n+1}$$

ここで，$\lim_{n\to\infty}\left(-\frac{1}{n+1}\right)=0$，$\lim_{n\to\infty}\frac{1}{n+1}=0$ であるから

$$\lim_{n\to\infty}\frac{1}{n+1}\cos\frac{n\pi}{3}=\mathbf{0}$$

⇐各辺に $\frac{1}{n+1}\ (>0)$ を掛ける。

⇐**はさみうちの原理**

(2) 二項定理により

$$(1+h)^n=1+nh+\frac{n(n-1)}{2}h^2+\cdots\cdots+h^n$$

$h>0$ であるから

$$(1+h)^n \geqq 1+nh+\frac{n(n-1)}{2}h^2>\frac{n(n-1)}{2}h^2$$

⇐本冊 $p.37$ POINT 参照。

よって $\dfrac{(1+h)^n}{n}>\dfrac{n-1}{2}h^2$

$\displaystyle\lim_{n\to\infty}\frac{n-1}{2}h^2=\infty$ であるから

$$\lim_{n\to\infty}\frac{(1+h)^n}{n}=\infty$$

⇐$a_n<b_n$ で $\displaystyle\lim_{n\to\infty}a_n=\infty$ ならば $\displaystyle\lim_{n\to\infty}b_n=\infty$

PR ②16 第 n 項が次の式で表される数列の極限を求めよ。

(1) $\dfrac{5^n-10^n}{3^{2n}}$ (2) $\dfrac{3^{n-1}+4^{n+1}}{3^n-4^n}$ (3) $\dfrac{3^{n+1}+5^{n+1}+7^{n+1}}{3^n+5^n+7^n}$ (4) $\dfrac{4^n-(-3)^n}{2^n+(-3)^n}$

(1) $\displaystyle\lim_{n\to\infty}\frac{5^n-10^n}{3^{2n}}=\lim_{n\to\infty}\frac{5^n-10^n}{9^n}=\lim_{n\to\infty}\left\{\left(\frac{5}{9}\right)^n-\left(\frac{10}{9}\right)^n\right\}=-\infty$

⇐$\displaystyle\lim_{n\to\infty}\left(\frac{5}{9}\right)^n=0$, $\displaystyle\lim_{n\to\infty}\left(\frac{10}{9}\right)^n=\infty$

(2) $\displaystyle\lim_{n\to\infty}\frac{3^{n-1}+4^{n+1}}{3^n-4^n}=\lim_{n\to\infty}\frac{\frac{1}{3}\left(\frac{3}{4}\right)^n+4}{\left(\frac{3}{4}\right)^n-1}=-4$

⇐$\displaystyle\lim_{n\to\infty}\left(\frac{3}{4}\right)^n=0$

(3) $\displaystyle\lim_{n\to\infty}\frac{3^{n+1}+5^{n+1}+7^{n+1}}{3^n+5^n+7^n}=\lim_{n\to\infty}\frac{3\left(\frac{3}{7}\right)^n+5\left(\frac{5}{7}\right)^n+7}{\left(\frac{3}{7}\right)^n+\left(\frac{5}{7}\right)^n+1}=7$

⇐$\displaystyle\lim_{n\to\infty}\left(\frac{3}{7}\right)^n=0$, $\displaystyle\lim_{n\to\infty}\left(\frac{5}{7}\right)^n=0$

(4) $\displaystyle\lim_{n\to\infty}\frac{4^n-(-3)^n}{2^n+(-3)^n}=\lim_{n\to\infty}\frac{\left(-\frac{4}{3}\right)^n-1}{\left(-\frac{2}{3}\right)^n+1}$

⇐分母の底の絶対値が大きい $(-3)^n$ で分母・分子を割る。

$n\longrightarrow\infty$ のとき，$\left(-\dfrac{2}{3}\right)^n\longrightarrow 0$ であり，数列 $\left\{\left(-\dfrac{4}{3}\right)^n\right\}$ は振動する。

⇐$\left|-\dfrac{2}{3}\right|<1$，$-\dfrac{4}{3}<-1$

よって，数列 $\left\{\dfrac{4^n-(-3)^n}{2^n+(-3)^n}\right\}$ は $n\longrightarrow\infty$ のとき振動するから

極限はない。

PR ②17 次の数列が収束するような実数 x の値の範囲を求めよ。また，そのときの極限値を求めよ。

(1) (ア) $\{(5-2x)^n\}$ (イ) $\{(x^2+x-1)^n\}$ (2) $\{x(x^2-2x)^{n-1}\}$

(1) (ア) 数列 $\{(5-2x)^n\}$ が収束するための必要十分条件は

⇐公比は $5-2x$

$-1<5-2x\leqq 1$ すなわち $\boldsymbol{2\leqq x<3}$

⇐数列 $\{r^n\}$ の収束条件は $-1<r\leqq 1$

また，極限値は

$-1<5-2x<1$ すなわち $\boldsymbol{2<x<3}$ **のとき 0**

⇐$-1<$(公比)<1

$5-2x=1$ すなわち $\boldsymbol{x=2}$ **のとき 1**

⇐(公比)$=1$

(イ) 数列 $\{(x^2+x-1)^n\}$ が収束するための必要十分条件は

$-1<x^2+x-1\leqq 1$

すなわち $x^2+x>0$ ……① かつ $x^2+x-2\leqq 0$ ……②

① から $x(x+1)>0$

よって　　$x<-1,\ 0<x$ ……③

②から　　$(x-1)(x+2)\leqq 0$

よって　　$-2\leqq x\leqq 1$ ……④

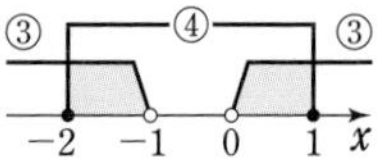

③，④の共通範囲をとって　　$\boldsymbol{-2\leqq x<-1,\ 0<x\leqq 1}$

また，極限値は

$-1<x^2+x-1<1$ すなわち **$-2<x<-1,\ 0<x<1$ のとき　0**

⇦$-1<$(公比)<1

$x^2+x-1=1$　　すなわち **$x=1,\ -2$ のとき　1**

⇦(公比)$=1$

(2)　この数列は，初項 x，公比 x^2-2x の等比数列であるから，収束するための必要十分条件は

$x=0$ ……①　または　$-1<x^2-2x\leqq 1$ ……②

⇦数列 $\{ar^{n-1}\}$ の収束条件は
$a=0$ または $-1<r\leqq 1$

②について

$-1<x^2-2x$ から　　$(x-1)^2>0$

よって　　$x=1$ を除くすべての実数 ……③

$x^2-2x\leqq 1$ から　　$x^2-2x-1\leqq 0$

$x^2-2x-1=0$ とおくと　$x=1\pm\sqrt{2}$

よって　　$1-\sqrt{2}\leqq x\leqq 1+\sqrt{2}$ ……④

③，④の共通範囲をとって

$1-\sqrt{2}\leqq x<1,\ 1<x\leqq 1+\sqrt{2}$

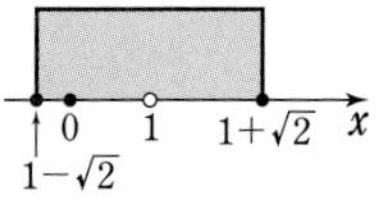

この範囲に①は含まれているから，求める x の値の範囲は

$\boldsymbol{1-\sqrt{2}\leqq x<1,\ 1<x\leqq 1+\sqrt{2}}$

また，極限値は

$1-\sqrt{2}<x<1,\ 1<x<1+\sqrt{2}$ のとき　0

$x=1\pm\sqrt{2}$ のとき　$1\pm\sqrt{2}$（複号同順）

⇦$x=1\pm\sqrt{2}$ のとき，初項 $1\pm\sqrt{2}$，**公比 1** の等比数列。

PR ②18

(1)　$r>-1$ のとき，極限 $\displaystyle\lim_{n\to\infty}\frac{r^n}{2+r^{n+1}}$ を求めよ。

(2)　r は実数とするとき，極限 $\displaystyle\lim_{n\to\infty}\frac{r^{2n+1}}{2+r^{2n}}$ を求めよ。

HINT　(2)　$r=-1$ のとき，$r^{2n}=(-1)^{2n}=\{(-1)^2\}^n=1^n=1$ である。

(1)　**$|r|<1$ のとき**　　$\displaystyle\lim_{n\to\infty}r^n=0,\ \lim_{n\to\infty}r^{n+1}=0$

CHART
$r=\pm 1$ が場合の分かれ目
(1)　$r>-1$ であるから
$|r|<1,\ r=1,$
$r>1$
の場合に分けて考える。

よって　　$\displaystyle\lim_{n\to\infty}\frac{r^n}{2+r^{n+1}}=\frac{0}{2+0}=\boldsymbol{0}$

$r=1$ のとき　　$r^n=r^{n+1}=1$

よって　　$\displaystyle\lim_{n\to\infty}\frac{r^n}{2+r^{n+1}}=\frac{1}{2+1}=\boldsymbol{\frac{1}{3}}$

$r>1$ のとき　　$\left|\dfrac{1}{r}\right|<1$　　ゆえに　　$\displaystyle\lim_{n\to\infty}\left(\frac{1}{r}\right)^{n+1}=0$

よって　　$\displaystyle\lim_{n\to\infty}\frac{r^n}{2+r^{n+1}}=\lim_{n\to\infty}\frac{\frac{1}{r}}{2\left(\frac{1}{r}\right)^{n+1}+1}=\frac{\frac{1}{r}}{2\cdot 0+1}=\boldsymbol{\frac{1}{r}}$

⇦分母・分子を r^{n+1} で割る。

(2)　$|r|<1$ のとき　$\lim_{n\to\infty} r^{2n}=0$, $\lim_{n\to\infty} r^{2n+1}=0$

よって　$\lim_{n\to\infty}\frac{r^{2n+1}}{2+r^{2n}}=\frac{0}{2+0}=\mathbf{0}$

$r=1$ のとき　$r^{2n}=r^{2n+1}=1$

よって　$\lim_{n\to\infty}\frac{r^{2n+1}}{2+r^{2n}}=\frac{1}{2+1}=\mathbf{\frac{1}{3}}$

$r=-1$ のとき　$r^{2n}=(-1)^{2n}=\{(-1)^2\}^n=1^n=1$,

$r^{2n+1}=r^{2n}\cdot r=1\cdot(-1)=-1$

⇦ $\{(-1)^n\}$ は振動するが，$\{(-1)^{2n}\}$ は収束する。

よって　$\lim_{n\to\infty}\frac{r^{2n+1}}{2+r^{2n}}=\frac{-1}{2+1}=\mathbf{-\frac{1}{3}}$

$|r|>1$ のとき　$\left|\frac{1}{r}\right|<1$　ゆえに　$\lim_{n\to\infty}\left(\frac{1}{r}\right)^{2n}=0$

よって　$\lim_{n\to\infty}\frac{r^{2n+1}}{2+r^{2n}}=\lim_{n\to\infty}\frac{r}{2\left(\frac{1}{r}\right)^{2n}+1}=\frac{r}{2\cdot0+1}=\mathbf{r}$

⇦分母・分子を r^{2n} で割る。

PR ②19　次の条件によって定められる数列 $\{a_n\}$ の極限を求めよ。

(1)　$a_1=1$, $a_{n+1}=-\frac{4}{5}a_n-\frac{18}{5}$　　(2)　$a_1=1$, $a_{n+1}=\frac{3}{2}a_n+\frac{1}{2}$

(1)　与えられた漸化式を変形すると　$a_{n+1}+2=-\frac{4}{5}(a_n+2)$

⇦特性方程式 $\alpha=-\frac{4}{5}\alpha-\frac{18}{5}$ を解くと　$\alpha=-2$

また　$a_1+2=1+2=3$

よって，数列 $\{a_n+2\}$ は初項 3，公比 $-\frac{4}{5}$ の等比数列であるから　$a_n+2=3\left(-\frac{4}{5}\right)^{n-1}$

ゆえに　$a_n=3\left(-\frac{4}{5}\right)^{n-1}-2$

ここで，$\lim_{n\to\infty}\left(-\frac{4}{5}\right)^{n-1}=0$ であるから

⇦ $\left|-\frac{4}{5}\right|<1$

$$\lim_{n\to\infty}a_n=\lim_{n\to\infty}\left\{3\left(-\frac{4}{5}\right)^{n-1}-2\right\}=\mathbf{-2}$$

(2)　与えられた漸化式を変形すると　$a_{n+1}+1=\frac{3}{2}(a_n+1)$

⇦特性方程式 $\alpha=\frac{3}{2}\alpha+\frac{1}{2}$ を解くと　$\alpha=-1$

また　$a_1+1=1+1=2$

よって，数列 $\{a_n+1\}$ は初項 2，公比 $\frac{3}{2}$ の等比数列であるから　$a_n+1=2\left(\frac{3}{2}\right)^{n-1}$

ゆえに　$a_n=2\left(\frac{3}{2}\right)^{n-1}-1$

したがって　$\lim_{n\to\infty}a_n=\lim_{n\to\infty}\left\{2\left(\frac{3}{2}\right)^{n-1}-1\right\}=\boldsymbol{\infty}$

⇦ $\frac{3}{2}>1$

PR ③20

n は 4 以上の整数とする。
不等式 $(1+h)^n>1+nh+\frac{n(n-1)}{2}h^2+\frac{n(n-1)(n-2)}{6}h^3$ $(h>0)$ を用いて，次の極限を求めよ。

(1) $\lim_{n\to\infty}\frac{2^n}{n}$　　(2) $\lim_{n\to\infty}\frac{n^2}{2^n}$

与えられた不等式において，$h=1$ とすると

$$2^n>1+n+\frac{n(n-1)}{2}+\frac{n(n-1)(n-2)}{6} \quad \cdots\cdots ①$$

(1) ① から　$2^n>\frac{n(n-1)}{2}$

両辺を n で割ると　$\frac{2^n}{n}>\frac{n-1}{2}$

$\lim_{n\to\infty}\frac{n-1}{2}=\infty$ であるから　$\lim_{n\to\infty}\frac{2^n}{n}=\infty$

(2) ① から　$2^n>\frac{n(n-1)(n-2)}{6}$

両辺の逆数をとると　$\frac{1}{2^n}<\frac{6}{n(n-1)(n-2)}$

両辺に n^2 を掛けると　$\frac{n^2}{2^n}<\frac{6n^2}{n(n-1)(n-2)}$

よって　$0<\frac{n^2}{2^n}<\frac{6n}{n^2-3n+2}$

ここで，$\lim_{n\to\infty}\frac{6n}{n^2-3n+2}=\lim_{n\to\infty}\frac{\frac{6}{n}}{1-\frac{3}{n}+\frac{2}{n^2}}=0$ であるから

$$\lim_{n\to\infty}\frac{n^2}{2^n}=\mathbf{0}$$

inf. 与えられた不等式は $(1+h)^n=\sum_{r=0}^{n}{}_n\mathrm{C}_r h^r$（二項定理）から得られる。

⇐$n>0$ であるから不等号の向きは変わらない。

⇐**$a_n>b_n$ で $\lim_{n\to\infty}b_n=\infty$ ならば $\lim_{n\to\infty}a_n=\infty$**

⇐$a>b>0$ のとき $\frac{1}{a}<\frac{1}{b}$

⇐$n^2>0$ であるから不等号の向きは変わらない。

⇐$(n-1)(n-2)=n^2-3n+2$

⇐**はさみうちの原理**

PR ④21

$a_1=2$，$a_{n+1}=\frac{5a_n-6}{2a_n-3}$ $(n=1,\ 2,\ 3,\ \cdots\cdots)$ で定められる数列 $\{a_n\}$ について

(1) $b_n=\frac{a_n-1}{a_n-3}$ とおくとき，数列 $\{b_n\}$ の一般項を求めよ。

(2) 一般項 a_n と極限 $\lim_{n\to\infty}a_n$ を求めよ。

(1) $b_{n+1}=\frac{a_{n+1}-1}{a_{n+1}-3}=\frac{\frac{5a_n-6}{2a_n-3}-1}{\frac{5a_n-6}{2a_n-3}-3}=\frac{5a_n-6-(2a_n-3)}{5a_n-6-3(2a_n-3)}$

$$=\frac{3a_n-3}{-a_n+3}=-3\cdot\frac{a_n-1}{a_n-3}=-3b_n$$

また　$b_1=\frac{a_1-1}{a_1-3}=\frac{2-1}{2-3}=-1$

よって，数列 $\{b_n\}$ は初項 -1，公比 -3 の等比数列であるから

$$\boldsymbol{b_n=-1\cdot(-3)^{n-1}=-(-3)^{n-1}}$$

inf. $\lim_{n\to\infty}a_n=\alpha$ と仮定すると，$\lim_{n\to\infty}a_{n+1}=\alpha$ であるから，漸化式より

$\alpha=\frac{5\alpha-6}{2\alpha-3}$

これから

$\alpha^2-4\alpha+3=0$

$(\alpha-1)(\alpha-3)=0$

ゆえに　$\alpha=1,\ 3$

これが，(1) の $b_n=\frac{a_n-1}{a_n-3}$ とおく根拠となっている。

(2)　$b_n=\dfrac{a_n-1}{a_n-3}$ から　　$(a_n-3)b_n=a_n-1$

したがって　　$(b_n-1)a_n=3b_n-1$

$b_n\neq1$ であるから　　$a_n=\dfrac{3b_n-1}{b_n-1}$

よって，(1) の結果を代入して

$$\boldsymbol{a_n}=\frac{-3(-3)^{n-1}-1}{-(-3)^{n-1}-1}=\boldsymbol{\frac{3(-3)^{n-1}+1}{(-3)^{n-1}+1}}$$

ゆえに　$$\lim_{n\to\infty}\boldsymbol{a_n}=\lim_{n\to\infty}\frac{3(-3)^{n-1}+1}{(-3)^{n-1}+1}=\lim_{n\to\infty}\frac{3+\left(-\frac{1}{3}\right)^{n-1}}{1+\left(-\frac{1}{3}\right)^{n-1}}$$

$$=\frac{3+0}{1+0}=\boldsymbol{3}$$

⇐$b_n=1$ のとき $0\cdot a_n=2$ となり不適。

⇐$a_n=\dfrac{1-(-3)^n}{1+(-3)^{n-1}}$ でもよい。

⇐$\left|-\dfrac{1}{3}\right|<1$

PR ④**22**

$a_1=a$ $(0<a<1)$，$a_{n+1}=-\dfrac{1}{2}a_n^3+\dfrac{3}{2}a_n$ $(n=1,\ 2,\ 3,\ \cdots\cdots)$ によって定められる数列 $\{a_n\}$ について，次の (1)，(2) を示せ。また，(3) を求めよ。

(1)　$0<a_n<1$

(2)　$r=\dfrac{1-a_2}{1-a_1}$ のとき　$1-a_{n+1}\leqq r(1-a_n)$ $(n=1,\ 2,\ 3,\ \cdots\cdots)$

(3)　$\displaystyle\lim_{n\to\infty}a_n$　〔鳥取大〕

HINT　(2)　$r-\dfrac{1-a_{n+1}}{1-a_n}\geqq0$ を示す。$a_n<a_{n+1}$ であることを示すことがポイント。

(1)　$0<a_n<1$ ……①　とする。

[1]　$n=1$ のとき　　$a_1=a$，$0<a<1$ から ① は成り立つ。

[2]　$n=k$ のとき，① が成り立つと仮定すると

$$0<a_k<1$$

$n=k+1$ のとき

$$a_{k+1}=\frac{1}{2}a_k(3-a_k^2)>0$$

$$1-a_{k+1}=1+\frac{1}{2}a_k^3-\frac{3}{2}a_k$$

$$=\frac{1}{2}(a_k-1)^2(a_k+2)>0\ \cdots\cdots②$$

よって，$0<a_{k+1}<1$ であるから，$n=k+1$ のときにも ① は成り立つ。

[1]，[2] から，すべての自然数 n に対して ① が成り立つ。

⇐$0<a_k^2<1$

⇐$\dfrac{1}{2}(a_k^3-3a_k+2)$ を因数定理を用いて因数分解する。$a_k-1<0$ から $(a_k-1)^2>0$

(2)　② から　　$\dfrac{1-a_{n+1}}{1-a_n}=\dfrac{1}{2}(1-a_n)(2+a_n)$

ゆえに　　$r=\dfrac{1-a_2}{1-a_1}=\dfrac{1}{2}(1-a_1)(2+a_1)$

よって　　$r-\dfrac{1-a_{n+1}}{1-a_n}$

$$=\frac{1}{2}\{(1-a_1)(2+a_1)-(1-a_n)(2+a_n)\}$$

⇐$1-a_{n+1}=\dfrac{1}{2}(a_n-1)^2(a_n+2)$ の両辺を $1-a_n\neq0$ で割る。

$$=\frac{1}{2}(a_n{}^2-a_1{}^2+a_n-a_1)$$

$$=\frac{1}{2}(a_n-a_1)(a_n+a_1+1)^*$$

⇦$(a_n+a_1)(a_n-a_1)+(a_n-a_1)$

ここで　$a_n-a_{n+1}=a_n-\left(-\frac{1}{2}a_n{}^3+\frac{3}{2}a_n\right)$

$$=\frac{1}{2}a_n(a_n{}^2-1)<0$$

ゆえに　$a_n<a_{n+1}$

よって，$0<a_1\leqq a_n<1$ から　$r-\frac{1-a_{n+1}}{1-a_n}\geqq 0$

⇦$*$において $a_n-a_1\geqq 0$，$a_n+a_1+1>0$

したがって　$1-a_{n+1}\leqq r(1-a_n)$

等号は $n=1$ のとき成り立つ。

(3)　(2)を繰り返し用いて

$$0<1-a_n\leqq r(1-a_{n-1})\leqq\cdots\cdots\leqq r^{n-1}(1-a_1)$$

ここで，$0<a_1<a_2<1$ から　$0<r=\frac{1-a_2}{1-a_1}<1$

よって，$\lim_{n\to\infty}r^{n-1}(1-a_1)=0$ であるから

⇦はさみうちの原理

$$\lim_{n\to\infty}(1-a_n)=0$$

ゆえに，数列 $\{a_n\}$ は収束して　$\lim_{n\to\infty}a_n=\mathbf{1}$

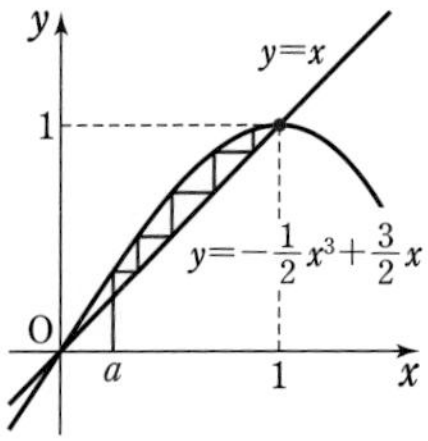

参考　$\alpha=-\frac{1}{2}\alpha^3+\frac{3}{2}\alpha$ とすると　$\alpha^3-\alpha=0$

$\alpha(\alpha-1)(\alpha+1)=0$ から　$\alpha=-1,\ 0,\ 1$

$0<a_n<1$ と右のグラフから $\lim_{n\to\infty}a_n=1$ と予想できる。

PR ③23

次の条件によって定められる数列 $\{a_n\}$ の極限を求めよ。

$$a_1=1,\ a_2=3,\ 4a_{n+2}=5a_{n+1}-a_n\quad(n=1,\ 2,\ 3,\ \cdots\cdots)$$

漸化式は $a_{n+2}-a_{n+1}=\frac{1}{4}(a_{n+1}-a_n)$ と変形できる。

⇦$4x^2=5x-1$ を解くと $4x^2-5x+1=0$　$(x-1)(4x-1)=0$　よって　$x=1,\ \frac{1}{4}$

また　$a_2-a_1=3-1=2$

よって，数列 $\{a_{n+1}-a_n\}$ は初項 2，公比 $\frac{1}{4}$ の等比数列であるから　$a_{n+1}-a_n=2\left(\frac{1}{4}\right)^{n-1}$

ゆえに，$n\geqq 2$ のとき

$$a_n=a_1+\sum_{k=1}^{n-1}2\left(\frac{1}{4}\right)^{k-1}=1+2\cdot\frac{1-\left(\frac{1}{4}\right)^{n-1}}{1-\frac{1}{4}}$$

$$=1+\frac{8}{3}\left\{1-\left(\frac{1}{4}\right)^{n-1}\right\}=\frac{11}{3}-\frac{8}{3}\left(\frac{1}{4}\right)^{n-1}$$

⇦数列 $\{a_n\}$ の階差数列 $\{b_n\}$ がわかれば，$n\geqq 2$ のとき　$a_n=a_1+\sum_{k=1}^{n-1}b_k$

したがって　$\lim_{n\to\infty}a_n=\lim_{n\to\infty}\left\{\frac{11}{3}-\frac{8}{3}\left(\frac{1}{4}\right)^{n-1}\right\}=\mathbf{\frac{11}{3}}$

inf. 本問では，階差数列が導かれたから a_n が求められた。一般には，次のように漸化式を2通りに変形して a_n が求められる。

$$a_{n+2}-a_{n+1}=\frac{1}{4}(a_{n+1}-a_n),\quad a_{n+2}-\frac{1}{4}a_{n+1}=a_{n+1}-\frac{1}{4}a_n$$

これと $a_2-a_1=2,\ a_2-\frac{1}{4}a_1=\frac{11}{4}$ から

$$a_{n+1}-a_n=2\left(\frac{1}{4}\right)^{n-1},\quad a_{n+1}-\frac{1}{4}a_n=\frac{11}{4}$$

辺々を引くと　$-\frac{3}{4}a_n=2\left(\frac{1}{4}\right)^{n-1}-\frac{11}{4}$

ゆえに　$a_n=\frac{11}{3}-\frac{8}{3}\left(\frac{1}{4}\right)^{n-1}$

よって　$\displaystyle\lim_{n\to\infty}a_n=\boldsymbol{\frac{11}{3}}$

⇐1が特性方程式の解のとき。

⇐2番目の式は，$a_{n+2}-\alpha a_{n+1}=\beta(a_{n+1}-\alpha a_n)$ に，$\alpha=\frac{1}{4},\ \beta=1$ を代入したもの。

⇐a_{n+1} を消去。

PR ④24

1辺の長さが1である正三角形ABCの辺BC上に点 A_1 をとる。A_1 から辺ABに垂線 A_1C_1 を引き，点 C_1 から辺ACに垂線 C_1B_1 を引き，更に点 B_1 から辺BCに垂線 B_1A_2 を引く。これを繰り返し，辺BC上に点 $A_1,\ A_2,\ \cdots\cdots,\ A_n,\ \cdots\cdots$，辺AB上に点 $C_1,\ C_2,\ \cdots\cdots,\ C_n,\ \cdots\cdots$，辺AC上に点 $B_1,\ B_2,\ \cdots\cdots,\ B_n,\ \cdots\cdots$ をとる。このとき，$BA_n=x_n$ とする。
(1) $x_n,\ x_{n+1}$ が満たす漸化式を求めよ。
(2) 極限 $\displaystyle\lim_{n\to\infty}x_n$ を求めよ。

(1) $BC_n=\frac{1}{2}BA_n=\frac{1}{2}x_n,\ AB_n=\frac{1}{2}AC_n=\frac{1}{2}\left(1-\frac{1}{2}x_n\right)$,

$CB_n=CA-AB_n=1-\frac{1}{2}\left(1-\frac{1}{2}x_n\right)=\frac{1}{2}+\frac{1}{4}x_n$,

$CA_{n+1}=\frac{1}{2}CB_n=\frac{1}{2}\left(\frac{1}{2}+\frac{1}{4}x_n\right)=\frac{1}{4}+\frac{1}{8}x_n$,

$BA_{n+1}=BC-CA_{n+1}=1-\left(\frac{1}{4}+\frac{1}{8}x_n\right)=\frac{3}{4}-\frac{1}{8}x_n$

したがって　$\boldsymbol{x_{n+1}=-\frac{1}{8}x_n+\frac{3}{4}}$

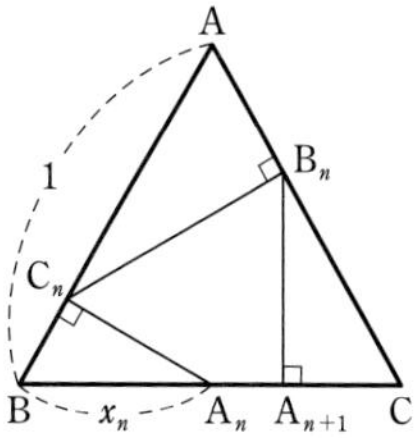

(2) $x_{n+1}=-\frac{1}{8}x_n+\frac{3}{4}$ を変形すると

$$x_{n+1}-\frac{2}{3}=-\frac{1}{8}\left(x_n-\frac{2}{3}\right)$$

よって，数列 $\left\{x_n-\frac{2}{3}\right\}$ は初項 $x_1-\frac{2}{3}$，公比 $-\frac{1}{8}$ の等比数列

であり　$x_n-\frac{2}{3}=\left(-\frac{1}{8}\right)^{n-1}\left(x_1-\frac{2}{3}\right)$

ゆえに　$x_n=\left(-\frac{1}{8}\right)^{n-1}\left(x_1-\frac{2}{3}\right)+\frac{2}{3}$

よって　$\displaystyle\lim_{n\to\infty}x_n=\boldsymbol{\frac{2}{3}}$

⇐特性方程式 $\alpha=-\frac{1}{8}\alpha+\frac{3}{4}$ を解くと $\alpha=\frac{2}{3}$

⇐$\displaystyle\lim_{n\to\infty}\left(-\frac{1}{8}\right)^{n-1}=0$

PR ④25

三角形ABCの頂点を移動する動点Pがある。移動の向きについては，A⟶B，B⟶C，C⟶Aを正の向き，A⟶C，C⟶B，B⟶Aを負の向きと呼ぶことにする。硬貨を投げて，表が出たらPはそのときの位置にとどまり，裏が出たときはもう1度硬貨を投げ，表なら正の向きに，裏なら負の向きに隣の頂点に移動する。この操作を1回のステップとする。動点Pは初め頂点Aにあるものとする。n回目のステップの後にPがAにある確率をa_nとするとき，$\lim_{n\to\infty} a_n$を求めよ。

$(n+1)$回目のステップの後にPがAにあるのは

[1]　n回後にAにあり，$(n+1)$回後もAにある。

[2]　n回後にBにあり，$(n+1)$回後にAにある。

[3]　n回後にCにあり，$(n+1)$回後にAにある。

のいずれかであり，[1]～[3]は互いに排反である。

n回後に点PがBまたはCにある確率はともに等確率であるから，それぞれにある確率は　$\dfrac{1-a_n}{2}$

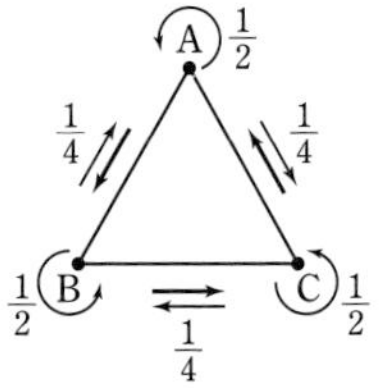

また，A→Aは表，B→Aは裏・裏，C→Aは裏・表と出る場合であるから，それぞれの確率は　$\dfrac{1}{2}$，$\dfrac{1}{4}$，$\dfrac{1}{4}$

よって　$a_{n+1}=\dfrac{1}{2}\cdot a_n+\dfrac{1}{4}\cdot\dfrac{1-a_n}{2}+\dfrac{1}{4}\cdot\dfrac{1-a_n}{2}$

ゆえに　$a_{n+1}=\dfrac{1}{4}a_n+\dfrac{1}{4}$ ……①

①を変形すると　$a_{n+1}-\dfrac{1}{3}=\dfrac{1}{4}\left(a_n-\dfrac{1}{3}\right)$

⇦特性方程式 $\alpha=\dfrac{1}{4}\alpha+\dfrac{1}{4}$ を解くと $\alpha=\dfrac{1}{3}$

よって，数列$\left\{a_n-\dfrac{1}{3}\right\}$は，初項 $a_1-\dfrac{1}{3}=\dfrac{1}{2}-\dfrac{1}{3}=\dfrac{1}{6}$，

公比$\dfrac{1}{4}$の等比数列であるから　$a_n-\dfrac{1}{3}=\dfrac{1}{6}\left(\dfrac{1}{4}\right)^{n-1}$

ゆえに　$\lim_{n\to\infty}a_n=\lim_{n\to\infty}\left\{\dfrac{1}{6}\left(\dfrac{1}{4}\right)^{n-1}+\dfrac{1}{3}\right\}=\boldsymbol{\dfrac{1}{3}}$

PR ②26

次の無限級数の収束，発散を調べ，収束するときはその和を求めよ。

(1) $\dfrac{1}{3\cdot5}+\dfrac{1}{5\cdot7}+\cdots\cdots+\dfrac{1}{(2n+1)(2n+3)}+\cdots\cdots$

(2) $\dfrac{1}{\sqrt{1}+\sqrt{4}}+\dfrac{1}{\sqrt{4}+\sqrt{7}}+\cdots\cdots+\dfrac{1}{\sqrt{3n-2}+\sqrt{3n+1}}+\cdots\cdots$

第n項までの部分和をS_nとする。

(1)　第n項は　$\dfrac{1}{(2n+1)(2n+3)}=\dfrac{1}{2}\left(\dfrac{1}{2n+1}-\dfrac{1}{2n+3}\right)$

⇦部分分数に分解する。

よって　$S_n=\dfrac{1}{2}\left\{\left(\dfrac{1}{3}-\dfrac{1}{5}\right)+\left(\dfrac{1}{5}-\dfrac{1}{7}\right)+\cdots\cdots\right.$

$\left.+\left(\dfrac{1}{2n-1}-\dfrac{1}{2n+1}\right)+\left(\dfrac{1}{2n+1}-\dfrac{1}{2n+3}\right)\right\}$

$=\dfrac{1}{2}\left(\dfrac{1}{3}-\dfrac{1}{2n+3}\right)$

⇦$n\longrightarrow\infty$の極限をとるので，$S_n=\dfrac{n}{3(2n+3)}$と整理しなくてよい。

ゆえに　$\lim_{n\to\infty} S_n = \lim_{n\to\infty} \frac{1}{2}\left(\frac{1}{3} - \frac{1}{2n+3}\right) = \frac{1}{6}$

したがって，この無限級数は **収束し，その和は $\frac{1}{6}$** である。

⇦ $\frac{1}{2n+3} \longrightarrow 0 \ (n \longrightarrow \infty)$

(2) 第 n 項は

$$\frac{1}{\sqrt{3n-2}+\sqrt{3n+1}}$$
$$= \frac{\sqrt{3n-2}-\sqrt{3n+1}}{(\sqrt{3n-2}+\sqrt{3n+1})(\sqrt{3n-2}-\sqrt{3n+1})}$$
$$= \frac{\sqrt{3n-2}-\sqrt{3n+1}}{(3n-2)-(3n+1)}$$
$$= \frac{\sqrt{3n+1}-\sqrt{3n-2}}{3}$$

⇦分母を有理化。

よって　$S_n = \frac{2-1}{3} + \frac{\sqrt{7}-2}{3} + \cdots\cdots + \frac{\sqrt{3n+1}-\sqrt{3n-2}}{3}$

$$= \frac{\sqrt{3n+1}-1}{3}$$

ゆえに　$\lim_{n\to\infty} S_n = \lim_{n\to\infty} \frac{\sqrt{3n+1}-1}{3} = \infty$

したがって，この無限級数は **発散する**。

⇦ $\sqrt{3n+1} \longrightarrow \infty$ $(n \longrightarrow \infty)$

PR ②27

無限級数 $x + \frac{x}{1+x} + \frac{x}{(1+x)^2} + \frac{x}{(1+x)^3} + \cdots\cdots$ $(x \neq -1)$ について

(1) 無限級数が収束するような実数 x の値の範囲を求めよ。

(2) 無限級数の和を $f(x)$ として，関数 $y=f(x)$ のグラフをかけ。　〔岡山理科大〕

(1) 与えられた無限級数は，初項 x，公比 $\frac{1}{1+x}$ の無限等比級数であるから，収束するための必要十分条件は

$$\left|\frac{1}{1+x}\right| < 1 \quad \text{または} \quad x=0$$

⇦ $\sum_{n=1}^{\infty} ar^{n-1}$ の収束条件は $a=0$ または $-1<r<1$

$\left|\frac{1}{1+x}\right| < 1$ より，$|1+x|>1$ から　$x<-2,\ 0<x$

⇦ $|1+x|>1 \iff 1+x<-1,\ 1<1+x$

よって，求める x の値の範囲は

$$\boldsymbol{x<-2,\ 0 \leqq x}$$

(2) $x<-2,\ 0<x$ のとき

$$f(x) = \frac{x}{1-\frac{1}{1+x}} = 1+x$$

⇦無限等比級数 $\sum_{n=1}^{\infty} ar^{n-1}$ の和は $\frac{a}{1-r}$

$x=0$ のとき

$$f(x)=0$$

⇦初項が0のとき和は0

よって，グラフは **右図の実線部分** のようになる。

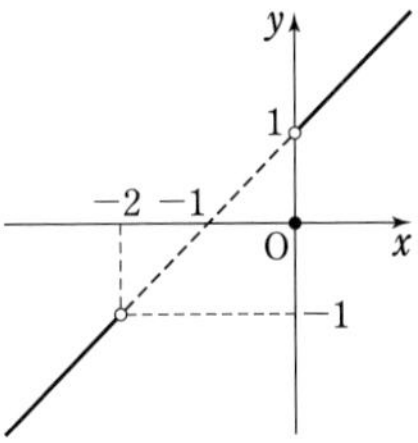

PR ③28

k を $0<k<1$ なる定数とする。xy 平面上で動点Pは原点Oを出発して，x 軸の正の向きに1だけ進み，次に y 軸の正の向きに k だけ進む。更に，x 軸の負の向きに k^2 だけ進み，次に y 軸の負の向きに k^3 だけ進む。以下このように方向を変え，方向を変えるたびに進む距離が k 倍される運動を限りなく続けるときの，点Pが近づいていく点の座標は ☐ である。〔東北学院大〕

点Pが近づく点の座標を $(x,\ y)$ とすると

$$x=1-k^2+k^4-k^6+\cdots\cdots$$
$$y=k-k^3+k^5-k^7+\cdots\cdots$$

x，y はともに公比 $-k^2$ の無限等比級数で表され，$0<k<1$ より $|-k^2|<1$ であるから収束する。

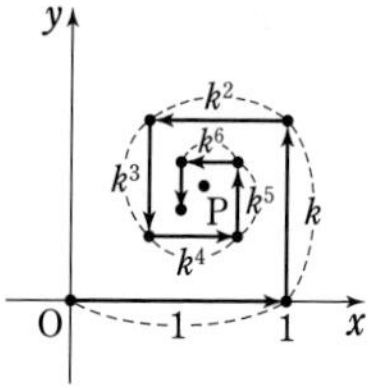

ゆえに　$x=\dfrac{1}{1-(-k^2)}=\dfrac{1}{1+k^2}$

$y=\dfrac{k}{1-(-k^2)}=\dfrac{k}{1+k^2}$

⇐ $\dfrac{(初項)}{1-(公比)}$

よって，求める点の座標は　$\left(\boldsymbol{\dfrac{1}{1+k^2},\ \dfrac{k}{1+k^2}}\right)$

PR ③29

正方形 S_n，円 C_n $(n=1,\ 2,\ \cdots\cdots)$ を次のように定める。C_n は S_n に内接し，S_{n+1} は C_n に内接する。S_1 の1辺の長さを a とするとき，円周の総和は ☐ である。〔工学院大〕

正方形 S_n の1辺の長さを a_n，円 C_n の半径を r_n とすると

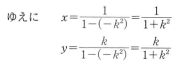

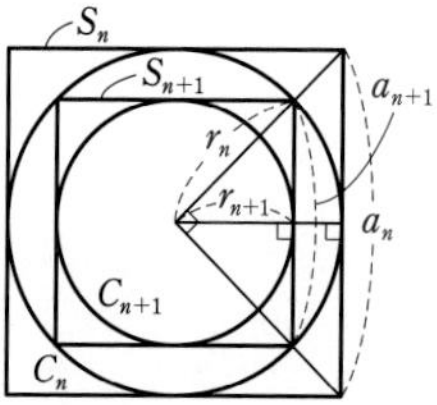

$$r_n=\frac{a_n}{2},\quad a_{n+1}=\sqrt{2}\,r_n$$

⇐(円の直径)=(正方形の1辺の長さ)

よって　$r_{n+1}=\dfrac{r_n}{\sqrt{2}}$

⇐ $r_{n+1}=\dfrac{a_{n+1}}{2}=\dfrac{\sqrt{2}\,r_n}{2}$

$a_1=a$ から　$r_1=\dfrac{a}{2}$

ゆえに，数列 $\{r_n\}$ は初項 $\dfrac{a}{2}$，公比 $\dfrac{1}{\sqrt{2}}$ の無限等比数列である。

したがって，円周の総和は

⇐|公比|<1 から，円周の総和は収束する。

$$\sum_{n=1}^{\infty}2\pi r_n=2\pi\cdot\frac{\frac{a}{2}}{1-\frac{1}{\sqrt{2}}}=\frac{\sqrt{2}\,\pi a}{\sqrt{2}-1}=\boldsymbol{(2+\sqrt{2})\pi a}$$

PR ②30

次の無限級数は発散することを示せ。

(1) $1+\dfrac{2}{3}+\dfrac{3}{5}+\dfrac{4}{7}+\cdots\cdots$　　(2) $\sin\dfrac{\pi}{2}+\sin\dfrac{3}{2}\pi+\sin\dfrac{5}{2}\pi+\cdots\cdots$

(1) 第 n 項 a_n は　$a_n=\dfrac{n}{2n-1}$

よって　$\displaystyle\lim_{n\to\infty}a_n=\lim_{n\to\infty}\frac{n}{2n-1}=\lim_{n\to\infty}\frac{1}{2-\frac{1}{n}}=\frac{1}{2}\neq 0$

ゆえに，数列 $\{a_n\}$ が0に収束しないから，与えられた無限級数は発散する。

別解　第 n 項までの部分和を S_n とすると

$$S_n=1+\frac{2}{3}+\frac{3}{5}+\cdots\cdots+\frac{n}{2n-1}$$
$$>\frac{1}{2}+\frac{1}{2}+\frac{1}{2}+\cdots\cdots+\frac{1}{2}=\frac{n}{2}$$

⇐ $n\geqq 1$ のとき $\frac{n}{2n-1}>\frac{1}{2}$

$\lim_{n\to\infty}\frac{n}{2}=\infty$ であるから　$\lim_{n\to\infty}S_n=\infty$

よって，与えられた無限級数は発散する。

(2)　第 n 項 a_n は　$a_n=\sin\frac{2n-1}{2}\pi$

ここで　n が奇数のとき　$\sin\frac{2n-1}{2}\pi=1$

n が偶数のとき　$\sin\frac{2n-1}{2}\pi=-1$

であるから，数列 $\{a_n\}$ は振動する。

すなわち，数列 $\{a_n\}$ が 0 に収束しないから，与えられた無限級数は発散する。

(2)　m を整数として
$n=2m+1$（奇数）のとき
$\sin\frac{2n-1}{2}\pi=\sin\frac{4m+1}{2}\pi$
$=\sin\left(2m\pi+\frac{\pi}{2}\right)=\sin\frac{\pi}{2}=1$
$n=2m$（偶数）のとき
$\sin\frac{2n-1}{2}\pi=\sin\frac{4m-1}{2}\pi$
$=\sin\left(2m\pi-\frac{\pi}{2}\right)$
$=\sin\left(-\frac{\pi}{2}\right)=-1$

PR ②31

次の無限級数の和を求めよ。

(1)　$\left(1+\frac{2}{3}\right)+\left(\frac{1}{3}+\frac{2^2}{3^2}\right)+\left(\frac{1}{3^2}+\frac{2^3}{3^3}\right)+\cdots\cdots$　(2)　$\frac{3^2-2}{4}+\frac{3^3-2^2}{4^2}+\frac{3^4-2^3}{4^3}+\cdots\cdots$

(1)　初項から第 n 項までの部分和を S_n とすると

$$S_n=\left(1+\frac{1}{3}+\frac{1}{3^2}+\cdots\cdots+\frac{1}{3^{n-1}}\right)+\left(\frac{2}{3}+\frac{2^2}{3^2}+\cdots\cdots+\frac{2^n}{3^n}\right)$$
$$=\frac{1-\left(\frac{1}{3}\right)^n}{1-\frac{1}{3}}+\frac{\frac{2}{3}\left\{1-\left(\frac{2}{3}\right)^n\right\}}{1-\frac{2}{3}}=\frac{3}{2}\left\{1-\left(\frac{1}{3}\right)^n\right\}+2\left\{1-\left(\frac{2}{3}\right)^n\right\}$$

⇐ S_n は有限個の和であるから，左のように順序を変えて計算してもよい。

$\lim_{n\to\infty}S_n=\frac{3}{2}\cdot1+2\cdot1=\frac{7}{2}$ であるから，求める和は　$\boldsymbol{\frac{7}{2}}$

⇐ $n\longrightarrow\infty$ のとき $\left(\frac{1}{3}\right)^n\longrightarrow0$, $\left(\frac{2}{3}\right)^n\longrightarrow0$

別解　$\left(1+\frac{2}{3}\right)+\left(\frac{1}{3}+\frac{2^2}{3^2}\right)+\left(\frac{1}{3^2}+\frac{2^3}{3^3}\right)+\cdots\cdots=\sum_{n=1}^{\infty}\left(\frac{1}{3^{n-1}}+\frac{2^n}{3^n}\right)$

$\sum_{n=1}^{\infty}\frac{1}{3^{n-1}}$ は初項 1，公比 $\frac{1}{3}$ の無限等比級数であり，

$\sum_{n=1}^{\infty}\frac{2^n}{3^n}$ は初項 $\frac{2}{3}$，公比 $\frac{2}{3}$ の無限等比級数である。

公比について，$\left|\frac{1}{3}\right|<1$, $\left|\frac{2}{3}\right|<1$ であるから，これらの無限級数はともに収束して，それぞれの和は

$$\sum_{n=1}^{\infty}\frac{1}{3^{n-1}}=\frac{1}{1-\frac{1}{3}}=\frac{3}{2},\quad \sum_{n=1}^{\infty}\frac{2^n}{3^n}=\frac{\frac{2}{3}}{1-\frac{2}{3}}=2$$

よって　$\sum_{n=1}^{\infty}\left(\frac{1}{3^{n-1}}+\frac{2^n}{3^n}\right)=\frac{3}{2}+2=\boldsymbol{\frac{7}{2}}$

inf.
無限等比級数の収束条件は $a=0$　または　$|r|<1$
このとき和は　$\frac{a}{1-r}$

⇐収束を確認する。

(2) 初項から第 n 項までの部分和を S_n とすると

$$S_n=\left(\frac{3^2}{4}+\frac{3^3}{4^2}+\frac{3^4}{4^3}+\cdots\cdots+\frac{3^{n+1}}{4^n}\right)-\left(\frac{2}{4}+\frac{2^2}{4^2}+\cdots\cdots+\frac{2^n}{4^n}\right)$$

$$=\frac{\frac{3^2}{4}\left\{1-\left(\frac{3}{4}\right)^n\right\}}{1-\frac{3}{4}}-\frac{\frac{1}{2}\left\{1-\left(\frac{1}{2}\right)^n\right\}}{1-\frac{1}{2}}$$

$$=9\left\{1-\left(\frac{3}{4}\right)^n\right\}-\left\{1-\left(\frac{1}{2}\right)^n\right\}$$

$\lim_{n\to\infty} S_n=9\cdot1-1=8$ であるから，求める和は　**8**

⇐S_n は有限個の和であるから，左のように順序を変えて計算してもよい。

⇐$n \longrightarrow \infty$ のとき $\left(\frac{3}{4}\right)^n \longrightarrow 0$, $\left(\frac{1}{2}\right)^n \longrightarrow 0$

別解 $$\frac{3^2-2}{4}+\frac{3^3-2^2}{4^2}+\frac{3^4-2^3}{4^3}+\cdots\cdots=\sum_{n=1}^{\infty}\frac{3^{n+1}-2^n}{4^n}$$
$$=\sum_{n=1}^{\infty}\left\{3\left(\frac{3}{4}\right)^n-\left(\frac{1}{2}\right)^n\right\}$$

$\sum_{n=1}^{\infty}3\left(\frac{3}{4}\right)^n$ は初項 $3\cdot\frac{3}{4}=\frac{9}{4}$，公比 $\frac{3}{4}$ の無限等比級数であり，
$\sum_{n=1}^{\infty}\left(\frac{1}{2}\right)^n$ は初項 $\frac{1}{2}$，公比 $\frac{1}{2}$ の無限等比級数である。

⇐「初項は 3」という間違いをしないように！

公比について，$\left|\frac{3}{4}\right|<1$, $\left|\frac{1}{2}\right|<1$ であるから，これらの無限級数はともに収束して，それぞれの和は

⇐収束を確認する。

$$\sum_{n=1}^{\infty}3\left(\frac{3}{4}\right)^n=\frac{\frac{9}{4}}{1-\frac{3}{4}}=9,\qquad \sum_{n=1}^{\infty}\left(\frac{1}{2}\right)^n=\frac{\frac{1}{2}}{1-\frac{1}{2}}=1$$

よって　$\sum_{n=1}^{\infty}\left\{3\left(\frac{3}{4}\right)^n-\left(\frac{1}{2}\right)^n\right\}=9-1=\mathbf{8}$

PR ③32

次の無限級数の和を求めよ。

(1) $\frac{1}{2}+\frac{1}{3}+\frac{1}{2^2}+\frac{1}{3^2}+\frac{1}{2^3}+\frac{1}{3^3}+\cdots\cdots$

(2) $1+\frac{1}{2}+\frac{1}{3}+\frac{1}{4}+\frac{1}{9}+\frac{1}{8}+\frac{1}{27}+\cdots\cdots$

第 n 項までの部分和を S_n とする。

(1) $$S_{2n}=\frac{1}{2}+\frac{1}{3}+\frac{1}{2^2}+\frac{1}{3^2}+\frac{1}{2^3}+\frac{1}{3^3}+\cdots\cdots+\frac{1}{2^n}+\frac{1}{3^n}$$
$$=\left\{\frac{1}{2}+\left(\frac{1}{2}\right)^2+\cdots\cdots+\left(\frac{1}{2}\right)^n\right\}$$
$$+\left\{\frac{1}{3}+\left(\frac{1}{3}\right)^2+\cdots\cdots+\left(\frac{1}{3}\right)^n\right\}$$
$$=\frac{1}{2}\cdot\frac{1-\left(\frac{1}{2}\right)^n}{1-\frac{1}{2}}+\frac{1}{3}\cdot\frac{1-\left(\frac{1}{3}\right)^n}{1-\frac{1}{3}}=\left(1-\frac{1}{2^n}\right)+\frac{1}{2}\left(1-\frac{1}{3^n}\right)$$

⇐初項 $\frac{1}{2}$，公比 $\frac{1}{2}$ の等比数列の和。

⇐初項 $\frac{1}{3}$，公比 $\frac{1}{3}$ の等比数列の和。

よって　$\lim_{n\to\infty} S_{2n}=1+\frac{1}{2}=\frac{3}{2}$

⇐$\lim_{n\to\infty}\frac{1}{2^n}=0$, $\lim_{n\to\infty}\frac{1}{3^n}=0$

また　$\lim_{n\to\infty} S_{2n-1}=\lim_{n\to\infty}\left(S_{2n}-\frac{1}{3^n}\right)=\frac{3}{2}$

⇐$S_{2n-1}=S_{2n}-a_{2n}$
$=S_{2n}-\frac{1}{3^n}$

$\lim_{n\to\infty} S_{2n}=\lim_{n\to\infty} S_{2n-1}=\frac{3}{2}$ であるから，求める和は　$\boldsymbol{\frac{3}{2}}$

(2)　$S_{2n}=1+\frac{1}{2}+\frac{1}{3}+\frac{1}{4}+\frac{1}{9}+\frac{1}{8}+\cdots\cdots+\frac{1}{3^{n-1}}+\frac{1}{2^n}$

$=\left(1+\frac{1}{3}+\frac{1}{9}+\cdots\cdots+\frac{1}{3^{n-1}}\right)$

$+\left(\frac{1}{2}+\frac{1}{4}+\frac{1}{8}+\cdots\cdots+\frac{1}{2^n}\right)$

$=\dfrac{1-\left(\frac{1}{3}\right)^n}{1-\frac{1}{3}}+\frac{1}{2}\cdot\dfrac{1-\left(\frac{1}{2}\right)^n}{1-\frac{1}{2}}=\frac{3}{2}\left(1-\frac{1}{3^n}\right)+\left(1-\frac{1}{2^n}\right)$

⇐初項 1，公比 $\frac{1}{3}$ の等比数列の和。

⇐初項 $\frac{1}{2}$，公比 $\frac{1}{2}$ の等比数列の和。

よって　$\lim_{n\to\infty} S_{2n}=\frac{3}{2}+1=\frac{5}{2}$

また　$\lim_{n\to\infty} S_{2n-1}=\lim_{n\to\infty}\left(S_{2n}-\frac{1}{2^n}\right)=\frac{5}{2}$

⇐$S_{2n-1}=S_{2n}-a_{2n}$
$=S_{2n}-\frac{1}{2^n}$

$\lim_{n\to\infty} S_{2n}=\lim_{n\to\infty} S_{2n-1}=\frac{5}{2}$ であるから，求める和は　$\boldsymbol{\frac{5}{2}}$

inf.　無限級数 $a_1+b_1+a_2+b_2+\cdots\cdots+a_n+b_n+\cdots\cdots$ の和について，重要例題 32，PRACTICE 32 の無限級数は

$(a_1+b_1)+(a_2+b_2)+\cdots\cdots+(a_n+b_n)+\cdots\cdots=\sum_{n=1}^{\infty}(a_n+b_n)$

と同じ結果になる。しかし，例えば無限級数

$1-1+1-1+1-1+\cdots\cdots$

について，その部分和を S_n とすると，$S_{2n}=0$，$S_{2n-1}=1$ であるから　$\lim_{n\to\infty} S_{2n}\neq\lim_{n\to\infty} S_{2n-1}$

⇐$S_{2n}=1-1+\cdots+1-1$
$S_{2n-1}=S_{2n}+1$

ゆえに，この無限級数は発散する。これを

[1]　$1-1+1-1+1-1+\cdots\cdots$
$=(1-1)+(1-1)+(1-1)+\cdots\cdots$
$=0+0+0+\cdots\cdots$
$=0$

よって　$S=0$

[2]　$1-1+1-1+1-1+\cdots\cdots$
$=1+(-1+1)+(-1+1)+\cdots\cdots$
$=1+0+0+\cdots\cdots=1$

よって　$S=1$

[3]　$S=1-1+1-1+1-1+\cdots\cdots$
$S=\quad 1-1+1-1+1-1+\cdots\cdots$

の辺々を加えて　$2S=1$

よって　$S=\frac{1}{2}$

などとするのは誤り。

⇐**この式が誤り。無限級数では，勝手に(　)でくくったり，項の順序を変えてはならない。**

PR ④33

二等辺三角形 ABC に図のように正方形 DEFG が内接している。
AB=AC=a，BC=2 とするとき
(1) 正方形 DEFG の面積 S_1 を求めよ。
(2) 二等辺三角形 ADG に内接する正方形 D′E′F′G′ の面積を S_2，二等辺三角形 AD′G′ に内接する正方形の面積を S_3，以下同様に正方形を作っていき，その面積を S_4，S_5，…… とする。このとき，無限級数 $S_1+S_2+S_3+S_4+S_5+\cdots\cdots$ の和 S_∞ を求めよ。〔お茶の水大〕

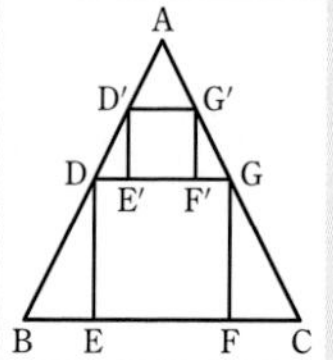

(1) 辺 BC の中点を M，DG=$2x$ とすると，$0<x<1$ であり

$BE=1-x$，$DE=2x$

ここで　BE：DE=BM：AM

ゆえに　$(1-x):2x=1:\sqrt{a^2-1}$

よって　$x=\dfrac{\sqrt{a^2-1}}{2+\sqrt{a^2-1}}$

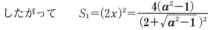

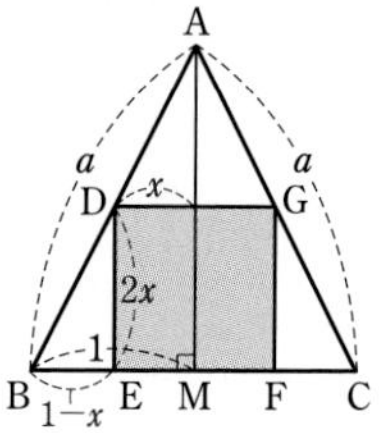

⇐$2x=(1-x)\sqrt{a^2-1}$ から $(2+\sqrt{a^2-1})x=\sqrt{a^2-1}$

したがって　$S_1=(2x)^2=\boldsymbol{\dfrac{4(a^2-1)}{(2+\sqrt{a^2-1})^2}}$

(2) △ABC と △ADG は相似で，BC：DG=1：x であるから

$S_2=x^2S_1$

⇐(面積比)=(相似比)^2

同様にして，数列 $\{S_n\}$ は初項 S_1，公比 x^2 の無限等比数列である。

よって，$0<x^2<1$ であるから

$$S_\infty=\sum_{n=1}^{\infty}S_1(x^2)^{n-1}=\frac{S_1}{1-x^2}$$
$$=\frac{4(a^2-1)}{(2+\sqrt{a^2-1})^2}\div\left\{1-\frac{a^2-1}{(2+\sqrt{a^2-1})^2}\right\}$$
$$=\frac{4(a^2-1)}{(2+\sqrt{a^2-1})^2}\times\frac{(2+\sqrt{a^2-1})^2}{(2+\sqrt{a^2-1})^2-(a^2-1)}$$
$$=\boldsymbol{\frac{a^2-1}{1+\sqrt{a^2-1}}}$$

⇐$(2+\sqrt{a^2-1})^2-(a^2-1)$
$=4+4\sqrt{a^2-1}+(a^2-1)$
$-(a^2-1)$

PR ④34

$0<x<1$ に対して，$\dfrac{1}{x}=1+h$ とおくと，$h>0$ である。二項定理を用いて，$\dfrac{1}{x^n}>\dfrac{n(n-1)}{2}h^2$ $(n\geqq 2)$ が示されるから，$\displaystyle\lim_{n\to\infty}nx^n=$ ア□ である。したがって，$S_n=1+2x+\cdots\cdots+nx^{n-1}$ とおくと，$\displaystyle\lim_{n\to\infty}S_n=$ イ□ である。〔芝浦工大〕

$n\geqq 2$ のとき

$$\frac{1}{x^n}=(1+h)^n$$
$$={}_nC_0+{}_nC_1h+{}_nC_2h^2+\cdots\cdots+{}_nC_nh^n$$
$$=1+nh+\frac{n(n-1)}{2}h^2+\cdots\cdots+h^n$$
$$>\frac{n(n-1)}{2}h^2>0$$

⇐各項はすべて正。

ゆえに　$0<x^n<\dfrac{2}{n(n-1)h^2}$

よって　$0<nx^n<\dfrac{2}{(n-1)h^2}$

ここで　$\displaystyle\lim_{n\to\infty}\frac{2}{(n-1)h^2}=0$

⇐はさみうちの原理

したがって　$\displaystyle\lim_{n\to\infty}nx^n={}^{ア}\mathbf{0}$

また　$S_n=1+2x+3x^2+\cdots\cdots+nx^{n-1}$

$xS_n=\quad x+2x^2+\cdots\cdots+(n-1)x^{n-1}+nx^n$

辺々を引いて

$(1-x)S_n=\underline{1+x+x^2+\cdots\cdots+x^{n-1}}-nx^n$

⇐------ の部分は，初項 1，公比 x，項数 n の等比数列の和。

$0<x<1$ であるから

$(1-x)S_n=\dfrac{1-x^n}{1-x}-nx^n$

よって　$S_n=\dfrac{1-x^n}{(1-x)^2}-\dfrac{nx^n}{1-x}$

したがって，$\displaystyle\lim_{n\to\infty}x^n=0,\ \lim_{n\to\infty}nx^n=0$ であるから

⇐(ア) の結果を利用。

$$\lim_{n\to\infty}S_n=\lim_{n\to\infty}\left\{\frac{1-x^n}{(1-x)^2}-\frac{nx^n}{1-x}\right\}={}^{イ}\mathbf{\frac{1}{(1-x)^2}}$$

PR ②35

次の極限を求めよ。　〔(4) 防衛大〕

(1) $\displaystyle\lim_{x\to-1}\frac{x^3+3x^2-2}{2x^2+x-1}$　(2) $\displaystyle\lim_{x\to2}\frac{1}{x-2}\left(\frac{4}{x}-2\right)$

(3) $\displaystyle\lim_{x\to1}\frac{x-1}{\sqrt{2+x}-\sqrt{4-x}}$　(4) $\displaystyle\lim_{x\to1}\frac{\sqrt{3x+1}-2}{\sqrt{2x-1}-1}$

(1) $$\lim_{x\to-1}\frac{x^3+3x^2-2}{2x^2+x-1}=\lim_{x\to-1}\frac{(x+1)(x^2+2x-2)}{(x+1)(2x-1)}$$

⇐因数分解

$$=\lim_{x\to-1}\frac{x^2+2x-2}{2x-1}=\frac{-3}{-3}=\mathbf{1}$$

⇐約分

(2) $$\lim_{x\to2}\frac{1}{x-2}\left(\frac{4}{x}-2\right)=\lim_{x\to2}\left(\frac{1}{x-2}\cdot\frac{4-2x}{x}\right)$$

$$=\lim_{x\to2}\left\{\frac{1}{x-2}\cdot\frac{-2(x-2)}{x}\right\}$$

$$=\lim_{x\to2}\left(-\frac{2}{x}\right)=-\frac{2}{2}=\mathbf{-1}$$

inf. $\dfrac{0}{0}$ の不定形は 0 になる因数を約分する方針で考える。

(3) $$\lim_{x\to1}\frac{x-1}{\sqrt{2+x}-\sqrt{4-x}}=\lim_{x\to1}\frac{(x-1)(\sqrt{2+x}+\sqrt{4-x})}{(2+x)-(4-x)}$$

⇐分母の有理化

$$=\lim_{x\to1}\frac{(x-1)(\sqrt{2+x}+\sqrt{4-x})}{2(x-1)}$$

$$=\lim_{x\to1}\frac{\sqrt{2+x}+\sqrt{4-x}}{2}$$

$$=\frac{2\sqrt{3}}{2}=\mathbf{\sqrt{3}}$$

⇐約分

(4) $\displaystyle\lim_{x\to1}\frac{\sqrt{3x+1}-2}{\sqrt{2x-1}-1}$

$\displaystyle=\lim_{x\to1}\frac{(\sqrt{3x+1}-2)(\sqrt{3x+1}+2)(\sqrt{2x-1}+1)}{(\sqrt{2x-1}-1)(\sqrt{2x-1}+1)(\sqrt{3x+1}+2)}$

$\displaystyle=\lim_{x\to1}\frac{3(x-1)(\sqrt{2x-1}+1)}{2(x-1)(\sqrt{3x+1}+2)}$

$\displaystyle=\lim_{x\to1}\frac{3(\sqrt{2x-1}+1)}{2(\sqrt{3x+1}+2)}$

$=\boldsymbol{\dfrac{3}{4}}$

⇐ $\dfrac{0}{0}$ の不定形

⇐ $\sqrt{3x+1}-2$ および $\sqrt{2x-1}-1$ を有理化。

⇐約分

PR ②36

次の等式が成り立つように，定数 a，b の値を定めよ。

(1) $\displaystyle\lim_{x\to2}\frac{x^2+ax+12}{x^2-5x+6}=b$ 〔日本女子大〕 (2) $\displaystyle\lim_{x\to1}\frac{a\sqrt{x+5}-b}{x-1}=4$ 〔関東学院大〕

(1) $\displaystyle\lim_{x\to2}\frac{x^2+ax+12}{x^2-5x+6}=b$

が成り立つとする。

$\displaystyle\lim_{x\to2}(x^2-5x+6)=2^2-5\cdot2+6=0$ であるから

$\displaystyle\lim_{x\to2}(x^2+ax+12)=0$

⇐**必要条件**

よって，$2^2+2a+12=0$ となり　$a=-8$

このとき　$\displaystyle\lim_{x\to2}\frac{x^2+ax+12}{x^2-5x+6}=\lim_{x\to2}\frac{x^2-8x+12}{x^2-5x+6}$

$\displaystyle=\lim_{x\to2}\frac{(x-2)(x-6)}{(x-2)(x-3)}$

$\displaystyle=\lim_{x\to2}\frac{x-6}{x-3}=4$

⇐ $x\neq2$ から分母・分子を $x-2$ で約分する。

ゆえに　$\boldsymbol{a=-8,\ b=4}$

(2) $\displaystyle\lim_{x\to1}\frac{a\sqrt{x+5}-b}{x-1}=4$ …… ①

が成り立つとする。

$\displaystyle\lim_{x\to1}(x-1)=0$ であるから　$\displaystyle\lim_{x\to1}(a\sqrt{x+5}-b)=0$

⇐**必要条件**

$\displaystyle\lim_{x\to1}(a\sqrt{x+5}-b)$

$\displaystyle=\lim_{x\to1}\left\{\frac{a\sqrt{x+5}-b}{x-1}\times(x-1)\right\}$

$=4\cdot0=0$

よって，$\sqrt{6}\,a-b=0$ となり　$b=\sqrt{6}\,a$ …… ②

このとき　$\displaystyle\lim_{x\to1}\frac{a\sqrt{x+5}-b}{x-1}=\lim_{x\to1}a\cdot\frac{\sqrt{x+5}-\sqrt{6}}{x-1}$

$\displaystyle=a\times\lim_{x\to1}\frac{(x+5)-6}{(x-1)(\sqrt{x+5}+\sqrt{6})}$

$\displaystyle=a\times\lim_{x\to1}\frac{1}{\sqrt{x+5}+\sqrt{6}}=\frac{a}{2\sqrt{6}}$

⇐ $x\neq1$ から分母・分子を $x-1$ で約分する。

$\dfrac{a}{2\sqrt{6}}=4$ のとき ① が成り立つから　$\boldsymbol{a=8\sqrt{6}}$

このとき，② から　$\boldsymbol{b=48}$

PR ②37

次の関数について $x\longrightarrow 1-0$，$x\longrightarrow 1+0$，$x\longrightarrow 1$ のときの極限をそれぞれ調べよ。

(1) $\dfrac{x^2}{x-1}$　　(2) $\dfrac{x}{(x-1)^2}$　　(3) $\dfrac{|x-1|}{x^3-1}$

(1) $x<1$ のとき　$x-1<0$

$x\longrightarrow 1-0$ のとき　$x^2\longrightarrow 1$

よって　$\displaystyle\lim_{x\to 1-0}\frac{x^2}{x-1}=-\infty$

$x>1$ のとき　$x-1>0$

$x\longrightarrow 1+0$ のとき　$x^2\longrightarrow 1$

よって　$\displaystyle\lim_{x\to 1+0}\frac{x^2}{x-1}=\infty$

ゆえに，$x\longrightarrow 1$ のときの $\dfrac{x^2}{x-1}$ の極限はない。

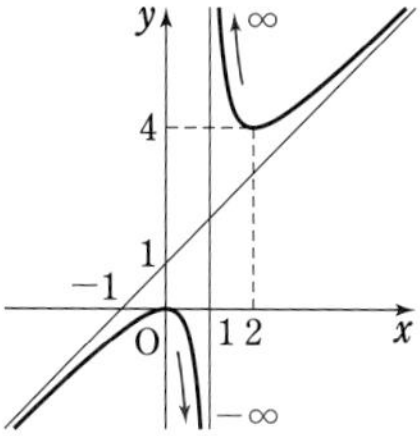

inf.　$y=\dfrac{x^2}{x-1}=x+1+\dfrac{1}{x-1}$ から，グラフは左の図のようになる。

⇐ $\displaystyle\lim_{x\to 1-0}f(x)\neq\lim_{x\to 1+0}f(x)$

(2) $0<x<1$ のとき　$(x-1)^2>0$，$x>0$

よって　$\displaystyle\lim_{x\to 1-0}\frac{x}{(x-1)^2}=\infty$

$x>1$ のとき　$(x-1)^2>0$，$x>0$

よって　$\displaystyle\lim_{x\to 1+0}\frac{x}{(x-1)^2}=\infty$

ゆえに　$\displaystyle\lim_{x\to 1}\frac{x}{(x-1)^2}=\infty$

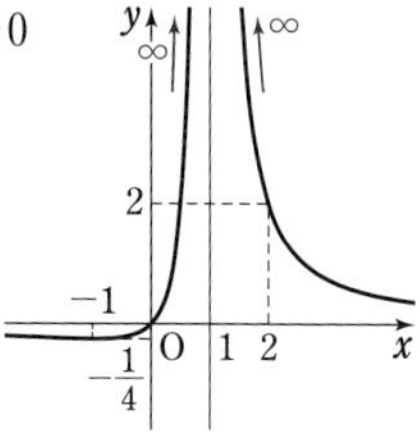

⇐ $x\longrightarrow 1\pm 0$ を考えるから，$x>0$ としてよい。

⇐左側極限と右側極限が一致。

(3) $x<1$ のとき　$x-1<0$

よって　$\displaystyle\lim_{x\to 1-0}\frac{|x-1|}{x^3-1}=\lim_{x\to 1-0}\frac{-(x-1)}{(x-1)(x^2+x+1)}$

$\displaystyle=\lim_{x\to 1-0}\frac{-1}{x^2+x+1}=-\frac{1}{3}$

⇐ $|x-1|=-(x-1)$

$x>1$ のとき　$x-1>0$

よって　$\displaystyle\lim_{x\to 1+0}\frac{|x-1|}{x^3-1}=\lim_{x\to 1+0}\frac{x-1}{(x-1)(x^2+x+1)}$

$\displaystyle=\lim_{x\to 1+0}\frac{1}{x^2+x+1}=\frac{1}{3}$

⇐ $|x-1|=x-1$

ゆえに，$x\longrightarrow 1$ のときの $\dfrac{|x-1|}{x^3-1}$ の極限はない。

⇐ $\displaystyle\lim_{x\to 1-0}f(x)\neq\lim_{x\to 1+0}f(x)$

PR ②38

次の極限を求めよ。

(1) $\displaystyle\lim_{x\to -\infty}(x^3-2x)$　　(2) $\displaystyle\lim_{x\to\infty}\frac{5-2x^3}{3x+x^3}$

(3) $\displaystyle\lim_{x\to -\infty}\frac{4^x-3^x}{4^x+3^x}$　　(4) $\displaystyle\lim_{x\to\infty}\{\log_2(x^2+5x)-\log_2(4x^2+1)\}$

(1) $\displaystyle\lim_{x\to -\infty}(x^3-2x)=\lim_{x\to -\infty}x^3\left(1-\frac{2}{x^2}\right)=-\infty$

⇐最高次の項 x^3 をくくり出す。

(2) $\displaystyle\lim_{x\to\infty}\frac{5-2x^3}{3x+x^3}=\lim_{x\to\infty}\frac{\frac{5}{x^3}-2}{\frac{3}{x^2}+1}=\frac{-2}{1}=-2$

⇐分母・分子を分母の最高次の項 x^3 で割る。

(3) $x=-t$ とおくと，$x\longrightarrow-\infty$ のとき $t\longrightarrow\infty$ であるから

$$\lim_{x\to-\infty}\frac{4^x-3^x}{4^x+3^x}=\lim_{t\to\infty}\frac{4^{-t}-3^{-t}}{4^{-t}+3^{-t}}=\lim_{t\to\infty}\frac{\left(\frac{1}{4}\right)^t-\left(\frac{1}{3}\right)^t}{\left(\frac{1}{4}\right)^t+\left(\frac{1}{3}\right)^t}$$

⇐$\frac{1}{4}<\frac{1}{3}$ から，分母・分子を $\left(\frac{1}{3}\right)^t$ で割る。すなわち 3^t を掛ける。

$$=\lim_{t\to\infty}\frac{\left(\frac{3}{4}\right)^t-1}{\left(\frac{3}{4}\right)^t+1}=\frac{0-1}{0+1}=\mathbf{-1}$$

⇐$\left|\frac{3}{4}\right|<1$ より $\left(\frac{3}{4}\right)^t\longrightarrow0$ $(t\longrightarrow\infty)$

別解 $$\lim_{x\to-\infty}\frac{4^x-3^x}{4^x+3^x}=\lim_{x\to-\infty}\frac{\left(\frac{4}{3}\right)^x-1}{\left(\frac{4}{3}\right)^x+1}=\frac{0-1}{0+1}=\mathbf{-1}$$

⇐$\lim_{x\to-\infty}\left(\frac{4}{3}\right)^x=0$

(4) $$\lim_{x\to\infty}\{\log_2(x^2+5x)-\log_2(4x^2+1)\}=\lim_{x\to\infty}\log_2\frac{x^2+5x}{4x^2+1}$$

$$=\lim_{x\to\infty}\log_2\frac{1+\frac{5}{x}}{4+\frac{1}{x^2}}$$

⇐真数の分母・分子を x^2 で割る。

$$=\log_2\frac{1}{4}=\mathbf{-2}$$

⇐$\log_2\frac{1}{4}=\log_2 2^{-2}$

PR ②39 次の極限を求めよ。 [(2) 宮崎大]

(1) $\lim_{x\to\infty}(\sqrt{x^2+2x}-\sqrt{x^2-1})$ (2) $\lim_{x\to-\infty}(\sqrt{x^2+x+1}-\sqrt{x^2+1})$

(1) $$\lim_{x\to\infty}(\sqrt{x^2+2x}-\sqrt{x^2-1})=\lim_{x\to\infty}\frac{(x^2+2x)-(x^2-1)}{\sqrt{x^2+2x}+\sqrt{x^2-1}}$$

⇐分子を有理化。

$$=\lim_{x\to\infty}\frac{2x+1}{\sqrt{x^2+2x}+\sqrt{x^2-1}}=\lim_{x\to\infty}\frac{2+\frac{1}{x}}{\sqrt{1+\frac{2}{x}}+\sqrt{1-\frac{1}{x^2}}}$$

⇐分母・分子を $x\,(>0)$ で割る。

$$=\frac{2}{1+1}=\mathbf{1}$$

(2) $x=-t$ とおくと，$x\longrightarrow-\infty$ のとき　$t\longrightarrow\infty$ $(t>0)$

$$\lim_{x\to-\infty}(\sqrt{x^2+x+1}-\sqrt{x^2+1})$$

$$=\lim_{t\to\infty}(\sqrt{t^2-t+1}-\sqrt{t^2+1})$$

$$=\lim_{t\to\infty}\frac{(t^2-t+1)-(t^2+1)}{\sqrt{t^2-t+1}+\sqrt{t^2+1}}$$

$$=\lim_{t\to\infty}\frac{-t}{\sqrt{t^2-t+1}+\sqrt{t^2+1}}$$

$$=\lim_{t\to\infty}\frac{-1}{\sqrt{1-\frac{1}{t}+\frac{1}{t^2}}+\sqrt{1+\frac{1}{t^2}}}$$

⇐分母・分子を $t(>0)$ で割る。

$$=\frac{-1}{1+1}=\mathbf{-\frac{1}{2}}$$

別解 $x<0$ のとき，$\sqrt{x^2}=-x$ であるから

$$\lim_{x\to-\infty}(\sqrt{x^2+x+1}-\sqrt{x^2+1})$$
$$=\lim_{x\to-\infty}\frac{(x^2+x+1)-(x^2+1)}{\sqrt{x^2+x+1}+\sqrt{x^2+1}}$$
$$=\lim_{x\to-\infty}\frac{x}{\sqrt{x^2+x+1}+\sqrt{x^2+1}}$$
$$=\lim_{x\to-\infty}\frac{1}{-\sqrt{1+\frac{1}{x}+\frac{1}{x^2}}-\sqrt{1+\frac{1}{x^2}}}=\frac{1}{-1-1}=-\mathbf{\frac{1}{2}}$$

⇐おき換えない解法。

⇐分子を有理化。

⇐分母・分子を $x\,(<0)$ で割る。

PR ②40

次の極限を求めよ。ただし，$[x]$ は実数 x を超えない最大の整数を表す。

(1) $\displaystyle\lim_{x\to\infty}\frac{\cos x}{x}$　　(2) $\displaystyle\lim_{x\to\infty}\frac{x+[x]}{x+1}$

(1) $0\leqq|\cos x|\leqq1$ であるから，$x>0$ のとき

$0\leqq\dfrac{|\cos x|}{x}\leqq\dfrac{1}{x}$　　よって　$0\leqq\left|\dfrac{\cos x}{x}\right|\leqq\dfrac{1}{x}$

$\displaystyle\lim_{x\to\infty}\frac{1}{x}=0$ であるから　$\displaystyle\lim_{x\to\infty}\left|\frac{\cos x}{x}\right|=0$

よって　$\displaystyle\lim_{x\to\infty}\frac{\cos x}{x}=\mathbf{0}$

別解 $-1\leqq\cos x\leqq1$ であるから，$x>0$ のとき

$$-\frac{1}{x}\leqq\frac{\cos x}{x}\leqq\frac{1}{x}$$

$\displaystyle\lim_{x\to\infty}\left(-\frac{1}{x}\right)=0$，$\displaystyle\lim_{x\to\infty}\frac{1}{x}=0$ であるから　$\displaystyle\lim_{x\to\infty}\frac{\cos x}{x}=\mathbf{0}$

(2) $[x]\leqq x<[x]+1$ であるから　$x-1<[x]\leqq x$

ゆえに　$2x-1<x+[x]\leqq2x$

$x>0$ のとき　$\dfrac{2x-1}{x+1}<\dfrac{x+[x]}{x+1}\leqq\dfrac{2x}{x+1}$

ここで　$\displaystyle\lim_{x\to\infty}\frac{2x-1}{x+1}=\lim_{x\to\infty}\frac{2-\frac{1}{x}}{1+\frac{1}{x}}=2$

$\displaystyle\lim_{x\to\infty}\frac{2x}{x+1}=\lim_{x\to\infty}\frac{2}{1+\frac{1}{x}}=2$

よって　$\displaystyle\lim_{x\to\infty}\frac{x+[x]}{x+1}=\mathbf{2}$

⇐$x\longrightarrow\infty$ であるから，$x>0$ としてよい。

⇐**はさみうちの原理**

⇐$\displaystyle\lim_{x\to\infty}|f(x)|=0 \iff \lim_{x\to\infty}f(x)=0$

⇐**はさみうちの原理**
$-\dfrac{1}{x}\longrightarrow0$，$\dfrac{1}{x}\longrightarrow0$ であるから，その間にある $\dfrac{\cos x}{x}$ も $\longrightarrow0$

⇐**はさみうちの原理**

PR ②41

次の極限を求めよ。　[(3) 摂南大　(4) 静岡理工科大　(5) 成蹊大]

(1) $\displaystyle\lim_{x\to0}\frac{1}{4x}\sin\frac{x}{5}$　　(2) $\displaystyle\lim_{x\to0}\frac{x\sin3x}{\sin^2 5x}$　　(3) $\displaystyle\lim_{x\to0}\frac{\sin(x^2)}{1-\cos x}$

(4) $\displaystyle\lim_{x\to\pi}\frac{\sin(\sin x)}{\sin x}$　　(5) $\displaystyle\lim_{x\to\frac{\pi}{4}}\frac{\sin x-\cos x}{x-\frac{\pi}{4}}$　　(6) $\displaystyle\lim_{x\to0}\frac{\sin x^\circ}{x}$

HINT (4) $\sin x = t$ とおくと $t \longrightarrow 0$
(6) 分子が x° であることに注意。

(1) $\displaystyle\lim_{x\to 0}\frac{1}{4x}\sin\frac{x}{5}=\lim_{x\to 0}\frac{1}{4\cdot 5}\cdot\frac{\sin\frac{x}{5}}{\frac{x}{5}}=\frac{1}{20}\cdot 1=\mathbf{\frac{1}{20}}$

⇐ $\frac{x}{5}$ が分母にくるように変形。

別解 $\frac{x}{5}=t$ とおくと $x \longrightarrow 0$ のとき $t \longrightarrow 0$

よって $\displaystyle\lim_{x\to 0}\frac{1}{4x}\sin\frac{x}{5}=\lim_{t\to 0}\frac{1}{4\cdot 5t}\sin t=\lim_{t\to 0}\frac{1}{20}\cdot\frac{\sin t}{t}$

$\displaystyle=\frac{1}{20}\cdot 1=\mathbf{\frac{1}{20}}$

(2) $\displaystyle\lim_{x\to 0}\frac{x\sin 3x}{\sin^2 5x}=\lim_{x\to 0}\left\{x\left(\frac{5x}{\sin 5x}\right)^2\cdot\frac{\sin 3x}{3x}\cdot\frac{3}{25x}\right\}$

$\displaystyle=\lim_{x\to 0}\left\{\left(\frac{5x}{\sin 5x}\right)^2\cdot\frac{\sin 3x}{3x}\cdot\frac{3}{25}\right\}$

$\displaystyle=1^2\cdot 1\cdot\frac{3}{25}=\mathbf{\frac{3}{25}}$

⇐ $(5x)^2\times\frac{1}{3x}=\frac{25x}{3}$ から $\frac{3}{25x}$ を掛ける。

(3) $\displaystyle\lim_{x\to 0}\frac{\sin(x^2)}{1-\cos x}=\lim_{x\to 0}\frac{\sin(x^2)(1+\cos x)}{(1-\cos x)(1+\cos x)}$

$\displaystyle=\lim_{x\to 0}\frac{\sin(x^2)(1+\cos x)}{1-\cos^2 x}$

$\displaystyle=\lim_{x\to 0}\frac{\sin(x^2)(1+\cos x)}{\sin^2 x}$

$\displaystyle=\lim_{x\to 0}\frac{\sin(x^2)}{x^2}\cdot\left(\frac{x}{\sin x}\right)^2\cdot(1+\cos x)$

$=1\cdot 1^2\cdot(1+1)=\mathbf{2}$

⇐ $1-\cos x$ は $1+\cos x$ とペアで扱う。

(4) $\sin x=t$ とおくと $x \longrightarrow \pi$ のとき $t \longrightarrow 0$

よって $\displaystyle\lim_{x\to\pi}\frac{\sin(\sin x)}{\sin x}=\lim_{t\to 0}\frac{\sin t}{t}=\mathbf{1}$

(5) $x-\frac{\pi}{4}=t$ とおくと $x \longrightarrow \frac{\pi}{4}$ のとき $t \longrightarrow 0$

また $\sin x-\cos x=\sqrt{2}\sin\left(x-\frac{\pi}{4}\right)=\sqrt{2}\sin t$

⇐三角関数の合成

よって $\displaystyle\lim_{x\to\frac{\pi}{4}}\frac{\sin x-\cos x}{x-\frac{\pi}{4}}=\lim_{t\to 0}\sqrt{2}\cdot\frac{\sin t}{t}=\sqrt{2}\cdot 1=\mathbf{\sqrt{2}}$

(6) $\displaystyle\lim_{x\to 0}\frac{\sin x^\circ}{x}\overset{*}{=}\lim_{x\to 0}\frac{\sin\frac{\pi x}{180}}{x}=\lim_{x\to 0}\frac{\pi}{180}\cdot\frac{\sin\frac{\pi x}{180}}{\frac{\pi x}{180}}$

$*x^\circ=\frac{\pi x}{180}$ (ラジアン)

$\frac{\pi x}{180}=t$ とおくと $x \longrightarrow 0$ のとき $t \longrightarrow 0$

よって $\displaystyle\lim_{x\to 0}\frac{\sin x^\circ}{x}=\lim_{t\to 0}\frac{\pi}{180}\cdot\frac{\sin t}{t}=\frac{\pi}{180}\cdot 1=\mathbf{\frac{\pi}{180}}$

PR ③42

点Oを中心とし，長さ $2r$ の線分ABを直径とする円の周上を動く点Pがある。△ABPの面積を S_1，扇形OPBの面積を S_2 とするとき，次の問いに答えよ。

(1) $\angle PAB=\theta\left(0<\theta<\dfrac{\pi}{2}\right)$ とするとき，S_1 と S_2 を求めよ。

(2) PがBに限りなく近づくとき，$\dfrac{S_1}{S_2}$ の極限値を求めよ。　〔日本女子大〕

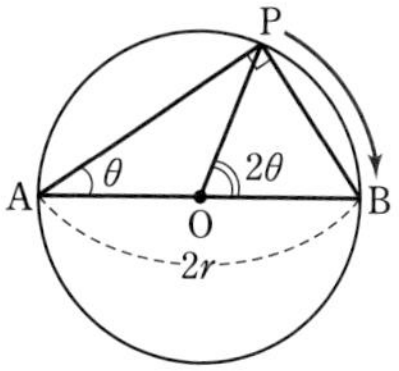

(1) 円周角の定理により

$$\angle APB=\frac{\pi}{2},\ \angle POB=2\angle PAB=2\theta$$

$AP=2r\cos\theta$, $BP=2r\sin\theta$ であるから

$$S_1=\frac{1}{2}AP\cdot BP=\frac{1}{2}\cdot 2r\cos\theta\cdot 2r\sin\theta$$
$$=2r^2\sin\theta\cos\theta=\boldsymbol{r^2\sin 2\theta}$$

また　$S_2=\dfrac{1}{2}r^2\cdot 2\theta=\boldsymbol{r^2\theta}$

⇦半径が r，中心角が θ の扇形の面積は $\dfrac{1}{2}r^2\theta$（θ はラジアン）

(2) $\dfrac{S_1}{S_2}=\dfrac{r^2\sin 2\theta}{r^2\theta}=2\cdot\dfrac{\sin 2\theta}{2\theta}$

PがBに限りなく近づくとき，$\theta\longrightarrow +0$ であるから

$$\lim_{\theta\to+0}\frac{S_1}{S_2}=2\cdot 1=\boldsymbol{2}$$

PR ②43

次の関数 $f(x)$ が，連続であるか不連続であるかを調べよ。ただし，$[x]$ は実数 x を超えない最大の整数を表す。

(1) $f(x)=\dfrac{x+1}{x^2-1}$　(2) $f(x)=\log_2|x|$　(3) $f(x)=[\sin x]$ $(0\leqq x\leqq 2\pi)$

HINT　関数の連続，不連続はその **定義域** で考える。例えば

(1) $f(x)=\dfrac{x+1}{x^2-1}$ は，$x=-1$, 1 でグラフが切れているが，$x=\pm 1$ は定義域に含まれないから，$x=\pm 1$ で不連続であるとはいわない。

(1) 分数関数 (2) 対数関数は，その定義域で連続である。(3) はグラフを利用。

(1) $f(x)=\dfrac{x+1}{x^2-1}$ は，$x^2-1=0$ すなわち $x=\pm 1$ のとき定義されない。

よって，関数 $f(x)$ は

$\boldsymbol{x<-1,\ -1<x<1,\ 1<x}$ **で連続。**

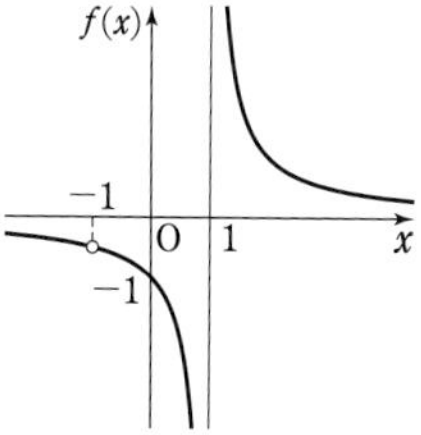

⇦$x\neq\pm 1$ のとき $f(x)=\dfrac{1}{x-1}$ である。

(2) $f(x)=\log_2|x|$ の定義域は

$|x|>0$

すなわち　$x<0$, $0<x$

よって，関数 $f(x)$ は

$\boldsymbol{x<0,\ 0<x}$ **で連続。**

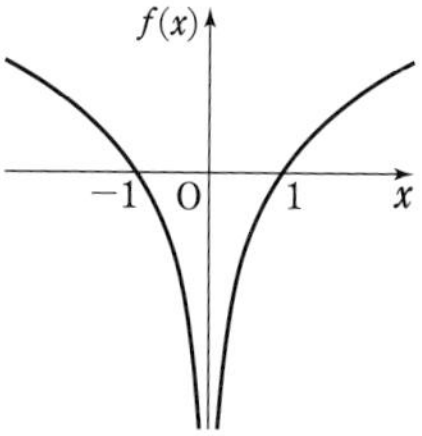

(3) $g(x)=\sin x\ (0\leqq x\leqq 2\pi)$ のグラフは右の図のようになる。

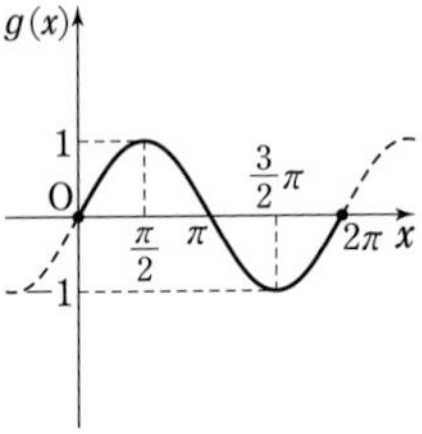

$0\leqq x<\dfrac{\pi}{2}$, $\dfrac{\pi}{2}<x\leqq\pi$ のとき

$0\leqq\sin x<1$ であるから

$[\sin x]=0$

$x=\dfrac{\pi}{2}$ のとき

$\left[\sin\dfrac{\pi}{2}\right]=[1]=1$

$\pi<x<2\pi$ のとき

$-1\leqq\sin x<0$ であるから

$[\sin x]=-1$

$x=2\pi$ のとき

$[\sin 2\pi]=[0]=0$

ゆえに, $f(x)=[\sin x]$ のグラフは右の図のようになるから

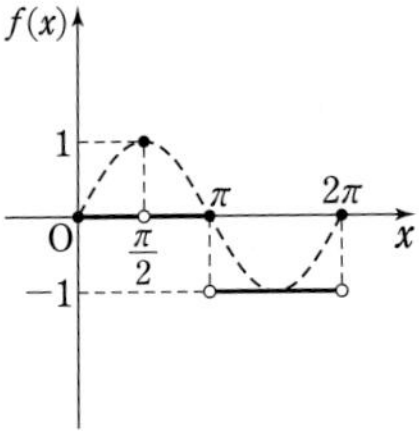

$0\leqq x<\dfrac{\pi}{2}$, $\dfrac{\pi}{2}<x<\pi$,

$\pi<x<2\pi$ で連続；

$x=\dfrac{\pi}{2}$, π, 2π で不連続。

inf. 関数 $f(x)$ において $\lim_{x\to a+0}f(x)=f(a)$ が成り立つとき, 関数 $f(x)$ は $x=a$ において右側連続であるという。同様に, $\lim_{x\to a-0}f(x)=f(a)$ が成り立つとき, 関数 $f(x)$ は $x=a$ において左側連続であるという。

PR ②44

(1) 方程式 $x^5-2x^4+3x^3-4x+5=0$ は実数解をもつことを示せ。
(2) 次の方程式は, 与えられた区間に実数解をもつことを示せ。
(ア) $\sin x=x-1$ $(0,\ \pi)$ (イ) $20\log_{10}x-x=0$ $(1,\ 10)$, $(10,\ 100)$

(1) $f(x)=x^5-2x^4+3x^3-4x+5$ とすると, $f(x)$ は閉区間 $[-2,\ 0]$ で連続で

$f(-2)=-75<0$,
$f(0)=5>0$

よって, 方程式 $f(x)=0$ は $-2<x<0$ の範囲に少なくとも1つの実数解をもつ。

すなわち $f(x)=0$ は実数解をもつ。

(1)

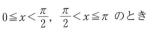

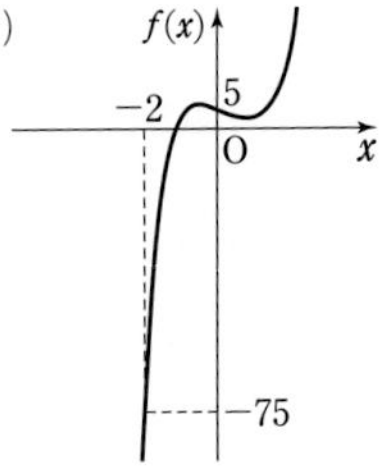

inf. 閉区間 $[-2,\ -1]$ で連続, $f(-2)=-75<0$, $f(-1)=3>0$ から, $-2<x<-1$ の範囲に少なくとも1つの実数解をもつ, と示してもよい。

(2) (ア) $f(x)=\sin x-x+1$ とすると, $f(x)$ は閉区間 $[0,\ \pi]$ で連続で

$f(0)=1>0$,
$f(\pi)=-\pi+1<0$

よって, 方程式 $f(x)=0$ すなわち $\sin x=x-1$ は区間 $(0,\ \pi)$ に少なくとも1つの実数解をもつ。

⇐ $y=\sin x$, $y=x-1$ は連続関数であるから, 関数 $f(x)=\sin x-x+1$ も連続関数である。

(イ)　$f(x)=20\log_{10}x-x$ とすると，$f(x)$ は閉区間 $[1,\ 10]$，$[10,\ 100]$ で連続で

$$f(1)=-1<0,$$
$$f(10)=20-10=10>0,$$
$$f(100)=20\times2-100=-60<0$$

よって，方程式 $f(x)=0$ すなわち $20\log_{10}x-x=0$ は，区間 $(1,\ 10)$，$(10,\ 100)$ にそれぞれ少なくとも1つの実数解をもつ。

⇐$y=\log_{10}x$，$y=x$ は連続関数。

PR
③**45**

x は実数とする。次の無限級数が収束するとき，その和を $f(x)$ とする。関数 $y=f(x)$ のグラフをかき，その連続性について調べよ。

(1)　$x+\dfrac{x}{1+x}+\dfrac{x}{(1+x)^2}+\cdots\cdots+\dfrac{x}{(1+x)^{n-1}}+\cdots\cdots$

(2)　$x^2+\dfrac{x^2}{1+2x^2}+\dfrac{x^2}{(1+2x^2)^2}+\cdots\cdots+\dfrac{x^2}{(1+2x^2)^{n-1}}+\cdots\cdots$

(1)　この無限級数は，初項 x，公比 $\dfrac{1}{1+x}$ の無限等比級数である。収束するから

$x=0$　または

$$-1<\frac{1}{1+x}<1 \quad \cdots\cdots ①$$

⇐初項が0または $-1<(\text{公比})<1$

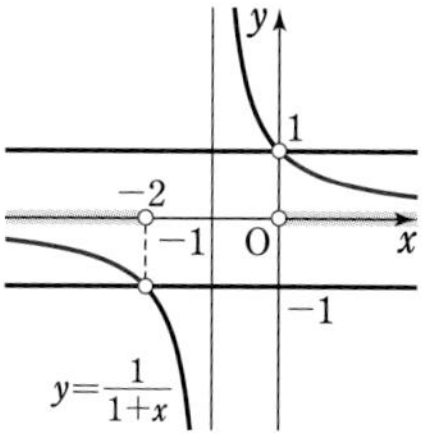

不等式①の解は，右の図から

$x<-2,\ 0<x$

⇐$y=\dfrac{1}{1+x}$ のグラフと直線 $y=1$，$y=-1$ の上下関係に注目して解く。

したがって，和は

$x=0$ のとき　$f(x)=0$

$x<-2,\ 0<x$ のとき

$$f(x)=\frac{x}{1-\dfrac{1}{1+x}}=1+x$$

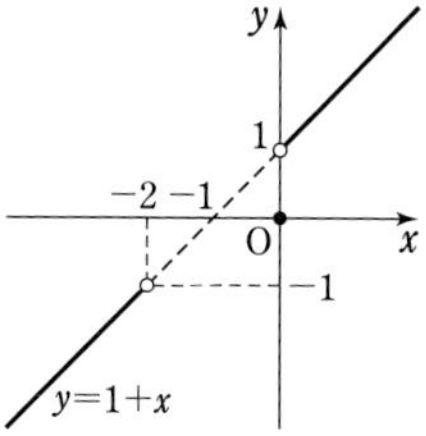

ゆえに，グラフは **右の図** のようになる。

よって，　**$x<-2,\ 0<x$ で連続；$x=0$ で不連続**

inf.
(不等式①について)
$1+x\neq0$ のもとで，①の両辺に $(1+x)^2$ を掛けて
$-(1+x)^2<1+x<(1+x)^2$
$\iff \begin{cases} -(1+x)^2<1+x & \cdots\cdots ② \\ 1+x<(1+x)^2 & \cdots\cdots ③ \end{cases}$
②から　$(x+1)(x+2)>0$
ゆえに　$x<-2,\ -1<x$
③から　$x(x+1)>0$
ゆえに　$x<-1,\ 0<x$
共通範囲をとって
　$x<-2,\ 0<x$
としてもよい。

(2)　この無限級数は，初項 x^2，公比 $\dfrac{1}{1+2x^2}$ の無限等比級数である。

収束するから　　$x=0$　または　$-1<\dfrac{1}{1+2x^2}<1$

$1+2x^2>0$ であるから $-1<\dfrac{1}{1+2x^2}$ は常に成り立つ。

$\dfrac{1}{1+2x^2}<1$ から　　$1<1+2x^2$

よって　　$x^2>0$　　　ゆえに　　$x\neq0$

⇐$x^2>0$ は $x=0$ 以外で成立。

したがって，和は

$x=0$ のとき　$f(x)=0$

$x\neq 0$ のとき

$$f(x)=\frac{x^2}{1-\dfrac{1}{1+2x^2}}=\frac{1}{2}+x^2$$

ゆえに，グラフは **右の図** のようになる。

よって　　**$x<0$, $0<x$ で連続；$x=0$ で不連続**

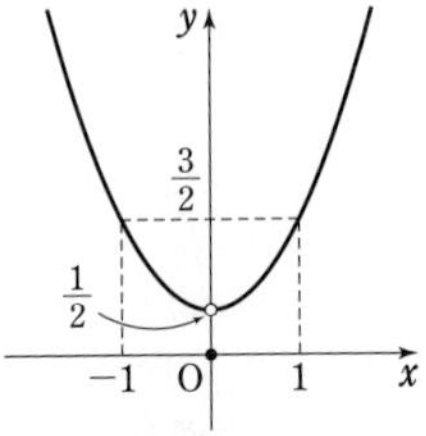

PR ④46

(1) $f(x)=\lim_{n\to\infty}\dfrac{x^{2n}-x^{2n-1}+ax^2+bx}{x^{2n}+1}$ を求めよ。

(2) 上で定めた関数 $f(x)$ がすべての x について連続であるように，定数 a，b の値を定めよ。

〔公立はこだて未来大〕

(1) [1] **$x<-1$ のとき**

$$f(x)=\lim_{n\to\infty}\frac{1-\dfrac{1}{x}+\dfrac{a}{x^{2n-2}}+\dfrac{b}{x^{2n-1}}}{1+\dfrac{1}{x^{2n}}}=\boldsymbol{1-\frac{1}{x}}$$

[2] **$x=-1$ のとき**

$$f(-1)=\boldsymbol{\frac{a-b+2}{2}}$$

[3] **$-1<x<1$ のとき**　　$\lim_{n\to\infty}x^n=0$ であるから

$$\boldsymbol{f(x)=ax^2+bx}$$

[4] **$x=1$ のとき**

$$f(1)=\boldsymbol{\frac{a+b}{2}}$$

[5] **$1<x$ のとき**

$$f(x)=\lim_{n\to\infty}\frac{1-\dfrac{1}{x}+\dfrac{a}{x^{2n-2}}+\dfrac{b}{x^{2n-1}}}{1+\dfrac{1}{x^{2n}}}=\boldsymbol{1-\frac{1}{x}}$$

(2) (1) から，すべての x について連続となるためには，$x=-1$，$x=1$ で連続であることが必要十分条件である。ここで

$$\lim_{x\to-1-0}f(x)=\lim_{x\to-1-0}\left(1-\frac{1}{x}\right)=2,$$

$$\lim_{x\to-1+0}f(x)=\lim_{x\to-1+0}(ax^2+bx)=a-b$$

$x=-1$ で連続である条件は

$$\lim_{x\to-1-0}f(x)=\lim_{x\to-1+0}f(x)=f(-1)$$

よって　　$2=a-b=\dfrac{a-b+2}{2}$ …… ①

⇐ $x<-1$ のとき
$\lim_{n\to\infty}\dfrac{1}{x^{2n}}=\lim_{n\to\infty}\dfrac{1}{x^{2n-1}}$
$=\lim_{n\to\infty}\dfrac{1}{x^{2n-2}}=0$

⇐ $(-1)^{2n}=1$,
$(-1)^{2n-1}=-1$

⇐ $x\longrightarrow -1-0$ のとき
$x<-1$ であるから
$f(x)=1-\dfrac{1}{x}$
$x\longrightarrow -1+0$ のとき
$-1<x<1$ であるから
$f(x)=ax^2+bx$

また　　$\lim_{x\to 1-0} f(x)=\lim_{x\to 1-0}(ax^2+bx)=a+b$,

$\lim_{x\to 1+0} f(x)=\lim_{x\to 1+0}\left(1-\frac{1}{x}\right)=0$

$x=1$ で連続である条件は

$\lim_{x\to 1-0} f(x)=\lim_{x\to 1+0} f(x)=f(1)$

よって　　$a+b=0=\frac{a+b}{2}$ ……②

①, ② から　　$\boldsymbol{a=1,\ b=-1}$

inf.　$a=1$, $b=-1$ のとき, $y=f(x)$ のグラフは右の図のようになる。

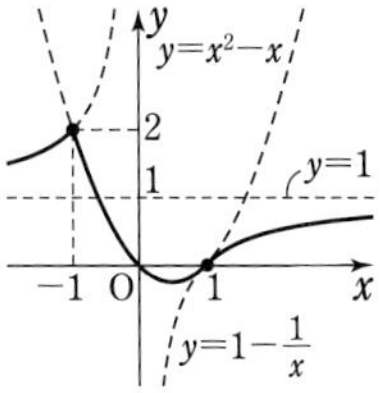

⇐ $x \longrightarrow 1-0$ のとき
$-1<x<1$ であるから
$f(x)=ax^2+bx$
$x \longrightarrow 1+0$ のとき
$x>1$ であるから
$f(x)=1-\frac{1}{x}$

EX ②14

次の極限を求めよ。

(1) $\displaystyle\lim_{n\to\infty}\frac{1\cdot2+2\cdot3+3\cdot4+\cdots\cdots+n\cdot(n+1)}{n^3}$　(2) $\displaystyle\lim_{n\to\infty}\frac{(n+1)^2+(n+2)^2+\cdots\cdots+(2n)^2}{1^2+2^2+\cdots\cdots+n^2}$

(1) $\displaystyle(\text{分子})=\sum_{k=1}^{n}k(k+1)=\sum_{k=1}^{n}(k^2+k)$

$\displaystyle=\frac{1}{6}n(n+1)(2n+1)+\frac{1}{2}n(n+1)$

$\displaystyle=\frac{1}{6}n(n+1)\{(2n+1)+3\}=\frac{1}{3}n(n+1)(n+2)$

よって　$\displaystyle(\text{与式})=\lim_{n\to\infty}\left\{\frac{1}{3}\cdot\frac{n(n+1)(n+2)}{n^3}\right\}$

$\displaystyle=\lim_{n\to\infty}\frac{1}{3}\left(1+\frac{1}{n}\right)\left(1+\frac{2}{n}\right)=\mathbf{\frac{1}{3}}$

⇐ $\displaystyle\frac{n}{n}\left(\frac{n+1}{n}\right)\left(\frac{n+2}{n}\right)$

別解　$\displaystyle(\text{分子})=\sum_{k=1}^{n}k(k+1)$

$\displaystyle=\frac{1}{3}\sum_{k=1}^{n}\{k(k+1)(k+2)-(k-1)k(k+1)\}$

$\displaystyle=\frac{1}{3}n(n+1)(n+2)$　(以下同様)

⇐恒等式
$3k(k+1)$
$=k(k+1)(k+2)$
$-(k-1)k(k+1)$
を利用。

(2) $\displaystyle(\text{分子})=\sum_{k=1}^{n}(n+k)^2=\sum_{k=1}^{n}(n^2+2nk+k^2)$

$\displaystyle=n^2\times n+2n\times\frac{1}{2}n(n+1)+\frac{1}{6}n(n+1)(2n+1)$

$\displaystyle=\frac{1}{6}n(6n^2+6n^2+6n+2n^2+3n+1)$

$\displaystyle=\frac{1}{6}n(14n^2+9n+1)$

$\displaystyle(\text{分母})=\sum_{k=1}^{n}k^2=\frac{1}{6}n(n+1)(2n+1)$

よって　$\displaystyle(\text{与式})=\lim_{n\to\infty}\frac{\frac{1}{6}n(14n^2+9n+1)}{\frac{1}{6}n(n+1)(2n+1)}$

$\displaystyle=\lim_{n\to\infty}\frac{14n^2+9n+1}{2n^2+3n+1}$

$\displaystyle=\lim_{n\to\infty}\frac{14+\frac{9}{n}+\frac{1}{n^2}}{2+\frac{3}{n}+\frac{1}{n^2}}=\mathbf{7}$

inf.　$14n^2+9n+1$
$=(2n+1)(7n+1)$ から
$\displaystyle(\text{与式})=\lim_{n\to\infty}\frac{(2n+1)(7n+1)}{(n+1)(2n+1)}$
$\displaystyle=\lim_{n\to\infty}\frac{7n+1}{n+1}$
としてもよい。

⇐分母の最高次の項 n^2 で，分母・分子を割る。

別解　$\displaystyle\frac{(n+1)^2+(n+2)^2+\cdots\cdots+(2n)^2}{1^2+2^2+\cdots\cdots+n^2}=\frac{\sum_{k=1}^{2n}k^2-\sum_{k=1}^{n}k^2}{\sum_{k=1}^{n}k^2}$

$\displaystyle=\frac{\frac{1}{6}\cdot2n(2n+1)(4n+1)}{\frac{1}{6}n(n+1)(2n+1)}-1=\frac{2(4n+1)}{n+1}-1$

⇐(分子)
$=1^2+2^2+\cdots\cdots+(2n)^2$
$-(1^2+2^2+\cdots\cdots+n^2)$

よって　(与式)$=\lim_{n\to\infty}\left\{\dfrac{2\left(4+\dfrac{1}{n}\right)}{1+\dfrac{1}{n}}-1\right\}=\mathbf{7}$

EX ②15 次の極限を求めよ。

(1) $\lim_{n\to\infty}(\sqrt{n^2+n}-\sqrt{n^2-n})$　(2) $\lim_{n\to\infty}n\left(\sqrt{n^2+an+b}-n-\dfrac{a}{2}\right)$ ただし，a，b は定数

(1) (与式)$=\lim_{n\to\infty}\dfrac{(\sqrt{n^2+n}-\sqrt{n^2-n})(\sqrt{n^2+n}+\sqrt{n^2-n})}{\sqrt{n^2+n}+\sqrt{n^2-n}}$

$=\lim_{n\to\infty}\dfrac{n^2+n-(n^2-n)}{\sqrt{n^2+n}+\sqrt{n^2-n}}$

$=\lim_{n\to\infty}\dfrac{2n}{\sqrt{n^2+n}+\sqrt{n^2-n}}$

$=\lim_{n\to\infty}\dfrac{2}{\sqrt{1+\dfrac{1}{n}}+\sqrt{1-\dfrac{1}{n}}}=\mathbf{1}$

⇦ $\dfrac{\sqrt{n^2+n}-\sqrt{n^2-n}}{1}$ と考えて，分子の $\sqrt{n^2+n}-\sqrt{n^2-n}$ を有理化。

⇦分母の最高次の項とみなされる $\sqrt{n^2}$，すなわち n で，分母・分子を割る。

(2) $\lim_{n\to\infty}n\left(\sqrt{n^2+an+b}-n-\dfrac{a}{2}\right)$

$=\lim_{n\to\infty}n\left\{\sqrt{n^2+an+b}-\left(n+\dfrac{a}{2}\right)\right\}$

$=\lim_{n\to\infty}\dfrac{n\left\{n^2+an+b-\left(n+\dfrac{a}{2}\right)^2\right\}}{\sqrt{n^2+an+b}+n+\dfrac{a}{2}}$

$=\lim_{n\to\infty}\dfrac{n\left(b-\dfrac{a^2}{4}\right)}{\sqrt{n^2+an+b}+n+\dfrac{a}{2}}$

$=\lim_{n\to\infty}\dfrac{b-\dfrac{a^2}{4}}{\sqrt{1+\dfrac{a}{n}+\dfrac{b}{n^2}}+1+\dfrac{a}{2n}}=\boldsymbol{\dfrac{b}{2}-\dfrac{a^2}{8}}$

⇦有理化。
{ }内の計算は
$n^2+an+b-n^2-an-\dfrac{a^2}{4}$
$=b-\dfrac{a^2}{4}$

⇦分母・分子を n で割る。

EX ③16 数列 $\{a_n\}$，$\{b_n\}$ について，次の事柄は正しいか。正しいものは証明し，正しくないものは，その反例をあげよ。ただし，α，β は定数とする。

(1) すべての n に対して $a_n\neq0$ とする。このとき，$\lim_{n\to\infty}\dfrac{1}{a_n}=0$ ならば，$\lim_{n\to\infty}a_n=\infty$ である。

(2) すべての n に対して $a_n\neq0$ とする。このとき，数列 $\{a_n\}$，$\{b_n\}$ がそれぞれ収束するならば，数列 $\left\{\dfrac{b_n}{a_n}\right\}$ は収束する。

(3) $\lim_{n\to\infty}a_n=\infty$，$\lim_{n\to\infty}b_n=\infty$ ならば，$\lim_{n\to\infty}(a_n-b_n)=0$ である。

(4) $\lim_{n\to\infty}a_n=\alpha$，$\lim_{n\to\infty}(a_n-b_n)=0$ ならば，$\lim_{n\to\infty}b_n=\alpha$ である。

(1) **正しくない。(反例)** $\boldsymbol{a_n=-n}$ のとき

$\lim_{n\to\infty}\dfrac{1}{a_n}=\lim_{n\to\infty}\dfrac{1}{-n}=0$ であるが　$\lim_{n\to\infty}a_n=\lim_{n\to\infty}(-n)=-\infty$

(2) **正しくない。(反例)** $\boldsymbol{a_n=\frac{1}{n^2}}$, $\boldsymbol{b_n=\frac{1}{n}}$ のとき

$\lim_{n\to\infty} a_n=\lim_{n\to\infty}\frac{1}{n^2}=0$, $\lim_{n\to\infty} b_n=\lim_{n\to\infty}\frac{1}{n}=0$ であるが

$$\lim_{n\to\infty}\frac{b_n}{a_n}=\lim_{n\to\infty} n=\infty$$

⇐数列 $\{a_n\}$, $\{b_n\}$ はそれぞれ 0 に収束するが，数列 $\left\{\frac{b_n}{a_n}\right\}$ は正の無限大に発散する。

(3) **正しくない。(反例)** $\boldsymbol{a_n=n+1}$, $\boldsymbol{b_n=n}$ のとき

$\lim_{n\to\infty} a_n=\lim_{n\to\infty}(n+1)=\infty$, $\lim_{n\to\infty} b_n=\lim_{n\to\infty} n=\infty$ であるが

$$\lim_{n\to\infty}(a_n-b_n)=\lim_{n\to\infty}1=1$$

⇐$a_n=n^2+n$, $b_n=n$ なども反例となる。

(4) **正しい。**

(証明) 仮定から
$$\lim_{n\to\infty} b_n=\lim_{n\to\infty}\{a_n-(a_n-b_n)\}$$
$$=\lim_{n\to\infty} a_n-\lim_{n\to\infty}(a_n-b_n)$$
$$=\alpha-0=\alpha$$

EX ③17

数列 $\left\{\left(\frac{x^2-3x-1}{x^2+x+1}\right)^n\right\}$ が収束するような実数 x の値の範囲を求めよ。また，そのときの極限値を求めよ。

数列 $\left\{\left(\frac{x^2-3x-1}{x^2+x+1}\right)^n\right\}$ が収束するための必要十分条件は

$$-1<\frac{x^2-3x-1}{x^2+x+1}\leqq 1$$

⇐公比は $\frac{x^2-3x-1}{x^2+x+1}$

⇐$\{r^n\}$ の収束条件は $-1<r\leqq 1$

$x^2+x+1>0$ であるから，上の不等式を変形すると

$$-(x^2+x+1)<x^2-3x-1\leqq x^2+x+1$$

⇐$x^2+x+1=\left(x+\frac{1}{2}\right)^2+\frac{3}{4}>0$

すなわち　$-(x^2+x+1)<x^2-3x-1$ ……① かつ

$x^2-3x-1\leqq x^2+x+1$ ……②

① から　$x(x-1)>0$

よって　$x<0$, $1<x$ ……③

⇐$-x^2-x-1<x^2-3x-1$ よって $2x^2-2x>0$

② から　$2x+1\geqq 0$

⇐$4x+2\geqq 0$

よって　$x\geqq -\frac{1}{2}$ ……④

③, ④ の共通範囲をとって　$\boldsymbol{-\frac{1}{2}\leqq x<0,\ 1<x}$

また，極限値は

$-1<\frac{x^2-3x-1}{x^2+x+1}<1$ すなわち $\boldsymbol{-\frac{1}{2}<x<0,\ 1<x}$ **のとき　0**

$\frac{x^2-3x-1}{x^2+x+1}=1$ すなわち $\boldsymbol{x=-\frac{1}{2}}$ **のとき　1**

⇐極限値は，$|r|<1$ と，$r=1$ で場合分け。

⇐$x^2-3x-1=x^2+x+1$ よって $-4x=2$

EX ③18

p を実数の定数とし，次の式で定められる数列 $\{a_n\}$ を考える。

$a_1=2$, $a_{n+1}=pa_n+2$ $(n=1, 2, 3, \cdots\cdots)$

数列 $\{a_n\}$ の一般項を求めよ。更に，この数列が収束するような p の値の範囲を求めよ。〔愛媛大〕

$p=1$ のとき，$a_{n+1}=a_n+2$ より，数列 $\{a_n\}$ は初項 2，公差 2 の等差数列であるから　　$a_n=2n$

⇦ p の値により，場合分けをする。

$p\neq1$ のとき，$a_{n+1}=pa_n+2$ を変形すると

$$a_{n+1}+\frac{2}{p-1}=p\left(a_n+\frac{2}{p-1}\right)$$

⇦特性方程式 $\alpha=p\alpha+2$ から　$\alpha=-\frac{2}{p-1}$

また　　$a_1+\frac{2}{p-1}=2+\frac{2}{p-1}=\frac{2p}{p-1}$

⇦ $2+\frac{2}{p-1}=\frac{2(p-1)+2}{p-1}$

よって，数列 $\left\{a_n+\frac{2}{p-1}\right\}$ は初項 $\frac{2p}{p-1}$，公比 p の等比数列であるから　　$a_n+\frac{2}{p-1}=\frac{2p}{p-1}\cdot p^{n-1}$

ゆえに　　$a_n=\frac{2p^n}{p-1}-\frac{2}{p-1}=\frac{2(p^n-1)}{p-1}$

したがって，数列 $\{a_n\}$ の一般項は

$$\boldsymbol{p=1 \text{ のとき } a_n=2n,\quad p\neq1 \text{ のとき } a_n=\frac{2(p^n-1)}{p-1}}$$

また，$p=1$ のとき　　$\lim_{n\to\infty}a_n=\lim_{n\to\infty}2n=\infty$

よって，数列 $\{a_n\}$ は収束しない。

$-1<p<1$ のとき，$\lim_{n\to\infty}p^n=0$ であるから

$$\lim_{n\to\infty}a_n=\lim_{n\to\infty}\frac{2(p^n-1)}{p-1}=\frac{2}{1-p}$$

⇦ r^n を含む式の極限は，$r=\pm1$ を場合の分かれ目として，場合分けして考える。

$p>1$ のとき，$\lim_{n\to\infty}p^n=\infty$，$p-1>0$ であるから

$$\lim_{n\to\infty}a_n=\lim_{n\to\infty}\frac{2(p^n-1)}{p-1}=\infty$$

$p\leqq-1$ のとき，数列 $\{p^n\}$ は振動するから，数列 $\{a_n\}$ も振動する。

したがって，求める p の値の範囲は　　$\boldsymbol{-1<p<1}$

EX ④19

座標平面上の点であって，x 座標，y 座標とも整数であるものを格子点と呼ぶ。0 以上の整数 n に対して，不等式 $|x|+|y|\leqq n$ を満たす格子点 $(x,\ y)$ の個数を a_n とおく。更に，$b_n=\sum_{k=0}^{n}a_k$ とおく。次のものを求めよ。

(1)　a_n　　(2)　b_n　　(3)　$\lim_{n\to\infty}\frac{b_n}{n^3}$　　〔会津大〕

(1)　不等式 $|x|+|y|\leqq n$ の表す領域は右図の斜線部分である。ただし，境界線を含む。

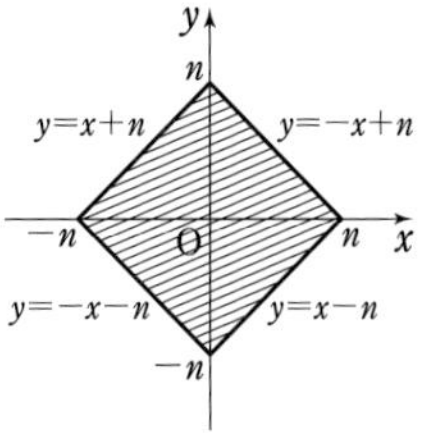

⇦ $x\geqq0$，$y\geqq0$ のとき　$x+y\leqq n$
$x<0$，$y\geqq0$ のとき　$-x+y\leqq n$
$x<0$，$y<0$ のとき　$-x-y\leqq n$
$x\geqq0$，$y<0$ のとき　$x-y\leqq n$

$n\geqq2$ のとき，この領域で $x>0$，$y>0$ の部分にある格子点の個数は　$\sum_{k=1}^{n-1}(n-k)=n\sum_{k=1}^{n-1}1-\sum_{k=1}^{n-1}k$

$$=n(n-1)-\frac{n(n-1)}{2}=\frac{n(n-1)}{2}$$

よって　　$a_n=\dfrac{n(n-1)}{2}\cdot 4+4n+1$

$=2n^2+2n+1$

$a_0=1$, $a_1=5$ は，これを満たす。

よって　　$a_n=\boldsymbol{2n^2+2n+1}$

⇐$\dfrac{n(n-1)}{2}\cdot 4+4n+1$
4象限分　軸上　原点

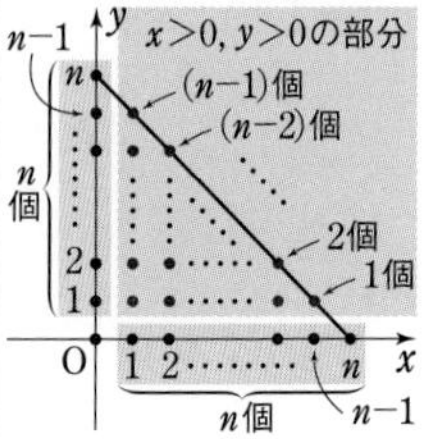

⇐第0項から始まる数列(本冊 $p.65$ INFORMATION 参照)。

(2)　$b_n=a_0+\displaystyle\sum_{k=1}^{n}a_k=1+\sum_{k=1}^{n}(2k^2+2k+1)$

$=1+2\cdot\dfrac{n(n+1)(2n+1)}{6}+2\cdot\dfrac{n(n+1)}{2}+n$

$=\dfrac{n+1}{3}\{n(2n+1)+3n+3\}$

$=\boldsymbol{\dfrac{(n+1)(2n^2+4n+3)}{3}}$

(3)　$\displaystyle\lim_{n\to\infty}\frac{b_n}{n^3}=\frac{1}{3}\lim_{n\to\infty}\left(1+\frac{1}{n}\right)\left(2+\frac{4}{n}+\frac{3}{n^2}\right)=\boldsymbol{\frac{2}{3}}$

EX ③20

$[x]$ は，実数 x に対して，$m\leqq x<m+1$ を満たす整数 m とする。このとき $\displaystyle\lim_{n\to\infty}\frac{[10^n\pi]}{10^n}$ を求めよ。

$[x]$ について　$[x]\leqq x<[x]+1$

すなわち　　$x-1<[x]\leqq x$

ゆえに　　$10^n\pi-1<[10^n\pi]\leqq 10^n\pi$

よって　　$\pi-\dfrac{1}{10^n}<\dfrac{[10^n\pi]}{10^n}\leqq\pi$

⇐条件より，$[x]=m$ から　$[x]\leqq x<[x]+1$

$\displaystyle\lim_{n\to\infty}\left(\pi-\frac{1}{10^n}\right)=\pi$ であるから　　$\displaystyle\lim_{n\to\infty}\frac{[10^n\pi]}{10^n}=\boldsymbol{\pi}$

⇐**はさみうちの原理**

inf.　例えば，$n=2$ のとき　　$\dfrac{[10^2\pi]}{10^2}=\dfrac{314}{100}=3.14$

$n=3$ のとき　　$\dfrac{[10^3\pi]}{10^3}=\dfrac{3141}{1000}=3.141$

$n=4$ のとき　　$\dfrac{[10^4\pi]}{10^4}=\dfrac{31415}{10000}=3.1415$

一般に $\dfrac{[10^n\pi]}{10^n}$ は，π の小数第 $(n+1)$ 位以下を切り捨てた値である。

EX ④21

数列 $\{a_n\}$ は，$a_1=2$，$a_{n+1}=\sqrt{4a_n-3}$ $(n=1,\ 2,\ 3,\ \cdots\cdots)$ で定義されている。

(1)　すべての自然数 n について，不等式 $2\leqq a_n\leqq 3$ が成り立つことを証明せよ。

(2)　すべての自然数 n について，不等式 $|a_{n+1}-3|\leqq\dfrac{4}{5}|a_n-3|$ が成り立つことを証明せよ。

(3)　極限 $\displaystyle\lim_{n\to\infty}a_n$ を求めよ。　〔信州大〕

(1)　$2\leqq a_n\leqq 3$ …… ① とする。

[1]　$n=1$ のとき

$a_1=2$ であるから，① は成り立つ。

[2]　$n=k$ のとき，① が成り立つと仮定すると　$2\leqq a_k\leqq 3$

⇐数学的帰納法を用いて証明する。

このとき，$5\leqq 4a_k-3\leqq 9$ であるから　$\sqrt{5}\leqq\sqrt{4a_k-3}\leqq 3$

$a_{k+1}=\sqrt{4a_k-3}$ であるから　　$\sqrt{5}\leqq a_{k+1}\leqq 3$

よって，$2\leqq a_{k+1}\leqq 3$ が成り立つから，① は $n=k+1$ のときも成り立つ。

[1]，[2] から，すべての自然数 n について，① が成り立つ。

⇦$n=k+1$ のときも $2\leqq a_{k+1}\leqq 3$ すなわち $2\leqq\sqrt{4a_k-3}\leqq 3$ が成り立つことを示す。
$2<\sqrt{5}$ であることに注意。

(2) $|a_{n+1}-3|=|\sqrt{4a_n-3}-3|$

$$=\left|\frac{(4a_n-3)-9}{\sqrt{4a_n-3}+3}\right|=\frac{4|a_n-3|}{\sqrt{4a_n-3}+3}\ \cdots\cdots ②$$

⇦漸化式から。

⇦分子の有理化。

ここで，(1) の結果より，$\sqrt{4a_n-3}\geqq\sqrt{4\cdot 2-3}=\sqrt{5}$ であるから　$\sqrt{4a_n-3}+3\geqq\sqrt{5}+3\geqq 5$

⇦$\sqrt{5}+3\geqq 5$ としたのは，$\frac{4}{5}|a_n-3|$ を作るため。

ゆえに　$\dfrac{4}{\sqrt{4a_n-3}+3}\leqq\dfrac{4}{5}$ ……③

⇦$a\geqq b>0$ のとき $\dfrac{1}{a}\leqq\dfrac{1}{b}$

②，③ から　$|a_{n+1}-3|=\dfrac{4|a_n-3|}{\sqrt{4a_n-3}+3}\leqq\dfrac{4}{5}|a_n-3|$

(3) (2) の結果から，$n\geqq 2$ のとき

$$|a_n-3|\leqq\frac{4}{5}|a_{n-1}-3|$$
$$\leqq\left(\frac{4}{5}\right)^2|a_{n-2}-3|\leqq\cdots\cdots\leqq\left(\frac{4}{5}\right)^{n-1}|a_1-3|=\left(\frac{4}{5}\right)^{n-1}$$

⇦(2) で示した不等式を繰り返し用いる。
⇦$|a_1-3|=|2-3|=1$

よって　$0\leqq|a_n-3|\leqq\left(\dfrac{4}{5}\right)^{n-1}$

ここで，$\displaystyle\lim_{n\to\infty}\left(\frac{4}{5}\right)^{n-1}=0$ であるから　$\displaystyle\lim_{n\to\infty}|a_n-3|=0$

したがって　$\displaystyle\lim_{n\to\infty}a_n=\mathbf{3}$

⇦**はさみうちの原理**
⇦$\displaystyle\lim_{n\to\infty}|x_n|=0$
$\displaystyle\Longleftrightarrow\lim_{n\to\infty}x_n=0$

EX ④22

p，q を実数とし，数列 $\{a_n\}$，$\{b_n\}$ $(n=1,\ 2,\ 3,\ \cdots\cdots)$ を次のように定める。

$$\begin{cases}a_1=p,\ b_1=q\\ a_{n+1}=pa_n+qb_n\\ b_{n+1}=qa_n+pb_n\end{cases}$$

(1) $p=3$，$q=-2$ とする。このとき，$a_n+b_n=$ ア□，$a_n-b_n=$ イ□ となり $a_n=$ ウ□，$b_n=$ エ□ となる。

(2) $p+q=1$ とする。このとき，a_n は p を用いて，$a_n=$ オ□ と表される。数列 $\{a_n\}$ が収束するための必要十分条件は カ□ $<p\leqq$ キ□ である。その極限値は

カ□ $<p<$ キ□ のとき　$\displaystyle\lim_{n\to\infty}a_n=$ ク□

$p=$ キ□　　のとき　$\displaystyle\lim_{n\to\infty}a_n=$ ケ□ である。　〔近畿大〕

(1) $a_{n+1}=3a_n-2b_n$，$b_{n+1}=-2a_n+3b_n$ の

辺々を加えて　$a_{n+1}+b_{n+1}=a_n+b_n$

辺々を引いて　$a_{n+1}-b_{n+1}=5(a_n-b_n)$

よって　$a_n+b_n=a_1+b_1=3+(-2)=$ ア$\mathbf{1}$

$a_n-b_n=5^{n-1}(a_1-b_1)=5^{n-1}\{3-(-2)\}=$ イ$\mathbf{5^n}$

⇦$a_n+b_n=a_{n-1}+b_{n-1}=\cdots\cdots=a_1+b_1$
また，数列 $\{a_n-b_n\}$ は初項が a_1-b_1，公比が 5 の等比数列。

辺々を加えて　$2a_n=5^n+1$　　よって　$a_n=$ ウ$\dfrac{\mathbf{5^n+1}}{\mathbf{2}}$

辺々を引いて　$2b_n=-5^n+1$　　よって　$b_n=$ エ$\dfrac{\mathbf{-5^n+1}}{\mathbf{2}}$

(2) $a_{n+1}+b_{n+1}=(p+q)(a_n+b_n)=a_n+b_n$

ゆえに　$a_n+b_n=a_1+b_1=p+q=1$ ……①

$a_{n+1}-b_{n+1}=(p-q)(a_n-b_n)=(2p-1)(a_n-b_n)$,

$a_1-b_1=p-q=2p-1$

⇐$p+q=1$ から $p-q=p-(1-p)$ $=2p-1$

よって，数列 $\{a_n-b_n\}$ は，初項 $2p-1$，公比 $2p-1$ の等比数列である。

ゆえに　$a_n-b_n=(2p-1)^n$ ……②

①+② から　$2a_n=(2p-1)^n+1$

よって　$a_n=$ ${}^{オ}\dfrac{\boldsymbol{(2p-1)^n+1}}{\boldsymbol{2}}$

数列 $\{a_n\}$ が収束するための必要十分条件は　$-1<2p-1\leqq 1$

⇐等号に注意。

したがって　${}^{カ}\boldsymbol{0}<p\leqq{}^{キ}\boldsymbol{1}$

$-1<2p-1<1$ すなわち $0<p<1$ のとき　$\displaystyle\lim_{n\to\infty}a_n={}^{ク}\frac{\boldsymbol{1}}{\boldsymbol{2}}$

⇐$\displaystyle\lim_{n\to\infty}(2p-1)^n=0$

$2p-1=1$ すなわち $p=1$ のとき　$\displaystyle\lim_{n\to\infty}a_n={}^{ケ}\boldsymbol{1}$

EX ③23

1回の試行で事象 A の起こる確率が p $(0<p<1)$ であるとする。この試行を n 回行うときに奇数回 A が起こる確率を a_n とする。

(1) a_1, a_2, a_3 を p で表せ。

(2) $n\geqq 2$ のとき，a_n を a_{n-1} と p で表せ。

(3) a_n を n と p で表せ。　(4) $\displaystyle\lim_{n\to\infty}a_n$ を求めよ。　〔佐賀大〕

(1) $\boldsymbol{a_1=p}$

$\boldsymbol{a_2}={}_2\mathrm{C}_1\,p(1-p)=\boldsymbol{2p(1-p)}$

⇐2回中1回起こる。

$\boldsymbol{a_3}={}_3\mathrm{C}_1\,p(1-p)^2+{}_3\mathrm{C}_3\,p^3(1-p)^0=3p(1-p)^2+p^3$

$=p\{3(1-p)^2+p^2\}=\boldsymbol{p(4p^2-6p+3)}$

⇐3回中1回または3回起こる。

(2) n 回行うときに奇数回 A が起こるのは

⇐a_{n-1} と a_n の関係から漸化式を作る。

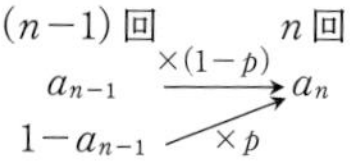

[1] $(n-1)$ 回までに A が奇数回起こり，n 回目に A が起こらない

[2] $(n-1)$ 回までに A が偶数回起こり，n 回目に A が起こる

のいずれかの場合である。

[1] の確率は　$a_{n-1}\times(1-p)$　[2] の確率は　$(1-a_{n-1})\times p$

よって　$\boldsymbol{a_n}=(1-p)a_{n-1}+p(1-a_{n-1})$

$=\boldsymbol{(1-2p)a_{n-1}+p}$

(3) (2) の式を変形すると　$a_n-\dfrac{1}{2}=(1-2p)\left(a_{n-1}-\dfrac{1}{2}\right)$

⇐特性方程式 $\alpha=(1-2p)\alpha+p$ を解くと　$\alpha=\dfrac{1}{2}$

また　$a_1-\dfrac{1}{2}=p-\dfrac{1}{2}$

よって，数列 $\left\{a_n-\dfrac{1}{2}\right\}$ は，初項 $p-\dfrac{1}{2}$，公比 $1-2p$ の等比数列である。

ゆえに　$a_n-\frac{1}{2}=\left(p-\frac{1}{2}\right)(1-2p)^{n-1}=-\frac{1}{2}(1-2p)^n$

したがって　$\boldsymbol{a_n}=\frac{1}{2}-\frac{1}{2}(1-2p)^n=\boldsymbol{\frac{1}{2}\{1-(1-2p)^n\}}$

(4)　$0<p<1$ であるから　$-1<1-2p<1$

よって　$\lim_{n\to\infty}a_n=\lim_{n\to\infty}\frac{1}{2}\{1-(1-2p)^n\}=\boldsymbol{\frac{1}{2}}$

⇦$\lim_{n\to\infty}(1-2p)^n=0$

EX ④24　数列 $\{a_n\}$ が $a_n>0$ $(n=1,\ 2,\ \cdots\cdots)$，$\lim_{n\to\infty}\frac{-5a_n+3}{2a_n+1}=-1$ を満たすとき $\lim_{n\to\infty}a_n$ を求めよ。

$\frac{-5a_n+3}{2a_n+1}=b_n$ とおくと

$$a_n(2b_n+5)=-b_n+3 \quad \cdots\cdots ①$$

⇦$-5a_n+3=b_n(2a_n+1)$
$\to -5a_n+3=2a_nb_n+b_n$
$\to 2a_nb_n+5a_n=-b_n+3$

① で $b_n=-\frac{5}{2}$ とすると　$a_n\cdot 0=\frac{5}{2}+3$

これは不適。

ゆえに　$2b_n+5\neq 0$

よって，① から　$a_n=\frac{-b_n+3}{2b_n+5}$

$\lim_{n\to\infty}b_n=-1$ から

$$\lim_{n\to\infty}a_n=\lim_{n\to\infty}\frac{-b_n+3}{2b_n+5}=\frac{1+3}{-2+5}=\boldsymbol{\frac{4}{3}}$$

inf.　$\lim_{n\to\infty}a_n=\alpha$ ならば $\frac{-5\alpha+3}{2\alpha+1}=-1$ から $\alpha=\frac{4}{3}$ とできる。しかし，本問では極限値が存在するかどうかわからないので，左のように解答する。

EX ③25　次の無限級数の和を求めよ。　〔(2) 芝浦工大〕

(1)　$\sum_{n=2}^{\infty}\frac{\log_{10}\left(1+\frac{1}{n}\right)}{\log_{10}n\log_{10}(n+1)}$　　(2)　$\sum_{n=1}^{\infty}\frac{n}{(4n^2-1)^2}$

(1)　$$\frac{\log_{10}\left(1+\frac{1}{n}\right)}{\log_{10}n\log_{10}(n+1)}=\frac{\log_{10}\frac{n+1}{n}}{\log_{10}n\log_{10}(n+1)}=\frac{\log_{10}(n+1)-\log_{10}n}{\log_{10}n\log_{10}(n+1)}=\frac{1}{\log_{10}n}-\frac{1}{\log_{10}(n+1)}$$

⇦部分分数に分解する。

$S_n=\sum_{k=2}^{n}\frac{\log_{10}\left(1+\frac{1}{k}\right)}{\log_{10}k\log_{10}(k+1)}$ とすると

$$S_n=\sum_{k=2}^{n}\left\{\frac{1}{\log_{10}k}-\frac{1}{\log_{10}(k+1)}\right\}$$
$$=\left(\frac{1}{\log_{10}2}-\frac{1}{\log_{10}3}\right)+\left(\frac{1}{\log_{10}3}-\frac{1}{\log_{10}4}\right)+\cdots\cdots+\left\{\frac{1}{\log_{10}n}-\frac{1}{\log_{10}(n+1)}\right\}$$
$$=\frac{1}{\log_{10}2}-\frac{1}{\log_{10}(n+1)}$$

CHART　まず，部分和 S_n を求める

よって，求める無限級数の和 S は

$$S=\lim_{n\to\infty}S_n=\lim_{n\to\infty}\left\{\frac{1}{\log_{10}2}-\frac{1}{\log_{10}(n+1)}\right\}=\mathbf{\frac{1}{\log_{10}2}}$$

⇐ $n\longrightarrow\infty$ のとき $\log_{10}(n+1)\longrightarrow\infty$

(2) $\dfrac{n}{(4n^2-1)^2}=\dfrac{n}{(2n-1)^2(2n+1)^2}=\dfrac{1}{8}\left\{\dfrac{1}{(2n-1)^2}-\dfrac{1}{(2n+1)^2}\right\}$

⇐ $(2n+1)^2-(2n-1)^2=8n$ から $\dfrac{1}{(2n-1)^2(2n+1)^2}=\dfrac{1}{8n}\left\{\dfrac{1}{(2n-1)^2}-\dfrac{1}{(2n+1)^2}\right\}$

$S_n=\displaystyle\sum_{k=1}^{n}\frac{k}{(4k^2-1)^2}$ とすると

$$S_n=\sum_{k=1}^{n}\frac{1}{8}\left\{\frac{1}{(2k-1)^2}-\frac{1}{(2k+1)^2}\right\}$$

$$=\frac{1}{8}\left[\left(\frac{1}{1^2}-\frac{1}{3^2}\right)+\left(\frac{1}{3^2}-\frac{1}{5^2}\right)+\cdots\cdots+\left\{\frac{1}{(2n-1)^2}-\frac{1}{(2n+1)^2}\right\}\right]$$

$$=\frac{1}{8}\left\{1-\frac{1}{(2n+1)^2}\right\}$$

よって，求める無限級数の和 S は

$$S=\lim_{n\to\infty}S_n=\lim_{n\to\infty}\frac{1}{8}\left\{1-\frac{1}{(2n+1)^2}\right\}=\mathbf{\frac{1}{8}}$$

⇐ $\displaystyle\lim_{n\to\infty}\frac{1}{(2n+1)^2}=0$

EX ②26

次の無限級数の和を求めよ。 [(3) 近畿大]

(1) $\displaystyle\sum_{n=0}^{\infty}\frac{1}{3^n}$　　(2) $\displaystyle\sum_{n=0}^{\infty}\frac{1}{5^n}\cos n\pi$　　(3) $\displaystyle\sum_{n=0}^{\infty}\frac{1}{7^n}\sin\frac{n\pi}{2}$

(1) $\displaystyle\sum_{n=0}^{\infty}\frac{1}{3^n}=\frac{1}{1-\frac{1}{3}}=\mathbf{\frac{3}{2}}$

⇐初項 1，公比 $\dfrac{1}{3}$

(2) $\cos n\pi=(-1)^n$ であるから

$$\sum_{n=0}^{\infty}\frac{1}{5^n}\cos n\pi=\sum_{n=0}^{\infty}\left(-\frac{1}{5}\right)^n=\frac{1}{1+\frac{1}{5}}=\mathbf{\frac{5}{6}}$$

⇐初項 1，公比 $-\dfrac{1}{5}$

注意 (1)，(2) ともに，初項を間違えないように。

(3) 数列 $\left\{\dfrac{1}{7^n}\sin\dfrac{n\pi}{2}\right\}$ は

$$0,\ \frac{1}{7},\ 0,\ -\frac{1}{7^3},\ 0,\ \frac{1}{7^5},\ 0,\ -\frac{1}{7^7},\ \cdots\cdots$$

奇数番目の項はすべて 0 であるから，偶数番目の項の和が求める無限級数の和である。

ゆえに，$\displaystyle\sum_{n=0}^{\infty}\frac{1}{7^n}\sin\frac{n\pi}{2}$ は，初項 $\dfrac{1}{7}$，公比 $-\dfrac{1}{7^2}$ の無限等比級数の和と等しい。

よって　$$\sum_{n=0}^{\infty}\frac{1}{7^n}\sin\frac{n\pi}{2}=\frac{\frac{1}{7}}{1+\frac{1}{7^2}}=\mathbf{\frac{7}{50}}$$

EX ③27

1個のサイコロを1回目にAが投げ，2回目にBが投げ，以下，この順番でA，Bが交互にサイコロを投げる。このとき，先に1または2の目を出した者を勝者とする。
(1) 3回目にAが勝つ確率を求めよ。
(2) $(2n-1)$ 回目までにAが勝つ確率を p_n とするとき，$\lim_{n\to\infty} p_n$ を求めよ。　〔東京理科大〕

(1) 1回目，2回目は3以上の目が出て，3回目に1または2の目が出る確率であるから

$$\frac{2}{3}\times\frac{2}{3}\times\frac{1}{3}=\mathbf{\frac{4}{27}}$$

(2) $(2k-1)$ 回目にAが勝つのは，$(2k-2)$ 回目まで3以上の目が続いた後，$(2k-1)$ 回目に1または2の目が出る場合である。ゆえに，$(2n-1)$ 回目までにAが勝つ確率は

$$p_n=\sum_{k=1}^{n}\left(\frac{2}{3}\right)^{2k-2}\times\frac{1}{3}=\sum_{k=1}^{n}\frac{1}{3}\left(\frac{4}{9}\right)^{k-1}$$

⇐初項 $\frac{1}{3}$，公比 $\frac{4}{9}$ の等比数列の和。

よって　$$\lim_{n\to\infty} p_n=\frac{\frac{1}{3}}{1-\frac{4}{9}}=\mathbf{\frac{3}{5}}$$

EX ③28

$0\leqq x\leqq 2\pi$ を満たす実数 x と自然数 n に対して，$S_n=\sum_{k=1}^{n}(\cos x-\sin x)^k$ と定める。数列 $\{S_n\}$ が収束する x の範囲を求め，x がその範囲にあるときに極限値 $\lim_{n\to\infty} S_n$ を求めよ。　〔名古屋工大〕

$r=\cos x-\sin x$ とおくと，$\lim_{n\to\infty} S_n$ は初項 r，公比 r の無限等比級数である。

⇐S_n は，無限等比級数 $\lim_{n\to\infty} S_n$ の部分和である。

数列 $\{S_n\}$ が収束するための必要十分条件は，$r=0$ または $-1<r<1$ であるから　$-1<r<1$ ……①

⇐$r=0$ を含む。

ここで，$r=\sqrt{2}\sin\left(x+\frac{3}{4}\pi\right)$ であるから，① より

⇐三角関数の合成

$$-1<\sqrt{2}\sin\left(x+\frac{3}{4}\pi\right)<1$$

ゆえに　$$-\frac{1}{\sqrt{2}}<\sin\left(x+\frac{3}{4}\pi\right)<\frac{1}{\sqrt{2}}\quad\cdots\cdots②$$

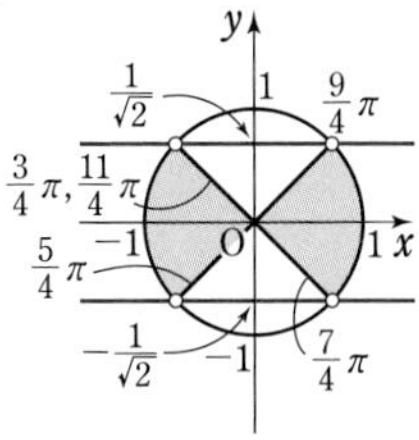

$0\leqq x\leqq 2\pi$ のとき　$\frac{3}{4}\pi\leqq x+\frac{3}{4}\pi\leqq\frac{11}{4}\pi$

この範囲で ② を解くと

$$\frac{3}{4}\pi<x+\frac{3}{4}\pi<\frac{5}{4}\pi,\quad \frac{7}{4}\pi<x+\frac{3}{4}\pi<\frac{9}{4}\pi$$

よって　$$\mathbf{0<x<\frac{\pi}{2},\quad \pi<x<\frac{3}{2}\pi}$$

このとき　$$\lim_{n\to\infty} S_n=\frac{r}{1-r}=\mathbf{\frac{\cos x-\sin x}{1-\cos x+\sin x}}$$

⇐$\dfrac{(初項)}{1-(公比)}$

EX ③29

$B_0C_0=1$，$\angle A=\theta$，$\angle B_0=90^\circ$ の直角三角形 AB_0C_0 の内部に，正方形 $B_0B_1C_1D_1$，$B_1B_2C_2D_2$，$B_2B_3C_3D_3$，…… を限りなく作る。n 番目の正方形 $B_{n-1}B_nC_nD_n$ の1辺の長さを a_n，面積を S_n とすると，1以上の各自然数 k に対し $a_k=ra_{k-1}$ が成り立つ。ただし，$a_0=1$ とする。

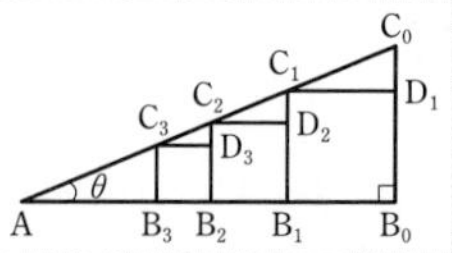

(1) r を $\tan\theta$ を使って表せ。

(2) $0<r<1$ を利用して，無限級数の和 $S_1+S_2+S_3+\cdots\cdots$ を $\tan\theta$ を使って表せ。〔大阪産大〕

HINT (1) $\triangle C_{k-1}C_kD_k$ は $\angle C_{k-1}C_kD_k=\theta$，$C_kD_k=a_k$，$C_{k-1}D_k=a_{k-1}-a_k$ の直角三角形。

(1) $\triangle C_{k-1}C_kD_k$ において

$\angle C_{k-1}D_kC_k=90^\circ$

$\angle C_{k-1}C_kD_k=\theta$

$C_kD_k=a_k$

$C_{k-1}D_k=a_{k-1}-a_k$

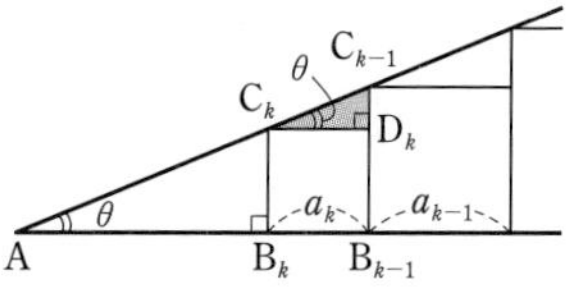

⇐ k 番目の正方形 $B_{k-1}B_kC_kD_k$ について，図をかいて考える。

よって $\tan\theta=\dfrac{C_{k-1}D_k}{C_kD_k}=\dfrac{a_{k-1}-a_k}{a_k}$

⇐ $a_k\tan\theta=a_{k-1}-a_k$ ⟶ $a_k\tan\theta+a_k=a_{k-1}$

ただし，$k=1,\ 2,\ \cdots\cdots,\ a_0=B_0C_0=1$ とする。

ゆえに $(\tan\theta+1)a_k=a_{k-1}$

$0^\circ<\theta<90^\circ$ であるから $\tan\theta+1>1$

よって $a_k=\dfrac{1}{\tan\theta+1}a_{k-1}$

したがって $\boldsymbol{r=\dfrac{1}{\tan\theta+1}}$

(2) $S_k=a_k{}^2=r^2a_{k-1}{}^2=r^2S_{k-1}$

⇐ $a_k:a_{k-1}=r:1$ から $S_k:S_{k-1}=r^2:1^2$

よって，数列 $\{S_n\}$ は，初項 $S_1=a_1{}^2=r^2a_0{}^2=r^2$，公比 r^2 の等比数列である。

条件より，$0<r<1$ が成り立つから $0<r^2<1$

ゆえに，無限級数 $S_1+S_2+S_3+\cdots\cdots$ は収束する。

よって，(1)から

$$\boldsymbol{S_1+S_2+S_3+\cdots\cdots}=\frac{r^2}{1-r^2}=\frac{1}{(\tan\theta+1)^2-1}$$

$$=\boldsymbol{\frac{1}{\tan\theta(\tan\theta+2)}}$$

⇐ $\dfrac{r^2}{1-r^2}=\dfrac{\frac{1}{(\tan\theta+1)^2}}{1-\frac{1}{(\tan\theta+1)^2}}$

EX ③30

次の無限級数の収束，発散を調べ，収束するときはその和を求めよ。

(1) $\left(\dfrac{1}{2}-\dfrac{2}{3}\right)+\left(\dfrac{2}{3}-\dfrac{3}{4}\right)+\left(\dfrac{3}{4}-\dfrac{4}{5}\right)+\cdots\cdots$

(2) $\dfrac{1}{2}-\dfrac{2}{3}+\dfrac{2}{3}-\dfrac{3}{4}+\dfrac{3}{4}-\dfrac{4}{5}+\cdots\cdots$

(3) $2-\dfrac{3}{2}+\dfrac{3}{2}-\dfrac{4}{3}+\dfrac{4}{3}-\cdots\cdots-\dfrac{n+1}{n}+\dfrac{n+1}{n}-\dfrac{n+2}{n+1}+\cdots\cdots$

第 n 項までの部分和を S_n とする。

(1) $S_n=\left(\dfrac{1}{2}-\dfrac{2}{3}\right)+\left(\dfrac{2}{3}-\dfrac{3}{4}\right)+\left(\dfrac{3}{4}-\dfrac{4}{5}\right)+\cdots\cdots$

$+\left(\dfrac{n}{n+1}-\dfrac{n+1}{n+2}\right)$

$$=\frac{1}{2}-\frac{n+1}{n+2}$$

ゆえに　$\lim_{n\to\infty}S_n=\lim_{n\to\infty}\left(\frac{1}{2}-\frac{n+1}{n+2}\right)=\lim_{n\to\infty}\left(\frac{1}{2}-\frac{1+\frac{1}{n}}{1+\frac{2}{n}}\right)$

$$=\frac{1}{2}-1=-\frac{1}{2}$$

よって，**収束** し，その和は　$-\frac{\mathbf{1}}{\mathbf{2}}$

(2)　$S_{2n-1}=\frac{1}{2}+\left(-\frac{2}{3}+\frac{2}{3}\right)+\left(-\frac{3}{4}+\frac{3}{4}\right)+\cdots\cdots+\left(-\frac{n}{n+1}+\frac{n}{n+1}\right)$

$$=\frac{1}{2}$$

よって　$\lim_{n\to\infty}S_{2n-1}=\frac{1}{2}$

また　$\lim_{n\to\infty}S_{2n}=\lim_{n\to\infty}\left(S_{2n-1}-\frac{n+1}{n+2}\right)$

$$=\lim_{n\to\infty}\left(\frac{1}{2}-\frac{n+1}{n+2}\right)$$

$$=\frac{1}{2}-1=-\frac{1}{2}$$

⇐S_{2n} は S_{2n-1} を用いて表す。

⇐$\lim_{n\to\infty}\frac{n+1}{n+2}=\lim_{n\to\infty}\frac{1+\frac{1}{n}}{1+\frac{2}{n}}=1$

$\lim_{n\to\infty}S_{2n-1}\neq\lim_{n\to\infty}S_{2n}$ であるから，**発散する。**

(3)　$S_{2n-1}=2+\left(-\frac{3}{2}+\frac{3}{2}\right)+\left(-\frac{4}{3}+\frac{4}{3}\right)+\cdots\cdots+\left(-\frac{n+1}{n}+\frac{n+1}{n}\right)$

$$=2$$

よって　$\lim_{n\to\infty}S_{2n-1}=2$

また　$\lim_{n\to\infty}S_{2n}=\lim_{n\to\infty}\left(S_{2n-1}-\frac{n+2}{n+1}\right)$

$$=\lim_{n\to\infty}\left(2-\frac{n+2}{n+1}\right)$$

$$=2-1=1$$

⇐S_{2n} は S_{2n-1} を用いて表す。

⇐$\lim_{n\to\infty}\frac{n+2}{n+1}=\lim_{n\to\infty}\frac{1+\frac{2}{n}}{1+\frac{1}{n}}=1$

$\lim_{n\to\infty}S_{2n-1}\neq\lim_{n\to\infty}S_{2n}$ であるから，**発散する。**

inf.　一般に，**数列 $\{a_n\}$ が α に収束するとき，その部分数列も α に収束する。**
したがって　$a_n\longrightarrow 0$ のとき　$a_{2n-1}\longrightarrow 0$
この対偶を考えると $\{a_{2n-1}\}$ が 0 に収束しなければ，$\{a_n\}$ は 0 に収束しない。よって，無限級数 $\sum_{n=1}^{\infty}a_n$ は発散する（本冊 $p.54$ 基本事項 5 2 参照）。

⇐数列から，いくつかの項を取り除いてできる数列を **部分数列** という。

別解 (2) $a_{2n-1}=\dfrac{n}{n+1}$ から $\lim_{n\to\infty} a_{2n-1}=1\neq 0$

$\lim_{n\to\infty} a_n$ が 0 に収束しないから無限級数は **発散する。**

⇐$\lim_{n\to\infty}\dfrac{1}{1+\dfrac{1}{n}}=1$

(3) $a_{2n-1}=\dfrac{n+1}{n}$ から $\lim_{n\to\infty} a_{2n-1}=1\neq 0$

$\lim_{n\to\infty} a_n$ が 0 に収束しないから無限級数は **発散する。**

⇐$\lim_{n\to\infty}\left(1+\dfrac{1}{n}\right)=1$

EX ③31

n を正の整数とし，r を $r>1$ を満たす実数とする。

$$a_1r+a_2r^2+\cdots\cdots+a_nr^n=(-1)^n$$

を満たす数列 $\{a_n\}$ について

(1) a_1, a_2, a_3 を r を用いて表せ。

(2) $n\geqq 2$ のとき，a_n を r を用いて表せ。

(3) 無限級数の和 $a_1+a_2+\cdots\cdots+a_n+\cdots\cdots$ を求めよ。 〔群馬大〕

(1) $n=1$ のとき $a_1r=-1$

よって $\boldsymbol{a_1=-\dfrac{1}{r}}$

$n=2$ のとき $a_1r+a_2r^2=(-1)^2$

⇐$a_1r=-1$

よって $-1+a_2r^2=1$

ゆえに $\boldsymbol{a_2=\dfrac{2}{r^2}}$

$n=3$ のとき $a_1r+a_2r^2+a_3r^3=(-1)^3$

⇐$a_1r+a_2r^2=1$

よって $1+a_3r^3=-1$

ゆえに $\boldsymbol{a_3=-\dfrac{2}{r^3}}$

(2) $n\geqq 2$ のとき

$a_1r+a_2r^2+\cdots\cdots+a_{n-1}r^{n-1}=(-1)^{n-1}$ …… ①

$a_1r+a_2r^2+\cdots\cdots+a_{n-1}r^{n-1}+a_nr^n=(-1)^n$ …… ②

②−① から $a_nr^n=(-1)^n-(-1)^{n-1}$

⇐$-(-1)^{n-1}=(-1)\cdot(-1)^{n-1}=(-1)^n$

よって $\boldsymbol{a_n}=\dfrac{(-1)^n+(-1)^n}{r^n}=\dfrac{2(-1)^n}{r^n}$

$\boldsymbol{=2\left(-\dfrac{1}{r}\right)^n}$

(3) $r>1$ であるから $-1<-\dfrac{1}{r}<0$

よって $a_1+(a_2+a_3+\cdots\cdots+a_n+\cdots\cdots)$

⇐(2) から，( ) 内は初項が $a_2=\dfrac{2}{r^2}$，公比が $-\dfrac{1}{r}$ の無限等比級数。

$=-\dfrac{1}{r}+\dfrac{\dfrac{2}{r^2}}{1-\left(-\dfrac{1}{r}\right)}$

$=-\dfrac{1}{r}+\dfrac{2}{r(r+1)}$

$\boldsymbol{=\dfrac{-r+1}{r(r+1)}}$

EX ③32

原点をOとする座標平面において，点 P_0 を原点Oとし，点 P_n と $\overrightarrow{r_n}$ を

$$\overrightarrow{r_n}=\overrightarrow{P_{n-1}P_n}=\left(\frac{1}{2^{n-1}}\cos\frac{(n-1)\pi}{2},\ \frac{1}{2^{n-1}}\sin\frac{(n-1)\pi}{2}\right)\ (n=1,\ 2,\ 3,\ \cdots\cdots)$$

によって順次定める。

(1) $\overrightarrow{r_1}$，$\overrightarrow{r_2}$ を求めよ。

(2) $\overrightarrow{r_n}=(x_n,\ y_n)$ $(n=1,\ 2,\ 3,\ \cdots\cdots)$ とする。$k=1,\ 2,\ 3,\ \cdots\cdots$ に対し

(ア) x_{2k+1} を x_{2k-1} で表せ。また，x_{2k} を求めよ。

(イ) y_{2k+2} を y_{2k} で表せ。また，y_{2k-1} を求めよ。

(3) $n\longrightarrow\infty$ のとき，点 P_n が限りなく近づく点の座標を求めよ。　〔類　金沢工大〕

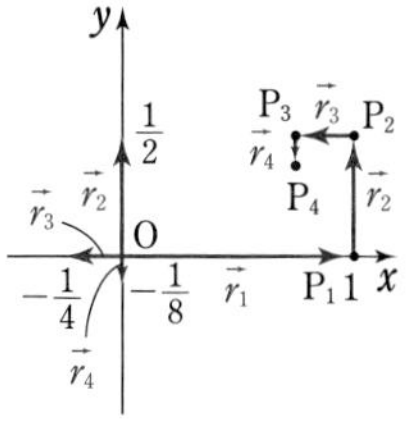

(1) $\overrightarrow{\boldsymbol{r}_1}=(\cos 0,\ \sin 0)=\boldsymbol{(1,\ 0)}$

$\overrightarrow{\boldsymbol{r}_2}=\left(\frac{1}{2}\cos\frac{\pi}{2},\ \frac{1}{2}\sin\frac{\pi}{2}\right)=\boldsymbol{\left(0,\ \frac{1}{2}\right)}$

(2) (ア) $x_{2k+1}=\frac{1}{2^{2k}}\cos k\pi$，$x_{2k-1}=\frac{1}{2^{2k-2}}\cos(k-1)\pi$

$\cos(k-1)\pi=-\cos k\pi$ であるから

$$x_{2k-1}=-2^2\cdot\frac{1}{2^{2k}}\cos k\pi=-4x_{2k+1}$$

よって　　$\boldsymbol{x_{2k+1}=-\frac{1}{4}x_{2k-1}}$

また　　$x_{2k}=\frac{1}{2^{2k-1}}\cos\frac{(2k-1)\pi}{2}$

$2k-1$ は奇数であるから　　$\cos\frac{(2k-1)\pi}{2}=0$

ゆえに　　$\boldsymbol{x_{2k}=0}$

⇐ n が偶数のとき，$x_n=0$ である。

(イ) $y_{2k+2}=\frac{1}{2^{2k+1}}\sin\frac{(2k+1)\pi}{2}$，$y_{2k}=\frac{1}{2^{2k-1}}\sin\frac{(2k-1)\pi}{2}$

$\sin\frac{(2k-1)\pi}{2}=-\sin\frac{(2k+1)\pi}{2}$ であるから

$$y_{2k}=-2^2\cdot\frac{1}{2^{2k+1}}\sin\frac{(2k+1)\pi}{2}=-4y_{2k+2}$$

よって　　$\boldsymbol{y_{2k+2}=-\frac{1}{4}y_{2k}}$

また　　$y_{2k-1}=\frac{1}{2^{2k-2}}\sin(k-1)\pi$

$k-1$ は整数であるから　　$\sin(k-1)\pi=0$

ゆえに　　$\boldsymbol{y_{2k-1}=0}$

⇐ n が奇数のとき，$y_n=0$ である。

(3) (2) から

$\overrightarrow{OP_{2n}}=\overrightarrow{r_1}+\overrightarrow{r_2}+\overrightarrow{r_3}+\overrightarrow{r_4}+\cdots\cdots+\overrightarrow{r_{2n-1}}+\overrightarrow{r_{2n}}$

⇐ $\overrightarrow{OP_{2n}}$ と $\overrightarrow{OP_{2n+1}}$ を分けて考える。

$$=(1,\ 0)+\left(0,\ \frac{1}{2}\right)+\left(-\frac{1}{4},\ 0\right)+\left(0,\ -\frac{1}{8}\right)$$

$$+\cdots\cdots+\left(\left(-\frac{1}{4}\right)^{n-1},\ 0\right)+\left(0,\ \frac{1}{2}\left(-\frac{1}{4}\right)^{n-1}\right)$$

$$=\left(1-\frac{1}{4}+\cdots\cdots+\left(-\frac{1}{4}\right)^{n-1},\ \frac{1}{2}-\frac{1}{8}+\cdots\cdots+\frac{1}{2}\left(-\frac{1}{4}\right)^{n-1}\right)$$

$\left|-\frac{1}{4}\right|<1$ であるから，$n\longrightarrow\infty$ のとき，点 P_{2n} は

点$\left(\dfrac{1}{1-\left(-\dfrac{1}{4}\right)},\ \dfrac{\dfrac{1}{2}}{1-\left(-\dfrac{1}{4}\right)}\right)$，すなわち点$\left(\dfrac{4}{5},\ \dfrac{2}{5}\right)$に限りなく近づく。

⇦各成分は $\dfrac{(初項)}{1-(公比)}$

また　$\overrightarrow{OP_{2n+1}}=\overrightarrow{OP_{2n}}+\overrightarrow{r_{2n+1}}=\overrightarrow{OP_{2n}}+\left(\left(-\dfrac{1}{4}\right)^n,\ 0\right)$

$=\left(1-\dfrac{1}{4}+\cdots\cdots+\left(-\dfrac{1}{4}\right)^n,\ \dfrac{1}{2}-\dfrac{1}{8}+\cdots\cdots+\dfrac{1}{2}\left(-\dfrac{1}{4}\right)^{n-1}\right)$

であるから，$n \longrightarrow \infty$ のとき，点 P_{2n+1} は点$\left(\dfrac{4}{5},\ \dfrac{2}{5}\right)$に限りなく近づく。

⇦$\lim_{n\to\infty}\overrightarrow{OP_{2n}}=\lim_{n\to\infty}\overrightarrow{OP_{2n+1}}=\left(\dfrac{4}{5},\ \dfrac{2}{5}\right)$ が示された。

以上から，$n \longrightarrow \infty$ のとき，点 P_n は点$\left(\boldsymbol{\dfrac{4}{5}},\ \boldsymbol{\dfrac{2}{5}}\right)$に限りなく近づく。

EX ④33

(1) $\displaystyle\sum_{k=1}^{2^n}\frac{1}{k} \geqq \frac{n}{2}+1$ を証明せよ。

(2) 無限級数 $1+\dfrac{1}{2}+\dfrac{1}{3}+\cdots\cdots+\dfrac{1}{n}+\cdots\cdots$ は発散することを証明せよ。

(1) $\displaystyle\sum_{k=1}^{2^n}\frac{1}{k} \geqq \frac{n}{2}+1$ ……① とする。

⇦数学的帰納法。

[1] $n=1$ のとき

$$\sum_{k=1}^{2}\frac{1}{k}=1+\frac{1}{2}=\frac{1}{2}+1$$

よって，① は成り立つ。

[2] $n=m$ のとき ① が成り立つと仮定すると

$$\sum_{k=1}^{2^m}\frac{1}{k} \geqq \frac{m}{2}+1$$

このとき

$$\sum_{k=1}^{2^{m+1}}\frac{1}{k}=\sum_{k=1}^{2^m}\frac{1}{k}+\sum_{k=2^m+1}^{2^{m+1}}\frac{1}{k}$$

$$\geqq \left(\frac{m}{2}+1\right)+\frac{1}{2^m+1}+\frac{1}{2^m+2}+\cdots\cdots+\frac{1}{2^{m+1}}$$

⇦$\dfrac{1}{2^{m+1}}=\dfrac{1}{2^m+2^m}$

$$>\frac{m}{2}+1+\frac{1}{2^{m+1}}+\frac{1}{2^{m+1}}+\cdots\cdots+\frac{1}{2^{m+1}}$$

⇦$\dfrac{1}{2^{m+1}}$ が 2^m 個ある。

$$=\frac{m}{2}+1+\frac{1}{2^{m+1}}\times 2^m=\frac{m+1}{2}+1$$

よって，$n=m+1$ のときも ① は成り立つ。

[1]，[2] から，すべての自然数 n について ① は成り立つ。

(2) $S_n=\displaystyle\sum_{k=1}^{n}\frac{1}{k}$ とする。

$n \geqq 2^m$ とすると，(1) から　$S_n \geqq S_{2^m}=\displaystyle\sum_{k=1}^{2^m}\frac{1}{k} \geqq \frac{m}{2}+1$

ここで，$m \longrightarrow \infty$ のとき $n \longrightarrow \infty$ で $\lim_{m \to \infty}\left(\frac{m}{2}+1\right)=\infty$

よって　　$\lim_{n \to \infty} S_n=\infty$

したがって，$1+\frac{1}{2}+\frac{1}{3}+\cdots\cdots+\frac{1}{n}+\cdots\cdots$ は発散する。

⇐ $a_n \leqq b_n$（n は自然数）で $\lim_{n \to \infty} a_n=\infty$ ならば $\lim_{n \to \infty} b_n=\infty$

2章
EX

参考　(2) は次のように考えている。

$$1+\frac{1}{2}+\frac{1}{3}+\frac{1}{4}+\frac{1}{5}+\frac{1}{6}+\frac{1}{7}+\frac{1}{8}+\frac{1}{9}+\cdots\cdots+\frac{1}{16}+\cdots\cdots$$

$$>1+\frac{1}{2}+\frac{1}{4}+\frac{1}{4}+\frac{1}{8}+\frac{1}{8}+\frac{1}{8}+\frac{1}{8}+\frac{1}{16}+\cdots\cdots+\frac{1}{16}+\cdots\cdots$$

$$=1+\frac{1}{2}\quad+\frac{1}{2}\qquad+\frac{1}{2}\qquad+\frac{1}{2}\quad+\cdots\cdots$$

inf.　本冊 $p.54$ 基本事項 5 の解説で，その逆が成り立たない例として

例　数列 $\left\{\frac{1}{n}\right\}$ について，$\lim_{n \to \infty}\frac{1}{n}=0$ であるが $\sum_{n=1}^{\infty}\frac{1}{n}$ は正の無限大に発散する。

をあげたが，上記はその証明の1つである。

EX ④34

1辺の長さ1の正四面体の4つの頂点を A_0，B_0，C_0，D_0 とする。この正四面体の各面 $\triangle A_0B_0C_0$，$\triangle A_0B_0D_0$，$\triangle A_0C_0D_0$，$\triangle B_0C_0D_0$ の重心をそれぞれ D_1，C_1，B_1，A_1 とする。正四面体 $A_1B_1C_1D_1$ についても，同じように各面の重心をとり，それを D_2，C_2，B_2，A_2 として，正四面体 $A_2B_2C_2D_2$ を作る。以下同じように正四面体 $A_nB_nC_nD_n$（$n=3, 4, 5, \cdots\cdots$）を作り，その体積を V_n とする。このとき，次の問いに答えよ。

(1)　V_0 を求めよ。　　(2)　V_1 を求めよ。

(3)　極限 $\lim_{n \to \infty}(V_0+V_1+V_2+\cdots\cdots+V_n)$ の値を求めよ。　〔青山学院大〕

(1)　正四面体 $A_0B_0C_0D_0$ の高さを h_0 とし，辺 B_0C_0 の中点を M_0 とする。

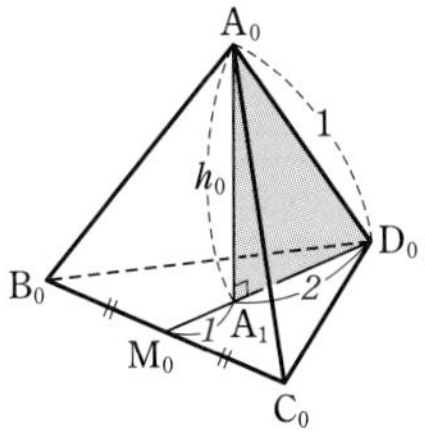

$$A_1D_0=\frac{2}{3}D_0M_0=\frac{2}{3}\cdot\sqrt{3}\,B_0M_0=\frac{1}{\sqrt{3}}$$

⇐ A_1 は $\triangle B_0C_0D_0$ の重心。

$A_0A_1 \perp A_1D_0$ であるから

$$h_0=\sqrt{1^2-\left(\frac{1}{\sqrt{3}}\right)^2}=\sqrt{1-\frac{1}{3}}=\sqrt{\frac{2}{3}}$$

⇐ $h_0=\sqrt{A_0D_0{}^2-A_1D_0{}^2}$

よって　　$V_0=\frac{1}{3}\cdot\frac{\sqrt{3}}{4}\cdot\sqrt{\frac{2}{3}}=\boldsymbol{\frac{\sqrt{2}}{12}}$

⇐ $\triangle B_0C_0D_0=\frac{1}{2}\cdot1\cdot\frac{\sqrt{3}}{2}=\frac{\sqrt{3}}{4}$

(2)　辺 C_0D_0 の中点を N_0 とする。

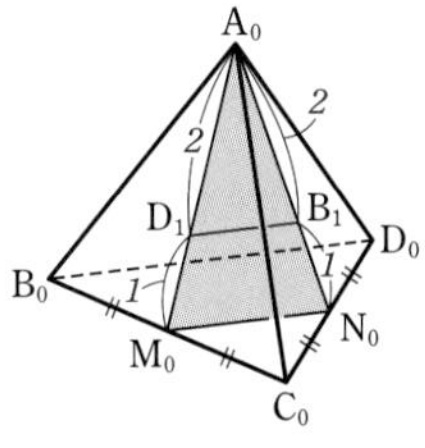

$\frac{A_0D_1}{A_0M_0}=\frac{A_0B_1}{A_0N_0}=\frac{2}{3}$ から

⇐ B_1，D_1 は $\triangle A_0C_0D_0$，$\triangle A_0B_0C_0$ の重心。

$$B_1D_1=\frac{2}{3}M_0N_0=\frac{2}{3}\cdot\frac{1}{2}B_0D_0=\frac{1}{3}B_0D_0$$

ゆえに，2つの正四面体 $A_1B_1C_1D_1$ と $A_0B_0C_0D_0$ の相似比は　　$1:3$

よって　$V_1=\left(\dfrac{1}{3}\right)^3V_0=\dfrac{1}{27}\cdot\dfrac{\sqrt{2}}{12}=\boldsymbol{\dfrac{\sqrt{2}}{324}}$

⇐(体積比)＝(相似比)^3

(3)　(2) より，$V_k=\left\{\left(\dfrac{1}{3}\right)^3\right\}^kV_0=\dfrac{\sqrt{2}}{12}\left(\dfrac{1}{27}\right)^k$ であるから

$$\lim_{n\to\infty}\sum_{k=0}^{n}V_k=\sum_{n=1}^{\infty}\frac{\sqrt{2}}{12}\left(\frac{1}{27}\right)^{n-1}=\frac{\frac{\sqrt{2}}{12}}{1-\frac{1}{27}}=\boldsymbol{\frac{9\sqrt{2}}{104}}$$

EX ②35

次の極限を求めよ。　〔(1) 京都産大，(2) 東京電機大〕

(1)　$\displaystyle\lim_{x\to1}\frac{\sqrt[3]{x}-1}{x-1}$　　(2)　$\displaystyle\lim_{x\to0}\frac{\sqrt{x^2-x+1}-1}{\sqrt{1+x}-\sqrt{1-x}}$

(1)　$$\lim_{x\to1}\frac{\sqrt[3]{x}-1}{x-1}=\lim_{x\to1}\frac{\sqrt[3]{x}-1}{(\sqrt[3]{x}-1)(\sqrt[3]{x^2}+\sqrt[3]{x}+1)}$$
$$=\lim_{x\to1}\frac{1}{\sqrt[3]{x^2}+\sqrt[3]{x}+1}=\frac{1}{1+1+1}=\boldsymbol{\frac{1}{3}}$$

⇐$x-1=(\sqrt[3]{x})^3-1^3$
$=(\sqrt[3]{x}-1)(\sqrt[3]{x^2}+\sqrt[3]{x}+1)$

別解　$$\frac{\sqrt[3]{x}-1}{x-1}=\frac{(\sqrt[3]{x}-1)(\sqrt[3]{x^2}+\sqrt[3]{x}+1)}{(x-1)(\sqrt[3]{x^2}+\sqrt[3]{x}+1)}$$
$$=\frac{x-1}{(x-1)(\sqrt[3]{x^2}+\sqrt[3]{x}+1)}=\frac{1}{\sqrt[3]{x^2}+\sqrt[3]{x}+1}$$

(以下，同様)

⇐分子の有理化
$(a-b)(a^2+ab+b^2)$
$=a^3-b^3$

(2)　$$\lim_{x\to0}\frac{\sqrt{x^2-x+1}-1}{\sqrt{1+x}-\sqrt{1-x}}$$
$$=\lim_{x\to0}\frac{\{(x^2-x+1)-1\}(\sqrt{1+x}+\sqrt{1-x})}{\{(1+x)-(1-x)\}(\sqrt{x^2-x+1}+1)}$$
$$=\lim_{x\to0}\frac{(x^2-x)(\sqrt{1+x}+\sqrt{1-x})}{2x(\sqrt{x^2-x+1}+1)}$$
$$=\lim_{x\to0}\frac{x(x-1)(\sqrt{1+x}+\sqrt{1-x})}{2x(\sqrt{x^2-x+1}+1)}$$
$$=\lim_{x\to0}\frac{(x-1)(\sqrt{1+x}+\sqrt{1-x})}{2(\sqrt{x^2-x+1}+1)}=\frac{-2}{4}=\boldsymbol{-\frac{1}{2}}$$

⇐$\sqrt{x^2-x+1}-1$ および $\sqrt{1+x}-\sqrt{1-x}$ を有理化。

⇐約分

EX ③36

(1)　$\displaystyle\lim_{x\to0}\frac{\sqrt{1+x}-(a+bx)}{x^2}$ が有限な値となるように定数 a，b の値を定め，極限値を求めよ。

(2)　$\displaystyle\lim_{x\to0}\frac{x\sin x}{a+b\cos x}=1$ が成り立つように定数 a，b の値を定めよ。

(1)　$\displaystyle\lim_{x\to0}\frac{\sqrt{1+x}-(a+bx)}{x^2}$ が有限な値になるとする。

$\displaystyle\lim_{x\to0}x^2=0$ であるから　$\displaystyle\lim_{x\to0}\{\sqrt{1+x}-(a+bx)\}=0$

よって　$1-a=0$

ゆえに　$a=1$

このとき

⇐**必要条件**
$\displaystyle\lim_{x\to0}\{\sqrt{1+x}-(a+bx)\}$
$\displaystyle=\lim_{x\to0}\frac{\sqrt{1+x}-(a+bx)}{x^2}\cdot x^2$
$=$(有限な値)$\times0=0$

$$\lim_{x\to0}\frac{\sqrt{1+x}-(1+bx)}{x^2}=\lim_{x\to0}\frac{(1+x)-(1+bx)^2}{x^2(\sqrt{1+x}+1+bx)}$$
$$=\lim_{x\to0}\frac{1-2b-b^2x}{x(\sqrt{1+x}+1+bx)} \quad \cdots\cdots ①$$

⇦分子の有理化
(分子)
$=1+x-1-2bx-b^2x^2$
$=x-2bx-b^2x^2$
$=x(1-2b-b^2x)$

$\lim_{x\to0}x(\sqrt{1+x}+1+bx)=0$ であるから

$$\lim_{x\to0}(1-2b-b^2x)=0$$

⇦**必要条件**

よって　$1-2b=0$

ゆえに　$b=\frac{1}{2}$

このとき，① から

$$\lim_{x\to0}\frac{-\frac{1}{4}}{\sqrt{1+x}+1+\frac{1}{2}x}=\frac{-\frac{1}{4}}{2}=-\frac{1}{8}$$

以上から　**$a=1$，$b=\frac{1}{2}$ のとき極限値 $-\frac{1}{8}$**

(2) $\lim_{x\to0}\frac{x\sin x}{a+b\cos x}=1$ ……① が成り立つとする。

$\lim_{x\to0}x\sin x=0$ であるから　$\lim_{x\to0}(a+b\cos x)=0$

⇦**必要条件**
$\lim_{x\to0}(a+b\cos x)$
$=\lim_{x\to0}\frac{a+b\cos x}{x\sin x}\cdot x\sin x$
$=1\cdot0=0$

よって，$a+b=0$ となり　$b=-a$ ……②

このとき

$$\lim_{x\to0}\frac{x\sin x}{a+b\cos x}=\lim_{x\to0}\frac{x\sin x}{a-a\cos x}$$
$$=\lim_{x\to0}\frac{x\sin x}{a(1-\cos x)}=\lim_{x\to0}\frac{x\sin x(1+\cos x)}{a(1-\cos^2x)}$$
$$=\lim_{x\to0}\frac{x(1+\cos x)}{a\sin x}=\lim_{x\to0}\frac{1+\cos x}{a}\cdot\frac{x}{\sin x}$$
$$=\frac{2}{a}\cdot1=\frac{2}{a}$$

⇦ $1-\cos x$ は $1+\cos x$ とペアで扱う。

$\frac{2}{a}=1$ のとき ① が成り立つから　**$a=2$**

このとき，② から　**$b=-2$**

EX
②37

次の極限を求めよ。　［(1) 愛媛大，(2) 職能開発大］

(1) $\lim_{x\to3+0}\frac{9-x^2}{\sqrt{(3-x)^2}}$　　(2) $\lim_{x\to\infty}\left\{\frac{1}{2}\log_3x+\log_3(\sqrt{3x+1}-\sqrt{3x-1})\right\}$

(1) $$\lim_{x\to3+0}\frac{9-x^2}{\sqrt{(3-x)^2}}=\lim_{x\to3+0}\frac{(3-x)(3+x)}{|3-x|}$$
$$=\lim_{x\to3+0}\left\{\frac{(3-x)(3+x)}{-(3-x)}\right\}$$
$$=\lim_{x\to3+0}\{-(3+x)\}=\mathbf{-6}$$

⇦$\sqrt{A^2}=|A|$

⇦$x\longrightarrow3+0$ のとき，$3-x<0$ から $|3-x|=-(3-x)$

(2) $\frac{1}{2}\log_3 x+\log_3(\sqrt{3x+1}-\sqrt{3x-1})$

$=\log_3\sqrt{x}(\sqrt{3x+1}-\sqrt{3x-1})$

$=\log_3\dfrac{\sqrt{x}\{(3x+1)-(3x-1)\}}{\sqrt{3x+1}+\sqrt{3x-1}}$

$=\log_3\dfrac{2\sqrt{x}}{\sqrt{3x+1}+\sqrt{3x-1}}$

よって　(与式)$=\lim_{x\to\infty}\log_3\dfrac{2\sqrt{x}}{\sqrt{3x+1}+\sqrt{3x-1}}$

$=\lim_{x\to\infty}\log_3\dfrac{2}{\sqrt{3+\frac{1}{x}}+\sqrt{3-\frac{1}{x}}}$

$=\log_3\dfrac{1}{\sqrt{3}}=\log_3 3^{-\frac{1}{2}}=-\mathbf{\frac{1}{2}}$

⇐$\log_a M+\log_a N=\log_a MN$

⇐$\dfrac{\sqrt{3x+1}-\sqrt{3x-1}}{1}$ と考えて，分子を有理化。

⇐分母・分子を $\sqrt{x}$ で割る。

EX
②**38**

次の極限を求めよ。

(1) $\lim_{t\to 2\pi}\dfrac{\sin t}{t^2-4\pi^2}$ 〔東京電機大〕　(2) $\lim_{x\to 0}\dfrac{1-\cos 2x}{x\tan\frac{x}{2}}$ 〔大阪工大〕

(3) $\lim_{x\to 0}\dfrac{\sin\left(\sin\frac{x}{\pi}\right)}{x}$ 〔関西大〕　(4) $\lim_{x\to -0}\dfrac{\sqrt{1-\cos x}}{x}$

HINT (1) $t-2\pi=x$ とおく。
(2) 2倍角の公式利用。 別解 $1-\cos 2x$ は $1+\cos 2x$ とペアで。
(3) $x\longrightarrow 0$ のとき　$\sin\frac{x}{\pi}\longrightarrow 0$　$\sin\frac{x}{\pi}=t$ とおく。
(4) 半角の公式利用。 別解 $1-\cos x$ は $1+\cos x$ とペアで。

(1) $t-2\pi=x$ とおくと　$t\longrightarrow 2\pi$ のとき　$x\longrightarrow 0$

よって　$\lim_{t\to 2\pi}\dfrac{\sin t}{t^2-4\pi^2}=\lim_{x\to 0}\dfrac{\sin(x+2\pi)}{(x+2\pi)^2-4\pi^2}=\lim_{x\to 0}\dfrac{\sin x}{x^2+4\pi x}$

$=\lim_{x\to 0}\dfrac{\sin x}{x}\cdot\dfrac{1}{x+4\pi}=1\cdot\dfrac{1}{0+4\pi}=\mathbf{\frac{1}{4\pi}}$

⇐$\mathbf{\lim_{x\to 0}\frac{\sin x}{x}=1}$

(2) $\lim_{x\to 0}\dfrac{1-\cos 2x}{x\tan\frac{x}{2}}=\lim_{x\to 0}\dfrac{2\sin^2 x}{x\cdot\dfrac{\sin\frac{x}{2}}{\cos\frac{x}{2}}}=2\lim_{x\to 0}\dfrac{\sin x}{x}\cdot\dfrac{\sin x}{\dfrac{\sin\frac{x}{2}}{\cos\frac{x}{2}}}$

$=2\lim_{x\to 0}\dfrac{\sin x}{x}\cdot\dfrac{2\sin\frac{x}{2}\cos\frac{x}{2}}{\dfrac{\sin\frac{x}{2}}{\cos\frac{x}{2}}}$

$=4\lim_{x\to 0}\dfrac{\sin x}{x}\cdot\cos^2\dfrac{x}{2}=4\cdot 1\cdot 1^2=\mathbf{4}$

⇐半角の公式から
$1-\cos 2x=2\sin^2 x$
2倍角の公式から
$\sin x=\sin 2\cdot\frac{x}{2}$
$=2\sin\frac{x}{2}\cos\frac{x}{2}$

別解 $\displaystyle\lim_{x\to 0}\frac{1-\cos 2x}{x\tan\frac{x}{2}}=\lim_{x\to 0}\frac{(1-\cos 2x)(1+\cos 2x)\cos\frac{x}{2}}{x\sin\frac{x}{2}(1+\cos 2x)}$

⇦$1-\cos 2x$ は $1+\cos 2x$ とペアで。

$\displaystyle=\lim_{x\to 0}\frac{\sin^2 2x}{(2x)^2}\cdot\frac{\frac{x}{2}}{\sin\frac{x}{2}}\cdot\frac{\cos\frac{x}{2}}{1+\cos 2x}\cdot\frac{(2x)^2}{x\cdot\frac{x}{2}}$

⇦$\dfrac{\sin\square}{\square}$ の形を作る。

$\displaystyle=1^2\cdot 1\cdot\frac{1}{2}\cdot\frac{4}{\frac{1}{2}}=\mathbf{4}$

(3) $\displaystyle\frac{\sin\left(\sin\frac{x}{\pi}\right)}{x}=\frac{\sin\left(\sin\frac{x}{\pi}\right)}{\sin\frac{x}{\pi}}\cdot\frac{\sin\frac{x}{\pi}}{\frac{x}{\pi}}\cdot\frac{1}{\pi}$

ここで，$\sin\dfrac{x}{\pi}=t$ とおくと，$x\longrightarrow 0$ のとき $t\longrightarrow 0$ である。

⇦$\sin 0=0$

よって　$\displaystyle\lim_{x\to 0}\frac{\sin\left(\sin\frac{x}{\pi}\right)}{\sin\frac{x}{\pi}}=\lim_{t\to 0}\frac{\sin t}{t}=1$

また，$x\longrightarrow 0$ のとき $\dfrac{x}{\pi}\longrightarrow 0$ から　$\displaystyle\lim_{x\to 0}\frac{\sin\frac{x}{\pi}}{\frac{x}{\pi}}=1$

⇦$\dfrac{x}{\pi}=u$ とおくと $\displaystyle\lim_{u\to 0}\frac{\sin u}{u}=1$

ゆえに　(与式)$=1\cdot 1\cdot\dfrac{1}{\pi}=\boldsymbol{\dfrac{1}{\pi}}$

(4) $\sqrt{1-\cos x}=\sqrt{2\sin^2\dfrac{x}{2}}=\sqrt{2}\left|\sin\dfrac{x}{2}\right|$

⇦半角の公式

$x\longrightarrow -0$ であるから　$x<0$

$x<0$ の範囲で 0 に十分近いところでは　$\sin\dfrac{x}{2}<0$

よって　$\displaystyle\lim_{x\to -0}\frac{\sqrt{1-\cos x}}{x}=\lim_{x\to -0}\frac{\sqrt{2}\left|\sin\frac{x}{2}\right|}{x}$

⇦$\boldsymbol{A<0}$ **のとき** $\boldsymbol{\sqrt{A^2}=|A|=-A}$

$\displaystyle=\lim_{x\to -0}\frac{-\sqrt{2}\sin\frac{x}{2}}{x}=\lim_{x\to -0}\left(-\frac{\sqrt{2}}{2}\right)\cdot\frac{\sin\frac{x}{2}}{\frac{x}{2}}$

$\displaystyle=-\frac{\sqrt{2}}{2}\cdot 1=\boldsymbol{-\frac{\sqrt{2}}{2}}$

別解 $\displaystyle\lim_{x\to -0}\frac{\sqrt{1-\cos x}}{x}=\lim_{x\to -0}\frac{\sqrt{(1-\cos x)(1+\cos x)}}{x\sqrt{1+\cos x}}$

$\displaystyle=\lim_{x\to -0}\frac{|\sin x|}{x\sqrt{1+\cos x}}=\lim_{x\to -0}\frac{-\sin x}{x\sqrt{1+\cos x}}$

⇦$x\longrightarrow -0$ であるから $-\dfrac{\pi}{2}<x<0$ と考えてよい。このとき，$\sin x<0$ であるから $|\sin x|=-\sin x$

$\displaystyle=\lim_{x\to -0}\frac{\sin x}{x}\cdot\frac{-1}{\sqrt{1+\cos x}}$

$\displaystyle=1\cdot\frac{-1}{\sqrt{2}}=\boldsymbol{-\frac{\sqrt{2}}{2}}$

EX ②39

$f(0)=-\frac{1}{2}$，$f\left(\frac{1}{3}\right)=\frac{1}{2}$，$f\left(\frac{1}{2}\right)=\frac{1}{3}$，$f\left(\frac{2}{3}\right)=\frac{3}{4}$，$f\left(\frac{3}{4}\right)=\frac{4}{5}$，$f(1)=\frac{5}{6}$ で，$f(x)$ が連続のとき，$f(x)-x=0$ は $0\leqq x\leqq 1$ に少なくとも何個の実数解をもつか。〔東北学院大〕

HINT　$g(x)=f(x)-x$ として，$g(0)$，$g\left(\frac{1}{3}\right)$，…… の符号から，**中間値の定理** を利用。

$g(x)=f(x)-x$ とすると，$g(x)$ は閉区間 $[0,\ 1]$ で連続で

⇐$y=f(x)$，$y=x$ は連続関数。

$$g(0)=-\frac{1}{2}-0<0,\quad g\left(\frac{1}{3}\right)=\frac{1}{2}-\frac{1}{3}>0,$$

$$g\left(\frac{1}{2}\right)=\frac{1}{3}-\frac{1}{2}<0,\quad g\left(\frac{2}{3}\right)=\frac{3}{4}-\frac{2}{3}>0,$$

$$g\left(\frac{3}{4}\right)=\frac{4}{5}-\frac{3}{4}>0,\quad g(1)=\frac{5}{6}-1<0$$

よって，方程式 $g(x)=0$ すなわち $f(x)-x=0$ となる実数解 x が

$$\left(0,\ \frac{1}{3}\right),\ \left(\frac{1}{3},\ \frac{1}{2}\right),\ \left(\frac{1}{2},\ \frac{2}{3}\right),\ \left(\frac{3}{4},\ 1\right)$$

の各区間で少なくとも 1 つ存在する。

したがって，$0\leqq x\leqq 1$ に少なくとも **4 個** の実数解をもつ。

EX ③40

次の 2 つの性質をもつ多項式 $f(x)$ を定めよ。

$$\lim_{x\to\infty}\frac{f(x)}{x^2-1}=1,\ \lim_{x\to 1}\frac{f(x)}{x^2-1}=1$$

〔法政大〕

極限値 $\displaystyle\lim_{x\to\infty}\frac{f(x)}{x^2-1}$ が存在するから，$f(x)$ は 2 次以下の多項式である。

したがって，$f(x)=ax^2+bx+c$ とおける。

このとき　$$\lim_{x\to\infty}\frac{f(x)}{x^2-1}=\lim_{x\to\infty}\frac{a+\frac{b}{x}+\frac{c}{x^2}}{1-\frac{1}{x^2}}=a$$

よって，条件から　$a=1$

⇐$\displaystyle\lim_{x\to\infty}\frac{f(x)}{x^2-1}=1$ から。

ゆえに　$f(x)=x^2+bx+c$

条件 $\displaystyle\lim_{x\to 1}\frac{f(x)}{x^2-1}=1$ から　$\displaystyle\lim_{x\to 1}f(x)=0$

よって　$1+b+c=0$　したがって　$c=-1-b$

ゆえに　$f(x)=x^2+bx-1-b$

このとき　$$\lim_{x\to 1}\frac{f(x)}{x^2-1}=\lim_{x\to 1}\frac{x^2+bx-1-b}{x^2-1}$$
$$=\lim_{x\to 1}\frac{(x-1)(x+1+b)}{(x+1)(x-1)}$$
$$=\lim_{x\to 1}\frac{x+1+b}{x+1}=\frac{2+b}{2}$$

よって，条件から　$\dfrac{2+b}{2}=1$

⇐$\displaystyle\lim_{x\to 1}\frac{f(x)}{x^2-1}=1$ から。

ゆえに　$b=0$　　したがって　$c=-1$

以上により　$\boldsymbol{f(x)=x^2-1}$

EX ④41

定数 a, b に対して，$\displaystyle\lim_{x\to\infty}\{\sqrt{4x^2+5x+6}-(ax+b)\}=0$ が成り立つとき，$(a,\ b)=$□ である。　〔関西大〕

$\displaystyle\lim_{x\to\infty}\{\sqrt{4x^2+5x+6}-(ax+b)\}=0$ ……① とする。

$a\leqq 0$ のとき

$$\lim_{x\to\infty}\{\sqrt{4x^2+5x+6}-(ax+b)\}=\infty$$

であるから，① は成り立たない。

$a>0$ のとき

$$\lim_{x\to\infty}\{\sqrt{4x^2+5x+6}-(ax+b)\}$$

$$=\lim_{x\to\infty}\frac{4x^2+5x+6-(ax+b)^2}{\sqrt{4x^2+5x+6}+(ax+b)}$$

$$=\lim_{x\to\infty}\frac{(4-a^2)x^2+(5-2ab)x+6-b^2}{\sqrt{4x^2+5x+6}+ax+b}$$

$$=\lim_{x\to\infty}\frac{(4-a^2)x+(5-2ab)+\frac{6-b^2}{x}}{\sqrt{4+\frac{5}{x}+\frac{6}{x^2}}+a+\frac{b}{x}}$$

ここで　$\displaystyle\lim_{x\to\infty}\left(\sqrt{4+\frac{5}{x}+\frac{6}{x^2}}+a+\frac{b}{x}\right)=2+a$

$a>0$ より，$2+a\neq 0$ であるから，① が成り立つとき

$$\lim_{x\to\infty}\left\{(4-a^2)x+(5-2ab)+\frac{6-b^2}{x}\right\}=0$$

よって　$4-a^2=0$ ……②，　$5-2ab=0$ ……③

② から　$a=\pm 2$

$a>0$ から　$a=2$

これを ③ に代入すると　$5-2\cdot 2b=0$

ゆえに　$b=\dfrac{5}{4}$

よって　$(a,\ b)=\boldsymbol{\left(2,\ \frac{5}{4}\right)}$

⇐$a<0$ のとき $-(ax+b)\longrightarrow\infty$
$a=0$ のとき $-(ax+b)\longrightarrow -b$

⇐$\infty-\infty$ の不定形。

⇐分子の有理化。

⇐分母の最高次の項 x で，分母・分子を割る。

⇐分母は 0 でない値に収束するから，① が成り立つとき，分子は 0 に収束する。

⇐$4-a^2>0$ ならば ∞ に，$4-a^2<0$ ならば $-\infty$ に発散する。よって $4-a^2=0$

inf.　$x\longrightarrow\infty$ のとき，$\sqrt{4x^2+5x+6}-\left(2x+\dfrac{5}{4}\right)\longrightarrow 0$ であることがわかる。これは，曲線 $y=\sqrt{4x^2+5x+6}$（双曲線）の漸近線の 1 つが直線 $y=2x+\dfrac{5}{4}$ であることを示している。

漸近線の求め方については，第 4 章で学習する。

EX ③42

(1) 極限 $\lim_{x\to\infty}(2^x+3^x)^{\frac{1}{x}}$ を求めよ。

(2) 極限 $\lim_{x\to\infty}\log_x(x^a+x^b)$ を求めよ。 〔(2) 類 早稲田大〕

(1) $(2^x+3^x)^{\frac{1}{x}}=\left[3^x\left\{\left(\frac{2}{3}\right)^x+1\right\}\right]^{\frac{1}{x}}=3\left\{\left(\frac{2}{3}\right)^x+1\right\}^{\frac{1}{x}}$

$x\longrightarrow\infty$ を考えるから，$x>1$ としてよい。

このとき　$0<\frac{1}{x}<1$

また，$1<\left(\frac{2}{3}\right)^x+1$ であるから

$$\left\{\left(\frac{2}{3}\right)^x+1\right\}^0<\left\{\left(\frac{2}{3}\right)^x+1\right\}^{\frac{1}{x}}<\left\{\left(\frac{2}{3}\right)^x+1\right\}^1$$

よって　$1<\left\{\left(\frac{2}{3}\right)^x+1\right\}^{\frac{1}{x}}<\left(\frac{2}{3}\right)^x+1$

⇦$a\neq0$ のとき $\boldsymbol{a^0=1}$

$\lim_{x\to\infty}\left\{\left(\frac{2}{3}\right)^x+1\right\}=1$ であるから　$\lim_{x\to\infty}\left\{\left(\frac{2}{3}\right)^x+1\right\}^{\frac{1}{x}}=1$

⇦**はさみうちの原理**

したがって　$\lim_{x\to\infty}(2^x+3^x)^{\frac{1}{x}}=3\lim_{x\to\infty}\left\{\left(\frac{2}{3}\right)^x+1\right\}^{\frac{1}{x}}=\mathbf{3}$

別解 1　$\log_3(2^x+3^x)^{\frac{1}{x}}=\frac{1}{x}\log_3(2^x+3^x)$

$$=\frac{1}{x}\log_3\left[3^x\left\{\left(\frac{2}{3}\right)^x+1\right\}\right]$$

$$=\frac{1}{x}\left[\log_3 3^x+\log_3\left\{\left(\frac{2}{3}\right)^x+1\right\}\right]$$

$$=1+\frac{1}{x}\log_3\left\{\left(\frac{2}{3}\right)^x+1\right\}$$

⇦ 3 を底とする対数をとって考える。

⇦3^x でくくる。

$\lim_{x\to\infty}\frac{1}{x}\log_3\left\{\left(\frac{2}{3}\right)^x+1\right\}=0$ であるから

$$\lim_{x\to\infty}\log_3(2^x+3^x)^{\frac{1}{x}}=1$$

⇦$x\longrightarrow\infty$ のとき $\frac{1}{x}\longrightarrow0$, $\left(\frac{2}{3}\right)^x\longrightarrow0$

よって　$\lim_{x\to\infty}(2^x+3^x)^{\frac{1}{x}}=\mathbf{3}$

別解 2　$(2^x+3^x)^{\frac{1}{x}}=3\left\{\left(\frac{2}{3}\right)^x+1\right\}^{\frac{1}{x}}$

$\lim_{x\to\infty}\left(\frac{2}{3}\right)^x=0$, $\lim_{x\to\infty}\frac{1}{x}=0$ であるから

$$\lim_{x\to\infty}(2^x+3^x)^{\frac{1}{x}}=\lim_{x\to\infty}3\left\{\left(\frac{2}{3}\right)^x+1\right\}^{\frac{1}{x}}$$

$$=3(0+1)^0=3\cdot1=\mathbf{3}$$

(2) $x\longrightarrow\infty$ を考えるから，$x>1$ としてよい。

$\boldsymbol{a<b}$ のとき　$x^b<x^a+x^b<x^b+x^b=2x^b$

⇦$0<x^a<x^b$

ゆえに　$b<\log_x(x^a+x^b)<\log_x 2+b$

ここで　$\lim_{x\to\infty}(\log_x 2+b)=\lim_{x\to\infty}\left(\frac{1}{\log_2 x}+b\right)=b$

⇦$\log_x 2=\frac{1}{\log_2 x}$，$\lim_{x\to\infty}\log_2 x=\infty$

よって　$\displaystyle\lim_{x\to\infty}\log_x(x^a+x^b)=\boldsymbol{b}$

$\boldsymbol{a>b}$ **のとき**　同様にして

$\displaystyle\lim_{x\to\infty}\log_x(x^a+x^b)=\boldsymbol{a}$

$\boldsymbol{a=b}$ **のとき**

$$\lim_{x\to\infty}\log_x(x^a+x^b)=\lim_{x\to\infty}\log_x 2x^a$$

$$=\lim_{x\to\infty}(\log_x 2+a)=\boldsymbol{a}$$

⇐$x^b=x^a$

別解　(前半)　$x\longrightarrow\infty$ を考えるから，$x>1$ としてよい。

$\boldsymbol{a<b}$ **のとき**

$$\log_x(x^a+x^b)=\log_x x^b(1+x^{a-b})$$

$$=b+\log_x\left(1+\frac{1}{x^{b-a}}\right)$$

⇐x^b でくくる。

⇐$\log_x x^b+\log_x(1+x^{a-b})$

ここで　$\displaystyle\log_x\left(1+\frac{1}{x^{b-a}}\right)=\frac{\log_{10}\left(1+\frac{1}{x^{b-a}}\right)}{\log_{10}x}$

⇐底の変換公式

$b-a>0$ であるから　$\displaystyle\lim_{x\to\infty}\frac{1}{x^{b-a}}=0$

よって　$\displaystyle\lim_{x\to\infty}\log_{10}\left(1+\frac{1}{x^{b-a}}\right)=\log_{10}1=0$

また　$\displaystyle\lim_{x\to\infty}\frac{1}{\log_{10}x}=0$

⇐$\displaystyle\lim_{x\to\infty}\log_{10}x=\infty$

ゆえに　$\displaystyle\lim_{x\to\infty}\log_x\left(1+\frac{1}{x^{b-a}}\right)=0$

よって　$\displaystyle\lim_{x\to\infty}\log_x(x^a+x^b)=\boldsymbol{b}$

$\boldsymbol{a>b}$ **のとき**　同様にして

$\displaystyle\lim_{x\to\infty}\log_x(x^a+x^b)=\boldsymbol{a}$

EX ④43

xy 平面上の3点 O(0, 0)，A(1, 0)，B(0, 1) を頂点とする △OAB を点Oの周りに θ ラジアン回転させ，得られる三角形を △OA′B′ とする。ただし，$0<\theta<\frac{\pi}{2}$ とし，回転の向きは時計の針の回る向きと反対とする。△OA′B′ の $x\geqq0$，$y\geqq0$ の部分の面積を $S(\theta)$ とするとき，次の問いに答えよ。

(1) $S(\theta)$ を θ で表せ。　(2) $\displaystyle\lim_{\theta\to\frac{\pi}{2}}\frac{S(\theta)}{\frac{\pi}{2}-\theta}$ を求めよ。　〔武蔵工大〕

(1) 点 A′，B′ の座標は

A′$(\cos\theta,\ \sin\theta)$,

B′$\left(\cos\left(\frac{\pi}{2}+\theta\right),\ \sin\left(\frac{\pi}{2}+\theta\right)\right)$

すなわち　B′$(-\sin\theta,\ \cos\theta)$

直線 A′B′ の方程式は

$$y-\sin\theta=\frac{\cos\theta-\sin\theta}{-\sin\theta-\cos\theta}(x-\cos\theta)$$

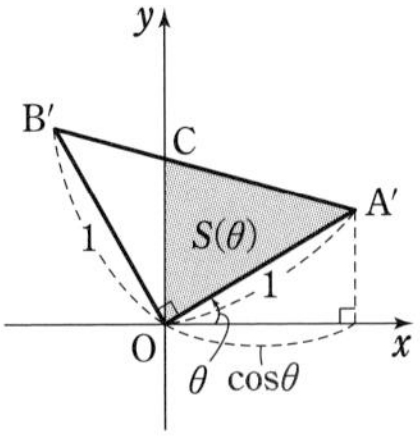

2章
EX

ゆえに

$$y=\frac{\sin\theta-\cos\theta}{\sin\theta+\cos\theta}x+\frac{1}{\sin\theta+\cos\theta}$$

よって，y 切片は　$\dfrac{1}{\sin\theta+\cos\theta}$

直線 A′B′ と y 軸の交点をCとすると，$\mathrm{OC}=\dfrac{1}{\sin\theta+\cos\theta}$ である。$S(\theta)$ は線分 OC を底辺とする △OA′C の面積で，その高さは A′ の x 座標，すなわち $\cos\theta$ に等しい。

したがって

$$\boldsymbol{S(\theta)}=\frac{1}{2}\cdot\frac{1}{\sin\theta+\cos\theta}\cdot\cos\theta$$

$$=\boldsymbol{\frac{\cos\theta}{2(\sin\theta+\cos\theta)}}$$

⇐ $\dfrac{\cos\theta-\sin\theta}{-\sin\theta-\cos\theta}(-\cos\theta)+\sin\theta$

$=\dfrac{\cos^2\theta-\sin\theta\cos\theta}{\sin\theta+\cos\theta}+\dfrac{\cos\theta\sin\theta+\sin^2\theta}{\sin\theta+\cos\theta}$

$=\dfrac{\cos^2\theta+\sin^2\theta}{\sin\theta+\cos\theta}$

$=\dfrac{1}{\sin\theta+\cos\theta}$

(2)　$\dfrac{\pi}{2}-\theta=t$ とおくと

$$\cos\theta=\cos\left(\frac{\pi}{2}-t\right)=\sin t,$$

$$\sin\theta=\sin\left(\frac{\pi}{2}-t\right)=\cos t$$

$\theta\longrightarrow\dfrac{\pi}{2}$ のとき $t\longrightarrow 0$ であるから

$$\lim_{\theta\to\frac{\pi}{2}}\frac{S(\theta)}{\dfrac{\pi}{2}-\theta}=\lim_{t\to 0}\frac{1}{t}\cdot\frac{\sin t}{2(\cos t+\sin t)}$$

$$=\lim_{t\to 0}\frac{\sin t}{t}\cdot\frac{1}{2(\cos t+\sin t)}$$

$$=1\cdot\frac{1}{2(1+0)}=\boldsymbol{\frac{1}{2}}$$

参考　右の図のような台形 ABCD において，AD$=a$，BC$=b$ とする。線分 AB を $m:n$ に内分する点Eをとり，E を通り AD に平行な直線と CD の交点をFとすると

$$\mathrm{EF}=\frac{na+mb}{m+n}$$

が成り立つ。

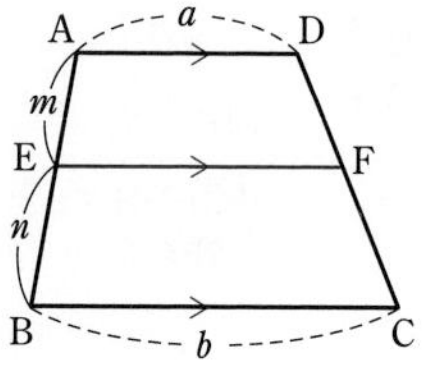

証明　直線 BD と直線 EF の交点をPとし，EP$=x$，FP$=y$ とおくと，△BEP∽△BAD から

$$n:x=(n+m):a$$

よって　$x=\dfrac{na}{m+n}$

同様に，△DPF∽△DBC から　$m:y=(m+n):b$

よって　$y=\dfrac{mb}{m+n}$

ゆえに　$\mathrm{EF}=x+y=\dfrac{na}{m+n}+\dfrac{mb}{m+n}=\dfrac{na+mb}{m+n}$

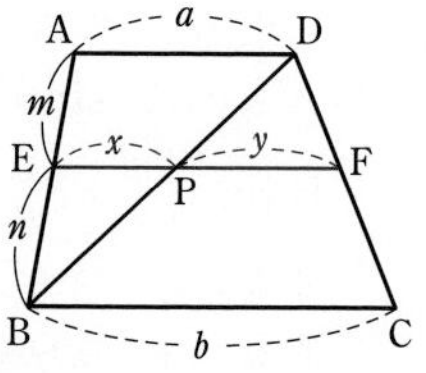

この 参考 の結果を利用すると

$$OC=\frac{\sin\theta\cdot\sin\theta+\cos\theta\cdot\cos\theta}{\cos\theta+\sin\theta}$$

$$=\frac{1}{\sin\theta+\cos\theta}$$

と求めることができる。

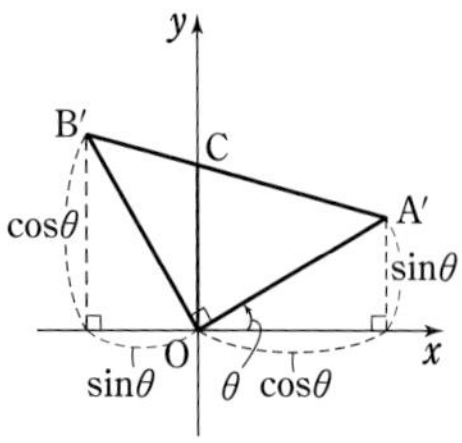

EX ④44

Oを原点とする xy 平面の第1象限に $OP_1=1$ を満たす点 $P_1(x_1,\ y_1)$ をとる。このとき，線分 OP_1 と x 軸とのなす角を θ $\left(0<\theta<\frac{\pi}{2}\right)$ とする。点 $(0,\ x_1)$ を中心とする半径 x_1 の円と，線分 OP_1 との交点を $P_2(x_2,\ y_2)$ $(x_2>0)$ とする。次に，点 $(0,\ x_2)$ を中心とする半径 x_2 の円と，線分 OP_1 との交点を $P_3(x_3,\ y_3)$ $(x_3>0)$ とする。以下同様にして，点 $P_n(x_n,\ y_n)$ $(x_n>0)$，$(n=1,\ 2,\ \cdots\cdots)$ を定める。

(1) x_2 を θ を用いて表せ。　(2) x_n を θ を用いて表せ。

(3) $\theta\neq\frac{\pi}{4}$ のとき，極限値 $\lim_{n\to\infty}\sum_{k=1}^{n}x_k$ を求めよ。

(4) (3)で得られた値を $f(\theta)$ とおく。$\lim_{\theta\to\frac{\pi}{4}+0}f(\theta)$ および $\lim_{\theta\to\frac{\pi}{2}-0}f(\theta)$ を求め，$f(\theta)=1$ を満たす θ が区間 $\frac{\pi}{4}<\theta<\frac{\pi}{2}$ の中に少なくとも1つあることを示せ。　〔東京農工大〕

(1) 右図から

$$OP_2=2x_1\sin\theta=2\cos\theta\sin\theta$$
$$=\sin 2\theta$$

よって

$$\boldsymbol{x_2=OP_2\cos\theta=\cos\theta\sin 2\theta}$$

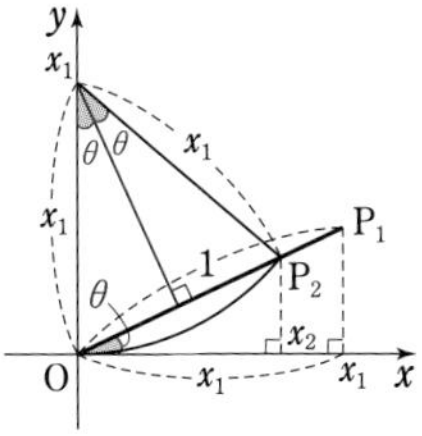

⇐ $OP_1=1$ から $x_1=\cos\theta$

(2) (1)と同様に

$$x_{n+1}=OP_{n+1}\cos\theta=2x_n\sin\theta\cos\theta$$
$$=x_n\sin 2\theta$$

よって　$\boldsymbol{x_n=x_1\sin^{n-1}2\theta=\cos\theta\sin^{n-1}2\theta}$

⇐公比 $\sin 2\theta$

(3) $\lim_{n\to\infty}\sum_{k=1}^{n}x_k$ は初項 $\cos\theta$，公比 $\sin 2\theta$ の無限等比級数で，

$\theta\neq\frac{\pi}{4}$，$0<\theta<\frac{\pi}{2}$ より $|\sin 2\theta|<1$ であるから収束する。

よって　$\lim_{n\to\infty}\sum_{k=1}^{n}x_k=\sum_{n=1}^{\infty}x_n=\boldsymbol{\frac{\cos\theta}{1-\sin 2\theta}}$

⇐**無限等比級数**
$\sum_{n=1}^{\infty}ar^{n-1}$
$a\neq 0$，$|r|<1$ のとき和は $\frac{a}{1-r}$

(4) $\lim_{\theta\to\frac{\pi}{4}+0}\cos\theta=\frac{1}{\sqrt{2}}$，$\theta\longrightarrow\frac{\pi}{4}+0$ のとき $1-\sin 2\theta\longrightarrow +0$

から　$\boldsymbol{\lim_{\theta\to\frac{\pi}{4}+0}f(\theta)=\infty}$

$\theta\longrightarrow\frac{\pi}{2}-0$ のとき $\cos\theta\longrightarrow +0$，$\lim_{\theta\to\frac{\pi}{2}-0}(1-\sin 2\theta)=1$

から　$\boldsymbol{\lim_{\theta\to\frac{\pi}{2}-0}f(\theta)=0}$

ここで，$f(\theta)$ は $\frac{\pi}{4}<\theta<\frac{\pi}{2}$ において連続であるから，中間値の定理により，$f(\theta)=1$ を満たす θ が区間 $\frac{\pi}{4}<\theta<\frac{\pi}{2}$ の中に少なくとも1つある。

EX ④45

k を自然数とする。級数 $\sum_{n=1}^{\infty}\{(\cos x)^{n-1}-(\cos x)^{n+k-1}\}$ がすべての実数 x に対して収束するとき，級数の和を $f(x)$ とする。
(1) k の条件を求めよ。
(2) 関数 $f(x)$ は $x=0$ で連続でないことを示せ。 〔東京学芸大〕

(1) $\sum_{n=1}^{\infty}\{(\cos x)^{n-1}-(\cos x)^{n+k-1}\}=\sum_{n=1}^{\infty}\{1-(\cos x)^k\}(\cos x)^{n-1}$

ゆえに，この級数は，初項 $1-(\cos x)^k=1-\cos^k x$，公比 $\cos x$ の無限等比級数である。

よって，級数が収束するための条件は

$1-\cos^k x=0$ ……① または $-1<\cos x<1$ ……②

n は整数とする。

[1] $x\neq n\pi$ のとき，② が満たされるから，この級数は k の値に関係なく収束する。

[2] $x=n\pi$ のとき　$\cos x=\pm 1$

このとき，② を満たさないから，級数が収束するためには，① を満たさなければならない。

(i) $x=2m\pi$ (m は整数) のとき　$\cos x=1$

このとき，k の値に関係なく ① は成り立つから，級数は 0 に収束する。

(ii) $x=(2m+1)\pi$ (m は整数) のとき　$\cos x=-1$

$1-(-1)^k=0$ となるのは，k が偶数のときである。

以上から，すべての実数 x に対して級数が収束するための条件は，**k が偶数** であることである。

(2) $x=0$ のとき　$1-\cos^k x=0$

ゆえに　$f(0)=0$

$x\neq 0$ のとき，$x=0$ の近くでは　$0<\cos x<1$

よって，級数は収束し，その和は

$$f(x)=\frac{1-\cos^k x}{1-\cos x}$$
$$=1+\cos x+\cos^2 x+\cdots\cdots+\cos^{k-1}x$$

ゆえに　$\lim_{x\to 0}f(x)=k>0$

よって　$\lim_{x\to 0}f(x)\neq f(0)$

したがって，関数 $f(x)$ は $x=0$ で連続でない。

⇐無限等比級数 $\sum_{n=1}^{\infty}ar^{n-1}$ の収束条件 $a=0$ または $|r|<1$

⇐整数 n が偶数の場合と奇数の場合に分ける。

⇐[1] と [2] の共通範囲。

⇐初項 0 のとき和は 0

⇐|公比|<1

⇐$1-\cos^k x=(1-\cos x)(1+\cos x+\cos^2 x+\cdots\cdots+\cos^{k-1}x)$

PR
②**47**

次の関数は $x=0$ で連続であるか。また，$x=0$ で微分可能であるか。

(1)　$f(x)=\begin{cases} x^3+7 & (x\geqq 0) \\ x+7 & (x<0) \end{cases}$　　(2)　$f(x)=\begin{cases} \sin x & (x\geqq 0) \\ \dfrac{1}{2}x^2+x & (x<0) \end{cases}$

(1)　$\displaystyle\lim_{x\to+0} f(x)=\lim_{x\to+0}(x^3+7)=7,\ \lim_{x\to-0} f(x)=\lim_{x\to-0}(x+7)=7$

ゆえに　$\displaystyle\lim_{x\to 0} f(x)=7$

また　$f(0)=0^3+7=7$

よって　$\displaystyle\lim_{x\to 0} f(x)=f(0)$

したがって，$f(x)$ は **$x=0$ で連続である。**

次に，$h\neq 0$ のとき

$$\lim_{h\to+0}\frac{f(0+h)-f(0)}{h}=\lim_{h\to+0}\frac{(h^3+7)-7}{h}=\lim_{h\to+0}h^2=0$$

$$\lim_{h\to-0}\frac{f(0+h)-f(0)}{h}=\lim_{h\to-0}\frac{(h+7)-7}{h}=\lim_{h\to-0}1=1$$

よって　$\displaystyle\lim_{h\to+0}\frac{f(0+h)-f(0)}{h}\neq\lim_{h\to-0}\frac{f(0+h)-f(0)}{h}$

ゆえに，$f'(0)$ は存在しない。

したがって，$f(x)$ は **$x=0$ で微分可能でない。**

⇐連続性は $\displaystyle\lim_{x\to 0} f(x)=f(0)$ であるかどうかを調べる。

⇐微分可能性は $\displaystyle\lim_{h\to 0}\frac{f(0+h)-f(0)}{h}$ が存在するかどうかを $h\longrightarrow +0$，$h\longrightarrow -0$ に分けて調べる。

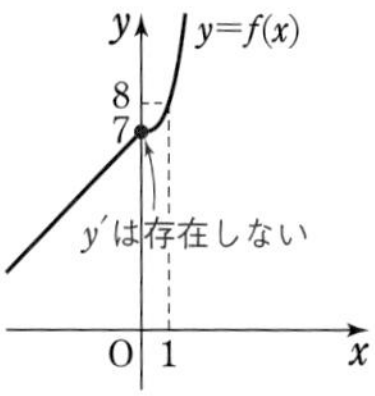

(2)　$\displaystyle\lim_{x\to+0} f(x)=\lim_{x\to+0}\sin x=0,\ \lim_{x\to-0} f(x)=\lim_{x\to-0}\left(\frac{1}{2}x^2+x\right)=0$

ゆえに　$\displaystyle\lim_{x\to 0} f(x)=0$

また　$f(0)=\sin 0=0$

よって　$\displaystyle\lim_{x\to 0} f(x)=f(0)$

したがって，$f(x)$ は **$x=0$ で連続である。**

次に，$h\neq 0$ のとき

$$\lim_{h\to+0}\frac{f(0+h)-f(0)}{h}=\lim_{h\to+0}\frac{\sin h-0}{h}=\lim_{h\to+0}\frac{\sin h}{h}=1$$

$$\lim_{h\to-0}\frac{f(0+h)-f(0)}{h}=\lim_{h\to-0}\frac{\frac{1}{2}h^2+h-0}{h}=\lim_{h\to-0}\left(\frac{1}{2}h+1\right)=1$$

よって　$\displaystyle\lim_{h\to+0}\frac{f(0+h)-f(0)}{h}=\lim_{h\to-0}\frac{f(0+h)-f(0)}{h}=1$

ゆえに，$f'(0)$ が存在する。

したがって，$f(x)$ は **$x=0$ で微分可能である。**

⇐連続性は $\displaystyle\lim_{x\to 0} f(x)=f(0)$ であるかどうかを調べる。

⇐$x=0$ で微分可能かどうかを $h\longrightarrow +0$，$h\longrightarrow -0$ に分けて調べる。

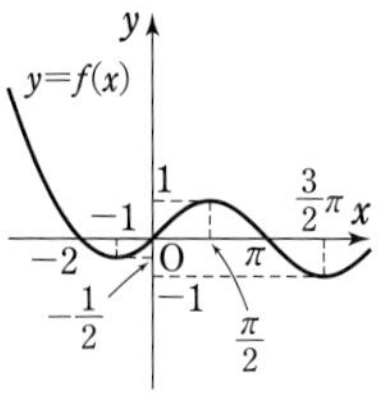

⇐すなわち $f'(0)=1$

PR ②48

次の関数の導関数を，定義に従って求めよ。

(1) $y=\dfrac{1}{x^2}$　　(2) $y=\sqrt{x^2+1}$

(1) $y'=\lim_{h\to0}\dfrac{\dfrac{1}{(x+h)^2}-\dfrac{1}{x^2}}{h}=\lim_{h\to0}\dfrac{1}{h}\cdot\dfrac{-h(2x+h)}{x^2(x+h)^2}$

$=\lim_{h\to0}\left\{-\dfrac{2x+h}{x^2(x+h)^2}\right\}=-\dfrac{2x}{x^2\cdot x^2}$

$=-\dfrac{\mathbf{2}}{\boldsymbol{x}^3}$

⇐ $\dfrac{1}{(x+h)^2}-\dfrac{1}{x^2}=\dfrac{x^2-(x+h)^2}{x^2(x+h)^2}=\dfrac{-2xh-h^2}{x^2(x+h)^2}$

(2) $y'=\lim_{h\to0}\dfrac{\sqrt{(x+h)^2+1}-\sqrt{x^2+1}}{h}$

$=\lim_{h\to0}\dfrac{\{(x+h)^2+1\}-(x^2+1)}{h\{\sqrt{(x+h)^2+1}+\sqrt{x^2+1}\}}$

$=\lim_{h\to0}\dfrac{h(2x+h)}{h\{\sqrt{(x+h)^2+1}+\sqrt{x^2+1}\}}$

$=\lim_{h\to0}\dfrac{2x+h}{\sqrt{(x+h)^2+1}+\sqrt{x^2+1}}$

$=\dfrac{2x}{\sqrt{x^2+1}+\sqrt{x^2+1}}=\dfrac{\boldsymbol{x}}{\sqrt{\boldsymbol{x}^2+\mathbf{1}}}$

⇐分母・分子に $\sqrt{(x+h)^2+1}+\sqrt{x^2+1}$ を掛けて分子の有理化。

⇐ h を約分。

PR ②49

次の関数を微分せよ。

(1) $y=3x^5-2x^3+1$　　(2) $y=(x^2-x+1)(2x^3-3)$　　(3) $y=\dfrac{x+1}{x-1}$

(4) $y=\dfrac{1-x^3}{1+x^6}$　　(5) $y=\dfrac{x+2}{x^3+8}$　　(6) $y=\dfrac{5x^3-4x^2+1}{x^3}$

(1) $y'=3\cdot5x^4-2\cdot3x^2=\mathbf{15}\boldsymbol{x}^4-\mathbf{6}\boldsymbol{x}^2$

⇐ $(x^n)'=nx^{n-1}$

(2) $y'=(x^2-x+1)'(2x^3-3)+(x^2-x+1)(2x^3-3)'$

$=(2x-1)(2x^3-3)+(x^2-x+1)\cdot6x^2$

$=(4x^4-2x^3-6x+3)+(6x^4-6x^3+6x^2)$

$=\mathbf{10}\boldsymbol{x}^4-\mathbf{8}\boldsymbol{x}^3+\mathbf{6}\boldsymbol{x}^2-\mathbf{6}\boldsymbol{x}+\mathbf{3}$

⇐ $(fg)'=f'g+fg'$
$f(x)=x^2-x+1$
$g(x)=2x^3-3$

(3) $y'=\dfrac{(x+1)'(x-1)-(x+1)(x-1)'}{(x-1)^2}$

$=\dfrac{(x-1)-(x+1)}{(x-1)^2}=-\dfrac{\mathbf{2}}{(\boldsymbol{x}-\mathbf{1})^2}$

⇐ $\left(\dfrac{f}{g}\right)'=\dfrac{f'g-fg'}{g^2}$
$f(x)=x+1$
$g(x)=x-1$

別解　$y=\dfrac{x+1}{x-1}=1+\dfrac{2}{x-1}$ であるから　$y'=-\dfrac{\mathbf{2}}{(\boldsymbol{x}-\mathbf{1})^2}$

⇐分子の次数を下げる。

(4) $y'=\dfrac{(1-x^3)'(1+x^6)-(1-x^3)(1+x^6)'}{(1+x^6)^2}$

$=\dfrac{-3x^2(1+x^6)-(1-x^3)\cdot6x^5}{(1+x^6)^2}$

$=\dfrac{3x^2\{-(1+x^6)-2x^3(1-x^3)\}}{(1+x^6)^2}$

$=\dfrac{\mathbf{3}\boldsymbol{x}^2(\boldsymbol{x}^6-\mathbf{2}\boldsymbol{x}^3-\mathbf{1})}{(\mathbf{1}+\boldsymbol{x}^6)^2}$

⇐ $\left(\dfrac{f}{g}\right)'=\dfrac{f'g-fg'}{g^2}$

⇐(分子)$=3x^2\times(-1-x^6-2x^3+2x^6)$

(5) $y=\dfrac{x+2}{(x+2)(x^2-2x+4)}=\dfrac{1}{x^2-2x+4}$ であるから

$y'=-\dfrac{(x^2-2x+4)'}{(x^2-2x+4)^2}=-\dfrac{2x-2}{(x^2-2x+4)^2}$

$=-\dfrac{\boldsymbol{2(x-1)}}{\boldsymbol{(x^2-2x+4)^2}}$

⇐約分してから微分。

(6) $y=5-\dfrac{4}{x}+\dfrac{1}{x^3}$ であるから

$y'=\dfrac{\boldsymbol{4}}{\boldsymbol{x^2}}-\dfrac{\boldsymbol{3}}{\boldsymbol{x^4}}$ $\left(\dfrac{\boldsymbol{4x^2-3}}{\boldsymbol{x^4}}\right.$ でもよい$\Big)$

(6) $\left(\dfrac{1}{x}\right)'=(x^{-1})'$
$=-x^{-2}=-\dfrac{1}{x^2}$
$\left(\dfrac{1}{x^3}\right)'=(x^{-3})'$
$=-3x^{-4}=-\dfrac{3}{x^4}$

PR ②50

次の関数を微分せよ。

(1) $y=(x^2-2x-4)^3$　(2) $y=\{(x-1)(x^2+2)\}^4$　(3) $y=\dfrac{1}{(x^2+1)^3}$

(4) $y=\dfrac{(x+1)(x-3)}{(x-5)^3}$　(5) $y=\left(\dfrac{x}{x^2+1}\right)^4$

(1) $y'=3(x^2-2x-4)^2(x^2-2x-4)'$

$=3(x^2-2x-4)^2(2x-2)$

$=\boldsymbol{6(x-1)(x^2-2x-4)^2}$

⇐$u=x^2-2x-4$ とすると　$y=u^3$
よって　$y'=3u^2\cdot\dfrac{du}{dx}$

(2) $y'=4\{(x-1)(x^2+2)\}^3\{(x-1)(x^2+2)\}'$

$=4\{(x-1)(x^2+2)\}^3\{1\cdot(x^2+2)+(x-1)\cdot 2x\}$

$=\boldsymbol{4(x-1)^3(x^2+2)^3(3x^2-2x+2)}$

⇐$u=(x-1)(x^2+2)$ とすると　$y=u^4$
よって　$y'=4u^3\cdot\dfrac{du}{dx}$

(3) $y'=-\dfrac{\{(x^2+1)^3\}'}{\{(x^2+1)^3\}^2}$

$=-\dfrac{3(x^2+1)^2(x^2+1)'}{(x^2+1)^6}$

$=-\dfrac{\boldsymbol{6x}}{\boldsymbol{(x^2+1)^4}}$

⇐$v=(x^2+1)^3$ とすると
$y=\dfrac{1}{v}$
よって　$y'=-\dfrac{v'}{v^2}$

別解　$y=\dfrac{1}{(x^2+1)^3}=(x^2+1)^{-3}$ と変形できるから

$y'=-3(x^2+1)^{-4}\cdot(x^2+1)'$

$=-3(x^2+1)^{-4}\cdot 2x$

$=-\dfrac{\boldsymbol{6x}}{\boldsymbol{(x^2+1)^4}}$

⇐$u=x^2+1$ とすると
$y=u^{-3}$
よって　$y'=-3u^{-4}\cdot\dfrac{du}{dx}$

(4) $y'=\dfrac{\{(x+1)(x-3)\}'(x-5)^3-(x+1)(x-3)\{(x-5)^3\}'}{\{(x-5)^3\}^2}$

$=\dfrac{\{1\cdot(x-3)+(x+1)\cdot 1\}(x-5)^3-(x+1)(x-3)\cdot 3(x-5)^2\cdot 1}{(x-5)^6}$

$=\dfrac{(x-5)^2\{(2x-2)(x-5)-3(x+1)(x-3)\}}{(x-5)^6}$

$=\dfrac{(2x^2-12x+10)-(3x^2-6x-9)}{(x-5)^4}$

$=\dfrac{\boldsymbol{-x^2-6x+19}}{\boldsymbol{(x-5)^4}}$

⇐$\left(\dfrac{f}{g}\right)'=\dfrac{f'g-fg'}{g^2}$

⇐$(fg)'=f'g+fg'$
$(u^n)'=nu^{n-1}u'$

⇐共通因数でくくる。

(5) $y'=4\left(\dfrac{x}{x^2+1}\right)^3\left(\dfrac{x}{x^2+1}\right)'$

$=4\cdot\dfrac{x^3}{(x^2+1)^3}\cdot\dfrac{1\cdot(x^2+1)-x\cdot 2x}{(x^2+1)^2}$

$=\dfrac{4x^3(1-x^2)}{(x^2+1)^5}=-\boldsymbol{\dfrac{4x^3(x+1)(x-1)}{(x^2+1)^5}}$

⇐$u=\dfrac{x}{x^2+1}$ とすると $y=u^4$
よって　$y'=4u^3\cdot\dfrac{du}{dx}$

PR ②51

関数 $x=y^2-y+1\ \left(y>\dfrac{1}{2}\right)$ について，$\dfrac{dy}{dx}$ を x の関数で表せ。

HINT　y を x の式で表すには，2 次方程式の解の公式を利用する。

$x=y^2-y+1$ を y について微分すると　$\dfrac{dx}{dy}=2y-1$

よって，$y \neq \dfrac{1}{2}$ から　$\dfrac{dy}{dx}=\dfrac{1}{\dfrac{dx}{dy}}=\dfrac{1}{2y-1}$　…… ①

⇐$y>\dfrac{1}{2}$ より $y\neq\dfrac{1}{2}$

一方，$y^2-y+1-x=0$ と変形できるから

$y=\dfrac{-(-1)\pm\sqrt{(-1)^2-4(1-x)}}{2}=\dfrac{1\pm\sqrt{4x-3}}{2}$

⇐解の公式を利用。

$y>\dfrac{1}{2}$ であるから　$y=\dfrac{1+\sqrt{4x-3}}{2}$

① に代入して　$\boldsymbol{\dfrac{dy}{dx}}=\dfrac{1}{1+\sqrt{4x-3}-1}=\boldsymbol{\dfrac{1}{\sqrt{4x-3}}}$

⇐$y=\dfrac{1-\sqrt{4x-3}}{2}$ は $y<\dfrac{1}{2}$ となるから不適。

別解 1　$y>\dfrac{1}{2}$ であるから　$y=\dfrac{1+\sqrt{4x-3}}{2}$

したがって　$\boldsymbol{\dfrac{dy}{dx}}=\left(\dfrac{1+\sqrt{4x-3}}{2}\right)'=\dfrac{1}{2}\{(4x-3)^{\frac{1}{2}}\}'$

$=\dfrac{1}{2}\cdot\dfrac{1}{2}(4x-3)^{-\frac{1}{2}}\cdot 4=\boldsymbol{\dfrac{1}{\sqrt{4x-3}}}$

⇐$u=\sqrt{4x-3}$ とすると $y=\dfrac{1}{2}+\dfrac{1}{2}u$
よって　$\dfrac{dy}{dx}=\dfrac{1}{2}\cdot\dfrac{du}{dx}$

別解 2　$x=y^2-y+1\ \left(y>\dfrac{1}{2}\right)$ の両辺を x について微分すると

$1=2y\dfrac{dy}{dx}-\dfrac{dy}{dx}$　すなわち　$(2y-1)\dfrac{dy}{dx}=1$

よって，$y\neq\dfrac{1}{2}$ から　$\dfrac{dy}{dx}=\dfrac{1}{2y-1}$　以下，同じ。

⇐右辺も x で微分するから，合成関数の微分より
$\dfrac{d}{dx}y^2=\dfrac{d}{dy}y^2\cdot\dfrac{dy}{dx}$
などとなる。

PR ②52

次の関数を微分せよ。　〔(3) 信州大〕

(1) $y=x^2\sqrt{x}$　(2) $y=\dfrac{1}{\sqrt[3]{x^2}}\ (x>0)$　(3) $y=x^3\sqrt{1+x^2}$

(1) $y=x^{2+\frac{1}{2}}=x^{\frac{5}{2}}$ であるから

$y'=\dfrac{5}{2}x^{\frac{5}{2}-1}=\dfrac{5}{2}x^{\frac{3}{2}}=\boldsymbol{\dfrac{5}{2}x\sqrt{x}}$

⇐$x^{\frac{3}{2}}=x^{1+\frac{1}{2}}=x\sqrt{x}$

(2) $y'=\left(\dfrac{1}{\sqrt[3]{x^2}}\right)'=(x^{-\frac{2}{3}})'=-\dfrac{2}{3}x^{-\frac{2}{3}-1}$

$=-\dfrac{2}{3}x^{-\frac{5}{3}}=-\boldsymbol{\dfrac{2}{3x\sqrt[3]{x^2}}}$

⇐$x^{-\frac{5}{3}}=\dfrac{1}{\sqrt[3]{x^3\cdot x^2}}=\dfrac{1}{x\sqrt[3]{x^2}}$

参考 $x<0$ のときは次のように導関数を求めることができる。

$x<0$ のとき，$-x>0$ であるから

$$y=\frac{1}{\sqrt[3]{x^2}}=\frac{1}{\sqrt[3]{(-x)^2}}=(-x)^{-\frac{2}{3}}$$

よって　$y'=-\frac{2}{3}(-x)^{-\frac{2}{3}-1}\cdot(-x)'=\frac{2}{3}(-x)^{-\frac{5}{3}}=\frac{2}{3\sqrt[3]{(-x)^5}}$

$$=\frac{2}{3(-x)\sqrt[3]{(-x)^2}}=-\frac{2}{3x\sqrt[3]{x^2}}$$

これから，$x>0$ のときと一致するが，常にこのような扱いができるとは限らないので注意が必要である。

⇐ r が実数のとき，a^r は $a>0$ で定義されている。

⇐合成関数の微分法を利用。$(-x)'$ を忘れないように。

別解 $y=\frac{1}{\sqrt[3]{x^2}}$ の両辺を3乗すると　$y^3=\frac{1}{x^2}$

両辺を x について微分すると

$$3y^2\cdot\frac{dy}{dx}=-\frac{2}{x^3}　　よって　　\frac{dy}{dx}=-\frac{2}{3x^3y^2}$$

$y=\frac{1}{\sqrt[3]{x^2}}$ を代入して　$\frac{dy}{dx}=-\frac{2}{3x^3\left(\frac{1}{\sqrt[3]{x^2}}\right)^2}=-\boldsymbol{\frac{2}{3x\sqrt[3]{x^2}}}$

⇐この **別解** の方法であれば，$x>0$，$x<0$ の場合分けは必要ない。

⇐左辺は合成関数の微分法を利用。

$$\frac{d}{dx}y^3=\frac{d}{dy}y^3\cdot\frac{dy}{dx}$$

(3)　$(\sqrt{1+x^2})'=\{(1+x^2)^{\frac{1}{2}}\}'$

$$=\frac{1}{2}(1+x^2)^{\frac{1}{2}-1}(1+x^2)'$$

$$=\frac{1}{2}(1+x^2)^{-\frac{1}{2}}\cdot 2x=\frac{x}{\sqrt{1+x^2}}$$

よって　$y'=(x^3)'\sqrt{1+x^2}+x^3(\sqrt{1+x^2})'$

$$=3x^2\sqrt{1+x^2}+\frac{x^4}{\sqrt{1+x^2}}$$

$$=\frac{3x^2(1+x^2)+x^4}{\sqrt{1+x^2}}=\boldsymbol{\frac{4x^4+3x^2}{\sqrt{1+x^2}}}$$

⇐ $u=1+x^2$ とすると $(u^{\frac{1}{2}})'=\frac{1}{2}u^{-\frac{1}{2}}\cdot\frac{du}{dx}$

⇐ $(fg)'=f'g+fg'$

PR ③53　$f(x)=ax^{n+1}+bx^n+1$（n は自然数）が $(x-1)^2$ で割り切れるように，定数 a，b を n で表せ。〔類　岡山理科大〕

$f(x)$ が $(x-1)^2$ で割り切れるためには，x についての多項式 $Q(x)$ を用いて

$$ax^{n+1}+bx^n+1=(x-1)^2Q(x)　\cdots\cdots ①$$

と表されればよい。両辺を x で微分して

$$(n+1)ax^n+nbx^{n-1}=2(x-1)Q(x)+(x-1)^2Q'(x)　\cdots\cdots ②$$

①，② に $x=1$ を代入して

$$a+b+1=0　\cdots\cdots ③$$

$$(n+1)a+nb=0　\cdots\cdots ④$$

④−③×n から　　$\boldsymbol{a=n}$

これを ③ に代入して　$\boldsymbol{b=-n-1}$

⇐右辺は積の微分法を利用。$(fg)'=f'g+fg'$

inf. 本冊基本例題 53 の INFORMATION にある

x の多項式 $f(x)$ が $(x-a)^2$ で割り切れる $\iff$ $f(a)=f'(a)=0$

を用いると，次のようになる。

$f(x)$ が $(x-1)^2$ で割り切れるための条件は

$f(1)=0$ かつ $f'(1)=0$

ここで $f(x)=ax^{n+1}+bx^n+1$

$f'(x)=(n+1)ax^n+nbx^{n-1}$

$f(1)=0$ から $a+b+1=0$

$f'(1)=0$ から $(n+1)a+nb=0$ （以下，解答と同じ）

PR ③54

a は定数とし，関数 $f(x)$ は $x=a$ で微分可能とする。このとき，次の極限を a，$f'(a)$ などを用いて表せ。

(1) $\displaystyle\lim_{h\to 0}\frac{f(a+3h)-f(a+h)}{h}$　　(2) $\displaystyle\lim_{x\to a}\frac{a^2f(x)-x^2f(a)}{x-a}$

(1) $\displaystyle\lim_{h\to 0}\frac{f(a+3h)-f(a+h)}{h}$

$\displaystyle=\lim_{h\to 0}\frac{f(a+3h)-f(a)-\{f(a+h)-f(a)\}}{h}$

$\displaystyle=\lim_{h\to 0}\left\{3\cdot\frac{f(a+3h)-f(a)}{3h}-\frac{f(a+h)-f(a)}{h}\right\}$

$\displaystyle=3\lim_{h\to 0}\frac{f(a+3h)-f(a)}{3h}-\lim_{h\to 0}\frac{f(a+h)-f(a)}{h}$

$=3f'(a)-f'(a)=\boldsymbol{2f'(a)}$

(2) $\displaystyle\lim_{x\to a}\frac{a^2f(x)-x^2f(a)}{x-a}$

$\displaystyle=\lim_{x\to a}\frac{a^2\{f(x)-f(a)\}+a^2f(a)-x^2f(a)}{x-a}$

$\displaystyle=\lim_{x\to a}\frac{a^2\{f(x)-f(a)\}-(x+a)(x-a)f(a)}{x-a}$

$\displaystyle=\lim_{x\to a}\left\{a^2\cdot\frac{f(x)-f(a)}{x-a}-(x+a)f(a)\right\}$

$\displaystyle=a^2\lim_{x\to a}\frac{f(x)-f(a)}{x-a}-f(a)\lim_{x\to a}(x+a)$

$=\boldsymbol{a^2f'(a)-2af(a)}$

別解 $x-a=h$ とおくと，$x\longrightarrow a$ のとき $h\longrightarrow 0$ であるから

$\displaystyle\lim_{x\to a}\frac{a^2f(x)-x^2f(a)}{x-a}=\lim_{h\to 0}\frac{a^2f(a+h)-(a+h)^2f(a)}{h}$

$\displaystyle=\lim_{h\to 0}\frac{a^2\{f(a+h)-f(a)\}-2ahf(a)-h^2f(a)}{h}$

$\displaystyle=\lim_{h\to 0}\left\{a^2\cdot\frac{f(a+h)-f(a)}{h}-2af(a)-hf(a)\right\}$

$=\boldsymbol{a^2f'(a)-2af(a)}$

⇦ $\displaystyle\lim_{■\to 0}\frac{f(□+■)-f(□)}{■}$ の形を作るように式変形。

⇦ $\displaystyle\lim_{h\to 0}\frac{f(a+h)-f(a)}{h}=f'(a)$

⇦ $\displaystyle\lim_{■\to □}\frac{f(■)-f(□)}{■-□}$ の形を作るように式変形。

⇦ $\displaystyle\lim_{x\to a}\frac{f(x)-f(a)}{x-a}=f'(a)$

⇦ $x=a+h$

⇦ $\displaystyle\lim_{h\to 0}\frac{f(a+h)-f(a)}{h}=f'(a)$

PR ④55

$x>1$ のとき $f(x)=\dfrac{ax+b}{x+1}$，$x\leqq 1$ のとき $f(x)=x^2+1$ である関数 $f(x)$ が，$x=1$ で微分係数をもつとき，定数 a，b の値を求めよ。〔防衛大〕

関数 $f(x)$ が $x=1$ で微分係数をもつとき，$f(x)$ は $x=1$ で連続である。よって

$$\lim_{x\to 1+0}\frac{ax+b}{x+1}=\lim_{x\to 1-0}(x^2+1)=f(1)$$

ここで，$\displaystyle\lim_{x\to 1+0}\frac{ax+b}{x+1}=\frac{a+b}{2}$，

$\displaystyle\lim_{x\to 1-0}(x^2+1)=f(1)=2$ であるから

$\dfrac{a+b}{2}=2$　　よって　　$a+b=4$ …… ①

また　$$\lim_{h\to +0}\frac{f(1+h)-f(1)}{h}=\lim_{h\to +0}\frac{\dfrac{a(1+h)+b}{(1+h)+1}-(1^2+1)}{h}$$

$$=\lim_{h\to +0}\frac{a+ah+b-2(2+h)}{h(2+h)}=\lim_{h\to +0}\frac{(a-2)h+a+b-4}{h(2+h)}$$

$$=\lim_{h\to +0}\frac{a-2}{2+h}=\frac{a-2}{2}$$

$$\lim_{h\to -0}\frac{f(1+h)-f(1)}{h}=\lim_{h\to -0}\frac{(1+h)^2+1-(1^2+1)}{h}$$

$$=\lim_{h\to -0}\frac{h^2+2h}{h}=\lim_{h\to -0}(h+2)=2$$

したがって，$f'(1)$ が存在する条件は　　$\dfrac{a-2}{2}=2$

よって　　$\boldsymbol{a=6}$

このとき，① から　　$\boldsymbol{b=-2}$

⇐微分係数をもつ ⟹ 連続
逆は成り立たない。
$x=1$ で連続であることから，a と b の関係式を導く。

⇐**必要条件**

⇐右側微分係数

⇐① から $a+b-4=0$

⇐左側微分係数

⇐$\displaystyle\lim_{h\to +0}\frac{f(1+h)-f(1)}{h}=\lim_{h\to -0}\frac{f(1+h)-f(1)}{h}$

⇐**必要十分条件**

PR ②56

次の関数を微分せよ。ただし，a は定数とする。

(1) $y=2x-\cos x$　　(2) $y=\sin x^2-\tan x$　　(3) $y=x^2\sin(3x+5)$

(4) $y=\sin^3(2x+1)$　　(5) $y=\dfrac{1}{\sqrt{\tan x}}$　　(6) $y=\sin ax\cdot\cos ax$

〔(3) 琉球大　(4) 北見工大　(5) 東京電機大　(6) 富山大〕

(1) $y'=2\cdot 1-(-\sin x)=\boldsymbol{2+\sin x}$

(2) $y'=(\cos x^2)\cdot(x^2)'-\dfrac{1}{\cos^2 x}=\boldsymbol{2x\cos x^2-\dfrac{1}{\cos^2 x}}$

(3) $y'=(x^2)'\sin(3x+5)+x^2\{\sin(3x+5)\}'$

$=2x\sin(3x+5)+x^2\{\cos(3x+5)\}\cdot(3x+5)'$

$=\boldsymbol{2x\sin(3x+5)+3x^2\cos(3x+5)}$

(4) $y'=3\sin^2(2x+1)\{\sin(2x+1)\}'$

$=3\sin^2(2x+1)\cdot 2\cos(2x+1)$

$=\boldsymbol{6\sin^2(2x+1)\cos(2x+1)}$

⇐$(fg)'=f'g+fg'$

⇐$\{\sin(ax+b)\}'=a\cos(ax+b)$

⇐$(u^n)'=nu^{n-1}\cdot u'$

⇐$\{\sin(ax+b)\}'=a\cos(ax+b)$

(5) $y'=-\frac{1}{2}(\tan x)^{-\frac{1}{2}-1}(\tan x)'$

$=-\frac{1}{2}\cdot\frac{1}{(\tan x)^{\frac{3}{2}}}\cdot\frac{1}{\cos^2 x}$

$=-\frac{1}{2}\cdot\frac{1}{\left(\frac{\sin x}{\cos x}\right)^{\frac{3}{2}}}\cdot\frac{1}{\cos^2 x}$

$=-\boldsymbol{\frac{1}{2\sqrt{\sin^3 x\cos x}}}$

⇐$y=(\tan x)^{-\frac{1}{2}}$ から。

⇐$\tan x=\frac{\sin x}{\cos x}$

(6) $y'=(\sin ax)'\cos ax+\sin ax(\cos ax)'$

$=a\cos ax\cdot\cos ax+\sin ax(-a\sin ax)$

$=a\cos^2 ax-a\sin^2 ax$

$=\boldsymbol{a\cos 2ax}$

⇐$(fg)'=f'g+fg'$

⇐$\cos^2\theta-\sin^2\theta=\cos 2\theta$

別解 $y=\sin ax\cdot\cos ax=\frac{1}{2}\sin 2ax$ であるから

$y'=\frac{1}{2}(\cos 2ax)(2ax)'=\boldsymbol{a\cos 2ax}$

⇐$\sin 2\theta=2\sin\theta\cos\theta$

⇐$\{f(u)\}'=f'(u)\cdot u'$

PR ②57

次の関数を微分せよ。 〔(2) 類 信州大〕

(1) $y=\log(x^3+1)$ (2) $y=\sqrt[3]{x+1}\log_{10}x$

(3) $y=\log|\tan x|$ (4) $y=\log\frac{1+\sin x}{1-\sin x}$

(1) $y'=\frac{(x^3+1)'}{x^3+1}=\boldsymbol{\frac{3x^2}{x^3+1}}$

⇐$(\log f(x))'=\frac{f'(x)}{f(x)}$

(2) $y=(x+1)^{\frac{1}{3}}\log_{10}x$ であるから

$y'=\{(x+1)^{\frac{1}{3}}\}'\log_{10}x+(x+1)^{\frac{1}{3}}(\log_{10}x)'$

$=\frac{1}{3}(x+1)^{-\frac{2}{3}}\log_{10}x+\frac{(x+1)^{\frac{1}{3}}}{x\log 10}$

$=\frac{\log_{10}x}{3\sqrt[3]{(x+1)^2}}+\frac{\sqrt[3]{x+1}}{x\log 10}$

$=\frac{x\log_{10}x\log 10+3(x+1)}{3x\sqrt[3]{(x+1)^2}\log 10}=\boldsymbol{\frac{x\log x+3(x+1)}{3x\sqrt[3]{(x+1)^2}\log 10}}$

⇐$(fg)'=f'g+fg'$

⇐$\log_{10}x\log 10=\frac{\log x}{\log 10}\cdot\log 10=\log x$

(3) $y'=\frac{1}{\tan x}(\tan x)'=\frac{1}{\tan x}\cdot\frac{1}{\cos^2 x}$

$=\frac{1}{\frac{\sin x}{\cos x}\cdot\cos^2 x}=\boldsymbol{\frac{1}{\sin x\cos x}}$

⇐$y'=\frac{2}{\sin 2x}$ としてもよい。

(4) $y=\log(1+\sin x)-\log(1-\sin x)$ であるから

$y'=\frac{1}{1+\sin x}(1+\sin x)'-\frac{1}{1-\sin x}(1-\sin x)'$

$=\frac{\cos x}{1+\sin x}-\frac{-\cos x}{1-\sin x}=\frac{\cos x\{(1-\sin x)+(1+\sin x)\}}{(1+\sin x)(1-\sin x)}$

$=\frac{2\cos x}{\cos^2 x}=\boldsymbol{\frac{2}{\cos x}}$

⇐$\log\frac{M}{N}=\log M-\log N$

別解　$y'=\dfrac{1}{\dfrac{1+\sin x}{1-\sin x}}\left(\dfrac{1+\sin x}{1-\sin x}\right)'$

$=\dfrac{1-\sin x}{1+\sin x}\cdot\dfrac{\cos x(1-\sin x)-(1+\sin x)(-\cos x)}{(1-\sin x)^2}$

$=\dfrac{2\cos x}{(1+\sin x)(1-\sin x)}=\dfrac{2\cos x}{\cos^2 x}=\boldsymbol{\dfrac{2}{\cos x}}$

⇐ $\left(\dfrac{f}{g}\right)'=\dfrac{f'g-fg'}{g^2}$

PR ②58

次の関数を微分せよ。

(1)　$y=\sqrt[3]{x^2(x+1)}$　　(2)　$y=x^{\log x}$ $(x>0)$

(1)　両辺の絶対値の自然対数をとると

$\log|y|=\log|\sqrt[3]{x^2(x+1)}|$

$=\dfrac{1}{3}\log|x^2(x+1)|$

$=\dfrac{2}{3}\log|x|+\dfrac{1}{3}\log|x+1|$

⇐ $\dfrac{1}{3}\log(|x|^2|x+1|)$ $=\dfrac{1}{3}(2\log|x|$ $+\log|x+1|)$

両辺を x で微分すると

$\dfrac{y'}{y}=\dfrac{2}{3}\cdot\dfrac{1}{x}+\dfrac{1}{3}\cdot\dfrac{1}{x+1}\cdot(x+1)'$

$=\dfrac{2}{3x}+\dfrac{1}{3(x+1)}=\dfrac{2(x+1)+x}{3x(x+1)}$

$=\dfrac{3x+2}{3x(x+1)}$

よって　$y'=\sqrt[3]{x^2(x+1)}\cdot\dfrac{3x+2}{3x(x+1)}$

$=\boldsymbol{\dfrac{3x+2}{3\sqrt[3]{x(x+1)^2}}}$

⇐ $\dfrac{\sqrt[3]{x^2(x+1)}}{x(x+1)}$ $=\sqrt[3]{\dfrac{x^2(x+1)}{x^3(x+1)^3}}$ $=\dfrac{1}{\sqrt[3]{x(x+1)^2}}$

(2)　$x>0$ であるから　$y>0$

よって，両辺の自然対数をとると

$\log y=(\log x)^2$

⇐ $\log x^{\log x}=\log x\cdot\log x$ $=(\log x)^2$

両辺を x で微分すると

$\dfrac{y'}{y}=2\log x\cdot(\log x)'=2(\log x)\cdot\dfrac{1}{x}=\dfrac{2\log x}{x}$

ゆえに　$y'=y\cdot\dfrac{2\log x}{x}=x^{\log x}\cdot\dfrac{2\log x}{x}$

$=\boldsymbol{2x^{\log x-1}\log x}$

PR ②59

次の関数を微分せよ。

(1)　$y=x^3e^{-x}$　　(2)　$y=2^{\sin x}$　〔北見工大〕

(3)　$y=e^{3x}\sin 2x$　〔近畿大〕　(4)　$y=e^{\frac{1}{x}}$　〔関西大〕

(1)　$y'=(x^3)'e^{-x}+x^3(e^{-x})'$

$=3x^2e^{-x}+x^3e^{-x}\cdot(-x)'$

$=\boldsymbol{x^2(3-x)e^{-x}}$

⇐ $(fg)'=f'g+fg'$

(2) $y'=2^{\sin x}\log 2\cdot(\sin x)'$

$=\boldsymbol{2^{\sin x}\cos x\log 2}$

⇐$(a^u)'=a^u\log a\cdot u'$

(3) $y'=(e^{3x})'\sin 2x+e^{3x}(\sin 2x)'$

$=e^{3x}\cdot(3x)'\sin 2x+e^{3x}(\cos 2x)(2x)'$

$=\boldsymbol{e^{3x}(3\sin 2x+2\cos 2x)}$

⇐$(fg)'=f'g+fg'$
$(\sin x)'=\cos x$

(4) $y'=e^{\frac{1}{x}}\cdot\left(\frac{1}{x}\right)'=e^{\frac{1}{x}}\cdot\left(-\frac{1}{x^2}\right)=-\boldsymbol{\frac{e^{\frac{1}{x}}}{x^2}}$

⇐$(e^u)'=e^u\cdot u'$

PR ③60

$\lim_{h\to 0}(1+h)^{\frac{1}{h}}=e$ であることを用いて，次の極限を求めよ。

(1) $\lim_{x\to\infty}\left(1-\frac{3}{x}\right)^x$　　(2) $\lim_{x\to 0}\frac{\log_2(1+x)}{x}$　〔会津大〕

(3) $\lim_{x\to\infty}\left(\frac{x}{x+1}\right)^x$　　(4) $\lim_{x\to\infty}x\{\log(2x+1)-\log 2x\}$

(1) $-\frac{3}{x}=h$ とおくと　　$x=-\frac{3}{h}$

⇐おき換え

また，$x\longrightarrow\infty$ のとき $h\longrightarrow -0$ であるから

$$\lim_{x\to\infty}\left(1-\frac{3}{x}\right)^x=\lim_{h\to -0}(1+h)^{-\frac{3}{h}}=\lim_{h\to -0}\{(1+h)^{\frac{1}{h}}\}^{-3}$$

$$=\boldsymbol{e^{-3}}\quad\left(\boldsymbol{\frac{1}{e^3}}\text{ でもよい}\right)$$

⇐$\boldsymbol{\lim_{h\to -0}(1+h)^{\frac{1}{h}}=e}$

(2) $\lim_{x\to 0}\frac{\log_2(1+x)}{x}=\lim_{x\to 0}\frac{1}{x}\log_2(1+x)=\lim_{x\to 0}\log_2(1+x)^{\frac{1}{x}}$

$=\log_2 e=\boldsymbol{\frac{1}{\log 2}}$

⇐$k\log_a M=\log_a M^k$

⇐$\log_a b=\frac{1}{\log_b a}$

(3) $\lim_{x\to\infty}\left(\frac{x}{x+1}\right)^x=\lim_{x\to\infty}\left(\frac{1}{1+\frac{1}{x}}\right)^x=\lim_{x\to\infty}\frac{1}{\left(1+\frac{1}{x}\right)^x}$

⇐分母・分子を x で割る。

$\frac{1}{x}=h$ とおくと　　$x=\frac{1}{h}$

また，$x\longrightarrow\infty$ のとき $h\longrightarrow +0$ であるから

$$\lim_{x\to\infty}\frac{1}{\left(1+\frac{1}{x}\right)^x}=\lim_{h\to +0}\frac{1}{(1+h)^{\frac{1}{h}}}=\frac{1}{e}$$

ゆえに　　$\lim_{x\to\infty}\left(\frac{x}{x+1}\right)^x=\boldsymbol{\frac{1}{e}}$

⇐$\lim_{x\to\infty}\left(1+\frac{1}{x}\right)^x=e$ から，ただちに
$\lim_{x\to\infty}\frac{1}{\left(1+\frac{1}{x}\right)^x}=\frac{1}{e}$
としてもよい。

(4) $x\{\log(2x+1)-\log 2x\}=x\log\frac{2x+1}{2x}$

$=\log\left(1+\frac{1}{2x}\right)^x$

$=\frac{1}{2}\log\left(1+\frac{1}{2x}\right)^{2x}$　……(＊)

$\frac{1}{2x}=h$ とおくと　　$2x=\frac{1}{h}$

⇐$\log M-\log N=\log\frac{M}{N}$
(＊)は，$x\longrightarrow\infty$ のとき $2x\longrightarrow\infty$ であるから，ただちに
$\lim_{x\to\infty}\frac{1}{2}\log\left(1+\frac{1}{2x}\right)^{2x}$
$=\frac{1}{2}\log e=\frac{1}{2}$
としてもよい。

また，$x \longrightarrow \infty$ のとき $h \longrightarrow +0$ であるから

$$\lim_{x\to\infty} x\{\log(2x+1)-\log 2x\}=\frac{1}{2}\lim_{x\to\infty}\log\left(1+\frac{1}{2x}\right)^{2x}$$
$$=\frac{1}{2}\lim_{h\to+0}\log(1+h)^{\frac{1}{h}}$$
$$=\frac{1}{2}\log e=\mathbf{\frac{1}{2}}$$

PR ③61

次の極限を求めよ。

(1) $\displaystyle\lim_{x\to 0}\frac{2^x-1}{x}$　　(2) $\displaystyle\lim_{x\to 2}\frac{1}{x-2}\log\frac{x}{2}$　〔京都産大〕

(3) $\displaystyle\lim_{x\to 0}\frac{e^x-e^{-x}}{x}$　〔東京理科大〕　(4) $\displaystyle\lim_{x\to 0}\frac{e^{x^2}-1}{1-\cos x}$

(1) $f(x)=2^x$ とすると

$$\lim_{x\to 0}\frac{2^x-1}{x}=\lim_{x\to 0}\frac{f(x)-f(0)}{x-0}=f'(0)$$

⇦$1=2^0=f(0)$

$f'(x)=2^x\log 2$ であるから　　$f'(0)=\log 2$

よって　　$\displaystyle\lim_{x\to 0}\frac{2^x-1}{x}=\mathbf{\log 2}$

別解　$2^x-1=t$ とおくと　　$x=\log_2(1+t)$

また，$x \longrightarrow 0$ のとき $t \longrightarrow 0$ であるから

$$\lim_{x\to 0}\frac{2^x-1}{x}=\lim_{t\to 0}\frac{t}{\log_2(1+t)}=\lim_{t\to 0}\frac{1}{\frac{1}{t}\log_2(1+t)}$$
$$=\lim_{t\to 0}\frac{1}{\log_2(1+t)^{\frac{1}{t}}}=\frac{1}{\log_2 e}=\mathbf{\log 2}$$

⇦$\log_a b=\dfrac{1}{\log_b a}$

(2) $f(x)=\log x$ とすると

$$\lim_{x\to 2}\frac{1}{x-2}\log\frac{x}{2}=\lim_{x\to 2}\frac{\log x-\log 2}{x-2}$$
$$=\lim_{x\to 2}\frac{f(x)-f(2)}{x-2}$$
$$=f'(2)$$

⇦$\log\dfrac{M}{N}=\log M-\log N$

$f'(x)=\dfrac{1}{x}$ であるから　　$f'(2)=\dfrac{1}{2}$

よって　　$\displaystyle\lim_{x\to 2}\frac{1}{x-2}\log\frac{x}{2}=\mathbf{\frac{1}{2}}$

(3) $f(x)=e^x-e^{-x}$ とすると，$f(0)=e^0-e^{-0}=0$ であるから

$$\lim_{x\to 0}\frac{e^x-e^{-x}}{x}=\lim_{x\to 0}\frac{f(x)-f(0)}{x-0}=f'(0)$$

⇦$0=f(0)$

$f'(x)=e^x-e^{-x}(-x)'=e^x+e^{-x}$ であるから

⇦$(e^x)'=e^x$

$f'(0)=e^0+e^{-0}=2$

よって　　$\displaystyle\lim_{x\to 0}\frac{e^x-e^{-x}}{x}=\mathbf{2}$

別解 $\lim_{x\to 0}\frac{e^x-e^{-x}}{x}=\lim_{x\to 0}\frac{(e^x-e^{-x})e^x}{xe^x}=\lim_{x\to 0}\frac{e^{2x}-1}{xe^x}$

$=\lim_{x\to 0}\frac{e^{2x}-1}{2x}\cdot\frac{2}{e^x}=\lim_{x\to 0}\frac{e^{2x}-1}{2x}\cdot\lim_{x\to 0}\frac{2}{e^x}$

$=1\cdot\frac{2}{1}=\mathbf{2}$

⇐$\lim_{t\to 0}\frac{e^t-1}{t}=1$ を利用。
$x\longrightarrow 0$ のとき $2x\longrightarrow 0$
(重要例題 61 (1) 参照)

(4) $\frac{e^{x^2}-1}{1-\cos x}=(1+\cos x)\cdot\frac{e^{x^2}-1}{1-\cos^2 x}$

$=(1+\cos x)\cdot\frac{e^{x^2}-1}{\sin^2 x}$

$=(1+\cos x)\cdot\frac{x^2}{\sin^2 x}\cdot\frac{e^{x^2}-1}{x^2}$

よって $\lim_{x\to 0}\frac{e^{x^2}-1}{1-\cos x}=\lim_{x\to 0}(1+\cos x)\left(\frac{x}{\sin x}\right)^2\cdot\frac{e^{x^2}-1}{x^2}$

$=(1+1)\cdot 1^2\cdot 1=\mathbf{2}$

⇐$1+\cos x$ と $1-\cos x$ はペアで使う。

⇐$\lim_{x\to 0}\frac{x}{\sin x}=1$,
$\lim_{x\to 0}\frac{e^x-1}{x}=1$
が使える形に変形。
$x\longrightarrow 0$ のとき $x^2\longrightarrow 0$

PR ②62 $y=e^{-x}\sin x$ のとき，$y''+$ ア$\square$ $y'+$ イ$\square$ $y=0$ である。 〔法政大〕

$y=e^{-x}\sin x$ であるから

$y'=-e^{-x}\sin x+e^{-x}\cos x=e^{-x}(-\sin x+\cos x)$

$y''=-e^{-x}(-\sin x+\cos x)+e^{-x}(-\cos x-\sin x)$

$=-2e^{-x}\cos x$

⇐$(e^{-x})'\sin x+e^{-x}(\sin x)'$
⇐$(e^{-x})'(-\sin x+\cos x)+e^{-x}(-\sin x+\cos x)'$

$y''+ay'+by=0$ とすると，これらを代入して

$-2e^{-x}\cos x+ae^{-x}(-\sin x+\cos x)+be^{-x}\sin x=0$

$e^{-x}\neq 0$ であるから

$-2\cos x+a(-\sin x+\cos x)+b\sin x=0$ …… ①

① が x の恒等式であるから，$x=0$ を代入して $-2+a=0$

⇐数値代入法

また，$x=\frac{\pi}{2}$ を代入して $-a+b=0$

これを解いて $a=2$, $b=2$

このとき (① の左辺)

$=-2\cos x+2(-\sin x+\cos x)+2\sin x$

$=0=$(① の右辺)

⇐逆の確認。

したがって $a=$ ア$\mathbf{2}$, $b=$ イ$\mathbf{2}$

別解 $y=e^{-x}\sin x$ であるから

$y'=-e^{-x}\sin x+e^{-x}\cos x=-y+e^{-x}\cos x$

$y''=-y'-e^{-x}\cos x-e^{-x}\sin x$

$=-y'-(y'+y)-y$

整理して $y''+2y'+2y=0$

よって $a=$ ア$\mathbf{2}$, $b=$ イ$\mathbf{2}$

⇐$y'=-y+e^{-x}\cos x$ から
$e^{-x}\cos x=y'+y$

PR ③63 次の関数の第 n 次導関数を求めよ。ただし，a は定数とする。
(1) $y=xe^{ax}$ (2) $y=\sin ax$

(1)　$y'=e^{ax}+axe^{ax}=(1+ax)e^{ax}$　…… ①

$y''=ae^{ax}+a(1+ax)e^{ax}=a(2+ax)e^{ax}$

$y'''=a\{ae^{ax}+a(2+ax)e^{ax}\}=a^2(3+ax)e^{ax}$

よって，$y^{(n)}=a^{n-1}(n+ax)e^{ax}$ …… Ⓐ と推測される。

Ⓐ を，数学的帰納法によって証明する。

[1]　$n=1$ のとき　① から Ⓐ は成り立つ。

[2]　$n=k$ のとき Ⓐ が成り立つと仮定すると

$$\underline{y^{(k)}}=a^{k-1}(k+ax)e^{ax}$$

$n=k+1$ のとき

$$\begin{aligned}y^{(k+1)}&=\{\underline{y^{(k)}}\}'=\{a^{k-1}(k+ax)e^{ax}\}'\\&=a^{k-1}\{ae^{ax}+a(k+ax)e^{ax}\}\\&=a^{k-1}\cdot a(1+k+ax)e^{ax}\\&=a^k\{(k+1)+ax\}e^{ax}\end{aligned}$$

⇐ $y^{(k+1)}=\{y^{(k)}\}'$

よって，$n=k+1$ のときにも Ⓐ は成り立つ。

[1]，[2] から，すべての自然数 n について Ⓐ は成り立つ。

ゆえに　$\boldsymbol{y^{(n)}=a^{n-1}(n+ax)e^{ax}}$

(2)　$y'=a\cos ax=a\sin\left(ax+\dfrac{\pi}{2}\right)$　…… ①

⇐ $(\sin u)'=\cos u\cdot u'$，$\sin\left(\theta+\dfrac{\pi}{2}\right)=\cos\theta$

$$y''=a^2\cos\left(ax+\frac{\pi}{2}\right)=a^2\sin\left(ax+\frac{\pi}{2}+\frac{\pi}{2}\right)$$

$$=a^2\sin\left(ax+2\cdot\frac{\pi}{2}\right)$$

$$y'''=a^3\cos\left(ax+2\cdot\frac{\pi}{2}\right)=a^3\sin\left(ax+2\cdot\frac{\pi}{2}+\frac{\pi}{2}\right)$$

$$=a^3\sin\left(ax+3\cdot\frac{\pi}{2}\right)$$

よって，$y^{(n)}=a^n\sin\left(ax+\dfrac{n\pi}{2}\right)$ …… Ⓐ と推測される。

Ⓐ を，数学的帰納法によって証明する。

[1]　$n=1$ のとき　① から Ⓐ は成り立つ。

[2]　$n=k$ のとき Ⓐ が成り立つと仮定すると

$$\underline{y^{(k)}}=a^k\sin\left(ax+\frac{k\pi}{2}\right)$$

$n=k+1$ のとき

$$\begin{aligned}y^{(k+1)}&=\{\underline{y^{(k)}}\}'=\left\{a^k\sin\left(ax+\frac{k\pi}{2}\right)\right\}'\\&=a^k\cdot a\cos\left(ax+\frac{k\pi}{2}\right)\\&=a^{k+1}\sin\left(ax+\frac{k\pi}{2}+\frac{\pi}{2}\right)\\&=a^{k+1}\sin\left\{ax+\frac{(k+1)\pi}{2}\right\}\end{aligned}$$

⇐ $y^{(k+1)}=\{y^{(k)}\}'$，$\sin\left(\theta+\dfrac{\pi}{2}\right)=\cos\theta$

よって，$n=k+1$ のときにも Ⓐ は成り立つ。

[1]，[2] から，すべての自然数 n について Ⓐ は成り立つ。

ゆえに　$\boldsymbol{y^{(n)}=a^n\sin\left(ax+\frac{n\pi}{2}\right)}$

PR ②64

次の方程式で定められる x の関数 y について，$\frac{dy}{dx}$ を求めよ。

(1) $y^2=2x$　(2) $4x^2-y^2-4x+5=0$　(3) $\sqrt{x}+\sqrt{y}=1$

(1) $y^2=2x$ の両辺を x で微分すると　$2y\cdot\frac{dy}{dx}=2$

よって，$y\neq0$ のとき　$\boldsymbol{\frac{dy}{dx}=\frac{2}{2y}=\frac{1}{y}}$

(2) $4x^2-y^2-4x+5=0$ の両辺を x で微分すると

$$8x-2y\cdot\frac{dy}{dx}-4=0$$

よって　$y\cdot\frac{dy}{dx}=4x-2$

$y^2=4x^2-4x+5=4\left(x-\frac{1}{2}\right)^2+4>0$ から　$y\neq0$

ゆえに　$\boldsymbol{\frac{dy}{dx}=\frac{4x-2}{y}}$

(3) $x\neq0$, $y\neq0$ のとき，$\sqrt{x}+\sqrt{y}=1$ の両辺を x で微分すると

$$\frac{1}{2\sqrt{x}}+\frac{1}{2\sqrt{y}}\cdot\frac{dy}{dx}=0$$

よって　$\frac{1}{\sqrt{y}}\cdot\frac{dy}{dx}=-\frac{1}{\sqrt{x}}$

ゆえに　$\boldsymbol{\frac{dy}{dx}=-\frac{\sqrt{y}}{\sqrt{x}}=-\sqrt{\frac{y}{x}}}$

⇐ $\frac{d}{dx}y^2=\frac{d}{dy}y^2\cdot\frac{dy}{dx}$

⇐ $y=0$ すなわち $x=0$ のとき $\frac{dy}{dx}$ は存在しない。

⇐ $\frac{d}{dx}\sqrt{y}=\frac{d}{dy}\sqrt{y}\cdot\frac{dy}{dx}$

PR ②65

次の関数について，$\frac{dy}{dx}$ を求めよ。ただし，(1) は θ の関数，(2) は t の関数として表せ。

(1) $x=a\cos^3\theta$, $y=a\sin^3\theta$ $(a>0)$　(2) $x=\frac{1+t^2}{1-t^2}$, $y=\frac{2t}{1-t^2}$

(1) $\frac{dx}{d\theta}=3a\cos^2\theta(\cos\theta)'=-3a\sin\theta\cos^2\theta$

$\frac{dy}{d\theta}=3a\sin^2\theta(\sin\theta)'=3a\sin^2\theta\cos\theta$

よって，$\theta\neq\frac{\pi}{2}+n\pi$ （n は整数）のとき

$$\boldsymbol{\frac{dy}{dx}}=\frac{\frac{dy}{d\theta}}{\frac{dx}{d\theta}}=\frac{3a\sin^2\theta\cos\theta}{-3a\sin\theta\cos^2\theta}$$

$$=-\frac{\sin\theta}{\cos\theta}=\boldsymbol{-\tan\theta}$$

⇐ $(u^3)'=3u^2u'$, $(\cos\theta)'=-\sin\theta$, $(\sin\theta)'=\cos\theta$

inf. (1)の媒介変数表示が表す曲線を **アステロイド** という。グラフは下図。

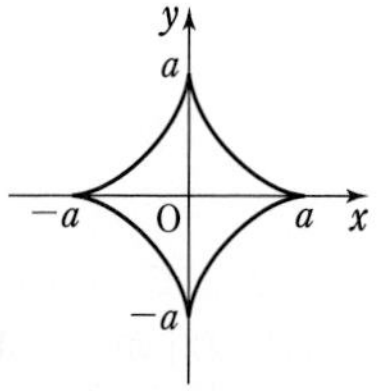

(2)　$t \neq \pm 1$ のとき

$$\frac{dx}{dt}=\frac{2t(1-t^2)-(1+t^2)\cdot(-2t)}{(1-t^2)^2}=\frac{4t}{(1-t^2)^2}$$

$$\frac{dy}{dt}=\frac{2(1-t^2)-2t\cdot(-2t)}{(1-t^2)^2}=\frac{2(1+t^2)}{(1-t^2)^2}$$

よって，$t \neq 0$，$t \neq \pm 1$ のとき

$$\boldsymbol{\frac{dy}{dx}}=\frac{\frac{dy}{dt}}{\frac{dx}{dt}}=\frac{\frac{2(1+t^2)}{(1-t^2)^2}}{\frac{4t}{(1-t^2)^2}}=\boldsymbol{\frac{1+t^2}{2t}}$$

PR ③66

(1)　$y=\sin x\ \left(0<x<\frac{\pi}{2}\right)$ の逆関数を $y=g(x)$ とするとき，$g'(x)$ を x の式で表せ。

(2)　$x=1-\sin t$，$y=t-\cos t$ のとき，$\frac{d^2y}{dx^2}$ を t の式で表せ。

(1)　$0<x<\frac{\pi}{2}$ のとき　　$0<\sin x<1$

よって，$y=g(x)$ において，$0<x<1$，$0<y<\frac{\pi}{2}$ であり，

$x=\sin y$ が成り立つ。

⇐$y=f^{-1}(x) \Longleftrightarrow x=f(y)$

ゆえに　　$g'(x)=\frac{dy}{dx}=\frac{1}{\frac{dx}{dy}}$

$$=\frac{1}{\frac{d}{dy}\sin y}=\frac{1}{\cos y}$$

⇐$\frac{dx}{dy}$ の x を $\sin y$ とおく。

ここで　　$\cos^2 y=1-\sin^2 y=1-x^2$

$0<x<1$，$0<y<\frac{\pi}{2}$ であるから　　$1-x^2>0$，$\cos y>0$

よって　　$\cos y=\sqrt{1-x^2}$

したがって　　$\boldsymbol{g'(x)=\frac{1}{\sqrt{1-x^2}}}$

⇐$1-x^2>0$ から $1-x^2 \neq 0$

(2)　$\frac{dx}{dt}=-\cos t$，$\frac{dy}{dt}=1+\sin t$

よって，$\cos t \neq 0$ のとき　　$\frac{dy}{dx}=\frac{\frac{dy}{dt}}{\frac{dx}{dt}}=-\frac{1+\sin t}{\cos t}$

ゆえに　　$\boldsymbol{\frac{d^2y}{dx^2}}=\frac{d}{dx}\left(\frac{dy}{dx}\right)=\frac{d}{dx}\left(-\frac{1+\sin t}{\cos t}\right)$

⇐$\frac{dy}{dx}$ を x で微分。

$$=\frac{d}{dt}\left(-\frac{1+\sin t}{\cos t}\right)\cdot\frac{dt}{dx}$$

⇐合成関数の微分。

$$=-\frac{\cos^2 t+(1+\sin t)\sin t}{\cos^2 t}\cdot\left(-\frac{1}{\cos t}\right)$$

⇐$\frac{dt}{dx}=\frac{1}{\frac{dx}{dt}}$

$$=\boldsymbol{\frac{1+\sin t}{\cos^3 t}}$$

EX ②46

$x \neq 0$ のとき $f(x)=\dfrac{x}{1+2^{\frac{1}{x}}}$，$x=0$ のとき $f(x)=0$ である関数は，$x=0$ で連続であるが微分可能ではないことを証明せよ。

$\dfrac{1}{x}=t$ とおくと，$x \longrightarrow +0$ のとき　$t \longrightarrow \infty$

よって　$\displaystyle\lim_{x\to+0} 2^{\frac{1}{x}}=\lim_{t\to\infty} 2^t=\infty$　…… ①

ゆえに　$\displaystyle\lim_{x\to+0} f(x)=\lim_{x\to+0}\frac{x}{1+2^{\frac{1}{x}}}=0$　…… ②

$\dfrac{1}{x}=t$ とおくと，$x \longrightarrow -0$ のとき　$t \longrightarrow -\infty$

よって　$\displaystyle\lim_{x\to-0} 2^{\frac{1}{x}}=\lim_{t\to-\infty} 2^t=0$　…… ③

ゆえに　$\displaystyle\lim_{x\to-0} f(x)=\lim_{x\to-0}\frac{x}{1+2^{\frac{1}{x}}}=0$　…… ④

②，④ から　$\displaystyle\lim_{x\to0} f(x)=0$

一方，$f(0)=0$ であるから　$\displaystyle\lim_{x\to0} f(x)=f(0)$

よって，$f(x)$ は $x=0$ で連続である。

次に，$h \neq 0$ のとき

$$\frac{f(0+h)-f(0)}{h}=\frac{1}{h}\cdot\left(\frac{h}{1+2^{\frac{1}{h}}}-0\right)=\frac{1}{1+2^{\frac{1}{h}}}$$

ゆえに，①，③ を用いると

$$\lim_{h\to+0}\frac{f(0+h)-f(0)}{h}=\lim_{h\to+0}\frac{1}{1+2^{\frac{1}{h}}}=0$$

$$\lim_{h\to-0}\frac{f(0+h)-f(0)}{h}=\lim_{h\to-0}\frac{1}{1+2^{\frac{1}{h}}}=1$$

$\displaystyle\lim_{h\to+0}\frac{f(0+h)-f(0)}{h} \neq \lim_{h\to-0}\frac{f(0+h)-f(0)}{h}$ であるから，$f'(0)$ は存在しない。

よって，$f(x)$ は $x=0$ で微分可能ではない。

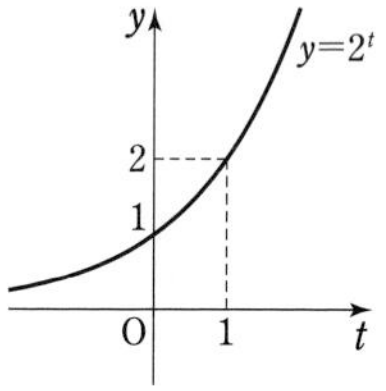

CHART
$f(x)$ が $x=a$ で連続 $\Longleftrightarrow \displaystyle\lim_{x\to a} f(x)=f(a)$

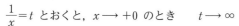

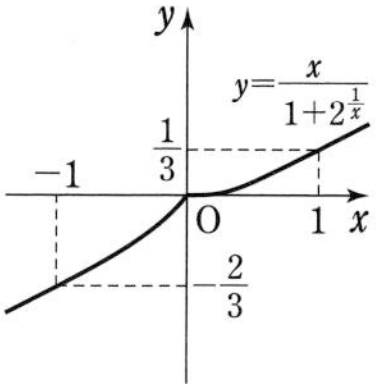

CHART
$f(x)$ が $x=a$ で微分可能 $\Longleftrightarrow f'(a)$ が存在

EX ③47

(1) u，v，w が x の関数で微分可能であるとき，次の公式を証明せよ。

$$(uvw)'=u'vw+uv'w+uvw'$$

(2) 上の公式を用いて，次の関数を微分せよ。

(ア) $y=(x+1)(x-2)(x-3)$　　(イ) $y=(x^2-1)(x^2+2)(x-2)$

HINT (1) $uvw=(uv)w$ とみて，積の微分を繰り返し用いる。

(1) $(uvw)'=\{(uv)w\}'$
$=(uv)'w+(uv)w'$
$=(u'v+uv')w+uvw'$
$=u'vw+uv'w+uvw'$

⇐$uv=z$ とおくと
$(uvw)'=(zw)'$
$=z'w+zw'$

(2) (ア) $y'=(x+1)'(x-2)(x-3)+(x+1)(x-2)'(x-3)$
$+(x+1)(x-2)(x-3)'$

$=(x-2)(x-3)+(x+1)(x-3)+(x+1)(x-2)$

$=\mathbf{3x^2-8x+1}$

(イ)　$y'=(x^2-1)'(x^2+2)(x-2)+(x^2-1)(x^2+2)'(x-2)$
$+(x^2-1)(x^2+2)(x-2)'$

$=2x(x^2+2)(x-2)+(x^2-1)\cdot 2x\cdot(x-2)$
$+(x^2-1)(x^2+2)$

$=\mathbf{5x^4-8x^3+3x^2-4x-2}$

⇐$y'=x^2-5x+6$
$+x^2-2x-3$
$+x^2-x-2$

⇐$y'=2x^4-4x^3+4x^2$
$-8x+2x^4-4x^3-2x^2$
$+4x+x^4+x^2-2$

EX
②48

次の関数を微分せよ。

(1)　$y=(x^2-2)^3$　　(2)　$y=(1+x)^3(3-2x)^4$

(3)　$y=\sqrt{\dfrac{x+1}{x-3}}$　　(4)　$y=\dfrac{\sqrt{x+1}-\sqrt{x-1}}{\sqrt{x+1}+\sqrt{x-1}}$

HINT　(4)　まず，分母を有理化。

(1)　$y'=3(x^2-2)^2(x^2-2)'$

$=3(x^2-2)^2\cdot 2x=\mathbf{6x(x^2-2)^2}$

⇐$(u^n)'=nu^{n-1}\cdot u'$

(2)　$y'=\{(1+x)^3\}'(3-2x)^4+(1+x)^3\{(3-2x)^4\}'$

$=3(1+x)^2\cdot(1+x)'\cdot(3-2x)^4$
$+(1+x)^3\cdot 4(3-2x)^3\cdot(3-2x)'$

$=3(1+x)^2\cdot(3-2x)^4+(1+x)^3\cdot 4(3-2x)^3\cdot(-2)$

$=(1+x)^2(3-2x)^3\{3(3-2x)-8(1+x)\}$

$=\mathbf{(x+1)^2(2x-3)^3(14x-1)}$

⇐$(fg)'=f'g+fg'$

⇐合成関数の微分

inf.
$y=(x+1)^3(2x-3)^4$ と計算してもよい。

(3)　$y'=\left\{\left(\dfrac{x+1}{x-3}\right)^{\frac{1}{2}}\right\}'$

$=\dfrac{1}{2}\left(\dfrac{x+1}{x-3}\right)^{\frac{1}{2}-1}\cdot\left(\dfrac{x+1}{x-3}\right)'$

⇐合成関数の微分

$=\dfrac{1}{2}\left(\dfrac{x+1}{x-3}\right)^{-\frac{1}{2}}\cdot\dfrac{1\cdot(x-3)-(x+1)\cdot 1}{(x-3)^2}$

⇐$\left(\dfrac{f}{g}\right)'=\dfrac{f'g-fg'}{g^2}$

$=\dfrac{1}{2}\left(\dfrac{x-3}{x+1}\right)^{\frac{1}{2}}\left\{-\dfrac{4}{(x-3)^2}\right\}$

$=-\dfrac{4}{2}\sqrt{\dfrac{x-3}{x+1}\cdot\dfrac{1}{(x-3)^4}}$

$=\mathbf{-\dfrac{2}{\sqrt{(x+1)(x-3)^3}}}$

(4)　$y=\dfrac{(\sqrt{x+1}-\sqrt{x-1})^2}{(\sqrt{x+1}+\sqrt{x-1})(\sqrt{x+1}-\sqrt{x-1})}$

⇐分母を有理化。

$=\dfrac{x+1+x-1-2\sqrt{(x+1)(x-1)}}{(x+1)-(x-1)}$

$=\dfrac{2x-2\sqrt{x^2-1}}{2}=x-\sqrt{x^2-1}$

$=x-(x^2-1)^{\frac{1}{2}}$

よって　$y'=1-\dfrac{1}{2}(x^2-1)^{-\frac{1}{2}}\cdot(x^2-1)'=\mathbf{1-\dfrac{x}{\sqrt{x^2-1}}}$

⇐合成関数の微分

EX ③49 次の関数は $x=0$ で連続であるが微分可能ではないことを示せ。

$$f(x)=\begin{cases} 0 & (x=0) \\ x\sin\dfrac{1}{x} & (x\neq 0) \end{cases}$$

$x\neq 0$ のとき，$0\leqq\left|\sin\dfrac{1}{x}\right|\leqq 1$ であるから

⇐$x=0$ で連続かどうかを調べる。

$$0\leqq\left|x\sin\frac{1}{x}\right|=|x|\left|\sin\frac{1}{x}\right|\leqq|x|$$

⇐各辺に $|x|>0$ を掛ける。

$\displaystyle\lim_{x\to 0}|x|=0$ であるから　$\displaystyle\lim_{x\to 0}\left|x\sin\frac{1}{x}\right|=0$

⇐**はさみうちの原理**

よって　$\displaystyle\lim_{x\to 0}x\sin\frac{1}{x}=0$

⇐$\displaystyle\lim_{x\to a}|f(x)|=0 \iff \lim_{x\to a}f(x)=0$

また　$f(0)=0$

ゆえに　$\displaystyle\lim_{x\to 0}f(x)=f(0)$

よって，$f(x)$ は $x=0$ で連続である。

また，$h\neq 0$ のとき

$$\frac{f(0+h)-f(0)}{h}=\frac{h\sin\frac{1}{h}-0}{h}=\sin\frac{1}{h}$$

⇐$x=0$ で微分可能かどうかを調べる。

$h\longrightarrow 0$ のとき，$\sin\dfrac{1}{h}$ は -1 と 1 の間のすべての値を繰り返しとる。

ゆえに，$f'(0)$ は存在しないから，$f(x)$ は $x=0$ で微分可能でない。

参考　$\displaystyle\lim_{x\to 0}f(x)=0$ は次のように示してもよい。

$x\neq 0$ のとき　$-1\leqq\sin\dfrac{1}{x}\leqq 1$

⇐$-1\leqq\sin\theta\leqq 1$

$x>0$ のとき　$-x\leqq x\sin\dfrac{1}{x}\leqq x$

⇐各辺に $x>0$ を掛ける。

$\displaystyle\lim_{x\to +0}(-x)=0$，$\displaystyle\lim_{x\to +0}x=0$ であるから

⇐**はさみうちの原理**

$$\lim_{x\to +0}x\sin\frac{1}{x}=0 \quad \cdots\cdots ①$$

同様に，$x<0$ のとき　$x\leqq x\sin\dfrac{1}{x}\leqq -x$

⇐各辺に $x<0$ を掛けると不等号の向きは逆。

$\displaystyle\lim_{x\to -0}x=0$，$\displaystyle\lim_{x\to -0}(-x)=0$ であるから

$$\lim_{x\to -0}x\sin\frac{1}{x}=0 \quad \cdots\cdots ②$$

⇐**はさみうちの原理**

①，② から　$\displaystyle\lim_{x\to 0}x\sin\frac{1}{x}=0$

⇐(右側極限)＝(左側極限)

EX ③50

$f(x)=\dfrac{1}{1+x^2}$ のとき，$\displaystyle\lim_{x\to 0}\frac{f(3x)-f(\sin x)}{x}=$ ア□ $f'(0)=$ イ□ である。

$$\frac{f(3x)-f(\sin x)}{x}=\frac{f(3x)-f(0)+f(0)^{*}-f(\sin x)}{x}$$
$$=\frac{f(3x)-f(0)}{x}-\frac{f(\sin x)-f(0)}{x}$$
$$=3\cdot\frac{f(3x)-f(0)}{3x}-\frac{f(\sin x)-f(0)}{\sin x}\cdot\frac{\sin x}{x}$$

よって　$\displaystyle\lim_{x\to 0}\frac{f(3x)-f(\sin x)}{x}$

$$=3\lim_{x\to 0}\frac{f(3x)-f(0)}{3x-0}-\lim_{x\to 0}\frac{f(\sin x)-f(0)}{\sin x-0}\cdot\frac{\sin x}{x}$$
$$=3f'(0)-f'(0)\cdot 1={}^{ア}\mathbf{2}f'(0)$$

$f'(x)=-\dfrac{(1+x^2)'}{(1+x^2)^2}=-\dfrac{2x}{(1+x^2)^2}$ であるから

$$f'(0)=-\frac{2\cdot 0}{(1+0^2)^2}=0$$

よって　$\displaystyle\lim_{x\to 0}\frac{f(3x)-f(\sin x)}{x}=2f'(0)=2\cdot 0={}^{イ}\mathbf{0}$

⇐$f'(□)=\displaystyle\lim_{■\to□}\frac{f(■)-f(□)}{■-□}$ が使える式に変形する。
＊ のように，$f(0)$ が出てくるように工夫。

⇐$\displaystyle\lim_{x\to 0}\frac{\sin x}{x}=1$

⇐$\left(\dfrac{1}{g}\right)'=-\dfrac{g'}{g^2}$

inf.　$\dfrac{f(3x)-f(0)}{3x}$ は $\displaystyle\lim_{x\to 0}\frac{f(0+3x)-f(0)}{3x}=f'(0)$ のように考えて計算してもよい $\left(\dfrac{f(\sin x)-f(0)}{\sin x}\text{ も同様}\right)$。

EX ③51

(1)　$x\neq 1$ のとき，和 $1+x+x^2+\cdots\cdots+x^n$ を求めよ。
(2)　(1)で求めた結果を x の関数とみて微分することにより，$x\neq 1$ のとき，和 $1+2x+3x^2+\cdots\cdots+nx^{n-1}$ を求めよ。　〔類　東北学院大〕

(1)　$1+x+x^2+\cdots\cdots+x^n$ は初項 1，公比 x，項数 $(n+1)$ の等比数列の和であるから，$x\neq 1$ より

$$1+x+x^2+\cdots\cdots+x^n=\mathbf{\frac{1-x^{n+1}}{1-x}}\quad\cdots\cdots ①$$

(2)　① の両辺を x の関数とみて微分すると

(左辺)$=1+2x+3x^2+\cdots\cdots+nx^{n-1}$

$$(\text{右辺})=\left(\frac{1-x^{n+1}}{1-x}\right)'$$
$$=\frac{(1-x^{n+1})'(1-x)-(1-x^{n+1})(1-x)'}{(1-x)^2}$$
$$=\frac{-(n+1)x^n(1-x)-(1-x^{n+1})\cdot(-1)}{(1-x)^2}$$
$$=\frac{nx^{n+1}-(n+1)x^n+1}{(1-x)^2}$$

よって

$$1+2x+3x^2+\cdots\cdots+nx^{n-1}=\mathbf{\frac{nx^{n+1}-(n+1)x^n+1}{(1-x)^2}}$$

⇐初項 a，公比 $r\,(r\neq 1)$，項数 n の等比数列の和は $\dfrac{a(1-r^n)}{1-r}$

⇐$\left(\dfrac{f}{g}\right)'=\dfrac{f'g-fg'}{g^2}$

⇐分子 $=(n+1)x^{n+1}-(n+1)x^n-x^{n+1}+1$ $=nx^{n+1}-(n+1)x^n+1$

EX ④52

すべての実数 x の値において微分可能な関数 $f(x)$ は次の2つの条件を満たすものとする。

(A) すべての実数 x, y に対して $f(x+y)=f(x)+f(y)+8xy$

(B) $f'(0)=3$

ここで，$f'(a)$ は関数 $f(x)$ の $x=a$ における微分係数である。

(1) $f(0)=$ ア□　　(2) $\displaystyle\lim_{y\to 0}\frac{f(y)}{y}=$ イ□

(3) $f'(1)=$ ウ□　　(4) $f'(-1)=-$ エ□　〔類 東京理科大〕

(1) $f(x+y)=f(x)+f(y)+8xy$ …… ① とする。

① に $x=y=0$ を代入すると　$f(0)=f(0)+f(0)+0$

よって　$f(0)=$ ア$\mathbf{0}$

(2) $f(0)=0$ であるから

$$\lim_{y\to 0}\frac{f(y)}{y}=\lim_{y\to 0}\frac{f(0+y)-f(0)}{y}=f'(0)$$

⇐ $\displaystyle\lim_{y\to 0}\frac{f(a+y)-f(a)}{y}=f'(a)$

(B) から　$\displaystyle\lim_{y\to 0}\frac{f(y)}{y}=$ イ$\mathbf{3}$

(3) ① に $x=1$ を代入すると　$f(1+y)=f(1)+f(y)+8y$

よって　$f(1+y)-f(1)=f(y)+8y$

ゆえに　$\displaystyle f'(1)=\lim_{y\to 0}\frac{f(1+y)-f(1)}{y}=\lim_{y\to 0}\frac{f(y)+8y}{y}$

$\displaystyle =\lim_{y\to 0}\frac{f(y)}{y}+8=3+8=$ ウ$\mathbf{11}$

⇐ $\displaystyle\lim_{y\to 0}\frac{f(y)}{y}=3$

(4) ① に $x=-1$ を代入すると

$f(-1+y)=f(-1)+f(y)-8y$

よって　$f(-1+y)-f(-1)=f(y)-8y$

ゆえに　$\displaystyle f'(-1)=\lim_{y\to 0}\frac{f(-1+y)-f(-1)}{y}$

$\displaystyle =\lim_{y\to 0}\frac{f(y)-8y}{y}=\lim_{y\to 0}\frac{f(y)}{y}-8$

$=3-8=-$ エ$\mathbf{5}$

⇐ $\displaystyle\lim_{y\to 0}\frac{f(y)}{y}=3$

EX ②53

次の関数を微分せよ。

(1) $y=e^{-x}\cos x$　　(2) $y=\log(x+\sqrt{x^2+1})$

(3) $\displaystyle y=\log\frac{1+\sin x}{\cos x}$ 〔大阪工大〕　　(4) $y=e^{\sin 2x}\tan x$ 〔岡山理科大〕

(5) $\displaystyle y=\frac{(x+1)^2}{(x+2)^3(x+3)^4}$　　(6) $y=x^{\sin x}$ $(x>0)$ 〔信州大〕

(1) $y'=(e^{-x})'\cos x+e^{-x}(\cos x)'$

$=e^{-x}(-x)'\cos x+e^{-x}(-\sin x)$

$=\boldsymbol{-e^{-x}(\sin x+\cos x)}$

⇐ $(fg)'=f'g+fg'$

⇐ $(e^u)'=e^u\cdot u'$

(2) $\displaystyle y'=\frac{1}{x+\sqrt{x^2+1}}(x+\sqrt{x^2+1})'$

$\displaystyle =\frac{1}{x+\sqrt{x^2+1}}\left(1+\frac{2x}{2\sqrt{x^2+1}}\right)$

$\displaystyle =\frac{1}{x+\sqrt{x^2+1}}\cdot\frac{\sqrt{x^2+1}+x}{\sqrt{x^2+1}}=\boldsymbol{\frac{1}{\sqrt{x^2+1}}}$

⇐ $\displaystyle(\log u)'=\frac{1}{u}\cdot u'$

⇐ $\displaystyle(\sqrt{x^2+1})'=\{(x^2+1)^{\frac{1}{2}}\}'=\frac{1}{2}(x^2+1)^{-\frac{1}{2}}(x^2+1)'$

(3)　$y=\log(1+\sin x)-\log\cos x$

であるから

$$y'=\frac{(1+\sin x)'}{1+\sin x}-\frac{(\cos x)'}{\cos x}$$
$$=\frac{\cos x}{1+\sin x}+\frac{\sin x}{\cos x}$$
$$=\frac{\cos^2 x+\sin x(1+\sin x)}{(1+\sin x)\cos x}$$
$$=\frac{\cos^2 x+\sin x+\sin^2 x}{(1+\sin x)\cos x}$$
$$=\frac{1+\sin x}{(1+\sin x)\cos x}$$
$$=\boldsymbol{\frac{1}{\cos x}}$$

⇐$\log\frac{M}{N}=\log M-\log N$

⇐$(\log u)'=\frac{u'}{u}$

⇐$\sin^2 x+\cos^2 x=1$

inf. $y'=\dfrac{1}{\dfrac{1+\sin x}{\cos x}}\cdot\left(\dfrac{1+\sin x}{\cos x}\right)'$ と計算してもよい。

(4)　$y'=(e^{\sin 2x})'\tan x+e^{\sin 2x}(\tan x)'$

$$=e^{\sin 2x}\cdot 2\cos 2x\cdot\tan x+e^{\sin 2x}\cdot\frac{1}{\cos^2 x}$$
$$=\boldsymbol{e^{\sin 2x}\left(2\cos 2x\tan x+\frac{1}{\cos^2 x}\right)}$$

⇐$(fg)'=f'g+fg'$

⇐$(e^u)'=e^u\cdot u'$

(5)　両辺の絶対値の自然対数をとると

$$\log|y|=\log\left|\frac{(x+1)^2}{(x+2)^3(x+3)^4}\right|$$
$$=2\log|x+1|-3\log|x+2|-4\log|x+3|$$

両辺を x で微分すると

$$\frac{y'}{y}=\frac{2}{x+1}-\frac{3}{x+2}-\frac{4}{x+3}$$
$$=\frac{2(x+2)(x+3)-3(x+1)(x+3)-4(x+1)(x+2)}{(x+1)(x+2)(x+3)}$$
$$=-\frac{5x^2+14x+5}{(x+1)(x+2)(x+3)}$$

⇐(分子)
$=2x^2+10x+12$
$\quad-(3x^2+12x+9)$
$\quad-(4x^2+12x+8)$
$=-5x^2-14x-5$

よって　$y'=\dfrac{(x+1)^2}{(x+2)^3(x+3)^4}\left\{-\dfrac{5x^2+14x+5}{(x+1)(x+2)(x+3)}\right\}$

$$=\boldsymbol{-\frac{(x+1)(5x^2+14x+5)}{(x+2)^4(x+3)^5}}$$

(6)　$x>0$ であるから　$y>0$

よって，両辺の自然対数をとると

$$\log y=\log x^{\sin x}$$

すなわち　$\log y=\sin x\log x$

両辺を x で微分すると　$\dfrac{y'}{y}=\cos x\log x+\dfrac{\sin x}{x}$

⇐$(fg)'=f'g+fg'$

よって　$y'=y\left(\cos x\log x+\dfrac{\sin x}{x}\right)$

$$=\boldsymbol{x^{\sin x}\left(\cos x\log x+\frac{\sin x}{x}\right)}$$

別解　$y=e^{\log x^{\sin x}}=e^{\sin x\log x}$

⇐$b=a^{\log_a b}$ から。

よって　$y'=e^{\sin x\log x}(\sin x\log x)'$

$=\boldsymbol{x^{\sin x}\left(\cos x\log x+\frac{\sin x}{x}\right)}$

⇐$e^{\log x}=x$

EX ③54

定数 a, b, c に対して $f(x)=(ax^2+bx+c)e^{-x}$ とする。すべての実数 x に対して $f'(x)=f(x)+xe^{-x}$ を満たすとき，a, b, c を求めよ。〔横浜市大〕

$f'(x)=(ax^2+bx+c)'e^{-x}+(ax^2+bx+c)(e^{-x})'$

$=(2ax+b)e^{-x}-(ax^2+bx+c)e^{-x}$

$=\{-ax^2+(2a-b)x+(b-c)\}e^{-x}$

⇐$(fg)'=f'g+fg'$

また　$f(x)+xe^{-x}=\{ax^2+(b+1)x+c\}e^{-x}$

$f'(x)=f(x)+xe^{-x}$ であるから，係数を比較して

⇐x についての恒等式。

$-a=a$,　$2a-b=b+1$,　$b-c=c$

よって　$\boldsymbol{a=0}$,　$\boldsymbol{b=-\frac{1}{2}}$,　$\boldsymbol{c=-\frac{1}{4}}$

EX ③55

$\sqrt{1+e^x}=t$ とおいて，$y=\log\dfrac{\sqrt{1+e^x}-1}{\sqrt{1+e^x}+1}$ を微分せよ。

$\sqrt{1+e^x}=t$ とおくと　$y=\log\dfrac{t-1}{t+1}$

一方，$1+e^x>1$ であるから　$t>1$

よって，$y=\log(t-1)-\log(t+1)$ と変形できる。

⇐微分しやすいように変形する。

ゆえに　$\dfrac{dy}{dt}=\dfrac{(t-1)'}{t-1}-\dfrac{(t+1)'}{t+1}=\dfrac{1}{t-1}-\dfrac{1}{t+1}$

$=\dfrac{t+1-(t-1)}{(t-1)(t+1)}=\dfrac{2}{t^2-1}$

$\sqrt{1+e^x}=t$ の両辺を 2 乗すると

$t^2=1+e^x$　すなわち　$t^2-1=e^x$

よって　$\dfrac{dy}{dt}=\dfrac{2}{e^x}$

また　$\dfrac{dt}{dx}=(\sqrt{1+e^x})'=\dfrac{e^x}{2\sqrt{1+e^x}}$

したがって　$\dfrac{dy}{dx}=\dfrac{dy}{dt}\cdot\dfrac{dt}{dx}=\dfrac{2}{e^x}\cdot\dfrac{e^x}{2\sqrt{1+e^x}}$

$=\boldsymbol{\dfrac{1}{\sqrt{1+e^x}}}$

⇐合成関数の微分

EX ④56

次の極限を求めよ。ただし，$a>0$ とする。

(1) $\displaystyle\lim_{x\to 0}\frac{1-\cos 2x}{x\log(1+x)}$　　(2) $\displaystyle\lim_{x\to\frac{1}{4}}\frac{\tan(\pi x)-1}{4x-1}$　〔立教大〕

(3) $\displaystyle\lim_{x\to a}\frac{a^2\sin^2x-x^2\sin^2a}{x-a}$　〔立教大〕　(4) $\displaystyle\lim_{h\to 0}\frac{e^{(h+1)^2}-e^{h^2+1}}{h}$　〔法政大〕

(1) $1-\cos 2x=2\sin^2x$ であるから

⇐2 倍角の公式

$\displaystyle\lim_{x\to 0}\frac{1-\cos 2x}{x\log(1+x)}=\lim_{x\to 0}\frac{2\sin^2x}{x\log(1+x)}$

$$=\lim_{x\to 0}2\left(\frac{\sin x}{x}\right)^2\cdot\frac{1}{\frac{1}{x}\log(1+x)}$$

⇦分母の変形を工夫。

$$=2\lim_{x\to 0}\left(\frac{\sin x}{x}\right)^2\cdot\frac{1}{\log(1+x)^{\frac{1}{x}}}$$

⇦$\lim_{x\to 0}\frac{\sin x}{x}=1$

$\lim_{x\to 0}(1+x)^{\frac{1}{x}}=e$

$$=2\cdot 1^2\cdot\frac{1}{\log e}=\mathbf{2}$$

(2)　$f(x)=\tan(\pi x)$ とすると

$$\lim_{x\to\frac{1}{4}}\frac{\tan(\pi x)-1}{4x-1}=\lim_{x\to\frac{1}{4}}\frac{1}{4}\cdot\frac{f(x)-f\left(\frac{1}{4}\right)}{x-\frac{1}{4}}=\frac{1}{4}f'\left(\frac{1}{4}\right)$$

⇦$1=\tan\frac{\pi}{4}=f\left(\frac{1}{4}\right)$

$f'(x)=\dfrac{\pi}{\cos^2(\pi x)}$ であるから　　$f'\left(\dfrac{1}{4}\right)=\dfrac{\pi}{\cos^2\frac{\pi}{4}}=2\pi$

よって　　$\displaystyle\lim_{x\to\frac{1}{4}}\frac{\tan(\pi x)-1}{4x-1}=\frac{1}{4}\cdot 2\pi=\boldsymbol{\frac{\pi}{2}}$

(3)　$\displaystyle\lim_{x\to a}\frac{a^2\sin^2x-x^2\sin^2a}{x-a}$

$$=\lim_{x\to a}\frac{(a\sin x+x\sin a)(a\sin x-x\sin a)}{x-a}$$

$$=\lim_{x\to a}(a\sin x+x\sin a)\cdot\frac{a\sin x-a\sin a+a\sin a-x\sin a}{x-a}$$

⇦(分子)
$=a(\sin x-\sin a)$
$-(x-a)\sin a$

$$=\lim_{x\to a}(a\sin x+x\sin a)\left(a\cdot\frac{\sin x-\sin a}{x-a}-\sin a\right)$$

$f(x)=\sin x$ とすると

$$\lim_{x\to a}\frac{\sin x-\sin a}{x-a}=\lim_{x\to a}\frac{f(x)-f(a)}{x-a}=f'(a)$$

⇦微分係数の定義

$f'(x)=\cos x$ であるから　　$f'(a)=\cos a$

よって　　$\displaystyle\lim_{x\to a}\frac{a^2\sin^2x-x^2\sin^2a}{x-a}$

$$=\boldsymbol{2a\sin a(a\cos a-\sin a)}$$

別解 1　$\displaystyle\lim_{x\to a}\frac{a^2\sin^2x-x^2\sin^2a}{x-a}$

$$=\lim_{x\to a}\frac{a^2\sin^2x-a^2\sin^2a+a^2\sin^2a-x^2\sin^2a}{x-a}$$

$$=\lim_{x\to a}\frac{a^2(\sin^2x-\sin^2a)-(x^2-a^2)\sin^2a}{x-a}$$

$$=\lim_{x\to a}\left\{a^2\cdot\frac{\sin^2x-\sin^2a}{x-a}-(x+a)\sin^2a\right\}$$

$f(x)=\sin^2x$ とすると

$$\lim_{x\to a}\frac{\sin^2x-\sin^2a}{x-a}=\lim_{x\to a}\frac{f(x)-f(a)}{x-a}=f'(a)$$

⇦微分係数の定義

$f'(x)=2\sin x\cos x$ であるから　　$f'(a)=2\sin a\cos a$

よって　$\lim_{x \to a}\dfrac{a^2\sin^2 x - x^2\sin^2 a}{x-a}$

$=2a^2\sin a\cos a - 2a\sin^2 a$

$=\mathbf{2a\sin a(a\cos a - \sin a)}$

別解 2　$x-a=h$ とおくと，$x \longrightarrow a$ のとき $h \longrightarrow 0$ であるから

$$\lim_{x \to a}\frac{a^2\sin^2 x - x^2\sin^2 a}{x-a}=\lim_{h \to 0}\frac{a^2\sin^2(a+h)-(a+h)^2\sin^2 a}{h}$$

⇐$x=a+h$

ここで

(分子)

$=\{a\sin(a+h)+(a+h)\sin a\}\{a\sin(a+h)-(a+h)\sin a\}$

$=\{a\sin(a+h)+(a+h)\sin a\}[a\{\sin(a+h)-\sin a\}-h\sin a]$

したがって

(与式)

$=\lim_{h \to 0}\dfrac{\{a\sin(a+h)+(a+h)\sin a\}[a\{\sin(a+h)-\sin a\}-h\sin a]}{h}$

$=\lim_{h \to 0}\{a\sin(a+h)+(a+h)\sin a\}\left\{a\cdot\dfrac{\sin(a+h)-\sin a}{h}-\sin a\right\}$

⇐$\lim_{h \to 0}\dfrac{\sin(a+h)-\sin a}{h}=\cos a$

$=\mathbf{2a\sin a(a\cos a - \sin a)}$

(4)　$f(x)=e^{(x+1)^2}-e^{x^2+1}$ とすると

$f(0)=e^1-e^1=0$

よって　$\lim_{h \to 0}\dfrac{e^{(h+1)^2}-e^{h^2+1}}{h}=\lim_{h \to 0}\dfrac{f(h)-f(0)}{h}=f'(0)$

⇐微分係数の定義

$f'(x)=(2x+2)e^{(x+1)^2}-2xe^{x^2+1}$ であるから

⇐$(e^u)'=e^u\cdot u'$

$f'(0)=2e^1-0=2e$

ゆえに　$\lim_{h \to 0}\dfrac{e^{(h+1)^2}-e^{h^2+1}}{h}=\mathbf{2e}$

別解　$\lim_{h \to 0}\dfrac{e^{(h+1)^2}-e^{h^2+1}}{h}=\lim_{h \to 0}e^{h^2+1}\cdot\dfrac{e^{2h}-1}{h}$

⇐$e^{(h+1)^2}=e^{h^2+2h+1}=e^{h^2+1}\cdot e^{2h}$

$=\lim_{h \to 0}2e^{h^2+1}\cdot\dfrac{e^{2h}-1}{2h}$

⇐$\mathbf{\lim_{t \to 0}\dfrac{e^t-1}{t}=1}$

$=2e\cdot 1=\mathbf{2e}$

EX ⑤57

関数 $f(x)$ はすべての実数 s，t に対して $f(s+t)=f(s)e^t+f(t)e^s$ を満たし，更に $x=0$ で微分可能で $f'(0)=1$ とする。

(1)　$f(0)$ を求めよ。　　(2)　$\lim_{h \to 0}\dfrac{f(h)}{h}$ を求めよ。

(3)　関数 $f(x)$ はすべての x で微分可能であることを，微分の定義に従って示せ。更に $f'(x)$ を $f(x)$ を用いて表せ。

(4)　関数 $g(x)$ を $g(x)=f(x)e^{-x}$ で定める。$g'(x)$ を計算して，関数 $f(x)$ を求めよ。

〔東京理科大〕

(1)　$f(s+t)=f(s)e^t+f(t)e^s$ に $s=t=0$ を代入して

$f(0)=2f(0)$　　よって　$f(0)=\mathbf{0}$

⇐$e^0=1$

(2)　(1) から　$\lim_{h \to 0}\dfrac{f(h)}{h}=\lim_{h \to 0}\dfrac{f(h)-f(0)}{h}=f'(0)=\mathbf{1}$

⇐微分係数の定義

(3) $\lim_{h\to 0}\frac{f(x+h)-f(x)}{h}=\lim_{h\to 0}\frac{f(x)e^h+f(h)e^x-f(x)}{h}$

$=f(x)\lim_{h\to 0}\frac{e^h-1}{h}+e^x\lim_{h\to 0}\frac{f(h)}{h}$

$\lim_{h\to 0}\frac{e^h-1}{h}=1$, (2) より $\lim_{h\to 0}\frac{f(h)}{h}=1$ であるから

$\Leftarrow \lim_{t\to 0}\frac{e^t-1}{t}=1$

$$\lim_{h\to 0}\frac{f(x+h)-f(x)}{h}=f(x)+e^x$$

よって，$f(x)$ はすべての x で微分可能である。

また　　$\boldsymbol{f'(x)=f(x)+e^x}$

(4) $g(x)=f(x)e^{-x}$ であるから，(3) より

$\boldsymbol{g'(x)}=f'(x)e^{-x}-f(x)e^{-x}$

$=\{f'(x)-f(x)\}e^{-x}$

$=e^x\cdot e^{-x}=\boldsymbol{1}$

$\Leftarrow f'(x)-f(x)=e^x$

ゆえに　　$g(x)=\int dx=x+C$　（C は積分定数）

$g(0)=f(0)\cdot 1=0$ から　　$C=0$

$\Leftarrow f(0)=0$

よって　　$g(x)=x$

したがって，$f(x)e^{-x}=x$ から　　$\boldsymbol{f(x)=xe^x}$

EX ②58　関数 $y=xe^{ax}$ が $y''+4y'+4y=0$ を満たすとき，定数 a の値を求めよ。

$y=xe^{ax}$ から

$y'=1\cdot e^{ax}+x\cdot ae^{ax}=(ax+1)e^{ax}$

$\Leftarrow (fg)'=f'g+fg'$

$y''=ae^{ax}+(ax+1)\cdot ae^{ax}=(a^2x+2a)e^{ax}$

よって　　$y''+4y'+4y$

$=(a^2x+2a)e^{ax}+4(ax+1)e^{ax}+4xe^{ax}$

$=\{(a^2+4a+4)x+2a+4\}e^{ax}$

$\Leftarrow \{(a+2)^2x+2(a+2)\}e^{ax}$

$=(a+2)\{(a+2)x+2\}e^{ax}$

ゆえに　　$(a+2)\{(a+2)x+2\}e^{ax}=0$

これが x についての恒等式であるから　　$\boldsymbol{a=-2}$

別解　$y'=1\cdot e^{ax}+x\cdot ae^{ax}=e^{ax}+ay$

$y''=ae^{ax}+ay'=a(y'-ay)+ay'$

$\Leftarrow y'=e^{ax}+ay$ から $e^{ax}=y'-ay$

整理して　　$y''-2ay'+a^2y=0$

したがって　　$-2a=4$　かつ　$a^2=4$

これを解いて　$\boldsymbol{a=-2}$

EX ②59　$y=\log x$ のとき，$y^{(n)}=(-1)^{n-1}\cdot\frac{(n-1)!}{x^n}$ であることを証明せよ。

$y^{(n)}=(-1)^{n-1}\cdot\frac{(n-1)!}{x^n}$ …… ① とする。

[1] $n=1$ のとき　　$y'=(\log x)'=\frac{1}{x}$

一方 $(-1)^{1-1}\cdot\dfrac{(1-1)!}{x^1}=\dfrac{1}{x}$

⇐$0!=1$

よって，① は成り立つ。

[2] $n=k$ のとき ① が成り立つと仮定すると

$$y^{(k)}=(-1)^{k-1}\cdot\frac{(k-1)!}{x^k}$$

$n=k+1$ のとき

$$y^{(k+1)}=\{y^{(k)}\}'=\left\{(-1)^{k-1}\cdot\frac{(k-1)!}{x^k}\right\}'$$
$$=(-1)^{k-1}\cdot(k-1)!\cdot(-k)\cdot x^{-k-1}$$
$$=(-1)^k\cdot\frac{k!}{x^{k+1}}$$

⇐$-k=(-1)\cdot k$ とみて $(-1)^{k-1}\cdot(-1)=(-1)^k$，$(k-1)!\cdot k=k!$

よって，$n=k+1$ のときにも ① は成り立つ。

[1]，[2] から，すべての自然数 n について ① は成り立つ。

EX ②60

次の関数について，$\dfrac{dy}{dx}$ を求めよ。

(1) $x^{\frac{1}{3}}+y^{\frac{1}{3}}=a^{\frac{1}{3}}$ $(a>0)$　　(2) $x=\dfrac{e^t+e^{-t}}{2}$，$y=\dfrac{e^t-e^{-t}}{2}$

(3) $\begin{cases}x=a(\cos t+t\sin t)\\ y=a(\sin t-t\cos t)\end{cases}$ (a は 0 でない定数)

(1) $x^{\frac{1}{3}}+y^{\frac{1}{3}}=a^{\frac{1}{3}}$ の両辺を x で微分すると

$$\frac{1}{3}x^{-\frac{2}{3}}+\frac{1}{3}y^{-\frac{2}{3}}\cdot\frac{dy}{dx}=0$$

⇐$\dfrac{d}{dx}y^{\frac{1}{3}}=\dfrac{d}{dy}y^{\frac{1}{3}}\cdot\dfrac{dy}{dx}$

よって，$x\neq0$ のとき $\boldsymbol{\dfrac{dy}{dx}}=-\dfrac{x^{-\frac{2}{3}}}{y^{-\frac{2}{3}}}=-\dfrac{y^{\frac{2}{3}}}{x^{\frac{2}{3}}}=\boldsymbol{-\sqrt[3]{\left(\dfrac{y}{x}\right)^2}}$

(2) $\dfrac{dx}{dt}=\dfrac{e^t+e^{-t}\cdot(-1)}{2}=\dfrac{e^t-e^{-t}}{2}=y$

$\dfrac{dy}{dt}=\dfrac{e^t-e^{-t}\cdot(-1)}{2}=\dfrac{e^t+e^{-t}}{2}=x$

よって，$y\neq0$ のとき $\boldsymbol{\dfrac{dy}{dx}}=\dfrac{\frac{dy}{dt}}{\frac{dx}{dt}}=\boldsymbol{\dfrac{x}{y}}$

⇐結果は必ずしも t の式で表さなくてもよい。

(3) $\dfrac{dx}{dt}=a(-\sin t+1\cdot\sin t+t\cos t)=at\cos t$

$\dfrac{dy}{dt}=a[\cos t-\{1\cdot\cos t+t(-\sin t)\}]=at\sin t$

よって，$t\neq\dfrac{\pi}{2}+n\pi$ (n は整数) のとき

$$\boldsymbol{\frac{dy}{dx}}=\frac{\frac{dy}{dt}}{\frac{dx}{dt}}=\frac{at\sin t}{at\cos t}=\frac{\sin t}{\cos t}=\boldsymbol{\tan t}$$

EX ③61

$x^2-y^2=a^2$ のとき，$\dfrac{d^2y}{dx^2}$ を x と y を用いて表せ。ただし，a は定数とする。

$x^2-y^2=a^2$ の両辺を x で微分すると

$$2x-2y\cdot\frac{dy}{dx}=0$$

よって，$y\neq 0$ のとき　$\dfrac{dy}{dx}=\dfrac{x}{y}$

⇐$y=0$ のとき $\dfrac{dy}{dx}$ は存在しない。

更に，この両辺を x で微分すると

$$\frac{d^2y}{dx^2}=\frac{d}{dx}\left(\frac{x}{y}\right)$$

⇐$\dfrac{d^2y}{dx^2}=\dfrac{d}{dx}\left(\dfrac{dy}{dx}\right)$

ここで　$\dfrac{d}{dx}\left(\dfrac{x}{y}\right)=\dfrac{1\cdot y-x\cdot\dfrac{dy}{dx}}{y^2}=\dfrac{y-x\cdot\dfrac{x}{y}}{y^2}=\dfrac{y^2-x^2}{y^3}$

⇐$\left(\dfrac{f}{g}\right)'=\dfrac{f'g-fg'}{g^2}$

ゆえに　$\boldsymbol{\dfrac{d^2y}{dx^2}=\dfrac{y^2-x^2}{y^3}}$

EX ④62

x の多項式 $f(x)$ が $xf''(x)+(1-x)f'(x)+3f(x)=0$，$f(0)=1$ を満たすとき，$f(x)$ を求めよ。

［類 神戸大］

$f(x)$ は定数0ではないから，$f(x)$ の次数を n（n は0以上の整数）とする。

⇐$f(0)=1$ から $f(x)$ は定数0ではない。

$n=0$ すなわち $f(x)=a$（a は0でない定数）のとき

$f'(x)=0$，$f''(x)=0$ より，条件の第1式から　$f(x)=0$

⇐$3f(x)=0$

これは，仮定 $a\neq 0$ に反するから，不適。

$n\geqq 1$ のとき

$f(x)$ の最高次の項を ax^n（$a\neq 0$）とすると，$f'(x)$ の最高次の項は　nax^{n-1}

よって，条件の第1式の左辺の最高次の項は，$-xf'(x)+3f(x)$ の最高次の項となるから

⇐第1式の左辺のうち，$-xf'(x)+3f(x)$ の次数は n 以下，$xf''(x)+f'(x)$ の次数は（$n-1$）以下。

$$-x\cdot nax^{n-1}+3ax^n=(3-n)ax^n$$

ゆえに　$(3-n)ax^n=0$

$a\neq 0$ であるから　$n=3$

したがって，$f(x)$ の次数は3であることが必要である。

このとき，$f(0)=1$ から，$f(x)=ax^3+bx^2+cx+1$ とおける。

$$f'(x)=3ax^2+2bx+c,\quad f''(x)=6ax+2b$$

これらを条件の第1式に代入して

$$x(6ax+2b)+(1-x)(3ax^2+2bx+c)+3(ax^3+bx^2+cx+1)=0$$

整理して　$(9a+b)x^2+(4b+2c)x+c+3=0$

よって　$9a+b=0$，$4b+2c=0$，$c+3=0$

⇐$Ax^2+Bx+C=0$ が x の恒等式 $\iff A=B=C=0$

ゆえに　$a=-\dfrac{1}{6}$，$b=\dfrac{3}{2}$，$c=-3$

したがって　$\boldsymbol{f(x)=-\dfrac{1}{6}x^3+\dfrac{3}{2}x^2-3x+1}$

EX ④63 関数 $f(x)$ の逆関数を $g(x)$ とし，$f(x)$，$g(x)$ は 2 回微分可能とする。$f(1)=2$，$f'(1)=2$，$f''(1)=3$ のとき，$g''(2)$ の値を求めよ。〔防衛医大〕

$y=g(x)$ とすると，$f(x)$ は $g(x)$ の逆関数であるから

$$x=f(y)$$

よって　$\dfrac{dx}{dy}=f'(y)$

ゆえに　$g'(x)=\dfrac{d}{dx}g(x)=\dfrac{dy}{dx}=\dfrac{1}{\dfrac{dx}{dy}}=\dfrac{1}{f'(y)}$

$$g''(x)=\frac{d}{dx}g'(x)=\frac{d}{dy}\left\{\frac{1}{f'(y)}\right\}\frac{dy}{dx}$$

$$=-\frac{f''(y)}{\{f'(y)\}^2}\cdot\frac{1}{f'(y)}$$

$$=-\frac{f''(y)}{\{f'(y)\}^3}$$

$f(1)=2$ から　$g(2)=1$

すなわち　$x=2$ のとき　$y=1$

よって　$g''(2)=-\dfrac{f''(1)}{\{f'(1)\}^3}=-\dfrac{3}{2^3}=\boldsymbol{-\dfrac{3}{8}}$

⇐合成関数の微分

⇐$\dfrac{dy}{dx}=\dfrac{1}{f'(y)}$

⇐$b=f(a)$ $\Longleftrightarrow$ $a=f^{-1}(b)$

EX ⑤64 $f(x)=x^3e^x$ とする。

(1) $f'(x)$ を求めよ。

(2) 定数 a_n，b_n，c_n により

$$f^{(n)}(x)=(x^3+a_nx^2+b_nx+c_n)e^x\ (n=1,\ 2,\ 3,\ \cdots\cdots)$$

と表すとき，a_{n+1} を a_n で，また，b_{n+1} を a_n および b_n で表せ。

(3) (2) で定めた数列 $\{a_n\}$，$\{b_n\}$ の一般項を求めよ。〔大同工大〕

(1) $f(x)=x^3e^x$ から

$$f'(x)=3x^2e^x+x^3e^x=\boldsymbol{(x^3+3x^2)e^x}$$

(2) $f^{(n)}(x)=(x^3+a_nx^2+b_nx+c_n)e^x$ の両辺を x で微分すると

$$f^{(n+1)}(x)=(3x^2+2a_nx+b_n)e^x+(x^3+a_nx^2+b_nx+c_n)e^x$$

$$=\{x^3+(a_n+3)x^2+(2a_n+b_n)x+(b_n+c_n)\}e^x$$

一方，$f^{(n)}(x)$ の n を $n+1$ におき換えると

$$f^{(n+1)}(x)=(x^3+a_{n+1}x^2+b_{n+1}x+c_{n+1})e^x$$

よって，係数を比較して

$$\boldsymbol{a_{n+1}=a_n+3,\quad b_{n+1}=2a_n+b_n}$$

(3) (2) から　$f'(x)=(x^3+a_1x^2+b_1x+c_1)e^x$

一方，(1) から　$f'(x)=(x^3+3x^2)e^x$

よって　$a_1=3$，$b_1=0$

(2) から，数列 $\{a_n\}$ は，初項 3，公差 3 の等差数列で

$$\boldsymbol{a_n}=3+3(n-1)=\boldsymbol{3n}$$

これと (2) から　$b_{n+1}-b_n=2a_n=6n$

⇐$(fg)'=f'g+fg'$

⇐$f^{(n+1)}(x)=\{f^{(n)}(x)\}'$

⇐更に $c_{n+1}=b_n+c_n$ も成り立つ。

⇐数列 $\{b_n\}$ の階差数列

$n \geqq 2$ のとき

$$b_n = b_1 + \sum_{k=1}^{n-1} 6k = 0 + 6 \cdot \frac{1}{2}(n-1)n$$

$$= 3n(n-1)$$

これは，$n=1$ のときも成り立つ。

よって　　$\boldsymbol{b_n = 3n(n-1)}$

⇐ $\displaystyle\sum_{k=1}^{n} k = \frac{1}{2}n(n+1)$

PR ②67

(1) 次の曲線上の点Aにおける接線と法線の方程式を求めよ。

(ア) $y=e^{-x}-1$, A$(-1,\ e-1)$ 〔類 神奈川工科大〕

(イ) $y=\dfrac{x}{2x+1}$, A$\left(1,\ \dfrac{1}{3}\right)$ 〔東京電機大〕

(2) 曲線 $y=\tan x$ $\left(0\leqq x<\dfrac{\pi}{2}\right)$ に接し，傾きが 4 である直線の方程式を求めよ。

〔類 東京電機大〕

(1) (ア) $f(x)=e^{-x}-1$ とすると $f'(x)=e^{-x}(-x)'=-e^{-x}$

であるから　$f'(-1)=-e$

よって，**接線の方程式は**

$y-(e-1)=-e\{x-(-1)\}$

すなわち　$\boldsymbol{y=-ex-1}$

⇐接線の方程式 $\boldsymbol{y-f(a)=f'(a)(x-a)}$

また，**法線の方程式は**

$y-(e-1)=-\dfrac{1}{-e}\{x-(-1)\}$

すなわち　$\boldsymbol{y=\dfrac{x}{e}+\dfrac{1}{e}+e-1}$

⇐法線の方程式 $\boldsymbol{y-f(a)=-\dfrac{1}{f'(a)}(x-a)}$

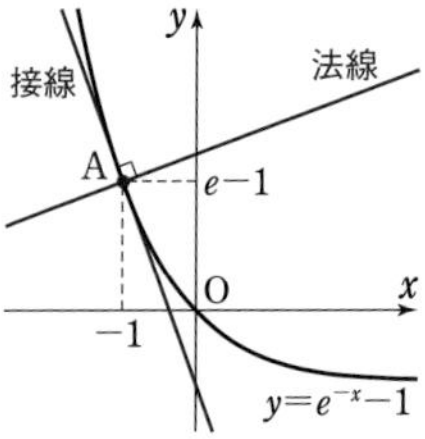

(イ) $f(x)=\dfrac{x}{2x+1}$ とすると

$f'(x)=\dfrac{1\cdot(2x+1)-x\cdot 2}{(2x+1)^2}=\dfrac{1}{(2x+1)^2}$

⇐$\left(\dfrac{f}{g}\right)'=\dfrac{f'g-fg'}{g^2}$

であるから　$f'(1)=\dfrac{1}{(2\cdot1+1)^2}=\dfrac{1}{9}$

よって，**接線の方程式は**　$y-\dfrac{1}{3}=\dfrac{1}{9}(x-1)$

⇐接線の方程式 $\boldsymbol{y-f(a)=f'(a)(x-a)}$

すなわち　$\boldsymbol{y=\dfrac{1}{9}x+\dfrac{2}{9}}$

また，**法線の方程式は**

$y-\dfrac{1}{3}=-\dfrac{1}{\frac{1}{9}}(x-1)$

すなわち　$\boldsymbol{y=-9x+\dfrac{28}{3}}$

⇐法線の方程式 $\boldsymbol{y-f(a)=-\dfrac{1}{f'(a)}(x-a)}$

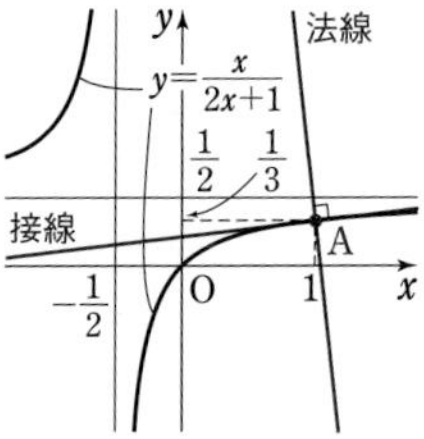

(2) $y=\tan x$ を微分すると　$y'=\dfrac{1}{\cos^2 x}$

ここで，接点の x 座標を a とすると，接線の傾きが 4 であるから　$\dfrac{1}{\cos^2 a}=4$

⇐$\cos^2 a=\dfrac{1}{4}$ から $\cos a=\pm\dfrac{1}{2}$

$0<a<\dfrac{\pi}{2}$ の範囲でこれを解くと　$a=\dfrac{\pi}{3}$

ゆえに，求める接線の方程式は

$y-\tan\dfrac{\pi}{3}=4\left(x-\dfrac{\pi}{3}\right)$

⇐接線の方程式 $\boldsymbol{y-f(a)=f'(a)(x-a)}$

整理して　$\boldsymbol{y=4x+\sqrt{3}-\dfrac{4}{3}\pi}$

⇐$\tan\dfrac{\pi}{3}=\sqrt{3}$

PR
②**68**

次の曲線に，与えられた点から引いた接線の方程式と接点の座標を求めよ。

(1)　$y=\sqrt{x}$，$(-2,\ 0)$　　　(2)　$y=\dfrac{1}{x}+2$，$(1,\ -1)$

(1)　$f(x)=\sqrt{x}$ とすると　　$f'(x)=\dfrac{1}{2\sqrt{x}}$

ここで，接点の座標を $(a,\ \sqrt{a})$ とすると，接線の方程式は

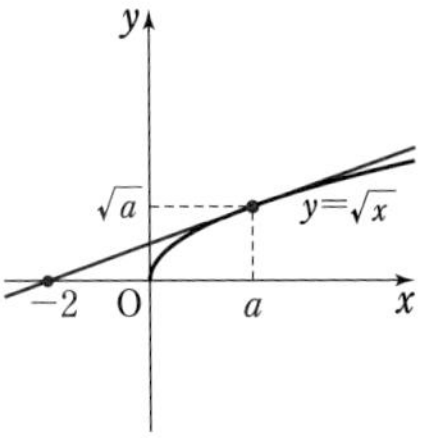

$$y-\sqrt{a}=\frac{1}{2\sqrt{a}}(x-a)$$

⇐接線の方程式
$y-f(a)=f'(a)(x-a)$

すなわち　$y=\dfrac{1}{2\sqrt{a}}x+\dfrac{\sqrt{a}}{2}$　…①

この直線が点 $(-2,\ 0)$ を通るから

$$0=\frac{1}{2\sqrt{a}}\cdot(-2)+\frac{\sqrt{a}}{2}$$　　ゆえに　　$a=2$

よって，求める**接線の方程式は**，① から

⇐$a=2$ を ① に代入。

$$\boldsymbol{y=\frac{\sqrt{2}}{4}x+\frac{\sqrt{2}}{2}}$$

また，**接点の座標は**　　$\boldsymbol{(2,\ \sqrt{2})}$

(2)　$f(x)=\dfrac{1}{x}+2$ とすると

$$f'(x)=-\frac{1}{x^2}$$

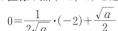

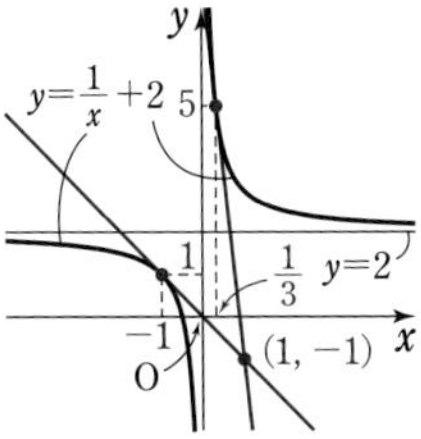

ここで，接点の座標を $\left(a,\ \dfrac{1}{a}+2\right)$ とすると，接線の方程式は

$$y-\left(\frac{1}{a}+2\right)=-\frac{1}{a^2}(x-a)$$

⇐接線の方程式
$y-f(a)=f'(a)(x-a)$

すなわち　$y=-\dfrac{1}{a^2}x+\dfrac{2}{a}+2$　……①

この直線が点 $(1,\ -1)$ を通るから

$$-1=-\frac{1}{a^2}\cdot 1+\frac{2}{a}+2$$

両辺に a^2 を掛けて整理すると　　$3a^2+2a-1=0$

よって　　$(a+1)(3a-1)=0$　　ゆえに　　$a=-1,\ \dfrac{1}{3}$

よって，求める接線の方程式と接点の座標は，① から

⇐$a=-1,\ \dfrac{1}{3}$ それぞれの接線の方程式と接点の座標を答える。

$a=-1$ のとき　　$\boldsymbol{y=-x}$，$\boldsymbol{(-1,\ 1)}$

$a=\dfrac{1}{3}$ のとき　　$\boldsymbol{y=-9x+8}$，$\boldsymbol{\left(\dfrac{1}{3},\ 5\right)}$

PR
②**69**

次の曲線上の点Aにおける接線の方程式を求めよ。　　［(1) 類　近畿大］

(1)　$\dfrac{x^2}{16}+\dfrac{y^2}{25}=1$，$\mathrm{A}\left(\sqrt{7},\ \dfrac{15}{4}\right)$　　　(2)　$2x^2-y^2=1$，$\mathrm{A}(1,\ 1)$

(3)　$3y^2=4x$，$\mathrm{A}(6,\ -2\sqrt{2})$

(1) $\dfrac{x^2}{16}+\dfrac{y^2}{25}=1$ の両辺を x で微分すると

$$\frac{2x}{16}+\frac{2y}{25}\cdot y'=0$$

よって，$y\neq0$ のとき $\quad y'=-\dfrac{25x}{16y}$

ゆえに，点Aにおける接線の傾きは

$$-\frac{25\cdot\sqrt{7}}{16\cdot\frac{15}{4}}=-\frac{5\sqrt{7}}{12}$$

したがって，求める接線の方程式は

$$y-\frac{15}{4}=-\frac{5\sqrt{7}}{12}(x-\sqrt{7})$$

すなわち $\quad \boldsymbol{y=-\dfrac{5\sqrt{7}}{12}x+\dfrac{20}{3}}$

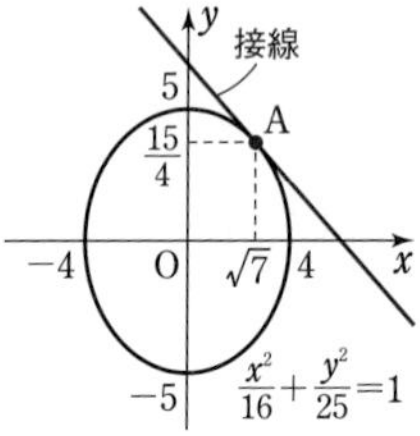

⇐この曲線は楕円。

⇐$\dfrac{d}{dx}y^2=\dfrac{d}{dy}y^2\cdot\dfrac{dy}{dx}$

⇐$y=0$ のとき y' は存在しないが，接線は存在する（直線 $x=\pm4$）。

⇐y' の式に $x=\sqrt{7}$，$y=\dfrac{15}{4}$ を代入。

⇐点 $(x_1,\ y_1)$ を通り，傾き m の直線の方程式は $y-y_1=m(x-x_1)$

(2) $2x^2-y^2=1$ の両辺を x で微分すると

$$4x-2yy'=0$$

よって，$y\neq0$ のとき $\quad y'=\dfrac{2x}{y}$

ゆえに，点Aにおける接線の傾きは

$$\frac{2\cdot1}{1}=2$$

したがって，求める接線の方程式は

$$y-1=2(x-1)$$

すなわち $\quad \boldsymbol{y=2x-1}$

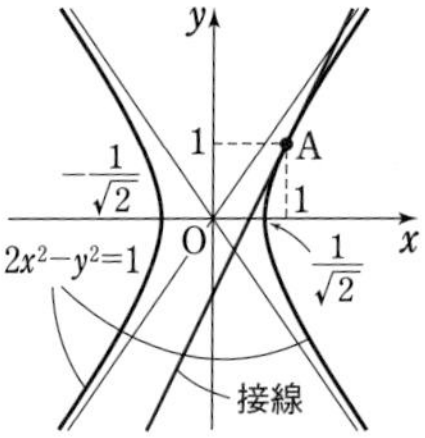

⇐この曲線は双曲線。

⇐$\dfrac{d}{dx}y^2=\dfrac{d}{dy}y^2\cdot\dfrac{dy}{dx}$

⇐$y=0$ のとき y' は存在しないが，接線は存在する$\left(直線\ x=\pm\dfrac{1}{\sqrt{2}}\right)$。

⇐y' の式に $x=1$，$y=1$ を代入。

(3) $3y^2=4x$ の両辺を x で微分すると

$$6yy'=4$$

よって，$y\neq0$ のとき $\quad y'=\dfrac{2}{3y}$

ゆえに，点Aにおける接線の傾きは

$$\frac{2}{3(-2\sqrt{2})}=-\frac{\sqrt{2}}{6}$$

したがって，求める接線の方程式は

$$y-(-2\sqrt{2})=-\frac{\sqrt{2}}{6}(x-6)$$

すなわち $\quad \boldsymbol{y=-\dfrac{\sqrt{2}}{6}x-\sqrt{2}}$

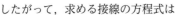

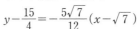

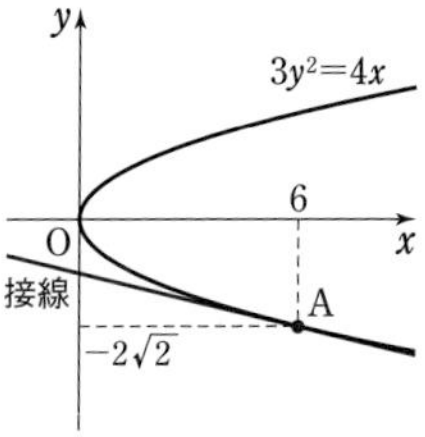

⇐この曲線は放物線。

⇐$\dfrac{d}{dx}y^2=\dfrac{d}{dy}y^2\cdot\dfrac{dy}{dx}$

⇐$y=0$ のとき y' は存在しないが，接線は存在する（直線 $x=0$）。

⇐y' の式に $y=-2\sqrt{2}$ を代入。

inf. 方程式を標準形に直してから，本冊 $p.121$ STEP UP にある公式を用いて接線の方程式を求めてもよい。

⇐曲線の方程式の x^2 の部分を x_1x に，y^2 の部分を y_1y に，$2x$ の部分を $x+x_1$ におき換える。

(1) $\dfrac{\sqrt{7}x}{16}+\dfrac{\frac{15}{4}y}{25}=1$ $\quad$ すなわち $\quad \boldsymbol{y=-\dfrac{5\sqrt{7}}{12}x+\dfrac{20}{3}}$

(2) $2\cdot1\cdot x-1\cdot y=1$ $\quad$ すなわち $\quad \boldsymbol{y=2x-1}$

(3) $3y^2=4x$ を変形すると $\quad y^2=4\cdot\dfrac{1}{3}\cdot x$

よって，求める接線の方程式は

$$-2\sqrt{2}\cdot y=2\cdot\frac{1}{3}(x+6)$$

すなわち　　$\boldsymbol{y=-\frac{\sqrt{2}}{6}x-\sqrt{2}}$

PR ③70 次の曲線について，(　)に指定された t の値に対応する点における接線の方程式を求めよ。

(1) $\begin{cases}x=2t\\y=3t^2+1\end{cases}$ $(t=1)$　　(2) $\begin{cases}x=\cos 2t\\y=\sin t+1\end{cases}$ $\left(t=-\frac{\pi}{6}\right)$

(1) $\frac{dx}{dt}=2$，$\frac{dy}{dt}=6t$

よって　　$\frac{dy}{dx}=\frac{\frac{dy}{dt}}{\frac{dx}{dt}}=\frac{6t}{2}=3t$

ゆえに，$t=1$ の点における接線の傾きは　　$3\cdot1=3$

また，$t=1$ のとき　　$x=2\cdot1=2$，$y=3\cdot1^2+1=4$

したがって，求める接線の方程式は　　$y-4=3(x-2)$

すなわち　　$\boldsymbol{y=3x-2}$

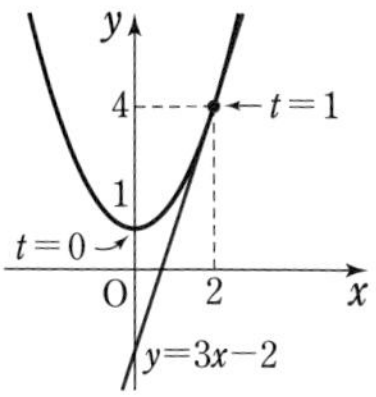

別解 $\begin{cases}x=2t & \cdots\cdots ①\\y=3t^2+1 & \cdots\cdots ②\end{cases}$

① から　　$t=\frac{x}{2}$

これを ② に代入して t を消去すると　　$y=\frac{3}{4}x^2+1$

接点の座標は　　(2，4)

$y'=\frac{3}{2}x$ であるから，接線の傾きは　3

よって，求める接線の方程式は　　$y-4=3(x-2)$

ゆえに　　$\boldsymbol{y=3x-2}$

(2) $\frac{dx}{dt}=(-\sin 2t)\cdot2=-2\sin 2t$，$\frac{dy}{dt}=\cos t$

よって　　$\frac{dy}{dx}=\frac{\frac{dy}{dt}}{\frac{dx}{dt}}=\frac{\cos t}{-2\sin 2t}$

$$=-\frac{\cos t}{2\cdot2\sin t\cos t}=-\frac{1}{4\sin t}$$

ゆえに，$t=-\frac{\pi}{6}$ の点における接線の傾きは

$$-\frac{1}{4\sin\left(-\frac{\pi}{6}\right)}=-\frac{1}{4\cdot\left(-\frac{1}{2}\right)}=\frac{1}{2}$$

inf. (2)
$\begin{cases}x=\cos 2t & \cdots\cdots ①\\y=\sin t+1 & \cdots\cdots ②\end{cases}$
① から
$x=1-2\sin^2 t$ ……③
② から
$\sin t=y-1$ ……④
④ を ③ に代入して変形すると
$(y-1)^2=-\frac{1}{2}(x-1)$
$(-1\leqq x\leqq1)$
これから y' を求めるには，y について解くか，陰関数の微分法を用いる必要があるので煩雑。媒介変数のまま微分する方がスムーズ。

また，$t=-\frac{\pi}{6}$ のとき

$$x=\cos\left(-\frac{\pi}{3}\right)=\frac{1}{2},$$

$$y=\sin\left(-\frac{\pi}{6}\right)+1=-\frac{1}{2}+1=\frac{1}{2}$$

したがって，求める接線の方程式は

$$y-\frac{1}{2}=\frac{1}{2}\left(x-\frac{1}{2}\right)$$

すなわち　$\boldsymbol{y=\frac{1}{2}x+\frac{1}{4}}$

PR ③71 ある直線が 2 つの曲線 $y=ax^2$ と $y=\log x$ に同じ点で接するとき，定数 a の値とその接線の方程式を求めよ。〔類 東京電機大〕

$f(x)=ax^2$，$g(x)=\log x$ とすると

$$f'(x)=2ax,\quad g'(x)=\frac{1}{x}$$

共有点をPとし，その x 座標を p とすると，点Pにおいて共通の接線をもつための条件は

⇐$g(x)=\log x$ の定義域は $x>0$　ゆえに　$p>0$

$$f(p)=g(p)\quad かつ\quad f'(p)=g'(p)$$

よって　$ap^2=\log p$　…… ①

$2ap=\frac{1}{p}$　…… ②

② から　$ap^2=\frac{1}{2}$　…… ③

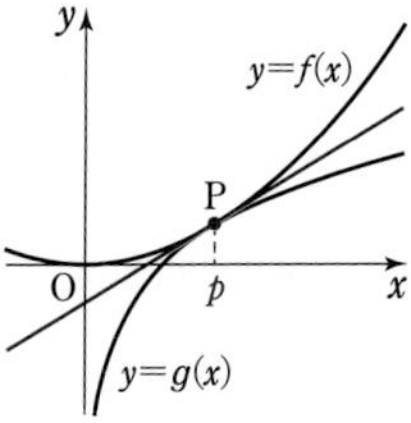

③ を ① に代入して　$\frac{1}{2}=\log p$

ゆえに　$p=e^{\frac{1}{2}}$

⇐$p>0$ を満たす。

したがって，③ から　$\boldsymbol{a}=\frac{1}{2(e^{\frac{1}{2}})^2}=\boldsymbol{\frac{1}{2e}}$

また，接点の座標は　$\left(e^{\frac{1}{2}},\ \frac{1}{2}\right)$

⇐$f(x)=\frac{1}{2e}x^2$ から
$f(e^{\frac{1}{2}})=\frac{1}{2e}(e^{\frac{1}{2}})^2$
$=\frac{1}{2e}\cdot e=\frac{1}{2}$

接線の傾きは　$2\cdot\frac{1}{2e}\cdot e^{\frac{1}{2}}=e^{-\frac{1}{2}}$

よって，求める接線の方程式は

$$y-\frac{1}{2}=e^{-\frac{1}{2}}(x-e^{\frac{1}{2}})$$

⇐接線の方程式
$y-f(p)=f'(p)(x-p)$

すなわち　$\boldsymbol{y=e^{-\frac{1}{2}}x-\frac{1}{2}}$

PR ③72 2つの曲線 $y=-x^2$, $y=\frac{1}{x}$ の両方に接する直線の方程式を求めよ。

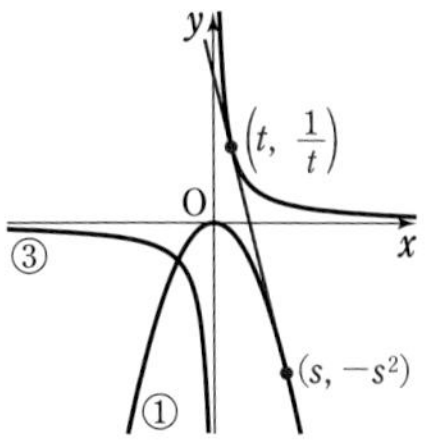

$y=-x^2$ …… ① から　　$y'=-2x$

よって，曲線①上の点 $(s,\ -s^2)$ における接線の方程式は

$$y-(-s^2)=-2s(x-s)$$

すなわち　　$y=-2sx+s^2$ …… ②

また，$y=\frac{1}{x}$ …… ③ から　　$y'=-\frac{1}{x^2}$

よって，曲線③上の点 $\left(t,\ \frac{1}{t}\right)$ における接線の方程式は

$$y-\frac{1}{t}=-\frac{1}{t^2}(x-t)$$

すなわち　　$y=-\frac{1}{t^2}x+\frac{2}{t}$ …… ④

直線②，④が一致するための条件は

$$-2s=-\frac{1}{t^2} \quad \cdots\cdots ⑤, \qquad s^2=\frac{2}{t} \quad \cdots\cdots ⑥$$

⇐②，④の傾きと y 切片がそれぞれ一致。

⑤から　　$s=\frac{1}{2t^2}$　　これを⑥に代入して　　$\frac{1}{4t^4}=\frac{2}{t}$

ゆえに　　$8t^3-1=0$　　よって　　$(2t-1)(4t^2+2t+1)=0$

t は実数であるから　　$t=\frac{1}{2}$

これを④に代入して，求める直線の方程式は

$$\boldsymbol{y=-4x+4}$$

別解 （曲線③の接線④を先に求めた上で）

①と④から y を消去して　　$x^2-\frac{1}{t^2}x+\frac{2}{t}=0$

この2次方程式の判別式を D とすると

$$D=\left(-\frac{1}{t^2}\right)^2-4\cdot\frac{2}{t}=\frac{1}{t^4}-\frac{8}{t}$$

①と④が接するから，$D=0$ として

$$\frac{1}{t^4}-\frac{8}{t}=0 \qquad すなわち \qquad 8t^3-1=0$$

よって　　$(2t-1)(4t^2+2t+1)=0$

t は実数であるから　　$t=\frac{1}{2}$

これを④に代入して，求める直線の方程式は

$$\boldsymbol{y=-4x+4}$$

⇐接する ⟺ $D=0$ を用いる解法。
曲線①の接線②を先に求めた場合は，②と③から
$\frac{1}{x}=-2sx+s^2$
両辺に x を掛けて整理すると
$2sx^2-s^2x+1=0$
この2次方程式の判別式を調べてもよい。

PR ①73 次の関数 $f(x)$ と区間について，平均値の定理の条件を満たす c の値を求めよ。

(1) $f(x)=2x^2-3$　$[a,\ b]$　　(2) $f(x)=e^{-x}$　$[0,\ 1]$

(3) $f(x)=\frac{1}{x}$　$[2,\ 4]$　　(4) $f(x)=\sin x$　$[0,\ 2\pi]$

4章 PR

(1) $f(x)=2x^2-3$ は，区間 $[a,\ b]$ で連続，区間 $(a,\ b)$ で微分可能であり　$f'(x)=4x$

ここで　$\dfrac{f(b)-f(a)}{b-a}=\dfrac{(2b^2-3)-(2a^2-3)}{b-a}$

$$=\frac{2(b+a)(b-a)}{b-a}=2(b+a)$$

$f'(c)=4c$

$\dfrac{f(b)-f(a)}{b-a}=f'(c)$，$a<c<b$ を満たす c の値は，

$2(b+a)=4c$ から　$\boldsymbol{c=\dfrac{a+b}{2}}$

(2) $f(x)=e^{-x}$ は，区間 $[0,\ 1]$ で連続，区間 $(0,\ 1)$ で微分可能であり　$f'(x)=-e^{-x}$

$\dfrac{f(1)-f(0)}{1-0}=f'(c)$，$0<c<1$ を満たす c の値は，

$e^{-1}-1=-e^{-c}$ から　$\dfrac{1}{e^c}=1-\dfrac{1}{e}$

ゆえに　$e^c=\dfrac{e}{e-1}$

したがって　$c=\log\dfrac{e}{e-1}=\boldsymbol{1-\log(e-1)}$

(3) $f(x)=\dfrac{1}{x}$ は，区間 $[2,\ 4]$ で連続，区間 $(2,\ 4)$ で微分可能であり　$f'(x)=-\dfrac{1}{x^2}$

$\dfrac{f(4)-f(2)}{4-2}=f'(c)$，$2<c<4$ を満たす c の値は，

$\dfrac{\frac{1}{4}-\frac{1}{2}}{2}=-\dfrac{1}{c^2}$ から　$c^2=8$

これを解いて　$c=\pm2\sqrt{2}$

$2<c<4$ であるから　$\boldsymbol{c=2\sqrt{2}}$

(4) $f(x)=\sin x$ は，区間 $[0,\ 2\pi]$ で連続，区間 $(0,\ 2\pi)$ で微分可能であり　$f'(x)=\cos x$

$\dfrac{f(2\pi)-f(0)}{2\pi-0}=f'(c)$，$0<c<2\pi$ を満たす c の値は，

$0=\cos c$ から

$$\boldsymbol{c=\frac{\pi}{2},\ \frac{3}{2}\pi}$$

⇐「区間 $[a,\ b]$ で微分可能」または「すべての実数 x について微分可能」と述べてもよい。

⇐ $a<c<b$ を満たす。

⇐ $\dfrac{1}{e}-1=-\dfrac{1}{e^c}$

⇐ $\dfrac{1}{e^c}=\dfrac{e-1}{e}$

⇐ $2<e<3$ であるから
$1<e-1<2<e$
よって
$0<\log(e-1)<1$
したがって
$0<1-\log(e-1)<1$
すなわち $0<c<1$ を満たす。

⇐ $-\dfrac{1}{8}=-\dfrac{1}{c^2}$

⇐条件を満たすものを答える。

(4)　$\cos c=0$ から
$c=\dfrac{\pi}{2}+n\pi$
（n は整数）
このうち，$0<c<2\pi$ であるものを答える。

inf.　(4) のように，平均値の定理を満たす c の値は，区間の取り方によっては2つ以上存在することがある。平均値の定理は c の値が存在することを保証しているので，(1)，(2) のように c の値がただ1つ得られる場合は，$a<c<b$ を確認する必要はないが，(4) のように複数求まる場合 $\left(c=\dfrac{\pi}{2}+n\pi\ （n は整数）\right)$ は確認が必要である。

PR ②74

平均値の定理を用いて，次のことを証明せよ。

(1) $a<b$ のとき　$e^a(b-a)<e^b-e^a<e^b(b-a)$

(2) $0<a<b$ のとき　$1-\dfrac{a}{b}<\log\dfrac{b}{a}<\dfrac{b}{a}-1$　〔類 群馬大〕

(3) $a>0$ のとき　$\dfrac{1}{a+1}<\dfrac{\log(a+1)}{a}<1$

(1) $f(x)=e^x$ とすると，$f(x)$ は常に微分可能であり

$$f'(x)=e^x$$

区間 $[a,\ b]$ において，平均値の定理を用いると

$$\frac{e^b-e^a}{b-a}=e^c \quad \cdots\cdots ①$$

$$a<c<b \quad \cdots\cdots ②$$

を満たす実数 c が存在する。

関数 $f'(x)=e^x$ は常に増加するから，② より

$$e^a<e^c<e^b$$

これに ① を代入して　$e^a<\dfrac{e^b-e^a}{b-a}<e^b$

各辺に正の数 $b-a$ を掛けて

$$e^a(b-a)<e^b-e^a<e^b(b-a)$$

(2) $f(x)=\log x$ とすると，$f(x)$ は $x>0$ で微分可能であり

$$f'(x)=\frac{1}{x}$$

区間 $[a,\ b]$ において，平均値の定理を用いると

$$\frac{\log b-\log a}{b-a}=\frac{1}{c} \quad \cdots\cdots ①$$

$$a<c<b \quad \cdots\cdots ②$$

を満たす実数 c が存在する。

a，b，c は正の数であるから，② より　$\dfrac{1}{b}<\dfrac{1}{c}<\dfrac{1}{a}$

これに ① を代入して　$\dfrac{1}{b}<\dfrac{\log b-\log a}{b-a}<\dfrac{1}{a}$

$b-a>0$ であるから　$\dfrac{b-a}{b}<\log b-\log a<\dfrac{b-a}{a}$

したがって　$1-\dfrac{a}{b}<\log\dfrac{b}{a}<\dfrac{b}{a}-1$

(3) $f(x)=\log x$ とすると，$f(x)$ は $x>0$ で微分可能であり

$$f'(x)=\frac{1}{x}$$

区間 $[1,\ a+1]$ において，平均値の定理を用いると

$$\frac{\log(a+1)-\log 1}{(a+1)-1}=\frac{1}{c} \quad \cdots\cdots ①$$

$$1<c<a+1 \quad \cdots\cdots ②$$

を満たす実数 c が存在する。

② から　$\dfrac{1}{a+1}<\dfrac{1}{c}<1$

⇐平均値の定理 $\dfrac{f(b)-f(a)}{b-a}=f'(c)$，$a<c<b$ が適用できるための**条件を忘れずに述べる。**
本問はすべての実数 x で微分可能であるから，すべての実数 x で連続。

⇐$0<p<q$ のとき $\dfrac{1}{q}<\dfrac{1}{p}$

⇐各辺に $b-a(>0)$ を掛けた。

⇐$a>0$ であるから $1<a+1$

⇐$0<p<q$ のとき $\dfrac{1}{q}<\dfrac{1}{p}$

これに ① を代入して　　$\dfrac{1}{a+1}<\dfrac{\log(a+1)}{a}<1$

PR ④75

平均値の定理を用いて，次の極限を求めよ。

(1) $\lim_{x\to\infty} x\{\log(2x+1)-\log 2x\}$　　(2) $\lim_{x\to 0}\dfrac{e^{\sin x}-e^{x}}{\sin x-x}$

(1) 真数条件から　　$x>0$

$f(x)=\log x$ とすると，$f(x)$ は $x>0$ で微分可能であり

$$f'(x)=\frac{1}{x}$$

$x>0$ のとき，$0<2x<2x+1$ であるから，区間 $[2x,\ 2x+1]$ において，平均値の定理を用いると

$$\frac{\log(2x+1)-\log 2x}{(2x+1)-2x}=\frac{1}{c} \quad \cdots\cdots ①$$

$$2x<c<2x+1 \quad \cdots\cdots ②$$

を満たす実数 c が存在する。

① の両辺に x を掛けて

$$x\{\log(2x+1)-\log 2x\}=\frac{x}{c} \quad \cdots\cdots ③$$

$2x>0$ と ② から　　$\dfrac{1}{2x+1}<\dfrac{1}{c}<\dfrac{1}{2x}$

各辺に $x>0$ を掛けて　　$\dfrac{x}{2x+1}<\dfrac{x}{c}<\dfrac{1}{2}$

$\lim_{x\to\infty}\dfrac{x}{2x+1}=\lim_{x\to\infty}\dfrac{1}{2+\frac{1}{x}}=\dfrac{1}{2}$ であるから　　$\lim_{x\to\infty}\dfrac{x}{c}=\dfrac{1}{2}$

よって，③ から

$$\lim_{x\to\infty} x\{\log(2x+1)-\log 2x\}=\lim_{x\to\infty}\frac{x}{c}=\boldsymbol{\frac{1}{2}}$$

(2) $x\longrightarrow 0$ であるから，$-\dfrac{\pi}{2}<x<\dfrac{\pi}{2}$ としてよい。

$f(x)=e^x$ とすると，$f(x)$ はすべての実数 x で微分可能であり　　$f'(x)=e^x$

[1] $x\longrightarrow +0$ のとき，$0<x<\dfrac{\pi}{2}$ としてよい。

このとき　　$0<\sin x<x$

区間 $[\sin x,\ x]$ において，平均値の定理を用いると

$$\frac{e^x-e^{\sin x}}{x-\sin x}=e^c,\ \sin x<c<x$$

を満たす実数 c が存在する。

$\lim_{x\to+0}\sin x=0$，$\lim_{x\to+0}x=0$ であるから　　$\lim_{x\to+0}c=0$

よって　　$\lim_{x\to+0}\dfrac{e^{\sin x}-e^x}{\sin x-x}=\lim_{x\to+0}\dfrac{e^x-e^{\sin x}}{x-\sin x}$

$$=\lim_{x\to+0}e^c=e^0=1$$

⇐$2x+1>0$ かつ $x>0$

⇐平均値の定理が適用できるための条件を忘れずに示しておく。

⇐$f(x)$ は区間 $[2x,\ 2x+1]$ で連続で，区間 $(2x,\ 2x+1)$ で微分可能。

⇐$0<a<b$ のとき $\dfrac{1}{b}<\dfrac{1}{a}$

⇐はさみうちの原理

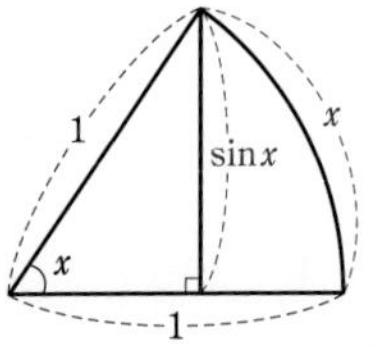

⇐上の図から $0<x<\dfrac{\pi}{2}$ のとき　$0<\sin x<x$

⇐はさみうちの原理

[2]　$x \longrightarrow -0$ のとき，$-\dfrac{\pi}{2}<x<0$ としてよい。

このとき　　$x<\sin x<0$

区間 $[x,\ \sin x]$ において，平均値の定理を用いると

$$\frac{e^{\sin x}-e^x}{\sin x-x}=e^c,\quad x<c<\sin x$$

を満たす実数 c が存在する。

$\displaystyle\lim_{x\to -0} x=0$，$\displaystyle\lim_{x\to -0}\sin x=0$ であるから　　$\displaystyle\lim_{x\to -0} c=0$

よって　　$\displaystyle\lim_{x\to -0}\frac{e^{\sin x}-e^x}{\sin x-x}=\lim_{x\to -0} e^c=e^0=1$

[1]，[2] から　　$\displaystyle\lim_{x\to 0}\frac{e^{\sin x}-e^x}{\sin x-x}=\mathbf{1}$

⇐[1] と同様に考える。

⇐**はさみうちの原理**

⇐左側極限と右側極限が一致。

inf.　次のように，絶対値をとって考えてもよい。

平均値の定理から

$$\left|\frac{e^x-e^{\sin x}}{x-\sin x}\right|=|e^c|=e^c,$$

c は x と $\sin x$ の間の実数

を満たす c が存在する。

$\displaystyle\lim_{x\to 0} x=0$，$\displaystyle\lim_{x\to 0}\sin x=0$ であるから　　$\displaystyle\lim_{x\to 0} e^c=e^0=1$

したがって　　$\displaystyle\lim_{x\to 0}\left|\frac{e^x-e^{\sin x}}{x-\sin x}\right|=1$

$x>0$ のとき，$0<\sin x<x$ から　　$e^{\sin x}<e^x$

$x<0$ のとき，$x<\sin x<0$ から　　$e^x<e^{\sin x}$

よって，いずれの場合も $\dfrac{e^x-e^{\sin x}}{x-\sin x}>0$ であるから

$$\lim_{x\to 0}\frac{e^x-e^{\sin x}}{x-\sin x}=1$$

ゆえに　　$\displaystyle\lim_{x\to 0}\frac{e^{\sin x}-e^x}{\sin x-x}=\lim_{x\to 0}\frac{e^x-e^{\sin x}}{x-\sin x}=\mathbf{1}$

⇐$e^c>0$

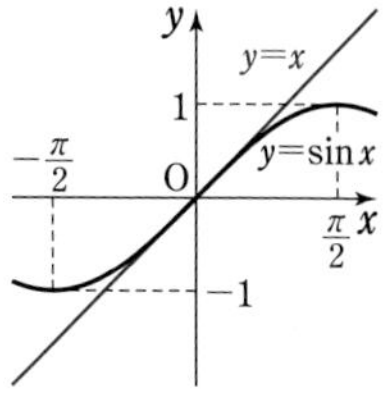

4章
PR

問題　ロピタルの定理を用いて，次の極限を求めよ。

(本冊 p.129)

(1) $\displaystyle\lim_{x\to 1}\frac{x^3-1}{2x^2-3x+1}$　　(2) $\displaystyle\lim_{x\to 1}\frac{\sin\pi x}{x-1}$　　(3) $\displaystyle\lim_{x\to 0}\frac{x-\tan x}{x^3}$

(4) $\displaystyle\lim_{x\to\infty} x(1-e^{\frac{1}{x}})$　　(5) $\displaystyle\lim_{x\to +0} x\log x$

(1) $\displaystyle\lim_{x\to 1}\frac{x^3-1}{2x^2-3x+1}=\lim_{x\to 1}\frac{(x^3-1)'}{(2x^2-3x+1)'}=\lim_{x\to 1}\frac{3x^2}{4x-3}$

$\displaystyle=\frac{3}{4-3}=\mathbf{3}$

⇐$\displaystyle\lim_{x\to 1}(x^3-1)=0$
$\displaystyle\lim_{x\to 1}(2x^2-3x+1)=0$

(2) $\displaystyle\lim_{x\to 1}\frac{\sin\pi x}{x-1}=\lim_{x\to 1}\frac{(\sin\pi x)'}{(x-1)'}=\lim_{x\to 1}\frac{(\cos\pi x)\cdot\pi}{1}$

$=\pi\cos\pi=\boldsymbol{-\pi}$

⇐$\displaystyle\lim_{x\to 1}\sin\pi x=0$
$\displaystyle\lim_{x\to 1}(x-1)=0$

(3) $\displaystyle\lim_{x\to 0}\frac{x-\tan x}{x^3}=\lim_{x\to 0}\frac{(x-\tan x)'}{(x^3)'}=\lim_{x\to 0}\frac{1-\frac{1}{\cos^2 x}}{3x^2}$

$\displaystyle=\lim_{x\to 0}\frac{\cos^2 x-1}{3x^2\cos^2 x}=\lim_{x\to 0}\frac{-\sin^2 x}{3x^2\cos^2 x}$

$\displaystyle=-\frac{1}{3}\lim_{x\to 0}\left(\frac{\sin x}{x}\right)^2\cdot\frac{1}{\cos^2 x}$

$\displaystyle=-\frac{1}{3}\cdot 1^2\cdot\frac{1}{\cos^2 0}=\boldsymbol{-\frac{1}{3}}$

⇐$\displaystyle\lim_{x\to 0}(x-\tan x)=0$
$\displaystyle\lim_{x\to 0}x^3=0$

⇐$\displaystyle\lim_{x\to 0}\frac{\sin x}{x}=1$

(4) $\displaystyle\lim_{x\to\infty}x(1-e^{\frac{1}{x}})=\lim_{x\to\infty}\frac{1-e^{\frac{1}{x}}}{\frac{1}{x}}=\lim_{x\to\infty}\frac{(1-e^{\frac{1}{x}})'}{\left(\frac{1}{x}\right)'}$

$\displaystyle=\lim_{x\to\infty}\frac{-e^{\frac{1}{x}}\left(-\frac{1}{x^2}\right)}{-\frac{1}{x^2}}=\lim_{x\to\infty}(-e^{\frac{1}{x}})$

$=-e^0=\mathbf{-1}$

⇐$\displaystyle\lim_{x\to\infty}(1-e^{\frac{1}{x}})=0$
$\displaystyle\lim_{x\to\infty}\frac{1}{x}=0$

⇐$\displaystyle(e^{\frac{1}{x}})'=e^{\frac{1}{x}}\left(\frac{1}{x}\right)'$

⇐$x\longrightarrow\infty$ のとき
$\dfrac{1}{x}\longrightarrow 0$

(5) $\displaystyle\lim_{x\to+0}x\log x=\lim_{x\to+0}\frac{\log x}{\frac{1}{x}}=\lim_{x\to+0}\frac{(\log x)'}{\left(\frac{1}{x}\right)'}$

$\displaystyle=\lim_{x\to+0}\frac{\frac{1}{x}}{-\frac{1}{x^2}}=\lim_{x\to+0}(-x)=\mathbf{0}$

⇐$\displaystyle\lim_{x\to+0}\log x=-\infty$
$\displaystyle\lim_{x\to+0}\frac{1}{x}=\infty$

PR ②76

次の関数の極値を求めよ。

(1) $y=\dfrac{1}{x^2+x+1}$ (2) $y=\dfrac{3x-1}{x^3+1}$ (3) $y=xe^{-x^2}$

(4) $y=|x-1|e^x$ (5) $y=(1-\sin x)\cos x$ $(0\leqq x\leqq 2\pi)$

(1) $x^2+x+1=\left(x+\dfrac{1}{2}\right)^2+\dfrac{3}{4}>0$ であるから，関数 y の定義域は実数全体である。

$$y'=-\frac{2x+1}{(x^2+x+1)^2}$$

⇐$\left(\dfrac{1}{g}\right)'=-\dfrac{g'}{g^2}$

$y'=0$ とすると

$x=-\dfrac{1}{2}$

y の増減表は右のようになる。

x	$\cdots$	$-\frac{1}{2}$	$\cdots$
y'	$+$	0	$-$
y	↗	極大 $\frac{4}{3}$	↘

よって，y は

$x=-\dfrac{1}{2}$ **で極大値** $\dfrac{4}{3}$ をとる。

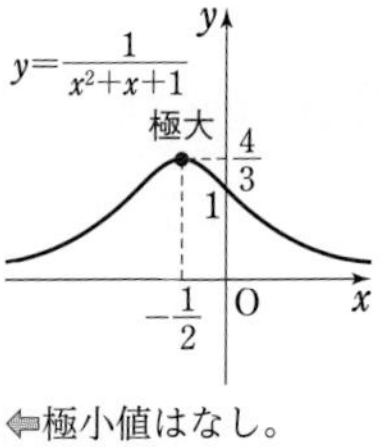

⇐極小値はなし。

(2) 関数 y の定義域は $x\neq -1$ である。

$$y'=\frac{3(x^3+1)-(3x-1)\cdot 3x^2}{(x^3+1)^2}=\frac{-3(2x^3-x^2-1)}{(x^3+1)^2}$$

$$=\frac{-3(x-1)(2x^2+x+1)}{(x^3+1)^2}$$

⇐(分母)$\neq 0$

⇐$\left(\dfrac{f}{g}\right)'=\dfrac{f'g-fg'}{g^2}$

⇐分子は因数定理を用いて因数分解する。

$2x^2+x+1=2\left(x+\frac{1}{4}\right)^2+\frac{7}{8}>0$ であるから，

$y'=0$ とすると　　$x=1$

y の増減表は次のようになる。

x	$\cdots$	-1	$\cdots$	1	$\cdots$
y'	$+$	／	$+$	0	$-$
y	↗	／	↗	極大 1	↘

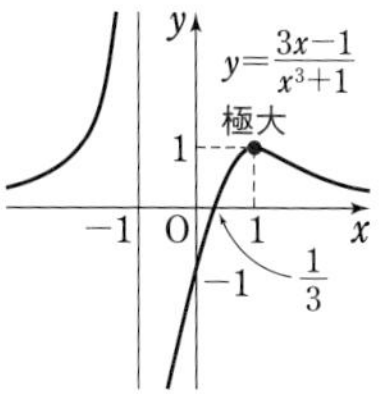

よって，y は $\boldsymbol{x=1}$ **で極大値 1** をとる。

⇐極小値はなし。

(3)　関数 y の定義域は実数全体である。

$$y'=1\cdot e^{-x^2}+xe^{-x^2}(-2x)=(1-2x^2)e^{-x^2}$$
$$=-2\left(x+\frac{1}{\sqrt{2}}\right)\left(x-\frac{1}{\sqrt{2}}\right)e^{-x^2}$$

⇐$(fg)'=f'g+fg'$

$y'=0$ とすると　　$x=\pm\frac{1}{\sqrt{2}}$

y の増減表は次のようになる。

x	$\cdots$	$-\frac{1}{\sqrt{2}}$	$\cdots$	$\frac{1}{\sqrt{2}}$	$\cdots$
y'	$-$	0	$+$	0	$-$
y	↘	極小 $-\frac{1}{\sqrt{2e}}$	↗	極大 $\frac{1}{\sqrt{2e}}$	↘

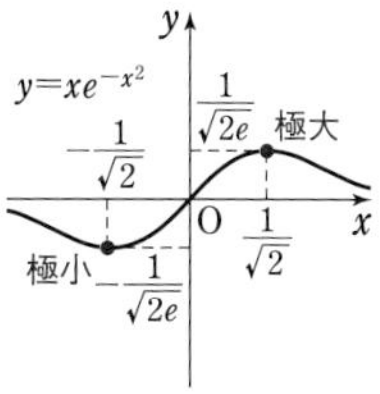

よって，y は

$$\boldsymbol{x=-\frac{1}{\sqrt{2}}}\ \textbf{で極小値}\ \boldsymbol{-\frac{1}{\sqrt{2e}}},\ \boldsymbol{x=\frac{1}{\sqrt{2}}}\ \textbf{で極大値}\ \boldsymbol{\frac{1}{\sqrt{2e}}}$$

をとる。

(4)　関数 y の定義域は実数全体である。

$x\geqq1$ のとき　　$y=(x-1)e^x$

⇐絶対値　場合に分ける

$x>1$ において　　$y'=e^x+(x-1)e^x=xe^x$

⇐$(fg)'=f'g+fg'$

よって，$x>1$ では，常に　　$y'>0$

$x<1$ のとき　　$y=-(x-1)e^x$

inf.　関数 y は $x=1$ のとき微分可能でない。

$x<1$ において　　$y'=-e^x-(x-1)e^x=-xe^x$

$y'=0$ とすると　　$x=0$

ゆえに，y の増減表は次のようになる。

x	$\cdots$	0	$\cdots$	1	$\cdots$
y'	$+$	0	$-$	／	$+$
y	↗	極大 1	↘	極小 0	↗

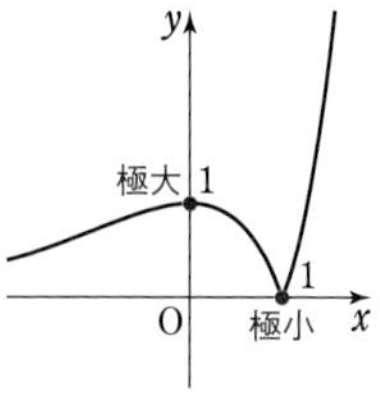

よって，y は $\boldsymbol{x=0}$ **で極大値 1**，

$\boldsymbol{x=1}$ **で極小値 0** をとる。

4章
PR

(5) $y'=-\cos x\cdot\cos x+(1-\sin x)(-\sin x)$
$=-(1-\sin^2 x)-\sin x+\sin^2 x$
$=2\sin^2 x-\sin x-1$
$=(\sin x-1)(2\sin x+1)$

$0<x<2\pi$ の範囲で $y'=0$ とすると

$\sin x-1=0$ から　　$x=\dfrac{\pi}{2}$

$2\sin x+1=0$ から　　$x=\dfrac{7}{6}\pi,\ \dfrac{11}{6}\pi$

⇐$\sin x=-\dfrac{1}{2}$

ゆえに，y の増減表は次のようになる。

x	0	…	$\frac{\pi}{2}$	…	$\frac{7}{6}\pi$	…	$\frac{11}{6}\pi$	…	2π
y'	／	$-$	0	$-$	0	$+$	0	$-$	／
y	1	↘	0	↘	極小 $-\frac{3\sqrt{3}}{4}$	↗	極大 $\frac{3\sqrt{3}}{4}$	↘	1

⇐y' の符号は，常に $\sin x-1\leqq 0$ であることを意識すると調べやすい。
また，$x=\dfrac{\pi}{2}$ のとき $y'=0$ であるが，$x=\dfrac{\pi}{2}$ で極値をとらない。

よって，y は

$\boldsymbol{x=\dfrac{11}{6}\pi}$ **で極大値** $\boldsymbol{\dfrac{3\sqrt{3}}{4}}$，

$\boldsymbol{x=\dfrac{7}{6}\pi}$ **で極小値** $\boldsymbol{-\dfrac{3\sqrt{3}}{4}}$

をとる。

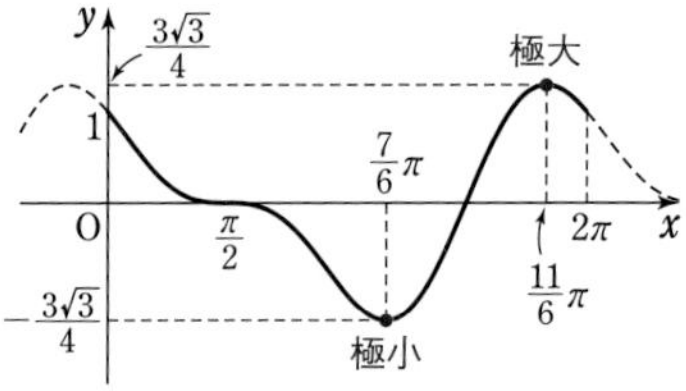

PR ②77　関数 $f(x)=\dfrac{ax+b}{x^2+1}$ が $x=\sqrt{3}$ で極大値 $\dfrac{1}{2}$ をとるように，定数 $a,\ b$ の値を定めよ。

$x^2+1>0$ から，$f(x)$ の定義域は実数全体である。

$$f'(x)=\frac{a(x^2+1)-(ax+b)\cdot 2x}{(x^2+1)^2}$$
$$=-\frac{ax^2+2bx-a}{(x^2+1)^2}$$

⇐$\left(\dfrac{f}{g}\right)'=\dfrac{f'g-fg'}{g^2}$

$f(x)$ は $x=\sqrt{3}$ で微分可能であるから，$f(x)$ が $x=\sqrt{3}$ で極大値 $\dfrac{1}{2}$ をとるならば

$$f'(\sqrt{3})=0,\ f(\sqrt{3})=\frac{1}{2}$$

⇐**必要条件**

$f'(\sqrt{3})=0$ から　　$a+\sqrt{3}b=0$ …… ①

⇐$a\cdot 3+2b\cdot\sqrt{3}-a=0$

$f(\sqrt{3})=\dfrac{1}{2}$ から　　$\sqrt{3}a+b=2$ …… ②

⇐$\dfrac{a\cdot\sqrt{3}+b}{3+1}=\dfrac{1}{2}$

①，② を解いて　　$a=\sqrt{3},\ b=-1$

逆に，$a=\sqrt{3}$，$b=-1$ のとき

$$f(x)=\frac{\sqrt{3}x-1}{x^2+1},$$

$$f'(x)=-\frac{\sqrt{3}x^2-2x-\sqrt{3}}{(x^2+1)^2}=-\frac{(x-\sqrt{3})(\sqrt{3}x+1)}{(x^2+1)^2}$$

$f'(x)=0$ とすると

$$x=\sqrt{3},\ -\frac{1}{\sqrt{3}}$$

$f(x)$ の増減表は右のようになり，確かに $x=\sqrt{3}$ で極大値 $\frac{1}{2}$ をとる。

x	…	$-\frac{1}{\sqrt{3}}$	…	$\sqrt{3}$	…
$f'(x)$	$-$	0	$+$	0	$-$
$f(x)$	↘	極小	↗	極大 $\frac{1}{2}$	↘

したがって　　**$a=\sqrt{3}$，$b=-1$**

⇦求めた a，b が **十分条件であることを確認。**

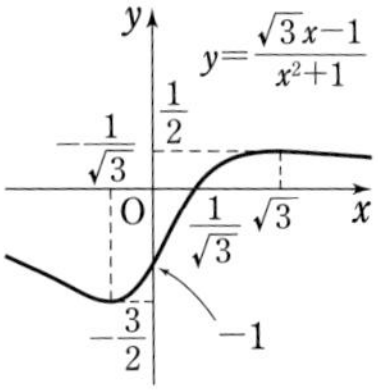

PR ②78

次の関数の最大値，最小値を求めよ。　　　　[(2) 関西大]

(1)　$f(x)=-9x^4+8x^3+6x^2\quad\left(-\frac{1}{3}\leqq x\leqq 2\right)$

(2)　$f(x)=2\cos x+\sin 2x\quad(-\pi\leqq x\leqq\pi)$

(1)　$f'(x)=-36x^3+24x^2+12x=-12x(3x^2-2x-1)$
$\qquad=-12x(x-1)(3x+1)$

$-\frac{1}{3}<x<2$ の範囲で $f'(x)=0$ とすると　　$x=0,\ 1$

$-\frac{1}{3}\leqq x\leqq 2$ における $f(x)$ の増減表は次のようになる。

x	$-\frac{1}{3}$	…	0	…	1	…	2
$f'(x)$	／	$-$	0	$+$	0	$-$	／
$f(x)$	$\frac{7}{27}$	↘	極小 0	↗	極大 5	↘	-56

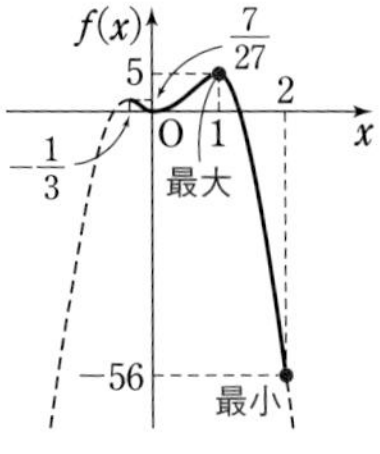

ここで　　$\frac{7}{27}<5$，　また　　$-56<0$

⇦極値と端の値を比較。

ゆえに，$f(x)$ は **$x=1$ で最大値 5，**
$x=2$ で最小値 -56 をとる。

(2)　$f'(x)=-2\sin x+2\cos 2x$
$\qquad=-2\sin x+2(1-2\sin^2 x)$
$\qquad=-2(2\sin^2 x+\sin x-1)$
$\qquad=-2(\sin x+1)(2\sin x-1)$

⇦$\cos 2x=1-2\sin^2 x$

$f'(x)=0$ とすると　　　$\sin x=-1,\ \frac{1}{2}$

$-\pi<x<\pi$ であるから　　$x=-\frac{\pi}{2},\ \frac{\pi}{6},\ \frac{5}{6}\pi$

$-\pi \leqq x \leqq \pi$ における $f(x)$ の増減表は次のようになる。

x	$-\pi$	$\cdots$	$-\frac{\pi}{2}$	$\cdots$	$\frac{\pi}{6}$	$\cdots$	$\frac{5}{6}\pi$	$\cdots$	π
$f'(x)$		$+$	0	$+$	0	$-$	0	$+$	
$f(x)$	-2	↗	0	↗	極大 $\frac{3\sqrt{3}}{2}$	↘	極小 $-\frac{3\sqrt{3}}{2}$	↗	-2

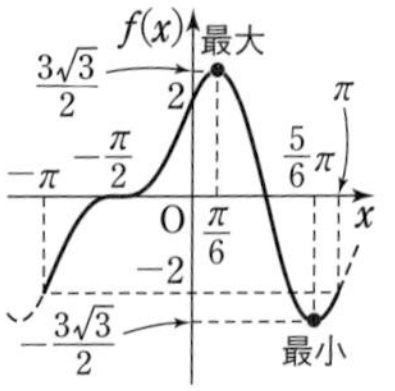

ここで　$-\frac{3\sqrt{3}}{2} < -2 < \frac{3\sqrt{3}}{2}$

⇐極値と端の値を比較。

ゆえに，$f(x)$ は $\boldsymbol{x=\frac{\pi}{6}}$ **で最大値** $\boldsymbol{\frac{3\sqrt{3}}{2}}$，

$\boldsymbol{x=\frac{5}{6}\pi}$ **で最小値** $\boldsymbol{-\frac{3\sqrt{3}}{2}}$ をとる。

PR
②**79**

次の関数の最大値，最小値を求めよ。
(1) $y=\sqrt{x-1}+\sqrt{2-x}$　〔東京電機大〕　(2) $y=x\log x-2x$　〔類 京都産大〕

(1) 関数 y の定義域は，$x-1 \geqq 0$，$2-x \geqq 0$ から　$1 \leqq x \leqq 2$

$1<x<2$ のとき

$$y'=\frac{1}{2\sqrt{x-1}}+\frac{-1}{2\sqrt{2-x}}=\frac{\sqrt{2-x}-\sqrt{x-1}}{2\sqrt{x-1}\sqrt{2-x}}$$

$$=\frac{2-x-(x-1)}{2\sqrt{x-1}\sqrt{2-x}(\sqrt{2-x}+\sqrt{x-1})}$$

⇐分子を有理化。

$$=\frac{3-2x}{2\sqrt{x-1}\sqrt{2-x}(\sqrt{2-x}+\sqrt{x-1})} \quad \cdots\cdots ①$$

⇐$\sqrt{x-1}>0$，$\sqrt{2-x}>0$

① において分母は正であるから，$y'=0$ とすると　$x=\frac{3}{2}$

y の増減表は右のようになる。

x	1	$\cdots$	$\frac{3}{2}$	$\cdots$	2
y'		$+$	0	$-$	
y	1	↗	極大 $\sqrt{2}$	↘	1

よって，y は

$\boldsymbol{x=\frac{3}{2}}$ **で最大値** $\boldsymbol{\sqrt{2}}$，

$\boldsymbol{x=1,\ 2}$ **で最小値 1** をとる。

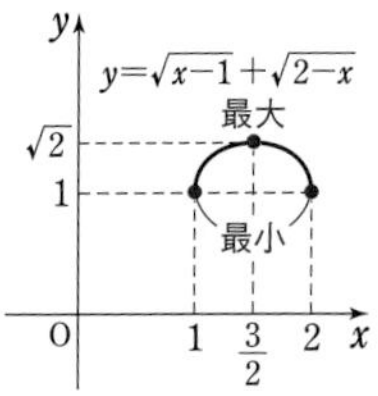

(2) 関数 y の定義域は $x>0$ である。

⇐$\log x$ の真数条件から。

$$y'=1\cdot\log x+x\cdot\frac{1}{x}-2=\log x-1$$

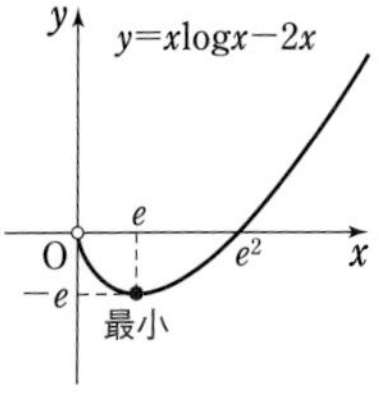

$y'=0$ とすると　$\log x=1$

ゆえに　$x=e$

y の増減表は右のようになる。

x	0	$\cdots$	e	$\cdots$
y'		$-$	0	$+$
y		↘	極小 $-e$	↗

ここで

$$\lim_{x\to\infty} y=\lim_{x\to\infty} x(\log x-2)=\infty$$

⇐$\lim_{x\to\infty}(\log x-2)=\infty$

よって，y は $\boldsymbol{x=e}$ **で最小値** $\boldsymbol{-e}$ をとる。

また，**最大値はない**。

inf. $\lim_{x\to+0} y$ について

本冊 $p.129$ ロピタルの定理 問題 (5) から　　$\lim_{x\to+0} x\log x=0$

よって　　$\lim_{x\to+0} y=\lim_{x\to+0}(x\log x-2x)=0$

inf. $\lim_{x\to\infty} y=\infty$ から，$\lim_{x\to+0} y$ の値に関係なく最大値はない。

PR ③80　関数 $f(x)=\dfrac{a\sin x}{\cos x+2}$ $(0\leqq x\leqq\pi)$ の最大値が $\sqrt{3}$ となるように定数 a の値を定めよ。〔信州大〕

$$f'(x)=\frac{a\{\cos x(\cos x+2)-\sin x(-\sin x)\}}{(\cos x+2)^2}$$
$$=\frac{a(2\cos x+1)}{(\cos x+2)^2}$$

⇐ $\left(\dfrac{f}{g}\right)'=\dfrac{f'g-fg'}{g^2}$

[1]　$a=0$ のとき

常に $f(x)=0$ であるから，最大値が $\sqrt{3}$ にならない。

よって，不適。

[2]　$a>0$ のとき

$f'(x)=0$ とすると　　$\cos x=-\dfrac{1}{2}$

$0<x<\pi$ であるから　　$x=\dfrac{2}{3}\pi$

$0\leqq x\leqq\pi$ における $f(x)$ の増減表は右のようになり，$x=\dfrac{2}{3}\pi$ で極大かつ最大となる。

x	0	$\cdots$	$\frac{2}{3}\pi$	$\cdots$	π
$f'(x)$	／	$+$	0	$-$	／
$f(x)$	0	↗	極大	↘	0

ゆえに，最大値は

$$f\left(\frac{2}{3}\pi\right)=\frac{\frac{\sqrt{3}}{2}a}{-\frac{1}{2}+2}=\frac{\sqrt{3}}{3}a$$

よって　　$\dfrac{\sqrt{3}}{3}a=\sqrt{3}$

したがって　　$a=3$　　これは $a>0$ を満たす。

⇐条件を確認する。

[3]　$a<0$ のとき

$0\leqq x\leqq\pi$ における $f(x)$ の増減表は右のようになる。

x	0	$\cdots$	$\frac{2}{3}\pi$	$\cdots$	π
$f'(x)$	／	$-$	0	$+$	／
$f(x)$	0	↘	極小	↗	0

ゆえに，最大値は

$f(0)=f(\pi)=0$

よって，不適。

⇐最大になりうるのは $x=0$ または $x=\pi$ のとき。

[1]，[2]，[3] から　　$\boldsymbol{a=3}$

PR ③81　AB=AC=1 である二等辺三角形 ABC に内接する円の面積を最大にする底辺の長さを求めよ。〔類 東京理科大〕

HINT　底辺 BC$=2x$ とする。BC$=x$ とするよりも計算しやすい。

AB＝AC＝1 の二等辺三角形において，内接円の半径を r，底辺 BC の長さを $2x$ とする。

$|1-1|<2x<1+1$ から　$0<x<1$

⇦a，b，c が三角形の 3 辺である条件 $|b-c|<a<b+c$

△ABC の面積を 2 通りに表すと

$$\triangle ABC=\frac{1}{2}\cdot 2x\sqrt{1-x^2},$$

$$\triangle ABC=\frac{1}{2}(1+1+2x)r$$

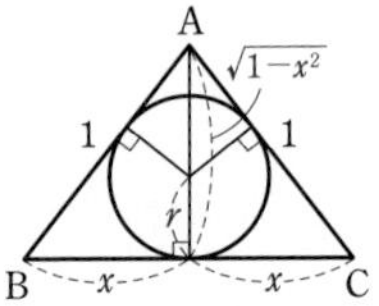

⇦面積の公式 $S=\frac{1}{2}(a+b+c)r$

よって，$x\sqrt{1-x^2}=(1+x)r$ から

$$r=\frac{x\sqrt{1-x^2}}{1+x}$$

このとき，内接円の面積は πr^2 であるから，$f(x)=r^2$ とすると

⇦円の面積 πr^2 の最大・最小 ⟺ r^2 の最大・最小

$$f(x)=r^2=\frac{x^2(1-x^2)}{(1+x)^2}=\frac{x^2(1-x)}{1+x}=\frac{x^2-x^3}{1+x}$$

$$f'(x)=\frac{(2x-3x^2)(1+x)-(x^2-x^3)}{(1+x)^2}=-\frac{2x(x^2+x-1)}{(1+x)^2}$$

$f'(x)=0$ とすると，$0<x<1$ から　$x=\frac{\sqrt{5}-1}{2}$

$0<x<1$ における $f(x)$ の増減表は右のようになるから，r^2 は $x=\frac{\sqrt{5}-1}{2}$ のとき最大となる。

x	0	…	$\frac{\sqrt{5}-1}{2}$	…	1
$f'(x)$	／	＋	0	−	／
$f(x)$	／	↗	極大	↘	／

このとき，円の面積 πr^2 も最大となるから，求める底辺の長さは

$$2x=\boldsymbol{\sqrt{5}-1}$$

inf.（$A=2\theta$ として解く方法）
$A=2\theta$ とすると BC＝$2\sin\theta$ で，
$\triangle ABC=\frac{1}{2}\cdot 1\cdot 1\cdot \sin 2\theta$
$\triangle ABC=\frac{1}{2}(1+1+2\sin\theta)r$
から　$r=\frac{\sin 2\theta}{2(1+\sin\theta)}$
r は $\sin\theta=\frac{\sqrt{5}-1}{2}$ のとき最大となる。

⇦x のままで答えないように！

PR ②82　次の曲線の凹凸を調べ，変曲点があれば求めよ。
(1)　$y=3x^5-5x^4-5x+3$　　(2)　$y=\log(1+x^2)$　　(3)　$y=xe^x$

以下，表において⌒は上に凸，⌣は下に凸を表す。

(1)　$y'=15x^4-20x^3-5$
　$y''=60x^3-60x^2$
　　$=60x^2(x-1)$

$y''=0$ とすると　$x=0,\ 1$
y'' の符号と曲線の凹凸は右の表のようになる。

x	…	0	…	1	…
y''	−	0	−	0	＋
y	⌒	3	⌒	変曲点 −4	⌣

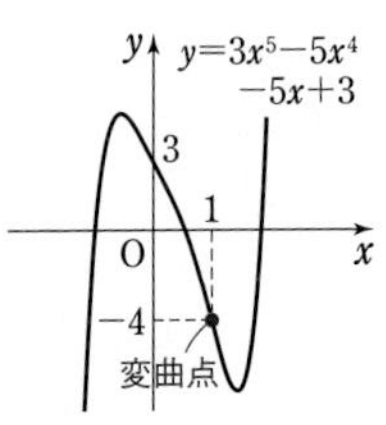

よって　**$x<0$，$0<x<1$ で上に凸；$1<x$ で下に凸**
　　　変曲点は　点 $(1,\ -4)$

inf.　$x=0$ で，$y''=0$ だが，点 $(0,\ 3)$ は変曲点ではない。

(2)　$y'=\frac{2x}{1+x^2}$

$$y''=2\cdot\frac{1\cdot(1+x^2)-x\cdot 2x}{(1+x^2)^2}=-\frac{2(x+1)(x-1)}{(1+x^2)^2}$$

⇦$\left(\frac{f}{g}\right)'=\frac{f'g-fg'}{g^2}$

$y''=0$ とすると
　　$x=-1,\ 1$
y'' の符号と曲線の凹凸は右の表のようになる。

x	$\cdots$	-1	$\cdots$	1	$\cdots$
y''	$-$	0	$+$	0	$-$
y	⌒	変曲点 $\log 2$	◡	変曲点 $\log 2$	⌒

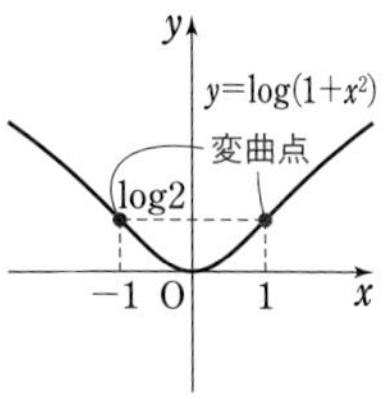

よって
　　$x<-1,\ 1<x$ で上に凸；$-1<x<1$ で下に凸
　　変曲点は　点 $(-1,\ \log 2),\ (1,\ \log 2)$

(3)　$y'=e^x+xe^x=(x+1)e^x$
　　$y''=e^x+(x+1)e^x=(x+2)e^x$

⇦ $(fg)'=f'g+fg'$

$y''=0$ とすると　　$x=-2$
y'' の符号と曲線の凹凸は右の表のようになる。

x	$\cdots$	-2	$\cdots$
y''	$-$	0	$+$
y	⌒	変曲点 $-2e^{-2}$	◡

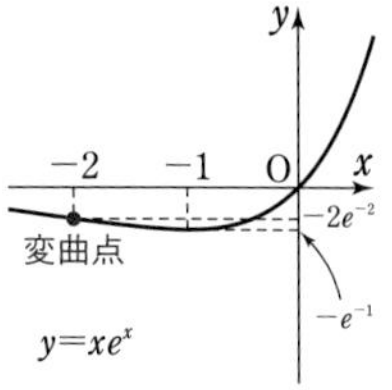

よって
　　$x<-2$ で上に凸；$-2<x$ で下に凸
　　変曲点は　点 $(-2,\ -2e^{-2})$

PR
②83

次の関数の増減，グラフの凹凸を調べてグラフの概形をかけ。
(1)　$y=\frac{1}{4}x^4+\frac{1}{3}x^3-8x^2-16x$　　(2)　$y=x-\sqrt{x-1}\quad(x\geqq 1)$

(1)　$y'=x^3+x^2-16x-16=(x+1)(x+4)(x-4)$
　　$y''=3x^2+2x-16=(3x+8)(x-2)$
$y'=0$ とすると　　$x=-1,\ \pm 4$
$y''=0$ とすると　　$x=-\frac{8}{3},\ 2$
$y',\ y''$ の符号を調べて，y の関数の増減，グラフの凹凸を表にすると次のようになる。

x	$\cdots$	-4	$\cdots$	$-\frac{8}{3}$	$\cdots$	-1	$\cdots$	2	$\cdots$	4	$\cdots$
y'	$-$	0	$+$	$+$	$+$	0	$-$	$-$	$-$	0	$+$
y''	$+$	$+$	$+$	0	$-$	$-$	$-$	0	$+$	$+$	$+$
y	↘	極小	↗	変曲点	↗	極大	↘	変曲点	↘	極小	↗

ゆえに，y は
　　$x=-4$ で極小値 $-\frac{64}{3}$，$x=-1$ で極大値 $\frac{95}{12}$，
　　$x=4$ で極小値 $-\frac{320}{3}$
をとる。
また，変曲点は　点 $\left(-\frac{8}{3},\ -\frac{640}{81}\right),\ \left(2,\ -\frac{172}{3}\right)$
よって，グラフの概形は **右図** のようになる。

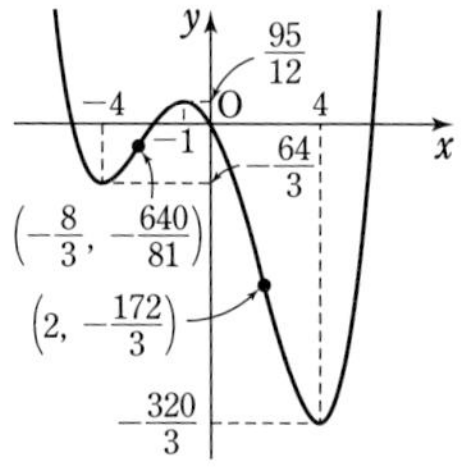

(2)　$x>1$ のとき

$$y'=1-\frac{1}{2\sqrt{x-1}}=\frac{2\sqrt{x-1}-1}{2\sqrt{x-1}}$$

$$y''=-\frac{1}{2}\cdot\left(-\frac{1}{2}\right)\frac{1}{(x-1)^{\frac{3}{2}}}=\frac{1}{4\sqrt{(x-1)^3}}$$

⇐y'' は y' を $y'=1-\frac{1}{2}(x-1)^{-\frac{1}{2}}$ とみて微分。

$y'=0$ とすると　　$2\sqrt{x-1}=1$　…… ①

両辺を 2 乗すると　　$4(x-1)=1$

よって　　$x=\frac{5}{4}$

これは ① を満たす。

y', y'' の符号を調べて，y の関数の増減，グラフの凹凸を表にすると右のようになる。

x	1	…	$\frac{5}{4}$	…
y'		$-$	0	$+$
y''		$+$	$+$	$+$
y	1	↘	極小	↗

ゆえに，y は $x=\frac{5}{4}$ で

極小値 $\frac{5}{4}-\sqrt{\frac{5}{4}-1}=\frac{3}{4}$ をとる。

よって，グラフの概形は **右図** のようになる。

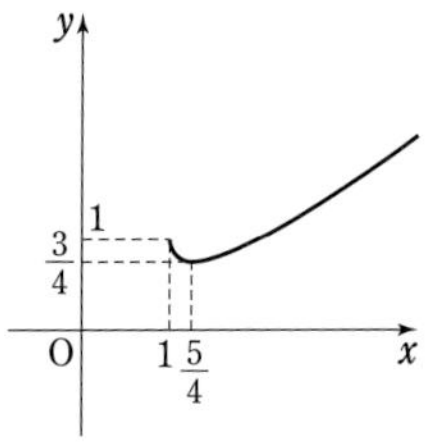

PR ②84

次の関数の増減，グラフの凹凸，漸近線を調べて，グラフの概形をかけ。

(1)　$y=x-\frac{1}{x}$　　(2)　$y=\frac{x}{x^2+1}$　　(3)　$y=e^{-\frac{x^2}{4}}$

(1)　関数 y の定義域は　　$x\neq 0$

⇐(分母)$\neq 0$

$$y'=1-\frac{-1}{x^2}=1+\frac{1}{x^2}$$

⇐$y'>0$

$$y''=-\frac{2}{x^3}$$

x	…	0	…
y'	$+$		$+$
y''	$+$		$-$
y	↗		↗

よって，y の増減，グラフの凹凸は右の表のようになる。

また　　$\lim_{x\to -0} y=\infty$，$\lim_{x\to +0} y=-\infty$

⇐$\lim_{x\to -0}\frac{1}{x}=-\infty$，$\lim_{x\to +0}\frac{1}{x}=\infty$

ゆえに，**直線 $x=0$**（y 軸）はこの曲線の漸近線である。

更に　　$\lim_{x\to\infty}(y-x)=0$

　　　　$\lim_{x\to -\infty}(y-x)=0$

⇐$\lim_{x\to\pm\infty}\left(-\frac{1}{x}\right)=0$

よって，**直線 $y=x$** もこの曲線の漸近線である。

以上から，グラフの概形は **右図** のようになる。

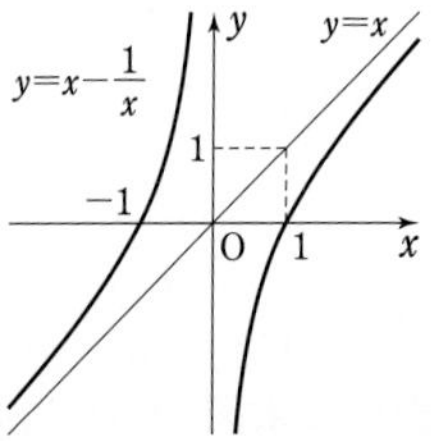

(2) $y'=\dfrac{1\cdot(x^2+1)-x\cdot 2x}{(x^2+1)^2}=\dfrac{1-x^2}{(x^2+1)^2}=-\dfrac{(x+1)(x-1)}{(x^2+1)^2}$

$y''=\dfrac{-2x(x^2+1)^2-(1-x^2)\cdot 2(x^2+1)\cdot 2x}{(x^2+1)^4}$

$=\dfrac{-2x(x^2+1)-4x(1-x^2)}{(x^2+1)^3}=\dfrac{2x(x^2-3)}{(x^2+1)^3}$

$=\dfrac{2x(x+\sqrt{3})(x-\sqrt{3})}{(x^2+1)^3}$

$y'=0$ とすると　　$x=-1,\ 1$

$y''=0$ とすると　　$x=0,\ -\sqrt{3},\ \sqrt{3}$

よって，y の増減，グラフの凹凸は次の表のようになる。

x	$\cdots$	$-\sqrt{3}$	$\cdots$	-1	$\cdots$	0	$\cdots$	1	$\cdots$	$\sqrt{3}$	$\cdots$
y'	$-$	$-$	$-$	0	$+$	$+$	$+$	0	$-$	$-$	$-$
y''	$-$	0	$+$	$+$	$+$	0	$-$	$-$	$-$	0	$+$
y	↘	変曲点 $-\dfrac{\sqrt{3}}{4}$	↘	極小 $-\dfrac{1}{2}$	↗	変曲点 0	↗	極大 $\dfrac{1}{2}$	↘	変曲点 $\dfrac{\sqrt{3}}{4}$	↘

また　　$\displaystyle\lim_{x\to\infty}y=\lim_{x\to\infty}\frac{\frac{1}{x}}{1+\frac{1}{x^2}}=0$

同様に　$\displaystyle\lim_{x\to-\infty}y=0$

ゆえに，**直線 $y=0$**（x 軸）はこの曲線の漸近線である。

よって，グラフの概形は **右図** のようになる。

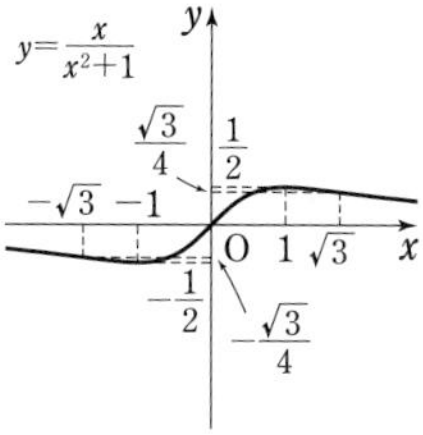

(3) $y'=e^{-\frac{x^2}{4}}\left(-\dfrac{x^2}{4}\right)'=-\dfrac{x}{2}e^{-\frac{x^2}{4}}$

$y''=-\dfrac{1}{2}\left\{1\cdot e^{-\frac{x^2}{4}}+x\cdot\left(-\dfrac{x}{2}e^{-\frac{x^2}{4}}\right)\right\}=-\dfrac{1}{4}(2-x^2)e^{-\frac{x^2}{4}}$

$=\dfrac{1}{4}(x+\sqrt{2})(x-\sqrt{2})e^{-\frac{x^2}{4}}$

$y'=0$ とすると　　$x=0$

$y''=0$ とすると　　$x=-\sqrt{2},\ \sqrt{2}$

よって，y の増減，グラフの凹凸は次の表のようになる。

x	$\cdots$	$-\sqrt{2}$	$\cdots$	0	$\cdots$	$\sqrt{2}$	$\cdots$
y'	$+$	$+$	$+$	0	$-$	$-$	$-$
y''	$+$	0	$-$	$-$	$-$	0	$+$
y	↗	変曲点 $\dfrac{1}{\sqrt{e}}$	↗	極大 1	↘	変曲点 $\dfrac{1}{\sqrt{e}}$	↘

inf.　(1), (2) の関数は奇関数であり，そのグラフは原点に関して対称である。よって，(1) では $x>0$，(2) では $x\geqq 0$ の場合のグラフをかき，対称性を利用して残りの部分のグラフをかき加えてもよい。

⇐ $\dfrac{x}{x^2+1}$ の分母・分子を x^2 で割る。

⇐合成関数の微分

⇐ $(fg)'=f'g+fg'$

⇐ $e^{-\frac{x^2}{4}}>0$

また　$\lim_{x\to\infty} y=\lim_{x\to\infty}\frac{1}{e^{\frac{x^2}{4}}}=0$

同様に　$\lim_{x\to-\infty} y=0$

ゆえに，**直線 $y=0$**（x 軸）はこの曲線の漸近線である。

よって，グラフの概形は **右図** のようになる。

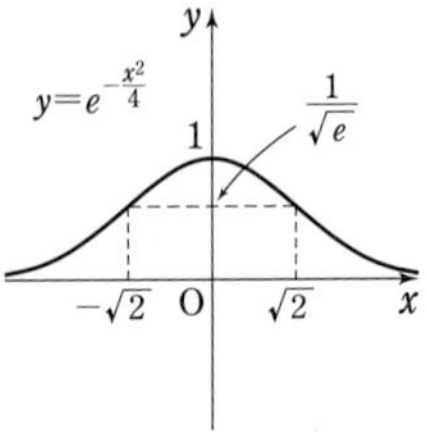

[inf.] (3)の関数は偶関数であるから，そのグラフは y 軸に関して対称である。したがって，$x\geqq 0$ のグラフをかき，対称性を利用して $x\leqq 0$ の部分のグラフをかき加えてもよい。

PR ②85

第 2 次導関数を利用して，次の関数の極値を求めよ。

(1)　$y=(\log x)^2$　　(2)　$y=xe^{-\frac{x^2}{2}}$　　(3)　$y=x-2+\sqrt{4-x^2}$

(1)　$f(x)=(\log x)^2$ とする。

関数 $f(x)$ の定義域は　$x>0$　　⇐(真数)>0

$x>0$ のとき　$f'(x)=2(\log x)\cdot\frac{1}{x}=\frac{2\log x}{x}$　　⇐合成関数の微分

$$f''(x)=2\cdot\frac{\frac{1}{x}\cdot x-(\log x)\cdot 1}{x^2}=\frac{2(1-\log x)}{x^2}$$

⇐$x>0$ において，y'' は連続関数。

$f'(x)=0$ とすると　$\log x=0$　ゆえに　$x=1$

$f''(1)=2(1-\log 1)=2>0$ であるから　⇐$\log 1=0$

$x=1$ で極小値 $f(1)=(\log 1)^2=$**0** をとる。　⇐極大値はない。

(2)　$f(x)=xe^{-\frac{x^2}{2}}$ とする。

$$f'(x)=1\cdot e^{-\frac{x^2}{2}}+xe^{-\frac{x^2}{2}}(-x)=(1-x^2)e^{-\frac{x^2}{2}}$$
$$=-(x+1)(x-1)e^{-\frac{x^2}{2}}$$
$$f''(x)=-2xe^{-\frac{x^2}{2}}+(1-x^2)e^{-\frac{x^2}{2}}(-x)$$
$$=(x^3-3x)e^{-\frac{x^2}{2}}$$

$f'(x)=0$ とすると　$x=\pm 1$

$f''(1)=(1-3)e^{-\frac{1}{2}}=-\frac{2}{\sqrt{e}}<0$,

$f''(-1)=(-1+3)e^{-\frac{1}{2}}=\frac{2}{\sqrt{e}}>0$ であるから

$x=1$ で極大値 $f(1)=1\cdot e^{-\frac{1}{2}}=\boldsymbol{\frac{1}{\sqrt{e}}}$,

$x=-1$ で極小値 $f(-1)=(-1)e^{-\frac{1}{2}}=\boldsymbol{-\frac{1}{\sqrt{e}}}$ をとる。

(3)　$f(x)=x-2+\sqrt{4-x^2}$ とする。

関数 $f(x)$ の定義域は　$-2\leqq x\leqq 2$

$-2<x<2$ のとき

$$f'(x)=1+\frac{-2x}{2\sqrt{4-x^2}}=1-\frac{x}{\sqrt{4-x^2}}$$

$$f''(x)=-\frac{1\cdot\sqrt{4-x^2}-x\cdot\frac{-2x}{2\sqrt{4-x^2}}}{4-x^2}=-\frac{4}{\sqrt{(4-x^2)^3}}$$

⇐$-2<x<2$ において，y'' は連続関数。

[inf.]

(1)

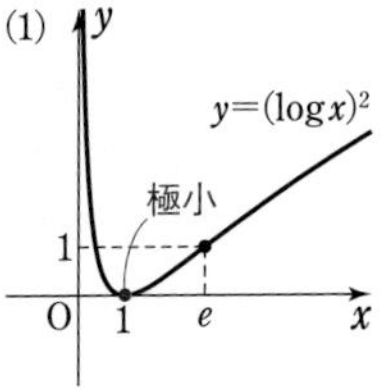

(2)

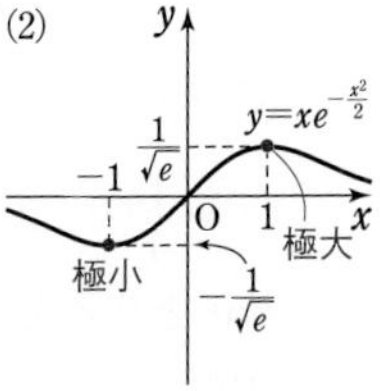

(3)　$y=x-2+\sqrt{4-x^2}$

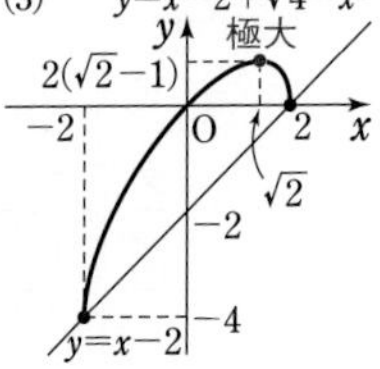

$f'(x)=0$ とすると　$\dfrac{x}{\sqrt{4-x^2}}=1$ …… ①

ゆえに　$\sqrt{4-x^2}=x$

両辺を2乗すると　$4-x^2=x^2$

よって　$x^2=2$　　したがって　$x=\pm\sqrt{2}$

このうち，① を満たすものは　$x=\sqrt{2}$

⇐① から　$x>0$

$f''(\sqrt{2})=-\dfrac{4}{2\sqrt{2}}=-\sqrt{2}<0$ であるから

$x=\sqrt{2}$ で極大値 $f(\sqrt{2})=\sqrt{2}-2+\sqrt{4-2}$

$=\mathbf{2(\sqrt{2}-1)}$　をとる。

PR ③86　$f(x)=\log\dfrac{x+a}{3a-x}$ $(a>0)$ とする。$y=f(x)$ のグラフはその変曲点に関して対称であることを示せ。

真数の条件から　$\dfrac{x+a}{3a-x}>0$

⇐分母と分子で場合分けをするより，両辺に $(3a-x)^2$ を掛けて求める方がらく。

両辺に $(3a-x)^2>0$ を掛けて　$(x+a)(3a-x)>0$

よって　$(x+a)(x-3a)<0$

$a>0$ であるから，$f(x)$ の定義域は　$-a<x<3a$

⇐$-a<x<3a$ であるから　$x+a>0$, $3a-x>0$

ゆえに　$f(x)=\log(x+a)-\log(3a-x)$

$$f'(x)=\frac{1}{x+a}-\frac{-1}{3a-x}=\frac{1}{x+a}+\frac{1}{3a-x}$$

$$f''(x)=-\frac{1}{(x+a)^2}-\frac{-1}{(3a-x)^2}$$

$$=\frac{-(3a-x)^2+(x+a)^2}{(x+a)^2(3a-x)^2}=\frac{8a(x-a)}{(x+a)^2(3a-x)^2}$$

$f''(x)=0$ とすると　$x=a$

よって，$y=f(x)$ のグラフの凹凸は右の表のようになり，変曲点をPとすると

x	$-a$	…	a	…	$3a$
$f''(x)$	／	$-$	0	$+$	／
$f(x)$	／	上に凸	0	下に凸	／

P$(a,\ 0)$

⇐$f(a)=\log 2a-\log 2a=0$

次に，$y=f(x)$ のグラフを x 軸方向に $-a$ だけ平行移動したグラフを表す関数を $g(x)$ とすると

⇐この平行移動により，点Pは原点へ移る。

$$g(x)=\log\frac{\{x-(-a)\}+a}{3a-\{x-(-a)\}}=\log\frac{x+2a}{2a-x}$$

ここで　$g(-x)=\log\dfrac{-x+2a}{2a-(-x)}=\log\left(\dfrac{x+2a}{2a-x}\right)^{-1}$

$$=-\log\frac{x+2a}{2a-x}=-g(x)$$

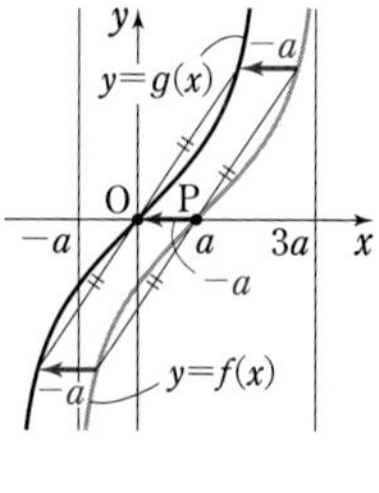

ゆえに，$y=g(x)$ のグラフは原点に関して対称である。

よって，$y=f(x)$ のグラフは変曲点Pに関して対称である。

別解 (変曲点を求めるまでは同じ)

曲線 $y=f(x)$ 上の任意の点を $Q(s,\ t)$, 変曲点Pに関して Qと対称な点を $Q'(u,\ v)$ とすると

$$\frac{s+u}{2}=a,\quad \frac{t+v}{2}=0$$

よって $\begin{cases} s=2a-u \\ t=-v \end{cases}$ ……①

$Q(s,\ t)$ は曲線 $y=f(x)$ 上にあるから

$$t=f(s) \quad \text{すなわち} \quad t=\log\frac{s+a}{3a-s}$$

① を代入すると $-v=\log\dfrac{(2a-u)+a}{3a-(2a-u)}$

ゆえに $v=-\log\dfrac{3a-u}{a+u}=\log\dfrac{a+u}{3a-u}=f(u)$

よって, 点 Q' は曲線 $y=f(x)$ 上にある。

したがって, $y=f(x)$ のグラフは変曲点Pに関して対称である。

inf. 点 $(x,\ y)$ を点 $(p,\ q)$ に関して対称に移動した点の座標は $(2p-x,\ 2q-y)$

⇐ $-\log_a M=\log_a\dfrac{1}{M}$

PR ③87 関数 $y=x-\sqrt{10-x^2}$ の増減, 極値を調べて, そのグラフの概形をかけ (凹凸は調べなくてよい)。

定義域は $10-x^2\geqq 0$ から $-\sqrt{10}\leqq x\leqq\sqrt{10}$

$-\sqrt{10}<x<\sqrt{10}$ のとき

$$y'=1-\frac{-2x}{2\sqrt{10-x^2}}=1+\frac{x}{\sqrt{10-x^2}}$$
$$=\frac{\sqrt{10-x^2}+x}{\sqrt{10-x^2}}$$

$y'=0$ とすると, $\sqrt{10-x^2}+x=0$ から

$$\sqrt{10-x^2}=-x \quad \cdots\cdots ①$$

両辺を 2 乗して $10-x^2=x^2$ すなわち $x^2=5$

① より $x\leqq 0$ であるから $x=-\sqrt{5}$

y の増減表は次のようになる。

x	$-\sqrt{10}$	$\cdots$	$-\sqrt{5}$	$\cdots$	$\sqrt{10}$
y'	／	$-$	0	$+$	／
y	$-\sqrt{10}$	↘	極小 $-2\sqrt{5}$	↗	$\sqrt{10}$

よって, y は, $x=-\sqrt{5}$ で極小値 $-2\sqrt{5}$ をとる。

したがって, グラフの概形は **右図** のようになる。

⇐ ($\sqrt{\ }$ の中) $\geqq 0$

⇐ $(\sqrt{f(x)})'=\dfrac{f'(x)}{2\sqrt{f(x)}}$

⇐ ① の左辺は 0 以上であるから (右辺) $=-x\geqq 0$ すなわち $x\leqq 0$

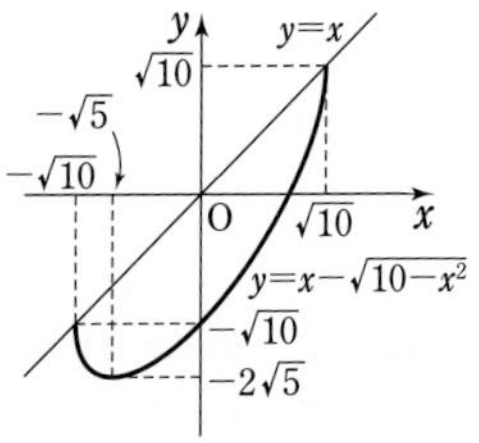

PR ④88

次の方程式が定める x の関数 y のグラフの概形をかけ (凹凸も調べよ)。
(1) $4x^2-y^2=x^4$　　(2) $\sqrt[3]{x^2}+\sqrt[3]{y^2}=1$

(1) $4x^2-y^2=x^4$ を変形すると　$y^2=x^2(4-x^2)$

$y^2\geqq 0$ であるから　$x^2(4-x^2)\geqq 0$

よって　$-2\leqq x\leqq 2$

⇐ $x^2\geqq 0$ から　$4-x^2\geqq 0$

x を $-x$ に, y を $-y$ におき換えても $y^2=x^2(4-x^2)$ は成り立つから, グラフは x 軸および y 軸, 原点に関して対称である。

inf. y 軸に関して対称から, $-2\leqq x\leqq 2$ のうち, $0\leqq x\leqq 2$ を調べればよい。

$y=\pm\sqrt{x^2(4-x^2)}$ であるから, グラフは $y=x\sqrt{4-x^2}$ と $y=-x\sqrt{4-x^2}$ のグラフを合わせたものである。

まず, 関数 $y=x\sqrt{4-x^2}$ $(0\leqq x\leqq 2)$ …… ① のグラフについて考える。

$y=0$ のとき, $0\leqq x\leqq 2$ から　$x=0,\ 2$

ゆえに, 原点 $(0,\ 0)$ と点 $(2,\ 0)$ を通る。

$0\leqq x<2$ のとき

$$y'=1\cdot\sqrt{4-x^2}+x\cdot\frac{-2x}{2\sqrt{4-x^2}}=\frac{4-x^2-x^2}{\sqrt{4-x^2}}$$

$$=\frac{4-2x^2}{\sqrt{4-x^2}}=-\frac{2(x+\sqrt{2})(x-\sqrt{2})}{\sqrt{4-x^2}}$$

$$y''=\frac{-4x\sqrt{4-x^2}-(4-2x^2)\cdot\dfrac{-2x}{2\sqrt{4-x^2}}}{4-x^2}$$

$$=\frac{-4x(4-x^2)+x(4-2x^2)}{(4-x^2)\sqrt{4-x^2}}=\frac{2x(x^2-6)}{\sqrt{(4-x^2)^3}}$$

⇐ $0<x<2$ のとき $y''<0$

$y'=0$ とすると　$x=\sqrt{2}$

⇐ $0\leqq x<2$ から。

よって, 関数 ① の増減, グラフの凹凸は, 次の表のようになる。

x	0	…	$\sqrt{2}$	…	2
y'	+	+	0	−	/
y''	0	−	−	−	/
y	0	↗	極大 2	↘	0

〔図1〕

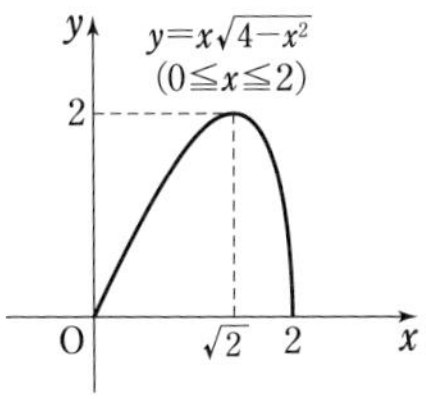

更に, $\displaystyle\lim_{x\to+0}y'=2$, $\displaystyle\lim_{x\to 2-0}y'=-\infty$ であるから,

関数 ① のグラフの概形は〔図1〕のようになる。

したがって, 求めるグラフの概形は〔図1〕のグラフを x 軸, y 軸, 原点に関してそれぞれ対称移動したものと〔図1〕のグラフを合わせたもので,〔**図2**〕のようになる。

〔図2〕

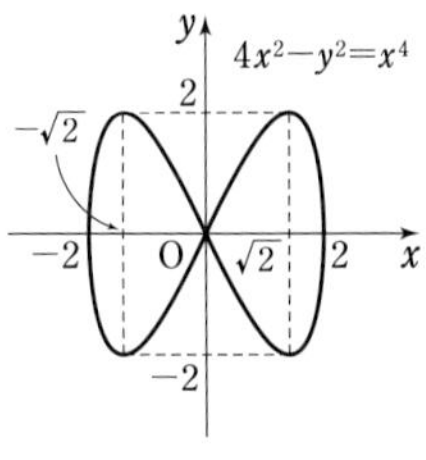

⇐ $y=x\sqrt{4-x^2}$ の $-2\leqq x\leqq 0$ のグラフは $y=x\sqrt{4-x^2}$ の $0\leqq x\leqq 2$ の部分を原点に関して対称に移動したもの。

inf. $\boldsymbol{y'}$ **の極限**

定義域の端点のグラフの形状をより詳しく調べるために y' の極限すなわち曲線の傾きの極限を調べることがある。

例えば PRACTICE 88 (1) では $\displaystyle\lim_{x\to 2-0} y'=-\infty$ を調べないと $x\longrightarrow 2-0$ のときのグラフが

[1]　x 軸に垂直

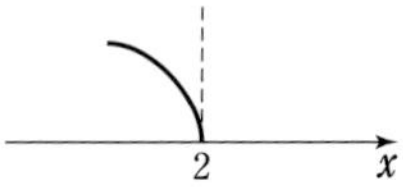

[2]　斜め

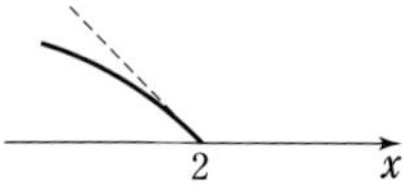

のいずれになるかが判断がつかない。

$\displaystyle\lim_{x\to +0} y'=2$ についても同様の理由により調べている。

(2)　$\sqrt[3]{y^2}\geqq 0$ であるから　　$1-\sqrt[3]{x^2}\geqq 0$

⇐ $\sqrt[3]{x^2}\leqq 1$ から　$x^2\leqq 1$

ゆえに　　$-1\leqq x\leqq 1$

x を $-x$ に，y を $-y$ におき換えても $\sqrt[3]{x^2}+\sqrt[3]{y^2}=1$ は成り立つから，グラフは x 軸，y 軸および原点に関して対称である。

まず，関数 $\sqrt[3]{x^2}+\sqrt[3]{y^2}=1$ …… ① の $x\geqq 0$，$y\geqq 0$ の部分にあるものについて考える。

$x=0$ のとき　　$y=1$　　　$y=0$ のとき　　$x=1$

⇐ $x=0$ のとき　$\sqrt[3]{y^2}=1$
よって　$y^2=1$
$y\geqq 0$ から　$y=1$

よって，点 $(0,\ 1)$，$(1,\ 0)$ を通る。

$x>0$，$y>0$ のとき，① の両辺を x で微分すると

$$\frac{2}{3}x^{-\frac{1}{3}}+\frac{2}{3}y^{-\frac{1}{3}}y'=0$$

⇐ $\dfrac{d}{dx}\sqrt[3]{y^2}=\dfrac{d}{dy}y^{\frac{2}{3}}\cdot\dfrac{dy}{dx}$

ゆえに　　$y^{-\frac{1}{3}}y'=-x^{-\frac{1}{3}}$

よって　　$y'=-\dfrac{y^{\frac{1}{3}}}{x^{\frac{1}{3}}}=-\left(\dfrac{y}{x}\right)^{\frac{1}{3}}$　…… ②

$\dfrac{y}{x}>0$ であるから　　$y'<0$

また，② を x で微分すると

$$\begin{aligned}
y''&=-\frac{1}{3}\left(\frac{y}{x}\right)^{-\frac{2}{3}}\cdot\frac{d}{dx}\left(\frac{y}{x}\right)\\
&=-\frac{1}{3}\left(\frac{x}{y}\right)^{\frac{2}{3}}\cdot\frac{y'x-y\cdot 1}{x^2}\\
&=-\frac{1}{3}x^{-\frac{4}{3}}y^{-\frac{2}{3}}\left\{-\left(\frac{y}{x}\right)^{\frac{1}{3}}x-y\right\}\\
&=\frac{1}{3}x^{-\frac{4}{3}}y^{-\frac{2}{3}}\cdot y^{\frac{1}{3}}\left(x^{\frac{2}{3}}+y^{\frac{2}{3}}\right)\\
&=\frac{1}{3x^{\frac{4}{3}}y^{\frac{1}{3}}}>0
\end{aligned}$$

⇐ ② を代入。

⇐ $x^{\frac{2}{3}}+y^{\frac{2}{3}}=1$

ゆえに，$x\geqq 0$，$y\geqq 0$ における関数 ① の増減，グラフの凹凸は，次の表のようになる。

x	0	$\cdots$	1
y'	／	$-$	／
y''	／	$+$	／
y	1	↘	0

また，$x\longrightarrow 0$ のとき $y\longrightarrow 1$，
$x\longrightarrow 1$ のとき $y\longrightarrow 0$ であるから，
② より

$$\lim_{x\to+0} y'=-\infty,\quad \lim_{x\to1-0} y'=0$$

よって，$x\geqq0$，$y\geqq0$ における ① のグラフの概形は〔図1〕のようになる。

したがって，求めるグラフの概形は，〔図1〕のグラフを x 軸，y 軸，原点に関してそれぞれ対称移動したものと〔図1〕のグラフを合わせたもので，〔**図2**〕のようになる。

〔図1〕

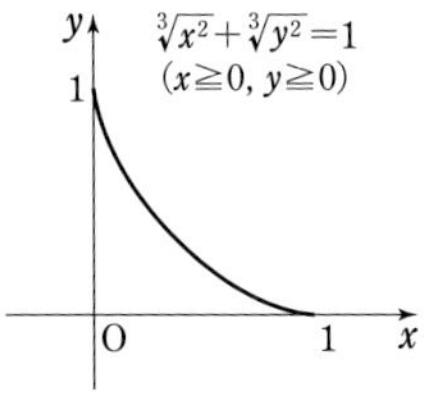

〔図2〕

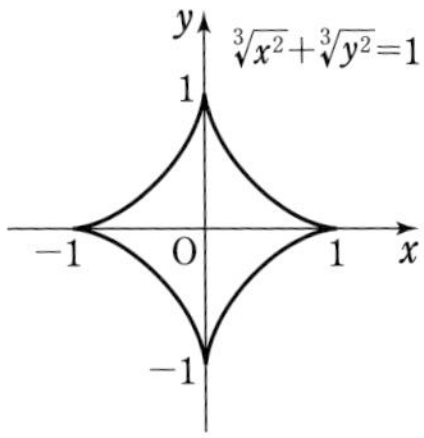

inf. (2)の曲線を **アステロイド** という（本冊 $p.153$ STEP UP 参照）。

PR ④89　曲線 $\begin{cases} x=\sin\theta \\ y=\cos3\theta \end{cases}$ $(-\pi\leqq\theta\leqq\pi)$ の概形をかけ（凹凸は調べなくてよい）。

$\theta=\alpha$ $(0\leqq\alpha\leqq\pi)$ に対応する点の座標を $(x,\ y)$ とすると

$$x=\sin\alpha,\quad y=\cos3\alpha$$

ここで，$\theta=-\alpha$ $(-\pi\leqq-\alpha\leqq0)$ に対応する点 $(x',\ y')$ は

$$x'=\sin(-\alpha)=-\sin\alpha=-x$$
$$y'=\cos(-3\alpha)=\cos3\alpha=y$$

点 $(x,\ y)$ と点 $(x',\ y')$ は y 軸に関して対称な点であるから，曲線の $0\leqq\theta\leqq\pi$ に対応する部分と $-\pi\leqq\theta\leqq0$ に対応する部分は，y 軸に関して対称であることがわかる。

⇐まず，対称性について考察する。

したがって，まずは $0\leqq\theta\leqq\pi$ …… ① の範囲で考える。

$$\frac{dx}{d\theta}=\cos\theta,\quad \frac{dy}{d\theta}=-3\sin3\theta$$

① の範囲で

$\dfrac{dx}{d\theta}=0$ を満たす θ の値は　$\theta=\dfrac{\pi}{2}$

$\dfrac{dy}{d\theta}=0$ を満たす θ の値は，$\sin3\theta=0$ $(0\leqq3\theta\leqq3\pi)$ から

$$3\theta=0,\ \pi,\ 2\pi,\ 3\pi \quad すなわち \quad \theta=0,\ \frac{\pi}{3},\ \frac{2}{3}\pi,\ \pi$$

よって，① の範囲における点 $(x,\ y)$ の動きは次の表のようになる。

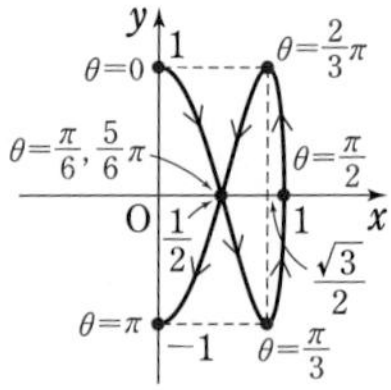

θ	0	$\cdots$	$\frac{\pi}{3}$	$\cdots$	$\frac{\pi}{2}$	$\cdots$	$\frac{2}{3}\pi$	$\cdots$	π
$\frac{dx}{d\theta}$	$+$	$+$	$+$	$+$	0	$-$	$-$	$-$	$-$
x	0	$\rightarrow$	$\frac{\sqrt{3}}{2}$	$\rightarrow$	1	$\leftarrow$	$\frac{\sqrt{3}}{2}$	$\leftarrow$	0
$\frac{dy}{d\theta}$	0	$-$	0	$+$	$+$	$+$	0	$-$	0
y	1	$\downarrow$	-1	$\uparrow$	0	$\uparrow$	1	$\downarrow$	-1
(グラフ)		↘		↗		↖		↙	

また，① の範囲で $y=0$ となるのは，

$\theta=\frac{\pi}{2}$ の他に $\theta=\frac{\pi}{6},\ \frac{5}{6}\pi$ の場合があり

$\theta=\frac{\pi}{6},\ \frac{5}{6}\pi$ のとき　　$(x,\ y)=\left(\frac{1}{2},\ 0\right)$

よって，対称性を考えると，曲線の概形は，**右図** のようになる。

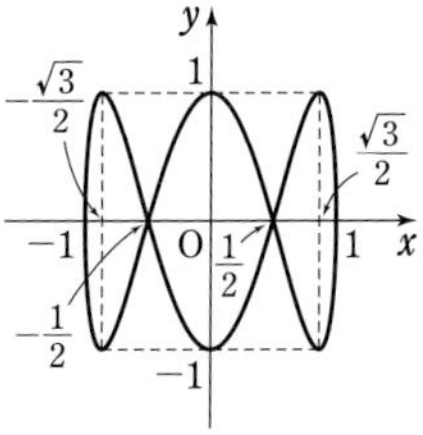

問題

（本冊 p.152）関数 $y=\frac{(x+1)^3}{x^2}$ の増減，グラフの凹凸，漸近線を調べて，グラフの概形をかけ。

補足　以下の 1 ～ 6 は，本冊 p.152 まとめ で解説した内容との対応を示している。

$y=\frac{(x+1)^3}{x^2}$ から定義域は $x\neq 0$ であり，周期性はない。…… 1，2

$x\neq 0$ であるから y 軸との共有点はない。また，$y=0$ とすると $x=-1$ であるから，x 軸との共有点の座標は $(-1,\ 0)$ のみである。…… 6

$$y'=\frac{3(x+1)^2\cdot x^2-(x+1)^3\cdot 2x}{(x^2)^2}$$

$$=\frac{(x+1)^2\{3x-2(x+1)\}}{x^3}$$

$$=\frac{(x+1)^2(x-2)}{x^3}$$

⇐x^3 は $x=0$ の前後で符号変化する。

$$y''=\frac{\{2(x+1)(x-2)+(x+1)^2\cdot 1\}\cdot x^3-(x+1)^2(x-2)\cdot 3x^2}{(x^3)^2}$$

$$=\frac{(x+1)\{2(x-2)+(x+1)\}x-3(x+1)^2(x-2)}{x^4}$$

$$=\frac{(x+1)\{x(3x-3)-3(x+1)(x-2)\}}{x^4}$$

$$=\frac{6(x+1)}{x^4}$$

⇐x^4 は $x=0$ の前後で符号変化しない。

よって，y の増減とグラフの凹凸は右のようになる。これから

　$x=2$ のとき極小値 $\dfrac{27}{4}$，

　極大値はない

　変曲点の座標は $(-1,\ 0)$

となる。…… 3，4

x	…	-1	…	0	…	2	…
y'	+	0	+	／	−	0	+
y''	−	0	+	／	+	+	+
y	↗	変曲点 0	↗	／	↘	極小 $\frac{27}{4}$	↗

次に　$\displaystyle\lim_{x\to\pm\infty}y=\lim_{x\to\pm\infty}\frac{x^3+3x^2+3x+1}{x^2}$

$\displaystyle=\lim_{x\to\pm\infty}\left(x+3+\frac{3}{x}+\frac{1}{x^2}\right)=\pm\infty$（複号同順）

$x\longrightarrow +0$ のとき，$x^2\longrightarrow +0$，$(x+1)^2\longrightarrow 1$ から

$\displaystyle\lim_{x\to+0}y=\lim_{x\to+0}\frac{(x+1)^2}{x^2}=\infty$

$x\longrightarrow -0$ のとき，同様に　$\displaystyle\lim_{x\to-0}y=\infty$

したがって，漸近線は y 軸（直線 $x=0$）

また　$\displaystyle\lim_{x\to\infty}\frac{y}{x}=\lim_{x\to\infty}\left(1+\frac{1}{x}\right)^3=1^3=1$

$\displaystyle\lim_{x\to\infty}(y-x)=\lim_{x\to\infty}\left(3+\frac{3}{x}+\frac{1}{x^2}\right)=3$

同様に　$\displaystyle\lim_{x\to-\infty}\frac{y}{x}=1$，$\displaystyle\lim_{x\to-\infty}(y-x)=3$

ゆえに，直線 $y=x+3$ も漸近線である。…… 5

以上から，グラフの概形は **右図** のようになる。

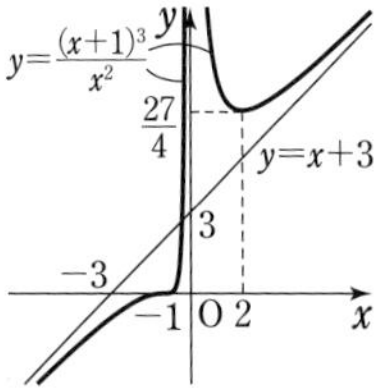

PR ④90

関数 $f(x)=a\sin x+b\cos x+x$ が極値をもつように，定数 a，b の条件を定めよ。

$a=b=0$ とすると　$f(x)=x$

この関数は単調に増加するから，$f(x)$ は極値をもたない。

したがって，a，b のうち少なくとも1つは0でない。

$$f'(x)=a\cos x-b\sin x+1$$
$$=-(b\sin x-a\cos x)+1$$
$$=-\sqrt{a^2+b^2}\sin(x+\alpha)+1$$

⇐$a\neq0$ または $b\neq0$ であるから，三角関数の合成を利用。

ただし　$\cos\alpha=\dfrac{b}{\sqrt{a^2+b^2}}$，$\sin\alpha=-\dfrac{a}{\sqrt{a^2+b^2}}$

$-1\leqq\sin(x+\alpha)\leqq1$ であるから

$$-\sqrt{a^2+b^2}\leqq-\sqrt{a^2+b^2}\sin(x+\alpha)\leqq\sqrt{a^2+b^2}$$

ここで，$\sqrt{a^2+b^2}\leqq1$ と仮定する。

$-\sqrt{a^2+b^2}\geqq-1$，$\sqrt{a^2+b^2}\leqq1$ であるから

$$-1\leqq-\sqrt{a^2+b^2}\sin(x+\alpha)\leqq1$$

各辺に1を加えて　$0\leqq f'(x)\leqq2$

よって，$f'(x)\geqq0$ となるから $f(x)$ は極値をもたない。

したがって，$\sqrt{a^2+b^2}>1$ でなければならない。

⇐必要条件

逆に，$\sqrt{a^2+b^2}>1$ ならば，曲線 $y=\sqrt{a^2+b^2}\sin(x+\alpha)$ と直線 $y=1$ は交点をもち，その交点の前後で $f'(x)$ の符号が変わる。

よって，$f(x)$ は極値をもつ。

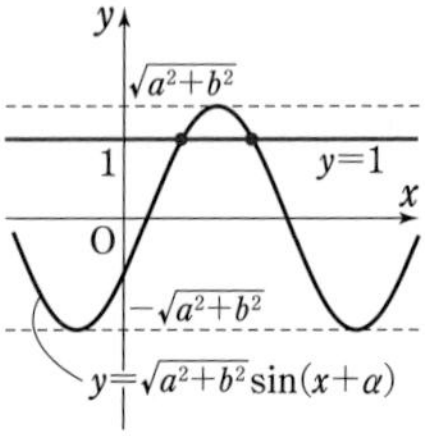

⇐十分条件

ゆえに，求める条件は

$$\sqrt{a^2+b^2}>1$$

すなわち　$\boldsymbol{a^2+b^2>1}$

PR ④91

体積が $\dfrac{\sqrt{2}}{3}\pi$ の直円錐において，直円錐の側面積の最小値を求めよ。ただし直円錐とは，底面の円の中心と頂点とを結ぶ直線が，底面に垂直である円錐のことである。〔札幌医大〕

直円錐の底面の円の半径を r，高さを h，母線の長さを l とすると

$$l=\sqrt{r^2+h^2},\ r>0,\ h>0$$

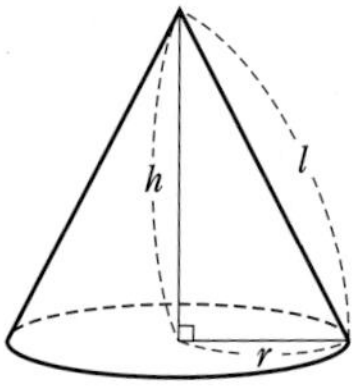

inf. 最初から体積 V を変数 1 文字で表すことは難しい。体積を求めるために必要な値を複数の文字を使って表し，条件から文字を減らす。

この直円錐の体積が $\dfrac{\sqrt{2}}{3}\pi$ であるから

$$\frac{1}{3}\pi hr^2=\frac{\sqrt{2}}{3}\pi$$

よって　$h=\dfrac{\sqrt{2}}{r^2}$

⇐体積の条件から高さ h，母線の長さ l を底面の半径 r を用いて表す。

また，この直円錐の側面は右の図のような扇形で，その面積を S とすると

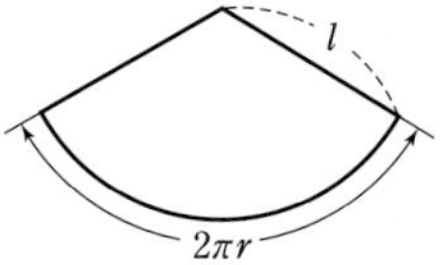

$$S=\frac{1}{2}\cdot l\cdot 2\pi r=\pi lr=\pi r\sqrt{r^2+h^2}$$

$$=\pi r\sqrt{r^2+\frac{2}{r^4}}=\pi\sqrt{r^4+\frac{2}{r^2}}$$

⇐半径 R，弧の長さ L の扇形の面積 S は $S=\dfrac{1}{2}RL$

$r^2=x$ とおくと　$S=\pi\sqrt{x^2+\dfrac{2}{x}}$，$x>0$

inf. $g(r)=r^4+\dfrac{2}{r^2}$ として，$g'(r)=4r^3-\dfrac{4}{r^3}$ $=\dfrac{4(r+1)(r-1)}{r^3}$ $\times(r^2+r+1)(r^2-r+1)$ と r のままでも増減表はかけるが，$r^2=x$ として，次数を下げたほうが計算はらく。

$f(x)=x^2+\dfrac{2}{x}$ とすると

$$f'(x)=2x-\frac{2}{x^2}=\frac{2(x^3-1)}{x^2}=\frac{2(x-1)(x^2+x+1)}{x^2}$$

$f'(x)=0$ とすると　$x=1$

$x>0$ における $f(x)$ の増減表は右のようになり，$f(x)$ は $x=1$ で最小値 3 をとる。

x	0	$\cdots$	1	$\cdots$
$f'(x)$	／	$-$	0	$+$
$f(x)$	／	↘	極小 3	↗

$f(x)>0$ であるから，$f(x)$ が最小となるとき，S も最小となる。

よって，S は**最小値 $\sqrt{3}\pi$** をとる。

⇐面積は 3 ではないことに注意。

PR ②92
(1) $x>0$ のとき，$2x-x^2<\log(1+x)^2<2x$ が成り立つことを示せ。
(2) $x>a$（a は定数）のとき，$x-a>\sin^2 x-\sin^2 a$ が成り立つことを示せ。

(1) $f(x)=\log(1+x)^2-(2x-x^2)$ とすると

$$f'(x)=2\cdot\frac{1}{1+x}-(2-2x)=2\left(\frac{1}{1+x}+x-1\right)$$
$$=2\cdot\frac{1+x^2-1}{1+x}=\frac{2x^2}{1+x}$$

$x>0$ のとき　$f'(x)>0$
よって，$f(x)$ は $x\geqq 0$ で増加する。
ゆえに，$x>0$ のとき　$f(x)>f(0)=0$
したがって，$x>0$ のとき　$2x-x^2<\log(1+x)^2$ ……①
次に，$g(x)=2x-\log(1+x)^2$ とすると

$$g'(x)=2-2\cdot\frac{1}{1+x}=2\left(1-\frac{1}{1+x}\right)=\frac{2x}{1+x}$$

$x>0$ のとき　$g'(x)>0$
よって，$g(x)$ は $x\geqq 0$ で増加する。
ゆえに，$x>0$ のとき　$g(x)>g(0)=0$
したがって，$x>0$ のとき　$\log(1+x)^2<2x$ ……②
①，②から，$x>0$ のとき

$$2x-x^2<\log(1+x)^2<2x$$

(2) $f(x)=x-a-(\sin^2 x-\sin^2 a)$ とすると

$$f'(x)=1-2\sin x\cdot\cos x=1-\sin 2x$$

ここで，$2x=\frac{\pi}{2}+2n\pi$ すなわち $x=\frac{\pi}{4}+n\pi$（n は整数）のとき $f'(x)=0$ となり，他の x については　$f'(x)>0$
よって，$f(x)$ は $x\geqq a$ で増加する。
ゆえに，$x>a$ のとき　$f(x)>f(a)=0$
したがって，$x>a$ のとき　$x-a>\sin^2 x-\sin^2 a$

⇐$f(x)=2\log(1+x)-(2x-x^2)$
⇐$g(x)=2x-2\log(1+x)$
⇐$1-\sin 2x\geqq 0$
⇐$2x=\frac{\pi}{2}+2n\pi$ のとき $\sin 2x=1$
⇐$f(a)=a-a-(\sin^2 a-\sin^2 a)=0$

PR ③93
$x>0$ のとき，$e^x>x^2$ が成り立つことを示せ。

$f(x)=e^x-x^2$ とすると

$$f'(x)=e^x-2x,\quad f''(x)=e^x-2$$

$x>0$ における $f'(x)$ の増減表は右のようになり，$x=\log 2$ で極小かつ最小となる。

x	0	$\cdots$	$\log 2$	$\cdots$
$f''(x)$	／	$-$	0	$+$
$f'(x)$		↘	極小	↗

$$f'(\log 2)=2-2\log 2$$
$$=2\log\frac{e}{2}>0$$

よって，$x>0$ のとき　$f'(x)\geqq f'(\log 2)>0$
ゆえに，$f(x)$ は $x\geqq 0$ で増加する。
よって，$x>0$ のとき　$f(x)>f(0)=1>0$
したがって　$e^x>x^2$

⇐$f''(x)=0$ とすると，$e^x=2$ から　$x=\log 2$
⇐$e^{\log 2}=2$
⇐$\frac{e}{2}>1$ から。

PR ③94

(1) $0<x<\pi$ のとき，不等式 $x\cos x<\sin x$ が成り立つことを示せ。

(2) (1)の結果を用いて $\lim_{x\to+0}\frac{x-\sin x}{x^2}$ を求めよ。 〔類 岐阜薬大〕

(1) $f(x)=\sin x-x\cos x$ とすると

$$f'(x)=\cos x-(\cos x-x\sin x)=x\sin x$$

よって，$0<x<\pi$ のとき $f'(x)>0$ であるから，$f(x)$ は $0\leqq x\leqq\pi$ で増加する。

ゆえに，$0<x<\pi$ のとき　$f(x)>f(0)=0$

したがって，$0<x<\pi$ のとき　$x\cos x<\sin x$

(2) (1)の結果から，$0<x<\pi$ のとき

$$x-\sin x<x-x\cos x$$

このとき $x>\sin x$，$x^2>0$ であることから

$$0<\frac{x-\sin x}{x^2}<\frac{x-x\cos x}{x^2}$$

$$\frac{x-x\cos x}{x^2}=\frac{1-\cos x}{x}=\frac{\sin x}{x}\cdot\frac{\sin x}{1+\cos x}$$ であり，

$$\lim_{x\to+0}\frac{\sin x}{x}\cdot\frac{\sin x}{1+\cos x}=1\cdot\frac{0}{1+1}=0$$ であるから

$$\lim_{x\to+0}\frac{x-\sin x}{x^2}=\mathbf{0}$$

⇐$-\sin x<-x\cos x$ の両辺に x を加えた。

⇐**はさみうちの原理**

PR ②95

3 次方程式 $x^3-kx+2=0$（k は定数）の異なる実数解の個数を求めよ。 〔類 山口大〕

$x=0$ は解ではないから　$x\neq 0$

方程式の両辺を x で割って変形すると　$x^2+\frac{2}{x}=k$

$f(x)=x^2+\frac{2}{x}$ とすると

$$f'(x)=2x-\frac{2}{x^2}=\frac{2(x^3-1)}{x^2}=\frac{2(x-1)(x^2+x+1)}{x^2}$$

$f'(x)=0$ とすると　$x=1$

よって，$f(x)$ の増減表は次のようになる。

x	$\cdots$	0	$\cdots$	1	$\cdots$
$f'(x)$	$-$	／	$-$	0	$+$
$f(x)$	↘	／	↘	極小 3	↗

また　$\lim_{x\to\infty}f(x)=\infty$，$\lim_{x\to-\infty}f(x)=\infty$

$\lim_{x\to+0}f(x)=\infty$，$\lim_{x\to-0}f(x)=-\infty$

よって，$y=f(x)$ のグラフは右の図のようになる。

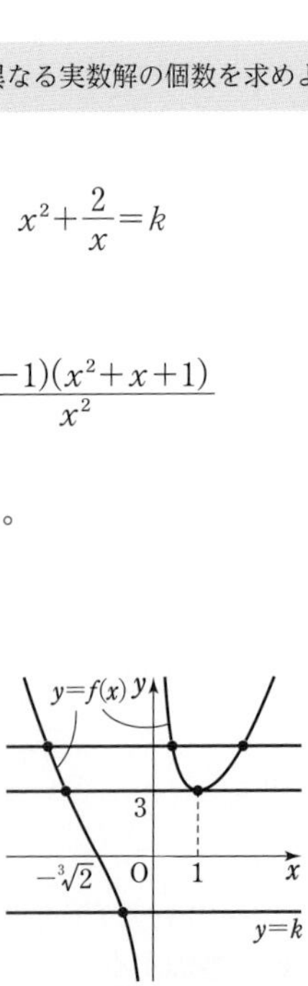

このグラフと直線 $y=a$ の共有点の個数が，方程式の異なる実数解の個数と一致するから

⇐**この断り書きは重要。** $x=0$ は方程式を満たさない。

⇐$x^2+x+1=\left(x+\frac{1}{2}\right)^2+\frac{3}{4}>0$

⇐直線 $y=k$ を上下に動かして，共有点の個数を調べる。

$k<3$ のとき１個，$k=3$ のとき２個，$k>3$ のとき３個

inf.　解答では，曲線 $f(x)=x^2+\frac{2}{x}$ を固定し，直線 $y=k$ を動かして共有点の個数を調べた。
この問題の場合，$f(x)=x^3-kx+2$ とすると，これは３次関数のグラフであるから，数学Ⅱの範囲で，グラフと x 軸の共有点の個数を調べることができる。しかし，曲線 $y=f(x)$ は k の値によって形を変えるため，図形のイメージをつかみにくい。

別解　（数学Ⅱの範囲での解法）
$f(x)=x^3-kx+2$ とすると　　$f'(x)=3x^2-k$

[1]　$k\leqq 0$ のとき
$f'(x)\geqq 0$ であるから，$f(x)$ は増加する。
よって，曲線 $y=f(x)$ と x 軸の共有点は１個。

⇐ $-k\geqq 0$

[2]　$k>0$ のとき

$$f'(x)=3\left(x+\sqrt{\frac{k}{3}}\right)\left(x-\sqrt{\frac{k}{3}}\right)$$

$f'(x)=0$ とすると　　$x=\pm\sqrt{\frac{k}{3}}$

ゆえに，$f(x)$ の増減表は右のようになるから，

x	$\cdots$	$-\sqrt{\frac{k}{3}}$	$\cdots$	$\sqrt{\frac{k}{3}}$	$\cdots$
$f'(x)$	$+$	0	$-$	0	$+$
$f(x)$	↗	極大	↘	極小	↗

$f(x)$ の

極大値は　$f\left(-\sqrt{\frac{k}{3}}\right)=-\frac{k}{3}\sqrt{\frac{k}{3}}+k\sqrt{\frac{k}{3}}+2=\frac{2}{3}k\sqrt{\frac{k}{3}}+2$

極小値は　$f\left(\sqrt{\frac{k}{3}}\right)=\frac{k}{3}\sqrt{\frac{k}{3}}-k\sqrt{\frac{k}{3}}+2=-\frac{2}{3}k\sqrt{\frac{k}{3}}+2$

ここで　$f\left(\sqrt{\frac{k}{3}}\right)f\left(-\sqrt{\frac{k}{3}}\right)=4-\frac{4}{9}k^2\cdot\frac{k}{3}=-\frac{4}{27}(k^3-27)$

$$=-\frac{4}{27}(k-3)(k^2+3k+9)$$

⇐ $k^2+3k+9=\left(k+\frac{3}{2}\right)^2+\frac{27}{4}>0$

$k>0$ であるから，曲線 $y=f(x)$ と x 軸の共有点は

$f\left(\sqrt{\frac{k}{3}}\right)f\left(-\sqrt{\frac{k}{3}}\right)>0$
すなわち　$0<k<3$ のとき　　１個

⇐極大値と極小値が同符号

$f\left(\sqrt{\frac{k}{3}}\right)f\left(-\sqrt{\frac{k}{3}}\right)=0$
すなわち　$k=3$ のとき　　２個

⇐極大値と極小値の一方が 0

$f\left(\sqrt{\frac{k}{3}}\right)f\left(-\sqrt{\frac{k}{3}}\right)<0$
すなわち　$k>3$ のとき　　３個

⇐極大値と極小値が異符号

[1]，[2] から，曲線 $y=f(x)$ と x 軸との共有点の個数が，方程式の異なる実数解の個数と一致するから

$k<3$ のとき１個，$k=3$ のとき２個，$k>3$ のとき３個

PR ④96

$e<a<b$ のとき，不等式 $a^b>b^a$ が成り立つことを証明せよ。〔類 長崎大〕

不等式 $a^b>b^a$ の両辺の自然対数をとると　$\log a^b>\log b^a$

よって　$b\log a>a\log b$

$0<a<b$ から，不等式の両辺を $ab\,(>0)$ で割ると

$$\frac{\log a}{a}>\frac{\log b}{b}\quad\cdots\cdots ①$$

ここで，$f(x)=\dfrac{\log x}{x}$ とすると

$$f'(x)=\frac{\frac{1}{x}\cdot x-\log x\cdot 1}{x^2}=\frac{1-\log x}{x^2}$$

$x>e$ のとき，$x^2>0$，$1-\log x<0$ であるから　$f'(x)<0$

よって，$f(x)$ は $x\geqq e$ で単調に減少する。

ゆえに，$e<a<b$ のとき　$\dfrac{\log a}{a}>\dfrac{\log b}{b}$

すなわち，不等式 ① が成り立つから　$a^b>b^a$

⇐指数の形のままでは，a，b を分離できないので，対数を利用する。

⇐不等式 ① が成り立つことを証明する。

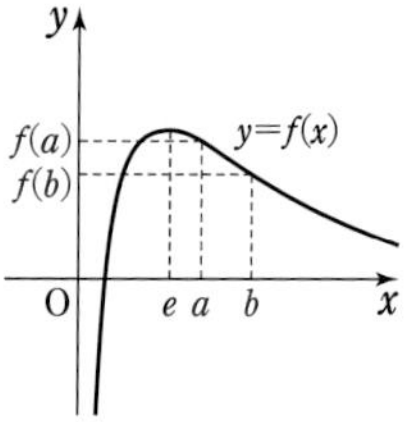

PR ④97

a を正の定数とする。不等式 $a^x\geqq x$ が任意の正の実数 x に対して成り立つような a の値の範囲を求めよ。〔神戸大〕

$x>0$ のとき，不等式 $a^x\geqq x$ の両辺の自然対数をとると

$x\log a\geqq\log x$　　よって　$\log a\geqq\dfrac{\log x}{x}$

この不等式は，与えられた不等式と同値である。

$f(x)=\dfrac{\log x}{x}$ とすると

$$f'(x)=\frac{\frac{1}{x}\cdot x-\log x}{x^2}=\frac{1-\log x}{x^2}$$

$f'(x)=0$ とすると　$\log x=1$

これを解いて　$x=e$

$x>0$ における $f(x)$ の増減表は右のようになる。

x	0	$\cdots$	e	$\cdots$
$f'(x)$	／	$+$	0	$-$
$f(x)$	／	↗	極大	↘

ゆえに，$f(x)$ は $x=e$ で極大かつ最大で最大値は $\dfrac{1}{e}$ である。

任意の正の実数 x に対して不等式が成り立つための必要十分条件は，$\log a$ の値が $f(x)$ の最大値と等しいか，または最大値より大きいことであるから

$$\log a\geqq\frac{1}{e}$$

よって　$\boldsymbol{a\geqq e^{\frac{1}{e}}}$

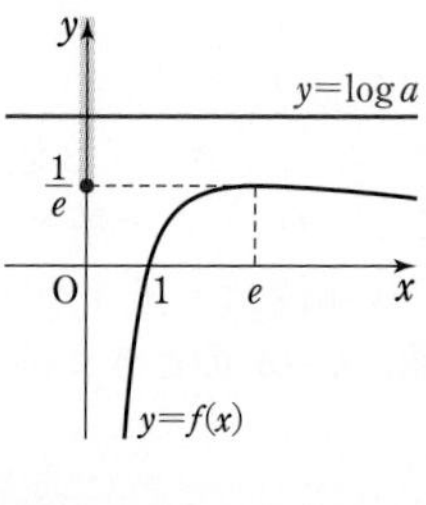

⇐$a>0$ から　$a^x>0$

⇐$\log a^x=x\log a$

⇐$\left(\dfrac{f}{g}\right)'=\dfrac{f'g-fg'}{g^2}$

⇐$f(e)=\dfrac{\log e}{e}$

PR ③98

$f(x)=-\log x$ とする。実数 a に対して，点 $(a,\ 0)$ を通る曲線 $y=f(x)$ の接線の本数を求めよ。ただし，$\lim_{x\to+0} x\log x=0$ を用いてもよい。

$f(x)=-\log x$ から　　$f'(x)=-\dfrac{1}{x}$

よって，曲線 $y=f(x)$ 上の点 $(t,\ f(t))$ における接線の方程式は　　$y-(-\log t)=-\dfrac{1}{t}(x-t)$

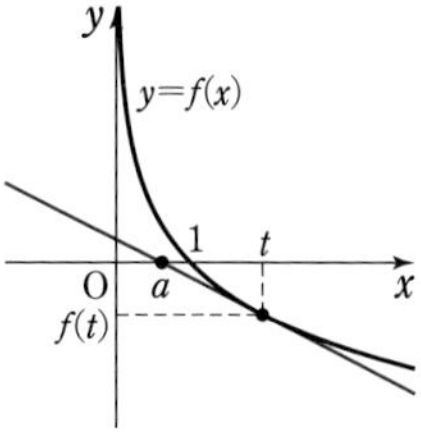

すなわち　　$y=-\dfrac{1}{t}x-\log t+1$

この接線が点 $(a,\ 0)$ を通るとき　　$0=-\dfrac{1}{t}a-\log t+1$

したがって　　$a=t(1-\log t)$

ここで，$g(t)=t(1-\log t)$ とすると

$$g'(t)=1-\log t+t\cdot\left(-\frac{1}{t}\right)=-\log t$$

$g'(t)=0$ とすると　　$t=1$

$g(t)$ の増減表は右のようになる。

t	0	$\cdots$	1	$\cdots$
$g'(t)$	／	$+$	0	$-$
$g(t)$	／	↗	1	↘

また，

$$\lim_{t\to\infty} g(t)=\lim_{t\to\infty} t(1-\log t)=-\infty,$$

$$\lim_{t\to+0} g(t)=\lim_{t\to+0}(t-t\log t)=0$$

ゆえに，$y=g(t)$ のグラフの概形は右の図のようになる。

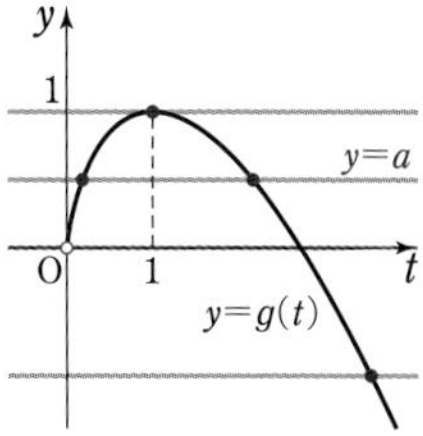

$y=-\log x$ のグラフから，接点が異なれば接線も異なる。

よって，$a=g(t)$ を満たす実数解の個数が，接線の本数に一致するから，求める接線の本数は

$a>1$ のとき 0 本；

$a=1$，$a\leqq 0$ のとき 1 本；

$0<a<1$ のとき 2 本

PR ④99

(1) 関数 $f(x)=x^{\frac{1}{x}}$ $(x>0)$ の極値を求めよ。

(2) $e^3>3^e$ であることを証明せよ。

(1) $x>0$ であるから，$f(x)>0$ である。

$f(x)=x^{\frac{1}{x}}$ の両辺の自然対数をとると

⇐対数微分法

$$\log f(x)=\frac{1}{x}\log x$$

両辺を x で微分すると

$$\frac{f'(x)}{f(x)}=-\frac{1}{x^2}\log x+\frac{1}{x}\cdot\frac{1}{x}=\frac{1-\log x}{x^2}$$

⇐$\dfrac{d}{dx}\log f(x)=\dfrac{f'(x)}{f(x)}$

$\dfrac{d}{dx}\left(\dfrac{1}{x}\log x\right)$

$=\left(\dfrac{1}{x}\right)'\log x+\dfrac{1}{x}(\log x)'$

よって　　$f'(x)=f(x)\cdot\dfrac{1-\log x}{x^2}=x^{\frac{1}{x}-2}(1-\log x)$

$f'(x)=0$ とすると，$1-\log x=0$ から

$$x=e$$

⇐$x^{\frac{1}{x}-2}\neq 0$

ゆえに，$f(x)$ の増減表は右のようになる。

x	0	…	e	…
$f'(x)$	／	＋	0	－
$f(x)$	／	↗	$e^{\frac{1}{e}}$	↘

よって，$f(x)$ は

$x=e$ で極大値 $e^{\frac{1}{e}}$ をとる。

(2) (1) から，関数 $f(x)$ は $x \geqq e$ で減少する。

$e<3$ であるから　　$f(e)>f(3)$

よって　　$e^{\frac{1}{e}}>3^{\frac{1}{3}}$

ゆえに　　$e^3>3^e$

⇐両辺を $3e$ 乗した。

PR ⑤100

(1) $x \geqq 1$ のとき，$x\log x \geqq (x-1)\log(x+1)$ が成り立つことを示せ。

(2) 自然数 n に対して，$(n!)^2 \geqq n^n$ が成り立つことを示せ。〔名古屋市大〕

(1) $f(x)=x\log x-(x-1)\log(x+1)$ とすると

$$f'(x)=\log x+x\cdot\frac{1}{x}-\left\{\log(x+1)+(x-1)\cdot\frac{1}{x+1}\right\}$$

$$=\log x-\log(x+1)+\frac{2}{x+1}$$

⇐$\frac{x-1}{x+1}=1+\frac{-2}{x+1}$ と変形して計算するとスムーズ。

$$f''(x)=\frac{1}{x}-\frac{1}{x+1}-\frac{2}{(x+1)^2}=\frac{1-x}{x(x+1)^2}$$

⇐$\frac{(x+1)^2-x(x+1)-2x}{x(x+1)^2}$

よって，$x>1$ のとき　　$f''(x)<0$

ゆえに，$f'(x)$ は $x \geqq 1$ で減少する。

更に，$f'(x)$ は $x \geqq 1$ において連続であり

$$f'(1)=-\log 2+1=\log\frac{e}{2}>0$$

⇐$e=2.7\cdots$ から $\frac{e}{2}>1$

$$\lim_{x\to\infty}f'(x)=\lim_{x\to\infty}\left(\log\frac{x}{x+1}+\frac{2}{x+1}\right)=0$$

⇐$\lim_{x\to\infty}\log\frac{x}{x+1}$
$=\lim_{x\to\infty}\log\frac{1}{1+\frac{1}{x}}$
$=\log 1=0$

よって，$x>1$ のとき　　$f'(x)>0$

ゆえに，$f(x)$ は $x \geqq 1$ で増加し，$f(1)=0$ であるから，$x \geqq 1$ のとき $f(x) \geqq 0$ が成り立つ。

すなわち　$x \geqq 1$ のとき　　$x\log x \geqq (x-1)\log(x+1)$

⇐等号が成り立つのは $x=1$ のとき。

(2) $(n!)^2 \geqq n^n$ ……① とする。

⇐**数学的帰納法**

[1] $n=1$ のとき　　$(1!)^2=1$，$1^1=1$

①の両辺がともに1となるから，$n=1$ のとき不等式①は成り立つ。

[2] $n=k$ のとき

不等式①が成り立つと仮定すると　　$(k!)^2 \geqq k^k$

$n=k+1$ のときについて

$$\{(k+1)!\}^2=(k!)^2(k+1)^2 \geqq k^k(k+1)^2 \quad \cdots\cdots ②$$

⇐＿＿は $(k!)^2 \geqq k^k$ の両辺に $(k+1)^2>0$ を掛けたもの。

一方，$k \geqq 1$ であるから，(1) で証明した不等式において，$x=k$ とおくと

$$k\log k \geqq (k-1)\log(k+1)$$

よって　　$\log k^k \geqq \log(k+1)^{k-1}$

ゆえに　　$k^k \geqq (k+1)^{k-1}$

⇐$\log a \geqq \log b \Longleftrightarrow a \geqq b$

よって

$$k^k(k+1)^2 \geqq (k+1)^{k-1}(k+1)^2=(k+1)^{k+1} \quad \cdots\cdots ③$$

②，③ から　　$\{(k+1)!\}^2 \geqq (k+1)^{k+1}$

したがって，$n=k+1$ のときも不等式 ① は成り立つ。

[1]，[2] から，すべての自然数 n に対して ① は成り立つ。

⇐ ___ は $k^k \geqq (k+1)^{k-1}$ の両辺に $(k+1)^2>0$ を掛けたもの。

PR ②101 数直線上を運動する点Pの時刻 t における位置 x が $x=-2t^3+3t^2+8$ $(t \geqq 0)$ で与えられている。Pが原点Oから正の方向に最も離れるときの速度と加速度を求めよ。

時刻 t における点Pの速度を v，加速度を α とする。

$$v=\frac{dx}{dt}=-6t^2+6t=-6t(t-1)$$

$\dfrac{dx}{dt}=0$ とすると　　$t=0,\ 1$

$t \geqq 0$ であるから，速度 v の符号と位置 x の関係を表にまとめると，右のようになる。

t	0	$\cdots$	1	$\cdots$
v	0	+	0	−
x	8	↗	9	↘

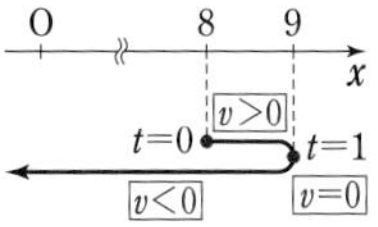

したがって，$t=1$ のとき点Pは原点Oから正の方向に最も離れる。

また，このときの **速度は**　　$v=\mathbf{0}$

更に　　$\alpha=\dfrac{dv}{dt}=-12t+6$

⇐ $\dfrac{dv}{dt}=\dfrac{d^2x}{dt^2}$

$t=1$ のときの **加速度は**　　$\alpha=\mathbf{-6}$

PR ②102 座標平面上を運動する点Pの座標 $(x,\ y)$ が，時刻 t の関数として $x=\dfrac{1}{2}\sin 2t$，$y=\sqrt{2}\cos t$ で表されるとき，Pの速度ベクトル $\vec{v}$，加速度ベクトル $\vec{\alpha}$，$|\vec{v}|$ の最小値を求めよ。

$$\frac{dx}{dt}=\cos 2t,\quad \frac{dy}{dt}=-\sqrt{2}\sin t$$

よって　　$\boldsymbol{\vec{v}=(\cos 2t,\ -\sqrt{2}\sin t)}$　$\cdots\cdots$ ①

⇐ $\vec{v}=\left(\dfrac{dx}{dt},\ \dfrac{dy}{dt}\right)$

また　　$\dfrac{d^2x}{dt^2}=\dfrac{d}{dt}\left(\dfrac{dx}{dt}\right)=(\cos 2t)'=-2\sin 2t,$

$$\frac{d^2y}{dt^2}=\frac{d}{dt}\left(\frac{dy}{dt}\right)=(-\sqrt{2}\sin t)'=-\sqrt{2}\cos t$$

ゆえに　　$\boldsymbol{\vec{\alpha}=(-2\sin 2t,\ -\sqrt{2}\cos t)}$

⇐ $\vec{\alpha}=\left(\dfrac{d^2x}{dt^2},\ \dfrac{d^2y}{dt^2}\right)$

次に，① から

$$\begin{aligned}|\vec{v}|^2&=(\cos 2t)^2+(-\sqrt{2}\sin t)^2\\&=\cos^2 2t+2\sin^2 t=(1-2\sin^2 t)^2+2\sin^2 t\\&=4\sin^4 t-2\sin^2 t+1\end{aligned}$$

⇐ $|\vec{v}|=\sqrt{\left(\dfrac{dx}{dt}\right)^2+\left(\dfrac{dy}{dt}\right)^2}$

ここで，$\sin^2 t=s$ とおくと

$$|\vec{v}|^2=4s^2-2s+1=4\left(s-\frac{1}{4}\right)^2+\frac{3}{4}$$

$0 \leqq s \leqq 1$ であるから，$s=\dfrac{1}{4}$ のとき $|\vec{v}|^2$ は最小値 $\dfrac{3}{4}$ をとる。

$|\vec{v}| \geqq 0$ であるから，このとき $|\vec{v}|$ も最小となる。

したがって，**$|\vec{v}|$ の最小値は** $\quad \sqrt{\dfrac{3}{4}}=\boldsymbol{\dfrac{\sqrt{3}}{2}}$

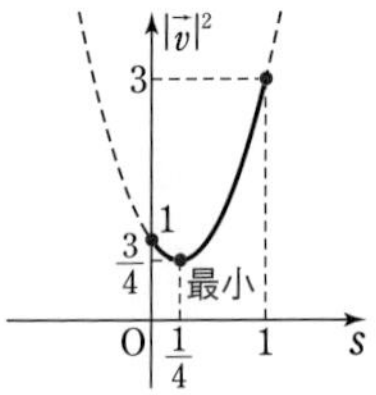

PR ②103 座標平面上を運動する点Pの座標 $(x,\ y)$ が，時刻 t の関数として $x=\omega t-\sin\omega t$，$y=1-\cos\omega t$ で表されるとき，点Pの速さを求めよ。また，点Pが最も速く動くときの速さを求めよ。

$$\frac{dx}{dt}=\omega-(\cos\omega t)\cdot\omega=\omega(1-\cos\omega t)$$

$$\frac{dy}{dt}=-(-\sin\omega t)\cdot\omega=\omega\sin\omega t$$

よって，**点Pの速さは**

$$\begin{aligned}\sqrt{\left(\frac{dx}{dt}\right)^2+\left(\frac{dy}{dt}\right)^2}&=\sqrt{\omega^2(1-\cos\omega t)^2+\omega^2\sin^2\omega t}\\&=\sqrt{\omega^2\{1-2\cos\omega t+(\cos^2\omega t+\sin^2\omega t)\}}\\&=\sqrt{2\omega^2(1-\cos\omega t)}\\&=\sqrt{2\omega^2\cdot 2\sin^2\frac{\omega t}{2}}\\&=\boldsymbol{2|\omega|\left|\sin\frac{\omega t}{2}\right|}\end{aligned}$$

⇐$\cos^2\omega t+\sin^2\omega t=1$

⇐半角の公式を利用。

⇐$\sqrt{a^2b^2}=|a||b|$

ここで，$0 \leqq \left|\sin\dfrac{\omega t}{2}\right| \leqq 1$ であるから，$\left|\sin\dfrac{\omega t}{2}\right|=1$ のとき点P の速さは最大となり，最大値は $\quad 2|\omega|\cdot 1=\boldsymbol{2|\omega|}$

PR ③104 水面から 30 m の高さで水面に垂直な岸壁の上から，長さ 58 m の綱で船を引き寄せる。4 m/s の速さで綱をたぐるとき，2 秒後の船の速さを求めよ。

綱を引き始めてから t 秒後の，船と岸壁との水平距離を s m，岸壁の頂上と船との距離を x m とすると，s，x は t の関数で，次の関係式が成り立つ。

$$x^2=s^2+30^2 \quad \cdots\cdots ①$$

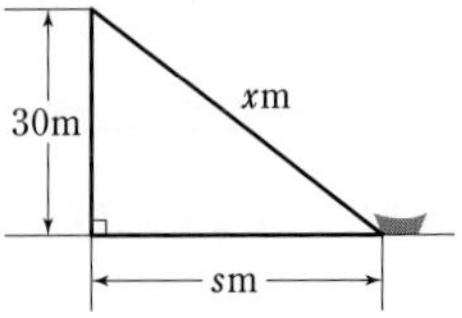

① の両辺を t で微分すると

$$2x\cdot\frac{dx}{dt}=2s\cdot\frac{ds}{dt}$$

⇐$\dfrac{d}{dt}s^2=\dfrac{d}{ds}s^2\cdot\dfrac{ds}{dt}$

すなわち

$$x\cdot\frac{dx}{dt}=s\cdot\frac{ds}{dt} \quad \cdots\cdots ②$$

2 秒後において $\quad x=58-4\cdot 2=50$

ゆえに，① から $\quad s^2=50^2-30^2=1600$

$s>0$ であるから $\quad s=40$

条件から　$\dfrac{dx}{dt}=-4$

これらの数値を ② に代入すると

$$50\cdot(-4)=40\cdot\frac{ds}{dt}$$

よって　$\dfrac{ds}{dt}=-5$

したがって，2 秒後の船の速さは

$$\left|\frac{ds}{dt}\right|=|-5|=\mathbf{5\ (m/s)}$$

⇐綱はたぐるから，$\dfrac{dx}{dt}$ の符号は－であることに注意する。

⇐(速さ)=|速度|

PR
②**105**

(1) $x \fallingdotseq 0$ のとき，次の関数について，1 次の近似式を作れ。

(ア) $\dfrac{1}{2+x}$　(イ) $\sqrt{1-x}$　(ウ) $\sin x$　(エ) $\tan\left(\dfrac{x}{2}-\dfrac{\pi}{4}\right)$

(2) 次の値の近似値を，1 次の近似式を用いて，小数第 3 位まで求めよ。ただし，$\sqrt{3}=1.732$，$\pi=3.142$ とする。

(ア) $\cos 61^\circ$　(イ) $\tan 29^\circ$　(ウ) $\sqrt{50}$　(エ) $\sqrt[3]{997}$

(1) (ア) $f(x)=\dfrac{1}{x}$ とすると　$f'(x)=-\dfrac{1}{x^2}$

よって　$f(2)=\dfrac{1}{2}$，$f'(2)=-\dfrac{1}{4}$

ゆえに，$x \fallingdotseq 0$ のとき

$$\boldsymbol{\frac{1}{2+x}} \fallingdotseq f(2)+f'(2)x=\boldsymbol{\frac{1}{2}-\frac{x}{4}}$$

(イ) $f(x)=\sqrt{x}$ とすると　$f'(x)=\dfrac{1}{2\sqrt{x}}$

よって　$f(1)=1$，$f'(1)=\dfrac{1}{2}$

$\sqrt{1-x}=\sqrt{1+(-x)}=f(1+(-x))$ であるから，$x \fallingdotseq 0$ のとき　$\boldsymbol{\sqrt{1-x}} \fallingdotseq f(1)+f'(1)\cdot(-x)=\boldsymbol{1-\dfrac{x}{2}}$

(ウ) $f(x)=\sin x$ とすると　$f'(x)=\cos x$

よって　$f(0)=0$，$f'(0)=1$

ゆえに，$x \fallingdotseq 0$ のとき

$$\boldsymbol{\sin x} \fallingdotseq f(0)+f'(0)x=\boldsymbol{x}$$

(エ) $f(x)=\tan x$ とすると　$f'(x)=\dfrac{1}{\cos^2 x}$

よって　$f\left(-\dfrac{\pi}{4}\right)=-1$，$f'\left(-\dfrac{\pi}{4}\right)=2$

$x \fallingdotseq 0$ のとき $\dfrac{x}{2} \fallingdotseq 0$ であるから

$$\boldsymbol{\tan\left(\frac{x}{2}-\frac{\pi}{4}\right)}=f\left(-\frac{\pi}{4}+\frac{x}{2}\right)$$
$$\fallingdotseq f\left(-\frac{\pi}{4}\right)+f'\left(-\frac{\pi}{4}\right)\cdot\frac{x}{2}$$
$$=\boldsymbol{-1+x}$$

(1) 別解　本冊 $p.175$ CHART&SOLUTION 2 の方針

(ア) $f(x)=\dfrac{1}{2+x}$ とすると　$f'(x)=-\dfrac{1}{(2+x)^2}$

$f(0)=\dfrac{1}{2}$，$f'(0)=-\dfrac{1}{4}$

よって　$f(x) \fallingdotseq \boldsymbol{\dfrac{1}{2}-\dfrac{x}{4}}$

(イ) $f(x)=\sqrt{1-x}$ とすると　$f'(x)=\dfrac{-1}{2\sqrt{1-x}}$

$f(0)=1$，$f'(0)=-\dfrac{1}{2}$

よって　$f(x) \fallingdotseq \boldsymbol{1-\dfrac{x}{2}}$

(ウ) 1 で $a=0$ となり，2 と同じになる。

(エ) $f(x)=\tan\left(\dfrac{x}{2}-\dfrac{\pi}{4}\right)$ とすると

$f'(x)=\dfrac{1}{2\cos^2\left(\dfrac{x}{2}-\dfrac{\pi}{4}\right)}$

$f(0)=-1$，$f'(0)=1$

よって　$f(x) \fallingdotseq \boldsymbol{-1+x}$

inf. (ウ) $x \fallingdotseq 0$ のとき $\sin x \fallingdotseq x$ であることは $\displaystyle\lim_{x\to 0}\frac{\sin x}{x}=1$ からもわかる。

(2) (ア) $\cos 61^\circ=\cos(60^\circ+1^\circ)=\cos\left(\frac{\pi}{3}+\frac{\pi}{180}\right)$

$f(x)=\cos x$ とすると　　$f'(x)=-\sin x$

よって　　$f\left(\frac{\pi}{3}\right)=\frac{1}{2}$,　$f'\left(\frac{\pi}{3}\right)=-\frac{\sqrt{3}}{2}$

ゆえに　　$\cos 61^\circ=f\left(\frac{\pi}{3}+\frac{\pi}{180}\right)\fallingdotseq f\left(\frac{\pi}{3}\right)+f'\left(\frac{\pi}{3}\right)\cdot\frac{\pi}{180}$

$=\frac{1}{2}-\frac{\sqrt{3}}{2}\cdot\frac{\pi}{180}=0.5-\frac{1.732\times3.142}{360}$

$\fallingdotseq 0.5000-0.0151=0.4849\fallingdotseq\mathbf{0.485}$

(イ) $\tan 29^\circ=\tan(30^\circ-1^\circ)=\tan\left(\frac{\pi}{6}-\frac{\pi}{180}\right)$

$f(x)=\tan x$ とすると　　$f'(x)=\frac{1}{\cos^2 x}$

よって　　$f\left(\frac{\pi}{6}\right)=\frac{1}{\sqrt{3}}$,　$f'\left(\frac{\pi}{6}\right)=\left(\frac{2}{\sqrt{3}}\right)^2=\frac{4}{3}$

ゆえに　　$\tan 29^\circ=f\left(\frac{\pi}{6}-\frac{\pi}{180}\right)$

$\fallingdotseq f\left(\frac{\pi}{6}\right)+f'\left(\frac{\pi}{6}\right)\cdot\left(-\frac{\pi}{180}\right)$

$=\frac{1}{\sqrt{3}}+\frac{4}{3}\left(-\frac{\pi}{180}\right)=\frac{\sqrt{3}}{3}-\frac{\pi}{135}$

$=\frac{1.732}{3}-\frac{3.142}{135}\fallingdotseq 0.5773-0.0233$

$=\mathbf{0.554}$

(ウ) $\sqrt{50}=\sqrt{49+1}=7\sqrt{1+\frac{1}{49}}$

$f(x)=\sqrt{x}$ とすると　　$f'(x)=\frac{1}{2\sqrt{x}}$

よって　　$f(1)=1$,　$f'(1)=\frac{1}{2}$

ゆえに　　$\sqrt{1+\frac{1}{49}}=f\left(1+\frac{1}{49}\right)\fallingdotseq f(1)+f'(1)\cdot\frac{1}{49}$

$=1+\frac{1}{2}\cdot\frac{1}{49}=1+\frac{1}{98}$

よって　　$\sqrt{50}\fallingdotseq 7\left(1+\frac{1}{98}\right)=7+\frac{1}{14}\fallingdotseq\mathbf{7.071}$

(エ) $\sqrt[3]{997}=\sqrt[3]{1000-3}=\sqrt[3]{1000(1-0.003)}$

$=10\{1+(-0.003)\}^{\frac{1}{3}}$

$f(x)=x^{\frac{1}{3}}$ とすると　　$f'(x)=\frac{1}{3}x^{-\frac{2}{3}}$

よって　　$f(1)=1$,　$f'(1)=\frac{1}{3}$

ゆえに　　$\{1+(-0.003)\}^{\frac{1}{3}}=f(1+(-0.003))$

(2) **別解** 2の方針

(ア) $f(x)=\cos\left(\frac{\pi}{3}+x\right)$

とすると

$f'(x)=-\sin\left(\frac{\pi}{3}+x\right)$

$f(0)=\frac{1}{2}$,　$f'(0)=-\frac{\sqrt{3}}{2}$

よって

$\cos\left(\frac{\pi}{3}+\frac{\pi}{180}\right)=f\left(\frac{\pi}{180}\right)$

$\fallingdotseq f(0)+f'(0)\cdot\frac{\pi}{180}$

(イ) $f(x)=\tan\left(\frac{\pi}{6}-x\right)$

とすると

$f'(x)=-\frac{1}{\cos^2\left(\frac{\pi}{6}-x\right)}$

$f(0)=\frac{1}{\sqrt{3}}$,　$f'(0)=-\frac{4}{3}$

よって

$\tan\left(\frac{\pi}{6}-\frac{\pi}{180}\right)=f\left(\frac{\pi}{180}\right)$

$\fallingdotseq f(0)+f'(0)\cdot\frac{\pi}{180}$

(ウ) $f(x)=\sqrt{1+x}$ とすると　$f'(x)=\frac{1}{2\sqrt{1+x}}$

$f(0)=1$,　$f'(0)=\frac{1}{2}$

よって　$7\sqrt{1+\frac{1}{49}}$

$=7f\left(\frac{1}{49}\right)$

$\fallingdotseq 7\left\{f(0)+f'(0)\cdot\frac{1}{49}\right\}$

(エ) $f(x)=(1+x)^{\frac{1}{3}}$ とすると

$f'(x)=\frac{1}{3}(1+x)^{-\frac{2}{3}}$

$f(0)=1$,　$f'(0)=\frac{1}{3}$

よって

$10\{1+(-0.003)\}^{\frac{1}{3}}$

$=10f(-0.003)$

$\fallingdotseq 10\{f(0)+f'(0)\cdot(-0.003)\}$

$\fallingdotseq f(1)+f'(1)\cdot(-0.003)$

$=1+\dfrac{1}{3}\cdot(-0.003)=0.999$

よって　$\sqrt[3]{997}\fallingdotseq 10\times 0.999=\mathbf{9.990}$

PR ③106　1辺が5 cmの立方体の各辺の長さを，すべて0.02 cmずつ小さくすると，立方体の表面積および体積はそれぞれ，どれだけ減少するか。小数第2位まで求めよ。

1辺の長さが x cmの立方体の表面積を S cm^2，体積を V cm^3 とすると

$S=6x^2,\ V=x^3$

よって　$S'=12x,\ V'=3x^2$

$\varDelta x\fallingdotseq 0$ のとき

$\varDelta S\fallingdotseq S'\varDelta x=12x\cdot\varDelta x$

$\varDelta V\fallingdotseq V'\varDelta x=3x^2\cdot\varDelta x$

$x=5,\ \varDelta x=-0.02$ とすると

$\varDelta S\fallingdotseq 12\cdot 5\cdot(-0.02)=-1.20$

$\varDelta V\fallingdotseq 3\cdot 5^2\cdot(-0.02)=-1.50$

よって，**表面積は約1.20 cm^2，体積は約1.50 cm^3** 減少する。

⇐5 cmに対して，0.02 cmは十分小さいと考えてよい。

PR ③107　表面積が 4π cm^2/sの一定の割合で増加している球がある。半径が10 cmになった瞬間において，以下のものを求めよ。
(1) 半径の増加する速度　(2) 体積の増加する速度　〔工学院大〕

t 秒後の表面積を S cm^2 とすると

$$\frac{dS}{dt}=4\pi\ (\mathrm{cm^2/s})\quad\cdots\cdots ①$$

(1)　t 秒後の球の半径を r cmとすると　$S=4\pi r^2$

両辺を t で微分して　$\dfrac{dS}{dt}=8\pi r\cdot\dfrac{dr}{dt}$

ゆえに　$\dfrac{dr}{dt}=\dfrac{dS}{dt}\cdot\dfrac{1}{8\pi r}$

① から　$\dfrac{dr}{dt}=4\pi\cdot\dfrac{1}{8\pi r}=\dfrac{1}{2r}$

求める速度は，$r=10$ を代入して　$\mathbf{\dfrac{1}{20}}$ **cm/s**

別解　$S=4\pi t$ と $S=4\pi r^2$ から
$t=r^2$
両辺を t で微分して
$1=2r\cdot\dfrac{dr}{dt}$
よって　$\dfrac{dr}{dt}=\dfrac{1}{2r}$
ゆえに　$\mathbf{\dfrac{1}{20}}$ **cm/s**

(2)　t 秒後の球の体積を V cm^3 とすると　$V=\dfrac{4}{3}\pi r^3$

両辺を t で微分して　$\dfrac{dV}{dt}=4\pi r^2\cdot\dfrac{dr}{dt}$

$r=10$ のときの半径の増加する速度は，(1) より $\dfrac{dr}{dt}=\dfrac{1}{20}$

であるから

$$\frac{dV}{dt}=4\pi\cdot 10^2\cdot\frac{1}{20}=20\pi$$

よって，求める速度は　**20π cm^3/s**

EX ②65

(1) 曲線 $y=\log(\log x)$ の $x=e^2$ における接線の方程式を求めよ。
(2) 曲線 $2x^2-2xy+y^2=5$ 上の点 $(1,\ 3)$ における接線の方程式を求めよ。〔東京理科大〕
(3) t を媒介変数として，$\begin{cases} x=e^t \\ y=e^{-t^2} \end{cases}$ で表される曲線を C とする。
曲線 C 上の $t=1$ に対応する点における接線の方程式を求めよ。〔類 東京理科大〕

(1) $f(x)=\log(\log x)$ とすると　$f'(x)=\dfrac{1}{\log x}\cdot\dfrac{1}{x}=\dfrac{1}{x\log x}$

よって　$f'(e^2)=\dfrac{1}{e^2\log e^2}=\dfrac{1}{2e^2}$

また　$f(e^2)=\log(\log e^2)=\log 2$

求める接線の方程式は　$y-\log 2=\dfrac{1}{2e^2}(x-e^2)$

すなわち　$\boldsymbol{y=\dfrac{1}{2e^2}x-\dfrac{1}{2}+\log 2}$

(2) $2x^2-2xy+y^2=5$ の両辺を x で微分すると

$$4x-2(y+xy')+2yy'=0$$

よって，$y\neq x$ のとき　$y'=\dfrac{y-2x}{y-x}$

点 $(1,\ 3)$ における接線の傾きは　$\dfrac{3-2\cdot1}{3-1}=\dfrac{1}{2}$

求める接線の方程式は　$y-3=\dfrac{1}{2}(x-1)$

すなわち　$\boldsymbol{y=\dfrac{1}{2}x+\dfrac{5}{2}}$

(3) $\dfrac{dx}{dt}=e^t$，$\dfrac{dy}{dt}=-2te^{-t^2}$　　$\dfrac{dx}{dt}=e^t>0$ であるから

$$\frac{dy}{dx}=\frac{\frac{dy}{dt}}{\frac{dx}{dt}}=\frac{-2te^{-t^2}}{e^t}=-2te^{-t^2-t}$$

$t=1$ のとき　$x=e$，$y=\dfrac{1}{e}$，$\dfrac{dy}{dx}=-2e^{-2}=-\dfrac{2}{e^2}$

求める接線の方程式は　$y-\dfrac{1}{e}=-\dfrac{2}{e^2}(x-e)$

すなわち　$\boldsymbol{y=-\dfrac{2}{e^2}x+\dfrac{3}{e}}$

⇐$\{\log(\log x)\}'=\dfrac{(\log x)'}{\log x}=\dfrac{1}{x\log x}$

⇐接線の方程式 $y-f(a)=f'(a)(x-a)$

⇐$4x-2y+(2y-2x)y'=0$ から $(y-x)y'=y-2x$

⇐$t=1$ のとき $\dfrac{dy}{dx}=-2\cdot1\cdot e^{-1^2-1}=-2e^{-2}$

EX ②66

2つの曲線 $y=x^2+ax+b$，$y=\dfrac{c}{x}+2$ は，点 $(2,\ 3)$ で交わり，この点における接線は互いに直交するという。定数 a，b，c の値を求めよ。

$f(x)=x^2+ax+b$，$g(x)=\dfrac{c}{x}+2$ とする。

曲線 $y=f(x)$，$y=g(x)$ は点 $(2,\ 3)$ を通るから

$$f(2)=3,\ g(2)=3$$

$f(2)=3$ から　$2^2+a\cdot2+b=3$

⇐点 $(2,\ 3)$ で交わる ⟶ ともに，点 $(2,\ 3)$ を通る。

よって　　　$2a+b=-1$　……①

$g(2)=3$ から　　$\dfrac{c}{2}+2=3$　　これを解いて　　$\boldsymbol{c=2}$

また　　$f'(x)=2x+a$, $g'(x)=-\dfrac{c}{x^2}$

点 (2, 3) において，$y=f(x)$, $y=g(x)$ の接線は座標軸に平行でなく，互いに直交するから

$$f'(2)g'(2)=-1$$

ゆえに　　$(2\cdot2+a)\left(-\dfrac{c}{2^2}\right)=-1$

$c=2$ を代入してこれを解くと　　$\boldsymbol{a=-2}$

よって，① から　　$\boldsymbol{b=3}$

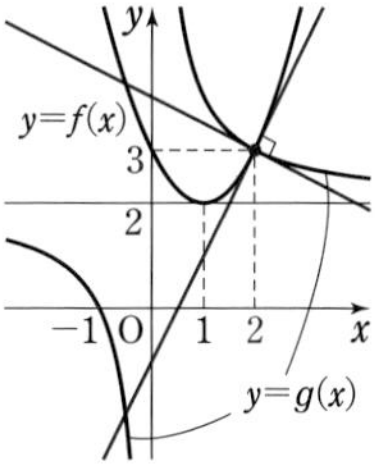

4章
EX

EX
③**67**

(1)　曲線 $y=\dfrac{1}{2}(e^x+e^{-x})$ 上の点Pにおける接線の傾きが1になるとき，点Pの y 座標を求めよ。〔法政大〕

(2)　曲線 $y=x\cos x$ の接線で，原点を通るものをすべて求めよ。〔武蔵工大〕

(1)　$y'=\dfrac{1}{2}\{e^x+e^{-x}(-1)\}=\dfrac{1}{2}(e^x-e^{-x})$

$\mathrm{P}\left(a,\ \dfrac{1}{2}(e^a+e^{-a})\right)$ とすると，点Pにおける接線の傾きは

$$\frac{1}{2}(e^a-e^{-a})$$

これが1に等しいとき　　$\dfrac{1}{2}(e^a-e^{-a})=1$

両辺に $2e^a$ を掛けて整理すると

$$(e^a)^2-2e^a-1=0$$

よって　　$e^a=-(-1)\pm\sqrt{(-1)^2-1\cdot(-1)}$
$=1\pm\sqrt{2}$

$e^a>0$ であるから　　$e^a=1+\sqrt{2}$

ゆえに　　$e^{-a}=\dfrac{1}{\sqrt{2}+1}=\sqrt{2}-1$

したがって，点Pの y 座標は

$$\frac{1}{2}(e^a+e^{-a})=\frac{1}{2}\{(1+\sqrt{2})+(\sqrt{2}-1)\}=\boldsymbol{\sqrt{2}}$$

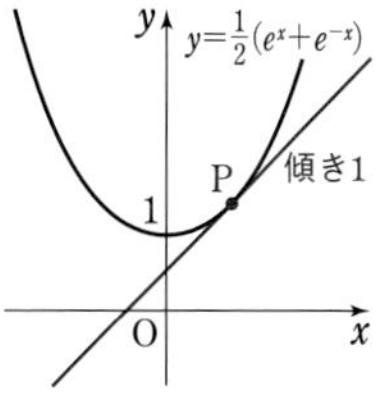

⇐ $e^a=X$ とおくと
$X^2-2X-1=0$
この2次方程式を解くと
$X=1\pm\sqrt{2}$

(2)　$y'=\cos x-x\sin x$

求める接線の接点の座標を $(a,\ a\cos a)$ とすると，接線の方程式は

$$y-a\cos a$$
$$=(\cos a-a\sin a)(x-a)$$

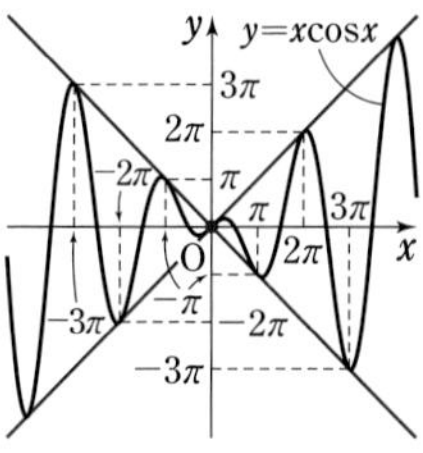

⇐ $(fg)'=f'g+fg'$

⇐ $y-f(a)$
$=f'(a)(x-a)$

すなわち

$y=(\cos a-a\sin a)x+a^2\sin a$ ……①

この直線が点 (0, 0) を通るから　$0=a^2\sin a$

ゆえに　$a=0$　または　$\sin a=0$

すなわち　$a=n\pi$ (n は整数)

このとき，①は　$y=(\cos n\pi)x$

n が偶数のとき　$\cos n\pi=1$

n が奇数のとき　$\cos n\pi=-1$

よって，求める接線の方程式は　$\boldsymbol{y=x,\ y=-x}$

⇦$a=n\pi$ は $a=0$ を含む。

EX
④**68**

原点を P_1，曲線 $y=e^x$ 上の点 (0, 1) を Q_1 とし，以下順に，この曲線上の点 Q_{n-1} における接線と x 軸との交点 $(x_n,\ 0)$ を P_n，曲線上の点 $(x_n,\ e^{x_n})$ を Q_n とする ($n=2,\ 3,\ 4,\ \cdots\cdots$)。
$x_n=$ ア□ であり，三角形 $P_nQ_nP_{n+1}$ の面積を S_n とすると $\sum_{n=1}^{\infty}S_n=$ イ□ である。　〔中央大〕

$y=e^x$ を微分すると　$y'=e^x$

ゆえに，点 $Q_n(x_n,\ e^{x_n})$ における接線の方程式は

$$y-e^{x_n}=e^{x_n}(x-x_n)$$

すなわち　$y=e^{x_n}x+(1-x_n)e^{x_n}$

$y=0$ とすると

$$0=e^{x_n}x+(1-x_n)e^{x_n}$$

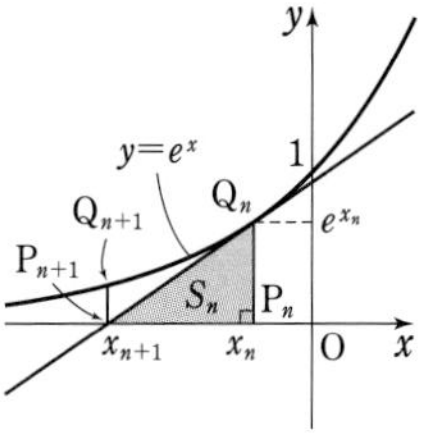

⇦接線の方程式
$y-f(a)=f'(a)(x-a)$

$e^{x_n}\neq 0$ であるから　$x=x_n-1$

⇦点 P_{n+1} の x 座標。

よって　$P_{n+1}(x_n-1,\ 0)$

ゆえに，$x_{n+1}=x_n-1$，$x_1=0$ であるから，数列 $\{x_n\}$ は初項 0，公差 -1 の等差数列である。

⇦x_{n+1} は点 P_{n+1} の x 座標。

よって　$x_n=0+(n-1)\cdot(-1)=$ ア $\boldsymbol{1-n}$

⇦**初項 a，公差 d の等差数列の一般項は**
$\boldsymbol{a+(n-1)d}$

また　$S_n=\dfrac{1}{2}\cdot P_{n+1}P_n\cdot P_nQ_n=\dfrac{1}{2}(x_n-x_{n+1})e^{x_n}$

$$=\frac{1}{2}\cdot 1\cdot e^{1-n}=\frac{1}{2}e^{1-n}=\frac{1}{2}\left(\frac{1}{e}\right)^{n-1}$$

⇦$e^{1-n}=e^{-(n-1)}$
$=\left(\dfrac{1}{e}\right)^{n-1}$

ゆえに，$\sum_{n=1}^{\infty}S_n$ は初項 $\dfrac{1}{2}$，公比 $\dfrac{1}{e}$ の無限等比級数で，

$\left|\dfrac{1}{e}\right|<1$ であるから収束する。

したがって　$\displaystyle\sum_{n=1}^{\infty}S_n=\frac{\frac{1}{2}}{1-\frac{1}{e}}=$ イ $\boldsymbol{\dfrac{e}{2(e-1)}}$

⇦**無限等比級数**
$\displaystyle\sum_{n=1}^{\infty}\boldsymbol{ar^{n-1}=\frac{a}{1-r}}$

EX ④**69**

曲線 $\sqrt[3]{x}+\sqrt[3]{y}=1\ (x \geqq 0,\ y \geqq 0)$ の概形は右図のようになる。この曲線上の点で座標軸上にはない点Pにおける接線が x 軸，y 軸と交わる点をそれぞれ A，B とするとき，OA+OB の最小値を求めよ。ただし，O は原点とする。　［類　筑波大］

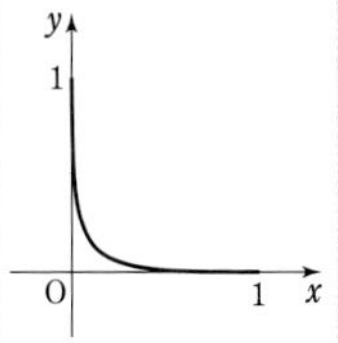

$\sqrt[3]{x}+\sqrt[3]{y}=1$ の両辺を x で微分すると

$$\frac{1}{3}\cdot\frac{1}{\sqrt[3]{x^2}}+\frac{1}{3}\cdot\frac{1}{\sqrt[3]{y^2}}\cdot y'=0$$

⇦ $\dfrac{d}{dx}\sqrt[3]{y}=\dfrac{d}{dy}\sqrt[3]{y}\cdot\dfrac{dy}{dx}$

よって，$x \neq 0$ のとき　$y'=-\sqrt[3]{\left(\dfrac{y}{x}\right)^2}$

⇦点Pは座標軸上にはないから $x \neq 0$ として考える。

曲線上の点 $P(x_1,\ y_1)\ (0<x_1<1,\ 0<y_1<1)$ における接線の方程式は

$$y-y_1=-\sqrt[3]{\left(\frac{y_1}{x_1}\right)^2}(x-x_1)$$

⇦接線の方程式 $y-f(a)=f'(a)(x-a)$

すなわち　$y=-\sqrt[3]{\left(\dfrac{y_1}{x_1}\right)^2}(x-x_1)+y_1$　……①

①に $y=0$ を代入すると

⇦ x 軸との交点を求める。

$$0=-\sqrt[3]{\left(\frac{y_1}{x_1}\right)^2}(x-x_1)+y_1$$

ゆえに　$x-x_1=y_1\sqrt[3]{\left(\dfrac{x_1}{y_1}\right)^2}$

⇦ $y_1\sqrt[3]{\dfrac{1}{{y_1}^2}}=\sqrt[3]{y_1}$

よって　$x=x_1+\sqrt[3]{{x_1}^2}\ \sqrt[3]{y_1}=\sqrt[3]{{x_1}^2}(\sqrt[3]{x_1}+\sqrt[3]{y_1})$

$=\sqrt[3]{{x_1}^2}\cdot 1=\sqrt[3]{{x_1}^2}$

⇦ $\sqrt[3]{x_1}+\sqrt[3]{y_1}=1$

ゆえに　$A(\sqrt[3]{{x_1}^2},\ 0)$

また，①に $x=0$ を代入すると

⇦ y 軸との交点を求める。

$$y=-\sqrt[3]{\left(\frac{y_1}{x_1}\right)^2}\cdot(-x_1)+y_1=\sqrt[3]{{y_1}^2}\ \sqrt[3]{x_1}+y_1$$

⇦ $x_1\sqrt[3]{\dfrac{1}{{x_1}^2}}=\sqrt[3]{x_1}$

$$=\sqrt[3]{{y_1}^2}(\sqrt[3]{x_1}+\sqrt[3]{y_1})=\sqrt[3]{{y_1}^2}$$

⇦ $\sqrt[3]{x_1}+\sqrt[3]{y_1}=1$

よって　$B(0,\ \sqrt[3]{{y_1}^2})$

したがって　$OA+OB=\sqrt[3]{{x_1}^2}+\sqrt[3]{{y_1}^2}$

ここで，$\sqrt[3]{x_1}+\sqrt[3]{y_1}=1$ から　$\sqrt[3]{y_1}=1-\sqrt[3]{x_1}$

ゆえに　$OA+OB=\sqrt[3]{{x_1}^2}+(1-\sqrt[3]{x_1})^2$

$=2\sqrt[3]{{x_1}^2}-2\sqrt[3]{x_1}+1$

$=2\left(\sqrt[3]{x_1}-\dfrac{1}{2}\right)^2+\dfrac{1}{2}$

⇦ $\sqrt[3]{x_1}=t$ とすると $\sqrt[3]{{x_1}^2}=(\sqrt[3]{x_1})^2=t^2$ から　OA+OB $=2t^2-2t+1$ $=2\left(t-\dfrac{1}{2}\right)^2+\dfrac{1}{2}$

$0<x_1<1$ であるから　$0<\sqrt[3]{x_1}<1$

したがって，$\sqrt[3]{x_1}=\dfrac{1}{2}$ すなわち $x_1=\dfrac{1}{8}$ のとき最小となり，

⇦ $x_1=y_1=\dfrac{1}{8}$

最小値は　$\boldsymbol{\dfrac{1}{2}}$

EX ④70

極限 $\lim_{x\to 0}\dfrac{\sin x-\sin(\sin x)}{\sin x-x}$ を求めよ。 〔類 芝浦工大〕

$x\longrightarrow 0$ であるから，$-\dfrac{\pi}{2}<x<\dfrac{\pi}{2}$ としてよい。

$f(x)=\sin x$ とすると，$f(x)$ はすべての実数 x で微分可能であり　$f'(x)=\cos x$

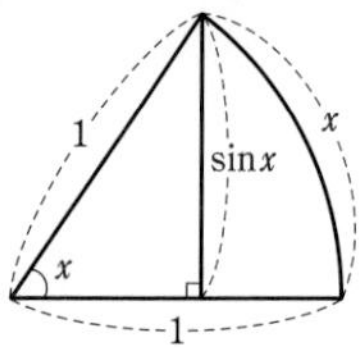

[1]　$x\longrightarrow +0$ のとき，$0<x<\dfrac{\pi}{2}$ としてよい。

このとき　$0<\sin x<x$

⇐上の図から $0<x<\dfrac{\pi}{2}$ のとき　$0<\sin x<x$

区間 $[\sin x,\ x]$ において，平均値の定理を用いると

$$\frac{f(x)-f(\sin x)}{x-\sin x}=\cos c,\quad \sin x<c<x$$

を満たす実数 c が存在する。

$\lim_{x\to +0}\sin x=0$，$\lim_{x\to +0}x=0$ であるから　$\lim_{x\to +0}c=0$

⇐はさみうちの原理

よって

$$\lim_{x\to +0}\frac{\sin x-\sin(\sin x)}{\sin x-x}=\lim_{x\to +0}\left\{-\frac{\sin x-\sin(\sin x)}{x-\sin x}\right\}$$
$$=\lim_{x\to +0}(-\cos c)$$
$$=-\cos 0=-1$$

⇐$\lim_{x\to +0}\left\{-\dfrac{f(x)-f(\sin x)}{x-\sin x}\right\}$ の形になっている。

[2]　$x\longrightarrow -0$ のとき，$-\dfrac{\pi}{2}<x<0$ としてよい。

このとき　$x<\sin x<0$

区間 $[x,\ \sin x]$ において，平均値の定理を用いると

$$\frac{f(\sin x)-f(x)}{\sin x-x}=\cos c,\quad x<c<\sin x$$

を満たす実数 c が存在する。

$\lim_{x\to -0}x=0$，$\lim_{x\to -0}\sin x=0$ であるから　$\lim_{x\to -0}c=0$

⇐はさみうちの原理

よって

$$\lim_{x\to -0}\frac{\sin x-\sin(\sin x)}{\sin x-x}=\lim_{x\to -0}\left\{-\frac{\sin(\sin x)-\sin x}{\sin x-x}\right\}$$
$$=\lim_{x\to -0}(-\cos c)$$
$$=-\cos 0=-1$$

⇐$\lim_{x\to -0}\left\{-\dfrac{f(\sin x)-f(x)}{\sin x-x}\right\}$ の形になっている。

[1]，[2] から　$\lim_{x\to 0}\dfrac{\sin x-\sin(\sin x)}{\sin x-x}=\mathbf{-1}$

⇐左側極限と右側極限が一致。

別解 （解答の 3 行目までは同じ）

平均値の定理から

$$\left|\frac{\sin x-\sin(\sin x)}{x-\sin x}\right|=|\cos c|=\cos c,$$

c は x と $\sin x$ の間の実数

⇐$-\dfrac{\pi}{2}<x<\dfrac{\pi}{2}$ のとき　$\cos x>0$

を満たす c が存在する。

$\lim_{x\to 0}x=0$，$\lim_{x\to 0}\sin x=0$ であるから　$\lim_{x\to 0}\cos x=\cos 0=1$

したがって　$\displaystyle\lim_{x\to0}\left|\frac{\sin x-\sin(\sin x)}{x-\sin x}\right|=1$

$x>0$ のとき，$0<\sin x<x<\dfrac{\pi}{2}$ から

$\sin(\sin x)<\sin x$

したがって　$x-\sin x>0$，$\sin x-\sin(\sin x)>0$

ゆえに　$\dfrac{\sin x-\sin(\sin x)}{x-\sin x}>0$　……①

$x<0$ のとき，$-\dfrac{\pi}{2}<x<\sin x<0$ から

$\sin x<\sin(\sin x)$

したがって　$x-\sin x<0$，$\sin x-\sin(\sin x)<0$

ゆえに　$\dfrac{\sin x-\sin(\sin x)}{x-\sin x}>0$　……②

①，② より，いずれの場合も $\dfrac{\sin x-\sin(\sin x)}{x-\sin x}>0$ である

から　$\displaystyle\lim_{x\to0}\frac{\sin x-\sin(\sin x)}{x-\sin x}=1$

よって　$\displaystyle\lim_{x\to0}\frac{\sin x-\sin(\sin x)}{\sin x-x}$

$\displaystyle=\lim_{x\to0}\left\{-\frac{\sin x-\sin(\sin x)}{x-\sin x}\right\}=\mathbf{-1}$

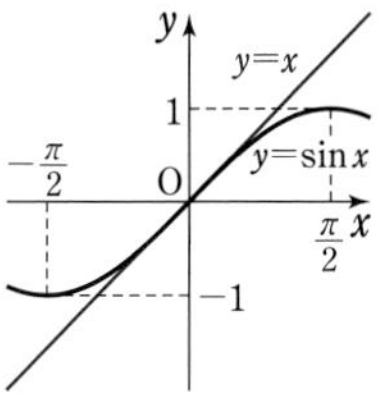

⇐ $-\dfrac{\pi}{2}<\theta_1<\theta_2<\dfrac{\pi}{2}$ のとき　$\sin\theta_1<\sin\theta_2$

4章 EX

EX ②71　次の関数の極値を求めよ。　〔(1), (3) 日本女子大〕

(1)　$y=\dfrac{2x+1}{x^2+2}$　(2)　$y=|x|e^{-x}$　(3)　$y=\sin^3x+\cos^3x$

(1)　$y'=\dfrac{2(x^2+2)-(2x+1)\cdot2x}{(x^2+2)^2}$

$=\dfrac{-2(x+2)(x-1)}{(x^2+2)^2}$

⇐ $\left(\dfrac{f}{g}\right)'=\dfrac{f'g-fg'}{g^2}$

$y'=0$ とすると

$x=-2,\ 1$

y の増減表は右のようになる。

x	…	-2	…	1	…
y'	−	0	+	0	−
y	↘	極小 $-\frac{1}{2}$	↗	極大 1	↘

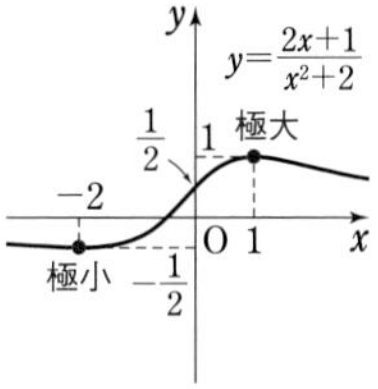

ゆえに

$x=1$ で極大値 1，

$x=-2$ で極小値 $-\dfrac{1}{2}$ をとる。

(2)　$x\geqq0$ のとき　$y=xe^{-x}$

$x>0$ において　$y'=1\cdot e^{-x}+xe^{-x}\cdot(-1)=(1-x)e^{-x}$

⇐ $(fg)'=f'g+fg'$

$y'=0$ とすると　$x=1$

$x<0$ のとき　$y=-xe^{-x}$

$x<0$ において　$y'=-(1-x)e^{-x}=(x-1)e^{-x}$

よって，$x<0$ では，常に　$y'<0$

⇐ $x-1<0$，$e^{-x}>0$ から。

関数 y は $x=0$ のとき微分可能でない。

⇐$x=0$ で y は微分可能ではないが，極値をとる。

以上から，y の増減表は右のようになる。

x	$\cdots$	0	$\cdots$	1	$\cdots$
y'	$-$	／	$+$	0	$-$
y	↘	極小 0	↗	極大 $\frac{1}{e}$	↘

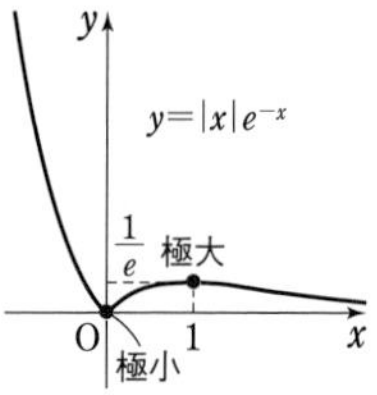

ゆえに

$x=1$ で極大値 $\frac{1}{e}$，

$x=0$ で極小値 0

をとる。

(3) $y'=3\sin^2x\cos x-3\cos^2x\sin x$

$=3\sin x\cos x(\sin x-\cos x)$

$=\frac{3\sqrt{2}}{2}\sin 2x\sin\left(x-\frac{\pi}{4}\right)$

⇐2倍角の公式，三角関数の合成を利用。

$0\leqq x\leqq 2\pi$ において，$y'=0$ とすると

$\sin 2x=0$ のとき　　$x=0,\ \frac{\pi}{2},\ \pi,\ \frac{3}{2}\pi,\ 2\pi$

$\sin\left(x-\frac{\pi}{4}\right)=0$ のとき　　$x=\frac{\pi}{4},\ \frac{5}{4}\pi$

⇐$0\leqq 2x\leqq 4\pi$ から $2x=0,\ \pi,\ 2\pi,\ 3\pi,\ 4\pi$

⇐$-\frac{\pi}{4}\leqq x-\frac{\pi}{4}\leqq\frac{7}{4}\pi$ から $x-\frac{\pi}{4}=0,\ \pi$

よって，$0\leqq x\leqq 2\pi$ における y の増減表は次のようになる。

x	0	$\cdots$	$\frac{\pi}{4}$	$\cdots$	$\frac{\pi}{2}$	$\cdots$	π	$\cdots$	$\frac{5}{4}\pi$	$\cdots$	$\frac{3}{2}\pi$	$\cdots$	2π
y'	0	$-$	0	$+$	0	$-$	0	$+$	0	$-$	0	$+$	0
y	極大 1	↘	極小 $\frac{1}{\sqrt{2}}$	↗	極大 1	↘	極小 -1	↗	極大 $-\frac{1}{\sqrt{2}}$	↘	極小 -1	↗	極大 1

関数 y は周期 2π の周期関数であるから，

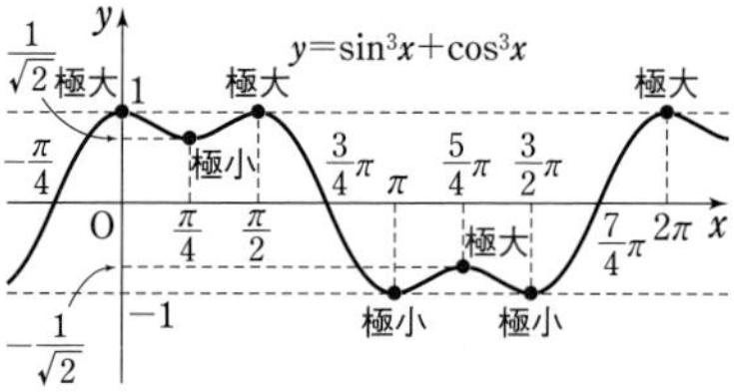

n を整数として

$x=2n\pi,\ \frac{\pi}{2}+2n\pi$ で極大値 1，

$x=\frac{5}{4}\pi+2n\pi$ で極大値 $-\frac{1}{\sqrt{2}}$，

$x=\frac{\pi}{4}+2n\pi$ で極小値 $\frac{1}{\sqrt{2}}$，

$x=\pi+2n\pi,\ \frac{3}{2}\pi+2n\pi$ で極小値 -1 をとる。

EX ②72

次の関数の最大値，最小値を求めよ。

(1) $f(x)=\frac{x}{4}+\frac{1}{x+1}\quad(0\leqq x\leqq 4)$

(2) $f(\theta)=(1-\cos\theta)\sin\theta\quad(0\leqq\theta\leqq\pi)$　　〔武蔵工大〕

(3) $f(x)=\frac{\log x}{x^n}$　　ただし，n は正の整数

(1) $f'(x)=\frac{1}{4}-\frac{1}{(x+1)^2}=\frac{(x-1)(x+3)}{4(x+1)^2}$

$0<x<4$ において，$f'(x)=0$ とすると　　$x=1$

⇐$(x-1)(x+3)=0$ から $x=1,\ -3$

$0\leqq x\leqq 4$ における $f(x)$ の増減表は次のようになる。

x	0	$\cdots$	1	$\cdots$	4
$f'(x)$		$-$	0	$+$	
$f(x)$	1	↘	極小 $\frac{3}{4}$	↗	$\frac{6}{5}$

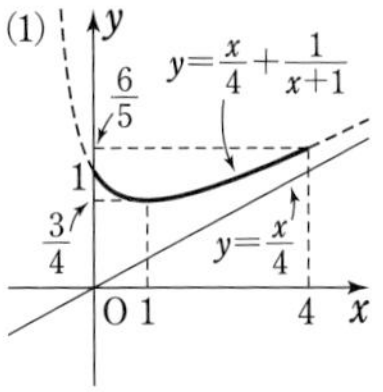

よって，$f(x)$ は

$x=4$ で最大値 $\frac{6}{5}$，

⇐$f(0)<f(4)$

$x=1$ で最小値 $\frac{3}{4}$　をとる。

⇐極小かつ最小。

(2)　$f'(\theta)=\sin^2\theta+(1-\cos\theta)\cos\theta$

⇐$(fg)'=f'g+fg'$

$$=1-\cos^2\theta+\cos\theta-\cos^2\theta$$
$$=-2\cos^2\theta+\cos\theta+1$$
$$=-(\cos\theta-1)(2\cos\theta+1)$$

$f'(\theta)=0$ とすると　　$\cos\theta=1,\ -\frac{1}{2}$

$0<\theta<\pi$ の範囲で解くと　　$\theta=\frac{2}{3}\pi$

$0\leqq\theta\leqq\pi$ における $f(\theta)$ の増減表は次のようになる。

θ	0	$\cdots$	$\frac{2}{3}\pi$	$\cdots$	π
$f'(\theta)$		$+$	0	$-$	
$f(\theta)$	0	↗	極大 $\frac{3\sqrt{3}}{4}$	↘	0

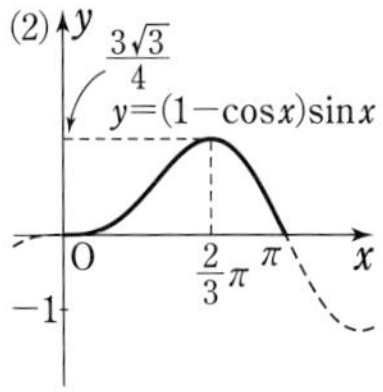

よって，$f(\theta)$ は

$\theta=\frac{2}{3}\pi$ で最大値 $\frac{3\sqrt{3}}{4}$，

⇐極大かつ最大。

$\theta=0,\ \pi$ で最小値 0 をとる。

(3)　関数 $f(x)$ の定義域は　　$x>0$

⇐(真数)>0 から。

$$f'(x)=\frac{x^{n-1}-nx^{n-1}\log x}{x^{2n}}=\frac{1-n\log x}{x^{n+1}}$$

⇐$\left(\frac{f}{g}\right)'=\frac{f'g-fg'}{g^2}$

$x>0$ において，$f'(x)=0$ とすると　　$x=e^{\frac{1}{n}}$

⇐$\log x=\frac{1}{n}$ から。

$x>0$ における $f(x)$ の増減表は右のようになる。

x	0	$\cdots$	$e^{\frac{1}{n}}$	$\cdots$
$f'(x)$		$+$	0	$-$
$f(x)$		↗	極大 $\frac{1}{ne}$	↘

よって，$f(x)$ は **$x=e^{\frac{1}{n}}$ で最大値 $\frac{1}{ne}$** をとる。

また，**最小値はない。**

inf. (3)の $f(x)$ に最小値はないが，$\lim_{x\to+0} f(x)=-\infty$ から，その値域は $f(x)\leqq\frac{1}{ne}$ である。また，ロピタルの定理（本冊 $p.129$ 参照）を利用すると

$$\lim_{x\to\infty}\frac{\log x}{x^n}=\lim_{x\to\infty}\frac{(\log x)'}{(x^n)'}=\lim_{x\to\infty}\frac{\frac{1}{x}}{nx^{n-1}}=\lim_{x\to\infty}\frac{1}{nx^n}=0$$

よって　$\lim_{x\to\infty} f(x)=0$　（本冊 $p.162$ まとめ も参照。）

EX ③73

曲線 $y=\frac{1}{x}$ 上の第1象限の点 $\left(p,\ \frac{1}{p}\right)$ における接線を ℓ，$y=-\frac{1}{x}$ 上の点 $(-1,\ 1)$ における接線を m とする。ℓ と x 軸との交点をA，m と x 軸との交点をB，ℓ と m との交点をCとする。
(1) ℓ と m の方程式をそれぞれ求めよ。
(2) A，B，Cの座標をそれぞれ求めよ。
(3) 三角形ABCの面積の最大値を求めよ。　〔東京電機大〕

(1) $y=\frac{1}{x}$ のとき $y'=-\frac{1}{x^2}$ であるから，**ℓ の方程式は**

$$y-\frac{1}{p}=-\frac{1}{p^2}(x-p)$$

⇦接線の方程式 $y-f(p)=f'(p)(x-p)$

すなわち　$\boldsymbol{y=-\frac{1}{p^2}x+\frac{2}{p}}$　…… ①

$y=-\frac{1}{x}$ のとき $y'=\frac{1}{x^2}$ であるから，**m の方程式は**

$$y-1=\frac{1}{1}(x+1)$$

すなわち　$\boldsymbol{y=x+2}$　…… ②

(2) ① において，$y=0$ とすると　$x=2p$

⇦$0=-\frac{1}{p^2}x+\frac{2}{p}$

よって，**A の座標は**　$\boldsymbol{(2p,\ 0)}$

② において，$y=0$ とすると　$x=-2$

⇦$0=x+2$

よって，**B の座標は**　$\boldsymbol{(-2,\ 0)}$

①，② を連立させて　$-\frac{1}{p^2}x+\frac{2}{p}=x+2$

整理すると　$(p^2+1)x=2p-2p^2$

これを解いて　$x=\frac{-2p^2+2p}{p^2+1}$

② に代入して　$y=\frac{-2p^2+2p}{p^2+1}+2=\frac{2p+2}{p^2+1}$

よって，**C の座標は**　$\boldsymbol{\left(\frac{2p(1-p)}{p^2+1},\ \frac{2(p+1)}{p^2+1}\right)}$

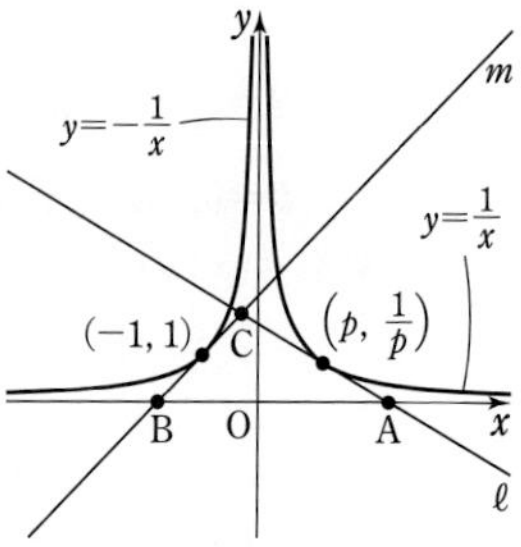

(3) △ABC の頂点Cから x 軸に垂線 CH を下ろす。
△ABC の面積を S とすると

$$S=\frac{1}{2}\mathrm{AB}\cdot\mathrm{CH}=\frac{1}{2}\{2p-(-2)\}\frac{2(p+1)}{p^2+1}$$

$$=\frac{2(p^2+2p+1)}{p^2+1}=2+\frac{4p}{p^2+1}$$

$$S'=\frac{4(p^2+1)-4p\cdot 2p}{(p^2+1)^2}=-\frac{4(p+1)(p-1)}{(p^2+1)^2}$$

⇐ $\left(\dfrac{f}{g}\right)'=\dfrac{f'g-fg'}{g^2}$

$p>0$ において，$S'=0$ とすると　$p=1$

⇐点 $\left(p,\ \dfrac{1}{p}\right)$ は第1象限の点であるから　$p>0$

$p>0$ における S の増減表は右のようになる。

p	0	$\cdots$	1	$\cdots$
S'		$+$	0	$-$
S		↗	極大 4	↘

よって，△ABC の面積は

$p=1$ で最大値 4 をとる。

別解　$S=2+\dfrac{4p}{p^2+1}=2+\dfrac{4}{p+\dfrac{1}{p}}$

$p>0$ であるから，相加平均と相乗平均の大小関係により

$$p+\frac{1}{p}\geqq 2\sqrt{p\cdot\frac{1}{p}}=2$$

⇐ $a>0$，$b>0$ のとき $a+b\geqq 2\sqrt{ab}$ 等号が成立するのは $a=b$ のとき

等号成立は　$p=\dfrac{1}{p}$　すなわち　$p=1$　のときである。

よって　　$S\leqq 2+\dfrac{4}{2}=4$

したがって，△ABC の面積は **$p=1$ で最大値 4** をとる。

EX ③74

次の関数の増減，グラフの凹凸，漸近線を調べて，グラフの概形をかけ。

(1)　$y=(x-1)\sqrt{x+2}$　　(2)　$y=x+\cos x$　$(0\leqq x\leqq 2\pi)$

(3)　$y=\dfrac{x-1}{x^2}$　〔弘前大〕　(4)　$y=3x-\sqrt{x^2-1}$

(1)　関数 y の定義域は　$x+2\geqq 0$　から　$x\geqq -2$　である。

⇐($\sqrt{\quad}$ の中)$\geqq 0$

$$y'=1\cdot\sqrt{x+2}+(x-1)\cdot\frac{1}{2\sqrt{x+2}}$$
$$=\frac{2(x+2)+x-1}{2\sqrt{x+2}}=\frac{3(x+1)}{2\sqrt{x+2}}$$

⇐ $(fg)'=f'g+fg'$

$$y''=\frac{3}{2}\cdot\frac{1\cdot\sqrt{x+2}-(x+1)\cdot\dfrac{1}{2\sqrt{x+2}}}{x+2}$$
$$=\frac{3}{2}\cdot\frac{2(x+2)-(x+1)}{2(x+2)\sqrt{x+2}}$$
$$=\frac{3(x+3)}{4\sqrt{(x+2)^3}}$$

⇐ $\left(\dfrac{f}{g}\right)'=\dfrac{f'g-fg'}{g^2}$

⇐ $x>-2$ のとき $y''>0$

$y'=0$ とすると　　$x=-1$

ゆえに，y の増減，グラフの凹凸は右の表のようになる。

x	-2	$\cdots$	-1	$\cdots$
y'		$-$	0	$+$
y''		$+$	$+$	$+$
y	0	↘	極小 -2	↗

また　$\displaystyle\lim_{x\to -2+0}y'=-\infty$

⇐ $\displaystyle\lim_{x\to -2+0}\frac{1}{\sqrt{x+2}}=\infty$ から。

よって，求めるグラフの概形は**右図**のようになる。

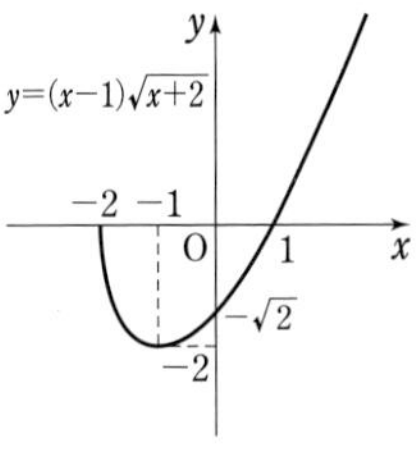

(2)　$y'=1-\sin x$，$y''=-\cos x$

$y'=0$ とすると　　$\sin x=1$

$0<x<2\pi$ であるから　　$x=\dfrac{\pi}{2}$

$0<x<2\pi$ のとき　　$y'\geqq 0$

⇐ $-1\leqq \sin x\leqq 1$ から $0\leqq 1-\sin x\leqq 2$

$y''=0$ とすると　　$\cos x=0$

$0<x<2\pi$ であるから　　$x=\dfrac{\pi}{2},\ \dfrac{3}{2}\pi$

ゆえに，y の増減，グラフの凹凸は次の表のようになる。

⇐ $0<x<\dfrac{\pi}{2}$, $\dfrac{3}{2}\pi<x<2\pi$ のとき $\cos x>0$, $\dfrac{\pi}{2}<x<\dfrac{3}{2}\pi$ のとき $\cos x<0$ に注意して y'' の符号を調べる。

x	0	…	$\dfrac{\pi}{2}$	…	$\dfrac{3}{2}\pi$	…	2π
y'	/	+	0	+	+	+	/
y''	/	−	0	+	0	−	/
y	1	↗	変曲点 $\dfrac{\pi}{2}$	↗	変曲点 $\dfrac{3}{2}\pi$	↗	$2\pi+1$

よって，求めるグラフの概形は **右図** のようになる。

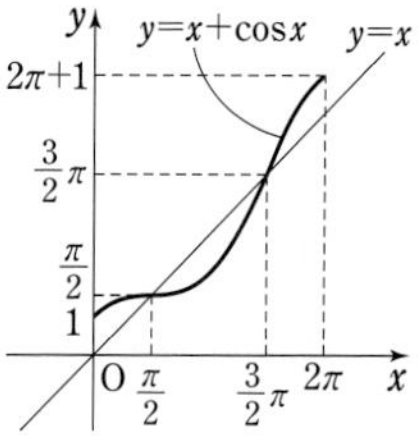

(3)　関数 y の定義域は $x\neq 0$ である。

⇐(分母) $\neq 0$

$y=\dfrac{1}{x}-\dfrac{1}{x^2}$ であるから

$$y'=-\frac{1}{x^2}+\frac{2}{x^3}=\frac{2-x}{x^3}$$

⇐ $(x^{-1}-x^{-2})'=-x^{-2}+2x^{-3}$

$$y''=\frac{2}{x^3}-\frac{6}{x^4}=\frac{2(x-3)}{x^4}$$

$y'=0$ とすると　　$x=2$

$y''=0$ とすると　　$x=3$

y の増減，グラフの凹凸は次の表のようになる。

x	…	0	…	2	…	3	…
y'	−	/	+	0	−	−	−
y''	−	/	−	−	−	0	+
y	↘	/	↗	極大 $\dfrac{1}{4}$	↘	変曲点 $\dfrac{2}{9}$	↘

⇐ y' は，分母の符号に注意する。

また　　$\displaystyle\lim_{x\to+0}y=\lim_{x\to-0}y=-\infty$

$\displaystyle\lim_{x\to\infty}y=\lim_{x\to-\infty}y=0$

⇐ $\displaystyle\lim_{x\to\pm 0}\frac{x-1}{x^2}=-\infty$

⇐ $\displaystyle\lim_{x\to\pm\infty}\left(\frac{1}{x}-\frac{1}{x^2}\right)=0$

ゆえに，直線 $x=0$, $y=0$ は漸近線である。

更に，$y=0$ とすると　　$x=1$

よって，グラフの概形は **右図** のようになる。

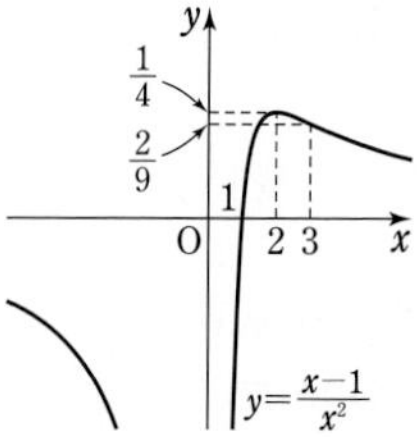

(4)　関数 y の定義域は $x^2-1\geqq 0$ から
$x\leqq -1,\ 1\leqq x$ である。

$$y'=3-\frac{2x}{2\sqrt{x^2-1}}=\frac{3\sqrt{x^2-1}-x}{\sqrt{x^2-1}}$$

$$y''=-\frac{1\cdot\sqrt{x^2-1}-x\cdot\dfrac{2x}{2\sqrt{x^2-1}}}{(\sqrt{x^2-1})^2}=\frac{1}{\sqrt{(x^2-1)^3}}$$

$y'=0$ とすると　　$3\sqrt{x^2-1}=x$　…… ①
① の両辺を 2 乗すると　　$9(x^2-1)=x^2$

よって　　$x^2=\dfrac{9}{8}$

ゆえに　　$x=\pm\dfrac{3\sqrt{2}}{4}$

このうち，① を満たすものは　　$x=\dfrac{3\sqrt{2}}{4}$

よって，y の増減，グラフの凹凸は右の表のようになる。

x	$\cdots$	-1		1	$\cdots$	$\frac{3\sqrt{2}}{4}$	$\cdots$
y'	$+$				$-$	0	$+$
y''	$+$				$+$	$+$	$+$
y	↗	-3		3	↘	極小 $2\sqrt{2}$	↗

また　　$\displaystyle\lim_{x\to -1-0}y'=\infty,\ \lim_{x\to 1+0}y'=-\infty$

更に，グラフの漸近線を考えると
[1]　$x\longrightarrow\infty$ のとき

$$\lim_{x\to\infty}\frac{y}{x}=\lim_{x\to\infty}\left(3-\sqrt{1-\frac{1}{x^2}}\right)=3-1=2$$

$$\lim_{x\to\infty}(y-2x)=\lim_{x\to\infty}(x-\sqrt{x^2-1})=\lim_{x\to\infty}\frac{x^2-(x^2-1)}{x+\sqrt{x^2-1}}$$

$$=\lim_{x\to\infty}\frac{1}{x+\sqrt{x^2-1}}=0$$

ゆえに，直線 $y=2x$ は漸近線である。
[2]　$x\longrightarrow -\infty$ のとき，$t=-x$ とおくと　　$t\longrightarrow\infty$

$$\lim_{x\to-\infty}\frac{y}{x}=\lim_{t\to\infty}\frac{-(3t+\sqrt{t^2-1})}{-t}=\lim_{t\to\infty}\left(3+\sqrt{1-\frac{1}{t^2}}\right)$$

$$=3+1=4$$

$$\lim_{x\to-\infty}(y-4x)=\lim_{x\to-\infty}(-x-\sqrt{x^2-1})$$

$$=\lim_{t\to\infty}(t-\sqrt{t^2-1})$$

$$=\lim_{t\to\infty}\frac{t^2-(t^2-1)}{t+\sqrt{t^2-1}}$$

$$=\lim_{t\to\infty}\frac{1}{t+\sqrt{t^2-1}}=0$$

ゆえに，直線 $y=4x$ は漸近線である。
以上により，求めるグラフの概形は **右図** のようになる。

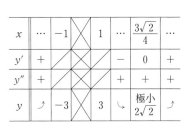

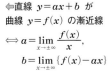

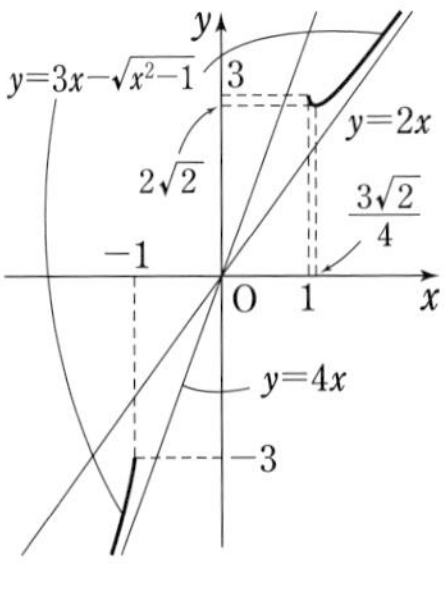

⇦($\sqrt{\ \ }$ の中)$\geqq 0$

⇦$y'=3-\dfrac{x}{\sqrt{x^2-1}}$ を微分。
$x<-1,\ 1<x$ において $y''>0$ である。

⇦**直線 $y=ax+b$ が曲線 $y=f(x)$ の漸近線**
$\Longleftrightarrow a=\displaystyle\lim_{x\to\pm\infty}\frac{f(x)}{x}$,
$b=\displaystyle\lim_{x\to\pm\infty}\{f(x)-ax\}$

EX ③75

関数 $f(x)=\dfrac{2x^2+x-2}{x^2+x-2}$ について，次のものを求めよ。
(1) 関数 $f(x)$ の極値
(2) 曲線 $y=f(x)$ の漸近線
(3) 曲線 $y=f(x)$ と直線 $y=k$ が1点だけを共有するときの k の値 〔福島大〕

(1) $x^2+x-2=(x-1)(x+2)$ であるから，$f(x)$ の定義域は

$x\neq1$, $x\neq-2$

⇐(分母)$\neq0$

$$f'(x)=\frac{(4x+1)(x^2+x-2)-(2x^2+x-2)(2x+1)}{(x^2+x-2)^2}$$

⇐$\left(\dfrac{f}{g}\right)'=\dfrac{f'g-fg'}{g^2}$

$$=\frac{x^2-4x}{\{(x-1)(x+2)\}^2}=\frac{x(x-4)}{(x-1)^2(x+2)^2}$$

$f'(x)=0$ とすると　$x=0$, 4

$f(x)$ の増減表は次のようになる。

x	$\cdots$	-2	$\cdots$	0	$\cdots$	1	$\cdots$	4	$\cdots$
$f'(x)$	$+$	／	$+$	0	$-$	／	$-$	0	$+$
$f(x)$	↗	／	↗	極大 1	↘	／	↘	極小 $\dfrac{17}{9}$	↗

したがって，$f(x)$ は

$x=0$ で極大値 1，

$x=4$ で極小値 $\dfrac{17}{9}$ をとる。

(2) $\displaystyle\lim_{x\to-2-0}f(x)=\infty$，$\displaystyle\lim_{x\to-2+0}f(x)=-\infty$

⇐$\displaystyle\lim_{x\to-2-0}\frac{1}{(x-1)(x+2)}=\infty$
$\displaystyle\lim_{x\to-2+0}\frac{1}{(x-1)(x+2)}=-\infty$

よって，直線 $x=-2$ は漸近線である。

$\displaystyle\lim_{x\to1-0}f(x)=-\infty$，$\displaystyle\lim_{x\to1+0}f(x)=\infty$

⇐$\displaystyle\lim_{x\to1-0}\frac{1}{(x-1)(x+2)}=-\infty$
$\displaystyle\lim_{x\to1+0}\frac{1}{(x-1)(x+2)}=\infty$

よって，直線 $x=1$ は漸近線である。

また　$$\lim_{x\to\infty}f(x)=\lim_{x\to\infty}\frac{2+\dfrac{1}{x}-\dfrac{2}{x^2}}{1+\dfrac{1}{x}-\dfrac{2}{x^2}}=2$$

同様に　$\displaystyle\lim_{x\to-\infty}f(x)=2$

よって，直線 $y=2$ は漸近線である。

ゆえに，漸近線は **直線 $x=-2$，$x=1$，$y=2$** の3本である。

(3) (1)，(2)から，曲線 $y=f(x)$ の概形は右の図のようになる。

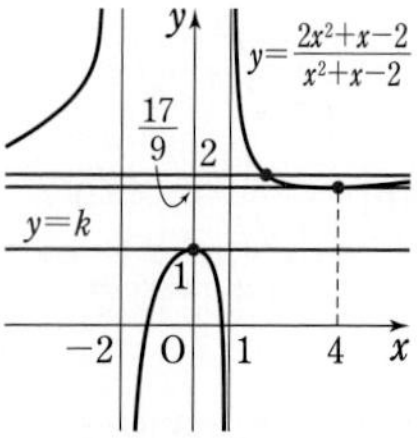

よって，直線 $y=k$ と曲線 $y=f(x)$ が1点だけを共有するのは **$k=1$，$\dfrac{17}{9}$，2** のときである。

⇐直線 $y=k$ を，上下に動かしながら1個の共有点をもつ k の値を求める。

別解　$x^2+x-2\neq0$ から　$(x+2)(x-1)\neq0$

⇐(分母)$\neq0$

すなわち　$x\neq-2$, 1　……①

このとき，$\dfrac{2x^2+x-2}{x^2+x-2}=k$ とおき，分母を払うと

$$2x^2+x-2=k(x^2+x-2)$$

整理して　$(k-2)x^2+(k-1)x-2(k-1)=0$　…… ②

曲線 $y=f(x)$ と直線 $y=k$ が1点だけを共有するためには，x についての方程式 ② がただ1つの実数解をもてばよい。

[1]　$k=2$ のとき

② は1次方程式 $x-2=0$ となり　$x=2$

これは ① を満たす。

[2]　$k\neq 2$ のとき，② の判別式を D とすると，ただ1つの解をもつためには $D=0$ であればよい。

$$D=(k-1)^2-4\cdot(k-2)\cdot\{-2(k-1)\}$$
$$=(k-1)\{(k-1)+8(k-2)\}$$
$$=(k-1)(9k-17)$$

⇐ $D=b^2-4ac$

よって，$(k-1)(9k-17)=0$ から　$k=1,\ \dfrac{17}{9}$

このとき，② の解は，$x=-\dfrac{k-1}{2(k-2)}$ であるから

⇐ 2次方程式 $ax^2+bx+c=0$ の重解は $x=-\dfrac{b}{2a}$

$k=1$ のとき　$x=0$

$k=\dfrac{17}{9}$ のとき　$x=-\dfrac{\dfrac{17}{9}-1}{2\left(\dfrac{17}{9}-2\right)}=4$

いずれの場合も ① を満たす。

よって，求める k の値は　$\boldsymbol{k=1,\ \dfrac{17}{9},\ 2}$

EX ④76

$x>1$ で定義される2つの関数 $f(x)=(\log x)\cdot\log(\log x)$ と $g(x)=(\log x)^{\log x}$ を考える。導関数 $f'(x)$ と $g'(x)$ を求めると，$f'(x)=$ ア□，$g'(x)=$ イ□ である。また，$g(x)$ の最小値は ウ□ である。　〔南山大〕

HINT　(イ)　対数微分法を利用。

$$f'(x)=\frac{1}{x}\log(\log x)+\log x\cdot\frac{1}{\log x}\cdot\frac{1}{x}$$
$$={}^{ア}\boldsymbol{\frac{\log(\log x)+1}{x}}$$

⇐ $(fg)'=f'g+fg'$

$x>1$ であるから　$\log x>0$　よって　$g(x)>0$

$g(x)=(\log x)^{\log x}$ の両辺の自然対数をとると

⇐ 対数微分法

$$\log g(x)=\log(\log x)^{\log x}$$

$\log(\log x)^{\log x}=(\log x)\cdot\log(\log x)=f(x)$ であるから

$$\log g(x)=f(x)$$

両辺を x で微分すると　$\dfrac{g'(x)}{g(x)}=f'(x)$

よって　$g'(x)=g(x)f'(x)={}^{イ}\boldsymbol{\dfrac{(\log x)^{\log x}\{\log(\log x)+1\}}{x}}$

$g'(x)=0$ とすると　$\log(\log x)+1=0$

ゆえに，$\log(\log x)=-1$ から　$\log x=e^{-1}=\dfrac{1}{e}$

よって　$x=e^{\frac{1}{e}}$

$g(x)$ の増減表は次のようになる。

x	1	…	$e^{\frac{1}{e}}$	…
$g'(x)$		$-$	0	$+$
$g(x)$		↘	極小	↗

したがって，$x=e^{\frac{1}{e}}$ のとき $g(x)$ は極小かつ最小となり，最小値 $g(e^{\frac{1}{e}})=$ ウ$\left(\dfrac{1}{e}\right)^{\frac{1}{e}}$ をとる。

⇐$1<x<e^{\frac{1}{e}}$ のとき
$0<\log x<\dfrac{1}{e}$ から
$\log(\log x)<-1$
よって　$g'(x)<0$
$e^{\frac{1}{e}}<x$ のとき
$\dfrac{1}{e}<\log x$ から
$-1<\log(\log x)$
よって　$g'(x)>0$

EX ③77

$1\leqq x\leqq 2$ の範囲で，x の関数 $f(x)=ax^2+(2a-1)x-\log x$ $(a>0)$ の最小値を求めよ。
〔芝浦工大〕

$$f'(x)=2ax+(2a-1)-\frac{1}{x}=\frac{2ax^2+(2a-1)x-1}{x}$$
$$=\frac{(x+1)(2ax-1)}{x}$$

⇐ 1 ╳ 1 ⟶ 2a
2a ╳ −1 ⟶ −1
2a　−1　2a−1

$f'(x)=0$ とすると　$x=-1,\ \dfrac{1}{2a}$

⇐$-1<\dfrac{1}{2a}$ に注意。

ここで，$x=-1$ は $1\leqq x\leqq 2$ の範囲にはない。

[1]　$\dfrac{1}{2a}\leqq 1$ すなわち $a\geqq\dfrac{1}{2}$ のとき

$f(x)$ の増減表は右のようになる。

x	1	…	2
$f'(x)$		$+$	
$f(x)$	最小	↗	

よって，$f(x)$ は $x=1$ で最小値
$f(1)=a+(2a-1)-\log 1$
$=3a-1$
をとる。

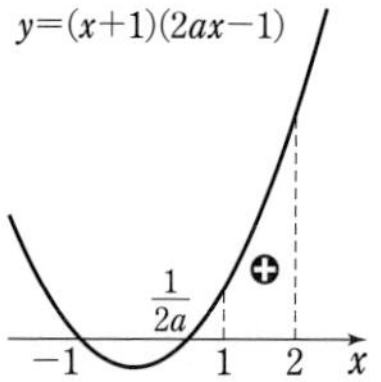

[2]　$1<\dfrac{1}{2a}<2$ すなわち $\dfrac{1}{4}<a<\dfrac{1}{2}$ のとき

⇐$1<\dfrac{1}{2a}<2$ から
$2<\dfrac{1}{a}<4$
よって　$\dfrac{1}{4}<a<\dfrac{1}{2}$

$f(x)$ の増減表は右のようになる。

x	1	…	$\dfrac{1}{2a}$	…	2
$f'(x)$		$-$	0	$+$	
$f(x)$		↘	最小	↗	

よって，$f(x)$ は $x=\dfrac{1}{2a}$ で最小値

$$f\left(\frac{1}{2a}\right)=\frac{1}{4a}+(2a-1)\cdot\frac{1}{2a}-\log\frac{1}{2a}$$
$$=-\frac{1}{4a}+\log 2a+1$$

をとる。

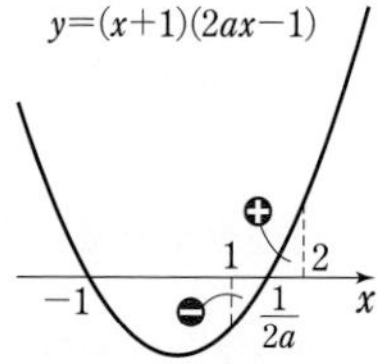

[3]　$2 \leqq \dfrac{1}{2a}$ すなわち $0 < a \leqq \dfrac{1}{4}$ のとき

$f(x)$ の増減表は右のようになる。

x	1	$\cdots$	2
$f'(x)$		$-$	
$f(x)$		↘	最小

よって，$f(x)$ は $x=2$ で最小値

$$f(2)=4a+(2a-1)\cdot 2-\log 2$$
$$=8a-\log 2-2$$

をとる。

⇦$a>0$ に注意。

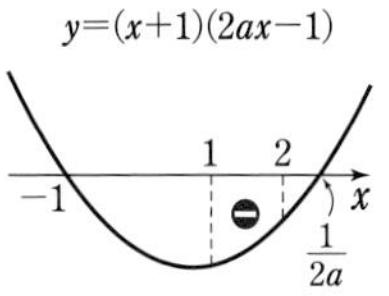

以上から

$0<a \leqq \dfrac{1}{4}$ のとき，$x=2$ で最小値 $8a-\log 2-2$；

$\dfrac{1}{4}<a<\dfrac{1}{2}$ のとき，$x=\dfrac{1}{2a}$ で最小値 $-\dfrac{1}{4a}+\log 2a+1$；

$\dfrac{1}{2} \leqq a$ のとき，$x=1$ で最小値 $3a-1$　をとる。

EX ④78

a，b は定数で，$a>0$ とする。関数 $f(x)=\dfrac{x-b}{x^2+a}$ の最大値が $\dfrac{1}{6}$，最小値が $-\dfrac{1}{2}$ であるとき，a，b のそれぞれの値を求めよ。〔弘前大〕

$$f'(x)=\frac{1\cdot(x^2+a)-(x-b)\cdot 2x}{(x^2+a)^2}=-\frac{x^2-2bx-a}{(x^2+a)^2}$$

⇦$\left(\dfrac{f}{g}\right)'=\dfrac{f'g-fg'}{g^2}$

$f'(x)=0$ とすると　$x^2-2bx-a=0$　…… ①

ここで，2次方程式①の判別式をDとすると

$$\frac{D}{4}=(-b)^2-1\cdot(-a)=b^2+a$$

$b^2 \geqq 0$，$a>0$ であるから　$D>0$

ゆえに，2次方程式①は異なる2つの実数解 α，β $(\alpha<\beta)$ をもつ。

このとき，$f'(x)=-\dfrac{(x-\alpha)(x-\beta)}{(x^2+a)^2}$ であり，$f'(x)=0$ の解は $x=\alpha$，β である。

よって，$f(x)$ の増減表は右のようになる。

x	$\cdots$	α	$\cdots$	β	$\cdots$
$f'(x)$	$-$	0	$+$	0	$-$
$f(x)$	↘	極小	↗	極大	↘

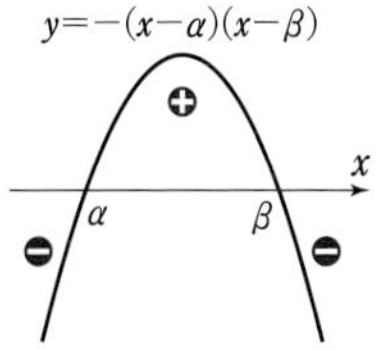

また，$\displaystyle\lim_{x\to\pm\infty} f(x)=\lim_{x\to\pm\infty}\frac{\dfrac{1}{x}-\dfrac{b}{x^2}}{1+\dfrac{a}{x^2}}=0$ であるから，$f(x)$ は

⇦$\displaystyle\lim_{x\to\pm\infty}\frac{1}{x}=0, \lim_{x\to\pm\infty}\frac{1}{x^2}=0$ から。

$x=\beta$ のとき　最大値 $f(\beta)=\dfrac{\beta-b}{\beta^2+a}$

$x=\alpha$ のとき　最小値 $f(\alpha)=\dfrac{\alpha-b}{\alpha^2+a}$　　をとる。

$f(x)$ の最大値が $\frac{1}{6}$，最小値が $-\frac{1}{2}$ であるから

$$\frac{\beta-b}{\beta^2+a}=\frac{1}{6},\ \frac{\alpha-b}{\alpha^2+a}=-\frac{1}{2}$$

すなわち　$6\beta-6b=\beta^2+a$　……②

$2\alpha-2b=-\alpha^2-a$　……③

一方，2次方程式①において解と係数の関係から

$\alpha+\beta=2b,\ \alpha\beta=-a$

すなわち　$a=-\alpha\beta$　……④，　$2b=\alpha+\beta$　……⑤

④，⑤を②に代入すると　$6\beta-3(\alpha+\beta)=\beta^2-\alpha\beta$

よって　$3(\beta-\alpha)=\beta(\beta-\alpha)$

$\beta-\alpha\neq0$ であるから　$\beta=3$

④，⑤を③に代入すると　$2\alpha-(\alpha+\beta)=-\alpha^2-(-\alpha\beta)$

よって　$\alpha-\beta=-\alpha(\alpha-\beta)$

$\alpha-\beta\neq0$ であるから　$\alpha=-1$

$\alpha=-1,\ \beta=3$ を④，⑤に代入して

$$\boldsymbol{a}=-(-1)\cdot3=\mathbf{3},\ \boldsymbol{b}=\frac{-1+3}{2}=\mathbf{1}$$

⇐$Ax^2+Bx+C=0$ $(A\neq0)$ の2つの解を α，β とすると $\alpha+\beta=-\frac{B}{A},\ \alpha\beta=\frac{C}{A}$

⇐$\alpha\neq\beta$ から $\beta-\alpha\neq0$

⇐$\alpha\neq\beta$ から $\alpha-\beta\neq0$

EX ④79　1辺の長さが1の正三角形OABの2辺OA，OB上にそれぞれ点P，Qがある。三角形OPQの面積が三角形OABの面積のちょうど半分になるとき，長さPQのとりうる値の範囲を求めよ。〔東京都立大〕

$\mathrm{OP}=s,\ \mathrm{OQ}=t$ とすると

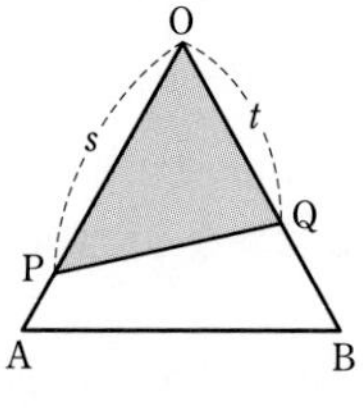

$$\triangle\mathrm{OAB}=\frac{1}{2}\cdot1\cdot1\cdot\sin\frac{\pi}{3}=\frac{\sqrt{3}}{4}$$

$$\triangle\mathrm{OPQ}=\frac{1}{2}st\sin\frac{\pi}{3}=\frac{\sqrt{3}}{4}st$$

$\triangle\mathrm{OPQ}=\frac{1}{2}\triangle\mathrm{OAB}$ のとき

$\frac{\sqrt{3}}{4}st=\frac{\sqrt{3}}{8}$　　よって　$t=\frac{1}{2s}$

ここで，$t\leqq1$ から　$\frac{1}{2s}\leqq1$　　よって　$\frac{1}{2}\leqq s\leqq1$

$\mathrm{PQ}^2=f(s)$ とすると，余弦定理から

$$f(s)=s^2+t^2-2st\cos\frac{\pi}{3}=s^2+\frac{1}{4s^2}-\frac{1}{2}$$

s で微分して

$$f'(s)=2s-\frac{1}{2s^3}=\frac{(2s^2+1)(\sqrt{2}s+1)(\sqrt{2}s-1)}{2s^3}$$

$f'(s)=0$ とすると，$\frac{1}{2}<s<1$ であるから　$s=\frac{1}{\sqrt{2}}$

⇐三角形の面積

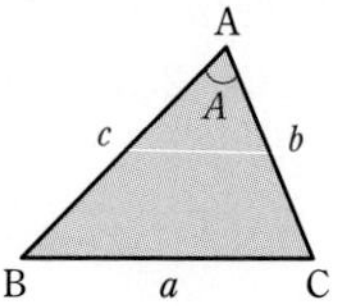

$S=\frac{1}{2}bc\sin A$

⇐$t^2=\left(\frac{1}{2s}\right)^2,\ st=\frac{1}{2}$

⇐(分子)$=4s^4-1$
$=(2s^2+1)(2s^2-1)$

ゆえに，$f(s)$ の増減表は右のようになる。

増減表から　　$\frac{1}{2} \leqq f(s) \leqq \frac{3}{4}$

よって　　$\boldsymbol{\frac{\sqrt{2}}{2} \leqq \mathrm{PQ} \leqq \frac{\sqrt{3}}{2}}$

s	$\frac{1}{2}$	$\cdots$	$\frac{1}{\sqrt{2}}$	$\cdots$	1
$f'(s)$	/	$-$	0	$+$	/
$f(s)$	$\frac{3}{4}$	↘	極小 $\frac{1}{2}$	↗	$\frac{3}{4}$

⇐$\mathrm{PQ}=\sqrt{f(s)}$

EX ③80

(1)　関数 $f(x)=\dfrac{e^{kx}}{x^2+1}$ $(k>0)$ が極値をもつとき，k のとりうる値の範囲を求めよ。〔名城大〕

(2)　曲線 $y=(x^2+ax+3)e^x$ が変曲点をもつように，定数 a の値の範囲を定めよ。また，そのときの変曲点は何個できるか。

(3)　a を実数とする。関数 $f(x)=ax+\cos x+\frac{1}{2}\sin 2x$ が極値をもたないように，a の値の範囲を定めよ。〔神戸大〕

(1)　$f'(x)=\dfrac{ke^{kx}(x^2+1)-e^{kx}\cdot 2x}{(x^2+1)^2}=\dfrac{e^{kx}(kx^2-2x+k)}{(x^2+1)^2}$

⇐$\left(\dfrac{f}{g}\right)'=\dfrac{f'g-fg'}{g^2}$

$e^{kx}>0$，$x^2+1>0$ であるから，$g(x)=kx^2-2x+k$ $(k>0)$ とすると，$f(x)$ が極値をもつ条件は，$f'(x)=0$ が実数解をもち，その前後で $f'(x)$ の符号が変わること，すなわち

$g(x)=0$ が実数解をもち，その前後で $g(x)$ の符号が変わることである。

⇐これは，2次方程式 $g(x)=0$ が異なる2つの実数解をもつことと同値。

2次方程式 $g(x)=0$ の判別式を D とすると，$g(x)=0$ が異なる2つの実数解をもつための条件は　　$D>0$

ここで　　$\dfrac{D}{4}=1-k^2$

$D>0$ から　　$1-k^2>0$　　　ゆえに　　$k^2<1$

$k>0$ であるから　　$\boldsymbol{0<k<1}$

(2)　$y'=(2x+a)e^x+(x^2+ax+3)e^x$
$\quad=\{x^2+(a+2)x+a+3\}e^x$

⇐$(fg)'=f'g+fg'$

$y''=(2x+a+2)e^x+\{x^2+(a+2)x+a+3\}e^x$
$\quad=\{x^2+(a+4)x+2a+5\}e^x$

$e^x>0$ であるから，$f(x)=x^2+(a+4)x+2a+5$ とすると，与えられた曲線が変曲点をもつ条件は，$y''=0$ が実数解をもち，その前後で y'' の符号が変わること，すなわち $f(x)=0$ が実数解をもち，その前後で $f(x)$ の符号が変わることである。

⇐これは，2次方程式 $f(x)=0$ が異なる2つの実数解をもつことと同値。

2次方程式 $f(x)=0$ の判別式を D とすると，$f(x)=0$ が異なる2つの実数解をもつための条件は　　$D>0$

ここで　　$D=(a+4)^2-4(2a+5)=a^2-4$

$D>0$ から　　$a^2-4>0$　　　ゆえに　　$(a+2)(a-2)>0$

したがって　　$\boldsymbol{a<-2,\ 2<a}$

このとき，与えられた曲線は **2個** の変曲点をもつ。

(3) $f'(x)=a-\sin x+\dfrac{1}{2}\cdot 2\cos 2x=a-\sin x+(1-2\sin^2 x)$

$$=-2\sin^2 x-\sin x+a+1$$

⇐ 2 倍角の公式を利用して，$f'(x)$ を $\sin x$ の 2 次式にする。

$f(x)$ が極値をもたないための条件は，すべての x について，

$$f'(x)\geqq 0 \quad \text{または} \quad f'(x)\leqq 0$$

が成り立つことである。

⇐ $f'(x)$ の符号の変化が起こらない。

すなわち，すべての x について，

$$2\sin^2 x+\sin x-1\leqq a \quad \text{または} \quad 2\sin^2 x+\sin x-1\geqq a$$

が成り立つことである。

$g(x)=2\sin^2 x+\sin x-1$ とすると

$$g(x)=2\left(\sin^2 x+\frac{1}{2}\sin x\right)-1=2\left(\sin x+\frac{1}{4}\right)^2-\frac{9}{8}$$

⇐ $\sin x=t$ とおくと $g(x)=2\left(t+\dfrac{1}{4}\right)^2-\dfrac{9}{8}$

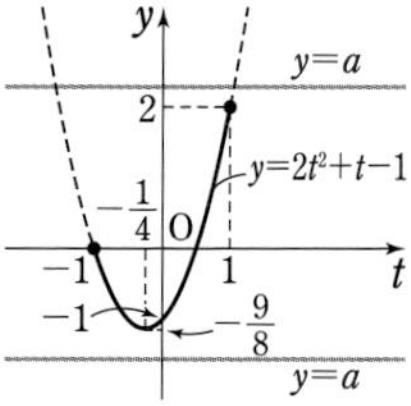

$-1\leqq \sin x\leqq 1$ であるから，$g(x)$ は

$$\sin x=-\frac{1}{4} \text{ で最小値 } -\frac{9}{8},\ \sin x=1 \text{ で最大値 } 2$$

をとる。

よって　$-\dfrac{9}{8}\leqq g(x)\leqq 2$

したがって，求める a の値の範囲は　$\boldsymbol{a\leqq -\dfrac{9}{8},\ 2\leqq a}$

EX ⑤81

空間の 3 点を A$(-1,\ 0,\ 1)$，P$(\cos\theta,\ \sin\theta,\ 0)$，Q$(-\cos\theta,\ -\sin\theta,\ 0)$ $(0\leqq\theta\leqq 2\pi)$ とし，点 A から直線 PQ へ下ろした垂線の足を H とする。
(1) θ が $0\leqq\theta\leqq 2\pi$ の範囲で動くとき，H の軌跡の方程式を求めよ。
(2) θ が $0\leqq\theta\leqq 2\pi$ の範囲で動くとき，△APQ の周の長さ l の最大値を求めよ。〔中央大〕

(1) 2 点 P，Q は原点 O に関して対称であるから

$$\overrightarrow{\mathrm{OH}}=t\overrightarrow{\mathrm{OP}}$$
$$=(t\cos\theta,\ t\sin\theta,\ 0)$$

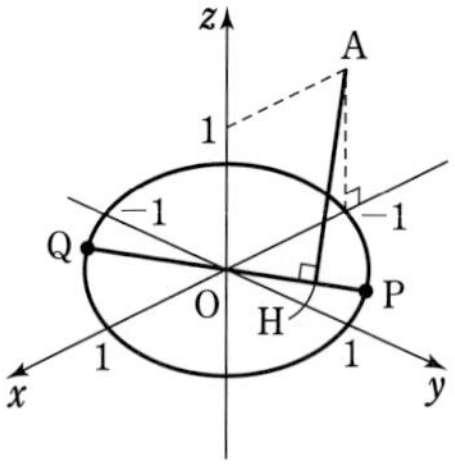

と表すことができる。このとき

$$\overrightarrow{\mathrm{AH}}=\overrightarrow{\mathrm{OH}}-\overrightarrow{\mathrm{OA}}$$
$$=(t\cos\theta+1,\ t\sin\theta,\ -1)$$

$\overrightarrow{\mathrm{OH}}\perp\overrightarrow{\mathrm{AH}}$ であるから

$$\overrightarrow{\mathrm{OH}}\cdot\overrightarrow{\mathrm{AH}}=t\cos\theta(t\cos\theta+1)+t^2\sin^2\theta$$
$$=t^2(\sin^2\theta+\cos^2\theta)+t\cos\theta$$
$$=t^2+t\cos\theta=t(t+\cos\theta)=0$$

⇐ $\vec{a}\neq\vec{0}$，$\vec{b}\neq\vec{0}$ のとき $\vec{a}\perp\vec{b}\iff\vec{a}\cdot\vec{b}=0$

ここで，$t=0$ は $t=-\cos\theta$ に含まれるから　$t=-\cos\theta$

H の座標は　$x=-\cos^2\theta=-\dfrac{\cos 2\theta+1}{2}$

$$y=-\sin\theta\cos\theta=-\frac{\sin 2\theta}{2}$$

$$z=0$$

⇐ 2 倍角の公式
$\cos 2\theta=2\cos^2\theta-1$
$\sin 2\theta=2\sin\theta\cos\theta$

$\sin^2 2\theta+\cos^2 2\theta=1$ から　　$(-2y)^2+(-2x-1)^2=1$

よって，H の軌跡の方程式は　　$\boldsymbol{\left(x+\frac{1}{2}\right)^2+y^2=\frac{1}{4},\ z=0}$

⇐xy 平面上の円。

(2)　$l=\mathrm{AP}+\mathrm{AQ}+\mathrm{PQ}$

$=\sqrt{(\cos\theta+1)^2+\sin^2\theta+1}+\sqrt{(-\cos\theta+1)^2+\sin^2\theta+1}$

$+\sqrt{(2\cos\theta)^2+(2\sin\theta)^2}$

$=\sqrt{3+2\cos\theta}+\sqrt{3-2\cos\theta}+2$

⇐$\sin^2\theta+\cos^2\theta=1$

$\cos\theta=x\ (-1\leqq x\leqq 1)$ とおくと

$l=\sqrt{3+2x}+\sqrt{3-2x}+2$

$l'=\frac{1}{\sqrt{3+2x}}-\frac{1}{\sqrt{3-2x}}=\frac{\sqrt{3-2x}-\sqrt{3+2x}}{\sqrt{3+2x}\sqrt{3-2x}}$

$=\frac{-4x}{\sqrt{3+2x}\sqrt{3-2x}(\sqrt{3+2x}+\sqrt{3-2x})}$

⇐分子の有理化。

$-1<x<1$ において，$l'=0$ とすると　　$x=0$

$-1\leqq x\leqq 1$ における l の増減表は右のようになる。

x	-1	$\cdots$	0	$\cdots$	1
l'	／	$+$	0	$-$	／
l		↗	極大	↘	

よって，l は $x=\cos\theta=0$

すなわち

$\boldsymbol{\theta=\frac{\pi}{2},\ \frac{3}{2}\pi}$ **で最大値** $\boldsymbol{2\sqrt{3}+2}$ をとる。

EX ③82　$0\leqq x\leqq\frac{\pi}{3}$ において，不等式 $\frac{x^2}{2}\leqq\log\frac{1}{\cos x}\leqq x^2$ を証明せよ。

$f(x)=\log\frac{1}{\cos x}-\frac{x^2}{2}=-\log\cos x-\frac{x^2}{2}$ とすると

⇐$\log\frac{1}{M}=-\log M$

$f'(x)=-\frac{(\cos x)'}{\cos x}-x=\tan x-x$

⇐$\frac{\sin x}{\cos x}=\tan x$

$f''(x)=\frac{1}{\cos^2 x}-1=\tan^2 x$

⇐$1+\tan^2 x=\frac{1}{\cos^2 x}$

よって，$0\leqq x\leqq\frac{\pi}{3}$ のとき　　$f''(x)\geqq 0$

ゆえに，$f'(x)$ はこの区間で増加し　　$f'(x)\geqq f'(0)=0$

よって，$f(x)$ はこの区間で増加し　　$f(x)\geqq f(0)=0$

したがって

$\log\frac{1}{\cos x}-\frac{x^2}{2}\geqq 0$　すなわち　$\frac{x^2}{2}\leqq\log\frac{1}{\cos x}$

⇐等号成立は $x=0$ のとき。

次に，$g(x)=x^2-\log\frac{1}{\cos x}=x^2+\log\cos x$ とすると

$g'(x)=2x-\tan x,$

$g''(x)=2-\frac{1}{\cos^2 x}=1-\tan^2 x=(1+\tan x)(1-\tan x)$

⇐$\frac{1}{\cos^2 x}=1+\tan^2 x$

$0<x<\frac{\pi}{3}$ のとき，$0<\tan x<\sqrt{3}$ であるから，

$g''(x)=0$ となるのは，$1-\tan x=0$ より　　$x=\dfrac{\pi}{4}$

$0\leqq x\leqq\dfrac{\pi}{3}$ における $g'(x)$ の増減表は，次のようになる。

x	0	$\cdots$	$\dfrac{\pi}{4}$	$\cdots$	$\dfrac{\pi}{3}$
$g''(x)$	／	$+$	0	$-$	／
$g'(x)$	0	↗	極大	↘	$\dfrac{2}{3}\pi-\sqrt{3}$

$g'\left(\dfrac{\pi}{3}\right)=\dfrac{2}{3}\pi-\sqrt{3}>0$ であるから，最小値は　　$g'(0)=0$

⇐$\pi>3$ であるから $\dfrac{2}{3}\pi>2>\sqrt{3}$

よって，$0\leqq x\leqq\dfrac{\pi}{3}$ のとき　　$g'(x)\geqq 0$

ゆえに，$g(x)$ はこの区間で増加し　　$g(x)\geqq g(0)=0$

したがって　　$x^2-\log\dfrac{1}{\cos x}\geqq 0$　すなわち　$\log\dfrac{1}{\cos x}\leqq x^2$

⇐等号成立は $x=0$ のとき。

以上から　　$\dfrac{x^2}{2}\leqq\log\dfrac{1}{\cos x}\leqq x^2$

EX ③83

(1) $x\geqq 0$ のとき，不等式 $x-\dfrac{x^3}{6}\leqq\sin x\leqq x$ を証明せよ。

(2) k を定数とする。(1) の結果を用いて $\displaystyle\lim_{x\to+0}\left(\frac{1}{\sin x}-\frac{1}{x+kx^2}\right)$ を求めよ。

(1) $f(x)=x-\sin x$ とすると　　$f'(x)=1-\cos x\geqq 0$

⇐$-1\leqq\cos x\leqq 1$

よって，$x\geqq 0$ のとき，$f(x)$ は増加する。

ゆえに，$x\geqq 0$ のとき　　$f(x)\geqq f(0)$

⇐等号成立は $x=0$ のとき。

$f(0)=0$ であるから，$x\geqq 0$ のとき　　$f(x)\geqq 0$　…… ①

よって　　$x\geqq\sin x$

次に，$g(x)=\sin x-\left(x-\dfrac{1}{6}x^3\right)$ とすると

$$g'(x)=\cos x-\left(1-\frac{1}{2}x^2\right)$$

$$g''(x)=-\sin x+x=f(x)$$

① より，$x\geqq 0$ のとき $g''(x)\geqq 0$ であるから，$g'(x)$ は $x\geqq 0$ で増加し　　$g'(x)\geqq g'(0)$

$g'(0)=0$ であるから，$x\geqq 0$ のとき　　$g'(x)\geqq 0$

ゆえに，$g(x)$ は $x\geqq 0$ で増加し　　$g(x)\geqq g(0)$

$g(0)=0$ であるから，$x\geqq 0$ のとき　　$g(x)\geqq 0$

したがって　　$\sin x\geqq x-\dfrac{1}{6}x^3$

以上から　　$x-\dfrac{x^3}{6}\leqq\sin x\leqq x$

(2)　$x \longrightarrow +0$ について考えるから，x は十分小さい正の実数としてよい。このとき，$x-\dfrac{x^3}{6}=x\left(1-\dfrac{x^2}{6}\right)>0$ と(1)の結果から　$\dfrac{1}{x} \leqq \dfrac{1}{\sin x} \leqq \dfrac{1}{x-\dfrac{1}{6}x^3}$

⇐$0<x<\sqrt{6}$ のとき $x-\dfrac{x^3}{6}=-\dfrac{x(x+\sqrt{6})(x-\sqrt{6})}{6}>0$

したがって

$$\frac{1}{x}-\frac{1}{x+kx^2} \leqq \frac{1}{\sin x}-\frac{1}{x+kx^2} \leqq \frac{1}{x-\dfrac{1}{6}x^3}-\frac{1}{x+kx^2}$$

⇐____の極限を求めるから，____を不等式ではさむ。

ここで

$$\lim_{x\to+0}\left(\frac{1}{x}-\frac{1}{x+kx^2}\right)=\lim_{x\to+0}\frac{kx^2}{x(x+kx^2)}=\lim_{x\to+0}\frac{k}{1+kx}=k$$

$$\lim_{x\to+0}\left(\frac{1}{x-\dfrac{1}{6}x^3}-\frac{1}{x+kx^2}\right)=\lim_{x\to+0}\frac{kx^2+\dfrac{1}{6}x^3}{\left(x-\dfrac{1}{6}x^3\right)(x+kx^2)}$$

$$=\lim_{x\to+0}\frac{k+\dfrac{1}{6}x}{\left(1-\dfrac{1}{6}x^2\right)(1+kx)}=k$$

よって　$\displaystyle\lim_{x\to+0}\left(\frac{1}{\sin x}-\frac{1}{x+kx^2}\right)=\boldsymbol{k}$

⇐はさみうちの原理

EX ③84

関数 $f(x)=\dfrac{x^3}{x^2-2}$ について，次の問いに答えよ。

(1)　導関数 $f'(x)$ を求めよ。

(2)　関数 $y=f(x)$ のグラフの概形をかけ。

(3)　k を定数とするとき，x についての方程式 $x^3-kx^2+2k=0$ の異なる実数解の個数を調べよ。　〔名城大〕

(1)　$\boldsymbol{f'(x)}=\dfrac{3x^2(x^2-2)-x^3\cdot 2x}{(x^2-2)^2}=\boldsymbol{\dfrac{x^4-6x^2}{(x^2-2)^2}}$

(2)　$f(x)$ の定義域は，$x=\pm\sqrt{2}$ を除く実数全体である。

⇐(分母)$\neq 0$

(1)から　$f'(x)=\dfrac{x^2(x^2-6)}{(x^2-2)^2}=\dfrac{x^2(x+\sqrt{6})(x-\sqrt{6})}{(x^2-2)^2}$

$x \neq \pm\sqrt{2}$ で $f'(x)=0$ とすると　$x=0,\ \pm\sqrt{6}$

$x \neq \pm\sqrt{2}$ における $f(x)$ の増減表は次のようになる。

x	…	$-\sqrt{6}$	…	$-\sqrt{2}$	…	0	…	$\sqrt{2}$	…	$\sqrt{6}$	…
$f'(x)$	+	0	−	／	−	0	−	／	−	0	+
$f(x)$	↗	極大	↘	／	↘	0	↘	／	↘	極小	↗

ここで　$f(\sqrt{6})=\dfrac{3\sqrt{6}}{2}$，$f(-\sqrt{6})=-\dfrac{3\sqrt{6}}{2}$，

$$\lim_{x\to\infty}f(x)=\lim_{x\to\infty}\frac{x}{1-\dfrac{2}{x^2}}=\infty,$$

また，$x=-t$ とおくと

$$\lim_{x\to-\infty}f(x)=\lim_{t\to\infty}\left(-\frac{t^3}{t^2-2}\right)=\lim_{t\to\infty}\left(-\frac{t}{1-\frac{2}{t^2}}\right)=-\infty,$$

$$\lim_{x\to\sqrt{2}+0}f(x)=\infty,\quad \lim_{x\to\sqrt{2}-0}f(x)=-\infty,$$

$$\lim_{x\to-\sqrt{2}+0}f(x)=\infty,\quad \lim_{x\to-\sqrt{2}-0}f(x)=-\infty$$

よって，$y=f(x)$ のグラフの概形は **右図** のようになる。

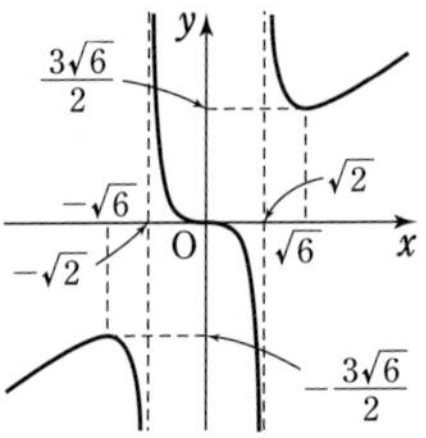

(3) 方程式 $x^3-kx^2+2k=0$ は $x=\pm\sqrt{2}$ を解にもたない。

⇦この断り書きは重要。

$x\neq\pm\sqrt{2}$ のとき，方程式を変形すると　$\dfrac{x^3}{x^2-2}=k$

方程式 $x^3-kx^2+2k=0$ の異なる実数解の個数は，曲線 $y=f(x)$ と直線 $y=k$ の共有点の個数と一致するから，(2) のグラフより

⇦直線 $y=k$ を上下に動かして，共有点の個数を調べる。

$\boldsymbol{k<-\frac{3\sqrt{6}}{2},\ \frac{3\sqrt{6}}{2}<k}$ のとき　**3個**

$\boldsymbol{k=\pm\frac{3\sqrt{6}}{2}}$ のとき　**2個**

$\boldsymbol{-\frac{3\sqrt{6}}{2}<k<\frac{3\sqrt{6}}{2}}$ のとき　**1個**

EX ④85

次の不等式が成り立つことを証明せよ。

(1) $x>0$ のとき　$\dfrac{1}{x}\log(1+x)>1+\log\dfrac{2}{x+2}$

(2) n が正の整数のとき　$e-\left(1+\dfrac{1}{n}\right)^n<\dfrac{e}{2n+1}$　〔学習院大〕

(1) 与えられた不等式の両辺に $x\ (>0)$ を掛けて

$$\log(1+x)>x+x\log\frac{2}{x+2}$$

この不等式は，与えられた不等式と同値である。

$f(x)=\log(1+x)-x-x\log\dfrac{2}{x+2}$ とする。

$$f(x)=\log(1+x)-x-x\{\log2-\log(x+2)\}$$
$$=\log(1+x)+x\log(x+2)-(1+\log2)x$$

と変形できるから

$$f'(x)=\frac{1}{1+x}+1\cdot\log(x+2)+x\cdot\frac{1}{x+2}-(1+\log2)$$
$$=\frac{1}{1+x}+\log(x+2)+\left(1-\frac{2}{x+2}\right)-(1+\log2)$$
$$=\frac{1}{1+x}-\frac{2}{x+2}+\log(x+2)-\log2$$

$$f''(x)=-\frac{1}{(1+x)^2}+\frac{2}{(x+2)^2}+\frac{1}{x+2}$$
$$=\frac{-(x+2)^2+2(x+1)^2+(x+1)^2(x+2)}{(x+1)^2(x+2)^2}$$

inf.　$f(x)=\dfrac{1}{x}\log(1+x)-\left(1+\log\dfrac{2}{x+2}\right)$ とすると $f'(x)=-\dfrac{1}{x^2}\log(1+x)+\dfrac{1}{x(1+x)}+\dfrac{1}{x+2}$ となるが，これでは $f'(x)$ の符号を調べにくい。更に $f''(x)$ を求めてもうまくいかない。

$$= \frac{x(x^2+5x+5)}{(x+1)^2(x+2)^2}$$

$x>0$ のとき　　$f''(x)>0$

ゆえに，$x \geqq 0$ で $f'(x)$ は増加し

$$f'(0)=1-1+\log 2-\log 2=0$$

よって，$x>0$ のとき　　$f'(x)>0$

ゆえに，$x \geqq 0$ で $f(x)$ は増加し

$$f(0)=\log 1=0$$

よって，$x>0$ のとき　　$f(x)>0$

すなわち，$x>0$ のとき　　$\log(1+x)>x+x\log\frac{2}{x+2}$

両辺を $x\,(>0)$ で割ると　　$\frac{1}{x}\log(1+x)>1+\log\frac{2}{x+2}$

⇐(分子)＝
$-x^2-4x-4$
$+2x^2+4x+2$
$+x^3+2x^2+x$
$+2x^2+4x+2$
$=x^3+5x^2+5x$

(2)　(1) で証明した不等式において $x=\frac{1}{n}$ とおくと

$$n\log\left(1+\frac{1}{n}\right)>1+\log\frac{2n}{2n+1}$$

ゆえに　　$\log\left(1+\frac{1}{n}\right)^n>\log\frac{e\cdot 2n}{2n+1}$

よって　　$\left(1+\frac{1}{n}\right)^n>\frac{2ne}{2n+1}$

ここで，$\frac{2n}{2n+1}=1-\frac{1}{2n+1}$ であるから

$$\left(1+\frac{1}{n}\right)^n>e\left(1-\frac{1}{2n+1}\right)$$

ゆえに　　$\left(1+\frac{1}{n}\right)^n>e-\frac{e}{2n+1}$

したがって　　$e-\left(1+\frac{1}{n}\right)^n<\frac{e}{2n+1}$

⇐$\log\frac{2}{\frac{1}{n}+2}=\log\frac{2n}{2n+1}$

⇐底 e は 1 より大きい。

EX ④86　k を実数の定数とする。方程式 $4\cos^2x+3\sin x-k\cos x-3=0$ の $-\pi<x\leqq\pi$ における解の個数を求めよ。　〔静岡大〕

$$4\cos^2x+3\sin x-k\cos x-3=0\ (-\pi<x\leqq\pi)\quad\cdots\cdots ①$$

とする。$x=-\frac{\pi}{2}$ は ① の解ではない。

また，$x=\frac{\pi}{2}$ は k の値にかかわらず ① の解である。

$x \neq \pm\frac{\pi}{2}$ のとき，① から

$$k=4\cos x+\frac{3(\sin x-1)}{\cos x}$$

$f(x)=4\cos x+\frac{3(\sin x-1)}{\cos x}$ とすると

$$f'(x)=-4\sin x+3\cdot\frac{\cos x\cdot\cos x-(\sin x-1)(-\sin x)}{\cos^2x}$$

⇐$x=-\frac{\pi}{2}$ を方程式に代入すると
$4\cdot 0^2+3(-1)$
$-k\cdot 0-3=0$
すなわち，$-6=0$ となり，不適。

⇐$\left(\frac{f}{g}\right)'=\frac{f'g-fg'}{g^2}$

$$=-4\sin x+\frac{3(1-\sin x)}{\cos^2 x}=-4\sin x+\frac{3}{\sin x+1}$$

$$=-\frac{4\sin^2 x+4\sin x-3}{\sin x+1}$$

$$=-\frac{(2\sin x-1)(2\sin x+3)}{\sin x+1}$$

⇐$\cos^2 x=1-\sin^2 x=(1+\sin x)(1-\sin x)$

$-\pi<x<\pi$ のとき，$-1<\sin x<1$ であるから，$f'(x)=0$ となるのは，$2\sin x-1=0$ より　　$x=\frac{\pi}{6}$，$\frac{5}{6}\pi$

⇐$x \neq \pm\frac{\pi}{2}$

⇐$2\sin x+3>1$

よって，$f(x)$ の増減表は次のようになる。

x	$-\pi$	…	$-\frac{\pi}{2}$	…	$\frac{\pi}{6}$	…	$\frac{\pi}{2}$	…	$\frac{5}{6}\pi$	…	π
$f'(x)$		+		+	0	−		−	0	+	
$f(x)$		↗		↗	極大 $\sqrt{3}$	↘		↘	極小 $-\sqrt{3}$	↗	-1

また　　$\lim_{x\to-\pi+0} f(x)=-1$，

$\lim_{x\to-\frac{\pi}{2}-0} f(x)=\infty$，　$\lim_{x\to-\frac{\pi}{2}+0} f(x)=-\infty$

ここで　　$f(x)=4\cos x+\frac{3(\sin x-1)}{\cos x}$

$$=4\cos x+\frac{3(\sin^2 x-1)}{\cos x(\sin x+1)}$$

$$=4\cos x-\frac{3\cos x}{\sin x+1}$$

⇐$x\longrightarrow\frac{\pi}{2}$ のとき $\frac{3(\sin x-1)}{\cos x}$ は $\frac{0}{0}$ の不定形。

ゆえに　　$\lim_{x\to\frac{\pi}{2}} f(x)=0$

よって，$y=f(x)$ のグラフは右の図のようになる。

ゆえに，求める実数解の個数は，$y=f(x)$ のグラフと直線 $y=k$ の共有点の個数に，解 $x=\frac{\pi}{2}$ の1個を加えて

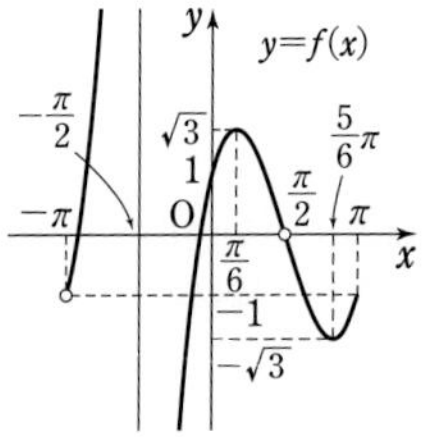

$k<-\sqrt{3}$ のとき2個，　$k=-\sqrt{3}$ のとき3個，
$-\sqrt{3}<k<0$ のとき4個，$k=0$ のとき3個，
$0<k<\sqrt{3}$ のとき4個，　$k=\sqrt{3}$ のとき3個，
$\sqrt{3}<k$ のとき2個

inf.　**$k<-\sqrt{3}$，$\sqrt{3}<k$ のとき2個，**
$k=0$，$\pm\sqrt{3}$ のとき3個，
$-\sqrt{3}<k<0$，$0<k<\sqrt{3}$ のとき4個
のように，解の個数でまとめて答えてもよい。

EX ④87　$(\sqrt{5})^{\sqrt{7}}$ と $(\sqrt{7})^{\sqrt{5}}$ の大小を比較せよ。必要ならば $2.7<e$ を用いてもよい。

〔類 京都府医大〕

HINT　$F(a,\ b)$ と $F(b,\ a)$ の比較であるから，変形によって $f(a)$ と $f(b)$ の比較にもち込む。

$(\sqrt{5})^{\sqrt{7}}$, $(\sqrt{7})^{\sqrt{5}}$ をそれぞれ $\dfrac{1}{\sqrt{5}\sqrt{7}}$ 乗すると

⇐指数の形のままでは，5と7を分離できない。

$$\{(\sqrt{5})^{\sqrt{7}}\}^{\frac{1}{\sqrt{5}\sqrt{7}}}=(\sqrt{5})^{\frac{1}{\sqrt{5}}},\ \{(\sqrt{7})^{\sqrt{5}}\}^{\frac{1}{\sqrt{5}\sqrt{7}}}=(\sqrt{7})^{\frac{1}{\sqrt{7}}}$$

更にそれぞれの自然対数をとると

$$\log(\sqrt{5})^{\frac{1}{\sqrt{5}}}=\frac{\log\sqrt{5}}{\sqrt{5}},\ \log(\sqrt{7})^{\frac{1}{\sqrt{7}}}=\frac{\log\sqrt{7}}{\sqrt{7}}$$

よって，$(\sqrt{5})^{\sqrt{7}}$, $(\sqrt{7})^{\sqrt{5}}$ の大小は，$\dfrac{\log\sqrt{5}}{\sqrt{5}}$ と $\dfrac{\log\sqrt{7}}{\sqrt{7}}$ の大小に一致する。

ここで，$f(x)=\dfrac{\log x}{x}$ $(x>0)$ とすると

inf. $\displaystyle\lim_{x\to\infty}\frac{\log x}{x}=0$ については基本例題94，$p.162$ まとめ 参照。

$$f'(x)=\frac{\frac{1}{x}\cdot x-\log x}{x^2}=\frac{1-\log x}{x^2}$$

$f'(x)=0$ とすると　　$x=e$

よって，$f(x)$ の増減表は右のようになる。

x	0	$\cdots$	e	$\cdots$
$f'(x)$		$+$	0	$-$
$f(x)$		↗	極大 $\frac{1}{e}$	↘

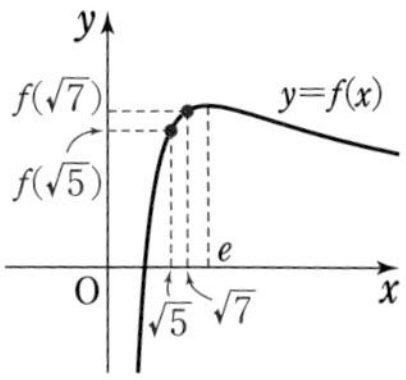

ゆえに，$f(x)$ は $0<x\leqq e$ の範囲で単調に増加する。

$2.7^2=7.29$ であり，$5<7<7.29$ から

$$\sqrt{5}<\sqrt{7}<2.7<e$$

よって　　$f(\sqrt{5})<f(\sqrt{7})$

すなわち　　$\dfrac{\log\sqrt{5}}{\sqrt{5}}<\dfrac{\log\sqrt{7}}{\sqrt{7}}$

したがって　　$(\sqrt{\mathbf{5}})^{\sqrt{7}}<(\sqrt{\mathbf{7}})^{\sqrt{5}}$

⇐上のグラフからもわかるように，$a<b\leqq e$ のとき $f(a)<f(b)$，$e\leqq a<b$ のとき $f(a)>f(b)$ であるから，$\sqrt{5}<\sqrt{7}<e$ の確認が必要。

EX ③88

(1) 関数 $f(x)=\dfrac{1}{x}\log(1+x)$ を微分せよ。

(2) $0<x<y$ のとき $\dfrac{1}{x}\log(1+x)>\dfrac{1}{y}\log(1+y)$ が成り立つことを示せ。

(3) $\left(\dfrac{1}{11}\right)^{\frac{1}{10}}$, $\left(\dfrac{1}{13}\right)^{\frac{1}{12}}$, $\left(\dfrac{1}{15}\right)^{\frac{1}{14}}$ を大きい方から順に並べよ。　〔愛媛大〕

(1) $\displaystyle \boldsymbol{f'(x)}=\frac{\frac{1}{1+x}\cdot x-\log(1+x)}{x^2}=\boldsymbol{\frac{x-(1+x)\log(1+x)}{x^2(1+x)}}$

(2) $g(x)=x-(1+x)\log(1+x)$ とすると，$x>0$ のとき，$x^2(1+x)>0$ であるから，$f'(x)$ と $g(x)$ の符号は一致する。

$$g'(x)=1-\{\log(1+x)+1\}=-\log(1+x)$$

⇐$\{(1+x)\log(1+x)\}'=(1+x)'\log(1+x)+(1+x)\{\log(1+x)\}'$

$x>0$ のとき，$\log(1+x)>0$ であるから　　$g'(x)<0$

よって，$g(x)$ は $x>0$ で減少し　　$g(x)<g(0)$

$g(0)=0$ であるから，$x>0$ のとき　　$g(x)<0$

すなわち　　$f'(x)<0$

よって，$f(x)$ は $x>0$ で減少するから，$0<x<y$ のとき

$f(x)>f(y)$ すなわち $\frac{1}{x}\log(1+x)>\frac{1}{y}\log(1+y)$

(3) $a=\left(\frac{1}{11}\right)^{\frac{1}{10}}$, $b=\left(\frac{1}{13}\right)^{\frac{1}{12}}$, $c=\left(\frac{1}{15}\right)^{\frac{1}{14}}$ とおくと

$$\log a=\frac{1}{10}\cdot(-\log 11)=-f(10)$$

$$\log b=\frac{1}{12}\cdot(-\log 13)=-f(12)$$

$$\log c=\frac{1}{14}\cdot(-\log 15)=-f(14)$$

(2) の結果から　$f(10)>f(12)>f(14)>0$

⇐$f(x)$ は単調減少。

したがって　$-f(10)<-f(12)<-f(14)$

すなわち　$\log a<\log b<\log c$

ゆえに，底 $e>1$ から　$a<b<c$

よって，大きい方から順に　$\boldsymbol{\left(\frac{1}{15}\right)^{\frac{1}{14}}, \left(\frac{1}{13}\right)^{\frac{1}{12}}, \left(\frac{1}{11}\right)^{\frac{1}{10}}}$

EX ②89

xy 平面上の動点 $\mathrm{P}(x, y)$ の時刻 t における位置が $x=2\sin t$, $y=\cos 2t$ であるとき，点Pの速度の大きさの最大値はいくらか。〔防衛医大〕

$\frac{dx}{dt}=2\cos t$, $\frac{dy}{dt}=-2\sin 2t$ であるから，時刻 t における速度を $\vec{v}$ とすると

$$|\vec{v}|^2=\left(\frac{dx}{dt}\right)^2+\left(\frac{dy}{dt}\right)^2=4\cos^2 t+4\sin^2 2t$$

⇐$\sin 2t=2\sin t\cos t$

$$=4\cos^2 t+16\sin^2 t\cos^2 t=4\cos^2 t(1+4\sin^2 t)$$

ここで，$\sin^2 t=X$ とおくと

⇐$\cos^2 t=1-\sin^2 t$
$=1-X$

$$|\vec{v}|^2=4(1-X)(1+4X)=4(-4X^2+3X+1)$$

$$=4\left\{-4\left(X-\frac{3}{8}\right)^2+\frac{25}{16}\right\}$$

inf. $\cos^2 t=X$ とおいて，$|\vec{v}|^2$ を求めることもできる。

$0\leqq X\leqq 1$ であるから，$X=\frac{3}{8}$ のとき $|\vec{v}|^2$ は最大値 $4\cdot\frac{25}{16}=\frac{25}{4}$ をとる。

$|\vec{v}|\geqq 0$ であるから，このとき $|\vec{v}|$ も最大となる。

したがって最大値は　$\sqrt{\frac{25}{4}}=\boldsymbol{\frac{5}{2}}$

別解 （解答の 3 行目までは同じ。）

$$|\vec{v}|^2=4\cos^2 t+4\sin^2 2t=4\cdot\frac{1+\cos 2t}{2}+4(1-\cos^2 2t)$$

⇐$\cos^2\frac{\theta}{2}=\frac{1+\cos\theta}{2}$
$\sin^2\theta=1-\cos^2\theta$

$$=-4\cos^2 2t+2\cos 2t+6$$

$$=-4\left(\cos 2t-\frac{1}{4}\right)^2+\frac{25}{4}$$

$-1\leqq\cos 2t\leqq 1$ から，$\cos 2t=\frac{1}{4}$ のとき $|\vec{v}|^2$ は最大値 $\frac{25}{4}$ をとる。（以下，解答と同じ。）

EX ③90　動点Pの座標 $(x,\ y)$ が時刻 t の関数として，$x=e^t\cos t$，$y=e^t\sin t$ で表されるとき，速度 $\vec{v}$ の大きさと加速度 $\vec{\alpha}$ の大きさを求めよ。また，速度ベクトル $\vec{v}$ と位置ベクトル $\overrightarrow{\mathrm{OP}}$ とのなす角 $\theta\ (0\leqq\theta\leqq\pi)$ を求めよ。〔類 武蔵工大〕

$$\frac{dx}{dt}=e^t\cos t-e^t\sin t,\quad \frac{dy}{dt}=e^t\sin t+e^t\cos t$$

よって　$\vec{v}=(e^t(\cos t-\sin t),\ e^t(\sin t+\cos t))$

ゆえに　$|\vec{v}|=\sqrt{e^{2t}(\cos t-\sin t)^2+e^{2t}(\sin t+\cos t)^2}$
$=\sqrt{2e^{2t}(\sin^2 t+\cos^2 t)}=\boldsymbol{\sqrt{2}\,e^t}$

また　$\dfrac{d^2x}{dt^2}=e^t(\cos t-\sin t)+e^t(-\sin t-\cos t)=-2e^t\sin t$

$\dfrac{d^2y}{dt^2}=e^t(\sin t+\cos t)+e^t(\cos t-\sin t)=2e^t\cos t$

よって　$|\vec{\alpha}|=\sqrt{(-2e^t\sin t)^2+(2e^t\cos t)^2}$
$=\sqrt{4e^{2t}(\sin^2 t+\cos^2 t)}=\boldsymbol{2e^t}$

$\overrightarrow{\mathrm{OP}}=(e^t\cos t,\ e^t\sin t)$ であるから

$|\overrightarrow{\mathrm{OP}}|=\sqrt{e^{2t}\cos^2 t+e^{2t}\sin^2 t}=e^t$

$\vec{v}\cdot\overrightarrow{\mathrm{OP}}=e^t(\cos t-\sin t)e^t\cos t+e^t(\sin t+\cos t)e^t\sin t$
$=e^{2t}(\cos^2 t+\sin^2 t)=e^{2t}$

したがって　$\cos\theta=\dfrac{\vec{v}\cdot\overrightarrow{\mathrm{OP}}}{|\vec{v}||\overrightarrow{\mathrm{OP}}|}=\dfrac{e^{2t}}{\sqrt{2}\,e^t\cdot e^t}=\dfrac{1}{\sqrt{2}}$

$0\leqq\theta\leqq\pi$ であるから　$\boldsymbol{\theta=\dfrac{\pi}{4}}$

⇐ $\vec{v}=\left(\dfrac{dx}{dt},\ \dfrac{dy}{dt}\right)$

⇐ $|\vec{v}|=\sqrt{\left(\dfrac{dx}{dt}\right)^2+\left(\dfrac{dy}{dt}\right)^2}$

⇐ $|\vec{\alpha}|=\sqrt{\left(\dfrac{d^2x}{dt^2}\right)^2+\left(\dfrac{d^2y}{dt^2}\right)^2}$

⇐ $\overrightarrow{\mathrm{OP}}=(x,\ y)$

⇐ $\sqrt{e^{2t}(\cos^2 t+\sin^2 t)}$，$\cos^2 t+\sin^2 t=1$

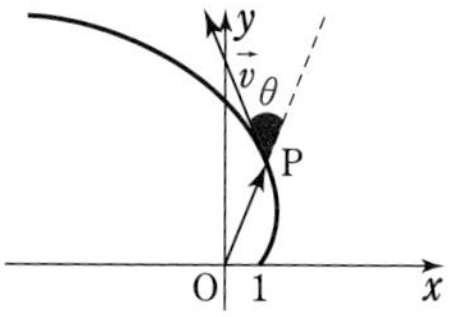

EX ③91　(1) $\displaystyle\lim_{x\to 0}\frac{1+ax-\sqrt{1+x}}{x^2}=\frac{1}{8}$ が成り立つように定数 a の値を定めよ。

(2) (1)の結果を用いて，$x\fallingdotseq 0$ のとき，$\sqrt{1+x}$ の近似式を作れ。また，その近似式を利用して $\sqrt{102}$ の近似値を求めよ。

(1) $\displaystyle\lim_{x\to 0}\frac{1+ax-\sqrt{1+x}}{x^2}=\lim_{x\to 0}\frac{(1+ax)^2-(1+x)}{x^2(1+ax+\sqrt{1+x}\,)}$

$\displaystyle=\lim_{x\to 0}\frac{x(a^2x+2a-1)}{x^2(1+ax+\sqrt{1+x}\,)}$

$\displaystyle=\lim_{x\to 0}\frac{a^2x+2a-1}{x(1+ax+\sqrt{1+x}\,)}$　……①

$\displaystyle\lim_{x\to 0}x(1+ax+\sqrt{1+x}\,)=0$ であるから

$\displaystyle\lim_{x\to 0}(a^2x+2a-1)=0$

よって　$2a-1=0$　　これを解いて　$a=\dfrac{1}{2}$

逆に，このとき①から

$$\lim_{x\to 0}\frac{\dfrac{x}{4}+2\cdot\dfrac{1}{2}-1}{x\left(1+\dfrac{x}{2}+\sqrt{1+x}\right)}=\lim_{x\to 0}\frac{1}{4\left(1+\dfrac{x}{2}+\sqrt{1+x}\right)}=\frac{1}{8}$$

⇐分子の有理化。

⇐**必要条件**

⇐求めた $a=\dfrac{1}{2}$ が十分条件であることを確認。

ゆえに，与式は成り立つ。

したがって　　$a=\mathbf{\frac{1}{2}}$

(2)　(1)から，$x \fallingdotseq 0$ のとき

$$\frac{1+\frac{1}{2}x-\sqrt{1+x}}{x^2} \fallingdotseq \frac{1}{8}$$

よって　　$1+\frac{1}{2}x-\sqrt{1+x} \fallingdotseq \frac{1}{8}x^2$

ゆえに，$\sqrt{1+x}$ の近似式は

$$\boldsymbol{\sqrt{1+x} \fallingdotseq 1+\frac{1}{2}x-\frac{1}{8}x^2} \quad \cdots\cdots ②$$

また　　$\sqrt{102}=\sqrt{100+2}=\sqrt{100\left(1+\frac{1}{50}\right)}$

$$=10\sqrt{1+\frac{1}{50}} \quad \cdots\cdots ③$$

近似式 ② において，$x=\frac{1}{50}$ とおくと

$$\sqrt{1+\frac{1}{50}} \fallingdotseq 1+\frac{1}{2}\cdot\frac{1}{50}-\frac{1}{8}\cdot\left(\frac{1}{50}\right)^2=\frac{20199}{20000}$$

これを ③ に代入すると

$$\sqrt{102} \fallingdotseq 10\cdot\frac{20199}{20000}=\frac{20199}{2000}=\mathbf{10.0995}$$

⇐ **2 次の近似式**
一般に，$|x|$ が十分小さいとき
$\boldsymbol{f(x) \fallingdotseq f(0)+f'(0)x+\frac{1}{2}f''(0)x^2}$

⇐通分すると
$\frac{20000+200-1}{20000}$

⇐ $\sqrt{102}=10.099504\cdots$

EX
③**92**

x 軸上の点 $\mathrm{P}(\alpha,\ 0)$ に点Qを次のように対応させる。
曲線 $y=\sin x$ 上のPと同じ x 座標をもつ点 $(\alpha,\ \sin\alpha)$ におけるこの曲線の法線と x 軸との交点をQとする。
(1)　点Qの座標を求めよ。
(2)　点Pが x 軸上を原点 $(0,\ 0)$ から点 $(\pi,\ 0)$ に向かって毎秒 π の速さで移動するとき，点Qの t 秒後の速さ $v(t)$ を求めよ。
(3)　$\displaystyle\lim_{t\to\frac{1}{2}}\frac{v(t)}{\left(t-\frac{1}{2}\right)^2}$ を求めよ。　　〔東京学芸大〕

(1)　$y'=\cos x$ であるから，点 $(\alpha,\ \sin\alpha)$ における法線の方程式は，n を整数として

$\alpha=\frac{\pi}{2}+n\pi$ のとき　　$x=\frac{\pi}{2}+n\pi$

$\alpha \neq \frac{\pi}{2}+n\pi$ のとき　　$y-\sin\alpha=-\frac{1}{\cos\alpha}(x-\alpha)$

よって，点Qの x 座標は

$\alpha=\frac{\pi}{2}+n\pi$ のとき　　$x=\frac{\pi}{2}+n\pi \quad \cdots\cdots ①$

$\alpha \neq \frac{\pi}{2}+n\pi$ のとき　　$0-\sin\alpha=-\frac{1}{\cos\alpha}(x-\alpha)$ から

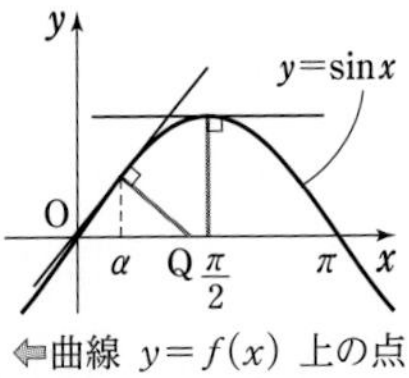

⇐曲線 $y=f(x)$ 上の点 $(\alpha,\ f(\alpha))$ における法線の方程式は
$y-f(\alpha)=-\frac{1}{f'(\alpha)}(x-\alpha)$
$[f'(\alpha) \neq 0]$

$$x=\alpha+\sin\alpha\cos\alpha=\alpha+\frac{1}{2}\sin 2\alpha \quad \cdots\cdots ②$$

② で $\alpha=\dfrac{\pi}{2}+n\pi$ とおくと　$x=\alpha+\dfrac{1}{2}\cdot 0=\alpha$

⇦ $2\alpha=\pi+2n\pi$

したがって　$x=\dfrac{\pi}{2}+n\pi$

ゆえに，① は ② に含まれる。

よって，点Qの座標は　$\left(\boldsymbol{\alpha+\dfrac{1}{2}\sin 2\alpha,\ 0}\right)$

(2) $\mathrm{P}(\pi t,\ 0)$ と表されるから，$\mathrm{Q}(X,\ 0)$ とすると

$$X=\pi t+\frac{1}{2}\sin 2\pi t$$

よって　$\boldsymbol{v(t)=\dfrac{dX}{dt}=\pi(1+\cos 2\pi t)}$

(3) (2) の結果から　$\displaystyle\lim_{t\to\frac{1}{2}}\frac{v(t)}{\left(t-\frac{1}{2}\right)^2}=\pi\lim_{t\to\frac{1}{2}}\frac{1+\cos 2\pi t}{\left(t-\frac{1}{2}\right)^2}$

$t-\dfrac{1}{2}=\theta$ とおくと

⇦ $t=\theta+\dfrac{1}{2}$

$$1+\cos 2\pi t=1+\cos(\pi+2\pi\theta)=1-\cos 2\pi\theta$$

$2\pi t=2\pi\left(\dfrac{1}{2}+\theta\right)$
$=\pi+2\pi\theta$

$t\longrightarrow\dfrac{1}{2}$ のとき $\theta\longrightarrow 0$ であるから

$$\begin{aligned}(\text{与式})&=\pi\lim_{\theta\to 0}\frac{1-\cos 2\pi\theta}{\theta^2}\\&=\pi\lim_{\theta\to 0}\frac{1-\cos^2 2\pi\theta}{\theta^2(1+\cos 2\pi\theta)}\\&=\pi\lim_{\theta\to 0}4\pi^2\left(\frac{\sin 2\pi\theta}{2\pi\theta}\right)^2\cdot\frac{1}{1+\cos 2\pi\theta}\\&=\boldsymbol{2\pi^3}\end{aligned}$$

⇦ $\displaystyle\lim_{x\to 0}\frac{\sin x}{x}=1$

EX
④**93**

xy 平面上を動く点 $\mathrm{P}(x,\ y)$ の時刻 t における座標を $x=5\cos t$，$y=4\sin t$ とし，速度を $\vec{v}$ とする。2 点 $\mathrm{A}(3,\ 0)$，$\mathrm{B}(-3,\ 0)$ をとるとき，$\angle\mathrm{APB}$ の 2 等分線は $\vec{v}$ に垂直であることを証明せよ。
［類　山形大］

$\dfrac{dx}{dt}=-5\sin t$，$\dfrac{dy}{dt}=4\cos t$ であるから

$$\vec{v}=(-5\sin t,\ 4\cos t)$$

また，$\angle\mathrm{APB}$ の 2 等分線に平行なベクトルは $\dfrac{\overrightarrow{\mathrm{PA}}}{|\overrightarrow{\mathrm{PA}}|}+\dfrac{\overrightarrow{\mathrm{PB}}}{|\overrightarrow{\mathrm{PB}}|}$ で表される。

⇦ $\overrightarrow{\mathrm{PA}}$，$\overrightarrow{\mathrm{PB}}$ と同じ向きの単位ベクトルが $\dfrac{\overrightarrow{\mathrm{PA}}}{|\overrightarrow{\mathrm{PA}}|}$，$\dfrac{\overrightarrow{\mathrm{PB}}}{|\overrightarrow{\mathrm{PB}}|}$ であり，その和は $\angle\mathrm{APB}$ の 2 等分線に平行なベクトルになる（数学C）。

$\overrightarrow{\mathrm{PA}}=(3-5\cos t,\ -4\sin t)$，$\overrightarrow{\mathrm{PB}}=(-3-5\cos t,\ -4\sin t)$ であるから

$$\begin{aligned}\overrightarrow{\mathrm{PA}}\cdot\vec{v}&=(3-5\cos t)(-5\sin t)+(-4\sin t)\cdot 4\cos t\\&=-15\sin t+9\sin t\cos t\\&=-3(5-3\cos t)\sin t\end{aligned}$$

$\overrightarrow{PB}\cdot\vec{v}=(-3-5\cos t)(-5\sin t)+(-4\sin t)\cdot 4\cos t$
$\quad=15\sin t+9\sin t\cos t$
$\quad=3(5+3\cos t)\sin t$

$|\overrightarrow{PA}|^2=(3-5\cos t)^2+(-4\sin t)^2$
$\quad=9-30\cos t+25\cos^2 t+16\sin^2 t$
$\quad=9-30\cos t+25\cos^2 t+16(1-\cos^2 t)$
$\quad=25-30\cos t+9\cos^2 t$
$\quad=(5-3\cos t)^2$

$|\overrightarrow{PB}|^2=(-3-5\cos t)^2+(-4\sin t)^2$
$\quad=9+30\cos t+25\cos^2 t+16\sin^2 t$
$\quad=9+30\cos t+25\cos^2 t+16(1-\cos^2 t)$
$\quad=25+30\cos t+9\cos^2 t$
$\quad=(5+3\cos t)^2$

$5-3\cos t>0$, $5+3\cos t>0$ であるから

$|\overrightarrow{PA}|=5-3\cos t$, $|\overrightarrow{PB}|=5+3\cos t$

ゆえに

$$\left(\frac{\overrightarrow{PA}}{|\overrightarrow{PA}|}+\frac{\overrightarrow{PB}}{|\overrightarrow{PB}|}\right)\cdot\vec{v}=\frac{\overrightarrow{PA}\cdot\vec{v}}{|\overrightarrow{PA}|}+\frac{\overrightarrow{PB}\cdot\vec{v}}{|\overrightarrow{PB}|}$$
$$=\frac{-3(5-3\cos t)\sin t}{5-3\cos t}+\frac{3(5+3\cos t)\sin t}{5+3\cos t}$$
$$=-3\sin t+3\sin t=0$$

したがって，∠APB の 2 等分線に平行なベクトルは $\vec{v}$ に垂直である。すなわち，∠APB の 2 等分線は $\vec{v}$ に垂直である。

inf. 点Pの軌跡は

楕円 $\dfrac{x^2}{25}+\dfrac{y^2}{16}=1$

であり，2 点 A，B はその焦点である（数学C）。

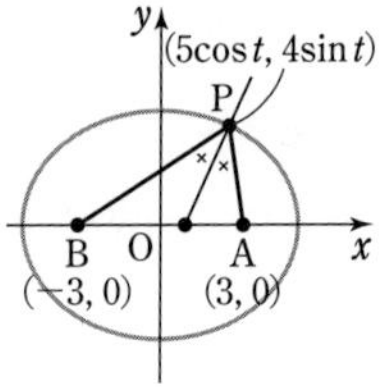

⇐ $\vec{a}\neq\vec{0}$，$\vec{b}\neq\vec{0}$ のとき
$\vec{a}\cdot\vec{b}=0 \iff \vec{a}\perp\vec{b}$

PR
①**108**

次の不定積分を求めよ。

(1) $\int \frac{x^4-x^3+x-1}{x^2}dx$　(2) $\int \frac{(\sqrt[3]{x}-1)^2}{\sqrt{x}}dx$　(3) $\int \frac{3+\cos^3 x}{\cos^2 x}dx$

(4) $\int \frac{1}{\tan^2 x}dx$　(5) $\int \left(2e^x-\frac{3}{x}\right)dx$

注意　**本書では，以後断りのない限り，C は積分定数を表すものとする。**

(1) $\int \frac{x^4-x^3+x-1}{x^2}dx=\int \left(x^2-x+\frac{1}{x}-\frac{1}{x^2}\right)dx$

$=\int x^2dx-\int x\,dx+\int \frac{dx}{x}-\int x^{-2}dx$

$=\boldsymbol{\frac{x^3}{3}-\frac{x^2}{2}+\log|x|+\frac{1}{x}+C}$

(2) $\int \frac{(\sqrt[3]{x}-1)^2}{\sqrt{x}}dx=\int \frac{x^{\frac{2}{3}}-2x^{\frac{1}{3}}+1}{x^{\frac{1}{2}}}dx$

$=\int (x^{\frac{1}{6}}-2x^{-\frac{1}{6}}+x^{-\frac{1}{2}})dx$

$=\int x^{\frac{1}{6}}dx-2\int x^{-\frac{1}{6}}dx+\int x^{-\frac{1}{2}}dx$

$=\frac{6}{7}x^{\frac{7}{6}}-2\cdot\frac{6}{5}x^{\frac{5}{6}}+2x^{\frac{1}{2}}+C$

$=\boldsymbol{\frac{6}{7}x\sqrt[6]{x}-\frac{12}{5}\sqrt[6]{x^5}+2\sqrt{x}+C}$

⇐計算結果は与えられた式の形（本問では根号の形）に合わせておくことが多い。

(3) $\int \frac{3+\cos^3 x}{\cos^2 x}dx=\int \left(\frac{3}{\cos^2 x}+\cos x\right)dx$

$=3\int \frac{dx}{\cos^2 x}+\int \cos x\,dx$

$=\boldsymbol{3\tan x+\sin x+C}$

(4) $\int \frac{1}{\tan^2 x}dx=\int \frac{\cos^2 x}{\sin^2 x}dx=\int \frac{1-\sin^2 x}{\sin^2 x}dx$

⇐$\sin^2 x+\cos^2 x=1$

$=\int \left(\frac{1}{\sin^2 x}-1\right)dx=\int \frac{dx}{\sin^2 x}-\int dx$

$=\boldsymbol{-\frac{1}{\tan x}-x+C}$

⇐$\boldsymbol{\int \frac{dx}{\sin^2 x}=-\frac{1}{\tan x}+C}$

(5) $\int \left(2e^x-\frac{3}{x}\right)dx=2\int e^x dx-3\int \frac{dx}{x}=\boldsymbol{2e^x-3\log|x|+C}$

PR
①**109**

次の不定積分を求めよ。

(1) $\int \frac{1}{(2x+3)^3}dx$　(2) $\int \sqrt[4]{(2-3x)^3}\,dx$　(3) $\int \frac{1}{e^{3x-1}}dx$　(4) $\int \frac{1}{\cos^2(2-4x)}dx$

(1) $\int \frac{1}{(2x+3)^3}dx=\int (2x+3)^{-3}dx$

$=\frac{1}{2}\cdot\left(-\frac{1}{2}\right)(2x+3)^{-2}+C$

⇐$\frac{1}{2}$ を忘れずに掛ける。

$=\boldsymbol{-\frac{1}{4(2x+3)^2}+C}$

(2) $\int\sqrt[4]{(2-3x)^3}\,dx=\int(2-3x)^{\frac{3}{4}}dx$

$=\frac{1}{-3}\cdot\frac{4}{7}(2-3x)^{\frac{7}{4}}+C$

$=-\frac{\mathbf{4}}{\mathbf{21}}\boldsymbol{(2-3x)\sqrt[4]{(2-3x)^3}+C}$

(3) $\int\frac{1}{e^{3x-1}}dx=\int e^{-3x+1}dx=-\frac{\mathbf{1}}{\mathbf{3}}\boldsymbol{e^{-3x+1}+C}$

(4) $\int\frac{1}{\cos^2(2-4x)}dx=-\frac{\mathbf{1}}{\mathbf{4}}\boldsymbol{\tan(2-4x)+C}$

(2) x の係数 -3 に注意。**マイナス「−」を落とさないように！**

⇐ $(2-3x)^{\frac{7}{4}}$
$=(2-3x)\cdot(2-3x)^{\frac{3}{4}}$

PR ②110

次の不定積分を求めよ。

(1) $\int\frac{x-1}{(2x+1)^2}dx$　　(2) $\int\frac{9x}{\sqrt{3x-1}}dx$　　(3) $\int x\sqrt{x-2}\,dx$

(1) $2x+1=t$ とおくと　$x=\frac{t-1}{2}$, $dx=\frac{1}{2}dt$

よって　$\int\frac{x-1}{(2x+1)^2}dx=\int\frac{\frac{t-1}{2}-1}{t^2}\cdot\frac{1}{2}dt$

$=\frac{1}{4}\int\left(\frac{1}{t}-\frac{3}{t^2}\right)dt$

$=\frac{1}{4}\left(\log|t|+\frac{3}{t}\right)+C$

$=\frac{\mathbf{1}}{\mathbf{4}}\boldsymbol{\left(\log|2x+1|+\frac{3}{2x+1}\right)+C}$

⇐ $\frac{dx}{dt}=\frac{1}{2}$ から。

⇐ $\frac{\frac{t-1}{2}-1}{t^2}\cdot\frac{1}{2}=\frac{\frac{t-3}{2}}{2t^2}=\frac{1}{4}\cdot\frac{t-3}{t^2}=\frac{1}{4}\left(\frac{1}{t}-\frac{3}{t^2}\right)$

⇐ t を x の式に戻す。

(2) $\sqrt{3x-1}=t$ とおくと　$3x-1=t^2$

よって　$x=\frac{t^2+1}{3}$, $dx=\frac{2}{3}t\,dt$

ゆえに　$\int\frac{9x}{\sqrt{3x-1}}dx=\int\frac{9\cdot\frac{t^2+1}{3}}{t}\cdot\frac{2}{3}t\,dt=2\int(t^2+1)\,dt$

$=2\left(\frac{t^3}{3}+t\right)+C=\frac{2}{3}t(t^2+3)+C$

$=\frac{\mathbf{2}}{\mathbf{3}}\boldsymbol{(3x+2)\sqrt{3x-1}+C}$

⇐**丸ごと置換**

⇐ $\frac{dx}{dt}=\frac{2}{3}t$ から。

⇐ $t^2+3=(3x-1)+3$
$=3x+2$

別解　$3x-1=t$ とおくと　$x=\frac{t+1}{3}$, $dx=\frac{1}{3}dt$

よって　$\int\frac{9x}{\sqrt{3x-1}}dx=\int\frac{3(t+1)}{\sqrt{t}}\cdot\frac{1}{3}dt=\int(t^{\frac{1}{2}}+t^{-\frac{1}{2}})\,dt$

$=\frac{2}{3}t^{\frac{3}{2}}+2t^{\frac{1}{2}}+C=\frac{2}{3}t^{\frac{1}{2}}(t+3)+C$

$=\frac{\mathbf{2}}{\mathbf{3}}\boldsymbol{(3x+2)\sqrt{3x-1}+C}$

⇐ $\frac{dx}{dt}=\frac{1}{3}$ から。

⇐ $t+3=(3x-1)+3$
$=3x+2$

(3) $\sqrt{x-2}=t$ とおくと　$x-2=t^2$

よって　$x=t^2+2$, $dx=2t\,dt$

⇐**丸ごと置換**

⇐ $\frac{dx}{dt}=2t$ から。

ゆえに　$\int x\sqrt{x-2}\,dx=\int(t^2+2)\cdot t\cdot 2t\,dt=2\int(t^4+2t^2)\,dt$

$=2\left(\frac{t^5}{5}+\frac{2}{3}t^3\right)+C=\frac{2}{15}t^3(3t^2+10)+C$

$=\boldsymbol{\frac{2}{15}(3x+4)(x-2)\sqrt{x-2}+C}$

⇐$3t^2+10=3(x-2)+10$
$=3x+4$,
$t^3=(x-2)\sqrt{x-2}$

別解　$x-2=t$ とおくと　$x=t+2$, $dx=dt$

⇐$\frac{dx}{dt}=1$ から。

よって　$\int x\sqrt{x-2}\,dx=\int(t+2)\sqrt{t}\,dt=\int(t^{\frac{3}{2}}+2t^{\frac{1}{2}})\,dt$

$=\frac{2}{5}t^{\frac{5}{2}}+2\cdot\frac{2}{3}t^{\frac{3}{2}}+C=\frac{2}{15}t^{\frac{3}{2}}(3t+10)+C$

$=\boldsymbol{\frac{2}{15}(3x+4)(x-2)\sqrt{x-2}+C}$

⇐$3t+10=3(x-2)+10$
$=3x+4$
$t^{\frac{3}{2}}=t\sqrt{t}$
$=(x-2)\sqrt{x-2}$

5章
PR

PR ②111

次の不定積分を求めよ。　[(4) 信州大　(6) 東京電機大]

(1) $\int(2x+1)(x^2+x-2)^3dx$　(2) $\int\frac{2x+3}{\sqrt{x^2+3x-4}}dx$　(3) $\int x\cos(1+x^2)\,dx$

(4) $\int e^x(e^x+1)^2dx$　(5) $\int\frac{\tan x}{\cos x}dx$　(6) $\int\frac{1-\tan x}{1+\tan x}dx$

(1) $x^2+x-2=u$ とおくと，$(2x+1)\,dx=du$ であるから

$\int(2x+1)(x^2+x-2)^3dx=\int u^3du=\frac{1}{4}u^4+C$

$=\boldsymbol{\frac{1}{4}(x^2+x-2)^4+C}$

(2) $x^2+3x-4=u$ とおくと，$(2x+3)\,dx=du$ であるから

$\int\frac{2x+3}{\sqrt{x^2+3x-4}}dx=\int\frac{1}{\sqrt{u}}du=\int u^{-\frac{1}{2}}du$

$=2u^{\frac{1}{2}}+C=\boldsymbol{2\sqrt{x^2+3x-4}+C}$

⇐$\int u^{-\frac{1}{2}}du$
$=\frac{1}{-\frac{1}{2}+1}\cdot u^{-\frac{1}{2}+1}+C$

(3) $1+x^2=u$ とおくと，$2x\,dx=du$ であるから

⇐$x\,dx=\frac{1}{2}du$

$\int x\cos(1+x^2)\,dx=\frac{1}{2}\int\cos u\,du=\frac{1}{2}\sin u+C$

$=\boldsymbol{\frac{1}{2}\sin(1+x^2)+C}$

(4) $e^x+1=u$ とおくと，$e^xdx=du$ であるから

$\int e^x(e^x+1)^2dx=\int u^2du=\frac{1}{3}u^3+C$

$=\boldsymbol{\frac{1}{3}(e^x+1)^3+C}$

(5) $\cos x=u$ とおくと，$-\sin x\,dx=du$ であるから

⇐$\sin x\,dx=-du$

$\int\frac{\tan x}{\cos x}dx=\int\frac{\sin x}{\cos^2 x}dx=-\int\frac{1}{u^2}du$

⇐$\tan x=\frac{\sin x}{\cos x}$

$=-\int u^{-2}du=\frac{1}{u}+C$

$=\boldsymbol{\frac{1}{\cos x}+C}$

⇐$\int\frac{1}{u^2}du=\int u^{-2}du$
$=\frac{u^{-2+1}}{-2+1}+C$
$=-u^{-1}+C$

(6) $\dfrac{1-\tan x}{1+\tan x}$ の分母・分子に $\cos x$ を掛けると

$$\frac{\cos x-\cos x\tan x}{\cos x+\cos x\tan x}=\frac{\cos x-\sin x}{\cos x+\sin x}$$

また　　$\cos x-\sin x=(\sin x+\cos x)'$

よって　$\displaystyle\int\frac{1-\tan x}{1+\tan x}dx=\int\frac{(\cos x+\sin x)'}{\cos x+\sin x}dx$

$$=\boldsymbol{\log|\cos x+\sin x|+C}$$

別解　$\cos x+\sin x=u$ とおくと　$(-\sin x+\cos x)dx=du$

よって　$\displaystyle\int\frac{1-\tan x}{1+\tan x}dx=\int\frac{\cos x-\sin x}{\cos x+\sin x}dx$

$$=\int\frac{1}{u}du=\log|u|+C=\boldsymbol{\log|\cos x+\sin x|+C}$$

⇐$\cos x\tan x$
$=\cos x\cdot\dfrac{\sin x}{\cos x}=\sin x$

PR ②112

次の不定積分を求めよ。

(1) $\displaystyle\int x\sin 2x\,dx$　(2) $\displaystyle\int\frac{x}{\cos^2 x}dx$　(3) $\displaystyle\int\frac{1}{2\sqrt{x}}\log x\,dx$　(4) $\displaystyle\int(2x+1)e^{-x}dx$

(1) $\displaystyle\int x\sin 2x\,dx=\int x\left(-\frac{1}{2}\cos 2x\right)'dx$

$$=x\left(-\frac{1}{2}\cos 2x\right)-\int 1\cdot\left(-\frac{1}{2}\cos 2x\right)dx$$

$$=-\frac{1}{2}x\cos 2x+\frac{1}{2}\int\cos 2x\,dx$$

$$=\boldsymbol{-\frac{1}{2}x\cos 2x+\frac{1}{4}\sin 2x+C}$$

(1) 微分して簡単になるのは x
$f=x$, $g'=\sin 2x$ とする。

(2) $\displaystyle\int\frac{x}{\cos^2 x}dx=\int x(\tan x)'dx=x\tan x-\int 1\cdot\tan x\,dx$

$$=x\tan x+\int\frac{(\cos x)'}{\cos x}dx$$

$$=\boldsymbol{x\tan x+\log|\cos x|+C}$$

(2) 微分して簡単になるのは x
$f=x$, $g'=\dfrac{1}{\cos^2 x}$ とする。

(3) $\displaystyle\int\frac{1}{2\sqrt{x}}\log x\,dx=\int(\log x)(\sqrt{x})'dx$

$$=(\log x)\sqrt{x}-\int\frac{1}{x}\cdot\sqrt{x}\,dx$$

$$=\sqrt{x}\log x-\int\frac{1}{\sqrt{x}}dx$$

$$=\sqrt{x}\log x-2\sqrt{x}+C$$

$$=\boldsymbol{\sqrt{x}(\log x-2)+C}$$

(3) 微分して簡単になるのは $\log x$, 積分しやすいのは $\dfrac{1}{2\sqrt{x}}$
$f=\log x$, $g'=\dfrac{1}{2\sqrt{x}}$ とする。

(4) $\displaystyle\int(2x+1)e^{-x}dx=\int(2x+1)(-e^{-x})'dx$

$$=(2x+1)(-e^{-x})-\int 2(-e^{-x})dx$$

$$=-(2x+1)e^{-x}+2\int e^{-x}dx$$

$$=-(2x+1)e^{-x}-2e^{-x}+C$$

$$=\boldsymbol{-(2x+3)e^{-x}+C}$$

(4) 微分して簡単になるのは $2x+1$
$f=2x+1$, $g'=e^{-x}$ とする。

PR ③113

次の不定積分を求めよ。

(1) $\int x^2\sin x\,dx$　　(2) $\int x^2e^{2x}dx$　　(3) $\int(\log x)^2dx$

(1) $\int x^2\sin x\,dx=\int x^2(-\cos x)'\,dx$

$=x^2(-\cos x)-\int 2x(-\cos x)\,dx$

$=-x^2\cos x+2\int x\cos x\,dx$

$=-x^2\cos x+2\int x(\sin x)'\,dx$

$=-x^2\cos x+2\left(x\sin x-\int 1\cdot\sin x\,dx\right)$

$=-x^2\cos x+2(x\sin x+\cos x)+C$

$=\boldsymbol{-x^2\cos x+2x\sin x+2\cos x+C}$

(1) まず，微分して簡単になるのは x^2
更に $\int x\cos x\,dx$ について，微分して簡単になるのは x

⇐**部分積分法**

(2) $\int x^2e^{2x}dx=\int x^2\left(\frac{1}{2}e^{2x}\right)'dx$

$=x^2\cdot\frac{1}{2}e^{2x}-\int 2x\cdot\frac{1}{2}e^{2x}dx$

$=\frac{1}{2}x^2e^{2x}-\int xe^{2x}dx$

$=\frac{1}{2}x^2e^{2x}-\int x\left(\frac{1}{2}e^{2x}\right)'dx$

$=\frac{1}{2}x^2e^{2x}-\left(x\cdot\frac{1}{2}e^{2x}-\int 1\cdot\frac{1}{2}e^{2x}dx\right)$

$=\frac{1}{2}x^2e^{2x}-\frac{1}{2}xe^{2x}+\frac{1}{4}e^{2x}+C$

$=\boldsymbol{\frac{1}{4}(2x^2-2x+1)e^{2x}+C}$

(2) 微分して簡単になるのは x^2
更に $\int xe^{2x}dx$ について，微分して簡単になるのは x

⇐**部分積分法**

(3) $\int(\log x)^2dx=\int(\log x)^2\cdot(x)'\,dx$

$=(\log x)^2\cdot x-\int 2\log x\cdot\frac{1}{x}\cdot x\,dx$

$=x(\log x)^2-2\int\log x\,dx$　……①

ここで　$\int\log x\,dx=\int\log x\cdot(x)'\,dx$

$=(\log x)x-\int\frac{1}{x}\cdot x\,dx$

$=x\log x-x+C_1$　……②

② を ① に代入すると

$\int(\log x)^2dx=x(\log x)^2-2(x\log x-x+C_1)$

$=\boldsymbol{x(\log x)^2-2x\log x+2x+C}$

(3) まず，$(\log x)^2\cdot 1$ で積分しやすいのは 1
更に $\int\log x\,dx$ について，$\log x=\log x\cdot 1$ で積分しやすいのは 1

⇐$\int\log x\,dx=x\log x-x+C$ は公式として用いてもよい。

⇐C_1 は積分定数。積分定数は最後にまとめて C とするため，ここでは C_1 としている。

⇐$-2C_1=C$ とおく。

PR ②114

次の不定積分を求めよ。

(1) $\displaystyle\int\frac{x^2+x}{x-1}dx$　　(2) $\displaystyle\int\frac{x}{x^2+x-6}dx$

(1) $\displaystyle\int\frac{x^2+x}{x-1}dx=\int\frac{(x-1)(x+2)+2}{x-1}dx$

$\displaystyle=\int\left(x+2+\frac{2}{x-1}\right)dx$

$\displaystyle=\boldsymbol{\frac{1}{2}x^2+2x+2\log|x-1|+C}$

⇐**分子の次数を下げる**
x^2+x を $x-1$ で割った商は $x+2$，余りは 2

(2) 分母を因数分解し

$$\frac{x}{(x+3)(x-2)}=\frac{a}{x+3}+\frac{b}{x-2}$$

⇐**部分分数に分解する**

とおいて，両辺に $(x+3)(x-2)$ を掛けると

$x=a(x-2)+b(x+3)$

⇐$x=2,\ -3$ を代入して，a，b の値を求めてもよい。(数値代入法)

整理して　$(a+b-1)x-2a+3b=0$

これが x についての恒等式である条件は

$a+b-1=0,\ -2a+3b=0$

⇐(第 1 式)×2 +(第 2 式) から　$5b-2=0$

これを解いて　$a=\dfrac{3}{5},\ b=\dfrac{2}{5}$

よって　$\displaystyle\int\frac{x}{x^2+x-6}dx=\frac{1}{5}\int\left(\frac{3}{x+3}+\frac{2}{x-2}\right)dx$

$\displaystyle=\frac{1}{5}(3\log|x+3|+2\log|x-2|)+C$

$\displaystyle=\boldsymbol{\frac{1}{5}\log|x+3|^3(x-2)^2+C}$

⇐$|x-2|^2=(x-2)^2$

PR ③115

次の不定積分を求めよ。

(1) $\displaystyle\int\frac{x}{\sqrt{x+2}-\sqrt{2}}dx$　　(2) $\displaystyle\int\frac{x+1}{x\sqrt{2x+1}}dx$　　(3) $\displaystyle\int\frac{2x}{\sqrt{x^2+1}-x}dx$

(1) $\displaystyle\int\frac{x}{\sqrt{x+2}-\sqrt{2}}dx=\int\frac{x(\sqrt{x+2}+\sqrt{2})}{(x+2)-2}dx$

⇐**分母を有理化**

$\displaystyle=\int(\sqrt{x+2}+\sqrt{2})dx$

$\displaystyle=\boldsymbol{\frac{2}{3}(x+2)\sqrt{x+2}+\sqrt{2}x+C}$

⇐$\displaystyle\int(x+2)^{\frac{1}{2}}dx=\frac{2}{3}(x+2)^{\frac{3}{2}}+C$

(2) $\sqrt{2x+1}=t$ とおくと　$x=\dfrac{t^2-1}{2},\ dx=t\,dt$

⇐**無理式は丸ごと置換**

よって　$\displaystyle\int\frac{x+1}{x\sqrt{2x+1}}dx=\int\frac{\frac{t^2-1}{2}+1}{\frac{t^2-1}{2}\cdot t}\cdot t\,dt$

$\displaystyle=\int\frac{t^2-1+2}{t^2-1}dt=\int\frac{t^2+1}{t^2-1}dt$

$\displaystyle=\int\left(1+\frac{2}{t^2-1}\right)dt$

inf.
$2x+1=t$ とおくと

$\displaystyle\int\frac{x+1}{x\sqrt{2x+1}}dx$

$\displaystyle=\int\frac{\frac{t-1}{2}+1}{\frac{t-1}{2}\cdot\sqrt{t}}\cdot\frac{1}{2}dt$

$\displaystyle=\frac{1}{2}\int\frac{t+1}{(t-1)\sqrt{t}}dt$

となり，計算が煩雑。

$$=\int\left(1+\frac{1}{t-1}-\frac{1}{t+1}\right)dt$$
$$=t+\log|t-1|-\log|t+1|+C$$
$$=t+\log\left|\frac{t-1}{t+1}\right|+C$$
$$=\boldsymbol{\sqrt{2x+1}+\log\frac{|\sqrt{2x+1}-1|}{\sqrt{2x+1}+1}+C}$$

⇐$\sqrt{2x+1}+1>0$ であるから，分母の絶対値は不要。

(3) $I=\int\frac{2x}{\sqrt{x^2+1}-x}dx$ とする。

$$I=\int\frac{2x(\sqrt{x^2+1}+x)}{(x^2+1)-x^2}dx$$

⇐分母を有理化

$$=\int 2x\sqrt{x^2+1}\,dx+2\int x^2dx$$

ここで，$x^2+1=t$ とおくと　$2x\,dx=dt$

よって　$I=\int\sqrt{t}\,dt+2\int x^2dx$

$$=\frac{2}{3}t\sqrt{t}+\frac{2}{3}x^3+C$$

⇐$\int t^{\frac{1}{2}}dt=\frac{2}{3}t^{\frac{3}{2}}+C$

$$=\boldsymbol{\frac{2}{3}(x^2+1)\sqrt{x^2+1}+\frac{2}{3}x^3+C}$$

5章 PR

PR ②116

次の不定積分を求めよ。

(1) $\int\frac{\sin^2x}{1+\cos x}dx$　(2) $\int\cos 4x\cos 2x\,dx$　(3) $\int\sin 3x\sin 2x\,dx$

(4) $\int\cos^4x\,dx$　(5) $\int\sin^3x\cos^3x\,dx$　(6) $\int\left(\tan x+\frac{1}{\tan x}\right)^2dx$

(1) $\int\frac{\sin^2x}{1+\cos x}dx=\int\frac{1-\cos^2x}{1+\cos x}dx=\int(1-\cos x)\,dx$

$$=\boldsymbol{x-\sin x+C}$$

⇐$1-\cos^2x=(1+\cos x)(1-\cos x)$

(2) $\int\cos 4x\cos 2x\,dx=\frac{1}{2}\int(\cos 6x+\cos 2x)\,dx$

$$=\frac{1}{2}\left(\frac{1}{6}\sin 6x+\frac{1}{2}\sin 2x\right)+C$$
$$=\boldsymbol{\frac{1}{12}\sin 6x+\frac{1}{4}\sin 2x+C}$$

⇐**積 ⟶ 和の公式**
$\boldsymbol{\cos\alpha\cos\beta=\frac{1}{2}\{\cos(\alpha+\beta)+\cos(\alpha-\beta)\}}$

(3) $\int\sin 3x\sin 2x\,dx=-\frac{1}{2}\int(\cos 5x-\cos x)\,dx$

$$=-\frac{1}{2}\left(\frac{1}{5}\sin 5x-\sin x\right)+C$$
$$=\boldsymbol{-\frac{1}{10}\sin 5x+\frac{1}{2}\sin x+C}$$

⇐**積 ⟶ 和の公式**
$\boldsymbol{\sin\alpha\sin\beta=-\frac{1}{2}\{\cos(\alpha+\beta)-\cos(\alpha-\beta)\}}$

別解　$\int\sin 3x\sin 2x\,dx=\int(3\sin x-4\sin^3x)\cdot 2\sin x\cos x\,dx$

ここで，$\sin x=t$ とおくと　$\cos x\,dx=dt$

よって　$\int\sin 3x\sin 2x\,dx=2\int t(3t-4t^3)\,dt$

⇐**3 倍角の公式**
$\sin 3x=3\sin x-4\sin^3x$
$\int(\sin$ の式$)\cos x\,dx$ の形にする。

$$=2\int(3t^2-4t^4)\,dt$$
$$=2\left(t^3-\frac{4}{5}t^5\right)+C$$
$$=\mathbf{2\sin^3 x-\frac{8}{5}\sin^5 x+C}$$

(4) $\cos^4 x=(\cos^2 x)^2=\left\{\frac{1}{2}(1+\cos 2x)\right\}^2$

$$=\frac{1}{4}(1+2\cos 2x+\cos^2 2x)$$
$$=\frac{1}{4}\left\{1+2\cos 2x+\frac{1}{2}(1+\cos 4x)\right\}$$
$$=\frac{3}{8}+\frac{1}{2}\cos 2x+\frac{1}{8}\cos 4x$$

よって　$\int\cos^4 x\,dx=\int\left(\frac{3}{8}+\frac{1}{2}\cos 2x+\frac{1}{8}\cos 4x\right)dx$

$$=\mathbf{\frac{3}{8}x+\frac{1}{4}\sin 2x+\frac{1}{32}\sin 4x+C}$$

inf.　$\cos^n x$ の不定積分については，PRACTICE 122 (1) も参照。ただし，答えの表し方は1通りではないので，左で求めた形と違う形で求められる場合もある。

(5) $\sin^3 x\cos^3 x=\frac{1}{8}(2\sin x\cos x)^3=\frac{1}{8}\sin^3 2x$

$$=\frac{1}{8}\cdot\frac{1}{4}(3\sin 2x-\sin 6x)$$
$$=\frac{1}{32}(3\sin 2x-\sin 6x)$$

⇐ $2\sin x\cos x=\sin 2x$

⇐ **3倍角の公式**
$\sin 3x=3\sin x-4\sin^3 x$
から　$\sin^3 x$
$=\frac{1}{4}(3\sin x-\sin 3x)$

よって

$$\int\sin^3 x\cos^3 x\,dx=\frac{1}{32}\int(3\sin 2x-\sin 6x)\,dx$$
$$=\frac{1}{32}\left(-\frac{3}{2}\cos 2x+\frac{1}{6}\cos 6x\right)+C$$
$$=\mathbf{\frac{1}{192}\cos 6x-\frac{3}{64}\cos 2x+C}$$

別解　$\int\sin^3 x\cos^3 x\,dx=\int\sin^3 x(1-\sin^2 x)\cos x\,dx$

ここで，$\sin x=t$ とおくと　$\cos x\,dx=dt$

よって　$\int\sin^3 x\cos^3 x\,dx=\int t^3(1-t^2)\,dt=\int(t^3-t^5)\,dt$

$$=\frac{1}{4}t^4-\frac{1}{6}t^6+C=\mathbf{\frac{1}{4}\sin^4 x-\frac{1}{6}\sin^6 x+C}$$

⇐ $\cos^3 x=\cos^2 x\cos x$
$=(1-\sin^2 x)\cos x$
$\int(\sin\text{ の式})\cos x\,dx$
の形にする。

(6) $\left(\tan x+\frac{1}{\tan x}\right)^2=\tan^2 x+2+\frac{1}{\tan^2 x}$

$$=(1+\tan^2 x)+\left(1+\frac{1}{\tan^2 x}\right)$$
$$=\frac{1}{\cos^2 x}+\frac{1}{\sin^2 x}$$

よって　$\int\left(\tan x+\frac{1}{\tan x}\right)^2 dx=\int\left(\frac{1}{\cos^2 x}+\frac{1}{\sin^2 x}\right)dx$

$$=\mathbf{\tan x-\frac{1}{\tan x}+C}$$

⇐ $\int\frac{dx}{\cos^2 x}=\tan x+C$
$\int\frac{dx}{\sin^2 x}=-\frac{1}{\tan x}+C$

PR ②117

次の不定積分を求めよ。　［(2) 関西学院大］

(1) $\int \sin x\cos^5 x\,dx$　(2) $\int \frac{\sin x\cos x}{2+\cos x}dx$　(3) $\int \cos^3 2x\,dx$

(4) $\int (\cos x+\sin^2 x)\sin x\,dx$　(5) $\int \frac{\tan^2 x}{\cos^2 x}dx$

(1) $\cos x=t$ とおくと，$-\sin x\,dx=dt$ であるから

$$\int \sin x\cos^5 x\,dx=-\int t^5 dt=-\frac{t^6}{6}+C$$
$$=\boldsymbol{-\frac{1}{6}\cos^6 x+C}$$

(2) $\cos x=t$ とおくと，$-\sin x\,dx=dt$ であるから

$$\int \frac{\sin x\cos x}{2+\cos x}dx=\int \frac{-t}{2+t}dt$$
$$=\int\left(\frac{2}{2+t}-1\right)dt$$
$$=2\log|2+t|-t+C$$
$$=\boldsymbol{2\log(2+\cos x)-\cos x+C}$$

(3) $\cos^3 2x=(1-\sin^2 2x)\cos 2x$

$\sin 2x=t$ とおくと，$2\cos 2x\,dx=dt$ であるから

$$\int \cos^3 2x\,dx=\int (1-\sin^2 2x)\cos 2x\,dx$$
$$=\int (1-t^2)\cdot\frac{1}{2}dt=\frac{t}{2}-\frac{t^3}{6}+C$$
$$=\boldsymbol{\frac{1}{2}\sin 2x-\frac{1}{6}\sin^3 2x+C}$$

別解　$\cos^3 2x=\frac{1}{4}(3\cos 2x+\cos 6x)$ であるから

$$\int \cos^3 2x\,dx=\frac{1}{4}\int (3\cos 2x+\cos 6x)\,dx$$
$$=\frac{1}{4}\left(\frac{3}{2}\sin 2x+\frac{1}{6}\sin 6x\right)+C$$
$$=\boldsymbol{\frac{3}{8}\sin 2x+\frac{1}{24}\sin 6x+C}$$

(4) $\cos x=t$ とおくと，$-\sin x\,dx=dt$ であるから

$$\int (\cos x+\sin^2 x)\sin x\,dx$$
$$=\int (\cos x+1-\cos^2 x)\sin x\,dx$$
$$=-\int (t+1-t^2)\,dt=\int (t^2-t-1)\,dt$$
$$=\frac{t^3}{3}-\frac{t^2}{2}-t+C$$
$$=\boldsymbol{\frac{1}{3}\cos^3 x-\frac{1}{2}\cos^2 x-\cos x+C}$$

(5) $\tan x=t$ とおくと，$\frac{dx}{\cos^2 x}=dt$ であるから

inf.　$2+\cos x=t$ と丸ごと置換すると

$$(与式)=\int \frac{-(t-2)}{t}dt$$
$$=\int\left(\frac{2}{t}-1\right)dt$$

⇐ $2+\cos x>0$

inf.　(3)の 別解 は一見すると結果が異なるように見えるが，3倍角の公式　$\sin 3\theta=3\sin\theta-4\sin^3\theta$ により

$$\frac{3}{8}\sin 2x+\frac{1}{24}\sin 6x+C$$
$$=\frac{3}{8}\sin 2x+\frac{1}{24}(3\sin 2x-4\sin^3 2x)+C$$
$$=\frac{1}{2}\sin 2x-\frac{1}{6}\sin^3 2x+C$$

となり，一致していることがわかる。

別解　(与式)

$$=\cos x\sin x+\sin^3 x$$
$$=\frac{1}{2}\sin 2x+\frac{1}{4}(3\sin x-\sin 3x)$$

から，不定積分は

$$\boldsymbol{-\frac{1}{4}\cos 2x-\frac{3}{4}\cos x+\frac{1}{12}\cos 3x+C}$$

$$\int\frac{\tan^2 x}{\cos^2 x}dx=\int t^2 dt=\frac{t^3}{3}+C=\boldsymbol{\frac{1}{3}\tan^3 x+C}$$

PR ③118 次の不定積分を求めよ。 [(1) 信州大 (3) 愛知工大]

(1) $\displaystyle\int\frac{1}{x(\log x)^2}dx$ (2) $\displaystyle\int\frac{\sqrt{\log x}}{x}dx$ (3) $\displaystyle\int\frac{1}{e^x+2}dx$ (4) $\displaystyle\int\frac{e^{3x}}{\sqrt{e^x+1}}dx$

(1) $\log x=t$ とおくと，$\dfrac{1}{x}dx=dt$ であるから

$$\int\frac{1}{x(\log x)^2}dx=\int\frac{1}{t^2}dt=-\frac{1}{t}+C=\boldsymbol{-\frac{1}{\log x}+C}$$

⇐$\int t^{-2}dt=-t^{-1}+C$

(2) $\log x=t$ とおくと，$\dfrac{1}{x}dx=dt$ であるから

$$\int\frac{\sqrt{\log x}}{x}dx=\int\sqrt{t}\,dt=\frac{2}{3}t\sqrt{t}+C$$
$$=\boldsymbol{\frac{2}{3}\log x\sqrt{\log x}+C}$$

⇐$\int t^{\frac{1}{2}}dt=\frac{2}{3}t^{\frac{3}{2}}+C$

(3) $e^x=t$ とおくと，$x=\log t$，$dx=\dfrac{1}{t}dt$ であるから

$$\int\frac{1}{e^x+2}dx=\int\frac{1}{t+2}\cdot\frac{1}{t}dt=\int\frac{1}{2}\left(\frac{1}{t}-\frac{1}{t+2}\right)dt$$
$$=\frac{1}{2}(\log|t|-\log|t+2|)+C$$
$$=\boldsymbol{\frac{1}{2}x-\frac{1}{2}\log(e^x+2)+C}$$

⇐部分分数に分解する。

⇐$e^x+2>0$

別解 $e^x+2=t$ とおくと，$x=\log(t-2)$，$dx=\dfrac{1}{t-2}dt$ であるから

$$\int\frac{1}{e^x+2}dx=\int\frac{1}{t}\cdot\frac{1}{t-2}dt=\int\frac{1}{2}\left(\frac{1}{t-2}-\frac{1}{t}\right)dt$$
$$=\frac{1}{2}(\log|t-2|-\log|t|)+C$$
$$=\boldsymbol{\frac{1}{2}x-\frac{1}{2}\log(e^x+2)+C}$$

⇐**丸ごと置換**。何を t とおくかで，計算の手数が変わる場合が多い。(3) はどちらでもよい。

⇐$e^x+2>0$

(4) $\sqrt{e^x+1}=t$ とおくと，$e^x+1=t^2$ であるから

$e^x=t^2-1$，$e^x dx=2t\,dt$

⇐**丸ごと置換**

よって $\displaystyle\int\frac{e^{3x}}{\sqrt{e^x+1}}dx=\int\frac{(t^2-1)^2}{t}\cdot 2t\,dt$

$$=2\int(t^4-2t^2+1)\,dt$$
$$=2\left(\frac{1}{5}t^5-\frac{2}{3}t^3+t\right)+C$$
$$=\frac{2}{15}t(3t^4-10t^2+15)+C$$
$$=\boldsymbol{\frac{2}{15}(3e^{2x}-4e^x+8)\sqrt{e^x+1}+C}$$

⇐$\displaystyle\int\frac{e^{2x}}{\sqrt{e^x+1}}\cdot e^x dx$

⇐$3(e^x+1)^2-10(e^x+1)+15$

PR ②119

(1) $x>0$ で定義された関数 $f(x)$ は $f'(x)=ax-\dfrac{1}{x}$（a は定数），$f(1)=a$，$f(e)=0$ を満たすとする。$f(x)$ を求めよ。〔名城大〕

(2) 曲線 $y=f(x)$ 上の点 $(x,\ y)$ における接線の傾きが 2^x であり，かつ，この曲線が原点を通るとき，$f(x)$ を求めよ。ただし，$f(x)$ は微分可能とする。

(1) 条件から　$f(x)=\displaystyle\int\left(ax-\frac{1}{x}\right)dx=\frac{a}{2}x^2-\log x+C$

⇦$x>0$ から $|x|=x$

よって　$f(1)=\dfrac{a}{2}+C=a$　…… ①

$f(e)=\dfrac{a}{2}e^2-1+C=0$　…… ②

① から　$C=\dfrac{a}{2}$　これを ② に代入して

$\dfrac{a}{2}(e^2+1)-1=0$　すなわち　$a=\dfrac{2}{e^2+1}$

ゆえに　$C=\dfrac{1}{e^2+1}$

よって　$\boldsymbol{f(x)}=\dfrac{x^2}{e^2+1}-\log x+\dfrac{1}{e^2+1}$

$=\boldsymbol{\dfrac{x^2+1}{e^2+1}-\log x}$

(2) $f'(x)=2^x$ から

$f(x)=\displaystyle\int 2^x dx=\frac{2^x}{\log 2}+C$

⇦$a>0$，$a\neq 1$ のとき
$\displaystyle\int a^x dx=\frac{a^x}{\log a}+C$

曲線が原点 $(0,\ 0)$ を通るから　$0=\dfrac{2^0}{\log 2}+C$

⇦曲線 $y=f(x)$ が点 $(a,\ b)$ を通る $\Longleftrightarrow b=f(a)$

ゆえに　$C=-\dfrac{1}{\log 2}$

よって　$\boldsymbol{f(x)=\dfrac{1}{\log 2}(2^x-1)}$

PR ③120

次の不定積分を求めよ。

(1) $\displaystyle\int\sin^5 x\,dx$　(2) $\displaystyle\int\tan^3 x\,dx$　(3) $\displaystyle\int\cos^6 x\,dx$

(1) $\cos x=t$ とおくと，$-\sin x\,dx=dt$ であるから

$\displaystyle\int\sin^5 x\,dx=\int(1-\cos^2 x)^2\sin x\,dx=\int(1-t^2)^2(-1)\,dt$

$\displaystyle=-\int(t^4-2t^2+1)\,dt=-\frac{t^5}{5}+\frac{2}{3}t^3-t+C$

$=\boldsymbol{-\dfrac{1}{5}\cos^5 x+\dfrac{2}{3}\cos^3 x-\cos x+C}$

(2) $\tan^3 x=\dfrac{\sin^3 x}{\cos^3 x}=\dfrac{1-\cos^2 x}{\cos^3 x}\cdot\sin x$

⇦$\sin^3 x$
$=\sin^2 x\cdot\sin x$
$=(1-\cos^2 x)\sin x$

$\cos x=t$ とおくと，$-\sin x\,dx=dt$ であるから

$\displaystyle\int\tan^3 x\,dx=\int\frac{1-t^2}{t^3}(-1)\,dt=\int\left(\frac{1}{t}-\frac{1}{t^3}\right)dt$

5章 PR

$$=\log|t|+\frac{1}{2t^2}+C=\boldsymbol{\log|\cos x|+\frac{1}{2\cos^2 x}+C}$$

$$\left(\begin{aligned}&=\log|\cos x|+\frac{1}{2}(1+\tan^2 x)+C\\&=\log|\cos x|+\frac{1}{2}\tan^2 x+C_1\quad\text{でもよい。}\end{aligned}\right)$$

⇐ $\frac{1}{2}+C=C_1$ とおく。

別解 $$\int\tan^3 x\,dx=\int\tan x\left(\frac{1}{\cos^2 x}-1\right)dx$$

$$=\int\tan x(\tan x)'\,dx+\int\frac{(\cos x)'}{\cos x}dx$$

$$=\boldsymbol{\frac{1}{2}\tan^2 x+\log|\cos x|+C}$$

(3) $$\cos^6 x=(\cos^3 x)^2=\left\{\frac{1}{4}(3\cos x+\cos 3x)\right\}^2$$

$$=\frac{1}{16}(9\cos^2 x+6\cos x\cos 3x+\cos^2 3x)$$

$$=\frac{9}{32}(1+\cos 2x)+\frac{3}{16}(\cos 4x+\cos 2x)$$

$$+\frac{1}{32}(1+\cos 6x)\quad\text{であるから}$$

$$\int\cos^6 x\,dx=\frac{1}{32}\int(10+15\cos 2x+6\cos 4x+\cos 6x)\,dx$$

$$=\boldsymbol{\frac{5}{16}x+\frac{15}{64}\sin 2x+\frac{3}{64}\sin 4x+\frac{1}{192}\sin 6x+C}$$

(3) $\cos 3x$
$=-3\cos x+4\cos^3 x$,
$\cos 2x=2\cos^2 x-1$,
$\cos\alpha\cos\beta$
$=\frac{1}{2}\{\cos(\alpha+\beta)$
$+\cos(\alpha-\beta)\}$
を利用。

PR ③121

$I=\int(e^x+e^{-x})\sin x\,dx$, $J=\int(e^x-e^{-x})\cos x\,dx$ であるとき，等式 $I=(e^x-e^{-x})\sin x-J$, $J=(e^x+e^{-x})\cos x+I$ が成り立つことを証明し，I, J を求めよ。

$$I=\int(e^x-e^{-x})'\sin x\,dx$$

⇐**部分積分法**

$$=(e^x-e^{-x})\sin x-\int(e^x-e^{-x})\cos x\,dx$$

$$=(e^x-e^{-x})\sin x-J\quad\cdots\cdots ①$$

$$J=\int(e^x+e^{-x})'\cos x\,dx$$

⇐**部分積分法**

$$=(e^x+e^{-x})\cos x+\int(e^x+e^{-x})\sin x\,dx$$

$$=(e^x+e^{-x})\cos x+I\quad\cdots\cdots ②$$

が成り立つ。

② を ① に代入して

$$I=(e^x-e^{-x})\sin x-(e^x+e^{-x})\cos x-I$$

⇐①，② を I, J の連立方程式と考える。

よって，積分定数も考えて

$$\boldsymbol{I=\frac{1}{2}\{e^x(\sin x-\cos x)-e^{-x}(\sin x+\cos x)\}+C_1}$$

また，① を ② に代入して

$$J=(e^x+e^{-x})\cos x+(e^x-e^{-x})\sin x-J$$

ゆえに，積分定数も考えて

$$\boldsymbol{J=\frac{1}{2}\{e^x(\sin x+\cos x)-e^{-x}(\sin x-\cos x)\}+C_2}$$

PR ④122

n は 2 以上の整数とする。次の等式が成り立つことを証明せよ。ただし，$\cos^0 x=1$，$\tan^0 x=1$ とする。

(1) $\displaystyle\int\cos^n x\,dx=\frac{1}{n}\left\{\sin x\cos^{n-1}x+(n-1)\int\cos^{n-2}x\,dx\right\}$

(2) $\displaystyle\int\tan^n x\,dx=\frac{1}{n-1}\tan^{n-1}x-\int\tan^{n-2}x\,dx$

(1) $\displaystyle\int\cos^n x\,dx=\int\cos^{n-1}x\cos x\,dx$

$$=\int\cos^{n-1}x(\sin x)'\,dx$$

⇐部分積分法

$$=\sin x\cos^{n-1}x+(n-1)\int\sin^2 x\cos^{n-2}x\,dx$$

$$=\sin x\cos^{n-1}x+(n-1)\int(1-\cos^2 x)\cos^{n-2}x\,dx$$

⇐$\sin^2 x=1-\cos^2 x$

$$=\sin x\cos^{n-1}x+(n-1)\left(\int\cos^{n-2}x\,dx-\int\cos^n x\,dx\right)$$

⇐同形出現

よって

$$\int\cos^n x\,dx=\frac{1}{n}\left\{\sin x\cos^{n-1}x+(n-1)\int\cos^{n-2}x\,dx\right\}$$

(2) $\displaystyle\int\tan^n x\,dx=\int\tan^{n-2}x\left(\frac{1}{\cos^2 x}-1\right)dx$

$$=\int\tan^{n-2}x\cdot\frac{1}{\cos^2 x}\,dx-\int\tan^{n-2}x\,dx$$

$\tan x=t$ とおくと　$\displaystyle\frac{1}{\cos^2 x}dx=dt$

よって

$$\int\tan^n x\,dx=\int t^{n-2}dt-\int\tan^{n-2}x\,dx$$

$$=\frac{t^{n-1}}{n-1}-\int\tan^{n-2}x\,dx$$

$$=\frac{1}{n-1}\tan^{n-1}x-\int\tan^{n-2}x\,dx$$

⇐ t を $\tan x$ に戻す。

PR ④123

(1) 不定積分 $\displaystyle\int\frac{1}{\sqrt{x^2+2x+2}}dx$ を $\sqrt{x^2+a}+x=t$（a は定数）の置換により求めよ。

(2) (1)の結果を利用して，不定積分 $\displaystyle\int\sqrt{x^2+2x+2}\,dx$ を求めよ。

HINT　まず，$\sqrt{x^2+2x+2}$ を $\sqrt{x^2+a}$ の形に変形する。

(1) $\displaystyle\int\frac{1}{\sqrt{x^2+2x+2}}dx=\int\frac{1}{\sqrt{(x+1)^2+1}}dx$

$x+1=u$ とおくと　$dx=du$

よって　$\displaystyle\int\frac{1}{\sqrt{x^2+2x+2}}dx=\int\frac{1}{\sqrt{u^2+1}}du$

$\sqrt{u^2+1}+u=t$ とおくと　$\displaystyle\left(\frac{u}{\sqrt{u^2+1}}+1\right)du=dt$

ゆえに，$\displaystyle\frac{u+\sqrt{u^2+1}}{\sqrt{u^2+1}}du=dt$ から　$\displaystyle\frac{1}{\sqrt{u^2+1}}du=\frac{1}{t}dt$

よって　$\displaystyle\int\frac{1}{\sqrt{u^2+1}}du=\int\frac{1}{t}dt=\log|t|+C$

ここで，$\sqrt{u^2+1}>|u|$ であるから

$t=\sqrt{u^2+1}+u>0$

ゆえに　$\displaystyle\int\frac{1}{\sqrt{u^2+1}}du=\log(\sqrt{u^2+1}+u)+C$

すなわち　$\displaystyle\int\frac{1}{\sqrt{x^2+2x+2}}dx=\boldsymbol{\log(\sqrt{x^2+2x+2}+x+1)+C}$

⇐$\displaystyle(\sqrt{u^2+1})'=\frac{(u^2+1)'}{2\sqrt{u^2+1}}$

⇐$u+\sqrt{u^2+1}=t$ から $\displaystyle\frac{t}{\sqrt{u^2+1}}du=dt$

よって $\displaystyle\frac{1}{\sqrt{u^2+1}}du=\frac{1}{t}dt$

(2)　$\displaystyle\int\sqrt{x^2+2x+2}\,dx=\int\sqrt{(x+1)^2+1}\,dx$

$x+1=u$ とおくと　$dx=du$

よって　$\displaystyle\int\sqrt{x^2+2x+2}\,dx=\int\sqrt{u^2+1}\,du$

$\displaystyle\int\sqrt{u^2+1}\,du=\int(u)'\sqrt{u^2+1}\,du$

$\displaystyle=u\sqrt{u^2+1}-\int\frac{u^2}{\sqrt{u^2+1}}du$

$\displaystyle=u\sqrt{u^2+1}-\int\frac{(u^2+1)-1}{\sqrt{u^2+1}}du$

$\displaystyle=u\sqrt{u^2+1}-\int\sqrt{u^2+1}\,du+\int\frac{1}{\sqrt{u^2+1}}du$

⇐**部分積分法**

⇐**同形出現**

ゆえに，$\displaystyle 2\int\sqrt{u^2+1}\,du=u\sqrt{u^2+1}+\int\frac{1}{\sqrt{u^2+1}}du$ から

$\displaystyle\int\sqrt{u^2+1}\,du=\frac{1}{2}\left(u\sqrt{u^2+1}+\int\frac{1}{\sqrt{u^2+1}}du\right)$

したがって，(1)の結果を利用して

$\displaystyle\int\sqrt{x^2+2x+2}\,dx$

$\displaystyle=\boldsymbol{\frac{1}{2}\{(x+1)\sqrt{x^2+2x+2}+\log(\sqrt{x^2+2x+2}+x+1)\}+C}$

⇐$\displaystyle\int\frac{1}{\sqrt{u^2+1}}du$ に(1)の結果を利用。

PR ④124　$\displaystyle\tan\frac{x}{2}=t$ とおくことにより，不定積分$\displaystyle\int\frac{5}{3\sin x+4\cos x}dx$ を求めよ。　〔類 埼玉大〕

$\displaystyle\tan\frac{x}{2}=t$ とおくと

$\displaystyle\sin x=2\sin\frac{x}{2}\cos\frac{x}{2}=2\tan\frac{x}{2}\cos^2\frac{x}{2}$

$$=2\tan\frac{x}{2}\cdot\frac{1}{1+\tan^2\frac{x}{2}}=\frac{2t}{1+t^2},$$

$$\cos x=2\cos^2\frac{x}{2}-1=2\cdot\frac{1}{1+t^2}-1=\frac{1-t^2}{1+t^2}$$

また，$\dfrac{1}{\cos^2\frac{x}{2}}\cdot\dfrac{1}{2}dx=dt$ から　$dx=\dfrac{2}{1+\tan^2\frac{x}{2}}dt$

⇐ $\dfrac{dt}{dx}=\dfrac{1}{\cos^2\frac{x}{2}}\cdot\dfrac{1}{2}$ から。

すなわち　$dx=\dfrac{2}{1+t^2}dt$

$$3\sin x+4\cos x=3\cdot\frac{2t}{1+t^2}+4\cdot\frac{1-t^2}{1+t^2}=-2\cdot\frac{2t^2-3t-2}{1+t^2}$$

であるから

$$\int\frac{5}{3\sin x+4\cos x}dx=-\frac{5}{2}\int\frac{1+t^2}{2t^2-3t-2}\cdot\frac{2}{1+t^2}dt$$

$$=-5\int\frac{dt}{(t-2)(2t+1)}=-5\cdot\frac{1}{5}\int\left(\frac{1}{t-2}-\frac{2}{2t+1}\right)dt$$

$$=-(\log|t-2|-\log|2t+1|)+C$$

$$=\log\left|\frac{2t+1}{t-2}\right|+C=\boldsymbol{\log\left|\frac{2\tan\frac{x}{2}+1}{\tan\frac{x}{2}-2}\right|+C}$$

⇐ $\dfrac{1}{(t-2)(2t+1)}=\dfrac{a}{t-2}+\dfrac{b}{2t+1}$ とすると $a=\dfrac{1}{5}$，$b=-\dfrac{2}{5}$

補足　本冊 $p.199$ 三角関数の積分の置換積分

次のような置換により，x の三角関数の積分を，t の分数関数の積分で表すことができる。

[1]　$\int f(\sin x,\ \cos x,\ \tan x)dx$ において，$\tan\frac{x}{2}=t$ とおくと

$$\boldsymbol{\sin x}=2\sin\frac{x}{2}\cos\frac{x}{2}=2\tan\frac{x}{2}\cos^2\frac{x}{2}=2\tan\frac{x}{2}\cdot\frac{1}{1+\tan^2\frac{x}{2}}=\boldsymbol{\frac{2t}{1+t^2}}$$

$$\boldsymbol{\cos x}=2\cos^2\frac{x}{2}-1=2\cdot\frac{1}{1+\tan^2\frac{x}{2}}-1=\frac{2}{1+t^2}-1=\boldsymbol{\frac{1-t^2}{1+t^2}}$$

$$\boldsymbol{\tan x}=\frac{2\tan\frac{x}{2}}{1-\tan^2\frac{x}{2}}=\boldsymbol{\frac{2t}{1-t^2}}$$

$\left(\tan x=\dfrac{\sin x}{\cos x}=\dfrac{\frac{2t}{1+t^2}}{\frac{1-t^2}{1+t^2}}=\dfrac{2t}{1-t^2}\right.$ としてもよい。$\left.\right)$

$\dfrac{dt}{dx}=\dfrac{1}{\cos^2\frac{x}{2}}\cdot\dfrac{1}{2}=\dfrac{1}{2}\left(1+\tan^2\dfrac{x}{2}\right)=\dfrac{1+t^2}{2}$ から　$\boldsymbol{dx=\dfrac{2}{1+t^2}dt}$

以上から

$$\boldsymbol{\int f(\sin x,\ \cos x,\ \tan x)dx=\int f\left(\frac{2t}{1+t^2},\ \frac{1-t^2}{1+t^2},\ \frac{2t}{1-t^2}\right)\cdot\frac{2}{1+t^2}dt}$$

また，$\sin^2 x$，$\cos^2 x$，$\tan x$ の関数は，次のように $\tan x=t$ の置換でも，t の分数関数で表すことができる。

[2] $\int f(\sin^2 x,\ \cos^2 x,\ \tan x)\,dx$ において，$\tan x=t$ とおくと

$$\boldsymbol{\sin^2 x}=1-\cos^2 x=1-\frac{1}{1+\tan^2 x}=1-\frac{1}{1+t^2}=\boldsymbol{\frac{t^2}{1+t^2}}$$

$$\boldsymbol{\cos^2 x}=\frac{1}{1+\tan^2 x}=\boldsymbol{\frac{1}{1+t^2}}$$

$$\frac{dt}{dx}=\frac{1}{\cos^2 x}=1+\tan^2 x=1+t^2 \text{ から } \qquad \boldsymbol{dx=\frac{1}{1+t^2}dt}$$

以上から

$$\boldsymbol{\int f(\sin^2 x,\ \cos^2 x,\ \tan x)\,dx=\int f\left(\frac{t^2}{1+t^2},\ \frac{1}{1+t^2},\ t\right)\cdot\frac{1}{1+t^2}dt}$$

[2] の方法の置換積分については EXERCISES 97 も参照。

PR ①125

次の定積分を求めよ。

(1) $\int_1^3 \frac{(x^2-1)^2}{x^4}dx$　(2) $\int_1^3 \frac{dx}{x^2-4x}$　(3) $\int_0^1 \frac{x^2+2}{x+2}dx$　〔信州大〕

(4) $\int_0^1 (e^{2x}-e^{-x})^2 dx$　(5) $\int_0^{2\pi} \cos^4 x\,dx$　(6) $\int_{\frac{\pi}{6}}^{\frac{\pi}{2}} \sin x \sin 3x\,dx$　〔中央大〕

(1) $$\int_1^3 \frac{(x^2-1)^2}{x^4}dx=\int_1^3\left(1-\frac{2}{x^2}+\frac{1}{x^4}\right)dx=\left[x+\frac{2}{x}-\frac{1}{3x^3}\right]_1^3$$

$$=\left(3+\frac{2}{3}-\frac{1}{81}\right)-\left(1+2-\frac{1}{3}\right)=\boldsymbol{\frac{80}{81}}$$

⇐$1-\frac{1}{81}=\frac{80}{81}$

(2) $$\frac{1}{x^2-4x}=\frac{1}{x(x-4)}=\frac{1}{4}\left(\frac{1}{x-4}-\frac{1}{x}\right) \text{ であるから}$$

⇐部分分数に分解する。

$$\int_1^3 \frac{dx}{x^2-4x}=\frac{1}{4}\int_1^3\left(\frac{1}{x-4}-\frac{1}{x}\right)dx=\frac{1}{4}\left[\log\left|\frac{x-4}{x}\right|\right]_1^3$$

⇐$\log|x-4|-\log|x|$ $=\log\left|\frac{x-4}{x}\right|$

$$=\frac{1}{4}\left(\log\frac{1}{3}-\log 3\right)$$

⇐$\log\frac{1}{3}=\log 3^{-1}$ $=-\log 3$

$$=\boldsymbol{-\frac{1}{2}\log 3}$$

(3) $$\int_0^1 \frac{x^2+2}{x+2}dx=\int_0^1 \frac{(x+2)(x-2)+6}{x+2}dx$$

⇐x^2+2 を $x+2$ で割ると，商は $x-2$，余りは 6

$$=\int_0^1\left(x-2+\frac{6}{x+2}\right)dx$$

$$=\left[\frac{1}{2}x^2-2x+6\log(x+2)\right]_0^1$$

⇐積分区間で $x+2>0$

$$=\frac{1}{2}-2+6\log 3-6\log 2$$

$$=\boldsymbol{-\frac{3}{2}+6\log\frac{3}{2}}$$

(4) $$\int_0^1 (e^{2x}-e^{-x})^2 dx=\int_0^1 (e^{4x}-2e^x+e^{-2x})\,dx$$

$$=\left[\frac{1}{4}e^{4x}-2e^x-\frac{1}{2}e^{-2x}\right]_0^1$$

$$=\left(\frac{1}{4}e^4-2e-\frac{1}{2}e^{-2}\right)-\left(\frac{1}{4}-2-\frac{1}{2}\right)$$

$$=\boldsymbol{\frac{1}{4}e^4-2e-\frac{1}{2e^2}+\frac{9}{4}}$$

(5)　$\cos^4 x=\left(\frac{1+\cos 2x}{2}\right)^2=\frac{1}{4}\left(1+2\cos 2x+\frac{1+\cos 4x}{2}\right)$

$$=\frac{3}{8}+\frac{\cos 2x}{2}+\frac{\cos 4x}{8}$$

⇦$\cos^2 2x=\frac{1+\cos 2\cdot 2x}{2}=\frac{1+\cos 4x}{2}$

であるから

$$\int_0^{2\pi}\cos^4 x\,dx=\int_0^{2\pi}\left(\frac{3}{8}+\frac{\cos 2x}{2}+\frac{\cos 4x}{8}\right)dx$$

$$=\left[\frac{3}{8}x+\frac{\sin 2x}{4}+\frac{\sin 4x}{32}\right]_0^{2\pi}$$

$$=\frac{3}{8}\cdot 2\pi=\boldsymbol{\frac{3}{4}\pi}$$

(6)　$\int_{\frac{\pi}{6}}^{\frac{\pi}{2}}\sin x\sin 3x\,dx=\int_{\frac{\pi}{6}}^{\frac{\pi}{2}}\sin 3x\sin x\,dx$

$$=-\frac{1}{2}\int_{\frac{\pi}{6}}^{\frac{\pi}{2}}(\cos 4x-\cos 2x)\,dx$$

⇦$\boldsymbol{\sin\alpha\sin\beta=-\frac{1}{2}\{\cos(\alpha+\beta)-\cos(\alpha-\beta)\}}$

$$=\frac{1}{2}\int_{\frac{\pi}{6}}^{\frac{\pi}{2}}(\cos 2x-\cos 4x)\,dx$$

$$=\frac{1}{2}\left[\frac{1}{2}\sin 2x-\frac{1}{4}\sin 4x\right]_{\frac{\pi}{6}}^{\frac{\pi}{2}}$$

$$=0-\frac{1}{2}\left(\frac{1}{2}\cdot\frac{\sqrt{3}}{2}-\frac{1}{4}\cdot\frac{\sqrt{3}}{2}\right)=\boldsymbol{-\frac{\sqrt{3}}{16}}$$

PR ②126　次の定積分を求めよ。

(1)　$\int_{\frac{1}{e}}^{e}|\log x|\,dx$　　　(2)　$\int_{-2}^{3}\sqrt{|x-2|}\,dx$

(1)　$\log x=0$ とすると　　$x=1$

$\frac{1}{e}\leqq x\leqq 1$ のとき，$\log x\leqq 0$ から　　$|\log x|=-\log x$

$1\leqq x\leqq e$ のとき，$\log x\geqq 0$ から　　$|\log x|=\log x$

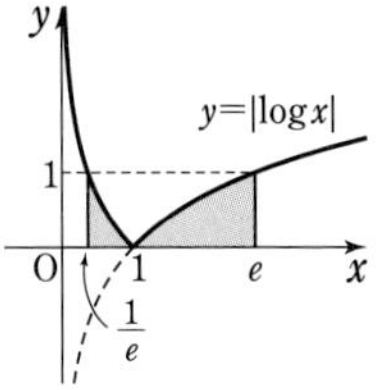

また　$\int\log x\,dx=\int(x)'\log x\,dx=x\log x-\int x\cdot\frac{1}{x}\,dx$

$$=x\log x-\int dx$$

$$=x\log x-x+C$$

よって

$$\int_{\frac{1}{e}}^{e}|\log x|\,dx=\int_{\frac{1}{e}}^{1}(-\log x)\,dx+\int_1^e\log x\,dx$$

$$=-\Big[x\log x-x\Big]_{\frac{1}{e}}^{1}+\Big[x\log x-x\Big]_1^e$$

⇦$\boldsymbol{\int\log x\,dx=x\log x-x+C}$ は公式的に利用してもよい。

$$=-\left(-1+\frac{2}{e}\right)+1=\mathbf{2-\frac{2}{e}}$$

(2) $-2\leqq x\leqq 2$ のとき　$|x-2|=-(x-2)=2-x$

$2\leqq x\leqq 3$ のとき　$|x-2|=x-2$

よって　$\displaystyle\int_{-2}^{3}\sqrt{|x-2|}\,dx=\int_{-2}^{2}\sqrt{2-x}\,dx+\int_{2}^{3}\sqrt{x-2}\,dx$

$$=\left[-\frac{2}{3}(2-x)^{\frac{3}{2}}\right]_{-2}^{2}+\left[\frac{2}{3}(x-2)^{\frac{3}{2}}\right]_{2}^{3}$$

$$=\frac{2}{3}\cdot 4^{\frac{3}{2}}+\frac{2}{3}\cdot 1^{\frac{3}{2}}=\mathbf{6}$$

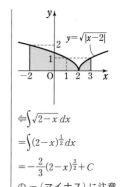

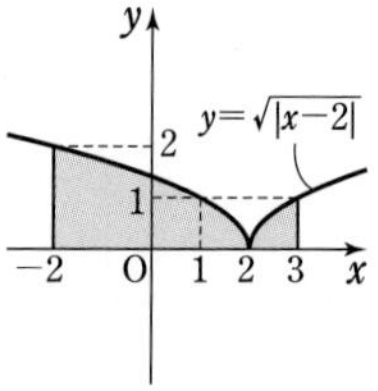

⇦$\displaystyle\int\sqrt{2-x}\,dx$
$\displaystyle=\int(2-x)^{\frac{1}{2}}dx$
$\displaystyle=-\frac{2}{3}(2-x)^{\frac{3}{2}}+C$
の －（マイナス）に注意。

PR ③127

m，n が自然数のとき，定積分 $I=\displaystyle\int_0^{2\pi}\cos mx\cos nx\,dx$ を求めよ。　〔類 北海道大〕

$\cos mx\cos nx=\dfrac{1}{2}\{\cos(m+n)x+\cos(m-n)x\}$ から

$$I=\frac{1}{2}\int_0^{2\pi}\{\cos(m+n)x+\cos(m-n)x\}\,dx$$

$$=\frac{1}{2}\left\{\int_0^{2\pi}\cos(m+n)x\,dx+\int_0^{2\pi}\cos(m-n)x\,dx\right\}$$

⇦$\cos\alpha\cos\beta=\dfrac{1}{2}\{\cos(\alpha+\beta)+\cos(\alpha-\beta)\}$

m，n は自然数であるから　$m+n\neq 0$

よって　$\displaystyle\int_0^{2\pi}\cos(m+n)x\,dx=\left[\frac{1}{m+n}\sin(m+n)x\right]_0^{2\pi}=0$

⇦k が整数のとき $\sin 2\pi k=0$

次に，$\displaystyle\int_0^{2\pi}\cos(m-n)x\,dx$ について

[1] $m-n\neq 0$ すなわち $m\neq n$ のとき

$$\int_0^{2\pi}\cos(m-n)x\,dx=\left[\frac{1}{m-n}\sin(m-n)x\right]_0^{2\pi}=0$$

[2] $m-n=0$ すなわち $m=n$ のとき

$$\int_0^{2\pi}\cos(m-n)x\,dx=\int_0^{2\pi}1\cdot dx=\Big[x\Big]_0^{2\pi}=2\pi$$

⇦$\cos 0=1$

以上から，**$m\neq n$ のとき**　$I=\dfrac{1}{2}(0+0)=\mathbf{0}$

$m=n$ のとき　$I=\dfrac{1}{2}(0+2\pi)=\boldsymbol{\pi}$

PR ②128

次の定積分を求めよ。

(1) $\displaystyle\int_0^1\frac{x}{\sqrt{2-x^2}}\,dx$　(2) $\displaystyle\int_1^e 5^{\log x}\,dx$　〔横浜国大〕

(3) $\displaystyle\int_0^{\frac{\pi}{2}}\frac{\sin 2x}{3+\cos^2 x}\,dx$　〔青山学院大〕　(4) $\displaystyle\int_0^{\frac{\pi}{2}}\sin^2 x\cos^3 x\,dx$　〔青山学院大〕

(1) $\sqrt{2-x^2}=t$ とおくと，$2-x^2=t^2$ から　$-2x\,dx=2t\,dt$

よって　$x\,dx=-t\,dt$

⇦**丸ごと置換**

x と t の対応は右のようになる。

x	$0 \longrightarrow 1$
t	$\sqrt{2} \longrightarrow 1$

ゆえに　$\displaystyle\int_0^1 \frac{x}{\sqrt{2-x^2}}dx=\int_{\sqrt{2}}^1 \frac{-t}{t}dt$

$\displaystyle=\int_1^{\sqrt{2}} dt=\Big[t\Big]_1^{\sqrt{2}}=\boldsymbol{\sqrt{2}-1}$

⇐ $\displaystyle\int_b^a f(x)dx=-\int_a^b f(x)dx$

別解　$2-x^2=t$ とおくと　$-2x\,dx=dt$

よって　$x\,dx=-\dfrac{1}{2}dt$

x と t の対応は右のようになる。

x	$0 \longrightarrow 1$
t	$2 \longrightarrow 1$

ゆえに　$\displaystyle\int_0^1 \frac{x}{\sqrt{2-x^2}}dx=\int_2^1 t^{-\frac{1}{2}}\left(-\frac{1}{2}\right)dt=\frac{1}{2}\int_1^2 t^{-\frac{1}{2}}dt$

$\displaystyle=\frac{1}{2}\Big[2\sqrt{t}\Big]_1^2=\boldsymbol{\sqrt{2}-1}$

⇐ $\dfrac{1}{\sqrt{2-x^2}}=\dfrac{1}{\sqrt{t}}=t^{-\frac{1}{2}}$

(2)　$\log x=t$ とおくと　$x=e^t$

よって　$dx=e^t dt$

x と t の対応は右のようになる。

x	$1 \longrightarrow e$
t	$0 \longrightarrow 1$

ゆえに　$\displaystyle\int_1^e 5^{\log x}dx=\int_0^1 5^t e^t dt=\int_0^1 (5e)^t dt$

$\displaystyle=\left[\frac{(5e)^t}{\log 5e}\right]_0^1=\boldsymbol{\frac{5e-1}{\log 5+1}}$

⇐ $\log 5e=\log 5+\log e=\log 5+1$

(3)　$3+\cos^2 x=t$ とおくと　$-2\sin x\cos x\,dx=dt$

よって　$\sin 2x\,dx=-dt$

x と t の対応は右のようになる。

x	$0 \longrightarrow \frac{\pi}{2}$
t	$4 \longrightarrow 3$

ゆえに　$\displaystyle\int_0^{\frac{\pi}{2}} \frac{\sin 2x}{3+\cos^2 x}dx=\int_4^3 \frac{1}{t}(-1)dt$

$\displaystyle=\int_3^4 \frac{1}{t}dt=\Big[\log t\Big]_3^4$

$=\log 4-\log 3=\boldsymbol{\log\frac{4}{3}}$

別解　$\dfrac{\sin 2x}{3+\cos^2 x}=-\dfrac{(3+\cos^2 x)'}{3+\cos^2 x}$ から

(与式)$=-\Big[\log(3+\cos^2 x)\Big]_0^{\frac{\pi}{2}}$

$=-\log 3+\log 4=\boldsymbol{\log\frac{4}{3}}$

(4)　$\sin^2 x\cos^3 x=\sin^2 x(1-\sin^2 x)\cos x$

$\sin x=t$ とおくと　$\cos x\,dx=dt$

x と t の対応は右のようになる。

x	$0 \longrightarrow \frac{\pi}{2}$
t	$0 \longrightarrow 1$

よって　$\displaystyle\int_0^{\frac{\pi}{2}} \sin^2 x\cos^3 x\,dx=\int_0^1 t^2(1-t^2)dt$

$\displaystyle=\left[\frac{t^3}{3}-\frac{t^5}{5}\right]_0^1=\frac{1}{3}-\frac{1}{5}=\boldsymbol{\frac{2}{15}}$

PR ②129

次の定積分を求めよ。

(1) $\displaystyle\int_{-1}^{\frac{\sqrt{3}}{2}}\sqrt{1-x^2}\,dx$　　(2) $\displaystyle\int_0^2 \frac{dx}{\sqrt{16-x^2}}$　　(3) $\displaystyle\int_0^{\frac{1}{2}} \frac{x^2}{\sqrt{1-x^2}}dx$

(1)　$x=\sin\theta$ とおくと

$dx=\cos\theta\,d\theta$

x と θ の対応は右のようにとれる。

x	$-1 \longrightarrow \frac{\sqrt{3}}{2}$
θ	$-\frac{\pi}{2} \longrightarrow \frac{\pi}{3}$

CHART　$\sqrt{a^2-x^2}$ には　$x=a\sin\theta$ とおく

$-\frac{\pi}{2} \leqq \theta \leqq \frac{\pi}{3}$ のとき，$\cos\theta \geqq 0$ であるから

$$\sqrt{1-x^2}=\sqrt{1-\sin^2\theta}=\sqrt{\cos^2\theta}=\cos\theta$$

よって $\displaystyle\int_{-1}^{\frac{\sqrt{3}}{2}}\sqrt{1-x^2}\,dx=\int_{-\frac{\pi}{2}}^{\frac{\pi}{3}}\cos\theta\cdot\cos\theta\,d\theta$

$$=\frac{1}{2}\int_{-\frac{\pi}{2}}^{\frac{\pi}{3}}(1+\cos 2\theta)\,d\theta$$

$$=\frac{1}{2}\left[\theta+\frac{\sin 2\theta}{2}\right]_{-\frac{\pi}{2}}^{\frac{\pi}{3}}$$

$$=\boldsymbol{\frac{5}{12}\pi+\frac{\sqrt{3}}{8}}$$

inf. (1) 定積分の値は，図の赤い部分の面積で

$\frac{1}{2}\cdot 1^2\cdot\frac{5}{6}\pi+\frac{1}{2}\cdot\frac{\sqrt{3}}{2}\cdot\frac{1}{2}$

$=\boldsymbol{\frac{5}{12}\pi+\frac{\sqrt{3}}{8}}$

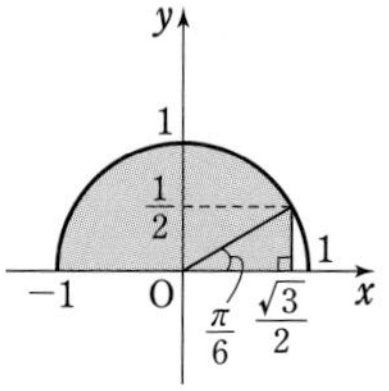

(2) $x=4\sin\theta$ とおくと

$dx=4\cos\theta\,d\theta$

x と θ の対応は右のようにとれる。

x	$0 \longrightarrow 2$
θ	$0 \longrightarrow \frac{\pi}{6}$

$0 \leqq \theta \leqq \frac{\pi}{6}$ のとき，$\cos\theta>0$ であるから

$$\sqrt{16-x^2}=\sqrt{16(1-\sin^2\theta)}=\sqrt{16\cos^2\theta}=4\cos\theta$$

よって $\displaystyle\int_0^2\frac{dx}{\sqrt{16-x^2}}=\int_0^{\frac{\pi}{6}}\frac{4\cos\theta}{4\cos\theta}\,d\theta=\int_0^{\frac{\pi}{6}}d\theta=\Big[\theta\Big]_0^{\frac{\pi}{6}}=\boldsymbol{\frac{\pi}{6}}$

(3) $x=\sin\theta$ とおくと

$dx=\cos\theta\,d\theta$

x と θ の対応は右のようにとれる。

x	$0 \longrightarrow \frac{1}{2}$
θ	$0 \longrightarrow \frac{\pi}{6}$

$0 \leqq \theta \leqq \frac{\pi}{6}$ のとき，$\cos\theta>0$ であるから

$$\sqrt{1-x^2}=\sqrt{1-\sin^2\theta}=\sqrt{\cos^2\theta}=\cos\theta$$

よって $\displaystyle\int_0^{\frac{1}{2}}\frac{x^2}{\sqrt{1-x^2}}\,dx=\int_0^{\frac{\pi}{6}}\frac{\sin^2\theta}{\cos\theta}\cdot\cos\theta\,d\theta$

$$=\int_0^{\frac{\pi}{6}}\sin^2\theta\,d\theta=\int_0^{\frac{\pi}{6}}\frac{1-\cos 2\theta}{2}\,d\theta$$

⇐ $\cos 2\theta=1-2\sin^2\theta$

$$=\frac{1}{2}\left[\theta-\frac{1}{2}\sin 2\theta\right]_0^{\frac{\pi}{6}}=\frac{1}{2}\left(\frac{\pi}{6}-\frac{\sqrt{3}}{4}\right)$$

$$=\boldsymbol{\frac{\pi}{12}-\frac{\sqrt{3}}{8}}$$

PR ②130

次の定積分を求めよ。

(1) $\displaystyle\int_{-1}^{\sqrt{3}}\frac{dx}{x^2+1}$ (2) $\displaystyle\int_0^1\frac{dx}{x^2+x+1}$

(1) $x=\tan\theta$ とおくと $dx=\dfrac{1}{\cos^2\theta}\,d\theta$

x と θ の対応は右のようにとれる。

x	$-1 \longrightarrow \sqrt{3}$
θ	$-\frac{\pi}{4} \longrightarrow \frac{\pi}{3}$

CHART $\dfrac{1}{x^2+a^2}$ には $x=a\tan\theta$ とおく

よって $\displaystyle\int_{-1}^{\sqrt{3}}\frac{dx}{x^2+1}$

$$=\int_{-\frac{\pi}{4}}^{\frac{\pi}{3}}\frac{1}{\tan^2\theta+1}\cdot\frac{1}{\cos^2\theta}d\theta=\int_{-\frac{\pi}{4}}^{\frac{\pi}{3}}d\theta$$

$$=\Big[\theta\Big]_{-\frac{\pi}{4}}^{\frac{\pi}{3}}=\frac{\pi}{3}-\left(-\frac{\pi}{4}\right)=\boldsymbol{\frac{7}{12}\pi}$$

⇐$1+\tan^2\theta=\dfrac{1}{\cos^2\theta}$

(2)　$x^2+x+1=\left(x+\dfrac{1}{2}\right)^2+\dfrac{3}{4}$ であるから，

$x+\dfrac{1}{2}=\dfrac{\sqrt{3}}{2}\tan\theta$ とおくと

$$dx=\frac{\sqrt{3}}{2\cos^2\theta}d\theta$$

x と θ の対応は右のようにとれる。

x	$0 \longrightarrow 1$
θ	$\frac{\pi}{6} \longrightarrow \frac{\pi}{3}$

⇐$x=0$ のとき $\tan\theta=\dfrac{1}{\sqrt{3}}$
$x=1$ のとき $\tan\theta=\sqrt{3}$

よって　$\displaystyle\int_0^1\frac{dx}{x^2+x+1}=\int_0^1\frac{dx}{\left(x+\frac{1}{2}\right)^2+\frac{3}{4}}$

$$=\int_{\frac{\pi}{6}}^{\frac{\pi}{3}}\frac{1}{\frac{3}{4}(\tan^2\theta+1)}\cdot\frac{\sqrt{3}}{2\cos^2\theta}d\theta=\int_{\frac{\pi}{6}}^{\frac{\pi}{3}}\frac{2\sqrt{3}}{3}d\theta$$

$$=\frac{2\sqrt{3}}{3}\Big[\theta\Big]_{\frac{\pi}{6}}^{\frac{\pi}{3}}=\frac{2\sqrt{3}}{3}\left(\frac{\pi}{3}-\frac{\pi}{6}\right)=\boldsymbol{\frac{\sqrt{3}}{9}\pi}$$

PR ①131

次の定積分を求めよ。

(1) $\displaystyle\int_{-a}^{a}x^3\sqrt{a^2-x^2}\,dx$　　(2) $\displaystyle\int_{-\pi}^{\pi}\cos x\sin^3x\,dx$

(3) $\displaystyle\int_{-\frac{\pi}{4}}^{\frac{\pi}{4}}\sin^4x\cos x\,dx$　　(4) $\displaystyle\int_{-1}^{1}(e^x-e^{-x}-1)\,dx$

(1)　$f(x)=x^3\sqrt{a^2-x^2}$ とすると

$$f(-x)=(-x)^3\sqrt{a^2-(-x)^2}=-x^3\sqrt{a^2-x^2}$$
$$=-f(x)$$

よって，$f(x)$ は奇関数であるから

$$\int_{-a}^{a}x^3\sqrt{a^2-x^2}\,dx=\boldsymbol{0}$$

inf.　関数 $f(x)$ が
偶関数
$\iff f(-x)=f(x)$
奇関数
$\iff f(-x)=-f(x)$

(2)　$f(x)=\cos x\sin^3x$ とすると

$$f(-x)=\cos(-x)\sin^3(-x)=-\cos x\sin^3x$$
$$=-f(x)$$

よって，$f(x)$ は奇関数であるから

$$\int_{-\pi}^{\pi}\cos x\sin^3x\,dx=\boldsymbol{0}$$

⇐$\cos(-x)=\cos x$,
$\sin(-x)=-\sin x$

(3)　$f(x)=\sin^4x\cos x$ とすると

$$f(-x)=\sin^4(-x)\cos(-x)=\sin^4x\cos x$$
$$=f(x)$$

よって，$f(x)$ は偶関数である。

$I=\displaystyle\int_{-\frac{\pi}{4}}^{\frac{\pi}{4}}\sin^4x\cos x\,dx$ とすると

(3)　文字のおき換えを省略して　(与式)
$\displaystyle=2\int_0^{\frac{\pi}{4}}\sin^4x(\sin x)'\,dx$
$\displaystyle=2\left[\frac{1}{5}\sin^5x\right]_0^{\frac{\pi}{4}}$
のように計算してもよい。

$$I=2\int_0^{\frac{\pi}{4}}\sin^4 x\cos x\,dx$$

$\sin x=t$ とおくと　　$\cos x\,dx=dt$

x と t の対応は右のようになる。

x	$0 \longrightarrow \frac{\pi}{4}$
t	$0 \longrightarrow \frac{1}{\sqrt{2}}$

ゆえに　　$I=2\int_0^{\frac{1}{\sqrt{2}}}t^4dt=2\left[\frac{t^5}{5}\right]_0^{\frac{1}{\sqrt{2}}}$

$$=\frac{2}{5}\cdot\frac{1}{4\sqrt{2}}=\mathbf{\frac{1}{10\sqrt{2}}}$$

⇐ $\frac{\sqrt{2}}{20}$ でもよい。

(4) $\int_{-1}^1(e^x-e^{-x}-1)\,dx=\int_{-1}^1(e^x-e^{-x})\,dx-\int_{-1}^1dx$

$f(x)=e^x-e^{-x}$ とすると

$$f(-x)=e^{-x}-e^{-(-x)}=-(e^x-e^{-x})$$
$$=-f(x)$$

よって，$f(x)$ は奇関数であるから

$$\int_{-1}^1(e^x-e^{-x})\,dx=0$$

したがって

$$\int_{-1}^1(e^x-e^{-x}-1)\,dx=-\int_{-1}^1dx=-\left[x\right]_{-1}^1=\mathbf{-2}$$

inf.　e^x，e^{-x} それぞれは偶関数でも奇関数でもないが，
　e^x+e^{-x} は偶関数
　e^x-e^{-x} は奇関数
である。

PR ②132

次の定積分を求めよ。

(1) $\int_0^1(1-x)e^xdx$　〔摂南大〕　(2) $\int_1^e(x-1)\log x\,dx$　〔東京電機大〕

(3) $\int_0^1xe^{-2x}dx$　〔横浜国大〕　(4) $\int_0^{\pi}x\cos\frac{x+\pi}{4}\,dx$　〔愛媛大〕

(1) $\int_0^1(1-x)e^xdx=\int_0^1(1-x)(e^x)'\,dx$

$$=\left[(1-x)e^x\right]_0^1-\int_0^1(-1)\cdot e^xdx$$
$$=-1+\int_0^1e^xdx=-1+\left[e^x\right]_0^1$$
$$=-1+e-1=\mathbf{e-2}$$

⇐微分して簡単になるのは $1-x \longrightarrow f=1-x$，$g'=e^x$ とする。

(2) $\int_1^e(x-1)\log x\,dx=\int_1^e\left(\frac{x^2}{2}-x\right)'\log x\,dx$

$$=\left[\left(\frac{x^2}{2}-x\right)\log x\right]_1^e-\int_1^e\left(\frac{x^2}{2}-x\right)\cdot\frac{1}{x}\,dx$$
$$=\left(\frac{e^2}{2}-e\right)-\int_1^e\left(\frac{x}{2}-1\right)dx$$
$$=\left(\frac{e^2}{2}-e\right)-\left[\frac{x^2}{4}-x\right]_1^e$$
$$=\left(\frac{e^2}{2}-e\right)-\left\{\left(\frac{e^2}{4}-e\right)+\frac{3}{4}\right\}=\mathbf{\frac{e^2-3}{4}}$$

⇐微分して簡単になるのは $\log x$，積分しやすいのは $x-1$
$\longrightarrow f=\log x$，$g'=x-1$ とする。

(3) $\int_0^1xe^{-2x}dx=\int_0^1x\left(-\frac{1}{2}e^{-2x}\right)'dx$

$$=\left[x\left(-\frac{1}{2}e^{-2x}\right)\right]_0^1-\int_0^1 1\cdot\left(-\frac{1}{2}e^{-2x}\right)dx$$

⇐ $f=x$，$g'=e^{-2x}$ とする。

$$=-\frac{1}{2}e^{-2}-\frac{1}{4}\Big[e^{-2x}\Big]_0^1$$
$$=-\frac{1}{2}e^{-2}-\frac{1}{4}e^{-2}+\frac{1}{4}$$
$$=-\frac{3}{4}e^{-2}+\frac{1}{4}=-\frac{\mathbf{3}}{\mathbf{4e^2}}+\frac{\mathbf{1}}{\mathbf{4}}$$

(4) $\displaystyle\int_0^\pi x\cos\frac{x+\pi}{4}dx=\int_0^\pi x\left(4\sin\frac{x+\pi}{4}\right)'dx$

$$=\left[4x\sin\frac{x+\pi}{4}\right]_0^\pi-4\int_0^\pi 1\cdot\left(\sin\frac{x+\pi}{4}\right)dx$$
$$=4\pi\sin\frac{\pi}{2}+16\left[\cos\frac{x+\pi}{4}\right]_0^\pi$$
$$=4\pi+16\left(\cos\frac{\pi}{2}-\cos\frac{\pi}{4}\right)=\mathbf{4\pi-8\sqrt{2}}$$

⇐ $f=x$, $g'=\cos\dfrac{x+\pi}{4}$ とする。

PR ③133

次の定積分を求めよ。
(1) $\displaystyle\int_{-1}^1(1-x^2)e^{-2x}dx$　〔横浜国大〕　(2) $\displaystyle\int_0^\pi e^{-x}\cos x\,dx$

(1) $\displaystyle\int_{-1}^1(1-x^2)e^{-2x}dx=\int_{-1}^1(1-x^2)\left(-\frac{1}{2}e^{-2x}\right)'dx$

$$=\left[(1-x^2)\left(-\frac{1}{2}e^{-2x}\right)\right]_{-1}^1-\int_{-1}^1(-2x)\left(-\frac{1}{2}e^{-2x}\right)dx$$
$$=-\int_{-1}^1 xe^{-2x}dx=-\int_{-1}^1 x\left(-\frac{1}{2}e^{-2x}\right)'dx$$
$$=-\left\{\left[x\left(-\frac{1}{2}e^{-2x}\right)\right]_{-1}^1-\int_{-1}^1 1\cdot\left(-\frac{1}{2}e^{-2x}\right)dx\right\}$$
$$=\frac{e^{-2}+e^2}{2}-\frac{1}{2}\int_{-1}^1 e^{-2x}dx$$
$$=\frac{e^{-2}+e^2}{2}+\frac{1}{4}\Big[e^{-2x}\Big]_{-1}^1$$
$$=\frac{\mathbf{1}}{\mathbf{4}}\boldsymbol{e}^2+\frac{\mathbf{3}}{\mathbf{4e^2}}$$

⇐微分して簡単になるのは $1-x^2\longrightarrow f=1-x^2$, $g'=e^{-2x}$ とする。

⇐ $\left[(1-x^2)\left(-\frac{1}{2}e^{-2x}\right)\right]_{-1}^1=0$

⇐2回目の部分積分

(2) $I=\displaystyle\int_0^\pi e^{-x}\cos x\,dx$ とすると

$$I=\int_0^\pi e^{-x}\cos x\,dx=\int_0^\pi(-e^{-x})'\cos x\,dx$$
$$=\Big[-e^{-x}\cos x\Big]_0^\pi-\int_0^\pi(-e^{-x})(-\sin x)\,dx$$
$$=e^{-\pi}+1-\int_0^\pi(-e^{-x})'\sin x\,dx$$
$$=e^{-\pi}+1-\left\{\Big[-e^{-x}\sin x\Big]_0^\pi-\int_0^\pi(-e^{-x})\cos x\,dx\right\}$$
$$=e^{-\pi}+1+0-\int_0^\pi e^{-x}\cos x\,dx$$
$$=e^{-\pi}+1-I$$

よって　$I=\dfrac{\boldsymbol{e^{-\pi}+1}}{\mathbf{2}}$

⇐ $e^{-x}=(-e^{-x})'$
符号に注意。

⇐2回目の部分積分

⇐同形出現

別解 $I=\int_0^{\pi} e^{-x}\cos x\,dx=\int_0^{\pi} e^{-x}(\sin x)'\,dx$ ⇐部分積分法

$=\left[e^{-x}\sin x\right]_0^{\pi}-\int_0^{\pi}(-e^{-x})\sin x\,dx$ ⇐$(e^{-x})'=-e^{-x}$

$=0+\int_0^{\pi} e^{-x}\sin x\,dx=\int_0^{\pi} e^{-x}(-\cos x)'\,dx$

$=\left[e^{-x}(-\cos x)\right]_0^{\pi}-\int_0^{\pi}(-e^{-x})(-\cos x)\,dx$ ⇐2回目の部分積分

$=e^{-\pi}+1-\int_0^{\pi} e^{-x}\cos x\,dx$ ⇐同形出現

$=e^{-\pi}+1-I$

よって $I=\dfrac{\boldsymbol{e^{-\pi}+1}}{\boldsymbol{2}}$

PR ④134

$f(x)$ が $0\leqq x\leqq 1$ で連続な関数であるとき $\int_0^{\pi} xf(\sin x)\,dx=\frac{\pi}{2}\int_0^{\pi} f(\sin x)\,dx$ が成立することを示し，これを用いて定積分 $\int_0^{\pi}\frac{x\sin x}{3+\sin^2 x}\,dx$ を求めよ。〔信州大〕

$I=\int_0^{\pi} xf(\sin x)\,dx$ とする。

$x=\pi-t$ とおくと $dx=(-1)\,dt$

x と t の対応は右のようになる。

x	$0\longrightarrow\pi$
t	$\pi\longrightarrow 0$

よって $I=\int_{\pi}^{0}(\pi-t)f(\sin(\pi-t))\cdot(-1)\,dt$

$=\int_0^{\pi}(\pi-t)f(\sin t)\,dt$ ⇐$\sin(\pi-t)=\sin t$

$=\pi\int_0^{\pi} f(\sin t)\,dt-\int_0^{\pi} tf(\sin t)\,dt$

$=\pi\int_0^{\pi} f(\sin x)\,dx-\int_0^{\pi} xf(\sin x)\,dx$ ⇐ t を x におき換えても定積分は同じ。

$=\pi\int_0^{\pi} f(\sin x)\,dx-I$ ⇐同形出現。移項して $2I=\pi\int_0^{\pi} f(\sin x)\,dx$

よって $I=\frac{\pi}{2}\int_0^{\pi} f(\sin x)\,dx$

$f(\sin x)=\dfrac{\sin x}{3+\sin^2 x}$ とすると，$0\leqq x\leqq\pi$ で $f(\sin x)$ は連続であるから ⇐$0\leqq x\leqq\pi$ では $0\leqq\sin x\leqq 1$

$$I=\frac{\pi}{2}\int_0^{\pi}\frac{\sin x}{3+\sin^2 x}\,dx$$

$\cos x=t$ とおくと $-\sin x\,dx=dt$

x と t の対応は右のようになる。

x	$0\longrightarrow\pi$
t	$1\longrightarrow -1$

$I=\frac{\pi}{2}\int_1^{-1}\frac{1}{3+(1-t^2)}\cdot(-1)\,dt=\frac{\pi}{2}\int_{-1}^{1}\frac{dt}{4-t^2}$ ⇐$\frac{1}{4-t^2}$ は偶関数。

$=\pi\int_0^1\frac{dt}{4-t^2}=\frac{\pi}{4}\int_0^1\left(\frac{1}{2-t}+\frac{1}{2+t}\right)dt$ ⇐部分分数に分解する。

$=\frac{\pi}{4}\Big[-\log(2-t)+\log(2+t)\Big]_0^1$ ⇐$0\leqq t\leqq 1$ において $2-t>0$，$2+t>0$

$$=\frac{\pi}{4}\left[\log\frac{2+t}{2-t}\right]_0^1=\frac{\pi}{4}(\log 3-\log 1)=\boldsymbol{\frac{\pi}{4}\log 3}$$

PR ④135　$\frac{\pi}{2}-x=t$ とおいて，$\int_0^{\frac{\pi}{2}}\left(\frac{x\sin x}{1+\cos x}+\frac{x\cos x}{1+\sin x}\right)dx$ を求めよ。

$I=\int_0^{\frac{\pi}{2}}\left(\frac{x\sin x}{1+\cos x}+\frac{x\cos x}{1+\sin x}\right)dx$ とする。

$\frac{\pi}{2}-x=t$ とおくと　$(-1)dx=dt$

x と t の対応は右のようになる。

x	$0\longrightarrow\frac{\pi}{2}$
t	$\frac{\pi}{2}\longrightarrow 0$

$\sin x=\sin\left(\frac{\pi}{2}-t\right)=\cos t$,

$\cos x=\cos\left(\frac{\pi}{2}-t\right)=\sin t$ であるから

$$I=\int_0^{\frac{\pi}{2}}x\left(\frac{\sin x}{1+\cos x}+\frac{\cos x}{1+\sin x}\right)dx$$
$$=\int_{\frac{\pi}{2}}^0\left(\frac{\pi}{2}-t\right)\left(\frac{\cos t}{1+\sin t}+\frac{\sin t}{1+\cos t}\right)\cdot(-1)dt$$
$$=\frac{\pi}{2}\int_0^{\frac{\pi}{2}}\left(\frac{\cos t}{1+\sin t}+\frac{\sin t}{1+\cos t}\right)dt-\int_0^{\frac{\pi}{2}}t\left(\frac{\cos t}{1+\sin t}+\frac{\sin t}{1+\cos t}\right)dt$$
$$=\frac{\pi}{2}\int_0^{\frac{\pi}{2}}\left(\frac{\cos x}{1+\sin x}+\frac{\sin x}{1+\cos x}\right)dx-I$$

よって　$$I=\frac{\pi}{4}\int_0^{\frac{\pi}{2}}\left(\frac{\cos x}{1+\sin x}+\frac{\sin x}{1+\cos x}\right)dx$$
$$=\frac{\pi}{4}\int_0^{\frac{\pi}{2}}\left\{\frac{(1+\sin x)'}{1+\sin x}-\frac{(1+\cos x)'}{1+\cos x}\right\}dx$$
$$=\frac{\pi}{4}\Big[\log(1+\sin x)-\log(1+\cos x)\Big]_0^{\frac{\pi}{2}}$$
$$=\frac{\pi}{4}(\log 2+\log 2)=\boldsymbol{\frac{\pi}{2}\log 2}$$

⇐ $-\int_a^b f(x)dx=\int_b^a f(x)dx$

⇐**同形出現。**
t を x におき換えても定積分は同じ。

⇐ $\int\frac{g'(x)}{g(x)}dx=\log|g(x)|+C$,
$0<x<\frac{\pi}{2}$ のとき
$1+\sin x>0$,
$1+\cos x>0$

PR ④136　$I_n=\int_0^{\frac{\pi}{2}}\sin^n x\,dx$（$n$ は1以上の整数）とする。

(1)　次の等式が成り立つことを証明せよ。

$I_1=1$，$n\geqq 2$ のとき　$I_{2n-1}=\frac{2n-2}{2n-1}\cdot\frac{2n-4}{2n-3}\cdot\cdots\cdots\cdot\frac{4}{5}\cdot\frac{2}{3}\cdot 1$

(2)　(1) を利用して，次の定積分を求めよ。

(ア)　$\int_0^{\frac{\pi}{2}}\sin^7 x\,dx$　　　(イ)　$\int_0^{\frac{\pi}{2}}\sin^3 x\cos^2 x\,dx$

HINT　(1)　I_{2n-1} と I_{2n-3} の関係式を求める。

(1)　$n=1$ のとき，$I_1=\int_0^{\frac{\pi}{2}}\sin x\,dx=\Big[-\cos x\Big]_0^{\frac{\pi}{2}}=1$ であるから成り立つ。

$n\geqq 2$ のとき

$$I_{2n-1}=\int_0^{\frac{\pi}{2}}\sin^{2n-1}x\,dx=\int_0^{\frac{\pi}{2}}\sin^{2n-2}x\sin x\,dx$$

$$=\int_0^{\frac{\pi}{2}}\sin^{2n-2}x(-\cos x)'\,dx$$

⇐部分積分法

$$=\Big[\sin^{2n-2}x(-\cos x)\Big]_0^{\frac{\pi}{2}}$$

$$-\int_0^{\frac{\pi}{2}}(2n-2)\sin^{2n-3}x\cos x\cdot(-\cos x)\,dx$$

$$=0+(2n-2)\int_0^{\frac{\pi}{2}}\sin^{2n-3}x(1-\sin^2x)\,dx$$

⇐$\cos^2x=1-\sin^2x$

$$=(2n-2)\left(\int_0^{\frac{\pi}{2}}\sin^{2n-3}x\,dx-\int_0^{\frac{\pi}{2}}\sin^{2n-1}x\,dx\right)$$

⇐同形出現

$$=(2n-2)(I_{2n-3}-I_{2n-1})$$

よって　$(2n-1)I_{2n-1}=(2n-2)I_{2n-3}$

⇐I_{2n-1} と I_{2n-3} の関係式が求められた。

これから

$$I_{2n-1}=\frac{2n-2}{2n-1}I_{2n-3}=\frac{2n-2}{2n-1}\cdot\frac{2n-4}{2n-3}I_{2n-5}=\cdots\cdots$$

$$=\frac{2n-2}{2n-1}\cdot\frac{2n-4}{2n-3}\cdot\cdots\cdots\cdot\frac{4}{5}\cdot\frac{2}{3}\cdot I_1$$

$$=\frac{2n-2}{2n-1}\cdot\frac{2n-4}{2n-3}\cdot\cdots\cdots\cdot\frac{4}{5}\cdot\frac{2}{3}\cdot 1\ (n\geqq 2)$$

⇐$I_{2n-1}=\frac{2n-2}{2n-1}I_{2n-3}$, ……, $I_3=\frac{2}{3}I_1$ を順々に代入する。

ゆえに，与えられた式は成り立つ。

(2) (ア) $\int_0^{\frac{\pi}{2}}\sin^7x\,dx=I_7=\frac{6}{7}\cdot\frac{4}{5}\cdot\frac{2}{3}\cdot 1=\boldsymbol{\frac{16}{35}}$

(イ) $\int_0^{\frac{\pi}{2}}\sin^3x\cos^2x\,dx=\int_0^{\frac{\pi}{2}}\sin^3x(1-\sin^2x)\,dx=I_3-I_5$

$$=\frac{2}{3}\cdot 1-\frac{4}{5}\cdot\frac{2}{3}\cdot 1=\boldsymbol{\frac{2}{15}}$$

⇐$\cos^2x=1-\sin^2x$

inf.　本冊重要例題 136 の INFORMATION 3 の $I_n=\frac{n-1}{n}I_{n-2}$ は，本問と同様に部分積分すると得られる。なお，$I_n=\frac{n-1}{n}I_{n-2}$ で n を $2n$ でおき換えると $I_{2n}=\frac{2n-1}{2n}I_{2n-2}$（重要例題 136 で示した），$n$ を $2n-1$ でおき換えると $I_{2n-1}=\frac{2n-2}{2n-1}I_{2n-3}$（PRACTICE 136 で示した）となる。

PR ②137

次の関数を x で微分せよ。

(1) $\int_0^x x\sqrt{t}\,dt\ (x>0)$　　(2) $\int_x^{2x+1}\frac{1}{t^2+1}dt$　〔類 筑波大〕

(3) $\int_{-x}^{\sqrt{x}}t\cos t\,dt$　〔明星大〕　(4) $\int_0^x(x-t)^2\sin t\,dt$　〔類 東京女子大〕

(1) $f(x)=\int_0^x x\sqrt{t}\,dt$ とすると　$f(x)=x\int_0^x\sqrt{t}\,dt$

⇐x は定数とみて，定積分の前に出す。

x で微分すると

$$f'(x)=(x)'\int_0^x\sqrt{t}\,dt+x\left(\frac{d}{dx}\int_0^x\sqrt{t}\,dt\right)$$

⇦ $(fg)'=f'g+fg'$

$$=\int_0^x\sqrt{t}\,dt+x\sqrt{x}=\left[\frac{2}{3}t^{\frac{3}{2}}\right]_0^x+x\sqrt{x}$$

$$=\frac{2}{3}x\sqrt{x}+x\sqrt{x}=\boldsymbol{\frac{5}{3}x\sqrt{x}}$$

⇦ $x^{\frac{3}{2}}=x\cdot x^{\frac{1}{2}}$

(2)　$F'(t)=\dfrac{1}{t^2+1}$ とすると

$$\int_x^{2x+1}\frac{1}{t^2+1}dt=\Big[F(t)\Big]_x^{2x+1}=F(2x+1)-F(x)$$

よって　$\dfrac{d}{dx}\displaystyle\int_x^{2x+1}\frac{1}{t^2+1}dt=\frac{d}{dx}\{F(2x+1)-F(x)\}$

$$=F'(2x+1)\cdot(2x+1)'-F'(x)$$

⇦ $\{F(u)\}'=F'(u)\cdot u'$

$$=\frac{2}{(2x+1)^2+1}-\frac{1}{x^2+1}$$

$$=\boldsymbol{-\frac{x(x+2)}{(2x^2+2x+1)(x^2+1)}}$$

別解　$\dfrac{d}{dx}\displaystyle\int_x^{2x+1}\frac{1}{t^2+1}dt=\frac{1}{(2x+1)^2+1}\cdot(2x+1)'-\frac{1}{x^2+1}\cdot(x)'$

$$=\frac{2}{4x^2+4x+2}-\frac{1}{x^2+1}$$

$$=\boldsymbol{-\frac{x(x+2)}{(2x^2+2x+1)(x^2+1)}}$$

⇦ $\boldsymbol{\dfrac{d}{dx}\displaystyle\int_{h(x)}^{g(x)}f(t)\,dt}$
$\boldsymbol{=f(g(x))g'(x)}$
$\boldsymbol{-f(h(x))h'(x)}$

(3)　$F'(t)=t\cos t$ とすると

$$\int_{-x}^{\sqrt{x}}t\cos t\,dt=\Big[F(t)\Big]_{-x}^{\sqrt{x}}=F(\sqrt{x})-F(-x)$$

よって　$\dfrac{d}{dx}\displaystyle\int_{-x}^{\sqrt{x}}t\cos t\,dt=\frac{d}{dx}\{F(\sqrt{x})-F(-x)\}$

$$=F'(\sqrt{x})\cdot(\sqrt{x})'-F'(-x)\cdot(-x)'$$

⇦ $\{F(u)\}'=F'(u)\cdot u'$

$$=\sqrt{x}\cos\sqrt{x}\cdot\frac{1}{2\sqrt{x}}-(-x)\cos(-x)\cdot(-1)$$

⇦ $\cos(-x)=\cos x$

$$=\boldsymbol{\frac{1}{2}\cos\sqrt{x}-x\cos x}$$

別解　$\dfrac{d}{dx}\displaystyle\int_{-x}^{\sqrt{x}}t\cos t\,dt$

$$=\sqrt{x}\cos\sqrt{x}\cdot(\sqrt{x})'-(-x)\cos(-x)\cdot(-x)'$$

$$=\sqrt{x}\cos\sqrt{x}\cdot\frac{1}{2\sqrt{x}}+x\cos x\cdot(-1)$$

$$=\boldsymbol{\frac{1}{2}\cos\sqrt{x}-x\cos x}$$

⇦ $\boldsymbol{\dfrac{d}{dx}\displaystyle\int_{h(x)}^{g(x)}f(t)\,dt}$
$\boldsymbol{=f(g(x))g'(x)}$
$\boldsymbol{-f(h(x))h'(x)}$

(4)　$f(x)=\displaystyle\int_0^x(x-t)^2\sin t\,dt$ とすると

$$f(x)=x^2\int_0^x\sin t\,dt-2x\int_0^x t\sin t\,dt+\int_0^x t^2\sin t\,dt$$

⇦ x は定数とみて，定積分の前に出す。

5章
PR

x で微分すると

$$f'(x)=(x^2)'\int_0^x \sin t\,dt+x^2\left(\frac{d}{dx}\int_0^x \sin t\,dt\right)$$
$$-(2x)'\int_0^x t\sin t\,dt-2x\left(\frac{d}{dx}\int_0^x t\sin t\,dt\right)$$
$$+\frac{d}{dx}\int_0^x t^2\sin t\,dt$$
$$=2x\int_0^x \sin t\,dt+x^2\sin x$$
$$-2\int_0^x t\sin t\,dt-2x(x\sin x)+x^2\sin x$$
$$=2x\Big[-\cos t\Big]_0^x-2\left(\Big[-t\cos t\Big]_0^x+\int_0^x \cos t\,dt\right)$$
$$=-2x\cos x+2x+2x\cos x-2\Big[\sin t\Big]_0^x$$
$$=\mathbf{2x-2\sin x}$$

⇐ $(fg)'=f'g+fg'$

⇐ $\int_0^x t\sin t\,dt$ に部分積分法を適用。

PR ③138 関数 $f(x)=\int_{\frac{\pi}{3}}^x (t-x)\sin t\,dt\ \left(-\frac{\pi}{2}<x<\frac{\pi}{2}\right)$ の極値を求めよ。

$f(x)=\int_{\frac{\pi}{3}}^x (t-x)\sin t\,dt=\int_{\frac{\pi}{3}}^x t\sin t\,dt-x\int_{\frac{\pi}{3}}^x \sin t\,dt$ であるから

$$f'(x)=\frac{d}{dx}\int_{\frac{\pi}{3}}^x t\sin t\,dt-\left\{(x)'\int_{\frac{\pi}{3}}^x \sin t\,dt+x\left(\frac{d}{dx}\int_{\frac{\pi}{3}}^x \sin t\,dt\right)\right\}$$
$$=x\sin x-\left(\int_{\frac{\pi}{3}}^x \sin t\,dt+x\sin x\right)$$
$$=\Big[\cos t\Big]_{\frac{\pi}{3}}^x=\cos x-\frac{1}{2}\quad\cdots\cdots ①$$

⇐ x は定数とみて，定積分の前に出す。

⇐ $(fg)'=f'g+fg'$

⇐ $\boldsymbol{\frac{d}{dx}\int_a^x f(t)\,dt=f(x)}$

$-\frac{\pi}{2}<x<\frac{\pi}{2}$ において，$f'(x)=0$ とすると　　$x=\pm\frac{\pi}{3}$

よって，$-\frac{\pi}{2}<x<\frac{\pi}{2}$ における $f(x)$ の増減表は右のようになる。

x	$-\frac{\pi}{2}$	$\cdots$	$-\frac{\pi}{3}$	$\cdots$	$\frac{\pi}{3}$	$\cdots$	$\frac{\pi}{2}$
$f'(x)$	／	$-$	0	$+$	0	$-$	／
$f(x)$	／	↘	極小	↗	極大	↘	／

ここで，① から

$$f(x)=\int\left(\cos x-\frac{1}{2}\right)dx$$
$$=\sin x-\frac{1}{2}x+C\quad\cdots\cdots ②$$

⇐ 与えられた関数（定積分）を計算するより，①を利用した方が早い。

また　　$f\left(\frac{\pi}{3}\right)=\int_{\frac{\pi}{3}}^{\frac{\pi}{3}}\left(t-\frac{\pi}{3}\right)\sin t\,dt=0$

⇐ 与えられた関数に $x=\frac{\pi}{3}$ を代入。

ゆえに，② から　　$\sin\frac{\pi}{3}-\frac{1}{2}\cdot\frac{\pi}{3}+C=0$

よって　　$C=\frac{\pi}{6}-\frac{\sqrt{3}}{2}$

したがって　　$f(x)=\sin x-\frac{1}{2}x+\frac{\pi}{6}-\frac{\sqrt{3}}{2}$

ゆえに　　$f\left(-\frac{\pi}{3}\right)=\sin\left(-\frac{\pi}{3}\right)-\frac{1}{2}\left(-\frac{\pi}{3}\right)+\frac{\pi}{6}-\frac{\sqrt{3}}{2}$

$=\frac{\pi}{3}-\sqrt{3}$

以上から，$f(x)$ は

$x=\frac{\pi}{3}$ で極大値 0，$x=-\frac{\pi}{3}$ で極小値 $\frac{\pi}{3}-\sqrt{3}$

をとる。

PR ②139

次の等式を満たす関数 $f(x)$ を求めよ。

(1) $f(x)=x^2+\int_0^1 f(t)e^t dt$ 〔武蔵工大〕

(2) $f(x)=\sin x-\int_0^{\frac{\pi}{3}}\left\{f(t)-\frac{\pi}{3}\right\}\sin t\,dt$ 〔愛媛大〕

(3) $f(x)=e^x\int_0^1\{f(t)\}^2 dt$ 〔武蔵工大〕

(1) $\int_0^1 f(t)e^t dt=a$ とおくと　　$f(x)=x^2+a$

⇐ $\int_0^1 f(t)e^t dt$ は定数。

よって　　$\int_0^1 f(t)e^t dt=\int_0^1 (t^2+a)e^t dt$

$=\left[(t^2+a)e^t\right]_0^1-\int_0^1 2te^t dt$

$=(1+a)e-a-\left[2te^t\right]_0^1+\int_0^1 2e^t dt$

$=(e-1)a+e-2e+\left[2e^t\right]_0^1$

$=(e-1)a-e+2e-2$

$=(e-1)a+e-2$

⇐ $\int_0^1 (t^2+a)(e^t)' dt$, $\int_0^1 2t(e^t)' dt$ にそれぞれ部分積分法を適用。

ゆえに　　$(e-1)a+e-2=a$　　　よって　　$a=-1$

したがって　　**$f(x)=x^2-1$**

⇐ $(e-2)a=-(e-2)$, $e-2\neq 0$

(2) $\int_0^{\frac{\pi}{3}}\left\{f(t)-\frac{\pi}{3}\right\}\sin t\,dt=a$ とおくと　　$f(x)=\sin x-a$

⇐ $\int_0^{\frac{\pi}{3}}\left\{f(t)-\frac{\pi}{3}\right\}\sin t\,dt$ は定数。

よって　　$\int_0^{\frac{\pi}{3}}\left\{f(t)-\frac{\pi}{3}\right\}\sin t\,dt$

$=\int_0^{\frac{\pi}{3}}\left(\sin t-a-\frac{\pi}{3}\right)\sin t\,dt$

$=\int_0^{\frac{\pi}{3}}\left\{\sin^2 t-\left(a+\frac{\pi}{3}\right)\sin t\right\}dt$

⇐ $\sin^2 t=\frac{1-\cos 2t}{2}$

$=\int_0^{\frac{\pi}{3}}\frac{1-\cos 2t}{2}dt-\left(a+\frac{\pi}{3}\right)\left[-\cos t\right]_0^{\frac{\pi}{3}}$

$=\frac{1}{2}\left[t-\frac{1}{2}\sin 2t\right]_0^{\frac{\pi}{3}}-\left(a+\frac{\pi}{3}\right)\cdot\frac{1}{2}$

⇐ $\left[-\cos t\right]_0^{\frac{\pi}{3}}=-\frac{1}{2}-(-1)=\frac{1}{2}$

$=\frac{1}{2}\left\{\left(\frac{\pi}{3}-\frac{\sqrt{3}}{4}\right)-\left(a+\frac{\pi}{3}\right)\right\}=-\frac{a}{2}-\frac{\sqrt{3}}{8}$

ゆえに　$-\frac{a}{2}-\frac{\sqrt{3}}{8}=a$　よって　$a=-\frac{\sqrt{3}}{12}$

⇐ $\frac{3}{2}a=-\frac{\sqrt{3}}{8}$

したがって　$\boldsymbol{f(x)=\sin x+\frac{\sqrt{3}}{12}}$

(3) $\int_0^1\{f(t)\}^2dt=a$ とおくと　$f(x)=ae^x$

⇐ $\int_0^1\{f(t)\}^2dt$ は定数。

よって　$\int_0^1\{f(t)\}^2dt=\int_0^1(ae^t)^2dt=a^2\int_0^1 e^{2t}dt$

$$=a^2\left[\frac{1}{2}e^{2t}\right]_0^1=\frac{a^2}{2}(e^2-1)$$

ゆえに　$\frac{a^2}{2}(e^2-1)=a$　すなわち　$a\left(\frac{e^2-1}{2}\cdot a-1\right)=0$

よって　$a=0$　または　$a=\frac{2}{e^2-1}$

⇐ $e^2-1\neq 0$

したがって　$\boldsymbol{f(x)=0}$　**または**　$\boldsymbol{f(x)=\frac{2}{e^2-1}e^x}$

PR ③140

連続な関数 $f(x)$ が $\int_a^x(x-t)f(t)\,dt=2\sin x-x+b$ $\left(a,\ b\text{ は定数で，}0\leqq a\leqq\frac{\pi}{2}\right)$ を満たすとする。次のものを求めよ。

(1) $\int_a^x f(t)\,dt$　(2) $f(x)$　(3) 定数 a，b の値　〔類 岩手大〕

$\int_a^x(x-t)f(t)\,dt=2\sin x-x+b$ …… ① とする。

(1) ① から　$x\int_a^x f(t)\,dt-\int_a^x tf(t)\,dt=2\sin x-x+b$

両辺を x で微分すると

$$\left\{\int_a^x f(t)\,dt+xf(x)\right\}-xf(x)=2\cos x-1$$

⇐ $\frac{d}{dx}\left\{x\int_a^x f(t)\,dt\right\}=(x)'\int_a^x f(t)\,dt+x\frac{d}{dx}\left\{\int_a^x f(t)\,dt\right\}$

よって　$\boldsymbol{\int_a^x f(t)\,dt=2\cos x-1}$ …… ②

(2) ② の両辺を x で微分すると　$\boldsymbol{f(x)=-2\sin x}$

(3) ② において，$x=a$ を代入すると　$0=2\cos a-1$

⇐ $\int_a^a f(t)\,dt=0$

すなわち　$\cos a=\frac{1}{2}$

$0\leqq a\leqq\frac{\pi}{2}$ であるから　$\boldsymbol{a=\frac{\pi}{3}}$

また，① において，$x=a$ を代入すると

⇐ $\int_a^a(x-t)f(t)\,dt=0$

$0=2\sin a-a+b$

すなわち　$b=a-2\sin a$

よって　$\boldsymbol{b}=\frac{\pi}{3}-2\sin\frac{\pi}{3}=\boldsymbol{\frac{\pi}{3}-\sqrt{3}}$

⇐ $a=\frac{\pi}{3}$ を代入。

PR ③141

定積分 $\int_0^1(\sqrt{1-x}-ax+1)^2dx$（$a$ は定数）を最小とする a の値を求めよ。　〔神奈川大〕

$(\sqrt{1-x}-ax+1)^2$

$=1-x+a^2x^2+1-2ax\sqrt{1-x}-2ax+2\sqrt{1-x}$

$=2-(1+2a)x+a^2x^2-2ax\sqrt{1-x}+2\sqrt{1-x}$

⇦$(p+q+r)^2=p^2+q^2+r^2+2pq+2qr+2rp$

よって　$\int_0^1(\sqrt{1-x}-ax+1)^2dx$

$=\int_0^1 2\,dx-(1+2a)\int_0^1 x\,dx+a^2\int_0^1 x^2dx$

$-2a\int_0^1 x\sqrt{1-x}\,dx+2\int_0^1\sqrt{1-x}\,dx$

⇦$\int_0^1 2\,dx=\Big[2x\Big]_0^1=2$, $\int_0^1 x\,dx=\left[\frac{x^2}{2}\right]_0^1=\frac{1}{2}$, $\int_0^1 x^2dx=\left[\frac{x^3}{3}\right]_0^1=\frac{1}{3}$

$\sqrt{1-x}=t$ とおくと　$x=1-t^2$, $dx=-2t\,dt$

x と t の対応は右のようになる。ゆえに

x	$0\longrightarrow 1$
t	$1\longrightarrow 0$

$\int_0^1 x\sqrt{1-x}\,dx=\int_1^0(1-t^2)t\cdot(-2t)\,dt$

$=2\int_0^1(t^2-t^4)\,dt=2\left[\frac{t^3}{3}-\frac{t^5}{5}\right]_0^1=\frac{4}{15}$

$\int_0^1\sqrt{1-x}\,dx=\left[-\frac{2}{3}\sqrt{(1-x)^3}\right]_0^1=\frac{2}{3}$

よって　$\int_0^1(\sqrt{1-x}-ax+1)^2dx$

$=2-\frac{1+2a}{2}+\frac{1}{3}a^2-\frac{8}{15}a+\frac{4}{3}$

$=\frac{1}{3}a^2-\frac{23}{15}a+\frac{17}{6}=\frac{1}{3}\left(a^2-\frac{23}{5}a\right)+\frac{17}{6}$

$=\frac{1}{3}\left(a-\frac{23}{10}\right)^2+\frac{107}{100}$

⇦a の2次式を **平方完成** する。

したがって，$\boldsymbol{a=\frac{23}{10}}$ で最小値をとる。

PR ④142

実数 $a>0$ について，$I(a)=\int_1^e|\log ax|\,dx$ とする。$I(a)$ の最小値，およびそのときの a の値を求めよ。　〔類　北海道大〕

$\log ax=0$ とすると　$ax=1$　すなわち　$x=\frac{1}{a}$

積分区間は $1\leqq x\leqq e$ であるから，$\frac{1}{a}\leqq 1$，$1<\frac{1}{a}<e$，$e\leqq\frac{1}{a}$ の場合に分けて考える。

⇦重要例題142と異なり，場合分けの境目である $x=\frac{1}{a}$ が常に積分区間内にあるわけではない。
⟶ 場合分けが必要。

また　$\int\log ax\,dx=\int(\log x+\log a)\,dx$

$=x\log x-x+x\log a+C$

ここで，$F(x)=x\log x-x+x\log a$ とする。

[1]　$\frac{1}{a}\leqq 1$ すなわち $a\geqq 1$ のとき

$1\leqq x\leqq e$ で $\log ax\geqq 0$ であるから

$I(a)=\int_1^e\log ax\,dx=\Big[F(x)\Big]_1^e=(e-1)\log a+1$

⇦$F(e)=e-e+e\log a=e\log a$
$F(1)=-1+\log a$

$I'(a)=\frac{e-1}{a}>0$ であるから，$I(a)$ は増加する。

[2] $1<\frac{1}{a}<e$ すなわち $\frac{1}{e}<a<1$ のとき

$1 \leqq x \leqq \frac{1}{a}$ で $\log ax \leqq 0$, $\frac{1}{a} \leqq x \leqq e$ で $\log ax \geqq 0$ であるから

$$I(a)=\int_1^{\frac{1}{a}}(-\log ax)\,dx+\int_{\frac{1}{a}}^{e}\log ax\,dx=-\Big[F(x)\Big]_1^{\frac{1}{a}}+\Big[F(x)\Big]_{\frac{1}{a}}^{e}$$

$$=-2F\left(\frac{1}{a}\right)+F(1)+F(e)=(e+1)\log a+\frac{2}{a}-1$$

⇐ $F\left(\frac{1}{a}\right)=\frac{1}{a}\log\frac{1}{a}-\frac{1}{a}+\frac{1}{a}\log a=-\frac{1}{a}\log a-\frac{1}{a}+\frac{1}{a}\log a=-\frac{1}{a}$

ゆえに　$I'(a)=\frac{e+1}{a}-\frac{2}{a^2}=\frac{(e+1)a-2}{a^2}$

$I'(a)=0$ とすると

$$a=\frac{2}{e+1}$$

これは $\frac{1}{e}<a<1$ を満たす。

a	$\frac{1}{e}$	$\cdots$	$\frac{2}{e+1}$	$\cdots$	1
$I'(a)$	／	$-$	0	$+$	／
$I(a)$	／	↘	極小	↗	／

よって，$I(a)$ の増減表は右上のようになる。

[3] $\frac{1}{a} \geqq e$ すなわち $0<a \leqq \frac{1}{e}$ のとき

$1 \leqq x \leqq e$ で $\log ax \leqq 0$ であるから

$$I(a)=\int_1^e(-\log ax)\,dx=(1-e)\log a-1$$

⇐[1] の符号を変えたもの。

$I'(a)=\frac{1-e}{a}<0$ であるから，$I(a)$ は減少する。

[1]，[2]，[3] から，$I(a)$ は

$$\boldsymbol{a=\frac{2}{e+1}} \text{ で最小値 } I\left(\frac{2}{e+1}\right)=\boldsymbol{(e+1)\log\frac{2}{e+1}+e}$$

をとる。

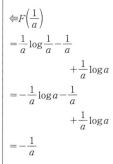

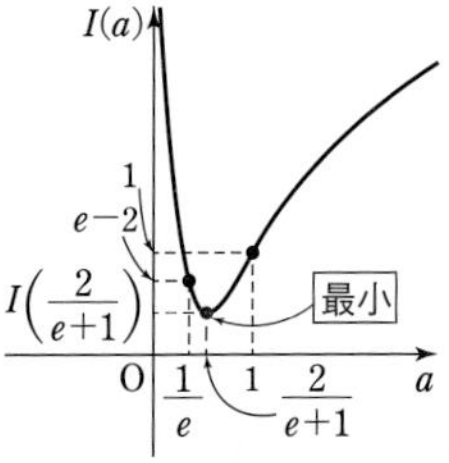

PR ④143

次の極限を求めよ。

(1) $\lim_{x\to 0}\frac{1}{x}\int_0^x 2te^{t^2}dt$　〔類 香川大〕　(2) $\lim_{x\to 1}\frac{1}{x-1}\int_1^x\frac{1}{\sqrt{t^2+1}}dt$　〔東京電機大〕

(1) $f(x)=\int_0^x 2te^{t^2}dt$ とすると　$f'(x)=2xe^{x^2}$

⇐ $\frac{d}{dx}\int_a^x g(t)\,dt=g(x)$

また，$f(0)=0$ であるから

⇐ $\int_a^a g(t)\,dt=0$

$$\lim_{x\to 0}\frac{1}{x}\int_0^x 2te^{t^2}dt=\lim_{x\to 0}\frac{f(x)-f(0)}{x-0}=f'(0)=\boldsymbol{0}$$

⇐ $\lim_{x\to a}\frac{f(x)-f(a)}{x-a}=f'(a)$

(2) $f(x)=\int_1^x\frac{1}{\sqrt{t^2+1}}dt$ とすると　$f'(x)=\frac{1}{\sqrt{x^2+1}}$

また，$f(1)=0$ であるから

$$\lim_{x\to 1}\frac{1}{x-1}\int_1^x\frac{1}{\sqrt{t^2+1}}dt=\lim_{x\to 1}\frac{f(x)-f(1)}{x-1}=f'(1)=\boldsymbol{\frac{1}{\sqrt{2}}}$$

⇐ $f'(1)=\frac{1}{\sqrt{1^2+1}}$

PR ②144

次の極限値を求めよ。

(1) $\displaystyle\lim_{n\to\infty}\frac{1}{n\sqrt{n}}(\sqrt{2}+\sqrt{4}+\cdots\cdots+\sqrt{2n})$ 〔芝浦工大〕 (2) $\displaystyle\lim_{n\to\infty}\frac{\pi}{n}\sum_{k=1}^{n}\cos\frac{k\pi}{2n}$

(3) $\displaystyle\lim_{n\to\infty}\left(\frac{1}{n^2+1^2}+\frac{2}{n^2+2^2}+\frac{3}{n^2+3^2}+\cdots\cdots+\frac{n}{n^2+n^2}\right)$ 〔日本女子大〕

(4) $\displaystyle\lim_{n\to\infty}\left(\frac{n+1}{n^2}\log\frac{n+1}{n}+\frac{n+2}{n^2}\log\frac{n+2}{n}+\cdots\cdots+\frac{n+n}{n^2}\log\frac{n+n}{n}\right)$ 〔日本女子大〕

(1) $\displaystyle(与式)=\lim_{n\to\infty}\frac{\sqrt{2}}{n}\left(\sqrt{\frac{1}{n}}+\sqrt{\frac{2}{n}}+\cdots\cdots+\sqrt{\frac{n}{n}}\right)$

$\displaystyle=\sqrt{2}\lim_{n\to\infty}\frac{1}{n}\sum_{k=1}^{n}\sqrt{\frac{k}{n}}$

$\displaystyle=\sqrt{2}\int_0^1\sqrt{x}\,dx$

$\displaystyle=\frac{2\sqrt{2}}{3}\left[\sqrt{x^3}\right]_0^1$

$\displaystyle=\boldsymbol{\frac{2\sqrt{2}}{3}}$

(1)

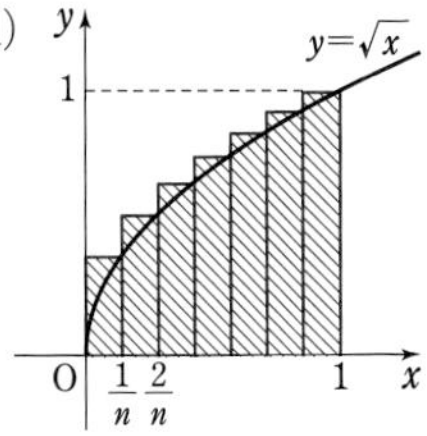

(2) $\displaystyle(与式)=\pi\lim_{n\to\infty}\frac{1}{n}\sum_{k=1}^{n}\cos\left(\frac{\pi}{2}\cdot\frac{k}{n}\right)$

$\displaystyle=\pi\int_0^1\cos\frac{\pi}{2}x\,dx$

$\displaystyle=2\left[\sin\frac{\pi}{2}x\right]_0^1=\mathbf{2}$

(2)

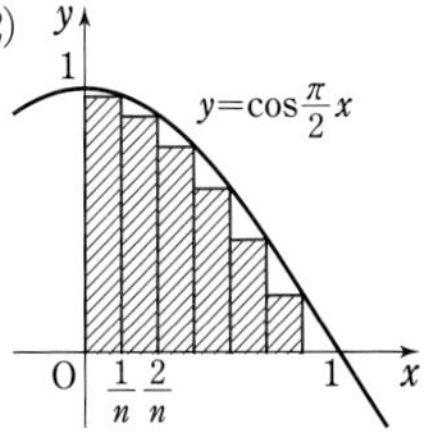

(3) $\displaystyle(与式)=\lim_{n\to\infty}\sum_{k=1}^{n}\frac{k}{n^2+k^2}=\lim_{n\to\infty}\sum_{k=1}^{n}\frac{\frac{k}{n^2}}{\frac{n^2+k^2}{n^2}}$

⇦分母・分子を n^2 で割る。

$\displaystyle=\lim_{n\to\infty}\frac{1}{n}\sum_{k=1}^{n}\frac{\frac{k}{n}}{1+\left(\frac{k}{n}\right)^2}=\int_0^1\frac{x}{1+x^2}\,dx$

⇦$f(x)=\dfrac{x}{1+x^2}$

$\displaystyle=\frac{1}{2}\int_0^1\frac{(1+x^2)'}{1+x^2}\,dx=\frac{1}{2}\left[\log(1+x^2)\right]_0^1$

$\displaystyle=\boldsymbol{\frac{1}{2}\log 2}$

(4) $\displaystyle(与式)=\lim_{n\to\infty}\sum_{k=1}^{n}\frac{n+k}{n^2}\log\frac{n+k}{n}$

$\displaystyle=\lim_{n\to\infty}\frac{1}{n}\sum_{k=1}^{n}\left(1+\frac{k}{n}\right)\log\left(1+\frac{k}{n}\right)$

$\displaystyle=\int_0^1(1+x)\log(1+x)\,dx$

⇦$f(x)=(1+x)\log(1+x)$

$\displaystyle=\left[\frac{(1+x)^2}{2}\log(1+x)\right]_0^1-\int_0^1\frac{1+x}{2}\,dx$

⇦**部分積分法**

$\displaystyle=2\log 2-\left[\frac{(x+1)^2}{4}\right]_0^1=2\log 2-\left(1-\frac{1}{4}\right)$

$\displaystyle=\boldsymbol{2\log 2-\frac{3}{4}}$

PR ②145

(1) 定積分 $\int_0^{\frac{1}{\sqrt{2}}}\frac{1}{\sqrt{1-x^2}}dx$ の値を求めよ。

(2) n を2以上の自然数とするとき，次の不等式が成り立つことを示せ。

$$\frac{1}{\sqrt{2}} \leqq \int_0^{\frac{1}{\sqrt{2}}}\frac{1}{\sqrt{1-x^n}}dx \leqq \frac{\pi}{4}$$

(1) $x=\sin\theta$ とおくと　$dx=\cos\theta d\theta$

x と θ の対応は右のようにとれる。

x	$0 \longrightarrow \frac{1}{\sqrt{2}}$
θ	$0 \longrightarrow \frac{\pi}{4}$

$0 \leqq \theta \leqq \frac{\pi}{4}$ で，$\cos\theta>0$ であるから

$$\sqrt{1-x^2}=\sqrt{1-\sin^2\theta}=\sqrt{\cos^2\theta}=|\cos\theta|=\cos\theta$$

よって　$\int_0^{\frac{1}{\sqrt{2}}}\frac{1}{\sqrt{1-x^2}}dx=\int_0^{\frac{\pi}{4}}\frac{\cos\theta}{\cos\theta}d\theta=\int_0^{\frac{\pi}{4}}d\theta=\boldsymbol{\frac{\pi}{4}}$

CHART $\sqrt{a^2-x^2}$ には $x=a\sin\theta$ とおく

(2) $0 \leqq x \leqq \frac{1}{\sqrt{2}}$ のとき　$0 \leqq x^n \leqq x^2$

⇐ $0 \leqq x<1$ のとき $n \geqq 2 \Longrightarrow x^n \leqq x^2$

よって　$(1-x^n)-(1-x^2)=x^2-x^n \geqq 0$

ゆえに　$1-x^n \geqq 1-x^2$　すなわち　$\sqrt{1-x^n} \geqq \sqrt{1-x^2}>0$

よって　$1 \leqq \frac{1}{\sqrt{1-x^n}} \leqq \frac{1}{\sqrt{1-x^2}}$

ゆえに　$\int_0^{\frac{1}{\sqrt{2}}}dx \leqq \int_0^{\frac{1}{\sqrt{2}}}\frac{1}{\sqrt{1-x^n}}dx \leqq \int_0^{\frac{1}{\sqrt{2}}}\frac{1}{\sqrt{1-x^2}}dx$

⇐ $\int_0^{\frac{1}{\sqrt{2}}}dx=\Big[x\Big]_0^{\frac{1}{\sqrt{2}}}=\frac{1}{\sqrt{2}}$

(1)の結果から　$\frac{1}{\sqrt{2}} \leqq \int_0^{\frac{1}{\sqrt{2}}}\frac{1}{\sqrt{1-x^n}}dx \leqq \frac{\pi}{4}$

PR ③146

不等式 $\frac{1}{n}+\log n \leqq \sum_{k=1}^{n}\frac{1}{k} \leqq 1+\log n$ を証明せよ。

自然数 k に対して，$k \leqq x \leqq k+1$ のとき

$$\frac{1}{k+1} \leqq \frac{1}{x} \leqq \frac{1}{k}$$

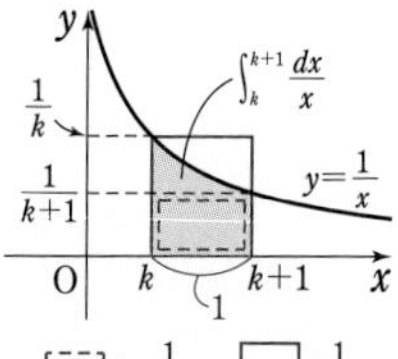

［破線の長方形］: $\frac{1}{k+1}$，［実線の長方形］: $\frac{1}{k}$

常には $\frac{1}{k+1}=\frac{1}{x}$ または $\frac{1}{x}=\frac{1}{k}$ でないから

$$\int_k^{k+1}\frac{1}{k+1}dx<\int_k^{k+1}\frac{1}{x}dx<\int_k^{k+1}\frac{1}{k}dx$$

よって　$\frac{1}{k+1}<\int_k^{k+1}\frac{1}{x}dx<\frac{1}{k}$

⇐ $\int_k^{k+1}\frac{1}{k+1}dx=\frac{1}{k+1}\int_k^{k+1}dx$
$\int_k^{k+1}\frac{1}{k}dx=\frac{1}{k}\int_k^{k+1}dx$
また　$\int_k^{k+1}dx=1$

$k=1,\ 2,\ 3,\ \cdots\cdots,\ n-1$ として辺々を加えると，$n \geqq 2$ のとき

$$\sum_{k=1}^{n-1}\frac{1}{k+1}<\sum_{k=1}^{n-1}\int_k^{k+1}\frac{1}{x}dx<\sum_{k=1}^{n-1}\frac{1}{k}$$

ここで　$\sum_{k=1}^{n-1}\frac{1}{k+1}=\frac{1}{2}+\frac{1}{3}+\cdots\cdots+\frac{1}{n}$

$$\sum_{k=1}^{n-1}\int_k^{k+1}\frac{1}{x}dx=\int_1^n\frac{1}{x}dx=\Big[\log x\Big]_1^n=\log n$$

⇐ $\int_1^2+\int_2^3+\cdots\cdots+\int_{n-1}^n=\int_1^n$

したがって　$\frac{1}{2}+\frac{1}{3}+\cdots\cdots+\frac{1}{n}<\log n$

この不等式の両辺に1を加えると

$$1+\frac{1}{2}+\frac{1}{3}+\cdots\cdots+\frac{1}{n}<1+\log n$$

すなわち　$\displaystyle\sum_{k=1}^{n}\frac{1}{k}<1+\log n$　……①

また　$\displaystyle\sum_{k=1}^{n-1}\frac{1}{k}=1+\frac{1}{2}+\frac{1}{3}+\cdots\cdots+\frac{1}{n-1}$

したがって　$\displaystyle\log n<1+\frac{1}{2}+\frac{1}{3}+\cdots\cdots+\frac{1}{n-1}$

この不等式の両辺に $\dfrac{1}{n}$ を加えると

$$\frac{1}{n}+\log n<1+\frac{1}{2}+\frac{1}{3}+\cdots\cdots+\frac{1}{n-1}+\frac{1}{n}$$

すなわち　$\displaystyle\frac{1}{n}+\log n<\sum_{k=1}^{n}\frac{1}{k}$　……②

①，②から　$\displaystyle\frac{1}{n}+\log n<\sum_{k=1}^{n}\frac{1}{k}<1+\log n$

$n=1$ のとき　$\displaystyle\frac{1}{1}+\log 1=1,\ \sum_{k=1}^{1}\frac{1}{k}=1,\ 1+\log 1=1$

⇦①，②は $n\geqq2$ のとき成り立つ不等式。

したがって，すべての自然数に対して

$$\frac{1}{n}+\log n\leqq\sum_{k=1}^{n}\frac{1}{k}\leqq1+\log n$$

別解　$n\geqq2$ のとき

$y=\dfrac{1}{x}$ のグラフを考えると，右の図のようになる。

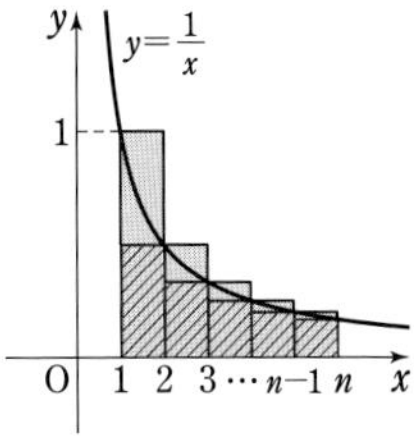

図の階段状の小さい方の長方形の面積の和を S_1，大きい方の長方形の面積の和を S_2 とすると

$$S_1=\sum_{k=2}^{n}\frac{1}{k},\quad S_2=\sum_{k=1}^{n-1}\frac{1}{k}$$

また，$\displaystyle S=\int_1^n\frac{1}{x}dx=\Big[\log x\Big]_1^n=\log n$ とすると，図から

$$S_1<S<S_2$$

ゆえに　$\displaystyle\sum_{k=2}^{n}\frac{1}{k}<\log n<\sum_{k=1}^{n-1}\frac{1}{k}$

よって　$\displaystyle\frac{1}{n}+\log n<\sum_{k=1}^{n}\frac{1}{k}<1+\log n$　……①

⇦$\displaystyle\sum_{k=2}^{n}\frac{1}{k}<\log n$ から $\displaystyle\sum_{k=1}^{n}\frac{1}{k}<1+\log n$，$\displaystyle\log n<\sum_{k=1}^{n-1}\frac{1}{k}$ から $\displaystyle\log n+\frac{1}{n}<\sum_{k=1}^{n}\frac{1}{k}$

$n=1$ のとき，①の各辺はすべて1となり，等号が成り立つ。

したがって，自然数 n について

$$\frac{1}{n}+\log n\leqq\sum_{k=1}^{n}\frac{1}{k}\leqq1+\log n$$

PR ③147

次の極限値を求めよ。

(1) $\displaystyle\lim_{n\to\infty}\frac{1}{n}\left\{\left(\frac{1}{n}\right)^2+\left(\frac{2}{n}\right)^2+\left(\frac{3}{n}\right)^2+\cdots\cdots+\left(\frac{3n}{n}\right)^2\right\}$　〔摂南大〕

(2) $\displaystyle\lim_{n\to\infty}\frac{1}{n}\sum_{k=n+1}^{2n}\frac{n+1}{n+k}$　〔類 東京理科大〕

5章 PR

求める極限値をSとする。

(1) $S_n=\dfrac{1}{n}\left\{\left(\dfrac{1}{n}\right)^2+\left(\dfrac{2}{n}\right)^2+\cdots\cdots+\left(\dfrac{3n}{n}\right)^2\right\}$ とすると

$$S_n=\frac{1}{n}\sum_{k=1}^{3n}\left(\frac{k}{n}\right)^2$$

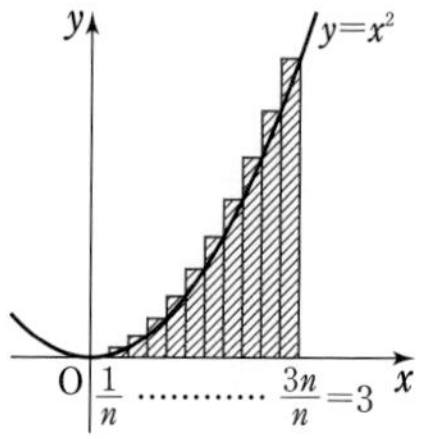

S_n は右の図の斜線部分の長方形の面積の和を表すから

⇐$f(x)=x^2$

$$S=\lim_{n\to\infty}S_n=\lim_{n\to\infty}\frac{1}{n}\sum_{k=1}^{3n}\left(\frac{k}{n}\right)^2$$
$$=\int_0^3 x^2dx=\left[\frac{x^3}{3}\right]_0^3=\mathbf{9}$$

(2) $S_n=\dfrac{1}{n}\displaystyle\sum_{k=n+1}^{2n}\dfrac{n+1}{n+k}$ とすると

$$S_n=\frac{1}{n}\sum_{k=n+1}^{2n}\frac{1+\frac{1}{n}}{1+\frac{k}{n}}$$
$$=\left(1+\frac{1}{n}\right)\cdot\frac{1}{n}\sum_{k=n+1}^{2n}\frac{1}{1+\frac{k}{n}}$$

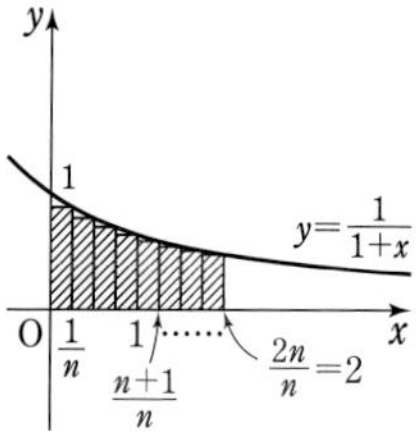

$\dfrac{1}{n}\displaystyle\sum_{k=n+1}^{2n}\dfrac{1}{1+\frac{k}{n}}$ は右の図の赤い斜線部分の長方形の面積の和を表すから

⇐$f(x)=\dfrac{1}{1+x}$

$$S=\lim_{n\to\infty}S_n=\lim_{n\to\infty}\left(1+\frac{1}{n}\right)\cdot\frac{1}{n}\sum_{k=n+1}^{2n}\frac{1}{1+\frac{k}{n}}$$
$$=1\cdot\int_1^2\frac{1}{1+x}\,dx=\Big[\log(1+x)\Big]_1^2=\mathbf{\log\frac{3}{2}}$$

⇐$\displaystyle\lim_{n\to\infty}\left(1+\frac{1}{n}\right)=1$

別解 **1** $S_n=\dfrac{1}{n}\displaystyle\sum_{k=n+1}^{2n}\dfrac{n+1}{n+k}$ とすると

$$S_n=\frac{1}{n}\left(\frac{n+1}{2n+1}+\frac{n+1}{2n+2}+\cdots\cdots+\frac{n+1}{2n+n}\right)$$
$$=\frac{1}{n}\sum_{k=1}^{n}\frac{n+1}{2n+k}=\frac{1}{n}\sum_{k=1}^{n}\frac{1+\frac{1}{n}}{2+\frac{k}{n}}$$
$$=\left(1+\frac{1}{n}\right)\cdot\frac{1}{n}\sum_{k=1}^{n}\frac{1}{2+\frac{k}{n}}$$

S_n は右の図の長方形の斜線部分の和を表すから

⇐$f(x)=\dfrac{1}{2+x}$

$$S=\lim_{n\to\infty}S_n$$
$$=\lim_{n\to\infty}\left(1+\frac{1}{n}\right)\cdot\frac{1}{n}\sum_{k=1}^{n}\frac{1}{2+\frac{k}{n}}$$

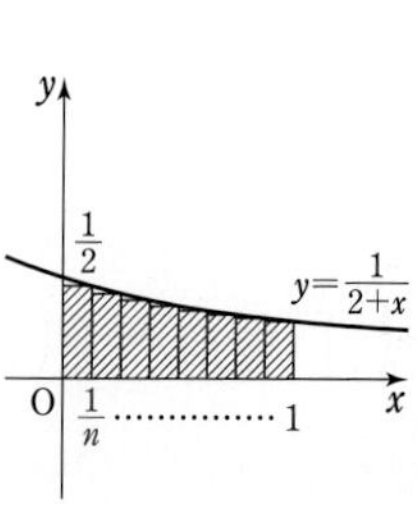

$$=1\cdot\int_0^1 \frac{1}{2+x}dx$$

$$=\Big[\log(2+x)\Big]_0^1=\mathbf{\log\frac{3}{2}}$$

別解 2　$S=\lim_{n\to\infty}\frac{1}{n}\sum_{k=n+1}^{2n}\frac{n+1}{n+k}=\lim_{n\to\infty}\frac{1}{n}\sum_{k=n+1}^{2n}\frac{1+\frac{1}{n}}{1+\frac{k}{n}}$

$$=\lim_{n\to\infty}\left(1+\frac{1}{n}\right)\cdot\frac{1}{n}\sum_{k=n+1}^{2n}\frac{1}{1+\frac{k}{n}}$$

$$=\lim_{n\to\infty}\left(1+\frac{1}{n}\right)\left(\frac{1}{n}\sum_{k=1}^{2n}\frac{1}{1+\frac{k}{n}}-\frac{1}{n}\sum_{k=1}^{n}\frac{1}{1+\frac{k}{n}}\right)$$

$$=1\cdot\left(\int_0^2\frac{1}{1+x}dx-\int_0^1\frac{1}{1+x}dx\right)$$

$$=\Big[\log(1+x)\Big]_0^2-\Big[\log(1+x)\Big]_0^1=\log 3-\log 2$$

$$=\mathbf{\log\frac{3}{2}}$$

⇐$\lim_{n\to\infty}\left(1+\frac{1}{n}\right)=1$

⇐$\lim_{n\to\infty}\left(1+\frac{1}{n}\right)=1$

PR ④148

(1)　$f(t)$ と $g(t)$ を t の関数とする。x と p を実数とするとき，$\int_{-1}^{x}\{f(t)+pg(t)\}^2dt$ の性質を用いて，次の不等式を導け。

$$\left\{\int_{-1}^{x}f(t)g(t)\,dt\right\}^2\leqq\left(\int_{-1}^{x}\{f(t)\}^2dt\right)\left(\int_{-1}^{x}\{g(t)\}^2dt\right)$$

(2)　(1)を利用して，

$$\left\{-\frac{1}{\pi}(x+1)\cos\pi x+\frac{1}{\pi^2}\sin\pi x\right\}^2\leqq\frac{1}{3}(x+1)^3\left(\frac{x+1}{2}-\frac{1}{4\pi}\sin 2\pi x\right)$$ を示せ。

(1)　常に $g(t)=0$ の場合
不等式の両辺はともに0となり，不等式が成り立つ。
ある t で $g(t)\neq 0$ の場合
p を任意の実数とすると　　$\{f(t)+pg(t)\}^2\geqq 0$
[1]　$x>-1$ のとき
$\int_{-1}^{x}\{f(t)+pg(t)\}^2dt\geqq 0$ から

$$p^2\int_{-1}^{x}\{g(t)\}^2dt+2p\int_{-1}^{x}f(t)g(t)\,dt+\int_{-1}^{x}\{f(t)\}^2dt\geqq 0 \quad \cdots\cdots ①$$

$\int_{-1}^{x}\{g(t)\}^2dt>0$ であるから，p についての2次不等式①が常に成り立つ条件は，(左辺)=0 とした2次方程式について判別式を D_1 とすると　　$D_1\leqq 0$

$\frac{D_1}{4}=\left\{\int_{-1}^{x}f(t)g(t)dt\right\}^2-\int_{-1}^{x}\{f(t)\}^2dt\cdot\int_{-1}^{x}\{g(t)\}^2dt$ であるから，不等式が成り立つ。

⇐$a<b$，$F(t)\geqq 0$ のとき $\int_a^b F(t)\,dt\geqq 0$

[2]　$x=-1$ のとき

不等式の両辺はともに 0 となり，不等式が成り立つ。

⇦$\int_{-1}^{-1}F(t)dt=0$

[3]　$x<-1$ のとき

$\int_{-1}^{x}\{f(t)+pg(t)\}^2dt\leqq 0$ から

$$p^2\int_{-1}^{x}\{g(t)\}^2dt+2p\int_{-1}^{x}f(t)g(t)dt+\int_{-1}^{x}\{f(t)\}^2dt\leqq 0 \quad \cdots\cdots ②$$

⇦$a>b$，$F(t)\geqq 0$ のとき $\int_a^b F(t)dt\leqq 0$

$\int_{-1}^{x}\{g(t)\}^2dt<0$ であるから，p についての 2 次不等式 ② が常に成り立つ条件は，(左辺)$=0$ とした 2 次方程式について判別式を D_2 とすると　$D_2\leqq 0$

$\frac{D_2}{4}=\left\{\int_{-1}^{x}f(t)g(t)dt\right\}^2-\int_{-1}^{x}\{f(t)\}^2dt\cdot\int_{-1}^{x}\{g(t)\}^2dt$ であるから，不等式が成り立つ。

以上から，不等式が成り立つ。

(2)　$\int_{-1}^{x}f(t)g(t)dt=-\frac{1}{\pi}(x+1)\cos\pi x+\frac{1}{\pi^2}\sin\pi x$ とする。

CHART

(1) は (2) のヒント

(1) の結果を利用するために

(左辺)$=\left\{\int_{-1}^{x}f(t)g(t)dt\right\}^2$

とする。

両辺を x について微分して

$$f(x)g(x)=-\frac{1}{\pi}\cos\pi x+(x+1)\sin\pi x+\frac{1}{\pi}\cos\pi x$$
$$=(x+1)\sin\pi x$$

ここで，$f(t)=t+1$，$g(t)=\sin\pi t$ とすると

$$\int_{-1}^{x}\{f(t)\}^2dt=\int_{-1}^{x}(t+1)^2dt=\left[\frac{1}{3}(t+1)^3\right]_{-1}^{x}$$
$$=\frac{1}{3}(x+1)^3$$

$$\int_{-1}^{x}\{g(t)\}^2dt=\int_{-1}^{x}\sin^2\pi t\,dt=\int_{-1}^{x}\frac{1-\cos 2\pi t}{2}dt$$
$$=\left[\frac{t}{2}-\frac{1}{4\pi}\sin 2\pi t\right]_{-1}^{x}=\frac{x}{2}-\frac{1}{4\pi}\sin 2\pi x+\frac{1}{2}$$
$$=\frac{x+1}{2}-\frac{1}{4\pi}\sin 2\pi x$$

よって，(1) から

$$\left\{-\frac{1}{\pi}(x+1)\cos\pi x+\frac{1}{\pi^2}\sin\pi x\right\}^2\leqq\frac{1}{3}(x+1)^3\left(\frac{x+1}{2}-\frac{1}{4\pi}\sin 2\pi x\right)$$

PR ④149

曲線 $y=\sqrt{4-x}$ を C とする。t $(2\leqq t\leqq 3)$ に対して，曲線 C 上の点 $(t,\ \sqrt{4-t})$ と原点，点 $(t,\ 0)$ の 3 点を頂点とする三角形の面積を $S(t)$ とする。区間 $[2,\ 3]$ を n 等分し，その端点と分点を小さい方から順に $t_0=2$，t_1，t_2，……，t_{n-1}，$t_n=3$ とするとき，極限値 $\lim_{n\to\infty}\frac{1}{n}\sum_{k=1}^{n}S(t_k)$ を求めよ。

〔類　茨城大〕

$$S(t)=\frac{1}{2}\cdot t\cdot\sqrt{4-t}=\frac{1}{2}t\sqrt{4-t}$$

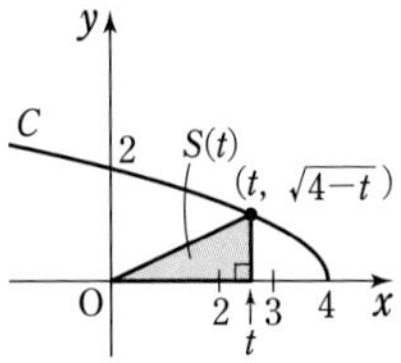

$\dfrac{t_n-t_0}{n}=\dfrac{1}{n}$ より，$t_k=2+\dfrac{k}{n}$ $(k=0,\ 1,\ 2,\ \cdots\cdots,\ n)$ と表すことができるから

$$S(t_k)=\frac{1}{2}t_k\sqrt{4-t_k}=\frac{1}{2}\left(2+\frac{k}{n}\right)\sqrt{4-\left(2+\frac{k}{n}\right)}$$
$$=\frac{1}{2}\left(2+\frac{k}{n}\right)\sqrt{2-\frac{k}{n}}\quad (k=0,\ 1,\ 2,\ \cdots\cdots,\ n)$$

よって　$\displaystyle\lim_{n\to\infty}\frac{1}{n}\sum_{k=1}^{n}S(t_k)=\lim_{n\to\infty}\frac{1}{n}\sum_{k=1}^{n}\frac{1}{2}\left(2+\frac{k}{n}\right)\sqrt{2-\frac{k}{n}}$

$$=\frac{1}{2}\int_0^1(2+x)\sqrt{2-x}\,dx$$

⇐$\displaystyle\lim_{n\to\infty}\frac{1}{n}\sum_{k=1}^{n}f\left(\frac{k}{n}\right)=\int_0^1 f(x)\,dx$
ここでは，$f(x)=(2+x)\sqrt{2-x}$ とする。

ここで，$\sqrt{2-x}=u$ とおくと

$$x=2-u^2,\ dx=-2u\,du$$

x	$0\ \longrightarrow\ 1$
u	$\sqrt{2}\ \longrightarrow\ 1$

x と u の対応は右のようになる。

ゆえに　$\displaystyle\lim_{n\to\infty}\frac{1}{n}\sum_{k=1}^{n}S(t_k)=\frac{1}{2}\int_{\sqrt{2}}^{1}(4-u^2)u\cdot(-2u)\,du$

$$=\int_1^{\sqrt{2}}(4u^2-u^4)\,du$$
$$=\left[\frac{4}{3}u^3-\frac{1}{5}u^5\right]_1^{\sqrt{2}}=\boldsymbol{\frac{28\sqrt{2}-17}{15}}$$

PR
⑤150

自然数 $n=1,\ 2,\ 3,\ \cdots\cdots$ に対して，$I_n=\displaystyle\int_0^1\frac{x^n}{1+x}dx$ とする。

(1)　I_1 を求めよ。更に，すべての自然数 n に対して，$I_n+I_{n+1}=\dfrac{1}{n+1}$ が成り立つことを示せ。

(2)　不等式 $\dfrac{1}{2(n+1)}\leqq I_n\leqq\dfrac{1}{n+1}$ が成り立つことを示せ。

(3)　これらの結果を使って，$\log 2=\displaystyle\lim_{n\to\infty}\sum_{k=1}^{n}\frac{(-1)^{k-1}}{k}$ が成り立つことを示せ。　〔琉球大〕

(1)　$I_1=\displaystyle\int_0^1\frac{x}{1+x}dx=\int_0^1\left(1-\frac{1}{1+x}\right)dx$

⇐$\dfrac{x}{1+x}=\dfrac{(1+x)-1}{1+x}$

$$=\Big[x-\log(1+x)\Big]_0^1=\boldsymbol{1-\log 2}$$

$$I_n+I_{n+1}=\int_0^1\left(\frac{x^n}{1+x}+\frac{x^{n+1}}{1+x}\right)dx=\int_0^1\frac{x^n(1+x)}{1+x}dx$$

⇐$\dfrac{x^n(1+x)}{1+x}=x^n$

$$=\int_0^1 x^n dx=\left[\frac{1}{n+1}x^{n+1}\right]_0^1$$
$$=\frac{1}{n+1}$$

(2)　$0\leqq x\leqq 1$ のとき　$1\leqq 1+x\leqq 2$

よって　$\dfrac{1}{2}\leqq\dfrac{1}{1+x}\leqq 1$

ゆえに　$\dfrac{x^n}{2}\leqq\dfrac{x^n}{1+x}\leqq x^n$

⇐$x^n\geqq 0$

よって　$\displaystyle\int_0^1 \frac{x^n}{2}dx \leqq \int_0^1 \frac{x^n}{1+x}dx \leqq \int_0^1 x^n dx$

ここで　$\displaystyle\int_0^1 \frac{x^n}{2}dx = \left[\frac{x^{n+1}}{2(n+1)}\right]_0^1 = \frac{1}{2(n+1)}$,

$\displaystyle\int_0^1 x^n dx = \left[\frac{x^{n+1}}{n+1}\right]_0^1 = \frac{1}{n+1}$

したがって　$\displaystyle\frac{1}{2(n+1)} \leqq I_n \leqq \frac{1}{n+1}$

(3)　(1)より，$1=\log 2+I_1$，$\displaystyle\frac{1}{n+1}=I_n+I_{n+1}$ であるから

$$\sum_{k=1}^{n}\frac{(-1)^{k-1}}{k}=\frac{1}{1}-\frac{1}{2}+\frac{1}{3}-\frac{1}{4}+\cdots\cdots+\frac{(-1)^{n-1}}{n}$$
$$=(\log 2+I_1)-(I_1+I_2)+(I_2+I_3)-(I_3+I_4)$$
$$+\cdots\cdots+(-1)^{n-1}(I_{n-1}+I_n)$$
$$=\log 2+(-1)^{n-1}I_n$$

(2)において　$\displaystyle\lim_{n\to\infty}\frac{1}{2(n+1)}=\lim_{n\to\infty}\frac{1}{n+1}=0$

よって，$\displaystyle\lim_{n\to\infty}I_n=0$ であるから

$$\lim_{n\to\infty}\sum_{k=1}^{n}\frac{(-1)^{k-1}}{k}=\log 2$$

⇦はさみうちの原理

EX ③94

次の不定積分を求めよ。

(1) $\displaystyle\int\frac{x}{(1+x^2)^3}dx$　　(2) $\displaystyle\int\frac{2x+1}{x^2(x+1)}dx$

(3) $\displaystyle\int(x+1)^2\log x\,dx$　〔日本女子大〕　(4) $\displaystyle\int\frac{1}{e^x-e^{-x}}dx$　〔信州大〕

(5) $\displaystyle\int e^{\sin x}\sin 2x\,dx$　　(6) $\displaystyle\int e^{\sqrt{x}}dx$　〔広島市大〕

(1)　$1+x^2=t$ とおくと，$2x\,dx=dt$ であるから

$$\int\frac{x}{(1+x^2)^3}dx=\int\frac{1}{t^3}\cdot\frac{1}{2}dt=\frac{1}{2}\left(-\frac{1}{2t^2}\right)+C$$
$$=-\frac{1}{4t^2}+C=\boldsymbol{-\frac{1}{4(1+x^2)^2}+C}$$

⇦$x\,dx=\dfrac{1}{2}dt$

⇦$\displaystyle\int\frac{1}{t^3}dt=\int t^{-3}dt$
$=\dfrac{1}{-3+1}t^{-3+1}+C$

(2)　$$\frac{2x+1}{x^2(x+1)}=\frac{a}{x}+\frac{b}{x^2}+\frac{c}{x+1}$$

とおいて，両辺に $x^2(x+1)$ を掛けると

$$2x+1=ax(x+1)+b(x+1)+cx^2$$

整理して　$(a+c)x^2+(a+b-2)x+b-1=0$

これが x についての恒等式である条件は

$$a+c=0,\ a+b-2=0,\ b-1=0$$

これを解いて　　$b=1,\ a=1,\ c=-1$

よって　$$\int\frac{2x+1}{x^2(x+1)}dx=\int\left(\frac{1}{x}+\frac{1}{x^2}-\frac{1}{x+1}\right)dx$$
$$=\log|x|-\frac{1}{x}-\log|x+1|+C$$
$$=\boldsymbol{\log\left|\frac{x}{x+1}\right|-\frac{1}{x}+C}$$

inf.　$\dfrac{ax+b}{x^2}+\dfrac{c}{x+1}$ とおいて，部分分数に分解してもよいが，その場合
$\dfrac{ax+b}{x^2}=\dfrac{a}{x}+\dfrac{b}{x^2}$
であるから，初めから解答のようにおいて係数を決定する。

⇦$\log M-\log N=\log\dfrac{M}{N}$

(3)　$$\int(x+1)^2\log x\,dx=\int\left\{\frac{(x+1)^3}{3}\right\}'\log x\,dx$$
$$=\frac{(x+1)^3}{3}\log x-\int\frac{(x+1)^3}{3x}dx$$
$$=\frac{(x+1)^3}{3}\log x-\int\left(\frac{x^2}{3}+x+1+\frac{1}{3x}\right)dx$$
$$=\frac{(x+1)^3}{3}\log x-\frac{x^3}{9}-\frac{x^2}{2}-x-\frac{1}{3}\log x+C$$
$$=\boldsymbol{\frac{x(x^2+3x+3)}{3}\log x-\frac{x^3}{9}-\frac{x^2}{2}-x+C}$$

(3)　被積分関数に $\log x$ を含んでいるから，$x>0$ である。

(4)　$e^x=t$ とおくと　　$e^xdx=dt$

⇦置換積分法

また，$\dfrac{1}{e^x-e^{-x}}=\dfrac{e^x}{(e^x-e^{-x})e^x}=\dfrac{e^x}{e^{2x}-1}$ であるから

$$\int\frac{dx}{e^x-e^{-x}}=\int\frac{e^x}{e^{2x}-1}dx=\int\frac{1}{t^2-1}dt$$
$$=\frac{1}{2}\int\left(\frac{1}{t-1}-\frac{1}{t+1}\right)dt$$
$$=\frac{1}{2}(\log|t-1|-\log|t+1|)+C$$

⇦部分分数に分解する。

$$=\frac{1}{2}\log\left|\frac{t-1}{t+1}\right|+C$$

$$=\boldsymbol{\frac{1}{2}\log\frac{|e^x-1|}{e^x+1}+C}$$

⇐ $e^x+1>0$

(5) $\displaystyle\int e^{\sin x}\sin 2x\,dx=2\int e^{\sin x}\sin x\cos x\,dx$

⇐ 2 倍角の公式

$\sin x=t$ とおくと，$\cos x\,dx=dt$ であるから

⇐**置換積分法**

$$\int e^{\sin x}\sin 2x\,dx=2\int te^t dt=2\int t(e^t)'\,dt$$

⇐**部分積分法**

$$=2\left(te^t-\int e^t dt\right)=2(te^t-e^t)+C$$

$$=2e^t(t-1)+C=\boldsymbol{2e^{\sin x}(\sin x-1)+C}$$

(6) $\sqrt{x}=t$ とおくと，$x=t^2$，$dx=2t\,dt$ であるから

⇐**置換積分法**

$$\int e^{\sqrt{x}}dx=\int e^t\cdot 2t\,dt=2\int (e^t)'\cdot t\,dt$$

⇐**部分積分法**

$$=2\left(te^t-\int e^t dt\right)=2(te^t-e^t)+C$$

$$=2e^t(t-1)+C=\boldsymbol{2e^{\sqrt{x}}(\sqrt{x}-1)+C}$$

EX ③95

次の不定積分を求めよ。

(1) $\displaystyle\int\frac{1}{\cos^4 x}dx$　　(2) $\displaystyle\int\tan^4 x\,dx$　　(3) $\displaystyle\int\frac{\cos^2 x}{1-\cos x}dx$

(1) $\displaystyle\frac{1}{\cos^4 x}=(\tan^2 x+1)\cdot\frac{1}{\cos^2 x}$

⇐ $\displaystyle\frac{1}{\cos^2 x}=\tan^2 x+1$

$\tan x=t$ とおくと，$\displaystyle\frac{1}{\cos^2 x}dx=dt$ であるから

$$\int\frac{1}{\cos^4 x}dx=\int(\tan^2 x+1)\cdot\frac{1}{\cos^2 x}dx$$

$$=\int(t^2+1)\,dt=\frac{1}{3}t^3+t+C$$

$$=\boldsymbol{\frac{1}{3}\tan^3 x+\tan x+C}$$

(2) $\displaystyle\tan^4 x=\tan^2 x\left(\frac{1}{\cos^2 x}-1\right)$

⇐ $\displaystyle\tan^2 x=\frac{1}{\cos^2 x}-1$

$\tan x=t$ とおくと，$\displaystyle\frac{1}{\cos^2 x}dx=dt$ であるから

$$\int\tan^4 x\,dx=\int\tan^2 x\left(\frac{1}{\cos^2 x}-1\right)dx$$

$$=\int\tan^2 x\cdot\frac{1}{\cos^2 x}dx-\int\left(\frac{1}{\cos^2 x}-1\right)dx$$

$$=\int t^2 dt-\tan x+x=\frac{1}{3}t^3-\tan x+x+C$$

$$=\boldsymbol{\frac{1}{3}\tan^3 x-\tan x+x+C}$$

(3) $\dfrac{\cos^2 x}{1-\cos x}=-1-\cos x+\dfrac{1}{1-\cos x}$,

$\dfrac{1}{1-\cos x}=\dfrac{1+\cos x}{(1-\cos x)(1+\cos x)}=\dfrac{1}{\sin^2 x}+\dfrac{\cos x}{\sin^2 x}$

よって

$$\int\frac{\cos^2 x}{1-\cos x}dx=\int\left(-1-\cos x+\frac{1}{\sin^2 x}+\frac{\cos x}{\sin^2 x}\right)dx$$

$$=\int\left(-1-\cos x+\frac{1}{\sin^2 x}\right)dx+\int\frac{\cos x}{\sin^2 x}dx$$

ここで，$\sin x=t$ とおくと　$\cos x\,dx=dt$

$$\int\frac{\cos x}{\sin^2 x}dx=\int\frac{1}{t^2}dt=-\frac{1}{t}+C_1=-\frac{1}{\sin x}+C_1$$

ゆえに

$$\int\frac{\cos^2 x}{1-\cos x}dx=\boldsymbol{-x-\sin x-\frac{1}{\tan x}-\frac{1}{\sin x}+C}$$

⇐ $\dfrac{c^2}{1-c}=\dfrac{1-1+c^2}{1-c}$
$=\dfrac{1-(1-c)(1+c)}{1-c}$
$=-1-c+\dfrac{1}{1-c}$

⇐ $\boldsymbol{f(\sin x)\cos x}$ の形。

EX ③96　不定積分 $\int(\cos x)e^{ax}dx$ を求めよ。　〔信州大〕

$I=\int(\cos x)e^{ax}dx$ とおく。

$$I=\int e^{ax}\cos x\,dx=\int e^{ax}(\sin x)'\,dx$$
$$=e^{ax}\sin x-\int(e^{ax})'\sin x\,dx$$
$$=e^{ax}\sin x-a\int e^{ax}\sin x\,dx$$
$$=e^{ax}\sin x-a\int e^{ax}(-\cos x)'\,dx$$
$$=e^{ax}\sin x-a\left\{-e^{ax}\cos x+\int(e^{ax})'\cos x\,dx\right\}$$
$$=e^{ax}\sin x+ae^{ax}\cos x-a^2\int e^{ax}\cos x\,dx$$
$$=e^{ax}(\sin x+a\cos x)-a^2 I$$

よって　$(a^2+1)I=e^{ax}(\sin x+a\cos x)+C_1$

ゆえに　$I=\boldsymbol{\dfrac{1}{a^2+1}e^{ax}(\sin x+a\cos x)+C}$

⇐部分積分法

⇐部分積分法

⇐同形出現

⇐積分定数も考える。

⇐ $\dfrac{C_1}{a^2+1}=C$ とおく。

別解　$I=\int(\cos x)e^{ax}dx$, $J=\int(\sin x)e^{ax}dx$ とする。

$$I=\int e^{ax}(\sin x)'\,dx=e^{ax}\sin x-a\int e^{ax}\sin x\,dx$$
$$=e^{ax}\sin x-aJ$$

したがって　$I+aJ=e^{ax}\sin x$　…… ①

$$J=\int e^{ax}(-\cos x)'\,dx=-e^{ax}\cos x+a\int e^{ax}\cos x\,dx$$
$$=-e^{ax}\cos x+aI$$

したがって　$aI-J=e^{ax}\cos x$　…… ②

CHART
sin, cos はペアで考える

①, ② から J を消去して

$$(a^2+1)I=e^{ax}\sin x+ae^{ax}\cos x$$

⇐①+②×a

よって，積分定数も考えて

$$I=\frac{1}{a^2+1}e^{ax}(\sin x+a\cos x)+C$$

参考 ①, ② から I を消去すると

$$(a^2+1)J=ae^{ax}\sin x-e^{ax}\cos x$$

⇐①×a−②

よって，積分定数も考えて

$$J=\frac{1}{a^2+1}e^{ax}(a\sin x-\cos x)+C_2$$

EX ④97

n を自然数とする。

(1) $t=\tan x$ と置換することで，不定積分 $\displaystyle\int\frac{dx}{\sin x\cos x}$ を求めよ。

(2) 関数 $\displaystyle\frac{1}{\sin x\cos^{n+1}x}$ の導関数を求めよ。

(3) 部分積分法を用いて

$$\int\frac{dx}{\sin x\cos^n x}=-\frac{1}{(n+1)\cos^{n+1}x}+\int\frac{dx}{\sin x\cos^{n+2}x}$$

が成り立つことを証明せよ。 〔類 横浜市大〕

(1) $t=\tan x$ とすると $\displaystyle dt=\frac{dx}{\cos^2 x}$

よって $$\int\frac{dx}{\sin x\cos x}=\int\frac{1}{\tan x}\cdot\frac{dx}{\cos^2 x}$$

$$=\int\frac{dt}{t}=\log|t|+C$$

$$=\log|\tan x|+C$$

⇐$\displaystyle\frac{1}{\sin x\cos x}=\frac{\cos x}{\sin x\cos^2 x}=\frac{\cos x}{\sin x}\cdot\frac{1}{\cos^2 x}$

(2) $$\left(\frac{1}{\sin x\cos^{n+1}x}\right)'$$

$$=-\frac{\cos x\cos^{n+1}x+\sin x(n+1)\cos^n x(-\sin x)}{(\sin x\cos^{n+1}x)^2}$$

$$=-\frac{\cos^{n+2}x-(n+1)\sin^2 x\cos^n x}{\sin^2 x\cos^{2n+2}x}$$

$$=-\frac{1}{\sin^2 x\cos^n x}+\frac{n+1}{\cos^{n+2}x}$$

⇐$\displaystyle\left(\frac{1}{g}\right)'=-\frac{g'}{g^2}$

(3) (2) から

$$\left(\frac{1}{\sin x\cos^n x}\right)'=-\frac{1}{\sin^2 x\cos^{n-1}x}+\frac{n}{\cos^{n+1}x} \quad \cdots\cdots ①$$

($n=1$ のときも成り立つ)

⇐(2) の結果に $n=n-1$ を代入すると $n\geqq 2$ で等式が成立。$n=1$ でも成り立つことの確認が必要。

であることを利用して

$$\int\frac{dx}{\sin x\cos^{n+2}x}=\int(\tan x)'\frac{dx}{\sin x\cos^n x}$$

⇐部分積分法を利用。

$$=\frac{\tan x}{\sin x\cos^n x}-\int\tan x\left(-\frac{1}{\sin^2 x\cos^{n-1}x}+\frac{n}{\cos^{n+1}x}\right)dx$$

⇐① を利用。

$$=\frac{1}{\cos^{n+1}x}+\int\frac{dx}{\sin x\cos^n x}-n\int\frac{\sin x}{\cos^{n+2}x}dx$$

$$=\frac{1}{\cos^{n+1}x}+\int\frac{dx}{\sin x\cos^n x}-\frac{n}{n+1}\cdot\frac{1}{\cos^{n+1}x}$$

$$=\frac{1}{(n+1)\cos^{n+1}x}+\int\frac{dx}{\sin x\cos^n x}$$

したがって

$$\int\frac{dx}{\sin x\cos^n x}=-\frac{1}{(n+1)\cos^{n+1}x}+\int\frac{dx}{\sin x\cos^{n+2}x}$$

⇐ ﹍ は置換積分。

$\cos x=t$ とおくと $-\sin x\,dx=dt$ から

$$n\int\frac{\sin x\,dt}{\cos^{n+2}x}=n\int\frac{-dt}{t^{n+2}}=\frac{n}{n+1}\cdot\frac{1}{t^{n+1}}$$

EX ⑤98

実数全体で定義された微分可能な関数 $f(x)$ が，次の 2 つの条件 (A)，(B) を満たしている。

(A)　すべての x について，$f(x)>0$ である。

(B)　すべての x，y について，$f(x+y)=f(x)f(y)e^{-xy}$ が成り立つ。

(1)　$f(0)=1$ を示せ。

(2)　$g(x)=\log f(x)$ とする。このとき，$g'(x)=f'(0)-x$ が成り立つことを示せ。

(3)　$f'(0)=2$ となるような $f(x)$ を求めよ。　［筑波大］

(1)　$f(x+y)=f(x)f(y)e^{-xy}$ に $x=y=0$ を代入すると

$$f(0)=\{f(0)\}^2$$

⇐ $e^0=1$

$f(0)>0$ であるから　　$f(0)=1$

(2)　$f(x+y)>0$，$f(x)>0$，$f(y)>0$ であるから，

$f(x+y)=f(x)f(y)e^{-xy}$ において，両辺の自然対数をとると

$$\log f(x+y)=\log f(x)+\log f(y)-xy$$

$g(x)=\log f(x)$ から　　$g(x+y)=g(x)+g(y)-xy$

よって　　$g'(x)=\displaystyle\lim_{h\to 0}\frac{g(x+h)-g(x)}{h}=\lim_{h\to 0}\left\{\frac{g(h)}{h}-x\right\}$

⇐ $g(x+h)=g(x)+g(h)-xh$

ここで，$f(0)=1$ から　　$g(0)=\log f(0)=0$

また，$g'(x)=\dfrac{f'(x)}{f(x)}$ から　　$g'(0)=f'(0)$

⇐ $\{\log f(x)\}'=\dfrac{f'(x)}{f(x)}$

ゆえに　　$\displaystyle\lim_{h\to 0}\frac{g(h)}{h}=\lim_{h\to 0}\frac{g(h)-g(0)}{h}=g'(0)=f'(0)$

したがって　　$g'(x)=f'(0)-x$

(3)　$f'(0)=2$ のとき，(2) から　　$g'(x)=2-x$

よって　　$g(x)=\displaystyle\int(2-x)\,dx=2x-\frac{x^2}{2}+C$

⇐ **積分は微分の逆演算**

$g(0)=0$ であるから　　$C=0$

⇐ 初期条件は $g(0)=0$

ゆえに　　$g(x)=2x-\dfrac{x^2}{2}$

したがって　　$\boldsymbol{f(x)=e^{g(x)}=e^{2x-\frac{x^2}{2}}}$

⇐ $g(x)=\log f(x)$ から $f(x)=e^{g(x)}$

EX ②99

次の定積分を求めよ。　［(3) 信州大］

(1)　$\displaystyle\int_0^1\sqrt{e^{1-t}}\,dt$　　(2)　$\displaystyle\int_{-\frac{\pi}{3}}^{\frac{\pi}{3}}\tan^2 x\,dx$　　(3)　$\displaystyle\int_0^{\pi}\sqrt{1-\cos x}\,dx$

(1) $\int_0^1\sqrt{e^{1-t}}\,dt=\int_0^1 e^{\frac{1-t}{2}}dt=\left[-2e^{\frac{1-t}{2}}\right]_0^1$

$=-2(e^0-e^{\frac{1}{2}})=\mathbf{2(\sqrt{e}-1)}$

(2) $\int_{-\frac{\pi}{3}}^{\frac{\pi}{3}}\tan^2 x\,dx=\int_{-\frac{\pi}{3}}^{\frac{\pi}{3}}\left(\frac{1}{\cos^2 x}-1\right)dx=\left[\tan x-x\right]_{-\frac{\pi}{3}}^{\frac{\pi}{3}}$

$=\left(\sqrt{3}-\frac{\pi}{3}\right)-\left(-\sqrt{3}+\frac{\pi}{3}\right)$

$=\mathbf{2\left(\sqrt{3}-\frac{\pi}{3}\right)}$

⇐$\tan^2 x=\frac{1}{\cos^2 x}-1$
$\int\frac{dx}{\cos^2 x}=\tan x+C$
なお，$\tan^2 x$ は偶関数であるから，$2\int_0^{\frac{\pi}{3}}\tan^2 x\,dx$ として計算してもよい。

(3) $0\leqq x\leqq\pi$ のとき，$\sin\frac{x}{2}\geqq 0$ であるから

$$\sqrt{1-\cos x}=\sqrt{2\cdot\frac{1-\cos x}{2}}=\sqrt{2\sin^2\frac{x}{2}}=\sqrt{2}\sin\frac{x}{2}$$

⇐半角の公式

よって　$\int_0^{\pi}\sqrt{1-\cos x}\,dx=\int_0^{\pi}\sqrt{2}\sin\frac{x}{2}dx$

$=\left[-2\sqrt{2}\cos\frac{x}{2}\right]_0^{\pi}$

$=-2\sqrt{2}(0-1)=\mathbf{2\sqrt{2}}$

EX ③100

(1) 定積分 $\int_0^1\frac{2x+1}{(x+1)^2(x-2)}dx$ を求めよ。〔中央大〕

(2) $\frac{d}{dx}\left\{\frac{(Ax+B)e^x}{x^2+4x+6}\right\}=\frac{x^3e^x}{(x^2+4x+6)^2}$ が成り立つような定数 A と B が存在することを示し，定積分 $\int_0^3\frac{x^3e^x}{(x^2+4x+6)^2}dx$ を求めよ。〔姫路工大〕

(1) $$\frac{2x+1}{(x+1)^2(x-2)}=\frac{a}{x+1}+\frac{b}{(x+1)^2}+\frac{c}{x-2}$$

とおいて，両辺に $(x+1)^2(x-2)$ を掛けると

$$2x+1=a(x+1)(x-2)+b(x-2)+c(x+1)^2$$

これを整理して

$$(a+c)x^2+(-a+b+2c-2)x+(-2a-2b+c-1)=0$$

これが x についての恒等式である条件は

$$a+c=0,\ -a+b+2c-2=0,\ -2a-2b+c-1=0$$

これを解いて　$a=-\frac{5}{9},\ b=\frac{1}{3},\ c=\frac{5}{9}$

⇐分母の $(x+1)^2$ は $(x+1)$ と $(x+1)^2$ に分解する。
⇐$x=-1,\ 0,\ 2$ を代入して，$a,\ b,\ c$ の値を求めてもよい。(数値代入法)
⇐係数比較法

よって　$\int_0^1\frac{2x+1}{(x+1)^2(x-2)}dx$

$=\int_0^1\left\{-\frac{5}{9}\cdot\frac{1}{x+1}+\frac{1}{3}\cdot\frac{1}{(x+1)^2}+\frac{5}{9}\cdot\frac{1}{x-2}\right\}dx$

$=\left[-\frac{5}{9}\log|x+1|-\frac{1}{3}\cdot\frac{1}{x+1}+\frac{5}{9}\log|x-2|\right]_0^1$

$=\left(-\frac{5}{9}\log 2-\frac{1}{6}\right)-\left(-\frac{1}{3}+\frac{5}{9}\log 2\right)$

$=\mathbf{\frac{1}{6}-\frac{10}{9}\log 2}$

⇐部分分数に分解する。

(2) $\dfrac{d}{dx}\left\{\dfrac{(Ax+B)e^x}{x^2+4x+6}\right\}$ の分母は　$(x^2+4x+6)^2$

⇦ $\left(\dfrac{f}{g}\right)'=\dfrac{f'g-fg'}{g^2}$

分子は

$$\{(Ax+B)e^x\}'(x^2+4x+6)-(Ax+B)e^x(x^2+4x+6)'$$
$$=\{Ae^x+(Ax+B)e^x\}(x^2+4x+6)-(Ax+B)e^x(2x+4)$$
$$=e^x\{(Ax+A+B)(x^2+4x+6)-(Ax+B)(2x+4)\}$$
$$=e^x\{Ax^3+(3A+B)x^2+(6A+2B)x+6A+2B\}$$

よって

$$x^3e^x=e^x\{Ax^3+(3A+B)x^2+(6A+2B)x+6A+2B\}$$

これが x についての恒等式である条件は

$$A=1,\ 3A+B=0,\ 6A+2B=0$$

これを解いて　$A=1,\ B=-3$

ゆえに，与式を満たすような定数 A，B が存在する。

⇦第1式と第2式から $A=1$，$B=-3$ が求められ，これらは第3式を満たす。

このとき

$$\int_0^3\frac{x^3e^x}{(x^2+4x+6)^2}dx=\left[\frac{(x-3)e^x}{x^2+4x+6}\right]_0^3$$
$$=0-\left(-\frac{3e^0}{6}\right)=\boldsymbol{\frac{1}{2}}$$

EX ③101

(1) 定積分 $\displaystyle\int_0^{\frac{\pi}{2}}\left|\cos x-\frac{1}{2}\right|dx$ を求めよ。　［琉球大］

(2) 定積分 $\displaystyle\int_0^{\pi}|\sin x-\sqrt{3}\cos x|dx$ を求めよ。

(3) $0<x<\pi$ において，$\sin x+\sin 2x=0$ を満たす x を求めよ。また，定積分 $\displaystyle\int_0^{\pi}|\sin x+\sin 2x|dx$ を求めよ。

(1) $0\leqq x\leqq\dfrac{\pi}{3}$ のとき　$\left|\cos x-\dfrac{1}{2}\right|=\cos x-\dfrac{1}{2}$

$\dfrac{\pi}{3}\leqq x\leqq\dfrac{\pi}{2}$ のとき　$\left|\cos x-\dfrac{1}{2}\right|=-\left(\cos x-\dfrac{1}{2}\right)$

⇦ $\cos x=\dfrac{1}{2}$ となる x は，積分区間では　$x=\dfrac{\pi}{3}$

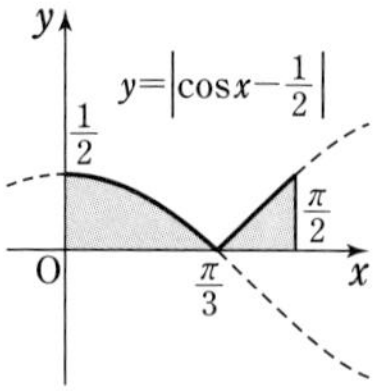

よって　$\displaystyle\int_0^{\frac{\pi}{2}}\left|\cos x-\frac{1}{2}\right|dx$

$$=\int_0^{\frac{\pi}{3}}\left(\cos x-\frac{1}{2}\right)dx-\int_{\frac{\pi}{3}}^{\frac{\pi}{2}}\left(\cos x-\frac{1}{2}\right)dx$$
$$=\left[\sin x-\frac{1}{2}x\right]_0^{\frac{\pi}{3}}-\left[\sin x-\frac{1}{2}x\right]_{\frac{\pi}{3}}^{\frac{\pi}{2}}$$
$$=2\left(\sin\frac{\pi}{3}-\frac{1}{2}\cdot\frac{\pi}{3}\right)-\left(\sin\frac{\pi}{2}-\frac{1}{2}\cdot\frac{\pi}{2}\right)$$
$$=2\left(\frac{\sqrt{3}}{2}-\frac{\pi}{6}\right)-\left(1-\frac{\pi}{4}\right)$$
$$=\boldsymbol{\sqrt{3}-1-\frac{\pi}{12}}$$

⇦ $F(x)=\sin x-\dfrac{1}{2}x$ とすると $2F\left(\dfrac{\pi}{3}\right)-F(0)-F\left(\dfrac{\pi}{2}\right)$ また，$F(0)=0$

(2) $\sin x-\sqrt{3}\cos x=2\sin\left(x-\dfrac{\pi}{3}\right)$

⇦三角関数の合成

$0 \leqq x \leqq \dfrac{\pi}{3}$ のとき　$\left|2\sin\left(x-\dfrac{\pi}{3}\right)\right| = -2\sin\left(x-\dfrac{\pi}{3}\right)$

$\dfrac{\pi}{3} \leqq x \leqq \pi$ のとき　$\left|2\sin\left(x-\dfrac{\pi}{3}\right)\right| = 2\sin\left(x-\dfrac{\pi}{3}\right)$

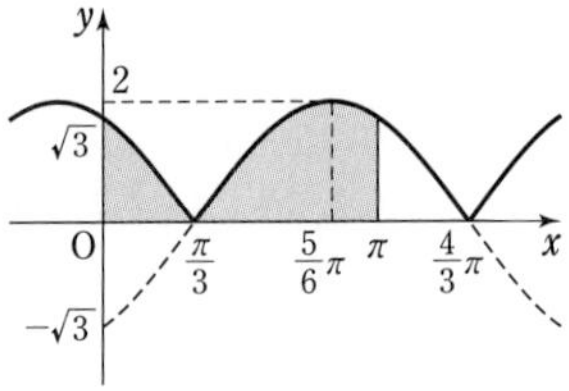

よって　$\displaystyle\int_0^{\pi}|\sin x-\sqrt{3}\cos x|\,dx$

$$=\int_0^{\pi}\left|2\sin\left(x-\frac{\pi}{3}\right)\right|dx$$

$$=-2\int_0^{\frac{\pi}{3}}\sin\left(x-\frac{\pi}{3}\right)dx+2\int_{\frac{\pi}{3}}^{\pi}\sin\left(x-\frac{\pi}{3}\right)dx$$

$$=2\left[\cos\left(x-\frac{\pi}{3}\right)\right]_0^{\frac{\pi}{3}}-2\left[\cos\left(x-\frac{\pi}{3}\right)\right]_{\frac{\pi}{3}}^{\pi}$$

$$=2\left\{2\cos 0-\cos\left(-\frac{\pi}{3}\right)-\cos\frac{2}{3}\pi\right\}$$

$$=2\left\{2\cdot 1-\frac{1}{2}-\left(-\frac{1}{2}\right)\right\}=\mathbf{4}$$

⇐ $F(x)=\cos\left(x-\dfrac{\pi}{3}\right)$ とすると $\Big[F(x)\Big]_0^{\frac{\pi}{3}}-\Big[F(x)\Big]_{\frac{\pi}{3}}^{\pi}$ $=2F\left(\dfrac{\pi}{3}\right)-F(0)-F(\pi)$

inf.　関数 $\sin x$ の周期性を利用すると，一般に

$$\int_0^{\pi}|\sin(x+\alpha)|\,dx=\int_0^{\pi}|\sin x|\,dx=\int_0^{\pi}\sin x\,dx$$

であることが右の図からわかる。これを利用して

$$I=2\int_0^{\pi}\left|\sin\left(x-\frac{\pi}{3}\right)\right|dx=2\int_0^{\pi}\sin x\,dx=4$$

と計算する方法もある。

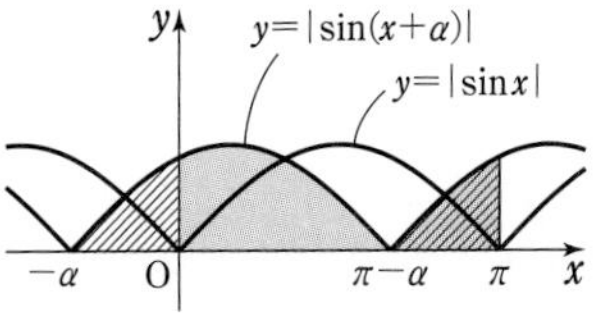

(3)　$\sin x+\sin 2x=0$ から　$\sin x+2\sin x\cos x=0$

⇐ $\sin 2x=2\sin x\cos x$

よって　$\sin x(1+2\cos x)=0$

$0<x<\pi$ より，$\sin x \neq 0$ であるから　$\cos x=-\dfrac{1}{2}$

⇐ $1+2\cos x=0$

これを解いて　$\boldsymbol{x=\dfrac{2}{3}\pi}$

$0 \leqq x \leqq \dfrac{2}{3}\pi$ のとき，$\sin x+\sin 2x \geqq 0$ から

$$|\sin x+\sin 2x|=\sin x+\sin 2x$$

$\dfrac{2}{3}\pi \leqq x \leqq \pi$ のとき，$\sin x+\sin 2x \leqq 0$ から

$$|\sin x+\sin 2x|=-(\sin x+\sin 2x)$$

ゆえに　$\displaystyle\int_0^{\pi}|\sin x+\sin 2x|\,dx$

$$=\int_0^{\frac{2}{3}\pi}(\sin x+\sin 2x)\,dx-\int_{\frac{2}{3}\pi}^{\pi}(\sin x+\sin 2x)\,dx$$

$$=-\left[\cos x+\frac{\cos 2x}{2}\right]_0^{\frac{2}{3}\pi}+\left[\cos x+\frac{\cos 2x}{2}\right]_{\frac{2}{3}\pi}^{\pi}$$

$$=-2\left(\cos\frac{2}{3}\pi+\frac{1}{2}\cos\frac{4}{3}\pi\right)+\left(\cos 0+\frac{1}{2}\cos 0\right)$$

⇐ $F(x)=\cos x+\dfrac{\cos 2x}{2}$ とすると

$$+\left(\cos\pi+\frac{1}{2}\cos 2\pi\right)$$
$$=-2\left(-\frac{1}{2}-\frac{1}{4}\right)+\left(1+\frac{1}{2}\right)+\left(-1+\frac{1}{2}\right)$$
$$=\boldsymbol{\frac{5}{2}}$$

$-2F\left(\frac{2}{3}\pi\right)+F(0)$
$+F(\pi)$

EX ③102

$I=\int_0^{\frac{\pi}{6}}\frac{\cos x}{\sqrt{3}\cos x+\sin x}dx$，$J=\int_0^{\frac{\pi}{6}}\frac{\sin x}{\sqrt{3}\cos x+\sin x}dx$ とするとき，$\sqrt{3}I+J=$ ア□ である。

また，$I-\sqrt{3}J=\Big[\log$ イ□$\Big]_0^{\frac{\pi}{6}}=$ ウ□ となる。ゆえに，$I=$ エ□ である。　〔類 玉川大〕

$$\sqrt{3}I+J=\int_0^{\frac{\pi}{6}}\frac{\sqrt{3}\cos x+\sin x}{\sqrt{3}\cos x+\sin x}dx=\int_0^{\frac{\pi}{6}}dx=\Big[x\Big]_0^{\frac{\pi}{6}}=^{ア}\boldsymbol{\frac{\pi}{6}}$$

$$I-\sqrt{3}J=\int_0^{\frac{\pi}{6}}\frac{\cos x-\sqrt{3}\sin x}{\sqrt{3}\cos x+\sin x}dx=\int_0^{\frac{\pi}{6}}\frac{(\sqrt{3}\cos x+\sin x)'}{\sqrt{3}\cos x+\sin x}dx$$
$$=\Big[\log^{イ}(\boldsymbol{\sqrt{3}\cos x+\sin x})\Big]_0^{\frac{\pi}{6}}=\log\left(\frac{3}{2}+\frac{1}{2}\right)-\log\sqrt{3}$$
$$=\log 2-\log\sqrt{3}=^{ウ}\boldsymbol{\log\frac{2}{\sqrt{3}}}$$

⇐ $\int\frac{f'(x)}{f(x)}dx$
$=\log|f(x)|+C$
$0\leqq x\leqq\frac{\pi}{6}$ では
$\sqrt{3}\cos x+\sin x>0$

また，$\sqrt{3}I+J=\frac{\pi}{6}$ から　　$3I+\sqrt{3}J=\frac{\sqrt{3}}{6}\pi$

これと $I-\sqrt{3}J=\log\frac{2}{\sqrt{3}}$ から

$$I=^{エ}\boldsymbol{\frac{1}{4}\left(\frac{\sqrt{3}}{6}\pi+\log\frac{2}{\sqrt{3}}\right)}$$

⇐ $4I=\frac{\sqrt{3}}{6}\pi+\log\frac{2}{\sqrt{3}}$

EX ④103

N を自然数とし，関数 $f(x)$ を $f(x)=\sum_{k=1}^{N}\cos(2k\pi x)$ と定める。

(1) m，n を整数とするとき，$\int_0^{2\pi}\cos(mx)\cos(nx)dx$ を求めよ。

(2) $\int_0^1\cos(4\pi x)f(x)dx$ を求めよ。　〔類 滋賀大〕

(1) $I=\int_0^{2\pi}\cos(mx)\cos(nx)dx$ とすると

$$I=\int_0^{2\pi}\frac{1}{2}\{\cos(m+n)x+\cos(m-n)x\}dx$$

⇐積 ⟶ 和の公式

$m+n=0$ のとき　$\int_0^{2\pi}\cos(m+n)x\,dx=\int_0^{2\pi}dx=2\pi$

$m+n\neq 0$ のとき　$\int_0^{2\pi}\cos(m+n)x\,dx=\left[\frac{\sin(m+n)x}{m+n}\right]_0^{2\pi}=0$

$m-n=0$ のとき　$\int_0^{2\pi}\cos(m-n)x\,dx=\int_0^{2\pi}dx=2\pi$

$m-n\neq 0$ のとき　$\int_0^{2\pi}\cos(m-n)x\,dx=\left[\frac{\sin(m-n)x}{m-n}\right]_0^{2\pi}=0$

したがって

⇐m，n は整数から，
$m+n=0$，$m+n\neq 0$
$m-n=0$，$m-n\neq 0$
それぞれの場合について，定積分の値を別々に求めておく。それらの結果を組み合わせて，Iの値を求める。

[1]　$m+n=0$ かつ $m-n=0$ すなわち $\boldsymbol{m=n=0}$ のとき

$$I=\frac{1}{2}(2\pi+2\pi)=\boldsymbol{2\pi}$$

[2]　$m+n=0$ かつ $m-n\neq0$ すなわち $\boldsymbol{m\neq0}$ **かつ** $\boldsymbol{m=-n}$ **のとき**

$$I=\frac{1}{2}(2\pi+0)=\boldsymbol{\pi}$$

[3]　$m+n\neq0$ かつ $m-n=0$ すなわち $\boldsymbol{m=n\neq0}$ のとき

$$I=\frac{1}{2}(0+2\pi)=\boldsymbol{\pi}$$

[4]　$m+n\neq0$ かつ $m-n\neq0$ すなわち $\boldsymbol{m\neq\pm n}$ のとき

$$I=\frac{1}{2}(0+0)=\boldsymbol{0}$$

(2)　$\displaystyle\int_0^1\cos(4\pi x)f(x)\,dx=\int_0^1\cos(4\pi x)\sum_{k=1}^{N}\cos(2k\pi x)\,dx$

$2\pi x=t$ とおくと　$dx=\dfrac{1}{2\pi}dt$

x と t の対応は右のようになる。

x	$0\longrightarrow1$
t	$0\longrightarrow2\pi$

⇐(1)の結果が使えるように積分範囲をそろえる。

よって　$\displaystyle\int_0^1\cos(4\pi x)\sum_{k=1}^{N}\cos(2k\pi x)\,dx$

$$=\int_0^{2\pi}\cos(2t)\sum_{k=1}^{N}\cos(kt)\frac{1}{2\pi}dt$$

$$=\frac{1}{2\pi}\int_0^{2\pi}\cos(2t)\{\cos t+\cos(2t)+\cos(3t)+\cdots\cdots+\cos(Nt)\}dt$$

ここで，$k\neq2$ のとき(1)の[4]に適するから

$$\frac{1}{2\pi}\int_0^{2\pi}\cos2t\cos kt\,dt=0$$

$k=2$ のとき(1)の[3]に適するから

$$\frac{1}{2\pi}\int_0^{2\pi}\cos2t\cos2t\,dt=\frac{\pi}{2\pi}=\frac{1}{2}$$

したがって　$\displaystyle\int_0^1\cos(4\pi x)\sum_{k=1}^{N}\cos(2k\pi x)\,dx=\boldsymbol{\frac{1}{2}}$

EX ②104

次の定積分を求めよ。

(1)　$\displaystyle\int_1^4\frac{dx}{\sqrt{3-\sqrt{x}}}$　〔横浜国大〕　(2)　$\displaystyle\int_e^{e^e}\frac{\log(\log x)}{x\log x}dx$　〔慶応大〕

(3)　$\displaystyle\int_0^1\frac{dx}{2+3e^x+e^{2x}}$　〔東京理科大〕

(1)　$\sqrt{3-\sqrt{x}}=t$ とおくと，$3-\sqrt{x}=t^2$ から　$\sqrt{x}=3-t^2$

⇐**丸ごと置換**

両辺を2乗して　$x=(3-t^2)^2$

よって　$dx=2(3-t^2)\cdot(-2t)\,dt$

ゆえに　$dx=-4t(3-t^2)\,dt$

x と t の対応は右のようになる。

x	$1\longrightarrow4$
t	$\sqrt{2}\longrightarrow1$

よって　$\displaystyle\int_1^4 \frac{dx}{\sqrt{3-\sqrt{x}}}=\int_{\sqrt{2}}^1 \frac{-4t(3-t^2)}{t}dt$

$\displaystyle =\int_1^{\sqrt{2}}(12-4t^2)dt=\left[12t-\frac{4}{3}t^3\right]_1^{\sqrt{2}}$

$\displaystyle =\left(12\sqrt{2}-\frac{8\sqrt{2}}{3}\right)-\left(12-\frac{4}{3}\right)$

$\displaystyle =\boldsymbol{\frac{28\sqrt{2}}{3}-\frac{32}{3}}$

⇐$\displaystyle -\int_a^b f(x)dx=\int_b^a f(x)dx$

別解　$3-\sqrt{x}=t$ とおくと　$x=(3-t)^2$

⇐$\sqrt{x}=3-t$ から。

よって　$dx=-2(3-t)dt$

x と t の対応は右のようになる。

x	$1 \longrightarrow 4$
t	$2 \longrightarrow 1$

ゆえに　$\displaystyle\int_1^4 \frac{dx}{\sqrt{3-\sqrt{x}}}=\int_2^1 \frac{-2(3-t)}{\sqrt{t}}dt$

$\displaystyle =\int_1^2(6t^{-\frac{1}{2}}-2t^{\frac{1}{2}})dt=\left[12t^{\frac{1}{2}}-\frac{4}{3}t^{\frac{3}{2}}\right]_1^2$

$\displaystyle =\boldsymbol{\frac{28\sqrt{2}}{3}-\frac{32}{3}}$

(2)　$\log(\log x)=t$ とおくと

⇐**丸ごと置換**
$\log(\log e)=\log 1=0$,
$\log(\log e^e)=\log e=1$

$\displaystyle \frac{1}{\log x}\cdot\frac{1}{x}dx=dt$

x と t の対応は右のようになる。

x	$e \longrightarrow e^e$
t	$0 \longrightarrow 1$

よって　$\displaystyle\int_e^{e^e}\frac{\log(\log x)}{x\log x}dx=\int_0^1 t\,dt=\left[\frac{t^2}{2}\right]_0^1=\boldsymbol{\frac{1}{2}}$

別解　$\log x=t$ とおくと，$x=e^t$ から

$dx=e^t dt$

x と t の対応は右のようになる。

x	$e \longrightarrow e^e$
t	$1 \longrightarrow e$

ゆえに　$\displaystyle\int_e^{e^e}\frac{\log(\log x)}{x\log x}dx=\int_1^e \frac{\log t}{e^t\cdot t}\cdot e^t dt$

$\displaystyle =\int_1^e \frac{\log t}{t}dt=\int_1^e \log t(\log t)'dt$

$\displaystyle =\left[\frac{1}{2}(\log t)^2\right]_1^e=\boldsymbol{\frac{1}{2}}$

(3)　$e^x=t$ とおくと　$x=\log t$

⇐$e^x>0$ から　$t>0$

よって　$\displaystyle dx=\frac{1}{t}dt$

x と t の対応は右のようになる。

x	$0 \longrightarrow 1$
t	$1 \longrightarrow e$

ゆえに　$\displaystyle\int_0^1 \frac{dx}{2+3e^x+e^{2x}}$

$\displaystyle =\int_1^e \frac{1}{2+3t+t^2}\cdot\frac{1}{t}dt=\int_1^e \frac{1}{t(t+1)(t+2)}dt$

$\displaystyle =\frac{1}{2}\int_1^e\left\{\frac{1}{t(t+1)}-\frac{1}{(t+1)(t+2)}\right\}dt$

$\displaystyle =\frac{1}{2}\int_1^e\left\{\left(\frac{1}{t}-\frac{1}{t+1}\right)-\left(\frac{1}{t+1}-\frac{1}{t+2}\right)\right\}dt$

⇐部分分数に分解する。
$\displaystyle \frac{1}{t(t+1)(t+2)}=\frac{a}{t}+\frac{b}{t+1}+\frac{c}{t+2}$
とおいて，恒等式の考えから求めてもよい。

5章
EX

$=\frac{1}{2}\int_1^e\left(\frac{1}{t}-\frac{2}{t+1}+\frac{1}{t+2}\right)dt$

$=\frac{1}{2}\Big[\log t-2\log(t+1)+\log(t+2)\Big]_1^e$

$=\frac{1}{2}\left[\log\frac{t(t+2)}{(t+1)^2}\right]_1^e=\frac{1}{2}\left\{\log\frac{e(e+2)}{(e+1)^2}-\log\frac{3}{4}\right\}$

$=\boldsymbol{\frac{1}{2}\log\frac{4e(e+2)}{3(e+1)^2}}$

EX ③105

次の定積分を求めよ。

(1) $\int_0^1\frac{x+1}{(x^2+1)^2}dx$ 〔横浜国大〕 (2) $\int_0^{\frac{1}{2}}x^2\sqrt{1-x^2}\,dx$ 〔横浜国大〕 (3) $\int_0^{\frac{\pi}{2}}x^2\cos^2x\,dx$ 〔立教大〕

(1) $x=\tan\theta$ とおくと $dx=\frac{1}{\cos^2\theta}d\theta$

x と θ の対応は右のようにとれる。

x	$0\longrightarrow 1$
θ	$0\longrightarrow \frac{\pi}{4}$

CHART $\frac{1}{x^2+a^2}$ には $x=a\tan\theta$ とおく

よって $\int_0^1\frac{x+1}{(x^2+1)^2}dx$

$=\int_0^{\frac{\pi}{4}}\frac{\tan\theta+1}{(\tan^2\theta+1)^2}\cdot\frac{1}{\cos^2\theta}d\theta$

$=\int_0^{\frac{\pi}{4}}(\tan\theta+1)\cos^2\theta\,d\theta$

⇐ $\frac{1}{\tan^2\theta+1}=\cos^2\theta$

$=\int_0^{\frac{\pi}{4}}(\sin\theta\cos\theta+\cos^2\theta)\,d\theta$

$=\frac{1}{2}\int_0^{\frac{\pi}{4}}(\sin 2\theta+1+\cos 2\theta)\,d\theta$

⇐ $\sin\theta\cos\theta=\frac{1}{2}\sin 2\theta$, $\cos^2\theta=\frac{1+\cos 2\theta}{2}$

$=\frac{1}{2}\left[-\frac{1}{2}\cos 2\theta+\theta+\frac{1}{2}\sin 2\theta\right]_0^{\frac{\pi}{4}}$

$=\boldsymbol{\frac{1}{2}+\frac{\pi}{8}}$

(2) $x=\sin\theta$ とおくと $dx=\cos\theta\,d\theta$

x と θ の対応は右のようにとれる。

x	$0\longrightarrow \frac{1}{2}$
θ	$0\longrightarrow \frac{\pi}{6}$

CHART $\sqrt{a^2-x^2}$ には $x=a\sin\theta$ とおく

$\int_0^{\frac{1}{2}}x^2\sqrt{1-x^2}\,dx$

$=\int_0^{\frac{\pi}{6}}\sin^2\theta\sqrt{1-\sin^2\theta}\cos\theta\,d\theta$

⇐ $\sqrt{1-\sin^2\theta}=\sqrt{\cos^2\theta}$
$\cos\theta>0$ であるから
$\sqrt{\cos^2\theta}=\cos\theta$

$=\int_0^{\frac{\pi}{6}}(\sin\theta\cos\theta)^2d\theta$

$=\frac{1}{4}\int_0^{\frac{\pi}{6}}\sin^2 2\theta\,d\theta=\frac{1}{4}\int_0^{\frac{\pi}{6}}\frac{1-\cos 4\theta}{2}d\theta$

$=\frac{1}{8}\left[\theta-\frac{\sin 4\theta}{4}\right]_0^{\frac{\pi}{6}}=\frac{1}{8}\left(\frac{\pi}{6}-\frac{1}{4}\sin\frac{2}{3}\pi\right)$

$=\frac{1}{8}\left(\frac{\pi}{6}-\frac{\sqrt{3}}{8}\right)=\boldsymbol{\frac{\pi}{48}-\frac{\sqrt{3}}{64}}$

(3) $\displaystyle\int_0^{\frac{\pi}{2}} x^2\cos^2 x\,dx=\int_0^{\frac{\pi}{2}} x^2\left(\frac{1+\cos 2x}{2}\right)dx$

$\displaystyle=\frac{1}{2}\int_0^{\frac{\pi}{2}} x^2 dx+\frac{1}{2}\int_0^{\frac{\pi}{2}} x^2\cos 2x\,dx$

$\displaystyle=\frac{1}{2}\left[\frac{x^3}{3}\right]_0^{\frac{\pi}{2}}+\frac{1}{2}\int_0^{\frac{\pi}{2}} x^2\left(\frac{1}{2}\sin 2x\right)'dx$

$\displaystyle=\frac{1}{2}\cdot\frac{\pi^3}{24}+\frac{1}{2}\left(\left[\frac{1}{2}x^2\sin 2x\right]_0^{\frac{\pi}{2}}-\int_0^{\frac{\pi}{2}} x\sin 2x\,dx\right)$

$\displaystyle=\frac{\pi^3}{48}+\frac{1}{2}\int_0^{\frac{\pi}{2}} x\left(\frac{1}{2}\cos 2x\right)'dx$

$\displaystyle=\frac{\pi^3}{48}+\frac{1}{2}\left(\left[\frac{1}{2}x\cos 2x\right]_0^{\frac{\pi}{2}}-\frac{1}{2}\int_0^{\frac{\pi}{2}}\cos 2x\,dx\right)$

$\displaystyle=\frac{\pi^3}{48}+\frac{1}{2}\left(-\frac{\pi}{4}-\frac{1}{2}\left[\frac{1}{2}\sin 2x\right]_0^{\frac{\pi}{2}}\right)$

$\displaystyle=\boldsymbol{\frac{\pi^3-6\pi}{48}}$

⇐まず，三角関数の次数を下げる。

⇐$\displaystyle\int_0^{\frac{\pi}{2}} x^2\cos 2x\,dx$ に部分積分法を適用。

⇐$\displaystyle\int_0^{\frac{\pi}{2}} x\sin 2x\,dx$ に部分積分法を適用。

5章 EX

EX ④106 定積分 $\displaystyle\int_0^1\frac{1}{x^3+8}dx$ を求めよ。

$x^3+8=(x+2)(x^2-2x+4)$ から

$$\frac{1}{x^3+8}=\frac{a}{x+2}+\frac{bx+c}{x^2-2x+4}$$

とおいて，両辺に $(x+2)(x^2-2x+4)$ を掛けると

$$1=a(x^2-2x+4)+(bx+c)(x+2)$$

これを整理して

$$(a+b)x^2+(2b+c-2a)x+4a+2c-1=0$$

これが x についての恒等式である条件は

$$a+b=0,\ 2b+c-2a=0,\ 4a+2c-1=0$$

これを解いて　$a=\dfrac{1}{12}$，$b=-\dfrac{1}{12}$，$c=\dfrac{1}{3}$

ゆえに　$\displaystyle\frac{1}{x^3+8}=\frac{1}{12}\cdot\frac{1}{x+2}-\frac{1}{12}\cdot\frac{x-4}{x^2-2x+4}$

$\displaystyle=\frac{1}{12}\left(\frac{1}{x+2}-\frac{1}{2}\cdot\frac{2x-2}{x^2-2x+4}+\frac{3}{x^2-2x+4}\right)$

よって

$$\int_0^1\frac{1}{x^3+8}dx=\frac{1}{12}\int_0^1\frac{1}{x+2}dx-\frac{1}{24}\int_0^1\frac{(x^2-2x+4)'}{x^2-2x+4}dx$$

$$+\frac{1}{12}\int_0^1\frac{3}{x^2-2x+4}dx\quad\cdots\cdots①$$

また　$\displaystyle\int_0^1\frac{3}{x^2-2x+4}dx=\int_0^1\frac{3}{(x-1)^2+3}dx$

⇐部分分数に分解する。

⇐$x=-2$，0，1 を代入して，a，b，c の値を求めてもよい。
(数値代入法)

⇐係数比較法

⇐$\displaystyle\frac{x-4}{x^2-2x+4}=\frac{(x-1)-3}{x^2-2x+4}$

$x-1=\sqrt{3}\tan\theta$ とおくと　　$dx=\dfrac{\sqrt{3}}{\cos^2\theta}d\theta$

x と θ の対応は右のようにとれる。

x	$0 \longrightarrow 1$
θ	$-\frac{\pi}{6} \longrightarrow 0$

よって

$$\int_0^1 \frac{3}{x^2-2x+4}dx=\int_0^1 \frac{3}{(x-1)^2+3}dx$$
$$=\int_{-\frac{\pi}{6}}^0 \frac{1}{\tan^2\theta+1}\cdot\frac{\sqrt{3}}{\cos^2\theta}d\theta$$
$$=\sqrt{3}\int_{-\frac{\pi}{6}}^0 d\theta=\sqrt{3}\Big[\theta\Big]_{-\frac{\pi}{6}}^0$$
$$=\frac{\sqrt{3}}{6}\pi$$

ゆえに，① から

$$\int_0^1 \frac{1}{x^3+8}dx$$
$$=\frac{1}{12}\Big[\log(x+2)\Big]_0^1-\frac{1}{24}\Big[\log(x^2-2x+4)\Big]_0^1+\frac{1}{12}\cdot\frac{\sqrt{3}}{6}\pi$$
$$=\frac{1}{12}(\log 3-\log 2)-\frac{1}{24}(\log 3-2\log 2)+\frac{\sqrt{3}}{72}\pi$$
$$=\boldsymbol{\frac{1}{24}\log 3+\frac{\sqrt{3}}{72}\pi}$$

CHART $\dfrac{1}{x^2+a^2}$ には $x=a\tan\theta$ とおく

⇐ $\dfrac{3}{(x-1)^2+3}=\dfrac{3}{3\tan^2\theta+3}$

⇐ $0\leqq x\leqq 1$ において $x+2>0$, $x^2-2x+4=(x-1)^2+3>0$

⇐ $\log 4=\log 2^2=2\log 2$

EX ④107

(1) 等式 $\displaystyle\int_{-1}^0 \frac{x^2}{1+e^x}dx=\int_0^1 \frac{x^2}{1+e^{-x}}dx$ を示せ。

(2) 定積分 $\displaystyle\int_{-1}^1 \frac{x^2}{1+e^x}dx$ を求めよ。

(1) $\displaystyle\int_{-1}^0 \frac{x^2}{1+e^x}dx$ において，

$x=-t$ とおくと　　$dx=-dt$

x と t の対応は右のようにとれる。

x	$-1 \longrightarrow 0$
t	$1 \longrightarrow 0$

よって　$$\int_{-1}^0 \frac{x^2}{1+e^x}dx=\int_1^0 \frac{(-t)^2}{1+e^{-t}}(-dt)=\int_0^1 \frac{t^2}{1+e^{-t}}dt$$
$$=\int_0^1 \frac{x^2}{1+e^{-x}}dx$$

(2) $$\int_{-1}^1 \frac{x^2}{1+e^x}dx=\int_{-1}^0 \frac{x^2}{1+e^x}dx+\int_0^1 \frac{x^2}{1+e^x}dx$$
$$=\int_0^1 \frac{x^2}{1+e^{-x}}dx+\int_0^1 \frac{x^2}{1+e^x}dx$$
$$=\int_0^1 \frac{x^2e^x}{e^x+1}dx+\int_0^1 \frac{x^2}{1+e^x}dx$$
$$=\int_0^1\left(\frac{x^2e^x}{1+e^x}+\frac{x^2}{1+e^x}\right)dx=\int_0^1 \frac{x^2(1+e^x)}{1+e^x}dx$$
$$=\int_0^1 x^2dx=\left[\frac{1}{3}x^3\right]_0^1=\boldsymbol{\frac{1}{3}}$$

⇐等式の左辺と右辺を見比べて，$x=-t$ とおき換える。

⇐ t を x におき換えても定積分は同じ。

⇐(1) の結果を利用するために，積分区間を分割する。

⇐ $\displaystyle\int_0^1 \frac{x^2}{1+e^{-x}}dx=\int_0^1 \frac{x^2\cdot e^x}{(1+e^{-x})e^x}dx=\int_0^1 \frac{x^2e^x}{e^x+1}dx$

EX
④**108**

(1) $X=\cos\left(\dfrac{x}{2}-\dfrac{\pi}{4}\right)$ とおくとき，$1+\sin x$ を X を用いて表せ。

(2) 不定積分 $\displaystyle\int\frac{dx}{1+\sin x}$ を求めよ。

(3) 定積分 $\displaystyle\int_0^{\frac{\pi}{2}}\frac{x}{1+\sin x}dx$ を求めよ。〔類 横浜市大〕

HINT (1) 半角の公式 $\cos^2\theta=\dfrac{1+\cos 2\theta}{2}$ を利用する。

(1) $X^2=\cos^2\left(\dfrac{x}{2}-\dfrac{\pi}{4}\right)=\dfrac{1+\cos\left(x-\dfrac{\pi}{2}\right)}{2}=\dfrac{1+\sin x}{2}$

よって　$\boldsymbol{1+\sin x=2X^2}$

(2) 求める不定積分を I とすると，(1) から

$$I=\int\frac{dx}{1+\sin x}=\int\frac{dx}{2\cos^2\left(\dfrac{x}{2}-\dfrac{\pi}{4}\right)}$$

$$=\frac{1}{2}\cdot 2\tan\left(\frac{x}{2}-\frac{\pi}{4}\right)+C$$

$$=\boldsymbol{\tan\left(\frac{x}{2}-\frac{\pi}{4}\right)+C}$$

(3) 求める定積分を J とすると，(2) から

$$J=\int_0^{\frac{\pi}{2}}\frac{x}{1+\sin x}dx=\int_0^{\frac{\pi}{2}}x\left\{\tan\left(\frac{x}{2}-\frac{\pi}{4}\right)\right\}'dx$$

$$=\left[x\tan\left(\frac{x}{2}-\frac{\pi}{4}\right)\right]_0^{\frac{\pi}{2}}-\int_0^{\frac{\pi}{2}}\tan\left(\frac{x}{2}-\frac{\pi}{4}\right)dx$$

$$=-\int_0^{\frac{\pi}{2}}\tan\left(\frac{x}{2}-\frac{\pi}{4}\right)dx$$

ここで　$\displaystyle\int\tan\theta\,d\theta=\int\frac{\sin\theta}{\cos\theta}d\theta=\int\left\{-\frac{(\cos\theta)'}{\cos\theta}\right\}d\theta$

$=-\log|\cos\theta|+C$

であるから，これを利用して

$$J=-\left[2\left\{-\log\left|\cos\left(\frac{x}{2}-\frac{\pi}{4}\right)\right|\right\}\right]_0^{\frac{\pi}{2}}$$

$$=2\left(\log 1-\log\frac{1}{\sqrt{2}}\right)=2\log\sqrt{2}$$

$$=\boldsymbol{\log 2}$$

⇐$\cos(-\theta)=\cos\theta$，$\cos\left(\dfrac{\pi}{2}-\theta\right)=\sin\theta$

⇐$\dfrac{1}{1+\sin x}=\dfrac{1}{2X^2}$

⇐部分積分法の利用。

⇐$\dfrac{(分母)'}{分母}$ の形。

⇐$\displaystyle\int\tan x\,dx$ $=-\log|\cos x|+C$ は公式として覚えておくとよい。

5章
EX

EX
④**109**

a，b は定数，m，n は0以上の整数とし，$I(m,\ n)=\displaystyle\int_a^b(x-a)^m(x-b)^n dx$ とする。

(1) $I(m,\ 0)$，$I(1,\ 1)$ の値を求めよ。

(2) $I(m,\ n)$ を $I(m+1,\ n-1)$，m，n で表せ。ただし，n は自然数とする。

(3) $I(5,\ 5)$ の値を求めよ。〔類 群馬大〕

(1) $\boldsymbol{I(m,\ 0)}=\displaystyle\int_a^b(x-a)^m dx=\left[\frac{(x-a)^{m+1}}{m+1}\right]_a^b=\boldsymbol{\frac{(b-a)^{m+1}}{m+1}}$

$$I(1,\ 1)=\int_a^b (x-a)(x-b)\,dx=\int_a^b\left\{\frac{(x-a)^2}{2}\right\}'(x-b)\,dx$$
$$=\left[\frac{(x-a)^2}{2}\cdot(x-b)\right]_a^b-\int_a^b\frac{(x-a)^2}{2}\,dx$$
$$=-\left[\frac{(x-a)^3}{6}\right]_a^b=-\frac{(b-a)^3}{6}$$

⇐数学Ⅱでも $\int_\alpha^\beta (x-\alpha)(x-\beta)\,dx=-\frac{(\beta-\alpha)^3}{6}$ を学んだ。

(2) $$I(m,\ n)=\int_a^b (x-a)^m(x-b)^n dx$$
$$=\int_a^b\left\{\frac{(x-a)^{m+1}}{m+1}\right\}'(x-b)^n dx$$
$$=\left[\frac{1}{m+1}(x-a)^{m+1}(x-b)^n\right]_a^b$$
$$-\frac{n}{m+1}\int_a^b (x-a)^{m+1}(x-b)^{n-1}dx$$
$$=-\frac{n}{m+1}I(m+1,\ n-1)$$

(3) $$I(5,\ 5)=-\frac{5}{6}I(6,\ 4)=-\frac{5}{6}\cdot\left(-\frac{4}{7}\right)I(7,\ 3)$$
$$=\frac{5\cdot4}{6\cdot7}\cdot\left(-\frac{3}{8}\right)I(8,\ 2)=-\frac{5\cdot4\cdot3}{6\cdot7\cdot8}\cdot\left(-\frac{2}{9}\right)I(9,\ 1)$$
$$=\frac{5\cdot4\cdot3\cdot2}{6\cdot7\cdot8\cdot9}\cdot\left(-\frac{1}{10}\right)I(10,\ 0)$$
$$=-\frac{5\cdot4\cdot3\cdot2\cdot1}{6\cdot7\cdot8\cdot9\cdot10}\cdot\frac{(b-a)^{11}}{11}=-\frac{(b-a)^{11}}{2772}$$

⇐(2) の結果を利用して，$I(k,\ 0)$ の形を作ってから，(1) の結果を利用する。

EX ⑤110

$I_{m,n}=\int_0^{\frac{\pi}{2}}\sin^m x\cos^n x\,dx$ （m，n は 0 以上の整数）とする。

(1) $\sin^0 x=1$，$\cos^0 x=1$ とするとき，次の等式が成り立つことを証明せよ。

[1] $I_{m,n}=I_{n,m}$ （$m\geqq0$，$n\geqq0$）　[2] $I_{m,n}=\frac{n-1}{m+n}I_{m,n-2}$ （$n\geqq2$）

(2) (1) の結果を利用して，定積分 $\int_0^{\frac{\pi}{2}}\sin^3 x\cos^6 x\,dx$ の値を求めよ。

(1) [1] $x=\frac{\pi}{2}-t$ とおくと　$dx=(-1)\cdot dt$

x と t の対応は右のようになる。よって

x	$0\longrightarrow\frac{\pi}{2}$
t	$\frac{\pi}{2}\longrightarrow0$

$$I_{m,n}=\int_0^{\frac{\pi}{2}}\sin^m x\cos^n x\,dx$$
$$=\int_{\frac{\pi}{2}}^0\sin^m\left(\frac{\pi}{2}-t\right)\cos^n\left(\frac{\pi}{2}-t\right)\cdot(-1)\,dt$$
$$=\int_0^{\frac{\pi}{2}}\cos^m t\sin^n t\,dt$$
$$=\int_0^{\frac{\pi}{2}}\sin^n x\cos^m x\,dx=I_{n,m}$$

⇐sin と cos を入れ替える。

[2] $n\geqq2$ とする。

$$I_{m,n}=\int_0^{\frac{\pi}{2}}(\sin^m x\cos x)\cos^{n-1}x\,dx$$
$$=\int_0^{\frac{\pi}{2}}\left(\frac{\sin^{m+1}x}{m+1}\right)'\cos^{n-1}x\,dx$$
$$=\left[\frac{\sin^{m+1}x\cos^{n-1}x}{m+1}\right]_0^{\frac{\pi}{2}}$$
$$-\int_0^{\frac{\pi}{2}}\frac{\sin^{m+1}x}{m+1}\cdot(n-1)\cos^{n-2}x(-\sin x)\,dx$$
$$=\frac{n-1}{m+1}\int_0^{\frac{\pi}{2}}\sin^{m+2}x\cos^{n-2}x\,dx$$
$$=\frac{n-1}{m+1}\int_0^{\frac{\pi}{2}}\sin^m x(1-\cos^2 x)\cos^{n-2}x\,dx$$
$$=\frac{n-1}{m+1}\left(\int_0^{\frac{\pi}{2}}\sin^m x\cos^{n-2}x\,dx-\int_0^{\frac{\pi}{2}}\sin^m x\cos^n x\,dx\right)$$
$$=\frac{n-1}{m+1}(I_{m,n-2}-I_{m,n})$$

よって　$(m+1)I_{m,n}=(n-1)I_{m,n-2}-(n-1)I_{m,n}$

したがって　$I_{m,n}=\dfrac{n-1}{m+n}I_{m,n-2}$

⇦示す式の右辺を見ると n の値が小さくなるから，cos の次数を下げるように部分積分する。

⇦同形出現

(2)　(1)の結果から

$$\int_0^{\frac{\pi}{2}}\sin^3 x\cos^6 x\,dx=I_{3,6}=I_{6,3}=\frac{2}{9}I_{6,1}$$

⇦$I_{6,3}=\dfrac{3-1}{6+3}I_{6,3-2}$

ここで　$I_{6,1}=\displaystyle\int_0^{\frac{\pi}{2}}\sin^6 x\cos x\,dx=\int_0^{\frac{\pi}{2}}\sin^6 x(\sin x)'\,dx$

$$=\left[\frac{1}{7}\sin^7 x\right]_0^{\frac{\pi}{2}}=\frac{1}{7}$$

よって　$\displaystyle\int_0^{\frac{\pi}{2}}\sin^3 x\cos^6 x\,dx=\frac{2}{9}\cdot\frac{1}{7}=\mathbf{\frac{2}{63}}$

別解　$\displaystyle\int_0^{\frac{\pi}{2}}\sin^3 x\cos^6 x\,dx=I_{3,6}=\frac{5}{9}I_{3,4}=\frac{5}{9}\cdot\frac{3}{7}I_{3,2}$

$$=\frac{5}{9}\cdot\frac{3}{7}\cdot\frac{1}{5}I_{3,0}=\frac{1}{21}I_{3,0}$$

⇦$I_{3,6}=\dfrac{6-1}{3+6}I_{3,6-2}$
$I_{3,4}=\dfrac{4-1}{3+4}I_{3,4-2}$
$I_{3,2}=\dfrac{2-1}{3+2}I_{3,2-2}$

ここで

$$I_{3,0}=I_{0,3}=\frac{2}{3}I_{0,1}=\frac{2}{3}\int_0^{\frac{\pi}{2}}\cos x\,dx=\frac{2}{3}\Big[\sin x\Big]_0^{\frac{\pi}{2}}=\frac{2}{3}$$

⇦$I_{0,3}=\dfrac{3-1}{0+3}I_{0,1}$

よって　$\displaystyle\int_0^{\frac{\pi}{2}}\sin^3 x\cos^6 x\,dx=\frac{1}{21}\cdot\frac{2}{3}=\mathbf{\frac{2}{63}}$

EX ③111

(1)　$f(x)=\displaystyle\int_0^x(x-y)\cos y\,dy$ に対して，$f'\left(\dfrac{\pi}{2}\right)=$□ である。　〔大阪電通大〕

(2)　$f(x)=\displaystyle\int_{-x}^x\frac{\cos t}{1+e^t}dt$ とするとき

[1]　導関数 $f'(x)$ を求めよ。　[2]　関数 $f(x)$ を求めよ。　〔琉球大〕

(1) $f(x)=\int_0^x (x-y)\cos y\,dy=x\int_0^x \cos y\,dy-\int_0^x y\cos y\,dy$

⇐ x は定数とみて，定積分の前に出す。

よって

$$f'(x)=(x)'\int_0^x \cos y\,dy+x\left(\frac{d}{dx}\int_0^x \cos y\,dy\right)-\frac{d}{dx}\int_0^x y\cos y\,dy$$

$$=\int_0^x \cos y\,dy+x\cos x-x\cos x=\Big[\sin y\Big]_0^x=\sin x$$

⇐ $\dfrac{d}{dx}\displaystyle\int_a^x f(t)\,dt=f(x)$

ゆえに　$f'\left(\dfrac{\pi}{2}\right)=\sin\dfrac{\pi}{2}=\mathbf{1}$

別解　$f(x)=\int_0^x (x-y)\cos y\,dy=x\int_0^x \cos y\,dy-\int_0^x y\cos y\,dy$

⇐ x は定数とみて，定積分の前に出す。

$$=x\Big[\sin y\Big]_0^x-\int_0^x y(\sin y)'\,dy$$

$$=x\sin x-\left(\Big[y\sin y\Big]_0^x-\int_0^x \sin y\,dy\right)$$

⇐部分積分法

$$=x\sin x-x\sin x+\Big[-\cos y\Big]_0^x=-\cos x+1$$

したがって　$f'(x)=\sin x$

よって　$f'\left(\dfrac{\pi}{2}\right)=\mathbf{1}$

(2) [1] $F'(t)=\dfrac{\cos t}{1+e^t}$ とすると

$$f(x)=\int_{-x}^x \frac{\cos t}{1+e^t}\,dt=\Big[F(t)\Big]_{-x}^x$$

$$=F(x)-F(-x)$$

よって　$\boldsymbol{f'(x)}=\{F(x)-F(-x)\}'$

$$=F'(x)-F'(-x)\cdot(-x)'$$

⇐合成関数の微分

$$=\frac{\cos x}{1+e^x}-\frac{\cos(-x)}{1+e^{-x}}\cdot(-1)$$

⇐ $\cos(-x)=\cos x$

$$=\cos x\left(\frac{1}{1+e^x}+\frac{e^x}{e^x+1}\right)$$

$$=(\cos x)\cdot 1=\boldsymbol{\cos x}$$

⇐ $\dfrac{1}{1+e^{-x}}=\dfrac{e^x}{(1+e^{-x})e^x}=\dfrac{e^x}{e^x+1}$

[2] [1] から　$f(x)=\int \cos x\,dx=\sin x+C$ ……①

与式から　$f(0)=\int_0^0 \dfrac{\cos t}{1+e^t}\,dt=0$

⇐ $\displaystyle\int_a^a f(t)\,dt=0$

① から　$f(0)=\sin 0+C=C$

ゆえに　$C=0$

したがって　$\boldsymbol{f(x)=\sin x}$

別解 [1] $\boldsymbol{f'(x)}=\dfrac{d}{dx}\displaystyle\int_{-x}^x \frac{\cos t}{1+e^t}\,dt$

⇐ $\dfrac{d}{dx}\displaystyle\int_{h(x)}^{g(x)} f(t)\,dt$
$=f(g(x))g'(x)$
$\quad -f(h(x))h'(x)$

$$=\frac{\cos x}{1+e^x}\cdot(x)'-\frac{\cos(-x)}{1+e^{-x}}\cdot(-x)'$$

$$=\frac{\cos x}{1+e^x}+\frac{\cos x}{1+e^{-x}}$$

$$=\cos x\left(\frac{1}{1+e^x}+\frac{e^x}{e^x+1}\right)=(\cos x)\cdot 1$$

$$=\boldsymbol{\cos x}$$

⇐ $\frac{1}{1+e^{-x}}=\frac{e^x}{(1+e^{-x})e^x}=\frac{e^x}{e^x+1}$

EX ③112 連続な関数 $f(x)$ が関係式 $f(x)=e^x\int_0^1\frac{1}{e^t+1}dt+\int_0^1\frac{f(t)}{e^t+1}dt$ を満たすとき，$f(x)$ を求めよ。〔京都工繊大〕

HINT　**定積分は定数** ⟶ a，b とおいて計算。

$\int_0^1\frac{1}{e^t+1}dt=a$，$\int_0^1\frac{f(t)}{e^t+1}dt=b$ とおくと　$f(x)=ae^x+b$

よって　$b=\int_0^1\frac{f(t)}{e^t+1}dt=\int_0^1\frac{ae^t+b}{e^t+1}dt=\int_0^1\left(a+\frac{b-a}{e^t+1}\right)dt$

$$=\Big[at\Big]_0^1+(b-a)\int_0^1\frac{1}{e^t+1}dt=a+(b-a)a$$

ゆえに　$a+(b-a)a=b$　すなわち　$(b-a)(1-a)=0$

よって　$a=b$　または　$a=1$

$e^t+1=u$ とおくと

$e^t=u-1$，$e^tdt=du$

ゆえに　$dt=\frac{1}{u-1}du$

t と u の対応は右のようになる。

t	$0 \longrightarrow 1$
u	$2 \longrightarrow e+1$

よって　$a=\int_2^{e+1}\frac{1}{u(u-1)}du=\int_2^{e+1}\left(\frac{1}{u-1}-\frac{1}{u}\right)du$

$$=\Big[\log(u-1)-\log u\Big]_2^{e+1}=\Big[\log\frac{u-1}{u}\Big]_2^{e+1}$$

$$=\log\frac{e}{e+1}-\log\frac{1}{2}=\log\frac{2e}{e+1}$$

$\log\frac{2e}{e+1}\neq 1$ であるから　$a\neq 1$

ゆえに　$b=a=\log\frac{2e}{e+1}$

したがって　$\boldsymbol{f(x)=(e^x+1)\log\frac{2e}{e+1}}$

inf.　$a=\int_0^1\frac{1}{e^t+1}dt=\int_0^1\frac{e^{-t}}{1+e^{-t}}dt=-\int_0^1\frac{(1+e^{-t})'}{1+e^{-t}}dt=-\Big[\log(1+e^{-t})\Big]_0^1=\log\frac{2}{1+e^{-1}}=\log\frac{2e}{e+1}$

⇐ $\frac{2e}{e+1}\neq e$

EX ③113 $a_n=\int_n^{n+1}\frac{1}{x}dx$ とおくとき $\lim_{n\to\infty}e^{na_n}=$ □ である。〔立教大〕

$$a_n=\int_n^{n+1}\frac{1}{x}dx=\Big[\log x\Big]_n^{n+1}$$

$$=\log(n+1)-\log n=\log\frac{n+1}{n}$$

よって　$na_n=n\log\frac{n+1}{n}=\log\left(1+\frac{1}{n}\right)^n$

ゆえに　$\lim_{n\to\infty}e^{na_n}=\lim_{n\to\infty}\left(1+\frac{1}{n}\right)^n=\boldsymbol{e}$

CHART
e に関する極限
$\lim_{h\to 0}(1+h)^{\frac{1}{h}}=e$
$\lim_{x\to\pm\infty}\left(1+\frac{1}{x}\right)^x=e$

⇐ $e^{\log A}=A$

EX ③114　$F(x)=\int_0^x tf(x-t)dt$ ならば，$F''(x)=f(x)$ となることを証明せよ。　〔富山医薬大〕

$x-t=u$ とおくと　$t=x-u,\ dt=-du$

t と u の対応は右のようになる。

t	$0 \longrightarrow x$
u	$x \longrightarrow 0$

よって　$F(x)=-\int_x^0(x-u)f(u)du$

$$=\int_0^x(x-u)f(u)du$$

$$=x\int_0^x f(u)du-\int_0^x uf(u)du$$

ゆえに

$$F'(x)=(x)'\int_0^x f(u)du+x\left(\frac{d}{dx}\int_0^x f(u)du\right)-\frac{d}{dx}\int_0^x uf(u)du$$

$$=\int_0^x f(u)du+xf(x)-xf(x)=\int_0^x f(u)du$$

したがって　$F''(x)=\dfrac{d}{dx}\int_0^x f(u)du=f(x)$

⇐ $\boldsymbol{\dfrac{d}{dx}\int_a^x f(t)dt=f(x)}$

EX ③115　等式 $f(x)=(2x-k)e^x+e^{-x}\int_0^x f(t)e^t dt$ が成り立つような連続関数 $f(x)$ を求めよ。ただし，k は定数である。　〔類 島根医大〕

$f(x)=(2x-k)e^x+e^{-x}\int_0^x f(t)e^t dt$ ……① とする。

① の両辺を x で微分すると

$$f'(x)=2e^x+(2x-k)e^x-e^{-x}\int_0^x f(t)e^t dt+e^{-x}\cdot f(x)e^x$$

$$=(2x-k+2)e^x+f(x)-e^{-x}\int_0^x f(t)e^t dt \quad \cdots\cdots ②$$

① から　$f(x)-e^{-x}\int_0^x f(t)e^t dt=(2x-k)e^x$

これを ② に代入して

$$f'(x)=(2x-k+2)e^x+(2x-k)e^x$$

$$=(4x-2k+2)e^x$$

ゆえに　$f(x)=\int(4x-2k+2)e^x dx=\int(4x-2k+2)(e^x)'dx$

$$=(4x-2k+2)e^x-\int 4e^x dx$$

$$=(4x-2k-2)e^x+C \quad (C\text{は積分定数}) \cdots\cdots ③$$

① から　$f(0)=-k$

また，③ から　$f(0)=-2k-2+C$

よって　$-k=-2k-2+C$

ゆえに　$C=k+2$

これを ③ に代入して

$$\boldsymbol{f(x)}=(4x-2k-2)e^x+k+2$$

$$\boldsymbol{=2(2x-k-1)e^x+k+2}$$

inf.　等式の両辺に，e^x を掛けてから両辺を微分すると

$e^x f(x)+e^x f'(x)$
$=2e^{2x}+(2x-k)\cdot 2e^{2x}+f(x)e^x$

よって

$e^x f'(x)=(2+4x-2k)e^{2x}$

両辺を e^x で割って

$f'(x)=(4x-2k+2)e^x$

このようにして $f'(x)$ を求めることもできる。

⇐ $e^0=1,\ \int_0^0 f(t)e^t dt=0$ であるから

$f(0)=-ke^0=-k$

EX ③116

定積分 $\int_0^1(\cos\pi x-ax-b)^2dx$ の値を最小にする定数 a，b の値，およびその最小の値を求めよ。 〔弘前大〕

$(\cos\pi x-ax-b)^2$

$=\cos^2\pi x+a^2x^2+b^2-2ax\cos\pi x+2abx-2b\cos\pi x$

$=\dfrac{1}{2}\cos 2\pi x+a^2x^2+2abx+b^2+\dfrac{1}{2}-2(ax+b)\cos\pi x$

⇐$\cos^2\pi x=\dfrac{1+\cos 2\pi x}{2}$

ここで　$\displaystyle\int_0^1\cos 2\pi x\,dx=\left[\frac{1}{2\pi}\sin 2\pi x\right]_0^1=0$,

⇐長い式は分割して積分。

$\displaystyle\int_0^1\left(a^2x^2+2abx+b^2+\frac{1}{2}\right)dx=\left[\frac{a^2}{3}x^3+abx^2+b^2x+\frac{1}{2}x\right]_0^1$

$\displaystyle=\frac{a^2}{3}+ab+b^2+\frac{1}{2}$,

$\displaystyle\int_0^1(ax+b)\cos\pi x\,dx=\int_0^1(ax+b)\left(\frac{\sin\pi x}{\pi}\right)'dx$

⇐**部分積分法**

$\displaystyle=\left[(ax+b)\frac{\sin\pi x}{\pi}\right]_0^1-\int_0^1\frac{a}{\pi}\sin\pi x\,dx$

⇐$\displaystyle\left[(ax+b)\frac{\sin\pi x}{\pi}\right]_0^1=0$

$\displaystyle=-\frac{a}{\pi}\left[-\frac{\cos\pi x}{\pi}\right]_0^1=-\frac{2a}{\pi^2}$

ゆえに

$\displaystyle\int_0^1(\cos\pi x-ax-b)^2dx=\frac{a^2}{3}+ab+b^2+\frac{1}{2}-2\left(-\frac{2a}{\pi^2}\right)$

$\displaystyle=b^2+ab+\frac{a^2}{3}+\frac{4a}{\pi^2}+\frac{1}{2}$

$\displaystyle=\left(b+\frac{a}{2}\right)^2+\frac{1}{12}\left(a^2+\frac{48}{\pi^2}a\right)+\frac{1}{2}$

⇐２次の係数が１である b について，まず平方完成。

$\displaystyle=\left(b+\frac{a}{2}\right)^2+\frac{1}{12}\left(a+\frac{24}{\pi^2}\right)^2-\frac{48}{\pi^4}+\frac{1}{2}$

⇐a について平方完成。

よって，$\boldsymbol{a=-\dfrac{24}{\pi^2}}$，$\boldsymbol{b=\dfrac{12}{\pi^2}}$ **で最小値** $\boldsymbol{-\dfrac{48}{\pi^4}+\dfrac{1}{2}}$ をとる。

⇐$b+\dfrac{a}{2}=0$，$a+\dfrac{24}{\pi^2}=0$

EX ④117

α，β は $0\leqq\alpha<\beta\leqq\dfrac{\pi}{2}$ を満たす実数とする。$\alpha\leqq t\leqq\beta$ となる t に対して，$S(t)=\int_\alpha^\beta|\sin x-\sin t|dx$ とする。$S(t)$ を最小にする t の値を求めよ。 〔琉球大〕

$\alpha\leqq x\leqq t$ のとき　$\sin x-\sin t\leqq 0$

$t\leqq x\leqq\beta$ のとき　$\sin x-\sin t\geqq 0$　であるから

⇐区間 $\left[0,\ \dfrac{\pi}{2}\right]$ において $\sin x$ は増加する。

$\displaystyle S(t)=\int_\alpha^\beta|\sin x-\sin t|dx$

$\displaystyle=\int_\alpha^t(\sin t-\sin x)dx+\int_t^\beta(\sin x-\sin t)dx$

$\displaystyle=\int_\alpha^t(\sin t-\sin x)dx+\int_\beta^t(\sin t-\sin x)dx$

⇐$\displaystyle\int_t^\beta f(t)dt=-\int_\beta^t f(t)dt$

$\displaystyle=\Big[x\sin t+\cos x\Big]_\alpha^t+\Big[x\sin t+\cos x\Big]_\beta^t$

$=2(t\sin t+\cos t)-(\alpha+\beta)\sin t-(\cos\alpha+\cos\beta)$

⇐$\cos\alpha+\cos\beta$ は定数。

ゆえに　$S'(t)=2(\sin t+t\cos t-\sin t)-(\alpha+\beta)\cos t$

$=2\left(t-\dfrac{\alpha+\beta}{2}\right)\cos t$

$\cos t>0$ であるから，$S'(t)=0$ とすると　$t=\dfrac{\alpha+\beta}{2}$

⇦$0\leqq\alpha<t<\beta\leqq\dfrac{\pi}{2}$ において　$\cos t>0$

$S(t)$ の増減表は右のようになる。

t	α	$\cdots$	$\dfrac{\alpha+\beta}{2}$	$\cdots$	β
$S'(t)$	／	$-$	0	$+$	／
$S(t)$		↘	極小	↗	

よって，$\boldsymbol{t=\dfrac{\alpha+\beta}{2}}$ で最小になる。

EX ③118　次の極限値を求めよ。　〔(1)，(3) 岐阜大　(2) 近畿大　(4) 電通大〕

(1) $\displaystyle\lim_{n\to\infty}\sum_{k=1}^{n}\frac{n}{k^2+n^2}$　(2) $\displaystyle\lim_{n\to\infty}\frac{\pi}{n}\sum_{k=1}^{n}\cos^2\frac{k\pi}{6n}$

(3) $\displaystyle\lim_{n\to\infty}\sum_{k=1}^{n}\frac{n^2}{(k+n)^2(k+2n)}$　(4) $\displaystyle\lim_{n\to\infty}\sum_{k=n+1}^{2n}\frac{n}{k^2+3kn+2n^2}$

(1) $\displaystyle\lim_{n\to\infty}\sum_{k=1}^{n}\frac{n}{k^2+n^2}=\lim_{n\to\infty}\frac{1}{n}\sum_{k=1}^{n}\frac{n^2}{k^2+n^2}=\lim_{n\to\infty}\frac{1}{n}\sum_{k=1}^{n}\frac{1}{\left(\frac{k}{n}\right)^2+1}$

$\displaystyle=\int_0^1\frac{1}{x^2+1}dx$

$x=\tan\theta$ とおくと

$\dfrac{1}{1+x^2}=\cos^2\theta,\ dx=\dfrac{1}{\cos^2\theta}d\theta$

x と θ の対応は右のようにとれる。

x	$0\longrightarrow1$
θ	$0\longrightarrow\dfrac{\pi}{4}$

CHART　$\boldsymbol{\dfrac{1}{x^2+a^2}}$ には $\boldsymbol{x=a\tan\theta}$ とおく

よって　(与式)$\displaystyle=\int_0^{\frac{\pi}{4}}\cos^2\theta\cdot\frac{1}{\cos^2\theta}d\theta=\int_0^{\frac{\pi}{4}}d\theta=\Big[\theta\Big]_0^{\frac{\pi}{4}}=\boldsymbol{\frac{\pi}{4}}$

(2) $\displaystyle\lim_{n\to\infty}\frac{\pi}{n}\sum_{k=1}^{n}\cos^2\frac{k\pi}{6n}=\pi\lim_{n\to\infty}\frac{1}{n}\sum_{k=1}^{n}\cos^2\left(\frac{\pi}{6}\cdot\frac{k}{n}\right)$

$\displaystyle=\pi\int_0^1\cos^2\frac{\pi}{6}x\,dx=\pi\int_0^1\frac{1}{2}\left(1+\cos\frac{\pi}{3}x\right)dx$

⇦半角の公式から $\cos^2\theta=\dfrac{1+\cos2\theta}{2}$

$\displaystyle=\frac{\pi}{2}\left[x+\frac{3}{\pi}\sin\frac{\pi}{3}x\right]_0^1=\frac{\pi}{2}\left(1+\frac{3}{\pi}\cdot\frac{\sqrt{3}}{2}\right)=\boldsymbol{\frac{\pi}{2}+\frac{3\sqrt{3}}{4}}$

(3) $\displaystyle\lim_{n\to\infty}\sum_{k=1}^{n}\frac{n^2}{(k+n)^2(k+2n)}=\lim_{n\to\infty}\frac{1}{n}\sum_{k=1}^{n}\frac{n^3}{(k+n)^2(k+2n)}$

$\displaystyle=\lim_{n\to\infty}\frac{1}{n}\sum_{k=1}^{n}\frac{1}{\left(\frac{k}{n}+1\right)^2\left(\frac{k}{n}+2\right)}=\int_0^1\frac{1}{(x+1)^2(x+2)}dx$

$\displaystyle=\int_0^1\frac{1}{x+1}\cdot\frac{1}{(x+1)(x+2)}dx=\int_0^1\frac{1}{x+1}\left(\frac{1}{x+1}-\frac{1}{x+2}\right)dx$

⇦部分分数に分解する。
$\dfrac{1}{(x+1)^2(x+2)}=\dfrac{a}{x+1}+\dfrac{b}{(x+1)^2}+\dfrac{c}{x+2}$
とおいて，恒等式の考えから求めてもよい。

$\displaystyle=\int_0^1\left\{\frac{1}{(x+1)^2}-\frac{1}{(x+1)(x+2)}\right\}dx$

$\displaystyle=\int_0^1\left\{\frac{1}{(x+1)^2}-\left(\frac{1}{x+1}-\frac{1}{x+2}\right)\right\}dx$

$\displaystyle=\left[-\frac{1}{x+1}-\log(x+1)+\log(x+2)\right]_0^1$

$=-\dfrac{1}{2}-\log 2+\log 3+1-\log 2=\boldsymbol{\dfrac{1}{2}+\log\dfrac{3}{4}}$

(4) $\displaystyle\lim_{n\to\infty}\sum_{k=n+1}^{2n}\frac{n}{k^2+3kn+2n^2}$

$\displaystyle=\lim_{n\to\infty}\sum_{k=n+1}^{2n}\frac{n}{(k+n)(k+2n)}=\lim_{n\to\infty}\sum_{k=n+1}^{2n}\left(\frac{1}{k+n}-\frac{1}{k+2n}\right)$

⇦部分分数に分解する。

$\displaystyle=\lim_{n\to\infty}\frac{1}{n}\sum_{k=n+1}^{2n}\left(\frac{1}{\frac{k}{n}+1}-\frac{1}{\frac{k}{n}+2}\right)=\int_1^2\left(\frac{1}{x+1}-\frac{1}{x+2}\right)dx$

⇦$f(x)=\dfrac{1}{x+1}-\dfrac{1}{x+2}$
積分区間は [1, 2]

$\displaystyle=\Big[\log(x+1)-\log(x+2)\Big]_1^2=\log 3-\log 4-(\log 2-\log 3)$

$=2\log 3-3\log 2=\boldsymbol{\log\dfrac{9}{8}}$

5章
EX

EX ③119

(1) 不定積分 $\displaystyle\int\log\frac{1}{1+x}dx$ を求めよ。

(2) 極限 $\displaystyle\lim_{n\to\infty}\sum_{k=1}^{n}\log\left(1-\frac{k}{n+k}\right)^{\frac{1}{n}}$ を求めよ。　〔類　京都教育大〕

(1) $\displaystyle\int\log\frac{1}{1+x}dx=-\int\log(1+x)dx$

$\displaystyle=-\int(1+x)'\log(1+x)dx$

⇦部分積分法

$\displaystyle=-\left\{(1+x)\log(1+x)-\int(1+x)\cdot\frac{1}{1+x}dx\right\}$

$\boldsymbol{=-(1+x)\log(1+x)+x+C}$

(2) $1-\dfrac{k}{n+k}=\dfrac{n}{n+k}=\dfrac{1}{1+\dfrac{k}{n}}$

よって，(1)から

$\displaystyle(\text{与式})=\lim_{n\to\infty}\frac{1}{n}\sum_{k=1}^{n}\log\left(\frac{1}{1+\frac{k}{n}}\right)=\int_0^1\log\left(\frac{1}{1+x}\right)dx$

$=\Big[x-(1+x)\log(1+x)\Big]_0^1=\boldsymbol{1-2\log 2}$

EX ③120

自然数 n に対して，$2\sqrt{n+1}-2<1+\dfrac{1}{\sqrt{2}}+\dfrac{1}{\sqrt{3}}+\cdots\cdots+\dfrac{1}{\sqrt{n}}\leqq 2\sqrt{n}-1$ が成り立つことを示せ。　〔お茶の水大〕

自然数 k に対して，$k\leqq x\leqq k+1$ のとき

$$\frac{1}{\sqrt{k+1}}\leqq\frac{1}{\sqrt{x}}\leqq\frac{1}{\sqrt{k}}$$

常に $\dfrac{1}{\sqrt{k+1}}=\dfrac{1}{\sqrt{x}}$ または $\dfrac{1}{\sqrt{x}}=\dfrac{1}{\sqrt{k}}$ ではないから

$$\int_k^{k+1}\frac{dx}{\sqrt{k+1}}<\int_k^{k+1}\frac{dx}{\sqrt{x}}<\int_k^{k+1}\frac{dx}{\sqrt{k}}$$

ゆえに　$\dfrac{1}{\sqrt{k+1}}<\displaystyle\int_k^{k+1}\dfrac{dx}{\sqrt{x}}<\dfrac{1}{\sqrt{k}}$

不等式 $\displaystyle\int_k^{k+1}\dfrac{dx}{\sqrt{x}}<\dfrac{1}{\sqrt{k}}$ で，$k=1,\ 2,\ 3,\ \cdots\cdots,\ n$ として辺々を加えると

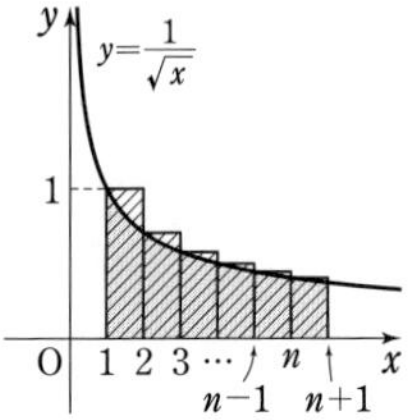

$$\sum_{k=1}^{n}\int_k^{k+1}\frac{dx}{\sqrt{x}}<\sum_{k=1}^{n}\frac{1}{\sqrt{k}}$$

$\displaystyle\sum_{k=1}^{n}\int_k^{k+1}\frac{dx}{\sqrt{x}}=\int_1^{n+1}\frac{dx}{\sqrt{x}}=\Big[2\sqrt{x}\Big]_1^{n+1}=2\sqrt{n+1}-2$ であるから

$$2\sqrt{n+1}-2<1+\frac{1}{\sqrt{2}}+\frac{1}{\sqrt{3}}+\cdots\cdots+\frac{1}{\sqrt{n}}\quad\cdots\cdots①$$

また，不等式 $\dfrac{1}{\sqrt{k+1}}<\displaystyle\int_k^{k+1}\dfrac{dx}{\sqrt{x}}$ で，$k=1,\ 2,\ 3,\ \cdots\cdots,\ n-1$ として辺々を加えると，$n\geqq 2$ のとき

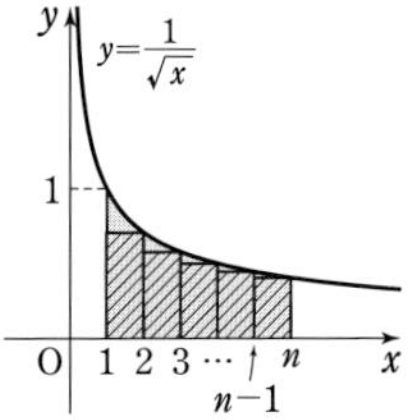

$$\sum_{k=1}^{n-1}\frac{1}{\sqrt{k+1}}<\sum_{k=1}^{n-1}\int_k^{k+1}\frac{dx}{\sqrt{x}}$$

$\displaystyle\sum_{k=1}^{n-1}\int_k^{k+1}\frac{dx}{\sqrt{x}}=\int_1^{n}\frac{dx}{\sqrt{x}}=\Big[2\sqrt{x}\Big]_1^{n}=2\sqrt{n}-2$ であるから

$$\frac{1}{\sqrt{2}}+\frac{1}{\sqrt{3}}+\cdots\cdots+\frac{1}{\sqrt{n}}<2\sqrt{n}-2$$

この不等式の両辺に 1 を加えて

$$1+\frac{1}{\sqrt{2}}+\frac{1}{\sqrt{3}}+\cdots\cdots+\frac{1}{\sqrt{n}}<2\sqrt{n}-1$$

ここで，$n=1$ のとき　$\dfrac{1}{\sqrt{n}}=1,\ 2\sqrt{n}-1=1$

よって，自然数 n について

$$1+\frac{1}{\sqrt{2}}+\frac{1}{\sqrt{3}}+\cdots\cdots+\frac{1}{\sqrt{n}}\leqq 2\sqrt{n}-1\quad\cdots\cdots②$$

①，② から

$$2\sqrt{n+1}-2<1+\frac{1}{\sqrt{2}}+\frac{1}{\sqrt{3}}+\cdots\cdots+\frac{1}{\sqrt{n}}\leqq 2\sqrt{n}-1$$

EX ④121

(1) $0<x<\dfrac{\pi}{2}$ のとき，$\dfrac{2}{\pi}x<\sin x$ が成り立つことを示せ。

(2) $\displaystyle\lim_{r\to\infty}r\int_0^{\frac{\pi}{2}}e^{-r^2\sin x}dx$ を求めよ。　〔琉球大〕

(1)　$f(x)=\sin x-\dfrac{2}{\pi}x$ とすると　$f'(x)=\cos x-\dfrac{2}{\pi}$

$\cos x$ は $0\leqq x\leqq\dfrac{\pi}{2}$ で減少し

$$f'(0)=1-\frac{2}{\pi}>0,\ f'\left(\frac{\pi}{2}\right)=-\frac{2}{\pi}<0$$

⇐$\pi>3$ から $0<\dfrac{2}{\pi}<1$

よって，$0<x<\dfrac{\pi}{2}$ の範囲に $f'(x_0)=0$ となる x_0 がただ 1

⇐**中間値の定理**

つ存在する。

ゆえに，$f(x)$ の増減表は右のようになる。

x	0	$\cdots$	x_0	$\cdots$	$\frac{\pi}{2}$
$f'(x)$	／	$+$	0	$-$	／
$f(x)$	0	↗	極大	↘	0

よって，$0<x<\frac{\pi}{2}$ のとき

$f(x)>0$

すなわち　$\frac{2}{\pi}x<\sin x$

(2)　(1)から，$0<x<\frac{\pi}{2}$ のとき　$\frac{2}{\pi}x<\sin x$　…… ①

$r\longrightarrow\infty$ であるから，$r>0$ とすると　$-r^2<0$

① の両辺に $-r^2$ を掛けて　$-r^2\sin x<-\frac{2r^2}{\pi}x$

ゆえに　$e^{-r^2\sin x}<e^{-\frac{2r^2}{\pi}x}$

よって　$0<\int_0^{\frac{\pi}{2}}e^{-r^2\sin x}dx<\int_0^{\frac{\pi}{2}}e^{-\frac{2r^2}{\pi}x}dx$

ここで　$\int_0^{\frac{\pi}{2}}e^{-\frac{2r^2}{\pi}x}dx=-\frac{\pi}{2r^2}\left[e^{-\frac{2r^2}{\pi}x}\right]_0^{\frac{\pi}{2}}=\frac{\pi}{2r^2}(1-e^{-r^2})$

ゆえに　$0<r\int_0^{\frac{\pi}{2}}e^{-r^2\sin x}dx<\frac{\pi}{2r}(1-e^{-r^2})$

ここで　$\lim_{r\to\infty}\frac{\pi}{2r}(1-e^{-r^2})=0$

よって　$\lim_{r\to\infty}r\int_0^{\frac{\pi}{2}}e^{-r^2\sin x}dx=\mathbf{0}$

(2)　与式の極限を直接求めることは難しいから，(1)の結果を利用して，**はさみうちの原理** を利用。

⇐$\lim_{r\to\infty}e^{-r^2}=0$

⇐**はさみうちの原理**

EX ④122

(1)　$\lim_{n\to\infty}\frac{1}{n}\left(\sum_{k=n+1}^{2n}\log k-n\log n\right)=\int_1^2\log x\,dx$ を示せ。

(2)　$\lim_{n\to\infty}\left\{\frac{(2n)!}{n!n^n}\right\}^{\frac{1}{n}}$ を求めよ。　〔北海道大〕

(1)　$\sum_{k=n+1}^{2n}\log k-n\log n$

$=\log(n+1)+\log(n+2)+\cdots\cdots+\log(n+n)-n\log n$

$=\sum_{k=1}^{n}\log(n+k)-n\log n$

$=\sum_{k=1}^{n}\{\log(n+k)-\log n\}$

よって　(左辺)$=\lim_{n\to\infty}\frac{1}{n}\sum_{k=1}^{n}\{\log(n+k)-\log n\}$

$=\lim_{n\to\infty}\frac{1}{n}\sum_{k=1}^{n}\left\{\log\left(1+\frac{k}{n}\right)\right\}$

$=\int_0^1\log(1+x)\,dx$

ここで，$1+x=t$ とおくと　$dx=dt$

x と t の対応は右のようになる。

x	$0\longrightarrow1$
t	$1\longrightarrow2$

⇐$n\log n=\sum_{k=1}^{n}\log n$

⇐$\log(n+k)-\log n$
$=\log\frac{n+k}{n}$

5章 EX

ゆえに　　(左辺) $=\int_1^2 \log t\,dt=\int_1^2 \log x\,dx$

(2)　$\log\left\{\dfrac{(2n)!}{n!n^n}\right\}^{\frac{1}{n}}=\dfrac{1}{n}\left\{\log\dfrac{(2n)!}{n!}-\log n^n\right\}$

$=\dfrac{1}{n}\{\log(n+1)(n+2)\cdots\cdots(n+n)-n\log n\}$

⇐ $\dfrac{(2n)!}{n!}$ は約分。

$=\dfrac{1}{n}\left(\sum_{k=n+1}^{2n}\log k-n\log n\right)$

よって，(1) から

$$\lim_{n\to\infty}\log\left\{\frac{(2n)!}{n!n^n}\right\}^{\frac{1}{n}}=\int_1^2\log x\,dx=\Big[x\log x-x\Big]_1^2$$

$$=(2\log 2-2)-(0-1)$$

$$=2\log 2-1=\log\frac{4}{e}$$

⇐ $\int\log x\,dx$
$=x\log x-x+C$

したがって　　$\displaystyle\lim_{n\to\infty}\left\{\frac{(2n)!}{n!n^n}\right\}^{\frac{1}{n}}=\boldsymbol{\frac{4}{e}}$

EX
⑤123

半径 1 の円に内接する正 n 角形が xy 平面上にある。1 つの辺 AB が x 軸に含まれている状態から始めて，正 n 角形を図のように x 軸上をすべらないように転がし，再び点 A が x 軸に含まれる状態まで続ける。点 A が描く軌跡の長さを $L(n)$ とする。

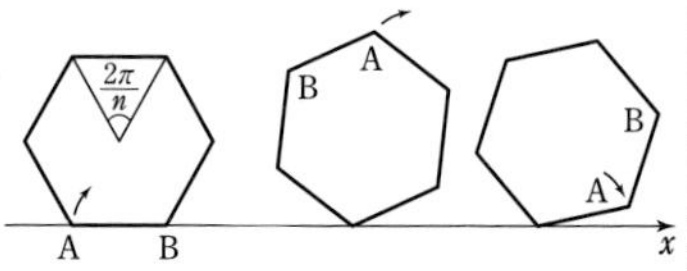

図は $n=6$ の場合

(1)　$L(6)$ を求めよ。　　(2)　$\displaystyle\lim_{n\to\infty}L(n)$ を求めよ。　〔北海道大〕

(1)　右図の正六角形について

AB=1，AC=$\sqrt{3}$，AD=2，
AE=$\sqrt{3}$，AF=1

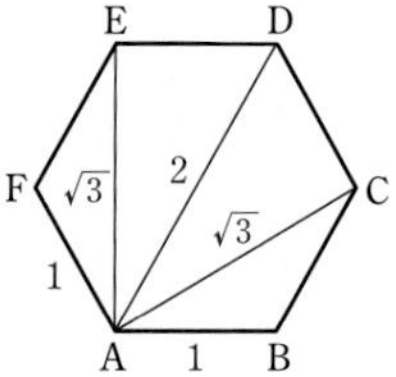

また，正六角形の 1 つの外角の大きさは $\dfrac{\pi}{3}$ である。

よって

$$L(6)=\frac{\pi}{3}(1+\sqrt{3}+2+\sqrt{3}+1)=\boldsymbol{\frac{4+2\sqrt{3}}{3}\pi}$$

⇐中心角 θ，半径 r の扇形の弧の長さは $r\theta$

(2)　右図の正 n 角形 $A_1A_2\cdots\cdots A_n$ について

$$A_1A_k=2\sin\frac{k-1}{n}\pi$$
$(k=2,\ \cdots\cdots,\ n)$

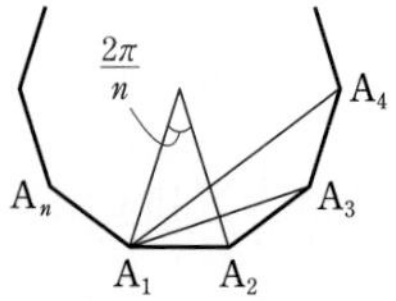

また，正 n 角形の 1 つの外角の大きさは $\dfrac{2\pi}{n}$ である。

$\sin\pi=0$ であるから

$$L(n)=\frac{2\pi}{n}\sum_{k=2}^{n}2\sin\frac{k-1}{n}\pi$$

⇐ $\displaystyle\sum_{k=2}^{n}f(k-1)=\sum_{k=1}^{n-1}f(k)$

$$=\frac{4\pi}{n}\sum_{k=1}^{n-1}\sin\frac{k}{n}\pi=\frac{4\pi}{n}\sum_{k=1}^{n}\sin\frac{k}{n}\pi$$

よって　$\displaystyle\lim_{n\to\infty}L(n)=\lim_{n\to\infty}4\pi\cdot\frac{1}{n}\sum_{k=1}^{n}\sin\frac{k}{n}\pi$

$$=4\pi\int_0^1\sin\pi x\,dx$$

$$=4\pi\left[-\frac{\cos\pi x}{\pi}\right]_0^1$$

$$=4(-\cos\pi+\cos 0)=\mathbf{8}$$

⇐ $\displaystyle\sum_{k=1}^{n-1}\sin\frac{k}{n}\pi$
$\displaystyle=\sum_{k=1}^{n-1}\sin\frac{k}{n}\pi+\sin\frac{n}{n}\pi$
$\displaystyle=\sum_{k=1}^{n}\sin\frac{k}{n}\pi$

inf.　$n\longrightarrow\infty$ における点Aの軌跡は，サイクロイドである（詳しくは数学Cで学習する）。

$$\begin{cases}x=\theta-\sin\theta\\ y=1-\cos\theta\end{cases}$$
$(0\leqq\theta\leqq2\pi)$

PR ②151 次の曲線と x 軸で囲まれた部分の面積 S を求めよ。
(1) $y=2\sin x-\sin 2x\ (0\leqq x\leqq 2\pi)$　　(2) $y=10-9e^{-x}-e^{x}$

(1) $y=2\sin x-2\sin x\cos x=2\sin x(1-\cos x)$
よって，この曲線と x 軸の共有点の x 座標は，方程式 $2\sin x(1-\cos x)=0$ を解いて
$\sin x=0,\ \cos x=1$
$0\leqq x\leqq 2\pi$ であるから　$x=0,\ \pi,\ 2\pi$
$0<x<2\pi$ のとき　$y'=2\cos x-2\cos 2x$
$=2\cos x-2(2\cos^2 x-1)$
$=-2(2\cos x+1)(\cos x-1)$
$y'=0$ とすると　$\cos x=-\dfrac{1}{2},\ 1$
$0<x<2\pi$ であるから　$x=\dfrac{2}{3}\pi,\ \dfrac{4}{3}\pi$
y の増減表は次のようになる。

x	0	$\cdots$	$\frac{2}{3}\pi$	$\cdots$	$\frac{4}{3}\pi$	$\cdots$	2π
y'	／	$+$	0	$-$	0	$+$	／
y	0	↗	極大	↘	極小	↗	0

ゆえに，グラフは右の図のようになる。

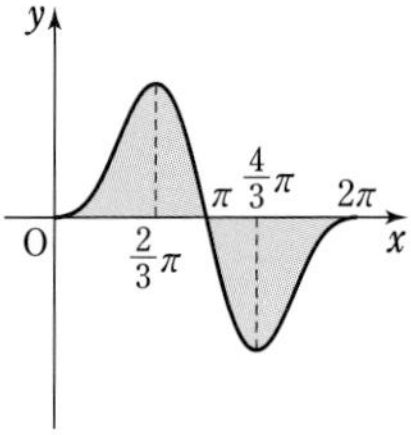

$0\leqq x\leqq \pi$ のとき　$y\geqq 0$
$\pi\leqq x\leqq 2\pi$ のとき　$y\leqq 0$
よって
$$S=\int_0^{\pi}(2\sin x-\sin 2x)\,dx-\int_{\pi}^{2\pi}(2\sin x-\sin 2x)\,dx$$
$$=\left[-2\cos x+\frac{1}{2}\cos 2x\right]_0^{\pi}-\left[-2\cos x+\frac{1}{2}\cos 2x\right]_{\pi}^{2\pi}$$
$$=2\left(2+\frac{1}{2}\right)-\left(-2+\frac{1}{2}\right)-\left(-2+\frac{1}{2}\right)=\mathbf{8}$$

(2) 曲線 $y=10-9e^{-x}-e^{x}$ と x 軸の共有点の x 座標は，方程式 $10-9e^{-x}-e^{x}=0$ を解いて
$(e^x)^2-10e^x+9=0$
よって　$(e^x-1)(e^x-9)=0$　ゆえに　$e^x=1,\ 9$
よって　$x=\log 1,\ \log 9$　すなわち　$x=0,\ 2\log 3$
また　$y'=9e^{-x}-e^{x}$
$=-e^{-x}(e^{2x}-9)$
$=-e^{-x}(e^x+3)(e^x-3)$
$y'=0$ とすると　$e^x=3$
すなわち　$x=\log 3$
y の増減表は右のようになる。

x	$\cdots$	$\log 3$	$\cdots$
y'	$+$	0	$-$
y	↗	極大	↘

⇦$\sin 2x=2\sin x\cos x$

inf.
$y=2\sin x(1-\cos x)$ において，$0\leqq x\leqq\pi$ のとき，$\sin x\geqq 0$，$1-\cos x\geqq 0$ より　$y\geqq 0$
$\pi\leqq x\leqq 2\pi$ のとき，$\sin x\leqq 0$，$1-\cos x\geqq 0$ より　$y\leqq 0$
と断って，面積の計算を始めてよい。
また，$f(x)=2\sin x(1-\cos x)$ とおくと
$f(\pi-x)=2\sin x(1+\cos x)$
$f(\pi+x)=-2\sin x(1+\cos x)$
から，$f(\pi+x)=-f(\pi-x)$ が成り立つ。よって，曲線は点 $(\pi,\ 0)$ に関して対称であるから
$S=2\int_0^{\pi}y\,dx$
として計算してもよい。

⇦$\left[F(x)\right]_a^b-\left[F(x)\right]_b^c=2F(b)-F(a)-F(c)$

⇦両辺に $-e^x\neq 0$ を掛ける。

⇦$\log 9=\log 3^2$

⇦$e^x>0$ から　$e^x+3>0$
また　$e^{-x}>0$

ゆえに，グラフは右の図のようになる。
$0 \leqq x \leqq 2\log 3$ のとき　　$y \geqq 0$
よって

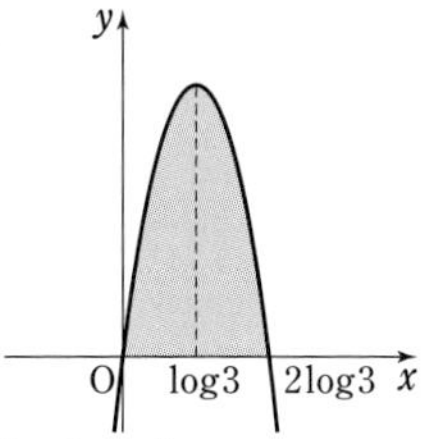

$$S=\int_0^{2\log 3}(10-9e^{-x}-e^{x})\,dx$$
$$=\Big[10x+9e^{-x}-e^{x}\Big]_0^{2\log 3}$$
$$=(20\log 3+9e^{-2\log 3}-e^{2\log 3})-(9e^0-e^0)$$
$$=20\log 3+9\cdot\frac{1}{9}-9-8$$
$$=\mathbf{20\log 3-16}$$

⇐$e^{\log A}=A$ から
$e^{-2\log 3}=e^{\log 3^{-2}}=3^{-2}$,
$e^{2\log 3}=e^{\log 3^2}=3^2$

6章
PR

PR
②**152**

次の曲線や直線によって囲まれた部分の面積 S を求めよ。
(1)　$y=\sin x$, $y=\sin 3x$ $(0 \leqq x \leqq \pi)$　　〔日本女子大〕
(2)　$y=xe^x$, $y=e^x$, y 軸

(1)　2つの曲線の共有点の x 座標は，方程式 $\sin x=\sin 3x$ の解である。
方程式を変形して

$$2\cos 2x\sin x=0$$

$0 \leqq x \leqq \pi$ であるから

$$x=0,\ \frac{\pi}{4},\ \frac{3}{4}\pi,\ \pi$$

また，2つの曲線はいずれも直線 $x=\dfrac{\pi}{2}$ に関して対称で，その概形は右の図のようになる。

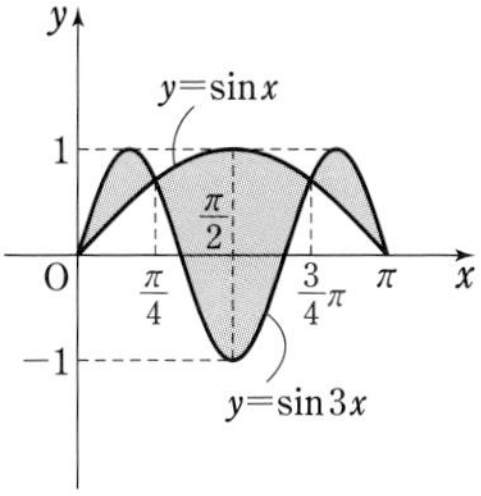

$0 \leqq x \leqq \dfrac{\pi}{4}$ のとき　　$\sin 3x \geqq \sin x$

$\dfrac{\pi}{4} \leqq x \leqq \dfrac{\pi}{2}$ のとき　　$\sin 3x \leqq \sin x$

よって

$$S=2\left\{\int_0^{\frac{\pi}{4}}(\sin 3x-\sin x)\,dx+\int_{\frac{\pi}{4}}^{\frac{\pi}{2}}(\sin x-\sin 3x)\,dx\right\}$$
$$=2\left\{\int_0^{\frac{\pi}{4}}(\sin 3x-\sin x)\,dx-\int_{\frac{\pi}{4}}^{\frac{\pi}{2}}(\sin 3x-\sin x)\,dx\right\}$$
$$=2\left(\left[\cos x-\frac{1}{3}\cos 3x\right]_0^{\frac{\pi}{4}}-\left[\cos x-\frac{1}{3}\cos 3x\right]_{\frac{\pi}{4}}^{\frac{\pi}{2}}\right)$$
$$=2\left\{2\left(\frac{\sqrt{2}}{2}+\frac{\sqrt{2}}{6}\right)-\left(1-\frac{1}{3}\right)-0\right\}$$
$$=\mathbf{\frac{4(2\sqrt{2}-1)}{3}}$$

⇐和 ⟶ 積の公式利用。
$\sin 3x-\sin x=0$ から
$2\cos\dfrac{3x+x}{2}\sin\dfrac{3x-x}{2}=0$
なお，3倍角の公式
$\sin 3x=3\sin x-4\sin^3 x$
を用い，方程式を
$\sin x=3\sin x-4\sin^3 x$
と変形，更に整理して
$2\sin x(2\sin^2 x-1)=0$
から　　$\sin x=0$
または　$\sin x=\pm\dfrac{1}{\sqrt{2}}$
を解いて x の値を求めてもよい。

⇐$\Big[F(x)\Big]_a^b-\Big[F(x)\Big]_b^c$
$=2F(b)-F(a)-F(c)$

(2)　2 つの曲線の共有点の x 座標は，方程式 $xe^x=e^x$ の解である。
方程式を変形して
$$e^x(x-1)=0$$
よって　$x=1$　　⇦$e^x>0$

$0\leqq x\leqq 1$ のとき　$e^x\geqq xe^x$

ゆえに，グラフの概形は右の図のようになる。

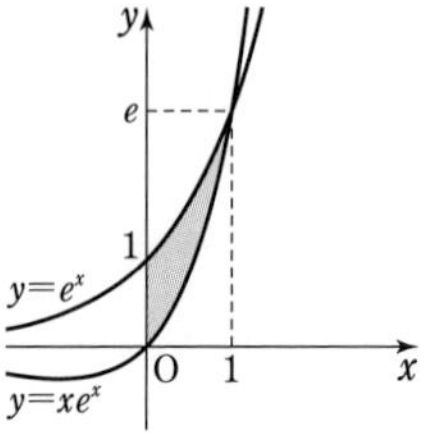

よって
$$S=\int_0^1(e^x-xe^x)\,dx=\int_0^1(1-x)e^x dx$$
⇦**部分積分法**
$$=\Big[(1-x)e^x\Big]_0^1+\int_0^1 e^x dx=-1+\Big[e^x\Big]_0^1$$
$$=-1+e-1=\boldsymbol{e-2}$$

PR
③**153**

点 (0，1) から曲線 $C：y=e^{ax}+1$ に引いた接線を ℓ とする。ただし，$a>0$ とする。
(1)　接線 ℓ の方程式を求めよ。
(2)　曲線 C と接線 ℓ，および y 軸とで囲まれる部分の面積を求めよ。　〔類 久留米大〕

(1)　接点の座標を $(t,\ e^{at}+1)$ とする。
$y'=ae^{ax}$ から，接線の方程式は
$$y-(e^{at}+1)=ae^{at}(x-t)$$
⇦曲線 $y=f(x)$ 上の $x=t$ の点における接線の方程式は
$$y-f(t)=f'(t)(x-t)$$

すなわち　$y=ae^{at}x-ate^{at}+e^{at}+1$　……①

これが点 (0，1) を通るから　　$1=-ate^{at}+e^{at}+1$

よって　　$(at-1)e^{at}=0$

$e^{at}>0$，$a>0$ から　　$t=\dfrac{1}{a}$

ゆえに，接線 ℓ の方程式は，① から　　$\boldsymbol{y=aex+1}$

⇦$at=1$ であることを意識するとスムーズ。

(2)　C と ℓ の位置関係は，右の図のようになり，$0\leqq x\leqq \dfrac{1}{a}$ のとき
$$e^{ax}+1\geqq aex+1$$

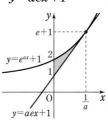

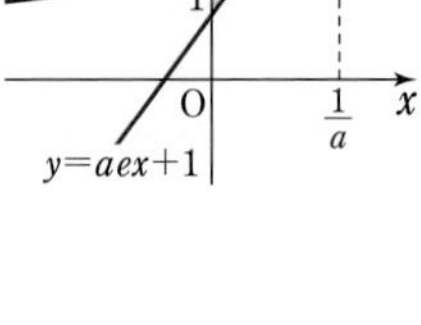

よって，求める面積 S は
$$S=\int_0^{\frac{1}{a}}\{e^{ax}+1-(aex+1)\}\,dx$$
$$=\left[\frac{1}{a}e^{ax}-\frac{1}{2}aex^2\right]_0^{\frac{1}{a}}$$
$$=\boldsymbol{\frac{e-2}{2a}}$$

PR
②**154**

次の曲線と直線で囲まれた部分の面積 S を求めよ。
(1)　$x=-1-y^2$，$y=-1$，$y=2$，y 軸　　(2)　$y^2=x$，$x+y-6=0$
(3)　$y=\log(1-x)$，$y=-1$，y 軸

(1)　$x=-1-y^2$ のグラフは右の図のようになる。

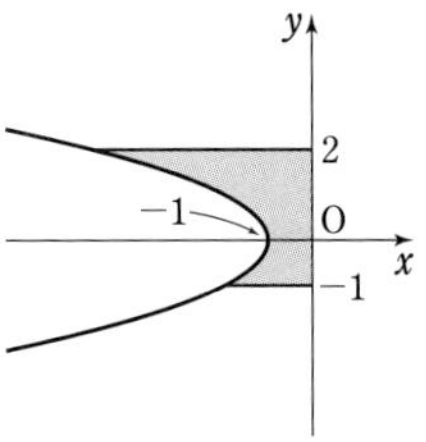

$-1\leqq y\leqq 2$ のとき　　$x<0$

よって　　$S=-\int_{-1}^{2}x\,dy=\int_{-1}^{2}(1+y^2)\,dy$

$=\left[y+\frac{y^3}{3}\right]_{-1}^{2}=\left(2+\frac{8}{3}\right)-\left(-1-\frac{1}{3}\right)$

$=\mathbf{6}$

(2)　曲線 $y^2=x$ と直線 $x+y-6=0$ の共有点の y 座標は，方程式 $y^2=-y+6$ すなわち $y^2+y-6=0$ の解である。

⇐$x+y-6=0$ を変形すると　　$x=-y+6$

これを解いて　　$y=2,\ -3$

⇐$(y-2)(y+3)=0$

グラフは右の図のようになり，

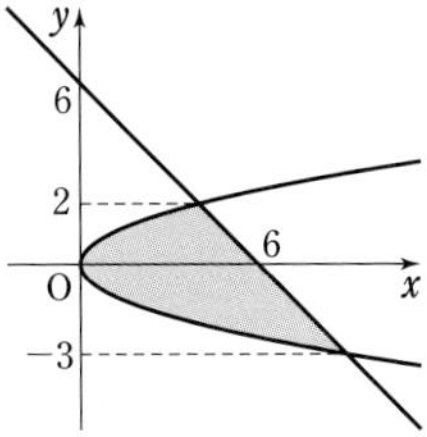

$-3\leqq y\leqq 2$ のとき　　$-y+6\geqq y^2$

よって　　$S=\int_{-3}^{2}\{(-y+6)-y^2\}\,dy$

$=\int_{-3}^{2}(-y^2-y+6)\,dy$

$=\left[-\frac{y^3}{3}-\frac{y^2}{2}+6y\right]_{-3}^{2}$

$=\left(-\frac{8}{3}-2+12\right)-\left(9-\frac{9}{2}-18\right)$

$=\mathbf{\frac{125}{6}}$

別解

$S=-\int_{-3}^{2}(y-2)(y+3)\,dy$

$=\frac{1}{6}(2+3)^3=\mathbf{\frac{125}{6}}$

inf.

$\int_{\alpha}^{\beta}\boldsymbol{a(t-\alpha)(t-\beta)\,dt}$

$=-\boldsymbol{\frac{a}{6}(\beta-\alpha)^3}$

(3)　$\log(1-x)=\log\{-(x-1)\}$

⇐$y=\log(-x)$ のグラフを x 軸方向に1だけ平行移動したもの。

よって，$y=\log(1-x)$ のグラフは右の図のようになる。

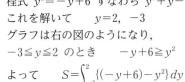

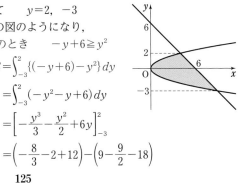

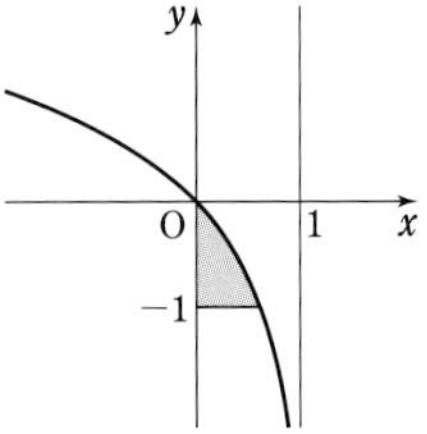

$-1\leqq y\leqq 0$ のとき　　$x\geqq 0$

$y=\log(1-x)$ から　　$x=1-e^y$

⇐$e^y=1-x$ から。

ゆえに　　$S=\int_{-1}^{0}(1-e^y)\,dy$

$=\left[y-e^y\right]_{-1}^{0}=-1-(-1-e^{-1})$

$=\mathbf{\frac{1}{e}}$

PR
③155　曲線 $(x^2-2)^2+y^2=4$ で囲まれた部分の面積 S を求めよ。

$(x^2-2)^2+y^2=4$ から　　$y^2=x^2(4-x^2)$ …… ①

⇐$x^4-4x^2+4+y^2=4$

曲線の式で $(x,\ y)$ を $(x,\ -y)$，$(-x,\ y)$，$(-x,\ -y)$ におき換えても $(x^2-2)^2+y^2=4$ は成り立つから，この曲線は，x 軸，y 軸，原点に関して対称である。

$x\geqq 0,\ y\geqq 0$ のとき　　$y=x\sqrt{4-x^2}$ $(0\leqq x\leqq 2)$

よって，$0<x<2$ のとき

$y'=\sqrt{4-x^2}+x\cdot\frac{-2x}{2\sqrt{4-x^2}}=\frac{4-2x^2}{\sqrt{4-x^2}}$

6章
PR

$y'=0$ とすると　　$x=\pm\sqrt{2}$

y の増減表は右のようになる。

x	0	$\cdots$	$\sqrt{2}$	$\cdots$	2
y'	／	+	0	−	／
y	0	↗	極大	↘	0

⇐ $4-2x^2=0$ から $x^2=2$

よって，曲線 ① の概形は右下の図のようになる。

⇐目的は面積の計算であるから，曲線の概形は面積が求められる程度でよい。

⇐ $\lim_{x\to 2-0} y'=-\infty$

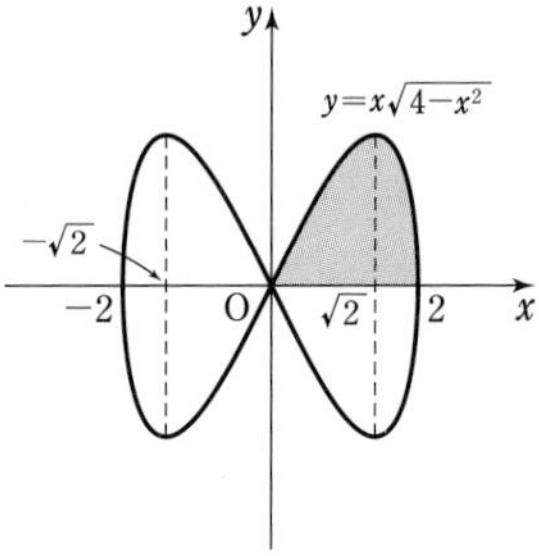

曲線 ① で囲まれた部分は x 軸，y 軸，原点に関して対称であるから

$$S=4\int_0^2 x\sqrt{4-x^2}\,dx$$

$\sqrt{4-x^2}=t$ とおくと

$$4-x^2=t^2$$

ゆえに　　$-2x\,dx=2t\,dt$

よって　　$S=-4\int_2^0 t^2dt=4\int_0^2 t^2dt$

$$=4\left[\frac{t^3}{3}\right]_0^2=\mathbf{\frac{32}{3}}$$

⇐**丸ごと置換**

x と t の対応は次のようになる。

x	$0 \longrightarrow 2$
t	$2 \longrightarrow 0$

PR ②156

次の曲線や直線によって囲まれた部分の面積 S を求めよ。

(1) $\begin{cases} x=3t^2 \\ y=3t-t^3 \end{cases}$ $(t\geqq 0)$，x 軸　　〔類 宇都宮大〕

(2) $\begin{cases} x=t-\sin t \\ y=1-\cos t \end{cases}$ $(0\leqq t\leqq \pi)$，x 軸，$x=\pi$　　〔筑波大〕

(1) $t\geqq 0$ の範囲で $y=0$ となる t の値は，

$y=-t(t+\sqrt{3})(t-\sqrt{3})$ から　　$t=0,\ \sqrt{3}$

$t=0$ のとき　$x=0$，　$t=\sqrt{3}$ のとき　$x=9$

⇐ x 軸との交点。

$x=3t^2$ から　　$\dfrac{dx}{dt}=6t$　……①

$y=3t-t^3$ から　　$\dfrac{dy}{dt}=3-3t^2=-3(t+1)(t-1)$

$t>0$ の範囲で $\dfrac{dy}{dt}=0$ とすると

$t=1$

t	0	$\cdots$	1	$\cdots$	$\sqrt{3}$
$\dfrac{dx}{dt}$	／	+	+	+	+
x	0	→	3	→	9
$\dfrac{dy}{dt}$	／	+	0	−	−
y	0	↑	2	↓	0

よって，x，y の値の変化は右の表のようになり，$t>0$ のとき $\dfrac{dx}{dt}>0$，$0\leqq t\leqq\sqrt{3}$ のとき $y\geqq 0$ である。

ゆえに，曲線の概形は右の図のようになる。

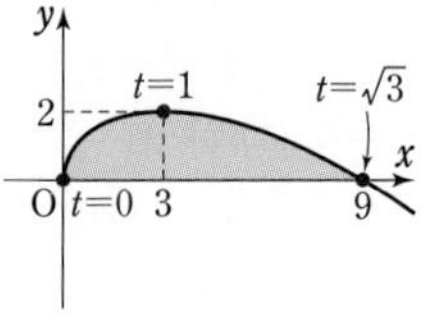

① より，$dx=6t\,dt$ であるから，求める面積 S は

⇐ x と t の対応は次のようになる。

x	$0 \longrightarrow 9$
t	$0 \longrightarrow \sqrt{3}$

$$S=\int_0^9 y\,dx=\int_0^{\sqrt{3}}(3t-t^3)\cdot 6t\,dt$$

$$=6\int_0^{\sqrt{3}}(3t^2-t^4)\,dt=6\left[t^3-\frac{t^5}{5}\right]_0^{\sqrt{3}}=\mathbf{\frac{36\sqrt{3}}{5}}$$

(2)　$0 \leqq t \leqq \pi$ ……① の範囲で $y=0$ となる t の値は，
$\cos t=1$ から　　$t=0$
このとき　　$x=0$
$x=t-\sin t$ から

$$\frac{dx}{dt}=1-\cos t \quad \cdots\cdots ②$$

$y=1-\cos t$ から

$$\frac{dy}{dt}=\sin t$$

これから，x，y の値の変化は右のようになり，$0<t<\pi$ のとき
$\frac{dx}{dt}>0$，① のとき $y \geqq 0$ である。

t	0	…	π
$\frac{dx}{dt}$	／	+	／
x	0	→	π
$\frac{dy}{dt}$	／	+	／
y	0	↑	2

⇐ x 軸との交点。

よって，曲線の概形は右の図のようになる。

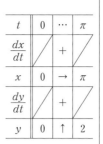

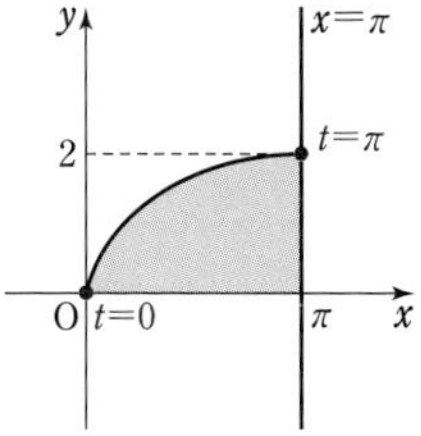

inf.　この曲線は **サイクロイド** の一部。（本冊 $p.153$ 参照）

② より，$dx=(1-\cos t)dt$ であるから，求める面積 S は

$$S=\int_0^{\pi} y\,dx=\int_0^{\pi}(1-\cos t)^2 dt$$
$$=\int_0^{\pi}(1-2\cos t+\cos^2 t)\,dt$$
$$=\int_0^{\pi}\left(1-2\cos t+\frac{1+\cos 2t}{2}\right)dt$$
$$=\left[\frac{3}{2}t-2\sin t+\frac{1}{4}\sin 2t\right]_0^{\pi}=\boldsymbol{\frac{3}{2}\pi}$$

⇐ x と t の対応は次のようになる。

x	$0 \longrightarrow \pi$
t	$0 \longrightarrow \pi$

PR ③157

$0 \leqq x \leqq \frac{\pi}{2}$ の範囲で，2 曲線 $y=\tan x$，$y=a\sin 2x$ と x 軸で囲まれた図形の面積が 1 となるように，正の実数 a の値を定めよ。　〔群馬大〕

2 曲線の交点の x 座標は，方程式 $\tan x=a\sin 2x$ ……① の解である。

$x=0$ は ① の解であり，$x=\frac{\pi}{2}$ は ① の解ではない。

$0<x<\frac{\pi}{2}$ のとき，① から　　$\frac{\sin x}{\cos x}=2a\sin x\cos x$

ゆえに　　$2a\cos^2 x=1$　　　よって　　$\cos^2 x=\frac{1}{2a}$

$0<x<\frac{\pi}{2}$ であるから　　$\cos x=\frac{1}{\sqrt{2a}}$　……②

等式 ② を満たす x の値を α $\left(0<\alpha<\frac{\pi}{2}\right)$ とおく。

⇐与えられた条件から $\tan\alpha=a\sin 2\alpha$ の解 α は必ず存在する。

6章 PR

このとき，2 曲線と x 軸で囲まれた図形の面積 S は

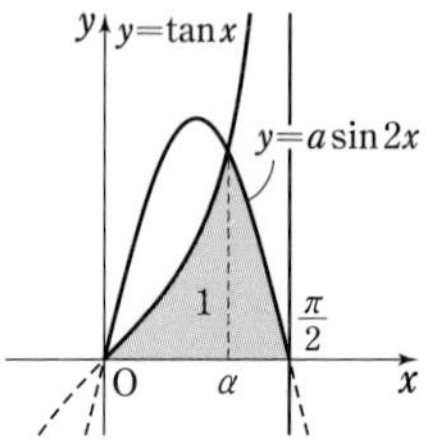

$$S=\int_0^{\alpha}\tan x\,dx+\int_{\alpha}^{\frac{\pi}{2}}a\sin 2x\,dx$$

$$=\Big[-\log(\cos x)\Big]_0^{\alpha}-\frac{a}{2}\Big[\cos 2x\Big]_{\alpha}^{\frac{\pi}{2}}$$

$$=-\log(\cos\alpha)$$

$$-\frac{a}{2}\{-1-(2\cos^2\alpha-1)\}$$

$$=-\log\frac{1}{\sqrt{2a}}+a\left(\frac{1}{\sqrt{2a}}\right)^2=\frac{1}{2}\log 2a+\frac{1}{2}$$

$S=1$ となるための条件は　$\frac{1}{2}\log 2a+\frac{1}{2}=1$

整理して　$\log 2a=1$　ゆえに　$2a=e$

したがって　$\boldsymbol{a=\frac{e}{2}}$

⇐ 2 曲線の性質から $x=\alpha$ で 2 曲線の上下関係が入れ替わる。

⇐$\cos 2\alpha=2\cos^2\alpha-1$

⇐$\cos\alpha=\frac{1}{\sqrt{2a}}$ を代入。

⇐$0<\frac{1}{\sqrt{2a}}=\frac{1}{\sqrt{e}}<1$
確かに $x=\alpha$ は存在する。

PR ③158

a は $0<a<2$ を満たす定数とする。$0\leqq x\leqq\frac{\pi}{2}$ のとき，曲線 $y=\sin 2x$ と x 軸で囲まれた部分の面積を，曲線 $y=a\sin x$ が 2 等分するように a の値を定めよ。

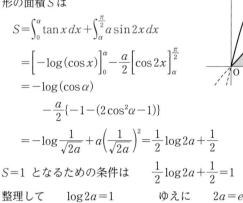

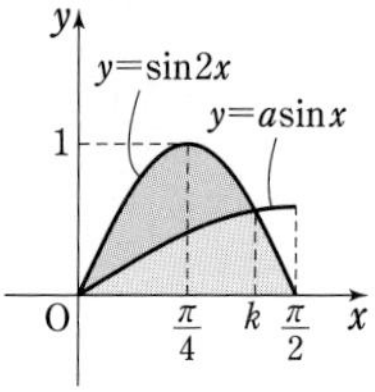

$\sin 2x=a\sin x$ とすると　$\sin x(2\cos x-a)=0$

よって　$\sin x=0,\ \cos x=\frac{a}{2}\ (0<a<2)$

ゆえに，2 曲線の交点の x 座標は　$x=0,\ k$

ただし　$\cos k=\frac{a}{2}\ \left(0<k<\frac{\pi}{2}\right)$

曲線 $y=\sin 2x$ と x 軸で囲まれた部分の面積を S とすると

$$S=\int_0^{\frac{\pi}{2}}\sin 2x\,dx=\left[-\frac{1}{2}\cos 2x\right]_0^{\frac{\pi}{2}}=1$$

$0\leqq x\leqq k$ のとき $a\sin x\leqq\sin 2x$ であるから，2 曲線 $y=\sin 2x$ と $y=a\sin x$ で囲まれた部分の面積を S_1 とすると

$$S_1=\int_0^k(\sin 2x-a\sin x)\,dx=\left[-\frac{1}{2}\cos 2x+a\cos x\right]_0^k$$

$$=\left\{-\frac{1}{2}(2\cos^2k-1)+a\cos k\right\}-\left(-\frac{1}{2}+a\right)$$

$$=-\frac{a^2}{4}+\frac{1}{2}+\frac{a^2}{2}+\frac{1}{2}-a=\frac{a^2}{4}-a+1$$

よって，$S=2S_1$ とすると　$1=2\left(\frac{a^2}{4}-a+1\right)$

$a^2-4a+2=0$ を解くと，$0<a<2$ であるから　$\boldsymbol{a=2-\sqrt{2}}$

⇐図の赤い部分の面積。

⇐$\cos k=\frac{a}{2}$ を代入。

⇐$a=2\pm\sqrt{2}$

PR ③159

曲線 $C：y=xe^{-x}$ 上の点Pにおいて接線 ℓ を引く。P の x 座標 t が $0\leqq t\leqq 1$ にあるとき，曲線 C と 3 つの直線 ℓ，$x=0$，$x=1$ で囲まれた 2 つの部分の面積の和の最小値を求めよ。

［類 岐阜大］

$y=xe^{-x}$

$y'=(1-x)e^{-x}$

$y'=0$ とすると　　$x=1$

y の増減表は右のようになる。

x	$\cdots$	1	$\cdots$
y'	$+$	0	$-$
y	↗	極大	↘

よって，曲線 C は図のようになる。

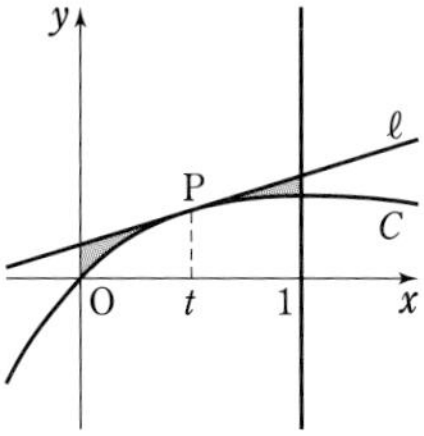

⇦$\lim_{x\to\infty} y=0$

$\lim_{x\to-\infty} y=-\infty$

接線 ℓ の方程式は

$y-te^{-t}=(1-t)e^{-t}(x-t)$

⇦$\mathrm{P}(t,\ te^{-t})$ を通り，傾きが $(1-t)e^{-t}$

すなわち

$y=(1-t)e^{-t}x+t^2e^{-t}$

ゆえに，条件を満たす部分の面積を $S(t)$ とすると

$$S(t)=\int_0^1\{(1-t)e^{-t}x+t^2e^{-t}-xe^{-x}\}dx$$

$$=\left[\frac{(1-t)e^{-t}}{2}x^2+t^2e^{-t}x+(x+1)e^{-x}\right]_0^1$$

$$=\frac{1}{2}(1-t)e^{-t}+t^2e^{-t}+\frac{2}{e}-1$$

$$=\frac{1}{2}(2t^2-t+1)e^{-t}+\frac{2}{e}-1$$

⇦$-\int xe^{-x}dx$

$=\int x(e^{-x})'\,dx$

$=xe^{-x}-\int e^{-x}dx$

$=xe^{-x}+e^{-x}+C$

$=(x+1)e^{-x}+C$

よって　　$S'(t)=\dfrac{-2t^2+5t-2}{2}e^{-t}=-\dfrac{(t-2)(2t-1)}{2}e^{-t}$

⇦$S'(t)$

$=\dfrac{1}{2}\{(4t-1)e^{-t}$

$-(2t^2-t+1)e^{-t}\}$

$S'(t)=0$ とすると，$0<t<1$

から　　$t=\dfrac{1}{2}$

ゆえに，$S(t)$ の増減表は右のようになる。

t	0	$\cdots$	$\frac{1}{2}$	$\cdots$	1
$S'(t)$	／	$-$	0	$+$	／
$S(t)$		↘	極小	↗	

よって，$S(t)$ は $\boldsymbol{t=\frac{1}{2}}$ **で最小値**

$$S\left(\frac{1}{2}\right)=\frac{1}{2}\left(\frac{1}{2}-\frac{1}{2}+1\right)e^{-\frac{1}{2}}+\frac{2}{e}-1=\boldsymbol{\frac{2}{e}+\frac{1}{2\sqrt{e}}-1}$$

をとる。

PR ④160　媒介変数 t によって，$x=2t+t^2$，$y=t+2t^2\ (-2\leqq t\leqq 0)$ と表される曲線と，y 軸で囲まれた図形の面積 S を求めよ。

$\dfrac{dx}{dt}=2+2t$，$\dfrac{dy}{dt}=1+4t$

$\dfrac{dx}{dt}=0$ とすると　　$t=-1$

$\dfrac{dy}{dt}=0$ とすると　　$t=-\dfrac{1}{4}$

よって，右のような表が得られる。

t	-2	$\cdots$	-1	$\cdots$	$-\frac{1}{4}$	$\cdots$	0
$\frac{dx}{dt}$	／	$-$	0	$+$	$+$	$+$	／
x	0	←	-1	→	$-\frac{7}{16}$	→	0
$\frac{dy}{dt}$	／	$-$	$-$	$-$	0	$+$	／
y	6	↓	1	↓	$-\frac{1}{8}$	↑	0

⇦まず，$\dfrac{dx}{dt}=0$，$\dfrac{dy}{dt}=0$ となる t の値を求めて，$-2\leqq t\leqq 0$ における x，y の値の変化を調べることで，曲線の概形をつかむ。

なお，$-2\leqq t\leqq 0$ のとき

$x=t(2+t)\leqq 0$

よって，曲線は $x\leqq 0$ の部分にある。

ゆえに，$-2 \leqq t \leqq -\frac{1}{4}$ における x を x_1，$-\frac{1}{4} \leqq t \leqq 0$ における x を x_2 とすると

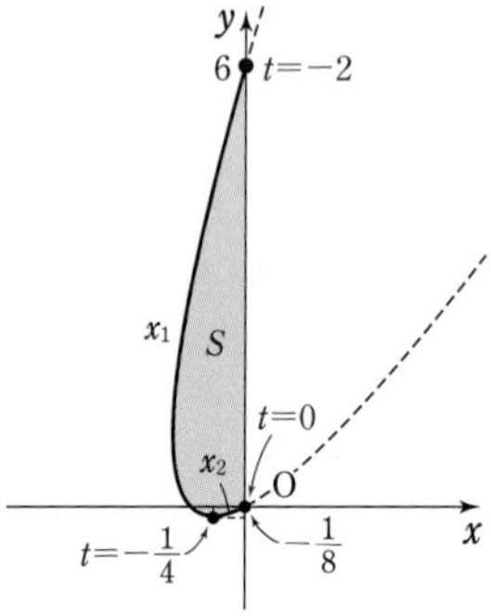

$$S=\int_{-\frac{1}{8}}^{6}(-x_1)\,dy-\int_{-\frac{1}{8}}^{0}(-x_2)\,dy$$

$$=-\int_{-\frac{1}{4}}^{-2}x\frac{dy}{dt}\,dt+\int_{-\frac{1}{4}}^{0}x\frac{dy}{dt}\,dt$$

⇐ $-\int_{-\frac{1}{4}}^{-2}=\int_{-2}^{-\frac{1}{4}}$

$$=\int_{-2}^{0}x\frac{dy}{dt}\,dt$$

$$=\int_{-2}^{0}(2t+t^2)(1+4t)\,dt=\int_{-2}^{0}(4t^3+9t^2+2t)\,dt$$

⇐ $x=2t+t^2$, $\frac{dy}{dt}=1+4t$ を代入。

$$=\Big[t^4+3t^3+t^2\Big]_{-2}^{0}=-(16-24+4)=\mathbf{4}$$

別解　$-2 \leqq t \leqq -1$ における y を y_1，$-1 \leqq t \leqq 0$ における y を y_2 とすると　$S=\int_{-1}^{0}(y_1-1)\,dx+\int_{-1}^{0}(1-y_2)\,dx$

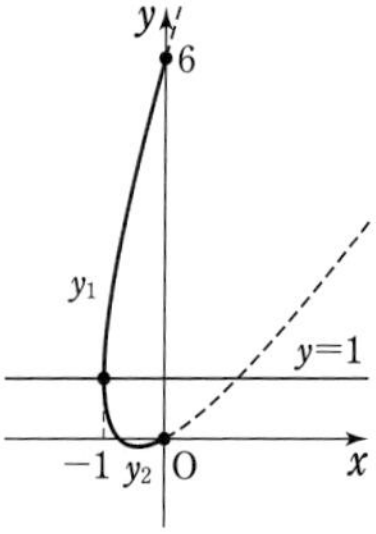

$$=\int_{-1}^{-2}(y-1)\frac{dx}{dt}\,dt-\int_{-1}^{0}(y-1)\frac{dx}{dt}\,dt$$

$$=\int_{0}^{-2}(t+2t^2-1)(2+2t)\,dt=2\int_{0}^{-2}(2t^3+3t^2-1)\,dt$$

$$=2\Big[\frac{1}{2}t^4+t^3-t\Big]_{0}^{-2}=\mathbf{4}$$

PR ④161

n は自然数とする。$(n-1)\pi \leqq x \leqq n\pi$ の範囲で，曲線 $y=x\sin x$ と x 軸によって囲まれた部分の面積を S_n とする。

(1) S_n を n の式で表せ。　　(2) 無限級数 $\sum_{n=1}^{\infty}\frac{1}{S_nS_{n+1}}$ の和を求めよ。

(1) [1] n が奇数のとき

$(n-1)\pi \leqq x \leqq n\pi$ において　$\sin x \geqq 0$

⇐ $n-1$ は偶数。

よって　$S_n=\int_{(n-1)\pi}^{n\pi}x\sin x\,dx$

⇐ **部分積分法**

$$=\Big[-x\cos x\Big]_{(n-1)\pi}^{n\pi}+\int_{(n-1)\pi}^{n\pi}\cos x\,dx$$

⇐ n が奇数のとき $\cos n\pi=-1$, $\cos(n-1)\pi=1$

$$=n\pi+(n-1)\pi+\Big[\sin x\Big]_{(n-1)\pi}^{n\pi}=(2n-1)\pi$$

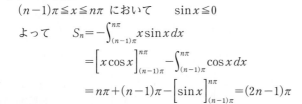

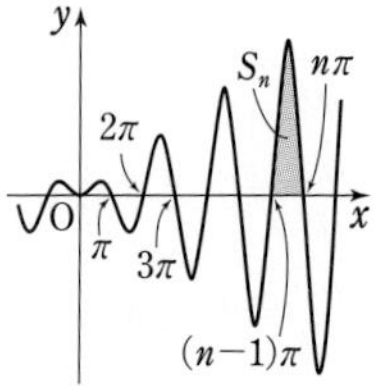

[2] n が偶数のとき

$(n-1)\pi \leqq x \leqq n\pi$ において　$\sin x \leqq 0$

よって　$S_n=-\int_{(n-1)\pi}^{n\pi}x\sin x\,dx$

$$=\Big[x\cos x\Big]_{(n-1)\pi}^{n\pi}-\int_{(n-1)\pi}^{n\pi}\cos x\,dx$$

$$=n\pi+(n-1)\pi-\Big[\sin x\Big]_{(n-1)\pi}^{n\pi}=(2n-1)\pi$$

⇐ n が偶数のとき $\cos n\pi=1$, $\cos(n-1)\pi=-1$

以上から　$\mathbf{S_n=(2n-1)\pi}$

(2) $\displaystyle\sum_{n=1}^{\infty}\frac{1}{S_nS_{n+1}}=\lim_{n\to\infty}\sum_{k=1}^{n}\frac{1}{S_kS_{k+1}}=\lim_{n\to\infty}\sum_{k=1}^{n}\frac{1}{(2k-1)\pi\cdot(2k+1)\pi}$

$\displaystyle=\lim_{n\to\infty}\frac{1}{2\pi^2}\sum_{k=1}^{n}\left(\frac{1}{2k-1}-\frac{1}{2k+1}\right)$

⇦部分分数に分解する。

$\displaystyle=\lim_{n\to\infty}\frac{1}{2\pi^2}\left\{\left(1-\frac{1}{3}\right)+\left(\frac{1}{3}-\frac{1}{5}\right)+\cdots\cdots+\left(\frac{1}{2n-1}-\frac{1}{2n+1}\right)\right\}$

⇦途中が消える。

$\displaystyle=\lim_{n\to\infty}\frac{1}{2\pi^2}\left(1-\frac{1}{2n+1}\right)=\boldsymbol{\frac{1}{2\pi^2}}$

PR ④162

a は1より大きい定数とする。曲線 $x^2-y^2=2$ と直線 $x=\sqrt{2}a$ で囲まれた図形の面積 S を，原点を中心とする $\frac{\pi}{4}$ の回転移動を考えることにより求めよ。〔類 早稲田大〕

点 $(X,\ Y)$ を，原点を中心として $\frac{\pi}{4}$ だけ回転した点の座標を $(x,\ y)$ とすると，複素数平面上の点の回転移動を考えることにより

$$X+Yi=\left\{\cos\left(-\frac{\pi}{4}\right)+i\sin\left(-\frac{\pi}{4}\right)\right\}(x+yi)\quad\cdots\cdots ①$$

⇦$X+Yi \underset{-\frac{\pi}{4}\text{回転}}{\overset{\frac{\pi}{4}\text{回転}}{\rightleftarrows}} x+yi$

が成り立つ。

① から　$X+Yi=\dfrac{1}{\sqrt{2}}(x+y)+\dfrac{1}{\sqrt{2}}(-x+y)i$

よって　$X=\dfrac{1}{\sqrt{2}}(x+y)$, $Y=\dfrac{1}{\sqrt{2}}(-x+y)$　……②

⇦複素数の相等。

点 $(X,\ Y)$ が曲線 $x^2-y^2=2$ 上にあるとすると

$X^2-Y^2=2$　すなわち　$(X+Y)(X-Y)=2$

② を代入して　$\sqrt{2}y\cdot\sqrt{2}x=2$　　ゆえに　$y=\dfrac{1}{x}$　……③

⇦まず，曲線 $x^2-y^2=2$，直線 $x=\sqrt{2}a$ を，原点を中心として $\frac{\pi}{4}$ だけ回転した図形を求める（軌跡の考え方を利用）。

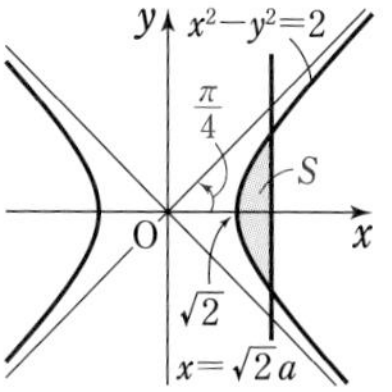

③ は曲線 $x^2-y^2=2$ を原点を中心として $\frac{\pi}{4}$ だけ回転した曲線の方程式である。

また，点 $(X,\ Y)$ が直線 $x=\sqrt{2}a$ 上にあるとすると

$X=\sqrt{2}a$　　② を代入して　$\dfrac{1}{\sqrt{2}}(x+y)=\sqrt{2}a$

よって　$y=-x+2a$　……④

④ は直線 $x=\sqrt{2}a$ を原点を中心として $\frac{\pi}{4}$ だけ回転した直線の方程式である。

求める面積は，曲線 ③ と直線 ④ で囲まれた図形の面積 S に等しい。

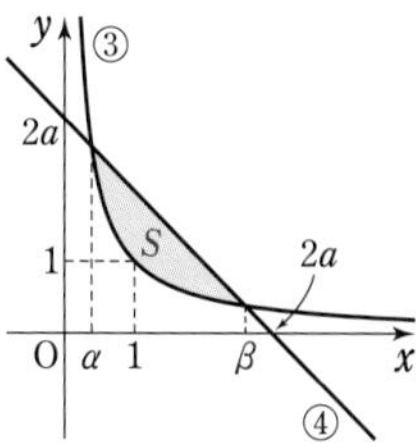

③，④ から y を消去すると

$x^2-2ax+1=0$

⇦$\dfrac{1}{x}=-x+2a$

よって　$x=-(-a)\pm\sqrt{(-a)^2-1\cdot1}$

$=a\pm\sqrt{a^2-1}$

⇦解の公式を利用。

6章 PR

$\alpha=a-\sqrt{a^2-1}$，$\beta=a+\sqrt{a^2-1}$ とすると

$$S=\int_\alpha^\beta\left(-x+2a-\frac{1}{x}\right)dx=\left[-\frac{x^2}{2}+2ax-\log x\right]_\alpha^\beta$$

$$=-\frac{1}{2}(\beta^2-\alpha^2)+2a(\beta-\alpha)-\log\frac{\beta}{\alpha}$$

ここで，$\beta-\alpha=2\sqrt{a^2-1}$，$\beta+\alpha=2a$，$\dfrac{\beta}{\alpha}=(a+\sqrt{a^2-1})^2$ であるから

$$S=-\frac{1}{2}\cdot 2a\cdot 2\sqrt{a^2-1}\,{}^{*}+2a\cdot 2\sqrt{a^2-1}-2\log(a+\sqrt{a^2-1})$$

$$=\boldsymbol{2a\sqrt{a^2-1}-2\log(a+\sqrt{a^2-1})}$$

⇐$a>1$ から $\sqrt{a^2-1}>0$
よって　$\alpha<\beta$

⇐$\log\beta-\log\alpha=\log\dfrac{\beta}{\alpha}$

⇐$\dfrac{\beta}{\alpha}=\dfrac{a+\sqrt{a^2-1}}{a-\sqrt{a^2-1}}$
$=\dfrac{(a+\sqrt{a^2-1})^2}{a^2-(a^2-1)}$

$*\ \beta^2-\alpha^2$
$=(\beta+\alpha)(\beta-\alpha)$

PR ④163

極方程式 $r=f(\theta)$ $(\alpha\leqq\theta\leqq\beta)$ で表される曲線上の点と極Oを結んだ線分が通過する領域の面積は $S=\dfrac{1}{2}\displaystyle\int_\alpha^\beta r^2d\theta$ と表される。これを用いて，極方程式 $r=1+\sin\dfrac{\theta}{2}$ $(0\leqq\theta\leqq\pi)$ で表される曲線 C と x 軸で囲まれる領域の面積を求めよ。

$0\leqq\theta\leqq\pi$ のとき，$0\leqq\dfrac{\theta}{2}\leqq\dfrac{\pi}{2}$ から　　$1+\sin\dfrac{\theta}{2}>0$

よって，曲線 C の概形は右の図のようになるから，求める面積 S は

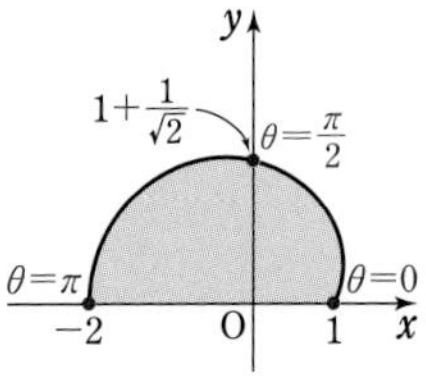

$$S=\frac{1}{2}\int_0^\pi\left(1+\sin\frac{\theta}{2}\right)^2d\theta$$

$$=\frac{1}{2}\int_0^\pi\left(1+2\sin\frac{\theta}{2}+\sin^2\frac{\theta}{2}\right)d\theta$$

$$=\frac{1}{2}\int_0^\pi\left(1+2\sin\frac{\theta}{2}+\frac{1-\cos\theta}{2}\right)d\theta$$

$$=\frac{1}{2}\left[\frac{3}{2}\theta-4\cos\frac{\theta}{2}-\frac{1}{2}\sin\theta\right]_0^\pi$$

$$=\boldsymbol{\frac{3}{4}\pi+2}$$

⇐$r>0$，$0\leqq\theta\leqq\pi$ であるから，曲線 C は x 軸およびその上側にある。

⇐$\theta=0$ のとき $r=1$，
$\theta=\dfrac{\pi}{2}$ のとき $r=1+\dfrac{1}{\sqrt{2}}$，
$\theta=\pi$ のとき　$r=2$

PR ②164

関数 $y=\sin x$ $(0\leqq x\leqq\pi)$ の表す曲線上に点Pがある。点Pを通り y 軸に平行な直線が x 軸と交わる点をQとする。線分PQを1辺とする正方形を xy 平面の一方の側に垂直に作る。点Pの x 座標が0から π まで変わるとき，この正方形が通過してできる立体の体積 V を求めよ。

P$(x,\ \sin x)$ とすると　　PQ$=\sin x$

正方形の面積を $S(x)$ とすると

$$S(x)=\mathrm{PQ}^2=\sin^2x$$

よって，求める体積 V は

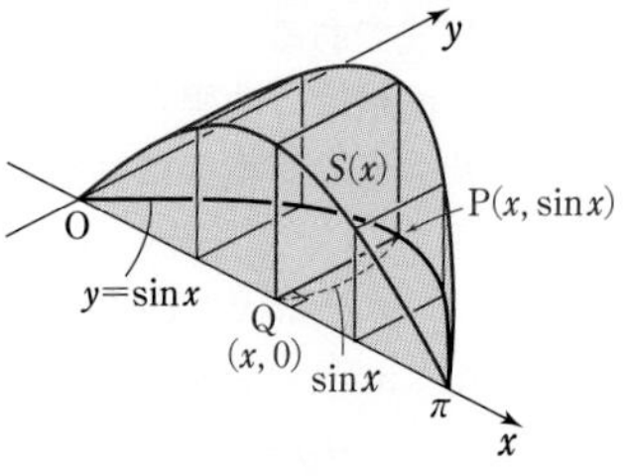

$$V=\int_0^\pi S(x)\,dx=\int_0^\pi\sin^2x\,dx=\int_0^\pi\frac{1-\cos 2x}{2}dx$$

$$=\frac{1}{2}\left[x-\frac{1}{2}\sin 2x\right]_0^\pi=\boldsymbol{\frac{\pi}{2}}$$

PR ②165

底面の半径 a，高さ $2a$ の直円柱を底面の直径を含み底面に垂直な平面で切って得られる半円柱がある。底面の直径を AB，上面の半円の弧の中点をCとして，3点 A，B，C を通る平面でこの半円柱を2つに分けるとき，その下側の立体の体積 V を求めよ。

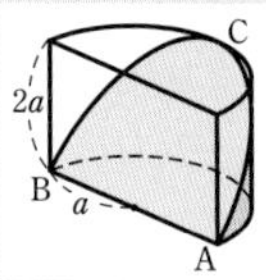

右の図のように，ABの中点Oを原点，直線ABを x 軸にとり，線分AB上に点Pをとる。Pを通り x 軸に垂直な平面による切り口は，$\angle Q=90^\circ$ の直角三角形PQRとなる。

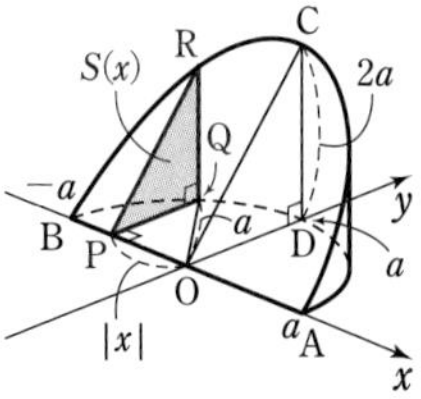

点Pの x 座標を x とすると

$$PQ=\sqrt{OQ^2-OP^2}=\sqrt{a^2-x^2}$$

また，△PQR∽△ODC であるから

$$PQ:QR=OD:DC=a:2a=1:2$$

ゆえに　　$QR=2PQ=2\sqrt{a^2-x^2}$

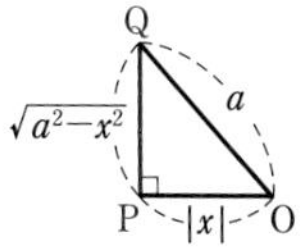

よって，△PQR の面積を $S(x)$ とすると

$$S(x)=\frac{1}{2}PQ\cdot QR=a^2-x^2$$

したがって，求める体積 V は

$$V=\int_{-a}^{a}(a^2-x^2)\,dx=2\int_0^a(a^2-x^2)\,dx$$

$$=2\left[a^2x-\frac{x^3}{3}\right]_0^a=\boldsymbol{\frac{4}{3}a^3}$$

⇦点PはBからAまで動くから，積分区間は
　$-a\leqq x\leqq a$

別解　右の図のように，ABの中点Oを原点，弧ABの中点をDとして，直線ODを y 軸にとり，線分OD上に点Qをとる。

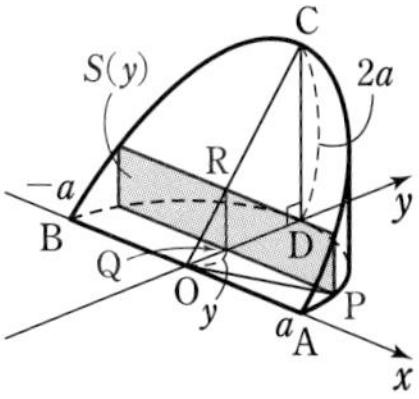

Qを通り y 軸に垂直な平面による切り口は右の図のような長方形となる。

2点P，Rを図のようにとり，点Qの y 座標を y とすると

$$PQ=\sqrt{OP^2-OQ^2}=\sqrt{a^2-y^2}$$

また，△OQR∽△ODC であるから

$$OQ:QR=OD:DC=a:2a=1:2$$

ゆえに　　$QR=2OQ=2y$

よって，断面積を $S(y)$ とすると

$$S(y)=2PQ\cdot QR=4y\sqrt{a^2-y^2}$$

⇦長方形の縦の長さはQR，横の長さは2PQ

したがって，求める体積 V は

$$V=\int_0^a 4y\sqrt{a^2-y^2}\,dy$$

$$=-2\int_0^a\sqrt{a^2-y^2}(a^2-y^2)'\,dy$$

$$=-2\left[\frac{2}{3}(a^2-y^2)^{\frac{3}{2}}\right]_0^a=-2\left\{-\frac{2}{3}(a^2)^{\frac{3}{2}}\right\}$$

$$=\boldsymbol{\frac{4}{3}a^3}$$

⇦点QはOからDまで動くから，積分区間は
　$0\leqq y\leqq a$

補足 （本冊 $p.263$ ズーム UP の補足）

基本例題 165 について，z 軸に垂直な平面で切断する方法で体積を求める。

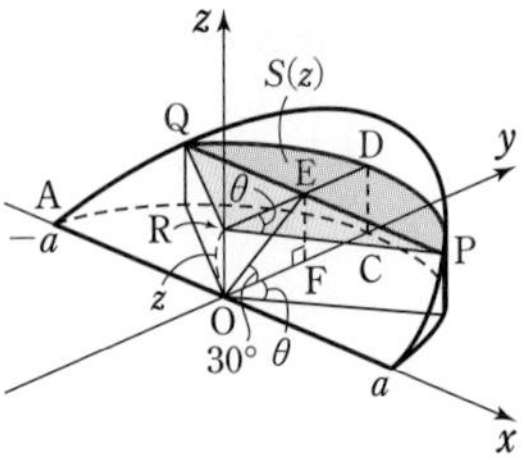

点 $R(0,\ 0,\ z)$ $\left(0 \leqq z \leqq \dfrac{a}{\sqrt{3}}\right)$ を通り，z 軸に垂直な平面で切断したときの断面は，右の図の扇形 RPQ から △RPQ を除いた弓形の図形である。

図のように $\angle PRE=\theta$ $\left(0 \leqq \theta \leqq \dfrac{\pi}{2}\right)$ とすると，

$\angle PRQ=2\theta$ であるから

$$(\text{扇形 RPQ の面積})=\frac{1}{2}a^2\cdot 2\theta=a^2\theta$$

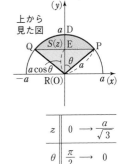

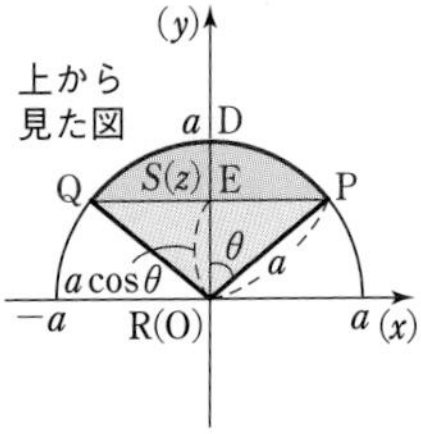

$$(\triangle RPQ \text{ の面積})=\frac{1}{2}a^2\sin 2\theta=a^2\sin\theta\cos\theta$$

したがって，弓形の面積 $S(z)$ は

$$S(z)=a^2(\theta-\sin\theta\cos\theta)$$

また，△OEF において OF：FE$=\sqrt{3}$：1 であるから

$$z=FE=\frac{1}{\sqrt{3}}OF=\frac{1}{\sqrt{3}}RE=\frac{1}{\sqrt{3}}PR\cos\theta=\frac{a}{\sqrt{3}}\cos\theta$$

z	$0 \longrightarrow \dfrac{a}{\sqrt{3}}$
θ	$\dfrac{\pi}{2} \longrightarrow 0$

よって　$\dfrac{dz}{d\theta}=-\dfrac{a}{\sqrt{3}}\sin\theta,\ dz=-\dfrac{a}{\sqrt{3}}\sin\theta\, d\theta$

ゆえに

$$\begin{aligned} V&=\int_0^{\frac{a}{\sqrt{3}}}S(z)\,dz \\ &=\int_{\frac{\pi}{2}}^{0}a^2(\theta-\sin\theta\cos\theta)\left(-\frac{a}{\sqrt{3}}\sin\theta\right)d\theta \\ &=\frac{a^3}{\sqrt{3}}\int_0^{\frac{\pi}{2}}(\theta-\sin\theta\cos\theta)\sin\theta\, d\theta \\ &=\frac{a^3}{\sqrt{3}}\int_0^{\frac{\pi}{2}}(\theta\sin\theta-\sin^2\theta\cos\theta)\,d\theta \end{aligned}$$

⇦置換積分法

ここで

$$\begin{aligned} \int_0^{\frac{\pi}{2}}\theta\sin\theta\, d\theta&=\Big[\theta(-\cos\theta)\Big]_0^{\frac{\pi}{2}}+\int_0^{\frac{\pi}{2}}\cos\theta\, d\theta \\ &=0+\Big[\sin\theta\Big]_0^{\frac{\pi}{2}}=1 \end{aligned}$$

⇦部分積分法

$$\begin{aligned} \int_0^{\frac{\pi}{2}}\sin^2\theta\cos\theta\, d\theta&=\int_0^{\frac{\pi}{2}}\sin^2\theta(\sin\theta)'\, d\theta \\ &=\left[\frac{1}{3}\sin^3\theta\right]_0^{\frac{\pi}{2}}=\frac{1}{3} \end{aligned}$$

よって　$V=\dfrac{a^3}{\sqrt{3}}\left(1-\dfrac{1}{3}\right)=\boldsymbol{\dfrac{2\sqrt{3}}{9}a^3}$

このように，z 軸に垂直な平面で切断する方法でも体積を求めることはできるが，x 軸に垂直な平面で切断する方法（基本例題 165 の解答を参照）や，y 軸に垂直な平面で切断する方法（本冊 $p.263$ ズーム UP 参照）と比べると，計算量が多いことがわかる。体積を求める際，断面積のとり方がポイントであることがわかるだろう。

PR ②166

次の曲線や直線で囲まれた部分を，x 軸の周りに1回転してできる立体の体積 V を求めよ。

(1) $y=2\sin 2x$, $y=\tan x$ $\left(0\leqq x<\dfrac{\pi}{2}\right)$　　(2) $y=\cos x$ $\left(0\leqq x\leqq\dfrac{\pi}{2}\right)$, $y=-\dfrac{2}{\pi}x+1$

(1) 2曲線の交点の x 座標は $2\sin 2x=\tan x$ を解いて

$$4\sin x\cos x=\frac{\sin x}{\cos x}$$

よって　$\sin x(4\cos^2 x-1)=0$

$0\leqq x<\dfrac{\pi}{2}$ であるから　$\sin x=0$, $\cos x=\dfrac{1}{2}$　　⇐ $\cos x>0$

これを解いて　$x=0$, $\dfrac{\pi}{3}$

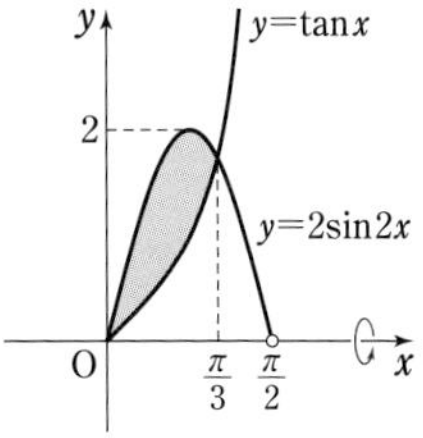

ゆえに，2曲線の位置関係は右の図のようになり，

$0\leqq x\leqq\dfrac{\pi}{3}$ のとき　$2\sin 2x\geqq\tan x$

よって

$$V=\pi\int_0^{\frac{\pi}{3}}\{(2\sin 2x)^2-\tan^2 x\}dx$$
$$=\pi\int_0^{\frac{\pi}{3}}(4\sin^2 2x-\tan^2 x)\,dx$$
$$=\pi\int_0^{\frac{\pi}{3}}\left\{2(1-\cos 4x)-\left(\frac{1}{\cos^2 x}-1\right)\right\}dx$$

⇐ $\sin^2 2x=\dfrac{1-\cos 4x}{2}$
$\tan^2 x=\dfrac{1}{\cos^2 x}-1$

$$=\pi\int_0^{\frac{\pi}{3}}\left(3-2\cos 4x-\frac{1}{\cos^2 x}\right)dx$$
$$=\pi\left[3x-\frac{1}{2}\sin 4x-\tan x\right]_0^{\frac{\pi}{3}}$$

⇐ $\sin\dfrac{4}{3}\pi=-\dfrac{\sqrt{3}}{2}$
$\tan\dfrac{\pi}{3}=\sqrt{3}$

$$=\pi\left(\pi+\frac{1}{2}\cdot\frac{\sqrt{3}}{2}-\sqrt{3}\right)$$
$$=\boldsymbol{\pi\left(\pi-\frac{3\sqrt{3}}{4}\right)}$$

(2) $0\leqq x\leqq\dfrac{\pi}{2}$ において

$$\cos x\geqq-\frac{2}{\pi}x+1\geqq 0$$

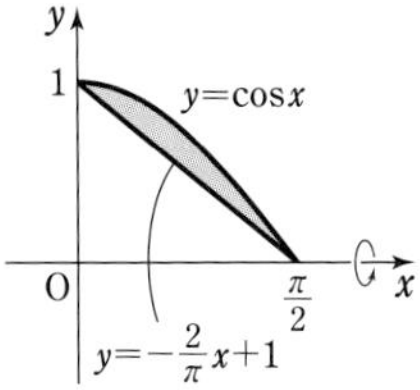

inf. 曲線と直線の交点の x 座標を求めるには，方程式を解くよりも図をかいた方が早い場合もある。

よって

$$V=\pi\int_0^{\frac{\pi}{2}}\left\{\cos^2 x-\left(-\frac{2}{\pi}x+1\right)^2\right\}dx$$
$$=\pi\int_0^{\frac{\pi}{2}}\left(\frac{1+\cos 2x}{2}-\frac{4}{\pi^2}x^2+\frac{4}{\pi}x-1\right)dx$$
$$=\pi\left[\frac{1}{4}\sin 2x-\frac{4}{3\pi^2}x^3+\frac{2}{\pi}x^2-\frac{1}{2}x\right]_0^{\frac{\pi}{2}}$$
$$=\pi\left(-\frac{\pi}{6}+\frac{\pi}{2}-\frac{\pi}{4}\right)$$
$$=\boldsymbol{\frac{\pi^2}{12}}$$

別解　曲線 $y=\cos x\ \left(0 \leqq x \leqq \dfrac{\pi}{2}\right)$ と x 軸および y 軸で囲まれた部分を x 軸の周りに 1 回転してできる立体の体積を V_1 とし，底面の半径が 1，高さが $\dfrac{\pi}{2}$ の直円錐の体積を V_2 とすると

$$V=V_1-V_2=\pi\int_0^{\frac{\pi}{2}}\cos^2 x\,dx-\frac{1}{3}\pi\cdot 1^2\cdot\frac{\pi}{2}$$

$$=\pi\int_0^{\frac{\pi}{2}}\frac{1+\cos 2x}{2}\,dx-\frac{\pi^2}{6}=\frac{\pi}{2}\left[x+\frac{1}{2}\sin 2x\right]_0^{\frac{\pi}{2}}-\frac{\pi^2}{6}$$

$$=\frac{\pi^2}{4}-\frac{\pi^2}{6}=\boldsymbol{\frac{\pi^2}{12}}$$

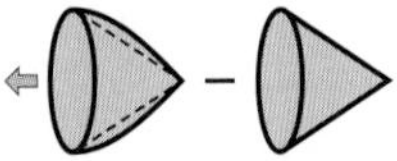

PR ③167　不等式 $-\sin x \leqq y \leqq \cos 2x$，$0 \leqq x \leqq \dfrac{\pi}{2}$ で定められる領域を x 軸の周りに 1 回転してできる立体の体積 V を求めよ。　〔類 神戸大〕

問題の領域は，右の図の 2 曲線 $y=-\sin x$，$y=\cos 2x$ と y 軸で囲まれた部分である。

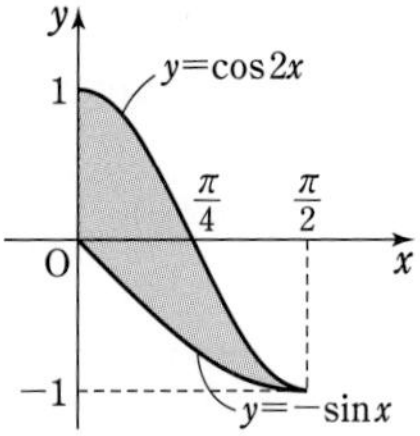

⇦ 2 曲線の交点の座標は図をかいた方が早い。

CHART
回転体では図形を回転軸の一方に集結

この領域の x 軸より下側の部分を x 軸の上側に折り返したときに新たにできる交点の x 座標は $\cos 2x=\sin x$ の解である。

よって　　$1-2\sin^2 x=\sin x$

ゆえに　　$(\sin x+1)(2\sin x-1)=0$

⇦ 2 倍角の公式

$0 \leqq x \leqq \dfrac{\pi}{2}$ であるから　　$\sin x=\dfrac{1}{2}$

これを解いて　　$x=\dfrac{\pi}{6}$

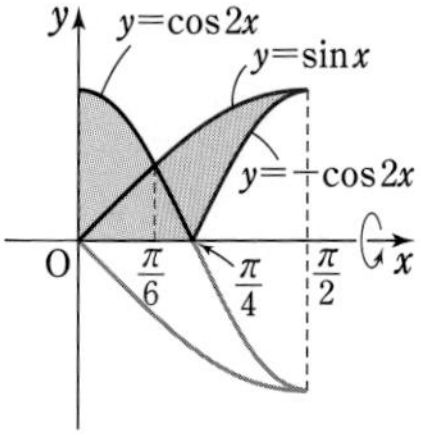

右の図から，求める体積 V は

$$V=\pi\int_0^{\frac{\pi}{6}}\cos^2 2x\,dx+\pi\int_{\frac{\pi}{6}}^{\frac{\pi}{2}}\sin^2 x\,dx$$

$$-\pi\int_{\frac{\pi}{4}}^{\frac{\pi}{2}}\cos^2 2x\,dx$$

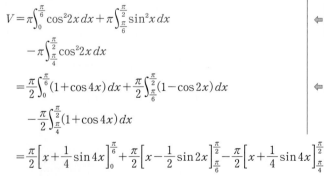

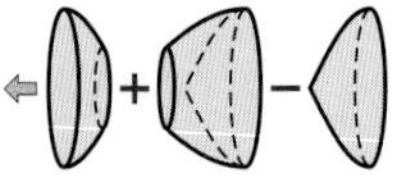

$$=\frac{\pi}{2}\int_0^{\frac{\pi}{6}}(1+\cos 4x)\,dx+\frac{\pi}{2}\int_{\frac{\pi}{6}}^{\frac{\pi}{2}}(1-\cos 2x)\,dx$$

⇦ 2 倍角の公式

$$-\frac{\pi}{2}\int_{\frac{\pi}{4}}^{\frac{\pi}{2}}(1+\cos 4x)\,dx$$

$$=\frac{\pi}{2}\left[x+\frac{1}{4}\sin 4x\right]_0^{\frac{\pi}{6}}+\frac{\pi}{2}\left[x-\frac{1}{2}\sin 2x\right]_{\frac{\pi}{6}}^{\frac{\pi}{2}}-\frac{\pi}{2}\left[x+\frac{1}{4}\sin 4x\right]_{\frac{\pi}{4}}^{\frac{\pi}{2}}$$

$$=\frac{\pi}{2}\left(\frac{\pi}{6}+\frac{\sqrt{3}}{8}\right)+\frac{\pi}{2}\left(\frac{\pi}{2}-\frac{\pi}{6}+\frac{\sqrt{3}}{4}\right)-\frac{\pi}{2}\left(\frac{\pi}{2}-\frac{\pi}{4}\right)$$

$$=\frac{\pi}{2}\left(\frac{\pi}{4}+\frac{3\sqrt{3}}{8}\right)=\boldsymbol{\frac{\pi(2\pi+3\sqrt{3})}{16}}$$

PR ②168

次の曲線や直線で囲まれた部分を y 軸の周りに1回転してできる回転体の体積 V を求めよ。
(1) $y=\log(x^2+1)$ $(0\leqq x\leqq 1)$, $y=\log 2$, y 軸　(2) $y=e^x$, $y=e$, y 軸　[(2) 類 早稲田大]

(1) $y=\log(x^2+1)$ から　$x^2+1=e^y$

すなわち　$x^2=e^y-1$

$0\leqq x\leqq 1$ では $0\leqq y\leqq \log 2$ である。

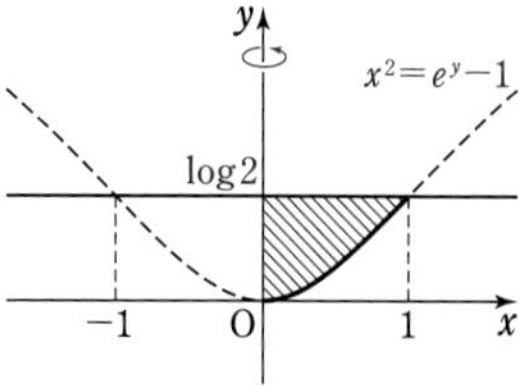

よって　$V=\pi\int_0^{\log 2}x^2dy$

$=\pi\int_0^{\log 2}(e^y-1)dy$

$=\pi\left[e^y-y\right]_0^{\log 2}=\pi(2-\log 2-1)$

$=\boldsymbol{(1-\log 2)\pi}$

⇐ $e^{\log 2}=2$

別解　$y=\log(x^2+1)$ から　$\dfrac{dy}{dx}=\dfrac{2x}{x^2+1}$

よって　$V=\pi\int_0^{\log 2}x^2dy=\pi\int_0^1 x^2\cdot\dfrac{2x}{x^2+1}dx$

⇐置換積分法

$=\pi\int_0^1\left(2x-\dfrac{2x}{x^2+1}\right)dx$

$=\pi\left[x^2-\log(x^2+1)\right]_0^1=\boldsymbol{(1-\log 2)\pi}$

(2) $y=e^x$ から　$x=\log y$

y 軸との交点の y 座標は $x=0$ とすると

$0=\log y$ から　$y=1$

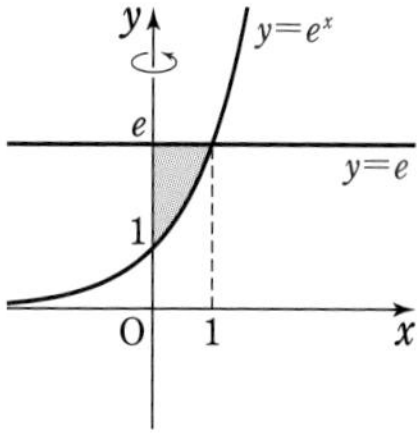

よって　$V=\pi\int_1^e(\log y)^2dy$

$=\pi\left\{\left[y(\log y)^2\right]_1^e-\int_1^e y\cdot\left(2\log y\cdot\dfrac{1}{y}\right)dy\right\}$

$=\pi\left(e-2\int_1^e\log y\,dy\right)=\pi\left(e-2\left[y\log y-y\right]_1^e\right)$

$=\boldsymbol{(e-2)\pi}$

⇐ $\int\log x\,dx$
$=x\log x-x+C$

PR ③169

(1) 曲線 $y=x^3-2x^2+3$ と x 軸, y 軸で囲まれた部分を y 軸の周りに1回転してできる立体の体積 V を求めよ。

(2) 関数 $f(x)=xe^x+\dfrac{e}{2}$ について, 曲線 $y=f(x)$ と y 軸および直線 $y=f(1)$ で囲まれた図形を y 軸の周りに1回転してできる立体の体積 V を求めよ。　[(2) 類 東京理科大]

(1) $y=x^3-2x^2+3=(x+1)(x^2-3x+3)$

$x^2-3x+3=\left(x-\dfrac{3}{2}\right)^2+\dfrac{3}{4}>0$

$y'=3x^2-4x=x(3x-4)$

よって, 題意の部分は右の図の赤い部分になる。

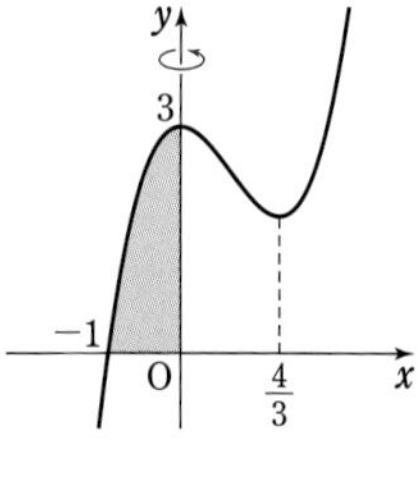

ゆえに　$V=\pi\int_0^3 x^2dy$

ここで，$y'=3x^2-4x$ から　　$dy=(3x^2-4x)\,dx$

y と x の対応は右のようになるから

y	$0 \longrightarrow 3$
x	$-1 \longrightarrow 0$

$$V=\pi\int_0^3 x^2dy=\pi\int_{-1}^0 x^2(3x^2-4x)\,dx$$

$$=\pi\int_{-1}^0(3x^4-4x^3)\,dx=\pi\left[\frac{3}{5}x^5-x^4\right]_{-1}^0=\boldsymbol{\frac{8}{5}\pi}$$

⇦$\pi\left\{0-\left(-\frac{3}{5}-1\right)\right\}=\frac{8}{5}\pi$

別解　本冊 $p.268$ のバウムクーヘン分割を利用。

$-1\leqq x\leqq 0$ のとき $x\leqq 0$，$f(x)\geqq 0$ であるから

$$V=2\pi\int_{-1}^0(-x)y\,dx=-2\pi\int_{-1}^0 x(x^3-2x^2+3)\,dx$$

$$=-2\pi\int_{-1}^0(x^4-2x^3+3x)\,dx$$

$$=-2\pi\left[\frac{x^5}{5}-\frac{x^4}{2}+\frac{3}{2}x^2\right]_{-1}^0=\boldsymbol{\frac{8}{5}\pi}$$

(2)　$f'(x)=e^x+xe^x=(1+x)e^x$

$\displaystyle\lim_{x\to\infty}f(x)=\infty$，$\displaystyle\lim_{x\to-\infty}f(x)=\frac{e}{2}$，$f(1)=\frac{3}{2}e$，$f(0)=\frac{e}{2}$

よって，題意の部分は右の図の赤い部分になる。

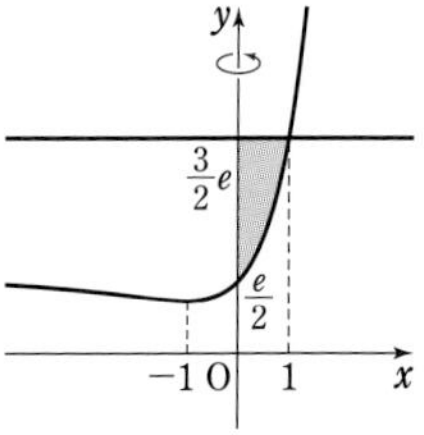

$y=f(x)$ から　　$dy=f'(x)dx$

y と x の対応は右のようになるから

y	$\frac{e}{2} \longrightarrow \frac{3}{2}e$
x	$0 \longrightarrow 1$

$$V=\pi\int_{\frac{e}{2}}^{\frac{3}{2}e}x^2dy=\pi\int_0^1 x^2f'(x)\,dx$$

$$=\pi\Big[x^2f(x)\Big]_0^1-2\pi\int_0^1 xf(x)\,dx$$

⇦**部分積分法**

$$=\frac{3}{2}\pi e-2\pi\int_0^1\left(x^2e^x+\frac{e}{2}x\right)dx$$

$$=\frac{3}{2}\pi e-2\pi\int_0^1 x^2e^xdx-\pi e\int_0^1 x\,dx$$

ここで　　$\displaystyle\int_0^1 x^2e^xdx=\Big[x^2e^x\Big]_0^1-2\int_0^1 xe^xdx$

⇦**部分積分法**を 2 回適用。

$$=e-2\left(\Big[xe^x\Big]_0^1-\int_0^1 e^xdx\right)=e-2\left(e-\Big[e^x\Big]_0^1\right)$$

$$=e-2\{e-(e-1)\}=e-2$$

$$\int_0^1 x\,dx=\left[\frac{x^2}{2}\right]_0^1=\frac{1}{2}$$

したがって　　$V=\frac{3}{2}\pi e-2\pi(e-2)-\frac{1}{2}\pi e=\boldsymbol{\pi(4-e)}$

別解　本冊 $p.268$ のバウムクーヘン分割を利用。

$0\leqq x\leqq 1$ のとき $f(x)>0$，$f(1)=\frac{3}{2}e$ であるから

$$V=\pi\cdot 1^2\cdot\frac{3}{2}e-2\pi\int_0^1 xf(x)\,dx=\frac{3}{2}\pi e-2\pi\int_0^1 x\left(xe^x+\frac{e}{2}\right)dx$$

$$=\frac{3}{2}\pi e-2\pi\int_0^1 x^2e^xdx-\pi e\int_0^1 x\,dx$$

以下同様。

⇦半径 1，高さ $\frac{3}{2}e$ の円柱から，曲線と y 軸，x 軸および直線 $x=1$ で囲まれた部分を y 軸の周りに 1 回転した回転体の体積を引く。

問題
(本冊 p.268)

区間 $[a,\ b]$ $(0 \leqq a < b)$ において $f(x) \geqq 0$ であるとき，曲線 $y=f(x)$，x 軸，直線 $x=a$，$x=b$ で囲まれた部分を y 軸の周りに 1 回転してできる立体の体積 V は

$$V=2\pi\int_a^b xf(x)\,dx \quad \cdots\cdots Ⓐ$$

で与えられる（バウムクーヘン分割）。
$y=\sin x$ $(0 \leqq x \leqq \pi)$ と x 軸で囲まれた部分を y 軸の周りに 1 回転してできる立体の体積 V を公式 Ⓐ を利用しない方法と，利用する方法の 2 通りで求めよ。

解法 1　公式 Ⓐ（バウムクーヘン分割）を利用しない方法

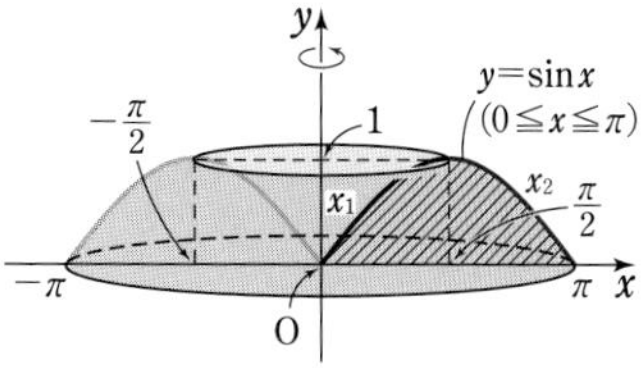

$y=\sin x$ $(0 \leqq x \leqq \pi)$ のグラフの $0 \leqq x \leqq \frac{\pi}{2}$ の部分の x 座標を x_1 とし，$\frac{\pi}{2} \leqq x \leqq \pi$ の部分の x 座標を x_2 とする。
このとき，体積 V は

$$V=\pi\int_0^1 {x_2}^2\,dy-\pi\int_0^1 {x_1}^2\,dy$$

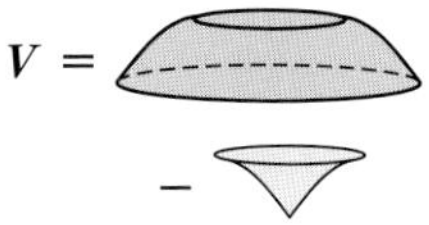

ここで，$y=\sin x$ から　　$dy=\cos x\,dx$
積分区間の対応は
　x_1 については [1]，
　x_2 については [2]
のようになる。

[1]

y	$0 \longrightarrow 1$
x	$0 \longrightarrow \frac{\pi}{2}$

[2]

y	$0 \longrightarrow 1$
x	$\pi \longrightarrow \frac{\pi}{2}$

よって

$$V=\pi\int_\pi^{\frac{\pi}{2}} x^2\cos x\,dx-\pi\int_0^{\frac{\pi}{2}} x^2\cos x\,dx=-\pi\int_0^\pi x^2\cos x\,dx$$

$$=-\pi\left(\Big[x^2\sin x\Big]_0^\pi-2\int_0^\pi x\sin x\,dx\right)$$

$$=2\pi\left(\Big[-x\cos x\Big]_0^\pi+\int_0^\pi\cos x\,dx\right)=2\pi\left(\pi+\Big[\sin x\Big]_0^\pi\right)=\boldsymbol{2\pi^2}$$

解法 2　公式 Ⓐ（バウムクーヘン分割）を利用する方法

$$V=2\pi\int_0^\pi x\sin x\,dx=2\pi\left(\Big[-x\cos x\Big]_0^\pi+\int_0^\pi\cos x\,dx\right)=2\pi\left(\pi+\Big[\sin x\Big]_0^\pi\right)=\boldsymbol{2\pi^2}$$

問題
(本冊 p.269)

右図の斜線部分は，$0 \leqq x \leqq \frac{\pi}{2}$ において，曲線 $y=\sin x$ と曲線 $y=1-\cos x$ で囲まれた図形である。

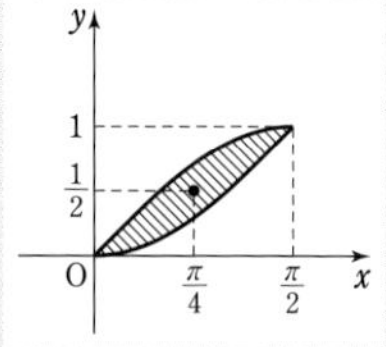

(1)　この図形の面積 S を求めよ。
(2)　この図形を x 軸の周りに 1 回転させたときにできる立体の体積 V を求めよ。
(3)　(1) と (2) で求めた S，V について，

$$V=S\times\left\{図形の点対称の中心\left(\frac{\pi}{4},\ \frac{1}{2}\right)が 1 回転の間に動いた距離\right\}$$

という関係が成り立つことを示せ。　〔類　図書館情報大〕

(1)　$S=\displaystyle\int_0^{\frac{\pi}{2}}\{\sin x-(1-\cos x)\}\,dx$

$$=\Big[-\cos x-x+\sin x\Big]_0^{\frac{\pi}{2}}=\boldsymbol{2-\frac{\pi}{2}}$$

(2) $\sin^2 x-(1-\cos x)^2=\sin^2 x-1+2\cos x-\cos^2 x$

$=2\cos x-\cos 2x-1$

よって $V=\pi\int_0^{\frac{\pi}{2}}(2\cos x-\cos 2x-1)\,dx$

$=\pi\left[2\sin x-\frac{1}{2}\sin 2x-x\right]_0^{\frac{\pi}{2}}=\boldsymbol{\pi\left(2-\frac{\pi}{2}\right)}$

⇐$\cos^2 x-\sin^2 x=\cos 2x$

(3) 点対称の中心は，半径 $\frac{1}{2}$ の円周を描くから，その長さは

$2\times\pi\times\frac{1}{2}=\pi$

よって，$S\times\pi=\left(2-\frac{\pi}{2}\right)\pi=V$ となり，与えられた関係式を満たす。

⇐(3) で与えられた関係式を **パップス-ギュルダンの定理** という。(本冊 $p.269$ 参照)

PR ③170

曲線 C：$x=\cos t$，$y=2\sin^3 t$ $\left(0\leqq t\leqq\frac{\pi}{2}\right)$ がある。
(1) 曲線 C と x 軸および y 軸で囲まれる図形の面積を求めよ。
(2) (1) で考えた図形を y 軸の周りに 1 回転させて得られる回転体の体積を求めよ。〔大阪工大〕

(1) $\frac{dx}{dt}=-\sin t$，$\frac{dy}{dt}=6\sin^2 t\cos t$

$y=0$ とすると $\sin^3 t=0$ $\left(0\leqq t\leqq\frac{\pi}{2}\right)$

したがって $t=0$ このとき $x=1$

x，y の増減は左下の表のようになり，曲線 C の概形は右下の図のようになる。

⇐図は，面積が求められる程度の簡単なものでよい。極値や変曲点は必要ない。

t	0	$\cdots$	$\frac{\pi}{2}$
$\frac{dx}{dt}$	／	$-$	／
x	1	←	0
$\frac{dy}{dt}$	／	$+$	／
y	0	↑	2

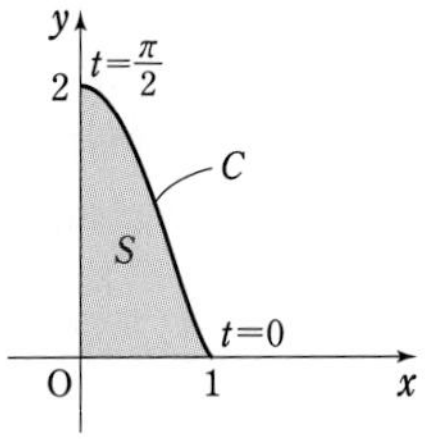

ゆえに，求める面積を S とすると，$dx=-\sin t\,dt$ から

x	$0\longrightarrow 1$
t	$\frac{\pi}{2}\longrightarrow 0$

$S=\int_0^1 y\,dx=\int_{\frac{\pi}{2}}^0 2\sin^3 t(-\sin t)\,dt$

$=\int_0^{\frac{\pi}{2}}2\sin^4 t\,dt=\int_0^{\frac{\pi}{2}}2\left(\frac{1-\cos 2t}{2}\right)^2 dt$

$=\int_0^{\frac{\pi}{2}}\left(\frac{1}{2}-\cos 2t+\frac{1}{2}\cos^2 2t\right)dt$

$=\int_0^{\frac{\pi}{2}}\left(\frac{1}{2}-\cos 2t+\frac{1}{2}\cdot\frac{1+\cos 4t}{2}\right)dt$

$=\int_0^{\frac{\pi}{2}}\left(\frac{3}{4}-\cos 2t+\frac{1}{4}\cos 4t\right)dt$

inf. $I_n=\int_0^{\frac{\pi}{2}}\sin^n x\,dx$ とすると，
$I_{2n}=\frac{2n-1}{2n}\cdot\cdots\cdot\frac{3}{4}\cdot\frac{1}{2}\cdot\frac{\pi}{2}$
(本冊 $p.219$ 参照) から
$I_4=\frac{3}{4}\cdot\frac{1}{2}\cdot\frac{\pi}{2}=\frac{3}{16}\pi$
よって $S=2I_4=\boldsymbol{\frac{3}{8}\pi}$

$$=\left[\frac{3}{4}t-\frac{1}{2}\sin 2t+\frac{1}{16}\sin 4t\right]_0^{\frac{\pi}{2}}=\boldsymbol{\frac{3}{8}\pi}$$

(2)　求める体積を V とすると，$dy=6\sin^2 t\cos t\,dt$ から

$$V=\pi\int_0^2 x^2 dy=\pi\int_0^{\frac{\pi}{2}}\cos^2 t\cdot 6\sin^2 t\cos t\,dt$$

$$=6\pi\int_0^{\frac{\pi}{2}}(1-\sin^2 t)\cdot\sin^2 t\cos t\,dt$$

$$=6\pi\int_0^{\frac{\pi}{2}}(\sin^2 t-\sin^4 t)\cos t\,dt$$

y	$0 \longrightarrow 2$
t	$0 \longrightarrow \frac{\pi}{2}$

$\sin t=u$ とおくと　　$\cos t\,dt=du$

よって　　$V=6\pi\int_0^1 (u^2-u^4)\,du$

$$=6\pi\left[\frac{u^3}{3}-\frac{u^5}{5}\right]_0^1=\boldsymbol{\frac{4}{5}\pi}$$

t	$0 \longrightarrow \frac{\pi}{2}$
u	$0 \longrightarrow 1$

inf.　$\int_0^{\frac{\pi}{2}}(\sin^2 t-\sin^4 t)\times\cos t\,dt$

$=\int_0^{\frac{\pi}{2}}(\sin^2 t-\sin^4 t)\times(\sin t)'\,dt$

$=\left[\frac{\sin^3 t}{3}-\frac{\sin^5 t}{5}\right]_0^{\frac{\pi}{2}}$

$=\frac{1}{3}-\frac{1}{5}=\frac{2}{15}$

PR ③171　水を満たした半径 2 の半球形の容器がある。これを静かに角 α 傾けたとき，水面が h だけ下がり，こぼれ出た水の量と容器に残った水の量の比が 11：5 になった。h と α の値を求めよ。ただし，α は弧度法で答えよ。〔類　筑波大〕

図のように座標軸をとる。

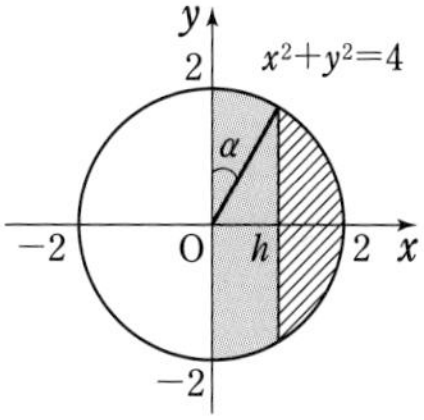

流れ出た水の量は，図の赤く塗った部分を x 軸の周りに 1 回転してできる回転体の体積に等しい。

その体積が全体の水の量の $\frac{11}{16}$ に等しいから

$$\pi\int_0^h(\sqrt{4-x^2})^2 dx=\frac{11}{16}\left(\frac{1}{2}\cdot\frac{4}{3}\pi\cdot 2^3\right)^*$$

すなわち　　$\int_0^h(4-x^2)\,dx=\frac{11}{3}$

ここで　　$\int_0^h(4-x^2)\,dx=\left[4x-\frac{x^3}{3}\right]_0^h=4h-\frac{h^3}{3}$

したがって　$4h-\frac{h^3}{3}=\frac{11}{3}$

整理して　　$h^3-12h+11=0$

ゆえに　　$(h-1)(h^2+h-11)=0$

よって　　$h=1,\ \frac{-1\pm 3\sqrt{5}}{2}$

$0<h<2$ であるから　　$\boldsymbol{h=1}$

このとき　　$\boldsymbol{\alpha=\frac{\pi}{6}}$

inf.　水がこぼれ出た直後の状態は

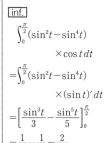

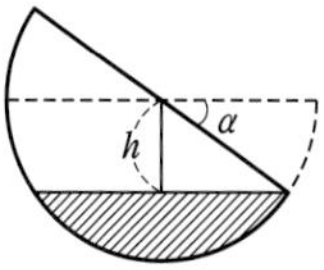

計算がしやすいように座標軸をとり，定積分によって流れ出た水の量を計算する。

＊球の体積の $\frac{1}{2}$ を考える。

⇦
1	0	−12	11	⌊1
	1	1	−11	
1	1	−11	0	

PR ⑤172　曲線 $C：y=x^3$ 上に 2 点 O(0, 0), A(1, 1) をとる。曲線 C と線分 OA で囲まれた部分を，直線 OA の周りに 1 回転してできる回転体の体積 V を求めよ。

直線 OA の方程式は　$y=x$

曲線 C 上の点 $P(x,\ x^3)$ $(0\leqq x\leqq 1)$ から直線 OA に垂線 PH を下ろす。

PH$=h$，OH$=t$ とすると，$0\leqq x\leqq 1$ のとき $x\geqq x^3$ であるから

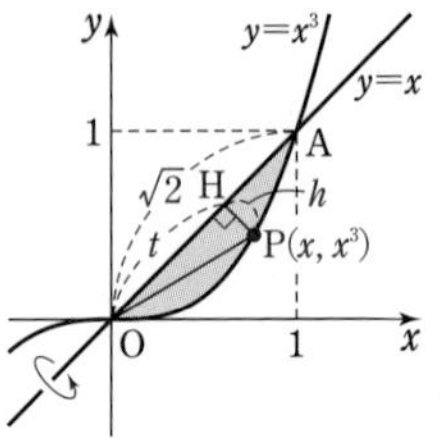

$$h=\frac{|x-x^3|}{\sqrt{1^2+(-1)^2}}=\frac{x-x^3}{\sqrt{2}}$$

⇐点 $(x_1,\ y_1)$ と直線 $ax+by+c=0$ の距離は $\dfrac{|ax_1+by_1+c|}{\sqrt{a^2+b^2}}$

直角三角形 OPH において　$OH^2=OP^2-PH^2$

よって　$t^2=OP^2-h^2$

$$=\{x^2+(x^3)^2\}-\left(\frac{x-x^3}{\sqrt{2}}\right)^2=\frac{(x+x^3)^2}{2}$$

⇐$(x^2+x^6)-\dfrac{x^2-2x^4+x^6}{2}$ $=\dfrac{x^2+2x^4+x^6}{2}=\dfrac{(x+x^3)^2}{2}$

$t\geqq 0$ であるから　$t=\dfrac{x+x^3}{\sqrt{2}}$　……①

OA$=\sqrt{2}$ であるから，求める回転体の体積は

$$V=\pi\int_0^{\sqrt{2}}h^2dt$$

t	$0 \longrightarrow \sqrt{2}$
x	$0 \longrightarrow 1$

⇐回転軸 OA に垂直な平面で切断したときの断面積は πh^2

① から　$dt=\dfrac{1+3x^2}{\sqrt{2}}dx$

ゆえに　$V=\pi\displaystyle\int_0^{\sqrt{2}}h^2dt=\pi\int_0^1\left(\frac{x-x^3}{\sqrt{2}}\right)^2\cdot\frac{1+3x^2}{\sqrt{2}}dx$

$$=\frac{\pi}{2\sqrt{2}}\int_0^1(3x^8-5x^6+x^4+x^2)dx$$

$$=\frac{\pi}{2\sqrt{2}}\left[\frac{x^9}{3}-\frac{5}{7}x^7+\frac{x^5}{5}+\frac{x^3}{3}\right]_0^1$$

$$=\frac{\pi}{2\sqrt{2}}\cdot\frac{16}{105}=\boldsymbol{\frac{4\sqrt{2}}{105}\pi}$$

⇐$(x^2-2x^4+x^6)(1+3x^2)$ $=x^2-2x^4+x^6$ $+3x^4-6x^6+3x^8$ $=x^2+x^4-5x^6+3x^8$

PR ⑤173　r を正の実数とする。xyz 空間において，連立不等式 $x^2+y^2\leqq r^2$，$y^2+z^2\geqq r^2$，$z^2+x^2\leqq r^2$ を満たす点全体からなる立体の体積を，平面 $x=t$ $(0\leqq t\leqq r)$ による切り口を考えることにより求めよ。

平面 $x=t$ $(0\leqq t\leqq r)$ による切り口は $\begin{cases} y^2\leqq r^2-t^2 & \cdots\cdots ① \\ z^2\leqq r^2-t^2 & \cdots\cdots ② \\ y^2+z^2\geqq r^2 & \cdots\cdots ③ \end{cases}$

⇐平面 $x=t$ は x 軸に垂直。

で表される。①+② と ③ から

⇐①+② は $y^2+z^2\leqq 2r^2-2t^2$

$2r^2-2t^2\geqq r^2$　すなわち　$t^2\leqq\dfrac{r^2}{2}$

よって，切り口が存在するのは，

$0\leqq t\leqq\dfrac{r}{\sqrt{2}}$ のときである。

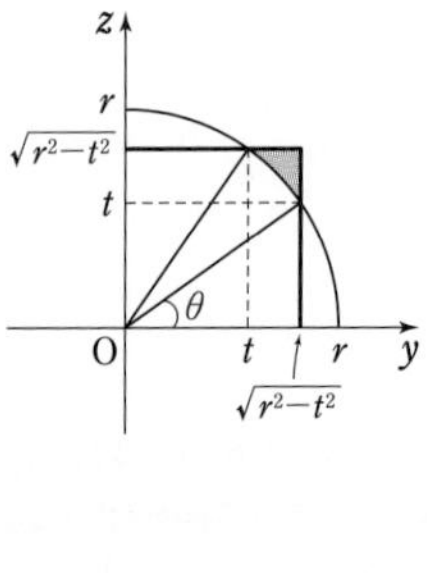

⇐① と ② で正方形の周とその内部。
③ は円弧の外側と考える。

$x\geqq 0$，$y\geqq 0$，$z\geqq 0$ において考えると，切り口は右の図の赤く塗った部分になる。この面積を $S(t)$ とする。また，図のように θ をとると

$$S(t)=(\sqrt{r^2-t^2})^2-2\cdot\frac{1}{2}\sqrt{r^2-t^2}\cdot t-\frac{1}{2}r^2\left(\frac{\pi}{2}-2\theta\right)$$
$$=r^2-t^2-t\sqrt{r^2-t^2}+r^2\left(\theta-\frac{\pi}{4}\right)$$

⇐半径 r，中心角 θ の扇形の面積は　$\frac{1}{2}r^2\theta$

また，$t=r\sin\theta$ であるから
$$dt=r\cos\theta d\theta$$
t と θ の対応は右のようになる。

t	$0 \longrightarrow \frac{r}{\sqrt{2}}$
θ	$0 \longrightarrow \frac{\pi}{4}$

よって，求める体積を V とすると
$$\frac{1}{8}V=\int_0^{\frac{r}{\sqrt{2}}}\left\{r^2-t^2-t\sqrt{r^2-t^2}+r^2\left(\theta-\frac{\pi}{4}\right)\right\}dt$$
$$=\int_0^{\frac{r}{\sqrt{2}}}\left(r^2-\frac{\pi}{4}r^2-t^2-t\sqrt{r^2-t^2}\right)dt+r^2\int_0^{\frac{r}{\sqrt{2}}}\theta dt$$
$$=\left[r^2\left(1-\frac{\pi}{4}\right)t-\frac{t^3}{3}+\frac{1}{3}(r^2-t^2)^{\frac{3}{2}}\right]_0^{\frac{r}{\sqrt{2}}}+r^2\int_0^{\frac{\pi}{4}}\theta r\cos\theta d\theta$$
$$=\frac{1}{\sqrt{2}}\left(1-\frac{\pi}{4}\right)r^3-\frac{r^3}{6\sqrt{2}}+\frac{r^3}{6\sqrt{2}}-\frac{r^3}{3}+r^3\left(\Big[\theta\sin\theta\Big]_0^{\frac{\pi}{4}}-\int_0^{\frac{\pi}{4}}\sin\theta d\theta\right)$$
$$=\frac{1}{\sqrt{2}}\left(1-\frac{\pi}{4}\right)r^3-\frac{r^3}{3}+r^3\left(\frac{\pi}{4}\cdot\frac{1}{\sqrt{2}}+\Big[\cos\theta\Big]_0^{\frac{\pi}{4}}\right)=r^3\left(\sqrt{2}-\frac{4}{3}\right)$$

⇐$x\geqq0$，$y\geqq0$，$z\geqq0$ の部分を考えて，最後に8倍する。

したがって　　$V=8\cdot\frac{1}{8}V=\boldsymbol{\left(8\sqrt{2}-\frac{32}{3}\right)r^3}$

6章 PR

PR ⑤174

xyz 空間において，2点 P(1, 0, 1)，Q(−1, 1, 0) を考える。線分 PQ を x 軸の周りに1回転して得られる立体を S とする。立体 S と，2つの平面 $x=1$ および $x=-1$ で囲まれる立体の体積を求めよ。〔類　早稲田大〕

線分 PQ 上の点Aは，O を原点，s を実数として
$\overrightarrow{\mathrm{OA}}=\overrightarrow{\mathrm{OP}}+s\overrightarrow{\mathrm{PQ}}$ $(0\leqq s\leqq1)$　と表され
$\overrightarrow{\mathrm{OA}}=(1,\ 0,\ 1)+s(-2,\ 1,\ -1)=(1-2s,\ s,\ 1-s)$

⇐線分 PQ 上の点であるから　$0\leqq s\leqq1$
$\overrightarrow{\mathrm{PQ}}=(-1-1,\ 1-0,\ 0-1)$
$=(-2,\ 1,\ -1)$

$1-2s=t$ とすると　　$s=\frac{1-t}{2}$，$1-s=\frac{1+t}{2}$

よって，線分 PQ 上の点で x 座標が t $(-1\leqq t\leqq1)$ である点Rの座標は
$$\mathrm{R}\left(t,\ \frac{1-t}{2},\ \frac{1+t}{2}\right)$$

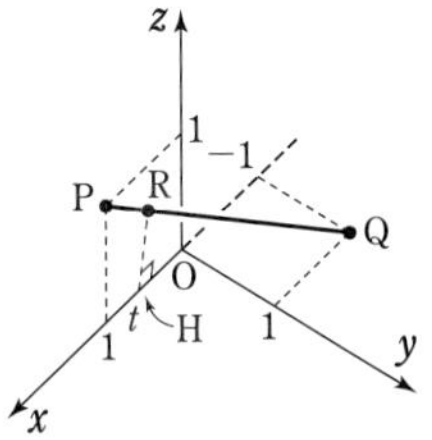

H$(t,\ 0,\ 0)$ とすると，立体 S を平面 $x=t$ $(-1\leqq t\leqq1)$ で切ったときの断面は，中心が H，半径が RH の円である。
その断面積は
$$\pi\mathrm{RH}^2=\pi\left\{\left(\frac{1-t}{2}\right)^2+\left(\frac{1+t}{2}\right)^2\right\}=\frac{\pi}{2}(t^2+1)$$

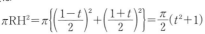

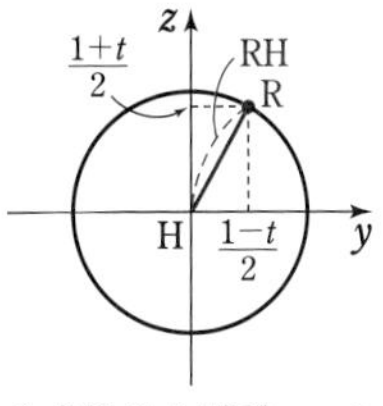

⇧立体 S を平面 $x=t$ で切ったときの断面

よって，求める体積は
$$\int_{-1}^{1}\frac{\pi}{2}(t^2+1)dt=\pi\int_0^1(t^2+1)dt=\pi\left[\frac{t^3}{3}+t\right]_0^1=\boldsymbol{\frac{4}{3}\pi}$$

PR ②175

x 軸上を動く 2 点 P，Q が同時に原点を出発して，t 秒後の速度はそれぞれ $\sin\pi t$，$2\sin 2\pi t$ (cm/s) である。
(1) 出発してから 2 点が重なるのは何秒後か。
(2) 出発してから初めて 2 点が重なるまでにQが動いた道のりを求めよ。

(1) t 秒後の P，Q の座標を，それぞれ x_1，x_2 とすると，$t=0$ のとき $x_1=0$，$x_2=0$ である。

また　$\dfrac{dx_1}{dt}=\sin\pi t$，$\dfrac{dx_2}{dt}=2\sin 2\pi t$

よって

$$x_1=\int_0^t \sin\pi t\,dt=\frac{1}{\pi}\Big[-\cos\pi t\Big]_0^t=\frac{1}{\pi}(1-\cos\pi t)$$

$$x_2=\int_0^t 2\sin 2\pi t\,dt=2\cdot\frac{1}{2\pi}\Big[-\cos 2\pi t\Big]_0^t=\frac{1}{\pi}(1-\cos 2\pi t)$$

2 点が重なる条件は $x_1=x_2$ であるから

$$\cos\pi t=\cos 2\pi t$$

すなわち　$\cos 2\pi t-\cos\pi t=0$

ゆえに　$2\cos^2\pi t-\cos\pi t-1=0$　　⇐ 2 倍角の公式

よって　$(\cos\pi t-1)(2\cos\pi t+1)=0$

これを解いて　$\cos\pi t=1,\ -\dfrac{1}{2}$

⇐ $\cos\pi t=1$，$-\dfrac{1}{2}$ となるのは下の図から

$\pi t=\dfrac{2}{3}n\pi$

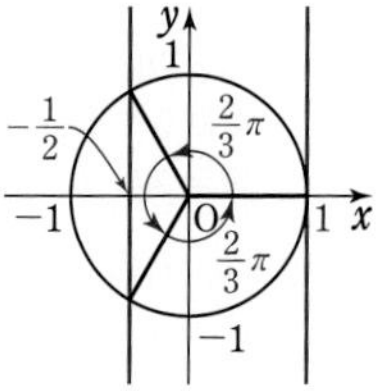

ゆえに　$\pi t=\dfrac{2}{3}n\pi$

すなわち　$t=\dfrac{2}{3}n$ $(n=1,\ 2,\ \cdots\cdots)$

したがって　$\boldsymbol{\dfrac{2}{3}n}$ **秒後** $(\boldsymbol{n=1,\ 2,\ \cdots\cdots})$

(2) 初めて重なるのは $t=\dfrac{2}{3}$ のときで，Q が動いた道のりを s とすると

$$s=\int_0^{\frac{2}{3}}|2\sin 2\pi t|\,dt$$

$$=\int_0^{\frac{1}{2}}2\sin 2\pi t\,dt-\int_{\frac{1}{2}}^{\frac{2}{3}}2\sin 2\pi t\,dt$$

$$=2\cdot\frac{1}{2\pi}\left(\Big[-\cos 2\pi t\Big]_0^{\frac{1}{2}}-\Big[-\cos 2\pi t\Big]_{\frac{1}{2}}^{\frac{2}{3}}\right)$$

$$=\frac{1}{\pi}\left\{(1+1)-\left(\frac{1}{2}-1\right)\right\}$$

$$=\boldsymbol{\frac{5}{2\pi}}\ \textbf{(cm)}$$

⇐ $0\leqq t\leqq\dfrac{1}{2}$ のとき $2\sin 2\pi t\geqq 0$
$\dfrac{1}{2}\leqq t\leqq\dfrac{2}{3}$ のとき $2\sin 2\pi t\leqq 0$

PR ②176

xy 平面上を運動する点Pの時刻 t における座標が $x=\frac{1}{2}t^2-4t$, $y=-\frac{1}{3}t^3+4t^2-16t$ であるとする。このとき，加速度の大きさが最小となる時刻 T を求めよ。また，この T に対して $t=0$ から $t=T$ までの間に点Pが動く道のり s を求めよ。

$$\frac{dx}{dt}=t-4,\ \frac{dy}{dt}=-t^2+8t-16=-(t-4)^2,$$

$$\frac{d^2x}{dt^2}=1,\quad \frac{d^2y}{dt^2}=-2t+8$$

よって，加速度の大きさは

$$\sqrt{\left(\frac{d^2x}{dt^2}\right)^2+\left(\frac{d^2y}{dt^2}\right)^2}=\sqrt{1+(-2t+8)^2}=\sqrt{4(t-4)^2+1}$$

⇐$\sqrt{\quad}$ の中を平方完成。

したがって，$t=4$ のとき最小となるから　　$\boldsymbol{T=4}$

また，求める道のり s は

$$s=\int_0^4\sqrt{\left(\frac{dx}{dt}\right)^2+\left(\frac{dy}{dt}\right)^2}\,dt=\int_0^4\sqrt{(t-4)^2+(t-4)^4}\,dt$$

$$=\int_0^4\sqrt{(t-4)^2\{1+(t-4)^2\}}\,dt=\int_0^4(4-t)\sqrt{t^2-8t+17}\,dt$$

⇐$0\leqq t\leqq 4$ において $4-t\geqq 0$

ここで，$\sqrt{t^2-8t+17}=u$ とおくと

$t^2-8t+17=u^2$ から　　$(2t-8)dt=2u\,du$

t	$0\longrightarrow 4$
u	$\sqrt{17}\longrightarrow 1$

よって　　$(4-t)dt=-u\,du$

ゆえに　　$\boldsymbol{s}=\int_{\sqrt{17}}^1 u(-u)\,du=-\int_{\sqrt{17}}^1 u^2du$

$$=\int_1^{\sqrt{17}}u^2du=\left[\frac{u^3}{3}\right]_1^{\sqrt{17}}=\boldsymbol{\frac{17\sqrt{17}-1}{3}}$$

PR ②177

次の曲線の長さ L を求めよ。

(1) $\begin{cases}x=e^t\cos t\\ y=e^t\sin t\end{cases}\left(0\leqq t\leqq\frac{\pi}{2}\right)$　〔類 横浜国大〕　(2) $y=\frac{x^3}{3}+\frac{1}{4x}$ $(1\leqq x\leqq 3)$

(1) $\frac{dx}{dt}=e^t(\cos t-\sin t)$, $\frac{dy}{dt}=e^t(\sin t+\cos t)$

よって

$$\left(\frac{dx}{dt}\right)^2+\left(\frac{dy}{dt}\right)^2=e^{2t}\{(\cos t-\sin t)^2+(\sin t+\cos t)^2\}$$

$$=e^{2t}\cdot 2(\sin^2 t+\cos^2 t)=2e^{2t}$$

⇐$\sin^2 t+\cos^2 t=1$

ゆえに　　$L=\int_0^{\frac{\pi}{2}}\sqrt{2e^{2t}}\,dt=\sqrt{2}\int_0^{\frac{\pi}{2}}e^t dt=\sqrt{2}\left[e^t\right]_0^{\frac{\pi}{2}}$

$$=\boldsymbol{\sqrt{2}\,(e^{\frac{\pi}{2}}-1)}$$

(2) $y'=x^2-\frac{1}{4x^2}$

よって　　$1+y'^2=1+\left(x^2-\frac{1}{4x^2}\right)^2=\left(x^2+\frac{1}{4x^2}\right)^2$

⇐$1+\left(x^4-\frac{1}{2}+\frac{1}{16x^4}\right)$
$=x^4+\frac{1}{2}+\frac{1}{16x^4}$

ゆえに　　$L=\int_1^3\left(x^2+\frac{1}{4x^2}\right)dx=\left[\frac{x^3}{3}-\frac{1}{4x}\right]_1^3=\boldsymbol{\frac{53}{6}}$

PR ⑤178 Cを，原点を中心とする単位円とする。長さ 2π のひもの一端を点 A(1, 0) に固定し，他の一端Pは初め $P_0(1,\ 2\pi)$ に置く。この状態から，ひもをぴんと伸ばしたままPを反時計回りに動かしてCに巻きつけるとき，P が P_0 から出発してAに到達するまでに描く曲線の長さを求めよ。〔東京電機大〕

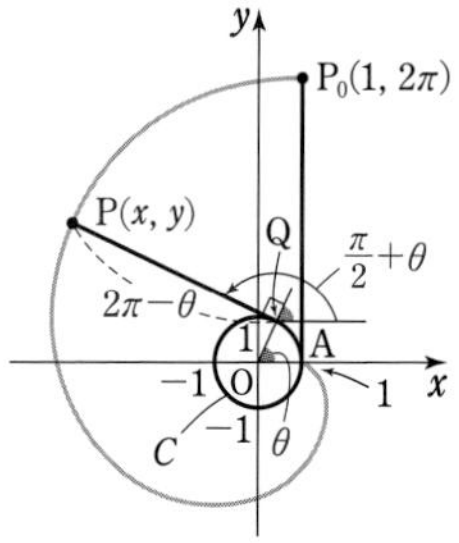

円Cに中心角θだけ巻きつけたときのPの位置を $P(x,\ y)$，ひもと円Cの接点を $Q(\cos\theta,\ \sin\theta)$ $(0\leqq\theta\leqq 2\pi)$ とすると

$$PQ=2\pi-\overset{\frown}{AQ}=2\pi-\theta$$

$\overrightarrow{QP}$ の，x 軸の正の向きからの角は $\dfrac{\pi}{2}+\theta$ であるから

$$\overrightarrow{QP}=\left((2\pi-\theta)\cos\left(\frac{\pi}{2}+\theta\right),\ (2\pi-\theta)\sin\left(\frac{\pi}{2}+\theta\right)\right)$$
$$=(-(2\pi-\theta)\sin\theta,\ (2\pi-\theta)\cos\theta)$$

よって　$(x,\ y)=\overrightarrow{OP}=\overrightarrow{OQ}+\overrightarrow{QP}$

$$=(\cos\theta-(2\pi-\theta)\sin\theta,\ \sin\theta+(2\pi-\theta)\cos\theta)$$

ゆえに
$$\frac{dx}{d\theta}=-\sin\theta-\{-\sin\theta+(2\pi-\theta)\cos\theta\}$$
$$=-(2\pi-\theta)\cos\theta$$
$$\frac{dy}{d\theta}=\cos\theta+\{-\cos\theta-(2\pi-\theta)\sin\theta\}$$
$$=-(2\pi-\theta)\sin\theta$$

したがって
$$\sqrt{\left(\frac{dx}{d\theta}\right)^2+\left(\frac{dy}{d\theta}\right)^2}=\sqrt{(2\pi-\theta)^2(\cos^2\theta+\sin^2\theta)}$$
$$=2\pi-\theta\ (0\leqq\theta\leqq 2\pi)$$

よって，求める曲線の長さは
$$\int_0^{2\pi}(2\pi-\theta)\,d\theta=\left[2\pi\theta-\frac{\theta^2}{2}\right]_0^{2\pi}$$
$$=4\pi^2-2\pi^2=\boldsymbol{2\pi^2}$$

inf. この曲線は**インボリュート曲線**，**円の伸開線**と呼ばれ，歯車の歯の形の一部に使われている。

PR ④179 関数 $f(x)$ を $f(x)=\begin{cases}0 & (0\leqq x<1)\\ \log x & (1\leqq x)\end{cases}$ と定める。曲線 $y=f(x)$ を y 軸の周りに1回転して容器を作る。この容器に単位時間あたり a の割合で水を静かに注ぐ。水を注ぎ始めてから時間 t だけ経過したときに，水面の高さが h，水面の半径が r，水面の面積が S，水の体積が V になったとする。

(1) Vをhを用いて表せ。

(2) h，r，Sの時間tに関する変化率 $\dfrac{dh}{dt}$，$\dfrac{dr}{dt}$，$\dfrac{dS}{dt}$ をそれぞれ a，h を用いて表せ。〔香川大〕

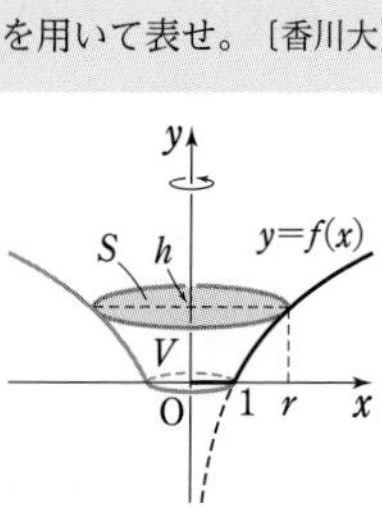

(1) $x\geqq 1$ に対して $y=\log x$ から　$x=e^y$

よって
$$V=\int_0^h \pi x^2dy=\pi\int_0^h e^{2y}dy$$
$$=\pi\left[\frac{1}{2}e^{2y}\right]_0^h$$
$$=\boldsymbol{\frac{\pi}{2}(e^{2h}-1)}$$

(2)　(1)から　$\frac{dV}{dt}=\pi\cdot\frac{d}{dh}\int_0^h e^{2y}dy\cdot\frac{dh}{dt}=\pi e^{2h}\frac{dh}{dt}$

⇐ $\frac{dV}{dt}=\frac{dV}{dh}\cdot\frac{dh}{dt}$

条件から　$\frac{dV}{dt}=a$　　よって　$\boldsymbol{\frac{dh}{dt}=\frac{a}{\pi e^{2h}}}$

$r=e^h$ から　$\boldsymbol{\frac{dr}{dt}}=\frac{d}{dh}e^h\cdot\frac{dh}{dt}=e^h\frac{dh}{dt}$

⇐ $\frac{dr}{dt}=\frac{dr}{dh}\cdot\frac{dh}{dt}$

$=e^h\frac{a}{\pi e^{2h}}=\boldsymbol{\frac{a}{\pi e^h}}$

$S=\pi r^2$ から　$\boldsymbol{\frac{dS}{dt}}=\pi\frac{d}{dr}r^2\cdot\frac{dr}{dt}$

⇐ $\frac{dS}{dt}=\frac{dS}{dr}\cdot\frac{dr}{dt}$

$=2\pi r\frac{dr}{dt}=2\pi e^h\frac{a}{\pi e^h}=\boldsymbol{2a}$

PR ③180

次の微分方程式を解け。
(1)　$x^2y'=1$　　(2)　$y'=4xy^2$　　(3)　$y'=y\cos x$

(1)　$x\neq 0$ であるから　$y'=\frac{1}{x^2}$

⇐ $x=0$ とすると方程式が成り立たない。

両辺を x で積分して

$\boldsymbol{y}=\int\frac{1}{x^2}dx\boldsymbol{=-\frac{1}{x}+C}$，**$C$ は任意の定数**

(2)　[1]　定数関数 $y=0$ は明らかに解である。

⇐ $y=0$ のとき $y'=0$ から $y'=4xy^2$ は成り立つ。

[2]　$y\neq 0$ のとき，方程式を変形して　$\frac{1}{y^2}\cdot\frac{dy}{dx}=4x$

両辺を x で積分して　$\int\frac{1}{y^2}\cdot\frac{dy}{dx}dx=\int 4x\,dx$

すなわち　$\int\frac{dy}{y^2}=4\int x\,dx$

よって　$-\frac{1}{y}=2x^2+C$　　すなわち　$y=-\frac{1}{2x^2+C}$

したがって，求める解は

$\boldsymbol{y=0,\ y=-\frac{1}{2x^2+C}}$，**$C$ は任意の定数**

(3)　[1]　定数関数 $y=0$ は明らかに解である。

⇐ $y=0$ のとき $y'=0$ から $y'=y\cos x$ は成り立つ。

[2]　$y\neq 0$ のとき，方程式を変形して　$\frac{1}{y}\cdot\frac{dy}{dx}=\cos x$

両辺を x で積分して　$\int\frac{1}{y}\cdot\frac{dy}{dx}dx=\int\cos x\,dx$

すなわち　$\int\frac{dy}{y}=\int\cos x\,dx$

よって　$\log|y|=\sin x+C_1$，C_1 は任意の定数

ゆえに　$y=\pm e^{\sin x+C_1}=\pm e^{C_1}e^{\sin x}$

ここで，$\pm e^{C_1}=C$ とおくと，$C\neq 0$ であるから

$y=Ce^{\sin x}$，C は 0 以外の任意の定数

[2]において $C=0$ とすると，[1]の解 $y=0$ が得られる。

したがって，求める解は

$$y=Ce^{\sin x},\ C\text{ は任意の定数}$$

PR ③181

点 (1, 1) を通る曲線 C 上の点をPとする。点Pにおける曲線 C の接線と，点Pを通り x 軸に垂直な直線，および x 軸で囲まれる三角形の面積が，点Pの位置にかかわらず常に $\frac{1}{2}$ となるとき，曲線 C の方程式を求めよ。

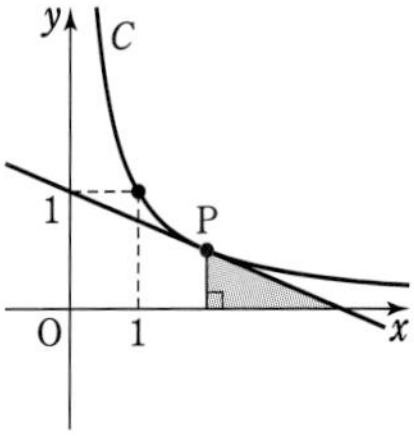

曲線 C の方程式を $y=f(x)$ とし，$\mathrm{P}(x_1,\ f(x_1))$ とする。
$f'(x_1)\neq 0$ であるから，点Pにおける接線 $y-f(x_1)=f'(x_1)(x-x_1)$ と x 軸との交点の座標は

⇐ $f'(x_1)=0$ とすると，題意の三角形ができない。

$$\left(x_1-\frac{f(x_1)}{f'(x_1)},\ 0\right)$$

よって，題意の三角形の面積は

$$\frac{1}{2}\left|-\frac{f(x_1)}{f'(x_1)}\right||f(x_1)|=\frac{1}{2}$$

⇐底辺 $\left|\left\{x_1-\frac{f(x_1)}{f'(x_1)}\right\}-x_1\right|$，高さ $|f(x_1)|$

ゆえに　$\{f(x_1)\}^2=\pm f'(x_1)$

これが任意の x_1 について成り立つから，曲線 C の方程式は，微分方程式 $y^2=\pm y'$ を満たす。

[1]　定数関数 $y=0$ は，点 (1, 1) を通らないから不適。

[2]　$y\neq 0$ のとき，方程式を変形して

$$\frac{y'}{y^2}=\pm 1 \qquad \text{よって} \qquad \int\frac{dy}{y^2}=\pm\int dx$$

ゆえに　$-\frac{1}{y}=\pm x+A$　(A は任意の定数)

曲線 C は点 (1, 1) を通るから

⇐初期条件から A を決定。

CHART　**曲線**
$y=f(x)$ が点 $(a,\ b)$ を通る $\Longleftrightarrow b=f(a)$

$-\frac{1}{y}=x+A$ に $x=1,\ y=1$ を代入すると　　$A=-2$

$-\frac{1}{y}=-x+A$ に $x=1,\ y=1$ を代入すると　　$A=0$

よって，求める方程式は　　$\boldsymbol{y=-\frac{1}{x-2},\ y=\frac{1}{x}}$

EX ②124

2つの曲線 $C_1: y=2\sin x-\tan x \left(0\leqq x<\frac{\pi}{2}\right)$, $C_2: y=2\cos x-1 \left(0\leqq x<\frac{\pi}{2}\right)$ について

(1) C_1 と C_2 の共有点の座標を求めよ。

(2) C_1 と C_2 で囲まれた図形の面積を求めよ。　〔類 青山学院大〕

(1) 2つの曲線の共有点の x 座標は，方程式

$$2\sin x-\tan x=2\cos x-1$$

の解である。方程式を変形して

$$2\sin x-\frac{\sin x}{\cos x}=2\cos x-1$$

両辺に $\cos x$ を掛けて

$$2\sin x\cos x-\sin x=2\cos^2 x-\cos x$$

よって　$\sin x(2\cos x-1)-\cos x(2\cos x-1)=0$

ゆえに　$(2\cos x-1)(\sin x-\cos x)=0$

よって　$\cos x=\frac{1}{2}$ または $\sin x=\cos x$

$0\leqq x<\frac{\pi}{2}$ であるから，$\cos x=\frac{1}{2}$ のとき　$x=\frac{\pi}{3}$

$\sin x=\cos x$ すなわち $\tan x=1$ のとき　$x=\frac{\pi}{4}$

$x=\frac{\pi}{3}$ のとき $y=0$,　$x=\frac{\pi}{4}$ のとき $y=\sqrt{2}-1$

ゆえに，C_1 と C_2 の共有点の座標は

$$\boldsymbol{\left(\frac{\pi}{3},\ 0\right),\ \left(\frac{\pi}{4},\ \sqrt{2}-1\right)}$$

(2) (1)より，C_1 と C_2 の共有点は2個であるから，囲まれた図形は $\frac{\pi}{4}\leqq x\leqq\frac{\pi}{3}$ の範囲にある。

$\frac{\pi}{4}\leqq x\leqq\frac{\pi}{3}$ のとき，$\cos x>0$ であるから

$$(2\sin x-\tan x)-(2\cos x-1)$$
$$=\frac{1}{\cos x}(2\cos x-1)(\sin x-\cos x)\geqq 0$$

すなわち，$\frac{\pi}{4}\leqq x\leqq\frac{\pi}{3}$ のとき　$2\sin x-\tan x\geqq 2\cos x-1$

よって，求める面積は

$$\int_{\frac{\pi}{4}}^{\frac{\pi}{3}}\{2\sin x-\tan x-(2\cos x-1)\}\,dx$$
$$=\int_{\frac{\pi}{4}}^{\frac{\pi}{3}}(2\sin x-\tan x-2\cos x+1)\,dx$$
$$=\Big[-2\cos x+\log|\cos x|-2\sin x+x\Big]_{\frac{\pi}{4}}^{\frac{\pi}{3}}$$
$$=\boldsymbol{\frac{\pi}{12}-\frac{1}{2}\log 2+2\sqrt{2}-\sqrt{3}-1}$$

⇐$2\sin x-\tan x=\tan x(2\cos x-1)$ と変形して因数分解してもよい。

⇐$\sin x=\cos x$ の両辺を $\cos x$ で割ると $\tan x=1$

⇐グラフはかきにくいから，不等式で2つの曲線の位置関係を調べる。

⇐$\int\tan x\,dx=-\int\frac{(\cos x)'}{\cos x}dx=-\log|\cos x|+C$

6章 EX

EX ③125

(1) xy 平面上の $y=\dfrac{1}{x}$, $y=ax$, $y=bx$ のグラフで囲まれた部分の面積 S を求めよ。ただし，$x>0$, $a>b>0$ とする。〔信州大〕

(2) 曲線 $\sqrt[3]{x}+\sqrt[3]{y}=1$ $(x\geqq 0,\ y\geqq 0)$ と x 軸，y 軸で囲まれた部分の面積 S を求めよ。

(1) 曲線 $y=\dfrac{1}{x}$ と $y=ax$ の共有点の x 座標は，方程式

$\dfrac{1}{x}=ax$ から　　$x^2=\dfrac{1}{a}$

$x>0$, $a>0$ であるから　　$x=\dfrac{1}{\sqrt{a}}$

このとき　　$y=\sqrt{a}$

同様にして，曲線 $y=\dfrac{1}{x}$ と $y=bx$ の共有点の x 座標，y 座標は

$$x=\frac{1}{\sqrt{b}},\ y=\sqrt{b}$$

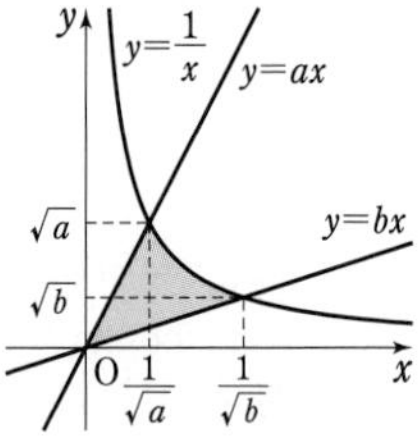

よって，グラフの概形は図のようになる。

ゆえに　　$S=\dfrac{1}{2}\cdot\dfrac{1}{\sqrt{a}}\cdot\sqrt{a}+\displaystyle\int_{\frac{1}{\sqrt{a}}}^{\frac{1}{\sqrt{b}}}\frac{dx}{x}-\frac{1}{2}\cdot\frac{1}{\sqrt{b}}\cdot\sqrt{b}$

$=\dfrac{1}{2}+\Big[\log x\Big]_{\frac{1}{\sqrt{a}}}^{\frac{1}{\sqrt{b}}}-\dfrac{1}{2}=\log\dfrac{1}{\sqrt{b}}-\log\dfrac{1}{\sqrt{a}}$

$=\log\sqrt{\dfrac{a}{b}}=\boldsymbol{\dfrac{1}{2}\log\dfrac{a}{b}}$

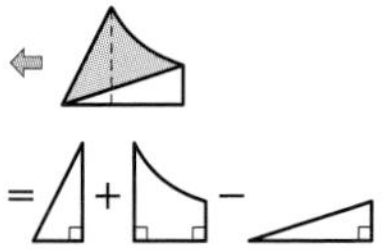

(2) $\sqrt[3]{x}+\sqrt[3]{y}=1$ から　　$\sqrt[3]{y}=1-\sqrt[3]{x}$

両辺を 3 乗して　　$y=(1-\sqrt[3]{x})^3$

$y\geqq 0$ から　　$1-\sqrt[3]{x}\geqq 0$

よって，$x\geqq 0$ から　　$0\leqq x\leqq 1$

曲線 $y=(1-\sqrt[3]{x})^3$ と x 軸との共有点の x 座標は，方程式 $(1-\sqrt[3]{x})^3=0$ を解いて　　$x=1$

また　　$y'=-\dfrac{(1-\sqrt[3]{x})^2}{\sqrt[3]{x^2}}$

x	0	$\cdots$	1
y'	／	$-$	／
y	1	↘	0

増減表とグラフは右のようになる。

よって

$S=\displaystyle\int_0^1(1-\sqrt[3]{x})^3dx$

$=\displaystyle\int_0^1(1-3\sqrt[3]{x}+3\sqrt[3]{x^2}-x)\,dx$

$=\left[x-\dfrac{9}{4}\sqrt[3]{x^4}+\dfrac{9}{5}\sqrt[3]{x^5}-\dfrac{1}{2}x^2\right]_0^1$

$=1-\dfrac{9}{4}+\dfrac{9}{5}-\dfrac{1}{2}=\boldsymbol{\dfrac{1}{20}}$

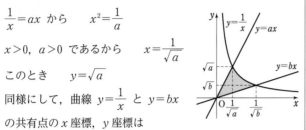

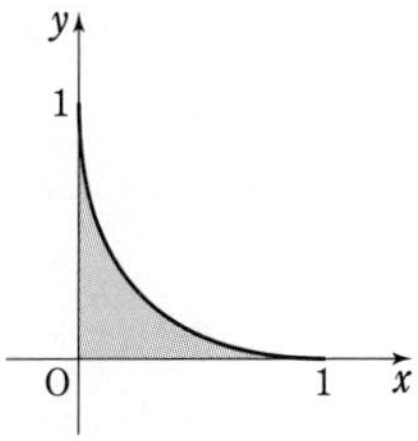

CHART
$y=$(x の式) と変形したグラフを考える

⇐ $y'=3(1-\sqrt[3]{x})^2\times\left(-\dfrac{1}{3\sqrt[3]{x^2}}\right)$

inf. 面積の計算が目的であるから，x 軸との共有点を求めたら，$0\leqq x\leqq 1$ で常に $y\geqq 0$ であることを断って，グラフをかかずに面積の計算を始めてよい。

EX ③126

(1) 関数 $f(x)=xe^{-2x}$ の極値と曲線 $y=f(x)$ の変曲点の座標を求めよ。
(2) 曲線 $y=f(x)$ 上の変曲点における接線，曲線 $y=f(x)$ および直線 $x=3$ で囲まれた部分の面積 S を求めよ。　〔類 日本女子大〕

(1) $f'(x)=e^{-2x}+x\cdot(-2)e^{-2x}=(1-2x)e^{-2x}$

⇐$(fg)'=f'g+fg'$

$f'(x)=0$ とすると　$x=\dfrac{1}{2}$

また　$f''(x)=-2e^{-2x}+(1-2x)\cdot(-2)e^{-2x}=4(x-1)e^{-2x}$

$f''(x)=0$ とすると　$x=1$

ゆえに，$f(x)$ の増減およびグラフの凹凸は右のようになる。

x	$\cdots$	$\frac{1}{2}$	$\cdots$	1	$\cdots$
$f'(x)$	$+$	0	$-$	$-$	$-$
$f''(x)$	$-$	$-$	$-$	0	$+$
$f(x)$	↗	極大 $\frac{1}{2e}$	↘	変曲点 $\frac{1}{e^2}$	↘

よって，$f(x)$ は $\boldsymbol{x=\dfrac{1}{2}}$ で**極大値** $\boldsymbol{\dfrac{1}{2e}}$ をとる。

⇐$f'\left(\dfrac{1}{2}\right)=0$，$f''\left(\dfrac{1}{2}\right)=-2e^{-1}<0$ から，$x=\dfrac{1}{2}$ で極大値をとる，と判定してもよい。

また，曲線 $y=f(x)$ の**変曲点の座標は** $\boldsymbol{\left(1,\ \dfrac{1}{e^2}\right)}$ である。

(2) (1) より，$f'(1)=-\dfrac{1}{e^2}$ であるから，変曲点 $\left(1,\ \dfrac{1}{e^2}\right)$ における接線の方程式は　$y-\dfrac{1}{e^2}=-\dfrac{1}{e^2}(x-1)$

すなわち　$y=-\dfrac{1}{e^2}x+\dfrac{2}{e^2}$

よって，曲線 $y=f(x)$，変曲点 $\left(1,\ \dfrac{1}{e^2}\right)$ における接線および直線 $x=3$ の位置関係は，右の図のようになる。

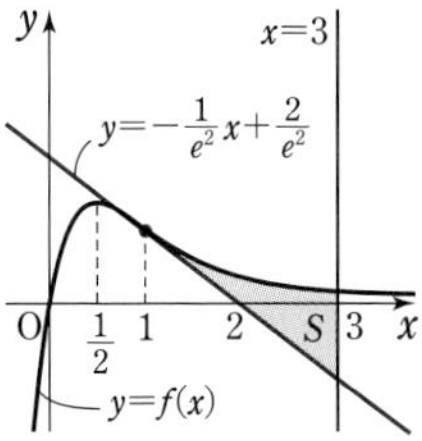

$1\leqq x\leqq 3$ のとき，

$xe^{-2x}\geqq -\dfrac{1}{e^2}x+\dfrac{2}{e^2}$ であるから，

求める面積 S は

$$S=\int_1^3\left\{xe^{-2x}-\left(-\frac{1}{e^2}x+\frac{2}{e^2}\right)\right\}dx$$

$$=\int_1^3 xe^{-2x}dx+\int_1^3\left(\frac{1}{e^2}x-\frac{2}{e^2}\right)dx$$

$$=\left[-\frac{1}{2}xe^{-2x}\right]_1^3+\int_1^3\frac{1}{2}e^{-2x}dx+\left[\frac{1}{2e^2}x^2-\frac{2}{e^2}x\right]_1^3$$

⇐部分積分法

$$=-\frac{3}{2e^6}+\frac{1}{2e^2}+\left[-\frac{1}{4}e^{-2x}\right]_1^3+0$$

$$=-\frac{3}{2e^6}+\frac{1}{2e^2}-\frac{1}{4e^6}+\frac{1}{4e^2}=\boldsymbol{\frac{3e^4-7}{4e^6}}$$

EX ③127

媒介変数 t によって表される座標平面上の次の曲線を考える。

$$x=t-\sin t,\ y=\cos t$$

ここで，t は $0 \leqq t \leqq 2\pi$ という範囲を動くものとする。これは，右図のような曲線である。

(1) この曲線と x 軸との交点の x 座標の値を求めよ。

(2) この曲線と x 軸および 2 直線 $x=0$，$x=2\pi$ で囲まれた 3 つの部分の面積の和を求めよ。 〔北見工大〕

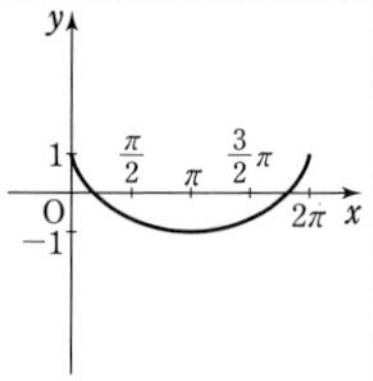

(1) $y=0$ とすると　　$\cos t=0$

$0 \leqq t \leqq 2\pi$ であるから　　$t=\dfrac{\pi}{2},\ \dfrac{3}{2}\pi$

このとき　　$\boldsymbol{x=\dfrac{\pi}{2}-1,\ \dfrac{3}{2}\pi+1}$　　⇐ x 軸との交点。

(2) 図から，この曲線は直線 $x=\pi$ に関して対称である。

$x=t-\sin t$ から

$$dx=(1-\cos t)\,dt$$

x と t の対応は右のようになる。

x	$0 \longrightarrow \dfrac{\pi}{2}-1 \longrightarrow \pi$
t	$0 \longrightarrow \dfrac{\pi}{2} \longrightarrow \pi$

よって，求める面積の和 S は

$$S=2\left(\int_0^{\frac{\pi}{2}-1} y\,dx-\int_{\frac{\pi}{2}-1}^{\pi} y\,dx\right)$$

$$=2\left\{\int_0^{\frac{\pi}{2}} \cos t(1-\cos t)\,dt-\int_{\frac{\pi}{2}}^{\pi} \cos t(1-\cos t)\,dt\right\}$$

$$=2\left\{\int_0^{\frac{\pi}{2}}\left(\cos t-\frac{1+\cos 2t}{2}\right)dt-\int_{\frac{\pi}{2}}^{\pi}\left(\cos t-\frac{1+\cos 2t}{2}\right)dt\right\}$$

⇐ $\cos^2 t=\dfrac{1+\cos 2t}{2}$

$$=2\left(\left[\sin t-\frac{t}{2}-\frac{\sin 2t}{4}\right]_0^{\frac{\pi}{2}}-\left[\sin t-\frac{t}{2}-\frac{\sin 2t}{4}\right]_{\frac{\pi}{2}}^{\pi}\right)$$

⇐ $\Big[F(x)\Big]_a^b-\Big[F(x)\Big]_b^c$ $=2F(b)-F(a)-F(c)$

$$=2\left\{2\left(1-\frac{\pi}{4}\right)-\left(-\frac{\pi}{2}\right)\right\}=\boldsymbol{4}$$

inf. この曲線が，直線 $x=\pi$ に関して対称であることは，次のように示すこともできる。

$x=f(t)$，$y=g(t)$ とし，$0 \leqq s \leqq \pi$ に対し $t=\pi-s$ に対応する点を P，$t=\pi+s$ に対応する点を Q とする。

$$f(\pi-s)=(\pi-s)-\sin(\pi-s)=\pi-s-\sin s$$
$$f(\pi+s)=(\pi+s)-\sin(\pi+s)=\pi+s+\sin s$$

よって，$f(\pi-s)+f(\pi+s)=2\pi$ であるから　　$\dfrac{1}{2}\{f(\pi-s)+f(\pi+s)\}=\pi$

また　　$g(\pi-s)=\cos(\pi-s)=-\cos s$

　　　　$g(\pi+s)=\cos(\pi+s)=-\cos s$

ゆえに　　$g(\pi-s)=g(\pi+s)$

よって，点 P と点 Q の中点の x 座標が π で，点 P と点 Q の y 座標が等しいから，点 P と点 Q は直線 $x=\pi$ に関して対称な位置にある。したがって，$0 \leqq s \leqq \pi$ のとき，点 P は $0 \leqq t \leqq \pi$ の点に対応する部分を動くから，曲線は直線 $x=\pi$ に関して対称である。

EX ③128

$0 \leqq x \leqq 2\pi$ における $y=\sin x$ のグラフを C_1，$y=2\cos x$ のグラフを C_2 とする。
(1) C_1 と C_2 の概形を同じ座標平面上にかけ（C_1 と C_2 の交点の座標は求めなくてよい）。
(2) C_1 と C_2 のすべての交点の y 座標を求めよ（x 座標は求めなくてよい）。
(3) $0 \leqq x \leqq 2\pi$ において，C_1，C_2，2 直線 $x=0$，$x=2\pi$ で囲まれた 3 つの部分の面積の和を求めよ。

(1) ［図］

(2) $y=\sin x$，$y=2\cos x$ から

$$\sin x=2\cos x$$

$\sin^2 x+\cos^2 x=1$ であるから

$$4\cos^2 x+\cos^2 x=1$$

すなわち　$\cos^2 x=\dfrac{1}{5}$

よって　$\boldsymbol{y}=2\cos x=\boldsymbol{\pm\dfrac{2}{\sqrt{5}}}$

(1)

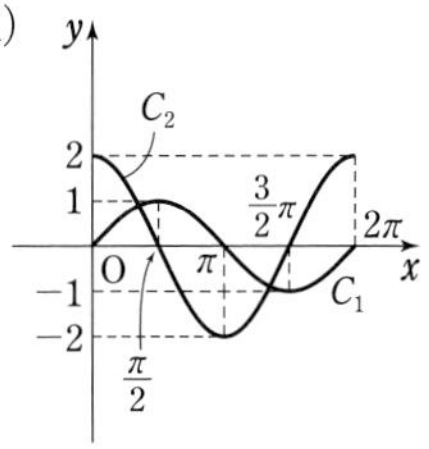

(3) (1) のグラフから，$\sin x=2\cos x$ の解は $0<x<\dfrac{\pi}{2}$，$\pi<x<\dfrac{3}{2}\pi$ の範囲に 1 つずつあり，それぞれの解を α，β とする。

⇐(1) で求めたグラフを活用する。

このとき　$\sin\alpha=2\cos\alpha=\dfrac{2}{\sqrt{5}}$，$\sin\beta=2\cos\beta=-\dfrac{2}{\sqrt{5}}$

⇐(2) から。

また，$\sin\alpha=-\sin\beta$，$\cos\alpha=-\cos\beta$ であるから

$$\beta=\alpha+\pi$$

⇐$\sin x=2\cos x$ から $\tan x=2$
$\tan x$ の周期は π であるから，$\beta=\alpha+\pi$ と考えることもできる。

よって，C_1 と C_2 の交点の座標は $\alpha\left(0<\alpha<\dfrac{\pi}{2}\right)$ を用いると，$\left(\alpha,\ \dfrac{2}{\sqrt{5}}\right)$，$\left(\alpha+\pi,\ -\dfrac{2}{\sqrt{5}}\right)$ と表される。

ただし　$\sin\alpha=\dfrac{2}{\sqrt{5}}$，$\cos\alpha=\dfrac{1}{\sqrt{5}}$

したがって

$$S=\int_0^{\alpha}(2\cos x-\sin x)\,dx+\int_{\alpha}^{\alpha+\pi}(\sin x-2\cos x)\,dx+\int_{\alpha+\pi}^{2\pi}(2\cos x-\sin x)\,dx$$

$$=\Big[2\sin x+\cos x\Big]_0^{\alpha}+\Big[-\cos x-2\sin x\Big]_{\alpha}^{\alpha+\pi}+\Big[2\sin x+\cos x\Big]_{\alpha+\pi}^{2\pi}$$

$$=8\sin\alpha+4\cos\alpha$$

$$=\frac{16}{\sqrt{5}}+\frac{4}{\sqrt{5}}=\boldsymbol{4\sqrt{5}}$$

EX ③129　2つの楕円 $x^2+\frac{y^2}{3}=1$, $\frac{x^2}{3}+y^2=1$ で囲まれる共通部分の面積を求めよ。〔山口大〕

$x^2+\frac{y^2}{3}=1$ から　　$y^2=3-3x^2$ ……①

①を $\frac{x^2}{3}+y^2=1$ に代入して　　$x^2=\frac{3}{4}$

⇐ $\frac{x^2}{3}+(3-3x^2)=1$ から $-\frac{8}{3}x^2=-2$

よって　　$x=\pm\frac{\sqrt{3}}{2}$

それぞれ，①に代入すると2つの楕円の交点は

$$\left(\frac{\sqrt{3}}{2},\ \frac{\sqrt{3}}{2}\right),\ \left(\frac{\sqrt{3}}{2},\ -\frac{\sqrt{3}}{2}\right),$$
$$\left(-\frac{\sqrt{3}}{2},\ \frac{\sqrt{3}}{2}\right),\ \left(-\frac{\sqrt{3}}{2},\ -\frac{\sqrt{3}}{2}\right)$$

求める部分は x 軸，y 軸，および直線 $y=x$ に関して対称であるから，図の斜線部分の面積を S とすると，求める面積は　　$8S$

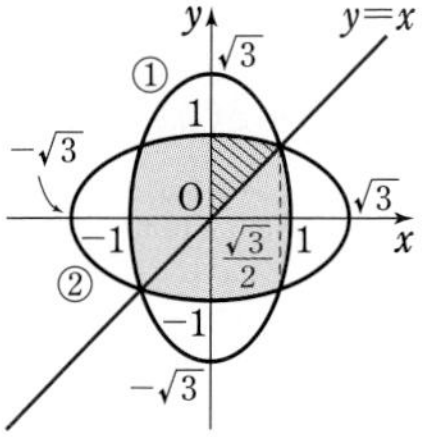

⇐①：$x^2+\frac{y^2}{3}=1$
②：$\frac{x^2}{3}+y^2=1$

$\frac{x^2}{3}+y^2=1$ において，$y\geqq 0$ とすると

$$y=\sqrt{1-\frac{x^2}{3}}$$

ゆえに　　$S=\int_0^{\frac{\sqrt{3}}{2}}\sqrt{1-\frac{x^2}{3}}\,dx-\frac{1}{2}\left(\frac{\sqrt{3}}{2}\right)^2$

⇐ 

ここで　　$\int_0^{\frac{\sqrt{3}}{2}}\sqrt{1-\frac{x^2}{3}}\,dx=\frac{1}{\sqrt{3}}\int_0^{\frac{\sqrt{3}}{2}}\sqrt{3-x^2}\,dx$

$\int_0^{\frac{\sqrt{3}}{2}}\sqrt{3-x^2}\,dx$ は図の赤い部分の面積に等しいから，これを求めて

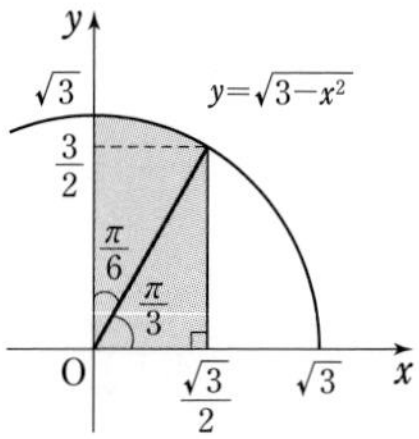

$$\frac{1}{2}\cdot(\sqrt{3})^2\cdot\frac{\pi}{6}+\frac{1}{2}\cdot\frac{\sqrt{3}}{2}\cdot\frac{3}{2}$$
$$=\frac{\pi}{4}+\frac{3\sqrt{3}}{8}$$

⇐半径 r，中心角 θ の扇形の面積は $\frac{1}{2}r^2\theta$

よって　　$S=\frac{1}{\sqrt{3}}\left(\frac{\pi}{4}+\frac{3\sqrt{3}}{8}\right)-\frac{3}{8}=\frac{\sqrt{3}}{12}\pi$

したがって，求める面積は

$$8S=8\cdot\frac{\sqrt{3}}{12}\pi=\boldsymbol{\frac{2\sqrt{3}}{3}\pi}$$

EX ④130 座標平面上で，t を媒介変数として表される曲線

$C: x=a\cos t,\ y=b\sin t\ (a>0,\ b>0,\ 0\leqq t\leqq 2\pi)$

について，次の各問いに答えよ。

(1) x，y の満たす関係式を求めよ。

(2) $0\leqq x\leqq a\cos\theta\left(0<\theta<\dfrac{\pi}{2}\right)$ において，曲線 C，y 軸および直線 $x=a\cos\theta$ によって囲まれる部分の面積 $S(\theta)$ を求めよ。

(3) 極限値 $\displaystyle\lim_{\theta\to\frac{\pi}{2}-0}\frac{S(\theta)}{\frac{\pi}{2}-\theta}$ を求めよ。　〔宮崎大〕

(1) $x=a\cos t,\ y=b\sin t,$

$\sin^2 t+\cos^2 t=1$ から　$\boldsymbol{\dfrac{x^2}{a^2}+\dfrac{y^2}{b^2}=1}$

⇦$\cos t=\dfrac{x}{a},\ \sin t=\dfrac{y}{b}$

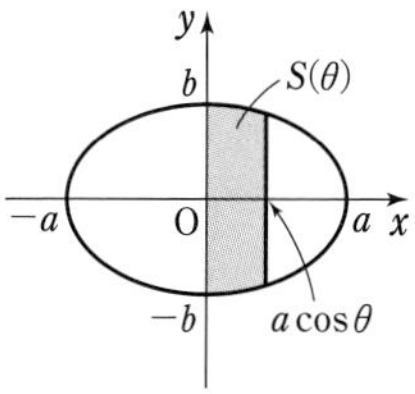

(2) $y=\pm b\sqrt{1-\dfrac{x^2}{a^2}}$ から

$$S(\theta)=2b\int_0^{a\cos\theta}\sqrt{1-\frac{x^2}{a^2}}\,dx$$

⇦題意の部分は x 軸に関して対称。

$x=a\cos t$ から　$dx=-a\sin t\,dt$

よって

x	$0\longrightarrow a\cos\theta$
t	$\dfrac{\pi}{2}\longrightarrow\ \theta$

$$S(\theta)=2b\int_{\frac{\pi}{2}}^{\theta}\sqrt{1-\cos^2 t}\,(-a\sin t)\,dt$$

$$=2ab\int_{\theta}^{\frac{\pi}{2}}\sin^2 t\,dt=ab\int_{\theta}^{\frac{\pi}{2}}(1-\cos 2t)\,dt$$

$$=ab\left[t-\frac{1}{2}\sin 2t\right]_{\theta}^{\frac{\pi}{2}}=\boldsymbol{ab\left(\frac{\pi}{2}-\theta+\frac{1}{2}\sin 2\theta\right)}$$

⇦$0<\theta\leqq t\leqq\dfrac{\pi}{2}$ において　$\sin\theta>0$

(3) $$\lim_{\theta\to\frac{\pi}{2}-0}\frac{S(\theta)}{\frac{\pi}{2}-\theta}=\lim_{\theta\to\frac{\pi}{2}-0}\frac{2ab\left(\frac{\pi}{2}-\theta+\frac{1}{2}\sin 2\theta\right)}{2\left(\frac{\pi}{2}-\theta\right)}$$

$$=ab\left(1+\lim_{\theta\to\frac{\pi}{2}-0}\frac{\sin 2\theta}{\pi-2\theta}\right)$$

$$=ab\left\{1+\lim_{\theta\to\frac{\pi}{2}-0}\frac{\sin(\pi-2\theta)}{\pi-2\theta}\right\}$$

$$=ab(1+1)=\boldsymbol{2ab}$$

⇦$\pi-2\theta=u$ とおくと
$\theta\longrightarrow\dfrac{\pi}{2}-0$ のとき
$u\longrightarrow+0$,
$\displaystyle\lim_{u\to+0}\frac{\sin u}{u}=1$

6章 EX

EX ③131 k を正の数とする。2つの曲線 $C_1: y=k\cos x$，$C_2: y=\sin x$ を考える。C_1 と C_2 は $0\leqq x\leqq 2\pi$ の範囲に交点が2つあり，それらの x 座標をそれぞれ α，$\beta\ (\alpha<\beta)$ とする。区間 $\alpha\leqq x\leqq\beta$ において，2つの曲線 C_1，C_2 で囲まれた図形を D とし，その面積を S とする。更に D のうち，$y\geqq 0$ の部分の面積を S_1，$y\leqq 0$ の部分の面積を S_2 とする。

(1) $\cos\alpha$，$\sin\alpha$，$\cos\beta$，$\sin\beta$ をそれぞれ k を用いて表せ。

(2) S を k を用いて表せ。

(3) $3S_1=S_2$ となるように k の値を定めよ。　〔類 茨城大〕

(1) 曲線 C_1 と C_2 の交点の x 座標は $k\cos x=\sin x$ の解である。

$k\cos x=\sin x$ から　$\sin x-k\cos x=0$

よって　$\sqrt{1+k^2}\sin(x+\gamma)=0$　すなわち　$\sin(x+\gamma)=0$

⇦三角関数の合成。

ただし，$\sin\gamma=-\dfrac{k}{\sqrt{1+k^2}}$，$\cos\gamma=\dfrac{1}{\sqrt{1+k^2}}$，$-\dfrac{\pi}{2}<\gamma<0$ である。

⇦$k>0$ から $\sin\gamma<0$，$\cos\gamma>0$

$0\leqq x\leqq 2\pi$ のとき　$\gamma\leqq x+\gamma\leqq 2\pi+\gamma$

⇦$-\dfrac{\pi}{2}<\gamma<0$ から $\dfrac{3}{2}\pi<2\pi+\gamma<2\pi$

よって　$x+\gamma=0,\ \pi$　　ゆえに　$x=-\gamma,\ \pi-\gamma$

$\alpha<\beta$ であるから　$\alpha=-\gamma,\ \beta=\pi-\gamma$

したがって　$\boldsymbol{\cos\alpha}=\cos(-\gamma)=\cos\gamma=\boldsymbol{\dfrac{1}{\sqrt{1+k^2}}}$，

$\boldsymbol{\sin\alpha}=\sin(-\gamma)=-\sin\gamma=\boldsymbol{\dfrac{k}{\sqrt{1+k^2}}}$，

$\boldsymbol{\cos\beta}=\cos(\pi-\gamma)=-\cos\gamma=\boldsymbol{-\dfrac{1}{\sqrt{1+k^2}}}$，

$\boldsymbol{\sin\beta}=\sin(\pi-\gamma)=\sin\gamma=\boldsymbol{-\dfrac{k}{\sqrt{1+k^2}}}$

(2)　S は右の図の赤い部分の面積であるから

$$S=\int_\alpha^\beta(\sin x-k\cos x)\,dx=\Big[-\cos x-k\sin x\Big]_\alpha^\beta$$
$$=-\cos\beta-k\sin\beta+\cos\alpha+k\sin\alpha$$

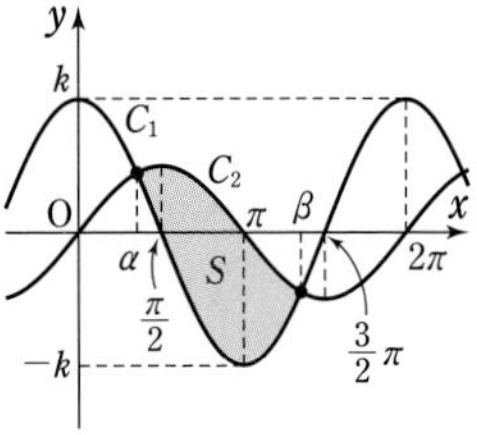

(1) から

$$\boldsymbol{S}=\frac{1}{\sqrt{1+k^2}}+\frac{k^2}{\sqrt{1+k^2}}+\frac{1}{\sqrt{1+k^2}}+\frac{k^2}{\sqrt{1+k^2}}$$
$$=\boldsymbol{2\sqrt{1+k^2}}$$

(3)　$S_1+S_2=S$ であるから，$3S_1=S_2$ となるための条件は

$$S=4S_1$$

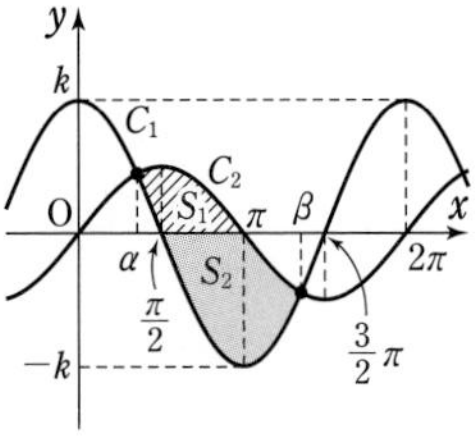

ここで　$S_1=\displaystyle\int_\alpha^\pi\sin x\,dx-\int_\alpha^{\frac{\pi}{2}}k\cos x\,dx$

$$=\Big[-\cos x\Big]_\alpha^\pi-\Big[k\sin x\Big]_\alpha^{\frac{\pi}{2}}$$
$$=1+\cos\alpha-(k-k\sin\alpha)$$
$$=1+\frac{1}{\sqrt{1+k^2}}-k+\frac{k^2}{\sqrt{1+k^2}}$$
$$=1-k+\sqrt{1+k^2}$$

よって，$S=4S_1$ から　$2\sqrt{1+k^2}=4(1-k+\sqrt{1+k^2})$

⇦k に関する方程式に帰着。

すなわち　$2(k-1)=\sqrt{1+k^2}$　……①

右辺は正であるから，左辺も正である。

⇦方程式を 2 乗して解く場合，同値関係が崩れないように条件を確認すること。

ゆえに　$k>1$

このとき，① の両辺を 2 乗すると　$4(k-1)^2=1+k^2$

よって　$3k^2-8k+3=0$　　これを解いて　$k=\dfrac{4\pm\sqrt{7}}{3}$

$k>1$ であるから　$\boldsymbol{k=\dfrac{4+\sqrt{7}}{3}}$

EX ⑤**132**

次の問いに答えよ。

(1) 不定積分 $\int e^{-x}\sin x\,dx$ を求めよ。

(2) $n=0,\ 1,\ 2,\ \cdots\cdots$ に対し，$2n\pi \leqq x \leqq (2n+1)\pi$ の範囲で，x 軸と曲線 $y=e^{-x}\sin x$ で囲まれる図形の面積を S_n とする。S_n を n で表せ。

(3) (2) で求めた S_n について $\sum_{n=0}^{\infty} S_n$ を求めよ。

(1) $\int e^{-x}\sin x\,dx = -e^{-x}\sin x + \int e^{-x}\cos x\,dx$　　⇦部分積分法

$= -e^{-x}\sin x - e^{-x}\cos x + \int e^{-x}(-\sin x)\,dx$

$= -e^{-x}(\sin x + \cos x) - \int e^{-x}\sin x\,dx$　　⇦同形出現

積分定数も考えて

$$\int e^{-x}\sin x\,dx = \boldsymbol{-\frac{1}{2}e^{-x}(\sin x + \cos x) + C}$$

(2) $2n\pi \leqq x \leqq (2n+1)\pi$ において，$y \geqq 0$ である。

ゆえに

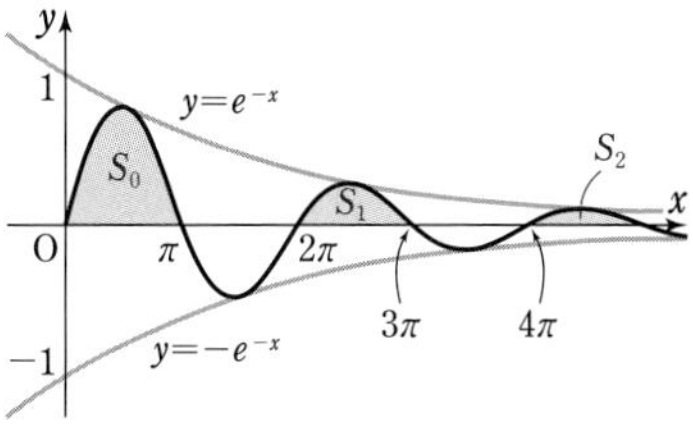

$$\boldsymbol{S_n} = \int_{2n\pi}^{(2n+1)\pi} e^{-x}\sin x\,dx$$

$$= -\frac{1}{2}\Big[e^{-x}(\sin x + \cos x)\Big]_{2n\pi}^{(2n+1)\pi}$$

$$= -\frac{1}{2}\{e^{-(2n+1)\pi}\cdot(-1) - e^{-2n\pi}\cdot 1\} \quad *$$

$$\boldsymbol{= \frac{1}{2}\{e^{-(2n+1)\pi} + e^{-2n\pi}\}}$$

$*\ \sin(2n+1)\pi = 0$，$\cos(2n+1)\pi = -1$，$\sin 2n\pi = 0$，$\cos 2n\pi = 1$

(3) (2) から　$\sum_{n=0}^{\infty} S_n = \frac{1}{2}\sum_{n=0}^{\infty}\{e^{-(2n+1)\pi} + e^{-2n\pi}\}$

ここで，$\sum_{n=0}^{\infty} e^{-(2n+1)\pi}$ は初項 $e^{-\pi}$，公比 $e^{-2\pi}$ の無限等比級数，

$\sum_{n=0}^{\infty} e^{-2n\pi}$ は初項 1，公比 $e^{-2\pi}$ の無限等比級数である。

$0 < e^{-2\pi} < 1$ であるから，これらの無限等比級数は収束する。

ゆえに　$\sum_{n=0}^{\infty} S_n = \frac{1}{2}\left\{\sum_{n=0}^{\infty} e^{-(2n+1)\pi} + \sum_{n=0}^{\infty} e^{-2n\pi}\right\}$

$$= \frac{1}{2}\left(\frac{e^{-\pi}}{1-e^{-2\pi}} + \frac{1}{1-e^{-2\pi}}\right)$$

$$= \frac{1}{2}\cdot\frac{1+e^{-\pi}}{1-e^{-2\pi}} = \frac{1}{2}\cdot\frac{1}{1-e^{-\pi}}$$

$$\boldsymbol{= \frac{e^{\pi}}{2(e^{\pi}-1)}}$$

⇦ $\frac{1+e^{-\pi}}{1-e^{-2\pi}} = \frac{1+e^{-\pi}}{(1+e^{-\pi})(1-e^{-\pi})}$

6章
EX

EX
②**133**

座標空間において，2 つの不等式 $x^2+y^2 \leqq 1$，$0 \leqq z \leqq 3$ を同時に満たす円柱がある。y 軸を含み xy 平面と $\dfrac{\pi}{4}$ の角度をなし，点 $(1,\ 0,\ 1)$ を通る平面でこの円柱を 2 つの立体に分けるとき，点 $(1,\ 0,\ 0)$ を含む立体の体積 V を求めよ。〔類 立命館大〕

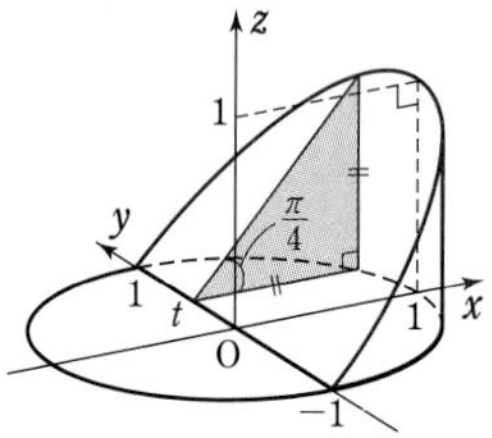

底面は原点を中心とする半径 1 の円である。直径のある y 軸上の点 $(0,\ t,\ 0)$ $(-1 \leqq t \leqq 1)$ を通り y 軸に垂直な平面による切り口は直角二等辺三角形である。
その直角二等辺三角形の面積は

$$\frac{1}{2}\sqrt{1-t^2}\cdot\sqrt{1-t^2}=\frac{1}{2}(1-t^2)$$

したがって，求める体積 V は

$$V=\int_{-1}^{1}\frac{1}{2}(1-t^2)\,dt$$
$$=\frac{1}{2}\cdot 2\int_{0}^{1}(1-t^2)\,dt$$
$$=\left[t-\frac{t^3}{3}\right]_0^1=\mathbf{\frac{2}{3}}$$

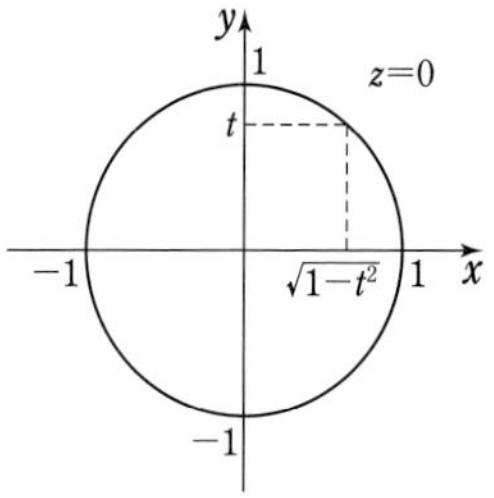

別解 （x 軸に垂直な平面による切り口を考える解法）
x 軸上の点 $(t,\ 0,\ 0)$ $(0 \leqq t \leqq 1)$ を通り x 軸に垂直な平面による切り口は長方形である。
その長方形の面積は

$$t\cdot 2\sqrt{1-t^2}=2t\sqrt{1-t^2}$$

したがって，求める体積 V は

$$V=\int_{0}^{1}2t\sqrt{1-t^2}\,dt \quad \cdots\cdots ①$$
$$=-\int_{0}^{1}(1-t^2)^{\frac{1}{2}}(1-t^2)'\,dt$$
$$=-\left[\frac{2}{3}(1-t^2)^{\frac{3}{2}}\right]_0^1=\mathbf{\frac{2}{3}}$$

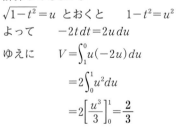

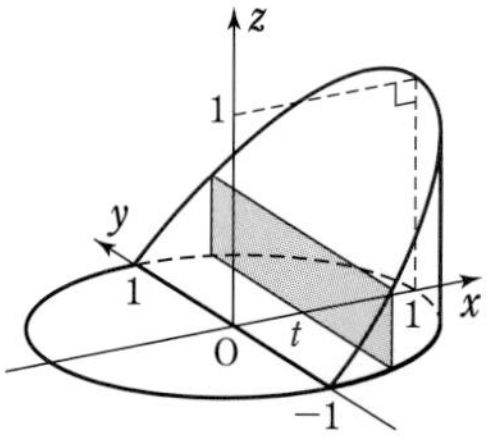

注意 定積分 ① は次のように置換積分法を利用して計算してもよい。

$\sqrt{1-t^2}=u$ とおくと　$1-t^2=u^2$
よって　$-2t\,dt=2u\,du$

t	$0 \longrightarrow 1$
u	$1 \longrightarrow 0$

ゆえに　$V=\displaystyle\int_{1}^{0}u(-2u)\,du$
$$=2\int_{0}^{1}u^2du$$
$$=2\left[\frac{u^3}{3}\right]_0^1=\mathbf{\frac{2}{3}}$$

inf. 断面積を求める際に，どの平面で切るかによって計算量が異なる場合がある。この問題の場合は y 軸に垂直な平面で切った方が計算量が少ない。本冊 $p.263$ のズーム UP も参照。

EX ③134　$\alpha>0$ とする。2つの曲線 $y=x^{\alpha}$ と $y=x^{2\alpha}\ (x\geqq 0)$ で囲まれる図形を D とする。α を $\alpha>0$ の範囲で動かすとき，D を x 軸の周りに1回転させてできる立体の体積 V の最大値を求めよ。
〔類　名古屋市大〕

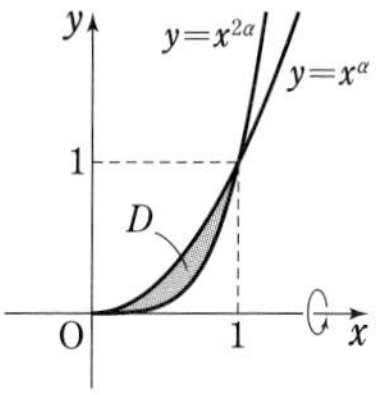

$x^{\alpha}=x^{2\alpha}$ とすると　　$x^{2\alpha}-x^{\alpha}=x^{\alpha}(x^{\alpha}-1)=0$

$\alpha>0,\ x\geqq 0$ から　　$x=0,\ 1$

$0<x<1$ のとき，$0<x^{\alpha}<1$ から　　$x^{\alpha}(x^{\alpha}-1)<0$

ゆえに，$x^{\alpha}>x^{2\alpha}>0$ であるから

$$V=\pi\int_0^1\{(x^{\alpha})^2-(x^{2\alpha})^2\}dx$$
$$=\pi\left[\frac{x^{2\alpha+1}}{2\alpha+1}-\frac{x^{4\alpha+1}}{4\alpha+1}\right]_0^1$$
$$=\pi\left(\frac{1}{2\alpha+1}-\frac{1}{4\alpha+1}\right)$$
$$\frac{dV}{d\alpha}=\pi\left\{-\frac{2}{(2\alpha+1)^2}+\frac{4}{(4\alpha+1)^2}\right\}$$
$$=-\frac{2\pi(8\alpha^2-1)}{(2\alpha+1)^2(4\alpha+1)^2}$$
$$=-\frac{16\pi\left(\alpha+\frac{\sqrt{2}}{4}\right)\left(\alpha-\frac{\sqrt{2}}{4}\right)}{(2\alpha+1)^2(4\alpha+1)^2}$$

$\dfrac{dV}{d\alpha}=0$ とすると　　$\alpha=\dfrac{\sqrt{2}}{4}$

α	0	…	$\frac{\sqrt{2}}{4}$	…
$\frac{dV}{d\alpha}$	／	+	0	−
V	／	↗	極大	↘

増減表から，V はこのとき極大かつ最大となる。

よって，V は

$\alpha=\dfrac{\sqrt{2}}{4}$ で最大値 $\pi\left(\dfrac{2}{\sqrt{2}+2}-\dfrac{1}{\sqrt{2}+1}\right)=\boldsymbol{(3-2\sqrt{2})\pi}$

をとる。

EX ③135　正の実数 a に対し，曲線 $y=e^{ax}$ を C とする。原点を通る直線 ℓ が曲線 C に点Pで接している。C，ℓ および y 軸で囲まれた図形を D とする。

(1)　点Pの座標を a を用いて表せ。

(2)　D を y 軸の周りに1回転してできる回転体の体積が 2π のとき，a の値を求めよ。
〔類　東京電機大〕

(1)　$y=e^{ax}$ から　　$y'=ae^{ax}$

接点Pの座標を $(t,\ e^{at})$ とすると，接線 ℓ の方程式は

$$y-e^{at}=ae^{at}(x-t)$$

⇐ $y-f(t)=f'(t)(x-t)$

ℓ は原点を通るから　　$-e^{at}=ae^{at}\cdot(-t)$

⇐ $1=at$

$e^{at}\neq 0,\ a>0$ であるから　　$t=\dfrac{1}{a}$

このとき，$e^{at}=e$ であるから，点Pの座標は　　$\boldsymbol{\left(\dfrac{1}{a},\ e\right)}$

(2) Dは右の図の赤い部分である。

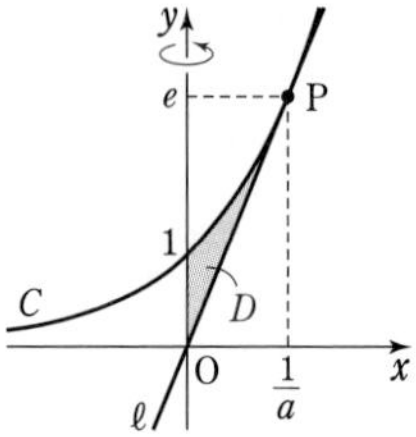

また，$y=e^{ax}$ から　$x=\frac{1}{a}\log y$

⇐$\log y=ax$ から。

Dをy軸の周りに1回転してできる立体の体積をVとすると

$$V=\underset{\sim\sim\sim}{\frac{1}{3}\pi\left(\frac{1}{a}\right)^2 e}-\pi\int_1^e x^2 dy$$

$$=\frac{\pi e}{3a^2}-\frac{\pi}{a^2}\int_1^e(\log y)^2 dy$$

⇐〰は底面の半径$\frac{1}{a}$，高さeの直円錐の体積。

ここで　$\int_1^e(\log y)^2dy=\left[y(\log y)^2\right]_1^e-\int_1^e y\cdot 2\log y\cdot\frac{1}{y}dy$

$$=e-2\int_1^e\log y\,dy$$

$$=e-2\left[y\log y-y\right]_1^e$$

$$=e-2$$

⇐$(\log y)^2=(y)'(\log y)^2$とみて，部分積分法。

⇐$\int\log x\,dx$
$=x\log x-x+C$

ゆえに　$V=\frac{\pi e}{3a^2}-\frac{\pi}{a^2}(e-2)=\frac{2(3-e)}{3a^2}\pi$

$V=2\pi$ とすると　$\frac{2(3-e)}{3a^2}\pi=2\pi$

よって　$a^2=\frac{3-e}{3}$

$a>0$ であるから　$\boldsymbol{a=\sqrt{\frac{3-e}{3}}}$

EX
②**136**

a，bは正の実数とする。放物線 $C：y=ax^2$，y軸，直線 $y=ab^2$ で囲まれる領域A，および放物線C，x軸，直線 $x=b$ で囲まれる領域Bがある。領域Aをy軸の周りに1回転させてできる回転体と領域Bをx軸の周りに1回転させてできる回転体の体積が等しいとき，aとbの間に成り立つ関係を求めよ。

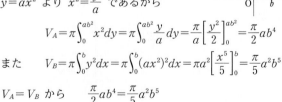

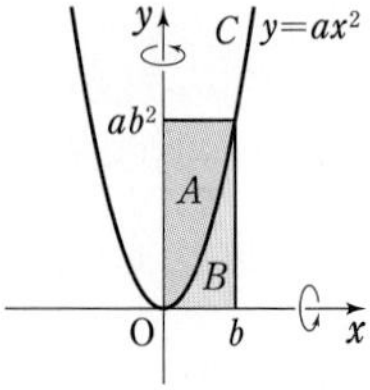

領域Aをy軸の周りに1回転させてできる回転体の体積をV_A，領域Bをx軸の周りに1回転させてできる回転体の体積をV_Bとする。

$y=ax^2$ より $x^2=\frac{y}{a}$ であるから

$$V_A=\pi\int_0^{ab^2}x^2dy=\pi\int_0^{ab^2}\frac{y}{a}dy=\frac{\pi}{a}\left[\frac{y^2}{2}\right]_0^{ab^2}=\frac{\pi}{2}ab^4$$

⇐$dy=2ax\,dx$ から
$V_A=\pi\int_0^b x^2\cdot 2ax\,dx$
$=2\pi a\left[\frac{x^4}{4}\right]_0^b=\frac{\pi}{2}ab^4$
としてもよい。

また　$V_B=\pi\int_0^b y^2dx=\pi\int_0^b(ax^2)^2dx=\pi a^2\left[\frac{x^5}{5}\right]_0^b=\frac{\pi}{5}a^2b^5$

$V_A=V_B$ から　$\frac{\pi}{2}ab^4=\frac{\pi}{5}a^2b^5$

よって　$\boldsymbol{ab=\frac{5}{2}}$

EX ③137

座標平面上の 2 つの放物線 $y=4-x^2$ と $y=ax^2$ $(a>0)$ について
(1) 2 つの放物線 $y=4-x^2$ と $y=ax^2$ および x 軸で囲まれた図形を y 軸の周りに 1 回転してできる回転体の体積 V_1 を求めよ。
(2) 2 つの放物線 $y=4-x^2$ と $y=ax^2$ で囲まれた図形を y 軸の周りに 1 回転してできる回転体の体積を V_2 とする。$V_1=V_2$ のとき，a の値を求めよ。〔類　信州大〕

(1) 2 つの放物線 $y=4-x^2$ と $y=ax^2$ の交点の y 座標は

$4-y=\dfrac{y}{a}$ の解である。これを解くと　$y=\dfrac{4a}{a+1}$

よって　$V_1=\pi\displaystyle\int_0^{\frac{4a}{a+1}}\left(4-y-\frac{y}{a}\right)dy=\pi\int_0^{\frac{4a}{a+1}}\left(4-\frac{a+1}{a}y\right)dy$

$=\pi\left[4y-\dfrac{a+1}{2a}y^2\right]_0^{\frac{4a}{a+1}}=\pi\left(\dfrac{16a}{a+1}-\dfrac{8a}{a+1}\right)$

$=\boldsymbol{\dfrac{8a}{a+1}\pi}$

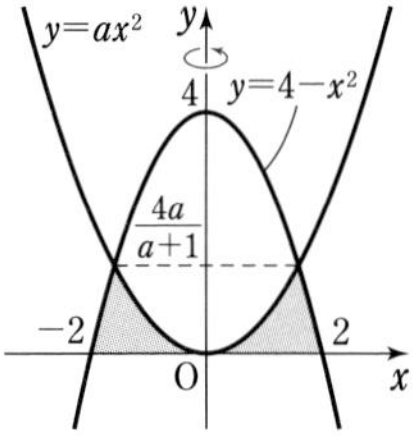

(2) 放物線 $y=4-x^2$ と x 軸で囲まれた図形を y 軸の周りに 1 回転してできる回転体の体積を V とすると，$V_1=V_2$ のとき　$V=V_1+V_2=2V_1$

⇐V_2 を計算する必要がない。

ここで　$V=\pi\displaystyle\int_0^4(4-y)\,dy=\pi\left[4y-\frac{1}{2}y^2\right]_0^4=8\pi$

(1) から　$2V_1=\dfrac{16a}{a+1}\pi$

よって，$8\pi=\dfrac{16a}{a+1}\pi$ から　$1=\dfrac{2a}{a+1}$

ゆえに　$\boldsymbol{a=1}$

EX ④138

正の定数 t について，xy 平面上の曲線 $y=\log x$ と x 軸および 2 直線 $x=t$，$x=t+\dfrac{3}{2}$ で囲まれた図形を，x 軸の周りに 1 回転してできる立体の体積を $V(t)$ とする。
(1) $t>0$ において $V(t)$ が最小になる t の値を求めよ。
(2) $t>0$ における $V(t)$ の最小値を求めよ。

(1) $V(t)=\pi\displaystyle\int_t^{t+\frac{3}{2}}(\log x)^2dx$ から

$V'(t)=\pi\left\{\log\left(t+\dfrac{3}{2}\right)\right\}^2-\pi(\log t)^2$

⇐$\displaystyle\frac{d}{dt}\int_{h(t)}^{g(t)}f(x)\,dx=f(g(t))g'(t)-f(h(t))h'(t)$

$=\pi\left\{\log\left(t+\dfrac{3}{2}\right)+\log t\right\}\left\{\log\left(t+\dfrac{3}{2}\right)-\log t\right\}$

$=\pi\log\left(t^2+\dfrac{3}{2}t\right)\times\log\left(1+\dfrac{3}{2t}\right)$

$t>0$ のとき，$1+\dfrac{3}{2t}>1$ であるから　$\log\left(1+\dfrac{3}{2t}\right)>0$

$V'(t)=0$ とすると　$t^2+\dfrac{3}{2}t=1$

⇐$2t^2+3t-2=0$

ゆえに　$(t+2)(2t-1)=0$

$t>0$ の範囲では　$t=\dfrac{1}{2}$

よって，$t>0$ における $V(t)$ の増減表は右のようになる。

t	0	$\cdots$	$\frac{1}{2}$	$\cdots$
$V'(t)$	／	$-$	0	$+$
$V(t)$	／	↘	極小	↗

したがって，$\boldsymbol{t=\frac{1}{2}}$ のとき $V(t)$ は極小かつ最小となる。

(2) 不定積分 $\int(\log x)^2dx$ を計算すると

$$\int(\log x)^2dx=x(\log x)^2-\int x\cdot 2(\log x)\cdot\frac{1}{x}dx$$
$$=x(\log x)^2-2x\log x+2x+C$$

⇐部分積分法を 2 回適用。
$\int\log x\,dx=x\log x-x+C$

$V(t)$ は $t=\frac{1}{2}$ のとき最小となるから，最小値は

$$V\left(\frac{1}{2}\right)=\pi\int_{\frac{1}{2}}^{2}(\log x)^2dx$$
$$=\pi\Big[x(\log x)^2-2x\log x+2x\Big]_{\frac{1}{2}}^{2}$$
$$=\boldsymbol{\pi\left\{\frac{3}{2}(\log 2)^2-5\log 2+3\right\}}$$

EX ④139

$0\leqq x\leqq\pi$ において，2 曲線 $y=\sin\left|x-\frac{\pi}{2}\right|$，$y=\cos 2x$ で囲まれた図形を D とする。
(1) D の面積を求めよ。
(2) D を x 軸の周りに 1 回転させてできる回転体の体積 V を求めよ。 〔名古屋工大〕

(1) $y=\sin\left|x-\frac{\pi}{2}\right|$

$$=\begin{cases}\sin\left(\frac{\pi}{2}-x\right)=\cos x & \left(0\leqq x\leqq\frac{\pi}{2}\text{ のとき}\right)\\ \sin\left(x-\frac{\pi}{2}\right)=-\cos x & \left(\frac{\pi}{2}<x\leqq\pi\text{ のとき}\right)\end{cases}$$

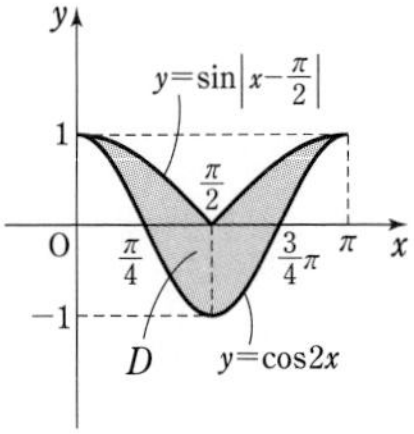

よって，図形 D は右の図の赤い部分で，直線 $x=\frac{\pi}{2}$ に関して対称である。ゆえに，D の面積を S とすると

$$S=2\int_0^{\frac{\pi}{2}}(\cos x-\cos 2x)dx=\Big[2\sin x-\sin 2x\Big]_0^{\frac{\pi}{2}}=\boldsymbol{2}$$

(2) D の x 軸より下側の部分を x 軸の上側に折り返したときに，

$0\leqq x\leqq\frac{\pi}{2}$ の範囲に新たにできる交点の x 座標は，

$$\cos x=-\cos 2x$$

の解である。

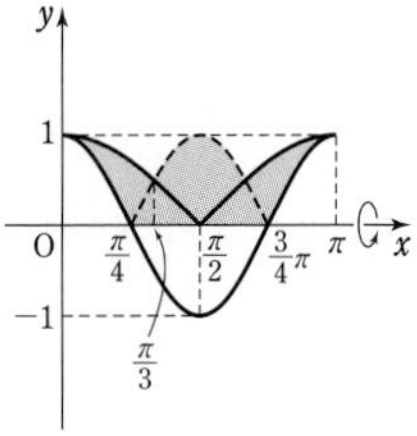

⇐回転体を一方に集結したときの交点を求める。
$\cos 2x=2\cos^2x-1$

よって　$2\cos^2x+\cos x-1=0$

ゆえに　$(2\cos x-1)(\cos x+1)=0$

$0 \leqq x \leqq \dfrac{\pi}{2}$ のとき，$\cos x+1>0$ から

$$\cos x=\frac{1}{2} \qquad \text{よって} \qquad x=\frac{\pi}{3}$$

ゆえに，図の赤い部分を x 軸の周りに1回転させると考えてよい。

図の赤い部分は，直線 $x=\dfrac{\pi}{2}$ に関して対称であるから

$$V=2\pi\left(\int_0^{\frac{\pi}{3}}\cos^2 x\,dx-\int_0^{\frac{\pi}{4}}\cos^2 2x\,dx+\int_{\frac{\pi}{3}}^{\frac{\pi}{2}}\cos^2 2x\,dx\right)$$

$$=\pi\left\{\int_0^{\frac{\pi}{3}}(1+\cos 2x)\,dx-\int_0^{\frac{\pi}{4}}(1+\cos 4x)\,dx+\int_{\frac{\pi}{3}}^{\frac{\pi}{2}}(1+\cos 4x)\,dx\right\}$$

⇦半角の公式

$$=\pi\left(\left[x+\frac{1}{2}\sin 2x\right]_0^{\frac{\pi}{3}}-\left[x+\frac{1}{4}\sin 4x\right]_0^{\frac{\pi}{4}}+\left[x+\frac{1}{4}\sin 4x\right]_{\frac{\pi}{3}}^{\frac{\pi}{2}}\right)$$

$$=\pi\left\{\left(\frac{\pi}{3}+\frac{\sqrt{3}}{4}\right)-\frac{\pi}{4}+\left(\frac{\pi}{2}-\frac{\pi}{3}+\frac{\sqrt{3}}{8}\right)\right\}$$

$$=\pi\left(\frac{\pi}{4}+\frac{3\sqrt{3}}{8}\right)=\boldsymbol{\frac{\pi}{8}(2\pi+3\sqrt{3})}$$

6章
EX

EX ④140

座標平面上の曲線 C を，媒介変数 $0 \leqq t \leqq 1$ を用いて $\begin{cases} x=1-t^2 \\ y=t-t^3 \end{cases}$ と定める。

(1) 曲線 C の概形をかけ。

(2) 曲線 C と x 軸で囲まれた部分が，y 軸の周りに1回転してできる回転体の体積を求めよ。

〔神戸大〕

(1) $\dfrac{dx}{dt}=-2t$，$\dfrac{dy}{dt}=1-3t^2$ から，

$0<t<1$ のとき　$\dfrac{dx}{dt}<0$

$\dfrac{dy}{dt}=0$ とすると，$3t^2=1$ から

$$t=\frac{1}{\sqrt{3}}$$

ゆえに，右のような表が得られる。
よって，曲線 C の概形は **右下の図** のようになる。

t	0	$\cdots$	$\frac{1}{\sqrt{3}}$	$\cdots$	1
$\frac{dx}{dt}$	／	$-$	$-$	$-$	／
x	1	←	$\frac{2}{3}$	←	0
$\frac{dy}{dt}$	／	$+$	0	$-$	／
y	0	↑	$\frac{2\sqrt{3}}{9}$	↓	0
(x, y)	$(1, 0)$	↖	$\left(\frac{2}{3}, \frac{2\sqrt{3}}{9}\right)$	↙	$(0, 0)$

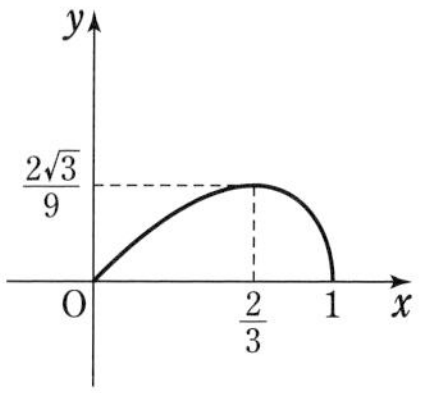

(2) $0 \leqq t \leqq \dfrac{1}{\sqrt{3}}$ における x を x_1，

$\dfrac{1}{\sqrt{3}} \leqq t \leqq 1$ における x を x_2

とすると，求める体積 V は

$$V=\underbrace{\pi\int_0^{\frac{2\sqrt{3}}{9}} x_1{}^2\,dy}_{①}-\underbrace{\pi\int_0^{\frac{2\sqrt{3}}{9}} x_2{}^2\,dy}_{②}$$

ここで　　$dy=(1-3t^2)\,dt$

また，(1) の x，y の値の変化の表から

$$V=\pi\int_0^{\frac{1}{\sqrt{3}}}(1-t^2)^2(1-3t^2)\,dt-\pi\int_1^{\frac{1}{\sqrt{3}}}(1-t^2)^2(1-3t^2)\,dt$$

$$=\pi\int_0^1(1-t^2)^2(1-3t^2)\,dt$$

$$=\pi\int_0^1(1-5t^2+7t^4-3t^6)\,dt$$

$$=\pi\left[t-\frac{5}{3}t^3+\frac{7}{5}t^5-\frac{3}{7}t^7\right]_0^1$$

$$=\boldsymbol{\frac{32}{105}\pi}$$

⇐ $-\int_c^b=\int_b^c$

$\int_a^b+\int_b^c=\int_a^c$

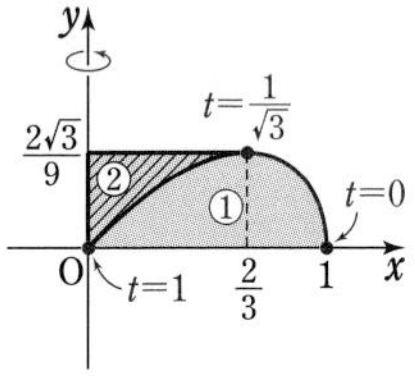

別解　バウムクーヘン分割（本冊 $p.268$ STEP UP 参照）を利用すると，求める体積 V は

$$V=2\pi\int_0^1 xy\,dx=2\pi\int_1^0(1-t^2)(t-t^3)(-2t)\,dt$$

$$=4\pi\int_0^1(t^6-2t^4+t^2)\,dt=4\pi\left[\frac{t^7}{7}-\frac{2}{5}t^5+\frac{t^3}{3}\right]_0^1$$

$$=\boldsymbol{\frac{32}{105}\pi}$$

EX ⑤141　xy 平面上の $x\geqq0$ の範囲で，直線 $y=x$ と曲線 $y=x^n$ ($n=2$, 3, 4, ……) により囲まれる部分を D とする。D を直線 $y=x$ の周りに回転してできる回転体の体積を V_n とするとき

(1) V_n を求めよ。　(2) $\lim_{n\to\infty}V_n$ を求めよ。　〔横浜国大〕

(1) 図のように，曲線 $y=x^n$ 上の点 $\mathrm{P}(x,\ x^n)$ $(0\leqq x\leqq1)$ から直線 $y=x$ に垂線 PH を引き，

$\mathrm{PH}=h$，$\mathrm{OH}=t$ $(0\leqq t\leqq\sqrt{2})$

とする。

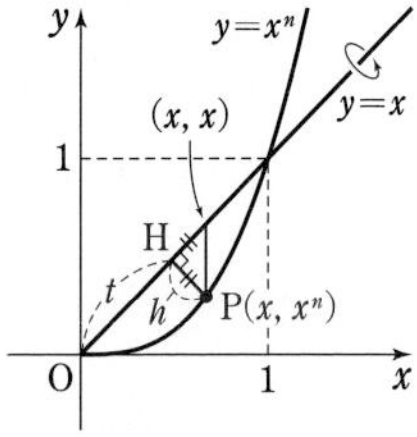

点 $\mathrm{P}(x,\ x^n)$ は直線 $y=x$ の下側にあるから

$x^n<x$　　すなわち　　$x-x^n>0$

よって　　$h=\dfrac{|x-x^n|}{\sqrt{1^2+(-1)^2}}=\dfrac{x-x^n}{\sqrt{2}}$

また，直角三角形 OPH において　　$\mathrm{OH}^2=\mathrm{OP}^2-\mathrm{PH}^2$

ゆえに　　$t^2=(x^2+x^{2n})-h^2=x^2+x^{2n}-\dfrac{(x-x^n)^2}{2}$

$=\dfrac{(x+x^n)^2}{2}$

⇐ $x^2+x^{2n}-\dfrac{x^2-2x^{n+1}+x^{2n}}{2}=\dfrac{x^2+2x^{n+1}+x^{2n}}{2}=\dfrac{(x+x^n)^2}{2}$

よって　　$t=\dfrac{x+x^n}{\sqrt{2}}$

ゆえに　　$dt=\dfrac{1+nx^{n-1}}{\sqrt{2}}dx$

t	$0\longrightarrow\sqrt{2}$
x	$0\longrightarrow1$

t と x の対応は右のようになる。

よって，求める体積 V_n は

$$V_n=\pi\int_0^{\sqrt{2}}h^2dt=\pi\int_0^1\frac{(x-x^n)^2}{2}\cdot\frac{1+nx^{n-1}}{\sqrt{2}}dx$$

$$=\frac{\pi}{2\sqrt{2}}\int_0^1(x^2-2x^{n+1}+x^{2n})(1+nx^{n-1})dx$$

$$=\frac{\pi}{2\sqrt{2}}\int_0^1\{x^2+(n-2)x^{n+1}+(1-2n)x^{2n}+nx^{3n-1}\}dx$$

$$=\frac{\pi}{2\sqrt{2}}\left[\frac{x^3}{3}+\frac{n-2}{n+2}x^{n+2}+\frac{1-2n}{2n+1}x^{2n+1}+\frac{x^{3n}}{3}\right]_0^1$$

$$=\frac{\pi}{2\sqrt{2}}\left(\frac{1}{3}+\frac{n-2}{n+2}+\frac{1-2n}{2n+1}+\frac{1}{3}\right)$$

$$=\frac{\pi}{2\sqrt{2}}\left\{\frac{2}{3}-\frac{6n}{(n+2)(2n+1)}\right\}$$

$$=\frac{\pi}{2\sqrt{2}}\cdot\frac{4n^2-8n+4}{3(n+2)(2n+1)}=\boldsymbol{\frac{\sqrt{2}(n-1)^2}{3(n+2)(2n+1)}\pi}$$

(2)　(1) から　$\displaystyle\lim_{n\to\infty}V_n=\lim_{n\to\infty}\frac{\sqrt{2}(n-1)^2}{3(n+2)(2n+1)}\pi$

$$=\lim_{n\to\infty}\frac{\sqrt{2}\left(1-\frac{1}{n}\right)^2}{3\left(1+\frac{2}{n}\right)\left(2+\frac{1}{n}\right)}\pi=\boldsymbol{\frac{\sqrt{2}}{6}\pi}$$

⇐直線 $y=x$ に沿って $0\leqq t\leqq\sqrt{2}$ の範囲で積分する。変数を x に変換して定積分の値を求める。

inf.　$n\longrightarrow\infty$ のとき $y=x^n$ $(0\leqq x\leqq 1)$ は折れ線 $y=0$ $(0\leqq x\leqq 1)$, $x=1$ $(0\leqq y\leqq 1)$ に限りなく近づく。
よって，$\displaystyle\lim_{n\to\infty}V_n$ は 3 点 $(0,\ 0)$, $(1,\ 0)$, $(1,\ 1)$ を頂点とする直角三角形を直線 $y=x$ の周りに回転してできる回転体の体積，すなわち

$$\frac{1}{3}\cdot\pi\left(\frac{\sqrt{2}}{2}\right)^2\cdot\frac{\sqrt{2}}{2}\times 2=\frac{\sqrt{2}}{6}\pi$$

と等しくなる。

6章
EX

EX
⑤142

(1)　平面で，辺の長さが 4 の正方形の辺に沿って，半径 r $(r\leqq 1)$ の円の中心が 1 周するとき，この円が通過する部分の面積 $S(r)$ を求めよ。
(2)　空間で，辺の長さが 4 の正方形の辺に沿って，半径 1 の球の中心が 1 周するとき，この球が通過する部分の体積 V を求めよ。　〔滋賀医大〕

(1)　円が通過する部分は右の図のようになる。
4 つの角の四分円は合わせて 1 つの円になる。
よって　$S(r)=4^2-(4-2r)^2+4\cdot 4r+\pi r^2$
$=\boldsymbol{32r+(\pi-4)r^2}$

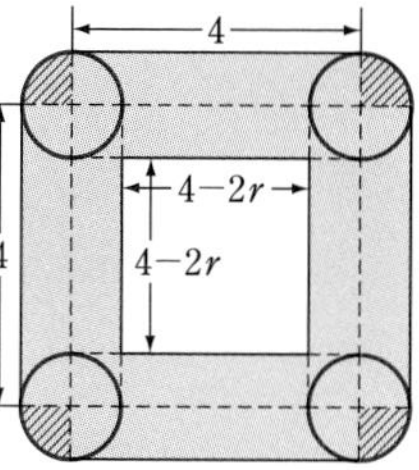

(2)　正方形を xy 平面上に置いて，球が通過する部分を平面 $z=t$ $(-1\leqq t\leqq 1)$ で切ったときの断面積を $f(t)$ とする。
球の切断面である円の半径を r とすると，$t^2+r^2=1$ であるから，$f(t)$ は (1) の結果の式において

$$r=\sqrt{1-t^2}\ (-1\leqq t\leqq 1)$$

としたものである。
$f(-t)=f(t)$ であるから，求める体積 V は

$$V=\int_{-1}^1 f(t)dt=2\int_0^1 f(t)dt$$

$$=2\int_0^1\{32\sqrt{1-t^2}+(\pi-4)(1-t^2)\}dt$$

$$=64\int_0^1\sqrt{1-t^2}\,dt+2(\pi-4)\int_0^1(1-t^2)dt$$

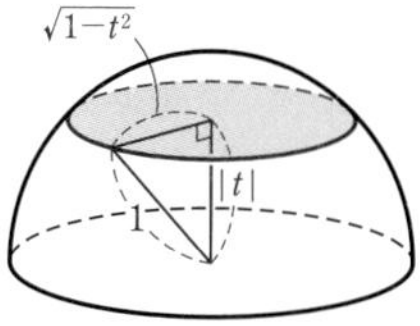

$$=64\cdot\frac{\pi}{4}+2(\pi-4)\left[t-\frac{t^3}{3}\right]_0^1$$

$$=16\pi+\frac{4}{3}(\pi-4)=\boldsymbol{\frac{52\pi-16}{3}}$$

inf. 切断面の赤い円が(1)のように通過する領域を考え，$-1\leqq t\leqq 1$ で t の値を変化させる。

EX ⑤143

xyz 空間内に 2 点 $\mathrm{P}(u,\ u,\ 0)$，$\mathrm{Q}(u,\ 0,\ \sqrt{1-u^2})$ を考える。u が 0 から 1 まで動くとき，線分 PQ が通過してできる曲面を S とする。
(1) 点 $(u,\ 0,\ 0)$ $(0\leqq u\leqq 1)$ と線分 PQ の距離を求めよ。
(2) 曲面 S を x 軸の周りに 1 回転させて得られる立体の体積 V を求めよ。 〔東北大〕

(1) 平面 $x=u$ で曲面 S を切ったときの断面は，右の図のようになる。点 $\mathrm{O}'(u,\ 0,\ 0)$ と線分 PQ の距離を l とし，△PQO′ の面積を考えると，PQ=1 であるから

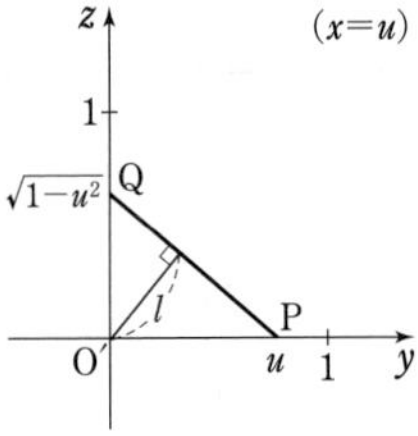

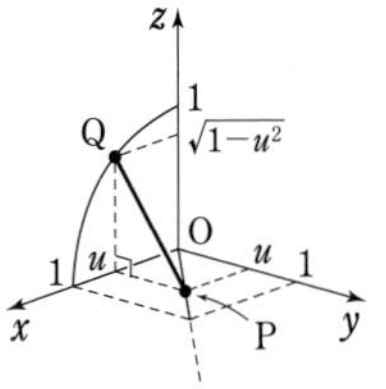

$$\frac{1}{2}\cdot 1\cdot l=\frac{1}{2}u\sqrt{1-u^2}$$

⇐PQ $=\sqrt{u^2+(\sqrt{1-u^2})^2}=1$

よって　　$l=\boldsymbol{u\sqrt{1-u^2}}$

別解　平面 $x=u$ 上における直線 PQ の方程式は

$$\frac{y}{u}+\frac{z}{\sqrt{1-u^2}}=1$$

⇐xy 平面上で，x 切片が a，y 切片が b である直線の方程式は $\frac{x}{a}+\frac{y}{b}=1$

すなわち　$\sqrt{1-u^2}\,y+uz-u\sqrt{1-u^2}=0$

ゆえに，点 $\mathrm{O}'(u,\ 0,\ 0)$ と直線 PQ の距離は

$$\frac{|-u\sqrt{1-u^2}|}{\sqrt{(1-u^2)+u^2}}=\boldsymbol{u\sqrt{1-u^2}}$$

(2) 曲面 S の平面 $x=u$ での切り口を考える。

$u=\sqrt{1-u^2}$ のとき　　$u=\frac{1}{\sqrt{2}}$

[1]

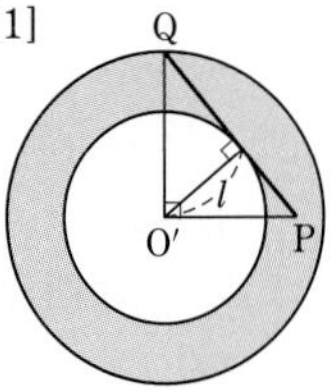

[1] $0\leqq u\leqq\frac{1}{\sqrt{2}}$ のとき

$\sqrt{1-u^2}\geqq u$ であるから，切り口の面積は

⇐O′Q≧O′P≧l

$$\pi\{(\sqrt{1-u^2})^2-(u\sqrt{1-u^2})^2\}=\pi(u^4-2u^2+1)$$

⇐$\pi(\mathrm{O'Q}^2-l^2)$

[2] $\frac{1}{\sqrt{2}}\leqq u\leqq 1$ のとき

$\sqrt{1-u^2}\leqq u$ であるから，切り口の面積は

⇐O′P≧O′Q≧l

$$\pi\{u^2-(u\sqrt{1-u^2})^2\}=\pi u^4$$

⇐$\pi(\mathrm{O'P}^2-l^2)$

[2]

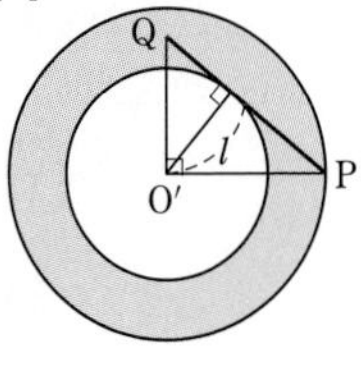

[1]，[2] から

$$V=\pi\int_0^{\frac{1}{\sqrt{2}}}(u^4-2u^2+1)\,du+\pi\int_{\frac{1}{\sqrt{2}}}^1 u^4\,du$$

$$=\pi\left[\frac{u^5}{5}-\frac{2}{3}u^3+u\right]_0^{\frac{1}{\sqrt{2}}}+\pi\left[\frac{u^5}{5}\right]_{\frac{1}{\sqrt{2}}}^1$$

$$=\pi\left(\frac{\sqrt{2}}{40}-\frac{\sqrt{2}}{6}+\frac{\sqrt{2}}{2}\right)+\pi\left(\frac{1}{5}-\frac{\sqrt{2}}{40}\right)$$

$$=\left(\frac{1}{5}+\frac{\sqrt{2}}{3}\right)\pi$$

EX ③144

座標平面上を動く点Pの座標 $(x,\ y)$ が時刻 t（t はすべての実数値をとる）を用いて $x=6e^t$, $y=e^{3t}+3e^{-t}$ で与えられている。
(1) 与えられた式から t を消去して，x と y の満たす方程式 $y=f(x)$ を導け。
(2) 点Pの軌跡を図示せよ。
(3) 時刻 t での点Pの速度 $\vec{v}$ を求めよ。
(4) 時刻 $t=0$ から $t=3$ までに点Pの動く道のりを求めよ。

(1) $x=6e^t>0$, $e^t=\dfrac{x}{6}$ から

$$\boldsymbol{y}=\left(\frac{x}{6}\right)^3+3\cdot\frac{6}{x}=\boldsymbol{\frac{x^3}{216}+\frac{18}{x}}\ (\boldsymbol{x>0})$$

(2) $y'=\dfrac{x^2}{72}-\dfrac{18}{x^2}=\dfrac{x^4-36^2}{72x^2}$

$$=\frac{(x^2+36)(x+6)(x-6)}{72x^2}$$

$y'=0$ とすると，$x>0$ であるから　　$x=6$
よって，増減表は次のようになる。

x	0	$\cdots$	6	$\cdots$
y'	／	$-$	0	$+$
y		↘	極小 4	↗

$y=f(x)$ とすると

$$\lim_{x\to\infty}f(x)=\infty,$$
$$\lim_{x\to+0}f(x)=\infty$$

ゆえに，点Pの軌跡は **右図** のようになる。

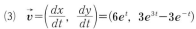

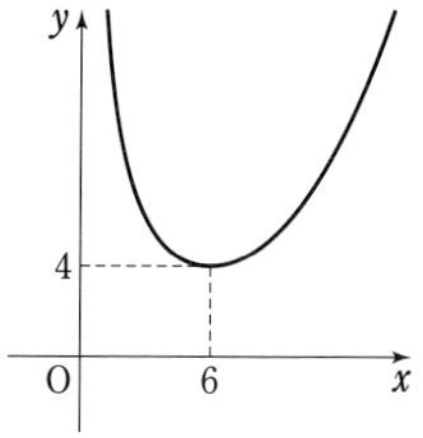

(3) $\vec{v}=\left(\dfrac{dx}{dt},\ \dfrac{dy}{dt}\right)=\boldsymbol{(6e^t,\ 3e^{3t}-3e^{-t})}$

(4) (3)から，求める道のりは

$$\int_0^3\sqrt{\left(\frac{dx}{dt}\right)^2+\left(\frac{dy}{dt}\right)^2}\,dt=\int_0^3\sqrt{9\{4e^{2t}+(e^{3t}-e^{-t})^2\}}\,dt$$
$$=3\int_0^3\sqrt{(e^{3t}+e^{-t})^2}\,dt$$
$$=3\int_0^3(e^{3t}+e^{-t})\,dt$$
$$=\Big[e^{3t}-3e^{-t}\Big]_0^3$$
$$=\boldsymbol{e^9-3e^{-3}+2}$$

別解　$\sqrt{1+\{f'(x)\}^2}$
$=\sqrt{1+\left(\dfrac{x^4-36^2}{72x^2}\right)^2}$
$=\sqrt{\left(\dfrac{x^4+36^2}{72x^2}\right)^2}$
$=\dfrac{x^2}{72}+\dfrac{18}{x^2}$
よって $\displaystyle\int_6^{6e^3}\left(\frac{x^2}{72}+\frac{18}{x^2}\right)dx$
$=\left[\dfrac{x^3}{216}-\dfrac{18}{x}\right]_6^{6e^3}$
$=\boldsymbol{e^9-3e^{-3}+2}$

EX ③145 次の微分方程式を解け。
(1) $y^2-y-y'=0$　　(2) $3xy'=(3-x)y$

(1) 方程式を変形して　$y'=y(y-1)$

[1] 定数関数 $y=0$ は明らかに解である。

⇐$y=0$ のとき $y'=0$

[2] 定数関数 $y=1$ は明らかに解である。

⇐$y=1$ のとき $y'=0$

[3] $y\neq 0$, $y\neq 1$ のとき　$\dfrac{y'}{y(y-1)}=1$

よって　$\displaystyle\int\frac{dy}{y(y-1)}=\int dx$

すなわち　$\displaystyle\int\left(\frac{1}{y-1}-\frac{1}{y}\right)dy=\int dx$

⇐部分分数に分解する。

ゆえに　$\log|y-1|-\log|y|=x+C_1$, C_1 は任意の定数

すなわち　$\log\left|\dfrac{y-1}{y}\right|=x+C_1$

よって　$\dfrac{y-1}{y}=\pm e^{x+C_1}=\pm e^{C_1}e^x$

ここで，$\pm e^{C_1}=C$ とおくと，$C\neq 0$ であり

$\dfrac{y-1}{y}=Ce^x$ から

⇐$y-1=Ce^xy$ から $(1-Ce^x)y=1$

$$y=\frac{1}{1-Ce^x},\ C \text{ は 0 以外の任意の定数}$$

[3] において $C=0$ とすると，[2] の解 $y=1$ が得られる。
したがって，求める解は

$$\boldsymbol{y=0,\ y=\frac{1}{1-Ce^x}},\ \textbf{C は任意の定数}$$

(2) [1] 定数関数 $y=0$ は明らかに解である。

⇐$y=0$ のとき $y'=0$

[2] $y\neq 0$ のとき

$$\frac{y'}{y}=\frac{3-x}{3x}$$

すなわち　$\dfrac{y'}{y}=\dfrac{1}{x}-\dfrac{1}{3}$

⇐$x=0$ とすると $0=3y$ となり不適。よって　$x\neq 0$

よって　$\displaystyle\int\frac{dy}{y}=\int\left(\frac{1}{x}-\frac{1}{3}\right)dx$

ゆえに　$\log|y|=\log|x|-\dfrac{x}{3}+C_1$, C_1 は任意の定数

すなわち　$\log\left|\dfrac{y}{x}\right|=-\dfrac{x}{3}+C_1$

よって　$\dfrac{y}{x}=\pm e^{-\frac{x}{3}+C_1}=\pm e^{C_1}e^{-\frac{x}{3}}$

ここで，$\pm e^{C_1}=C$ とおくと，$C\neq 0$ であり

$$y=Cxe^{-\frac{x}{3}},\ C \text{ は 0 以外の任意の定数}$$

[2] において $C=0$ とすると，[1] の解 $y=0$ が得られる。
したがって，求める解は

$$\boldsymbol{y=Cxe^{-\frac{x}{3}}},\ \textbf{C は任意の定数}$$

EX ⑤146

xy 平面上に原点Oを中心とする半径1の円 C がある。半径 $\frac{1}{n}$（n は自然数）の円 C_n が，C に外接しながら滑ることなく反時計回りに転がるとき，C_n 上の点Pの軌跡を考える。ただし，最初Pは点A(1, 0)に一致していたとする。
(1) Oを端点とし C_n の中心を通る半直線が，x 軸の正の向きとなす角が θ となるときのPの座標を n と θ で表せ。
(2) Pが初めてAに戻るまでのPの軌跡の長さ l_n を求めよ。
(3) (2)で求めた l_n に対し，$\lim_{n\to\infty} l_n$ を求めよ。　〔横浜国大〕

(1) 円 C_n の中心をB，円 C と C_n の接点をQとする。
$\angle AOB=\theta$ のとき

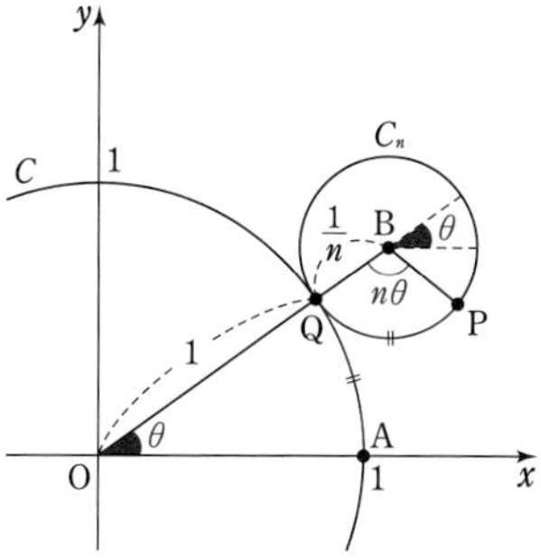

$\overrightarrow{OB}=\left(1+\frac{1}{n}\right)(\cos\theta,\ \sin\theta)$

また，$\overset{\frown}{AQ}=\overset{\frown}{PQ}$ から

$\angle QBP=n\theta$

ゆえに，$\overrightarrow{BP}$ が x 軸の正の向きとなす角は

$\theta+\pi+n\theta=(n+1)\theta+\pi$

よって　$\overrightarrow{BP}=\frac{1}{n}(\cos\{(n+1)\theta+\pi\},\ \sin\{(n+1)\theta+\pi\})$

$=-\frac{1}{n}(\cos(n+1)\theta,\ \sin(n+1)\theta)$

ゆえに　$\overrightarrow{OP}=\overrightarrow{OB}+\overrightarrow{BP}$

$=\left(1+\frac{1}{n}\right)(\cos\theta,\ \sin\theta)$

$-\frac{1}{n}(\cos(n+1)\theta,\ \sin(n+1)\theta)$

したがって，点Pの座標は

$$\left(\boldsymbol{\frac{n+1}{n}\cos\theta-\frac{1}{n}\cos(n+1)\theta,\ \frac{n+1}{n}\sin\theta-\frac{1}{n}\sin(n+1)\theta}\right)$$

(2) 点Pが初めてAに戻るのは $\theta=2\pi$ のときである。

P$(x,\ y)$ とすると　$x=\frac{n+1}{n}\cos\theta-\frac{1}{n}\cos(n+1)\theta$

$y=\frac{n+1}{n}\sin\theta-\frac{1}{n}\sin(n+1)\theta$

よって　$\frac{dx}{d\theta}=-\frac{n+1}{n}\sin\theta+\frac{n+1}{n}\sin(n+1)\theta$

$\frac{dy}{d\theta}=\frac{n+1}{n}\cos\theta-\frac{n+1}{n}\cos(n+1)\theta$

ゆえに　$\left(\frac{dx}{d\theta}\right)^2+\left(\frac{dy}{d\theta}\right)^2$

$=\left(\frac{n+1}{n}\right)^2[\{-\sin\theta+\sin(n+1)\theta\}^2+\{\cos\theta-\cos(n+1)\theta\}^2]$

$=2\left(\frac{n+1}{n}\right)^2[1-\{\cos\theta\cos(n+1)\theta+\sin\theta\sin(n+1)\theta\}]$

---

inf. 点Pの軌跡を**エピサイクロイド**という（詳しくは「チャート式 解法と演習数学C」第4章を参照）。

⇐半径 r，中心角 θ の円弧の長さは $r\theta$ であるから　$\overset{\frown}{AQ}=1\cdot\theta$，$\overset{\frown}{PQ}=\frac{1}{n}\angle QBP$

⇐$\begin{cases}\sin(\theta+\pi)=-\sin\theta\\ \cos(\theta+\pi)=-\cos\theta\end{cases}$

⇐C の円周は C_n の円周の n 倍あるから，Pは C と n 回接する。

⇐$\sin^2(n+1)\theta+\cos^2(n+1)\theta=1$

⇐$\cos\alpha\cos\beta+\sin\alpha\sin\beta=\cos(\alpha-\beta)$

6章 EX

$$=2\left(\frac{n+1}{n}\right)^2(1-\cos n\theta)=4\left(\frac{n+1}{n}\right)^2\sin^2\frac{n\theta}{2}$$

⇐$1-\cos\alpha=2\sin^2\frac{\alpha}{2}$

よって

$$l_n=\int_0^{2\pi}\sqrt{\left(\frac{dx}{d\theta}\right)^2+\left(\frac{dy}{d\theta}\right)^2}\,d\theta$$

$$=\frac{2(n+1)}{n}\int_0^{2\pi}\left|\sin\frac{n\theta}{2}\right|d\theta$$

$\frac{n\theta}{2}=t$ とおくと　　$d\theta=\frac{2}{n}dt$

θ	$0 \longrightarrow 2\pi$
t	$0 \longrightarrow n\pi$

したがって

$$l_n=\frac{2(n+1)}{n}\int_0^{n\pi}|\sin t|\cdot\frac{2}{n}dt$$

$$=\frac{4(n+1)}{n}\int_0^{\pi}\sin t\,dt$$

$$=\frac{4(n+1)}{n}\Big[-\cos t\Big]_0^{\pi}$$

$$=\boldsymbol{\frac{8(n+1)}{n}}$$

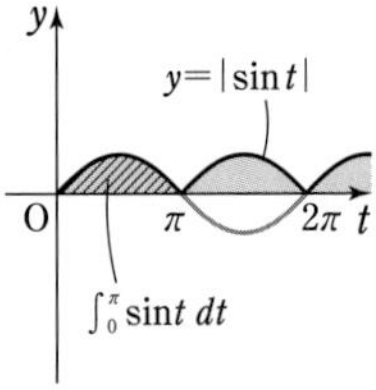

⇐$\int_0^{n\pi}|\sin t|dt$
$=n\int_0^{\pi}\sin t\,dt$
$y=|\sin t|$ の周期は π

(3)　$\lim_{n\to\infty}l_n=\lim_{n\to\infty}8\left(1+\frac{1}{n}\right)=\mathbf{8}$

EX
④**147**

xy 平面を水平にとり，xz 平面において関数 $z=f(x)$ を

$$f(x)=\begin{cases}0 & (0\leqq x\leqq 1)\\ x^2-1 & (1\leqq x\leqq 3)\end{cases}$$

で定義する。曲線 $z=f(x)$ を z 軸の周りに回転してできる容器について考える。ただし，この容器に関する長さの単位は cm である。この容器に毎秒 π cm^3 の割合で水を注ぐとき，次の問いに答えよ。

(1)　注水し始めてからこの容器がいっぱいになるまでの時間は ア□ 秒である。
(2)　注水し始めてから 4 秒後の水面が上昇する速さは イ□ cm/秒 である。
(3)　注水し始めてから 4 秒後の水面の半径が増大する速さは ウ□ cm/秒 である。

底面から水面までの高さが h cm のときの水の体積 V は

$$V=\pi\int_0^h x^2dz=\pi\int_0^h(z+1)\,dz$$

$$=\pi\left[\frac{1}{2}z^2+z\right]_0^h=\left(\frac{1}{2}h^2+h\right)\pi$$

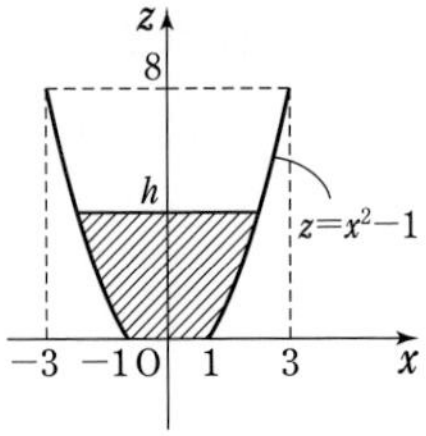

したがって，水を注水し始めてから，t 秒後の底面から水面までの高さが h cm であったとすると

$$\pi t=\left(\frac{1}{2}h^2+h\right)\pi$$

⇐毎秒 π cm^3

ゆえに　　$t=\frac{1}{2}h^2+h$　…… ①

(1)　容器がいっぱいになるのは $h=8$ のときであるから

$$t=\frac{1}{2}\cdot 8^2+8=40$$

よって，注水し始めてからこの容器がいっぱいになるまでの

時間は　　^{ア}**40 秒**

(2)　① の両辺を h で微分すると　　$\dfrac{dt}{dh}=h+1$

したがって　　$\dfrac{dh}{dt}=\dfrac{1}{\dfrac{dt}{dh}}=\dfrac{1}{h+1}$

また，① において，$t=4$ とすると　　$4=\dfrac{1}{2}h^2+h$

すなわち　　$h^2+2h-8=0$

これを解いて　　$h=-4,\ 2$

$0<h<8$ であるから　　$h=2$

ゆえに，求める速さは　　$\dfrac{1}{2+1}={}^{イ}\boldsymbol{\dfrac{1}{3}}$ (cm/秒)

⇐ $\dfrac{dh}{dt}$ を，h を用いて表すことができた。以下，$t=4$ のときの h の値を求める。

(3)　底面から水面までの高さが h のときの水面の半径を r とすると　　$h=r^2-1$　…… ②

② の両辺を r で微分すると　　$\dfrac{dh}{dr}=2r$

よって　　$\dfrac{dr}{dt}=\dfrac{dr}{dh}\cdot\dfrac{dh}{dt}=\dfrac{1}{2r}\cdot\dfrac{1}{h+1}$

(2) より，$t=4$ のとき $h=2$ であるから，② に代入して

$2=r^2-1$

$r>0$ であるから　　$r=\sqrt{3}$

ゆえに，求める速さは　　$\dfrac{1}{2\sqrt{3}}\cdot\dfrac{1}{3}={}^{ウ}\boldsymbol{\dfrac{\sqrt{3}}{18}}$ (cm/秒)

⇐「4 秒後の水面の半径が増大する速さ」すなわち「$t=4$ のときの $\left|\dfrac{dr}{dt}\right|$」の値を求める。

6章
EX

EX
⑤**148**　$f'(x)=g(x)$，$g'(x)=f(x)$，$f(0)=1$，$g(0)=0$ を満たす関数 $f(x)$，$g(x)$ を求めよ。

$f(x)+g(x)=u$，$f(x)-g(x)=v$ とする。

条件から　　$f'(x)+g'(x)=g(x)+f(x)$

$f'(x)-g'(x)=g(x)-f(x)$

よって　　$u'=u$，$v'=-v$　…… ①

微分方程式 $y'=ky\ (k\neq0)$ を解くと

[1]　定数関数 $y=0$ は明らかに解である。

[2]　$y\neq0$ のとき，$\dfrac{y'}{y}=k$ から　　$\displaystyle\int\frac{dy}{y}=k\int dx$

ゆえに　　$\log|y|=kx+C_1$，C_1 は任意の定数

よって　　$y=\pm e^{kx+C_1}=\pm e^{C_1}e^{kx}$

ここで，$\pm e^{C_1}=C$ とおくと，$C\neq0$ であり

$y=Ce^{kx}$，C は 0 以外の任意の定数

[2] において $C=0$ とすると，[1] の解 $y=0$ が得られる。

したがって　　$y=Ce^{kx}$，C は任意の定数

① を満たす関数 u，v は

$u=C_2e^x$，$v=C_3e^{-x}$

⇐微分方程式 $y'=ky$ の解は　$y=Ce^{kx}$
この形はよく現れるから公式として使ってもよい。

と表される。ここで，条件から

$x=0$ のとき　$u=f(0)+g(0)=1+0=1$

ゆえに　$C_2=1$

$x=0$ のとき　$v=f(0)-g(0)=1-0=1$

ゆえに　$C_3=1$

よって　$u=f(x)+g(x)=e^x$

$v=f(x)-g(x)=e^{-x}$

これを解いて　$\boldsymbol{f(x)=\dfrac{e^x+e^{-x}}{2}}$，$\boldsymbol{g(x)=\dfrac{e^x-e^{-x}}{2}}$

⇐初期条件から C_2，C_3 を決定。

⇐$C_2e^0=1$

⇐$C_3e^0=1$

Research&Work
（問題に挑戦）の解答

R&W（問題に挑戦）1

a を $0<a<\frac{\pi}{2}$ を満たす定数とし，方程式

$$x(1-\cos x)=\sin(x+a) \quad \cdots\cdots ①$$

について考える。

(1) n を自然数とし，$f(x)=x(1-\cos x)-\sin(x+a)$ とする。

このとき，$2n\pi<x<2n\pi+\frac{\pi}{2}$ における，関数 $f(x)$ のグラフの概形は［ア］である。

よって，方程式①は $2n\pi<x<2n\pi+\frac{\pi}{2}$ においてただ1つの実数解をもつ。

［ア］に当てはまる最も適当なものを，次の⓪～③のうちから1つ選べ。

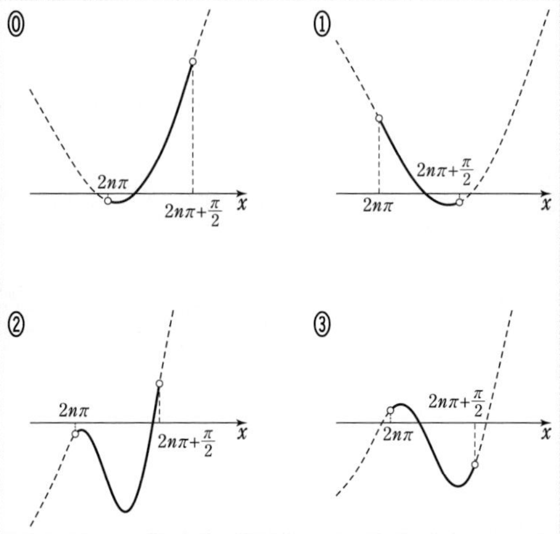

(2) (1)の実数解を x_n とするとき，極限 $\lim_{n\to\infty}(x_n-2n\pi)$ を求めよう。

$y_n=x_n-2n\pi$ とすると　　$x_n=y_n+2n\pi$

x_n は①の解であるから　　$x_n(1-\cos x_n)=\sin(x_n+a)$

よって　　$(y_n+2n\pi)(1-\cos y_n)=\sin(y_n+a)$　……②

②において，$\sin(y_n+a)\leqq 1$，$2n\pi<y_n+2n\pi$ を用いることにより

$$\lim_{n\to\infty}(1-\cos y_n)=\boxed{イ}$$

ゆえに　　$\lim_{n\to\infty}(x_n-2n\pi)=\boxed{ウ}$

(3) 次に，極限 $\lim_{n\to\infty}n(x_n-2n\pi)^2$ を求めよう。

②の両辺を $1-\cos y_n$ で割ると

$$y_n+2n\pi=\frac{\sin(y_n+a)}{1-\cos y_n}$$

ゆえに　　$n=\frac{\sin(y_n+a)}{2\pi(1-\cos y_n)}-\frac{y_n}{2\pi}$

よって　　$\lim_{n\to\infty}ny_n^2=\boxed{エ}$　すなわち　$\lim_{n\to\infty}n(x_n-2n\pi)^2=\boxed{エ}$

［エ］の解答群

⓪ $\frac{\sin a}{2\pi}$	① $\frac{\sin a}{\pi}$	② $\frac{2\sin a}{\pi}$
③ $\frac{\cos a}{2\pi}$	④ $\frac{\cos a}{\pi}$	⑤ $\frac{2\cos a}{\pi}$
⑥ $\frac{1}{2\pi}$	⑦ $\frac{1}{\pi}$	⑧ $\frac{2}{\pi}$

(1)　$f(x)=x(1-\cos x)-\sin(x+a)$ とすると

$$f'(x)=1-\cos x+x\sin x-\cos(x+a),$$
$$f''(x)=2\sin x+x\cos x+\sin(x+a)$$

$0<a<\frac{\pi}{2}$，$2n\pi<x<2n\pi+\frac{\pi}{2}$ のとき，$\sin x>0$，$x\cos x>0$，$\sin(x+a)>0$ であるから　　$f''(x)>0$

よって，$2n\pi<x<2n\pi+\frac{\pi}{2}$ で $f'(x)$ は増加し

$$f'(2n\pi)<f'(x)<f'\left(2n\pi+\frac{\pi}{2}\right)$$

ここで　　$f'(2n\pi)=1-1+2n\pi\cdot0-\cos a=-\cos a<0$,

$$f'\left(2n\pi+\frac{\pi}{2}\right)=1-0+\left(2n\pi+\frac{\pi}{2}\right)\cdot1-\cos\left(\frac{\pi}{2}+a\right)$$
$$=2n\pi+\frac{\pi}{2}+1+\sin a>0$$

ゆえに，$2n\pi<x<2n\pi+\frac{\pi}{2}$ において，$f'(x)=0$ を満たす x がただ 1 つ存在する。その値を α とすると，$2n\pi<x<2n\pi+\frac{\pi}{2}$ における $f(x)$ の増減表は次のようになる。

x	$2n\pi$	$\cdots$	α	$\cdots$	$2n\pi+\frac{\pi}{2}$
$f'(x)$	／	$-$	0	$+$	／
$f(x)$	／	↘	極小	↗	／

ここで　　$f(2n\pi)=2n\pi\cdot0-\sin a=-\sin a<0$,

$$f\left(2n\pi+\frac{\pi}{2}\right)=\left(2n\pi+\frac{\pi}{2}\right)\cdot1-\sin\left(\frac{\pi}{2}+a\right)$$
$$=2n\pi+\frac{\pi}{2}-\cos a>0$$

本問を解くために欠かせない三角関数の公式
$\sin(x+2n\pi)=\sin x$
$\cos(x+2n\pi)=\cos x$
$\sin\left(\frac{\pi}{2}+x\right)=\cos x$
$\cos\left(\frac{\pi}{2}+x\right)=-\sin x$

⇐ $0<a<\frac{\pi}{2}$ から $-1<-\cos a<0$

⇐ $0<\sin a<1$

⇐ $2n\pi+\frac{\pi}{2}>1>\cos a$

よって，$2n\pi<x<2n\pi+\frac{\pi}{2}$ における関数 $f(x)$ のグラフの概形は右図のようになる。(ア ⓪)
このグラフと x 軸の共有点の個数は，方程式 ① の実数解の個数と一致するから，① は $2n\pi<x<2n\pi+\frac{\pi}{2}$ においてただ 1 つの実数解をもつ。

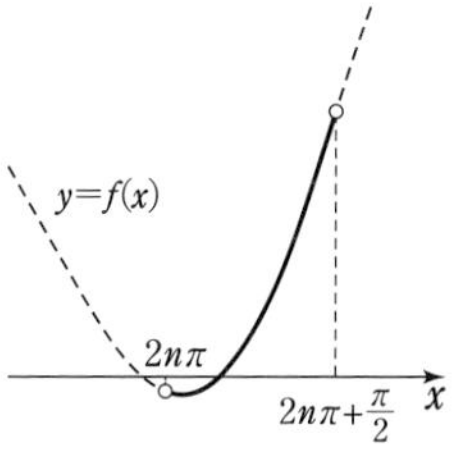

(2)　$y_n=x_n-2n\pi$ とすると　　　$x_n=y_n+2n\pi$

x_n は ① の実数解であるから　　$x_n(1-\cos x_n)=\sin(x_n+a)$

よって　　$(y_n+2n\pi)(1-\cos y_n)=\sin(y_n+a)$　…… ②

$\sin(y_n+a)\leqq1$ であるから

$$(y_n+2n\pi)(1-\cos y_n)\leqq1 \quad \cdots\cdots ③$$

また，$2n\pi<x_n<2n\pi+\frac{\pi}{2}$ より，$0<y_n<\frac{\pi}{2}$ であるから

$$1-\cos y_n>0$$

よって，$2n\pi<y_n+2n\pi$ から

$$2n\pi(1-\cos y_n)<(y_n+2n\pi)(1-\cos y_n)$$

⇐ $2n\pi<x_n<2n\pi+\frac{\pi}{2}$ から　$0<x_n-2n\pi<\frac{\pi}{2}$
ゆえに　$0<y_n<\frac{\pi}{2}$

ゆえに，③ から　$2n\pi(1-\cos y_n)<1$

よって　$0<1-\cos y_n<\dfrac{1}{2n\pi}$

$\lim_{n\to\infty}\dfrac{1}{2n\pi}=0$ であるから　$\lim_{n\to\infty}(1-\cos y_n)=$ ^{イ}**0**

⇐はさみうちの原理

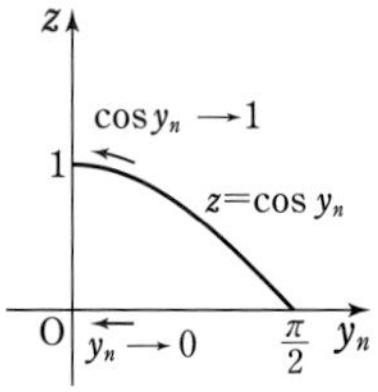

よって　$\lim_{n\to\infty}\cos y_n=1$

$\cos x$ は連続関数であり，$0<y_n<\dfrac{\pi}{2}$ であるから

$$\lim_{n\to\infty}y_n=0 \quad \cdots\cdots ④$$

ゆえに　$\lim_{n\to\infty}(x_n-2n\pi)=$ ^{ウ}**0**

(3)　② の両辺を $1-\cos y_n$ で割ると

$$y_n+2n\pi=\frac{\sin(y_n+a)}{1-\cos y_n}$$

⇐$1-\cos y_n>0$

よって　$n=\dfrac{\sin(y_n+a)}{2\pi(1-\cos y_n)}-\dfrac{y_n}{2\pi}$

ゆえに
$$ny_n^2=\frac{y_n^2\sin(y_n+a)}{2\pi(1-\cos y_n)}-\frac{y_n^3}{2\pi}$$
$$=\frac{y_n^2(1+\cos y_n)\sin(y_n+a)}{2\pi(1-\cos^2 y_n)}-\frac{y_n^3}{2\pi}$$

⇐$\sin^2 x+\cos^2 x=1$

$$=\frac{y_n^2(1+\cos y_n)\sin(y_n+a)}{2\pi\sin^2 y_n}-\frac{y_n^3}{2\pi}$$
$$=\frac{(1+\cos y_n)\sin(y_n+a)}{2\pi\left(\dfrac{\sin y_n}{y_n}\right)^2}-\frac{y_n^3}{2\pi}$$

④ から　$\lim_{n\to\infty}\dfrac{\sin y_n}{y_n}=1$

⇐$\lim_{x\to 0}\dfrac{\sin x}{x}=1$

よって　$\lim_{n\to\infty}ny_n^2=\dfrac{(1+1)\sin a}{2\pi\cdot 1^2}-0=\dfrac{\sin a}{\pi}$　(^{エ}①)

すなわち　$\lim_{n\to\infty}n(x_n-2n\pi)^2=\dfrac{\sin a}{\pi}$

R&W（問題に挑戦）**2** 座標空間内で，

O(0, 0, 0), A(1, 0, 0), B(1, 1, 0), C(0, 1, 0),
D(0, 0, 1), E(1, 0, 1), F(1, 1, 1), G(0, 1, 1)

を頂点にもつ立方体を考える。
この立方体を対角線 OF の周りに 1 回転させてできる回転体Kの体積を求めよう。

(1) 辺 OD 上の点 P(0, 0, p) ($0<p\leqq 1$) から直線 OF へ垂線 PH を下ろす。
このとき，点Hの座標は

$$H\left(\frac{p}{\boxed{ア}},\ \frac{p}{\boxed{ア}},\ \frac{p}{\boxed{ア}}\right)$$

線分 PH の長さは　$PH=\dfrac{\sqrt{\boxed{イ}}}{\boxed{ウ}}p$

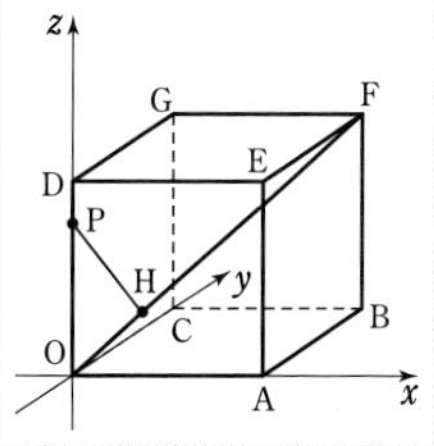

(2) 辺 DE 上の点 Q(q, 0, 1) ($0\leqq q\leqq 1$) から直線 OF へ垂線 QI を下ろす。
このとき，点 I の座標は

$$I\left(\frac{q+\boxed{エ}}{\boxed{オ}},\ \frac{q+\boxed{エ}}{\boxed{オ}},\ \frac{q+\boxed{エ}}{\boxed{オ}}\right)$$

線分 QI の長さは

$$QI=\frac{\sqrt{\boxed{カ}(q^2-q+\boxed{キ})}}{\boxed{ク}}$$

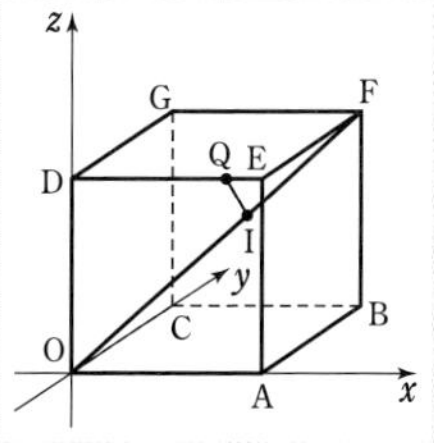

(3) 原点Oから点F方向へ線分 OF 上を距離 u ($0\leqq u\leqq\sqrt{3}$) だけ進んだ点をUとする。
点Uを通り直線 OF に垂直な平面でKを切ったときの断面の円の半径 r を，u の関数として表そう。
ここで，点 D, E から直線 OF へ下ろした垂線を，それぞれ DS, ET とする。

[1] 0≦OU≦OS のとき
Uを通り OF に垂直な平面で立方体を切断したときの断面上で，点Uからの距離が最大になるのは点Pであるから

$r=PU$

よって　$r=\sqrt{\boxed{ケ}}\,u$

[2] OS≦OU≦OT のとき
[1] と同様に立方体を切断したときの断面上で，点Uからの距離が最大になるのは点Qであるから　$r=QU$

よって　$r=\sqrt{\boxed{コ}(u^2-\sqrt{\boxed{サ}}\,u+\boxed{シ})}$

[3] OT≦OU≦OF のとき
回転体Kが，線分 OF の中点を通り OF に垂直な平面に関して対称な図形であることから，[1] の結果を利用して

$r=\sqrt{\boxed{ケ}}(\sqrt{\boxed{ス}}-u)$

(4) (3) から，回転体Kの体積を V とすると

$$V=\frac{\sqrt{\boxed{セ}}}{\boxed{ソ}}\pi$$

(1)　Hは直線OF上の点であるから，sを実数として

$$\overrightarrow{OH}=s\overrightarrow{OF}=(s,\ s,\ s)$$

と表される。$\overrightarrow{PH}\perp\overrightarrow{OF}$ であるから

$$\overrightarrow{PH}\cdot\overrightarrow{OF}=0$$

ここで

$$\begin{aligned}\overrightarrow{PH}\cdot\overrightarrow{OF}&=(\overrightarrow{OH}-\overrightarrow{OP})\cdot\overrightarrow{OF}\\&=(s\overrightarrow{OF}-\overrightarrow{OP})\cdot\overrightarrow{OF}\\&=s|\overrightarrow{OF}|^2-\overrightarrow{OP}\cdot\overrightarrow{OF}\\&=s(1^2+1^2+1^2)-(0\cdot1+0\cdot1+p\cdot1)\\&=3s-p\end{aligned}$$

⇦ $\overrightarrow{OF}=(1,\ 1,\ 1)$

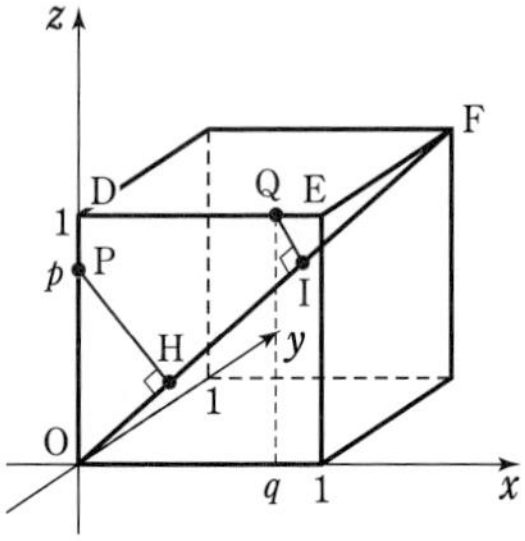

$\overrightarrow{PH}\cdot\overrightarrow{OF}=0$ から　　$3s-p=0$

ゆえに，$s=\dfrac{p}{3}$ であるから　　$H\left(\dfrac{p}{{}^{\text{ア}}\mathbf{3}},\ \dfrac{p}{3},\ \dfrac{p}{3}\right)$ ……①

また　　$PH=\sqrt{\left(\dfrac{p}{3}-0\right)^2+\left(\dfrac{p}{3}-0\right)^2+\left(\dfrac{p}{3}-p\right)^2}$

$$=\frac{\sqrt{{}^{\text{イ}}\mathbf{6}}}{{}^{\text{ウ}}\mathbf{3}}p \quad \cdots\cdots ②$$

⇦ 2点 $A(a_1,\ a_2,\ a_3)$，$B(b_1,\ b_2,\ b_3)$ に対し
$AB=\sqrt{(b_1-a_1)^2+(b_2-a_2)^2+(b_3-a_3)^2}$

(2)　Iは直線OF上の点であるから，tを実数として

$$\overrightarrow{OI}=t\overrightarrow{OF}=(t,\ t,\ t)$$

と表される。$\overrightarrow{QI}\perp\overrightarrow{OF}$ であるから　　$\overrightarrow{QI}\cdot\overrightarrow{OF}=0$

ここで

$$\begin{aligned}\overrightarrow{QI}\cdot\overrightarrow{OF}&=(\overrightarrow{OI}-\overrightarrow{OQ})\cdot\overrightarrow{OF}=(t\overrightarrow{OF}-\overrightarrow{OQ})\cdot\overrightarrow{OF}\\&=t|\overrightarrow{OF}|^2-\overrightarrow{OQ}\cdot\overrightarrow{OF}=3t-(q\cdot1+0\cdot1+1\cdot1)\\&=3t-(q+1)\end{aligned}$$

$\overrightarrow{QI}\cdot\overrightarrow{OF}=0$ から　　$3t-(q+1)=0$

ゆえに，$t=\dfrac{q+1}{3}$ であるから　$I\left(\dfrac{q+{}^{\text{エ}}\mathbf{1}}{{}^{\text{オ}}\mathbf{3}},\ \dfrac{q+1}{3},\ \dfrac{q+1}{3}\right)$ ……③

また　　$QI=\sqrt{\left(\dfrac{q+1}{3}-q\right)^2+\left(\dfrac{q+1}{3}-0\right)^2+\left(\dfrac{q+1}{3}-1\right)^2}$

$$=\frac{\sqrt{(2q-1)^2+(q+1)^2+(2-q)^2}}{3}$$

$$=\frac{\sqrt{{}^{\text{カ}}\mathbf{6}(q^2-q+{}^{\text{キ}}\mathbf{1})}}{{}^{\text{ク}}\mathbf{3}} \quad \cdots\cdots ④$$

(3)　点PがDに一致するとき，①において $p=1$ であるから，Hの座標は　　$\left(\dfrac{1}{3},\ \dfrac{1}{3},\ \dfrac{1}{3}\right)$

この点がSであるから　　$OS=\dfrac{\sqrt{3}}{3}$

点QがEに一致するとき，③において $q=1$ であるから，Iの座標は　　$\left(\dfrac{2}{3},\ \dfrac{2}{3},\ \dfrac{2}{3}\right)$

この点がTであるから　　$OT=\dfrac{2\sqrt{3}}{3}$

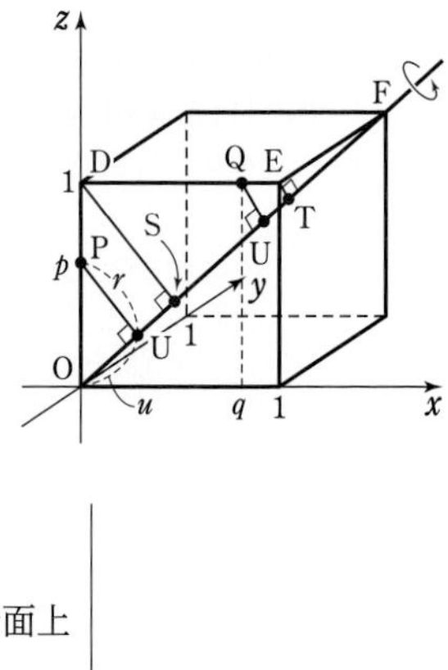

[1]　$0\leqq OU\leqq OS$　すなわち　$0\leqq u\leqq\dfrac{\sqrt{3}}{3}$ のとき

Uを通りOFに垂直な平面で立方体を切断したときの断面上で，点Uからの距離が最大になるのは点Pであるから

$$r=PU$$

ここで，① から　　$\mathrm{OH}=\dfrac{\sqrt{3}}{3}p$

⇦$\mathrm{OH}=\sqrt{\left(\dfrac{p}{3}\right)^2+\left(\dfrac{p}{3}\right)^2+\left(\dfrac{p}{3}\right)^2}$

点Hが U と一致するとき $\mathrm{OH}=u$ であるから

$$\frac{\sqrt{3}}{3}p=u \quad \text{すなわち} \quad p=\sqrt{3}\,u$$

このとき，② から　　$\mathrm{PU}=\mathrm{PH}=\dfrac{\sqrt{6}}{3}\cdot\sqrt{3}\,u=\sqrt{2}\,u$

⇦② に $p=\sqrt{3}\,u$ を代入。

よって　　$r=\mathrm{PU}=\sqrt{^{ケ}\mathbf{2}}\,u$

[2]　$\mathrm{OS}\leqq\mathrm{OU}\leqq\mathrm{OT}$　すなわち　$\dfrac{\sqrt{3}}{3}\leqq u\leqq\dfrac{2\sqrt{3}}{3}$ のとき

[1] と同様に立方体を切断したときの断面上で，点 U からの距離が最大になるのは点 Q であるから　　$r=\mathrm{QU}$

ここで，③ から　　$\mathrm{OI}=\dfrac{\sqrt{3}\,(q+1)}{3}$

⇦$\mathrm{OI}=\sqrt{\left(\dfrac{q+1}{3}\right)^2+\left(\dfrac{q+1}{3}\right)^2+\left(\dfrac{q+1}{3}\right)^2}$

点 I が U と一致するとき $\mathrm{OI}=u$ であるから

$$\frac{\sqrt{3}\,(q+1)}{3}=u \quad \text{すなわち} \quad q=\sqrt{3}\,u-1$$

このとき，④ から

$$\mathrm{QU}=\mathrm{QI}=\frac{\sqrt{6\{(\sqrt{3}\,u-1)^2-(\sqrt{3}\,u-1)+1\}}}{3}$$
$$=\sqrt{2(u^2-\sqrt{3}\,u+1)}$$

⇦④ に $q=\sqrt{3}\,u-1$ を代入。

よって　　$r=\mathrm{QU}=\sqrt{^{コ}\mathbf{2}(u^2-\sqrt{^{サ}\mathbf{3}}\,u+{}^{シ}\mathbf{1})}$

[3]　$\mathrm{OT}\leqq\mathrm{OU}\leqq\mathrm{OF}$　すなわち　$\dfrac{2\sqrt{3}}{3}\leqq u\leqq\sqrt{3}$ のとき

回転体 K が，線分 OF の中点を通り OF に垂直な平面に関して対称な図形であることから，[1] において u を $\sqrt{3}-u$ でおき換えて　　$r=\sqrt{2}\,(\sqrt{^{ス}\mathbf{3}}-u)$

(4)　(3) から，求める体積を V とすると

$$V=\pi\int_0^{\frac{\sqrt{3}}{3}}2u^2du+\pi\int_{\frac{\sqrt{3}}{3}}^{\frac{2\sqrt{3}}{3}}2(u^2-\sqrt{3}\,u+1)\,du+\pi\int_{\frac{2\sqrt{3}}{3}}^{\sqrt{3}}2(\sqrt{3}-u)^2du$$
$$=2\cdot2\pi\int_0^{\frac{\sqrt{3}}{3}}u^2du+2\cdot2\pi\int_{\frac{\sqrt{3}}{3}}^{\frac{\sqrt{3}}{2}}\left\{\left(u-\frac{\sqrt{3}}{2}\right)^2+\frac{1}{4}\right\}du$$
$$=4\pi\left[\frac{u^3}{3}\right]_0^{\frac{\sqrt{3}}{3}}+4\pi\left[\frac{1}{3}\left(u-\frac{\sqrt{3}}{2}\right)^3+\frac{1}{4}u\right]_{\frac{\sqrt{3}}{3}}^{\frac{\sqrt{3}}{2}}$$
$$=4\pi\cdot\frac{1}{3}\cdot\left(\frac{1}{\sqrt{3}}\right)^3+4\pi\cdot\left\{\frac{1}{3}\cdot\left(\frac{\sqrt{3}}{6}\right)^3+\frac{1}{4}\left(\frac{\sqrt{3}}{2}-\frac{\sqrt{3}}{3}\right)\right\}$$
$$=\frac{\sqrt{^{セ}\mathbf{3}}}{^{ソ}\mathbf{3}}\pi$$

⇦〰〰の部分は，$u=\sqrt{3}-t$ とおくことにより，------の部分と一致することがわかる。
____の部分は，積分区間が放物線の軸に関して対称であることを利用する。

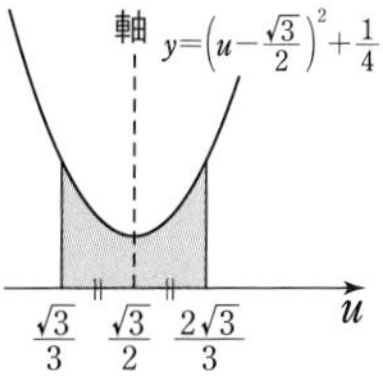

以上は，回転体 K の対称性からもわかる。

※解答・解説は数研出版株式会社が作成したものです。

発行所
数研出版株式会社

〒101-0052 東京都千代田区神田小川町２丁目３番地３
〔振替〕00140-4-118431
〒604-0861 京都市中京区烏丸通竹屋町上る大倉町205番地
〔電話〕代表(075)231-0161
ホームページ https://www.chart.co.jp
印刷 寿印刷株式会社
乱丁本・落丁本はお取り替えします。 231203